U0248873

中　外　物　理　学　精　品　书　系
本书出版得到"国家出版基金"资助

国家出版基金项目
NATIONAL PUBLICATION FOUNDATION

中外物理学精品书系

经典系列·5

# 特殊函数概论

王竹溪 郭敦仁 编著

北京大学出版社
PEKING UNIVERSITY PRESS

**图书在版编目(CIP)数据**

特殊函数概论/王竹溪，郭敦仁编著. —北京：北京大学出版社，2012.7
(中外物理学精品书系·经典系列)
ISBN 978-7-301-20049-0

Ⅰ.①特…　Ⅱ.①王…②郭…　Ⅲ.①特殊函数-概论　Ⅳ.①O174.6

中国版本图书馆 CIP 数据核字(2012)第 001503 号

书　　　名：特殊函数概论
著作责任者：王竹溪　郭敦仁　编著
责 任 编 辑：周月梅　顾卫宇
标 准 书 号：ISBN 978-7-301-20049-0/O·0859
出 版 发 行：北京大学出版社
地　　　址：北京市海淀区成府路 205 号　100871
网　　　址：http://www.pup.cn
电　　　话：邮购部 62752015　发行部 62750672　编辑部 62752032
　　　　　　出版部 62754962
电 子 信 箱：zpup@pup.pku.edu.cn
印 刷 者：三河市北燕印装有限公司
经 销 者：新华书店
　　　　　　730 毫米×980 毫米　16 开本　33 印张　630 千字
　　　　　　2010 年 5 月第 1 版
　　　　　　2012 年 7 月重排　2024 年 12 月第 6 次印刷
定　　　价：90.00 元

# 序　言

物理学是研究物质、能量以及它们之间相互作用的科学。她不仅是化学、生命、材料、信息、能源和环境等相关学科的基础，同时还是许多新兴学科和交叉学科的前沿。在科技发展日新月异和国际竞争日趋激烈的今天，物理学不仅囿于基础科学和技术应用研究的范畴，而且在社会发展与人类进步的历史进程中发挥着越来越关键的作用。

我们欣喜地看到，改革开放三十多年来，随着中国政治、经济、教育、文化等领域各项事业的持续稳定发展，我国物理学取得了跨越式的进步，做出了很多为世界瞩目的研究成果。今日的中国物理正在经历一个历史上少有的黄金时代。

在我国物理学科快速发展的背景下，近年来物理学相关书籍也呈现百花齐放的良好态势，在知识传承、学术交流、人才培养等方面发挥着无可替代的作用。从另一方面看，尽管国内各出版社相继推出了一些质量很高的物理教材和图书，但系统总结物理学各门类知识和发展，深入浅出地介绍其与现代科学技术之间的渊源，并针对不同层次的读者提供有价值的教材和研究参考，仍是我国科学传播与出版界面临的一个极富挑战性的课题。

为有力推动我国物理学研究、加快相关学科的建设与发展，特别是展现近年来中国物理学者的研究水平和成果，北京大学出版社在国家出版基金的支持下推出了《中外物理学精品书系》，试图对以上难题进行大胆的尝试和探索。该书系编委会集结了数十位来自内地和香港顶尖高校及科研院所的知名专家学者。他们都是目前该领域十分活跃的专家，确保了整套丛书的权威性和前瞻性。

这套书系内容丰富，涵盖面广，可读性强，其中既有对我国传统物理学发展的梳理和总结，也有对正在蓬勃发展的物理学前沿的全面展示；既引进和介绍了世界物理学研究的发展动态，也面向国际主流领域传播中国物理的优秀专著。可以说，《中外物理学精品书系》力图完整呈现近现代世界和中国物理科学发展的全貌,是一部目前国内为数不多的兼具学术价值和阅读乐趣的经典物理丛书。

《中外物理学精品书系》另一个突出特点是,在把西方物理的精华要义"请进来"的同时,也将我国近现代物理的优秀成果"送出去"。物理学科在世界范围内的重要性不言而喻,引进和翻译世界物理的经典著作和前沿动态,可以满足当前国内物理教学和科研工作的迫切需求。另一方面,改革开放几十年来,我国的物理学研究取得了长足发展,一大批具有较高学术价值的著作相继问世。这套丛书首次将一些中国物理学者的优秀论著以英文版的形式直接推向国际相关研究的主流领域,使世界对中国物理学的过去和现状有更多的深入了解,不仅充分展示出中国物理学研究和积累的"硬实力",也向世界主动传播我国科技文化领域不断创新的"软实力",对全面提升中国科学、教育和文化领域的国际形象起到重要的促进作用。

值得一提的是,《中外物理学精品书系》还对中国近现代物理学科的经典著作进行了全面收录。20 世纪以来,中国物理界诞生了很多经典作品,但当时大都分散出版,如今很多代表性的作品已经淹没在浩瀚的图书海洋中,读者们对这些论著也都是"只闻其声,未见其真"。该书系的编者们在这方面下了很大工夫,对中国物理学科不同时期、不同分支的经典著作进行了系统的整理和收录。这项工作具有非常重要的学术意义和社会价值,不仅可以很好地保护和传承我国物理学的经典文献,充分发挥其应有的传世育人的作用,更能使广大物理学人和青年学子切身体会我国物理学研究的发展脉络和优良传统,真正领悟到老一辈科学家严谨求实、追求卓越、博大精深的治学之美。

温家宝总理在 2006 年中国科学技术大会上指出,"加强基础研究是提升国家创新能力、积累智力资本的重要途径,是我国跻身世界科技强国的必要条件"。中国的发展在于创新,而基础研究正是一切创新的根本和源泉。我相信,这套《中外物理学精品书系》的出版,不仅可以使所有热爱和研究物理学的人们从中获取思维的启迪、智力的挑战和阅读的乐趣,也将进一步推动其他相关基础科学更好更快地发展,为我国今后的科技创新和社会进步做出应有的贡献。

中国科学院院士,北京大学教授

**王恩哥**

2010 年 5 月于燕园

# 内 容 简 介

本书较系统地讲述一些主要的特殊函数,如 $\Gamma$ 函数、$\zeta$ 函数、超几何函数、勒让德函数、合流超几何函数、贝塞耳函数、椭圆函数、椭球谐函数、马丢(Mathieu)函数等.同时也阐明一些在讨论特殊函数时常用的概念和理论,如关于函数的级数展开和无穷乘积展开,渐近展开,线性常微分方程的级数解法和积分解法等.在各章之末还附有习题,习题中包含了一些有用的公式作为本书正文的补充.

本书可供数学系、物理系的师生以及数学、物理和工程技术界的研究人员参考之用.

# 序

这本书是为理论物理学工作者写的. 理论物理学中常常要用各种特殊函数, 因此需要有一本可以查阅的书. 这本书不能太简略, 也不能太专门. 太简略往往不够用, 不能解决问题. 太专门则卷帙太大, 不容易查阅. 也不能就是公式的堆集, 那样查起来也费事, 而且对公式的运算和推导不容易掌握. 我们希望这本书的篇幅不特别大, 同时能够包括常用的各种主要的特殊函数的运算方法和基本特性, 使读者能从书中得到处理这些特殊函数的基本方法, 以加强在工作中灵活运用的能力. 为了使书的篇幅不太大, 我们把一些我们认为较次要的公式放到习题中去了, 对于较难的还给予了提示. 这些习题也可作为训练灵活运用的材料.

在国外有很多关于特殊函数的书. 这些书中历史较久而且应用比较广泛的是惠泰克和瓦特孙的近代分析 (Whittaker and Watson: *Modern Analysis*). 那本书稍为嫌老了一些. 本书就是以那本书为基础而加以改写的. 但是由于本书在系统上与那本书不同, 所以在写法上也有相当大的差别. 同时, 本书也包含了一些新的材料.

关于本书的系统简要说明如下. 第一章和第二章是为了特殊函数的需要而对大学的复变函数和数理方程 (在物理系这二门合并为数理方法一门课程) 所缺的内容给予一些补充. 第三章作为其他特殊函数的基础. 在引进伽马函数时我们从欧勒第二类积分出发, 因为这是最容易遇到伽马函数的情况. 第四章到第七章讲超几何函数和合流超几何函数, 这是最常遇到的一些函数. 这些函数的主要特点是从它们所满足的微分方程的奇点来考虑的. 勒让德函数是超几何函数的特例, 贝塞耳函数是合流超几何函数的特例, 由于它们的特殊重要性而单列了两章. 第八章到第十章讲椭圆函数, 这些函数是从周期性的角度来考虑的, 与线性微分方程无关. 第十一章和第十二章又回到线性微分方程. 拉梅函数需要用椭圆函数, 马丢函数与旋转椭球坐标有关, 所以放在椭圆函数之后. 多项式和生成函数没有专门抽出来, 都分散在有关的函数中. 例如厄密多项式和拉革尔多项式是合流超几何函数的特例. 读者可以从目录和索引中查到他所需要的函数在何处.

最后有三个附录. 附录一和附录二是为了椭圆积分的运算作参考的. 附录三给出了各种正交曲面坐标系中拉普拉斯方程的形式和陡度、散度和旋度矢量分量的表达式, 作为查阅之用.

书末列举了一些参考书, 只是少数的, 主要是一些专门的著作, 作为进一步研究的参考.

本书关于里曼 ζ 函数部分曾得到闵嗣鹤教授的有益的意见, 著者谨向闵先生表示感谢.

本书内容牵涉很广, 不免有错误和不妥当之处, 希望使用本书的同志们给以指正.

王竹溪　郭敦仁

1963 年 11 月

# 目　　录

# 第一章 函数用无穷级数和无穷乘积展开

在本章中,我们介绍一些在初等数学课程里不常讲到的关于函数的无穷级数展开,无穷乘积展开和渐近展开.

## 1.1 伯努利(Bernoulli)多项式与伯努利数

**伯努利多项式** $\varphi_n(x)(n=0,1,2,\cdots)$ 由下列展开式给出:

$$\frac{t\mathrm{e}^{xt}}{\mathrm{e}^t-1} = \sum_{n=0}^{\infty} \frac{t^n}{n!}\varphi_n(x). \tag{1}$$

左方的函数称为 $\varphi_n(x)$ 的**生成函数**. 级数在 $|t|<2\pi$ 时收敛,因为左方函数离 $t=0$ 最近的奇点是 $t=\pm2\pi\mathrm{i}$. 在许多文献里用符号$\mathrm{B}_n(x)$表示这里的 $\varphi_n(x)$, $\varphi_n(x)$ 是 Lindelöf 用的符号($Calcul\ des\ résidus$,Paris,1905,p.34).

当 $x=0$ 时,(1)式成为

$$\frac{t}{\mathrm{e}^t-1} = \sum_{n=0}^{\infty} \frac{t^n}{n!}\varphi_n(0). \tag{2}$$

这个公式又常常表达为以下形式

$$t\left(\frac{1}{\mathrm{e}^t-1}+\frac{1}{2}\right) = \frac{t}{2}\cdot\frac{\mathrm{e}^{t/2}+\mathrm{e}^{-t/2}}{\mathrm{e}^{t/2}-\mathrm{e}^{-t/2}} = 1+\sum_{n=1}^{\infty}(-)^{n-1}\frac{t^{2n}}{(2n)!}\mathrm{B}_n, \tag{3}$$

由于左方是偶函数,故右方的级数中只出现 $t$ 的偶次方. 比较(2)与(3),把 $\varphi_n(0)$ 简写为 $\varphi_n$,得

$$\left.\begin{array}{l} \varphi_0=1,\varphi_1=-\dfrac{1}{2}, \\[2mm] \varphi_{2k}=(-)^{k-1}\mathrm{B}_k,\ \varphi_{2k+1}=0\quad(k=1,2,\cdots). \end{array}\right\} \tag{4}$$

$\mathrm{B}_k$ 称为**伯努利数**. 有时也称 $\varphi_n$ 为伯努利数,而在许多文献里用符号 $\mathrm{B}_n$ 代表这里的 $\varphi_n$.

下面列举伯努利多项式的一些基本性质和有关的公式.

**1. 伯努利多项式的显明表达式和伯努利数的递推关系**

利用(2),得

$$\frac{t\mathrm{e}^{xt}}{\mathrm{e}^t-1} = \sum_{k=0}^{\infty}\frac{t^k}{k!}\varphi_k\cdot\sum_{l=0}^{\infty}\frac{t^l}{l!}x^l = \sum_{n=0}^{\infty}\frac{t^n}{n!}\cdot\sum_{k=0}^{n}\binom{n}{k}\varphi_k x^{n-k},$$

其中 $\binom{n}{k}=n(n-1)(n-2)\cdots(n-k+1)/k!$. 与(1)式比较,得 $\varphi_n(x)$ 的显明表达式

$$\varphi_n(x) = \sum_{k=0}^{n} \binom{n}{k}\varphi_k x^{n-k}, \quad n = 0,1,2,\cdots, \tag{5}$$

$\varphi_k$ 则还待算出. 为此, 由(2)有

$$1 = \frac{e^t-1}{t} \cdot \sum_{k=0}^{\infty} \frac{t^k}{k!}\varphi_k = \sum_{l=1}^{\infty} \frac{t^{l-1}}{l!}\sum_{k=0}^{\infty}\frac{t^k}{k!}\varphi_k = \sum_{n=1}^{\infty} t^{n-1}\sum_{k=0}^{n-1}\frac{\varphi_k}{k!(n-k)!}.$$

比较两边, 即见

$$\varphi_0 = 1, \quad \sum_{k=0}^{n-1}\frac{1}{k!(n-k)!}\varphi_k = 0 \quad (n \geqslant 2). \tag{6}$$

这是 $\varphi_n$ 的递推公式. 依次令 $n=2,3,\cdots$, 可以由此算出各个 $\varphi_n$.

(5)和(6)又常用符号形式分别写为

$$\varphi_n(x) = (\varphi+x)^n, \quad n = 0,1,2,\cdots, \tag{7}$$

和

$$(\varphi+1)^n - \varphi_n = 0, \quad n = 2,3,\cdots; \tag{8}$$

这里需要把二项式展开后的 $\varphi^k$ 用 $\varphi_k$ 代替.

前十个伯努利数和前七个伯努利多项式为

$$\left.\begin{array}{l} B_1 = \dfrac{1}{6}, \quad B_2 = \dfrac{1}{30}, \quad B_3 = \dfrac{1}{42}, \quad B_4 = \dfrac{1}{30}, \quad B_5 = \dfrac{5}{66}, \\[2mm] B_6 = \dfrac{691}{2730}, \quad B_7 = \dfrac{7}{6}, \quad B_8 = \dfrac{3617}{510}, \quad B_9 = \dfrac{43\,867}{798}, \quad B_{10} = \dfrac{174\,611}{330}. \end{array}\right\} \tag{9}$$

$$\left.\begin{array}{l} \varphi_0(x)=1, \varphi_1(x)=x-\dfrac{1}{2}, \varphi_2(x)=x^2-x+\dfrac{1}{6}, \\[2mm] \varphi_3(x)=x(x-1)\left(x-\dfrac{1}{2}\right)=x^3-\dfrac{3}{2}x^2+\dfrac{1}{2}x, \\[2mm] \varphi_4(x)=x^4-2x^3+x^2-\dfrac{1}{30}, \\[2mm] \varphi_5(x)=x(x-1)\left(x-\dfrac{1}{2}\right)\left(x^2-x-\dfrac{1}{3}\right) \\[2mm] \quad = x^5-\dfrac{5}{2}x^4+\dfrac{5}{3}x^3-\dfrac{1}{6}x, \\[2mm] \varphi_6(x)=x^6-3x^5+\dfrac{5}{2}x^4-\dfrac{1}{2}x^2+\dfrac{1}{42}. \end{array}\right\} \tag{10}$$

## 2. 微商和积分

由(5)式求微商, 得

$$\frac{d}{dx}\varphi_n(x) = \sum_{k=0}^{n-1}\binom{n}{k}(n-k)\varphi_k x^{n-k-1} = n\varphi_{n-1}(x) \tag{11}$$

和

$$\frac{d^p}{dx^p}\varphi_n(x) = \frac{n!}{(n-p)!}\varphi_{n-p}(x). \tag{12}$$

由(11)式,把 $n$ 换成 $n+1$,求积分,得

$$\int_a^x \varphi_n(y)\mathrm{d}y = \frac{1}{n+1}\left[\varphi_{n+1}(x) - \varphi_{n+1}(a)\right].\tag{13}$$

**3. 差分关系**

$$\left.\begin{array}{l}\varphi_0(x+1) = \varphi_0(x),\quad \varphi_1(x+1) = \varphi_1(x)+1,\\[2mm]\varphi_n(x+1) = \varphi_n(x) + nx^{n-1}\quad (n \geqslant 2).\end{array}\right\}\tag{14}$$

证明如下:由(1)有

$$\frac{t\mathrm{e}^{(x+1)t}}{\mathrm{e}^t - 1} = \sum_{n=0}^{\infty} \frac{t^n}{n!}\varphi_n(x+1) = t\mathrm{e}^{xt} + \frac{t\mathrm{e}^{xt}}{\mathrm{e}^t - 1} = \sum_{n=0}^{\infty}\frac{t^{n+1}}{n!}x^n + \sum_{n=0}^{\infty}\frac{t^n}{n!}\varphi_n(x).$$

比较两边级数中 $t^n$ 的系数即得(14).

**4. 互余宗量关系**

$$\varphi_n(1-x) = (-)^n\varphi_n(x).\tag{15}$$

仍由(1)式有

$$\frac{t\mathrm{e}^{(1-x)t}}{\mathrm{e}^t - 1} = \sum_{n=0}^{\infty}\frac{t^n}{n!}\varphi_n(1-x) = \frac{-t\mathrm{e}^{-xt}}{\mathrm{e}^{-t} - 1} = \sum_{n=0}^{\infty}\frac{(-t)^n}{n!}\varphi_n(x).$$

比较两边的级数即得(15).

**5. 加法公式**

把(1)式中的 $x$ 换成 $x+y$,得

$$\frac{t\mathrm{e}^{(x+y)t}}{\mathrm{e}^t - 1} = \sum_{n=0}^{\infty}\frac{t^n}{n!}\varphi_n(x+y).$$

但这式的左方又等于

$$\frac{t\mathrm{e}^{yt}}{\mathrm{e}^t - 1}\mathrm{e}^{xt} = \sum_{k=0}^{\infty}\frac{t^k}{k!}\varphi_k(y) \cdot \sum_{l=0}^{\infty}\frac{t^l}{l!}x^l = \sum_{n=0}^{\infty}\frac{t^n}{n!}\sum_{k=0}^{n}\binom{n}{k}\varphi_k(y)x^{n-k},$$

因此有加法公式

$$\varphi_n(x+y) = \sum_{k=0}^{n}\binom{n}{k}\varphi_k(y)x^{n-k}.\tag{16}$$

**6. 求和公式**

$$\sum_{s=1}^{m} s^n = \frac{1}{n+1}\left[\varphi_{n+1}(m+1) - \varphi_{n+1}\right]\quad (n \geqslant 1).\tag{17}$$

**证**　由(14)有

$$s^n = \frac{1}{n+1}\left[\varphi_{n+1}(s+1) - \varphi_{n+1}(s)\right],$$

因此

$$\sum_{s=1}^{m} s^n = \sum_{s=1}^{m} s^n = \frac{1}{n+1}\left[\varphi_{n+1}(m+1) - \varphi_{n+1}(0)\right].$$

除此以外,利用(3)式还可以得到余切函数的展开式

$$\frac{t}{2}\cot\frac{t}{2} = \frac{\mathrm{i}t}{2}\cdot\frac{\mathrm{e}^{\mathrm{i}t/2}+\mathrm{e}^{-\mathrm{i}t/2}}{\mathrm{e}^{\mathrm{i}t/2}-\mathrm{e}^{-\mathrm{i}t/2}} = 1-\sum_{n=1}^{\infty}\frac{\mathrm{B}_n}{(2n)!}t^{2n} \quad (\,|\,t\,|<2\pi) \tag{18}$$

和正切函数的展开式

$$\frac{t}{2}\tan\frac{t}{2} = \frac{t}{2}\cot\frac{t}{2} - t\cot t = \sum_{n=1}^{\infty}\frac{(2^{2n}-1)\mathrm{B}_n}{(2n)!}t^{2n} \quad (\,|\,t\,|<\pi). \tag{19}$$

由(18)和(19)又可得余割函数的展开式

$$t\csc t = \frac{t}{2}\cot\frac{t}{2} + \frac{t}{2}\tan\frac{t}{2} = 1+\sum_{n=1}^{\infty}\frac{2(2^{2n-1}-1)\mathrm{B}_n}{(2n)!}t^{2n} \quad (\,|\,t\,|<\pi). \tag{20}$$

还有一些关于伯努利多项式的公式参看本章末习题.

## 1.2　欧勒(Euler)多项式与欧勒数

欧勒多项式 $\mathrm{E}_n(x)(n=0,1,2,\cdots)$ 由下面的展开式给出：

$$\frac{2\mathrm{e}^{xt}}{\mathrm{e}^t+1} = \sum_{n=0}^{\infty}\frac{t^n}{n!}\mathrm{E}_n(x). \tag{1}$$

左方的函数称为**欧勒多项式的生成函数**.级数在 $|\,t\,|<\pi$ 时收敛,因为左方函数离 $t=0$ 最近的奇点是 $t=\pm\pi\mathrm{i}$.

令 $x=1/2$,(1)式左方成为 $t$ 的偶函数,右方将不出现 $t$ 的奇次方,而有

$$\frac{2\mathrm{e}^{t/2}}{\mathrm{e}^t+1} = \mathrm{sech}\frac{t}{2} = \sum_{n=0}^{\infty}\frac{(-)^n\mathrm{E}_n}{(2n)!}\left(\frac{t}{2}\right)^{2n}, \tag{2}$$

其中 $\mathrm{E}_n=(-)^n2^{2n}\mathrm{E}_{2n}\left(\frac{1}{2}\right)$,称为**欧勒数**.在许多文献中也有把欧勒数规定为 $\mathrm{E}_n=2^n\mathrm{E}_n\left(\frac{1}{2}\right)$ 的;它们的 $\mathrm{E}_{2n+1}=0$,而 $\mathrm{E}_{2n}$ 等于这里的 $(-)^n\mathrm{E}_n$.

下面是关于欧勒多项式和欧勒数的一些基本性质,它们的证明多与前节中关于伯努利多项式和伯努利数的性质的证明类似.

**1. 欧勒多项式的显明表达式和欧勒数的递推关系**

(1)式的左方可写为

$$\frac{2\mathrm{e}^{t/2}\mathrm{e}^{\left(x-\frac{1}{2}\right)t}}{\mathrm{e}^t+1} = \sum_{k=0}^{\infty}\frac{(-)^k\mathrm{E}_k}{(2k)!}\left(\frac{t}{2}\right)^{2k}\cdot\sum_{l=0}^{\infty}\frac{\left(x-\frac{1}{2}\right)^l}{l!}t^l$$

$$= \sum_{n=0}^{\infty}\frac{t^n}{n!}\sum_{k=0}^{[n/2]}\frac{(-)^k\mathrm{E}_k}{2^{2k}}\binom{n}{2k}\left(x-\frac{1}{2}\right)^{n-2k},$$

其中 $[n/2]$ 表示不超过 $n/2$ 的最大正整数.与(1)比较,得欧勒多项式的显明表达式

$$\mathrm{E}_n(x) = \sum_{k=0}^{[n/2]} (-)^k \frac{\mathrm{E}_k}{2^{2k}} \binom{n}{2k} \left(x - \frac{1}{2}\right)^{n-2k}. \tag{3}$$

欧勒数 $\mathrm{E}_k$ 可用下面的递推关系逐一求出

$$\mathrm{E}_0 = 1, \qquad \sum_{l=0}^{k} (-)^l \binom{2k}{2l} \mathrm{E}_l = 0 \quad (k \geqslant 1). \tag{4}$$

这关系的证明如下：在(2)式中将 $t$ 换为 $2t$，得

$$1 = \frac{\mathrm{e}^t + \mathrm{e}^{-t}}{2} \sum_{l=0}^{\infty} (-)^l \frac{\mathrm{E}_l}{(2l)!} t^{2l}$$

$$= \sum_{r=0}^{\infty} \frac{t^{2r}}{(2r)!} \cdot \sum_{l=0}^{\infty} (-)^l \frac{\mathrm{E}_l}{(2l)!} t^{2l}$$

$$= \sum_{k=0}^{\infty} \frac{t^{2k}}{(2k)!} \sum_{l=0}^{k} (-)^l \frac{\mathrm{E}_l (2k)!}{(2l)!(2k-2l)!},$$

比较等式的两边，即得(4).

下面是前十个欧勒数和前七个欧勒多项式

$$\left.\begin{array}{l} \mathrm{E}_0 = 1,\ \mathrm{E}_1 = 1,\ \mathrm{E}_2 = 5,\ \mathrm{E}_3 = 61,\ \mathrm{E}_4 = 1385, \\ \mathrm{E}_5 = 50\,521,\ \mathrm{E}_6 = 2\,702\,765,\ \mathrm{E}_7 = 199\,360\,981, \\ \mathrm{E}_8 = 19\,391\,512\,145,\ \mathrm{E}_9 = 2\,404\,879\,675\,441. \end{array}\right\} \tag{5}$$

$$\left.\begin{array}{l} \mathrm{E}_0(x) = 1, \quad \mathrm{E}_1(x) = x - \dfrac{1}{2}, \quad \mathrm{E}_2(x) = x(x-1), \\[2mm] \mathrm{E}_3(x) = \left(x - \dfrac{1}{2}\right)\left(x^2 - x - \dfrac{1}{2}\right), \\[2mm] \mathrm{E}_4(x) = x(x-1)(x^2 - x - 1), \\[2mm] \mathrm{E}_5(x) = \left(x - \dfrac{1}{2}\right)(x^4 - 2x^3 - x^2 + 2x + 1), \\[2mm] \mathrm{E}_6(x) = x(x-1)(x^4 - 2x^3 - 2x^2 + 3x + 3). \end{array}\right\} \tag{6}$$

**2. 均值公式**

$$\mathrm{E}_n(x+1) + \mathrm{E}_n(x) = 2x^n. \tag{7}$$

**3. 微商**

$$\frac{\mathrm{d}^p}{\mathrm{d}x^p} \mathrm{E}_n(x) = \frac{n!}{(n-p)!} \mathrm{E}_{n-p}(x). \tag{8}$$

**4. 互余宗量关系**

$$\mathrm{E}_n(1-x) = (-)^n \mathrm{E}_n(x). \tag{9}$$

**5. 求和公式**

利用(7)式，有

$$\sum_{s=1}^{m} (-)^s s^n = \frac{1}{2} \sum_{s=1}^{m} (-)^s \left[\mathrm{E}_n(s+1) + \mathrm{E}_n(s)\right]$$

$$= \frac{1}{2}\big[(-)^m \mathrm{E}_n(m+1) - \mathrm{E}_n(1)\big]. \tag{10}$$

又，利用 (2) 式，把 $t$ 换成 $2it$，得正割函数的展开式

$$\sec t = \sum_{n=0}^{\infty} \frac{\mathrm{E}_n}{(2n)!} t^{2n}, \qquad |t| < \pi/2. \tag{11}$$

还有一些公式见本章末习题.

## 1.3　欧勒-麦克洛临 (Euler-Maclaurin) 公式

欧勒-麦克洛临公式 (简称欧勒公式) 是数值积分、渐近展开和求和问题中的重要公式. 下面从达布 (Darboux) 公式推出它.

**达布公式.**　设 $f(z)$ 是 $a$ 点到 $z$ 点的直线上的解析函数，$\varphi(t)$ 是 $t$ 的任意 $n$ 次多项式，则有

$$\varphi^{(n)}(0)\{f(z) - f(a)\}$$
$$= \sum_{m=1}^{n} (-)^{m-1} (z-a)^m \{\varphi^{(n-m)}(1) f^{(m)}(z) - \varphi^{(n-m)}(0) f^{(m)}(a)\}$$
$$+ (-)^n (z-a)^{n+1} \int_0^1 \varphi(t) f^{(n+1)}[a+(z-a)t]\mathrm{d}t. \tag{1}$$

这是**达布公式**；泰勒公式是它的特殊情形：$\varphi(t) = (t-1)^n$.

公式 (1) 的证明如下：设 $0 \leqslant t \leqslant 1$. 以 $\mathrm{d}t$ 乘恒等式

$$\frac{\mathrm{d}}{\mathrm{d}t} \sum_{m=1}^{n} (-)^m (z-a)^m \varphi^{(n-m)}(t) f^{(m)}[a+(z-a)t]$$
$$= -(z-a)\varphi^{(n)}(t) f'[a+(z-a)t]$$
$$+ (-)^n (z-a)^{n+1} \varphi(t) f^{(n+1)}[a+(z-a)t] \tag{2}$$

的两边，求积分，从 0 到 1，并注意 $\varphi^{(n)}(t) = \varphi^{(n)}(0)$（因为 $\varphi(t)$ 是 $n$ 次多项式），即得 (1).

**欧勒公式.**　在达布公式 (1) 中，令 $\varphi(t)$ 为伯努利多项式 $\varphi_n(t)$（1.1 节），然后把 $n$ 换成 $2n$，得

$$\varphi_{2n}^{(2n)}(0)\{f(z) - f(a)\}$$
$$= \sum_{m=1}^{2n} (-)^{m-1} (z-a)^m \{\varphi_{2n}^{(2n-m)}(1) f^{(m)}(z) - \varphi_{2n}^{(2n-m)}(0) f^{(m)}(a)\}$$
$$+ (z-a)^{2n+1} \int_0^1 \varphi_{2n}(t) f^{(2n+1)}[a+(z-a)t]\mathrm{d}t. \tag{3}$$

把下面这些关系式

$$\varphi_{2n}^{(2n)}(0) = (2n)! \quad （1.1 节 (12) 和 (10)），$$

$$\varphi_{2n}^{(2n-m)}(x) = \frac{(2n)!}{m!}\varphi_m(x) \quad (1.1 \text{节}(12)),$$

$$\varphi_m(1) = (-)^m \varphi_m(0) = (-)^m \varphi_m \quad (1.1 \text{节}(15)),$$

$$\varphi_1 = -\frac{1}{2}, \quad \varphi_{2k+1} = 0 \quad (k \geqslant 1) \quad (1.1 \text{节}(4)),$$

代入(3)式,并用 $(-)^{k-1}\mathrm{B}_k$ 代替 $\varphi_{2k}(1.1 \text{节}(4))$,得

$$f(z) - f(a) = \frac{z-a}{2}[f'(z) + f'(a)]$$

$$+ \sum_{k=1}^{n}(-)^k \frac{(z-a)^{2k}}{(2k)!}\mathrm{B}_k[f^{(2k)}(z) - f^{(2k)}(a)]$$

$$+ \frac{(z-a)^{2n+1}}{(2n)!}\int_0^1 \varphi_{2n}(t)f^{(2n+1)}[a+(z-a)t]\mathrm{d}t. \quad (4)$$

令 $F(z) = f'(z)$,把 $z-a$ 写作 $h$,(4)式成为

$$\int_a^{a+h}F(x)\mathrm{d}x = \frac{h}{2}[F(a+h) + F(a)]$$

$$+ \sum_{k=1}^{n}\frac{(-)^k h^{2k}\mathrm{B}_k}{(2k)!}[F^{(2k-1)}(a+h) - F^{(2k-1)}(a)]$$

$$+ \frac{h^{2n+1}}{(2n)!}\int_0^1 \varphi_{2n}(t)F^{(2n)}(a+ht)\mathrm{d}t. \quad (5)$$

依次把(5)式中的 $a$ 换为 $a+h, a+2h, \cdots, a+(m-1)h$,然后将结果加起来,得

$$\int_a^{a+mh}F(x)\mathrm{d}x = h\left\{\frac{F(a)}{2} + F(a+h) + \cdots + F[a+(m-1)h] + \frac{F(a+mh)}{2}\right\}$$

$$+ \sum_{k=1}^{n}\frac{(-)^k \mathrm{B}_k h^{2k}}{(2k)!}[F^{(2k-1)}(a+mh) - F^{(2k-1)}(a)] + R_n, \quad (6)$$

其中

$$R_n = \frac{h^{2n+1}}{(2n)!}\int_0^1 \varphi_{2n}(t)\sum_{s=0}^{m-1}F^{(2n)}(a+hs+ht)\mathrm{d}t. \quad (7)$$

这就是欧勒公式.

立刻可以看出,公式(6)右方的第一项不是别的,而是用梯形法计算左方积分的近似值.因此,(6)式是求更精确近似的公式,其中含伯努利数的和数是修正项,积分项 $R_n$ 则用来估计误差,或者用来对近似值作进一步的修正(参看下面的例2).

欧勒公式(6)中的余项 $R_n$ 还可以简化.为此,引进周期为1的函数 $\mathrm{P}_\lambda(t)$:

$$\left.\begin{array}{l}\mathrm{P}_\lambda(t) = \varphi_\lambda(t)/\lambda!, \quad \text{当} 0 \leqslant t < 1, \\ \mathrm{P}_\lambda(t+1) = \mathrm{P}_\lambda(t), \quad \lambda \text{为非负整数}.\end{array}\right\} \quad (8)$$

于是

$$R_n = h^{2n+1} \int_0^1 P_{2n}(t) \sum_{s=0}^{m-1} F^{(2n)} [a + h(t+s)] dt.$$

把 $t+s$ 换成 $t$，利用 $P_\lambda(t)$ 的周期性，有

$$R_n = h^{2n+1} \sum_{s=0}^{m-1} \int_s^{s+1} P_{2n}(t) F^{(2n)}(a+ht) dt = h^{2n+1} \int_0^m P_{2n}(t) F^{(2n)}(a+ht) dt, \quad (9)$$

或，换部求积分，得

$$R_n = - h^{2n+2} \int_0^m P_{2n+1}(t) F^{(2n+1)}(a+ht) dt, \quad (10)$$

在证明过程中用到下面两个公式：

$$\frac{d}{dt} P_\lambda(t) = \frac{d}{dt} \varphi_\lambda(t)/\lambda! = \varphi_{\lambda-1}(t)/(\lambda-1)! = P_{\lambda-1}(t), \quad (11)$$

$$P_{2n+1}(1) = (-)^{2n+1} P_{2n+1}(0) = 0. \quad (12)$$

这是根据伯努利多项式的性质（1.1 节（11），（15）和（4））得到的.

**$P_\lambda(t)$ 的估计值公式**——由于 $P_\lambda(t)$ 是周期为 1 的函数，它可以展成傅里叶级数. 当 $\lambda = 2n$ 时，因 $\varphi_{2n}(1-t) = \varphi_{2n}(t)$，故在区间 $0 \leqslant t < 1$ 中 $P_{2n}(1-t) = P_{2n}(t) = P_{2n}(-t)$，即 $P_{2n}(t)$ 是偶函数. 因此，

$$P_{2n}(t) = \sum_{k=0}^\infty a_k \cos 2k\pi t.$$

利用（11）和（12）可以算出

$$a_0 = \int_0^1 P_{2n}(t) dt = P_{2n+1}(1) - P_{2n+1}(0) = 0 \quad (n \geqslant 1),$$

$$a_k = 2 \int_0^1 P_{2n}(t) \cos 2k\pi t dt = \frac{2(-)^{n+1}}{(2k\pi)^{2n}},$$

而得

$$P_{2n}(t) = (-)^{n+1} \sum_{k=1}^\infty \frac{2\cos 2k\pi t}{(2k\pi)^{2n}} \quad (n \geqslant 1). \quad (13)$$

类似地有

$$P_{2n+1}(t) = (-)^{n+1} \sum_{k=1}^\infty \frac{2\sin 2k\pi t}{(2k\pi)^{2n+1}} \quad \left( \begin{matrix} n \geqslant 0; \\ \text{当 } n = 0, 0 < t < 1 \end{matrix} \right). \quad (14)$$

由（13）和（14）得

$$|P_\lambda(t)| \leqslant \frac{2}{(2\pi)^\lambda} \sum_{k=1}^\infty \frac{1}{k^\lambda}.$$

当 $\lambda \geqslant 2$ 时

$$1 + \frac{1}{2^\lambda} + \frac{1}{3^\lambda} + \cdots < 1 + \int_1^\infty \frac{dx}{x^\lambda} = 1 + \frac{1}{\lambda-1} \leqslant 2,$$

故

$$| \mathrm{P}_\lambda(t) | \leqslant \frac{4}{(2\pi)^\lambda}. \tag{15}$$

这式在 $\lambda = 1$ 时也成立，因为 $| \mathrm{P}_1(t) | = | \varphi_1(t) | = \left| t - \frac{1}{2} \right| \leqslant \frac{1}{2} < \frac{4}{2\pi}$（参看 1.1 节 (10)）.

当 $\lambda = 2n$ 时，由(13)又有

$$| \mathrm{P}_{2n}(t) | \leqslant | \mathrm{P}_{2n}(0) | = \frac{\mathrm{B}_n}{(2n)!} \tag{16}$$

（参看(8)式）.

如果 $F(x)$ 在 $x > 0$ 时有固定的正负号（即恒正或恒负），并且当 $x \to \infty$ 时 $F(x)$ 及其各级微商都单调地趋于 0，可以证明欧勒公式的余项为

$$R_n = \theta \frac{(-)^{n+1} B_{n+1}}{(2n+2)!} h^{2n+2} \big[ F^{(2n+1)}(a+mh) - F^{(2n+1)}(a) \big] \quad (0 \leqslant \theta \leqslant 1). \tag{17}$$

关于这公式的证明可参考例如 Knoop, *Unendliche Reihen* (1931), pp. 550～552.

**应用举例：**

**例 1** 在欧勒公式(6)中令 $F(x) = \mathrm{e}^{tx}$，$a = 0$，$m = 1$，$h = 1$，并用(10)式的余项，得

$$\frac{\mathrm{e}^t - 1}{t} = \frac{1}{2}(\mathrm{e}^t + 1) + \sum_{k=1}^{n} \frac{(-)^k \mathrm{B}_k}{(2k)!} t^{2k-1} (\mathrm{e}^t - 1) - t^{2n+1} \int_0^1 \mathrm{P}_{2n+1}(s) \mathrm{e}^{ts} \, \mathrm{d}s.$$

两边乘以 $t/(\mathrm{e}^t - 1)$，移项，得

$$\frac{t}{\mathrm{e}^t - 1} = 1 - \frac{t}{2} - \sum_{k=1}^{n} \frac{(-)^k \mathrm{B}_k}{(2k)!} t^{2k} + \frac{t^{2n+2}}{\mathrm{e}^t - 1} \int_0^1 \mathrm{P}_{2n+1}(s) \mathrm{e}^{ts} \, \mathrm{d}s. \tag{18}$$

与 1.1 节(3)式比较，这是函数 $t/(\mathrm{e}^t - 1)$ 的有限项泰勒展开式，它不受 $|t| < 2\pi$ 的限制.

**例 2** 欧勒常数 $\gamma$ 的计算.

$\gamma$ 的定义是

$$\gamma = \lim_{m \to \infty} \left\{ 1 + \frac{1}{2} + \cdots + \frac{1}{m} - \ln m \right\}. \tag{19}$$

要证明这极限存在，令

$$u_n = \frac{1}{n} - \ln \frac{n+1}{n} = \int_0^1 \frac{t}{n(n+t)} \, \mathrm{d}t \quad (n \geqslant 1).$$

因 $u_n > 0$，且 $u_n < \int_0^1 \mathrm{d}t/n^2 = 1/n^2$，故 $\sum_{n=1}^{\infty} u_n$ 是收敛的. 今(19)式右方的极限等于 $\lim_{m \to \infty} \left\{ \sum_{n=1}^{m} u_n + \ln \frac{n+1}{m} \right\} = \sum_{n=1}^{\infty} u_n$，因此极限存在.

(19)式右方的序列收敛很慢，但如果用欧勒公式来计算，只要取三个含伯努利数的项，就能得到误差不超过 $10^{-7}$ 的近似值，具体演算如下：

在欧勒公式(6)中,令 $F(x)=1/(1+x)$,$a=0$,$h=1$,$n=3$,并把 $m$ 换成 $m-1$,余项用(10)式,得

$$1+\frac{1}{2}+\cdots+\frac{1}{m}-\ln m=\frac{1}{2}\left(1+\frac{1}{m}\right)+\frac{B_1}{2}\left(1-\frac{1}{m^2}\right)-\frac{B_2}{4}\left(1-\frac{1}{m^4}\right)$$
$$+\frac{B_3}{6}\left(1-\frac{1}{m^6}\right)-7!\int_1^m P_7(t)\frac{dt}{t^8}, \tag{20}$$

令 $m\to\infty$,得

$$\gamma=\frac{1}{2}+\frac{B_1}{2}-\frac{B_2}{4}+\frac{B_3}{6}-7!\int_1^\infty P_7(t)\frac{dt}{t^8}. \tag{21}$$

再利用(20)式消去(21)式右方的前四项,并代入 1.1 节(9)式给出的伯努利数的值,得

$$\gamma=1+\frac{1}{2}+\cdots+\frac{1}{m}-\ln m-\frac{1}{2m}+\frac{1}{12m^2}-\frac{1}{120m^4}+\frac{1}{252m^6}-7!\int_m^\infty P_7(t)\frac{dt}{t^8}. \tag{22}$$

估计积分的值,利用(15),有

$$\left|7!\int_m^\infty P_7(t)\frac{dt}{t^8}\right|\leqslant 7!\frac{4}{(2\pi)^7}\int_m^\infty\frac{dt}{t^8}=\frac{45}{2}(m\pi)^{-7}.$$

如果取 $m=5$,则积分值小于 $10^{-7}$.假设 $\ln 5$ 为已知[①],则(22)式给出

$$\gamma=0.577\ 215\ 7. \tag{23}$$

下面是到二十三位的 $\gamma$ 值

$$\gamma=0.577\ 215\ 664\ 901\ 532\ 860\ 606\ 51\cdots. \tag{24}$$

## 1.4　拉格朗日(Lagrange)展开公式

先讲一个关于**函数的零点和极点的定理**:

设 $\psi(z)$ 在围道 $C$ 内除有限个极点 $b_j(j=1,2,\cdots)$ 外是解析的,$a_k(k=1,2,\cdots)$ 是 $\psi(z)$ 在 $C$ 内的零点,在 $C$ 上 $\psi(z)\neq0$,又 $\varphi(z)$ 是 $C$ 内及 $C$ 上的解析函数,则

$$\frac{1}{2\pi i}\oint_C\varphi(z)\frac{\psi'(z)}{\psi(z)}dz=\sum_k n_k\varphi(a_k)-\sum_j p_j\varphi(b_j), \tag{1}$$

其中 $n_k$ 和 $p_j$ 分别是零点 $a_k$ 和极点 $b_j$ 的阶;积分是沿 $C$ 的正向一周(逆时针).

**证** 按科希(Cauchy)定理

$$\frac{1}{2\pi i}\oint_C\varphi(z)\frac{\psi'(z)}{\psi(z)}dz=\frac{1}{2\pi i}\left\{\sum_k\int_{(a_k)}\varphi(z)\frac{\psi'(z)}{\psi(z)}dz+\sum_j\int_{(b_j)}\varphi(z)\frac{\psi'(z)}{\psi(z)}dz\right\}, \tag{2}$$

$(a_k)$,$(b_j)$ 分别表示积分路线是正向绕 $a_k$ 点,$b_j$ 点一周的围道,每一个这样的围道

---

① $\ln 5=1.609\ 437\ 912\ 4.$

内只含一个零点或者一个极点.

在 $a_k$ 的邻域内

$$\psi(z) = (z - a_k)^{n_k} \psi_k(z), \quad \psi_k(a_k) \neq 0,$$

因此

$$\frac{\psi'(z)}{\psi(z)} = \frac{\mathrm{d}}{\mathrm{d}z}\ln\psi(z) = \frac{n_k}{z - a_k} + \frac{\psi_k'(z)}{\psi_k(z)}.$$

由于 $\psi_k(z)$ 在 $a_k$ 的邻域中是解析的,并且 $\psi_k(a_k)\neq0$,故而只要围道 $(a_k)$ 够小, $\psi_k'(z)/\psi_k(z)$ 在其中也是解析的,含它的项对(2)式中积分的贡献为零. 因此,按残数定理有

$$\frac{1}{2\pi\mathrm{i}}\int_{(a_k)} \varphi(z)\,\frac{\psi'(z)}{\psi(z)}\mathrm{d}z = \frac{n_k}{2\pi\mathrm{i}}\int_{(a_k)} \varphi(z)\,\frac{\mathrm{d}z}{z - a_k} = n_k\varphi(a_k). \tag{3}$$

同样可证

$$\frac{1}{2\pi\mathrm{i}}\int_{(b_j)} \varphi(z)\,\frac{\psi'(z)}{\psi(z)}\mathrm{d}z = -p_j\varphi(b_j). \tag{4}$$

把(3)和(4)的结果代入(2)中,即得(1).

令 $\varphi(z)\equiv1$,得(1)式的一个重要特殊情形:

$$\frac{1}{2\pi\mathrm{i}}\oint_C \frac{\psi'(z)}{\psi(z)}\mathrm{d}z = N - P, \tag{5}$$

其中 $N$ 是 $\psi(z)$ 在 $C$ 内的零点的个数,$P$ 是极点的个数;重零点和重极点须按阶数计算其个数.

如果 $\psi(z)$ 在 $C$ 内无奇点,则 $P=0$ 而有

$$\frac{1}{2\pi\mathrm{i}}\oint_C \frac{\psi'(z)}{\psi(z)}\mathrm{d}z = N. \tag{6}$$

现在来说明拉格朗日定理:

设 $f(z)$ 和 $\varphi(z)$ 在围道 $C$ 上及 $C$ 内是解析的,$a$ 为 $C$ 内一点. 如果对于 $C$ 上的点 $\zeta$,参数 $t$ 满足

$$|t\varphi(\zeta)| < |\zeta - a|, \tag{7}$$

则

(i) 方程

$$z = a + t\varphi(z) \tag{8}$$

在 $C$ 内有一根而且只有一根;当 $t=0$ 时此根趋于 $a$.

(ii) 函数 $f(z)$ 可以依 $t$ 的幂展为

$$f(z) = f(a) + \sum_{n=1}^{\infty} \frac{t^n}{n!}\frac{\mathrm{d}^{n-1}}{\mathrm{d}a^{n-1}}\{f'(a)[\varphi(a)]^n\}. \tag{9}$$

这公式称为**拉格朗日展开公式**.

先证明(i).应用公式(6)于函数

$$\psi(z) \equiv z - a - t\varphi(z),$$

注意条件(7),得 $\psi(z)$ 在 $C$ 内的零点的个数

$$N = \frac{1}{2\pi i} \oint_C \frac{1 - t\varphi'(\zeta)}{\zeta - a - t\varphi(\zeta)} d\zeta$$

$$= \frac{1}{2\pi i} \oint_C [1 - t\varphi'(\zeta)] \sum_{n=0}^{\infty} \frac{[t\varphi(\zeta)]^n}{(\zeta - a)^{n+1}} d\zeta$$

$$= \sum_{n=0}^{\infty} \frac{t^n}{n!} \frac{d^n}{da^n} \{[\varphi(a)]^n\} - \sum_{n=0}^{\infty} \frac{t^{n+1}}{(n+1)!} \frac{d^{n+1}}{da^{n+1}} \{[\varphi(a)]^{n+1}\}$$

$$= 1,$$

即 $\psi(z) \equiv z - a - t\varphi(z) = 0$ 在 $C$ 内有而且只有一个根.

再来证明(ii). 设 $z$ 是方程(8)在 $C$ 内的唯一的根,用公式(1)有

$$\frac{1}{2\pi i} \oint_C f(\zeta) \frac{\psi'(\zeta)}{\psi(\zeta)} d\zeta = f(z).$$

但另一方面

$$\frac{1}{2\pi i} \oint_C f(\zeta) \frac{\psi'(\zeta)}{\psi(\zeta)} d\zeta$$

$$= \frac{1}{2\pi i} \oint_C f(\zeta) \frac{1 - t\varphi'(\zeta)}{\zeta - a - t\varphi(\zeta)} d\zeta$$

$$= \frac{1}{2\pi i} \oint_C f(\zeta) [1 - t\varphi'(\zeta)] \sum_{n=0}^{\infty} t^n \frac{[\varphi(\zeta)]^n}{(\zeta - a)^{n+1}} d\zeta$$

$$= \sum_{n=0}^{\infty} \frac{t^n}{n!} \frac{d^n}{da^n} \{f(a)[\varphi(a)]^n\} - \sum_{n=0}^{\infty} \frac{t^{n+1}}{(n+1)!} \frac{d^n}{da^n} \left\{ f(a) \frac{d}{da} [\varphi(a)]^{n+1} \right\}$$

$$= f(a) + \sum_{n=1}^{\infty} \frac{t^n}{n!} \frac{d^{n-1}}{da^{n-1}} \{f'(a)[\varphi(a)]^n\},$$

因此有(9)式.

**例** 设 $\varphi(z) = (z^2 - 1)/2$,则方程 $z - x - t\varphi(z) = 0$ 的一个根是

$$z = \frac{1 - \sqrt{1 - 2xt + t^2}}{t};$$

当 $t = 0$ 时,$z \to x$. 于是,按拉格朗日定理,令 $f(z) \equiv z$,得

$$\frac{1 - \sqrt{1 - 2xt + t^2}}{t} = x + \sum_{n=1}^{\infty} \frac{t^n}{n!} \frac{d^{n-1}}{dx^{n-1}} \left\{ \left( \frac{x^2 - 1}{2} \right)^n \right\}.$$

两边对 $x$ 求微商,得展开式

$$\frac{1}{\sqrt{1 - 2xt + t^2}} = \sum_{n=0}^{\infty} \frac{t^n}{n! 2^n} \frac{d^n}{dx^n} (x^2 - 1)^n. \tag{10}$$

## 1.5 半纯函数的有理分式展开. 米塔格-累夫勒(Mittag-Leffler)定理

半纯函数是这样的单值函数,它在**有限区域**内除极点之外没有别的奇点.

**例 1** 任何有理函数 $P_n(z)/Q_m(z)$,其中 $P_n(z)$ 和 $Q_m(z)$ 分别是 $n$ 次和 $m$ 次多项式;如果 $P_n(z)$ 和 $Q_m(z)$ 没有公因子,则这函数在有限区域内的奇点是 $Q_m(z)$ 的零点.

**例 2** $\csc z, \cot z$ 等;它们的奇点是 $z = \pm n\pi, n = 0, 1, 2, \cdots$,都是一阶极点.

在有限区域中,半纯函数的极点的个数必是有限的;否则将有奇点的聚点,而聚点不能是极点,因为极点是孤立的.

如果半纯函数有无穷多个极点 $a_n, n = 1, 2, \cdots$,如例 2 中的情形,则必有 $\lim\limits_{n\to\infty} a_n = \infty$,因为如果这极限为有限值,则在有限区域内将有无穷多个极点.

以上是半纯函数的一些基本性质.下面来讨论这类函数的一种特殊展开——有理分式展开;在这种展开中,函数在它的诸极点处的奇异性同时表现无遗(试与洛浪(Laurent)展开比较).

**米塔格-累夫勒定理.** 设半纯函数 $f(z)$ 的极点为 $a_1, a_2, a_3, \cdots, 0 < |a_1| \leqslant |a_2| \leqslant |a_3| \leqslant \cdots$,如果存在具有下列性质的围道序列 $\{C_m\}$:(i) 当 $m \to \infty$ 时 $C_m$ 到原点 $(z=0)$ 的最近距离 $R_m \to \infty$,但 $l_m/R_m$ 有界,$l_m$ 是 $C_m$ 的周长,(ii) 在 $C_m$ 上

$$|z^{-p} f(z)| < M, \tag{1}$$

$p$ 为某最小的非负整数,$M$ 为与 $m$ 无关的正数,则 $f(z)$ 可展为有理分式的级数

$$f(z) = \sum_{k=0}^{p} f^{(k)}(0) \frac{z^k}{k!} + \sum_{n=1}^{\infty} \left\{ G_n\left(\frac{1}{z-a_n}\right) - \varphi_{np}(z) \right\}, \tag{2}$$

其中

$$G_n\left(\frac{1}{z-a_n}\right) = \frac{A_{n,s_n}}{(z-a_n)^{s_n}} + \frac{A_{n,s_n-1}}{(z-a_n)^{s_n-1}} + \cdots + \frac{A_{n,1}}{z-a_n} \tag{3}$$

$$(n = 1, 2, \cdots)$$

是 $f(z)$ 在 $a_n$ 点的主部,

$$\varphi_{np}(z) = \sum_{k=0}^{p} \left[ \frac{\mathrm{d}^k}{\mathrm{d}\zeta^k} G_n\left(\frac{1}{\zeta-a_n}\right) \right]_{\zeta=0} \frac{z^k}{k!}. \tag{4}$$

**证** 设 $m$ 够大使 $z$ 在 $C_m$ 内,则

$$\frac{1}{2\pi i} \oint_{C_m} \frac{f(\zeta) \mathrm{d}\zeta}{\zeta - z} = \frac{1}{2\pi i} \int_{(z+)} \frac{f(\zeta) \mathrm{d}\zeta}{\zeta - z} + \sum_{r=1}^{r_m} \frac{1}{2\pi i} \int_{(a_r+)} \frac{f(\zeta) \mathrm{d}\zeta}{\zeta - z}$$

$$= f(z) + \sum_{r=1}^{r_m} \frac{1}{2\pi i} \int_{(a_r+)} \frac{\mathrm{d}\zeta}{\zeta - z} \left\{ G_r\left(\frac{1}{\zeta - a_r}\right) + P_r(\zeta - a_r) \right\}, \tag{5}$$

其中,$P_r(\zeta-a_r)$ 是 $f(\zeta)$ 在 $a_r$ 的邻域内的正则部,$r_m$ 是 $C_m$ 内极点的个数. 由于 $P_r(\zeta-a_r)/(\zeta-z)$ 在 $a_r$ 的邻域内是解析的,它的围道积分值为 0. 又,根据复连通区域的科希定理,

$$\frac{1}{2\pi i}\int_{(a_r+)}\frac{\mathrm{d}\zeta}{\zeta-z}G_r\left(\frac{1}{\zeta-a_r}\right)$$

$$= \frac{1}{2\pi i}\oint_{C_R}\frac{\mathrm{d}\zeta}{\zeta-z}G_r\left(\frac{1}{\zeta-a_r}\right) - \frac{1}{2\pi i}\int_{(z+)}\frac{\mathrm{d}\zeta}{\zeta-z}G_r\left(\frac{1}{\zeta-a_r}\right),$$

其中 $C_R$ 是以 $\zeta=0$ 为心、半径等于 $R$、包含 $a_r$ 和 $z$ 点于内的圆. 但当 $|\zeta|\to\infty$ 时

$$\frac{1}{\zeta-z}G_r\left(\frac{1}{\zeta-a_r}\right) = O(\zeta^{-2}),$$

故 $\int_{C_R}$ 随 $R\to\infty$ 而趋于 0,因此

$$\frac{1}{2\pi i}\int_{(a_r+)}\frac{\mathrm{d}\zeta}{\zeta-z}G_r\left(\frac{1}{\zeta-a_r}\right) = -\frac{1}{2\pi i}\int_{(z+)}\frac{\mathrm{d}\zeta}{\zeta-z}G_r\left(\frac{1}{\zeta-a_r}\right) = -G_r\left(\frac{1}{z-a_r}\right), \quad (6)$$

而(5)式成为

$$\frac{1}{2\pi i}\oint_{C_m}\frac{f(\zeta)\mathrm{d}\zeta}{\zeta-z} = f(z) - \sum_{r=1}^{r_m}G_r\left(\frac{1}{z-a_r}\right). \quad (7)$$

另一方面,(7)式左方的积分

$$\frac{1}{2\pi i}\oint_{C_m}\frac{f(\zeta)\mathrm{d}\zeta}{\zeta-z} = \frac{1}{2\pi i}\oint_{C_m}f(\zeta)\mathrm{d}\zeta\left[\sum_{k=0}^{p}\frac{z^k}{\zeta^{k+1}} + \frac{z^{p+1}}{\zeta^{p+1}(\zeta-z)}\right]$$

$$= \sum_{k=0}^{p}f^{(k)}(0)\frac{z^k}{k!} + \sum_{k=0}^{p}z^k\sum_{r=1}^{r_m}\frac{1}{2\pi i}\int_{(a_r+)}f(\zeta)\zeta^{-k-1}\mathrm{d}\zeta$$

$$+ \frac{z^{p+1}}{2\pi i}\oint_{C_m}\frac{f(\zeta)\mathrm{d}\zeta}{\zeta^{p+1}(\zeta-z)}.$$

用证明(6)式的同样方法有

$$\frac{1}{2\pi i}\int_{(a_r+)}f(\zeta)\zeta^{-k-1}\mathrm{d}\zeta = \frac{1}{2\pi i}\int_{(a_r+)}G_r\left(\frac{1}{\zeta-a_r}\right)\zeta^{-k-1}\mathrm{d}\zeta$$

$$= -\frac{1}{2\pi i}\int_{(0+)}G_r\left(\frac{1}{\zeta-a_r}\right)\zeta^{-k-1}\mathrm{d}\zeta$$

$$= -\frac{1}{k!}\left[\frac{\mathrm{d}^k}{\mathrm{d}\zeta^k}G_r\left(\frac{1}{\zeta-a_r}\right)\right]_{\zeta=0},$$

代入前式,并用(7)式,得

$$f(z) = \sum_{k=0}^{p}f^{(k)}(0)\frac{z^k}{k!} + \sum_{r=1}^{r_m}\left\{G_r\left(\frac{1}{z-a_r}\right) - \varphi_{rp}(z)\right\} + \frac{z^{p+1}}{2\pi i}\oint_{C_m}\frac{f(\zeta)\mathrm{d}\zeta}{\zeta^{p+1}(\zeta-z)}.$$

当 $m\to\infty$ 时,根据条件(1),在 $|z|<R$ 中($R$ 为任意正数)有

$$\left|\frac{z^{p+1}}{2\pi i}\oint_{C_m}\frac{f(\zeta)\mathrm{d}\zeta}{\zeta^{p+1}(\zeta-z)}\right| < \frac{1}{2\pi}\left(\frac{R}{R_m}\right)^{p+1}\frac{Ml_m}{R_m-R} \to 0,$$

因此有(2)式,其中的级数在$|z| \leqslant R$($R$任意)中是一致收敛的(设$z \neq a_n$,$n = 1, 2$,$\cdots$)[①].

当$z = 0$也是$f(z)$的极点时,上面的定理不能直接应用于$f(z)$,但可应用于$F(z) = f(z) - G_0(1/z)$,$G_0(1/z)$是$f(z)$在$z = 0$点的主部,只要$F(z)$满足定理的条件.

如果$a_1, a_2, \cdots$都是半纯函数$f(z)$的一阶极点($\neq 0$),而且在$C_m$上$|f(z)| < M$(即$p = 0$),$M$与$m$无关,则有特别简单的展开公式

$$f(z) = f(0) + \sum_{n=1}^{\infty} b_n \left\{ \frac{1}{z - a_n} + \frac{1}{a_n} \right\}, \tag{8}$$

其中$b_n$是$f(z)$在$a_n$点的残数.

(2)式和(8)式右方的级数都在全平面上代表左方的函数.

**例 3**    $\cot z$的有理分式展开.

$\cot z$是半纯函数,极点为$0$,$n\pi$($n = \pm 1$,$\pm 2, \cdots$),都是一阶的,残数为$1$. 因$z = 0$也是极点,故应考虑函数$F(z) = \cot z - 1/z$,它的极点是$n\pi$($n = \pm 1, \pm 2, \cdots$),残数仍为$1$. 取$C_m$为图1中的正方形围道,可以证明在其上$|F(z)| < M$,$M$与$m$无关,因为

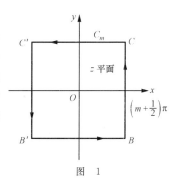

图 1

$$|\cot z|^2 = \frac{\mathrm{e}^{2y} + \mathrm{e}^{-2y} + 2\cos 2x}{\mathrm{e}^{2y} + \mathrm{e}^{-2y} - 2\cos 2x} \quad (z = x + \mathrm{i}y),$$

在$BC$和$B'C'$边上,$x = \pm \left( m + \dfrac{1}{2} \right)\pi$,故$\cos 2x = -1$而有$|\cot z|^2 < 1$;在$BB'$和$CC'$上,$y = \pm \left( m + \dfrac{1}{2} \right)\pi$,而有

$$|\cot z|^2 < \frac{\mathrm{e}^{2y} + \mathrm{e}^{-2y} + 2}{\mathrm{e}^{2y} + \mathrm{e}^{-2y} - 2} = \left( \frac{1 + \mathrm{e}^{-2y}}{1 - \mathrm{e}^{-2y}} \right)^2 \to 1, \quad \text{当} \ m \to \infty.$$

又,$1/z$在$C_m$上是有界的,因此可以应用公式(8)于$F(z)$而得

$$\cot z - \frac{1}{z} = \left( \cot z - \frac{1}{z} \right)_{z \to 0} + \sum_{n=-\infty}^{\infty} {}' \left\{ \frac{1}{z - n\pi} + \frac{1}{n\pi} \right\};$$

符号$\sum'$表示在求和时没有$n = 0$的项. 当$z \to 0$时,$\cot z - 1/z \to 0$,故

$$\cot z = \frac{1}{z} + \sum_{n=-\infty}^{\infty} {}' \left\{ \frac{1}{z - n\pi} + \frac{1}{n\pi} \right\} = \frac{1}{z} + \sum_{n=1}^{\infty} \frac{2z}{z^2 - n^2\pi^2}. \tag{9}$$

把(9)式中的$z$换成$t/2$,得

---

① 级数的项是按围道序列$\{C_m\}$的次序安排的,而当级数绝对收敛时,则项的次序可任意安排.

$$\frac{t}{2}\cot\frac{t}{2} = 1 + \sum_{n=1}^{\infty}\frac{2t^2}{t^2 - (2n\pi)^2}. \tag{10}$$

与 1.1 节(18)式比较,得

$$\sum_{n=1}^{\infty}\frac{2t^2}{t^2 - (2n\pi)^2} = -\sum_{k=1}^{\infty}\frac{B_k}{(2k)!}t^{2k}. \tag{11}$$

当 $|t| < 2\pi$ 时,左方级数的每一项都可以用幂级数展开:

$$\frac{2t^2}{t^2 - (2n\pi)^2} = -2\left(\frac{t}{2n\pi}\right)^2\sum_{k=0}^{\infty}\left(\frac{t}{2n\pi}\right)^{2k} = -2\sum_{k=1}^{\infty}\frac{t^{2k}}{(2n\pi)^{2k}}.$$

代入(11)式,并倒换对 $n$ 和 $k$ 的求和次序[①],得

$$\sum_{k=1}^{\infty}t^{2k}\left(2\sum_{n=1}^{\infty}\frac{1}{(2n\pi)^{2k}}\right) = \sum_{k=1}^{\infty}\frac{B_k}{(2k)!}t^{2k},$$

由此得求和公式

$$\sum_{n=1}^{\infty}\frac{1}{n^{2k}} = \frac{(2\pi)^{2k}B_k}{2(2k)!}, \quad k = 1, 2, \cdots, \tag{12}$$

其中 $B_k$ 是伯努利数(1.1 节).

## 1.6  无 穷 乘 积

在这一节里将简单地介绍一下有关无穷乘积的基本概念和收敛问题,特别是绝对收敛的条件.

无穷乘积

$$\prod_{n=1}^{\infty}u_n = u_1 \cdot u_2 \cdot u_3 \cdots \tag{1}$$

在而且只在下述情况下称为是收敛的:存在 $m$ 使所有 $n > m$ 的 $u_n \neq 0$,而且部分积

$$p_n = u_{m+1} \cdot u_{m+2}\cdots u_n \quad (n > m) \tag{2}$$

在 $n \to \infty$ 时趋于不为零的极限 $U_m$;这时,

$$U = \prod_{n=1}^{\infty}u_n = u_1 \cdot u_2 \cdots u_m U_m \tag{3}$$

称为无穷乘积之值,它显然与 $m$ 无关.

**定理 1**  $\lim_{n\to\infty}u_n = 1$ 是无穷乘积(1)收敛的必要条件.

**证**  当 $n \to \infty$ 时,$u_n = p_n/p_{n-1} \to 1$,因为 $p_n$ 和 $p_{n-1}$ 在 $n \to \infty$ 时有相同的极限 $U_m$.

由于这个缘故,常把 $u_n$ 写作 $u_n = 1 + a_n$,而(1)成为

---

① 其合法性可参看例如,Knoop,*Unendliche Reihen*,§16 [90],1931.

$$\prod_{n=1}^{\infty}(1+a_n). \tag{4}$$

按定理 1, $\lim\limits_{n\to\infty}a_n=0$ 是(4)收敛的必要条件.

**定理 2** 乘积(4)收敛的充要条件是存在 $m$ 使级数

$$\sum_{n=m+1}^{\infty}\ln(1+a_n) \tag{5}$$

收敛,其中的对数取主值:$|\arg(1+a_n)|<\pi$. 令这级数和为 $L$,则

$$\prod_{n=1}^{\infty}(1+a_n)=(1+a_1)(1+a_2)\cdots(1+a_m)e^L. \tag{6}$$

**证** 条件是充分的,因为如果(5)收敛,则序列

$$p_n=(1+a_{m+1})(1+a_{m+2})\cdots(1+a_n)=\exp\Big\{\sum_{r=m+1}^{n}\ln(1+a_r)\Big\}$$

是收敛的,而且 $\lim\limits_{n\to\infty}p_n=e^L$.

条件是必要的,因为如果乘积收敛,则存在 $m$ 使$(1+a_n)\neq0(n>m)$,而且当 $n\to\infty$时 $p_n\to p\neq0$. 但

$$\sum_{r=m+1}^{\infty}\ln(1+a_r)=\lim_{n\to\infty}\ln p_n=\ln p,$$

故级数(5)是收敛的. 不过,它的值与 $p$ 所含因子的辐角有关. 这些辐角不能任意规定,因为$\lim\ln(1+a_n)=0$ 是级数(5)收敛的必要条件,而 $\ln(1+a_n)=\ln|1+a_n|+i\arg(1+a_n)$,因此必须 $a_n\to0$ 和 $\arg(1+a_n)\to0$,也就是说,除去有限数的项,必须 $|\arg(1+a_n)|<\pi$,即对数取主值.

**无穷乘积的绝对收敛及其充要条件** 乘积 $\prod\limits_{n=1}^{\infty}(1+a_n)$ 称为是绝对收敛的,如果 $\prod\limits_{n=1}^{\infty}(1+|a_n|)$ 收敛.

**定理 3** 如果 $\prod\limits_{n=1}^{\infty}(1+a_n)$ 绝对收敛,则它必是收敛的.

**证** 按所设 $\prod\limits_{n=1}^{\infty}(1+|a_n|)$ 收敛,故存在 $r$ 使当 $n\to\infty$时

$$q_n=(1+|a_{r+1}|)(1+|a_{r+2}|)\cdots(1+|a_n|)\to q\neq0. \tag{7}$$

对于任意的 $k(>0)$,只要 $n$ 够大,就有

$$|(1+a_{n+1})(1+a_{n+2})\cdots(1+a_{n+k})-1|$$

$$\leqslant(1+|a_{n+1}|)(1+|a_{n+2}|)\cdots(1+|a_{n+k}|)-1$$

$$=\frac{q_{n+k}}{q_n}-1<\varepsilon. \tag{8}$$

因此存在 $m$ 使对于任何 $s>m$ 有

$$|(1+a_{m+1})(1+a_{m+2})\cdots(1+a_s)-1|=|p_s-1|<\frac{1}{2},$$

即

$$\frac{1}{2}<|p_s|<\frac{3}{2}.$$

这表示当 $s>m$ 时，$1+a_s\neq0$，而且，如果 $p_s$ 趋于极限，极限不为零. 事实上，由 (8) 有

$$\left|\frac{p_{s+k}}{p_s}-1\right|\leqslant\frac{q_{s+k}}{q_s}-1<\varepsilon\quad(s>m,k(>0)\text{任意}),$$

或

$$|p_{s+k}-p_s|<\varepsilon|p_s|.$$

由此，根据科希判据，$p_s$ 确有极限，也就是 $\prod\limits_{n=1}^{\infty}(1+a_n)$ 收敛.

**定理 4**　乘积 $\prod\limits_{n=1}^{\infty}(1+a_n)$ 绝对收敛的充要条件是级数 $\sum\limits_{n=1}^{\infty}a_n$ 绝对收敛.

**证**　令 $P_n=(1+|a_{m+1}|)(1+|a_{m+2}|)\cdots(1+|a_n|)(n>m)$，$P_n$ 显然不等于零，又令 $S_n=|a_{m+1}|+|a_{m+2}|+\cdots+|a_n|$. 因 $1+|a_\nu|\leqslant\mathrm{e}^{|a_\nu|}$，故 $S_n<P_n<\mathrm{e}^{S_n}$，可见 $S_n$ 和 $P_n$ 的收敛性是等价的.

**定理 5**　如果乘积 $\prod\limits_{n=1}^{\infty}(1+a_n)$ 绝对收敛，则级数 $\sum\limits_{n=1}^{\infty}\ln(1+a_n)$ 也是绝对收敛的；反之亦然.

**证**　不论乘积或级数收敛，都有 $a_n\to0(n\to\infty)$. 因此，取 $n$ 足够大，使 $|a_n|<1/2$，则

$$\left|\frac{\ln(1+a_n)}{a_n}-1\right|=\left|-\frac{a_n}{2}+\frac{a_n^2}{3}-\frac{a_n^3}{4}+\cdots\right|<\frac{1}{2^2}+\frac{1}{2^3}+\frac{1}{2^4}+\cdots=\frac{1}{2},$$

从而有

$$\frac{1}{2}<\left|\frac{\ln(1+a_n)}{a_n}\right|<\frac{3}{2}.$$

可见 $\sum\limits_{n=1}^{\infty}|\ln(1+a_n)|$ 与 $\sum\limits_{n=1}^{\infty}|a_n|$ 的收敛性是等价的. 于是，根据定理 4，定理 5 得证.

**一致收敛**——无穷乘积 $\prod\limits_{n=1}^{\infty}\{1+u_n(z)\}$ 称为在 $z$ 的某区域中是一致收敛的，如果给定 $\varepsilon>0$，可以找到这样的 $m$，它与 $z$ 无关，使得对于任意的 $p>0$，

$$\left|\prod_{n=1}^{m+p}\{1+u_n(z)\}-\prod_{n=1}^{m}\{1+u_n(z)\}\right|<\varepsilon.$$

## 1.7 函数的无穷乘积展开. 外氏(Weierstrass)定理

先讨论整函数的情形.

在全平面上解析的函数称为整函数. 例如多项式 $P_n(z)$，$\sin z$，$\cos z$，$e^z$ 等.

如果一个整函数在无穷远点也是解析的，则按刘维(Liouville)定理，它只能是常数. 一般，无穷远点可以是整函数的极点，例如多项式的情形，也可以是本性奇点，例如对于函数 $e^z$，$\sin z$ 等.

在代数中常把一个多项式表成它的质因子的乘积. 对于整函数，也可以作类似的表示. 不过，当整函数有无穷个零点时(例如 $\sin z$，$\cos z$ 等)，这样的表示是一个无穷乘积，有关收敛问题则需要用上节的结果来讨论.

**定理 1** 设整函数 $f(z)$ 只有不为 0 的一阶零点 $a_1, a_2, \cdots, \lim\limits_{n\to\infty} a_n = \infty$[①]，且存在围道序列 $\{C_m\}$，在其上 $|f'(z)/f(z)| < M$，$M$ 为与 $m$ 无关的正数，则 $f(z)$ 可展为无穷乘积

$$f(z) = f(0) e^{\frac{f'(0)}{f(0)}z} \prod_{n=1}^{\infty} \left\{ \left(1 - \frac{z}{a_n}\right) e^{z/a_n} \right\}; \tag{1}$$

乘积中的每一个因子 $(1 - z/a_n) e^{z/a_n}$ 只在一点 $(z = a_n)$ 上为零，它称为整函数 $f(z)$ 的质因子.

**证** 令 $F(z) = f'(z)/f(z)$. 在 $a_n$ 点，

$$f(z) = (z - a_n) f'(a_n) + \frac{(z - a_n)^2}{2!} f''(a_n) + \cdots,$$

$$f'(z) = f'(a_n) + (z - a_n) f''(a_n) + \cdots, \quad f'(a_n) \neq 0.$$

因此，

$$F(z) = \frac{f'(z)}{f(z)} = \frac{\varphi(z)}{z - a_n}, \quad \varphi(a_n) = 1,$$

即 $a_n (n = 1, 2, \cdots)$ 是 $F(z)$ 的一阶极点，残数为 1；此外，$F(z)$ 处处解析，也就是说，$F(z)$ 是一个半纯函数. 由于 $F(z)$ 满足 1.5 节公式(8)的条件，可以把它用有理分式展开：

$$F(z) = F(0) + \sum_{n=1}^{\infty} \left\{ \frac{1}{z - a_n} + \frac{1}{a_n} \right\},$$

因此有

$$\frac{f'(z)}{f(z)} = \frac{f'(0)}{f(0)} + \sum_{n=1}^{\infty} \left\{ \frac{1}{z - a_n} + \frac{1}{a_n} \right\}.$$

---

① 我们不讨论有限个零点的简单情形. 在有无穷个零点的情况下，无穷远点必是聚点，因为如果在有限远处有零点的聚点，则 $f(z) \equiv 0$.

右方级数是一致收敛的,可以乘上 $\mathrm{d}z$ 求积分,由 0 到 $z$,即得(1)式.

**例**  $\sin z$ 的无穷乘积展开.

由于 $z=0$ 是 $\sin z$ 的一阶零点,不能直接应用(1)式.而应考虑函数 $f(z)=\sin z/z$,它的零点是 $z=\pm n\pi,n=1,2,\cdots$,且都是一阶的.又 $f'(z)/f(z)=\cot z-1/z$,在 1.5 节的例 1 中证明过它满足(1)式成立的条件,故可用(1)式把 $\sin z/z$ 展为无穷乘积

$$\frac{\sin z}{z} = \prod_{n=1}^{\infty}\left\{\left(1-\frac{z}{n\pi}\right)\mathrm{e}^{z/n\pi}\right\}\left\{\left(1+\frac{z}{n\pi}\right)\mathrm{e}^{-z/n\pi}\right\} \tag{2}$$

或

$$\frac{\sin z}{z} = \prod_{n=1}^{\infty}\left(1-\frac{z^2}{n^2\pi^2}\right). \tag{3}$$

由于

$$\sum_{n=1}^{\infty}z^2/n^2\pi^2$$

绝对收敛,故根据 1.6 节定理 4 知道这无穷乘积是绝对收敛的.

整函数的无穷乘积展开显然不限于其零点为一阶的情形.如果 $a_n$ 是 $f(z)$ 的 $m_n$ 阶零点,不难证明 $a_n$ 仍是 $F(z)=f'(z)/f(z)$ 的一阶极点,只不过相应残数为 $m_n$ 而已.因此,如果其他条件满足,仍可利用 1.5 节(8)式求得 $f(z)$ 的无穷乘积展开,其中含 $a_n$ 的质因子应出现 $m_n$ 次:

$$f(z) = f(0)\mathrm{e}^{\frac{f'(0)}{f(0)}z}\prod_{n=1}^{\infty}\left\{\left(1-\frac{z}{a_n}\right)\mathrm{e}^{z/a_n}\right\}^{m_n}. \tag{4}$$

此外,在围道序列 $\{C_m\}$ 上 $|f'(z)/f(z)|<M$(与 $m$ 无关)这一条件也可以放宽,只要同时相应地改变公式(1)或(4)(见下,普遍的质因子定理).

又,无穷乘积展开不限于整函数.一个半纯函数 $f(z)$,由于总可以用两个整函数的商表达,也有无穷乘积展开.关于半纯函数可用两个整函数之商表达,证明如下:设 $G(z)$ 为整函数,其零点就是 $f(z)$ 的极点,则乘积 $f(z)G(z)$ 在有限区域内无奇点,因此是一个整函数,令为 $G_1(z)$,即有 $f(z)=G_1(z)/G(z)$.

**普遍的外氏质因子定理.**  设 $f(z)$ 在**有限区域**内无本性奇点,其零点(或极点)为 $a_1,a_2,\cdots,0<|a_1|\leqslant|a_2|\leqslant\cdots$,则 $f(z)$ 可用无穷乘积展开为

$$f(z) = f(0)\mathrm{e}^{G(z)}\prod_{n=1}^{\infty}\left\{\left(1-\frac{z}{a_n}\right)\mathrm{e}^{g_n(z)}\right\}^{m_n}, \tag{5}$$

其中 $G(z)$ 是一个整函数,$G(0)=0$;$g_n(z)$ 是一个适当地选取的多项式,它的作用是使乘积在任何有限区域内,除去极点,绝对而且一致收敛;$m_n$ 代表零点(或极点)的阶,可正可负,如果 $a_n$ 是极点,则 $m_n<0$.

**证**  首先证明,可以找到多项式 $g_n(z)$,使(5)式中的无穷乘积对于任何不在

极点处的 $z$ 值是收敛的.

按上节定理 5, 所说乘积的收敛问题与级数 $\sum \ln\{(1-z/a_n)\cdot e^{g_n(z)}\}^{m_n}$ 的收敛问题等价. 这级数的普遍项

$$u_n = \ln\left\{\left(1-\frac{z}{a_n}\right)e^{g_n(z)}\right\}^{m_n} = m_n\left\{\ln\left(1-\frac{z}{a_n}\right)+g_n(z)\right\}$$

$$= m_n\left\{-\sum_{s=1}^{\infty}\frac{1}{s}\left(\frac{z}{a_n}\right)^s + g_n(z)\right\}.$$

如果取

$$g_n(z) = \sum_{s=1}^{k_n-1}\frac{1}{s}\left(\frac{z}{a_n}\right)^s, \tag{6}$$

其中 $k_n$ 为待定整数($>1$), 则

$$|u_n| = |m_n|\left|\sum_{s=k_n}^{\infty}\frac{1}{s}\left(\frac{z}{a_n}\right)^s\right| \leqslant |m_n|\left|\frac{z}{a_n}\right|^{k_n}\sum_{s=0}^{\infty}\frac{1}{s+k_n}\left|\frac{z}{a_k}\right|^s$$

$$\leqslant |m_n|\left|\frac{z}{a_n}\right|^{k_n}\sum_{s=0}^{\infty}\left|\frac{z}{a_n}\right|^s.$$

令 $K$ 为任意正数, 并设 $|z|<K$, 则因 $a_n\to\infty$, 故存在 $N$, 使 $|a_n|>2K(n>N)$, 而有 $|za_n^{-1}|<K|a_n|^{-1}<1/2$. 因此, 当 $n>N$ 时

$$|u_n| < 2|m_n|\left|\frac{K}{a_n}\right|^{k_n}.$$

现在选尽可能小的 $k_n$ 使 $|u_n|<b_n$, 而 $\sum_{n=1}^{\infty}b_n$ 为任何收敛的正项级数, 例如 $b_n=2^{-n}$.

这样, 级数 $\sum u_n$ 不仅是收敛的, 而且是绝对和一致收敛的(对于 $|z|<K$, 极点除外). 因此, (5)式中的乘积对于所取的 $g_n(z)$ 是绝对且一致收敛的.

令

$$F(z) = \prod_{n=1}^{\infty}\left\{\left(1-\frac{z}{a_n}\right)e^{g_n(z)}\right\}^{m_n},$$

则 $f(z)/F(z)=G_1(z)$ 是一个整函数, 而且没有零点, 因此 $G_1'(z)/G_1(z)$ 也是整函数, 令为 $G_2'(z)$, 得 $G_1(z)=Ce^{G_2(z)}$, $C$ 是任意常数. 于是得

$$f(z) = Ce^{G_2(z)}\prod_{n=1}^{\infty}\left\{\left(1-\frac{z}{a_n}\right)e^{g_n(z)}\right\}^{m_n}.$$

当 $z=0$ 时, 右方的无穷乘积等于 1, 故 $f(0)=Ce^{G_2(0)}$, 而有

$$f(z) = f(0)e^{G_2(z)-G_2(0)}\prod_{n=1}^{\infty}\left\{\left(1-\frac{z}{a_n}\right)e^{g_n(z)}\right\}^{m_n}.$$

这就证明了(5)式, 其中 $G(z)=G_2(z)-G_2(0)$ 需要根据函数在 $|z|\to\infty$ 时的性质来确定. 例如, 若 $F(z)=f'(z)/f(z)$ 满足 1.5 节中(1)式的条件, 则应用该节(2)式于

$F(z)$,并由 0 到 $z$ 求积分,即见

$$G(z) = \sum_{k=0}^{p} F^{(k)}(0)\frac{z^{k+1}}{(k+1)!}, \tag{7}$$

而 $g_n(z)$ 按该节(4)式,为

$$g_n(z) = \sum_{k=0}^{p}\left[\frac{\mathrm{d}^k}{\mathrm{d}\zeta^k}G_n\left(\frac{1}{\zeta-a_n}\right)\right]_{\zeta=0}\frac{z^{k+1}}{(k+1)!}, \tag{8}$$

其中 $G_n\left(\dfrac{1}{z-a_n}\right)$ 是函数 $F(z)$ 在 $a_n$ 点的主部.

## 1.8　渐　近　展　开

一个函数的渐近展开通常是指在它的自变数或所含参数的数值很大时的近似表达式[①],例如,误差函数(6.15 节(1))$\mathrm{erf}\,x = \dfrac{2}{\sqrt{\pi}}\int_0^x \mathrm{e}^{-t^2}\mathrm{d}t$ 当 $x$ 很大时的近似计算公式,贝塞耳函数 $J_\nu(z)$ 在 $|z|$,或 $|\nu|$,或 $|z|$ 和 $|\nu|$ 两者很大时的表达式(7.10 节和 7.12 节),常微分方程在它的非正则奇点($\infty$)处的级数解(2.10 节),等等.在这一节里只介绍一些有关渐近展开的基本概念,下一节介绍关于求拉普拉斯积分的渐近展开的瓦特孙引理.其他一些求渐近展开的方法将在以后讨论各种具体的特殊函数时阐明.

当 $f(z)$ 在 $z=\infty$ 点是解析的时候,它可以用泰勒级数表达:

$$f(z) = c_0 + c_1 z^{-1} + c_2 z^{-2} + \cdots,$$

其中 $c_n = f^{(n)}(\infty)/n!$;只要在右方取足够多的项,近似程度可以无限制地改善.

在一般的情形下,如果能够找到一个级数(不一定收敛)

$$A_0 + A_1 z^{-1} + A_2 z^{-2} + \cdots, \tag{1}$$

它具有下述性质;对于任何**固定的** $n$,当 $\arg z$ 限制在一定的范围,$|\arg z| < \Delta$,而 $|z| \to \infty$ 时有

$$\lim_{z\to\infty} z^n\{f(z) - S_n(z)\} = 0, \tag{2}$$

即

$$f(z) = S_n(z) + o(z^{-n}), \tag{3}$$

其中

$$S_n = A_0 + A_1 z^{-1} + \cdots + A_n z^{-n}, \tag{4}$$

---

[①]　一般说来,渐近展开不限于自变数或参数很大的一种情形,而可以是自变数或参数是任何值时函数的近似表达式(参看例如下节).

则级数(1)称为 $f(x)$ 的渐近级数[1],而写

$$f(z) \sim A_0 + A_1 z^{-1} + A_2 z^{-2} + \cdots, \tag{5}$$
$$|z| \to \infty, \quad |\arg z| < \Delta.$$

需要指出,在渐近展开式(5)中是用级数(1)的部分和 $S_n(z)$ 作为函数 $f(z)$ 的近似,而不是说 $f(z) = \lim\limits_{n \to \infty} S_n$,因为在级数发散时,这极限不存在,有时甚至当 $k \to \infty$ 时 $A_k z^{-k}$ 不趋于 0.

一个重要的问题是关于渐近表示的误差估计. 按(2)或(3),误差的数量级是 $o(z^{-n})$. 因此,对于固定的 $n$ 和 $\arg z$ 的一定范围,$|z|$ 愈大,误差愈小,亦即近似程度愈佳. 此外,近似程度还与部分和 $S_n(z)$ 的项数 $n$ 有关. 但是,如果级数是发散的,则对于一定的 $z$,**近似程度不能通过多取项数(即增大 $n$)无限制地改善**. 这是与用收敛级数的部分和作为近似很不相同之点. 下面举一个例子来说明.

求函数

$$f(x) = \int_x^\infty \frac{e^{x-t}}{t} dt \tag{6}$$

在 $x \to \infty$ 时的渐近展开式,$x$ 为正数.

令 $t - x = \lambda$,

$$\int_x^\infty \frac{e^{x-t}}{t} dt = \int_0^\infty \frac{e^{-\lambda}}{x+\lambda} d\lambda$$
$$= \frac{1}{x} \int_0^\infty e^{-\lambda} d\lambda \Big[ \sum_{k=0}^{n-1} \left(-\frac{\lambda}{x}\right)^k + \left(-\frac{\lambda}{x}\right)^n \frac{x}{x+\lambda} \Big]$$
$$= \sum_{k=0}^{n-1} (-)^k \frac{k!}{x^{k+1}} + \frac{(-)^n}{x^n} \int_0^\infty \frac{e^{-\lambda} \lambda^n}{x+\lambda} d\lambda. \tag{7}$$

如果就用右方前 $n$ 项之和作为 $f(x)$ 的近似,则误差估计为

$$\left| \frac{(-)^n}{x^n} \int_0^\infty \frac{e^{-\lambda} \lambda^n}{x+\lambda} d\lambda \right| < \frac{1}{x^{n+1}} \int_0^\infty e^{-\lambda} \lambda^n d\lambda = \frac{n!}{x^{n+1}}. \tag{8}$$

因此[2]

$$f(x) \sim \frac{1}{x} - \frac{1}{x^2} + \frac{2!}{x^3} - \cdots + (-)^{n-1} \frac{(n-1)!}{x^n} + \cdots. \tag{9}$$

由(8)式看到,对于固定的 $n$,误差随 $x \to \infty$ 而趋于 0,即 $x$ 愈大,近似程度愈佳. 但是,如果 $x$ 固定,则在 $n$ 超过一定值($\approx x$)以后,$n$ 愈大,误差反而也愈大! 可见,用渐近展开,近似程度一般不能通过增大 $n$ 而无限制地改善.

---

[1] 我们主要讨论幂级数形式的渐近展开. 关于普遍形式的渐近展开理论可参看 A. Erdélyi, *Asymptotic Expansions* (1956).

[2] (9)式也可以用换部求积分的方法得到.

　　必须注意,在复变数的情形下,函数的渐近展开与变数的辐角范围有关;在不同的范围内,渐近表示一般不同(参看例如 6.8 节(7)式).

　　下面是渐近展开的一些基本性质.

　　**1. 线性组合**——若

$$f(z) \sim \sum_0^\infty A_n z^{-n}, \quad g(z) \sim \sum_0^\infty B_n z^{-n}, \tag{10}$$

则

$$\alpha f(z) + \beta g(z) \sim \sum_0^\infty (\alpha A_n + \beta B_n) z^{-n}, \tag{11}$$

其中 $\alpha, \beta$ 是任意常数. 根据渐近展开的定义(3),立刻可以证明.

　　**2. 相乘**[①]——若有(10),则

$$f(z) g(z) \sim \sum_{m=0}^\infty C_m z^{-m}, \tag{12}$$

其中

$$C_m = \sum_{k=0}^m A_k B_{m-k}. \tag{13}$$

　　**证**　按定义有

$$f(z) = A_0 + A_1 z^{-1} + \cdots + A_n z^{-n} + \varepsilon z^{-n},$$

$$g(z) = B_0 + B_1 z^{-1} + \cdots + B_n z^{-n} + \eta z^{-n},$$

$\varepsilon, \eta$ 当 $|z| \to \infty$ 时都趋于 0,因此,当 $|z| \to \infty$ 时

$$z^n \left\{ f(z) g(z) - \sum_{m=0}^n C_m z^{-m} \right\} = A_0 \eta + B_0 \varepsilon + O(z^{-1}) \to 0.$$

　　**3. 逐项求积分**——设 $z$ 为实变数或辐角固定的复变数. 若

$$f(z) \sim A_2 z^{-2} + A_3 z^{-3} + \cdots = \sum_{k=2}^\infty A_k z^{-k}, \tag{14}$$

则

$$\int_z^\infty f(z) \mathrm{d}z \sim \sum_{k=2}^\infty \frac{A_k}{k-1} z^{-k+1}. \tag{15}$$

　　**证**　令 $S_n(z)$ 代表(14)式右方级数的部分和,则因当 $|z| \to \infty$ 时 $z^n \{ f(z) - S_n(z) \} \to 0$,故对于任意给定的 $\varepsilon > 0$,存在 $R$,使当 $|z| > R$ 时

$$|f(z) - S_n(z)| < \varepsilon |z|^{-n}.$$

于是

---

① 相除也是可以的,只要分母的渐近展开在 $|z| \to \infty$ 时不等于 0.

$$\left| \int_z^\infty f(z)\mathrm{d}z - \int_z^\infty S_n(z)\mathrm{d}z \right| \leqslant \int_z^\infty | f(z) - S_n(z) | \, | \mathrm{d}z |$$

$$< \varepsilon \int_z^\infty | z |^{-n} \mathrm{d} | z | = \frac{\varepsilon}{n-1} \frac{1}{| z |^{n-1}},$$

而有

$$\left| z^{n-1} \left\{ \int_z^\infty f(z)\mathrm{d}z - \sum_{k=2}^n \frac{A_k}{k-1} z^{-k+1} \right\} \right| \to 0, \quad 当 | z | \to \infty.$$

**4. 逐项求微商**——一般说来,对渐近展开式逐项求微商是不可以的. 例如函数 $\mathrm{e}^{-x}\sin(\mathrm{e}^x) \sim 0 + \dfrac{0}{x} + \dfrac{0}{x^2} + \cdots$,但它的微商 $-\mathrm{e}^{-x}\sin(\mathrm{e}^x) + \cos(\mathrm{e}^x)$ 在 $x \to \infty$ 时是振荡的,根本没有渐近展开. 但是,如果 $f(x)$ 有微商,而且它和它的微商都有幂级数形式的渐近展开,则把性质 3 中逐项求积分的结果应用于 $f'(x)$ 的渐近展开,立刻证明 $f(x)$ 的渐近展开可以逐项求微商.

**5. 唯一性**

在 $\arg z$ 的一定范围内,一个函数最多只有一个渐近展开,也就是说,渐近展开,如果存在,是唯一的. 但是同一个渐近展开却可以表达不同的函数. 下面来证明.

设

$$f(z) \sim \sum_0^\infty A_k z^{-k},$$

又

$$f(z) \sim \sum_0^\infty B_k z^{-k},$$

则对于固定的 $n$

$$\lim_{|z| \to \infty} \{ z^n (A_0 + A_1 z^{-1} + \cdots + A_n z^{-n} - B_0 - B_1 z^{-1} - \cdots - B_n z^{-n}) \} = 0.$$

因此,必须是 $A_0 = B_0, A_1 = B_1, \cdots, A_n = B_n$. 但 $n$ 是任意的,故两渐近展开相同.

但同一发散的级数却可以是两个不同函数的渐近展开,例如

$$f(z) \sim \sum_0^\infty A_k z^{-k} \quad \left( | \arg z | < \frac{\pi}{2} \right),$$

$$f(z) + \mathrm{e}^{-z} \sim \sum_{k=0}^\infty A_k z^{-k}.$$

关于渐近展开的理论,可参考 A. Erdélyi, *Asymptotic Expansions* (1956).

## 1.9  拉普拉斯(Laplace)积分的渐近展开. 瓦特孙(Watson)引理

积分

$$f(z) = \int_0^\infty e^{-zt}\varphi(t)\,dt \tag{1}$$

称为拉普拉斯积分；$f(z)$ 称为 $\varphi(t)$ 的拉氏换式. 这种积分常出现在用定积分解微分方程的问题中(参看 2.13 节).

**瓦特孙引理.**   若 $\varphi(t)$ 是 $|\arg t| < \theta$ 中的单值解析函数；当 $t \to \infty$ 时 $\varphi(t) = O(e^{bt})$，$b$ 为实数，而当 $t \to 0$ 时[①]

$$t\varphi(t) \sim \sum_{n=1}^\infty a_n t^{\frac{n}{r}} \quad (r > 0),$$

即

$$\varphi(t) \sim \sum_{n=1}^\infty a_n t^{\frac{n}{r}-1} \quad (r > 0), \tag{2}$$

则有渐近展开公式

$$f(z) = \int_0^\infty e^{-zt}\varphi(t)\,dt \sim \sum_{n=1}^\infty a_n \Gamma\left(\frac{n}{r}\right) z^{-n/r}, \tag{3}$$

$$|z| \to \infty, \quad |\arg z| \leqslant \pi/2 - \delta, \quad \delta > 0,$$

其中 $\Gamma(s)$ 是伽马函数(见第三章).

**证**   由(2)式及 $\varphi(t)$ 在 $t \to \infty$ 时的性质知道,对于任何固定的正整数 $N$,存在 $K > 0$,使

$$\left| \varphi(t) - \sum_{n=1}^{N-1} a_n t^{\frac{n}{r}-1} \right| < K t^{\frac{N}{r}-1} e^{bt}.$$

因此,用 3.1 节(1)式,有

$$\int_0^\infty e^{-zt}\varphi(t)\,dt = \sum_{n=1}^{N-1} a_n \int_0^\infty e^{-zt} t^{\frac{n}{r}-1}\,dt + R_N = \sum_{n=1}^{N-1} a_n \Gamma\left(\frac{n}{r}\right) z^{-\frac{n}{r}} + R_N,$$

其中

$$|R_N| < K \int_0^\infty e^{-xt+bt} t^{\frac{N}{r}-1}\,dt \quad (x = \mathrm{Re}(z))$$

$$= K\Gamma\left(\frac{N}{r}\right)(x-b)^{-N/r} = O(|z|^{-N/r}),$$

只要 $x - b > 0$,而这在 $|z| > b\csc\delta$ 时总是满足的. 这证明了(3)式.

瓦特孙引理可以推广到下面的围道积分

---

① 这样的 $\varphi(t)$ 常出现在有级数反演的问题中,例如 7.11 节.

$$f(z) = \int_{\infty}^{(0+)} e^{-zt} \varphi(t) dt, \quad 0 < \arg t < 2\pi,$$

$$|\arg z| \leqslant \pi/2 - \delta, \quad \delta > 0. \tag{4}$$

积分围道是图 2 中的 $C$(参看 3.7 节的说明);当 $t \to \infty$ 时 $\varphi(t) = O(e^{bt})$,$b$ 为实数,
而当 $t \to 0$ 时

$$\left| t\varphi(t) - \sum_{n=1}^{N} a_n t^{\lambda_n} \right| = o(|t|^{\lambda_N}),$$

其中 $0 < \lambda_1 < \lambda_2 < \cdots$. 在这些条件下有渐近展开式

$$f(z) = \int_{\infty}^{(0+)} e^{-zt} \varphi(t) dt \sim 2i \sum_{n=1}^{\infty} a_n \Gamma(\lambda_n) \sin\lambda_n \pi \cdot e^{i\lambda_n \pi} z^{-\lambda_n}, \tag{5}$$

$$|z| \to \infty, \quad |\arg z| \leqslant \pi/2 - \delta, \quad \delta > 0.$$

这式的证明与前类似,只是要用到 3.7 节(2)式 $\Gamma$ 函数的围道积分表示式.

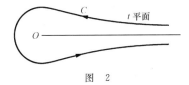

图 2

**例** 求积分

$$f(x) = \int_{\infty}^{(0+)} e^{-xt-\beta t^2} (-t)^{-\mu} dt \quad (|\arg(-t)| < \pi) \tag{6}$$

在 $|x| \to \infty$ 时($|\arg x| \leqslant \pi/2-\delta, \delta > 0$)的渐近展开式;$f(x)$ 是厄密方程(2.11 节
(16))的积分解.

利用公式(5),立得

$$f(x) = e^{i\mu\pi} \int_{\infty}^{(0+)} e^{-xt} \sum_{n=0}^{\infty} \frac{(-\beta)^n}{n!} t^{2n-\mu} dt$$

$$\sim -2ix^{\mu-1} \sin\mu\pi \sum_{n=0}^{\infty} \frac{(-\beta)^n}{n!} \Gamma(2n-\mu+1) x^{-2n}. \tag{7}$$

## 1.10 用正交函数组展开

设有一组连续的函数 $\{\varphi_n(x)\}$, $n = 1, 2, \cdots$, $x$ 是实变数,$a \leqslant x \leqslant b$. 若 $\varphi_n(x)$ 满
足下列关系

$$(\varphi_m, \varphi_n) = \int_a^b \bar{\varphi}_m(x) \varphi_n(x) \rho(x) dx = \delta_{mn} = \begin{cases} 0 & (m \neq n), \\ 1 & (m = n), \end{cases} \tag{1}$$

$$(m, n = 1, 2, \cdots)$$

其中 $\bar{\varphi}_m$ 是 $\varphi_m$ 的共轭复数,则函数组 $\{\varphi_n(x)\}$ 称为**正交归一**的,$\rho(x)(>0)$ 称为权.

$(\varphi_m,\varphi_n)$ 称为两函数的内积；内积为 $0$ 的两个函数称为互相正交.

正交归一函数组的一个例子是 $\mathrm{e}^{inx}/\sqrt{2\pi},n=0,\pm1,\pm2,\cdots,0\leqslant x\leqslant2\pi$，因为

$$\frac{1}{2\pi}\int_0^{2\pi}\mathrm{e}^{-imx}\mathrm{e}^{inx}\mathrm{d}x=\delta_{mn};\qquad\qquad(2)$$

这里，$\rho(x)\doteq1$.

在本书的各章中有很多这种正交函数组的例子，如雅可毕、切比谢夫、勒让德、拉革尔、厄密等多项式.

以某一正交归一函数组为基，把一个给定的函数表示为这些函数的线性组合，是一种重要的展开. 这种用正交函数组展开为级数的一个重要例子是傅里叶级数. 在本书中只讨论连续函数或解析函数的这种展开. 关于在平方可积(勒贝格意义下的)函数空间中这种展开的问题，可参看例如那汤松(Натансон)的《实变函数论》一书第七章.

设 $f(x)$ 为区间 $a\leqslant x\leqslant b$ 中给定的连续函数. 以正交归一函数组 $\{\varphi_n(x)\}$ 的线性组合

$$f_k(x)=\sum_{n=1}^{k}c_n\varphi_n(x)\qquad\qquad(3)$$

作为 $f(x)$ 的近似时，令

$$d_k(x)=f(x)-f_k(x)\qquad\qquad(4)$$

表示其误差，则平均平方误差为

$$(d_k,d_k)=\int_a^b|d_k|^2\rho(x)\mathrm{d}x.\qquad\qquad(5)$$

要 $(d_k,d_k)$ 最小，必须选择系数 $c_n$ 使

$$c_n=(\varphi_n,f).\qquad\qquad(6)$$

下面来证明：

$$\begin{aligned}(d_k,d_k)&=(f-f_k,f-f_k)\\&=(f,f)+(f_k,f_k)-(f,f_k)-(f_k,f)\\&=(f,f)+\sum_{n=1}^{k}|c_n|^2-\sum_{n=1}^{k}(f,\varphi_n)c_n-\sum_{n=1}^{k}(\varphi_n,f)\bar{c}_n\\&=(f,f)-\sum_{n=1}^{k}|(\varphi_n,f)|^2+\sum_{n=1}^{k}|c_n-(\varphi_n,f)|^2.\end{aligned}\qquad(7)$$

当 $c_n$ 改变时，只有最后的 $\sum\limits_{n}$ 号下的各项改变，而这些项永远不会小于 $0$，所以使得它最小的 $c_n$ 是使其中的每一项都等于 $0$，这就是(6)式.

由(6)式规定的 $c_n$ 称为 $f(x)$ 对函数组 $\{\varphi_n(x)\}$ 的**广义傅氏系数**；以后只考虑用这种系数做成的组合(3). 把(6)式代入(7)，注意 $(d_k,d_k)\geqslant0$，得

$$\sum_{n=1}^{k} |c_n|^2 \leqslant (f,f) \quad (k \text{ 任意}). \tag{8}$$

这关系称为**贝塞耳不等式**,从它可以看到,由 $f$ 的广义傅氏系数构成的级数 $\sum_{n=1}^{\infty} |c_n|^2$ 是收敛的,因为 $(f,f)$ 是有限值.

如果当 $k \to \infty$ 时,$(d_k, d_k) \to 0$,即

$$\lim_{k\to\infty} \int_a^b \left| f - \sum_{n=1}^{k} c_n \varphi_n \right|^2 \rho(x) \mathrm{d}x = 0, \tag{9}$$

其中 $c_n = (\varphi_n, f)$,则说 $\sum_{n=1}^{\infty} c_n \varphi_n$ **平均收敛**于 $f(x)$. 在这种情形下,由(7)得

$$\sum_{n=1}^{\infty} |c_n|^2 = (f,f) \quad (c_n = (\varphi_n, f)), \tag{10}$$

称为**帕色伐(Parseval)等式**,或**完备关系**.

如果对于任何连续函数 $f(x) (a \leqslant x \leqslant b)$,(10)式所表示的关系都满足,则称 $\{\varphi_n(x)\}$ 为连续函数空间中的**完备函数组**. 例如,按照傅氏级数理论,前面举出的 $\mathrm{e}^{in\pi}/\sqrt{2\pi} (n=0,\pm 1,\pm 2,\cdots)$ 就是一个完备的函数组.

注意,级数 $\sum_{n=1}^{\infty} c_n \varphi_n(x)$ 平均收敛于 $f(x)$ 并不意味这个级数和存在且等于 $f(x)$. 但若这级数在 $a \leqslant x \leqslant b$ 中是一致收敛的,则(9)式中的极限可取在积分号下而有

$$f(x) = \sum_{n=1}^{\infty} c_n \varphi_n(x), \quad c_n = (\varphi_n, f). \tag{11}$$

**完备函数组的封闭性**——函数组 $\{\varphi_n(x)\}$ 称为**封闭的**,如果不存在不属于这函数组、不恒等于零的、并与所有的 $\varphi_n(x)$ 正交的连续函数 $f(x)$.

完备函数组必是封闭的,因为如果存在连续函数 $f(x)$,不属于这函数组而又与组中的每一成员正交,则这函数的广义傅氏系数都等于 0,于是,按(10)有 $(f,f) = 0$,亦即 $f(x) \equiv 0$.

**正交归一化手续**

设 $\psi_n(x) (n=1,2,\cdots)$ 是 $a \leqslant x \leqslant b$ 中的一组线性无关的连续函数. 总可以把它们组合成一正交归一函数组,其法如下:

以 $\|\psi_1\|$ 表示 $(\psi_1, \psi_2)^{1/2}$,称为 $\psi_1(x)$ 的**范数**,则

$$\varphi_1(x) = \psi_1(x) / \|\psi_1\| \tag{12}$$

是归一化的函数,因为 $(\varphi_1, \varphi_1) = 1$. 其次,取

$$\varphi_2(x) = c_1 \varphi_1(x) + c_2 \psi_2(x), \tag{13}$$

总可确定 $c_1, c_2$,使

$$(\varphi_1,\varphi_2)=0,\quad (\varphi_2,\varphi_2)=1. \tag{14}$$

这两个条件要求 $c_1,c_2$ 满足方程

$$0=(\varphi_1,\varphi_2)=c_1+c_2(\varphi_1,\psi_2) \tag{15}$$

和

$$1=(\varphi_2,\varphi_2)=c_1(\varphi_2,\varphi_1)+c_2(\varphi_2,\psi_2)=c_2(\varphi_2,\psi_2).$$

对最后一式再用(13),得

$$1=c_2\bar{c}_1(\varphi_1,\psi_2)+c_2\bar{c}_2(\psi_2,\psi_2). \tag{16}$$

从(15)和(16)即可解出

$$|c_2|^2=\frac{1}{\parallel\psi_2\parallel^2-|(\varphi_1,\psi_2)|^2},\quad c_1=-c_2(\varphi_1,\psi_2). \tag{17}$$

再取

$$\varphi_3(x)=c_1\varphi_1(x)+c_2\varphi_2(x)+c_3\psi_3(x) \tag{18}$$

(其中 $c_1,c_2$ 已非(13)式中的 $c_1,c_2$),可仿照上面的作法确定 $c_1,c_2,c_3$,使

$$(\varphi_1,\varphi_3)=0,\quad (\varphi_2,\varphi_3)=0,\quad (\varphi_3,\varphi_3)=1. \tag{19}$$

这样做下去,我们就得到一组正交归一的函数 $\{\varphi_n(x)\},n=1,2,\cdots$.

**多变数的完备函数组**[①].　从单变数的完备函数组可以根据下述定理造出两个或多个变数的完备函数组.

**定理**　设 $\{\varphi_n(s)\}(n=1,2,\cdots)$ 是区间 $a\leqslant x\leqslant b$ 中的一个完备正交归一函数组. 又设对于任一个 $n$ 而言

$$\psi_{1n}(t),\psi_{2n}(t),\cdots$$

是区间 $c\leqslant t\leqslant d$ 中的完备正交归一函数组,则函数

$$\omega_{mn}(s,t)=\varphi_n(s)\psi_{mn}(t)\quad (m,n=1,2,\cdots)$$

在矩形 $a\leqslant s\leqslant b,c\leqslant t\leqslant d$ 中构成一个完备正交归一函数组;对于在这区域内的任意连续函数 $f(s,t)$,有完备性关系

$$\iint|f(s,t)|^2\mathrm{d}s\mathrm{d}t=\sum_{m,n=1}^{\infty}\left|\iint\bar{\omega}_{mn}(s,t)f(s,t)\mathrm{d}s\mathrm{d}t\right|^2, \tag{20}$$

这里设两正交函数组 $\{\varphi_n(s)\},\{\psi_{mn}(t)\}$ 的权都是1.

证明这定理,只要注意由 $\{\varphi_n\}$ 的完备性有

$$\int_a^b|f(s,t)|^2\mathrm{d}s=\sum_{n=1}^{\infty}|g_n(t)|^2, \tag{21}$$

其中

$$g_n(t)=\int_a^b\bar{\varphi}_n(s)f(s,t)\mathrm{d}s. \tag{22}$$

---

① 引自 Courant, Hilbert,《数学物理方法》(中译本),Ⅰ,第二章 §1.6,44 页.

(21)式右方的级数是非负的连续函数级数,并且是收敛的,因此,根据第尼(Dini)定理[1],这级数也是一致收敛的,而可以逐项求积分

$$\iint |f|^2 \mathrm{d}s\mathrm{d}t = \sum_{n=1}^{\infty} \int_c^d |g_n(t)|^2 \mathrm{d}t. \qquad (23)$$

又由于 $\{\psi_{mn}(t)\}(m=1,2,\cdots)$ 对于每一 $n$ 值是完备的,有

$$\int_c^d |g_n(t)|^2 \mathrm{d}t = \sum_{m=1}^{\infty} \left| \int_c^d \bar{\psi}_{mn}(t) g_n(t) \mathrm{d}t \right|^2 = \sum_{m=1}^{\infty} \left| \iint \bar{\omega}_{mn}(s,t) f(s,t) \mathrm{d}s\mathrm{d}t \right|.$$

代入(23),即得(20).

# 习　题

1. 证明伯努利多项式 $\varphi_n(x)$(1.1 节)的下列关系式

(i) $\displaystyle \sum_{r=0}^{n} \binom{n}{r} \varphi_r(x) = \varphi_n(x+1)$,

(ii) $\displaystyle \sum_{r=0}^{n-1} \binom{n}{r} \varphi_r(x) = nx^{n-1} \quad (n \geqslant 2)$,

(iii) $\displaystyle \int_x^{x+1} \varphi_n(t) \mathrm{d}t = x^n$.

2. 证明伯努利多项式的乘法公式

$$\varphi_n(mx) = m^{n-1} \sum_{r=0}^{m-1} \varphi_n\left(x + \frac{r}{m}\right),$$

其中 $m$ 是任意正整数. 又由此导出下列公式

$$\sum_{s=1}^{m-1} \varphi_n\left(\frac{s}{m}\right) = -\left(1 - \frac{1}{m^{n-1}}\right) \varphi_n,$$

其特殊情形为

$$\varphi_n\left(\frac{1}{2}\right) = -\left(1 - \frac{1}{2^{n-1}}\right) \varphi_n,$$

$\varphi_n = \varphi_n(0)$(1.1 节).

3. 证明伯努利多项式的积分表达式

(i) $\displaystyle \varphi_{2n}(x) = (-)^{n+1}(2n) \int_0^{\infty} \frac{\cos(2\pi x) - \mathrm{e}^{-2\pi t}}{\mathrm{ch}(2\pi t) - \cos(2\pi x)} t^{2n-1} \mathrm{d}t$,

$$0 < \mathrm{Re}(x) < 1, \quad n = 1,2,\cdots;$$

(ii) $\displaystyle \varphi_{2n+1}(x) = (-)^{n+1}(2n+1) \int_0^{\infty} \frac{\sin(2\pi x)}{\mathrm{ch}(2\pi t) - \cos(2\pi x)} t^{2n} \mathrm{d}t$,

---

[1]　参看例如 Bromwich (1925), p.141; Courant & Hilbert, ibid, p.44 脚注.

$$0 < \mathrm{Re}(x) < 1, \quad n = 0,1,2,\cdots.$$

［**提示**：用残数定理计算以 $-R, +R, R+\mathrm{i}, -R+\mathrm{i}$ 为顶点的矩形围道的积分 $(R \to \infty)$，然后与伯努利多项式的傅里叶级数(1.3 节(13),(14))比较.］

4. $n$ 阶 $\nu$ 次伯努利多项式 $\mathrm{B}_\nu^{(n)}(x)$ 的定义是

$$\frac{t^n \mathrm{e}^{xt}}{(\mathrm{e}^t - 1)^n} = \sum_{\nu=0}^\infty \frac{t^\nu}{\nu!} \mathrm{B}_\nu^{(n)}(x) \quad (n = 0,1,2,\cdots).$$

通常的伯努利多项式(1.1 节)$\varphi_\nu(x) \equiv \mathrm{B}_\nu^{(1)}(x)$，而 $\mathrm{B}_\nu^{(0)}(x) = x^\nu$. 试证明下列公式

(i) $\mathrm{B}_\nu^{(n)}(x) = \sum_{k=0}^\nu \binom{\nu}{k} \mathrm{B}_k^{(n)} \cdot x^{\nu-k}$，其中

$$\mathrm{B}_k^{(n)} = \mathrm{B}_k^{(n)}(0);$$

(ii) $\dfrac{\mathrm{d}}{\mathrm{d}x} \mathrm{B}_\nu^{(n)}(x) = \nu \mathrm{B}_{\nu-1}^{(n)}(x);$

(iii) $\displaystyle\int_a^x \mathrm{B}_\nu^{(n)}(t)\mathrm{d}t = \frac{1}{\nu+1}\big[\mathrm{B}_{\nu+1}^{(n)}(x) - \mathrm{B}_{\nu+1}^{(n)}(a)\big];$

(iv) $\mathrm{B}_\nu^{(n)}(x+1) = \mathrm{B}_\nu^{(n)}(x) + \nu \mathrm{B}_{\nu-1}^{(n-1)}(x);$

(v) $\mathrm{B}_\nu^{(n)}(n-x) = (-)^\nu \mathrm{B}_\nu^{(n)}(x).$

5. 证明下列递推关系

$$(\nu-n)\mathrm{B}_\nu^{(n)}(x) - \nu x \mathrm{B}_{\nu-1}^{(n)}(x) + n\mathrm{B}_\nu^{(n+1)}(x+1) = 0,$$
$$\mathrm{B}_\nu^{(n+1)}(x) = \left(1 - \frac{\nu}{n}\right)\mathrm{B}_\nu^{(n)}(x) + \nu\left(\frac{x}{n} - 1\right)\mathrm{B}_{\nu-1}^{(n)}(x).$$

6. 证明

(i) $\mathrm{B}_n^{(n+1)}(x) = (x-1)(x-2)\cdots(x-n) = \binom{x-1}{n}n!;$

(ii) $\displaystyle\int_0^1 (x-1)(x-2)\cdots(x-n)\mathrm{d}x = \mathrm{B}_n^{(n)};$

(iii) $\displaystyle\int_0^1 x(x-1)\cdots(x-n+1)\mathrm{d}x = \mathrm{B}_n^{(n)}(1) = \frac{1}{1-n}\mathrm{B}_n^{(n-1)}.$

7. 证明

$$x(x-1)\cdots(x-n+1) = \sum_{p=0}^n \binom{n-1}{p-1}\mathrm{B}_{n-p}^{(n)} \cdot x^p.$$

8. 证明欧勒多项式(1.2 节)$\mathrm{E}_n(x)$ 的下列公式

(i) $\displaystyle\sum_{r=0}^n \binom{n}{r}\mathrm{E}_r(x) = \mathrm{E}_n(x+1);$

(ii) $\displaystyle\sum_{r=0}^n \binom{n}{r}\mathrm{E}_r(x) + \mathrm{E}_n(x) = 2x^n.$

9. 证明乘法公式

$$E_n(mx) = m^n \sum_{r=0}^{m-1} (-)^r E_n\left(x + \frac{r}{m}\right) \quad (m\ \text{奇}),$$

$$E_n(mx) = \frac{2m^n}{n+1} \sum_{r=0}^{m-1} (-)^{r+1} \varphi_{n+1}\left(x + \frac{r}{m}\right) \quad (m\ \text{偶})$$

（$\varphi_n(x)$是伯努利多项式）.

10. 证明

$$E_{n-1}(x) = \frac{2^n}{n}\left[\varphi_n\left(\frac{x+1}{2}\right) - \varphi_n\left(\frac{x}{2}\right)\right] = \frac{2}{n}\left[\varphi_n(x) - 2^n \varphi_n\left(\frac{x}{2}\right)\right].$$

11. 证明欧勒多项式的傅里叶展开式

$$E_{2n}(x) = (-)^n 4(2n)! \sum_{r=0}^{\infty} \frac{\sin[(2r+1)\pi x]}{[(2r+1)\pi]^{2n+1}}, \quad n=1,2,\cdots, \quad 0 \leqslant x \leqslant 1;$$

$$E_{2n+1}(x) = (-)^{n+1} 4(2n+1)! \sum_{r=0}^{\infty} \frac{\cos[(2r+1)\pi x]}{[(2r+1)\pi]^{2n+2}}, \quad n=0,1,2,\cdots, \quad 0 \leqslant x \leqslant 1.$$

12. 证明欧勒多项式的积分表达式

(i) $E_{2n}(x) = (-)^n 4 \int_0^\infty \frac{t^{2n}\sin\pi x \mathrm{ch}\pi t}{\mathrm{ch}2\pi t - \cos 2\pi x}\mathrm{d}t, \quad n=0,1,2,\cdots, \quad 0 < \mathrm{Re}(x) < 1;$

(ii) $E_{2n+1}(x) = (-)^{n+1} 4 \int_0^\infty \frac{t^{2n+1}\cos\pi x \mathrm{sh}\pi t}{\mathrm{ch}2\pi t - \cos 2\pi x}\mathrm{d}t, \quad n=0,1,2,\cdots, \quad 0 < \mathrm{Re}(x) < 1.$

[提示：参看第 3 题.]

13. $n$ 阶 $\nu$ 次欧勒多项式 $E_\nu^{(n)}(x)$ 的定义是

$$\frac{2^n \mathrm{e}^{xt}}{(\mathrm{e}^t + 1)^n} = \sum_{\nu=0}^{\infty} \frac{t^\nu}{\nu!} E_\nu^{(n)}(x),$$

证明加法公式

$$E_\nu^{(m+n)}(x+y) = \sum_{k=0}^{\nu} \binom{\nu}{k} E_k^{(m)}(x) E_{\nu-k}^{(n)}(y).$$

14. 用达布公式(1.3 节)或其他方法证明下列展开式

$$f(z) - f(a) = \sum_{n=1}^{\infty} \frac{(-)^{n-1}(z-a)^n}{n!(1-r)^n}\{f^{(n)}(z) - r^n f^{(n)}(a)\};$$

求出 $n$ 项以后的余项,并讨论级数的收敛性.

15. 证明

$$f(x+h) - f(x) = \sum_{m=1}^{n} (-)^{m-1} \frac{(2m)!h^m}{2^{2m}(m!)^3}\{f^{(m)}(x+h) - (-)^m f^{(m)}(x)\}$$

$$+ (-)^n h^{n+1} \int_0^1 \gamma_n(t) f^{(n+1)}(x+ht)\mathrm{d}t,$$

其中

$$\gamma_n(x) = \frac{x^{n+\frac{1}{2}}(1-x)^{n+\frac{1}{2}}}{(n!)^2} \frac{\mathrm{d}^n}{\mathrm{d}x^n}\big[x^{-1/2}(1-x)^{-1/2}\big]$$

$$= \frac{1}{n!\pi}\int_0^1 (x-z)^n z^{-1/2}(1-z)^{-1/2}\,\mathrm{d}z,$$

并证明

$$\{(1-tx)[1+t(1-x)]\}^{-1/2} = \sum_{n=0}^{\infty}\gamma_n(x)\cdot n!\, t^n.$$

(把 $\gamma_n(x)$ 的微商表示与 4.10 节(8)式比较,即见 $\gamma_n(x)$ 与雅可毕多项式 $F\!\left(-n,-n,-n+\frac{1}{2},x\right)$ 只差一常数因子.)

16. 在达布公式(1.3 节(1))中令

$$\varphi(x+1) = \frac{1}{n!}\left[\frac{\mathrm{d}^n}{\mathrm{d}t^n}\left\{\frac{(1-r)\mathrm{e}^{xt}}{1-r\mathrm{e}^{-t}}\right\}\right]_{t=0},$$

证明

$$f(x+h) - f(x) = -\sum_{m=1}^{n} a_m \frac{h^m}{m!}\left\{f^{(m)}(x+h) - \frac{1}{r}f^{(m)}(x)\right\}$$

$$+ (-)^n h^{n+1}\int_0^1 \varphi(t)f^{(n+1)}(x+ht)\,\mathrm{d}t,$$

其中

$$\frac{1-r}{1-r\mathrm{e}^{-t}} = 1 - a_1\frac{t}{1!} + a_2\frac{t^2}{2!} - a_3\frac{t^3}{3!} + \cdots.$$

17. 证明

$$f(z) - f(a) = \sum_{m=1}^{n}(-)^{m-1}\frac{2(2^{2m}-1)B_m}{(2m)!}(z-a)^{2m-1}\left\{f^{(2m-1)}(z) + f^{(2m-1)}(a)\right\}$$

$$+ \frac{(z-a)^{2n+1}}{(2n)!}\int_0^1 \psi_{2n}(t)f^{(2n+1)}[a+(z-a)t]\,\mathrm{d}t,$$

其中

$$\psi_n(t) = \frac{2}{n+1}\left[\frac{\mathrm{d}^{n+1}}{\mathrm{d}v^{n+1}}\left(\frac{v\mathrm{e}^{tv}}{\mathrm{e}^v+1}\right)\right]_{v=0}.$$

18. 证明

$$\lambda f(\lambda x) = \sum_{n=0}^{\infty}\frac{(1-\lambda^{-1})^n}{n!}\frac{\mathrm{d}^n}{\mathrm{d}x^n}\big[x^n f(x)\big].$$

19. 若 $y - x - \varphi(y) = 0$,$\varphi(y)$ 是给定的函数,证明

$$f(y) = f(x) + \sum_{m=1}^{\infty}\frac{1}{m!}\big[\varphi(x)\big]^m\left(\frac{1}{1-\varphi'(x)}\frac{\mathrm{d}}{\mathrm{d}x}\right)^m f(x).$$

20. 设

$$W(a,b,x) = x + \frac{a-b}{2!}x^2 + \frac{(a-b)(a-2b)}{3!}x^3 + \cdots;$$

只要$|x| < |b|^{-1}$，级数是收敛的. 证明

$$\frac{\mathrm{d}}{\mathrm{d}x}W(a,b,x) = 1 + (a-b)W(a-b,b,x),$$

而且，如果

$$y = W(a,b,x),$$

则

$$x = W(a,b,y).$$

这样的函数的例子：

$$W(1,0,x) = \mathrm{e}^x - 1,$$
$$W(0,1,x) = \ln(1+x),$$
$$W(a,1,x) = \frac{(1+x)^a - 1}{a}.$$

21. 证明

$$\sec z = 4\pi \sum_{n=1}^{\infty} \frac{(-)^n(2n-1)}{4z^2 - (2n-1)^2\pi^2},$$

$$\csc z = \frac{1}{z} + \sum_{n=1}^{\infty}(-)^n \frac{2z}{z^2 - n^2\pi^2},$$

$$\tan z = \sum_{n=1}^{\infty} \frac{8z}{(2n-1)^2\pi^2 - 4z^2}.$$

22. 证明

$$\frac{\mathrm{e}^{az}}{\mathrm{e}^z - 1} = \frac{1}{z} + \sum_{n=1}^{\infty} \frac{2z\cos 2na\pi - 4n\pi\sin 2na\pi}{z^2 + 4n^2\pi^2}.$$

23. 证明

$$\sum_{m=-\infty}^{\infty}\sum_{n=-\infty}^{\infty} \frac{1}{(m^2+a^2)(n^2+b^2)} = \frac{\pi^2}{ab}\coth\pi a \cdot \coth\pi b.$$

24. 证明求和公式

$$\sum_{n=0}^{\infty} \frac{(-)^n}{(2n+1)^{2k+1}} = \frac{\pi^{2k+1}\mathrm{E}_k}{2^{2k+2}(2k)!},$$

其中$\mathrm{E}_k$是欧勒数(1.2 节).

# 第二章 二阶线性常微分方程

## 2.1 二阶线性常微分方程的奇点

本书所讨论的特殊函数,多数是二阶线性常微分方程的解,因此在这一章里对这类方程的解法作一简单介绍.我们将着重介绍两种解法,级数解法和积分解法.

二阶线性常微分方程的标准形式是

$$\frac{\mathrm{d}^2 w}{\mathrm{d}z^2} + p(x)\frac{\mathrm{d}w}{\mathrm{d}z} + q(z)w(z) = 0, \tag{1}$$

其中 $w(z)$ 是未知函数, $p(z)$ 和 $q(z)$ 都是已知的复变函数,称为方程的系数,问题是在一定的条件下,例如初值条件 $w(z_0)=c_0, w'(z_0)=c_1$,求在一定区域内满足方程(1)的 $w(z)$.

方程(1)的解的解析性完全为其系数 $p(z)$ 和 $q(z)$ 的解析性所确定.设 $p(z)$, $q(z)$ 在一定的区域中,除若干个孤立的奇点外,是 $z$ 的单值解析函数.区域中的点可分为两类:

**方程的常点**——如果方程(1)的系数 $p(z)$ 和 $q(z)$ 都在某点 $z_0$ 及其邻域内是解析的,则 $z_0$ 称为方程的常点.

**方程的奇点**——只要两系数 $p(z)$ 和 $q(z)$ 之一在某点 $z_0$ 不是解析的, $z_0$ 就称为方程的奇点.

## 2.2 方程常点邻域内的解

**定理** 如果 $p(z)$ 和 $q(z)$ 在圆 $|z-z_0|<R$ 内是单值解析的,则方程

$$w'' + pw' + qw = 0 \tag{1}$$

在这圆内有唯一的一个解 $w(z)$ 满足初值条件

$$w(z_0) = c_0, \quad w'(z_0) = c_1 \tag{2}$$

($c_0, c_1$ 是任意常数),并且 $w(z)$ 在这圆内是单值解析的.

**证** 引进新的未知函数 $u=w'$,则(1)式与下列联立方程

$$w' = u, \quad u' = -pu - qw \tag{3}$$

等价[①]. 为了使形式对称,便于讨论,考虑方程组

$$u' = a(z)u + b(z)v, \quad v' = c(z)u + d(z)v, \tag{4}$$

其中 $a(z),b(z),c(z),d(z)$ 等系数是圆 $|z-z_0| < R$ 内的单值解析函数. 现在用逐步求近法证明方程组(4)在这圆内有唯一的一组满足初值条件

$$u(z_0) = \alpha, \quad v(z_0) = \beta \ (\alpha,\beta \ 为任意常数) \tag{5}$$

的单值解析解.

方程组(4)和初值条件(5)可以合起来用积分方程表达

$$\left. \begin{aligned} u(z) &= \alpha + \int_{z_0}^{z} [a(\zeta)u + b(\zeta)v]\mathrm{d}\zeta, \\ v(z) &= \beta + \int_{z_0}^{z} [c(\zeta)u + d(\zeta)v]\mathrm{d}\zeta. \end{aligned} \right\} \tag{6}$$

作函数序列

$$\left. \begin{aligned} u_0(z) &= \alpha, \quad v_0(z) = \beta, \\ u_{n+1}(z) &= \alpha + \int_{z_0}^{z} [au_n + bv_n]\mathrm{d}\zeta, \\ v_{n+1}(z) &= \beta + \int_{z_0}^{z} [cu_n + dv_n]\mathrm{d}\zeta \end{aligned} \right\} \quad (n = 0,1,2,\cdots). \tag{7}$$

我们将证明这两个序列是收敛的:

$$\lim_{n \to \infty} u_n(z) = u(z), \quad \lim_{n \to \infty} v_n(z) = v(z), \tag{8}$$

而且 $u(z)$ 和 $v(z)$ 是满足方程组(4)和初值(5)的唯一的一组函数.

由于(7)式中的被积函数是解析的,序列(7)是解析函数序列,又,积分值与路线无关. 取积分路线为从 $z_0$ 到 $z$ 的直线,并且为了写起来方便,设 $z_0 = 0$. 于是,令 $\zeta = \rho e^{i\theta}, 0 \leqslant \rho \leqslant R_1 < R$,有

$$u_1(z) - \alpha = \int_0^{\rho} [a\alpha + b\beta]e^{i\theta}\mathrm{d}\rho. \tag{9}$$

既然 $a,b,c,d$ 都是圆 $|z| \leqslant R_1 < R$ 中的解析函数,必存在 $M > 0$ 使

$$|a| < M, \quad |b| < M, \quad |c| < M, \quad |d| < M. \tag{10}$$

因此,由(9)得

$$|u_1(z) - u_0(z)| < 2mM\rho, \tag{11}$$

$m$ 等于 $|\alpha|$ 和 $|\beta|$ 中之大者. 同样有

$$|v_1(z) - v_0(z)| < 2mM\rho. \tag{12}$$

利用(11)和(12),可以从(7)式得

$$|u_2(z) - u_1(z)| \leqslant \int_0^{\rho} [|a||u_1 - u_0| + |b||v_1 - v_0|]\mathrm{d}\rho$$

---

① 这种证明方法便于推广到高阶的方程.

$$< 2^2 m M^2 \int_0^\rho \rho \mathrm{d}\rho = m\, \frac{(2M\rho)^2}{2!}$$

和

$$|v_2(z) - v_1(z)| < m\, \frac{(2M\rho)^2}{2!}.$$

　　照这样做下去,用归纳法,得

$$|u_n - u_{n-1}| < m\, \frac{(2M\rho)^n}{n!}, \qquad |v_n - v_{n-1}| < m\, \frac{(2M\rho)^n}{n!}. \tag{13}$$

这两个不等式的右方是指数函数 $m \exp(2M\rho)$ 的幂级数展开的普遍项,因此,序列

$$u_n = u_0 + (u_1 - u_0) + \cdots + (u_n - u_{n-1}),$$

$$v_n = v_0 + (v_1 - v_0) + \cdots + (v_n - v_{n-1})$$

在 $|z| \leqslant R_1$ 中一致收敛. 于是,按外氏关于解析函数序列的定理,这两个序列的极限函数 $u(z)$ 和 $v(z)$ 是 $|z| < R$ 内的解析函数. 又

$$u(z) = \lim_{n \to \infty} u_n(z) = \alpha + \lim_{n \to \infty} \int_0^z [a u_{n-1} + b v_{n-1}]\mathrm{d}\zeta = \alpha + \int_0^z [au + bv]\mathrm{d}\zeta;$$

同样

$$v(z) = \lim_{n \to \infty} v_n = \beta + \int_0^z [cu + dv]\mathrm{d}\zeta.$$

可见 $u(z), v(z)$ 满足方程组(6),因此也就是方程组(4)的解,并且满足初值条件(5). 这证明了解的存在及其解析性.

　　上面得到的解是唯一的,因为,如果有两组解 $u, v$ 和 $u^*, v^*$,则因它们分别满足(6),故

$$|u - u^*| \leqslant \int_0^\rho [\,|a|\,|u - u^*| + |b|\,|v - v^*|\,]\mathrm{d}\rho. \tag{14}$$

$u, v, u^*, v^*$ 都是 $|z| < R$ 内的解析函数,故存在 $A > 0$ 使

$$|u - u^*| < A, \qquad |v - v^*| < A.$$

代入(14),得 $|u - u^*| < 2MA\rho$;同样有 $|v - v^*| < 2MA\rho$. 把这结果再代入(14),得 $|u - u^*| < A\, \dfrac{(2M\rho)^2}{2!}$,同样 $|v - v^*| < A\, \dfrac{(2M\rho)^2}{2!}$. 继续这样做下去,用归纳法,得

$$|u - u^*| < A\, \frac{(2M\rho)^n}{n!}, \qquad |v - v^*| < A\, \frac{(2M\rho)^n}{n!}, \tag{15}$$

$n$ 可以任意大. 当 $n \to \infty$ 时,$(2M\rho)^n / n! \to 0$,而 $u, v, u^*, v^*$ 都与 $n$ 无关,故必有

$$|u - u^*| \equiv 0, \qquad |v - v^*| \equiv 0,$$

也就是

$$u \equiv u^*, \qquad v \equiv v^*.$$

　　上面的证明方法还提供了一个求解的步骤,即用序列(7)逐步求近. 不过在实际问题中常常是利用解的解析性,把它展成泰勒级数的形式

$$w(z) = \sum_{n=0}^{\infty} c_n (z - z_0)^n, \tag{16}$$

代入方程(1)中去定出诸展开系数 $c_n$，其中 $c_0$ 和 $c_1$ 由初值条件确定.

## 2.3  方程奇点邻域内的解

根据上节的定理，方程的常点必是解的正规点，即解在该点及其邻域内是单值解析的. 但是，方程的奇点(2.1节)则**可能**是解的奇点. 因此，如果仍然试求得到解的幂级数展开式，应考虑洛浪展开. 不过还必须先判明这奇点是否解的分支点. 我们用解析开拓的方法研究这问题.

首先证明，方程 $w'' + pw' + qw = 0$ 的解，其解析开拓仍为方程的解. 设 $w(z)$ 是这方程在圆 $K_b$：$|z-b| \leqslant R$ 内的解，$w_1(z)$ 是 $w(z)$ 在圆 $K_{b_1}$：$|z-b_1| \leqslant R_1$ 内的解析开拓，$K_b$ 和 $K_{b_1}$ 的公共区域为 $g$，则因函数 $F(z) \equiv w'' + pw' + qw$ 在 $K_b$ 内为 0，它的解析开拓 $F_1(z) \equiv w_1'' + pw_1' + qw_1$ 在 $g$ 内应等于 0，因此在 $K_{b_1}$ 内恒等于 0，即 $w_1$ 满足方程.

又，线性无关的两个解 $w_1(z)$，$w_2(z)$ 的解析开拓 $w_1^*(z)$，$w_2^*(z)$ 仍分别保持为线性无关的解. 证明如下：以 $w_2$，$w_1$ 分别乘方程

$$w_1'' + pw_1' + qw_1 = 0, \ w_2'' + pw_2' + qw_2 = 0,$$

相减，得

$$w_2 w_1'' - w_1 w_2'' + p(w_2 w_1' - w_1 w_2') = 0,$$

或

$$\frac{\mathrm{d}}{\mathrm{d}z} \Delta(z) + p\Delta(z) = 0, \tag{1}$$

其中 $\Delta(z) \equiv w_1 w_2' - w_2 w_1'$ 是 $w_1$ 和 $w_2$ 的朗斯基(Wronski)行列式. 设 $p(z)$ 在某点 $b$ 及其邻域内是解析的，由(1)得

$$\Delta(z) \equiv w_1 w_2' - w_2 w_1' = \Delta(b) \exp \left\{ - \int_b^z p(\zeta) \mathrm{d}\zeta \right\}, \tag{2}$$

其中 $\Delta(b) \neq 0$(否则可以证明存在着不全为 0 的常数 $A, B$ 使 $Aw_1 + Bw_2 \equiv 0$ 而与所设 $w_1$ 和 $w_2$ 线性无关相矛盾). 可见当 $w_1, w_2$ 开拓为 $w_1^*, w_2^*$ 时，只要路线不通过 $p(z)$ 的奇点，$\Delta(z)$ 的相应开拓 $\Delta^*(z) \equiv w_1^* w_2^{*\prime} - w_2^* w_1^{*\prime}$ 也一定不为 0，因此 $w_1^*$ 与 $w_2^*$ 是线性无关的.

设 $z_0$ 为方程的奇点，$b$ 是 $z_0$ 附近的一个常点，$w_1$ 和 $w_2$ 是方程在 $b$ 的邻域 $K_b$ 内的任意两个线性无关解. 当 $w_1$ 和 $w_2$ 沿一路线 $C$($C$ 内除 $z_0$ 外别无方程的奇点)开拓，绕 $z_0$ 点一圈后，它们的相应解析开拓 $w_1^*$ 和 $w_2^*$，由于也分别是解，在区域 $K_b$ 中应与 $w_1$ 和 $w_2$ 有下列关系

$$w_1^* = a_{11}w_1 + a_{12}w_2, \atop w_2^* = a_{21}w_1 + a_{22}w_2,\} \tag{3}$$

其中

$$a_{11}a_{22} - a_{12}a_{21} \neq 0, \tag{4}$$

否则 $w_1^*$ 与 $w_2^*$ 将是线性相关的.

现在来求这样的解 $w$，它沿 $C$ 绕 $z_0$ 一周后的解析开拓 $w^*$ 满足关系

$$w^* = \lambda w, \tag{5}$$

$\lambda$ 是常数. 这样的解称为**倍乘解**. 设

$$w = b_1 w_1 + b_2 w_2, \tag{6}$$

$b_1, b_2$ 为待定常数，则

$$w^* = b_1 w_1^* + b_2 w_2^* = (b_1 a_{11} + b_2 a_{21})w_1 + (b_1 a_{12} + b_2 a_{22})w_2.$$

要(5)式成立，必须有（因 $w_1$ 与 $w_2$ 线性无关）

$$b_1 a_{11} + b_2 a_{21} = \lambda b_1, \quad b_1 a_{12} + b_2 a_{22} = \lambda b_2,$$

或

$$b_1(a_{11} - \lambda) + b_2 a_{21} = 0, \quad b_1 a_{12} + b_2(a_{22} - \lambda) = 0. \tag{7}$$

这组联立的齐次方程只有在 $\lambda$ 满足方程

$$\begin{vmatrix} a_{11} - \lambda & a_{21} \\ a_{12} & a_{22} - \lambda \end{vmatrix} = 0 \tag{8}$$

的时候，才有不同时为 0 的解 $b_1$ 和 $b_2$. (8)式是 $\lambda$ 的二次方程. 由于(4)，它有两个不为 0 的根. 对于每一个根，可由方程(7)求出一组解 $b_1, b_2$（实际上定出的是 $b_1$ 和 $b_2$ 的比值），从而得到一个倍乘解. 如果(8)式有两个相异的根 $\lambda_\alpha$ 和 $\lambda_\beta$，则相应的两个倍乘解 $w_\alpha, w_\beta$ 必是线性无关的，否则有 $w_\beta/w_\alpha = c$，其解析开拓为 $w_\beta^*/w_\alpha^* = \lambda_\beta w_\beta/\lambda_\alpha w_\alpha = c\lambda_\beta/\lambda_\alpha = c$，而有 $\lambda_\alpha = \lambda_\beta$，这是与 $\lambda_\alpha, \lambda_\beta$ 为相异的根矛盾的.

由(5)式可见方程的奇点 $z_0$ 一般是解的分支点，除非 $\lambda=1$. 因此还不能立刻把解用洛浪(Laurent)级数表示. 但我们知道，函数 $(z-z_0)^\rho$ 在 $z$ 沿 $C$ 绕 $z_0$ 一周后，它的解析开拓为 $e^{i2\pi\rho}(z-z_0)^\rho$. 因此，如果取 $\rho$ 满足 $e^{i2\pi\rho}=\lambda$，则 $w/(z-z_0)^\rho$ 是单值的，可以在 $z_0$ 的某邻域 $0<|z-z_0|<R$ 中展开为洛浪级数

$$\frac{w(z)}{(z-z_0)^\rho} = \sum_{n=-\infty}^{\infty} c_n(z-z_0)^n,$$

因此

$$w(z) = (z-z_0)^\rho \sum_{n=-\infty}^{\infty} c_n(z-z_0)^n. \tag{9}$$

如果方程(8)有两个相异的根，则方程 $w'' + pw' + qw = 0$ 在它的奇点 $z_0$ 的邻域 $0<|z-z_0|<R$ 内有两个线性无关的解. 其形式为（为了使用方便，将上文中的

$\lambda_\alpha, \lambda_\beta, w_\alpha, w_\beta$ 改为 $\lambda_1, \lambda_2, w_1, w_2$）

$$w_1(z) = (z-z_0)^{\rho_1} \sum_{n=-\infty}^{\infty} c_n(z-z_0)^n, \left.\begin{array}{r}\\\\\end{array}\right\}$$
$$w_2(z) = (z-z_0)^{\rho_2} \sum_{n=-\infty}^{\infty} d_n(z-z_0)^n. \tag{10}$$

其中 $\rho_j = \ln\lambda_j/2\pi i (j=1,2)$，且 $\rho_1 - \rho_2 \neq$ **整数**，否则 $\lambda_1 = \lambda_2$. 应当注意，对于一定的 $\lambda$ 值，相应的 $\rho$ 并不是唯一的，可以加一任意整数.

如果 $\lambda_1 = \lambda_2$，从上面只能得到一个解，用 $w_1$ 表示它（(10)式），有

$$w_1^* = \lambda_1 w_1. \tag{11}$$

令 $w_2$ 为与 $w_1$ 线性无关的解，其解析开拓

$$w_2^* = a_{21} w_1 + a_{22} w_2. \tag{12}$$

(11)，(12) 这两个方程现在代替了 (3) ($a_{11} = \lambda_1, a_{12} = 0$)，与(8)式相应的方程是

$$\begin{vmatrix} \lambda_1 - \lambda & a_{21} \\ 0 & a_{22} - \lambda \end{vmatrix} = 0. \tag{13}$$

已设这方程有重根，故 $a_{22} = \lambda_1$，而

$$w_2^* = a_{21} w_1 + \lambda_1 w_2. \tag{14}$$

于是，由(11)和(14)得

$$\left(\frac{w_2}{w_1}\right)^* = \frac{w_2}{w_1} + \frac{a_{21}}{\lambda_1}.$$

这表示函数 $w_2/w_1$ 沿 $C$ 开拓一周后，其值增加 $a_{21}/\lambda_1$，与函数 $a_{21}\ln(z-z_0)/2\pi i\lambda_1$ 的多值性相同，因此 $w_2/w_1 - a_{21}\ln(z-z_0)/2\pi i\lambda_1$ 是单值的，可以展为洛浪级数

$$\frac{w_2}{w_1} - \frac{a_{21}}{2\pi i\lambda_1}\ln(z-z_0) = \sum_{n=-\infty}^{\infty} d_n(z-z_0)^n.$$

由此即得与 $w_1$ 线性无关的第二解[①]

$$w_2(z) = g w_1(z)\ln(z-z_0) + w_1(z)\sum_{n=-\infty}^{\infty} d_n(z-z_0)^n$$

$$= g w_1(z)\ln(z-z_0) + (z-z_0)^{\rho_1}\sum_{n=-\infty}^{\infty} e_n(z-z_0)^n.$$

把以上的结果总起来，有下列定理：

**如果 $z_0$ 是方程 $w'' + pw' + qw = 0$ 的奇点，则在 $z_0$ 的邻域 $0 < |z-z_0| < R$ 内**（$R$ 够小使环状域内无方程的奇点），方程的两个线性无关解为

$$w_1(z) = (z-z_0)^{\rho_1}\sum_{n=-\infty}^{\infty} c_n(z-z_0)^n, \tag{15}$$

---

① 这个解式也可以利用(2)式（或下节(27)式）从第一解导出（参看 Whittaker and Watson, (1927), p. 200).

$$w_2(z) = (z-z_0)^{\rho_2} \sum_{n=-\infty}^{\infty} d_n (z-z_0)^n \quad (\rho_1 - \rho_2 \neq 整数), \tag{16}$$

或

$$w_2(z) = g w_1(z) \ln(z-z_0) + (z-z_0)^{\rho_1} \sum_{n=-\infty}^{\infty} d_n (z-z_0)^n \quad (\rho_1 - \rho_2 = 整数).$$
$$\tag{17}$$

这些解式中的 $\rho_1, \rho_2, c_n, d_n, g$ 都是待定的常数. 但在把这样的解式代入方程中去确定这些常数时, 一般得到的是无穷个联立方程, 每一方程含有无穷个未知数. 因此, 在这样的普遍情形下用级数解法是不便的.

## 2.4  正则解. 正则奇点

当方程

$$w'' + pw' + qw = 0 \tag{1}$$

的系数 $p(z)$ 和 $q(z)$ 满足一定的条件时, 上节(15),(16)或(17)中的洛浪级数只含有限个负幂项. 把这负幂项抽出, 并到因子 $(z-z_0)^\rho$ 中去, 得解式

$$w_1(z) = (z-z_0)^{\rho_1} \sum_{n=0}^{\infty} c_n (z-z_0)^n \quad (c_0 \neq 0), \tag{2}$$

$$w_2(z) = g w_1(z) \ln(z-z_0) + (z-z_0)^{\rho_2} \sum_{n=0}^{\infty} d_n (z-z_0)^n \quad (d_0 \neq 0); \tag{3}$$

这里的(3)式包括了上节(16),(17)两式的情形.(2)式和(3)式称为**正则解**, 其特点是: 解式中的级数是泰勒级数. 把这种解式代入方程(1), 将得到一系列递推关系(见下面(16)式), 可以用来逐一地定出解式中的诸待定常数. 下面来讨论方程(1)有正则解的充要条件.

**定理**    方程(1)在它的奇点 $z_0$ 的邻域 $0 < |z-z_0| < R$ 内**有两个正则解的充要条件**是

$$(z-z_0)p(z) \text{ 和 } (z-z_0)^2 q(z) \text{ 在 } |z-z_0| < R \text{ 内解析}. \tag{4}$$

满足条件(4)的奇点称为**正则奇点**, 否则为**非正则奇点**.

先证明条件(4)是必要的. 为了书写方便, 设 $z_0 = 0$. 根据 2.3 节(1)式,

$$p(z) = -\frac{\mathrm{d}}{\mathrm{d}z} \ln(w_1 w_2' - w_2 w_1') = -\frac{\mathrm{d}}{\mathrm{d}z} \ln\left\{ w_1^2 \frac{\mathrm{d}}{\mathrm{d}z}\left(\frac{w_2}{w_1}\right) \right\}. \tag{5}$$

如果方程(1)在 $0 < |z| < R$ 中有两个正则解

$$w_1(z) = z^{\rho_1} \sum_0^{\infty} c_n z^n \quad (c_0 \neq 0), \tag{6}$$

$$w_2(z) = g w_1(z) \ln z + z^{\rho_2} \sum_0^{\infty} d_n z^n \quad (d_0 \neq 0), \tag{7}$$

把它们代入(5)式中,通过直接计算,并注意当 $g \neq 0$ 时 $\rho_1 - \rho_2 =$ 整数,可以看出 $z=0$ 最多是 $p(z)$ 的一阶极点,因此 $zp(z)$ 在 $z=0$ 点是解析的.

再由方程(1)有

$$q(z) = -\frac{w_1''}{w_1} - p(z)\frac{w_1'}{w_1}. \tag{8}$$

由(6)式及上面关于 $z=0$ 最多是 $p(z)$ 的一阶极点的结论,立刻看出 $z=0$ 最多是 $q(z)$ 的二阶极点,因此 $z^2q(z)$ 在 $z=0$ 点是解析的.

再证明条件(4)是充足的.为此,只要证明在这条件下,把(6)式代入方程(1)中定出的系数 $c_n$ 确使级数收敛即可.在下面的证明过程中,同时也给出了求正则解的步骤.

仍设 $z_0=0$.以 $z^2$ 乘方程(1),得

$$z^2w'' + zp_1(z)w' + q_1(z)w = 0, \tag{9}$$

其中

$$p_1(z) = zp(z), \quad q_1(z) = z^2q(z). \tag{10}$$

按条件(4),$p_1(z)$ 和 $q_1(z)$ 是 $|z|<R$ 中的解析函数,可以展成泰勒级数

$$p_1(z) = \sum_0^\infty a_k z^k, \quad q_1(z) = \sum_0^\infty b_k z^k. \tag{11}$$

设方程(1)的形式解为

$$w(z) = z^\rho \sum_0^\infty c_n z^n, \quad c_0 \neq 0, \tag{12}$$

代入(9),得

$$\sum_{n=0}^\infty c_n(\rho+n)(\rho+n-1)z^n + \sum_{k=0}^\infty a_k z^k \cdot \sum_{n=0}^\infty c_n(\rho+n)z^n$$

$$+ \sum_{k=0}^\infty b_k z^k \cdot \sum_{n=0}^\infty c_n z^n = 0. \tag{13}$$

由这式中 $z$ 的最低次方的系数为 0 得

$$c_0[\rho(\rho-1) + a_0\rho + b_0] = 0.$$

但 $c_0 \neq 0$,故必需

$$\rho(\rho-1) + a_0\rho + b_0 = 0, \tag{14}$$

这是确定指标 $\rho$ 的方程,称为**指标方程**.以 $\rho_1$ 和 $\rho_2$ 表示这二次方程的两个根,并设

$$\mathrm{Re}(\rho_1) \geqslant \mathrm{Re}(\rho_2). \tag{15}$$

由(13)式中 $z^n(n \geqslant 1)$ 的系数为 0 得递推关系

$$[(\rho+n)(\rho+n-1) + a_0(\rho+n) + b_0]c_n$$

$$+ \sum_{k=1}^n [a_k(\rho+n-k) + b_n]c_{n-k} = 0 \quad (n=1,2,\cdots). \tag{16}$$

利用这些关系式,逐一把 $c_n (n=1,2,\cdots)$ 用 $c_0$ 表示出来,形式解(12)就完全确定(除任意常数 $c_0$).余下的问题是证明级数收敛.

先看 $\rho=\rho_1$ 的情形.我们来估计系数 $c_n$.令 $\rho_1-\rho_2=s$,则按(15) $\mathrm{Re}(s)\geqslant 0$.又,$\rho_1$ 和 $\rho_2$ 是指标方程(14)的根,故 $\rho_1+\rho_2=1-a_0,\rho_1\rho_2=b_0$,而得(16)式中 $c_n$ 的系数($\rho=\rho_1$)为

$$(\rho_1+n)(\rho_1+n-1)+a_0(\rho_1+n)$$
$$= (\rho_1+n)(\rho_1+n-1+a_0)+b_0 = n(n+s). \tag{17}$$

由于 $p_1(z)$ 和 $q_1(z)$ 是解析函数,根据科希不等式,存在 $M\geqslant 1, r>0$ 使

$$|a_k|<\frac{M}{r^k},\quad |b_k|<\frac{M}{r^k},\quad |a_k\rho_1+b_k|<\frac{M}{r^k}. \tag{18}$$

因此,对于(16)式中 $c_{n-k}$ 的系数有

$$|a_k(\rho_1+n-k)+b_k|\leqslant |a_k\rho_1+b_k|+(n-k)|a_k|<Mr^{-k}(n-k+1). \tag{19}$$

当 $n=1$ 时,(16)式为

$$(1+s)c_1+(a_1\rho_1+b_1)c_0=0,$$

故

$$|c_1|=|a_1\rho_1+b_1||1+s|^{-1}c_0<Mr^{-1}c_0 \quad (\text{因 } \mathrm{Re}(s)\geqslant 0). \tag{20}$$

设

$$|c_\nu|<M^\nu r^{-\nu}|c_0|,\quad \nu=2,3,\cdots,n-1, \tag{21}$$

利用(17),(19),(20),由(16)得

$$|c_n|<\frac{1}{n|n+s|}\sum_{k=1}^{n}Mr^{-k}(n-k+1)|c_{n-k}|$$

$$\leqslant \frac{1}{n^2}\sum_{k=1}^{n}Mr^{-k}(n-k+1)M^{n-k}r^{-n+k}|c_0|$$

$$=\frac{|c_0|r^{-n}}{n^2}\sum_{m=1}^{n}mM^m \leqslant \frac{|c_0|r^{-n}M^n}{n^2}\sum_{m=1}^{n}m$$

$$=|c_0|M^n r^{-n}\frac{n(n+1)}{2n^2}<M^n r^{-n}|c_0|,\text{当 } n\geqslant 2,$$

故根据归纳法,(21)式对于任何 $\nu(\geqslant 1)$ 都成立,而有

$$|c_n z^n|=|c_n||z|^n<|c_0|M^n r^{-n}|z|^n \quad (n\geqslant 1).$$

因此,只要 $|z|\leqslant R_1<M^{-1}r$,级数 $\sum_{0}^{\infty}c_n z^n$ 就是绝对而且一致收敛的.这证明

$$w_1(z)=z^{\rho_1}\sum_{n=0}^{\infty}c_n z^n \tag{22}$$

确是方程的一个解.

对于 $\rho = \rho_2$,要区别两种情形：

1. $\rho_1 - \rho_2 \neq$ 整数. 这时,由(16),令 $\rho = \rho_2$,并把 $c_n$ 换为 $d_n(n = 0, 1, \cdots)$,即可仿前得第二解

$$w_2(z) = z^{\rho_2} \sum_{n=0}^{\infty} d_n z^n, \tag{23}$$

其中 $d_n$ 都可用 $d_0$ 表示出来, $d_0$ 是不等于 0 的任意常数.

(22)和(23)所表示的两个解显然是线性无关的,因为当 $z \to 0$ 时 $w_1(z) \approx c_0 z^{\rho_1}$, $w_2(z) \approx d_0 z^{\rho_2}$ 而 $\rho_1 \neq \rho_2$.

2. $\rho_1 - \rho_2 = m(m = 0, 1, \cdots)$. 这相当于前节普遍理论中 $\lambda_1 = \lambda_2$ 的情形.

若 $m = 0$,即 $\rho_1 = \rho_2$,用前面的做法显然只能得到一个解 $w_1(z)$. 第二解要另用别的方法来求(见下面公式(27)和2.5节).

当 $m > 0$ 时, $d_1, d_2, \cdots, d_{m-1}$ 都可如前由(16)式(令 $\rho = \rho_2 = \rho_1 - m$,并把 $c_n$ 换为 $d_n$)确定,用 $d_0$ 表示出来. 但确定 $d_m$ 的方程为

$$\begin{aligned}&[(\rho_2 + m)(\rho_2 + m - 1) + a_0(\rho_2 + m) + b_0]d_m \\ &+ \sum_{k=1}^{m}[a_k(\rho_2 + m - k) + b_k]d_{m-k} = 0,\end{aligned} \tag{24}$$

其中 $d_m$ 的系数等于 $\rho_1(\rho_1 - 1) + a_0\rho_1 + b_0 = 0$,因为 $\rho_1$ 是指标方程(14)的根. 因此, $d_m = \infty$,除非(24)式中的和数

$$\sum_{k=1}^{m}[a_k(\rho_2 + m - k) + b_k]d_{m-k} = 0. \tag{25}$$

$d_m = \infty$ 当然没有意义而需要另用别的方法来求第二解(见下面公式(27)和2.5节).

如果(25)式成立,则 $d_m$ 可以是任何常数,以后的 $d_n(n > m)$ 可继续按递推关系(16)用 $d_0$ 和 $d_m$ 表示出来,而得

$$w_2(z) = d_0 u(z) + d_m v(z). \tag{26}$$

但不难看出,(26)式右方的 $v(z)$ 与第一解 $w_1(z)$ 最多差一常数因子,因为两者的级数的系数之间的递推关系完全相同(注意 $\rho_2 + m = \rho_1$). 因此,可取第二解为 $d_0 u(z)$(即令 $d_m = 0$),其中级数的收敛性的证明同前.

不论是哪一种情形( $\rho_1 - \rho_2$ 等于或不等于整数, $\rho_1 - \rho_2$ 等于整数时(25)式成立或者不成立),总可以在求得第一解 $w_1(z)$((22)式)之后,利用(5)式求出第二解

$$w_2(z) = A w_1(z) \int^{z} \frac{e^{-\int^{z} p(\zeta)d\zeta}}{[w_1(z)]^2} dz + B w_1(z). \tag{27}$$

不过这公式不便于作直接计算,因为其中的被积函数含 $[w_1(z)]^{-2}$,而 $w_1(z)$ 一般是一个无穷级数. 在具体问题中,当 $\rho_1 - \rho_2 = m(m = 0, 1, 2, \cdots)$ 时,常常是把(7)式(或(3)式)代到方程(1)里去确定待定常数 $g$ 和系数 $d_n(n = 0, 1, \cdots)$. 得到的级

数可以用类似于前的方法证明是收敛的(参看例如 Whittaker and Watson (1927), p. 199). 但(7)式也可以从(27)式导出(参看 Whittaker and Watson (1927), p. 200),而在推导时只用到 $w_1(z)$ 中级数的收敛性,因此毋需另外论证(7)式中的级数是收敛的.

## 2.5 夫罗比尼斯(Frobenius)方法

这是另一种求正则解的方法,特别对求第二解有用.

设 $z=0$ 是方程 $w''+pw'+qw=0$ 的正则奇点. 把解式

$$w(z) = z^\rho \sum_{n=0}^{\infty} c_n z^n = \sum_{n=0}^{\infty} c_n z^{\rho+n} \tag{1}$$

代入微分式 $L[w] \equiv z^2 w'' + z p_1 w' + q_1 w$,其中 $p_1 = z p(z)$,$q_1 = z^2 q(z)$,得

$$L[w] \equiv z^\rho \left\{ \sum_{n=1}^{\infty} \left[ c_n f_0(\rho+n) + \sum_{k=1}^{n} c_{n-k} f_k(\rho+n-k) \right] z^n + c_0 f_0(\rho) \right\}, \tag{2}$$

其中

$$f_0(\lambda) \equiv \lambda(\lambda-1) + a_0 \lambda + b_0, \quad f_k(\lambda) \equiv a_k \lambda + b_k \quad (k \geqslant 1),$$

$a_k$ 和 $b_k$ 分别是 $p_1(z)$ 和 $q_1(z)$ 在 $z=0$ 点的泰勒展开的系数(2.4 节(11)).

取 $c_n$ 满足递推关系

$$c_n f_0(\rho+n) + \sum_{k=1}^{n} c_{n-k} f_k(\rho+n-k) = 0 \quad (n=1,2,\cdots) \tag{3}$$

(即上节(16)式),(2)式成为

$$L[w] \equiv c_0 z^\rho f_0(\rho) = c_0 z^\rho (\rho-\rho_1)(\rho-\rho_2), \tag{4}$$

$\rho_1$ 和 $\rho_2$ 是指标方程(上节(14)) $f_0(\rho)=0$ 的两根.

如果 $\rho_1-\rho_2 \neq$ 整数,依次在(3)式中令 $\rho=\rho_1$ 和 $\rho_2$,则由此定出的两组系数 $c_n^{(1)}$,$c_n^{(2)}$ 将分别给出方程 $L[w]=0$ 的两个线性无关解. 这是与前节相同的.

如果 $\rho_1-\rho_2=0$,即 $\rho_1=\rho_2$,则(4)式成为

$$L[w] \equiv c_0 z^\rho (\rho-\rho_1)^2. \tag{5}$$

对 $\rho$ 求微商,得

$$L\left[\frac{\partial w}{\partial \rho}\right] \equiv c_0 \ln z \cdot z^\rho (\rho-\rho_1)^2 + c_0 z^\rho \cdot 2(\rho-\rho_1). \tag{6}$$

当 $\rho=\rho_1$ 时,(5)式和(6)式的右方都等于 0. 因此,如果 $w(z)$((1)式)中的系数 $c_n(n=1,2,\cdots)$ 用递推关系(3)确定为 $\rho$ 的函数,立得方程 $L[w]=0$ 的两个线性无关解

$$w_1(z) = (w)_{\rho=\rho_1} = z^{\rho_1} \sum_{n=0}^{\infty} (c_n)_{\rho=\rho_1} z^n \quad (c_0 \text{ 为任意常数}), \tag{7}$$

$$w_2(z) = \left(\frac{\partial w}{\partial \rho}\right)_{\rho=\rho_1} = w_1(z) \ln z + z^{\rho_1} \sum_{n=1}^{\infty} \left(\frac{\partial c_n}{\partial \rho}\right)_{\rho=\rho_1} z^n. \tag{8}$$

注意在 $w_2(z)$ 中,后面的级数是从 $z$ 的一次方开始的.

当 $\rho_1 - \rho_2 = m(m=1,2,\cdots)$ 时,上面的做法不适用,而须令

$$c_0 = c_0'(\rho - \rho_2) \quad (c_0' \text{ 现在是任意常数}). \tag{9}$$

仍用(3)式来确定系数 $c_n(n=1,2,\cdots)$,(4)式成为

$$L[w] \equiv c_0' z^\rho (\rho - \rho_1)(\rho - \rho_2)^2, \tag{10}$$

它对 $\rho$ 的微商是

$$L\left[\frac{\partial w}{\partial \rho}\right] \equiv c_0' \ln z \cdot z^\rho (\rho - \rho_1)(\rho - \rho_2)^2 + c_0' z^\rho (\rho - \rho_2)^2$$
$$+ c_0' z^\rho \cdot 2(\rho - \rho_1)(\rho - \rho_2). \tag{11}$$

由(10)和(11)知 $(w)_{\rho=\rho_1}$,$(w)_{\rho=\rho_2}$,$(\partial w/\partial \rho)_{\rho=\rho_2}$ 都是方程 $L[w]=0$ 的解. $w_1(z)=(w)_{\rho=\rho_1}$ 如前. 但 $w_2(z)=(w)_{\rho=\rho_2}$ 与 $(w)_{\rho=\rho_1}$ 最多只差一常数因子,因为现在 $c_0 = c_0'(\rho - \rho_2)$,所有由(3)式定出的 $c_1, c_2, \cdots, c_{m-1}$ 都含因子 $(\rho - \rho_2)$,故

$$(c_1)_{\rho=\rho_2} = (c_2)_{\rho=\rho_2} = \cdots = (c_{m-1})_{\rho=\rho_2} = 0. \tag{12}$$

$(c_m)_{\rho=\rho_2}$ 则可以是任意常数,因为在决定 $c_m$ 的关系式(3)$(n=m)$ 中,$c_m$ 的系数 $f_0(\rho+m) = (\rho+m-\rho_1)(\rho+m-\rho_2) = (\rho-\rho_2)(\rho+m-\rho_2)$ 也含有因子 $(\rho-\rho_2)$.(这相当于前节(25)式成立的情形.)以后的 $(c_n)_{\rho=\rho_2}$ $(n>m)$ 可用 $(c_m)_{\rho=\rho_2}$ 表示,其间的关系与 $(w)_{\rho=\rho_1}$ 中 $(c_n)_{\rho=\rho_1}$ 用 $c_0$ 表示的关系式完全一样. 因此 $(w)_{\rho=\rho_2}$ 与 $(w)_{\rho=\rho_1}$ 不是线性无关的两个解.

与 $(w)_{\rho=\rho_1}$ 线性无关的第二解是

$$w_2(z) = \left(\frac{\partial w}{\partial \rho}\right)_{\rho=\rho_2} = \ln z \cdot z^{\rho_2} \sum_{n=m}^{\infty} (c_n)_{\rho=\rho_2} z^n + z^{\rho_2} \sum_{n=0}^{\infty} \left(\frac{\partial c_n}{\partial \rho}\right)_{\rho=\rho_2} \cdot z^n. \tag{13}$$

(在第一个和数中用了(12)式.)不难看出,(13)式右方的第一项与 $w_1(z)\ln z$ 最多只差一常数因子,因为如同前面论证过的,两者的级数中系数之间的递推关系是完全一样的. 又应注意,现在的 $c_0 = c_0'(\rho - \rho_2)$,也是 $\rho$ 的函数,其微商不等于 0 而是等于 $c_0'$,故(13)式右方第二个级数从 $n=0$ 开始,与(8)式不同.

关于应用夫罗比尼斯方法求第二解的具体例子可参看例如 4.4 节.

## 2.6 无 穷 远 点

在前面的讨论中,不论是方程的常点还是奇点,都假设是在有限处. 对于无穷远点,须作变数变换 $z=1/t$,然后讨论由此导出的方程

$$\frac{d^2 w}{dt^2} + \left\{\frac{2}{t} - \frac{1}{t^2} p\left(\frac{1}{t}\right)\right\} \frac{dw}{dt} + \frac{1}{t^4} q\left(\frac{1}{t}\right) w(t) = 0 \tag{1}$$

在 $t=0$ 点的性质和解式. 不难看出

1. $t=0(z=\infty)$ **为常点的条件**是

$$p\left(\frac{1}{t}\right) = 2t + a_2 t^2 + a_3 t^3 + \cdots,$$

即

$$p(z) = \frac{2}{z} + \frac{a_2}{z^2} + \cdots, \tag{2}$$

和

$$q\left(\frac{1}{t}\right) = b_4 t^4 + b_5 t^5 + \cdots,$$

即

$$q(z) = \frac{b_4}{z^4} + \frac{b_5}{z^5} + \cdots. \tag{3}$$

2. 奇点 $t=0(z=\infty)$ **为正则奇点的条件**是

$$\left. \begin{array}{c} \frac{1}{t}p\left(\frac{1}{t}\right) = zp(z) \quad \text{和} \quad \frac{1}{t^2}q\left(\frac{1}{t}\right) = z^2 q(z) \\ \text{在 } t=0(z=\infty) \text{ 是解析的.} \end{array} \right\} \tag{4}$$

## 2.7  傅克斯(Fuchs)型方程

所有奇点都是正则奇点的方程称为傅克斯型方程. 它的最重要的特例之一是具有三个正则奇点的方程, 其原型为超几何方程(2.9 节和第四章); 常见的勒让德方程(第五章)便属于这一类.

先来分析傅克斯型方程的系数的普遍性特征.

设 $a_r(r=1,2,\cdots,n)$ 和 $\infty$ 是方程

$$w'' + p(z)w' + q(z)w = 0 \tag{1}$$

的正则奇点; 此外, 方程别无奇点. 因 $a_r$ 最多是 $p(z)$ 的一阶极点(2.4 节(4)), 故

$$p(z) = \sum_{r=1}^{n} \frac{A_r}{z - a_r} + \varphi(z),$$

其中 $A_r$ 是 $p(z)$ 在 $z=a_r$ 点的残数, $\varphi(z)$ 是在全 $z$ 平面上解析的函数. 根据 2.6 节 (4), 当 $z \to \infty$ 时 $\varphi(z)$ 应趋于 $0$, 因为 $z=\infty$ 是正则奇点. 因此, 按刘维定理, $\varphi(z) \equiv$ 常数 $=0$, 而

$$p(z) = \sum_{r=1}^{n} \frac{A_r}{z - a_r}. \tag{2}$$

用类似的论证, 可得

$$q(z) = \sum_{r=1}^{n} \left\{ \frac{B_r}{(z - a_r)^2} + \frac{C_r}{z - a_r} \right\}; \tag{3}$$

而且,根据 2.6 节(4),必须有

$$\sum_{r=1}^{n} C_r = 0. \tag{4}$$

由(2)和(3)并参照 2.4 节的(11)式和(14)式(其中 $a_0 = \lim\limits_{z \to 0} z p(z)$, $b_0 = \lim\limits_{z \to 0} z^2 q(z)$)
立刻可以推得在正则奇点 $a_r$ 处的指标方程为

$$\rho^2 + (A_r - 1)\rho + B_r = 0 \quad (r = 1, 2, \cdots, n). \tag{5}$$

在 $\infty$ 点,由 2.6 节(1)有

$$\lim_{t \to 0} t \left\{ \frac{2}{t} - \frac{1}{t^2} p\left(\frac{1}{t}\right) \right\} = 2 - \lim_{z \to \infty} z p(z) = 2 - \sum_{r=1}^{n} A_r,$$

$$\lim_{t \to 0} t^2 \cdot \frac{1}{t^4} q\left(\frac{1}{t}\right) = \lim_{z \to \infty} z^2 q(z) = \lim_{z \to \infty} z^2 \sum_{r=1}^{n} \left\{ \frac{B_r}{(z - a_r)^2} + \frac{C_r}{z - a_r} \right\}$$

$$= \sum_{r=1}^{n} B_r + \lim_{z \to \infty} z \sum_{r=1}^{n} C_r [1 + a_r z^{-1} + O(z^{-2})]$$

$$= \sum_{r=1}^{n} B_r + \sum_{r=1}^{n} a_r C_r, \quad (\text{因}(4))$$

故指标[1]方程为

$$\rho^2 + \left(1 - \sum_{r=1}^{n} A_r\right)\rho + \sum_{r=1}^{n} (B_r + a_r C_r) = 0. \tag{6}$$

由(5)和(6)得到一个重要结论:

**指标方程诸根之和 $= n - 1$.** $\tag{7}$

如果 $\infty$ 点不是奇点而是常点,则根据 2.6 节(2)式和(3)式,应有

$$\left.\begin{array}{l} \displaystyle\sum_{r=1}^{n} A_r = 2, \quad \sum_{r=1}^{n} C_r = 0, \quad \sum_{r=1}^{n} (B_r + a_r C_r) = 0, \\[3mm] \displaystyle\sum_{r=1}^{n} (2a_r B_r + a_r^2 C_r) = 0. \end{array}\right\} \tag{8}$$

## 2.8　具有五个正则奇点的傅克斯型方程

设奇点为 $a_r(r = 1, 2, 3, 4)$ 和 $\infty$. 以 $\alpha_r, \beta_r$ 表示 $a_r$ 点的指标,$\mu_1$ 和 $\mu_2$ 表示 $\infty$ 点
的指标,则由上节(2),(3),(4),(5),具有这样五个奇点的傅克斯型方程是

$$\frac{\mathrm{d}^2 u}{\mathrm{d} z^2} + \left\{ \sum_{r=1}^{4} \frac{1 - \alpha_r - \beta_r}{z - a_r} \right\} \frac{\mathrm{d} u}{\mathrm{d} z} + \left\{ \sum_{r=1}^{4} \frac{\alpha_r \beta_r}{(z - a_r)^2} + \frac{A z^2 + 2B z + C}{\displaystyle\prod_{r=1}^{4} (z - a_r)} \right\} u = 0, \tag{1}$$

---

[1]　注意这是变数 $t$ 的指标,因此是 $z^{-1}$ 的指标.

其中 $A,B,C$ 是常数,$A=-\sum_{r=1}^{4}C_r\left(\sum_{k=1}^{4}a_k-a_r\right)=\sum_{r=1}^{4}a_rC_r=\mu_1\mu_2-\sum_{r=1}^{4}\alpha_r\beta_r$;$B$ 和 $C$ 则是任意的,因为由 $a_r(r=1,\cdots,4)$ 及诸指标之值并不能唯一地确定方程的系数 $q(z)$ 中的 $C_r$,**除非** $n=2$(见下节).

克莱因(Klein)和玻歇尔(Bôcher)曾证明,在数理物理的某些分支中出现的一些线性常微分方程(见下面的表 1)都是方程(1)的一个特殊情形的各种合流形式;这个特殊情形是:每一奇点的两个指标相差 $1/2$. 设 $\beta_r=\alpha_r+1/2(r=1,\cdots,4)$,$\mu_2=\mu_1+1/2$,并以 $\zeta$ 代 $z$,方程(1)成为

$$\frac{d^2u}{d\zeta^2}+\left\{\sum_{r=1}^{4}\frac{1/2-2\alpha_r}{\zeta-a_r}\right\}\frac{du}{d\zeta}+\left\{\sum_{r=1}^{4}\frac{\alpha_r(\alpha_r+1/2)}{(\zeta-a_r)^2}+\frac{A\zeta^2+2B\zeta+C}{\prod_{r=1}^{4}(\zeta-a_r)}\right\}u=0,\quad(2)$$

称为**广义拉梅**(Lamé)**方程**. 利用 2.7 节(7)式的结论可得

$$A=\left(\sum_{r=1}^{4}\alpha_r\right)^2-\sum_{r=1}^{4}\alpha_r^2-\frac{3}{2}\sum_{r=1}^{4}\alpha_r+\frac{3}{16}.\tag{3}$$

现在来说明一下什么叫做微分方程的合流形式. 一个微分方程,如果能够从另一微分方程通过把后者的两个或多个奇点相合而得到,就称它是后一方程的合流形式. 经过合流后,奇点的性质一般有了改变.

如果在方程(2)中把两个奇点相合,例如令 $a_1=a_2$,新的奇点仍是正则的,相应指标 $\alpha,\beta$ 由下列方程给出(与(1)式比较而得)

$$\left.\begin{aligned}\alpha+\beta&=2(\alpha_1+\alpha_2),\\ \alpha\beta&=\alpha_1\left(\alpha_1+\frac{1}{2}\right)+\alpha_2\left(\alpha_2+\frac{1}{2}\right)+D,\end{aligned}\right\}\tag{4}$$

其中

$$D=(Aa_1^2+2Ba_1+C)/\{(a_1-a_3)(a_1-a_4)\}.$$

但这合流奇点的两个指标之差已不再是 $1/2$,而可以是任何数,只要适当地选取 $D$ 中所含任意常数 $B$ 和 $C$ 之值.

如果在方程(2)中把三个或更多的奇点合流起来,那奇点就变成非正则的,因为在新方程的 $u$ 的系数中将出现 $(\zeta-a_i)^{-3}$ 或 $(\zeta-a_i)^{-4}$ 的项,$a_i$ 为合流奇点.

把方程(2)的 5 个奇点用不同的方式合流,可以得到 6 种不同类型的方程(这包括了所有可能的合流形式),它们是按下列三点来分类的:

(a) 指标相差为 $1/2$ 的奇点[1]的数目;

(b) 其他正则奇点的数目;

---

① 这种奇点一定是正则的,因为在非正则奇点处,如果有正则形式的解,指标方程是一次的,故只有一个指标(参看 2.10 节).

(c) 非正则奇点的数目.

列表于下：（参看本章末习题 2～7）

表 1

| 类　型 | (a) | (b) | (c) | 方程名称 |
|---|---|---|---|---|
| 一 | 3 | 1 | 0 | 拉梅 |
| 二 | 2 | 0 | 1 | 马丢 |
| 三 | 1 | 2 | 0 | 勒让德 |
| 四 | 0 | 1 | 1 | 贝塞耳 |
| 五 | 1 | 0 | 1 | 韦伯 |
| 六 | 0 | 0 | 1 | 斯托克斯 |

所有这些方程,除了最后一类可以很容易地化为贝塞耳方程（参看习题 6）不另讨论之外,其他都将在本书以后各章中较详细地逐一讨论.

## 2.9　具有三个正则奇点的傅克斯型方程

普遍的具有三个正则奇点 $a,b,c(\neq\infty$,因此 $\infty$ 是常点)的傅克斯型方程可以根据 2.7 节(2)至(8)诸式推出为

$$\frac{\mathrm{d}^2 w}{\mathrm{d}z^2} + \left\{ \frac{1-\alpha_1-\alpha_2}{z-a} + \frac{1-\beta_1-\beta_2}{z-b} + \frac{1-\gamma_1-\gamma_2}{z-c} \right\} \frac{\mathrm{d}w}{\mathrm{d}z}$$

$$+ \left\{ \frac{\alpha_1\alpha_2(a-b)(a-c)}{z-a} + \frac{\beta_1\beta_2(b-c)(b-a)}{z-b} \right.$$

$$\left. + \frac{\gamma_1\gamma_2(c-a)(c-b)}{z-c} \right\} \times \frac{w}{(z-a)(z-b)(z-c)} = 0, \tag{1}$$

其中 $(\alpha_1,\alpha_2),(\beta_1,\beta_2),(\gamma_1,\gamma_2)$ 分别表示在 $a,b,c$ 三点的指标对,满足

$$\alpha_1 + \alpha_2 + \beta_1 + \beta_2 + \gamma_1 + \gamma_2 = 1. \tag{2}$$

如果 $a,b,c$ 之一,例如 $c$,为 $\infty$,则(1)简化为

$$\frac{\mathrm{d}^2 w}{\mathrm{d}z^2} + \left\{ \frac{1-\alpha_1-\alpha_2}{z-a} + \frac{1-\beta_1-\beta_2}{z-b} \right\} \frac{\mathrm{d}w}{\mathrm{d}z}$$

$$+ \left\{ \frac{\alpha_1\alpha_2(a-b)}{z-a} + \frac{\beta_1\beta_2(b-a)}{z-b} + \gamma_1\gamma_2 \right\}$$

$$\times \frac{w}{(z-a)(z-b)} = 0. \tag{3}$$

若取 $a=0,b=1$,则(3)可简化为

$$z(1-z)\frac{\mathrm{d}^2 w}{\mathrm{d}z^2} + [\gamma - (\alpha+\beta+1)z]\frac{\mathrm{d}w}{\mathrm{d}z} - \alpha\beta w = 0, \tag{4}$$

其中 $(0,1-\gamma),(0,\gamma-\alpha-\beta),(\alpha,\beta)$ 分别为 $z=0,1,\infty$ 三点的指标对.这把指标的数

值也作了改变. 由(1)到(4)可通过下列变换而实现

$$\zeta = \frac{(b-c)(z-a)}{(b-a)(z-c)}, \tag{5}$$

$$w = \left(\frac{z-a}{z-c}\right)^{\alpha_1} \left(\frac{z-b}{z-c}\right)^{\beta_1} \omega. \tag{6}$$

注意(4)中的 $z$ 是(5)中的 $\zeta$，(4)中的 $w$ 是(6)中的 $\omega$. 由于普遍的具有三个正则奇点的傅克斯型方程可以通过变换(5)和(6)化为(4)，所以(4)是具有三个正则奇点的傅克斯型方程的原型. (4)名为超几何方程，它的解将在第四章详细讨论.

这类方程的解常用符号 $P$ 来表达. (1)的解用 $P$ 符号表达为

$$w(z) = P\left\{\begin{matrix} a & b & c \\ \alpha_1 & \beta_1 & \gamma_1 \; ; & z \\ \alpha_2 & \beta_2 & \gamma_2 \end{matrix}\right\}. \tag{7}$$

这称为**里曼**(Riemann)$P$**方程**. (4)的解用 $P$ 符号表达为

$$w(z) = P\left\{\begin{matrix} 0 & 1 & \infty \\ 0 & 0 & \alpha \; ; & z \\ 1-\gamma & \gamma-\alpha-\beta & \beta \end{matrix}\right\}. \tag{8}$$

很容易证明，经过分式线性变换由 $z$ 到 $z_1$：

$$z_1 = \lambda \frac{z-\mu}{z-\nu}, \tag{9}$$

方程(1)的形式不变，只是随着 $z$ 变为 $z_1$，$a,b,c$ 分别变为 $a_1,b_1,c_1$ 而已，所以变换结果用 $P$ 符号表达为

$$P\left\{\begin{matrix} a & b & c \\ \alpha_1 & \beta_1 & \gamma_1 \; ; & z \\ \alpha_2 & \beta_2 & \gamma_2 \end{matrix}\right\} = P\left\{\begin{matrix} a_1 & b_1 & c_1 \\ \alpha_1 & \beta_1 & \gamma_1 \; ; & z_1 \\ \alpha_2 & \beta_2 & \gamma_2 \end{matrix}\right\}, \tag{10}$$

其中指标不变.

若改变 $w$ 为 $w_1$：

$$w_1(z) = \left(\frac{z-a}{z-c}\right)^k \left(\frac{z-b}{z-c}\right)^l w(z),$$

则可证明指标改变如下所示：

$$\left(\frac{z-a}{z-c}\right)^k \left(\frac{z-b}{z-c}\right)^l \times P\left\{\begin{matrix} a & b & c \\ \alpha_1 & \beta_1 & \gamma_1 \; ; & z \\ \alpha_2 & \beta_2 & \gamma_2 \end{matrix}\right\}$$

$$= P\left\{\begin{matrix} a & b & c \\ \alpha_1+k & \beta_1+l & \gamma_1-k-l \; ; & z \\ \alpha_2+k & \beta_2+l & \gamma_2-k-l \end{matrix}\right\}. \tag{11}$$

如果奇点之一,例如 $c$,为 $\infty$,则变换关系(11)改为

$$(z-a)^k(z-b)^l P \left\{ \begin{matrix} a & b & \infty \\ \alpha_1 & \beta_1 & \gamma_1 \;; & z \\ \alpha_2 & \beta_2 & \gamma_2 \end{matrix} \right\}$$

$$= P \left\{ \begin{matrix} a & b & \infty \\ \alpha_1+k & \beta_1+l & \gamma_1-k-l \;; & z \\ \alpha_2+k & \beta_2+l & \gamma_2-k-l \end{matrix} \right\}. \tag{12}$$

把(10)和(11)应用到变换(5)和(6),得

$$\left(\frac{z-a}{z-c}\right)^{-\alpha_1}\left(\frac{z-b}{z-c}\right)^{-\beta_1} \times P \left\{ \begin{matrix} a & b & c \\ \alpha_1 & \beta_1 & \gamma_1 \;; & z \\ \alpha_2 & \beta_2 & \gamma_2 \end{matrix} \right\}$$

$$= P \left\{ \begin{matrix} 0 & 1 & \infty & \\ 0 & 0 & \gamma_1+\alpha_1+\beta_1 \;; & \frac{(b-c)(z-a)}{(b-a)(z-c)} \\ \alpha_2-\alpha_1 & \beta_2-\beta_1 & \gamma_2+\alpha_1+\beta_1 & \end{matrix} \right\}. \tag{13}$$

由此得(4)中 $\alpha,\beta,\gamma$ 与(1)中的指标的关系为(比较(12)与(8))

$$\left. \begin{matrix} \alpha = \gamma_1+\alpha_1+\beta_1, \\ \beta = \gamma_2+\alpha_1+\beta_1, \\ \gamma = 1+\alpha_1-\alpha_2. \end{matrix} \right\} \tag{14}$$

例如,连带勒让德方程

$$(1-z^2)\frac{\mathrm{d}^2 w}{\mathrm{d}z^2} - 2z\frac{\mathrm{d}w}{\mathrm{d}z} + \left[n(n+1)-\frac{m^2}{1-z^2}\right]w = 0 \tag{15}$$

是具有三个正则奇点 $z=\pm 1,\infty$ 的傅克斯型方程.与(3)比较,得

$$\alpha_1=\beta_1=\frac{m}{2}, \quad \alpha_2=\beta_2=-\frac{m}{2},$$

$$\gamma_1=n+1, \quad \gamma_2=-n.$$

因此(15)的解可写为

$$w(z) = P \left\{ \begin{matrix} -1 & 1 & \infty & \\ \frac{m}{2} & \frac{m}{2} & n+1 \;; & z \\ -\frac{m}{2} & -\frac{m}{2} & -n & \end{matrix} \right\}. \tag{16}$$

关于(15)的解将在第五章详细讨论.

## 2.10　非正则奇点. 正则形式解

按照 2.4 节的定理,一个二阶线性常微分方程,在它的非正则奇点的邻域内,最多只能有一个正则形式的解. 关于这个正则解存在的条件,只在奇点是极点的情形下得到了解决. 我们只讨论存在正则形式解的必要条件[①],并说明当这条件不满足时如何处理求解问题.

设 $z=\infty$ 是所讨论的非正则奇点;在实际情形中多半如此,而且,这样的假设并不有损结果的普遍性,因为任何一点 $z=a$ 总可以通过变换 $z-a=1/t$ 变为 $t=\infty$.

**非正则奇点附近的正则形式解.**　设 $z=\infty$ 是方程
$$L[w] \equiv w'' + p(z)w' + q(z)w(z) = 0 \tag{1}$$
的非正则奇点. 我们只讨论它是 $p(z),q(z)$ 的极点的情形. 这时可写
$$p(z) = z^{n_1}\left(a_0 + \frac{a_1}{z} + \cdots\right) = z^{n_1}\sum_{l=0}^{\infty} a_l z^{-l}, \tag{2}$$
$$q(z) = z^{n_2}\left(b_0 + \frac{b_1}{z} + \cdots\right) = z^{n_2}\sum_{s=0}^{\infty} b_s z^{-s}, \tag{3}$$
其中 $n_1, n_2$ 是整数,依次称为 $p(z)$ 和 $q(z)$ 的**阶**. 设 $a_0$ 和 $b_0$ 都不等于 0(除非 $p(z)$ 或 $q(z)$ 恒等于 0),下列两种情形至少必有一个成立:
$$n_1 > -1, \quad n_2 > -2, \tag{4}$$
否则,按 2.6 节的结果,$z=\infty$ 就是正则奇点或者常点了.

现在来看方程(1)在非正则奇点 $z=\infty$ 处有正则形式解的必要条件. 为此,设
$$w(z) = z^{\rho}\sum_{k=0}^{\infty} c_k z^{-k}, \quad c_0 \neq 0. \tag{5}$$
把它代入(1)式左方的微分式中,有
$$L[w] \equiv z^{\rho}\left\{\sum_{k=0}^{\infty} c_k(\rho-k)(\rho-k-1)z^{-k-2} + \sum_{l=0}^{\infty} a_l z^{n_1-l} \cdot \sum_{k=0}^{\infty} c_k(\rho-k)z^{-k-1}\right.$$
$$\left. + \sum_{s=0}^{\infty} b_s z^{n_2-s}\sum_{k=0}^{\infty} c_k z^{-k}\right\}. \tag{6}$$
从这式看到,如果 $n_2 \geq n_1$,则右方括弧中 $z$ 的最高次方($z^{n_2}$)的系数是 $b_0 c_0$. 但 $b_0$ 和 $c_0$ 按假设都不等于 0[②],故在此情形下方程无正则形式解. 如果 $n_1 > n_2$,则最高次方的系数

---

[①]　关于充分条件,参看 Bieberbach(1953),§ 6.8,161.

[②]　按假定,$b_0$ 只在 $q(z)\equiv0$ 时才为 0,但这时方程(1)可以化为一个一阶方程,求解容易,故不讨论这种情形.

$$\text{当 } n_1 > n_2 + 1 \text{ 时是 } a_0 c_0 \rho, \tag{7}$$

$$\text{当 } n_1 = n_2 + 1 \text{ 时是 } c_0(a_0 \rho + b_0). \tag{8}$$

因此,决定指标 $\rho$ 的方程(注意都是一次的)是

$$\rho = 0 \quad (n_1 > n_2 + 1), \tag{9}$$

$$\rho = -b_0/a_0 \quad (n_1 = n_2 + 1). \tag{10}$$

这里假定了 $a_0 \neq 0$,除非 $p(z) \equiv 0$. 当 $p(z) \equiv 0$ 时,(6)式中 $z$ 的最高次方的系数又是 $b_0 c_0$,故无正则形式解. 由此得下面的定理:

**在极点型的非正则奇点的邻域内存在一个正则形式解的必要条件是 $n_1 > n_2$,即 $p(z)$ 的阶必须大于 $q(z)$ 的阶.**

不同于正则奇点的是,在非正则奇点处,正则形式解中的级数并不总是收敛的(故称为形式解). 但即使级数是发散的,形式解仍有其意义;它实际上是解在 $z \to \infty$ 时的渐近展开. 这一点将在以后的具体情形中去阐明(参看,例如,2.11 节的例子).

## 2.11 非正则奇点.常规解和次常规解

如果方程

$$w'' + pw' + qw = 0 \tag{1}$$

在它的非正则奇点 $z = \infty$ 处没有正则解(即使是形式的),则根据 2.3 节的普遍理论,$z = \infty$ 必是解的本性奇点(还可能同时是解的分支点),即相应的洛浪展开式中有无穷多个 $z$ 的正幂项. 在这种情形下,比较实用的求解法是找所谓**常规解**,它的形式是

$$w(z) = e^{Q(z)} z^{\rho} \sum_{k=0}^{\infty} c_k z^{-k}, \tag{2}$$

其中 $Q(z)$ 是 $z$ 的多项式;因子 $e^{Q(z)}$ 反映了 $z = \infty$ 是解的本性奇点这一特性,它后面的因子则具有正则解的形式.

常规解的概念是在研究一阶方程

$$w' + R(z)w = 0 \tag{3}$$

的类似问题时得到的. 假若这方程在 $z = \infty$ 处有正则解 $w = z^{\rho} \sum c_k z^{-k}, c_0 \neq 0$,则必需

$$R(z) = -\frac{w'}{w} = -\frac{d}{dz}\ln w = -\frac{\rho}{z} + \frac{c_1 z^{-2} + \cdots}{c_0 + c_1 z^{-1} + \cdots}$$

$$= -\frac{\rho}{z} + \frac{a_2}{z^2} + \frac{a_3}{z^3} + \cdots, \tag{4}$$

即 $R(z)$ 当 $z \to \infty$ 时趋于 0. 因此,如果 $R(z)$ 在 $z = \infty$ 的展开式是(极点型奇异性)

$$R(z) = A_s z^s + A_{s-1} z^{s-1} + \cdots + A_1 z + A_0 + \sum_1^\infty a_l z^{-l} \quad (s \geqslant 0, A_s \neq 0), \quad (5)$$

方程(3)就一定没有正则形式的解(在 $z = \infty$). 它的解这时是

$$w(z) = c\exp\left\{ -\int^z R(\zeta)\mathrm{d}\zeta \right\}$$

$$= c\exp\left\{ -\left( \frac{A_s}{s+1} z^{s+1} + \cdots + A_0 z \right) \right\} z^{-a_1} \exp\left\{ a_2 z^{-1} + \frac{a_3}{2} z^{-2} + \cdots \right\}$$

$$= c e^{Q(z)} z^\rho \psi(z), \quad (6)$$

其中 $Q(z)$ 代表多项式 $-(A_s z^{s+1}/(s+1) + \cdots + A_0 z)$, $\rho = -a_1$, $\psi(z) = \exp\{a_2 z^{-1} + a_3 z^{-2}/2 + \cdots\} = \sum_{k=0}^\infty c_k z^{-k}, c_0 = 1$. (6)式正是所说的常规解.

现在来看,在什么情形下,二阶方程(1)有常规解. 设

$$w(z) = \mathrm{e}^{Q(z)} v(z), \quad (7)$$

代入(1),得 $v(z)$ 的方程

$$v'' + p^*(z)v' + q^*(z)v = 0, \quad (8)$$

其中

$$p^*(z) = p(z) + 2Q'(z), \quad (9)$$

$$q^*(z) = q(z) + p(z)Q'(z) + Q''(z) + [Q'(z)]^2. \quad (10)$$

如果(7)式是常规解,则方程(8)在 $z = \infty$ 点至少应有一个正则形式解,其条件,按 2.10 节,是 $p^*(z)$ 的阶大于 $q^*(z)$ 的阶. 这提供了一个确定多项式 $Q(z)$ 的条件. 下面举例来说明.

**例**　求韦伯方程[①]

$$\psi'' + (\lambda - \alpha^2 x^2)\psi = 0 \quad (11)$$

在 $x = \infty$ 附近的解,$\lambda$ 和 $\alpha(\alpha > 0)$ 是常数.

这方程的唯一奇点是 $x = \infty$,是非正则的. 由于系数 $p(x) \equiv 0$,这方程没有正则形式解(2.10 节(10)式后面). 我们来看它是否有常规解. 为此,设

$$\psi(x) = \mathrm{e}^{Q(x)} v(x), \quad (12)$$

代入(11),得

$$v'' + p^*(x)v' + q^*(x)v = 0, \quad (13)$$

其中(用(9)和(10))

$$\left. \begin{array}{r} p^*(x) = 2Q'(x), \\ q^*(x) = \lambda - \alpha^2 x^2 + Q''(x) + [Q'(x)]^2. \end{array} \right\} \quad (14)$$

---

① 在 6.12 节中将详细讨论这个方程的解.

按照方程(13)有正则形式解的要求——$p^*$ 的阶大于 $q^*$ 的阶——立刻看出 $Q'(x)$ 的方次不能超过 1,因为 $q^*$ 中含 $Q'(x)$ 的平方,并且没有别的项能与它相消. 设

$$Q(x) = a_1 x + a_2 x^2, \tag{15}$$

则

$$p^*(x) = 2(a_1 + 2a_2 x),$$

$$q^*(x) = \lambda - \alpha^2 x^2 + 2a_2 + (a_1 + 2a_2 x)^2$$

$$= \lambda + 2a_2 + a_1^2 + 4a_1 a_2 x - \alpha^2 x^2 + 4a_2^2 x^2.$$

可见只有当 $4a_2^2 = \alpha^2$,即 $a_2 = \pm \alpha/2$,而且 $a_1 = 0$ 时,$p^*$ 的阶才大于 $q^*$ 的阶. 因此

$$Q(x) = \pm \frac{1}{2}\alpha x^2, \quad \psi(x) = e^{\pm \frac{\alpha}{2}x^2} v(x),$$

$v(x)$ 满足的方程为

$$v'' \pm 2\alpha x v' + (\lambda \pm \alpha) v = 0, \tag{16}$$

这方程称为**厄密(Hermite)方程**[①]. 取其中负号的情形来讨论($Q(x) = -\alpha x^2/2$). 设

$$v(x) = x^\rho \sum_{k=0}^{\infty} c_k x^{-k} \quad (c_0 \neq 0), \tag{17}$$

代入(16),按求正则形式解的步骤做去,得

$$\rho = \frac{\lambda - \alpha}{2\alpha}, \tag{18}$$

$$c_{2k+1} = 0, \quad k = 0, 1, 2, \cdots, \tag{19}$$

和递推关系

$$c_{2k+2} = \frac{(\rho - 2k)(\rho - 2k - 1)}{2\alpha(\rho - 2k - 2) - (\lambda - \alpha)} c_{2k} = -\frac{(\rho - 2k)(\rho - 2k - 1)}{4\alpha(k+1)} c_{2k}, \tag{20}$$

在最后一步中对分母应用了(18)式.

从递推关系(20)看到,当 $k \to \infty$ 时,$|c_{2k+2}/c_{2k}| \to \infty$,故级数 $\sum_{0}^{\infty} c_{2k} x^{-2k}$ 对于任何有限的 $x$ 值都是发散的. 以后(2.13 节例)在求得方程(16)的积分解时将看到,这级数是解在 $x \to \infty$ 时的渐近展开,即

$$\psi(x) \sim e^{-\frac{\alpha}{2}x^2} x^{\frac{\lambda - \alpha}{2\alpha}} \sum_{0}^{\infty} c_{2k} x^{-2k} \quad (x \to \infty), \tag{21}$$

其中的系数由(20)给出为

$$c_{2k} = (-)^k \frac{(-\rho)_{2k}}{(4\alpha)^k k!} c_0.$$

在实际应用中的一个重要特殊情形是

---

① 这方程的解在 6.13 节中还要讨论.

$$\rho = \frac{\lambda - \alpha}{2\alpha} = n \quad (n = 0, 1, 2, \cdots), \tag{22}$$

这时级数中断成为一个 $n$ 次多项式. 例如, $n$ 为偶数 $2m$ 的情形, 由 (20) 有

$$c_{2k+2} = -\frac{(2m-2k)(2m-2k-1)}{4\alpha(k+1)} c_{2k}.$$

当 $k=m$ 时, $c_{2m+2}=0$, 因此所有 $k \geqslant m$ 的系数 $c_{2k+2}=0$, 而级数为一个 $2m(=n)$ 次的多项式. $n$ 为奇数时也是如此. 通常把这多项式表达为 $H_n(\xi)$, $\xi = \sqrt{\alpha}\, x$, 而规定其最高次方 $\xi^n$ 的系数为 $2^n$, 称为**厄密多项式**:

$$H_n(\xi) = (2\xi)^n - \frac{n(n-1)}{1!}(2\xi)^{n-2} + \frac{n(n-1)(n-2)(n-3)}{2!}(2\xi)^{n-4}$$

$$- \cdots + (-)^{[n/2]} \frac{n!}{[n/2]!}(2\xi)^{n-2[n/2]}, \tag{23}$$

其中 $[n/2] = n/2$ 或 $(n-1)/2$, 看 $n$ 是偶数还是奇数而定.

　　**次常规解**.　　如果找常规解的尝试失败, 有时可借助自变数的变换, $z = \zeta^s$ ($s$ 为正整数), 把方程化为有常规解的方程. 例如方程

$$w'' + q(z)w = 0, \tag{24}$$

当 $q(z)$ 在 $z = \infty$ 的展开为

$$q(z) = \sum_{l=1}^{\infty} b_l z^{-l}, \quad b_1 \neq 0 \tag{25}$$

时, 它没有常规解. 通过变换 $z = \zeta^2$, 方程 (24) 化为

$$\frac{\mathrm{d}^2 w}{\mathrm{d}\zeta^2} - \frac{1}{\zeta}\frac{\mathrm{d}w}{\mathrm{d}\zeta} + 4\zeta^2 q(\zeta^2) w = 0, \tag{26}$$

而有常规解

$$w(\zeta) = \mathrm{e}^{\pm \sqrt{-b_1}\,\zeta} \zeta^{1/2} \sum_{0}^{\infty} c_k \zeta^{-k},$$

故方程 (24) 的解是

$$w(z) = \mathrm{e}^{\pm \sqrt{-b_1}\, z^{1/2}} z^{1/4} \sum_{0}^{\infty} c_k z^{-k/2}, \tag{27}$$

称为**次常规解**.

## 2.12　积分解法. 基本原理

　　为了阐明积分解法的基本原理, 先介绍关于微分式的伴式的概念. 设有微分式

$$L[u] \equiv p_0(z)\frac{\mathrm{d}^2 u}{\mathrm{d}z^2} + p_1(z)\frac{\mathrm{d}u}{\mathrm{d}z} + p_2(z)u. \tag{1}$$

以 $v(z)$ 乘 (1) 式两边, 得

$$vL[u] \equiv vp_0 u'' + vp_1 u' + vp_2 u. \tag{2}$$

利用关系

$$vp_0 u'' = u(vp_0)'' + \frac{\mathrm{d}}{\mathrm{d}z}[(vp_0)u' - (vp_0)'u], \tag{3}$$

$$vp_1 u' = -u(vp_1)' + \frac{\mathrm{d}}{\mathrm{d}z}(vp_1 u), \tag{4}$$

(2)式可写为

$$vL[u] = u[(vp_0)'' - (vp_1)' + vp_2] + \frac{\mathrm{d}}{\mathrm{d}z}[vp_0 u' - (vp_0)'u + vp_1 u], \tag{5}$$

或

$$vL[u] - u\overline{L}[v] = \frac{\mathrm{d}}{\mathrm{d}z}Q[u,v], \tag{6}$$

其中

$$\overline{L}[v] \equiv \frac{\mathrm{d}^2}{\mathrm{d}z^2}(p_0 v) - \frac{\mathrm{d}}{\mathrm{d}z}(p_1 v) + p_2 v \tag{7}$$

称为 $L[u]$ 的**伴式**,$\overline{L}[v]=0$ 称为 $L[u]=0$ 的**伴随方程**,$\overline{L}$ 则称为微分算符 $L$ 的**伴随算符**;

$$Q[u,v] \equiv u'p_0 v - u(p_0 v)' + up_1 v \tag{8}$$

称为**双线性伴式**,它是 $u$ 和 $v$ 的二次齐次微分式,但分别对于 $u,u'$,或者 $v,v'$ 是线性的.

积分解法的基本原理是用积分变换

$$u(z) = \int_C K(z,t)v(t)\mathrm{d}t \tag{9}$$

把解线性微分方程

$$L[u] \equiv p_0 \frac{\mathrm{d}^2 u}{\mathrm{d}z^2} + p_1 \frac{\mathrm{d}u}{\mathrm{d}z} + p_2 u = 0 \tag{10}$$

的问题化为求 $v(t)$ 的问题. (9)式中的 $K(z,t)$ 称为**积分变换的核**,$C$ 是复数 $t$ 平面上的积分路线,它们都是按微分方程(10)的性质适当地选取的(见下).

设(9)式的积分可以在积分号下求微商二次,则

$$L[u] = \int_C L_z[K(z,t)]v(t)\mathrm{d}t, \tag{11}$$

其中 $L_z$ 就是算子 $L$,下标是表示对变数 $z$ 作用的. 若取 $K(z,t)$ 为偏微分方程[①]

$$L_z[K(z,t)] = M_t[K(z,t)] \tag{12}$$

的一个特解,其中 $M_t$ 是对变数 $t$ 的偏微分算子,则利用(6)式,(11)化为

---

① (12)式右方可以是 $M_t[G(z,t)]$,$G(z,t)$ 可以不同于 $K(z,t)$;唯一的改变是在下面的(13)和(15)式中把 $K$ 换成 $G$.

$$L[u] = \int_C v(t) M_t[K(z,t)] dt = \int_C K(z,t) \overline{M}_t[v(t)] dt + \{Q[K,v]\}_C, \quad (13)$$

其中 $\overline{M}_t$ 是 $M_t$ 的伴随算子，$Q[K,v]$ 是相应的双线性伴式，$\{Q\}_C$ 表示 $Q$ 作为 $t$ 的函数，沿积分路线 $C$ 的变化.

如果取 $v(t)$ 满足方程

$$\overline{M}_t[v(t)] = 0, \quad (14)$$

并选积分路线 $C$ 使

$$\{Q[K,v]\}_C = 0, \quad (15)$$

即 $Q[K,v]$ 在 $C$ 的起点与终点之差等于 0，则(13)式右方为零，而(9)式的 $u(z)$ 是方程(10)的积分解.

从上面的推导看出，用这种方法的主要困难在算子 $M_t$ 的选取；它必须使方程(12)和(14)都容易求解. 解方程(14)的问题还比较简单，因为这是一个常微分方程；通常要求它比原方程(10)易解，例如要求它是一个一阶的微分方程. 至于方程(12)则是一个偏微分方程，求解问题一般较复杂，通常多是按原方程的奇点的性质，选用一定的核 $K(z,t)$，而不是先选定 $M_t$ 然后用(12)式求 $K(z,t)$. 最常用的核有下列三种：

**1. 拉普拉斯变换的核**

$$K(z,t) = e^{zt}, \quad (16)$$

多用于具有非正则奇点($z=\infty$)的方程.

**2. 欧勒变换的核**

$$K(z,t) = (z-t)^\mu, \quad (17)$$

其中 $\mu$ 为参数. 这种核多用于解傅克斯型方程.

**3. 梅林变换的核**

$$K(z,t) = z^t. \quad (18)$$

## 2.13 拉普拉斯型方程和拉氏变换

积分解法的最重要应用之一是解拉氏型方程

$$L[u] \equiv (a_0 z + b_0) u'' + (a_1 z + b_1) u' + (a_2 z + b_2) u = 0, \quad (1)$$

它的特点是，所有系数都是 $z$ 的线性函数，因此在有限处最多只有一个奇点，$z=-b_0/a_0$，是正则奇点；若 $a_0=0$，则在有限处无奇点. $z=\infty$ 是方程的非正则奇点.

在用拉氏变换解方程(1)时，设

$$u(z) = \int_C e^{zt} v(t) dt, \quad (2)$$

则

$$L[u] = \int_C v(t) L_z[e^{zt}] dt$$

$$= \int_C v(t) \{(a_0 z + b_0)t^2 + (a_1 z + b_1)t + (a_2 z + b_2)\}e^{zt} dt$$

$$= \int_C v(t) M_t[e^{zt}] dt, \tag{3}$$

其中

$$M_t \equiv t^2 \left(a_0 \frac{\partial}{\partial t} + b_0\right) + t\left(a_1 \frac{\partial}{\partial t} + b_1\right) + \left(a_2 \frac{\partial}{\partial t} + b_2\right)$$

$$= (a_0 t^2 + a_1 t + a_2) \frac{\partial}{\partial t} + (b_0 t^2 + b_1 t + b_2). \tag{4}$$

用换部求积分法,由(3)式得

$$L[u] = \int_C e^{zt} \left\{ -\frac{d}{dt}[(a_0 t^2 + a_1 t + a_2)v(t)] \right.$$

$$+ (b_0 t^2 + b_1 t + b_2)v(t) \bigg\} dt$$

$$+ \{(a_0 t^2 + a_1 t + a_2)v(t)e^{zt}\}_C. \tag{5}$$

取 $v(t)$ 满足方程(2.12 节(14))

$$-\frac{d}{dt}[(a_0 t^2 + a_1 t + a_2)v(t)] + (b_0 t^2 + b_1 t + b_2)v(t) = 0, \tag{6}$$

并选 $C$ 使

$$\{P(z,t)\}_C \equiv \{(a_0 t^2 + a_1 t + a_2)v(t)e^{zt}\}_C = 0, \tag{7}$$

(2)就是方程的解,只要在积分号下求微商是合法的.

由于方程(6)是一阶的,很容易求出 $v(t)$(设 $a_0, a_1, a_2$ 不都等于 0,否则方程(1)是一个常系数方程,不必用积分解法):

$$\frac{d}{dt}\ln v = \frac{b_0 t^2 + (b_1 - 2a_0)t + b_2 - a_1}{a_0 t^2 + a_1 t + a_2}$$

$$= \frac{b_0 t^2 + (b_1 - 2a_0)t + b_2 - a_1}{a_0(t - \alpha_1)(t - \alpha_2)}$$

$$= \mu + \frac{\lambda_1}{t - \alpha_1} + \frac{\lambda_2}{t - \alpha_2}, \tag{8}$$

$$v(t) = e^{\mu t}(t - \alpha_1)^{\lambda_1}(t - \alpha_2)^{\lambda_2}, \tag{9}$$

$\alpha_1$ 和 $\alpha_2$ 是方程 $a_0 t^2 + a_1 t + a_2 = 0$ 的两个根. 如果 $a_0 = 0$,或者 $\alpha_1 = \alpha_2$,(8)和(9)以及以下的各式须作适当改变,但不会引起什么困难(参看后面的例子).

现在来看积分路线 $C$ 应如何选取. 把(9)式代入(7)式左方,得

$$P(z,t) \equiv a_0 e^{(\mu + z)t}(t - \alpha_1)^{\lambda_1 + 1}(t - \alpha_2)^{\lambda_2 + 1}. \tag{10}$$

(i) 如果 $\mathrm{Re}(\lambda_1), \mathrm{Re}(\lambda_2)$ 都大于 $-1$,可选 $C$ 为 $t$ 平面上由 $t = \alpha_1$ 到 $t = \alpha_2$ 的任

意一条分段光滑的曲线. 在 $C$ 的两个端点上, $P(z,t)=0$, 故(7)式满足. 又, 对于这样的曲线 $C$, (2)式在积分号下取微商是合法的. 因此, 方程(1)的一个积分解是

$$u(z) = \int_{a_1}^{a_2} e^{(\mu+z)t} (t-\alpha_1)^{\lambda_1} (t-\alpha_2)^{\lambda_2} \, dt \quad (\mathrm{Re}(\lambda_1), \mathrm{Re}(\lambda_2) > -1). \qquad (11)$$

(ii) $\lambda_1, \lambda_2$ 是不等于整数的任意常数. 可选 $C$ 为图 3 中的双周围道: 从 $t$ 平面上任意一点 $P(\neq\alpha_1, \alpha_2)$ 开始, 正向绕 $\alpha_1$ 和 $\alpha_2$ 各一周, 然后负向绕 $\alpha_1$ 和 $\alpha_2$ 各一周, 回到 $P$. 这围道在函数 $(t-\alpha_1)^{\lambda_1}(t-\alpha_2)^{\lambda_2}$ 的里曼面上是闭合的, 故 $P(z,t)$ 之值在围道的起点和终点相同, 而(7)式满足. 又, 对于这样的围道, 积分(2)不为 0, 并且可以在积分号下求微商, 故

$$u(z) = \int_{P}^{(\alpha_1+, \alpha_2+, \alpha_1-, \alpha_2-)} e^{(\mu+z)t} (t-\alpha_1)^{\lambda_1} (t-\alpha_2)^{\lambda_2} \, dt \quad (\lambda_1, \lambda_2 \neq \text{整数}) \qquad (12)$$

是方程(1)的一个积分解. 这里我们把积分路线用明显的符号标出.

当 $\lambda_1$ 或 $\lambda_2$ 为整数时, 这种双周围道积分之值等于 0, 故不适用.

(iii) 另一种常用的积分路线是从 $t$ 平面上的无穷远点出发, 绕 $\alpha_1$ (若 $\lambda_1 \neq$ 整数)一周, 或绕 $\alpha_2$ (若 $\lambda_2 \neq$ 整数)一周, 回到无穷远处的围道. 例如, 设 $\lambda_1 \neq$ 整数, $\mathrm{Re}(\mu+z) > 0$, 可以取 $C$ 为图 4 中的围道: 从 $-\infty + i\,\mathrm{Im}(\alpha_1)$ 出发, 正向绕 $\alpha_1$ 一周, 回到出发点. 这围道虽然在 $(t-\alpha_1)^{\lambda_1}$ 的里曼面上不是闭合的, 但在围道的起点和终点上, $P(z,t) \to 0$, 故(7)式满足. 又, 这样的围道积分(2)在 $|\arg(\mu+z)| \leqslant \pi/2-\delta$ ($\delta > 0$)中是一致收敛的, 可以在积分号下取微商. 因此

$$u(z) = \int_{-\infty}^{(\alpha_1+)} e^{(\mu+z)t} (t-\alpha_1)^{\lambda_1} (t-\alpha_2)^{\lambda_2} \, dt \quad (\mathrm{Re}(\mu+z) > 0, \lambda_1 \neq \text{整数}) \qquad (13)$$

是方程(1)的一个积分解.

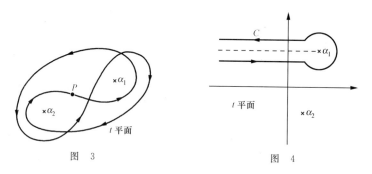

图　3　　　　　　　　　　　　　　　　　图　4

关于上面采用不同的积分路线得到的诸积分解的线性无关性或相关性将在具体问题中去讨论, 这里不作一般性的阐述[①].

———————

① 参看例如 Goursat & Hodrick 的 *A Course in Mathematical Analysis*, Vol. Ⅱ, Part Ⅱ. Differential Equations, p. 124, § 46.

**例** 求厄密方程 $u'' - 2\alpha x u' + (\lambda - \alpha)u(x) = 0$(2.11 节(16))的积分解,其中 $\alpha > 0, \lambda$ 为实数.

这是一个拉氏型方程;$a_0 = 0, a_1 = -2\alpha, a_2 = 0, b_0 = 1, b_1 = 0, b_2 = \lambda - \alpha$. 设

$$u(x) = \int_C e^{xt} v(t) dt, \tag{14}$$

由(6)式易得

$$v(t) = A e^{-t^2/4a} t^{-\lambda_1}, \quad \lambda_1 = \frac{\lambda + \alpha}{2\alpha}, \tag{15}$$

故

$$P(x,t) \equiv A' e^{xt} e^{-t^2/4a} t^{-\lambda_1 + 1}. \tag{16}$$

由于 $P(x,t)$ 中含因子 $\exp\{-t^2/4a\}, a > 0$, 可取 $C$ 为从负实轴上无穷远处出发,正向绕 $t=0$ 一周,回到负实轴上无穷远处的围道(见上面(iii)). 得到的积分解是

$$u(x) = A \int_{-\infty}^{(0+)} e^{xt} e^{-t^2/4a} t^{-\frac{\lambda+a}{2a}} dt, \tag{17}$$

其中的 $x$ 不受什么限制.

拉氏型方程的积分解式特别便于求解的渐近展开. 例如(17)式,设 $|\arg x| \leqslant \pi/2 - \delta (\delta > 0)$, 应用 1.9 节公式(7), 立即得渐近展开式

$$u(x) = -A \int_{\infty}^{(0+)} e^{-xt} e^{-t^2/4a} (-t)^{-\frac{\lambda+a}{2a}} dt$$

$$\sim 2i A x^{\frac{\lambda-a}{2a}} \sin \frac{\lambda+\alpha}{2\alpha} \pi \sum_{n=0}^{\infty} \frac{(-)^n}{(4\alpha)^n n!} \Gamma\left(2n - \frac{\lambda - \alpha}{2\alpha}\right) x^{-2n},$$

$$|\arg x| \leqslant \pi/2 - \delta \ (\delta > 0). \tag{18}$$

与 2.11 节(21)式比较就证实了(21)式中的级数是解的渐近级数.

原则上拉氏变换也可以应用于系数不是线性函数的微分方程,例如

$$(a_0 z^2 + b_0 z + c_0)u'' + (a_1 z^2 + b_1 z + c_1)u' + (a_2 z^2 + b_2 z + c_2)u(z) = 0. \tag{19}$$

不过这时确定 $v(t)$ 的方程(2.12 节(14))是二阶的,它的求解问题是否比原方程(19)的简单,要看具体情况而定.

## 2.14 欧 勒 变 换

欧勒变换

$$w(z) = \int_C (z-t)^\mu v(t) dt \quad (\mu \text{ 待定}) \tag{1}$$

适于用来解下列形式的方程:

$$L[w] \equiv p_0(z)w'' + p_1(z)w' + p_2(z)w(z) = 0, \tag{2}$$

其中

$$p_0(z) = a_0 z^2 + b_0 z + c_0, \quad p_1(z) = b_1 z + c_1, \quad p_2(z) = c_2. \tag{3}$$

这是有三个正则奇点的傅克斯型方程；$\infty$ 是它的奇点之一.

由(1)得

$$L[w] \equiv \int_C \{ p_0(z) \mu(\mu-1)(z-t)^{\mu-2}$$
$$+ p_1(z)\mu(z-t)^{\mu-1} + p_2(z)(z-t)^\mu \} v(t) \mathrm{d}t. \tag{4}$$

把系数((3)式)都用 $z-t$ 的幂表出

$$\left.\begin{aligned}
p_0(z) &= p_0(t) + p_0'(t)(z-t) + \frac{1}{2} p_0''(t)(z-t)^2 \\
&= (a_0 t^2 + b_0 t + c_0) + (2a_0 t + b_0)(z-t) + a_0(z-t)^2, \\
p_1(z) &= p_1(t) + p_1'(t)(z-t) = (b_1 t + c_1) + b_1(z-t), \\
p_2(z) &= p_2(t) = c_2,
\end{aligned}\right\} \tag{5}$$

代入(4)，得

$$L[w] \equiv \int_C \left\{ p_0(t)\mu(\mu-1)(z-t)^{\mu-2} + [p_0'(t)\mu(\mu-1) + p_1(t)\mu](z-t)^{\mu-1} \right.$$
$$+ \left. \left[ \frac{1}{2} p_0''(t)\mu(\mu-1) + p_1'(t)\mu + p_2(t) \right](z-t)^\mu \right\} v(t) \mathrm{d}t$$
$$= \int_C v(t) \left\{ p_0(t) \frac{\partial^2}{\partial t^2} - [p_0'(t)(\mu-1) + p_1(t)] \frac{\partial}{\partial t} + \left[ \frac{1}{2} p_0''(t)\mu(\mu-1) \right.\right.$$
$$+ \left.\left. p_1'(t)\mu + p_2(t) \right] \right\} (z-t)^\mu \mathrm{d}t.$$

取 $\mu$ 满足方程

$$\frac{1}{2} p_0''(t)\mu(\mu-1) + p_1'(t)\mu + p_2(t) \equiv a_0 \mu(\mu-1) + b_1 \mu + c_2 = 0, \tag{6}$$

则

$$L[w] = \int_C v(t) M_t[(z-t)^\mu] \mathrm{d}t, \tag{7}$$

其中

$$M_t \equiv \alpha \frac{\partial^2}{\partial t^2} - \beta \frac{\partial}{\partial t}, \tag{8}$$

$$\alpha = p_0(t), \quad \beta = p_0'(t)(\mu-1) + p_1(t). \tag{9}$$

于是，用 2.12 节(6)~(8)式，得

$$L[w] \equiv \int_C (z-t)^\mu \overline{M}_t[v(t)] \mathrm{d}t + \{Q[(z-t)^\mu, v(t)]\}_C, \tag{10}$$

其中

$$\overline{M}_t[v(t)] \equiv \frac{\mathrm{d}^2}{\mathrm{d}t^2}(\alpha v) + \frac{\mathrm{d}}{\mathrm{d}t}(\beta v) = \frac{\mathrm{d}}{\mathrm{d}t}[(\alpha v)' + \beta v], \tag{11}$$

$$Q[(z-t)^\mu, v(t)] \equiv -\mu\alpha v(z-t)^{\mu-1} - [(\alpha v)' + \beta v](z-t)^\mu. \tag{12}$$

取 $v(t)$ 满足方程

$$(\alpha v)' + \beta v = 0, \tag{13}$$

即

$$v(t) = \frac{A}{\alpha} e^{-\int^t \frac{\beta}{\alpha}dt} = \frac{A}{p_0(t)} \exp\int^t \left[ -\frac{p_0'(\zeta)}{p_0(\zeta)}(\mu-1) - \frac{p_1(\zeta)}{p_0(\zeta)} \right]d\zeta$$

$$= A[p_0(t)]^{-\mu} \exp\left\{ -\int^t \frac{p_1(\zeta)}{p_0(\zeta)}d\zeta \right\}, \tag{14}$$

其中 $A$ 是任意常数,则 $v(t)$ 也满足 $\overline{M}_t[v(t)]=0$,而

$$Q[(z-t)^\mu, v] \equiv -\mu p_0(t)v(t)(z-t)^{\mu-1}. \tag{15}$$

取积分路线 $C$ 使 $\{Q\}_C=0$,(1)就是方程(2)的积分解,只要在积分号下取微商是合法的.

注意到 $Q$ 作为 $z$ 和 $t$ 的函数,与(1)式中的被积函数只差一单值的因子 $p_0(t)(z-t)^{-1}$,故总可以选 $C$ 为这样的围道:当 $t$ 沿 $C$ 变化,最后回到出发点时,(1)式中的被积函数之值还原.

**例** 求超几何方程(2.9节(1)式)的积分解.

超几何方程

$$z(1-z)\frac{d^2w}{dz^2} + [\gamma - (\alpha+\beta+1)z]\frac{dw}{dz} - \alpha\beta w(z) = 0 \tag{16}$$

正是(2)的形式,$p_0(z) = -z^2 + z$,$p_1(z) = -(\alpha+\beta+1)z+\gamma$,$p_2(z) = -\alpha\beta$. 设(16)的积分解为

$$w(z) = \int_C (z-t)^\mu v(t)dt. \tag{17}$$

由(6)得

$$-\mu(\mu-1) - (\alpha+\beta+1)\mu - \alpha\beta = 0, \tag{18}$$

它的两个根是 $\mu=-\alpha$ 和 $-\beta$. 取 $\mu=-\alpha$,则由(14)式得

$$v(t) = At^{-\mu}(1-t)^{-\mu}\exp\left\{ -\int^t \frac{\gamma - (\alpha+\beta+1)\zeta}{\zeta(1-\zeta)}d\zeta \right\} = At^{\alpha-\gamma}(1-t)^{\gamma-\beta-1}, \tag{19}$$

而有

$$w(z) = A\int_C t^{\alpha-\gamma}(1-t)^{\gamma-\beta-1}(z-t)^{-\alpha}dt, \tag{20}$$

其中的积分路线应使

$$Q[(z-t)^\mu, v] \equiv -A\alpha t^{\alpha-\gamma+1}(1-t)^{\gamma-\beta}(z-t)^{-\alpha-1} \tag{21}$$

之值在 $C$ 的起点和终点相同. 例如,当 $\text{Re}(\gamma) > \text{Re}(\beta) > 0$ 时,可取 $C$ 为 $t$ 平面上沿实轴从 1 到 $\infty$ 的直线,则在 $C$ 的起点 $t=1$ 处 $(1-t)^{\gamma-\beta}=0$,在终点 $t=\infty$ 处,$Q\sim t^{-\beta}$

→0. 于是

$$w(z) = A\int_1^\infty t^{a-\gamma}(1-t)^{\gamma-\beta-1}(z-t)^{-a}\mathrm{d}t \quad (\mathrm{Re}(\gamma) > \mathrm{Re}(\beta) > 0) \qquad (22)$$

是超几何方程(16)的一个解,只要 $z$ 不在积分路线上.

在(22)式中把 $t$ 换成 $1/t$,得这个解的另一表达式

$$w(z) = A'\int_0^1 t^{\beta-1}(1-t)^{\gamma-\beta-1}(1-zt)^{-a}\mathrm{d}t. \qquad (23)$$

其中 $\mathrm{Re}(\gamma) > \mathrm{Re}(\beta) > 0$,$z$ 不等于 1 到 $\infty$ 之间的实数.

关于 $C$ 的其他选法,以及由此得到的其他积分解将在 4.5 节中详细讨论.

# 习　　题

1. 证明倍乘解(2.3 节(5)式)的乘数 $\lambda$ 之值与基本解 $w_1,w_2$ 的选取无关.

2. 试从广义拉梅方程(2.8 节(2)式)推出其合流方程之一,拉梅方程

$$\frac{\mathrm{d}^2 u}{\mathrm{d}\zeta^2} + \left\{\sum_{r=1}^3 \frac{1/2}{\zeta - a_r}\right\}\frac{\mathrm{d}u}{\mathrm{d}\zeta} - \frac{n(n+1)\zeta + h}{4\prod_{r=1}^3(\zeta - a_r)}u = 0.$$

3. 从广义拉梅方程推出其另一合流方程

$$\frac{\mathrm{d}^2 u}{\mathrm{d}\zeta^2} + \left\{\frac{1/2}{\zeta} + \frac{1/2}{\zeta - 1}\right\}\frac{\mathrm{d}u}{\mathrm{d}\zeta} - \frac{\lambda + 2q - 4q\zeta}{4\zeta(\zeta - 1)}u = 0,$$

其中 $\lambda$ 和 $q$ 是常数. 在这方程中令 $\zeta = \cos^2 z$,得马丢方程

$$\frac{\mathrm{d}^2 u}{\mathrm{d}z^2} + (\lambda - 2q\cos 2z)u = 0.$$

4. 同上,推出方程

$$\frac{\mathrm{d}^2 u}{\mathrm{d}\zeta^2} + \left\{\frac{1/2}{\zeta} + \frac{1}{\zeta - 1}\right\}\frac{\mathrm{d}u}{\mathrm{d}\zeta} + \frac{1}{4}\left\{\frac{n(n+1)}{\zeta} - \frac{m^2}{\zeta - 1}\right\}\frac{u}{\zeta(\zeta - 1)} = 0;$$

在其中令 $\zeta = z^{-2}$,得连带勒让德方程

$$(1 - z^2)\frac{\mathrm{d}^2 u}{\mathrm{d}z^2} - 2z\frac{\mathrm{d}u}{\mathrm{d}z} + \left[n(n+1) - \frac{m^2}{1 - z^2}\right]u = 0.$$

5. 同上,推出方程

$$\zeta^2 \frac{\mathrm{d}^2 u}{\mathrm{d}\zeta^2} + \zeta\frac{\mathrm{d}u}{\mathrm{d}\zeta} + \frac{1}{4}(\zeta - n^2)u = 0;$$

令 $\zeta = z^2$,得贝塞耳方程

$$z^2 \frac{\mathrm{d}^2 u}{\mathrm{d}z^2} + z\frac{\mathrm{d}u}{\mathrm{d}z} + (z^2 - n^2)u = 0.$$

6. 同上，推出方程

$$\zeta \frac{\mathrm{d}^2 u}{\mathrm{d}\zeta^2} + \frac{1}{2}\frac{\mathrm{d}u}{\mathrm{d}\zeta} + \frac{1}{4}\left(n + \frac{1}{2} - \frac{1}{4}\zeta\right)u = 0,$$

令 $\zeta = z^2$，得韦伯方程

$$\frac{\mathrm{d}^2 u}{\mathrm{d}z^2} + \left(n + \frac{1}{2} - \frac{1}{4}z^2\right)u = 0.$$

7. 同上，推出斯托克斯方程

$$\frac{\mathrm{d}^2 u}{\mathrm{d}\zeta^2} + (\alpha\zeta + \beta)u = 0;$$

令

$$u = (\alpha\zeta + \beta)^{1/2}v, \quad \alpha\zeta + \beta = \left(\frac{3}{2}\alpha z\right)^{2/3},$$

则这方程化为贝塞耳方程(习题 5, $n = 1/3$).

8. 证明在下列变换下，广义拉梅方程的形式不变

(i) 自变数的分式线性变换，$\infty$ 仍保持为奇点;

(ii) 因变数的变换 $u = (z - a_r)^\lambda v$.

9. 证明，具有两个正则奇点 $a, b$ 的傅克斯型方程的普遍形式是

$$\frac{\mathrm{d}^2 u}{\mathrm{d}z^2} + \left\{\frac{1-\alpha-\alpha'}{z-a} + \frac{1+\alpha+\alpha'}{z-b}\right\}\frac{\mathrm{d}u}{\mathrm{d}z} + \frac{\alpha\alpha'(a-b)^2}{(z-a)^2(z-b)^2}u = 0,$$

$\alpha, \alpha'$ 是在奇点 $z = a$ 的两个指标;这方程的通解是初等函数

$$u = A\left(\frac{z-a}{z-b}\right)^\alpha + B\left(\frac{z-a}{z-b}\right)^{\alpha'} \quad (\alpha \neq \alpha'),$$

或

$$u = A\left(\frac{z-a}{z-b}\right)^\alpha + B\left(\frac{z-a}{z-b}\right)^\alpha \ln\frac{z-a}{z-b} \quad (\alpha = \alpha'),$$

其中 $A, B$ 是两个任意常数.

10. 证明当 $\beta + \gamma + \beta' + \gamma' = \dfrac{1}{2}$ 时，

$$P\left\{\begin{array}{ccc} 0 & \infty & 1 \\ 0 & \beta & \gamma; \quad z^2 \\ 1/2 & \beta' & \gamma' \end{array}\right\} = P\left\{\begin{array}{ccc} -1 & \infty & 1 \\ \gamma & 2\beta & \gamma; \quad z \\ \gamma' & 2\beta' & \gamma' \end{array}\right\},$$

它们都代表下列方程的全部解

$$\frac{\mathrm{d}^2 u}{\mathrm{d}z^2} + \frac{2(1-\gamma-\gamma')z}{z^2-1}\frac{\mathrm{d}u}{\mathrm{d}z} + \left\{\beta\beta' + \frac{\gamma\gamma'}{z^2-1}\right\}\frac{4u}{z^2-1} = 0.$$

11. 证明，若 $\gamma + \gamma' = \dfrac{1}{3}$，$\omega$ 和 $\omega^2$ 是 1 的开三次方的复数根，则

$$P\left\{\begin{matrix} 0 & \infty & 1 \\ 0 & 0 & \gamma; \\ 1/3 & 1/3 & \gamma' \end{matrix} \quad z^3\right\} = P\left\{\begin{matrix} 1 & \omega & \omega^2 \\ \gamma & \gamma & \gamma; \\ \gamma' & \gamma' & \gamma' \end{matrix} \quad z\right\},$$

它们都代表下列方程的全部解

$$\frac{\mathrm{d}^2 u}{\mathrm{d}z^2} + \frac{2z^2}{z^3-1}\frac{\mathrm{d}u}{\mathrm{d}z} + \frac{9\gamma\gamma' z}{(z^3-1)^2}u = 0.$$

12. 证明，奇点为 $0,1,\infty$，在每一奇点的指标都是 $1,1,-1$ 的三阶傅克斯型方程的普遍形式是

$$\frac{\mathrm{d}^3 u}{\mathrm{d}z^3} + \left\{\frac{2}{z} + \frac{2}{z-1}\right\}\frac{\mathrm{d}^2 u}{\mathrm{d}z^2} + \left\{-\frac{1}{z^2} + \frac{3}{z(z-1)} - \frac{1}{(z-1)^2}\right\}\frac{\mathrm{d}u}{\mathrm{d}z}$$

$$+ \left\{\frac{1}{z^3} - \frac{3\cos^2\alpha}{z^2(z-1)} - \frac{3\sin^2\alpha}{z(z-1)^2} + \frac{1}{(z-1)^3}\right\}u = 0,$$

其中 $\alpha$ 是任意常数.

13. 用欧勒变换(2.14 节)证明具有三个奇点 $a,b,c(\neq\infty)$ 的普遍傅克斯型方程(2.9 节(6)式)的积分解为

$$w(z) = (z-a)^\alpha (z-b)^\beta (z-c)^\gamma \times I,$$

$$I = \int_C (t-a)^{\alpha'+\beta+\gamma-1}(t-b)^{\alpha+\beta'+\gamma-1}(t-c)^{\alpha+\beta+\gamma'-1}(z-t)^{-\alpha-\beta-\gamma}\mathrm{d}t,$$

其中 $(\alpha,\alpha'),(\beta,\beta'),(\gamma,\gamma')$ 分别是奇点 $a,b,c$ 的指标对，$C$ 是这样的围道：被积函数在它的起点和终点之值相同，$z$ 在围道外.

# 第三章 伽马函数

## 3.1 伽马函数的定义

伽马函数 $\Gamma(z)$ 的通常定义是

$$\Gamma(z) = \int_0^\infty e^{-t} t^{z-1} dt. \tag{1}$$

这个定义只适用于 $\mathrm{Re}(z) > 0$ 的区域,因为这是积分在 $t=0$ 处收敛的条件. 在以下几节中(3.3,3.4,3.7 节)将给出其他定义,可用于全部 $z$ 平面. 现在这个定义的积分在实用上经常遇到,名为**第二类欧勒积分**.

(1) 式中的积分路线可以改变为从 $t=0$ 出发到 $\infty\, e^{i\alpha}$ 的直线,只要 $|\alpha| < \pi/2$:

$$\Gamma(z) = \int_0^{\infty\, e^{i\alpha}} e^{-t} t^{z-1} dt \quad (\mathrm{Re}(z) > 0), \tag{2}$$

因为(1)和(2)两式中的两个积分之差等于在右半平面中张角为 $|\alpha|$,半径 $R \to \infty$ 的圆弧上的积分,而这圆弧上的积分值是随 $R \to \infty$ 而趋于 0 的(约当引理,或者直接计算).

伽马函数的符号 $\Gamma(z)$ 是最通行的. 此外还有两种符号,$\Pi(z)$ 和 $z!$,都等于 $\Gamma(z+1)$:

$$z! = \Pi(z) = \Gamma(z+1). \tag{3}$$

符号 $z!$ 通常只用在 $z$ 是正整数的情形(见下节(8)式),但是在本书中将不给以这限制,而认为它与 $\Gamma(z+1)$ 具有完全相同的意义. 至于符号 $\Pi(z)$,本书中将不采用.

## 3.2 递 推 关 系

$\Gamma(z)$ 满足下列递推关系:

$$\Gamma(z+1) = z\Gamma(z), \tag{1}$$

或

$$z! = z \cdot (z-1)!. \tag{2}$$

这个关系可以由 3.1 节(1)式用换部积分法证明如下:

$$\Gamma(z+1) = \int_0^\infty e^{-t} t^z \, dt = \left[ -e^{-t} t^z \right]_{t=0}^{t=\infty} + z \int_0^\infty e^{-t} t^{z-1} dt = z\Gamma(z).$$

设 $n$ 为一正整数,(1)式可推广为

$$\Gamma(z+n) = (z+n-1)(z+n-2)\cdots(z+1)z\Gamma(z),\qquad (3)$$

或

$$\Gamma(z) = \frac{\Gamma(z+n)}{z(z+1)\cdots(z+n-1)} = \frac{1}{(z)_n}\int_0^\infty \mathrm{e}^{-t}t^{z+n-1}\,\mathrm{d}t,\qquad (4)$$

其中

$$(z)_n = z(z+1)\cdots(z+n-1).\qquad (5)$$

公式(4)把 $\Gamma(z)$ 的定义推广到 $\mathrm{Re}(z)>-n$,$n$ 为一任意正整数.

(3)式又可写为

$$(z)_n = \frac{\Gamma(z+n)}{\Gamma(z)} = \frac{(z+n-1)!}{(z-1)!}.\qquad (6)$$

在(1)式中令 $z=1$,得

$$\Gamma(1) = 0! = \int_0^\infty \mathrm{e}^{-t}\,\mathrm{d}t = 1.\qquad (7)$$

在(3)式中令 $z=1$,得

$$\Gamma(n+1) = n! = n(n-1)\cdots 2\cdot 1.\qquad (8)$$

这说明在 $z$ 为正整数 $n$ 时,$\Gamma(z+1)$ 就是阶乘 $n!$.

由公式(4)看出 $\Gamma(z)$ 是一半纯函数,在有限区域内的奇点都是一阶极点,极点为

$$z = 0, -1, -2, \cdots, -n, \cdots.\qquad (9)$$

在极点 $z=-n$ 处的残数为

$$\lim_{z\to-n}(z+n)\Gamma(z) = \left.\frac{\Gamma(z+n+1)}{z(z+1)\cdots(z+n-1)}\right|_{z=-n} = \frac{(-)^n}{n!}.\qquad (10)$$

## 3.3　欧勒无穷乘积公式

根据 $\mathrm{e}^{-t}$ 的极限关系

$$\mathrm{e}^{-t} = \lim_{n\to\infty}\left(1-\frac{t}{n}\right)^n,$$

可以把 $\Gamma(z)$ 作为下列积分

$$\mathrm{P}_n(z) = \int_0^n \left(1-\frac{t}{n}\right)^n t^{z-1}\,\mathrm{d}t\qquad (1)$$

的极限. 即是,当 $n\to\infty$ 时,$\mathrm{P}_n(z)\to\Gamma(z)$. 这个极限的证明如下:

$$\Gamma(z) - \mathrm{P}_n(z) = \int_0^n \left\{\mathrm{e}^{-t} - \left(1-\frac{t}{n}\right)^n\right\}t^{z-1}\,\mathrm{d}t + \int_n^\infty \mathrm{e}^{-t}t^{z-1}\,\mathrm{d}t.$$

很容易看出右方第二项的极限($n\to\infty$)为零. 关于第一项,可以应用下列不等式

$$0 \leqslant e^{-t} - \left(1 - \frac{t}{n}\right)^n \leqslant \frac{t^2}{n} e^{-t} \qquad (2)$$

（证明见下），得

$$\left| \int_0^n \left\{ e^{-t} - \left(1 - \frac{t}{n}\right)^n \right\} t^{z-1} \, dt \right| \leqslant \int_0^n \frac{1}{n} e^{-t} t^{x+1} \, dt < \frac{1}{n} \int_0^\infty e^{-t} t^{x+1} \, dt \to 0,$$

其中 $x = \mathrm{Re}(z)$. 这样就证明了 $P_n(z) \to \Gamma(z)$.

现在来证明不等式 (2). 由 $e^y$ 及 $(1-y)^{-1}$ 的级数可知，当 $0 \leqslant y < 1$ 时，有
$$1 + y \leqslant e^y \leqslant (1-y)^{-1}.$$

令 $y = t/n$，得

$$\left(1 + \frac{t}{n}\right)^{-n} \geqslant e^{-t} \geqslant \left(1 - \frac{t}{n}\right)^n,$$

故

$$0 \leqslant e^{-t} - \left(1 - \frac{t}{n}\right)^n = e^{-t} \left\{ 1 - e^t \left(1 - \frac{t}{n}\right)^n \right\} \leqslant e^{-t} \left\{ 1 - \left(1 - \frac{t^2}{n^2}\right)^n \right\},$$

其中最后一步用了不等式 $e^t \geqslant (1 + t/n)^n$. 又用数学归纳法可证明，若 $0 \leqslant \alpha \leqslant 1$，有 $(1-\alpha)^n \geqslant 1 - n\alpha$，于是得

$$1 - \left(1 - \frac{t^2}{n^2}\right)^n \leqslant \frac{t^2}{n}.$$

这样就证明了不等式 (2).

在 $P_n(z)$ 中令 $t = n\tau$，并用换部积分法 $n$ 次，注意 $\mathrm{Re}(z) > 0$，得

$$P_n(z) = n^z \int_0^1 (1-\tau)^n \tau^{z-1} \, d\tau$$

$$= n^z \left[ \frac{\tau^z}{z} (1-\tau)^n \right]_0^1 + \frac{n^z \cdot n}{z} \int_0^1 (1-\tau)^{n-1} \tau^z \, d\tau$$

$$= \cdots = \frac{n^z n (n-1) \cdots 2 \cdot 1}{z(z+1) \cdots (z+n-1)} \int_0^1 \tau^{z+n-1} \, d\tau$$

$$= \frac{1 \cdot 2 \cdots n}{z(z+1) \cdots (z+n)} n^z,$$

即

$$\Gamma(z) = \lim_{n \to \infty} \frac{1 \cdot 2 \cdots n}{z(z+1) \cdots (z+n)} n^z. \qquad (3)$$

由于 $\lim\limits_{n \to \infty} n/(z+n) = 1$，此式又可写为

$$\Gamma(z) = \lim_{n \to \infty} \frac{1 \cdot 2 \cdots (n-1)}{z(z+1) \cdots (z+n-1)} n^z. \qquad (4)$$

(4) 式中的最后一个因子 $n^z$ 可写为

$$n^z = \prod_{m=1}^{n-1} \left(1 + \frac{1}{m}\right)^z,$$

前面的因子可写为

$$\frac{1}{z}\prod_{m=1}^{n-1}\left(1+\frac{z}{m}\right)^{-1},$$

因此

$$\Gamma(z) = \frac{1}{z}\prod_{n=1}^{\infty}\left\{\left(1+\frac{z}{n}\right)^{-1}\left(1+\frac{1}{n}\right)^{z}\right\}. \tag{5}$$

这是**欧勒无穷乘积表达式**. 这对于任何 $z$, 除了极点 $z=-n$ 外都是成立的, 因此可以作为普遍的 $\Gamma(z)$ 的定义.

## 3.4　外氏(Weierstrass)无穷乘积

在上节公式(3)中最后一个因子可写为

$$n^{z} = \exp(z\ln n) = \exp\left\{z\left[\ln n - \sum_{m=1}^{n}\frac{1}{m}\right]\right\}\prod_{m=1}^{n}e^{z/m},$$

因此由该式得

$$\frac{1}{\Gamma(z)} = ze^{\gamma z}\prod_{n=1}^{\infty}\left\{\left(1+\frac{z}{n}\right)e^{-z/n}\right\}, \tag{1}$$

其中

$$\gamma = \lim_{n\to\infty}\left\{\sum_{m=1}^{n}\frac{1}{m} - \ln n\right\} = 0.577\ 215\ 664\ 901\ 532\ 860\ 606\ 51\cdots. \tag{2}$$

$\gamma$ 名为**欧勒常数**(参看 1.3 节例 2). 这个无穷乘积(1)给出任何 $z$ 的 $\Gamma(z)$, 同时指明了 $\Gamma(z)$ 的奇点为一阶极点 $z=0,-1,-2,\cdots$, 而没有零点. 这是外尔斯特喇斯给予 $\Gamma(z)$ 的定义, 所以称为外氏乘积.

由

$$\sum_{m=1}^{n}\frac{1}{m} = \sum_{m=1}^{n}\int_{0}^{1}x^{m-1}dx = \int_{0}^{1}\frac{1-x^{n}}{1-x}dx$$

$$= \int_{0}^{1}\frac{1-(1-y)^{n}}{y}dy = \int_{0}^{n}\left\{1-\left(1-\frac{t}{n}\right)^{n}\right\}\frac{dt}{t}, \tag{3}$$

得

$$\sum_{m=1}^{n}\frac{1}{m} - \ln n = \int_{0}^{n}\left\{1-\left(1-\frac{t}{n}\right)^{n}\right\}\frac{dt}{t} - \int_{1}^{n}\frac{dt}{t}$$

$$= \int_{0}^{1}\left\{1-\left(1-\frac{t}{n}\right)^{n}\right\}\frac{dt}{t} - \int_{1}^{n}\left(1-\frac{t}{n}\right)^{n}\frac{dt}{t}.$$

令 $n\to\infty$, 得

$$\gamma = \int_{0}^{1}\frac{1-e^{-t}}{t}dt - \int_{1}^{\infty}\frac{e^{-t}}{t}dt. \tag{4}$$

## 3.5　伽马函数与三角函数的联系

由上节外氏定义得

$$\Gamma(z)\Gamma(-z) = -\frac{1}{z^2}\prod_{n=1}^{\infty}\left\{\left(1+\frac{z}{n}\right)e^{-z/n}\right\}^{-1}\prod_{n=1}^{\infty}\left\{\left(1-\frac{z}{n}\right)e^{z/n}\right\}^{-1}$$

$$= -\frac{1}{z^2}\prod_{n=1}^{\infty}\left(1-\frac{z^2}{n^2}\right)^{-1}.$$

但由 1.7 节(3)有

$$\frac{\sin \pi z}{\pi z} = \prod_{n=1}^{\infty}\left(1-\frac{z^2}{n^2}\right), \tag{1}$$

故

$$\Gamma(z)\Gamma(-z) = -\frac{\pi}{z\sin \pi z}.$$

又从 3.2 节(1)知 $\Gamma(1-z) = -z\Gamma(-z)$,因此有

$$\Gamma(z)\Gamma(1-z) = \frac{\pi}{\sin \pi z}, \tag{2}$$

或者写成下列对称形式

$$\Gamma(1+z)\Gamma(1-z) = z!(-z)! = \frac{\pi z}{\sin \pi z}. \tag{3}$$

在(2)式中令 $z=\frac{1}{2}$,得 $\left\{\Gamma\left(\frac{1}{2}\right)\right\}^2 = \pi$;再开方,并注意由定义知 $\Gamma\left(\frac{1}{2}\right)>0$,得

$$\Gamma\left(\frac{1}{2}\right) = \sqrt{\pi}. \tag{4}$$

又,在(1)中令 $z=\frac{1}{2}$,得

$$\frac{\pi}{2} = \prod_{n=1}^{\infty}\frac{(2n)^2}{(2n-1)(2n+1)} = \lim_{m\to\infty}\left(\prod_{n=1}^{m}\frac{2n}{2n-1}\right)^2\frac{1}{2m+1}. \tag{5}$$

这是瓦利(Wallis)乘积.

## 3.6　乘　积　公　式

现在证明下列乘积公式

$$\Gamma(z)\Gamma\left(z+\frac{1}{n}\right)\Gamma\left(z+\frac{2}{n}\right)\cdots\Gamma\left(z+\frac{n-1}{n}\right) = (2\pi)^{\frac{1}{2}(n-1)}n^{\frac{1}{2}-nz}\Gamma(nz). \tag{1}$$

令

$$\phi = \frac{n^{nz}}{n\,\Gamma(nz)} \prod_{r=0}^{n-1} \Gamma\left(z + \frac{r}{n}\right).\tag{2}$$

应用 3.3 节极限公式 (4), 得

$$\phi = n^{nz-1}\frac{\displaystyle\prod_{r=0}^{n-1}\lim_{m\to\infty}\frac{1\cdot2\cdots(m-1)}{\left(z+\dfrac{r}{n}\right)\left(z+\dfrac{r}{n}+1\right)\cdots\left(z+\dfrac{r}{n}+m-1\right)}m^{z+\frac{r}{n}}}{\displaystyle\lim_{m\to\infty}\frac{1\cdot2\cdots(nm-1)}{nz(nz+1)\cdots(nz+nm-1)}(nm)^{nz}}$$

$$= n^{nz-1}\lim_{m\to\infty}\frac{[(m-1)!]^{n}m^{nz+\frac{1}{2}(n-1)}n^{nm}}{(nm-1)!(nm)^{nz}}$$

$$= \lim_{m\to\infty}\frac{[(m-1)!]^{n}m^{\frac{1}{2}(n-1)}n^{nm-1}}{(nm-1)!},\tag{3}$$

这指出 $\phi$ 与 $z$ 无关. 在 (2) 中令 $z=1/n$, 得

$$\phi = \prod_{r=0}^{n-1}\Gamma\left(\frac{r+1}{n}\right) = \prod_{r=1}^{n-1}\Gamma\left(\frac{r}{n}\right) = \prod_{r=1}^{n-1}\Gamma\left(1-\frac{r}{n}\right),$$

在最后一步中把 $r$ 换成了 $n-r$. 因此, 应用 3.5 节 (2) 式, 得

$$\phi^2 = \prod_{r=1}^{n-1}\left\{\Gamma\left(\frac{r}{n}\right)\Gamma\left(1-\frac{r}{n}\right)\right\} = \pi^{n-1}\prod_{r=1}^{n-1}\left(\sin\frac{\pi r}{n}\right)^{-1}.\tag{4}$$

令 $z^n-1=0$ 的根为 $z=e^{2\pi ri/n}, r=0,1,2,\cdots,n-1$; 得

$$\frac{z^n-1}{z-1} = \sum_{r=0}^{n-1}z^r = \prod_{r=1}^{n-1}(z-e^{2\pi ri/n}).\tag{5}$$

令 $z=1$, 得

$$n = \prod_{r=1}^{n-1}(1-e^{2\pi ri/n}) = \prod_{r=1}^{n-1}e^{\pi ri/n}\left(-2i\sin\frac{\pi r}{n}\right)$$

$$= e^{\frac{\pi}{2}(n-1)i}2^{n-1}(-i)^{n-1}\prod_{r=1}^{n-1}\sin\frac{\pi r}{n} = 2^{n-1}\prod_{r=1}^{n-1}\sin\frac{\pi r}{n}.\tag{6}$$

代入 (4) 式, 得

$$\phi^2 = \frac{(2\pi)^{n-1}}{n}.\tag{7}$$

取平方根, 代入 (2) 式, 即得 (1) 式.

在 (1) 式中令 $n=2$, 得

$$2^{2z-1}\,\Gamma(z)\,\Gamma\left(z+\frac{1}{2}\right) = \pi^{1/2}\,\Gamma(2z),\tag{8}$$

这又可写为

$$2^{2z}z!\left(z-\frac{1}{2}\right)! = \pi^{1/2}(2z)!.\tag{9}$$

## 3.7 围 道 积 分

考虑围道积分

$$I = \int_{\infty}^{(0+)} e^{-t} t^{z-1} dt. \tag{1}$$

这个围道积分从上半平面挨近正实轴无穷远处出发,向左行,围绕原点正向一周,到下半平面,再向右行到下半平面挨近正实轴无穷远处(图5).

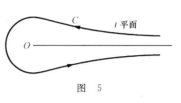

图 5

这个围道积分适用于任意 $z$ 值,可以作为对于 $\Gamma(z)$ 在任意的 $z$ 值下定义的基础. 先设 $z$ 的值限制在 $\mathrm{Re}(z)>0$ 的范围内且不等于整数,寻求这个围道积分 $I$ 与 $\Gamma(z)$ 的关系.

把这个围道变形,分为三段,第一段在上半平面从 $t=+\infty$ 沿实轴向左行到 $t=\delta>0$ 处,$\delta$ 之值可以无限小;第二段从 $t=\delta$ 处起,绕原点作一半径为 $\delta$ 的圆,到下半平面实轴 $t=\delta$ 处;第三段在下半平面从 $t=\delta$ 处沿实轴向右行到 $t=+\infty$ 处. 把这三段积分写为 $I_1,I_2,I_3$. 为了使多值函数 $t^{z-1}$ 的数值确定,在 $I_1$ 中选 $\arg t=0$,于是在 $I_2$ 和 $I_3$ 中 $\arg t$ 就完全确定了,在 $I_3$ 中 $\arg t=2\pi$. 这三段积分分别为

$$I_1 = \int_{\infty}^{\delta} e^{-t} t^{z-1} dt = -\int_{\delta}^{\infty} e^{-t} t^{z-1} dt,$$

$$I_2 = \int_0^{2\pi} e^{-\delta e^{i\theta}} (\delta e^{i\theta})^{z-1} \delta e^{i\theta} i\, d\theta = \delta^z \int_0^{2\pi} e^{-\delta\cos\theta - i\delta\sin\theta + iz\theta} i\, d\theta,$$

$$I_3 = e^{2\pi z i} \int_{\delta}^{\infty} e^{-t} t^{z-1} dt.$$

既已设 $\mathrm{Re}(z)>0$,则当 $\delta \to 0$ 时,$I_2 \to 0$,而 $I_1 + I_3 \to I$:

$$I = (e^{2\pi z i} - 1) \int_0^{\infty} e^{-t} t^{z-1} dt = (e^{2\pi z i} - 1)\Gamma(z) = 2i e^{\pi z i} \sin \pi z \Gamma(z),$$

因此有

$$\Gamma(z) = -\frac{1}{2i \sin \pi z} \int_{\infty}^{(0+)} e^{-t} (-t)^{z-1} dt \quad (|\arg(-t)| < \pi). \tag{2}$$

这关系是在 $\mathrm{Re}(z)>0$ 的条件下得到的,但围道积分适用于任意的 $z$ 值,故按解析开拓原理,$\mathrm{Re}(z)>0$ 这条件可以取消.

公式(2)不适用于 $z$ 是整数的情形,因为当 $z$ 是正整数时,(2)式右方是一个不定式,而当 $z$ 是负整数时,右方为无穷大. 但利用 3.5 节(2)式,得

$$\frac{1}{\Gamma(1-z)} = -\frac{1}{2\pi i} \int_{\infty}^{(0+)} e^{-t} (-t)^{z-1} dt \quad (|\arg(-t)| < \pi). \tag{3}$$

这个表达式适用于任意 $z$ 值,包括 $z$ 等于整数.

在(3)式中把 $1-z$ 换成 $z$,得

$$\frac{1}{\Gamma(z)} = -\frac{1}{2\pi i}\int_{\infty}^{(0+)} e^{-t}(-t)^{-z}dt \quad (|\arg(-t)| < \pi). \tag{4}$$

再把 $t$ 换成 $-t$,得

$$\frac{1}{\Gamma(z)} = \frac{1}{2\pi i}\int_{-\infty}^{(0+)} e^{t}t^{-z}dt \quad (|\arg t| < \pi). \tag{5}$$

其中的围道从负实轴无穷远处($t=-\infty$)出发,正向绕原点一周,再回到出发点.

(4)和(5)这两个围道积分对于任何 $z$ 值都适用,可以作为 $\Gamma(z)$ 的普遍表达式.

又,像得到 3.1 节中的(2)式那样,上面(2)~(5)各式中的围道可以整个地绕原点转一角度 $\alpha$,只要 $|\alpha| < \pi/2$,围道积分之值不变,例如由(5)式得

$$\frac{1}{\Gamma(z)} = \frac{1}{2\pi i}\int_{-\infty e^{i\alpha}}^{(0+)} e^{t}t^{-z}dt \quad (|\arg t| < \pi). \tag{6}$$

## 3.8　欧勒第一类积分. B 函数

欧勒第一类积分 $B(p,q)$ 为

$$B(p,q) = \int_0^1 x^{p-1}(1-x)^{q-1}dx, \tag{1}$$

这个积分在 $\mathrm{Re}(p) > 0, \mathrm{Re}(q) > 0$ 时成立. 作变换 $x=1-t$,可以证明

$$B(p,q) = B(q,p). \tag{2}$$

$B(p,q)$ 可以用 $\Gamma$ 函数表达如下

$$B(p,q) = \frac{\Gamma(p)\Gamma(q)}{\Gamma(p+q)}. \tag{3}$$

为了证明这公式,考虑

$$\Gamma(p)\Gamma(q) = \int_0^\infty e^{-u}u^{p-1}du\int_0^\infty e^{-v}v^{q-1}dv.$$

令 $u=x^2, v=y^2$,得

$$\Gamma(p)\Gamma(q) = 4\int_0^\infty e^{-x^2}x^{2p-1}dx\int_0^\infty e^{-y^2}y^{2q-1}dy$$

$$= 4\int_0^\infty\int_0^\infty e^{-(x^2+y^2)}x^{2p-1}y^{2q-1}dx\,dy.$$

引进平面极坐标:$x=r\cos\theta, y=r\sin\theta$,得

$$\Gamma(p)\Gamma(q) = 4\int_0^\infty e^{-r^2}r^{2(p+q)-1}dr\int_0^{\pi/2}(\cos\theta)^{2p-1}(\sin\theta)^{2q-1}d\theta. \tag{4}$$

在第一个积分中令 $r^2=t$,得

$$\int_0^\infty e^{-r^2}r^{2(p+q)-1}dr = \frac{1}{2}\int_0^\infty e^{-t}t^{p+q-1}dt = \frac{1}{2}\Gamma(p+q), \tag{5}$$

在第二个积分中令 $\cos^2\theta = x$,得

$$\int_0^{\pi/2} (\cos\theta)^{2p-1}(\sin\theta)^{2q-1}\mathrm{d}\theta = \frac{1}{2}\int_0^1 x^{p-1}(1-x)^{q-1}\mathrm{d}x = \frac{1}{2}\mathrm{B}(p,q). \tag{6}$$

将(5)和(6)代入(4)式,得 $\Gamma(p)\Gamma(q) = \Gamma(p+q)\mathrm{B}(p,q)$,这就证明了(3)式.

由(3)式,根据解析开拓原理,我们得到不受条件 $\mathrm{Re}(p) > 0$,$\mathrm{Re}(q) > 0$ 限制的函数 $\mathrm{B}(p,q)$,称为 B **函数**.

在(6)式中应用(3)式,并把 $2p$ 和 $2q$ 分别改写为 $p+1$ 和 $q+1$,得

$$\int_0^{\pi/2} (\cos\theta)^p(\sin\theta)^q\mathrm{d}\theta = \frac{\Gamma\left(\dfrac{p+1}{2}\right)\Gamma\left(\dfrac{q+1}{2}\right)}{2\Gamma\left(\dfrac{p+q}{2}+1\right)}. \tag{7}$$

在(5)式中把 $2(p+q)-1$ 改写为 $p$,得

$$\int_0^\infty \mathrm{e}^{-r^2} r^p\,\mathrm{d}r = \frac{1}{2}\Gamma\left(\frac{p+1}{2}\right); \tag{8}$$

这式的一个特殊情形是($p=0$)

$$\int_0^\infty \mathrm{e}^{-r^2}\,\mathrm{d}r = \frac{1}{2}\Gamma\left(\frac{1}{2}\right) = \frac{1}{2}\pi^{1/2}. \tag{9}$$

在(1)式中令 $x = t/(1+t)$,并用(3),得

$$\mathrm{B}(p,q) = \int_0^\infty \frac{t^{p-1}\mathrm{d}t}{(1+t)^{p+q}} = \frac{\Gamma(p)\Gamma(q)}{\Gamma(p+q)}. \tag{10}$$

令 $q = 1-p$,假设 $0 < \mathrm{Re}(p) < 1$,并用 3.5 节(2)式,得

$$\int_0^\infty \frac{t^{p-1}}{1+t}\mathrm{d}t = \Gamma(p)\Gamma(1-p) = \frac{\pi}{\sin\pi p}. \tag{11}$$

这结果也可用残数定理求积分而得到.

现在证明下列公式

$$\frac{(p+q)!}{p!q!} = \frac{\Gamma(p+q+1)}{\Gamma(p+1)\Gamma(q+1)} = \frac{1}{2\pi\mathrm{i}}\int_{-\infty}^{(0+)} t^{-p-1}(1-t)^{-q-1}\mathrm{d}t, \tag{12}$$

其中 $\mathrm{Re}(p+q+1) > 0$ 以保证积分在 $t = -\infty$ 处收敛,又 $t=1$ 在围道之外. 很容易证明(参看 3.7 节),当 $\mathrm{Re}(p) < 0$ 时,(12)式右方为(在负实轴的上下岸分别令 $t = x\mathrm{e}^{\pi\mathrm{i}}$ 和 $t = x\mathrm{e}^{-\pi\mathrm{i}}$)

$$-\frac{\mathrm{e}^{p\pi\mathrm{i}} - \mathrm{e}^{-p\pi\mathrm{i}}}{2\pi\mathrm{i}}\int_0^\infty x^{-p-1}(1+x)^{-q-1}\mathrm{d}x = -\frac{\sin p\pi}{\pi}\frac{\Gamma(-p)\Gamma(p+q+1)}{\Gamma(q+1)},$$

最后一步用了(10)式. 再用(11)式,把其中的 $p$ 换成 $-p$,即得(12);根据解析开拓原理,(12)式不受条件 $\mathrm{Re}(p) < 0$ 的限制.

## 3.9　双周围道积分

现在证明下列结果

$$\frac{1}{(2\pi i)^2}\int_P^{(1+,0+,1-,0-)} t^{\alpha-1}(1-t)^{\beta-1}\mathrm{d}t = \frac{\mathrm{e}^{(\alpha+\beta)\pi i}}{\Gamma(1-\alpha)\Gamma(1-\beta)\Gamma(\alpha+\beta)}, \tag{1}$$

其中围道如图 6 所示，$P$ 点在 0 与 1 之间，在 $P$ 点 $\arg t=\arg(1-t)=0$；围道由 $P$ 点出发，先正向绕 $t=1$ 一圈，次正向绕 $t=0$ 一圈，第三反向绕 $t=1$ 一圈，最后反向绕 $t=0$ 一圈后回到 $P$ 点. 这样的围道称为**珀哈末**（Pochhammer）**围道**.

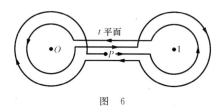

图　6

　　若 $\mathrm{Re}(\alpha)>0,\mathrm{Re}(\beta)>0$，则围绕 0 和 1 点的积分值随圆的半径趋于零. 因此 (1) 式左方积分化为几次从 0 到 1 的直线积分

$$\frac{1}{(2\pi i)^2}\Bigg\{\int_0^1 t^{\alpha-1}(1-t)^{\beta-1}\mathrm{d}t - \mathrm{e}^{2\beta\pi i}\int_0^1 t^{\alpha-1}(1-t)^{\beta-1}\mathrm{d}t$$

$$+ \mathrm{e}^{2(\alpha+\beta)\pi i}\int_0^1 t^{\alpha-1}(1-t)^{\beta-1}\mathrm{d}t - \mathrm{e}^{2\alpha\pi i}\int_0^1 t^{\alpha-1}(1-t)^{\beta-1}\mathrm{d}t\Bigg\}$$

$$= \frac{(1-\mathrm{e}^{2\alpha\pi i})(1-\mathrm{e}^{2\beta\pi i})}{(2\pi i)^2}\int_0^1 t^{\alpha-1}(1-t)^{\beta-1}\mathrm{d}t$$

$$= \frac{\mathrm{e}^{(\alpha+\beta)\pi i}\sin\alpha\pi\,\sin\beta\pi}{\pi^2}\frac{\Gamma(\alpha)\Gamma(\beta)}{\Gamma(\alpha+\beta)}$$

$$= \frac{\mathrm{e}^{(\alpha+\beta)\pi i}}{\Gamma(1-\alpha)\Gamma(1-\beta)\Gamma(\alpha+\beta)}.$$

于是 (1) 式得到证明. 由于 (1) 式两方都是 $\alpha$ 和 $\beta$ 的解析函数，所以它不受条件 $\mathrm{Re}(\alpha)>0,\mathrm{Re}(\beta)>0$ 的限制.

## 3.10　狄里希累（Dirichlet）积分

　　狄里希累积分是

$$I = \iint\cdots\int f(t_1+t_2+\cdots+t_n)t_1^{\alpha_1-1}t_2^{\alpha_2-1}\cdots t_n^{\alpha_n-1}\,\mathrm{d}t_1\mathrm{d}t_2\cdots\mathrm{d}t_n, \tag{1}$$

其中积分限为 $t_r\geqslant 0(r=1,2,\cdots,n)$，$\sum\limits_{r=1}^{n}t_r\leqslant 1$，$f$ 是连续函数. 为了保证积分在 $t_r=0$ 处收敛，必须 $\mathrm{Re}(\alpha_r)>0$.

　　先计算 $t_1,t_2$ 两重积分，令 $\lambda=t_3+t_4+\cdots+t_n$，$\tau_2=t_1+t_2$，得

$$\int_0^{1-\lambda}\mathrm{d}t_2\int_0^{1-\lambda-t_2}\mathrm{d}t_1 f(t_1+t_2+\lambda)t_1^{\alpha_1-1}t_2^{\alpha_2-1}$$

$$= \int_0^{1-\lambda} \mathrm{d}t_2 \int_{t_2}^{1-\lambda} \mathrm{d}\tau_2 f(\tau_2 + \lambda)(\tau_2 - t_2)^{a_1-1} t_2^{a_2-1}.$$

交换积分次序,然后令 $t_2 = \tau_2 t$,得

$$\int_0^{1-\lambda} \mathrm{d}\tau_2 \int_0^{\tau_2} \mathrm{d}t_2 f(\tau_2 + \lambda)(\tau_2 - t_2)^{a_1-1} t_2^{a_2-1}$$

$$= \int_0^{1-\lambda} \mathrm{d}\tau_2 f(\tau_2 + \lambda)\tau_2^{a_1+a_2-1} \int_0^1 \mathrm{d}t(1-t)^{a_1-1} t^{a_2-1}$$

$$= \frac{\Gamma(\alpha_1)\Gamma(\alpha_2)}{\Gamma(\alpha_1 + \alpha_2)} \int_0^{1-\lambda} \mathrm{d}\tau_2 f(\tau_2 + \lambda)\tau_2^{a_1+a_2-1}.$$

这样就减少了一重积分,而积分的形式不变.再把这个方法用到 $\tau_2$ 和 $t_3$ 又可减少一重,而积分前面的因子为

$$\frac{\Gamma(\alpha_1)\Gamma(\alpha_2)}{\Gamma(\alpha_1 + \alpha_2)} \frac{\Gamma(\alpha_1 + \alpha_2)\Gamma(\alpha_3)}{\Gamma(\alpha_1 + \alpha_2 + \alpha_3)} = \frac{\Gamma(\alpha_1)\Gamma(\alpha_2)\Gamma(\alpha_3)}{\Gamma(\alpha_1 + \alpha_2 + \alpha_3)}.$$

照此做下去,最后得公式

$$\iint \cdots \int f\left(\sum_{r=1}^n t_r\right) \cdot \prod_{r=1}^n t_r^{a_r-1} \cdot \mathrm{d}t_1 \mathrm{d}t_2 \cdots \mathrm{d}t_n$$

$$= \frac{\Gamma(\alpha_1)\Gamma(\alpha_2)\cdots\Gamma(\alpha_n)}{\Gamma(\alpha_1 + \alpha_2 + \cdots + \alpha_n)} \int_0^1 f(\tau)\tau^{a_1+a_2+\cdots+a_n-1}\mathrm{d}\tau, \tag{2}$$

左方的积分限为 $t_r \geqslant 0 \ (r = 1, 2, \cdots, n), \sum_{r=1}^n t_r \leqslant 1; \operatorname{Re}(\alpha_r) > 0.$

## 3.11 Γ 函数的对数微商

令

$$\psi(z) = \frac{\mathrm{d}}{\mathrm{d}z} \ln \Gamma(z) = \frac{\Gamma'(z)}{\Gamma(z)}. \tag{1}$$

由 3.2 节公式(1)取对数微商,得

$$\psi(z+1) = \psi(z) + \frac{1}{z}. \tag{2}$$

由 3.5 节公式(2)取对数微商,得

$$\psi(1-z) = \psi(z) + \pi \cot \pi z. \tag{3}$$

由 3.2 节公式(3)取对数微商,得

$$\psi(z+n) = \psi(z) + \sum_{r=0}^{n-1} \frac{1}{z+r}, \tag{4}$$

(2)是它的特例.

由 3.4 节(1)求得

$$\psi(z) = -\gamma - \frac{1}{z} + \sum_{n=1}^{\infty}\left(\frac{1}{n} - \frac{1}{z+n}\right). \tag{5}$$

应用 3.4 节(2),并把上式右方的级数取到 $n=m$ 为止,得

$$\psi(z) = -\frac{1}{z} + \lim_{m\to\infty}\left\{\ln m - \sum_{n=1}^{m}\frac{1}{z+n}\right\}. \tag{6}$$

若 $\mathrm{Re}(p)>0$,有

$$\frac{1}{p} = \int_0^{\infty} e^{-pt}\,dt. \tag{7}$$

对 $p$ 求积分,由 $p=1$ 到 $p=m$,得

$$\ln m = \int_0^{\infty}(e^{-t} - e^{-mt})\,\frac{dt}{t}. \tag{8}$$

把(7),(8)两式代入(6)中,得

$$\psi(z) = \lim_{m\to\infty}\left\{\int_0^{\infty}(e^{-t} - e^{-mt})\,\frac{dt}{t} - \sum_{n=0}^{m}\int_0^{\infty}e^{-(z+n)t}\,dt\right\}$$

$$= \lim_{m\to\infty}\left\{\int_0^{\infty}(e^{-t} - e^{-mt})\,\frac{dt}{t} - \int_0^{\infty}\frac{e^{-zt}(1 - e^{-(m+1)t})}{1 - e^{-t}}\,dt\right\}.$$

当 $m\to\infty$ 时,可以证明含 $e^{-mt}$ 因子的积分值为零,故得

$$\psi(z) = \int_0^{\infty}\left\{\frac{e^{-t}}{t} - \frac{e^{-zt}}{1 - e^{-t}}\right\}dt. \tag{9}$$

把(5)式代入(2)式右方,得

$$\psi(z+1) = -\gamma + \sum_{n=1}^{\infty}\left(\frac{1}{n} - \frac{1}{z+n}\right). \tag{10}$$

在此式中令 $z=0$,得

$$\psi(1) = -\gamma. \tag{11}$$

代入(1)式,注意 $\Gamma(1)=1$,得

$$\Gamma'(1) = \psi(1) = -\gamma. \tag{12}$$

在(9)式中令 $z=1$,用(11)式,得

$$\gamma = \int_0^{\infty}\left\{\frac{1}{1 - e^{-t}} - \frac{1}{t}\right\}e^{-t}\,dt. \tag{13}$$

在这个积分中,把下限 0 换为 $\delta$,在第一项的积分中作变数变换 $e^{-t}=u$,再令 $1-u=v$,与第二项的积分合并后让 $\delta\to 0$,即见(13)式与 3.4 节(4)式相同.

将(13)式与(9)式相加,得

$$\psi(z) = -\gamma + \int_0^{\infty}\frac{e^{-t} - e^{-zt}}{1 - e^{-t}}\,dt. \tag{14}$$

又在(8)式中令 $m=z$,并与(9)式相减,得

$$\psi(z) = \ln z + \int_0^{\infty}\left\{\frac{1}{t} - \frac{1}{1 - e^{-t}}\right\}e^{-zt}\,dt. \tag{15}$$

在(7)式中令 $p=z$,除以 2,与(15)式相加,得

$$\psi(z) = \ln z - \frac{1}{2z} + \int_0^\infty \left\{ \frac{1}{2} + \frac{1}{t} - \frac{1}{1-e^{-t}} \right\} e^{-zt} dt. \tag{16}$$

对 $z$ 求积分,由 $z=1$ 到 $z$,得

$$\ln \Gamma(z) = \left( z - \frac{1}{2} \right) \ln z - z + 1 + \int_0^\infty \left\{ \frac{1}{2} + \frac{1}{t} - \frac{1}{1-e^{-t}} \right\} \frac{e^{-t} - e^{-zt}}{t} dt. \tag{17}$$

(17)式中与 $z$ 无关的一项积分可计算如下:令

$$I = \int_0^\infty \left\{ \frac{1}{2} + \frac{1}{t} - \frac{1}{1-e^{-t}} \right\} \frac{e^{-t}}{t} dt. \tag{18}$$

在(17)式中令 $z = \frac{1}{2}$,用 3.5 节(4)式,得

$$I - J = \frac{1}{2} \ln \pi - \frac{1}{2}, \tag{19}$$

其中

$$J = \int_0^\infty \left\{ \frac{1}{2} + \frac{1}{t} - \frac{1}{1-e^{-t}} \right\} \frac{e^{-t/2}}{t} dt. \tag{20}$$

把(18)式中的 $t$ 换为 $t/2$,得

$$I = \int_0^\infty \left\{ \frac{1}{2} + \frac{2}{t} - \frac{1}{1-e^{-t/2}} \right\} \frac{e^{-t/2}}{t} dt,$$

从中减去(20),得

$$I - J = \int_0^\infty \left\{ \frac{1}{t} - \frac{e^{-t/2}}{1-e^{-t}} \right\} \frac{e^{-t/2}}{t} dt.$$

再用(18),得

$$J = \int_0^\infty \left\{ \left( \frac{1}{2} + \frac{1}{t} \right) e^{-t} - \frac{e^{-t/2}}{t} \right\} \frac{dt}{t}.$$

对于后面两项换部求积分,得

$$J = - \frac{e^{-t} - e^{-t/2}}{t} \Big|_0^\infty - \frac{1}{2} \int_0^\infty \frac{e^{-t} - e^{-t/2}}{t} dt = - \frac{1}{2} - \frac{1}{2} \ln \frac{1}{2},$$

最后一步用了(8)式.把结果代入(19)式,即得

$$I = \frac{1}{2} \ln (2\pi) - 1. \tag{21}$$

代入(17),得

$$\ln \Gamma(z) = \left( z - \frac{1}{2} \right) \ln z - z + \frac{1}{2} \ln (2\pi) - \int_0^\infty \left\{ \frac{1}{2} + \frac{1}{t} - \frac{1}{1-e^{-t}} \right\} \frac{e^{-zt}}{t} dt \tag{22}$$

$$(\text{Re}(z) > 0).$$

这是比涅(Binet)第一公式.

还有比涅第二公式

$$\ln \Gamma(z) = \left(z - \frac{1}{2}\right)\ln z - z + \frac{1}{2}\ln (2\pi) + 2\int_0^\infty \frac{\arctan(t/z)}{\mathrm{e}^{2\pi t} - 1}\mathrm{d}t, \qquad (23)$$

见 3.18 节(4)式.

## 3.12　渐近展开式

由 1.3 节公式(18),把 $t$ 换成 $-t$,有

$$\frac{-t}{\mathrm{e}^{-t} - 1} = 1 + \frac{t}{2} + \sum_{r=1}^n \frac{(-)^{r-1}\mathrm{B}_r}{(2r)!} t^{2r} + \frac{t^{2n+2}}{\mathrm{e}^{-t} - 1}\int_0^1 \mathrm{P}_{2n+1}(x)\mathrm{e}^{-tx}\mathrm{d}x. \qquad (1)$$

代入上节(22)式的积分中,级数 $\displaystyle\sum_r$ 这一项的贡献为

$$\sum_{r=1}^n \frac{(-)^{r-1}\mathrm{B}_r}{(2r)!}\int_0^\infty t^{2r-2}\mathrm{e}^{-zt}\mathrm{d}t = \sum_{r=1}^n \frac{(-)^{r-1}\mathrm{B}_r}{(2r)!}\frac{(2r-2)!}{z^{2r-1}};$$

积分项的贡献计算如下:用 1.3 节(15)式,有

$$\left|\int_0^1 \mathrm{P}_{2n+1}(x)\mathrm{e}^{-tx}\mathrm{d}x\right| \leqslant \frac{4}{(2\pi)^{2n+1}}\int_0^1 \mathrm{e}^{-tx}\mathrm{d}x = \frac{4}{(2\pi)^{2n+1}}\frac{\mathrm{e}^{-t} - 1}{-t},$$

故其贡献为 $O(|z|^{-2n})$. 这结果对于任意 $n$ 均成立,故得 $\Gamma(z)$ 的渐近展开式

$$\ln \Gamma(z) = \left(z - \frac{1}{2}\right)\ln z - z + \frac{1}{2}\ln (2\pi) + \sum_{r=1}^n \frac{(-)^{r-1}\mathrm{B}_r}{2r(2r-1)}z^{-2r+1} + O(z^{-2n-1}).$$
$$\qquad (2)$$

又用 $\Gamma(z+1) = z\Gamma(z) = z!$,得

$$\ln z! = \left(z + \frac{1}{2}\right)\ln z - z + \frac{1}{2}\ln (2\pi) + \sum_{r=1}^n \frac{(-)^{r-1}\mathrm{B}_r}{2r(2r-1)}z^{-2r+1} + O(z^{-2n-1})$$
$$\qquad (3)$$

或

$$\ln z! \sim z(\ln z - 1) + \frac{1}{2}\ln (2\pi z) + \frac{1}{12z} - \frac{1}{360z^3} + \frac{1}{1260z^5} - \frac{1}{1680z^7} + \cdots.$$
$$\qquad (4)$$

取指数函数,得

$$z! \sim z^z \mathrm{e}^{-z}(2\pi z)^{1/2}\left\{1 + \frac{1}{12z} + \frac{1}{288z^2} - \frac{139}{51\,840z^3} - \frac{571}{2\,488\,320z^4} + \cdots\right\}. \qquad (5)$$

这些渐近展开式是在 $\mathrm{Re}(z) > 0$ 的条件下得到的,因为这是上节(22)式中的积分收敛的条件,这个条件相当于 $|\arg z| < \pi/2$. 在 3.13 节和 3.21 节中将放宽这个限制. 公式(3),(4)或者(5)称为**斯特令(Stirling)公式**.

由(2)式取微商,得

$$\psi(z) = \ln z - \frac{1}{2z} - \sum_{r=1}^n \frac{(-)^{r-1}\mathrm{B}_r}{2r}z^{-2r} + O(z^{-2n-2}). \qquad (6)$$

这个结果也可从本节(1)式代入上节(16)式直接求得.

## 3.13 渐近展开式的另一导出法

在 1.3 节(6)式欧勒展开公式中令 $F(x)=\ln(x+1)$, 取 $a=0, h=1, m=n-1$, 余项用该节(10)式, 得

$$\ln 1 + \ln 2 + \cdots + \ln n = \int_1^n \ln x \, \mathrm{d}x + \frac{1}{2}\ln n + \int_1^n \frac{P_1(x)}{x}\mathrm{d}x,$$

或

$$\ln n! = \left(n + \frac{1}{2}\right)\ln n - (n-1) + \int_1^n \frac{P_1(x)}{x}\mathrm{d}x. \tag{1}$$

令

$$I_n = \int_1^n \frac{P_1(x)}{x}\mathrm{d}x, \tag{2}$$

由(1)式得

$$\ln \prod_{r=1}^n (2r)^2 = 2n \ln 2 + 2 \ln n! = (2n+1)\ln(2n) - 2n - \ln 2 + 2 + 2I_n,$$

又有

$$\ln(2n+1)! = \left(2n + \frac{3}{2}\right)\ln(2n+1) - 2n + I_{2n+1}.$$

相减得

$$\ln\left\{\prod_{r=1}^n \left(\frac{2r}{2r-1}\right)\frac{1}{2n+1}\right\} = (2n+1)\ln\left(1 - \frac{1}{2n+1}\right)$$

$$-\frac{1}{2}\ln(2n+1) - \ln 2 + 2 + 2I_n - I_{2n+1}.$$

用 2 乘, 得

$$\ln\left\{\prod_{r=1}^n \left(\frac{2r}{2r-1}\right)^2 \frac{1}{2n+1}\right\} = 2(2n+1)\ln\left(1 - \frac{1}{2n+1}\right) - 2\ln 2 + 4 + 4I_n - 2I_{2n+1}.$$

令 $n \to \infty$, 并用 3.5 节(5)瓦利乘积公式, 得

$$\ln\frac{\pi}{2} = 2 - 2\ln 2 + 2I_\infty,$$

故

$$I_\infty = \frac{1}{2}\ln(2\pi) - 1. \tag{3}$$

代入(1)式, 注意 $I_n = I_\infty - \int_n^\infty P_1(x)x^{-1}\mathrm{d}x$, 得

$$\ln n! = \left(n + \frac{1}{2}\right)\ln n - n + \frac{1}{2}\ln(2\pi) - \int_n^\infty \frac{P_1(x)}{x}\mathrm{d}x. \tag{4}$$

用换部积分法及 1.3 节公式(11)和(12)，并注意 $P_\lambda(x)$ 是周期为 1 的函数，在 $(0,1)$ 之间 $P_\lambda(x)$ 等于伯努利多项式，得

$$\ln n! = \left(n+\frac{1}{2}\right)\ln n - n + \frac{1}{2}\ln(2\pi) + \sum_{r=1}^{k}\frac{(-)^{r-1}B_r}{2r(2r-1)n^{2r-1}} - (2k)!\int_n^\infty \frac{P_{2k+1}(x)}{x^{2k+1}}dx.$$

$$(5)$$

这与 3.12 节(3)式相同，只是现在 $n$ 是正整数.

要想求得普遍的渐近展开式，在 1.3 节(6)欧勒展开式中令 $F(x)=\ln(x+z)$，$z\neq$ 负实数，并如前取 $a=0, h=1$，但 $m=n$，得

$$\ln z + \ln(z+1) + \cdots + \ln(z+n)$$

$$= (z+n)\ln(z+n) - n - z\ln z + \frac{1}{2}\left[\ln(z+n) + \ln z\right] + \int_0^n \frac{P_1(x)}{x+z}dx.$$

$$(6)$$

从(4)式减去(6)式，得

$$\ln\frac{n!\,n^z}{z(z+1)\cdots(z+n)} = \left(z-\frac{1}{2}\right)\ln z - \left(z+n+\frac{1}{2}\right)\ln\frac{z+n}{n}$$

$$+ \frac{1}{2}\ln(2\pi) - \int_0^n \frac{P_1(x)}{x+z}dx - \int_0^\infty \frac{P_1(x)}{x}dx.$$

令 $n\to\infty$，用 3.3 节(3)式，得

$$\ln\Gamma(z) = \left(z-\frac{1}{2}\right)\ln z - z + \frac{1}{2}\ln(2\pi) - \int_0^\infty \frac{P_1(x)}{x+z}dx. \tag{7}$$

用换部积分法，

$$\ln\Gamma(z) = \left(z-\frac{1}{2}\right)\ln z - z + \frac{1}{2}\ln(2\pi)$$

$$+ \sum_{r=1}^{n}\frac{(-)^{r-1}B_r}{2r(2r-1)}z^{-2r+1} - (2n)!\int_0^\infty \frac{P_{2n+1}(x)}{(x+z)^{2n+1}}dx, \tag{8}$$

其中 $z$ 不等于负实数，即 $|\arg z|<\pi$. 这结果与 3.12 节(2)式相同((8)式中的积分为 $O(z^{-2n})$)，但 $\arg z$ 的范围较大，因此比以前更普遍一些.

## 3.14　里曼(Riemann)ζ 函数

里曼 ζ 函数的定义是

$$\zeta(s) = \sum_{n=1}^{\infty}\frac{1}{n^s}. \tag{1}$$

这个定义在 $\mathrm{Re}(s)=\sigma>1$ 时有效，因为这是级数收敛的条件. 通常把 $s$ 表达为 $s=\sigma+it, \sigma$ 和 $t$ 都是实数.

推广的 ζ 函数的定义是

$$\zeta(s,a) = \sum_{n=0}^{\infty} \frac{1}{(n+a)^s},\tag{2}$$

其中 $a$ 为一常数,不等于负整数,而 $\mathrm{Re}(s)>1$. 为简单起见,我们将假设 $a$ 为实数,满足 $0<a\leqslant 1$,并取 $\arg(n+a)=0$. 显然,$\zeta(s)=\zeta(s,1)$.

由 $(n+a)^{-s}\Gamma(s) = \int_0^{\infty} x^{s-1}\mathrm{e}^{-(n+a)x}\mathrm{d}x$, 得

$$\Gamma(s)\zeta(s,a) = \int_0^{\infty} \frac{x^{s-1}\mathrm{e}^{-ax}}{1-\mathrm{e}^{-x}}\mathrm{d}x,\tag{3}$$

求和与积分次序的交换可证明是合法的. 这个结果在 $a$ 是复数时也成立,只要 $\mathrm{Re}(a)>0$,同时 $\mathrm{Re}(s)>1$,这分别是积分在下限及上限收敛的条件.

用 3.7 节的方法可以证明

$$\zeta(s,a) = -\frac{\Gamma(1-s)}{2\pi i}\int_{\infty}^{(0+)} \frac{(-z)^{s-1}\mathrm{e}^{-az}}{1-\mathrm{e}^{-z}}\mathrm{d}z,\tag{4}$$

其中 $|\arg(-z)|<\pi$,围道内不含被积函数的奇点 $z=2\pi ni(n=\pm1,\pm2,\cdots)$. (4)式中的积分是一个对一切 $s$ 值解析的单值函数,因此在(4)式中可以取消 $\mathrm{Re}(s)=\sigma>1$ 的限制. 又,这结果在 $a$ 为复数时也成立,只要 $\mathrm{Re}(a)>0$.

由(4)式看出,$\zeta(s,a)$ 的奇点只能是 $\Gamma(1-s)$ 的奇点,这就是 $s=1,2,\cdots$[①],而且这些点都是一阶极点. 但是我们已知 $\zeta(s,a)$ 在 $\mathrm{Re}(s)>1$ 时没有奇点,因此 $\zeta(s,a)$ 的唯一奇点是 $s=1$ 处的一阶极点. 当 $s=1$ 时,(4)式中的积分为

$$\frac{1}{2\pi i}\int_{\infty}^{(0+)} \frac{\mathrm{e}^{-az}}{1-\mathrm{e}^{-z}}\mathrm{d}z,$$

这等于被积函数在 $z=0$ 处的残数,等于 1,故得

$$\lim_{s\to 1}\frac{\zeta(s,a)}{\Gamma(1-s)} = -1.\tag{5}$$

今 $\Gamma(1-s)$ 在 $s=1$ 处的残数为 $-1$,故 $\zeta(s,a)$ 在 $s=1$ 处的残数为 1.

## 3.15　ζ 函数的函数方程

胡维兹(Hurwitz)证明了下列公式

$$\zeta(s,a) = \frac{2\Gamma(1-s)}{(2\pi)^{1-s}}\left\{\sin\frac{s\pi}{2}\sum_{n=1}^{\infty}n^{s-1}\cos(2n\pi a) + \cos\frac{s\pi}{2}\sum_{n=1}^{\infty}n^{s-1}\sin(2n\pi a)\right\},\tag{1}$$

这个式子右方的级数在 $\mathrm{Re}(s)<0$ 的条件下收敛.

为了证明这个结果,考虑一积分围道 $C$ 为一以原点为中心的圆,半径为 $(2N+$

---

① 当 $s=2,3,\cdots$ 时,(4)式右方是一个不定式 $(\infty\cdot 0)$.

$1)\pi$，$N$ 为正整数. 在 $C$ 与上节(4)式的积分围道之间，被积函数 $(-z)^{s-1}\mathrm{e}^{-az}(1-\mathrm{e}^{-z})^{-1}$ 除一阶极点 $\pm 2n\pi\mathrm{i}(n=1,2,\cdots,N)$ 外是单值解析的，故有

$$\frac{1}{2\pi\mathrm{i}}\int_{C}\frac{(-z)^{s-1}\mathrm{e}^{-az}}{1-\mathrm{e}^{-z}}\mathrm{d}z-\frac{1}{2\pi\mathrm{i}}\int_{(2N+1)\pi}^{(0+)}\frac{(-z)^{s-1}\mathrm{e}^{-az}}{1-\mathrm{e}^{-z}}\mathrm{d}z=\sum_{n=1}^{N}(R_n+R'_n),$$

其中 $R_n$ 和 $R'_n$ 分别为 $z=2n\pi\mathrm{i}$ 和 $z=-2n\pi\mathrm{i}$ 处的残数. 在 $-z=2n\pi\mathrm{e}^{\pm\pi\mathrm{i}/2}$ 处的残数为 $(2n\pi\mathrm{e}^{\pm\pi\mathrm{i}/2})^{s-1}\mathrm{e}^{\pm 2n\pi a\mathrm{i}}$，故

$$R_n+R'_n=(2n\pi)^{s-1}2\sin\left(\frac{s\pi}{2}+2n\pi a\right).$$

今既设 $0<a\leqslant 1$，$\mathrm{Re}(s)<0$，就可以找到一个与 $N$ 无关的正数 $K$，使在 $C$ 上 $|\,\mathrm{e}^{-az}$ • $(1-\mathrm{e}^{-z})^{-1}|<K$. 于是得

$$\left|\frac{1}{2\pi\mathrm{i}}\int_{C}\frac{(-z)^{s-1}\mathrm{e}^{-az}}{1-\mathrm{e}^{-z}}\mathrm{d}z\right|<\frac{K}{2\pi}\int_{-\pi}^{\pi}|\,[(2N+1)\pi]^s\mathrm{e}^{\mathrm{i}s\theta}\,|\,\mathrm{d}\theta<K[(2N+1)\pi]^{\sigma}\mathrm{e}^{\pi|s|},$$

其中 $\sigma=\mathrm{Re}(s)$. 当 $\sigma<0$ 时，右方在 $N\to\infty$ 时趋于零. 这样就得到了要证明的(1)式.

在(1)式中令 $a=1$，并将 $s$ 改为 $1-s$，得

$$\zeta(1-s)=2(2\pi)^{-s}\Gamma(s)\cos\frac{s\pi}{2}\zeta(s).\tag{2}$$

这是 $\zeta$ 函数的函数方程. 这个式子的两方都是除了孤立的极点外的解析函数，不受 $\sigma<0$ 或者是 $\sigma>1$ 的限制. 这个公式指出 $s=-2m(m=1,2,\cdots)$ 是 $\zeta(s)$ 的零点.

由 3.5 节公式(2)得

$$\cos\frac{s\pi}{2}=\sin\frac{(1-s)\pi}{2}=\frac{\pi}{\Gamma\left(\dfrac{1-s}{2}\right)\Gamma\left(\dfrac{1+s}{2}\right)},$$

又由 3.6 节公式(8)有

$$\Gamma(s)=\pi^{-1/2}2^{s-1}\Gamma\left(\frac{s}{2}\right)\Gamma\left(\frac{s+1}{2}\right),$$

代入(2)式，得

$$\pi^{-s/2}\Gamma\left(\frac{s}{2}\right)\zeta(s)=\pi^{-\frac{1-s}{2}}\Gamma\left(\frac{1-s}{2}\right)\zeta(1-s).\tag{3}$$

从这个公式更容易看出 $s=-2m(m=1,2,\cdots)$ 是 $\zeta(s)$ 的零点.

## 3.16　　$s$ 为整数时 $\zeta(s,a)$ 之值

若 $s$ 为负整数 $-n$，则 3.14 节中积分(4)的被积函数 $(-z)^{s-1}\mathrm{e}^{-az}(1-\mathrm{e}^{-z})^{-1}$ 为单值函数，故积分等于原点的残数. 这个残数可以利用下列级数求出(1.1 节(1)式)

$$-\frac{z\mathrm{e}^{-az}}{\mathrm{e}^{-z}-1}=\sum_{\nu=0}^{\infty}\frac{(-z)^{\nu}}{\nu!}\varphi_{\nu}(a),$$

其中 $\varphi_{\nu}(a)$ 是伯努利多项式. 由此得

$$\zeta(-n,a)=-\frac{\varphi_{n+1}(a)}{n+1}.\tag{1}$$

令 $a=1$,得

$$\zeta(-n)=-\frac{\varphi_{n+1}(1)}{n+1}.$$

因此,用 1.1 节(14)和(4),得

$$\zeta(0)=-\frac{1}{2},\quad \zeta(-2m)=0,$$

$$\zeta(1-2m)=\frac{(-)^m B_m}{2m}\quad (m\geqslant 1). \tag{2}$$

应用 3.15 节公式(2),得

$$\zeta(2m)=\frac{2^{2m-1}\pi^{2m}B_m}{(2m)!}. \tag{3}$$

又,公式(1)对于实部大于零的复数 $a$ 也成立(见 3.14 节).

## 3.17  厄密(Hermite)公式

先证明普拉纳(Plana)的求和公式($m$ 和 $n$ 是正整数):

$$\sum_{k=m}^{n}\varphi(k)=\frac{1}{2}\{\varphi(m)+\varphi(n)\}+\int_{m}^{n}\varphi(x)\mathrm{d}x$$
$$-\mathrm{i}\int_{0}^{\infty}\frac{\varphi(n+\mathrm{i}y)-\varphi(m+\mathrm{i}y)-\varphi(n-\mathrm{i}y)+\varphi(m-\mathrm{i}y)}{\mathrm{e}^{2\pi y}-1}\mathrm{d}y, \tag{1}$$

其中 $\varphi(z)$ 是 $m\leqslant\mathrm{Re}(z)\leqslant n$ 中的有界解析函数.

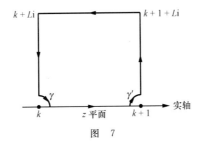

图 7

**证**  取积分围道 $C$ 如图 7;$\gamma$ 和 $\gamma'$ 分别是以 $z=k$ 和 $z=k+1$ 为圆心的圆弧,半径为 $\rho$. 于是有

$$\int_{C}\frac{\varphi(z)\mathrm{d}z}{\mathrm{e}^{-2\pi z\mathrm{i}}-1}=\int_{\gamma}+\int_{k+\rho}^{k+1-\rho}\frac{\varphi(x)\mathrm{d}x}{\mathrm{e}^{-2\pi x\mathrm{i}}-1}+\int_{\gamma'}+\mathrm{i}\int_{\rho}^{L}\frac{\varphi(k+1+\mathrm{i}y)\mathrm{d}y}{\mathrm{e}^{2\pi y}-1}$$
$$-\int_{k}^{k+1}\frac{\varphi(x+L\mathrm{i})\mathrm{d}x}{\mathrm{e}^{-2\pi x\mathrm{i}+2\pi L}-1}-\mathrm{i}\int_{\rho}^{L}\frac{\varphi(k+\mathrm{i}y)\mathrm{d}y}{\mathrm{e}^{2\pi y}-1}$$
$$=0.$$

当 $\rho\to 0$ 时

$$\int_{\gamma} = -\int_0^{\pi/2} \frac{\varphi(k+\rho e^{i\theta})\rho e^{i\theta} id\theta}{e^{-2\pi i\rho e^{i\theta}} - 1} \to \frac{\varphi(k)}{2\pi}\int_0^{\pi/2} d\theta = \frac{1}{4}\varphi(k);$$

同样

$$\int_{\gamma'} = -\int_{\pi/2}^{\pi} \frac{\varphi(k+1+\rho e^{i\theta})\rho e^{i\theta} id\theta}{e^{-2\pi i\rho e^{i\theta}} - 1} \to \frac{1}{4}\varphi(k+1).$$

令 $L \to \infty$,得

$$\frac{1}{4}\{\varphi(k) + \varphi(k+1)\} + \int_{k+\rho}^{k+1-\rho} \frac{\varphi(x)dx}{e^{-2\pi xi} - 1} + i\int_{\rho}^{\infty} \frac{\varphi(k+1+iy) - \varphi(k+iy)}{e^{2\pi y} - 1}dy + \varepsilon(\rho)$$
$$= 0, \tag{2}$$

其中 $\varepsilon(\rho)$ 随 $\rho$ 趋于 $0$. 把围道 $C$ 中的 $i$ 换为 $-i$,重复用上面的证明方法,得

$$\frac{1}{4}\{\varphi(k) + \varphi(k+1)\} + \int_{k+\rho}^{k+1-\rho} \frac{\varphi(x)dx}{e^{2\pi xi} - 1}$$
$$- i\int_{\rho}^{\infty} \frac{\varphi(k+1-iy) - \varphi(k-iy)}{e^{2\pi y} - 1}dy + \eta(\rho) = 0, \tag{3}$$

其中 $\eta(\rho)$ 随 $\rho$ 趋于 $0$. 将(2)式和(3)式相加,在结果中令 $\rho \to 0$,得

$$\frac{1}{2}\{\varphi(k) + \varphi(k+1)\} - \int_k^{k+1} \varphi(x)dx$$
$$+ i\int_0^{\infty} \frac{\varphi(k+1+iy) - \varphi(k+iy) - \varphi(k+1-iy) + \varphi(k-iy)}{e^{2\pi y} - 1}dy$$
$$= 0. \tag{4}$$

将此式对 $k$ 求和,由 $m$ 到 $n-1$,即得普拉纳公式(1).

在(4)式中令 $\varphi(z) = e^{-az}$,然后令 $k=0$,得

$$\frac{1}{2}(1 + e^{-a}) - \int_0^1 e^{-ax}dx + i\int_0^{\infty} \frac{e^{-a-iay} - e^{-iay} - e^{-a+iay} + e^{iay}}{e^{2\pi y} - 1}dy = 0,$$

由此得

$$2\int_0^{\infty} \frac{\sin ay}{e^{2\pi y} - 1}dy = \frac{1}{2}\frac{e^a + 1}{e^a - 1} - \frac{1}{a} = \frac{1}{e^a - 1} - \frac{1}{a} + \frac{1}{2}. \tag{5}$$

用 $\sin ay$ 的幂级数表示,(5)式左方可展为

$$2\sum_{p=1}^{\infty} \frac{(-)^{p-1}a^{2p-1}}{(2p-1)!}\int_0^{\infty} \frac{y^{2p-1}dy}{e^{2\pi y} - 1},$$

右方则可用 1.1 节(3)式展为

$$\sum_{p=1}^{\infty} (-)^{p-1} \frac{a^{2p-1}}{(2p)!}B_p,$$

故得

$$B_p = 4p\int_0^{\infty} \frac{y^{2p-1}dy}{e^{2\pi y} - 1}, \tag{6}$$

$B_p$ 是伯努利数.

在(1)式中令 $m=0,n\to\infty$，设 $\varphi(n)\to0,\varphi(n\pm iy)\to0$，得

$$\sum_{k=0}^{\infty}\varphi(k)=\frac{1}{2}\varphi(0)+\int_0^\infty\varphi(x)\mathrm{d}x+\mathrm{i}\int_0^\infty\frac{\varphi(\mathrm{i}y)-\varphi(-\mathrm{i}y)}{\mathrm{e}^{2\pi y}-1}\mathrm{d}y. \tag{7}$$

令 $\varphi(z)=(z+a)^{-s}$，并设 $|\arg(z+a)|<\pi$，有

$$\varphi(\mathrm{i}y)-\varphi(-\mathrm{i}y)=(a+\mathrm{i}y)^{-s}-(a-\mathrm{i}y)^{-s}=(r\mathrm{e}^{\mathrm{i}\theta})^{-s}-(r\mathrm{e}^{-\mathrm{i}\theta})^{-s}$$
$$=r^{-s}(\mathrm{e}^{-\mathrm{i}s\theta}-\mathrm{e}^{\mathrm{i}s\theta})=-2\mathrm{i}r^{-s}\sin(s\theta).$$

代入(7)，得

$$\zeta(s,a)=\frac{a^{-s}}{2}+\frac{a^{1-s}}{s-1}+2\int_0^\infty\frac{(a^2+y^2)^{-s/2}\sin s\theta}{\mathrm{e}^{2\pi y}-1}\mathrm{d}y, \tag{8}$$

其中 $\theta=\arctan(y/a)$。这是**厄密公式**。这个公式里的积分是对于任意 $s$ 的解析函数，因为可以证明对于任何正数 $R>0$，积分在 $|s|\leqslant R$ 中是一致收敛的。

## 3.18 与伽马函数的联系

现在来利用上节的厄密公式求出 $\zeta(s,a)$ 和 $\frac{\partial}{\partial s}\zeta(s,a)$ 当 $s\to0$ 时的值，并求出 $\zeta$ 函数与伽马函数的联系。

在上节(8)式中令 $s=0$，得

$$\zeta(0,a)=\frac{1}{2}-a. \tag{1}$$

这个结果已在前面得到过$\Big($见 3.16 节(1)式；根据 1.1 节(10)式，其中 $\varphi_1(a)=a-\frac{1}{2}\Big)$。

在上节(8)式中令 $s=2$，得（因 $\theta=\arctan(y/a)$）

$$\zeta(2,a)=\frac{1}{2a^2}+\frac{1}{a}+\int_0^\infty\frac{2\sin2\theta}{a^2+y^2}\frac{\mathrm{d}y}{\mathrm{e}^{2\pi y}-1}$$
$$=\frac{1}{2a^2}+\frac{1}{a}+\int_0^\infty\frac{4ay}{(a^2+y^2)^2}\frac{\mathrm{d}y}{\mathrm{e}^{2\pi y}-1};$$

右方是在区域 $\mathrm{Re}(a)>0$ 中解析的函数，因为其中的积分在这区域内的任意一闭区域中是一致收敛的。

由 3.11 节(5)式求微商，得

$$\psi'(z)=\sum_{n=0}^\infty\frac{1}{(z+n)^2}=\zeta(2,z)$$
$$=\frac{1}{2z^2}+\frac{1}{z}+\int_0^\infty\frac{4zy\,\mathrm{d}y}{(y^2+z^2)^2(\mathrm{e}^{2\pi y}-1)}, \tag{2}$$

其中 $\mathrm{Re}(z)>0$。对 $z$ 求积分一次，得

$$\psi(z) = C - \frac{1}{2z} + \ln z - \int_0^\infty \frac{2y dy}{(y^2 + z^2)(e^{2\pi y} - 1)},$$

其中 $C$ 是积分常数. 要想求 $C$,可注意当 $z$ 是实数时,这式中的积分值为 $O(z^{-2})$,因为

$$\left| \int_0^\infty \frac{2y dy}{(y^2 + z^2)(e^{2\pi y} - 1)} \right| \leqslant \int_0^\infty \frac{2y dy}{|z|^2 (e^{2\pi y} - 1)}.$$

又由 3.11 节(16)式可证明当 $|z| \to \infty$ 时

$$\left| \psi(z) + \frac{1}{2z} - \ln z \right| = \left| \int_0^\infty \left\{ \frac{1}{2} + \frac{1}{t} - \frac{1}{1 - e^{-t}} \right\} e^{-zt} dt \right| = O(z^{-2})$$

(参看 3.12 节(2)式的证明中关于类似积分的估计). 因此,令 $z \to \infty$,即见 $C = 0$,而有

$$\psi(z) = \ln z - \frac{1}{2z} - \int_0^\infty \frac{2y dy}{(y^2 + z^2)(e^{2\pi y} - 1)}. \tag{3}$$

再求积分一次,得

$$\ln \Gamma(z) = C + z \ln z - z - \frac{1}{2} \ln z + 2 \int_0^\infty \frac{\arctan(y/z)}{e^{2\pi y} - 1} dy,$$

其中 $C$ 是积分常数. 按照前面的结果,此式中的积分,当 $z$ 为实数 $\to \infty$ 时,其值为 $O(z^{-1})$. 又由 3.11 节(22)式有

$$\left| \ln \Gamma(z) - \left( z - \frac{1}{2} \right) \ln z + z - \frac{1}{2} \ln(2\pi) \right|$$

$$= \left| \int_0^\infty \left\{ \frac{1}{2} + \frac{1}{t} - \frac{1}{1 - e^{-t}} \right\} \frac{e^{-zt}}{t} dt \right| = O(z^{-1}),$$

故 $C = \frac{1}{2} \ln(2\pi)$,而有

$$\ln \Gamma(z) = \left( z - \frac{1}{2} \right) \ln z - z + \frac{1}{2} \ln(2\pi) + 2 \int_0^\infty \frac{\arctan(y/z)}{e^{2\pi y} - 1} dy, \tag{4}$$

其中 $\mathrm{Re}(z) > 0$,$\arctan u = \int_0^u dt/(1 + t^2)$,积分路线为 0 到 $u$ 的直线. 公式(4)称为**比涅第二公式**(3.11 节(23)).

在上节(8)式中令 $s \to 1$,得

$$\lim_{s \to 1} \left\{ \zeta(s,a) - \frac{1}{s-1} \right\} = \lim_{s \to 1} \frac{a^{1-s} - 1}{s-1} + \frac{1}{2a} + \int_0^\infty \frac{2y dy}{(a^2 + y^2)(e^{2\pi y} - 1)}.$$

用公式(3),得

$$\lim_{s \to 1} \left\{ \zeta(s,a) - \frac{1}{s-1} \right\} = -\psi(a) = -\frac{\Gamma'(a)}{\Gamma(a)}. \tag{5}$$

对上节(8)式求微商

$$\frac{\partial}{\partial s} \zeta(s,a) = -\frac{a^{-s}}{2} \ln a - \frac{a^{1-s}}{s-1} \ln a - \frac{a^{1-s}}{(s-1)^2}$$

$$+2\int_0^\infty \left\{\theta\cos s\theta - \frac{1}{2}\ln(a^2+y^2)\sin s\theta\right\}\frac{(a^2+y^2)^{-s/2}}{e^{2\pi y}-1}dy. \tag{6}$$

令 $s=0$,得

$$\left\{\frac{\partial}{\partial s}\zeta(s,a)\right\}_{s=0} = \left(a-\frac{1}{2}\right)\ln a - a + 2\int_0^\infty \frac{\arctan(y/a)}{e^{2\pi y}-1}dy.$$

用公式(4),得

$$\left\{\frac{\partial}{\partial s}\zeta(s,a)\right\}_{s=0} = \ln\Gamma(a) - \frac{1}{2}\ln(2\pi). \tag{7}$$

在(5)式中令 $a=1$,用 3.11 节(11),得

$$\lim_{s\to 1}\left\{\zeta(s)-\frac{1}{s-1}\right\} = -\psi(1) = \gamma. \tag{8}$$

在(7)式中令 $a=1$,得

$$\zeta'(0) = -\frac{1}{2}\ln(2\pi). \tag{9}$$

## 3.19　ζ 函数的欧勒乘积

设 $\sigma=\mathrm{Re}(s)>1$,令 $p$ 表示质数,$p=2,3,5,\cdots$。由 $\zeta(s)$ 的级数求得

$$\zeta(s)(1-2^{-s}) = 1 + \frac{1}{3^s} + \frac{1}{5^s} + \frac{1}{7^s} + \cdots, \tag{1}$$

在右方级数 $\sum n^{-s}$ 中 $n$ 等于 2 的倍数项不出现.同样,得

$$\zeta(s)(1-2^{-s})(1-3^{-s}) = 1 + \frac{1}{5^s} + \frac{1}{7^s} + \cdots,$$

在右方的级数中 $n$ 等于 2 和 3 的倍数项不出现.照此作下去,得

$$\zeta(s)(1-2^{-s})(1-3^{-s})\cdots(1-p^{-s}) = 1 + \sum{}'n^{-s}, \tag{2}$$

在右方级数中 $n$ 从大于 $p$ 的质数开始,而所有 $2,3,\cdots p$ 的倍数项都不出现.令 $p\to\infty$,由于 $\sigma>1$,得欧勒乘积为

$$\prod_p\left(1-\frac{1}{p^s}\right) = \frac{1}{\zeta(s)}. \tag{3}$$

这个式子的左方在 $\sigma=\mathrm{Re}(s)>1$ 时收敛(参看 1.6 节定理 4),因此 $\zeta(s)$ 在 $\sigma>1$ 处没有零点.在 3.15 节中证明了 $s=-2m(m=1,2,\cdots)$ 是 $\zeta(s)$ 的零点,同时应用现在的结果到 3.15 节(2)式,得知当 $\sigma<0$ 时,除 $s=-2m$ 外无其他零点,所以其他可能的零点只能处于 $0\leqslant\sigma\leqslant 1$ 区间内.里曼曾提出假设,在此区间内的零点全位于 $\sigma=\frac{1}{2}$ 线上,但没有得到证明.

## 3.20　ζ 函数的里曼积分

从 $\Gamma$ 函数的定义很容易看出

$$n^{-s}\pi^{-s/2}\Gamma\left(\frac{s}{2}\right)=\int_0^\infty \mathrm{e}^{-n^2\pi x}x^{\frac{s}{2}-1}\mathrm{d}x. \tag{1}$$

引进函数 $\varpi(x)$：

$$\varpi(x)=\sum_{n=1}^\infty \mathrm{e}^{-n^2\pi x}. \tag{2}$$

用(1)，得

$$\zeta(s)\pi^{-s/2}\Gamma\left(\frac{s}{2}\right)=\int_0^\infty \varpi(x)x^{\frac{s}{2}-1}\mathrm{d}x. \tag{3}$$

在武塔函数章中将证明(见 9.9 节(6)式)

$$1+2\varpi(x)=x^{-1/2}\left\{1+2\varpi\left(\frac{1}{x}\right)\right\}. \tag{4}$$

把(3)式中的积分分为两段，一段为 $(0,1)$，一段为 $(1,\infty)$，在第一段中用(4)式，得

$$\zeta(s)\pi^{-s/2}\Gamma\left(\frac{s}{2}\right)=\int_0^1\left\{-\frac{1}{2}+\frac{1}{2}x^{-1/2}+x^{-1/2}\varpi\left(\frac{1}{x}\right)\right\}x^{\frac{s}{2}-1}\mathrm{d}x+\int_1^\infty \varpi(x)x^{\frac{s}{2}-1}\mathrm{d}x$$

$$=-\frac{1}{s}+\frac{1}{s-1}+\int_1^\infty \varpi(t)t^{\frac{1-s}{2}-1}\mathrm{d}t+\int_1^\infty \varpi(x)x^{s/2-1}\mathrm{d}x$$

$$=\frac{1}{s(s-1)}+\int_1^\infty(x^{s/2}+x^{\frac{1-s}{2}})\varpi(x)\frac{\mathrm{d}x}{x},$$

或

$$s(s-1)\zeta(s)\pi^{-s/2}\Gamma\left(\frac{s}{2}\right)=1+s(s-1)\int_1^\infty(x^{s/2}+x^{\frac{1-s}{2}})\varpi(x)\frac{\mathrm{d}x}{x}. \tag{5}$$

令 $s=\frac{1}{2}+\mathrm{i}t,\xi(t)=\frac{1}{2}s(s-1)\zeta(s)\pi^{-\frac{s}{2}}\Gamma\left(\frac{s}{2}\right)$，用(5)式，得

$$\xi(t)=-\frac{1}{2}\left(\frac{1}{4}+t^2\right)\zeta\left(\frac{1}{2}+\mathrm{i}t\right)\pi^{-\frac{1}{4}-\frac{\mathrm{i}t}{2}}\Gamma\left(\frac{1}{4}+\frac{\mathrm{i}t}{2}\right)$$

$$=\frac{1}{2}-\left(t^2+\frac{1}{4}\right)\int_1^\infty x^{-3/4}\varpi(x)\cos\left(\frac{t}{2}\ln x\right)\mathrm{d}x. \tag{6}$$

将 $\cos v$ 的展开式 $\cos v=\sum_{n=0}^\infty(-)^n v^{2n}/(2n)!$ 代入(6)式积分中，求积分，得

$$\xi(t)=\sum_{n=0}^\infty a_n t^{2n}, \tag{7}$$

其中

$$a_0 = \frac{1}{2} - \frac{b_0}{4}, \quad a_n = \frac{(-)^n}{(2n)!}\left\{2n(2n-1)b_{n-1} - \frac{b_n}{4}\right\} \quad (n \geqslant 1),$$

$$b_n = \int_1^\infty \left(\frac{1}{2}\ln x\right)^{2n} x^{-3/4}\, \varpi(x)\,\mathrm{d}x.$$

## 3.21 伽马函数的渐近展开的又一导出法

由 3.4 节(1)式得

$$\frac{\mathrm{e}^{-\gamma z}\Gamma(a)}{\Gamma(z+a)} = \left(1 + \frac{z}{a}\right)\prod_{n=1}^\infty\left\{\left(1 + \frac{z}{a+n}\right)\mathrm{e}^{-z/n}\right\}.$$

取对数主值,并展开为级数,得

$$\ln\frac{\mathrm{e}^{-\gamma z}\Gamma(a)}{\Gamma(z+a)} = \sum_{m=1}^\infty \frac{(-)^{m-1}}{m}\frac{z^m}{a^m} + \sum_{n=1}^\infty\left[\sum_{m=1}^\infty\frac{(-)^{m-1}}{m}\frac{z^m}{(a+n)^m} - \frac{z}{n}\right]$$

$$= \frac{z}{a} + \sum_{m=2}^\infty \frac{(-)^{m-1}}{m}\frac{z^m}{a^m} + \sum_{n=1}^\infty\left[\sum_{m=2}^\infty\frac{(-)^{m-1}}{m}\frac{z^m}{(a+n)^m} - \frac{az}{n(n+a)}\right]$$

$$= \frac{z}{a} - \sum_{n=1}^\infty\frac{az}{n(n+a)} + \sum_{m=2}^\infty\frac{(-)^{m-1}}{m}z^m\zeta(m,a).$$

用 3.11 节公式(5),得

$$\ln\frac{\Gamma(z+a)}{\Gamma(a)} = z\psi(a) - \sum_{m=2}^\infty\frac{(-)^{m-1}}{m}z^m\zeta(m,a). \tag{1}$$

考虑下列积分

$$\frac{1}{2\pi\mathrm{i}}\int_C z^s\Gamma(s)\Gamma(-s)\zeta(s,a)\mathrm{d}s = -\frac{1}{2\pi\mathrm{i}}\int_C \frac{\pi z^s}{s\sin\pi s}\zeta(s,a)\mathrm{d}s.$$

积分围道 $C$ 为直线 $\sigma = 3/2$ 加上在这直线之右的半圆,圆心为 $s = 3/2$,半径为 $N$. 这个积分等于在围道 $C$ 内各极点的残数之和,极点为 $s = m = 2,3,\cdots$,所以残数之和就是(1)式右方的级数. 在半圆上 $\zeta(s,a) = O(1)$,因为代表 $\zeta(s,a)$ 的级数在其上是收敛的. 又 $|z^s| = |z|^\sigma\mathrm{e}^{-t\arg z}$,$(s = \sigma + \mathrm{i}t)$,故被积函数是 $O\{|z|^\sigma\mathrm{e}^{-\pi|t| - t\arg z}\}$. 因此,当 $|z| < 1$,而且 $|\arg z| < \pi$ 时,沿半圆的积分值随 $N \to \infty$ 而趋于零,而只剩下沿直线 $\sigma = 3/2$ 的积分:

$$\ln\frac{\Gamma(z+a)}{\Gamma(a)} = z\psi(a) + \frac{1}{2\pi\mathrm{i}}\int_{\frac{3}{2}-\infty\mathrm{i}}^{\frac{3}{2}+\infty\mathrm{i}} z^s\Gamma(s)\Gamma(-s)\zeta(s,a)\mathrm{d}s. \tag{2}$$

右方积分对于一切 $z$ 值是解析的只要 $|\arg z| < \pi$,因此这式不受条件 $|z| < 1$ 的限制.

可以证明(详见 Whittaker and Watson (1927), p. 277),当 $R \to \infty$ 时

$$\int_{-n-\frac{1}{2}\pm R\mathrm{i}}^{\frac{3}{2}\pm R\mathrm{i}} \frac{\pi z^s}{s\sin\pi s}\zeta(s,a)\mathrm{d}s \to 0 \quad (n\ \text{为正整数}),$$

故(2)式可化为

$$\ln\frac{\Gamma(z+a)}{\Gamma(a)} = z\psi(a) - \frac{1}{2\pi i}\int_{-n-\frac{1}{2}-\infty i}^{-n-\frac{1}{2}+\infty i}\frac{\pi z^s}{s}\frac{\pi z^s}{\sin\pi s}\zeta(s,a)\mathrm{d}s + \sum_{m=-1}^{n}R_m, \tag{3}$$

其中 $R_m$ 为函数 $-\pi z^s/(s\sin\pi s)$ 在 $s=-m$ 处的残数. 当 $|z|$ 大时,可以证明(3)式中的积分为 $O(|z|^{-n-\frac{1}{2}})$(见 Whittaker and Watson (1927),p. 277). 因此

$$\ln\frac{\Gamma(z+a)}{\Gamma(a)} = z\psi(a) + \sum_{m=-1}^{n}R_m + O(|z|^{-n-\frac{1}{2}}). \tag{4}$$

当 $m>0$ 时,残数为

$$R_m = \frac{(-)^m}{m}z^{-m}\zeta(-m,a) = \frac{(-)^{m-1}z^{-m}\varphi_{m+1}(a)}{m(m+1)},$$

最后一步用了 3.16 节(1)式,其中 $\varphi_{m+1}(a)$ 是伯努利多项式(1.1 节).

要求 $R_0$,把(3)式中的被积函数在 $s=0$ 处展开为

$$-\frac{1}{s^2}\left(1+\frac{\pi^2 s^2}{6}+\cdots\right)(1+s\ln z+\cdots)\{\zeta(0,a)+s\zeta'(0,a)+\cdots\},$$

用 3.18 节(1),(7)两式,即得

$$R_0 = -\zeta(0,a)\ln z - \zeta'(0,a) = \left(a-\frac{1}{2}\right)\ln z - \ln\Gamma(a) + \frac{1}{2}\ln(2\pi).$$

类似地,要求 $R_{-1}$,可以把被积函数在 $s=1$ 处展开(利用 3.18 节(5)式)($y=s-1$)

$$(1-y+y^2+\cdots)\frac{1}{y}\left(1+\frac{\pi^2 y^2}{6}+\cdots\right)z(1+y\ln z+\cdots)\left(\frac{1}{y}-\psi(a)+\cdots\right),$$

得

$$R_{-1} = z\{\ln z - \psi(a) - 1\}.$$

把这些结果代入(4),最后得

$$\ln\Gamma(z+a) = \left(z+a-\frac{1}{2}\right)\ln z - z + \frac{1}{2}\ln(2\pi) + \sum_{m=1}^{n}\frac{(-)^{m-1}\varphi_{m+1}(a)}{m(m+1)z^m} + O(z^{-n-1}),$$

$$\tag{5}$$

其中 $|\arg z|<\pi$. (5)式的最后一项 $O(z^{-n-1})$ 是根据前项的递减律而写出的,比(4)式末项的估计更精确些.

## 3.22  ζ 函数的计算

在 7 页 1.3 节(6)式中,令 $m\to\infty$,$h=1$,$F(x)=x^{-s}$,并用 8 页(9)式的 $R_n$,得

$$\zeta(s,a+1) = \frac{1}{s-1}\frac{1}{a^{s-1}} - \frac{1}{2a^s} + \sum_{k=1}^{n}\frac{(-)^{k-1}B_k(s)_{2k-1}}{(2k)!a^{s+2k-1}} - (s)_{2n}\int_0^\infty\frac{P_{2n}(t)\mathrm{d}t}{(t+a)^{s+2n}}. \tag{1}$$

取 $a=m$(正整数),则因

$$\zeta(s,m+1) = \sum_{r=0}^{\infty} \frac{1}{(r+m+1)^s} = \sum_{r=m+1}^{\infty} \frac{1}{r^s} = \zeta(s) - \sum_{r=1}^{m} \frac{1}{r^s},$$

故有

$$\zeta(s) = \sum_{r=1}^{m} \frac{1}{r^s} + \frac{1}{(s-1)m^{s-1}} - \frac{1}{2m^s} + \sum_{k=1}^{n} \frac{(-)^{k-1}B_k(s)_{2k-1}}{(2k)!\,m^{s+2k-1}} - (s)_{2n} \int_0^{\infty} \frac{P_{2n}(t)\,dt}{(t+m)^{s+2n}}.$$

$$(2)$$

这个公式可用来计算 $\zeta$ 函数的值.

应用到 $s=3$ 的情形,取 $n=4,m=5$,求得 $\zeta(3)=1.202\,056\,90$,这准到第八位小数.

# 习　　题

1. 证明在 $\sum_{m=1}^{k}(a_m - b_m) = 0$ 的条件下

$$\prod_{n=1}^{\infty} \left\{ \frac{(n-a_1)\cdots(n-a_k)}{(n-b_1)\cdots(n-b_k)} \right\} = \prod_{m=1}^{k} \frac{\Gamma(1-b_m)}{\Gamma(1-a_m)}.$$

2. 证明

$$\frac{(a+b)!}{a!\,b!} = \prod_{s=1}^{\infty} \frac{(s+a)(s+b)}{s(s+a+b)}.$$

3. 证明,若 $\omega = e^{2\pi i/n} = \cos(2\pi/n) + i\sin(2\pi/n)$,$n$ 为大于 1 的正整数,有

$$x \prod_{k=1}^{\infty} \left(1 - \frac{x}{k^n}\right) = -\prod_{m=0}^{n-1} \{\Gamma(-\omega^m x^{1/n})\}^{-1}.$$

4. 证明

$$\Gamma(z) = \int_0^{\infty} t^{z-1} \left\{ e^{-t} - 1 + t - \frac{t^2}{2!} + \cdots + (-)^{k+1} \frac{t^k}{k!} \right\} dt,$$

其中 $k$ 是正整数,$-k > \mathrm{Re}(z) > -k-1$.

5. 设 $\mathrm{Re}(z)>0, a>0$,积分路线为四分之一圆周,圆的中心为 $-a$,其端点为 $\rho$ 和 $-a+i(\rho+a)$,或者是 $\rho$ 和 $-a-i(\rho+a)$,证明当 $\rho \to \infty$ 时 $\int(-t)^{-z}e^{-t}dt \to 0$. 由此推得

$$\lim_{\rho \to \infty} \int_{-a+i\rho}^{-a-i\rho}(-t)^{-z}e^{-t}dt = \lim_{\rho \to \infty} \int_C (-t)^{-z}e^{-t}dt,$$

积分路径 $C$ 是沿正实轴上的 $\rho$ 沿正实轴左行到 $0^+$ 后逆时针绕 $O$ 点一周再沿正实轴右行到 $\rho\,e^{i2\pi}$(可参见 3.7 节图 5).然后令 $t=-a-iu$,得

$$\frac{1}{\Gamma(z)} = \frac{1}{2\pi} \int_{-\infty}^{\infty} e^{a+iu}(a+iu)^{-z}du.$$

6. 证明比涅公式(3.11 节(22)式)的另一形式(Re$(z)>0$)

$$\ln\Gamma(z) = \left(z - \frac{1}{2}\right)\ln z - z + \frac{1}{2}\ln(2\pi) + \int_0^\infty \left(\frac{1}{2} - \frac{1}{t} + \frac{1}{e^t - 1}\right)\frac{e^{-zt}}{t}dt.$$

7. 证明

$$\int_0^\infty \left(\frac{1}{2} - \frac{1}{t} + \frac{1}{e^t - 1}\right)\frac{e^{-t}}{t}dt = 1 - \frac{1}{2}\ln(2\pi).$$

8. 证明

$$\gamma = \int_0^\infty \left\{\frac{1}{1+t} - e^{-t}\right\}\frac{dt}{t}.$$

9. 由

$$\ln\Gamma(z) = \int_0^\infty \left\{z - 1 - \frac{1 - e^{-(z-1)t}}{1 - e^{-t}}\right\}\frac{e^{-t}}{t}dt \quad (\mathrm{Re}(z) > 0)$$

及 $\Gamma(z)\Gamma(1-z)=\pi/\sin\pi z$(3.5 节(2)),证明在 $0<\mathrm{Re}(z)<1$ 的条件下

$$2\ln\Gamma(z) = \ln\pi - \ln\sin(\pi z) + \int_0^\infty \left\{\frac{\mathrm{sh}(1/2 - z)t}{\mathrm{sh}(t/2)} - (1-2z)e^{-t}\right\}\frac{dt}{t}.$$

10. 将 $\mathrm{sh}\left(\frac{1}{2} - x\right)t$ 和 $1-2x$ 在 $0<x<1$ 间展开为傅里叶正弦级数,由上题推导得库末(Kummer)公式:

$$\ln\Gamma(x) = \frac{1}{2}\ln\pi - \frac{1}{2}\ln\sin(\pi x) + 2\sum_{n=1}^\infty a_n\sin 2n\pi x,$$

其中

$$a_n = \int_0^\infty \left\{\frac{2n\pi}{t^2 + 4n^2\pi^2} - \frac{e^{-t}}{2n\pi}\right\}\frac{dt}{t} = \frac{1}{2n\pi}[\gamma + \ln(2n\pi)].$$

(最后一步用习题8.)

11. 由上题推导得

$$\ln\Gamma(x) = \frac{1}{2}\ln(2\pi) + \sum_{n=1}^\infty \left\{\frac{1}{2n}\cos(2n\pi x) + \frac{\gamma + \ln(2n\pi)}{n\pi}\sin(2n\pi x)\right\}.$$

$\Bigg($在证明 $\ln\sin\pi x = -\ln 2 - \sum_{n=1}^\infty \frac{1}{n}\cos(2n\pi x)$ 的过程中需要证明

$$\int_0^1 \ln\sin\pi x dx = 2\int_0^{1/2}\ln\sin\pi x dx = 2\int_0^{1/2}\ln\cos\pi x\,dx = -\ln 2,$$

$$\int_0^1 \sin 2n\pi x\cot\pi x\,dx = \int_0^1 \frac{\sin(2n-1)\pi x}{\sin\pi x}dx = \int_0^1 \frac{\sin(2n+1)\pi x}{\sin\pi x}dx = 1.\Bigg)$$

12. 在 $\lambda>0, x>0, -\pi/2<\alpha<\pi/2$ 的条件下,证明

$$\int_0^\infty t^{x-1}e^{-\lambda t\cos\alpha}\frac{\cos}{\sin}(\lambda t\sin\alpha)dt = \lambda^{-x}\Gamma(x)\frac{\cos}{\sin}\alpha x.$$

13. 若 $b>0$，证明

$$\int_0^\infty x^{-z}\sin bx\,\mathrm{d}x = \frac{\pi}{2}\,\frac{b^{z-1}}{\Gamma(z)\sin\frac{\pi z}{2}} \quad (0<z<2),$$

$$\int_0^\infty x^{-z}\cos bx\,\mathrm{d}x = \frac{\pi}{2}\,\frac{b^{z-1}}{\Gamma(z)\cos\frac{\pi z}{2}} \quad (0<z<1).$$

14. 证明

$$\mathrm{B}(np,nq) = n^{-nq}\,\frac{\mathrm{B}(p,q)\mathrm{B}\left(p+\frac{1}{n},q\right)\cdots\mathrm{B}\left(p+\frac{n-1}{n},q\right)}{\mathrm{B}(q,q)\mathrm{B}(2q,q)\cdots\mathrm{B}\{(n-1)q,q\}}.$$

15. 证明

$$\int_0^1\int_0^1 f(xy)(1-x)^{\mu-1}y^\mu(1-y)^{\nu-1}\mathrm{d}x\mathrm{d}y = \frac{\Gamma(\mu)\Gamma(\nu)}{\Gamma(\mu+\nu)}\int_0^1 f(z)(1-z)^{\mu+\nu-1}\mathrm{d}z.$$

16. 围道 $C$ 是从 $-\mathrm{i}$ 到 $+\mathrm{i}$ 的直线(绕过 $-\mathrm{i},0,+\mathrm{i}$ 三点)加上在这直线之右的半个单位圆. 考虑积分

$$\int_C z^{p-q-1}(z+z^{-1})^{p+q-2}\mathrm{d}z,$$

其中 $p+q>1,q<1$，证明(科希)公式

$$\int_0^{\frac{\pi}{2}}\cos^{p+q-2}\theta\cos(p-q)\theta\mathrm{d}\theta = \frac{\pi}{(p+q-1)2^{p+q-1}\mathrm{B}(p,q)},$$

此式对于满足条件 $p+q>1$ 的任何 $p,q$ 值均成立.

17. 证明

(i) 当 $\mathrm{Re}(s)>0$ 时

$$(1-2^{1-s})\zeta(s) = \frac{1}{1^s}-\frac{1}{2^s}+\frac{1}{3^s}-\frac{1}{4^s}+\cdots = \frac{1}{\Gamma(s)}\int_0^\infty \frac{x^{s-1}\mathrm{d}x}{\mathrm{e}^x+1};$$

(ii) 当 $\mathrm{Re}(s)>1$ 时

$$(2^s-1)\zeta(s) = \zeta\left(s,\frac{1}{2}\right) = \frac{2^{s-1}}{\Gamma(s)}\int_0^\infty \frac{x^{s-1}}{\mathrm{sh}\,x}\mathrm{d}x.$$

18. 证明

$$\zeta(s) = \frac{\Gamma(1-s)}{(2^{s-1}-1)}\frac{1}{2\pi\mathrm{i}}\int_\infty^{(0+)} \frac{(-z)^{s-1}}{\mathrm{e}^z+1}\mathrm{d}z,$$

围道内不含 $z=n\pi\mathrm{i}(n=\pm1,\pm3,\pm5,\cdots)$.

19. 证明

$$\ln\Gamma(z) = \left(z-\frac{1}{2}\right)\ln z - z + \frac{1}{2}\ln(2\pi) + \frac{1}{2}\sum_{s=1}^\infty \frac{s}{(s+1)(s+2)}\zeta(s+1,z+1).$$

20. 令 $\Phi(z,s,a) = \sum\limits_{n=0}^{\infty} (n+a)^{-s} z^n$，证明

$$\Phi(z,s,a) = \frac{1}{\Gamma(s)} \int_0^{\infty} \frac{t^{s-1} \mathrm{e}^{-at}}{1 - z\mathrm{e}^{-t}} \mathrm{d}t.$$

21. 证明上题中的函数 $\Phi$ 可表达为

$$\Phi(z,s,a) = -\frac{\Gamma(1-s)}{2\pi\mathrm{i}} \int_{\infty}^{(0+)} \frac{(-t)^{s-1} \mathrm{e}^{-at}}{1 - z\mathrm{e}^{-t}} \mathrm{d}t, \quad |\arg(-t)| < \pi.$$

22. 用 3.15 节的方法可得到 $\Phi(z,s,a)$ 对 $a$ 的级数展开式

$$\Phi(z,s,a) = z^{-a} \Gamma(1-s) \sum\limits_{n=-\infty}^{\infty} (-\ln z + 2n\pi\mathrm{i})^{s-1} \mathrm{e}^{2n\pi a\mathrm{i}},$$

$$0 < a \leqslant 1, \quad \mathrm{Re}(s) < 0, \quad |\arg(-\ln z + 2n\pi\mathrm{i})| < \pi.$$

然后用 3.15 节公式(1)，得

$$\Phi(z,s,a) = \Gamma(1-s) z^{-a} (\ln(1/z))^{s-1} + z^{-a} \sum\limits_{r=0}^{\infty} \zeta(s-r,a) \frac{(\ln z)^r}{r!},$$

$$|\ln z| < 2\pi, \quad s \neq 1,2,3,\cdots; \quad a \neq 0, -1, -2,\cdots.$$

23. 由上题的第一个级数展开式导出

$$\Phi(z,s,a) = \mathrm{i}z^{-a} (2\pi)^{s-1} \Gamma(1-s) \left\{ \mathrm{e}^{-\mathrm{i}\frac{\pi s}{2}} \Phi\left[ \mathrm{e}^{-2\pi a\mathrm{i}}, 1-s, \frac{\ln z}{2\pi\mathrm{i}} \right] \right.$$

$$\left. - \mathrm{e}^{\mathrm{i}\pi\left(\frac{s}{2}+2a\right)} \Phi\left[ \mathrm{e}^{2\pi a\mathrm{i}}, 1-s, 1 - \frac{\ln z}{2\pi\mathrm{i}} \right] \right\}.$$

这是勒赫(Lerch)的变换公式.

24. **末毕(Möbius)函数**——从 3.19 节公式(3)证明

$$\frac{1}{\zeta(z)} = \sum\limits_{n=1}^{\infty} \frac{\mu(n)}{n^z},$$

其中 $\mu(n)$ 称为末毕函数，当 $n=1$ 时 $\mu(n)=1$；当 $n$ 等于 $k$ 个不同的质数相乘时 $\mu(n) = (-)^k$；当 $n$ 能被一个大于 1 的平方数整除时 $\mu(n)=0$. 例如，$\mu(1)=1$，$\mu(2)=-1, \mu(3)=-1, \mu(4)=0, \mu(5)=-1, \mu(6)=1$.

25. 若 $\mathrm{Re}(z)>1$，级数 $\zeta(z) = \sum\limits_{1}^{\infty} 1/n^z$ 是绝对收敛的，因此可以自乘并任意并项. 证明

$$\zeta^2(z) = \sum\limits_{n=1}^{\infty} \frac{\tau_n}{n^z},$$

其中 $\tau_n$ 是 $n$ 的因子数.

26. 证明，若 $\mathrm{Re}(s)>1$，有

$$\ln\zeta(s) = \sum\limits_{p} \sum\limits_{m=1}^{\infty} \frac{1}{mp^{ms}},$$

$p$ 为质数 $2,3,5,\cdots$. 又证明,在 $\mathrm{Re}(s)>1$ 的条件下

$$-\frac{\zeta'(s)}{\zeta(s)} = \sum_{n=1}^{\infty} \frac{\Lambda(n)}{n^s},$$

其中

$$\Lambda(n) = \begin{cases} 0, & n \neq \text{质数之幂}, \\ \ln p, & n = \text{质数 } p \text{ 之幂}. \end{cases}$$

# 第四章 超几何函数

超几何函数是重要的一类特殊函数.凡属具有三个正则奇点的傅克斯型方程(2.9 节)的解都可以用超几何函数表达;例如勒让德函数,特种球多项式,雅可毕多项式,切比谢夫多项式等.

## 4.1 超几何级数和超几何函数

在 2.9 节中讲过,超几何方程
$$z(1-z)w'' + [\gamma - (\alpha + \beta + 1)z]w' - \alpha\beta w(z) = 0 \tag{1}$$
是具有三个正则奇点的傅克斯型方程的原型,奇点为 $0,1,\infty$.用级数解法(2.4 节),设 $w(z) = \sum_0^\infty c_k z^{k+\rho}, c_0 \neq 0$,得在奇点 $z=0$ 处的两个指标,0 和 $1-\gamma$;系数之间的递推关系是
$$c_k = \frac{(\rho+k-1+\alpha)(\rho+k-1+\beta)}{(\rho+k)(\rho+k-1+\gamma)} c_{k-1}. \tag{2}$$
设 $\gamma \neq$ 零或负整数[①],由此得指标为 0 的解
$$1 + \frac{\alpha \cdot \beta}{1 \cdot \gamma} z + \frac{\alpha(\alpha+1) \cdot \beta(\beta+1)}{1 \cdot 2 \cdot \gamma(\gamma+1)} z^2 + \cdots$$
$$+ \frac{\alpha(\alpha+1)\cdots(\alpha+n-1) \cdot \beta(\beta+1)\cdots(\beta+n-1)}{1 \cdot 2 \cdots n \cdot \gamma(\gamma+1)\cdots(\gamma+n-1)} z^n + \cdots. \tag{3}$$
这级数的相邻两系数之比
$$\frac{c_{n-1}}{c_n} = \frac{n(n-1+\gamma)}{(n-1+\alpha)(n-1+\beta)} = 1 + \frac{\gamma-\alpha-\beta+1}{n} + O\left(\frac{1}{n^2}\right), \tag{4}$$
故级数的收敛半径是 1,而在 $|z|<1$ 圆内代表一个解析函数.

级数(3)称为**超几何级数**,常用下面的符号来表达:
$$\mathrm{F}(\alpha,\beta,\gamma,z) = \sum_{n=0}^\infty \frac{(\alpha)_n (\beta)_n}{n!(\gamma)_n} z^n, \quad |z| < 1, \tag{5}$$
其中
$$\left. \begin{aligned} &(\lambda)_0 = 1, \\ &(\lambda)_n = \lambda(\lambda+1)\cdots(\lambda+n-1) = \frac{\Gamma(\lambda+n)}{\Gamma(\lambda)} (n \geqslant 1). \end{aligned} \right\} \tag{6}$$

---

① $\gamma = 0$ 或负整数的情形将在 4.4 节中讨论.

注意

$$F(\alpha,\beta,\gamma,0) = 1 \tag{7}$$

和

$$F(\alpha,\beta,\gamma,z) = F(\beta,\alpha,\gamma,z). \tag{8}$$

当 $\gamma$ 不等于整数时,在 $z=0$ 处的第二解(指标是 $1-\gamma$)也可以用超几何级数来表达(参看 4.3 节):

$$z^{1-\gamma}F(\alpha-\gamma+1,\beta-\gamma+1,2-\gamma,z). \tag{9}$$

根据微分方程的理论(2.1 节),只有方程的奇点才可能是解的奇点,因此级数(3)在单位圆 $|z|<1$ 内所表示的解析函数可以解析开拓到全 $z$ 平面,可能除去 $z=1$ 和 $z=\infty$ 两点. 这样开拓的函数称为**超几何函数**,仍用 $F(\alpha,\beta,\gamma,z)$ 表达. 在 4.5 节中将看到,除非 $\alpha$ 或者 $\beta$ 是负整数,$z=1$ 和 $z=\infty$ 这两点一般是超几何函数 $F(\alpha,\beta,\gamma,z)$ 的分支点;而在 $\alpha$(或 $\beta$)是负整数时,级数(3)是一个多项式. 因此,$F(\alpha,\beta,\gamma,z)$ 是沿实轴从 1 到 $\infty$ 割开的 $z$ 平面上的一个单值解析函数;而级数(3)是这函数的一个单值分支(当 $z=0$ 时函数值为 1 的那个分支)在 $|z|<1$ 时的幂级数表示.

许多初等函数可以用超几何函数表达,例如

$$(1+z)^{\alpha} = F(-\alpha,\beta,\beta,-z), \tag{10}$$

$$\arcsin z = zF\left(\frac{1}{2},\frac{1}{2},\frac{3}{2},z^2\right), \tag{11}$$

$$\arctan z = zF\left(\frac{1}{2},1,\frac{3}{2},-z^2\right), \tag{12}$$

$$\ln(1+z) = zF(1,1,2,-z). \tag{13}$$

其他可参看 Erdélyi(1953),Vol. I, p. 101,或本章末习题 4,5,22 等.

## 4.2　邻次函数之间的关系

设 $l,m,n$ 是任意整数,则函数

$$F(\alpha+l,\beta+m,\gamma+n,z)$$

称为 $F(\alpha,\beta,\gamma,z)$ 的**邻次函数**,或**连带函数**. 高斯证明过,在任何三个邻次函数 $F_1$,$F_2$,$F_3$ 之间存在如下的关系

$$A_1F_1 + A_2F_2 + A_3F_3 = 0, \tag{1}$$

其中 $A_1,A_2,A_3$ 是 $z$ 的有理函数. 这一定理可以利用超几何函数的积分表示(4.5 节)来证明[1]. 下面给出两个最简单的这种关系式.

用超几何函数的积分表示可以推导出下列两个**递推关系**(参看本章末习题 1)

———————————

[1]　参看例如 Whittaker & Watson,(1927) § 14.7.

$$(\gamma-1)F(\gamma-1)-\alpha F(\alpha+1)-(\gamma-\alpha-1)F=0, \tag{2}$$

$$\gamma F-\beta zF(\beta+1,\gamma+1)-\gamma F(\alpha-1)=0, \tag{3}$$

其中 F 代表 $F(\alpha,\beta,\gamma,z)$；$F(\alpha\pm1)$，$\cdots$ 代表 $F(\alpha,\beta,\gamma,z)$ 的紧邻：

$$\left.\begin{aligned}F(\alpha\pm1)&=F(\alpha\pm1,\beta,\gamma,z),\\F(\beta\pm1)&=F(\alpha,\beta\pm1,\gamma,z),\\F(\gamma\pm1)&=F(\alpha,\beta,\gamma\pm1,z);\end{aligned}\right\} \tag{4}$$

$F(\beta+1,\gamma+1)=F(\alpha,\beta+1,\gamma+1,z)$；其他以此类推.

　　(2)和(3)是递推关系中最简单的两个,其特点是：(2)式中的系数全是常数,(3)式中只有一个系数含有变数 $z$,而且是一次的. 这两个公式可以用超几何函数的级数表达式(上节(3)或(5))来验证；例如(2)式

$$(\gamma-1)\sum_{k=0}^{\infty}\frac{(\alpha)_k(\beta)_k}{k!(\gamma-1)_k}z^k-\alpha\sum_{k=0}^{\infty}\frac{(\alpha+1)_k(\beta)_k}{k!(\gamma)_k}z^k-(\gamma-\alpha-1)\sum_{k=0}^{\infty}\frac{(\alpha)_k(\beta)_k}{k!(\gamma)_k}z^k$$

$$=\sum_{k=0}^{\infty}\frac{(\alpha)_k(\beta)_k}{k!(\gamma)_k}z^k\{(\gamma+k-1)-(\alpha+k)-(\gamma-\alpha-1)\}=0.$$

　　公式(2)和(3)是最简单的两个基本递推关系；所有其他递推关系均可用这两个公式以及上节(8)式所表示的对称关系导出. 例如,把(2)式中的 $\alpha$ 和 $\beta$ 对调,得

$$(\gamma-1)F(\gamma-1)-\beta F(\beta+1)-(\gamma-\beta-1)F=0. \tag{5}$$

(2)和(5)相减,得

$$\alpha F(\alpha+1)-\beta F(\beta+1)-(\alpha-\beta)F=0. \tag{6}$$

　　又,把(2)式中的 $\alpha$ 换成 $\alpha-1$,(3)式中的 $\gamma$ 换成 $\gamma-1$,然后相加,得

$$(\gamma-1)F(\gamma-1)-\beta zF(\beta+1)-(\alpha-1)F-(\gamma-\alpha)F(\alpha-1)=0.$$

再利用(2),(6)两式消去 $F(\gamma-1)$ 和 $F(\beta+1)$,得

$$[\gamma-2\alpha+(\alpha-\beta)z]F+\alpha(1-z)F(\alpha+1)-(\gamma-\alpha)F(\alpha-1)=0. \tag{7}$$

　　(2),(5),(6),(7)都是 F 与其紧邻之间的关系式. 这种关系式一共有 $\binom{6}{2}=15$ 个,都可以类似地导出(见习题 2). 有了紧邻之间的关系式就可以推出任何三个邻次函数之间的关系式. 例如,把(5)式中的 $\gamma$ 换成 $\gamma+1$,得

$$\gamma F-\beta F(\beta+1,\gamma+1)-(\gamma-\beta)F(\gamma+1)=0. \tag{8}$$

与(3)消去 $F(\beta+1,\gamma+1)$,得

$$\gamma(1-z)F-\gamma F(\alpha-1)+(\gamma-\beta)zF(\gamma+1)=0. \tag{9}$$

　　另外一种重要的递推关系是

$$\left.\begin{aligned}\frac{d}{dz}F(\alpha,\beta,\gamma,z)&=\frac{\alpha\cdot\beta}{\gamma}F(\alpha+1,\beta+1,\gamma+1,z),\\\frac{d^m}{dz^m}F(\alpha,\beta,\gamma,z)&=\frac{(\alpha)_m(\beta)_m}{(\gamma)_m}F(\alpha+m,\beta+m,\gamma+m,z).\end{aligned}\right\} \tag{10}$$

这可由 $F(\alpha,\beta,\gamma,z)$ 的级数逐项求微商得到.

## 4.3　超几何方程的其他解用超几何函数表示

在 4.1 节已经看到,当 $\gamma$ 不是整数时,超几何方程在 $z=0$ 点的第二解也可用超几何函数表达(4.1 节(9)).方程的其他解式也都可如此表达.这很容易用 2.9 节 $P$ 方程的变换得到.说明于下.

超几何方程的全部解可用 $P$ 符号表示为(2.9 节(5)式)

$$P\left\{\begin{matrix} 0 & 1 & \infty \\ 0 & 0 & \alpha; & z \\ 1-\gamma & \gamma-\alpha-\beta & \beta \end{matrix}\right\};\tag{1}$$

$F(\alpha,\beta,\gamma,z)$ 是在 $z=0$ 处指标为 0 的解.要得到在同一点、指标为 $1-\gamma$($\gamma\neq$整数)的解,可用下列变换(2.9 节(16)式)

$$P\left\{\begin{matrix} 0 & 1 & \infty \\ 0 & 0 & \alpha; & z \\ \boxed{1-\gamma} & \gamma-\alpha-\beta & \beta \end{matrix}\right\}=z^{1-\gamma}P\left\{\begin{matrix} 0 & 1 & \infty \\ \gamma-1 & 0 & \alpha-\gamma+1; & z \\ \boxed{0} & \gamma-\alpha-\beta & \beta-\gamma+1 \end{matrix}\right\}$$

$$=z^{1-\gamma}P\left\{\begin{matrix} 0 & 1 & \infty \\ 1-\gamma' & 0 & \alpha'; & z \\ \boxed{0} & \gamma'-\alpha'-\beta' & \beta' \end{matrix}\right\},$$

其中 $\alpha'=\alpha-\gamma+1,\beta'=\beta-\gamma+1,\gamma'=2-\gamma$.这变换把原来在 $z=0$ 点指标为 $1-\gamma$ 的解变为对新方程来说是在 $z=0$ 点指标为 0 的相应解;我们在 $P$ 符号中相应指标处加上一方框来识别它.根据前面 4.1 节的结果,这个解是 $F(\alpha',\beta',\gamma',z)$.因此,原方程的相应解就是 $z^{1-\gamma}F(\alpha-\gamma+1,\beta-\gamma+1,2-\gamma,z)$.

如果 $\gamma$ 是整数,则一般说来,在 $z=0$ 处的两解之一含对数项(见 2.5 节).这时,第二解不能简单地用 $P$ 方程的变换从第一解得到.这种情形将在 4.4 节中详细讨论.

总起来说,当 $\gamma$ 不是整数时,超几何方程的一对基本解,用超几何函数表达,是

$$w_1(z)=F(\alpha,\beta,\gamma,z),\tag{2}$$

$$w_2(z)=z^{1-\gamma}F(\alpha-\gamma+1,\beta-\gamma+1,2-\gamma,z),\tag{3}$$

其中 $w_1$ 是唯一在 $z=0$ 处解析的解;$z=0$ 是 $w_2$ 的分支点.

在其他奇点处的解也可以类似地用 $P$ 方程的变换求出.例如要求在 $z=1$ 点指标为 0 的解,可用 2.9 节(13)式的变换;$z_1=1-z$,

$$P\left\{\begin{matrix} 0 & 1 & \infty \\ 0 & \boxed{0} & \alpha \; ; \; z \\ 1-\gamma & \gamma-\alpha-\beta & \beta \end{matrix}\right\} = P\left\{\begin{matrix} 1 & 0 & \infty \\ 0 & \boxed{0} & \alpha \; ; \; z_1 \\ 1-\gamma & \gamma-\alpha-\beta & \beta \end{matrix}\right\}$$

$$= P\left\{\begin{matrix} 1 & 0 & \infty \\ 0 & \boxed{0} & \alpha' \; ; \; z_1 \\ \gamma'-\alpha'-\beta' & 1-\gamma' & \beta' \end{matrix}\right\},$$

其中 $\alpha'=\alpha, \beta'=\beta, \gamma'=1+\alpha+\beta-\gamma$. 因此所求的解(用方框标出)立刻可以写出为

$$w_3(z) = \mathrm{F}(\alpha,\beta,1+\alpha+\beta-\gamma,1-z). \tag{4}$$

在 $z=1$ 点的另一解可以从(3)式得到, 只要把其中的 $\alpha,\beta,\gamma$ 分别换为现在的 $\alpha',\beta',\gamma',z$ 换成 $1-z$; 即

$$w_4(z) = (1-z)^{\gamma-\alpha-\beta}\mathrm{F}(\gamma-\alpha,\gamma-\beta,1-\alpha-\beta+\gamma,1-z) \tag{5}$$
$$(\gamma-\alpha-\beta \text{ 不等于整数}).$$

用同样的方法, 可以得到超几何方程在 $z=\infty$ 处的一对基本解

$$w_5(z) = (-z)^{-\alpha}\mathrm{F}(\alpha,\alpha-\gamma+1,\alpha-\beta+1,z^{-1}), \tag{6}$$
$$w_6(z) = (-z)^{-\beta}\mathrm{F}(\beta,\beta-\gamma+1,\beta-\alpha+1,z^{-1}) \tag{7}$$
$$(\alpha-\beta \text{ 不等于整数}),$$

其中的负号因子是为了后面 4.8 节讨论各解式之间的关系时的方便而引进的.

从上面 $w_1,\cdots,w_6$ 六个解式的每一个, 用 $P$ 方程的变换, 还可以得到超几何方程的其他解式用超几何函数表达. 在本节中只讨论用分式线性变换得到的结果(关于二次变换见 4.12 节).

取 $w_1(z)=\mathrm{F}(\alpha,\beta,\gamma,z)$ 作为典型, 仍用方框来识别所要讨论的解, 用 2.9 节 (12)式, 有

$$w_1(z) = \mathrm{F}(\alpha,\beta,\gamma,z)$$

$$= P\left\{\begin{matrix} 0 & 1 & \infty \\ \boxed{0} & 0 & \alpha \; ; \; z \\ 1-\gamma & \gamma-\alpha-\beta & \beta \end{matrix}\right\}$$

$$= (1-z)^{\gamma-\alpha-\beta}P\left\{\begin{matrix} 0 & 1 & \infty \\ \boxed{0} & \alpha+\beta-\gamma & \gamma-\beta \; ; \; z \\ 1-\gamma & 0 & \gamma-\alpha \end{matrix}\right\},$$

由此得

$$\mathrm{F}(\alpha,\beta,\gamma,z) = C(1-z)^{\gamma-\alpha-\beta}\mathrm{F}(\gamma-\alpha,\gamma-\beta,\gamma,z).$$

若规定当 $z=0$ 时多值函数 $(1-z)^{\gamma-\alpha-\beta}$ 之值为 1, 则因两边的超几何函数之值在 $z=0$ 时为 1, 故 $C=1$, 而有

$$w_1(z) = F(\alpha, \beta, \gamma, z) = (1-z)^{\gamma-\alpha-\beta} F(\gamma-\alpha, \gamma-\beta, \gamma, z) \tag{8}$$
$$(|\arg(1-z)| < \pi).$$

又,用 2.9 节(13)和(16),有

$$P\left\{\begin{matrix} 0 & 1 & \infty \\ \boxed{0} & 0 & \alpha; & z \\ 1-\gamma & \gamma-\alpha-\beta & \beta \end{matrix}\right\}$$

$$= P\left\{\begin{matrix} 0 & \infty & 1 \\ \boxed{0} & 0 & \alpha; & \dfrac{z}{z-1} \\ 1-\gamma & \gamma-\alpha-\beta & \beta \end{matrix}\right\}$$

$$= \left(1 - \frac{z}{z-1}\right)^{\alpha} P\left\{\begin{matrix} 0 & \infty & 1 \\ \boxed{0} & \alpha & 0; & \dfrac{z}{z-1} \\ 1-\gamma & \gamma-\beta & \beta-\alpha \end{matrix}\right\}.$$

因此

$$F(\alpha, \beta, \gamma, z) = (1-z)^{-\alpha} F\left(\alpha, \gamma-\beta, \gamma, \frac{z}{z-1}\right) \quad (|\arg(1-z)| < \pi). \tag{9}$$

把 $\alpha$ 和 $\beta$ 对调,又有

$$F(\alpha, \beta, \gamma, z) = (1-z)^{-\beta} F\left(\beta, \gamma-\alpha, \gamma, \frac{z}{z-1}\right) \quad (|\arg(1-z)| < \pi). \tag{10}$$

总起来有

$$w_1(z) = F(\alpha, \beta, \gamma, z) = (1-z)^{\gamma-\alpha-\beta} F(\gamma-\alpha, \gamma-\beta, \gamma, z)$$

$$= (1-z)^{-\alpha} F\left(\alpha, \gamma-\beta, \gamma, \frac{z}{z-1}\right)$$

$$= (1-z)^{-\beta} F\left(\beta, \gamma-\alpha, \gamma, \frac{z}{z-1}\right) \quad (|\arg(1-z)| < \pi). \tag{11}$$

利用公式(11),可以从 $w_2, \cdots, w_6$ 的每一个得到四个等价的解式. 这样,超几何方程一共有 24 个解式用超几何函数表出[1]. 不同形式的解应用于不同范围(对于 $z$ 或 $\alpha, \beta, \gamma$),例如可用(9)式或者(10)式右方表示的级数来计算 $F(\alpha, \beta, \gamma, z)$,在 $|z/(z-1)| < 1$,即 $\mathrm{Re}(z) < 1/2$ 的半平面区域中之值.

把超几何方程仍化为超几何方程的分式线性变换一共有 6 种;这些变换相当于把 $0, 1, \infty$ 三个奇点相对于指标组作置换. 现把这 6 种变换列表于下:

---

① 关于这 24 个解可看例如 Erdélyi (1953), Vol. I, p. 105,公式(1)~(24).

表 2

| 变 换 | $\zeta=z$ | $\zeta=1-z$ | $\zeta=z^{-1}$ | $\zeta=\dfrac{1}{1-z}$ | $\zeta=1-z^{-1}$ | $\zeta=\dfrac{z}{z-1}$ |
|---|---|---|---|---|---|---|
| 相<br>应<br>奇<br>点 | 0<br>1<br>$\infty$ | 1<br>0<br>$\infty$ | $\infty$<br>1<br>0 | 1<br>$\infty$<br>0 | $\infty$<br>0<br>1 | 0<br>$\infty$<br>1 |

后面三个可以用前面第二、三两个变换得到.

## 4.4 指标差为整数时超几何方程的第二解

只需要讨论当 $\gamma$ 是正整数时在 $z=0$ 处的第二解；其他情形都可以用 $P$ 方程的变换处理.

先看 $\gamma=1$ 的情形. 这时，在 $z=0$ 点的两个指标相等，$\rho_1=\rho_2=0$. 第一解仍为 $w_1=\mathrm{F}(\alpha,\beta,\gamma,z)$. 第二解可用 2.5 节公式(8)来求；这公式现在是($\rho_1=0$)

$$w_2(z) = w_1(z)\ln z + \sum_{k=1}^{\infty}\left(\frac{\partial c_k}{\partial \rho}\right)_{\rho=0} z^k, \tag{1}$$

其中 $c_k$ 满足递推关系(4.1 节(2))

$$c_k = \frac{(\rho+k-1+\alpha)(\rho+k-1+\beta)}{(\rho+k)(\rho+k-1+\gamma)}c_{k-1} = \frac{(\rho+\alpha)_k(\rho+\beta)_k}{(\rho+1)_k(\rho+\gamma)_k}c_0$$

$$= \frac{\Gamma(\rho+1)\Gamma(\rho+\gamma)}{\Gamma(\rho+\alpha)\Gamma(\rho+\beta)}\cdot\frac{\Gamma(\rho+\alpha+k)\Gamma(\rho+\beta+k)}{\Gamma(\rho+1+k)\Gamma(\rho+\gamma+k)}c_0. \tag{2}$$

取 $c_0=1$，把它代入(1)式(注意 $\partial c_k/\partial\rho=c_k\partial\ln c_k/\partial\rho$)，得

$$w_2(z)= \mathrm{F}(\alpha,\beta,\gamma,z)\ln z + \sum_{k=0}^{\infty}\frac{(\alpha)_k(\beta)_k}{k!(\gamma)_k}z^k$$

$$\times\{\psi(\alpha+k)+\psi(\beta+k)-\psi(\gamma+k)-\psi(1+k)$$

$$-\psi(\alpha)-\psi(\beta)+\psi(\gamma)+\psi(1)\}, \tag{3}$$

其中 $\psi(t)=\Gamma'(t)/\Gamma(t)=\mathrm{d}\ln\Gamma(t)/\mathrm{d}t,\gamma=1$.

如果 $\alpha$ 和 $\beta$ 都不是负整数，可取第二解为

$$w_2(z) = \mathrm{F}(\alpha,\beta,1,z)\ln z + \sum_{k=0}^{\infty}\frac{(\alpha)_k(\beta)_k}{(k!)^2}z^k$$

$$\times\{\psi(\alpha+k)+\psi(\beta+k)-2\psi(1+k)\}. \tag{4}$$

这与(3)式之差等于第一解乘上一个常数：$\psi(\alpha)+\psi(\beta)-2\psi(1)$.

如果 $\alpha$ 或者 $\beta$ 是负整数，例如 $\alpha=-n$，则因 $k\leqslant n$ 时 $\psi(-n+k)$ 是无穷大(见 3.11 节(5)式)，(4)式无意义，而仍要用(3)式作为第二解. 这时，用 3.11 节(3)式，$\psi(z)=\psi(1-z)-\pi\cot\pi z$，有

$$\lim_{\alpha \to -n}\{\psi(\alpha+k)-\psi(\alpha)\} = \lim_{\alpha \to -n}\{\psi(1-\alpha-k)-\psi(1-\alpha)\}$$
$$= \psi(1+n-k)-\psi(1+n) \quad (k \leqslant n).$$

代入(3)式,去掉与第一解只差一常数因子的项,得

$$w_2(z) = F(-n,\beta,1,z)\ln z$$
$$+ \sum_{k=0}^{n} \frac{(-n)_k (\beta)_k}{(k!)^2} z^k \{\psi(1+n-k)+\psi(\beta+k)-2\psi(1+k)\}$$
$$+ (-)^n n! \sum_{k=n+1}^{\infty} \frac{(k-n-1)!(\beta)_k}{(k!)^2} z^k, \tag{5}$$

其中 $\beta$ 不等于负整数.

如果 $\alpha$ 和 $\beta$ 都是负整数,可以类似地处理.

其次看 $\gamma = m(\geqslant 2)$ 的情形. 这时需要用 2.5 节公式(13)来求第二解,这公式是
$(\rho_2 = 1-m)$

$$w_2(z) = z^{\rho_2}\ln z \sum_{k=m-1}^{\infty} (c_k)_{\rho=\rho_2} z^k + z^{\rho_2} \sum_{k=0}^{\infty} \left(\frac{\partial c_k}{\partial \rho}\right)_{\rho=\rho_2} z^k, \tag{6}$$

其中的 $c_k$ 仍满足(2)式,但

$$c_0 = c_0'(\rho-\rho_2), \tag{7}$$

$c_0'$ 是与 $\rho$ 无关的任意常数.

由(2)式算出

$$\left(\frac{\partial c_k}{\partial \rho}\right)_{\rho=1-m} = \left(c_k \frac{\partial}{\partial \rho}\ln c_k\right)_{\rho=1-m}$$
$$= \frac{(\alpha-m+1)_k (\beta-m+1)_k}{k!} \cdot \lim_{\rho \to 1-m} \frac{\Gamma(\rho+1) \cdot c_0}{\Gamma(\rho+1+k)}$$
$$\times \{\psi(\alpha+\rho+k)+\psi(\beta+\rho+k)$$
$$-\psi(m+\rho+k)-\psi(\alpha+\rho)-\psi(\beta+\rho)$$
$$+\psi(m+\rho)+\psi(\rho+1)-\psi(\rho+1+k)+c_0'/c_0\}_{\rho=1-m}. \tag{8}$$

当 $0 \leqslant k \leqslant m-2$ 时,用 3.5 节(2)式,$\Gamma(z)\Gamma(1-z)=\pi/\sin\pi z$,得

$$\lim_{\rho \to 1-m} \frac{\Gamma(\rho+1)}{\Gamma(\rho+1+k)} = (-)^k \frac{\Gamma(m-1-k)}{\Gamma(m-1)},$$

又

$$\lim_{\rho \to 1-m}\{\psi(\rho+1)-\psi(\rho+1+k)\} = \psi(m-1)-\psi(m-1-k).$$

代入(8)式,注意当 $\rho \to \rho_2 (=1-m)$ 时 $c_0 = c_0'(\rho-\rho_2)\to 0$,得

$$\left(\frac{\partial c_k}{\partial \rho}\right)_{\rho=1-m} = c_0'(-)^k \frac{\Gamma(m-1-k)}{\Gamma(m-1)} \frac{(\alpha-m+1)_k (\beta-m+1)_k}{k!}$$
$$(0 \leqslant k \leqslant m-2). \tag{9}$$

当 $k \geqslant m-1$ 时，$\Gamma(\rho+1+k)$ 和 $\psi(\rho+1+k)$ 在 $\rho \to 1-m$ 时是有界的，而用 3.2 节(10)式有

$$\lim_{\rho \to 1-m}\left[\Gamma(\rho+1)c_0\right] = c_0' \lim_{\rho \to 1-m}\left[\Gamma(\rho+1)(\rho-1+m)\right] = c_0' \frac{(-)^m}{(m-2)!}, \quad (10)$$

又

$$\lim_{\rho \to 1-m}\left[\psi(\rho+1)+\frac{c_0'}{c_0}\right] = \lim_{\rho \to 1-m}\left[\psi(-\rho)+\pi\cot\pi(-\rho)+\frac{1}{\rho-1+m}\right] = \psi(m-1),$$
$$(11)$$

故由(8)得

$$\begin{aligned}
\left(\frac{\partial c_k}{\partial \rho}\right)_{\rho=1-m} = {}& c_0' \frac{(-)^m}{(m-2)!} \frac{(\alpha-m+1)_k(\beta-m+1)_k}{k!(k-m+1)!} \\
& \times \{\psi(\alpha-m+1+k)+\psi(\beta-m+1+k) \\
& -\psi(1+k)-\psi(2-m+k)+\psi(1) \\
& +\psi(m-1)-\psi(\alpha-m+1)-\psi(\beta-m+1)\} \quad (12) \\
& (k \geqslant m-1).
\end{aligned}$$

计算(6)式右方第一项时，只要求出其中第一个系数即可；其他系数可用递推公式(2)导出. 由(2)和(10)得

$$(c_{m-1})_{\rho=1-m} = c_0' \frac{(-)^m}{(m-2)!} \frac{\Gamma(\alpha)\Gamma(\beta)}{\Gamma(m)\Gamma(\alpha-m+1)\Gamma(\beta-m+1)}. \quad (13)$$

取 $c_0'$ 使这系数为 1，则(6)式右方第一项正好是 $F(\alpha,\beta,\gamma,z)\times\ln z$. 再把这样取定了 $c_0'$ 的(9)和(12)代入(6)，得

$$\begin{aligned}
w_2(z) = {}& F(\alpha,\beta,m,z)\ln z + z^{1-m}\frac{(-)^m\Gamma(m)}{\Gamma(\alpha)\Gamma(\beta)}\sum_{k=0}^{m-2}\frac{(-)^k}{k!}\Gamma(m-1-k) \\
& \times \Gamma(\alpha-m+1+k)\Gamma(\beta-m+1+k)z^k \\
& + z^{1-m}\frac{\Gamma(m)}{\Gamma(\alpha)\Gamma(\beta)}\sum_{k=m-1}^{\infty}\frac{\Gamma(\alpha-m+1+k)\Gamma(\beta-m+1+k)}{k!(k-m+1)!}z^k \\
& \times \{\psi(\alpha-m+1+k)+\psi(\beta-m+1+k)-\psi(1+k)-\psi(2-m+k) \\
& -\psi(\alpha-m+1)-\psi(\beta-m+1)+\psi(1)+\psi(m-1)\} \\
= {}& F(\alpha,\beta,m,z)\ln z + \frac{(m-1)!}{\Gamma(\alpha)\Gamma(\beta)}\sum_{s=1}^{m-1}(-)^{s-1}(s-1)!\frac{\Gamma(\alpha-s)\Gamma(\beta-s)}{(m-s-1)!}z^{-s} \\
& + \sum_{s=0}^{\infty}\frac{(\alpha)_s(\beta)_s}{s!(m)_s}z^s\{\psi(\alpha+s)+\psi(\beta+s)-\psi(m+s)-\psi(1+s) \\
& -\psi(\alpha-m+1)-\psi(\beta-m+1)+\psi(1)+\psi(m-1)\}. \quad (14)
\end{aligned}$$

如果 $\alpha$ 和 $\beta$ 都不是负整数，可取第二解为

$$w_2(z) = F(\alpha,\beta,m,z)\ln z + \frac{(m-1)!}{\Gamma(\alpha)\Gamma(\beta)}\sum_{s=1}^{m-1}(-)^{s-1}(s-1)!\frac{\Gamma(\alpha-s)\Gamma(\beta-s)}{(m-s-1)!}z^{-s}$$

$$+ \sum_{s=0}^{\infty} \frac{(\alpha)_s (\beta)_s}{s!(m)_s} z^s \{\psi(\alpha+s) + \psi(\beta+s) - \psi(m+s) - \psi(1+s)\}. \quad (15)$$

如果 $\alpha$ 或者 $\beta$ 是负整数,例如 $\alpha = -n$,则(15)式无意义,可以仿前 $\gamma=1$ 的情形那样,把(14)式中的一些不定式算出,最后去掉其中与第一解只差一常数因子的项,得第二解

$$w_2(z) = \mathrm{F}(-n, \beta, m, z) \ln z - \frac{(m-1)!}{\Gamma(\beta)} \sum_{s=1}^{m-1} \frac{(s-1)! \Gamma(\beta-s)}{(m-s-1)!(n+1)_s} z^{-s}$$

$$+ \sum_{s=0}^{n} \frac{(-n)_s (\beta)_s}{s!(m)_s} z^s \{\psi(1+n-s) + \psi(\beta+s)$$

$$- \psi(m+s) - \psi(1+s)\} \quad (\beta \neq \text{负整数}). \quad (16)$$

注意(15),(16)包括了前面 $\gamma=1$ 的情形,只要在 $m=1$ 时去掉各式中含 $z$ 的负幂的和数.

当 $\gamma = 0, -1, -2, \cdots$ 时,因 $1-\gamma > 0$,超几何方程在 $z=0$ 的第一指标(实部较大的)不是 0 而是 $1-\gamma$,故第一解是

$$w_1(z) = z^{1-\gamma} \mathrm{F}(\alpha-\gamma+1, \beta-\gamma+1, 2-\gamma, z). \quad (17)$$

第二解可以从(14)式得到:把其中的 $\alpha$ 和 $\beta$ 分别换为 $\alpha-\gamma+1$ 和 $\beta-\gamma+1$,$m$ 换为 $2-\gamma$(等于正整数),最后乘以 $z^{1-\gamma}$ 即可.

当 $\gamma-\alpha-\beta$ 为整数时,在 $z=1$ 处的第二解也可以从(15)式(或者(16)式,如果 $\alpha = -n$)得到. 例如,$\gamma - \alpha - \beta = -m, m = 0, 1, 2, \cdots$,根据 4.3 节(4)式,把(15)式中的 $m(=\gamma)$ 换成 $1+\alpha+\beta-\gamma = 1+m$,$z$ 换成 $1-z$,即得

$$w_4(z) = \mathrm{F}(\alpha, \beta, 1+m, 1-z) \ln(1-z)$$

$$+ \frac{m!}{\Gamma(\alpha)\Gamma(\beta)} \sum_{s=1}^{m} (-)^{s-1} (s-1)! \frac{\Gamma(\alpha-s)\Gamma(\beta-s)}{(m-s)!} (1-z)^{-s}$$

$$+ \sum_{s=0}^{\infty} \frac{(\alpha)_s (\beta)_s}{s!(1+m)_s} \{\psi(\alpha+s) + \psi(\beta+s) - \psi(1+m+s) - \psi(1+s)\}(1-z)^s.$$

$$(18)$$

当 $m=0$ 时,去掉式中第二项有限和.

当 $\alpha - \beta = m (m=0,1,2,\cdots)$ 时,可以根据 4.3 节(6)式,把(15)式(或者(16)式,如果 $\alpha = -n$)中的 $\beta$ 换成 $\alpha-\gamma+1$,$m$ 换成 $m+1$,$z$ 换成 $z^{-1}$,然后乘上因子 $(-z)^{-\alpha}$,即得在 $z=\infty$ 处的第二解

$$w_6(z) = -(-z)^{-\alpha} \mathrm{F}(\alpha, \alpha-\gamma+1, m+1, z^{-1}) \ln(-z)$$

$$+ (-z)^{-\alpha} \frac{m!}{\Gamma(\alpha)\Gamma(\alpha-\gamma+1)} \sum_{s=1}^{m} (-)^{s-1} (s-1)! \frac{\Gamma(\alpha-s)\Gamma(\alpha-\gamma+1-s)}{(m-s)!} z^s$$

$$+ (-z)^{-\alpha} \sum_{s=0}^{\infty} \frac{(\alpha)_s (\alpha-\gamma+1)_s}{s!(m+1)_s} z^{-s} \{\psi(\alpha+s)$$

$$+ \psi(\alpha-\gamma+1+s) - \psi(m+1+s) - \psi(1+s)\}; \quad (19)$$

当 $m=0$ 时,去掉式中第二项有限和. 又,对数函数中的宗量换成 $-z$ 是为了规定辐角时方便,而这只牵涉到加上第一解.

## 4.5 超几何函数的积分表示

超几何函数 $F(\alpha,\beta,\gamma,z)$ 的级数表示只适用于 $|z|<1$,在有些问题中(例如解析开拓,确定超几何方程的不同解式之间的关系等)不便于应用,而需要函数的各种积分表示.

超几何函数的积分表达式有两种. 一种是从超几何方程的积分解得到的. 另一种称为巴恩斯(Barnes)积分表示(4.6 节)则是从级数表示导出的.

在 2.14 节的例子中用欧勒变换得到了超几何方程的积分解式

$$w(z) = A\int_C t^{\alpha-\gamma}(1-t)^{\gamma-\beta-1}(z-t)^{-\alpha}\mathrm{d}t, \tag{1}$$

或者,把 $t$ 换成 $t^{-1}$,

$$w(z) = A\int_C t^{\beta-1}(1-t)^{\gamma-\beta-1}(1-zt)^{-\alpha}\mathrm{d}t, \tag{2}$$

其中 $A$ 是任意常数;积分路线 $C$ 须使被积函数或者相应的双线性伴式(参看 2.14 节(21)式)在 $C$ 的起点和终点之值相等,或者分别为零.

如果 $\mathrm{Re}(\gamma)>\mathrm{Re}(\beta)>0$,则一个积分解是

$$w(z) = A\int_0^1 t^{\beta-1}(1-t)^{\gamma-\beta-1}(1-zt)^{-\alpha}\mathrm{d}t \tag{3}$$

(2.14 节(23)式). 现在来证明(3)式中的积分在下列区域中

$$|z|\leqslant R, \ |z-1|\geqslant\rho, \quad |\arg(1-z)|\leqslant\pi-\delta<\pi \tag{4}$$

是一致收敛的,其中 $R$ 和 $\rho$ 是任意正数,$R>\rho$. 由几何作图可以看出 $|1-zt|\geqslant \rho\sin\delta/(1+\rho)$,而另一方面,$|1-zt|\leqslant 1+|zt|\leqslant 1+|z|\leqslant 1+R(0\leqslant t\leqslant 1)$,因此

$$|t^{\beta-1}(1-t)^{\gamma-\beta-1}(1-zt)^{-\alpha}|\leqslant Mt^{\mathrm{Re}(\beta)-1}(1-t)^{\mathrm{Re}(\gamma-\beta)-1},$$

其中

$$M = \begin{cases} \left(\dfrac{\rho\sin\delta}{1+\rho}\right)^{-\mathrm{Re}(\alpha)}\mathrm{e}^{\pi|\mathrm{Im}(\alpha)|}, & \text{若 } \mathrm{Re}(\alpha)>0, \\ (1+R)^{-\mathrm{Re}(\alpha)}\mathrm{e}^{\pi|\mathrm{Im}(\alpha)|}, & \text{若 } \mathrm{Re}(\alpha)<0. \end{cases}$$

但积分

$$\int_0^1 t^{\mathrm{Re}(\beta)-1}(1-t)^{\mathrm{Re}(\gamma-\beta)-1}\mathrm{d}t$$

在 $\mathrm{Re}(\gamma)>\mathrm{Re}(\beta)>0$ 的条件下是收敛的,因此(3)式中的积分在区域(4)内一致收敛,而代表在区域 $|\arg(1-z)|<\pi$ 中的一个单值解析函数.

只要适当地规定常数 $A$ 和被积函数中多值因子 $(1-zt)^{-\alpha}$ 之值,(3)式就是

$F(\alpha,\beta,\gamma,z)$的一个积分表示. 现在规定当 $z=0$ 时 $(1-zt)^{-\alpha}=1$,可以在 $|z|\leqslant R<1$ 中把 $(1-zt)^{-\alpha}$ 展开为一致收敛的级数:

$$(1-zt)^{-\alpha} = \sum_{n=0}^{\infty} \binom{-\alpha}{n}(-zt)^n = \sum_{n=0}^{\infty} \frac{(\alpha)_n}{n!}z^n t^n. \tag{5}$$

代入(3)式,用 3.8 节(1)和(3),得

$$w(z) = A\int_0^1 \sum_{n=0}^{\infty} \frac{(\alpha)_n}{n!}z^n t^{\beta+n-1}(1-t)^{\gamma-\beta-1}\,dt$$

$$= A\sum_{n=0}^{\infty} \frac{(\alpha)_n}{n!}\frac{\Gamma(\beta+n)\Gamma(\gamma-\beta)}{\Gamma(\gamma+n)}z^n$$

$$= A\frac{\Gamma(\beta)\Gamma(\gamma-\beta)}{\Gamma(\gamma)}F(\alpha,\beta,\gamma,z).$$

因此

$$F(\alpha,\beta,\gamma,z) = \frac{\Gamma(\gamma)}{\Gamma(\beta)\Gamma(\gamma-\beta)}\int_0^1 t^{\beta-1}(1-t)^{\gamma-\beta-1}(1-zt)^{-\alpha}\,dt, \tag{6}$$

其中 $\mathrm{Re}(\gamma)>\mathrm{Re}(\beta)>0,|\arg(1-z)|<\pi$;当 $z=0$ 时 $(1-zt)^{-\alpha}=1$. 这里,按解析开拓原理,条件 $|z|<1$ 可以取消.

从(6)式可以看出 $z=1$ 和 $\infty$ 一般是 $F(\alpha,\beta,\gamma,z)$ 的分支点. 因为 $1/z$ 是被积函数中因子 $(1-zt)^{-\alpha}$ 的奇点(除非 $\alpha$ 是负整数),当 $z$ 绕 1 连续变化一圈回到原值时,积分路线必须相应地改变,以保证 $1/z$ 不跨过积分路线,积分才能始终代表一个 $z$ 的连续函数. 但这样一来,当 $z$ 之值还原时,积分值并不还原,例如图 8(a)和图 8(b)中所示的情形,当 $1/z$ 沿虚线绕 1 一圈回到原位时,积分

$$\int_0^1 \text{变为} \int_0^1 + \int_1^{(\frac{1}{z}+)},$$

而最后的积分值一般是不等于零的. 因此 $z=1$ 一般是 $F(\alpha,\beta,\gamma,z)$ 的分支点.

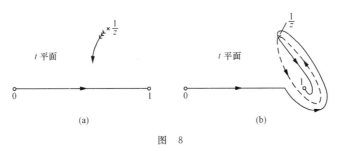

图 8

同样可以看出 $z=\infty$ 一般也是 $F(\alpha,\beta,\gamma,z)$ 的分支点,因为 $z$ 绕 $\infty$ 一圈相应于 $1/z$ 绕 0 一圈. 因此(6)式右方所表示的是 $F(\alpha,\beta,\gamma,z)$ 的一个单值分支,当 $z=0$ 时它等于 1 的那个分支.

积分表达式(6)虽然简单,但对参数 $\gamma$ 和 $\beta$ 的限制较严. 在条件 $\mathrm{Re}(\gamma)>\mathrm{Re}(\beta)$

$>0$ 不满足时,需要用另外的积分表示,其中之一是取 $C$ 为 2.13 节图 3 的双周围道,这围道在现在所讨论的问题中可变形为 3.9 节图 6 的珀哈末围道. 由(2)式有

$$w(z) = A \int_P^{(1+,0+,1-,0-)} t^{\beta-1} (1-t)^{\gamma-\beta-1} (1-zt)^{-\alpha} \mathrm{d}t;$$

$1/z$ 在围道外. 先设 $|z|$ 足够小使在围道上 $|zt|<1$,则可如前把 $(1-zt)^{-\alpha}$ 展开((5)式),代入上式得

$$w(z) = A \sum_{n=0}^{\infty} \frac{(\alpha)_n}{n!} z^n \int_P^{(1+,0+,1-,0-)} t^{\beta+n-1} (1-t)^{\gamma-\beta-1} \mathrm{d}t.$$

用 3.9 节(1)式,得

$$w(z) = A \sum_{n=0}^{\infty} \frac{(2\pi\mathrm{i})^2 \, \mathrm{e}^{\mathrm{i}\pi(\gamma+n)}}{\Gamma(1-\beta-n)\,\Gamma(1-\gamma+\beta)\,\Gamma(\gamma+n)} \frac{(\alpha)_n}{n!} z^n$$

$$= A \frac{-4\mathrm{e}^{\mathrm{i}\pi\gamma}\,\Gamma(\beta)\,\Gamma(\gamma-\beta)\sin\pi\beta\sin\pi(\gamma-\beta)}{\Gamma(\gamma)} \mathrm{F}(\alpha,\beta,\gamma,z).$$

因此

$$\mathrm{F}(\alpha,\beta,\gamma,z) = -\frac{\mathrm{e}^{-\mathrm{i}\pi\gamma}\,\Gamma(\gamma)}{4\,\Gamma(\beta)\,\Gamma(\gamma-\beta)\sin\pi\beta\sin\pi(\gamma-\beta)}$$

$$\times \int_P^{(1+,0+,1-,0-)} t^{\beta-1}(1-t)^{\gamma-\beta-1}(1-zt)^{-\alpha}\mathrm{d}t \tag{7}$$

$$(\gamma \neq 0, -1, -2, \cdots),$$

其中 $|\arg(1-z)|<\pi$;在围道的起点 $P$, $\arg t = \arg(1-t) = 0$,当 $z=0$ 时 $(1-zt)^{-\alpha}=1$.

当 $\beta$ 或者 $\gamma-\beta$ 是正整数时,(7)式右方是一个不定式. 在这种情形下可用本章末习题 7 中的积分表达式.

当 $\gamma$ 为 0 或负整数,$\Gamma(\gamma)=\infty$,(7)式无意义,但可由此得到 $\mathrm{F}(\alpha,\beta,\gamma,z)/\Gamma(\gamma)$ 的积分表达式,它也是超几何方程的解.

又从(6)式,(7)式和习题 6 的结果得知,当 $z$ 和 $\gamma(\neq 0,-1,-2,\cdots)$ 之值固定时,$\mathrm{F}(\alpha,\beta,\gamma,z)$ 是 $\alpha$ 和 $\beta$ 的整函数;当 $z$ 和 $\alpha,\beta$ 固定时,是 $\gamma$ 的半纯函数,其奇异性同于 $\Gamma(\gamma)$.

## 4.6　超几何函数的巴恩斯(Barnes)积分表示

在 $|z|<1$ 中超几何函数可以表示为

$$\mathrm{F}(\alpha,\beta,\gamma,z) = \frac{\Gamma(\gamma)}{\Gamma(\alpha)\,\Gamma(\beta)} \sum_{n=0}^{\infty} \frac{G(n)}{n!} z^n, \tag{1}$$

其中

$$G(n) = \frac{\Gamma(\alpha+n)\,\Gamma(\beta+n)}{\Gamma(\gamma+n)} \tag{2}$$

(参看 4.1 节(5)和(6)). 我们知道,$\Gamma(-s)$ 是半纯函数,$s=n=0,1,2,\cdots$ 是它的一阶极点,相应残数为 $(-)^{n+1}/n!$(参看 3.2 节(10)). 因此,如果 $\alpha$ 和 $\beta$ 不是负整数,可写

$$F(\alpha,\beta,\gamma,z) = \frac{\Gamma(\gamma)}{\Gamma(\alpha)\Gamma(\beta)} \sum_{s=n=0}^{\infty} \text{Res}\{-G(s)\Gamma(-s)(-z)^s\}$$

$$= \frac{\Gamma(\gamma)}{\Gamma(\alpha)\Gamma(\beta)} \frac{1}{2\pi i} \oint_C G(s)\Gamma(-s)(-z)^s ds, \quad (3)$$

其中

$$G(s) = \frac{\Gamma(\alpha+s)\Gamma(\beta+s)}{\Gamma(\gamma+s)}; \quad (4)$$

围道 $C$ 内包含所有 $\Gamma(-s)$ 的极点 $s=n=0,1,2,\cdots$,但不包含 $G(s)$ 的任何一个极点. 这样的围道在 $\alpha$ 和 $\beta$ 不是零或负整数时总是存在的,因为在这种情形下 $G(s)$ 的极点 $s=-\alpha-n,-\beta-n(n=0,1,2,\cdots)$ 不会与 $\Gamma(-s)$ 的极点 $s=n$ 相重. $C$ 可以取为图 9 中所示的围道:从 $-iR$ 出发,沿虚轴到 $iR$,加上右方的半圆 $C_R$,$R=N+\frac{1}{2}$,$N$ 为正整数 $\to\infty$;沿虚轴的路线在必要时须绕过被积函数的奇点,并须使 $\Gamma(-s)$ 的极点在它的右方,$G(s)$ 的极点在它的左方(见图 9).

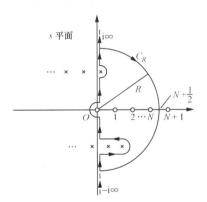

∘ 代表 $\Gamma(-s)$ 的极点 $s=n=0,1,2,\cdots$;
× 代表 $G(s)$ 的极点 $s=-\alpha-n,-\beta-n(n=0,1,2,\cdots)$.

图 9

首先证明(3)式右方的围道积分是有意义的. 为此,利用 3.5 节(2)式,把被积函数写为

$$G(s)\Gamma(-s)(-z)^s = \frac{\Gamma(\alpha+s)\Gamma(\beta+s)}{\Gamma(\gamma+s)\Gamma(1+s)} \frac{-\pi}{\sin\pi s}(-z)^s. \quad (5)$$

根据 $\Gamma$ 函数的渐近展开式(3.21 节(5)).

$$\ln\Gamma(\lambda+s)=\left(s+\lambda-\frac{1}{2}\right)\ln s-s+\frac{1}{2}\ln(2\pi)+O(s^{-1}),\tag{6}$$

得(5)式的估计值为

$$O(s^{\alpha+\beta-\gamma-1})\frac{(-z)^s}{\sin\pi s},\quad |s|\to\infty,\quad |\arg s|<\pi.\tag{7}$$

当 $s$ 沿虚轴趋于 $\infty$ 时,(7)式的数量级是

$$O(|s|^{\alpha+\beta-\gamma-1}\exp\{-\pi|\operatorname{Im}(s)|-\arg(-z)\operatorname{Im}(s)\}.\tag{8}$$

因此,在区域 $|\arg(-z)|\leqslant\pi-\delta<\pi$ 中,积分 $\displaystyle\int_{-i\infty}^{i\infty}$ 一致收敛.

在 $C_R$ 上, $s=Re^{i\theta}$, $R=N+\dfrac{1}{2}$. 当 $N$ 很大时,如果 $|z|<1$,则 $\ln|z|<0$,

$$\begin{aligned}|(-z)^s\csc s\pi|&=O\left(\exp\left\{s\ln|z|+i s\arg(-z)-\pi\left(N+\frac{1}{2}\right)|\sin\theta|\right\}\right)\\&=O\left(\exp\left\{\left(N+\frac{1}{2}\right)\cos\theta\ln|z|-\left(N+\frac{1}{2}\right)\sin\theta\arg(-z)\right.\right.\\&\qquad\left.\left.-\pi\left(N+\frac{1}{2}\right)|\sin\theta|\right\}\right)\\&=O\left(\exp\left\{\left(N+\frac{1}{2}\right)\cos\theta\ln|z|-\left(N+\frac{1}{2}\right)\delta\cdot|\sin\theta|\right\}\right)\\&=\begin{cases}O\left(\exp\left\{\left(N+\frac{1}{2}\right)2^{-1/2}\ln|z|\right\}\right),&0\leqslant\theta\leqslant\dfrac{\pi}{4},\\[2mm]O\left(\exp\left\{-\left(N+\frac{1}{2}\right)\delta 2^{-1/2}\right\}\right),&\dfrac{\pi}{4}\leqslant\theta\leqslant\dfrac{\pi}{2},\end{cases}\end{aligned}$$

而有

$$\lim_{N\to\infty}\int_{C_R}\to0.$$

因此

$$F(\alpha,\beta,\gamma,z)=\frac{\Gamma(\gamma)}{\Gamma(\alpha)\Gamma(\beta)}\frac{1}{2\pi i}\int_{-i\infty}^{i\infty}\frac{\Gamma(\alpha+s)\Gamma(\beta+s)}{\Gamma(\gamma+s)}\Gamma(-s)(-z)^s ds,\tag{9}$$

其中 $|\arg(-z)|<\pi$,积分路线须使 $\Gamma(-s)$ 的极点在其右, $\Gamma(\alpha+s)\Gamma(\beta+s)$ 的极点在其左,这要求 $\alpha$ 和 $\beta$ 不等于零或负整数.(9)式称为**超几何函数的巴恩斯积分表示**,积分路线称为**巴恩斯围道**.

(9)式虽然是在 $|z|<1$ 的条件下得到的,但它的两边都不受这限制,故按解析开拓原理, $|z|<1$ 的条件可取消.

## 4.7 F($\alpha,\beta,\gamma,1$)之值

对于 F($\alpha,\beta,\gamma,1$)之值可以有两种了解:一是超几何函数在 $z=1$ 点之值,另一是级数

$$\sum_{n=0}^{\infty} \frac{(\alpha)_n (\beta)_n}{n!(\gamma)_n} \tag{1}$$

之和.超几何函数在 $z=1$ 之值可以从它的积分表达式(4.5 节(6)式)

$$F(\alpha,\beta,\gamma,z) = \frac{\Gamma(\gamma)}{\Gamma(\beta)\Gamma(\gamma-\beta)} \int_0^1 t^{\beta-1}(1-t)^{\gamma-\beta-1}(1-zt)^{-\alpha} dt$$
$$(\mathrm{Re}(\gamma) > \mathrm{Re}(\beta) > 0) \tag{2}$$

得到为

$$\begin{aligned} F(\alpha,\beta,\gamma,1) &= \frac{\Gamma(\gamma)}{\Gamma(\beta)\Gamma(\gamma-\beta)} \int_0^1 t^{\beta-1}(1-t)^{\gamma-\alpha-\beta-1} dt \\ &= \frac{\Gamma(\gamma)\Gamma(\gamma-\alpha-\beta)}{\Gamma(\gamma-\alpha)\Gamma(\gamma-\beta)}, \end{aligned} \tag{3}$$

只要 $\mathrm{Re}(\gamma-\alpha-\beta)>0,\mathrm{Re}(\gamma)>\mathrm{Re}(\beta)>0$(下面将看到,后一条件可取消).

至于级数(1)之和,由于它是超几何级数在收敛圆上 $z=1$ 点之值,需要研究收敛的条件.根据复数级数收敛的判别法则[1],由 4.1 节(4)式知,当 $\mathrm{Re}(\gamma-\alpha-\beta)>0$ 时,级数(1)是绝对收敛的(如果 $\mathrm{Re}(\gamma-\alpha-\beta)\leqslant 0$,则级数发散,除非级数是一个有限和——多项式).于是,按阿贝耳(Abel)第二定理[2]和(3)式,有

$$\begin{aligned} \sum_{n=0}^{\infty} \frac{(\alpha)_n (\beta)_n}{n!(\gamma)_n} &= \lim_{z \to 1-0} F(\alpha,\beta,\gamma,z) = F(\alpha,\beta,\gamma,1) \\ &= \frac{\Gamma(\gamma)\Gamma(\gamma-\alpha-\beta)}{\Gamma(\gamma-\alpha)\Gamma(\gamma-\beta)} \quad (\mathrm{Re}(\gamma-\alpha-\beta) > 0), \end{aligned} \tag{4}$$

因为(2)式中的积分在 $|z|\leqslant 1,|z-1|\leqslant 1$ 中一致收敛.

公式(3)和(4)是在 $\mathrm{Re}(\gamma-\alpha-\beta)>0,\mathrm{Re}(\gamma)>\mathrm{Re}(\beta)>0$ 的条件下得到的.现在来证明后一条件可取消.

设 $\mathrm{Re}(\gamma)>\mathrm{Re}(\beta)>-1$,由递推关系

$$F(\alpha,\beta,\gamma,z) = F(\alpha,\beta+1,\gamma+1,z) - \frac{\alpha(\gamma-\beta)}{\gamma(\gamma+1)} z F(\alpha+1,\beta+1,\gamma+2,z), \tag{5}$$

应用(3)式于其右方,得

$$F(\alpha,\beta,\gamma,1) = \frac{\Gamma(\gamma+1)\Gamma(\gamma-\alpha-\beta)}{\Gamma(\gamma-\alpha+1)\Gamma(\gamma-\beta)} - \frac{\alpha(\gamma-\beta)}{\gamma(\gamma+1)} \frac{\Gamma(\gamma+2)\Gamma(\gamma-\alpha-\beta)}{\Gamma(\gamma-\alpha+1)\Gamma(\gamma-\beta+1)}$$

---

[1] 参看例如 Bromwich, *Theory of Infinite Series*, p. 241, §79 (1925).

[2] 参看例如 Bromwich, ibid, p. 252, §86.

$$= \frac{\Gamma(\gamma)\Gamma(\gamma-\alpha-\beta)}{\Gamma(\gamma-\alpha)\Gamma(\gamma-\beta)}.$$

可见(3)式在 $\text{Re}(\gamma) > \text{Re}(\beta) > -1$ 时也成立. 重复做下去,根据归纳法知道,只要 $\text{Re}(\gamma) > \text{Re}(\beta)$,(3)式即成立.

再设 $\text{Re}(\gamma) > \text{Re}(\beta) - 1$,由递推关系

$$\text{F}(\alpha,\beta,\gamma,z) = \text{F}(\alpha+1,\beta-1,\gamma,z) + \frac{\alpha-\beta+1}{\gamma}z\text{F}(\alpha+1,\beta,\gamma+1,z), \quad (6)$$

再应用(3)式于其右方,得

$$\text{F}(\alpha,\beta,\gamma,1) = \frac{\Gamma(\gamma)\Gamma(\gamma-\alpha-\beta)}{\Gamma(\gamma-\alpha-1)\Gamma(\gamma-\beta+1)} + \frac{\alpha-\beta+1}{\gamma}\frac{\Gamma(\gamma+1)\Gamma(\gamma-\alpha-\beta)}{\Gamma(\gamma-\alpha)\Gamma(\gamma-\beta+1)}$$

$$= \frac{\Gamma(\gamma)\Gamma(\gamma-\alpha-\beta)}{\Gamma(\gamma-\alpha)\Gamma(\gamma-\beta)}.$$

可见(3)式也适用于 $\text{Re}(\gamma) > \text{Re}(\beta) - 1$ 的情形. 重复这一论点,即知条件 $\text{Re}(\gamma) > \text{Re}(\beta)$ 也可以取消.

上面所用的递推关系(5)和(6)可以用等式两边的级数表示来验证,也可以用 4.2 节中的(2)和(3)推出(5)式,用该节的(3)和(6)推出(6)式.

**公式(4)的另一证明法**　由递推关系(见本章末习题2)

$$\gamma[\gamma-1-(2\gamma-\alpha-\beta-1)z]\text{F}(\alpha,\beta,\gamma,z) + (\gamma-\alpha)(\gamma-\beta)z\text{F}(\alpha,\beta,\gamma+1,z)$$

$$= \gamma(\gamma-1)(1-z)\text{F}(\alpha,\beta,\gamma-1,z)$$

$$= \gamma(\gamma-1)\left\{1+\sum_{n=1}^{\infty}(v_n-v_{n-1})z^n\right\}, \quad (7)$$

其中 $v_n$ 是 $\text{F}(\alpha,\beta,\gamma-1,z)$ 的级数表示中 $z^n$ 的系数,令 $z\to 1-0$(沿实轴),如果 $1+\sum_{n=1}^{\infty}(v_n-v_{n-1})$ 收敛到零,则按阿贝耳第二定理,(7)式右方亦趋于 $0$. 令 $1+\sum_{n=1}^{\infty}(v_n-v_{n-1}) = \lim_{n\to\infty}v_n$. 用 $\Gamma$ 函数的渐近展开式(见上节(6)式),得

$$v_n = \frac{\Gamma(\gamma-1)}{\Gamma(\alpha)\Gamma(\beta)}\frac{\Gamma(\alpha+n)\Gamma(\beta+n)}{\Gamma(\gamma-1+n)\Gamma(1+n)} = O(n^{\alpha+\beta-\gamma}).$$

因此,如果 $\text{Re}(\gamma-\alpha-\beta) > 0$,则 $\lim_{n\to\infty}v_n = 0$,而有

$$\gamma(\alpha+\beta-\gamma)\text{F}(\alpha,\beta,\gamma,1) + (\gamma-\alpha)(\gamma-\beta)\text{F}(\alpha,\beta,\gamma+1,1) = 0,$$

或者

$$\text{F}(\alpha,\beta,\gamma,1) = \frac{(\gamma-\alpha)(\gamma-\beta)}{\gamma(\gamma-\alpha-\beta)}\text{F}(\alpha,\beta,\gamma+1,1).$$

重复利用这关系,得

$$\text{F}(\alpha,\beta,\gamma,1) = \left\{\prod_{n=0}^{m-1}\frac{(\gamma-\alpha+n)(\gamma-\beta+n)}{(\gamma+n)(\gamma-\alpha-\beta+n)}\right\}\text{F}(\alpha,\beta,\gamma+m,1)$$

$$= \left\{ \lim_{m\to\infty} \prod_{n=0}^{m-1} \frac{(\gamma-\alpha+n)(\gamma-\beta+n)}{(\gamma+n)(\gamma-\alpha-\beta+n)} \right\} \lim_{m\to\infty} F(\alpha,\beta,\gamma+m,1),$$

如果这两个极限都存在的话. 用 3.4 节公式(4)，只要 $\gamma$ 不是负整数，立刻求得前一极限为 $\Gamma(\gamma)\Gamma(\gamma-\alpha-\beta)/\Gamma(\gamma-\alpha)\Gamma(\gamma-\beta)$. 后一极限可以这样来求：令 $c_n(\alpha,\beta,\gamma)$ 为 $F(\alpha,\beta,\gamma,z)$ 的级数表示中 $z^n$ 的系数，即 $c_n(\alpha,\beta,\gamma)=(\alpha)_n(\beta)_n/n!(\gamma)_n$，并设 $m>|\gamma|$，则

$$|F(\alpha,\beta,\gamma+m,1)-1| \leqslant \sum_{n=1}^{\infty} |c_n(\alpha,\beta,\gamma+m)| \leqslant \sum_{n=1}^{\infty} c_n(|\alpha|,|\beta|,m-|\gamma|)$$

$$< \frac{|\alpha\beta|}{m-|\gamma|} \sum_{n=0}^{\infty} c_n(|\alpha|+1,|\beta|+1,m+1-|\gamma|).$$

但最后的级数当 $m>|\gamma|+|\alpha|+|\beta|+1$ 时是收敛的(这条件相当于前面级数(1)收敛的条件：$\text{Re}(\gamma-\alpha-\beta)>0$)，而且其值显然随 $m$ 的增大而减小，故上式右方当 $m\to\infty$ 时趋于 0，而有

$$\lim_{m\to\infty} F(\alpha,\beta,\gamma+m,1) = 1. \tag{8}$$

这就证明了(4)式.

## 4.8 在奇点 $0,1,\infty$ 附近的基本解之间的关系. 解析开拓

一个二阶线性齐次常微分方程只能有两个线性无关的解，故在 4.3 节中得到的超几何方程的 6 个解式 $w_1,w_2,\cdots,w_6$ 的任何三个之间必存在一线性关系. 这样的关系一共有 $\binom{6}{3}=20$ 个[1]. 现在来讨论其中最基本的，$w_1$ 与 $w_3,w_4$ 以及与 $w_5,w_6$ 的关系.

根据微分方程的解的解析开拓原理(2.3 节)，在 $|z|<1$ 和 $|1-z|<1$ 的公共区域内，应有 $w_1=Aw_3+Bw_4$. 如果 $\gamma-\alpha-\beta$ 不是整数，则由 4.3 节(4),(5)有

$$F(\alpha,\beta,\gamma,z) = AF(\alpha,\beta,\alpha+\beta-\gamma+1,1-z)$$
$$+ B(1-z)^{\gamma-\alpha-\beta}F(\gamma-\alpha,\gamma-\beta,\gamma-\alpha-\beta+1,1-z). \tag{1}$$

设 $|\arg(1-z)|<\pi$，且 $\text{Re}(\gamma-\alpha-\beta)>0$，令 $z=1$，由上节(3)式得

$$A = \Gamma(\gamma)\Gamma(\gamma-\alpha-\beta)/\Gamma(\gamma-\alpha)\Gamma(\gamma-\beta). \tag{2}$$

再在(1)式中令 $z=0$，利用(2)，并设 $\text{Re}(1-\gamma)>0$，以便对右方应用上节(3)式，得

$$B = \Gamma(\gamma)\Gamma(\alpha+\beta-\gamma)/\Gamma(\alpha)\Gamma(\beta). \tag{3}$$

因此

---

[1] 参看 Erdélyi (1953), Vol. I, p. 106, 公式(25)~(44).

$$F(\alpha,\beta,\gamma,z) = \frac{\Gamma(\gamma)\Gamma(\gamma-\alpha-\beta)}{\Gamma(\gamma-\alpha)\Gamma(\gamma-\beta)} F(\alpha,\beta,\alpha+\beta-\gamma+1,1-z) + \frac{\Gamma(\gamma)\Gamma(\alpha+\beta-\gamma)}{\Gamma(\alpha)\Gamma(\beta)}$$
$$\times (1-z)^{\gamma-\alpha-\beta} F(\gamma-\alpha,\gamma-\beta,\gamma-\alpha-\beta+1,1-z)$$
$$(|\arg(1-z)| < \pi). \qquad (4)$$

公式(4)是在 $\mathrm{Re}(\gamma-\alpha-\beta)>0, \mathrm{Re}(1-\gamma)>0$ 两个假设下得到的. 但这两个限制都可以取消[①].

如果 $\mathrm{Re}(\gamma-\alpha-\beta)<0$, 可以用 4.3 节(8)式把(1)化为
$$F(\gamma-\alpha,\gamma-\beta,\gamma,z) = A(1-z)^{\alpha+\beta-\gamma} F(\alpha,\beta,\alpha+\beta-\gamma+1,1-z)$$
$$+ BF(\gamma-\alpha,\gamma-\beta,\gamma-\alpha-\beta+1,1-z). \qquad (5)$$

仍设 $\mathrm{Re}(1-\gamma)>0$, 令 $z=1$, 得
$$B = F(\gamma-\alpha,\gamma-\beta,\gamma,1) = \frac{\Gamma(\gamma)\Gamma(\alpha+\beta-\gamma)}{\Gamma(\alpha)\Gamma(\beta)},$$

与前(3)式相同. 再令 $z=0$, 得 $A$ 同前(2)式.

如果 $\mathrm{Re}(1-\gamma)<0$, 即 $\mathrm{Re}(\gamma-1)>0$, 可用 4.3 节(8)式于(1)式右方, 得
$$z^{\gamma-1}F(\alpha,\beta,\gamma,z) = AF(\alpha-\gamma+1,\beta-\gamma+1,\alpha+\beta-\gamma+1,1-z)$$
$$+ B(1-z)^{\gamma-\alpha-\beta} F(1-\alpha,1-\beta,\gamma-\alpha-\beta+1,1-z), \qquad (6)$$

仍设 $\mathrm{Re}(\gamma-\alpha-\beta)>0$, 分别令 $z=1,0$, 亦得 $A,B$ 同前.

如果 $\mathrm{Re}(\gamma-\alpha-\beta)<0, \mathrm{Re}(1-\gamma)<0$, 只要再用 4.3 节(8)式把(6)式的左方也变换一下, 即可求出 $A$ 和 $B$, 结果亦同前. 因此(4)式不受条件 $\mathrm{Re}(\gamma-\alpha-\beta)>0$, $\mathrm{Re}(1-\gamma)>0$ 的限制.

(4)式可用来计算当 $z \simeq 1$ 时超几何函数之值, 因为这时右方的级数收敛较快.

现在来看 $w_1$ 与 $w_5, w_6$ 的关系; 应有 $w_1 = Cw_5 + Dw_6$. 如果 $\alpha-\beta$ 不是整数, 由 4.3 节(6)和(7)有
$$F(\alpha,\beta,\gamma,z) = C(-z)^{-\alpha} F(\alpha,\alpha-\gamma+1,\alpha-\beta+1,z^{-1})$$
$$+ D(-z)^{-\beta} F(\beta,\beta-\gamma+1,\beta-\alpha+1,z^{-1}). \qquad (7)$$

设 $|\arg(-z)|<\pi, \mathrm{Re}(\beta)>\mathrm{Re}(\alpha)$, 则当 $|z| \to \infty$ 时, (7)式右方 $\sim C(-z)^{-\alpha}$, 而左方, 用 4.3 节(9)式,
$$F(\alpha,\beta,\gamma,z) = (1-z)^{-\alpha} F\left(\alpha,\gamma-\beta,\gamma,\frac{z}{z-1}\right)$$
$$\sim (-z)^{-\alpha} F(\alpha,\gamma-\beta,\gamma,1) = (-z)^{-\alpha} \frac{\Gamma(\gamma)\Gamma(\beta-\alpha)}{\Gamma(\gamma-\alpha)\Gamma(\beta)}.$$

因此
$$C = \Gamma(\gamma)\Gamma(\beta-\alpha)/\Gamma(\gamma-\alpha)\Gamma(\beta).$$

---

① 当然仍须设 $\gamma \neq$ 零或负整数, 和 $\gamma-\alpha-\beta \neq$ 整数(参看下节).

在(7)式中把 $\alpha$ 和 $\beta$ 对调一下,注意 $C$ 和 $D$ 都与 $\alpha,\beta$ 有关,即见

$$D = \Gamma(\gamma)\Gamma(\alpha-\beta)/\Gamma(\gamma-\beta)\Gamma(\alpha).$$

因此

$$\mathrm{F}(\alpha,\beta,\gamma,z)=\frac{\Gamma(\gamma)\Gamma(\beta-\alpha)}{\Gamma(\gamma-\alpha)\Gamma(\beta)}(-z)^{-\alpha}\mathrm{F}(\alpha,\alpha-\gamma+1,\alpha-\beta+1,z^{-1})$$

$$+\frac{\Gamma(\gamma)\Gamma(\alpha-\beta)}{\Gamma(\gamma-\beta)\Gamma(\alpha)}(-z)^{-\beta}\mathrm{F}(\beta,\beta-\gamma+1,\beta-\alpha+1,z^{-1}) \qquad (8)$$

$$(\,|\arg(-z)|<\pi).$$

(8)式显然不受 $\mathrm{Re}(\alpha)>\mathrm{Re}(\beta)$ 的限制,因为它对于 $\alpha$ 和 $\beta$ 是对称的.这式可用来计算超几何函数在 $|z|>1$ 时之值.

本节的(4)式和(8)式,以及 4.3 节的(9),(10)两式,都可以看作是超几何级数的解析开拓公式.

## 4.9　$\gamma-\alpha-\beta,\alpha-\beta$ 是整数的情形

上节的(4)式只适用于 $\gamma-\alpha-\beta$ 不等于整数的情形,(8)式只适用于 $\alpha-\beta$ 不等于整数的情形.因为当 $\gamma-\alpha-\beta$(或者 $\alpha-\beta$)为整数时,在 $z=1$(或者 $z=\infty$)的第二解一般含对数项(见 4.4 节).对于这种情形,用上节的简单方法来求在不同点的解的关系时会发生困难,因为对于含对数项的解没有与 4.7 节(3)式或(4)式相当的公式.这问题可用巴恩斯的积分表示(4.6 节)来解决[①].

先看当 $\alpha-\beta=m(m=0,1,2,\cdots)$ 时上节(8)式的修改.

根据 4.6 节(9)式,有

$$\frac{\Gamma(\alpha)\Gamma(\beta)}{\Gamma(\gamma)}\mathrm{F}(\alpha,\beta,\gamma,z)=\frac{1}{2\pi\mathrm{i}}\int_{-\mathrm{i}\infty}^{\mathrm{i}\infty}\frac{\Gamma(\alpha+s)\Gamma(\beta+s)}{\Gamma(\gamma+s)}\Gamma(-s)(-z)^{s}\mathrm{d}s \qquad (1)$$

$$(\,|\arg(-z)|<\pi),$$

其中的积分路线须使 $\Gamma(-s)$ 的奇点在其右,$\Gamma(\alpha+s)\Gamma(\beta+s)$ 的奇点在其左.当 $\alpha$ 和 $\beta$ 不是负整数时,这种路线总是存在的(见 4.6 节(4)式之后).现在这样来计算(1)式右方的积分:加上一个在虚轴之左,以 $s=0$ 为中心,半径等于 $R$ 的半圆 $C_R$.若 $R\rightarrow\infty$,但保持 $C_R$ 不通过 $\Gamma(\alpha+s)\Gamma(\beta+s)$ 的任何极点,可仿 4.6 节的方法证明当 $|z|>1$ 时,在 $C_R$ 上的积分值 $\rightarrow 0$.因此,(1)式右方的积分值等于被积函数在 $\Gamma(\alpha+s)\Gamma(\beta+s)$ 的极点处的残数之和.当 $\alpha-\beta=m$ 时(设 $\gamma-\beta$ 不等于整数),

$$\beta+s=-k \quad (k=0,1,2,\cdots,m-1) \text{ 是一阶极点,}$$

$$\beta+s=-k \quad (k=m,m+1,\cdots) \text{ 是二阶极点}$$

---

① 当然,在 $\gamma-\alpha-\beta$(或 $\alpha-\beta$)不等于整数时,这方法也是适用的,所以这是一个较普遍的方法.

（若 $m=0$，则全是二阶极点）. 因此

$$\frac{\Gamma(\alpha)\Gamma(\beta)}{\Gamma(\gamma)}F(\alpha,\beta,\gamma,z) = \sum_{k=0}^{m-1}R_k + \sum_{k=m}^{\infty}R_k', \tag{1'}$$

$$R_k = \lim_{s\to-\beta-k}(s+\beta+k)\frac{\Gamma(\beta+m+s)\Gamma(\beta+s)}{\Gamma(\gamma+s)}\Gamma(-s)(-z)^s$$

$$= \frac{\Gamma(m-k)(-)^k}{\Gamma(\gamma-\beta-k)\cdot k!}\Gamma(\beta+k)(-z)^{-\beta-k},$$

$$R_k' = \lim_{s\to-\beta-k}\frac{\mathrm{d}}{\mathrm{d}s}\left\{(s+\beta+k)^2\frac{\Gamma(\beta+m+s)\Gamma(\beta+s)}{\Gamma(\gamma+s)}\Gamma(-s)(-z)^s\right\}$$

$$= \frac{(-)^m}{(k-m)!k!}\frac{\Gamma(\beta+k)}{\Gamma(\gamma-\beta-k)}(-z)^{-\beta-k}$$

$$\times\{\psi(k-m+1)+\psi(k+1)-\psi(\beta+k)-\psi(\gamma-\beta-k)+\ln(-z)\}.$$

在 $(1')$ 右方最后的和数中把 $k$ 换成 $k+m$，并注意 $\alpha=\beta+m$，得

$$F(\alpha,\beta,\gamma,z) = \frac{\Gamma(\gamma)}{\Gamma(\alpha)}(-z)^{-\beta}\sum_{k=0}^{m-1}\frac{(\beta)_k\Gamma(m-k)}{k!\Gamma(\gamma-\beta-k)}z^{-k}$$

$$+ \frac{\Gamma(\gamma)}{\Gamma(\alpha)\Gamma(\gamma-\beta)}(-z)^{-\alpha}\sum_{k=0}^{\infty}\frac{(\beta)_{k+m}(1-\gamma+\beta)_{k+m}}{k!(k+m)!}z^{-k}$$

$$\times\{\psi(k+1)+\psi(k+m+1)-\psi(\alpha+k)-\psi(\gamma-\alpha-k)+\ln(-z)\}.$$

$$\tag{2}$$

（$\alpha-\beta=m=0,1,2,\cdots$；$\gamma-\beta\neq$ 整数，$\alpha\neq$ 负整数，$|\arg(-z)|<\pi$，$|z|>1$ 当 $m=1$ 时，去掉有限和.）

略作演算，可以看出 (2) 式右方是在 $z=\infty$ 的两个基本解的线性组合（参看 4.4 节 (19) 式）.

当 $\gamma-\alpha-\beta$ 等于整数时，要得到 $F(\alpha,\beta,\gamma,z)$ 与 $z=1$ 处的基本解的关系，需要用到**巴恩斯引理**：

$$\frac{1}{2\pi\mathrm{i}}\int_{-\mathrm{i}\infty}^{\mathrm{i}\infty}\Gamma(\alpha+s)\Gamma(\beta+s)\Gamma(\gamma-s)\Gamma(\delta-s)\mathrm{d}s$$

$$= \frac{\Gamma(\alpha+\gamma)\Gamma(\alpha+\delta)\Gamma(\beta+\gamma)\Gamma(\beta+\delta)}{\Gamma(\alpha+\beta+\gamma+\delta)}, \tag{3}$$

其中的积分路线须使 $\Gamma(\alpha+s)\Gamma(\beta+s)$ 的奇点在其左，$\Gamma(\gamma-s)\times\Gamma(\delta-s)$ 的奇点在其右（设各个 $\Gamma$ 函数的奇点不相重）.

(3) 式的证明如下. 令 $C$ 为在虚轴之右的半圆，圆心在 $s=0$，半径为 $\rho$. 若 $\rho\to\infty$，但保持 $C$ 不通过 $\Gamma(\gamma-s)\Gamma(\delta-s)$ 的奇点，则当 $s$ 沿虚轴或者在 $C$ 上趋于 $\infty$ 时，由 $\Gamma$ 函数的渐近展开式（3.21 节 (5) 或 4.6 节 (6)）有

$$\Gamma(\alpha+s)\Gamma(\beta+s)\Gamma(\gamma-s)\Gamma(\delta-s)$$

$$= \frac{\Gamma(\alpha+s)\Gamma(\beta+s)}{\Gamma(1-\gamma+s)\Gamma(1-\delta+s)}\pi^2\csc\pi(\gamma-s)\csc\pi(\delta-s)$$

$$= O(s^{\alpha+\beta+\gamma+\delta-2}\exp\{-2\pi\,|\,\mathrm{Im}(s)\,|\}),\tag{4}$$

故(3)式中的积分是收敛的,且当 $\mathrm{Re}(\alpha+\beta+\gamma+\delta-1)<0$ 时,在半圆 $C$ 上的积分值随 $\rho\to\infty$ 而趋于 $0$. 因此,(3)式的积分值,用 $I$ 表示,等于被积函数在 $\Gamma(\gamma-s)\Gamma(\delta-s)$ 的极点的残数之和:

$$I=\sum_{n=0}^{\infty}\frac{\Gamma(\alpha+\gamma+n)\Gamma(\beta+\gamma+n)}{\Gamma(1+n)\Gamma(1-\delta+\gamma+n)}\frac{\pi}{\sin\pi(\delta-\gamma)}$$

$$+\sum_{n=0}^{\infty}\frac{\Gamma(\alpha+\delta+n)\Gamma(\beta+\delta+n)}{\Gamma(1+n)\Gamma(1-\gamma+\delta+n)}\frac{\pi}{\sin\pi(\gamma-\delta)}$$

$$=\frac{\pi}{\sin\pi(\delta-\gamma)}\Big\{\frac{\Gamma(\alpha+\gamma)\Gamma(\beta+\gamma)}{\Gamma(1-\delta+\gamma)}F(\alpha+\gamma,\beta+\gamma,1-\delta+\gamma,1)$$

$$-\frac{\Gamma(\alpha+\delta)\Gamma(\beta+\delta)}{\Gamma(1-\gamma+\delta)}F(\alpha+\delta,\beta+\delta,1-\gamma+\delta,1)\Big\}$$

$$=\frac{\pi}{\sin\pi(\delta-\gamma)}\Big\{\frac{\Gamma(\alpha+\gamma)\Gamma(\beta+\gamma)}{\Gamma(1-\delta+\gamma)}\frac{\Gamma(1-\delta+\gamma)\Gamma(1-\alpha-\beta-\gamma-\delta)}{\Gamma(1-\delta-\alpha)\Gamma(1-\delta-\beta)}$$

$$-\frac{\Gamma(\alpha+\delta)\Gamma(\beta+\delta)}{\Gamma(1-\gamma+\delta)}\frac{\Gamma(1-\gamma+\delta)\Gamma(1-\alpha-\beta-\gamma-\delta)}{\Gamma(1-\gamma-\alpha)\Gamma(1-\gamma-\beta)}\Big\}$$

$$=\frac{\pi\Gamma(1-\alpha-\beta-\gamma-\delta)}{\sin\pi(\delta-\gamma)}\Big\{\frac{\Gamma(\alpha+\gamma)\Gamma(\beta+\gamma)}{\Gamma(1-\delta-\alpha)\Gamma(1-\delta-\beta)}$$

$$-\frac{\Gamma(\alpha+\delta)\Gamma(\beta+\delta)}{\Gamma(1-\gamma-\alpha)\Gamma(1-\gamma-\beta)}\Big\}$$

$$=\frac{\Gamma(\alpha+\gamma)\Gamma(\beta+\gamma)\Gamma(\alpha+\delta)\Gamma(\beta+\delta)}{\sin\pi(\delta-\gamma)\sin\pi(\alpha+\beta+\gamma+\delta)\Gamma(\alpha+\beta+\gamma+\delta)}$$

$$\times\{\sin\pi(\alpha+\delta)\sin\pi(\beta+\delta)-\sin\pi(\alpha+\gamma)\sin\pi(\beta+\gamma)\}$$

$$=\frac{\Gamma(\alpha+\gamma)\Gamma(\beta+\gamma)\Gamma(\alpha+\delta)\Gamma(\beta+\delta)}{\Gamma(\alpha+\beta+\gamma+\delta)}$$

$$\times\{\cos\pi(\alpha-\beta)-\cos\pi(\alpha+\beta+2\delta)-\cos\pi(\alpha-\beta)$$

$$+\cos\pi(\alpha+\beta+2\gamma)\}/\{\cos\pi(\alpha+\beta+2\gamma)-\cos\pi(\alpha+\beta+2\delta)\}$$

$$=\frac{\Gamma(\alpha+\gamma)\Gamma(\beta+\gamma)\Gamma(\alpha+\delta)\Gamma(\beta+\delta)}{\Gamma(\alpha+\beta+\gamma+\delta)}.$$

(3)式虽然是在 $\mathrm{Re}(\alpha+\beta+\gamma+\delta-1)<0$ 的条件下证明的,但这式的两边都不受这条件的限制,故只要各 $\Gamma$ 函数的极点不相重,(3)式总是成立的.

又,在(3)式中令 $s=t+k$,$k$ 为任意实数,并把 $\alpha,\beta,\gamma,\delta$ 依次改为 $\alpha-k,\beta-k,\gamma+k,\delta+k$,得

$$\frac{1}{2\pi i}\int_{-k-i\infty}^{-k+i\infty}\Gamma(\alpha+t)\Gamma(\beta+t)\Gamma(\gamma-t)\Gamma(\delta-t)\mathrm{d}t$$

$$=\frac{\Gamma(\alpha+\gamma)\Gamma(\alpha+\delta)\Gamma(\beta+\gamma)\Gamma(\beta+\delta)}{\Gamma(\alpha+\beta+\gamma+\delta)},\tag{5}$$

积分围道应使 $\Gamma(\alpha+t)\Gamma(\beta+t)$ 的极点在左，$\Gamma(\gamma-t)\Gamma(\delta-t)$ 的极点在右.

现在来求在 $\gamma-\alpha-\beta=-m(m=0,1,2,\cdots)$ 时，$F(\alpha,\beta,\gamma,z)$ 与在 $z=1$ 处两个基本解的关系. 利用(5)把(1)式写为

$$\frac{\Gamma(\alpha)\Gamma(\beta)}{\Gamma(\gamma)}F(\alpha,\beta,\gamma,z)$$

$$=\frac{1}{2\pi i}\int_{-i\infty}^{i\infty}\frac{\Gamma(\alpha+s)\Gamma(\beta+s)\Gamma(-s)}{\Gamma(\gamma+s)}(-z)^s ds$$

$$=\frac{1}{2\pi i}\int_{-i\infty}^{i\infty}\frac{1}{2\pi i}\int_{-k-i\infty}^{-k+i\infty}\Gamma(\alpha+t)\Gamma(\beta+t)$$

$$\times\Gamma(\gamma-\alpha-\beta-t)\Gamma(s-t)dt\,\frac{\Gamma(-s)}{\Gamma(\gamma-\alpha)\Gamma(\gamma-\beta)}(-z)^s ds.$$

交换两积分的次序(只要适当选择 $k$，可以证明交换是合法的)，得

$$\frac{\Gamma(\alpha)\Gamma(\beta)}{\Gamma(\gamma)}F(\alpha,\beta,\gamma,z)=\frac{1}{2\pi i}\int_{-k-i\infty}^{-k+i\infty}\frac{\Gamma(\alpha+t)\Gamma(\beta+t)\Gamma(\gamma-\alpha-\beta-t)}{\Gamma(\gamma-\alpha)\Gamma(\gamma-\beta)}dt$$

$$\times\frac{1}{2\pi i}\int_{-i\infty}^{i\infty}\Gamma(s-t)\Gamma(-s)(-z)^s ds.$$

按(1)，令其中 $\beta=\gamma$，有

$$\frac{1}{2\pi i}\int_{-i\infty}^{i\infty}\Gamma(-t+s)\Gamma(-s)(-z)^s ds$$

$$=\Gamma(-t)F(-t,\beta,\beta,z)=\Gamma(-t)\sum_{n=0}^{\infty}\frac{(-t)_n}{n!}z^n$$

$$=\Gamma(-t)\sum_{n=0}^{\infty}\binom{t}{n}(-z)^n=\Gamma(-t)(1-z)^t, \tag{6}$$

其中 $(1-z)^t$ 在 $z=0$ 处之值为 1. 因此

$$\frac{\Gamma(\alpha)\Gamma(\beta)}{\Gamma(\gamma)}F(\alpha,\beta,\gamma,z)=\frac{1}{2\pi i}\int_{-k-i\infty}^{-k+i\infty}\frac{\Gamma(\alpha+t)\Gamma(\beta+t)\Gamma(\gamma-\alpha-\beta-t)\Gamma(-t)}{\Gamma(\gamma-\alpha)\Gamma(\gamma-\beta)}$$

$$\times(1-z)^t dt \quad (|\arg(1-z)|<\pi). \tag{7}$$

右方的积分可以仿照证明巴恩斯引理的方法用残数的和来计算：当 $|\arg(1-z)|<\pi$，而且 $|1-z|<1$ 时，右方积分等于被积函数在 $\Gamma(\gamma-\alpha-\beta-t)\Gamma(-t)$ 的极点的残数之和的负值. 如果 $\gamma-\alpha-\beta\neq$ 整数，则这些极点都是一阶的 $(t=0,1,2\cdots)$，算出的结果同于 4.8 节(4)式. 当 $\gamma-\alpha-\beta=-m(m=0,1,2,\cdots)$ 时，$t=n-m(n=0,1,\cdots,m-1)$ 是一阶极点，$t=n(n=0,1,2,\cdots)$ 是二阶极点. 一阶极点的残数是

$$\frac{\Gamma(\alpha+n-m)\Gamma(\beta+n-m)\Gamma(m-n)(1-z)^{n-m}}{\Gamma(\gamma-\alpha)\Gamma(\gamma-\beta)}\lim_{t\to n-m}(t-n+m)\Gamma(-m-t)$$

$$=-\frac{\Gamma(\alpha-m)\Gamma(\beta-m)}{\Gamma(\gamma-\alpha)\Gamma(\gamma-\beta)}(\alpha-m)_n(\beta-m)_n\Gamma(m-n)(1-z)^{n-m}\frac{(-)^n}{n!}$$

$$=-\frac{(\alpha-m)_n(\beta-m)_n}{n!(1-m)_n}\Gamma(m)(1-z)^{n-m} \quad (因\ \gamma-\alpha-\beta=-m);$$

二阶极点的残数是

$$\frac{\mathrm{d}}{\mathrm{d}t}\left\{(t-n)^2\,\frac{\Gamma(\alpha+t)\Gamma(\beta+t)\Gamma(m-t)\Gamma(-t)}{\Gamma(\gamma-\alpha)\Gamma(\gamma-\beta)}\right\}\Big|_{t\to n}$$
$$=(-)^m\,\frac{\Gamma(\alpha+n)\Gamma(\beta+n)(1-z)^n}{(m+n)!\,n!\,\Gamma(\gamma-\alpha)\Gamma(\gamma-\beta)}$$
$$\times\{\psi(\alpha+n)+\psi(\beta+n)-\psi(1+m+n)-\psi(1+n)+\ln(1-z)\}.$$

因此

$$F(\alpha,\beta,\gamma,z)=\frac{\Gamma(m)\Gamma(\gamma)(1-z)^{-m}}{\Gamma(\alpha)\Gamma(\beta)}\times\sum_{n=0}^{m-1}\frac{(\alpha-m)_n(\beta-m)_n}{n!\,(1-m)_n}(1-z)^n$$
$$+\frac{(-)^{m+1}\Gamma(\gamma)}{\Gamma(\alpha-m)\Gamma(\beta-m)}\sum_{n=0}^{\infty}\frac{(\alpha)_n(\beta)_n}{n!\,(m+n)!}(1-z)^n$$
$$\times\{\psi(\alpha+n)+\psi(\beta+n)-\psi(1+m+n)-\psi(1+n)+\ln(1-z)\}$$

$$(8)$$

$(\gamma-\alpha-\beta=-m(m=0,1,2,\cdots),\alpha$ 和 $\beta\neq 0,-1,-2,\cdots,|\arg(1-z)|<\pi,|1-z|$ $<1$;当 $m=0$ 时去掉其中的有限和).

略作演算,可以看出(8)式右方是 $z=1$ 处的两个基本解的线性组合(参看 4.4 节(18)式).

当 $\gamma-\alpha-\beta=m(m=1,2,\cdots)$ 时,可以利用 4.3 节(8)式,从上面(8)式得到

$$F(\alpha,\beta,\gamma,z)=(1-z)^m F(\gamma-\alpha,\gamma-\beta,\gamma,z)$$
$$=\frac{\Gamma(m)\Gamma(\gamma)}{\Gamma(\alpha+m)\Gamma(\beta+m)}\sum_{n=0}^{m-1}\frac{(\alpha)_n(\beta)_n}{n!\,(1-m)_n}(1-z)^n$$
$$+\frac{(-)^{m+1}\Gamma(\gamma)(1-z)^m}{\Gamma(\alpha)\Gamma(\beta)}\sum_{n=0}^{\infty}\frac{(\alpha+m)_n(\beta+m)_n}{n!\,(m+n)!}(1-z)^n$$
$$\times\{\psi(\alpha+m+n)+\psi(\beta+m+n)$$
$$-\psi(1+m+n)-\psi(1+n)+\ln(1-z)\},$$

$$(9)$$

其中 $|\arg(1-z)|<\pi,|1-z|<1;\alpha$ 和 $\beta$ 不等于零或负整数.

当 $\alpha$(或 $\beta$)也是负整数时,上面得到的公式(8)和(9)都将化简,因为这时 $F(\alpha,\beta,\gamma,z)$ 是一个多项式——雅可毕多项式(见下节).以(9)式为例,设 $\alpha=-s,s$ 是正整数,$\beta$ 不是负整数.若 $s<m$,则右方第二项为 0,因为 $1/\Gamma(\alpha)=1/\Gamma(-s)=0$.于是有

$$F(-s,\beta,\gamma,z)=\frac{\Gamma(m)\Gamma(\gamma)}{\Gamma(m-s)\Gamma(m+\beta)}\sum_{n=0}^{s}\frac{(-s)_n(\beta)_n}{n!\,(1-m)_n}(1-z)^n$$
$$=\frac{\Gamma(m)\Gamma(\gamma)}{\Gamma(m-s)\Gamma(m+\beta)}F(-s,\beta,1-m,1-z)$$

$$(10)$$

$$(s=0,1,\cdots,m-1;\gamma=\beta+m-s).$$

若 $s \geqslant m$，则因 $1/\Gamma(\alpha+m)=1/\Gamma(m-s)=0$，(9)式右方第一项为 0，第二项只剩下

$$\frac{(-)^{m+1}\Gamma(\gamma)(1-z)^m}{\Gamma(\alpha)\Gamma(\beta)} \sum_{n=0}^{s-m} \frac{(\alpha+m)_n(\beta+m)_n}{n!(m+n)!}(1-z)^n \psi(\alpha+m+n)\,|_{\alpha\to-s}.$$

在这情形下

$$\lim_{\alpha\to-s} \frac{\psi(\alpha+m+n)}{\Gamma(\alpha)} = \lim_{\alpha\to-s} \frac{\psi(1-\alpha-m-n)-\pi\cot\pi\alpha}{\pi/\Gamma(1-\alpha)\sin\pi\alpha}$$

$$= (-)^{s+1}\Gamma(s+1),$$

故

$$F(-s,\beta,\gamma,z) = \frac{(-)^{s+m}\Gamma(\gamma)\Gamma(s+1)}{\Gamma(\beta)}(1-z)^m \sum_{n=0}^{s-m} \frac{(-s+m)_n(\beta+m)_n}{n!(m+n)!}(1-z)^n$$

$$= \frac{(-)^{s+m}\Gamma(\gamma)\Gamma(s+1)}{m!\Gamma(\beta)}(1-z)^m F(-s+m,\beta+m,1+m,1-z)$$

$$(s=m,m+1,\cdots;\gamma=\beta+m-s). \tag{11}$$

## 4.10　雅可毕(Jacobi)多项式

超几何函数 $F(\alpha,\beta,\gamma,z)$ 在 $\alpha$ 或 $\beta$ 等于负整数 $-n$ 时是一个多项式，称为 $n$ 次**雅可毕多项式**(或超几何多项式)：

$$F(-n,\beta,\gamma,z) = \sum_{k=0}^{n} \frac{(-n)_k(\beta)_k}{k!(\gamma)_k}z^k = \sum_{k=0}^{n} (-)^k \binom{n}{k}\frac{(\beta)_k}{(\gamma)_k}z^k. \tag{1}$$

许多重要的多项式，如勒让德多项式，特种球多项式(均见第五章)，切比谢夫多项式(下节)等，都是雅可毕多项式的特殊情形.

**求和公式**——在(1)式中令 $z=1$，用 4.7 节(4)式，立得

$$\sum_{k=0}^{n} (-)^k \binom{n}{k}\frac{(\beta)_k}{(\gamma)_k} = F(-n,\beta,\gamma,1)$$

$$= \frac{\Gamma(\gamma)\Gamma(\gamma-\beta+n)}{\Gamma(\gamma+n)\Gamma(\gamma-\beta)} = \frac{(\gamma-\beta)_n}{(\gamma)_n}. \tag{2}$$

**积分表示和生成函数**. 由于超几何方程对 $\alpha$ 和 $\beta$ 是对称的，在 4.5 节(2)式中把 $\alpha$ 和 $\beta$ 对调一下，仍得一个积分解式

$$w(z) = \int_C t^{\alpha-1}(1-t)^{\gamma-\alpha-1}(1-zt)^{-\beta}\mathrm{d}t. \tag{3}$$

设 $\alpha=-n$，取 $C$ 为正向绕 $t=0$ 点一周的围道，$t=1$ 和 $t=1/z$ 在 $C$ 外. 规定当 $z=0$ 时 $(1-zt)^{-\beta}=1$，则只要 $z$ 够小，使在 $C$ 上 $|zt|<1$，有

$$(1-zt)^{-\beta} = \sum_{k=0}^{\infty} \binom{-\beta}{k}(-zt)^k.$$

代入（3）式右方，得

$$\int^{(0+)} t^{-n-1}(1-t)^{\gamma+n-1}\sum_{k=0}^{\infty}\binom{-\beta}{k}(-zt)^k \mathrm{d}t$$

$$=\sum_{k=0}^{\infty}\binom{-\beta}{k}(-z)^k\int^{(0+)}t^{-n+k-1}(1-t)^{\gamma+n-1}\mathrm{d}t$$

$$=\sum_{k=0}^{n}\binom{-\beta}{k}(-z)^k\frac{2\pi\mathrm{i}}{(n-k)!}\frac{\mathrm{d}^{n-k}}{\mathrm{d}t^{n-k}}(1-t)^{\gamma+n-1}\Big|_{t=0}$$

$$=2\pi\mathrm{i}\sum_{k=0}^{n}\binom{-\beta}{k}(-z)^k\frac{\Gamma(\gamma+n)}{(n-k)!\,\Gamma(\gamma+k)}(-)^{n-k}$$

$$=\frac{(-)^n\Gamma(\gamma+n)2\pi\mathrm{i}}{n!\,\Gamma(\gamma)}\sum_{k=0}^{n}(-)^k\binom{n}{k}\frac{(\beta)_k}{(\gamma)_k}z^k$$

$$=\frac{(-)^n\Gamma(\gamma+n)2\pi\mathrm{i}}{n!\,\Gamma(\gamma)}\mathrm{F}(-n,\beta,\gamma,z).$$

因此

$$\mathrm{F}(-n,\beta,\gamma,z)=\frac{(-)^n\Gamma(\gamma)}{\Gamma(\gamma+n)}\frac{n!}{2\pi\mathrm{i}}\int^{(0+)}t^{-n-1}(1-t)^{\gamma+n-1}(1-zt)^{-\beta}\mathrm{d}t; \qquad (4)$$

$t=1$ 和 $t=1/z$ 在围道外，$|\arg(1-t)|<\pi$；当 $z=0$ 时 $(1-zt)^{-\beta}=1$；$\gamma\neq0,-1,$
$-2,\cdots,-n+1$.

在（4）式中令 $t=v/(v-1)$，得

$$(\gamma)_n\mathrm{F}(-n,\beta,\gamma,z)=\frac{n!}{2\pi\mathrm{i}}\int^{(0+)}\frac{(1-v)^{\beta-\gamma}[1-(1-z)v]^{-\beta}}{v^{n+1}}\mathrm{d}v. \qquad (5)$$

因此有

$$(1-v)^{\beta-\gamma}[1-(1-z)v]^{-\beta}=\sum_{n=0}^{\infty}\frac{v^n}{n!}(\gamma)_n\mathrm{F}(-n,\beta,\gamma,z); \qquad (6)$$

左方的函数是**雅可毕多项式的生成函数**[①].

**微商表示**——在（5）式中把 $v$ 换成 $(v-z)/v(1-z)$，得

$$(\gamma)_n\mathrm{F}(-n,\beta,\gamma,z)=z^{1-\gamma}(1-z)^{\gamma+n-\beta}\frac{n!}{2\pi\mathrm{i}}\int^{(z+)}\frac{(1-v)^{\beta-\gamma}v^{\gamma+n-1}}{(v-z)^{n+1}}\mathrm{d}v. \qquad (7)$$

由此得

$$\mathrm{F}(-n,\beta,\gamma,z)=\frac{\Gamma(\gamma)}{\Gamma(\gamma+n)}z^{1-\gamma}(1-z)^{\gamma+n-\beta}\frac{\mathrm{d}^n}{\mathrm{d}z^n}[z^{\gamma+n-1}(1-z)^{\beta-\gamma}]. \qquad (8)$$

**正交性**——把 $\beta$ 写作 $p+n$，雅可毕多项式 $w_n=\mathrm{F}(-n,p+n,\gamma,z)$ 满足微分方程（4.1 节（1））

---

① 　还有其他生成函数，参看 Erdélyi（1953），Vol. II, p. 172，公式（29）.该书用 $\mathrm{P}_n^{(\alpha,\beta)}(x)$ 表示雅可毕多项式，与本书定义的差别见下面（16）式.

$$z(1-z)\frac{d^2 w_n}{dz^2}+[\gamma-(p+1)z]\frac{dw_n}{dz}+n(n+p)w_n=0.$$

或者,写成自伴形式

$$\frac{d}{dz}[z^\gamma(1-z)^{p-\gamma+1}w_n']+n(n+p)z^{\gamma-1}(1-z)^{p-\gamma}w_n=0. \tag{9}$$

设 $w_m=F(-m,p+m,\gamma,z)$ 为与 $w_n$ 具有相同的 $p$ 的另一雅可毕多项式,满足方程

$$\frac{d}{dz}[z^\gamma(1-z)^{p-\gamma+1}w_m']+m(m+p)z^{\gamma-1}(1-z)^{p-\gamma}w_m=0. \tag{10}$$

以 $w_m$ 乘(9)式, $w_n$ 乘(10)式,相减,然后由 0 到 1 求积分,得

$$\int_0^1 w_n w_m z^{\gamma-1}(1-z)^{p-\gamma}dz=\frac{z^\gamma(1-z)^{p-\gamma+1}[w_m w_n'-w_n w_m']}{m(m+p)-n(n+p)}\Big|_{z=0}^1. \tag{11}$$

设 $\mathrm{Re}(\gamma)>0,\mathrm{Re}(p-\gamma+1)=\mathrm{Re}(\beta-n-\gamma+1)>0$,则当 $m\neq n$ 时,(11)式右方等于 0,故有

$$\int_0^1 w_n w_m z^{\gamma-1}(1-z)^{p-\gamma}dz=0 \quad (m\neq n). \tag{12}$$

这个**正交关系**也可以用(8)式通过直接计算来证明(见下面对 $m=n$ 的计算)。

当 $m=n$ 时,利用(8)式,注意 $\beta=p+n$,得

$$N_n=\int_0^1 w_n^2 z^{\gamma-1}(1-z)^{p-\gamma}dz$$

$$=\frac{\Gamma(\gamma)}{\Gamma(\gamma+n)}\int_0^1 w_n\frac{d^n}{dz^n}[z^{\gamma+n-1}(1-z)^{p+n-\gamma}]dz.$$

换部求积分 $n$ 次,注意到条件 $\mathrm{Re}(\gamma)>0,\mathrm{Re}(p-\gamma+1)>0$,得

$$N_n=\frac{\Gamma(\gamma)}{\Gamma(\gamma+n)}(-)^n\int_0^1 z^{\gamma+n-1}(1-z)^{p+n-\gamma}\frac{d^n w_n}{dz^n}dz$$

$$=\frac{\Gamma(\gamma)}{\Gamma(\gamma+n)}\frac{(p+n)_n}{(\gamma)_n}n!\int_0^1 z^{\gamma+n-1}(1-z)^{p+n-\gamma}dz \quad (\text{用(1)式})$$

$$=\frac{(p+n)_n}{(\gamma)_n}\frac{\Gamma(\gamma)\Gamma(p+n-\gamma+1)}{\Gamma(p+2n+1)}n!. \tag{13}$$

按正交多项式的普遍理论[①],雅可毕多项式 $F(-n,p+n,\gamma,z)(n=0,1,2,\cdots)$ 在区间 $[0,1]$ 中构成一完备的正交函数组,权为 $z^{\gamma-1}(1-z)^{p-\gamma}(\mathrm{Re}(\gamma)>0,\mathrm{Re}(p-\gamma+1)>0)$;任何一个在 $[0,1]$ 中平方可积的函数 $f(z)$ 可以在平均近似的意义下用 $F(-n,p+n,\gamma,z)$ 展成级数

$$f(z)=\sum_{n=0}^\infty a_n F(-n,p+n,\gamma,z), \tag{14}$$

其中

---

① 参看,例如,柯朗-希伯尔特,《数学物理方法》,卷Ⅰ,第二章.

$$a_n = \frac{1}{N_n} \int_0^1 f(z) \mathrm{F}(-n, p+n, \gamma, z) \cdot z^{\gamma-1}(1-z)^{p-\gamma} \mathrm{d}z. \tag{15}$$

雅可毕多项式的另外一种常用的定义是

$$\mathrm{P}_n^{(\alpha,\beta)}(x) = \binom{n+\alpha}{n} \mathrm{F}\left(-n, n+\alpha+\beta+1, \alpha+1, \frac{1-x}{2}\right). \tag{16}$$

令其中的 $x=1-2z, \alpha=\gamma-1, \beta=p-\gamma$,得

$$\mathrm{P}_n^{(\alpha,\beta)}(x) = \binom{n+\gamma-1}{n} \mathrm{F}(-n, p+n, \gamma, z). \tag{17}$$

$\mathrm{P}_n^{(\alpha,\beta)}(x)\,(n=0,1,2,\cdots)$ 是一个完备的正交函数组,区间为 $-1 \leqslant x \leqslant +1$,权为 $(1-x)^\alpha(1+x)^\beta$.

## 4.11　切比谢夫(Чебышев)多项式

切比谢夫多项式(第一类)$\mathrm{T}_n(x)$ 的定义是①

$$\mathrm{T}_n(x) = \cos(n \arccos x). \tag{1}$$

除去 $\mathrm{T}_0(x)$ 显然等于 1 之外,要得到 $\mathrm{T}_n(x)$ 的显明表达式,可令 $x=\cos\theta$,于是

$$\mathrm{T}_n(x) = \cos n\theta = \mathrm{Re}(\mathrm{e}^{in\theta}) = \mathrm{Re}[(\cos\theta + i\sin\theta)^n]$$

$$= \mathrm{Re} \sum_{r=0}^n \binom{n}{r} \cos^{n-r}\theta (i\sin\theta)^r$$

$$= \sum_{k=0}^{[n/2]} \binom{n}{2k} \cos^{n-2k}\theta \cdot (-)^k \sin^{2k}\theta$$

$$= \sum_{k=0}^{[n/2]} (-)^k \binom{n}{2k} x^{n-2k}(1-x^2)^k$$

$$= \sum_{k=0}^{[n/2]} (-)^k \binom{n}{2k} x^{n-2k} \sum_{l=0}^k \binom{k}{l}(-)^{k-l} x^{2(k-l)}$$

$$= \sum_{k=0}^{[n/2]} \sum_{l=0}^k (-)^l \binom{n}{2k}\binom{k}{l} x^{n-2l}$$

$$= \sum_{l=0}^{[n/2]} (-)^l x^{n-2l} \sum_{k=l}^{[n/2]} \binom{n}{2k}\binom{k}{l}.$$

用 3.6 节(8),$\Gamma$ 函数的倍乘公式和公式

$$\Gamma(\lambda)/\Gamma(\lambda-s) = (-)^s(1-\lambda)_s$$

以及 4.7 节(4)式,得

---

①　另一常用的定义是 $\mathrm{T}_n(x) = \frac{1}{2^{n-1}}\cos(n \arccos x)$,使最高次方 $x^n$ 的系数为 1.

$$\sum_{k=l}^{[n/2]} \binom{n}{2k}\binom{k}{l} = \sum_{k=0}^{\left[\frac{n}{2}\right]-l} \binom{n}{2k+2l}\binom{k+l}{l}$$

$$= \frac{n!}{l!}\sum_{k=0}^{\left[\frac{n}{2}\right]-l} \frac{\Gamma(k+l+1)}{k!\,\Gamma(n-2k-2l+1)\Gamma(2k+2l+1)}$$

$$= \frac{n!\,\pi}{l!\,2^n}\sum_{k=0}^{\left[\frac{n}{2}\right]-l} \frac{1}{k!\,\Gamma\left(l+\frac{1}{2}+k\right)\Gamma\left(\frac{n+1}{2}-l-k\right)\Gamma\left(\frac{n}{2}+1-l-k\right)}$$

$$= \frac{n!\,\pi}{l!\,2^n\,\Gamma\left(l+\frac{1}{2}\right)\Gamma\left(\frac{n+1}{2}-l\right)\Gamma\left(\frac{n}{2}+1-l\right)}\sum_{k=0}^{\left[\frac{n}{2}\right]-l} \frac{\left(\frac{1-n}{2}+l\right)_k\left(-\frac{n}{2}+l\right)_k}{k!\left(l+\frac{1}{2}\right)_k}$$

$$= \frac{n!\,\sqrt{\pi}}{l!\,2^{2l}\,\Gamma\left(l+\frac{1}{2}\right)\Gamma(n-2l+1)}\,\frac{\Gamma\left(l+\frac{1}{2}\right)\Gamma(n-l)}{\Gamma\left(\frac{n}{2}\right)\Gamma\left(\frac{n}{2}+1\right)}$$

$$= \frac{n!\,(n-l-1)!}{l!\,2^{2l-n+1}(n-2l)!\,\Gamma(n)} = \frac{n}{2}\,\frac{(n-l-1)!\,2^{n-2l}}{l!\,(n-2l)!}.$$

因此

$$T_n(x) = \frac{n}{2}\sum_{l=0}^{[n/2]} \frac{(-)^l(n-l-1)!}{l!\,(n-2l)!}(2x)^{n-2l} \quad (n\geqslant 1). \tag{2}$$

注意其中 $x^n$ 的系数为 $2^{n-1}$. 下面给出前 6 个 $T_n(x)$ 的表达式:

$$\left.\begin{aligned}
T_0(x) &= 1, \quad T_1(x) = x, \quad T_2(x) = 2x^2-1,\\
T_3(x) &= 4x^3-3x, \quad T_4(x) = 8x^4-8x^2+1,\\
T_5(x) &= 16x^5-20x^3+5x.
\end{aligned}\right\} \tag{3}$$

切比谢夫多项式所满足的微分方程可以很简单地导出如下: 令 $y=T_n(x)=T_n(\cos\theta)=\cos n\theta$, 则 $y$ 满足

$$\frac{\mathrm{d}^2 y}{\mathrm{d}\theta^2} + n^2 y = 0.$$

回到变数 $x$, 得

$$(1-x^2)\frac{\mathrm{d}^2 y}{\mathrm{d}x^2} - x\frac{\mathrm{d}y}{\mathrm{d}x} + n^2 y = 0. \tag{4}$$

令 $z=(1-x)/2$, (4)式化为超几何方程

$$z(1-z)\frac{\mathrm{d}^2 y}{\mathrm{d}z^2} + \left(\frac{1}{2}-z\right)\frac{\mathrm{d}y}{\mathrm{d}z} + n^2 y = 0, \tag{5}$$

参数为 $\alpha=-n, \beta=n, \gamma=1/2$. 由 4.3 节(2)和(3)得方程(5)的两个线性无关的解: $\mathrm{F}\left(-n,n,\frac{1}{2},z\right)$ 和 $z^{1/2}\mathrm{F}\left(-n+\frac{1}{2},n+\frac{1}{2},\frac{3}{2},z\right)$. 后者不是多项式, 故必有

$$T_n(x) = CF\left(-n, n, \frac{1}{2}, \frac{1-x}{2}\right).$$

令 $x=1$,得 $C=T_n(1)=1$,故

$$T_n(x) = F\left(-n, n, \frac{1}{2}, \frac{1-x}{2}\right). \tag{6}$$

由此可见切比谢夫多项式是雅可毕多项式的一个特例:$\beta=n(p=0),\gamma=1/2$, $z=(1-x)/2$.

下面是 $T_n(x)$ 的一些重要性质:

**1. $T_n(x)$ 的微商表示**——由(6)式及 4.10 节(8)式有

$$T_n(x) = (-)^n \frac{2^n n!}{(2n)!} (1-x^2)^{1/2} \frac{d^n}{dx^n} (1-x^2)^{n-\frac{1}{2}}. \tag{7}$$

**2. 正交性和归一因子**——由 4.10 节(12)和(13)得

$$\int_{-1}^{1} T_n(x) T_m(x) (1-x^2)^{-\frac{1}{2}} dx = \begin{cases} 0, & n \neq m, \\ \dfrac{\pi}{2}, & n = m > 0, \\ \pi, & n = m = 0. \end{cases} \tag{8}$$

这结果也很容易由 $x=\cos\theta$, $T_n(x)=\cos n\theta$ 证明.

**3. $T_n(x)$ 的生成函数**——4.10 节的公式(6)不能用,因为现在 $\beta=n$. 仍利用当 $x=\cos\theta$ 时 $T_n(x)=\cos n\theta$,很容易证明

$$\frac{1-xt}{1-2xt+t^2} = \sum_{n=0}^{\infty} T_n(x) t^n, \tag{9}$$

因为当 $|t|<1$ 时

$$\sum_{n=0}^{\infty} T_n(x) t^n = \sum_{n=0}^{\infty} \cos n\theta \cdot t^n = \frac{1}{2} \sum_{n=0}^{\infty} \left[ (te^{i\theta})^n + (te^{-i\theta})^n \right]$$

$$= \frac{1}{2} \left[ \frac{1}{1-te^{i\theta}} + \frac{1}{1-te^{-i\theta}} \right]$$

$$= \frac{1-t\cos\theta}{1-2t\cos\theta+t^2} = \frac{1-xt}{1-2xt+t^2}.$$

(9)式左方称为 $T_n(x)$ 的**生成函数**[①].

**4. 递推关系**——当 $x\leqslant 1$ 时,由 $T_n(x)=\cos n\theta$,很容易推出

$$T_{n+1}(x) - 2x T_n(x) + T_{n-1}(x) = 0, \tag{10}$$

因为 $\cos(n+1)\theta+\cos(n-1)\theta=2\cos\theta\cos n\theta$. 但(10)式是一个代数恒等式,故对于任何 $x$ 值都成立.

用类似的方法可以证明许多其他的关系式,例如

---

① 关于 $T_n(x)$ 的其他生成函数,参看 Erdélyi (1953), Vol. II, p. 186;又本章末习题 11.

$$(1-x^2)\mathrm{T}_n^{'}(x) = \frac{n}{2}\big[\mathrm{T}_{n-1}(x) - \mathrm{T}_{n+1}(x)\big]$$

$$= n\big[\mathrm{T}_{n-1}(x) - x\mathrm{T}_n(x)\big]. \tag{11}$$

**5.** 在区间$-1\leqslant x\leqslant 1$中,与具有实系数而且最高次方的系数为$2^{n-1}$(同于$\mathrm{T}_n(x)$)的所有其他$n$次多项式相比,$\mathrm{T}_n(x)$与零的最大差距最小.

这定理的证明如下:在$-1\leqslant x\leqslant 1$中$\mathrm{T}_n(x)=\cos n\theta(x=\cos\theta)$.因此$\mathrm{T}_n(x)$的绝对值与零的最大差距为1;这些最大差距出现在$\theta_k=k\pi/n, k=0,1,\cdots,n$的那些点.令$x_k=\cos\theta_k$,则当$k$为偶数时$\mathrm{T}_n(x_k)=1,k$为奇数时$\mathrm{T}_n(x_k)=-1$.设有另一实系数的$n$次多项式$R_n(x)$,其最高次方的系数也是$2^{n-1}$,则$\mathrm{T}_n(x)-R_n(x)$是一个$(n-1)$次多项式.如果$R_n(x)$与零的最大差距小于$\mathrm{T}_n(x)$与零的最大差距,则在$x_k$诸点,有

$$\mathrm{T}_n(x_0) - R_n(x_0) > 0,$$
$$\mathrm{T}_n(x_1) - R_n(x_1) < 0,$$
$$\cdots.$$

这表示多项式$\mathrm{T}_n(x)-R_n(x)$在$-1\leqslant x\leqslant 1$中至少变号$n$次,因之至少有$n$个零点,而这是与$\mathrm{T}_n(x)-R_n(x)$为$n-1$次多项式相矛盾的.因此$R_n(x)$与零的最大差距不能小于$\mathrm{T}_n(x)$与零的最大差距.

## 4.12   二 次 变 换

在4.3节和4.8节中讨论了超几何函数$\mathrm{F}(\alpha,\beta,\gamma,z)$的一次变换.在一次变换中,参数$\alpha,\beta,\gamma$除了需要使变换式中出现的超几何函数有意义外,是任意的.也存在一些高次变换,把超几何函数用新变数的超几何函数表达,但参数$\alpha,\beta,\gamma$受到一定的限制(参看第二章习题10,11).

高斯和库末曾给出了一些这类变换的公式,其形式是

$$x^{-p}(1-x)^{-q}\mathrm{F}(\alpha,\beta,\gamma,x) = t^{p'}(1-t)^{q'}\mathrm{F}(\alpha',\beta',\gamma',t), \tag{1}$$

其中$x=\varphi(t)$是代数函数[1].但是他们未曾讨论这类变换存在的条件.古萨(Goursat)对这问题作了详尽的研究[2].他证明$x$和$t$必须满足一个6次方程,即变换最高是6次的.下面只扼要地介绍他所得到的关于二次变换的结果.

令

$$P = x^{-p}(1-x)^{-q}\mathrm{F}(\alpha,\beta,\gamma,x), \tag{2}$$

由$y=\mathrm{F}(\alpha,\beta,\gamma,x)$所满足的方程

---

[1]  把(1)式左方的指标写为$-p,-q$是为了以后把相应因子乘到右方时指标成为正号的方便.
[2]  Goursat, *Ann. Sci. École Norm. Sup.* (2), **10**, 3~142 (1881).

$$x(1-x)\frac{d^2y}{dx^2}+[\gamma-(\alpha+\beta+1)x]\frac{dy}{dx}-\alpha\beta y=0, \qquad (3)$$

得 $P$ 所满足的方程

$$x^2(1-x)^2\frac{d^2P}{dx^2}+[l-(l+m)x]x(1-x)\frac{dP}{dx}+(Ax^2+Bx+C)P=0, \quad (4)$$

其中

$$\left.\begin{array}{l} l=2p+\gamma, \\ m=2q+\alpha+\beta-\gamma+1, \\ A=(p+q+\alpha)(p+q+\beta), \\ C=p(p+\gamma-1), \\ A+B+C=q(q+\alpha+\beta-\gamma). \end{array}\right\} \qquad (5)$$

如果对于变换 $x=\varphi(t)$,(1)式成立,则 $P$,作为 $t$ 的函数,显然应满足与(4)相似的方程

$$t^2(1-t)^2\frac{d^2P}{dt^2}+[l'-(l'+m')t]t(1-t)\frac{dP}{dt}+(A't^2+B't+C')P=0, \quad (6)$$

其中 $l',m',A',B',C'$ 与 $p',q',\alpha',\beta',\gamma'$ 的关系同于(5),只是式中的 $p$ 和 $q$ 应分别换为 $-p'$ 和 $-q'$,因为在(1)式中两者差一负号.

古萨证明能够实现(1)式的二次变换只有

$$x=(2t-1)^2 \qquad (7)$$

和它的反演,以及对其中的 $x$ 或 $t$ 作 4.3 节表 2 中的变换(这些变换把 $0,1,\infty$ 仍变为 $0,1,\infty$)所导出的其他变换.此外,$A,B,C,l,m$,因之 $\alpha,\beta,\gamma$,还必须满足一定的条件.古萨给出的二次变换和它们的反演列于表 3,其中

$$\left.\begin{array}{l} \lambda=1-\gamma, \\ \mu=\gamma-\alpha-\beta, \\ \nu=\beta-\alpha \end{array}\right\} \qquad (8)$$

分别代表超几何方程(3)在它的奇点 $0,1,\infty$ 处的两指标之差.

在表 3 中,第一列给出参数 $\lambda,\mu,\nu$,亦即 $\alpha,\beta,\gamma$ 所要满足的条件.属于同一罗马字号码的诸变换是对于 $t$ 作 $(0,1,\infty)$ 仍变为 $(0,1,\infty)$ 的变换得到的.例如属于 I 的第二变换 $x=(2-t)^2/t^2$ 可以从第一变换 $x=(2t-1)^2$ 把 $t$ 换为 $1/t$ 得到;第三变换 $x=(1+t)^2/(1-t)^2$ 则可由第一变换把 $t$ 换为 $1/(1-t)$ 得到.属于不同罗马字号码但在对应位置上的诸变换则是对于 $x$ 作 $(0,1,\infty)$ 仍变为 $(0,1,\infty)$ 的变换得到的.例如 II 的第一变换 $x=(2t-1)^2/4t(t-1)$ 可以从 I 的第一变换 $x=(2t-1)^2$ 把 $x$ 换为 $x/(x-1)$ 得到.

下面举一些重要的二次变换的例子.

**例 1** $y=F\left(\alpha,\beta,\alpha+\beta+\frac{1}{2},x\right)$ 属于 $\mu=1/2$,即上表中 III 的情形;$A+B+C=0,m=1/2$,故由公式(5)的第二个方程,$m=2q+1/2$,立刻确定 $q=0$;$p$ 则是任意的.

**表 3　古萨的二次变换和它们的反演**

二次变换

| 条件 | | 二次变换 | | |
|---|---|---|---|---|
| $C=0$<br>$l=\dfrac{1}{2}$<br>$\overline{\quad}$<br>$\lambda=\pm\dfrac{1}{2}$ | $\mathrm{I}$. $x=(2t-1)^2$,<br><br>$\mathrm{II}$. $x=\dfrac{(2t-1)^2}{4t(t-1)}$, | $x=\left(\dfrac{2-t}{t}\right)^2$,<br><br>$x=\dfrac{(2-t)^2}{4(1-t)}$, | $x=\left(\dfrac{1+t}{1-t}\right)^2$,<br><br>$x=\dfrac{(1+t)^2}{4t}$, | |
| $A+B+C=0$<br>$m=\dfrac{1}{2}$<br>$\overline{\quad}$<br>$\mu=\pm\dfrac{1}{2}$ | $\mathrm{III}$. $x=4t(1-t)$,<br><br>$\mathrm{IV}$. $x=\dfrac{1}{4t(1-t)}$, | $x=\dfrac{4(t-1)}{t^2}$,<br><br>$x=\dfrac{t^2}{4(t-1)}$, | $x=\dfrac{-4t}{(1-t)^2}$,<br><br>$x=\dfrac{(1-t)^2}{-4t}$, | |
| $A=0$<br>$l+m=\dfrac{3}{2}$<br>$\overline{\quad}$<br>$\nu=\pm\dfrac{1}{2}$ | $\mathrm{V}$. $x=\dfrac{1}{(2t-1)^2}$,<br><br>$\mathrm{VI}$. $x=\dfrac{4t(t-1)}{(2t-1)^2}$, | $x=\left(\dfrac{t}{2-t}\right)^2$,<br><br>$x=\dfrac{4(1-t)}{(2-t)^2}$, | $x=\left(\dfrac{1-t}{1+t}\right)^2$,<br><br>$x=\dfrac{4t}{(1+t)^2}$, | |

反演变换

（式中的根式按规定的对应关系取正负号）

$\text{VII.}\quad\begin{cases} x=\dfrac{1+\sqrt{t}}{2},\\[2mm] x=\dfrac{1+\sqrt{1-t}}{2\sqrt{1-t}},\\[2mm] x=\dfrac{(\sqrt{t}+\sqrt{t-1})^2}{4\sqrt{t(t-1)}} \end{cases}$

$\text{VIII.}\quad\begin{cases} x=\dfrac{1+\sqrt{1-t}}{2},\\[2mm] x=\dfrac{\sqrt{t-1}+\sqrt{t}}{2\sqrt{t-1}},\\[2mm] x=\dfrac{(1+\sqrt{1-t})^2}{4\sqrt{1-t}} \end{cases}$

$\quad\begin{cases} x=\dfrac{1+\sqrt{t}}{2\sqrt{t}},\\[2mm] x=\dfrac{\sqrt{t}+\sqrt{t-1}}{2\sqrt{t}},\\[2mm] x=\dfrac{(1+\sqrt{t})^2}{4\sqrt{t}} \end{cases}$

$\text{IX.}\quad\begin{cases} x=\dfrac{2}{1+\sqrt{t}},\\[2mm] x=\dfrac{2\sqrt{1-t}}{1+\sqrt{1-t}},\\[2mm] x=\dfrac{4\sqrt{t(t-1)}}{(\sqrt{t}+\sqrt{t-1})^2} \end{cases}$

$\text{X.}\quad\begin{cases} x=\dfrac{2}{1+\sqrt{1-t}},\\[2mm] x=\dfrac{2\sqrt{1-t}}{\sqrt{t-1}+\sqrt{t}},\\[2mm] x=\dfrac{4\sqrt{1-t}}{(1+\sqrt{1-t})^2} \end{cases}$

$\quad\begin{cases} x=\dfrac{2\sqrt{t}}{1+\sqrt{t}},\\[2mm] x=\dfrac{2\sqrt{t}}{\sqrt{t}+\sqrt{t-1}},\\[2mm] x=\dfrac{4\sqrt{t}}{(1+\sqrt{t})^2} \end{cases}$

$\text{XI.}\quad\begin{cases} x=\dfrac{\sqrt{t}-1}{\sqrt{t}+1},\\[2mm] x=\dfrac{1-\sqrt{1-t}}{1+\sqrt{1-t}},\\[2mm] x=\left(\dfrac{\sqrt{t-1}+\sqrt{t}}{\sqrt{t-1}-\sqrt{t}}\right)^2 \end{cases}$

$\text{XII.}\quad\begin{cases} x=\dfrac{\sqrt{1-t}-1}{\sqrt{1-t}+1},\\[2mm] x=\dfrac{\sqrt{t}-\sqrt{t-1}}{\sqrt{t}+\sqrt{t-1}},\\[2mm] x=\left(\dfrac{1+\sqrt{1-t}}{1-\sqrt{1-t}}\right)^2 \end{cases}$

$\quad\begin{cases} x=\dfrac{1-\sqrt{t}}{1+\sqrt{t}},\\[2mm] x=\dfrac{\sqrt{t-1}-\sqrt{t}}{\sqrt{t-1}+\sqrt{t}},\\[2mm] x=\left(\dfrac{1+\sqrt{t}}{1-\sqrt{t}}\right)^2. \end{cases}$

$\begin{aligned} &A+B=0\\ &l=m\\ &\overline{\lambda=\pm\mu} \end{aligned}$

$\begin{aligned} &B+C=0\\ &l+2m=2\\ &\overline{\mu=\pm\nu} \end{aligned}$

$\begin{aligned} &A-C=0\\ &2l+m=2\\ &\overline{\lambda=\pm\nu} \end{aligned}$

取 $p=0$，则(2)式的 $P$ 满足 $y$ 所满足的方程

$$x(1-x)\frac{\mathrm{d}^2P}{\mathrm{d}x^2}+\left[\alpha+\beta+\frac{1}{2}-(\alpha+\beta+1)x\right]\frac{\mathrm{d}P}{\mathrm{d}x}-\alpha\beta P=0.$$

作变换 $x=4t(1-t)$（见表中Ⅲ），这方程化为

$$t(1-t)\frac{\mathrm{d}^2P}{\mathrm{d}t^2}+\left[\alpha+\beta+\frac{1}{2}-(2\alpha+2\beta+1)t\right]\frac{\mathrm{d}P}{\mathrm{d}t}-4\alpha\beta P=0,$$

它的一个解是 $\mathrm{F}\left(2\alpha,2\beta,\alpha+\beta+\frac{1}{2},t\right)$，在 $t=0$ 其值为 1. 另一个解在 $t=0$ 是奇异的，因此有变换公式

$$\mathrm{F}\left(\alpha,\beta,\alpha+\beta+\frac{1}{2},4t(1-t)\right)=\mathrm{F}\left(2\alpha,2\beta,\alpha+\beta+\frac{1}{2},t\right). \tag{9}$$

回到变数 $x$，并规定当 $x=0$ 时 $t=0$，(9)式变为

$$\mathrm{F}\left(\alpha,\beta,\alpha+\beta+\frac{1}{2},x\right)=\mathrm{F}\left(2\alpha,2\beta,\alpha+\beta+\frac{1}{2},\frac{1-\sqrt{1-x}}{2}\right). \tag{10}$$

这公式也可以从反演变换（见表中Ⅶ）得到。

**例 2**　$y=\mathrm{F}(\alpha,\beta,2\beta,x)$ 属于 $\mu=\nu$，即上表中Ⅸ的情形；$B+C=0, l+2m=2$. 由后一条件用(5)式，得 $q=-(p+\alpha)/2$. 取 $p=0$，则 $q=-\alpha/2$，而有 $A=\frac{\alpha}{2}\left(\beta-\frac{\alpha}{2}\right)$，$-B=C=0, l=2\beta, m=1-\beta$. 因此，若令 $y=(1-x)^{-\alpha/2}P$，$P$ 所满足的方程(4)为

$$x^2(1-x)^2\frac{\mathrm{d}^2P}{\mathrm{d}x^2}+[2\beta-(\beta+1)x]x(1-x)\frac{\mathrm{d}P}{\mathrm{d}x}+\frac{\alpha}{2}\left(\beta-\frac{\alpha}{2}\right)x^2P=0.$$

作变换 $x=2\sqrt{t}/(\sqrt{t}+\sqrt{t-1})$（见表中Ⅸ），即 $t=x^2/4(x-1)$，得

$$t(1-t)\frac{\mathrm{d}^2P}{\mathrm{d}t^2}+\left[\beta+\frac{1}{2}-(\beta+1)t\right]\frac{\mathrm{d}P}{\mathrm{d}t}-\frac{\alpha}{2}\left(\beta-\frac{\alpha}{2}\right)P=0.$$

$\mathrm{F}\left(\frac{\alpha}{2},\beta-\frac{\alpha}{2},\beta+\frac{1}{2},\frac{x^2}{4(x-1)}\right)$ 是这方程在 $t=0$ 点数值为 1 的解. 另一解在 $t=0$ 是奇异的，故应有

$$\mathrm{F}(\alpha,\beta,2\beta,x)=(1-x)^{-\alpha/2}\mathrm{F}\left(\frac{\alpha}{2},\beta-\frac{\alpha}{2},\beta+\frac{1}{2},\frac{x^2}{4(x-1)}\right), \tag{11}$$

其中规定当 $x=0$ 时 $(1-x)^{-\alpha/2}=1$. 这公式也可以反过来从表中Ⅳ的相应变换得到.

(11)式右方属于 $\mu=1/2$ 型，可以应用(10)式而得

$$\mathrm{F}(\alpha,\beta,2\beta,x)=(1-x)^{-\alpha/2}\mathrm{F}\left[\alpha,2\beta-\alpha,\beta+\frac{1}{2},\frac{(1-\sqrt{1-x})^2}{-4\sqrt{1-x}}\right] \tag{12}$$

$$（当 x=0 时 (1-x)^{-\alpha/2}=1）.$$

由(12)，用 4.3 节(9)式，又得

$$F(\alpha,\beta,2\beta,x)=\left(\frac{1+\sqrt{1-x}}{2}\right)^{-2\alpha}$$

$$\times F\left(\alpha,\alpha-\beta+\frac{1}{2},\beta+\frac{1}{2},\left(\frac{1-\sqrt{1-x}}{1+\sqrt{1-x}}\right)^2\right) \qquad (13)$$

$$\left(\text{当 } x=0 \text{ 时},\sqrt{1-x}=1,\left(\frac{1+\sqrt{1-x}}{2}\right)^{-2\alpha}=1\right).$$

在(13)式中令 $z=(1-\sqrt{1-x})/(1+\sqrt{1-x})$,得

$$F\left(\alpha,\beta,2\beta,\frac{4z}{(1+z)^2}\right)=(1+z)^{2\alpha}F\left(\alpha,\alpha-\beta+\frac{1}{2},\beta+\frac{1}{2},z^2\right), \qquad (14)$$

其中规定当 $z=0$ 时 $(1+z)^{2\alpha}=1$.

再利用各种一次变换(4.3 节)和开拓关系(4.8 节),还可以从上面的公式导出许多二次变换的公式. 例如,由 4.3 节(9)式,令 $\beta=\alpha+\frac{1}{2}$,有

$$F\left(\alpha,\alpha+\frac{1}{2},\gamma,x\right)=(1-x)^{-\alpha}F\left(\alpha,\gamma-\alpha-\frac{1}{2},\gamma,\frac{x}{x-1}\right),$$

右方属于 $\mu=1/2$ 型,可以应用上面的(10)式,得

$$F\left(\alpha,\alpha+\frac{1}{2},\gamma,x\right)=(1-x)^{-\alpha}F\left(2\alpha,2\gamma-2\alpha-1,\gamma,\frac{\sqrt{1-x}-1}{2\sqrt{1-x}}\right), \qquad (15)$$

其中规定当 $x=0$ 时 $(1-x)^{-\alpha}=1$.

再用 4.3 节(9)式,得

$$F\left(\alpha,\alpha+\frac{1}{2},\gamma,x\right)=\left(\frac{1+\sqrt{1-x}}{2}\right)^{-2\alpha}F\left(2\alpha,2\alpha+1-\gamma,\gamma,\frac{1-\sqrt{1-x}}{1+\sqrt{1-x}}\right) \qquad (16)$$

$$\left(\text{当 } x=0 \text{ 时},\sqrt{1-x}=1,\left(\frac{1+\sqrt{1-x}}{2}\right)^{-2\alpha}=1\right).$$

又例如,由(9)式,利用 4.8 节(4)式,得

$$F\left(2\alpha,2\beta,\alpha+\beta+\frac{1}{2},\frac{1+x}{2}\right)=\frac{\Gamma\left(\alpha+\beta+\frac{1}{2}\right)\Gamma\left(\frac{1}{2}\right)}{\Gamma\left(\alpha+\frac{1}{2}\right)\Gamma\left(\beta+\frac{1}{2}\right)}F\left(\alpha,\beta,\frac{1}{2},x^2\right)$$

$$-x\frac{\Gamma\left(\alpha+\beta+\frac{1}{2}\right)\Gamma\left(-\frac{1}{2}\right)}{\Gamma(\alpha)\Gamma(\beta)}F\left(\alpha+\frac{1}{2},\beta+\frac{1}{2},\frac{3}{2},x^2\right);$$

$$(17)$$

右方第二项的负号是根据两方的函数在 $x=1$ 之值确定的.

关于其他各种二次变换和一些高次变换可参考 Erdélyi (1953),Vol. I, pp. 110~114 公式(1)~(47);和 Goursat,前引文献(见本节开头时的脚注).

### 4.13　库末(Kummer)公式以及由它导出的求和公式

库末公式是

$$F(\alpha,\beta,1+\alpha-\beta,-1) = \frac{\Gamma(1+\alpha-\beta)\Gamma\left(1+\dfrac{\alpha}{2}\right)}{\Gamma(1+\alpha)\Gamma\left(1+\dfrac{\alpha}{2}-\beta\right)}; \tag{1}$$

可以从下面的二次变换公式得到:

$$F(\alpha,\beta,1+\alpha-\beta,x) = (1-x)^{-\alpha}F\left(\frac{\alpha}{2},\frac{1+\alpha-2\beta}{2},1+\alpha-\beta,-\frac{4x}{(1-x)^2}\right) \tag{2}$$

$$(x=0 \text{ 时}(1-x)^{-\alpha}=1).$$

在(2)式中令 $x=-1$, 右方等于

$$2^{-\alpha}F\left(\frac{\alpha}{2},\frac{1+\alpha-2\beta}{2},1+\alpha-\beta,1\right) = 2^{-\alpha}\frac{\Gamma(1+\alpha-\beta)\Gamma\left(\dfrac{1}{2}\right)}{\Gamma\left(1+\dfrac{\alpha}{2}-\beta\right)\Gamma\left(\dfrac{\alpha+1}{2}\right)},$$

但由 3.6 节(8)式

$$\Gamma\left(\frac{\alpha+1}{2}\right) = \frac{\Gamma(\alpha+1)2^{-\alpha}\pi^{1/2}}{\Gamma\left(\dfrac{\alpha}{2}+1\right)},$$

故有(1)式.

(2)式的证明如下:它的左方属于上节的二次变换表中 $\lambda=\nu$, 即 XI 的情形; $A-C=0, 2l+m=2$. 由后一关系, 用上节(5)式, 得 $q=-(2p+\alpha)$. 取 $p=0$, 则 $q=-\alpha$, 故令 $F(\alpha,\beta,1+\alpha-\beta,x)=(1-x)^{-\alpha}P$, 得 $P$ 所满足的方程

$$x^2(1-x)^2\frac{d^2P}{dx^2}+[1+\alpha-\beta-(1-\alpha+\beta)x]x(1-x)\frac{dP}{dx}-\alpha(2\beta-\alpha+1)xP=0.$$

令 $t=-4x/(1-x)^2$, 即 $x=(\sqrt{1-t}-1)/(\sqrt{1-t}+1)$, 得 $P(t)$ 的方程

$$t(1-t)\frac{d^2P}{dt^2}+\left[1+\alpha-\beta-\left(\alpha-\beta+\frac{3}{2}\right)t\right]\frac{dP}{dt}+\frac{\alpha(2\beta-\alpha-1)}{4}P=0.$$

$F\left(\dfrac{\alpha}{2},\dfrac{1+\alpha-2\beta}{2},1+\alpha-\beta,t\right)$ 是这方程在 $t=0$ 之值为 1 的解, 故有(2).

由库末公式(1)可以推出下面两个求和公式

$$F\left(\alpha,\beta,\frac{1+\alpha+\beta}{2},\frac{1}{2}\right) = \frac{\Gamma\left(\dfrac{1}{2}\right)\Gamma\left(\dfrac{1+\alpha+\beta}{2}\right)}{\Gamma\left(\dfrac{1+\alpha}{2}\right)\Gamma\left(\dfrac{1+\beta}{2}\right)}, \tag{3}$$

$$F\left(\alpha, 1-\alpha, \gamma, \frac{1}{2}\right) = \frac{\Gamma\left(\frac{\gamma}{2}\right)\Gamma\left(\frac{1+\gamma}{2}\right)}{\Gamma\left(\frac{\gamma+\alpha}{2}\right)\Gamma\left(\frac{1+\gamma-\alpha}{2}\right)}$$

$$= 2^{1-\gamma}\frac{\Gamma(\gamma)\Gamma\left(\frac{1}{2}\right)}{\Gamma\left(\frac{\gamma+\alpha}{2}\right)\Gamma\left(\frac{1+\gamma-\alpha}{2}\right)}. \tag{4}$$

因为由 4.3 节(9)式有

$$F(\alpha, \gamma-\beta, \gamma, z) = (1-z)^{-\alpha}F\left(\alpha, \beta, \gamma, \frac{z}{z-1}\right).$$

令 $z=-1$,得

$$F\left(\alpha, \beta, \gamma, \frac{1}{2}\right) = 2^{\alpha}F(\alpha, \gamma-\beta, \gamma, -1). \tag{5}$$

令 $\gamma=(1+\alpha+\beta)/2$,用库末公式(1)和 $\Gamma$ 函数的倍乘公式(3.6 节(8)式),即得 (3)式.

(3)式也可以由上节(17)式令 $x=0$ 并把 $\alpha$ 换为 $\frac{\alpha}{2}$,$\beta$ 换为 $\frac{\beta}{2}$ 而得到.

在(5)式中令 $\beta=1-\alpha$,得

$$F\left(\alpha, 1-\alpha, \gamma, \frac{1}{2}\right) = 2^{\alpha}F(\alpha, \gamma+\alpha-1, \gamma, -1)$$

$$= 2^{\alpha}F(\gamma+\alpha-1, \alpha, \gamma, -1).$$

用(1)式和 $\Gamma$ 函数的倍乘公式即得(4).

还有一些类似的公式可以从超几何函数的变换导出,可参看 Erdélyi (1953), Vol. I, p. 104,公式(46)~(56).

## 4.14　参数大时的渐近展开

超几何函数 $F(\alpha, \beta, \gamma, z)$ 在 $z\to\infty$ 时的性质完全可以用 4.8 节(8)式或者 4.9 节(2)式的开拓关系表示出来,其中的级数是收敛的.

本节主要是讨论 $F(\alpha, \beta, \gamma, z)$ 中的参数 $\alpha, \beta, \gamma$ 趋于 $\infty$ 的情形.

先看当 $\alpha, \beta, z$ 固定而 $|\gamma|\to\infty$ 的情形. 如果 $|z|<1$,则超几何级数对任何不为零或负整数的 $\gamma$ 值都是收敛的. 设 $|\arg\gamma|\leqslant\pi-\delta, \delta>0$,利用 $\Gamma$ 函数的渐近展开式 (3.21 节(5)),立见当 $|\gamma|\to\infty$ 时

$$F(\alpha, \beta, \gamma, z) = 1 + \frac{\alpha\cdot\beta}{1\cdot\gamma}z + \cdots + \frac{(\alpha)_n(\beta)_n}{n!(\gamma)_n}z^n + O(\gamma^{-n-1}). \tag{1}$$

如果是 $\mathrm{Re}(\gamma)\to\infty$,则可证明(1)式在 $|z|>1$ 且 $|\arg(1-z)|\leqslant\pi-\varepsilon<\pi$ 时也

成立. 先仍设 $|z| < 1$, 则

$$\mathrm{F}(\alpha,\beta,\gamma,z) - \sum_{k=0}^{n} \frac{(\alpha)_k (\beta)_k}{k!(\gamma)_k} z^k = \sum_{k=n+1}^{\infty} \frac{(\alpha)_k (\beta)_k}{k!(\gamma)_k} z^k$$

$$= \sum_{k=0}^{\infty} \frac{(\alpha)_{k+n+1}(\beta)_{k+n+1}}{(k+n+1)!(\gamma)_{k+n+1}} z^{k+n+1}$$

$$= \rho_{n+1}(\alpha,\beta,\gamma,z).$$

利用关系 $(\lambda)_{k+n+1} = \Gamma(\lambda+k+n+1)/\Gamma(\lambda) = (\lambda+n+1)_k \Gamma(\lambda+n+1)/\Gamma(\lambda)$ 得

$$\rho_{n+1}(\alpha,\beta,\gamma,z) = \frac{\Gamma(\gamma)}{\Gamma(\alpha)\Gamma(\beta)} \frac{\Gamma(\alpha+n+1)\Gamma(\beta+n+1)}{\Gamma(\gamma+n+1)} z^{n+1}$$

$$\times \sum_{k=0}^{\infty} \frac{(\alpha+n+1)_k (\beta+n+1)_k}{(k+n+1)!(\gamma+n+1)_k} z^k.$$

由 3.8 节(1)和(3)有

$$\int_0^1 (1-s)^n (sz)^k \mathrm{d}s = \frac{\Gamma(n+1)\Gamma(k+1)}{\Gamma(n+k+2)} z^k.$$

代入上式, 得

$$\rho_{n+1} = \frac{\Gamma(\gamma)}{\Gamma(\alpha)\Gamma(\beta)} \frac{\Gamma(\alpha+n+1)\Gamma(\beta+n+1)}{n!\Gamma(\gamma+n+1)} z^{n+1}$$

$$\times \int_0^1 (1-s)^n \mathrm{F}(\alpha+n+1,\beta+n+1,\gamma+n+1,sz)\mathrm{d}s.$$

当 $\mathrm{Re}(\gamma) \to \infty$ 时, $\mathrm{Re}(\gamma) > \mathrm{Re}(\beta)$, 若同时取 $n$ 足够大, 使 $\mathrm{Re}(\beta+n) > 0$, 可用 4.5 节 (6)式而得

$$\rho_{n+1} = \frac{\Gamma(\gamma)\Gamma(\alpha+n+1)z^{n+1}}{n!\Gamma(\alpha)\Gamma(\beta)\Gamma(\gamma-\beta)} \int_0^1 \int_0^1 t^{\beta+n}(1-t)^{\gamma-\beta-1}(1-s)^n (1-stz)^{-\alpha-n-1} \mathrm{d}s\mathrm{d}t,$$

其中 $|\arg(1-z)| \leqslant \pi-\varepsilon, \varepsilon > 0, |z| \leqslant R, |z-1| \geqslant r, R$ 和 $r$ 是任意正数, $R > r$. 仿照 4.5 节中的作法, 可以证明在 $z$ 的这个区域内

$$|t^{\beta+n}(1-t)^{\gamma-\beta-1}(1-stz)^{-\alpha-n-1}| \leqslant Mt^{b+n}(1-t)^{c-b-1},$$

其中 $b$ 和 $c$ 分别是 $\beta$ 和 $\gamma$ 的实部, $M$ 是 $|(1-stz)^{-\alpha-n-1}|$ 的上界, 只与 $\alpha$ 和 $n$ 有关. 由此得

$$|\rho_{n+1}| \leqslant \left| \frac{\Gamma(\gamma)(\alpha)_{n+1}z^{n+1}}{(n+1)!\Gamma(\beta)\Gamma(\gamma-\beta)} \right| M \int_0^1 t^{b+n}(1-t)^{c-b-1}\mathrm{d}t$$

$$= \left| \frac{(\alpha)_{n+1}\Gamma(b+n+1)Mz^{n+1}}{(n+1)!\Gamma(\beta)} \right| \left| \frac{\Gamma(\gamma)}{\Gamma(\gamma-\beta)} \right| \frac{\Gamma(c-b)}{\Gamma(c+n+1)}.$$

利用 $\Gamma$ 函数的渐近展开式(3.21 节(5))来计算后面两个 $\Gamma$ 函数因子, 得

$$|\rho_{n+1}| \leqslant \mu(\alpha,\beta,n)|z|^{n+1}|\gamma|^b c^{-b-n-1}.$$

令 $\varphi = \arg\gamma$, 设 $|\arg\gamma| \leqslant \pi/2-\delta, \delta > 0$, 则 $c/|\gamma| = \cos\varphi \neq 0$, 因此当 $\gamma \to \infty$ 时 $|c/\gamma|^{-b}$ 是有界的, 而有 $|\rho_{n+1}| = O(c^{-n-1}) = O(|\gamma|^{-n-1})$. 这就证明, 当 $\gamma \to \infty$ 而 $|\arg\gamma| \leqslant$

$\pi/2-\delta<\pi/2$ 时,(1)式在沿正实轴从 $z=1$ 到 $\infty$ 割开的 $z$ 平面上成立.

上面的结果虽然是在 $n$ 足够大的条件下得到的,但(1)式右方的渐近展开式中的每一项在 $\gamma\to\infty$ 时都是 $O(\gamma^{-k})$, $k=1,2,\cdots,n$,故 $n$ 须足够大的条件可以取消.

麦克罗伯(MacRobert, *Proc. Edinburgh Math. Soc.*, **42** (1923) pp. 84~87)曾证明(1)式在 $\gamma$ 的更广一些的范围内也成立,这范围是 $-\dfrac{\pi}{2}-\varphi<\arg\gamma<\dfrac{\pi}{2}+\varphi$,其中 $\varphi$ 是一个锐角($>0$),其大小与 $z$ 有关,$\varphi<|\arg z|$.

当 $\alpha,\gamma(\neq 0,-1,-2,\cdots)$ 和 $z$ 固定,且 $0<z<1$,而 $\beta\to\infty$ 时,有

$$F(\alpha,\beta,\gamma,z)=F(\alpha,\beta,\gamma,\beta z/\beta)=\left[\sum_{n=0}^{\infty}\frac{(\alpha)_n(\beta z)^n}{n!(\gamma)_n}\right][1+O(\beta^{-1})].$$

于是,应用合流超几何函数 $F(\alpha,\gamma,\beta z)$(等于上式右方的级数和)在 $|\beta z|\to\infty$ 时的渐近展开公式(6.8 节(7)),得 $F(\alpha,\beta,\gamma,z)$ 在 $|\beta|\to\infty$ 时的渐近表示:

$$F(\alpha,\beta,\gamma,z)=\mathrm{e}^{\pm i\pi\alpha}\frac{\Gamma(\gamma)}{\Gamma(\gamma-\alpha)}(\beta z)^{-\alpha}[1+O(|\beta z|^{-1})]$$
$$+\frac{\Gamma(\gamma)}{\Gamma(\alpha)}\mathrm{e}^{\beta z}(\beta z)^{\alpha-\gamma}[1+O(|\beta z|^{-1})],\qquad(2)$$

式中因子 $\mathrm{e}^{\pm i\pi\alpha}$ 当 $-\pi/2<\arg(\beta z)<3\pi/2$ 时取正号,当 $-3\pi/2<\arg(\beta z)<\pi/2$ 时取负号.

瓦特孙(Watson, *Trans. Camb. Phil. Soc.*, **22**(1918),277)用最陡下降法(参看 7.11 节)得到了在两个或者三个参数同时趋于 $\infty$ 时 $F(\alpha,\beta,\gamma,z)$ 的渐近展开式.下面给出其结果:令

$$\mathrm{e}^{\pm\xi}=z\pm\sqrt{z^2-1},$$

并规定

$$(1-\mathrm{e}^{\xi})=(\mathrm{e}^{\xi}-1)\mathrm{e}^{\mp\pi i},$$

因子 $\mathrm{e}^{\mp\pi i}$ 在 $\mathrm{Im}(z)>0$ 时取负号,$\mathrm{Im}(z)<0$ 时取正号. 当 $|\lambda|\to\infty$ 时有

$$\left(\frac{z-1}{2}\right)^{-\alpha-\lambda}F\left(\alpha+\lambda,\alpha-\gamma+1+\lambda,\alpha-\beta+1+2\lambda,\frac{2}{1-z}\right)$$

$$=\frac{2^{\alpha+\beta}\Gamma(\alpha-\beta+1+2\lambda)\Gamma\left(\frac{1}{2}\right)\lambda^{-1/2}}{\Gamma(\alpha-\gamma+1+\lambda)\Gamma(\gamma-\beta+\lambda)}\mathrm{e}^{-(\alpha+\lambda)\xi}$$

$$\times(1-\mathrm{e}^{-\xi})^{\frac{1}{2}-\gamma}(1+\mathrm{e}^{-\xi})^{\gamma-\alpha-\beta-\frac{1}{2}}[1+O(\lambda^{-1})]\qquad(3)$$

$$(|\arg\lambda|\leqslant\pi-\delta<\pi)$$

和

$$F\left(\alpha+\lambda,\beta-\lambda,\gamma,\frac{1-z}{2}\right)=\frac{\Gamma(1-\beta+\lambda)\Gamma(\gamma)}{\Gamma\left(\frac{1}{2}\right)\Gamma(\gamma-\beta+\lambda)}2^{\alpha+\beta-1}(1-\mathrm{e}^{-\xi})^{\frac{1}{2}-\gamma}(1+\mathrm{e}^{-\xi})^{\gamma-\alpha-\beta-\frac{1}{2}}$$

$$\times \lambda^{-1/2} \left[ e^{(\lambda-\beta)\xi} + e^{\mp i\pi(\frac{1}{2}-\gamma)} e^{-(\lambda+\alpha)\xi} \right] [1 + O(\lambda^{-1})], \tag{4}$$

其中的因子 $e^{\mp i\pi(\frac{1}{2}-\gamma)}$ 在 $\mathrm{Im}(z) > 0$ 时取负号,$\mathrm{Im}(z) < 0$ 时取正号,而

$$-\frac{\pi}{2} - w_2 + \delta < \arg\lambda < \frac{\pi}{2} + w_1 - \delta \quad (\delta > 0),$$

其中

$$w_2 = \arctan(\eta/\zeta), \quad -w_1 = \arctan[(\eta-\pi)/\zeta] \quad (\eta \geqslant 0),$$
$$w_2 = \arctan[(\eta+\pi)/\zeta], \quad -w_1 = \arctan(\eta/\zeta) \quad (\eta \leqslant 0),$$
$$\xi = \zeta + i\eta, \quad |\arctan x| < \pi/2.$$

还有其他情形下的渐近展开公式,可参看 Erdélyi (1953),Vol. I, p. 78 上所引文献.

## 4.15　广义超几何级数

广义超几何级数的定义是

$$_pF_q(\alpha_1, \alpha_2, \cdots, \alpha_p; \gamma_1, \gamma_2, \cdots, \gamma_q; z) = \sum_{n=0}^{\infty} \frac{(\alpha_1)_n (\alpha_2)_n \cdots (\alpha_p)_n}{n! (\gamma_1)_n (\gamma_2)_n \cdots (\gamma_q)_n} z^n. \tag{1}$$

当 $p \leqslant q$ 时,这级数对于任何 $z$ 值都是收敛的. 当 $p > q+1$ 时,这级数对于除 $z=0$ 以外的任何 $z$ 值都是发散的;只有当级数中断成为多项式时它才有意义.

当 $p = q+1$ 时(这是通常比较注意的情形,例如超几何级数),级数在 $|z| < 1$ 中是收敛的. 如果 $\mathrm{Re}\left(\sum \gamma - \sum \alpha\right) > 0$,则它在 $z=1$ 这点也收敛.

超几何级数 $F(\alpha, \beta, \gamma, z)$ 是(1)的特殊情形,$p=2, q=1 (p=q+1)$,因此常写为 $_2F_1(\alpha, \beta; \gamma; z)$.

$_{p+1}F_p$ 所满足的微分方程可写为

$$\{\vartheta(\vartheta+\gamma_1-1)\cdots(\vartheta+\gamma_p-1) - z(\vartheta+\alpha_1)\cdots(\vartheta+\alpha_{p+1})\}_y = 0, \tag{2}$$

其中 $\vartheta = z\,\mathrm{d}/\mathrm{d}z$,这不难直接验证.方程(2)的其他解为

$$z^{1-\gamma_1}{}_{p+1}F_p(1+\alpha_1-\gamma_1, 1+\alpha_2-\gamma_1, \cdots, 1+\alpha_{p+1}-\gamma_1;$$
$$2-\gamma_1, 1+\gamma_2-\gamma_1, \cdots, 1+\gamma_p-\gamma_1; z) \tag{3}$$

以及另外 $p-1$ 个相似的表达式(把 $\gamma_1$ 依次换为 $\gamma_2, \gamma_3, \cdots, \gamma_p$ 并设它们都不等于整数).如果 $1, \gamma_1, \cdots, \gamma_p$ 中的任何两个值之差都不是整数,则这些解都是线性无关的;否则要有含对数项的解(参看,例如,Ince (1927), Chap. XV).

### 萨耳许茨(Saalschütz)公式

$$_3F_2(\alpha, \beta, -n; \gamma, 1+\alpha+\beta-\gamma-n; 1) = \frac{(\gamma-\alpha)_n(\gamma-\beta)_n}{(\gamma)_n(\gamma-\alpha-\beta)_n} \tag{4}$$

可用来求级数 $_3F_2(\alpha_1, \alpha_2, \alpha_3; \gamma_1, \gamma_2; 1)$ 之和,若 $\gamma_1 + \gamma_2 = \alpha_1 + \alpha_2 + \alpha_3 + 1$,且 $\alpha_1, \alpha_2, \alpha_3$ 中的一个是负整数;这时级数是一多项式.

公式(4)可证明如下：由 4.3 节(8)式

$$(1-z)^{\alpha+\beta-\gamma} {}_2F_1(\alpha,\beta;\gamma;z) = {}_2F_1(\gamma-\alpha,\gamma-\beta;\gamma;z) \tag{5}$$

把$(1-z)^{\alpha+\beta-\gamma}$展开为$z$的幂级数,然后比较(5)式两边$z^n$的系数,得

$$\sum_{s=0}^{n} \frac{(\alpha)_s(\beta)_s(\gamma-\alpha-\beta)_{n-s}}{s!(\gamma)_s(n-s)!} = \frac{(\gamma-\alpha)_n(\gamma-\beta)_n}{n!(\gamma)_n}. \tag{6}$$

利用公式

$$(\lambda)_{n-s} = (-)^s \frac{(\lambda)_n}{(1-\lambda-n)_s}, \tag{7}$$

(6)式左方化为

$$\frac{(\gamma-\alpha-\beta)_n}{n!} \sum_{s=0}^{n} \frac{(\alpha)_s(\beta)_s(-n)_s}{s!(\gamma)_s(1-\gamma+\alpha+\beta-n)_s},$$

因此有(4).

公式(4)可写为

$$_3F_2(\alpha,\beta,\gamma;\delta,\varepsilon;1) = \frac{\Gamma(\delta)\Gamma(1+\alpha-\varepsilon)\Gamma(1+\beta-\varepsilon)\Gamma(1+\gamma-\varepsilon)}{\Gamma(1-\varepsilon)\Gamma(\delta-\alpha)\Gamma(\delta-\beta)\Gamma(\delta-\gamma)}, \tag{8}$$

其中$\alpha,\beta,\gamma$之一为负整数,且$\delta+\varepsilon=\alpha+\beta+\gamma+1$.

关于广义超几何级数的进一步讨论和结果,可参看 Bailey (1935) 和 Erdélyi (1953), Vol. I, Chap. 4.

## 4.16　两个变数的超几何级数

把两个超几何级数 $F(\alpha,\beta,\gamma,x)$ 和 $F(\alpha',\beta',\gamma',y)$ 乘起来,就得到一个依赖于两个变数 $x$ 和 $y$ 的二重级数,其普遍项为

$$\frac{(\alpha)_m(\alpha')_n(\beta)_m(\beta')_n}{m!n!(\gamma)_m(\gamma')_n}x^m y^n.$$

在这个式子中,把乘积$(\alpha)_m(\alpha')_n,(\beta)_m(\beta')_n,(\gamma)_m(\gamma')_n$中的一个,两个或者三个相应地换为$(\alpha)_{m+n},(\beta)_{m+n},(\gamma)_{m+n}$,即得 5 种不同的二重级数.其中三个乘积都换的二重级数

$$\sum_{m,n=0}^{\infty} \frac{(\alpha)_{m+n}(\beta)_{m+n}}{m!n!(\gamma)_{m+n}}x^m y^n$$

实际上是超几何级数 $F(\alpha,\beta,\gamma,x+y)$ 的展开,因为

$$F(\alpha,\beta,\gamma,x+y) = \sum_{s=0}^{\infty} \frac{(\alpha)_s(\beta)_s}{s!(\gamma)_s}(x+y)^s$$

$$= \sum_{s=0}^{\infty} \frac{(\alpha)_s(\beta)_s}{s!(\gamma)_s} \sum_{m=0}^{s} \binom{s}{m} x^m y^{s-m} = \sum_{m=0}^{\infty} C_m x^m,$$

$$C_m = \sum_{s=m}^{\infty} \frac{(\alpha)_s (\beta)_s}{s!(\gamma)_s} \binom{s}{m} y^{s-m} = \sum_{n=0}^{\infty} \frac{(\alpha)_{n+m}(\beta)_{n+m}}{m!n!(\gamma)_{n+m}} y^n.$$

撇开这种情形不论，余下的四种二重级数是

$$\mathrm{F}_1(\alpha;\beta,\beta';\gamma;x,y) = \sum \sum \frac{(\alpha)_{m+n}(\beta)_m(\beta')_n}{m!n!(\gamma)_{m+n}} x^m y^n, \tag{1}$$

$$\mathrm{F}_2(\alpha;\beta,\beta';\gamma,\gamma';x,y) = \sum \sum \frac{(\alpha)_{m+n}(\beta)_m(\beta')_n}{m!n!(\gamma)_m(\gamma')_n} x^m y^n, \tag{2}$$

$$\mathrm{F}_3(\alpha,\alpha';\beta,\beta';\gamma;x,y) = \sum \sum \frac{(\alpha)_m(\alpha')_n(\beta)_m(\beta')_n}{m!n!(\gamma)_{m+n}} x^m y^n, \tag{3}$$

$$\mathrm{F}_4(\alpha;\beta;\gamma,\gamma';x,y) = \sum \sum \frac{(\alpha)_{m+n}(\beta)_{m+n}}{m!n!(\gamma)_m(\gamma')_n} x^m y^n; \tag{4}$$

所有二重和都是从 $m,n=0$ 到 $\infty$. 这四个级数所代表的函数称为阿培耳(Appell)二元超几何函数.

这些二重级数分别在下列范围中绝对收敛[①]:

$$|x|<1, \quad |y|<1; \tag{1a}$$
$$|x|+|y|<1; \tag{2a}$$
$$|x|<1, \quad |y|<1; \tag{3a}$$
$$|x|^{1/2}+|y|^{1/2}<1. \tag{4a}$$

当 $y=0$ 时，所有 $\mathrm{F}_1,\cdots,\mathrm{F}_4$ 这些函数都约化为普通的超几何函数 $\mathrm{F}(\alpha,\beta,\gamma,x)$. 前三个函数则在 $\beta'=0$ 时也都约化为 $\mathrm{F}(\alpha,\beta,\gamma,x)$.

**阿培耳函数所满足的偏微分方程**　把 $\mathrm{F}_1(\alpha;\beta,\beta';\gamma;x,y)$ 写作 $\sum A_{m,n}x^m y^n$，易见

$$A_{m+1,n} = \frac{(\alpha+m+n)(\beta+m)}{(m+1)(\gamma+m+n)} A_{m,n}.$$

由此可知 $\mathrm{F}_1$ 满足方程

$$\left\{ (\vartheta+\varphi+\alpha)(\vartheta+\beta) - \frac{1}{x}\vartheta(\vartheta+\varphi+\gamma-1) \right\} \mathrm{F}_1 = 0, \tag{5}$$

其中 $\vartheta=x\partial/\partial x,\varphi=y\partial/\partial y$. 若考虑 $A_{m,n+1}$ 和 $A_{m,n}$ 的关系，可以得到 $\mathrm{F}_1$ 所满足的另一偏微分方程.

采用通常的符号：$p,q$ 代表一阶偏微商 $\left(p=\frac{\partial z}{\partial x},q=\frac{\partial z}{\partial y}\right)$，$r,s,t$ 代表二阶偏微商 $\left(r=\frac{\partial^2 z}{\partial x^2},s=\frac{\partial^2 z}{\partial x\partial y},t=\frac{\partial^2 z}{\partial y^2}\right)$，则诸 F 函数所满足的偏微分方程是($z$ 代表 $\mathrm{F}_1,\cdots,\mathrm{F}_4$)

　① 证明可参看 Bailey (1935), Chap. Ⅸ, pp. 74~75；关于一般二重级数的收敛问题可参看 Bromwich, *Infinite Series*, Chap. Ⅴ, pp. 78~97.

$$F_1 : x(1-x)r + y(1-x)s + \{\gamma - (\alpha+\beta+1)x\}p - \beta yq - \alpha\beta z = 0,$$
$$y(1-y)t + x(1-y)s + \{\gamma - (\alpha+\beta'+1)y\}q - \beta'xp - \alpha\beta'z = 0; \quad (6)$$

$$F_2 : x(1-x)r - xys + \{\gamma - (\alpha+\beta+1)x\}p - \beta yq - \alpha\beta z = 0,$$
$$y(1-y)t - xys + \{\gamma' - (\alpha+\beta'+1)y\}q - \beta'xp - \alpha\beta'z = 0; \quad (7)$$

$$F_3 : x(1-x)r + ys + \{\gamma - (\alpha+\beta+1)x\}p - \alpha\beta z = 0,$$
$$y(1-y)t + xs + \{\gamma - (\alpha'+\beta'+1)y\}q - \alpha'\beta'z = 0; \quad (8)$$

$$F_4 : x(1-x)r - y^2 t - 2xys + \{\gamma - (\alpha+\beta+1)x\}p$$
$$- (\alpha+\beta+1)yq - \alpha\beta z = 0,$$
$$y(1-y)t - x^2 r - 2xys + \{\gamma' - (\alpha+\beta+1)y\}q$$
$$- (\alpha+\beta+1)xp - \alpha\beta z = 0. \quad (9)$$

**积分表示**

$$\frac{\Gamma(\beta)\Gamma(\beta')\Gamma(\gamma-\beta-\beta')}{\Gamma(\gamma)}F_1(\alpha;\beta,\beta';\gamma;x,y)$$
$$= \iint u^{\beta-1}v^{\beta'-1}(1-u-v)^{\gamma-\beta-\beta'-1}(1-ux-vy)^{-\alpha}dudv, \quad (10)$$

积分区域为三角形：$u \geqslant 0, v \geqslant 0, u+v \leqslant 1$；

$$\frac{\Gamma(\beta)\Gamma(\beta')\Gamma(\gamma-\beta)\Gamma(\gamma'-\beta')}{\Gamma(\gamma)\Gamma(\gamma')}F_2(\alpha;\beta,\beta';\gamma,\gamma';x,y)$$
$$= \int_0^1\int_0^1 u^{\beta-1}v^{\beta'-1}(1-u)^{\gamma-\beta-1}(1-v)^{\gamma'-\beta'-1}(1-ux-vy)^{-\alpha}dudv; \quad (11)$$

$$\frac{\Gamma(\beta)\Gamma(\beta')\Gamma(\gamma-\beta-\beta')}{\Gamma(\gamma)}F_3(\alpha,\alpha';\beta,\beta';\gamma;x,y)$$
$$= \iint u^{\beta-1}v^{\beta'-1}(1-u-v)^{\gamma-\beta-\beta'-1}(1-ux)^{-\alpha}(1-vy)^{-\alpha'}dudv, \quad (12)$$

积分区域为三角形：$u \geqslant 0, v \geqslant 0, u+v \leqslant 1$. 诸参数 $\alpha, \alpha', \cdots$ 之值须使积分收敛.

把被积函数用 $x, y$ 的幂次展开，然后逐项求积，即可证明这些积分公式.

$F_4$ 的积分表示较复杂，下面是简单的一种：

$$\frac{\Gamma(\alpha)\Gamma(\beta)\Gamma(\gamma-\alpha)\Gamma(\gamma'-\beta)}{\Gamma(\gamma)\Gamma(\gamma')}F_4(\alpha;\beta;\gamma,\gamma';x(1-y),y(1-x))$$
$$= \int_0^1\int_0^1 u^{\alpha-1}v^{\beta-1}(1-u)^{\gamma-\alpha-1}(1-v)^{\gamma'-\beta-1}(1-ux)^{\alpha-\gamma-\gamma'+1}$$
$$\times (1-vy)^{\beta-\gamma-\gamma'+1}(1-ux-vy)^{\gamma+\gamma'-\alpha-\beta-1}dudv, \quad (13)$$

其中 $\mathrm{Re}(\alpha)>0, \mathrm{Re}(\beta)>0, \mathrm{Re}(\gamma-\alpha)>0, \mathrm{Re}(\gamma'-\beta)>0$.

又，$F_1$ 还可以用更简单的积分来表达：

$$\frac{\Gamma(\alpha)\Gamma(\gamma-\alpha)}{\Gamma(\gamma)}F_1(\alpha;\beta,\beta';\gamma;x,y)$$

$$= \int_0^1 u^{a-1}(1-u)^{\gamma-\alpha-1}(1-ux)^{-\beta}(1-vy)^{-\beta'}\,du, \tag{14}$$

它的证明亦如上.

阿培耳函数 $F_1,\cdots,F_4$ 还可以用巴恩斯型的双重积分来表达. 例如, 应用公式 $(\lambda)_{m+n}=(\lambda)_m(\lambda+m)_n$ 于 (1) 式, 有

$$F_1(\alpha;\beta,\beta';\gamma,x,y) = \sum_{m=0}^{\infty} \frac{(\alpha)_m(\beta)_m}{m!(\gamma)_m}x^m F(\alpha+m,\beta';\gamma+m;y)$$
$$(|x|<1,\ |y|<1). \tag{15}$$

用 4.6 节 (9) 式表达级数中的超几何函数, 得

$$\frac{\Gamma(\alpha)\Gamma(\beta')}{\Gamma(\gamma)}F_1(\alpha;\beta,\beta';\gamma;x,y)$$

$$= \frac{1}{2\pi i}\sum_{m=0}^{\infty}\frac{(\beta)_m}{m!}x^m\int_{-i\infty}^{i\infty}\frac{\Gamma(\alpha+m+t)\Gamma(\beta'+t)\Gamma(-t)}{\Gamma(\gamma+m+t)}(-y)^t dt$$

$$= \frac{1}{2\pi i}\int_{-i\infty}^{i\infty}\sum_{m=0}^{\infty}\frac{(\alpha+t)_m(\beta)_m}{m!(\gamma+t)_m}x^m\frac{\Gamma(\alpha+t)\Gamma(\beta'+t)\Gamma(-t)}{\Gamma(\gamma+t)}(-y)^t dt,$$

其中的级数等于 $F(\alpha+t,\beta;\gamma+t;x)$. 再用 4.6 节 (9) 式表达这函数, 即得

$$\frac{\Gamma(\alpha)\Gamma(\beta)\Gamma(\beta')}{\Gamma(\gamma)}F_1(\alpha;\beta,\beta';\gamma;x,y)$$

$$= -\frac{1}{4\pi}\int_{-i\infty}^{i\infty}\int_{-i\infty}^{i\infty}\frac{\Gamma(\alpha+s+t)\Gamma(\beta+s)\Gamma(\beta'+t)\Gamma(-s)\Gamma(-t)}{\Gamma(\gamma+s+t)}(-x)^s(-y)^t ds dt. \tag{16}$$

类似地可以得到 $F_2,F_3,F_4$ 的这种积分表示 (Appell and Kampé de Fériet (1926)). 只要 $\alpha,\alpha',\beta,\beta'$ 不是负整数, 这些公式都成立. 因此它们便于用来作解析开拓, 如同一个变数的情形那样 (参看 4.9 节及本章末习题 21).

## 4.17  $F_1$ 和 $F_2$ 的变换公式

利用 $F_1$ 和 $F_2$ 的积分表示, 可以得到它们的一些变换公式. 例如, 上节公式 (14) 中的积分

$$\int_0^1 u^{a-1}(1-u)^{\gamma-\alpha-1}(1-ux)^{-\beta}(1-uy)^{-\beta'}\,du$$

在下列 5 种变换下保持形式不变:

$$\left.\begin{array}{ll} u=1-v, & u=v/(1-x+vx), \\ u=v/(1-y+vy), & u=(1-v)/(1-ux), \\ u=(1-v)/(1-vy). \end{array}\right\} \tag{1}$$

由此得下列 5 个变换公式:

$$F_1(\alpha;\beta,\beta';\gamma;x,y)$$

$$= (1-x)^{-\beta}(1-y)^{-\beta'}F_1\left(\gamma-\alpha;\beta,\beta';\gamma;\frac{x}{x-1},\frac{y}{y-1}\right) \qquad (2)$$

$$= (1-x)^{-\alpha}F_1\left(\alpha;\gamma-\beta-\beta',\beta';\gamma;\frac{x}{x-1},\frac{x-y}{x-1}\right) \qquad (3)$$

$$= (1-y)^{-\alpha}F_1\left(\alpha;\beta,\gamma-\beta-\beta';\gamma;\frac{y-x}{y-1},\frac{y}{y-1}\right) \qquad (4)$$

$$= (1-x)^{\gamma-\alpha-\beta}(1-y)^{-\beta'}F_1\left(\gamma-\alpha;\gamma-\beta-\beta',\beta';\gamma;x,\frac{y-x}{y-1}\right) \qquad (5)$$

$$= (1-x)^{-\beta}(1-y)^{\gamma-\alpha-\beta'}F_1\left(\gamma-\alpha;\beta,\gamma-\beta-\beta';\gamma;\frac{x-y}{x-1},y\right). \qquad (6)$$

类似地,由上节公式(11)中的积分

$$\int_0^1\int_0^1 u^{\beta-1}v^{\beta'-1}(1-u)^{\gamma-\beta-1}(1-v)^{\gamma'-\beta'-1}(1-ux-vy)^{-\alpha}\mathrm{d}u\mathrm{d}v,$$

利用变换

$$\begin{array}{lll} \text{(a)} & u=1-u', & v=v'; \\ \text{(b)} & u=u', & v=1-v'; \\ \text{(c)} & u=1-u', & v=1-v'; \end{array} \right\} \qquad (7)$$

分别得到 $F_2$ 的变换公式

$$F_2(\alpha;\beta,\beta';\gamma,\gamma';x,y)$$

$$= (1-x)^{-\alpha}F_2\left(\alpha;\gamma-\beta,\beta';\gamma,\gamma';\frac{x}{x-1},\frac{-y}{x-1}\right) \qquad (8)$$

$$= (1-y)^{-\alpha}F_2\left(\alpha;\beta,\gamma'-\beta';\gamma,\gamma';\frac{-x}{y-1},\frac{y}{y-1}\right) \qquad (9)$$

$$= (1-x-y)^{-\alpha}F_2\left(\alpha;\gamma-\beta,\gamma'-\beta';\gamma,\gamma';\frac{-x}{1-x-y},\frac{-y}{1-x-y}\right). \qquad (10)$$

## 4.18 可约化的情形

在某些特殊情形下,阿培耳的 F 函数可约化为普通的超几何函数. 例如,由上节(5)式,令 $y=x$,注意到当一个变数为零时阿培耳函数约化为普通的超几何函数,得

$$F_1(\alpha;\beta,\beta';\gamma;x,x) = (1-x)^{\gamma-\alpha-\beta-\beta'}F(\gamma-\alpha,\gamma-\beta-\beta';\gamma;x)$$
$$= F(\alpha,\beta+\beta';\gamma;x). \qquad (1)$$

在最后一步中用了 4.3 节(8)式.

又由上节(4)式,令 $\gamma=\beta+\beta'$,得

$$F_1(\alpha;\beta,\beta';\beta+\beta';x,y) = (1-y)^{-\alpha} F\left(\alpha,\beta;\beta+\beta';\frac{y-x}{y-1}\right); \tag{2}$$

由上节(8)式,令 $\gamma=\beta$,得

$$F_2(\alpha;\beta,\beta';\beta,\gamma';x,y) = (1-x)^{-\alpha} F\left(\alpha,\beta';\gamma';\frac{-y}{x-1}\right). \tag{3}$$

(2)式表明当 $\gamma=\beta+\beta'$ 时,$F_1$ 约化为普通的超几何函数,而(3)式表明,当 $\gamma=\beta$ (或 $\gamma'=\beta'$)时,$F_2$ 也约化为普通的超几何函数.

此外,$F_1,F_2,F_3$ 之间有时也可以相互约化.例如

$$F_1(\alpha;\beta,\beta';\gamma;x,y) = (1-y)^{-\beta} F_3\left(\alpha,\gamma-\alpha;\beta,\beta';\gamma;x,\frac{y}{y-1}\right), \tag{4}$$

即 $F_1$ 总可以用 $F_3$ 表达;反过来,在 $\gamma=\alpha+\alpha'$ 时,$F_3$ 也可以用 $F_1$ 表达.(4)式的证明如下:

$$F_1(\alpha;\beta,\beta';\gamma;x,y) = \sum_{m=0}^{\infty} \frac{(\alpha)_m(\beta)_m}{m!(\gamma)_m} F(\alpha+m,\beta';\gamma+m;y) x^m$$

$$= \sum_{m=0}^{\infty} \frac{(\alpha)_m(\beta)_m}{m!(\gamma)_m} (1-y)^{-\beta} F\left(\gamma-\alpha,\beta';\gamma+m;\frac{y}{y-1}\right) x^m$$

$$= (1-y)^{-\beta} \sum_{m,n=0}^{\infty} \frac{(\alpha)_m(\beta)_m(\gamma-\alpha)_n(\beta')_n}{m!n!(\gamma)_{m+n}} x^m \left(\frac{y}{y-1}\right)^n,$$

这正是(4)式的右方;在证明中用了 4.3 节(10)式.

按前面(2)式,$F_1$ 在 $\gamma=\beta+\beta'$ 时可约化为普通的超几何函数,故 $F_3$ 也可以这样约化,只要 $\gamma=\alpha+\alpha'=\beta+\beta'$;约化公式为

$$F_3(\alpha,\gamma-\alpha;\beta,\gamma-\beta;\gamma;x,y) = (1-y)^{\alpha+\beta-\gamma} F(\alpha,\beta;\gamma;x+y-xy). \tag{5}$$

又,$F_1$ 也总可以用 $F_2$ 表达,因为

$$(1-y)^{-\beta} F_2\left(\alpha;\beta,\beta';\gamma,\alpha;x,\frac{y}{y-1}\right)$$

$$= (1-y)^{-\beta} \sum_{m=0}^{\infty} \frac{(\alpha)_m(\beta)_m}{m!(\gamma)_m} x^m F\left(\alpha+m,\beta';\alpha;\frac{y}{y-1}\right)$$

$$= \sum_{m=0}^{\infty} \frac{(\alpha)_m(\beta)_m}{m!(\gamma)_m} x^m F(\beta',-m;\alpha;y) \quad (\text{用了 } 4.3 \text{ 节}(10))$$

$$= \sum_{m=0}^{\infty} \frac{(\alpha)_m(\beta)_m}{m!(\gamma)_m} x^m \frac{(\alpha-\beta')_m}{(\alpha)_m} F(\beta',-m;1+\beta'-\alpha-m;1-y) \quad (\text{用了 } 4.8 \text{ 节}(4))$$

$$= \sum_{m=0}^{\infty} \sum_{n=0}^{m} \frac{(\beta)_m(\alpha-\beta')_m(\beta')_n(-m)_n}{m!n!(\gamma)_m(1+\beta'-\alpha-m)_n} x^m (1-y)^n$$

$$= \sum_{n=0}^{\infty} \sum_{m=n}^{\infty} \frac{(\beta)_m(\alpha-\beta')_m(\beta')_n(-m)_n}{m!n!(\gamma)_m(1+\beta'-\alpha-m)_n} x^m (1-y)^n$$

$$= \sum_{n=0}^{\infty} \sum_{s=0}^{\infty} \frac{(\beta)_{s+n}(\alpha-\beta')_{s+n}(\beta')_n(-s-n)_n}{(s+n)!n!(\gamma)_{s+n}(1+\beta'-\alpha-s-n)_n} x^{s+n}(1-y)^n$$

$$= \sum_{n=0}^{\infty} \sum_{s=0}^{\infty} \frac{(\beta)_{s+n}(\alpha-\beta')_s(\beta')_n}{s!n!(\gamma)_{s+n}} x^s [x(1-y)]^n,$$

即

$$(1-y)^{-\beta} F_2\left(\alpha;\beta,\beta';\gamma,\alpha;x,\frac{y}{y-1}\right) = F_1(\beta;\alpha-\beta',\beta';\gamma;x,x(1-y)). \quad (6)$$

这公式同时表明,如果 $\gamma'=\alpha$,则 $F_2$ 也可以用 $F_1$ 表达.

当 $\gamma=\alpha$ 时,(6)式右方的 $F_1$ 可用(2)式约化为普通的超几何函数,因此,当 $\gamma'=\gamma=\alpha$ 时,$F_2$ 也可以如此约化,公式为

$$F_2(\alpha;\beta,\beta';\alpha,\alpha;x,y) = (1-x)^{-\beta}(1-y)^{-\beta} F\left(\beta,\beta';\alpha;\frac{xy}{(x-1)(y-1)}\right). \quad (7)$$

在特殊情形下,$F_4$ 也可以约化为普通的超几何函数,公式为

$$F_4(\alpha;\beta;\gamma,\alpha+\beta-\gamma+1;z(1-Z),Z(1-z))$$
$$= F(\alpha,\beta;\gamma;z)F(\alpha,\beta;\alpha+\beta-\gamma+1;Z), \quad (8)$$

这式在满足条件 $|z(1-Z)|^{1/2}+|Z(1-z)|^{1/2}<1$ 的 $z=0$ 和 $Z=0$ 的邻域内成立,即在(8)式两边的级数都收敛的范围内成立(参看 4.16 节(4a)).

把(8)式中的 $z$ 和 $Z$ 分别换为 $1-Z$ 和 $1-z$,得

$$F_4(\alpha;\beta;\gamma,\alpha+\beta-\gamma+1;z(1-Z),Z(1-z))$$
$$= F(\alpha,\beta;\gamma;1-Z)F(\alpha,\beta;\alpha+\beta-\gamma+1;1-z). \quad (9)$$

这式在满足条件 $|z(1-Z)|^{1/2}+|Z(1-z)|^{1/2}<1$ 的 $z=1$ 和 $Z=1$ 的邻域内成立.

公式(8)和(9)表明,当 $\gamma+\gamma'=\alpha+\beta+1$ 时,$F_4$ 可以用普通超几何函数的乘积表达.

现在来证明(8)式.考察函数

$$(1-x)^{-\alpha}(1-y)^{-\beta} F_4\left(\alpha;\beta;\gamma,\gamma';\frac{-x}{(1-x)(1-y)},\frac{-y}{(1-x)(1-y)}\right).$$

当 $|x|$ 和 $|y|$ 足够小时,这函数可以展为 $x$ 和 $y$ 的二重级数,其中 $x^m y^n$ 的系数

$$A_{mn} = \sum_{t=0}^{m}\sum_{s=0}^{n} \frac{(\alpha)_{t+s}(\beta)_{t+s}}{t!s!(\gamma)_t(\gamma')_s} \frac{(-)^{t+s}(\alpha+t+s)_{m-t}(\beta+t+s)_{n-s}}{(m-t)!(n-s)!}$$

$$= \frac{(\alpha)_m(\beta)_n}{m!n!}\sum_{t=0}^{m}\sum_{s=0}^{n}\frac{(\alpha+m)_s(\beta+n)_t(-m)_t(-n)_s}{t!s!(\gamma)_t(\gamma')_s}$$

$$= \frac{(\alpha)_m(\beta)_n}{m!n!}F(\alpha+m,-n;\gamma';1)F(\beta+n,-m;\gamma;1)$$

$$= \frac{(\alpha)_m(\beta)_n}{m!n!}\frac{(\gamma'-\alpha-m)_n(\gamma-\beta-n)_m}{(\gamma)_m(\gamma')_n} \quad (用了 4.10 节(2)).$$

用公式

$$(\lambda-m)_n=\frac{\Gamma(\lambda-m+n)}{\Gamma(\lambda-m)}=\frac{\Gamma(1-\lambda+m)\sin\pi(\lambda-m)}{\Gamma(1-\lambda+m-n)\sin\pi(\lambda-m+n)}$$

$$=(-)^n\frac{(1-\lambda)_m}{(1-\lambda)_{m-n}},$$

$$(\lambda-n)_m=\frac{\Gamma(\lambda-n+m)}{\Gamma(\lambda-n)}=\frac{\Gamma(\lambda)(\lambda)_{m-n}}{\Gamma(\lambda-n)}$$

$$=(-)^n(1-\lambda)_n(\lambda)_{m-n},$$

得

$$A_{mn}=\frac{(\alpha)_m(\beta)_n}{m!\,n!}\frac{(1+\alpha-\gamma')_m(1+\beta-\gamma)_n(\gamma-\beta)_{m-n}}{(\gamma)_m(\gamma')_n(1+\alpha-\gamma')_{m-n}}.$$

若 $\gamma+\gamma'=\alpha+\beta+1$，则

$$A_{mn}=\frac{(\alpha)_m(\beta)_n}{m!\,n!}\frac{(\gamma-\beta)_m(\gamma'-\alpha)_n}{(\gamma)_m(\gamma')_n},$$

从而有

$$(1-x)^{-\alpha}(1-y)^{-\beta}F_4\left(\alpha;\beta;\gamma,\gamma';\frac{-x}{(1-x)(1-y)},\frac{-y}{(1-x)(1-y)}\right)$$

$$=\sum_{m,n=0}^{\infty}\frac{(\alpha)_m(\beta)_n(\gamma-\beta)_m(\gamma'-\alpha)_n}{m!\,n!(\gamma)_m(\gamma')_n}x^my^n$$

$$=F(\alpha,\gamma-\beta;\gamma;x)\cdot F(\beta,\gamma'-\alpha;\gamma';y)$$

$$=(1-x)^{-\alpha}F\left(\alpha,\beta;\gamma;\frac{x}{x-1}\right)(1-y)^{-\beta}F\left(\beta,\alpha;\gamma';\frac{y}{y-1}\right)\quad\text{（用了 4.3 节（9）).}$$

令 $x/(x-1)=z,y/(y-1)=Z$，即得（8）式.

当 $\alpha$ 等于负整数 $-n$ 时，在（8）式中把 $\beta$ 换成 $p+n$，$Z$ 换成 $1-Z$，得

$$F_4(-n;p+n;\gamma,p-\gamma+1;zZ,(1-z)(1-Z))$$

$$=F(-n,p+n;\gamma;z)\cdot F(-n,p+n;p-\gamma+1;1-Z)$$

$$=\frac{(-)^n(\gamma)_n}{(p-\gamma+1)_n}F(-n,p+n;\gamma;z)F(-n,p+n;\gamma;Z).\qquad(10)$$

在最后一步中用了 4.8 节（4）式.（10）式右方的两个普通超几何函数是两个雅可毕多项式（4.10 节）.

　　还有阿培耳函数可以约化为普通超几何函数的其他情形；在上面所举的例子中，对参数的限制是最少的.

　　关于阿培耳函数的进一步讨论和结果，可参看 Appell and Kampé de Fériet (1926); Erdélyi (1953), Vol. I, Chap. 5.

# 习　　题

1. 用 4.5 节超几何函数的积分表达式导出 4.2 节(2),(3)两个基本递推关系:

$$(\gamma-1)F(\gamma-1)-\alpha F(\alpha+1)-(\gamma-\alpha-1)F=0,$$
$$\gamma F-\beta z F(\beta+1,\gamma+1)-\gamma F(\alpha-1)=0.$$

2. 导出 $F(\alpha,\beta,\gamma,z)$ 与其紧邻之间的 15 个递推关系

$$(\gamma-\alpha-1)F+\alpha F(\alpha+1)-(\gamma-1)F(\gamma-1)=0,$$
$$(\gamma-\beta-1)F+\beta F(\beta+1)-(\gamma-1)F(\gamma-1)=0,$$
$$(\alpha-\beta)F-\alpha F(\alpha+1)+\beta F(\beta+1)=0,$$
$$[\gamma-2\alpha+(\alpha-\beta)z]F+\alpha(1-z)F(\alpha+1)-(\gamma-\alpha)F(\alpha-1)=0,$$
$$[\gamma-2\beta+(\beta-\alpha)z]F+\beta(1-z)F(\beta+1)-(\gamma-\beta)F(\beta-1)=0,$$
$$(\gamma-\alpha-\beta)F+\alpha(1-z)F(\alpha+1)-(\gamma-\beta)F(\beta-1)=0,$$
$$(\gamma-\alpha-\beta)F+\beta(1-z)F(\beta+1)-(\gamma-\alpha)F(\alpha-1)=0,$$
$$(\alpha-\beta)(1-z)F+(\gamma-\alpha)F(\alpha-1)-(\gamma-\beta)F(\beta-1)=0,$$
$$\gamma(1-z)F-\gamma F(\alpha-1)+(\gamma-\beta)z F(\gamma+1)=0,$$
$$\gamma(1-z)F-\gamma F(\beta-1)+(\gamma-\alpha)z F(\gamma+1)=0,$$
$$\gamma[\alpha-(\gamma-\beta)z]F-\alpha\gamma(1-z)F(\alpha+1)+(\gamma-\alpha)(\gamma-\beta)z F(\gamma+1)=0,$$
$$\gamma[\beta-(\gamma-\alpha)z]F-\beta\gamma(1-z)F(\beta+1)+(\gamma-\alpha)(\gamma-\beta)z F(\gamma+1)=0,$$
$$[\alpha-1-(\gamma-\beta-1)z]F+(\gamma-\alpha)F(\alpha-1)-(\gamma-1)(1-z)F(\gamma-1)=0,$$
$$[\beta-1-(\gamma-\alpha-1)z]F+(\gamma-\beta)F(\beta-1)-(\gamma-1)(1-z)F(\gamma-1)=0,$$
$$\gamma[\gamma-1-(2\gamma-\alpha-\beta-1)z]F+(\gamma-\alpha)(\gamma-\beta)z F(\gamma+1)$$
$$-\gamma(\gamma-1)(1-z)F(\gamma-1)=0.$$

3. 证明下列微商递推关系:

$$(\alpha)_n z^{\alpha-1}F(\alpha+n,\beta,\gamma,z)=\frac{\mathrm{d}^n}{\mathrm{d}z^n}[z^{\alpha+n-1}F(\alpha,\beta,\gamma,z)],$$

$$(-)^n(1-\gamma)_n z^{\gamma-n-1}F(\alpha,\beta,\gamma-n,z)=\frac{\mathrm{d}^n}{\mathrm{d}z^n}[z^{\gamma-1}F(\alpha,\beta,\gamma,z)],$$

$$(\gamma-\alpha)_n z^{\gamma-\alpha-1}(1-z)^{\alpha+\beta-\gamma-n}F(\alpha-n,\beta,\gamma,z)$$
$$=\frac{\mathrm{d}^n}{\mathrm{d}z^n}[z^{\gamma-\alpha+n-1}(1-z)^{\alpha+\beta-\gamma}F(\alpha,\beta,\gamma,z)],$$

$$\frac{(\gamma-\alpha)_n(\gamma-\beta)_n}{(\gamma)_n}(1-z)^{\alpha+\beta-\gamma-n}F(\alpha,\beta,\gamma+n,z)$$
$$=\frac{\mathrm{d}^n}{\mathrm{d}z^n}[(1-z)^{\alpha+\beta-\gamma}F(\alpha,\beta,\gamma,z)],$$

$$\frac{(-)^n(\alpha)_n(\gamma-\beta)_n}{(\gamma)_n}(1-z)^{\alpha-1}F(\alpha+n,\beta,\gamma+n,z)$$

$$=\frac{d^n}{dz^n}\big[(1-z)^{\alpha+n-1}F(\alpha,\beta,\gamma,z)\big],$$

$$(-)^n(1-\gamma)_n z^{\gamma-1-n}(1-z)^{\beta-\gamma}F(\alpha-n,\beta,\gamma-n,z)$$

$$=\frac{d^n}{dz^n}\big[z^{\gamma-1}(1-z)^{\beta-\gamma+n}F(\alpha,\beta,\gamma,z)\big],$$

$$(-)^n(1-\gamma)_n z^{\gamma-1-n}(1-z)^{\alpha+\beta-\gamma-n}F(\alpha-n,\beta-n,\gamma-n,z)$$

$$=\frac{d^n}{dz^n}\big[z^{\gamma-1}(1-z)^{\alpha+\beta-\gamma}F(\alpha,\beta,\gamma,z)\big].$$

4. 证明

$$\cos\mu z=F\Big(\frac{\mu}{2},-\frac{\mu}{2},\frac{1}{2},\sin^2 z\Big),$$

$$\sin\mu z=\mu\sin z F\Big(\frac{1+\mu}{2},\frac{1-\mu}{2},\frac{3}{2},\sin^2 z\Big).$$

5. 证明

$$\ln\frac{1+z}{1-z}=2zF\Big(\frac{1}{2},1,\frac{3}{2},z^2\Big).$$

6. 证明

$$\lim_{\gamma\to-n}\{F(\alpha,\beta,\gamma,z)/\Gamma(\gamma)\}=\frac{(\alpha)_{n+1}(\beta)_{n+1}}{(n+1)!}z^{n+1}F(\alpha+n+1,\beta+n+1,n+2,z).$$

7. 证明

(i) $F(\alpha,\beta,\gamma,z)=\dfrac{i\Gamma(\gamma)e^{-i\pi(\gamma-\beta)}}{2\Gamma(\beta)\Gamma(\gamma-\beta)\sin\pi(\gamma-\beta)}\displaystyle\int_0^{(1+)}t^{\beta-1}(1-t)^{\gamma-\beta-1}(1-zt)^{-\alpha}dt,$

其中 $Re(\beta)>0,0<\arg(1-t)<2\pi,1/z$ 在围道外，$|\arg(1-z)|<\pi$，当 $z=0$ 时 $(1-zt)^{-\alpha}=1,\gamma-\beta\neq$正整数(否则右方为不定式).

(ii) $F(\alpha,\beta,\gamma,z)=-\dfrac{i\Gamma(\gamma)e^{-i\pi\beta}}{2\Gamma(\beta)\Gamma(\gamma-\beta)\sin\pi\beta}\displaystyle\int_1^{(0+)}t^{\beta-1}(1-t)^{\gamma-\beta-1}(1-zt)^{-\alpha}dt,$

其中 $Re(\gamma-\beta)>0,0<\arg t<2\pi,1/z$ 在围道外，$|\arg(1-z)|<\pi$，当 $z=0$ 时 $(1-zt)^{-\alpha}=1,\beta\neq$正整数(否则右方为不定式).

8. 证明如果 $Re(\gamma-\alpha-\beta)<0$,则当 $n\to\infty$ 时

$$S_n\div\frac{\Gamma(\gamma)n^{\alpha+\beta-\gamma}}{(\alpha+\beta-\gamma)\Gamma(\alpha)\Gamma(\beta)}\to 1,$$

$S_n$ 代表级数 $F(\alpha,\beta,\gamma,1)$ 的前 $n$ 项之和.

9. 证明如果 $\gamma-\alpha-\beta<0$,则

$$\lim_{x\to1-0}F(\alpha,\beta,\gamma,x)\div\Big\{\frac{\Gamma(\gamma)\Gamma(\alpha+\beta-\gamma)}{\Gamma(\alpha)\Gamma(\beta)}(1-x)^{\gamma-\alpha-\beta}\Big\}=1;$$

如果 $\gamma-\alpha-\beta=0$,则有

$$\lim_{x\to 1-0}F(\alpha,\beta,\gamma,x)\div\left\{\frac{\Gamma(\alpha+\beta)}{\Gamma(\alpha)\Gamma(\beta)}\ln\frac{1}{1-x}\right\}=1.$$

10. 证明

$$\lim_{x\to 1-0}\left\{F(\alpha,\beta,\gamma,x)-\sum_{n=0}^{k}(-)^{n}\frac{\Gamma(\alpha+\beta-\gamma-n)\Gamma(\gamma-\alpha+n)\Gamma(\gamma-\beta+n)\Gamma(\gamma)}{n!\,\Gamma(\gamma-\alpha)\Gamma(\gamma-\beta)\Gamma(\alpha)\Gamma(\beta)}\right.$$

$$\left.\times(1-x)^{n+\gamma-\alpha-\beta}\right\}=\frac{\Gamma(\gamma-\alpha-\beta)\Gamma(\gamma)}{\Gamma(\gamma-\alpha)\Gamma(\gamma-\beta)},$$

其中 $k$ 是整数使 $k\leqslant\mathrm{Re}(\alpha+\beta-\gamma)<k+1$.(这一式子表明当 $x\to 1-0$,而 $\alpha+\beta-\gamma$ 不是整数时超几何函数如何趋于 $\infty$.)

11. 证明

$$\ln(1-2xt+t^{2})^{-1}=2\sum_{n=1}^{\infty}n^{-1}\mathrm{T}_{n}(x)t^{n},$$

$\mathrm{T}_{n}(x)$ 是切比谢夫多项式.

12. 证明

$$\int_{-1}^{1}\left[\mathrm{T}_{n}(x)\right]^{2}\mathrm{d}x=1-\frac{1}{4n^{2}-1},\quad n=0,1,2,\cdots.$$

13. **第二类切比谢夫函数** $\mathrm{U}_{n}(x)$ 的定义是

$$\mathrm{U}_{n}(x)=\sin(n\,\mathrm{arccos}\,x).$$

(另外还有第二类切比谢夫多项式,它的定义是

$$\sin[(n+1)\mathrm{arccos}\,x]/\sqrt{1-x^{2}}=\mathrm{U}_{n+1}(x)/\sqrt{1-x^{2}},$$

但这多项式不是 4.11 节方程(4)的解.)

证明

(i) $(1-2xt+t^{2})^{-1}=(1-x^{2})^{-1/2}\sum_{n=0}^{\infty}\mathrm{U}_{n+1}(x)t^{n}.$

(ii) $\displaystyle\int_{-1}^{1}\mathrm{U}_{m}\mathrm{U}_{n}(1-x^{2})^{-1/2}\mathrm{d}x=\begin{cases}0 & (m\neq n,\text{或}\;m=n=0),\\ \dfrac{\pi}{2} & (m=n\neq 0).\end{cases}$

(iii) $\mathrm{U}_{n+1}(x)=\dfrac{(n+1)!\,(-)^{n}2^{n}}{(2n+1)!}\dfrac{\mathrm{d}^{n}}{\mathrm{d}x^{n}}(1-x^{2})^{n+\frac{1}{2}}.$

(iv) $\mathrm{U}_{n+1}(x)=(1-x^{2})^{1/2}\sum_{k=0}^{[n/2]}\dfrac{(-)^{k}(n-k)!}{k!\,(n-2k)!}(2x)^{n-2k}.$

14. 证明雅可毕多项式在 $n\to\infty$ 时的渐近表示式:

$$F(-n,p+n,\gamma,x)=\frac{\Gamma(\gamma)}{n^{\gamma-\frac{1}{2}}\sqrt{\pi}}(\sin\varphi)^{\frac{1}{2}-\gamma}(\cos\varphi)^{\gamma-p-\frac{1}{2}}\cos\left\{(2n+p)\varphi-\frac{\pi}{4}(2\gamma-1)\right\}$$

$$+O(n^{-\gamma-\frac{1}{2}}),$$

其中 $0 < x < 1$，$\sin^2\varphi = x$.

15. 证明

$$2\frac{\Gamma\left(\frac{1}{2}\right)\Gamma\left(\alpha+\beta+\frac{1}{2}\right)}{\Gamma\left(\alpha+\frac{1}{2}\right)\Gamma\left(\beta+\frac{1}{2}\right)}F\left(\alpha,\beta,\frac{1}{2},x\right)$$

$$= F\left(2\alpha,2\beta,\alpha+\beta+\frac{1}{2},\frac{1+\sqrt{x}}{2}\right)+F\left(2\alpha,2\beta,\alpha+\beta+\frac{1}{2},\frac{1-\sqrt{x}}{2}\right),$$

$$4\frac{\Gamma\left(\frac{1}{2}\right)\Gamma\left(\alpha+\beta+\frac{1}{2}\right)}{\Gamma(\alpha)\Gamma(\beta)}x^{1/2}F\left(\alpha+\frac{1}{2},\beta+\frac{1}{2},\frac{3}{2},x\right)$$

$$= F\left(2\alpha,2\beta,\alpha+\beta+\frac{1}{2},\frac{1+\sqrt{x}}{2}\right)-F\left(2\alpha,2\beta,\alpha+\beta+\frac{1}{2},\frac{1-\sqrt{x}}{2}\right).$$

［**提示**：注意两式左方是同一超几何方程在 $x=0$ 点的两个线性无关的正则解，因此右方的每一项也是同一方程的解.］

16. 证明

$$\left\{F\left(\alpha,\beta,\alpha+\beta+\frac{1}{2},z\right)\right\}^2 = \sum_{n=0}^{\infty}\frac{(2\alpha)_n(2\beta)_n(\alpha+\beta)_n}{n!\left(\alpha+\beta+\frac{1}{2}\right)_n(2\alpha+2\beta)_n}z^n.$$

17. 证明

$$F(1,\alpha,\alpha+1,-1) = \frac{\alpha}{2}\left\{\psi\left(\frac{\alpha+1}{2}\right)-\psi\left(\frac{\alpha}{2}\right)\right\},$$

$\psi(z)$ 是 $\Gamma(z)$ 的对数微商（参看 3.11 节）.

18. 证明

$$(\alpha+1)F(-\alpha,1,\beta+2,-1)+(\beta+1)F(-\beta,1,\alpha+2,-1)$$

$$= 2^{\alpha+\beta+1}\frac{\Gamma(\alpha+2)\Gamma(\beta+2)}{\Gamma(\alpha+\beta+2)}.$$

19. 证明

$$F\left(-\frac{n}{2},\frac{1-n}{2},n+\frac{3}{2},-\frac{1}{3}\right) = \left(\frac{8}{9}\right)^n\frac{\Gamma\left(\frac{4}{3}\right)\Gamma\left(n+\frac{3}{2}\right)}{\Gamma\left(\frac{3}{2}\right)\Gamma\left(n+\frac{4}{3}\right)}.$$

20. 证明，如果 $\mathrm{Re}\left(\delta+\varepsilon-\frac{3}{2}\alpha-1\right)>0$，则

$$_3F_2(\alpha,\alpha-\delta+1,\alpha-\varepsilon+1;\delta,\varepsilon;1)$$

$$= 2^{-\alpha}\frac{\Gamma\left(\frac{1}{2}\right)\Gamma(\delta)\Gamma(\varepsilon)\Gamma\left(\delta+\varepsilon-\frac{3}{2}\alpha-1\right)}{\Gamma\left(\delta-\frac{\alpha}{2}\right)\Gamma\left(\varepsilon-\frac{\alpha}{2}\right)\Gamma\left(\frac{1+\alpha}{2}\right)\Gamma(\delta+\varepsilon-\alpha-1)}.$$

21. 证明,如果 $\alpha, \alpha', \beta, \beta'$ 不是负整数,阿培耳函数 $F_3$(4.16 节)可以用二重巴恩斯积分表示为

$$\frac{\Gamma(\alpha)\Gamma(\alpha')\Gamma(\beta)\Gamma(\beta')}{\Gamma(\gamma)} F_3(\alpha, \alpha'; \beta, \beta'; \gamma; x, y)$$

$$= -\frac{1}{4\pi^2} \int_{-i\infty}^{i\infty} \int_{-i\infty}^{i\infty} \frac{\Gamma(\alpha+s)\Gamma(\beta+s)\Gamma(\alpha'+t)\Gamma(\beta'+t)}{\Gamma(\gamma+s+t)}$$

$$\times \Gamma(-s)\Gamma(-t)(-x)^s(-y)^t ds dt,$$

其中 $\Gamma(-s)$ 和 $\Gamma(-t)$ 的极点分别在相应围道之右,$\Gamma(\alpha+s) \times \Gamma(\beta+s)$ 和 $\Gamma(\alpha'+t) \times \Gamma(\beta'+t)$ 的极点则分别在相应围道之左.

又,假定上面被积函数的极点都不相重,则有下列开拓关系

$$F_3(\alpha, \alpha'; \beta, \beta'; \gamma; x, y)$$

$$= f(\alpha, \alpha', \beta, \beta')(-x)^{-\alpha}(-y)^{-\alpha'}$$

$$\times F_2\left(\alpha+\alpha'+1-\gamma; \alpha, \alpha'; \alpha+1-\beta, \alpha'+1-\beta'; \frac{1}{x}, \frac{1}{y}\right)$$

$$+ f(\alpha, \beta', \beta, \alpha')(-x)^{-\alpha}(-y)^{-\beta'}$$

$$\times F_2\left(\alpha+\beta'+1-\gamma; \alpha, \beta'; \alpha+1-\beta, \beta'+1-\alpha'; \frac{1}{x}, \frac{1}{y}\right)$$

$$+ f(\beta, \alpha', \alpha, \beta')(-x)^{-\beta}(-y)^{-\alpha'}$$

$$\times F_2\left(\beta+\alpha'+1-\gamma; \beta, \alpha'; \beta+1-\alpha, \alpha'+1-\beta'; \frac{1}{x}, \frac{1}{y}\right)$$

$$+ f(\beta, \beta', \alpha, \alpha')(-x)^{-\beta}(-y)^{-\beta'}$$

$$\times F_2\left(\beta+\beta'+1-\gamma; \beta, \beta'; \beta+1-\alpha, \beta'+1-\alpha'; \frac{1}{x}, \frac{1}{y}\right),$$

其中

$$f(\lambda, \mu, \rho, \sigma) = \frac{\Gamma(\gamma)\Gamma(\rho-\lambda)\Gamma(\sigma-\mu)}{\Gamma(\rho)\Gamma(\sigma)\Gamma(\gamma-\lambda-\mu)},$$

$$|\arg(-x)| < \pi, \qquad |\arg(-y)| < \pi.$$

22. 证明

$$\frac{(1+\sqrt{z})^{-2\alpha} + (1-\sqrt{z})^{-2\alpha}}{2} = F\left(\alpha, \alpha+\frac{1}{2}, \frac{1}{2}, z\right),$$

$$\left(\frac{1+\sqrt{1-z}}{2}\right)^{1-2\alpha} = F\left(\alpha-\frac{1}{2}, \alpha, 2\alpha, z\right) = (1-z)^{1/2} F\left(\alpha, \alpha+\frac{1}{2}, 2\alpha, z\right),$$

$$(1-z)^{-2\alpha-1}(1+z) = F(2\alpha, \alpha+1, \alpha, z).$$

# 第五章　勒让德函数

## 5.1　勒让德(Legendre)方程

**勒让德函数**是下列微分方程的解：

$$(1-x^2)\frac{\mathrm{d}^2 y}{\mathrm{d}x^2} - 2x\frac{\mathrm{d}y}{\mathrm{d}x} + \nu(\nu+1)y = 0, \tag{1}$$

$\nu$ 和 $x$ 可以是任何复数.

方程(1)称为 $\nu$ 次**勒让德方程.** 这方程常常是从在球极坐标系或者旋转椭球坐标系中用分离变数法解拉普拉斯方程或其他类似的方程导出的. 例如,在球极坐标系中的拉氏方程

$$\frac{1}{r^2}\frac{\partial}{\partial r}\left(r^2\frac{\partial V}{\partial r}\right) + \frac{1}{r^2\sin\theta}\frac{\partial}{\partial \theta}\left(\sin\theta\frac{\partial V}{\partial \theta}\right) + \frac{1}{r^2\sin^2\theta}\frac{\partial^2 V}{\partial \varphi^2} = 0, \tag{2}$$

令 $V(r,\theta,\varphi) = R(r)\Theta(\theta)\Phi(\varphi)$,得三个常微分方程

$$\frac{1}{r^2}\frac{\mathrm{d}}{\mathrm{d}r}\left(r^2\frac{\mathrm{d}R}{\mathrm{d}r}\right) - \frac{\lambda}{r^2}R = 0, \tag{3}$$

$$\frac{\mathrm{d}^2\Phi}{\mathrm{d}\varphi^2} + \mu^2\Phi = 0, \tag{4}$$

$$\frac{1}{\sin\theta}\frac{\mathrm{d}}{\mathrm{d}\theta}\left(\sin\theta\frac{\mathrm{d}\Theta}{\mathrm{d}\theta}\right) + \left(\lambda - \frac{\mu^2}{\sin^2\theta}\right)\Theta = 0, \tag{5}$$

其中 $\lambda$ 和 $\mu$ 是在分离变数时引进的参数.

在(5)式中令 $x = \cos\theta, y(x) = \Theta(\theta)$,并把 $\lambda$ 写作 $\nu(\nu+1)$,得

$$\frac{\mathrm{d}}{\mathrm{d}x}\left[(1-x^2)\frac{\mathrm{d}y}{\mathrm{d}x}\right] + \left[\nu(\nu+1) - \frac{\mu^2}{1-x^2}\right]y = 0. \tag{6}$$

这方程称为**连带勒让德方程**；方程(1)是 $\mu=0$ 的特殊情形.

方程(6)有三个奇点：$-1, 1, \infty$,而且都是正则奇点,指标分别为 $\left(\frac{\mu}{2}, -\frac{\mu}{2}\right)$, $\left(\frac{\mu}{2}, -\frac{\mu}{2}\right), (\nu+1, -\nu)$(参看 2.9 节(7)式及该节的例子). 因此这个方程属于超几何方程的类型；它的解称为**连带勒让德函数**,可以用超几何函数表达. 根据 2.9 节 (12)和(16),有

$$P\left\{\begin{matrix} -1 & 1 & \infty & \\ \frac{\mu}{2} & \frac{\mu}{2} & \nu+1; & x \\ -\frac{\mu}{2} & -\frac{\mu}{2} & -\nu & \end{matrix}\right\} = P\left\{\begin{matrix} 1 & 0 & \infty & \\ \frac{\mu}{2} & \frac{\mu}{2} & \nu+1; & \frac{1-x}{2} \\ -\frac{\mu}{2} & -\frac{\mu}{2} & -\nu & \end{matrix}\right\}$$

$$= \left(\frac{1-x}{2}\right)^{\mu/2} \left(1-\frac{1-x}{2}\right)^{\mu/2} P \left\{ \begin{array}{ccc} 1 & 0 & \infty \\ 0 & 0 & \nu+\mu+1; \quad \frac{1-x}{2} \\ -\mu & -\mu & -\nu+\mu \end{array} \right\}$$

$$= 2^{-\mu}(1-x^2)^{\mu/2} P \left\{ \begin{array}{ccc} 1 & 0 & \infty \\ 0 & 0 & \nu+\mu+1; \quad \frac{1-x}{2} \\ -\mu & -\mu & -\nu+\mu \end{array} \right\}. \tag{7}$$

在实际应用中最常见的是 $\nu$ 和 $\mu$ 都等于整数的情形. 本章的前 15 节主要是讨论这种情形. 这里面将尽量用初等方法而避免用超几何函数理论.

当 $\mu$ 和 $\nu$ 不是整数时, 需要较多地用到超几何函数理论, 因为这样可以充分利用第四章中的许多结果, 例如递推关系, 变换公式, 渐近展开式等.

## 5.2 勒让德多项式

勒让德多项式是勒让德方程

$$(1-x^2)\frac{\mathrm{d}^2 y}{\mathrm{d}x^2} - 2x\frac{\mathrm{d}y}{\mathrm{d}x} + n(n+1)y = 0 \quad (n=0,1,2,\cdots) \tag{1}$$

的多项式解.

用级数解法. 在方程(1)的常点 $x=0$(2.2 节)设

$$y = \sum_{k=0}^{\infty} a_k x^k, \tag{2}$$

代入(1), 得系数间的递推关系

$$a_{k+2} = -\frac{(n-k)(n+k+1)}{(k+2)(k+1)} a_k. \tag{3}$$

因此, 方程(1)的两个线性无关的升幂解为

$$y_1 = a_0 \left\{ 1 - \frac{n(n+1)}{1 \cdot 2} x^2 + \frac{n(n-2)(n+1)(n+3)}{1 \cdot 2 \cdot 3 \cdot 4} x^4 - \cdots \right\}$$

$$= a_0 \mathrm{F}\left(-\frac{n}{2}, \frac{n+1}{2}, \frac{1}{2}, x^2\right) \tag{4}$$

和

$$y_2 = a_1 \left\{ x - \frac{(n-1)(n+2)}{2 \cdot 3} x^3 + \frac{(n-1)(n-3)(n+2)(n+4)}{2 \cdot 3 \cdot 4 \cdot 5} x^5 - \cdots \right\}$$

$$= a_1 x \mathrm{F}\left(\frac{1-n}{2}, \frac{2+n}{2}, \frac{3}{2}, x^2\right), \tag{5}$$

其中 $\mathrm{F}(\alpha, \beta, \gamma, z)$ 是超几何函数.

由(3)式可以看出 $a_{n+2} = a_{n+4} = \cdots = 0$, 故当 $n$ 为偶数时, $y_1$ 的级数中断成为一

个 $n$ 次多项式,但 $y_2$ 仍为无穷级数;而当 $n$ 为奇数时,$y_2$ 是 $n$ 次多项式,$y_1$ 是无穷级数.两无穷级数的收敛半径都是 1.

在上述多项式中规定最高次方 $x^n$ 的系数为

$$a_n = \frac{(2n)!}{2^n(n!)^2} \tag{6}$$

(理由见下面(13)式之后或下节(3)式之后),然后用(3)式定出其他系数 $a_{n-2}$,$a_{n-4}$,$\cdots$,得到的多项式称为**勒让德多项式**,用 $P_n(x)$ 表示:

$$
\begin{aligned}
P_n(x) &= \frac{(2n)!}{2^n(n!)^2}\left\{x^n - \frac{n(n-1)}{2(2n-1)}x^{n-2} + \frac{n(n-1)(n-2)(n-3)}{2\cdot 4(2n-1)(2n-3)}x^{n-4} - \cdots\right\} \\
&= \frac{1}{2^n}\sum_{r=0}^{\left[\frac{n}{2}\right]}(-)^r\,\frac{(2n-2r)!}{r!(n-r)!(n-2r)!}x^{n-2r} \\
&= \frac{(2n)!}{2^n(n!)^2}x^n F\left(-\frac{n}{2},\frac{1-n}{2},\frac{1}{2}-n,x^{-2}\right),
\end{aligned}
\tag{7}
$$

其中 $\left[\dfrac{n}{2}\right] = \dfrac{n}{2}$(n 偶),或者 $= \dfrac{n-1}{2}$(n 奇). 最后的超几何函数表达式也可以利用 4.8 节(8)的开拓关系从(4)式(n 偶)或者(5)式(n 奇)得到,只要注意按(6)式的 $a_n$ 之值由(3)有

$$a_0 = (-)^{n/2}\frac{n!}{2^n\left(\dfrac{n}{2}!\right)^2} \quad (n\ 偶), \tag{8}$$

$$a_1 = (-)^{\frac{n-1}{2}}\frac{n!}{2^{n-1}\left(\dfrac{n-1}{2}!\right)^2} \quad (n\ 奇). \tag{9}$$

前几个勒让德多项式是

$$
\left.
\begin{aligned}
&P_0(x) = 1, \quad P_1(x) = x, \\
&P_2(x) = \frac{1}{2}(3x^2 - 1), \quad P_3(x) = \frac{1}{2}(5x^3 - 3x), \\
&P_4(x) = \frac{1}{8}(35x^4 - 30x^2 + 3), \\
&P_5(x) = \frac{1}{8}(63x^5 - 70x^3 + 15x), \\
&P_6(x) = \frac{1}{16}(231x^6 - 315x^4 + 105x^2 - 5), \\
&P_7(x) = \frac{1}{16}(429x^7 - 693x^5 + 315x^3 - 35x).
\end{aligned}
\right\}
\tag{10}
$$

$P_n(x)$ **的末菲(Murphy)表达式.** 方程(1)是上节(6)式连带勒让德方程的特殊情形,$\mu = 0$,$\nu = n$(整数),故按上节(7)式,方程(1)的全部解可用 $P$ 符号表示:

$$P\left\{\begin{matrix} 1 & 0 & \infty & \\ 0 & 0 & n+1, & \dfrac{1-x}{2} \\ 0 & 0 & -n & \end{matrix}\right\}. \tag{11}$$

由此得方程(1)的多项式解 $F(n+1,-n,1,(1-x)/2)$,另一解含对数项(4.4节),故应有

$$P_n(x) = AF\left(n+1, -n, 1, \frac{1-x}{2}\right).$$

右方 $x^n$ 的系数是

$$A\frac{(n+1)_n(-n)_n}{n!(1)_n}\left(-\frac{1}{2}\right)^n = \frac{(2n)!}{2^n(n!)^2}A,$$

而 $P_n(x)$ 的最高次方的系数是 $(2n)!/2^n(n!)^2$ ((6)式),故 $A=1$ 而有

$$P_n(x) = F\left(n+1, -n, 1, \frac{1-x}{2}\right), \tag{12}$$

这是**末菲表达式**.由此看出 $P_n(x)$ 是雅可毕多项式的一个特殊情形(4.10节).

由(12)得

$$P_n(1) = 1. \tag{13}$$

这是前面规定 $P_n(x)$ 的最高次方 $x^n$ 的系数为 $(2n)! \div 2^n(n!)^2$ 的一个原因.

## 5.3 $P_n(x)$的生成函数.微商表示——罗巨格(Rodrigues)公式

勒让德多项式早先是由勒让德在势论中引进的.它与距离的倒数 $1/R$(牛顿势或库仑势)的展开有关;$R$ 是 $\boldsymbol{r}$ 和 $\boldsymbol{r}'$ 两点间的距离(见图10):

$$R = |\boldsymbol{r} - \boldsymbol{r}'| = (r^2 + r'^2 - 2rr'\cos\theta)^{1/2},$$

$\theta$ 为 $\boldsymbol{r}$ 和 $\boldsymbol{r}'$ 之间的夹角.

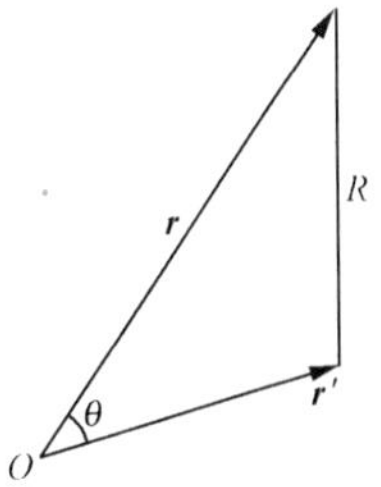

令 $t = r'/r, x = \cos\theta$,则

$$\frac{1}{R} = \frac{1}{r}(1 - 2xt + t^2)^{-1/2}, \tag{1}$$

其中规定当 $t=0$ 时根式之值为1.

把 $(1-2xt+t^2)^{-1/2}$ 写为

$$(t - x - \sqrt{x^2-1})^{-1/2}(t - x + \sqrt{x^2-1})^{-1/2},$$

即知这根式作为 $t$ 的函数在有限处的奇点(分支点)是 $x \pm \sqrt{x^2-1}$.因此,只要 $|t| < \min\left|x \pm \sqrt{x^2-1}\right|$,就可以作泰勒展开

$$(1 - 2xt + t^2)^{-1/2} = \sum_{n=0}^{\infty} P_n(x)t^n. \tag{2}$$

图 10

由 1.4 节(10)式[①]知(2)式中的展开系数

$$P_n(x) = \frac{1}{2^n n!} \frac{d^n}{dx^n} (x^2 - 1)^n \tag{3}$$

$$= \frac{1}{2^n n!} \frac{d^n}{dx^n} \sum_{r=0}^{n} \binom{n}{r} (-)^r x^{2n-2r}$$

$$= \frac{1}{2^n} \sum_{r=0}^{\left[\frac{n}{2}\right]} (-)^r \frac{(2n-2r)!}{r!(n-r)!(n-2r)!} x^{n-2r}.$$

根据上节(7)式即见这些系数正是勒让德多项式. 因此,(2)式左方称为勒让德多项式的**生成函数**. $P_n(x)$的微商表示(3)称为**罗巨格公式**. 又,以前对于 $P_n(x)$ 的最高次方 $x^n$ 的系数的规定(5.2 节(6)式)正是为了使 $P_n(x)$ 与(2)式中的展开系数一致.

在 $-1 \leqslant x \leqslant 1$ 的条件下,展开式(2)的收敛范围为 $|t| < 1$,因为由 $(x + \sqrt{x^2-1})(x - \sqrt{x^2-1}) = 1$ 知道当 $x = \pm 1$ 时 $\min|x \pm \sqrt{x^2-1}|$ 最大,而且等于 1.

在(2)式中分别令 $x = 1, -1$ 和 0,得

$$\left.\begin{array}{l} P_n(1) = 1, \quad P_n(-1) = (-1)^n, \\ P_n(0) = 0 \quad (n \text{ 奇}), \\ P_n(0) = (-)^{n/2} \dfrac{1 \cdot 3 \cdot 5 \cdots (n-1)}{2 \cdot 4 \cdot 6 \cdots n} \quad (n \text{ 偶}), \end{array}\right\} \tag{4}$$

其中的第一式是上节(13)式的再现.

又由(3)式易见

$$P_n(-x) = (-)^n P_n(x). \tag{5}$$

## 5.4    $P_n(x)$ 的积分表示

应用欧拉变换(2.14 节)于勒让德方程

$$(1 - x^2)y'' - 2xy' + n(n+1)y = 0, \tag{1}$$

令

$$y = \int_C (x - t)^\mu v(t) dt, \tag{2}$$

由 2.14 节(6)式得到定 $\mu$ 的方程

$$\mu(\mu - 1) + 2\mu - n(n+1) = 0. \tag{3}$$

这方程的两个解是 $\mu = n$ 和 $-n-1$. 取 $\mu = -n-1$,由 2.14 节(14)式得

---

①    也可以直接证明(3)式,见本章末习题 2.

$$v(t) = A(1 - t^2)^n. \tag{4}$$

选 $C$ 为 $t$ 平面上绕 $t = x$ 点的围道,则因 $n$ 是整数,(2)式中的被积函数在 $C$ 的起点和终点之值相同(参看 2.14 节(15)式之后),故

$$y = A\int_C (1 - t^2)^n (x - t)^{-n-1} \mathrm{d}t \tag{5}$$

是方程(1)的一个积分解. 但这式右方的积分等于

$$-\frac{2\pi\mathrm{i}}{n!} \frac{\mathrm{d}^n}{\mathrm{d}x^n}(x^2 - 1)^n, \tag{6}$$

与上节(3)式比较,即见

$$P_n(x) = \frac{1}{2\pi\mathrm{i}}\int_C \frac{(t^2 - 1)^n \mathrm{d}t}{2^n(t - x)^{n+1}}. \tag{7}$$

这是**希累夫利**(Schläfli)**公式**.

如果取 $C$ 为以 $x$ 为圆心半径等于 $|x^2 - 1|^{1/2}$ 的圆,则在 $C$ 上 $t = x + \sqrt{x^2 - 1}\mathrm{e}^{\mathrm{i}\varphi}$,而有

$$P_n(x) = \frac{1}{2\pi\mathrm{i}}\int_{-\pi}^{\pi} \frac{(x - 1 + \sqrt{x^2 - 1}\mathrm{e}^{\mathrm{i}\varphi})^n (x + 1 + \sqrt{x^2 - 1}\mathrm{e}^{\mathrm{i}\varphi})^n}{2^n (x^2 - 1)^{(n+1)/2} \mathrm{e}^{\mathrm{i}(n+1)\varphi}} \sqrt{x^2 - 1}\mathrm{e}^{\mathrm{i}\varphi}\mathrm{i}\mathrm{d}\varphi$$

$$= \frac{1}{2\pi}\int_{-\pi}^{\pi} (x + \sqrt{x^2 - 1}\cos\varphi)^n \mathrm{d}\varphi = \frac{1}{\pi}\int_0^{\pi} (x + \sqrt{x^2 - 1}\cos\varphi)^n \mathrm{d}\varphi. \tag{8}$$

这是 $P_n(x)$ 的**拉普拉斯第一积分表示**,其中的多值函数 $\sqrt{x^2 - 1}$ 可取任意一个单值分支,因为如果把积分变数改为 $\theta = \pi - \varphi$,(8)式右方积分变为

$$\int_0^{\pi} (x - \sqrt{x^2 - 1}\cos\theta)^n \mathrm{d}\theta.$$

又由 5.2 节(12)式,利用关系

$$\mathrm{F}(n+1, -n, 1, (1-x)/2) = \mathrm{F}(-n, n+1, 1, (1-x)/2),$$

有

$$P_n(x) = \frac{1}{\pi}\int_0^{\pi} \frac{\mathrm{d}\varphi}{(x + \sqrt{x^2 - 1}\cos\varphi)^{n+1}}, \tag{9}$$

这是**拉普拉斯第二积分表示**.

## 5.5 $P_n(x)$的递推关系

由上节展开式(2)

$$(1 - 2xt + t^2)^{-1/2} = \sum_{n=0}^{\infty} P_n(x)t^n, \tag{1}$$

两边对 $t$ 求微商,得

$$(x-t)(1-2xt+t^2)^{-3/2} = \sum_{n=0}^{\infty} n\mathrm{P}_n(x)t^{n-1}.$$

以$(1-2xt+t^2)$乘两边,对左方再用(1)式,得

$$(x-t)\sum_{n=0}^{\infty}\mathrm{P}_n(x)t^n = (1-2xt+t^2)\sum_{n=0}^{\infty} n\mathrm{P}_n(x)t^{n-1}.$$

比较两边$t^n$的系数,得递推关系

$$\left.\begin{aligned}&\mathrm{P}_1(x) - x\mathrm{P}_0(x) = 0,\\ &(n+1)\mathrm{P}_{n+1}(x) - (2n+1)x\mathrm{P}_n(x) + n\mathrm{P}_{n-1}(x) = 0 \quad (n \geqslant 1).\end{aligned}\right\} \tag{2}$$

又由(1)式两边对$x$求微商,得

$$t(1-2xt+t^2)^{-3/2} = \sum_{n=0}^{\infty} \mathrm{P}_n'(x)t^n,$$

或

$$t\sum_{n=0}^{\infty}\mathrm{P}_n(x)t^n = (1-2xt+t^2)\sum_{n=0}^{\infty}\mathrm{P}_n'(x)t^n.$$

比较两边$t^{n+1}$的系数,得

$$\mathrm{P}_n(x) = \mathrm{P}_{n+1}'(x) - 2x\mathrm{P}_n'(x) + \mathrm{P}_{n-1}'(x). \tag{3}$$

对(2)式求微商,用(3)式消去$\mathrm{P}_{n-1}'(x)$,得微商的递推关系

$$\mathrm{P}_{n+1}'(x) = x\mathrm{P}_n'(x) + (n+1)\mathrm{P}_n(x). \tag{4}$$

从(3)和(4)中消去$\mathrm{P}_{n+1}'(x)$,得

$$x\mathrm{P}_n'(x) - \mathrm{P}_{n-1}'(x) = n\mathrm{P}_n(x). \tag{5}$$

又从(4)和(5)中消去$\mathrm{P}_n'(x)$,得

$$\mathrm{P}_{n+1}'(x) - \mathrm{P}_{n-1}'(x) = (2n+1)\mathrm{P}_n(x). \tag{6}$$

把(4)式中的$n$换成$n-1$,然后用(5)式消去$\mathrm{P}_{n-1}'(x)$,得

$$(x^2-1)\mathrm{P}_n'(x) = nx\mathrm{P}_n(x) - n\mathrm{P}_{n-1}(x). \tag{7}$$

(2)和(4)~(7)都是常用的递推公式.可以证明,这些公式在$n$不是整数时仍成立(见本章末习题6).

## 5.6　勒让德多项式作为完备正交函数组

勒让德多项式的全体,在区间$[-1,1]$中构成一个完备的正交函数组,权为1.要证明这一点,先证明下列重要定理:

设$f_k(x)$为$k$次多项式,$\mathrm{P}_n(x)$是$n$次勒让德多项式.若$k<n$,则

$$\int_{-1}^{1} f_k(x)\mathrm{P}_n(x)\mathrm{d}x = 0. \tag{1}$$

证明如下：由罗巨格公式(5.3节(3))，注意当$1 \leqslant r \leqslant n$时

$$\frac{d^{n-r}}{dx^{n-r}}(x^2-1)^n \bigg|_{x=\pm 1} = 0, \tag{2}$$

即见(换部求积分$k$次)

$$\int_{-1}^1 f_k(x) P_n(x) dx = \frac{1}{2^n n!} \int_{-1}^1 f_k(x) \frac{d^n}{dx^n}(x^2-1)^n dx$$

$$= \frac{(-)^k}{2^n n!} f_k^{(k)}(x) \int_{-1}^1 \frac{d^{n-k}}{dx^{n-k}}(x^2-1)^n dx \tag{3}$$

$$(因为 f_k^{(k)}(x) 是常数)$$

$$= \frac{(-)^k}{2^n n!} f_k^{(k)}(x) \frac{d^{n-k-1}}{dx^{n-k-1}}(x^2-1) \bigg|_{-1}^1 = 0.$$

由(1)立得勒让德多项式之间的正交关系：

$$\int_{-1}^1 P_m(x) P_n(x) dx = 0 \quad (m \neq n). \tag{4}$$

这个关系也可以从微分方程出发来证明：$P_m(x)$和$P_n(x)$分别满足下列方程：

$$\frac{d}{dx}[(1-x^2)P_n'] + n(n+1)P_n = 0,$$

$$\frac{d}{dx}[(1-x^2)P_m'] + m(m+1)P_m = 0.$$

以$P_m$和$P_n$分别乘这两式，相减，然后从$-1$到$1$求积分，得

$$\int_{-1}^1 \left\{ P_m \frac{d}{dx}[(1-x^2)P_n'] - P_n \frac{d}{dx}[(1-x^2)P_m'] \right\} dx$$

$$+ [n(n+1) - m(m+1)] \int_{-1}^1 P_m P_n dx = 0.$$

前面的积分等于

$$\int_{-1}^1 \frac{d}{dx}\{(1-x^2)(P_m P_n' - P_n P_m')\} dx = (1-x^2)(P_m P_n' - P_n P_m') \bigg|_{-1}^1 = 0,$$

因此

$$[n(n+1) - m(m+1)] \int_{-1}^1 P_m P_n dx = 0.$$

当$m \neq n$时，$n(n+1) - m(m+1) \neq 0$；故有(4).

当$m = n$时，由(3)有

$$\int_{-1}^1 [P_n(x)]^2 dx = \frac{(-)^n}{2^n n!} P_n^{(n)}(x) \int_{-1}^1 (x^2-1)^n dx.$$

用B函数求积分，

$$\int_{-1}^1 (x^2-1)^n dx = 2\int_0^1 (x^2-1)^n dx = \int_0^1 (t-1)^n t^{-1/2} dt$$

$$= (-)^n \int_0^1 (1-t)^n t^{-1/2} \,dt = (-)^n \frac{\Gamma(n+1)\Gamma\left(\frac{1}{2}\right)}{\Gamma(n+3/2)}$$

$$= (-)^n \frac{2^{2n+1}(n!)^2}{(2n+1)(2n)!}.$$

又根据 3.8 节的(1)式和(3)式以及 3.6 节的(8)式,有

$$P_n^{(n)}(x) = \frac{(2n)!}{2^n(n!)^2}n! = \frac{(2n)!}{2^n n!},$$

故

$$\int_{-1}^1 \left[P_n(x)\right]^2 \,dx = \frac{2}{2n+1}. \tag{5}$$

(4)和(5)可以并起来写为

$$\int_{-1}^1 P_m(x)P_n(x)\,dx = \frac{2}{2n+1}\delta_{mn}, \tag{6}$$

其中 $\delta_{nn}=1,\delta_{mn}=0(m\neq n)$.

以上证明了 $\{P_n(x)\}(n=0,1,2,\cdots)$ 是区间$[-1,1]$中的正交函数组,权为 1.

现在来证明这组函数的完备性. 根据外氏的多项式逼近定理[1],在区间$[-1,1]$中连续的任意函数 $f(x)$ 可以用一个多项式序列 $\{f_n(x)\}$ 均匀逼近,即对于任意的 $\varepsilon>0$,存在与 $x$ 无关的 $N(\varepsilon)$,使

$$|f(x)-f_n(x)| < \varepsilon, \quad n > N. \tag{7}$$

多项式 $f_n(x)$ 总可以用勒让德多项式的线性组合来表示

$$f_n(x) = c_n P_n(x) + c_{n-1}P_{n-1}(x) + \cdots + c_0 P_0(x), \tag{8}$$

因为 $f_n(x)$ 显然可以表为 $P_n(x)$ 和 $x^{n-1},x^{n-2},\cdots$ 的线性组合,而 $x^{n-1}$ 又可用 $P_{n-1}(x)$ 和 $x^{n-2},x^{n-3},\cdots$ 的线性组合来表示,等等. 因此,函数 $f(x)$ 可用(8)式这样的特殊序列均匀逼近,且

$$\int_{-1}^1 |f(x)-f_n(x)|^2\,dx < 2\varepsilon^2. \tag{9}$$

根据 1.10 节的结果(参看该节(6)式),如果取多项式

$$q_n(x) = a_n P_n(x) + a_{n-1}P_{n-1}(x) + \cdots + a_0 P_0(x) \tag{10}$$

作为 $f(x)$ 的近似,则当诸系数取值为

$$a_k = \frac{2k+1}{2}\int_{-1}^1 f(x)P_k(x)\,dx \tag{11}$$

时,平均平方误差 $\|f(x)-q_n(x)\|^2 = \|f\|^2 - \sum_{k=0}^n |a_k|^2 = \varepsilon_n$ 之值最小. 因此 $\varepsilon_n<2\varepsilon^2$. 又根据 1.10 节(8)式,当 $n$ 增大时,$\varepsilon_n(>0)$ 是一个单调递减序列,其极限

---

[1] 柯朗-希伯尔特:《数学物理方法》,I,第二章 §4.1(中译本 51 页).

$\varepsilon_\infty$存在,且$<2\varepsilon^2$.但$\varepsilon$是可以任意小的正数,故必有$\varepsilon_\infty=0$,即

$$\| f \|^2 = \sum_{k=0}^{\infty} | a_k |^2. \tag{12}$$

这就证明了$\{P_n(x)\}$的完备性.

级数

$$a_0 P_0(x) + a_1 P_1(x) + \cdots + a_k P_k(x) + \cdots, \tag{13}$$

其中系数$a_k$由(11)式确定,称为**函数$f(x)$的勒让德级数**.上面证明了这级数平均收敛于$f(x)$,只要$f(x)$在$[-1,1]$中是连续的.事实上只要$f(x)$在该区间中平方可积即可.但级数(13)是否收敛,以及即使收敛,它的和是否代表$f(x)$,都是需要进一步去讨论的较细致的问题.这方面的理论与傅里叶级数理论差不多是一样的,此处只引述其结论[①]:

**若函数$(1-x^2)^{-1/4}f(x)$在区间$[-1,1]$中可积,则勒让德级数**

$$\sum_{k=0}^{\infty} \frac{2k+1}{2} P_k(x) \int_{-1}^{1} f(x') P_k(x') \mathrm{d}x' = \frac{1}{2}\{f(x+0) + f(x-0)\},$$

**如果$x$是$[-1,1]$的内部的这样一个点,在这点的某一邻域内$f(x)$是圉变的,或者在这点上$f(x)$有有界微商,或者在这点上函数$\sin^{1/2}\theta f(\cos\theta)$满足使其傅里叶级数收敛的任何其他条件.**

此外,如果$f(x)$在任何区间$I$中是连续的(在端点上连续是两方的),而这区间位于$f(x)$是圉变的一区间的内部,则$f(x)$的勒让德级数在区间$I$中一致收敛.任何其他使函数$\sin^{1/2}\theta f(\cos\theta)$的傅里叶级数一致收敛的充分条件都提供一相应的充分条件,使$f(x)$的勒让德级数在区间$[-1,1]$的内部的一区间中一致收敛.

另外一个在较严格的条件下把一个函数用勒让德多项式展开的定理见5.10节.

## 5.7 $P_n(x)$的零点

$P_n(x)$的$n$个零点都是一阶的,全部位于区间$[-1,1]$之内(因此都是实数).又,$P_n(x)$和$P_{n-1}(x)$的零点互相穿插,即在$P_n(x)$的两相邻零点之间必有$P_{n-1}(x)$的一个零点,反之亦然.这些关于零点的性质是一般正交多项式都具有的普遍特性(参看例如 Szegö, *Orthogonal Polynomials*, §33, p. 43).对于$P_n(x)$,可以用5.3节(3)——罗巨格公式和5.5节的递推关系来证明上述结论.

首先$P_n(x)$不能有重零点,因为它是一个二阶常微分方程的解,如果$\alpha$是它的$m$阶零点,$m\geqslant2$,则$P_n(\alpha)=P_n'(\alpha)=0$而有$P_n(x)\equiv0$.

---

[①] 关于这方面的理论可参看例如 Hobson (1931), Chap. Ⅶ.

其次证明 $P_n(x)$ 的零点都位于区间 $[-1,1]$ 之内. 按 5.3 节公式(3)，

$$P_n(x) = \frac{1}{2^n n!} \frac{d^n}{dx^n}(x^2-1)^n.$$

$-1$ 和 $+1$ 是 $(x^2-1)^n$ 的两个 $n$ 重零点，因此根据罗耳(Rolle)定理，一级微商 $d(x^2-1)^n/dx$ 至少有一个零点位于 $-1$ 和 $+1$ 之间. 如果 $n=1$，这零点就是 $P_1(x)$ 的零点. 如果 $n>1$，则除了这个零点之外，还有 $-1$ 和 $+1$ 也是 $d(x^2-1)^n/dx$ 的零点，因此，在 $-1$ 和 $+1$ 之间至少有 $d^2(x^2-1)^n/dx^2$ 的两个零点，而且不相重. 仿此推论下去，即见 $d^n(x^2-1)^n/dx^n$ ——因之 $P_n(x)$ ——有而且只有 $n$ 个不相重的零点位于 $[-1,1]$ 之内；$-1$ 和 $+1$ 不再是零点(参看 5.3 节(4)式，$P_n(1)=1$，$P_n(-1)=(-1)^n$).

最后证明 $P_n(x)$ 和 $P_{n-1}(x)$ 的零点相互穿插. 从 5.5 节(7)的递推关系

$$(x^2-1)P_n'(x) = n[xP_n(x) - P_{n-1}(x)] \quad (n \geq 1) \tag{1}$$

看出，如果 $P_n(\alpha)=0$，则 $P_{n-1}(\alpha)\neq 0$，否则因为 $\alpha\neq\pm 1$(见上)，就有 $P_n'(\alpha)=0$，而这表示 $\alpha$ 是重零点，与前不符. 又既然 $-1<\alpha<+1$，故从(1)式看出 $P_{n-1}(\alpha)$ 与 $P_n'(\alpha)$ 同号. 设 $\alpha$ 和 $\beta$ 是 $P_n(x)$ 的两个相邻的零点，则 $P_n'(\alpha)$ 和 $P_n'(\beta)$ 都不为 0，而且两者异号，否则 $\alpha$ 和 $\beta$ 就不相邻，因此，根据前面的结论，$P_{n-1}(\alpha)$ 与 $P_{n-1}(\beta)$ 异号. 这表明在 $\alpha$ 和 $\beta$ 之间至少有 $P_{n-1}(x)$ 的一个零点. 但 $P_{n-1}(x)$ 只有 $n-1$ 个零点，故在 $P_n(x)$ 的 $n$ 个零点的每两相邻的零点之间，必有而且仅有 $P_{n-1}(x)$ 的一个零点. 这也就是说，$P_n(x)$ 和 $P_{n-1}(x)$ 的零点是相互穿插的.

## 5.8　第二类勒让德函数 $Q_n(x)$

利用 2.4 节(27)式，可以从 $P_n(x)$ 求得勒让德方程

$$(1-x^2)y'' - 2xy' + n(n+1)y = 0 \tag{1}$$

的第二解

$$Q_n(x) = P_n(x)\int_x^\infty \frac{dx}{(x^2-1)[P_n(x)]^2} \quad (|x|>1); \tag{2}$$

$Q_n(x)$ 称为**第二类勒让德函数**.

如果把 $P_n(x)$ 的展开式代入(2)式右方，直接计算，不易求得 $Q_n(x)$ 的展开式的普遍项，因此下面应用未定系数法. 把 $P_n(x)$ 的降幂表达式(5.2 节(7))

$$P_n(x) = \frac{(2n)!}{2^n(n!)^2}x^n\left\{1 - \frac{n(n-1)}{2\cdot(2n-1)}x^{-2} + \cdots\right\}$$

代入(2)式右方，得

$$Q_n(x) = \frac{2^n(n!)^2}{(2n)!}x^n\left\{1 - \frac{n(n-1)}{2\cdot(2n-1)}x^{-2} + \cdots\right\}$$

$$\times \int_x^\infty \frac{\mathrm{d}x}{x^{2n+2}\left(1-\dfrac{1}{x^2}\right)\left\{1-\dfrac{n(n-1)}{2\cdot(2n-1)}x^{-2}+\cdots\right\}^2}$$

$$= \frac{2^n(n!)^2}{(2n+1)!}x^{-n-1}\left\{1+\sum_{k=1}^\infty a_k x^{-2k}\right\},$$

其中 $a_k$ 是待定的系数. 把这表达式代入(1), 按照求级数解的方法得

$$a_1 = \frac{(n+1)(n+2)}{2\cdot(2n+3)},\quad a_k = \frac{(n+2k-1)(n+2k)}{2k\cdot(2n+2k+1)}a_{k-1}\quad (k\geqslant 2).$$

由此可求出

$$a_k = \frac{\left(\dfrac{n+1}{2}\right)_k\left(\dfrac{n+2}{2}\right)_k}{k!\left(n+\dfrac{3}{2}\right)_k},$$

因此

$$Q_n(x) = \frac{2^n(n!)^2}{(2n+1)!}x^{-n-1}\left\{1+\frac{(n+1)(n+2)}{2\cdot(2n+3)}x^{-2}+\cdots\right\}$$

$$= \frac{2^n(n!)^2}{(2n+1)!}x^{-n-1}\mathrm{F}\left(\frac{n+1}{2},\frac{n+2}{2},n+\frac{3}{2},x^{-2}\right). \tag{3}$$

这是与 5.2 节(7)式相应的公式. (3)式中的级数只在 $|x|>1$ 时收敛, 但其解析开拓(式中的超几何函数表达式)所代表的 $Q_n(x)$ 则是沿实轴从 $-1$ 到 $+1$ 割开的 $x$ 平面上的一个单值解析函数.

关于 $Q_n(x)$ 的其他超几何函数表达式, 参看 5.17, 5.19 节和本章末习题.

**积分表达式.** 当 $|x|>1$ 时, 由 5.4 节(5)式

$$y(x) = A\int_C (1-t^2)^n(x-t)^{-n-1}\mathrm{d}t,$$

取 $C$ 为从 $t=-1$ 到 $t=1$ 的直线, 得勒让德方程(1)的另一个积分解

$$y(x) = A\int_{-1}^1 (1-t^2)^n(x-t)^{-n-1}\mathrm{d}t.$$

这个积分所表示的函数在沿实轴从 $-1$ 到 $+1$ 割开的 $x$ 平面上是单值解析的(参看 4.5 节关于该节(6)式的多值性的讨论). 现在来证明, 适当选取常数 $A$, 上式右方等于 $Q_n(x)$.

因设 $|x|>1$, 故

$$y(x) = Ax^{-n-1}\int_{-1}^1 (1-t^2)^n\left(1-\frac{t}{x}\right)^{-n-1}\mathrm{d}t$$

$$= Ax^{-n-1}\int_{-1}^1 (1-t^2)^n\sum_{k=0}^\infty\binom{-n-1}{k}\left(-\frac{t}{x}\right)^k\mathrm{d}t$$

$$= Ax^{-n-1}\sum_{k=0}^\infty\binom{-n-1}{k}(-)^k x^{-k}\int_{-1}^1 t^k(1-t^2)^n\mathrm{d}t,$$

由于 $|t/x|<1$，这里的逐项求积分是合法的. 最后的积分只有在 $k$ 是偶数时不为 0，而

$$\int_{-1}^{1} t^{2k}(1-t^2)^n \mathrm{d}t = 2\int_0^1 t^{2k}(1-t^2)^n \mathrm{d}t$$

$$= \int_0^1 v^{k-\frac{1}{2}}(1-v)^n \mathrm{d}v = \frac{\Gamma\left(k+\frac{1}{2}\right)\Gamma(n+1)}{\Gamma\left(n+\frac{3}{2}+k\right)},$$

故

$$y(x) = Ax^{-n-1}\sum_{k=0}^{\infty}\binom{-n-1}{2k}x^{-2k}\cdot\frac{\Gamma\left(k+\frac{1}{2}\right)\cdot n!}{\Gamma\left(n+\frac{3}{2}+k\right)}$$

$$= Ax^{-n-1}\sum_{k=0}^{\infty}\frac{(n+2k)!}{(2k)!}\frac{\Gamma\left(k+\frac{1}{2}\right)}{\Gamma\left(n+\frac{3}{2}+k\right)}x^{-2k}.$$

用 3.6 节(8)式和(9)式，得

$$y(x) = A\frac{2^{2n+1}(n!)^2}{(2n+1)!}x^{-n-1}\sum_{k=0}^{\infty}\frac{\left(\frac{n+1}{2}\right)_k\left(\frac{n+2}{2}\right)_k}{k!\left(n+\frac{3}{2}\right)_k}x^{-2k}$$

$$= A\frac{2^{2n+1}(n!)^2}{(2n+1)!}x^{-n-1}F\left(\frac{n+1}{2},\frac{n+2}{2},n+\frac{3}{2},x^{-2}\right).$$

与(3)式比较，即见

$$Q_n(x) = \frac{1}{2^{n+1}}\int_{-1}^{1}(1-t^2)^n(x-t)^{-n-1}\mathrm{d}t. \tag{4}$$

由(4)式，换部求积分 $n$ 次，注意当 $k<n$ 时，$(1-t^2)^{n-k}$ 在 $t=\pm1$ 之值为 0，得

$$Q_n(x) = \frac{1}{2}\int_{-1}^{1}\frac{1}{2^n n!}\frac{\mathrm{d}^n}{\mathrm{d}t^n}(t^2-1)^n(x-t)^{-1}\mathrm{d}t.$$

用 5.3 节(3)式，得 $Q_n(x)$ 的另一积分表达式

$$Q_n(x) = \frac{1}{2}\int_{-1}^{1}\frac{P_n(t)}{x-t}\mathrm{d}t, \tag{5}$$

称为 $Q_n(x)$ 的**诺埃曼(Neumann)表示**.

上面两个积分表达式(4)和(5)虽然是在 $|x|>1$ 的条件下得到的，但如前述，它们都是沿实轴从 $-1$ 到 $+1$ 割开的 $x$ 平面上的单值解析函数，因此 $|x|>1$ 的限制可取消.

$Q_n(x)$ **的有限表达式**. 利用(5)式可得 $Q_n(x)$ 的下列表达式：

$$Q_0(x) = \frac{1}{2}\ln\frac{x+1}{x-1},$$

$$Q_n(x) = \frac{1}{2}P_n(x)\ln\frac{x+1}{x-1} - W_{n-1}(x)(n \geq 1),$$

$$(6)$$

其中的对数函数在 $x>1$ 时取实数值，$W_{n-1}(x)$ 是一个 $n-1$ 次多项式：

$$W_{n-1}(x) = \frac{(2n)!}{2^n(n!)^2}\left\{x^{n-1} + \left[\frac{1}{3} - \frac{n(n-1)}{2\cdot(2n-1)}\right]x^{n-3} + \cdots\right\}$$

$$= \frac{(2n)!}{2^n(n!)^2}\sum_{k=0}^{\left[\frac{n-1}{2}\right]}x^{n-2k-1}\left[\frac{1}{2k+1} + \sum_{s=1}^{k}\frac{(-)^s}{2k-2s+1}\right.$$

$$\left.\times\frac{n(n-1)\cdots(n-2s+1)}{2^s s!(2n-1)(2n-3)\cdots(2n-2s+1)}\right].$$

$$(7)$$

这式的证明如下：

$$Q_n(x) = \frac{1}{2}\int_{-1}^{1}\frac{P_n(t)}{x-t}dt = \frac{1}{2}\int_{-1}^{1}\frac{P_n(x)}{x-t}dt - \frac{1}{2}\int_{-1}^{1}\frac{P_n(x)-P_n(t)}{x-t}dt$$

$$= \frac{1}{2}P_n(x)\ln\frac{x+1}{x-1} - W_{n-1}(x),$$

其中

$$W_{n-1}(x) = \frac{1}{2}\int_{-1}^{1}\frac{P_n(x)-P_n(t)}{x-t}dt.$$

把 $P_n(x)$ 写作 $\sum_{l=0}^{n}a_l x^l$，其中 $a_{n-1}=a_{n-3}=\cdots=0$，得

$$W_{n-1}(x) = \frac{1}{2}\int_{-1}^{1}\sum_{l=0}^{n}a_l\frac{x^l-t^l}{x-t}dt = \frac{1}{2}\sum_{l=1}^{n}a_l\sum_{r=0}^{l-1}x^r\int_{-1}^{1}t^{l-1-r}dt$$

$$= \frac{1}{2}\sum_{l=1}^{n}a_l\sum_{r=0}^{l-1}x^r\frac{1-(-)^{l-r}}{l-r} = \frac{1}{2}\sum_{s=0}^{n-1}a_{n-s}\sum_{r=0}^{n-s-1}x^r\frac{1-(-)^{n-s-r}}{n-s-r}$$

$$= \frac{1}{2}\sum_{s=0}^{\left[\frac{n-1}{2}\right]}a_{n-2s}\sum_{r=0}^{n-2s-1}x^r\frac{1-(-)^{n-r}}{n-2s-r} \quad (\diamondsuit\ n-r=2k+1)$$

$$= \sum_{s=0}^{\left[\frac{n-1}{2}\right]}a_{n-2s}\sum_{k=s}^{\left[\frac{n-1}{2}\right]}\frac{x^{n-2k-1}}{2k-2s+1} = \sum_{k=0}^{\left[\frac{n-1}{2}\right]}x^{n-2k-1}\sum_{s=0}^{\left[\frac{n-1}{2}\right]}\frac{a_{n-2s}}{2k-2s+1}.$$

由 5.2 节(6)式 $a_n$ 之值，并利用 5.2 节(3)式算出 $a_{n-2}$, $a_{n-4}$, $\cdots$，即得(7)式.

(6)式明显地表示出 $Q_n(x)$ 的奇异性和多值性：$x=\pm1$ 是它的分支点. 按照其中对数函数值的规定，即当 $x>1$ 时对数取实数值，可以证明(6)式所表示的 $Q_n(x)$ 与(3)式用超几何级数表示的是同一分支. 为此，只要把(6)式中的对数函数用 $x$ 的降幂展开，然后与(3)式比较即可.

当 $-1<x<1$，即 $x$ 在从 $-1$ 到 $+1$ 的割缝两岸上的时候，$Q_n(x)$ 之值不是唯一

的. 在上岸, $\arg\{(x+1)/(x-1)\}$ 减少了 $\pi$, 故

$$Q_n(x+i0) = -i\frac{\pi}{2}P_n(x) + \frac{1}{2}P_n(x)\ln\frac{1+x}{1-x} - W_{n-1}(x);\qquad(8)$$

在下岸, $\arg\{(x+1)/(x-1)\}$ 增加了 $\pi$, 故

$$Q_n(x-i0) = i\frac{\pi}{2}P_n(x) + \frac{1}{2}P_n(x)\ln\frac{1+x}{1-x} - W_{n-1}(x).\qquad(9)$$

通常在 $-1<x<1$ 时取

$$Q_n(x) = \frac{1}{2}\{Q_n(x+i0) + Q_n(x-i0)\}$$

$$= \frac{1}{2}P_n(x)\ln\frac{1+x}{1-x} - W_{n-1}(x)\qquad(10)$$

作为 $Q_n(x)$ 的定义. 这样规定的 $Q_n(x)$ 在 $-1<x<1$ 中满足勒让德方程(1), 是与 $P_n(x)$ 线性无关的第二解.

## 5.9    $Q_n(x)$ 的递推关系

利用上节(5)式, 立刻可从 5.5 节 $P_n(x)$ 的递推关系推出 $Q_n(x)$ 的相应关系:

$$\left.\begin{array}{l}Q_1(x) - xQ_0(x) + 1 = 0,\\[2mm](n+1)Q_{n+1}(x) - (2n+1)xQ_n(x) + nQ_{n-1}(x) = 0 \quad (n\geqslant 1),\end{array}\right\}\qquad(1)$$

$$Q'_{n+1}(x) - xQ'_n(x) = (n+1)Q_n(x),\qquad(2)$$

$$xQ'_n(x) - Q'_{n-1}(x) = nQ_n(x),\qquad(3)$$

$$Q'_{n+1}(x) - Q'_{n-1}(x) = (2n+1)Q_n(x),\qquad(4)$$

$$(x^2-1)Q'_n(x) = nxQ_n(x) - nQ_{n-1}(x).\qquad(5)$$

例如

$$Q_1(x) - xQ_0(x) = \frac{1}{2}\int_{-1}^{1}\frac{P_1(t) - xP_0(t)}{x-t}dt = -\frac{1}{2}\int_{-1}^{1}dt = -1,$$

$$(n+1)Q_{n+1}(x) - (2n+1)xQ_n(x) + nQ_{n-1}(x)$$

$$= \frac{1}{2}\int_{-1}^{1}\frac{(n+1)P_{n+1}(t) - (2n+1)tP_n(t) + nP_{n-1}(t)}{x-t}dt - \frac{2n+1}{2}\int_{-1}^{1}P_n(t)dt.$$

由 5.5 节(2)式第一个积分中的分子等于 0, 而后面一个积分在 $n\geqslant 1$ 时也等于 0 (用 5.6 节(1)式), 因此有(1).

(2)~(5)式可仿此用 5.5 节(4)~(7)来证明.

## 5.10    函数 $\frac{1}{x-t}$ 用勒让德函数展开. 诺埃曼(Neumann)展开

当 $x$ 和 $t$ 都是实数, 而且 $|x|>1$ 时, $1/(x-t)$ 作为 $t$ 的函数, 在稍大于 $[-1,1]$

的区间里是连续的.因此,根据 5.6 节末的定理,这函数可用 $P_n(x)$ 展开

$$\frac{1}{x-t} = \sum_{n=0}^{\infty} a_n P_n(t),\tag{1}$$

级数在 $[-1,1]$ 中一致收敛.以 $P_m(t)$ 乘(1)式两边,从 $-1$ 到 $1$ 求积分,利用 5.6 节 (6)式和 5.8 节(5)式,得

$$a_m = \frac{2m+1}{2}\int_{-1}^{1}\frac{P_m(t)}{x-t}\mathrm{d}t = (2m+1)Q_m(x),\tag{2}$$

因此

$$\frac{1}{x-t} = \sum_{n=0}^{\infty}(2n+1)Q_n(x)P_n(t).\tag{3}$$

事实上,展开式(3)在更宽的条件下也成立,说明于下.由 5.9 节(1)和 5.5 节 (2)

$$x Q_0(x) - Q_1(x) - 1 = 0,$$
$$(2r+1)x Q_r(x) - (r+1)Q_{r+1}(x) - r Q_{r-1}(x) = 0 \quad (r \geqslant 1),$$
$$t P_0(t) - P_1(t) = 0,$$
$$(2r+1)t P_r(t) - (r+1)P_{r+1}(t) - r P_{r-1}(t) = 0 \quad (r \geqslant 1),$$

得

$$(x-t)\sum_{r=0}^{n}(2r+1)P_r(t)Q_r(x)$$
$$-\sum_{r=0}^{n}(r+1)[P_r(t)Q_{r+1}(x) - P_{r+1}(t)Q_r(x)]$$
$$-\sum_{r=1}^{n}r[P_r(t)Q_{r-1}(x) - P_{r-1}(t)Q_r(x)] - 1 = 0.$$

第二和第三两个和数并项后只剩下第二和数中 $r=n$ 的一项,故有

$$\frac{1}{x-t} = \sum_{r=0}^{n}(2r+1)Q_r(x)P_r(t) + \frac{n+1}{x-t}[P_{n+1}(t)Q_n(x) - P_n(t)Q_{n+1}(x)].\tag{4}$$

可以证明(参看 Hobson,(1931),§38,pp. 59~62),如果 $t$ 是位于通过 $x$ 点、焦点为 $\pm1$ 的椭圆内的一点,即[①] 如果

$$\left|t + \sqrt{t^2-1}\right| < \left|x + \sqrt{x^2-1}\right|,\tag{5}$$

则(4)式右方的余项当 $n \to \infty$ 时一致趋于 $0$,故有(3);其中的级数对于所有在椭圆 上的点 $x$ 也是一致收敛的.

───────────

① 令 $x + \sqrt{x^2-1} = r\mathrm{e}^{\mathrm{i}\theta}$,则 $x - \sqrt{x^2-1} = r^{-1}\mathrm{e}^{-\mathrm{i}\theta}$,由此得 $x = \frac{1}{2}(r\mathrm{e}^{\mathrm{i}\theta} + r^{-1}\mathrm{e}^{-\mathrm{i}\theta})$.令 $x = \xi + \mathrm{i}\eta$,得 $\xi = \frac{1}{2}(r+r^{-1})\cos\theta, \eta = \frac{1}{2}(r-r^{-1})\sin\theta$,故 $r = |x + \sqrt{x^2-1}| = $ 常数,代表通过 $x$ 点的一个椭圆.

利用这结果和科希公式,立刻得到下面的展开定理

设 $f(x)$ 是焦点为 $\pm 1$ 的椭圆 $C$ 上及其内的解析函数,则对于位于这椭圆内部的任意一个共焦椭圆中的点 $t$,有

$$f(t) = \sum_{n=0}^{\infty} a_n P_n(t), \tag{6}$$

其中

$$a_n = \frac{2n+1}{2\pi i} \oint_C f(x) Q_n(x) dx, \tag{7}$$

**而且级数是一致收敛的**. 证明如下：按科希公式和(3)式

$$f(t) = \frac{1}{2\pi i} \int_C \frac{f(x) dx}{x - t} = \sum_{n=0}^{\infty} (2n+1) P_n(t) \cdot \frac{1}{2\pi i} \int_C f(x) Q_n(x) dx,$$

故有(6). 这个展开称为**诺埃曼展开**.

又,以 $P_m(t)$ 乘(6)式两边,求积分,利用 $P_n(t)$ 的正交性,得

$$a_n = \frac{2n+1}{2} \int_{-1}^{1} f(t) P_n(t) dt, \tag{8}$$

与5.6节(11)式相同. 现在由于 $f(t)$ 是解析函数,可以应用罗巨格公式(5.3节(3))换部求积分 $n$ 次,得另一定系数的公式

$$a_n = \frac{2n+1}{2^{n+1} n!} \int_{-1}^{1} f^{(n)}(t) (1-t^2)^n dt. \tag{9}$$

## 5.11　连带勒让德函数 $P_l^m(x)$

连带勒让德函数是微分方程(见5.1节(6)式)

$$(1-x^2) \frac{d^2 y}{dx^2} - 2x \frac{dy}{dx} + \left[ l(l+1) - \frac{m^2}{1-x^2} \right] y = 0 \tag{1}$$

的解. 在本节中只讨论 $-1 \leqslant x \leqslant 1, l = 0, 1, 2, \cdots$ 和 $m$ 是任意整数的情形. 普遍情形将在5.16节中讨论.

在5.1节中已看到,方程(1)的解可用 $P$ 符号表示为

$$(1-x^2)^{m/2} P \left\{ \begin{matrix} 1 & 0 & \infty \\ 0 & 0 & l+m+1, & \dfrac{1-x}{2} \\ -m & -m & -l+m \end{matrix} \right\}. \tag{2}$$

由此立得一个用超几何函数表示的解

$$y_1(x) = A(1-x^2)^{m/2} F \left( l+m+1, -l+m, 1+m, \frac{1-x}{2} \right), \tag{3}$$

其中 $A$ 是任意常数. 用4.2节(10)式和5.2节(12)式,这个解可写为

$$y_1(x) = A'(1-x^2)^{m/2} \frac{\mathrm{d}^m}{\mathrm{d}x^m} \mathrm{F}\left(l+1, -l, 1, \frac{1-x}{2}\right)$$

$$= A'(1-x^2)^{m/2} \frac{\mathrm{d}^m}{\mathrm{d}x^m} \mathrm{P}_l(x),$$

其中 $\mathrm{P}_l(x)$ 是 $l$ 次勒让德多项式.

依照霍布森(Hobson)**$m$ 阶 $l$ 次第一类连带勒让德函数** $\mathrm{P}_l^m(x)$ 的定义是

$$\mathrm{P}_l^m(x) = (-)^m(1-x^2)^{m/2} \frac{\mathrm{d}^m}{\mathrm{d}x^m} \mathrm{P}_l(x) \quad (l \geqslant m \geqslant 0, -1 \leqslant x \leqslant 1), \quad (4)$$

式中的根式取正值. 另一种定义是费瑞尔(Ferrer)的, 没有 $(-)^m$ 这个因子.

根据罗巨格公式(5.3 节(3)), (4)式又可写为

$$\mathrm{P}_l^m(x) = (-)^m \frac{(1-x^2)^{m/2}}{2^l l!} \frac{\mathrm{d}^{l+m}}{\mathrm{d}x^{l+m}} (x^2-1)^l, \quad (5)$$

这种形式也适用于 $m$ 是负整数的情形, 只要 $|m| \leqslant l$ (见下).

从上面的结果可以推想, 如果 $v(x)$ 是 $l$ 次勒让德方程的解, 则

$$y = (1-x^2)^{m/2} v^{(m)}(x)$$

满足方程(1). 事实上可以通过直接计算证明这一点. 由此立得方程(1)的另一解

$$\mathrm{Q}_l^m(x) = (-)^m(1-x^2)^{m/2} \frac{\mathrm{d}^m}{\mathrm{d}x^m} \mathrm{Q}_l(x) \quad (-1 \leqslant x \leqslant 1), \quad (6)$$

$\mathrm{Q}_l(x)$ 是由 5.8 节(10)式规定的 $l$ 次第二类勒让德函数; $\mathrm{Q}_l^m(x)$ 称为 **$m$ 阶 $l$ 次第二类连带勒让德函数**. 这也是霍布森的定义. 费瑞尔的定义没有前面 $(-)^m$ 这个因子.

很容易看出 $\mathrm{P}_l^m(x)$ 是区间 $-1 \leqslant x \leqslant 1$ 中的有界函数, 而 $\mathrm{Q}_l^m(x)$ 则在 $x \to \pm 1$ 时趋于 $\infty$, 因为按 5.8 节(6)式, $\mathrm{Q}_l(x)$ 含 $\ln\{(x+1)/(x-1)\}$ 的项, 其 $m$ 次微商当含 $(x+1)^{-m}$ 和 $(x-1)^{-m}(m \geqslant 1)$.

在本节中主要是讨论 $\mathrm{P}_l^m(x)$; 关于 $\mathrm{Q}_l^m(x)$ 可看 5.17 和 5.19 两节的普遍情形.

方程(1)在 $m$ 换成 $-m$ 时不变, 因此可以想到函数

$$\mathrm{P}_l^{-m}(x) = (-)^m \frac{(1-x^2)^{-m/2}}{2^l l!} \frac{\mathrm{d}^{l-m}}{\mathrm{d}x^{l-m}} (x^2-1)^l \quad (m > 0) \quad (7)$$

也是方程(1)的解. 事实上 $\mathrm{P}_l^{-m}(x)$ 与 $\mathrm{P}_l^m(x)$ 只差一常数因子, 证明如下:

$$\frac{\mathrm{d}^{l+m}}{\mathrm{d}x^{l+m}}(x^2-1)^l = \sum_{r=0}^{l+m} \binom{l+m}{r} \frac{\mathrm{d}^r}{\mathrm{d}x^r}(x-1)^l \frac{\mathrm{d}^{l+m-r}}{\mathrm{d}x^{l+m-r}}(x+1)^l$$

$$= \sum_{r=m}^{l} \binom{l+m}{r} \frac{l!}{(l-r)!}(x-1)^{l-r} \frac{l!}{(r-m)!}(x+1)^{r-m}$$

$$= \sum_{r=0}^{l-m} \binom{l+m}{r+m} \frac{l!}{(l-m-r)!}(x-1)^{l-m-r} \frac{l!}{r!}(x+1)^r$$

$$= \frac{(l+m)!}{(l-m)!}(x^2-1)^{-m}\sum_{r=0}^{l-m}\binom{l-m}{r}\frac{l!}{(l-r)!}(x-1)^{l-r}\frac{l!}{(r+m)!}(x+1)^{r+m}$$

$$= (-)^m\frac{(l+m)!}{(l-m)!}(1-x^2)^{-m}\frac{d^{l-m}}{dx^{l-m}}(x^2-1)^l,$$

故

$$P_l^{-m}(x) = (-)^m\frac{(l-m)!}{(l+m)!}P_l^m(x). \tag{8}$$

## 5.12 $P_l^m(x)$ 的正交关系

$P_l^m(x)$满足下列正交关系$(m,m'\geqslant 0)$:

$$\int_{-1}^1 P_l^m P_{l'}^m dx = \frac{2}{2l+1}\frac{(l+m)!}{(l-m)!}\delta_{ll'}, \tag{1}$$

$$\int_{-1}^1 P_l^m P_l^{m'}\frac{dx}{1-x^2} = \frac{1}{m}\frac{(l+m)!}{(l-m)!}\delta_{mm'}. \tag{2}$$

这些关系的证明如下. 由 $P_l^m$ 和 $P_{l'}^{m'}$ 所分别满足的微分方程得

$$[l(l+1)-l'(l'+1)]P_l^m P_{l'}^{m'} - \frac{m^2-m'^2}{1-x^2}P_l^m P_{l'}^{m'}$$

$$= \frac{d}{dx}\left[(1-x^2)\left(P_l^m\frac{dP_{l'}^{m'}}{dx} - P_{l'}^{m'}\frac{dP_l^m}{dx}\right)\right].$$

求积分,得

$$[l(l+1)-l'(l'+1)]\int_{-1}^1 P_l^m P_{l'}^{m'}dx = (m^2-m'^2)\int_{-1}^1 P_l^m P_{l'}^{m'}\frac{dx}{1-x^2}.$$

因此

$$\int_{-1}^1 P_l^m P_{l'}^m dx = 0, \qquad 如果\ l\neq l',$$

$$\int_{-1}^1 P_l^m P_l^{m'}\frac{dx}{1-x^2} = 0, \quad 如果\ m\neq m'.$$

现在证明(1)式:

$$\int_{-1}^1 (P_l^m)^2 dx = \frac{1}{2^{2l}(l!)^2}\int_{-1}^1 (1-x^2)^m\left[\left(\frac{d}{dx}\right)^{l+m}(x^2-1)^l\right]^2 dx.$$

令

$$G(x) = (1-x^2)^m(d/dx)^{l+m}(x^2-1)^l,$$

这是一个 $l+m$ 次多项式. 对上式换部求积分 $m$ 次,注意 $G^{(k)}(\pm 1)=0,k=0,1,2,\cdots,m-1$,得

$$\int_{-1}^1 (P_l^m)^2 dx = \frac{(-)^m}{2^{2l}(l!)^2}\int_{-1}^1 G^{(m)}(x)\left(\frac{d}{dx}\right)^l(x^2-1)^l dx.$$

再换部求积分 $l$ 次,得

$$\int_{-1}^{1} (P_l^m)^2 \,\mathrm{d}x = \frac{(-)^{m+l}}{2^{2l}(l!)^2} G^{(l+m)}(x) \int_{-1}^{1} (x^2-1)^l \,\mathrm{d}x,$$

其中

$$G^{(l+m)}(x) = \left(\frac{\mathrm{d}}{\mathrm{d}x}\right)^{l+m} \left[(-)^m \frac{(2l)!}{(l-m)!} x^{l+m} + \cdots\right] = (-)^m \frac{(2l)!(l+m)!}{(l-m)!},$$

而

$$\int_{-1}^{1} (x^2-1)^l \,\mathrm{d}x = \frac{(-)^l (l!)^2}{(2l)!} \frac{2^{2l+1}}{2l+1} \tag{3}$$

(见 5.6 节(5)式之前),故

$$\int_{-1}^{1} (P_l^m)^2 \,\mathrm{d}x = \frac{2}{2l+1} \frac{(l+m)!}{(l-m)!}, \tag{4}$$

这就证明了(1)式.

现在证明(2)式:

$$\int_{-1}^{1} (P_l^m)^2 \frac{\mathrm{d}x}{1-x^2} = \frac{1}{2^{2l}(l!)^2} \int_{-1}^{1} (1-x^2)^{m-1} \left[\left(\frac{\mathrm{d}}{\mathrm{d}x}\right)^{l+m} (x^2-1)^l\right]^2 \mathrm{d}x.$$

令

$$G(x) = (1-x^2)^{m-1}(\mathrm{d}/\mathrm{d}x)^{l+m}(x^2-1)^l,$$

这是一个 $l+m-2$ 次多项式. 对上式换部求积分 $m-1$ 次,并注意 $G^{(k)}(\pm 1)=0$, $k=0,1,\cdots,m-2$,得

$$\int_{-1}^{1} (P_l^m)^2 \frac{\mathrm{d}x}{1-x^2} = \frac{(-)^{m-1}}{2^{2l}(l!)^2} \int_{-1}^{1} G^{(m-1)}(x) \frac{\mathrm{d}^{l+1}}{\mathrm{d}x^{l+1}} (x^2-1)^l \,\mathrm{d}x.$$

再换部求积分一次,得

$$\int_{-1}^{1} (P_l^m)^2 \frac{\mathrm{d}x}{1-x^2} = \frac{(-)^{m-1}}{2^{2l}(l!)^2} \left[G^{(m-1)}(x) \frac{\mathrm{d}^l}{\mathrm{d}x^l}(x^2-1)^l\right]_{-1}^{1} + \frac{(-)^m}{2^l l!} \int_{-1}^{1} G^{(m)}(x) P_l(x) \,\mathrm{d}x.$$

最后的积分之值为 0,因为 $G^{(m)}(x)$ 是一个 $l-2$ 次多项式(5.6 节(1)),故

$$\int_{-1}^{1} (P_l^m)^2 \frac{\mathrm{d}x}{1-x^2} = \frac{(-)^{m-1}}{2^l l!} [G^{(m-1)}(1) P_l(1) - G^{(m-1)}(-1) P_l(-1)]$$

$$= \frac{(-)^{m-1}}{2^l l!} [G^{(m-1)}(1) - (-)^l G^{(m-1)}(-1)],$$

最后一步用了 5.3 节(4)式. 今

$$G^{(m-1)}(1) = \frac{\mathrm{d}^{m-1}}{\mathrm{d}x^{m-1}} \left[(1-x^2)^{m-1} \left(\frac{\mathrm{d}}{\mathrm{d}x}\right)^{l+m} (x^2-1)^l\right] \Big|_{x=1}$$

$$= \frac{\mathrm{d}^{m-1}}{\mathrm{d}x^{m-1}} (1-x^2)^{m-1} \Big|_{x=1} \frac{\mathrm{d}^{l+m}}{\mathrm{d}x^{l+m}} (x^2-1)^l \Big|_{x=1}$$

$$= (-)^{m-1}(m-1)! \, 2^{m-1} \binom{l+m}{l} \frac{\mathrm{d}^l}{\mathrm{d}x^l}(x-1)^l \frac{\mathrm{d}^m}{\mathrm{d}x^m}(x+1)^l \Big|_{x=1}$$

$$= \frac{(-)^{m-1}}{m} \frac{(l+m)!}{(l-m)!} 2^{l-1} l!, \tag{5}$$

而由(5)有 $G^{(m-1)}(-1)=(-)^{l-1}G^{(m-1)}(1)$，故

$$\int_{-1}^{1} (P_l^m)^2 \frac{\mathrm{d}x}{1-x^2} = \frac{(-)^{m-1}}{2^l l!} 2 \frac{(-)^{m-1}}{m} \frac{(l+m)!}{(l-m)!} 2^{l-1} l! = \frac{1}{m} \frac{(l+m)!}{(l-m)!}, \tag{6}$$

这证明了(2)式.

利用上节(8)式，分别由(1)和(2)得

$$\int_{-1}^{1} P_l^m P_{l'}^{-m} \mathrm{d}x = (-)^m \frac{2}{2l+1} \delta_{ll'}, \tag{7}$$

$$\int_{-1}^{1} P_l^m P_l^{-m'} \frac{\mathrm{d}x}{1-x^2} = \frac{(-)^m}{m} \delta_{mm'}. \tag{8}$$

$P_l^m(x)$**的完备性.** 对于一定的 $m$，$\{P_l^m(x)\}(l \geqslant m)$ 是区间 $[-1,1]$ 中的一个完备正交函数组，权为 1. 任意一个在区间 $[-1,1]$ 中连续且在端点为 0 的函数 $f(x)$ 可以用任意阶 $(m)$ 的连带勒让德函数 $P_l^m(x)$ 在平均收敛的意义下展开为

$$f(x) = \sum_{l \geqslant m} a_l P_l^m(x), \tag{9}$$

其中

$$a_l = \frac{2l+1}{2} \frac{(l-m)!}{(l+m)!} \int_{-1}^{1} f(x) P_l^m(x) \mathrm{d}x. \tag{10}$$

关于这定理的简单证明可参看例如吉洪诺夫(Тихонов)，《数学物理方程》，附录 Ⅱ，§1.9.

## 5.13　$P_l^m(x)$ 和 $Q_l^m(x)$ 的递推关系

下面是四个基本递推关系[①]：

$$(2l+1)x P_l^m = (l+m)P_{l-1}^m + (l-m+1)P_{l+1}^m, \tag{1}$$

$$(2l+1)(1-x^2)^{1/2} P_l^m = P_{l-1}^{m+1} - P_{l+1}^{m+1}, \tag{2}$$

$$(2l+1)(1-x^2)^{1/2} P_l^m = (l-m+2)(l-m+1)P_{l+1}^{m-1} - (l+m)(l+m-1)P_{l-1}^{m-1}, \tag{3}$$

$$(2l+1)(1-x^2)\frac{\mathrm{d}P_l^m}{\mathrm{d}x} = (l+1)(l+m)P_{l-1}^m - l(l-m+1)P_{l+1}^m. \tag{4}$$

其他许多递推关系都可以从这 4 个导出(参看本章末习题 24).

(1)式的证明——把 5.5 节(2)式写作

$$(2l+1)x P_l = (l+1)P_{l+1} + l P_{l-1},$$

---

① 注意这里的 $P_l^m$ 都是用的霍布森的定义(5.11 节(4)或(5)).

两边求微商 $m$ 次,得

$$(2l+1)xP_l^{(m)} + m(2l+1)P_l^{(m-1)} = (l+1)P_{l+1}^{(m)} + lP_{l-1}^{(m)}.$$

应用 5.5 节(6)式于左方第二项,然后以 $(-)^m(1-x^2)^{m/2}$ 乘整个式子,即得(1).

　　(2)式的证明——对 5.5 节(6)式两边求微商 $m$ 次,然后以 $(-)^m(1-x^2)^{m/2}$ 乘之,即得(2).

　　(3)式的证明——由 5.5 节(7)式,$(1-x^2)P_l' = lP_{l-1} - lxP_l$,应用(1)式(令 $m=0$)于右方第二项,得

$$(1-x^2)P_l' = lP_{l-1} - \frac{l}{2l+1}\big[lP_{l-1} + (l+1)P_{l+1}\big],$$

或

$$(2l+1)(1-x^2)P_l' = l(l+1)P_{l-1} - l(l+1)P_{l+1}.$$

两边求微商 $m-1$ 次,并乘以 $(-)^m(1-x^2)^{(m-1)/2}$,得

$$(2l+1)(1-x^2)^{1/2}P_l^m + 2(m-1)(2l+1)xP_l^{m-1}$$
$$- (m-1)(m-2)(2l+1)(1-x^2)^{1/2}P_l^{m-2}$$
$$= l(l+1)P_{l+1}^{m-1} - l(l+1)P_{l-1}^{m-1}.$$

分别应用(1)和(2)于左方第二项和第三项,即得(3).

　　(4)式的证明——

$$(1-x^2)\frac{\mathrm{d}}{\mathrm{d}x}P_l^m = (1-x^2)\frac{\mathrm{d}}{\mathrm{d}x}\big[(-)^m(1-x^2)^{m/2}P_l^{(m)}\big]$$
$$= (-)^m(1-x^2)\big[(1-x^2)^{m/2}P_l^{(m+1)} - m(1-x^2)^{\frac{m}{2}-1}xP_l^{(m)}\big],$$

即

$$(1-x^2)\frac{\mathrm{d}P_l^m}{\mathrm{d}x} = -(1-x^2)^{1/2}P_l^{m+1} - mxP_l^m. \tag{5}$$

两边乘上 $(2l+1)$,然后对右边两项依次应用(3)和(1),即得(4)式.

　　以上各式也可以用上节的展开公式(9)和(10)来证明.

　　又,由于 $Q_l(x)$ 的递推关系完全与 $P_l(x)$ 的相同(见 5.9 节;除去 $Q_1(x)$ 和 $Q_0(x)$ 的关系式),故根据 5.11 节(6),上面的递推关系同样适用于 $Q_l^m(x)$.

　　此外,这些递推关系也适用于 $l$ 和 $m$ 不是整数的情形,只要 $x$ 限制在 $-1<x<1$ 中(参看本章末习题 37).

## 5.14　加 法 公 式

　　在改变球极坐标系的极轴方向时,有下列加法公式

$$P_l(\cos\gamma) = \sum_{m=-l}^{l}(-)^m P_l^m(\cos\theta)P_l^{-m}(\cos\theta')e^{im(\varphi-\varphi')} \tag{1}$$

$$= \sum_{m=-l}^{l} \frac{(l-m)!}{(l+m)!} P_l^m(\cos\theta) P_l^m(\cos\theta') e^{im(\varphi-\varphi')} \tag{2}$$

$$= P_l(\cos\theta) P_l(\cos\theta') + 2\sum_{m=1}^{l} \frac{(l-m)!}{(l+m)!} P_l^m(\cos\theta) P_l^m(\cos\theta') \cos m(\varphi-\varphi'), \tag{3}$$

其中

$$\cos\gamma = \cos\theta\cos\theta' + \sin\theta\sin\theta'\cos(\varphi-\varphi'), \tag{4}$$

即 $\gamma$ 是 $OP$(方向为 $\theta,\varphi$)与 $OP'$(方向为 $\theta',\varphi'$)之间的夹角(见图 11).

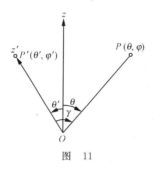

图    11

证明这加法公式的方法有多种. 下面是从微分方程的解的关系着手,予以证明.

在球极坐标系中用分离变数法解拉普拉斯方程

$$\frac{1}{r^2}\frac{\partial}{\partial r}\left(r^2\frac{\partial V}{\partial r}\right) + \frac{1}{r^2\sin\theta}\frac{\partial}{\partial\theta}\left(\sin\theta\frac{\partial V}{\partial\theta}\right) + \frac{1}{r^2\sin^2\theta}\frac{\partial^2 V}{\partial\varphi^2} = 0, \tag{5}$$

令 $V(r,\theta,\varphi)=R(r)S(\theta,\varphi)$,得

$$\frac{1}{r^2}\frac{d}{dr}\left(r^2\frac{dR}{dr}\right) - \frac{\lambda}{r^2}R = 0 \tag{6}$$

和

$$\frac{1}{\sin\theta}\frac{\partial}{\partial\theta}\left(\sin\theta\frac{\partial S}{\partial\theta}\right) + \frac{1}{\sin^2\theta}\frac{\partial^2 S}{\partial\varphi^2} + \lambda S = 0, \tag{7}$$

其中 $\lambda$ 是常数. 方程(7)只有当 $\lambda=l(l+1),l=0,1,2,\cdots$ 时才有在 $0\leqslant\theta\leqslant\pi$ 和 $0\leqslant\varphi\leqslant 2\pi$ 中有界的周期解,这是数学物理中熟知的事情(参看 5.19 节末的结论). 以 $S_l(\theta,\varphi)$ 表示这种解,称之为 $l$ 次球面谐函数.

对方程(7)($\lambda=l(l+1)$)再用分离变数法,令 $S_l(\theta,\varphi)=\Theta(\theta)\Phi(\varphi)$,得

$$\frac{d^2\Phi}{d\varphi^2} + m^2\Phi = 0 \tag{8}$$

和

$$\frac{1}{\sin\theta}\frac{d}{d\theta}\left(\sin\theta\frac{d\Theta}{d\theta}\right) + \left[l(l+1) - \frac{m^2}{\sin^2\theta}\right]\Theta = 0. \tag{9}$$

方程(8)的周期解是 $e^{im\varphi}$，$m = 0, \pm 1, \pm 2, \cdots$. 方程(9)在 $0 \leqslant \theta \leqslant \pi$ 中的有界解是 $P_l^m(\cos\theta)$，因为令 $x = \cos\theta$，(9)式即化为连带勒让德方程(5.11 节(1)). 因此，当 $\lambda = l(l+1)$ 时，方程(7)的有界周期解是

$$S_l(\theta, \varphi) = P_l^m(\cos\theta) e^{im\varphi} \quad (m = 0, \pm 1, \cdots, \pm l). \tag{10}$$

现在改变球极坐标系的极轴，$Oz$ 换到 $Oz'$（即 $OP'$），这相当于从球极坐标 $(r, \theta, \varphi)$ 换到 $(r, \gamma, \delta)$，其中 $\gamma$ 由(4)式给出，$\delta$ 是新的方位角. 显然，在这样的变换下，方程(7)的形式不变，只是它的有界周期解现在是

$$S_l(\gamma, \delta) = P_l^m(\cos\gamma) e^{im\delta} \quad (m = 0, \pm 1, \cdots, \pm l); \tag{11}$$

$P_l(\cos\gamma)$ 是其中之一 $(m = 0)$. 因此，用原来的变数 $\theta, \varphi$ 来表示 $\gamma$（即(4)式），$P_l(\cos\gamma)$ 应为 $S_l(\theta, \varphi)$ 的线性组合

$$P_l(\cos\gamma) = \sum_{m=-l}^{l} A_m P_l^m(\cos\theta) e^{im\varphi}. \tag{12}$$

利用 $e^{im\varphi}$ 的正交性(1.10 节(2)式)和 $P_l^m(\cos\theta)$ 的正交性(5.12 节(7)式)，立得

$$A_m = (-)^m \frac{2l+1}{4\pi} \int_0^\pi \int_0^{2\pi} P_l(\cos\gamma) P_l^{-m}(\cos\theta) e^{-im\varphi} \, d\omega, \tag{13}$$

其中 $d\omega = \sin\theta \, d\varphi \, d\theta$ 是立体角元.

但由于 $P_l^{-m}(\cos\theta) e^{-im\varphi}$ 是(7)式的解，所以可以反过来把它用 $S_l(\gamma, \delta)$ 的线性组合表示

$$P_l^{-m}(\cos\theta) e^{-im\varphi} = \sum_{m'=-l}^{l} B_{m'} P_l^{m'}(\cos\gamma) e^{im'\delta}. \tag{14}$$

代入(13)式，并注意立体角元的大小不因极轴的变换而改变，即 $d\omega = \sin\theta \, d\varphi \, d\theta = \sin\gamma \, d\delta \, d\gamma = d\Omega$，得

$$A_m = (-)^m \frac{2l+1}{4\pi} \int_0^\pi \int_0^{2\pi} P_l(\cos\gamma) \sum_{m'=-l}^{l} B_{m'} P_l^{m'}(\cos\gamma) e^{im'\delta} \, d\Omega$$

$$= (-)^m \frac{2l+1}{4\pi} 2\pi \frac{2}{2l+1} B_0 = (-)^m B_0. \tag{15}$$

$B_0$ 可以从(14)式算出如下：当 $\gamma = 0$ 时，$\theta = \theta'$，$\varphi = \varphi'$，$P_l^{m'}(\cos\gamma) = P_l^{m'}(1)$. 但根据 5.11 节(5)式，当 $m' \neq 0$ 时 $P_l^{m'}(1) = 0$，而 $P_l(1) = 1$，故

$$B_0 = P_l^{-m}(\cos\theta') e^{-im\varphi'}.$$

把这结果代入(15)式，得 $A_m$，然后再代入(12)式，即得(1). (2)式则是根据 5.11 节(8)式从(1)式化出来的.

在 5.21 节中将给出(1)式的另一证明法.

## 5.15 球面谐函数 $Y_{lm}(\theta, \varphi)$

在上节中得到方程

$$\frac{1}{\sin\theta}\frac{\partial}{\partial\theta}\left(\sin\theta\frac{\partial S}{\partial\theta}\right)+\frac{1}{\sin^2\theta}\frac{\partial^2 S}{\partial\varphi^2}+l(l+1)S=0 \tag{1}$$

或

$$\frac{\partial^2 S}{\partial\theta^2}+\cot\theta\frac{\partial S}{\partial\theta}+\frac{1}{\sin^2\theta}\frac{\partial^2 S}{\partial\varphi^2}+l(l+1)S=0. \tag{1'}$$

在 $0\leqslant\varphi\leqslant2\pi,0\leqslant\theta\leqslant\pi$ 中的有界(对 $\theta$)周期(对 $\varphi$)解一共有 $2l+1$ 个:

$$P_l^m(\cos\theta)\mathrm{e}^{\mathrm{i}m\varphi},\quad m=0,\pm1,\cdots,\pm l$$

(上节(10)式).

在许多应用中常取

$$Y_{lm}(\theta,\varphi)=\sqrt{\frac{2l+1}{4\pi}\frac{(l-m)!}{(l+m)!}}P_l^m(\cos\theta)\mathrm{e}^{\mathrm{i}m\varphi}\quad(m=0,\pm1,\cdots,\pm l) \tag{2}$$

为方程(1)的有界周期解. 这样的解满足下列正交归一关系:

$$\int_0^\pi\int_0^{2\pi}Y_{lm}^*Y_{l'm'}\sin\theta\,\mathrm{d}\varphi\,\mathrm{d}\theta=\delta_{mm'}\delta_{ll'}, \tag{3}$$

其中 $Y_{lm}^*$ 是 $Y_{lm}$ 的共轭复数,且

$$Y_{lm}^*=(-)^m Y_{l,-m}, \tag{4}$$

这可以用 5.11 节(8)式证明.(3)式可用 5.12 节(1)式和 1.10 节(2)式证明;不过当 $m$ 或 $m'<0$ 时还需要用 5.11 节(8)式.

上节的加法公式可以用 $Y_{lm}$ 写为

$$Y_{l0}(\gamma)=\sqrt{\frac{4\pi}{2l+1}}\sum_{m=-l}^{l}(-)^m Y_{lm}(\theta,\varphi)Y_{l,-m}(\theta',\varphi')$$

$$=\sqrt{\frac{4\pi}{2l+1}}\sum_{m=-l}^{l}Y_{lm}(\theta,\varphi)Y_{lm}^*(\theta',\varphi'), \tag{5}$$

其中 $Y_{l0}=\sqrt{\frac{2l+1}{4\pi}}P_l(\cos\gamma)$.

由 5.13 节(1)~(5)可以推出下列递推关系:

$$\cos\theta Y_{lm}=\sqrt{\frac{(l+m)(l-m)}{(2l+1)(2l-1)}}Y_{l-1\,m}+\sqrt{\frac{(l+m+1)(l-m+1)}{(2l+1)(2l+3)}}Y_{l+1\,m}, \tag{6}$$

$$\sin\theta\mathrm{e}^{\mathrm{i}\varphi}Y_{lm}=\sqrt{\frac{(l-m)(l-m-1)}{(2l+1)(2l-1)}}Y_{l-1\,m+1}-\sqrt{\frac{(l+m+1)(l+m+2)}{(2l+1)(2l+3)}}Y_{l+1\,m-1},$$

$$\tag{7}$$

$$\sin\theta\mathrm{e}^{-\mathrm{i}\varphi}Y_{lm}=-\sqrt{\frac{(l+m)(l+m-1)}{(2l+1)(2l-1)}}Y_{l-1\,m-1}+\sqrt{\frac{(l-m+1)(l-m+2)}{(2l+1)(2l+3)}}Y_{l+1\,m-1},$$

$$\tag{8}$$

$$-\sin\theta\frac{\partial}{\partial\theta}Y_{lm}=(l+1)\sqrt{\frac{(l+m)(l-m)}{(2l+1)(2l-1)}}Y_{l-1\,m}-l\sqrt{\frac{(l+m+1)(l-m+1)}{(2l+1)(2l+3)}}Y_{l+1\,m},$$
$$(9)$$

$$\sin\theta\frac{\partial}{\partial\theta}Y_{lm}=\sin\theta\sqrt{(l-m)(l+m+1)}Y_{l\,m+1}e^{-i\varphi}+m\cos\theta Y_{lm}.\qquad(10)$$

利用这些公式可以推出许多其他的递推关系式(参看本章末习题 26,27).

$Y_{lm}(\theta,\varphi)$ 的完备性. 根据 1.10 节末关于从单个变量的完备函数组造出多变数的完备函数组的定理,可知 $Y_{lm}(l=0,1,2,\cdots;m=0,\pm1,\cdots,\pm l)$ 是一个完备函数组,因为 $Y_{lm}=N_{lm}P_l^m(\cos\theta)e^{im\varphi}$($N_{lm}$ 是归一因子,见(2)式),已知 $e^{im\varphi}(m=0,\pm1,\cdots)$ 是关于变数 $\varphi$ 的完备函数组(1.10 节),而 $P_l^m(\cos\theta)$ 对于固定的 $m,l\geqslant|m|$,也是变数 $\theta$ 的完备函数组(5.12 节).

因此,任何一个在球面上连续的函数 $f(\theta,\varphi)$ 可用 $Y_{lm}(\theta,\varphi)$ 展开为一平均收敛的级数

$$f(\theta,\varphi)=\sum_{l=0}^{\infty}\sum_{m=-l}^{l}A_{lm}Y_{lm}(\theta,\varphi),\qquad(11)$$

其中

$$A_{lm}=\int_0^\pi\int_0^{2\pi}Y_{lm}^*(\theta,\varphi)f(\theta,\varphi)\sin\theta\,d\varphi\,d\theta.\qquad(12)$$

把(12)式中的积分变数 $\theta,\varphi$ 换成 $\theta',\varphi'$,代入(11),利用加法公式(5),得

$$f(\theta,\varphi)=\sum_{l=0}^{\infty}\frac{2l+1}{4\pi}\int_0^\pi\int_0^{2\pi}f(\theta',\varphi')P_l(\cos\gamma)\sin\theta'd\varphi'd\theta',\qquad(13)$$

其中

$$\cos\gamma=\cos\theta\cos\theta'+\sin\theta\sin\theta'\cos(\varphi-\varphi').$$

(13)式的右方称为 $f(\theta,\varphi)$ 的拉普拉斯级数. 可以证明,如果 $f(\theta,\varphi)$ 在球面上是绝对可积的,则在 $f(\theta,\varphi)$ 是连续的点 $(\theta,\varphi)$,拉氏级数(13)收敛且其和等于 $f(\theta,\varphi)$. 如果函数在球面上的某点 $(\theta,\varphi)$ 不连续,但有这样一条球面上的曲线通过 $(\theta,\varphi)$ 点:当变点从这曲线的两边趋近 $(\theta,\varphi)$ 点时,函数 $f(\theta,\varphi)$ 的极限值 $f_1(\theta,\varphi)$ 和 $f_2(\theta,\varphi)$ 分别存在,则

$$\frac{1}{2}\{f_1(\theta,\varphi)+f_2(\theta,\varphi)\}=\sum_{l=0}^{\infty}\frac{2l+1}{4\pi}\int_0^\pi\int_0^{2\pi}f(\theta',\varphi')P_l(\cos\gamma)\sin\theta'd\varphi'd\theta',(14)$$

只要函数 $f(\theta,\varphi)$ 是囿变的.

关于这定理的证明以及拉氏级数一致收敛于 $f(\theta,\varphi)$ 的条件,可参看 Hobson (1931),Chap. Ⅶ,§ 211.

## 5.16　普遍的连带勒让德函数 $P_\nu^\mu(z)$

函数 $P_\nu^\mu(z)$ 是连带勒让德方程(见 5.1 节(6))

$$(1-z^2)\frac{\mathrm{d}^2u}{\mathrm{d}z^2}-2z\frac{\mathrm{d}u}{\mathrm{d}z}+\left[\nu(\nu+1)-\frac{\mu^2}{1-z^2}\right]u=0 \tag{1}$$

的解,其中 $\mu,\nu,z$ 可以是任何复数. 方程(1)的另一解是 $Q_\nu^\mu(z)$,将在下一节讨论. 我们将依照霍布森用双周围道积分来规定这两函数,并使它们在 $\mu$ 和 $\nu$ 是整数时与前面引进的 $P_l^m$ 和 $Q_l^m$ 一致.

在 5.1 节中已经看到,若令 $u=(z^2-1)^{\mu/2}v(z)$,并作自变数变换 $\zeta=(1-z)/2$,则 $v(\zeta)$ 满足超几何方程

$$\zeta(1-\zeta)\frac{\mathrm{d}^2v}{\mathrm{d}\zeta^2}+\left[\mu+1-(2\mu+2)\zeta\right]\frac{\mathrm{d}v}{\mathrm{d}\zeta}-(\mu-\nu)(\mu+\nu+1)v=0 \tag{2}$$

(在 5.1 节中这方程是用 $P$ 符号表示的). 回到变数 $z$,这方程成为

$$(1-z^2)\frac{\mathrm{d}^2v}{\mathrm{d}z^2}-2(\mu+1)z\frac{\mathrm{d}v}{\mathrm{d}z}+(\nu-\mu)(\nu+\mu+1)v=0. \tag{3}$$

用欧勒变换(2.14 节)解方程(3),设

$$v(z)=\int_C(z-t)^\lambda w(t)\mathrm{d}t. \tag{4}$$

由 2.14 节(6)求出 $\lambda$ 的两个可能取值为 $\nu-\mu$ 和 $-\nu-\mu-1$. 取后者,由 2.14 节(14) 得 $w(t)=(t^2-1)^\nu$. 取 $C$ 为图 12 中的双周围道(注意 $t=-1$ 在 $C$ 外),即得方程 (3)的一个积分解

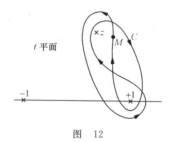

图　12

$$v(z)=A(z^2-1)^{\mu/2}\int_M^{(z+,1+,z-,1-)}(t^2-1)^\nu(t-z)^{-\nu-\mu-1}\mathrm{d}t, \tag{5}$$

$A$ 为任意常数.

霍布森的 $\mu$ 阶 $\nu$ 次第一类连带勒让德函数的定义是

$$P_\nu^\mu(z)=\frac{\mathrm{e}^{-\nu\pi i}}{4\pi\sin\nu\pi}\frac{\Gamma(\nu+\mu+1)}{\Gamma(\nu+1)}(z^2-1)^{\mu/2}$$

$$\times \int_M^{(z+,1+,z-,1-)} \frac{1}{2^\nu}(t^2-1)^\nu(t-z)^{-\nu-\mu-1}\mathrm{d}t \quad (\nu+\mu\neq 负整数)^{①}, \quad (6)$$

其中被积函数各因子的辐角规定如下：在积分路线上，当 $t+1,t-z$ 为正数时，$\arg(t+1)=0,\arg(t-z)=0$；在起点 $M$，$\arg(t-1)=\varphi,|\varphi|<\pi$. 此外还规定 $|\arg(z-1)|<\pi,|\arg(z+1)|<\pi$，这样，在沿实轴从 $-\infty$ 到 $+1$ 割开的 $z$ 平面上，$\mathrm{P}_\nu^\mu(z)$ 是一个单值解析函数.

现在来看由(6)式规定的 $\mathrm{P}_\nu^\mu(z)$ 与超几何函数的关系. 为此，作变换 $t-1=(z-1)s$，则 $t-z=(z-1)(s-1),t=z$ 和 $t=1$ 两点分别变为 $s=1$ 和 $s=0$，而(6)式中的积分变为

$$I=(z-1)^{-\mu}\int_{M'}^{(1+,0+,1-,0-)}(s-1)^{-\nu-\mu-1}s^\nu\left(1+\frac{z-1}{2}s\right)^\nu \mathrm{d}s, \quad (7)$$

积分围道如图 13，$M'$ 是与 $M$ 相应的点. 积分中各因子的辐角或函数值按原来(6)式中的规定推得如下：当 $s=0$ 时，与原来的 $(t+1)^\nu$ 相应的因子 $[1+(z-1)s/2]^\nu=1$；在积分路线上，当 $s-1$ 之值为正数时，$\arg(s-1)=0$；在起点 $M'$ 处 $\arg s=\varphi-\arg(z-1)$，例如当 $M'$ 位于 $s=0$ 到 1 之间的实轴上时 $\arg s=0$，因为与这样的 $M'$ 点相应的 $M$ 点位于 $t=1$ 到 $t=z$ 的直线上.

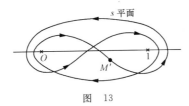

图 13

现在把图 13 中的积分路线变形为 3.9 节图 6 的珀哈末围道，并注意在围道的起点(位于 $s=0$ 和 $s=1$ 之间的实轴上)$\arg s=0,\arg(s-1)=-\pi$，立刻由 4.5 节(7)式得

$$I=(z-1)^{-\mu}\mathrm{e}^{-\mathrm{i}\pi(-\nu-\mu-1)}\int^{(1+,0+,1-,0-)}s^\nu(1-s)^{-\nu-\mu-1}\left(1+\frac{z-1}{2}s\right)^\nu \mathrm{d}s$$

$$=(z-1)^{-\mu}\mathrm{e}^{\mathrm{i}\nu\pi}\frac{-4\Gamma(1+\nu)\Gamma(-\nu-\mu)\sin\pi(1+\nu)\sin\pi(-\nu-\mu)}{\Gamma(1-\mu)}$$

$$\times\mathrm{F}\left(-\nu,\nu+1,1-\mu,\frac{1-z}{2}\right).$$

代入(6)式，并用 3.5 节(2)式化简，得

$$\mathrm{P}_\nu^\mu(z)=\frac{1}{\Gamma(1-\mu)}\left(\frac{z+1}{z-1}\right)^{\mu/2}\mathrm{F}\left(-\nu,\nu+1,1-\mu,\frac{1-z}{2}\right), \quad (8)$$

---

① 当 $\nu+\mu=$ 负整数时，(6)式右方是一个不定式(参看本章末习题 28).

其中 $|\arg(z\pm1)|<\pi$. 这是 $P_\nu^\mu(z)$ 的一个基本表达式. 适用于任何 $\mu$ 和 $\nu$ 之值.

由(8)式,注意 $F(\alpha,\beta,\gamma,\zeta)=F(\beta,\alpha,\gamma,\zeta)$,立刻得到一个重要的结果

$$P_\nu^\mu(z) = P_{-\nu-1}^\mu(z). \tag{9}$$

当 $\mu=0$ 时,仍以 $P_\nu(z)$ 表示 $P_\nu^0(z)$,有

$$P_\nu(z) = F\left(-\nu,\nu+1,1,\frac{1-z}{2}\right), \tag{10}$$

这是勒让德多项式 $P_n(z)$ 的末菲表达式(5.2 节(12))的推广. $P_\nu(z)$ 称为 $\nu$ 次**第一类勒让德函数**. 注意

$$P_\nu(1) = 1. \tag{11}$$

当 $\mu=m(m=1,2,\cdots)$ 时,(8)式为 $\infty/\infty$ 的不定式. 利用第四章习题 6 的结果,得

$$P_\nu^m(z) = \frac{(z^2-1)^{m/2}}{2^m m!}\frac{\Gamma(\nu+m+1)}{\Gamma(\nu-m+1)}F\left(-\nu+m,\nu+1+m,1+m,\frac{1-z}{2}\right). \tag{12}$$

用 4.3 节(8)式的变换,又得

$$P_\nu^m(z) = \frac{1}{m!}\left(\frac{z-1}{z+1}\right)^{m/2}\frac{\Gamma(\nu+m+1)}{\Gamma(\nu-m+1)}F\left(-\nu,\nu+1,1+m,\frac{1-z}{2}\right). \tag{13}$$

又,用 4.2 节(10)式,由(12)式得

$$P_\nu^m(z) = (z^2-1)^{m/2}\frac{d^m}{dz^m}P_\nu(z). \tag{14}$$

这结果也可以直接由(6)式得到.

当 $\mu=-m(m=1,2,\cdots)$ 时,(8)式成立. 用 4.3 节(8)式,得

$$P_\nu^{-m}(z) = \frac{(z^2-1)^{m/2}}{2^m m!}F\left(-\nu+m,\nu+1+m,1+m,\frac{1-z}{2}\right). \tag{15}$$

与(12)式比较,立得

$$P_\nu^{-m}(z) = \frac{\Gamma(\nu-m+1)}{\Gamma(\nu+m+1)}P_\nu^m(z). \tag{16}$$

注意这式只在 $m$ 是整数时成立(参看本章末习题 36 第二式或5.19节(4)式).

当 $\mu$ 和 $\nu$ 都是正整数时,如果 $\mu>\nu$,则因 $1/\Gamma(\nu-\mu+1)=0$,故 $P_\nu^\mu(z)=0$. 在这种情形下,可取 $\Gamma(\nu-\mu+1)P_\nu^\mu(z)$ 为方程(1)的一个非零解,然后利用(12)或(13)式.

**希累夫利积分表示**. 把(6)式的积分中正向绕 $t=z$ 一周和正向绕 $t=1$ 一周的部分分别用 $A$ 和 $B$ 表示,则整个积分值为

$$I = A + B - e^{2\nu\pi i}A - e^{2(\nu+\mu+1)\pi i}B.$$

当 $\mu$ 为整数时

$$I = (1-e^{2\nu\pi i})(A+B),$$

从而有

$$P_\nu^{\pm m}(z) = \frac{\Gamma(\nu \pm m + 1)}{\Gamma(\nu + 1)}(z^2 - 1)^{\pm m/2} \frac{1}{2\pi i}\int_M^{(z+, 1+)} \frac{1}{2^\nu}(t^2 - 1)^\nu (t - z)^{-\nu \mp m - 1}\,dt$$

$$(|\arg(z \pm 1)| < \pi);\tag{17}$$

在起点 $M$, $|\arg(t - 1)| < \pi$, $|\arg(t - z)| < \pi$, 当 $t > -1$ 时 $\arg(t + 1) = 0$.

如果 $m = 0$, (17) 约化为

$$P_\nu(z) = \frac{1}{2\pi i}\int_M^{(z+, 1+)} \frac{1}{2^\nu}(t^2 - 1)^\nu (t - z)^{-\nu - 1}\,dt,\tag{18}$$

这是 5.4 节 (7) 式的推广,称为**希累夫利积分表示**. 利用这个表达式可以证明 5.5 节的递推关系在 $\nu$ 不是整数 $n$ 时也成立(参看本章末习题 6).

由 (8) 式,利用超几何函数的变换,特别是一次的(4.3 和 4.8 节)和二次的 (4.12 节),可以推出 $P_\nu^\mu(z)$ 的递推关系(见本章末习题 37)和各种超几何函数表达式(参看本章末习题 29~31 和 Erdélyi (1953), Vol. I, §3.2).

## 5.17   $Q_\nu^\mu(z)$

**霍布森规定 $\mu$ 阶 $\nu$ 次第二类连带勒让德函数**

$$Q_\nu^\mu(z) = \frac{e^{-(\nu+1)\pi i}}{4i\sin\nu\pi}\frac{\Gamma(\nu + \mu + 1)}{\Gamma(\nu + 1)}(z^2 - 1)^{\mu/2}\int_M^{(-1+, 1-)} \frac{1}{2^\nu}(t^2 - 1)^\nu (t - z)^{-\nu - \mu - 1}\,dt,\tag{1}$$

积分路线是图 14(a) 中的围道 $C$, $t = z$ 在围道之外. 被积函数的各个多值因子的辐角规定如下:在围道经过实轴上 $t > 1$ 的 $B$ 点时,$\arg(t - 1) = \arg(t + 1) = 0$, 因此,当 $C$ 变形为图 14(b) 的围道时,在起点 $M$(位于 $-1$ 到 $+1$ 之间的实轴上)$\arg(t - 1) = \pi$, $\arg(t + 1) = -2\pi$; 又, $\arg(t - z) = \arg(z - t) - \pi$, $|\arg(z - t)| < \pi$. 此外仍设 $|\arg(z - 1)| < \pi$, $|\arg(z + 1)| < \pi$; 这样, $Q_\nu^\mu(z)$ 就是沿实轴从 $-\infty$ 到 $+1$ 割开的 $z$ 平面上的单值解析函数.

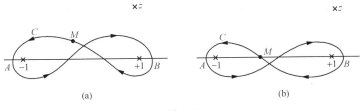

(a)             (b)

图   14

首先来看 $Q_\nu^\mu(z)$ 的超几何函数表示. 因规定了

$$t - z = (z - t)e^{-\pi i} = z(1 - t/z)e^{-\pi i},$$

故 (1) 式中的积分

$$I = 2^{-\nu}z^{-(\nu+\mu+1)}e^{(\nu+\mu+1)\pi i}\int_M^{(-1+, 1-)}(t^2 - 1)^\nu\left(1 - \frac{t}{z}\right)^{-\nu - \mu - 1}\,dt,$$

其中$|\arg z|<\pi$,当 $z\to\infty$ 时 $(1-t/z)^{-\nu-\mu-1}=1$.

　　设 $|z|>1$,可以变动积分路线使在其上 $|t/z|<1$. 把被积函数中含 $z$ 的因子用二项式展开,并逐项求积分,得

$$I=2^{-\nu}\mathrm{e}^{(\nu+\mu+1)\pi i}z^{-(\nu+\mu+1)}\sum_{r=0}^{\infty}\binom{-\nu-\mu-1}{r}(-z)^{-r}\int_{M}^{(-1+,1-)}(t^2-1)^{\nu}t^r\mathrm{d}t$$

$$=2^{-\nu}\mathrm{e}^{(\mu+1)\pi i}z^{-(\nu+\mu+1)}\sum_{r=0}^{\infty}\binom{-\nu-\mu-1}{r}(-z)^{-r}\int_{M}^{(-1+,1-)}(1-t^2)^{\nu}t^r\mathrm{d}t,\qquad(2)$$

其中的积分路线可变形为图 15 的围道,在起点 $M$ 处,$\arg(1-t)=\arg(1+t)=0$.

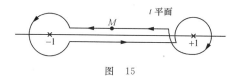

图　15

　　设 $\mathrm{Re}(\nu)>-1$,易证在两端圈形围道上的积分值随圈的半径趋于零,因此

$$\int_{M}^{(-1+,1-)}(1-t^2)^{\nu}t^r\mathrm{d}t=-\int_{-1}^{1}(1-t^2)^{\nu}t^r\mathrm{d}t+\mathrm{e}^{2\nu\pi i}\int_{-1}^{1}(1-t^2)^{\nu}t^r\mathrm{d}t$$

$$=(\mathrm{e}^{2\nu\pi i}-1)\int_{-1}^{1}(1-t^2)^{\nu}t^r\mathrm{d}t$$

$$=2\mathrm{i}\mathrm{e}^{\nu\pi i}\sin\nu\pi\frac{1+(-)^r}{2}\int_{0}^{1}(1-s)^{\nu}s^{\frac{r-1}{2}}\mathrm{d}s$$

$$=2\mathrm{i}\mathrm{e}^{\nu\pi i}\sin\nu\pi\frac{1+(-)^r}{2}\frac{\Gamma(\nu+1)\Gamma\left(\frac{r+1}{2}\right)}{\Gamma\left(\nu+\frac{r+3}{2}\right)},$$

最后一步用了 3.8 节(1)和(3). 把这结果代入(2)式,得

$$I=2^{-\nu}\mathrm{e}^{(\nu+\mu+1)\pi i}z^{-(\nu+\mu+1)}2\mathrm{i}\sin\nu\pi\sum_{k=0}^{\infty}\binom{-\nu-\mu-1}{2k}\frac{\Gamma(\nu+1)\Gamma\left(k+\frac{1}{2}\right)}{\Gamma\left(\nu+k+\frac{3}{2}\right)}z^{-2k}.\qquad(3)$$

用 3.6 节(8)式

$$\binom{-\nu-\mu-1}{2k}=\frac{\Gamma(\nu+\mu+1+2k)}{\Gamma(\nu+\mu+1)\Gamma(2k+1)}$$

$$=\frac{2^{\nu+\mu}\Gamma\left(\frac{\nu+\mu+1}{2}+k\right)\Gamma\left(\frac{\nu+\mu+2}{2}+k\right)}{\Gamma(\nu+\mu+1)\Gamma\left(k+\frac{1}{2}\right)\Gamma(k+1)}$$

$$= \frac{2^{\nu+\mu}\Gamma\left(\frac{\nu+\mu+1}{2}\right)\Gamma\left(\frac{\nu+\mu+2}{2}\right)}{\Gamma(\nu+\mu+1)\Gamma\left(k+\frac{1}{2}\right)} \frac{\left(\frac{\nu+\mu+1}{2}\right)_k\left(\frac{\nu+\mu+2}{2}\right)_k}{k\,!}$$

$$= \frac{\Gamma(1/2)}{\Gamma(k+1/2)} \frac{\left(\frac{\nu+\mu+1}{2}\right)_k\left(\frac{\nu+\mu+2}{2}\right)_k}{k\,!},$$

故

$$I = 2^{-\nu}\mathrm{e}^{(\nu+\mu+1)\pi\mathrm{i}}z^{-(\nu+\mu+1)}2\mathrm{i}\sin\nu\pi\frac{\Gamma(1/2)\Gamma(\nu+1)}{\Gamma(\nu+3/2)}\mathrm{F}\left(\frac{\nu+\mu+1}{2},\frac{\nu+\mu+2}{2},\nu+\frac{3}{2},z^{-2}\right),$$

从而有

$$Q_\nu^\mu(z) = \frac{\mathrm{e}^{\mu\pi\mathrm{i}}}{2^{\nu+1}}\frac{\Gamma(\nu+\mu+1)\Gamma(1/2)}{\Gamma(\nu+3/2)}(z^2-1)^{\mu/2}z^{-\nu-\mu-1}$$

$$\times \mathrm{F}\left(\frac{\nu+\mu+1}{2},\frac{\nu+\mu+2}{2},\nu+\frac{3}{2},z^{-2}\right), \tag{4}$$

其中 $|\arg(z\pm1)|<\pi,|\arg z|<\pi$. 这式虽然是在 $|z|>1$ 和 $\mathrm{Re}(\nu)>-1$ 的条件下得到的,但(1)式中的积分和(4)式右方的函数都不受这些限制,故这两个条件可以取消.(4)是 $Q_\nu^\mu(z)$ 的一个基本表达式.

当 $\mu=0$ 时,仍以 $Q_\nu(z)$ 表示 $Q_\nu^0(z)$,有

$$Q_\nu(z) = \frac{\Gamma(\nu+1)\Gamma(1/2)}{2^{\nu+1}\Gamma(\nu+3/2)}z^{-\nu-1}\mathrm{F}\left(\frac{\nu+1}{2},\frac{\nu+2}{2},\nu+\frac{3}{2},z^{-2}\right). \tag{5}$$

立刻看出,这是 5.8 节(3)式的推广,因为当 $\nu=n$ 时

$$\Gamma(\nu+1)\Gamma\left(\frac{1}{2}\right)\Big/2^{\nu+1}\Gamma\left(\nu+\frac{3}{2}\right) = 2^n(n!)^2/(2n+1)!.$$

当 $\mu=m(m=1,2,\cdots)$ 时,由(1)立得

$$Q_\nu^m(z) = (z^2-1)^{m/2}\frac{\mathrm{d}^m}{\mathrm{d}z^m}Q_\nu(z). \tag{6}$$

又,由(4),用 4.3 节(8),得

$$Q_\nu^\mu(z) = \frac{\mathrm{e}^{\mu\pi\mathrm{i}}}{2^{\nu+1}}\frac{\Gamma(\nu+\mu+1)\Gamma\left(\frac{1}{2}\right)}{\Gamma\left(\nu+\frac{3}{2}\right)}(z^2-1)^{-\mu/2}z^{-\nu+\mu-1}$$

$$\times \mathrm{F}\left(\frac{\nu-\mu+1}{2},\frac{\nu-\mu+2}{2},\nu+\frac{3}{2},z^{-2}\right). \tag{7}$$

把这式中的 $\mu$ 换成 $-\mu$,然后与(4)式比较,即见

$$\frac{\mathrm{e}^{\mu\pi\mathrm{i}}Q_\nu^{-\mu}(z)}{\Gamma(\nu-\mu+1)} = \frac{\mathrm{e}^{-\mu\pi\mathrm{i}}Q_\nu^\mu(z)}{\Gamma(\nu+\mu+1)}. \tag{8}$$

当 $\mu=m$(整数)时,有

$$Q_\nu^{-m}(z) = \frac{\Gamma(\nu-m+1)}{\Gamma(\nu+m+1)} Q_\nu^m(z). \tag{9}$$

这是与 5.16 节(16)式相应的公式. 但由(8)式知, 不论 $\mu$ 是否整数, $Q_\nu^{-\mu}(z)$ 和 $Q_\nu^\mu(z)$ 总是线性相关的, 而 $P_\nu^{-\mu}(z)$ 和 $P_\nu^\mu(z)$ 只有当 $\mu$ 是整数时才是线性相关的(参看习题 36(ii)式或 5.19 节(4)式).

由(4)式, 利用超几何函数的变换, 可以导出 $Q_\nu^\mu(z)$ 的其他表达式(参看 5.19 节及本章末习题 35; 又 Erdélyi (1953), Vol. I, §3.2).

### 5.18　割缝$-\infty<x<1$ 上 $P_\nu^\mu(x)$ 的定义

设 $-1<x<+1$, 由 5.16 节(8)式

$$P_\nu^\mu(z) = \frac{1}{\Gamma(1-\mu)} \left(\frac{z+1}{z-1}\right)^{\mu/2} F\left(-\nu, \nu+1, 1-\mu, \frac{1-z}{2}\right), \tag{1}$$

其中规定当 $z>1$ 时, $\arg(z+1) = \arg(z-1) = 0$, 得

$$P_\nu^\mu(x+i0) = \frac{e^{-\mu\pi i/2}}{\Gamma(1-\mu)} \left(\frac{1+x}{1-x}\right)^{\mu/2} F\left(-\nu, \nu+1, 1-\mu, \frac{1-x}{2}\right), \tag{2}$$

$$P_\nu^\mu(x-i0) = \frac{e^{\mu\pi i/2}}{\Gamma(1-\mu)} \left(\frac{1+x}{1-x}\right)^{\mu/2} F\left(-\nu, \nu+1, 1-\mu, \frac{1-x}{2}\right), \tag{3}$$

其中 $\arg\{(1+x)/(1-x)\}=0$, $x+i0$ 代表上岸, $x-i0$ 代表下岸. 因此, 一般说来, $P_\nu^\mu(z)$ 之值在割缝上是不连续的.

现在依照霍布森的规定, **在实轴上 $-1<x<1$ 的区间内**

$$P_\nu^\mu(x) = e^{\mu\pi i/2} P_\nu^\mu(x+i0) = e^{-i\mu\pi/2} P_\nu^\mu(x-i0)$$

$$= \frac{1}{\Gamma(1-\mu)} \left(\frac{1+x}{1-x}\right)^{\mu/2} F\left(-\nu, \nu+1, 1-\mu, \frac{1-x}{2}\right). \tag{4}$$

这函数显然在 $-1<x<1$ 中满足连带勒让德方程(5.16 节(1)式).

当 $\mu=m$ 时, 根据这定义, 立刻从 5.16 节(12)~(14)以及(16)分别得

$$P_\nu^m(x) = (-)^m \frac{1}{2^m m!} (1-x^2)^{m/2} \frac{\Gamma(\nu+m+1)}{\Gamma(\nu-m+1)}$$

$$\times F\left(-\nu+m, \nu+1+m, 1+m, \frac{1-x}{2}\right) \tag{5}$$

$$= (-)^m \frac{1}{m!} \left(\frac{1-x}{1+x}\right)^{m/2} \frac{\Gamma(\nu+m+1)}{\Gamma(\nu-m+1)} F\left(-\nu, \nu+1, 1+m, \frac{1-x}{2}\right), \tag{6}$$

$$P_\nu^m(x) = (-)^m (1-x^2)^{m/2} \frac{d^m}{dx^m} P_\nu(x), \tag{7}$$

和

$$P_\nu^{-m}(x) = (-)^m \frac{\Gamma(\nu-m+1)}{\Gamma(\nu+m+1)} P_\nu^m(x); \tag{8}$$

(7)式和(8)式分别是 5.11 节(4)式和(8)式的推广.

由(4)式看出,当 $x\to1-0$ 时,如果 $\mathrm{Re}(\mu)>0$,即 $P_\nu^\mu(x)$ 一般趋于 $\infty$,除非 $\mu$ 是整数.由(5)式和(8)式可以看出,当 $x\to1-0$ 时,$P_\nu^{\pm m}(x)$ 是有界的;$m>0$ 时极限值为 $0$,$m=0$ 时极限值为 $1$.

再看 $P_\nu^\mu(x)$ 在 $x\to-1+0$ 时之值.设 $\mu\neq$ 整数,用 4.8 节(4)式,由(4)得

$$P_\nu^\mu(x)=\frac{1}{\Gamma(1-\mu)}\left(\frac{1+x}{1-x}\right)^{\mu/2}\left[\frac{\Gamma(1-\mu)\,\Gamma(-\mu)}{\Gamma(1+\nu-\mu)\,\Gamma(-\nu-\mu)}F\left(-\nu,\nu+1,1+\mu,\frac{1+x}{2}\right)\right.$$

$$\left.+\frac{\Gamma(1-\mu)\,\Gamma(\mu)}{\Gamma(-\nu)\,\Gamma(\nu+1)}\left(\frac{1+x}{2}\right)^{-\mu}F\left(1+\nu-\mu,-\nu-\mu,1-\mu,\frac{1+x}{2}\right)\right].$$

应用 4.3 节(8)于其中的第二项,并用 3.5 节(2)式,得

$$P_\nu^\mu(x)=\frac{\Gamma(-\mu)}{\Gamma(1+\nu-\mu)\,\Gamma(-\nu-\mu)}\left(\frac{1+x}{1-x}\right)^{\mu/2}F\left(-\nu,\nu+1,1+\mu,\frac{1+x}{2}\right)$$

$$-\frac{\sin\nu\pi}{\pi}\Gamma(\mu)\left(\frac{1-x}{1+x}\right)^{\mu/2}F\left(-\nu,\nu+1,1-\mu,\frac{1+x}{2}\right). \tag{9}$$

由这式看出,如果 $\nu\neq$ 整数,则当 $x\to-1+0$ 时,$P_\nu^\mu(x)$ 一般趋于 $\infty$,除非 $1+\nu-\mu$ 或者 $-\nu-\mu$ 是零或负整数而且 $\mathrm{Re}(\mu)<0$;这时 $\lim\limits_{x\to-1+0}P_\nu^\mu(x)\sim(1-x)^{-\mu/2}$.如果 $\nu$ 是整数,则(9)式中的第二项消失,而 $\lim\limits_{x\to-1+0}P_\nu^\mu(x)\sim(1+x)^{\mu/2}$.

当 $\mu=m(=0,1,\cdots)$ 时,4.8 节(4)式不能用,(9)式也不成立.用 4.9 节(8)式,由(5)得

$$P_\nu^m(x)=-\frac{\sin\nu\pi}{\pi}(m-1)!\left(\frac{1-x}{1+x}\right)^{m/2}\sum_{k=0}^{m-1}\frac{(-\nu)_k(\nu+1)_k}{k!\,(1-m)_k}\left(\frac{1+x}{2}\right)^k$$

$$+\frac{\sin\nu\pi}{\pi}\frac{\Gamma(\nu+m+1)}{2^m\,\Gamma(\nu-m+1)}(1-x^2)^{m/2}\sum_{k=0}^{\infty}\frac{(-\nu+m)_k(\nu+1+m)_k}{k!\,(k+m)!}\left(\frac{1+x}{2}\right)^k$$

$$\times\left\{\psi(-\nu+m+k)+\psi(\nu+1+m+k)\right.$$

$$\left.-\psi(1+m+k)-\psi(1+k)+\ln\frac{1+x}{2}\right\}$$

$$(m=0,1,2,\cdots); \tag{10}$$

当 $m=0$ 时,去掉其中的有限和.由这式看出,如果 $\nu\neq$ 整数,则当 $x\to-1+0$ 时,$P_\nu(x)\sim\ln\dfrac{1+x}{2}$,$P_\nu^m(x)\sim(1+x)^{-m/2}$,都趋于 $\infty$.如果 $\nu=n,n=0,1,2,\cdots$,(10)式中含有限和的项为 $0$,第二项的级数也只剩下含 $\psi(-\nu+m+k)$ 且 $k\leqslant n-m$ 的诸项.利用 3.11 节(3)式,有

$$\lim_{\nu\to n}\sin\nu\pi\cdot\psi(-\nu+m+k)=\lim_{\nu\to n}\sin\nu\pi\{\psi(1+\nu-m-k)+\pi\cot\nu\pi\}$$

$$=(-)^n\pi\quad(k\leqslant n-m),$$

因此

$$P_n^m(x) = (-)^n \frac{\Gamma(n+m+1)}{\Gamma(n-m+1)} \frac{(1-x^2)^{m/2}}{2^m} \sum_{k=0}^{n-m} \frac{(-n+m)_k (n+1+m)_k}{k!(k+m)!} \left(\frac{1+x}{2}\right)^k.$$

(11)

当 $x \to -1+0$ 时, $P_n^m(x) \sim (1-x^2)^{m/2} \to 0 \,(m>0)$, $P_n(x) \to (-)^n$; 当 $n<m$ 时 $P_n^m(x) \equiv 0$.

如果 $\mu = -m(m=1,2,\cdots)$, 可利用 (8) 式; 如果 $\nu = -n(n=1,2,\cdots)$, 可利用 5.16 节 (9) 式 $P_\nu^\mu = P_{-\nu-1}^\mu$, 都毋需另外讨论.

当 $z$ 是小于 $-1$ 的实数时, 可以利用本章末习题 31 的结果来讨论 $P_\nu^\mu(z)$ 在割缝的这一段上的性质, 只要注意在上岸 $\arg(z-1)=\arg(z+1)=\pi$, 在下岸 $\arg(z-1)=\arg(z+1)=-\pi$.

## 5.19　割缝 $-\infty < x < 1$ 上 $Q_\nu^\mu(x)$ 的定义

与上节一样, 我们主要是讨论割缝上 $-1<x<1$ 这一段. 5.17 节 (4) 式可用来讨论 $-\infty<x<-1$ 的一段, 但不适于 $-1<x<1$. 因此, 需要作一些变换.

由 5.17 节 (4) 式, 用 4.3 节 (9), 得

$$Q_\nu^\mu(z) = \frac{e^{\mu\pi i}}{2^{\nu+1}} \frac{\Gamma(\nu+\mu+1)\Gamma(1/2)}{\Gamma(\nu+3/2)} (z^2-1)^{-\frac{\nu+1}{2}}$$
$$\times F\left(\frac{\nu+\mu+1}{2}, \frac{\nu-\mu+1}{2}, \nu+\frac{3}{2}, \frac{1}{1-z^2}\right).$$

(1)

再用 4.8 节 (8) 式, 得

$$Q_\nu^\mu(z) = \frac{e^{\mu\pi i}}{2} \left\{ \frac{\Gamma(\nu+\mu+1)\Gamma(-\mu)}{2^\mu \Gamma(\nu-\mu+1)} (z^2-1)^{\mu/2} F\left(\frac{\nu+\mu+1}{2}, \frac{-\nu+\mu}{2}, 1+\mu, 1-z^2\right) \right.$$
$$\left. + \frac{\Gamma(\mu)}{2^{-\mu}} (z^2-1)^{-\mu/2} F\left(\frac{\nu-\mu+1}{2}, \frac{-\nu-\mu}{2}, 1-\mu, 1-z^2\right) \right\}.$$

(2)

最后, 用 4.12 节 (9) 式, 令其中的 $t=(1-z)/2$, 得

$$Q_\nu^\mu(z) = \frac{e^{\mu\pi i}}{2} \left\{ \frac{\Gamma(\nu+\mu+1)\Gamma(-\mu)}{\Gamma(\nu-\mu+1)} \left(\frac{z-1}{z+1}\right)^{\mu/2} F\left(-\nu, \nu+1, 1+\mu, \frac{1-z}{2}\right) \right.$$
$$\left. + \Gamma(\mu) \left(\frac{z-1}{z+1}\right)^{-\mu/2} F\left(-\nu, \nu+1, 1-\mu, \frac{1-z}{2}\right) \right\}.$$

(3)

由此, 根据 5.16 节 (8) 式, 得

$$Q_\nu^\mu(z) = \frac{\pi e^{\mu\pi i}}{2\sin\mu\pi} \left\{ P_\nu^\mu(z) - \frac{\Gamma(\nu+\mu+1)}{\Gamma(\nu-\mu+1)} P_\nu^{-\mu}(z) \right\}.$$

(4)

由 (4) 式, 利用上节 (4) 式, 即可得到 $Q_\nu^\mu(z)$ 在割缝 $-1<x<1$ 上之值

$$Q_\nu^\mu(x+i0) = \frac{\pi e^{\mu\pi i}}{2\sin\mu\pi} \left\{ e^{-\mu\pi i/2} P_\nu^\mu(x) - \frac{\Gamma(\nu+\mu+1)}{\Gamma(\nu-\mu+1)} e^{\mu\pi i/2} P_\nu^{-\mu}(x) \right\},$$

(5)

$$Q_\nu^\mu(x - \mathrm{i}0) = \frac{\pi \mathrm{e}^{\mu \pi \mathrm{i}}}{2 \sin \mu \pi} \left\{ \mathrm{e}^{\mu \pi \mathrm{i}/2} P_\nu^\mu(x) - \frac{\Gamma(\nu + \mu + 1)}{\Gamma(\nu - \mu + 1)} \mathrm{e}^{-\mu \pi \mathrm{i}/2} P_\nu^{-\mu}(x) \right\}. \tag{6}$$

由(5)和(6)两式消去 $P_\nu^{-\mu}(x)$，得

$$\mathrm{e}^{-\mu \pi \mathrm{i}/2} Q_\nu^\mu(x + \mathrm{i}0) - \mathrm{e}^{\mu \pi \mathrm{i}/2} Q_\nu^\mu(x - \mathrm{i}0) = -\mathrm{i}\pi \mathrm{e}^{\mu \pi \mathrm{i}} P_\nu^\mu(x). \tag{7}$$

因此，如果规定在 $-1 < x < 1$ 中

$$\mathrm{e}^{\mu \pi \mathrm{i}} Q_\nu^\mu(x) = \frac{1}{2} \{ \mathrm{e}^{-\mu \pi \mathrm{i}/2} Q_\nu^\mu(x + \mathrm{i}0) + \mathrm{e}^{\mu \pi \mathrm{i}/2} Q_\nu^\mu(x - \mathrm{i}0) \}, \tag{8}$$

则 $Q_\nu^\mu(x)$ 与 $P_\nu^\mu(x)$ 线性无关，并在 $-1 < x < 1$ 中满足连带勒让德方程(5.16 节(6)式).

把(5)和(6)代入(8)式中，得

$$Q_\nu^\mu(x) = \frac{\pi}{2 \sin \mu \pi} \left\{ \cos \mu \pi \, P_\nu^\mu(x) - \frac{\Gamma(\nu + \mu + 1)}{\Gamma(\nu - \mu + 1)} P_\nu^{-\mu}(x) \right\}. \tag{9}$$

要讨论 $Q_\nu^\mu(x)$ 在 $x \to 1-0$ 时之值，可利用上节(4)式，由(9)得

$$Q_\nu^\mu(x) = \frac{1}{2} \left\{ \Gamma(\mu) \cos \mu \pi \left( \frac{1+x}{1-x} \right)^{\mu/2} F\left( -\nu, \nu+1, 1-\mu, \frac{1-x}{2} \right) \right.$$
$$\left. + \frac{\Gamma(\nu+\mu+1)\Gamma(-\mu)}{\Gamma(\nu-\mu+1)} \left( \frac{1+x}{1-x} \right)^{-\mu/2} F\left( -\nu, \nu+1, 1+\mu, \frac{1-x}{2} \right) \right\}. \tag{10}$$

从这式看到，当 $x \to 1-0$，$Q_\nu^\mu(x)$ 之值一般趋于 $\infty$，除非 $\mu$ 是正的半奇数，这时，第一项为 0，而 $Q_\nu^\mu(x) \sim (1-x)^{\mu/2} \to 0$；或者 $\nu - \mu$ 为负整数，但 $\mu$ 不是整数，且 $\mathrm{Re}(\mu) < 0$，这时第二项为零，而 $Q_\nu^\mu(x) \sim (1-x)^{-\mu/2} \to 0$.

要研究 $Q_\nu^\mu(x)$ 在 $x \to -1+0$ 之值，可应用 4.8 节(4)和 4.3 节(8)于(10)式，得

$$Q_\nu^\mu(x) = -\frac{1}{2} \left\{ \Gamma(\mu) \cos \nu \pi \left( \frac{1+x}{1-x} \right)^{-\mu/2} F\left( -\nu, \nu+1, 1-\mu, \frac{1+x}{2} \right) \right.$$
$$\left. + \frac{\Gamma(\nu+\mu+1)\Gamma(-\mu)}{\Gamma(\nu-\mu+1)} \cos(\nu+\mu)\pi \left( \frac{1+x}{1-x} \right)^{\mu/2} F\left( -\nu, \nu+1, 1+\mu, \frac{1+x}{2} \right) \right\}.$$
$$\tag{11}$$

从这式看到，当 $x \to -1+0$ 时，$Q_\nu^\mu(x)$ 之值一般也是趋于 $\infty$ 的，除非 $\nu$ 是半奇数而且 $\mathrm{Re}(\mu) > 0$，或者是 $\nu$ 和 $\mu$ 之值使第二项为 0 而且 $\mathrm{Re}(\mu) < 0$.

当 $\mu$ 是整数时，(9)式是一个不定式(参看上节(8)式). 设 $\mu = m (m = 0, 1, 2, \cdots)$，由(9)有

$$Q_\nu^m(x) = \lim_{\mu \to m} \frac{\pi}{2 \sin \mu \pi} \left\{ \cos \mu \pi \, P_\nu^\mu(x) - \frac{\Gamma(\nu + \mu + 1)}{\Gamma(\nu - \mu + 1)} P_\nu^{-\mu}(x) \right\}.$$

算出右边的极限值，得

$$Q_\nu^m(x) = \frac{1}{2} \left\{ P_\nu^m(x) \left[ \ln \frac{1+x}{1-x} - \psi(\nu+m+1) - \psi(\nu-m+1) \right] \right.$$
$$+ (-)^m \left( \frac{1+x}{1-x} \right)^{m/2} \sum_{k=0}^{m-1} \frac{(-\nu)_k (\nu+1)_k (m-k-1)!}{k!} (-)^k \left( \frac{1-x}{2} \right)^k$$
$$+ (-)^m 2^{-m} \frac{\Gamma(\nu+m+1)}{\Gamma(\nu-m+1)} (1-x^2)^{m/2}$$

$$\times \sum_{k=0}^{\infty} \frac{(-\nu+m)_k(\nu+1+m)_k}{k!(k+m)!}\psi(k+1)\left(\frac{1-x}{2}\right)^k$$

$$+(-)^m\frac{\Gamma(\nu+m+1)}{\Gamma(\nu-m+1)}\left(\frac{1-x}{1+x}\right)^{m/2}$$

$$\times \sum_{k=0}^{\infty} \frac{(-\nu)_k(\nu+1)_k}{k!(k+m)!}\psi(k+m+1)\left(\frac{1-x}{2}\right)^k\Bigg\}$$

$$(m=0,1,2,\cdots), \tag{12}$$

其中的有限和 $\sum\limits_{k=0}^{m-1}$ 在 $m=0$ 时不出现. 从这式可以看出,当 $x\to1-0$ 时,$Q_\nu^m(x)$ 总是趋于$\infty$的,因为若 $m=0$,则因 $P_\nu(1)=1$(5.16 节(11)),故 $Q_\nu(x)\sim\ln(1-x)$;若 $m>0$,则 $Q_\nu^m(x)\sim(1-x)^{-m/2}$. 对于 $x\to-1+0$,亦有类似结论.

当 $\mu=-m(m=1,2,\cdots)$ 时,利用 5.17 节(9)式及 $Q_\nu^\mu(x)$ 的定义,得

$$Q_\nu^{-m}(x)=(-)^m\frac{\Gamma(\nu-m+1)}{\Gamma(\nu+m+1)}Q_\nu^m(x), \tag{13}$$

因此,当 $x\to1-0$ 或者$-1+0$ 时,$Q_\nu^{-m}(x)$ 也是趋于$\infty$的.

综合上面关于 $P_\nu^\mu(x),Q_\nu^\mu(x)$ 的讨论,可知当 $\mu$ 是整数时,只有 $\nu$ 也是整数,连带勒让德方程才有唯一在 $-1\leqslant x\leqslant+1$ 中有界的解 $P_n^m(x)$($P_n^{-m}$,$P_{-n-1}^m$ 都是与 $P_n^m(x)$ 线性相关的解).

## 5.20　$P_\nu(z)$ 和 $P_\nu^m(z)$ 的其他积分表示

在 5.16 节中我们得到(该节(18)式)

$$P_\nu(z)=\frac{1}{2\pi i}\int_A^{(z+,1+)}\frac{(t^2-1)^\nu}{2^\nu(t-z)^{\nu+1}}\mathrm{d}t, \tag{1}$$

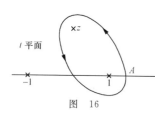

图　16

积分围道如图 16,$t=-1$ 在围道外. 在起点 $A$(实轴上 $t=1$ 之右), $\arg(t-1)=\arg(t+1)=0$,$|\arg(t-z)|<\pi$.

用(1)式表示的 $P_\nu(z)$ 是沿实轴从 $-\infty$ 到$-1$ 割开的 $z$ 平面上的单值解析函数,因为仿照 4.5 节关于超几何函数的积分表示(该节(6)式)的讨论,可知 $z=-1$ 和$\infty$ 是 $P_\nu(z)$ 的分支点. 但如果 $\nu=n$(正整数),则(1)式中的积分路线可以是只正向绕 $t=z$ 一周的任何围道(见 5.4 节(7)式),因为 $t=\pm1$ 这时不再是被积函数的奇点,而 $z$ 平面上的割缝也就可以取消.

**拉普拉斯积分表示.** 设 $\mathrm{Re}(z)>0$,(1)式中的积分路线可以变形为以 $t=z$ 为圆心,半径等于 $|z^2-1|^{1/2}$ 的圆,因为在 $\mathrm{Re}(z)>0$ 的条件下,$t=z$ 点到 $t=1$ 点的距离小于到 $t=-1$ 点的距离,即 $|z-1|<|z+1|$,因此有 $|z-1|<|z^2-1|^{1/2}<|z+1|$,

而这表明 $t=1$ 在这圆内，$t=-1$ 在圆外. 在圆上可写

$$t = z + \sqrt{z^2-1}\,e^{i\varphi} \quad (-\pi \leqslant \varphi \leqslant \pi),$$

代入(1)式，得

$$P_\nu(z) = \frac{1}{2\pi}\int_{-\pi}^{\pi} \frac{(z-1+\sqrt{z^2-1}\,e^{i\varphi})^\nu (z+1+\sqrt{z^2-1}\,e^{i\varphi})^\nu}{2^\nu(z^2-1)^{\nu/2}e^{i\nu\varphi}}\,d\varphi$$

$$= \frac{1}{2\pi}\int_{-\pi}^{\pi}(z+\sqrt{z^2-1}\cos\varphi)^\nu\,d\varphi$$

$$= \frac{1}{\pi}\int_0^{\pi}(z+\sqrt{z^2-1}\cos\varphi)^\nu\,d\varphi, \quad |\arg z| < \frac{\pi}{2}, \tag{2}$$

其中的根式 $\sqrt{z^2-1}$ 取正负号均可(只要把积分变数 $\varphi$ 换成 $\pi-\varphi$ 即可看出这一点).(2)式中被积函数的辐角规定如下：当 $\varphi=\pi/2$ 时 $\arg(z+\sqrt{z^2-1}\cos\varphi)=\arg z$，因为按照(1)式中的规定，当 $z=1$ 时 $P_\nu(1)=1$(参看 5.16 节(11)式).(2)式称为**拉普拉斯的第一积分表示**，是 5.4 节(8)式的推广.

根据 5.16 节(9)式，$P_\nu(z)=P_{-\nu-1}(z)$，有

$$P_\nu(z) = \frac{1}{\pi}\int_0^{\pi}\frac{d\varphi}{(z+\sqrt{z^2-1}\cos\varphi)^{\nu+1}}, \quad |\arg z| < \frac{\pi}{2}, \tag{3}$$

其中被积函数的辐角的规定同上.(3)式称为**拉氏的第二积分表示**.

当 $\nu$ 是整数时，$|\arg z|<\pi/2$ 的限制可以取消.

**梅勒-狄里希累**(Mehler-Dirichlet)**积分表示.** 在(2)式中令 $z+\sqrt{z^2-1}\cos\varphi=h$(或者在(1)式中令 $t^2-1=2h(t-z)$)，得

$$P_\nu(z) = \frac{1}{\pi i}\int_{z-\sqrt{z^2-1}}^{z+\sqrt{z^2-1}}h^\nu(h^2-2zh+1)^{-1/2}\,dh, \quad |\arg z| < \frac{\pi}{2}, \tag{4}$$

其中规定 $(h^2-2zh+1)^{1/2}=-i\sqrt{z^2-1}\sin\varphi$；在积分路线上 $\arg(h^2-2zh+1)=-\pi/2+\arg\sqrt{z^2-1}=$ 常数. 积分路线是从下限到上限的直线(图 17)，因为 $\arg(dh)=\arg(-\sqrt{z^2-1}\sin\varphi\,d\varphi)$ 在 $\varphi$ 从 0 变到 $\pi$ 时是常数. 又因 $\varphi=\pi/2$ 时 $h=z$，而 $|\arg z|<\pi/2$，故在积分路线与实轴相交的 $A$ 点 $\arg h=0$.

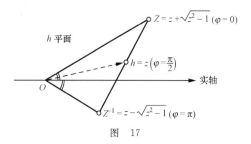

图 17

若 $z=\cos\theta,0<\theta<\pi/2$，并规定 $\sqrt{z^2-1}=\mathrm{i}\sin\theta$，则（4）式成为

$$\mathrm{P}_\nu(\cos\theta)=\frac{1}{\pi\mathrm{i}}\int_{\mathrm{e}^{-\mathrm{i}\theta}}^{\mathrm{e}^{\mathrm{i}\theta}}h^\nu(h^2-2\cos\theta h+1)^{-1/2}\mathrm{d}h;\qquad(5)$$

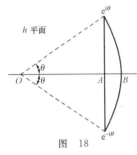

图　18

积分路线是图 18 中由 $h=\mathrm{e}^{-\mathrm{i}\theta}$ 到 $\mathrm{e}^{\mathrm{i}\theta}$ 的直线．积分中多值函数的规定如下：在图中 $A$ 点（$h=\cos\theta$），$\arg h=0$，而 $(h^2-2\cos\theta\cdot h+1)^{1/2}=\sin\theta$.

（5）式中的积分路线可变形为以 $O$ 点为圆心，通过 $\mathrm{e}^{\pm\mathrm{i}\theta}$ 两点的圆弧（见图 18），因为在原来的直线积分路线与这圆弧之间没有被积函数的奇点[①]．于是令 $h=\mathrm{e}^{\mathrm{i}\varphi}$，（5）式化为

$$\begin{aligned}\mathrm{P}_\nu(\cos\theta)&=\frac{1}{\pi}\int_{-\theta}^{\theta}\frac{\mathrm{e}^{\mathrm{i}(\nu+1)\varphi}}{(\mathrm{e}^{2\mathrm{i}\varphi}-2\cos\theta\mathrm{e}^{\mathrm{i}\varphi}+1)^{1/2}}\mathrm{d}\varphi\\&=\frac{1}{\pi}\int_{-\theta}^{\theta}\frac{\mathrm{e}^{\mathrm{i}\left(\nu+\frac{1}{2}\right)\varphi}}{[2(\cos\varphi-\cos\theta)]^{1/2}}\mathrm{d}\varphi\\&=\frac{2}{\pi}\int_0^{\theta}\frac{\cos\left(\nu+\frac{1}{2}\right)\varphi}{[2(\cos\varphi-\cos\theta)]^{1/2}}\mathrm{d}\varphi,\qquad(6)\end{aligned}$$

其中的根式应取正号，因为按照前面的规定，当 $h$ 在 $A$ 点时，根式取正值，即 $\arg(h^2-2h\cos\theta+1)=0$，而在从 $A$ 点变到 $B$ 点时，$\arg(h^2-2h\cos\theta+1)=\arg[(h-\mathrm{e}^{\mathrm{i}\theta})\cdot(h-\mathrm{e}^{-\mathrm{i}\theta})]$ 无变化．（6）式称为 $\mathrm{P}_\nu(\cos\theta)$ 的**梅勒-狄里希累积分表示**.

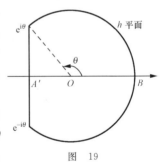

图　19

（6）式是在 $0<\theta<\pi/2$ 的条件下得到的，但右方的积分，作为复变数 $\mathrm{e}^{\mathrm{i}\theta}$ 的函数，显然可以开拓到 $\pi/2\leqslant\theta<\pi$ 的范围中去；积分路线是图 19 中的圆弧．因此，（6）式在 $0<\theta<\pi$ 中成立.

又，根据同样的理由，如果把（5）式中的积分路线变为图 19 中的圆弧，或其他等价的积分路线，则（5）式也在 $0<\theta<\pi$ 中成立．不过当 $\pi/2\leqslant\theta<\pi$ 时，这样的积分一般不等于从 $\mathrm{e}^{-\mathrm{i}\theta}$ 经过 $A'$ 到 $\mathrm{e}^{\mathrm{i}\theta}$ 的直线上的积分，因为在这两条积分路线之间有了被积函数的分支点 $h=0$；除非 $\nu$ 是整数，这时 $h=0$ 不再是奇点，两条路线是等价的.

还可以用下面的围道积分表示 $\mathrm{P}_\nu(z)$：

---

①　在路线的端点，被积函数不是解析的，但可用通常的办法作小圆弧绕过它们；小圆弧上的积分值随其半径趋于 0.

$$P_\nu(z) = \frac{1}{2\pi i}\int_C h^\nu(h^2 - 2zh + 1)^{-1/2}dh, \qquad (7)$$

$C$是图 20 中正向绕$h = z \pm \sqrt{z^2 - 1}$两点一周的围道;$h = 0$ 在 $C$ 的外面. 被积函数中的多值因子规定如下: 在积分路线与实轴的交点 $A$ 处, $\arg h = 0$; 当 $A$ 点沿正实轴趋于$\infty$时, $\arg(h^2 - 2zh + 1) = \arg\{(h - Z^{-1})(h - Z)\} = 0$.

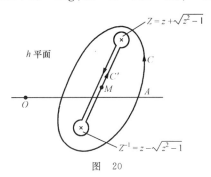

图 20

要证明(7)式, 把 $C$ 变形为图 20 中的 $C'$: 从 $Z^{-1} = z - \sqrt{z^2 - 1}$ 到 $Z = z + \sqrt{z^2 - 1}$的直线的右岸上 $M$ 点出发, 沿这直线到 $Z$ 点附近, 正向绕 $Z$ 点一周, 然后沿左岸到 $Z^{-1}$点附近, 正向绕 $Z^{-1}$点一周, 再沿右岸回到 $M$. 易见绕 $Z$ 和 $Z^{-1}$ 两点的小圆上的积分值分别随半径趋于 0. 因此, (7)式右方的积分等于

$$\frac{1}{2\pi i}(1 - e^{-\pi i})\int_{Z^{-1}}^{Z} h^\nu(h^2 - 2zh + 1)^{-1/2}dh;$$

积分路线是从 $Z^{-1}$ 到 $Z$ 的直线, 在这直线与实轴相交之处 $\arg h = 0$, 与(4)式中的规定相同. 又, 在出发点 $M$, $\arg\{(h - Z^{-1})(h - Z)\} = -\pi + 2\arg\sqrt{z^2 - 1}$(因为从 $Z^{-1}$ 到 $Z$ 的直线的倾角为$\arg(2\sqrt{z^2 - 1})$), 故 $\arg(h^2 - 2zh + 1)^{1/2} = -\pi/2 + \arg\sqrt{z^2 - 1}$, 也与(4)式中的规定相同. 这就证明了(7)式.

(7)式虽然是在$|\arg z| < \pi/2$的条件下证明的, 但可以开拓到左半平面中去. 这时, 积分围道如图 21, 各辐角的规定仍同前. 不过积分路线不再能变形为沿图中虚直线上的积分. 注意围道与实轴的交点都在 $h = 0$ 之右.

又, 由(1)式, 对 $z$ 求微商 $m$ 次, 乘上$(z^2 - 1)^{m/2}$, 得

$$P_\nu^m(z) = \frac{\Gamma(\nu + m + 1)}{\Gamma(\nu + 1)} \frac{(z^2 - 1)^{m/2}}{2\pi i}\int^{(z+,1+)} \frac{(t^2 - 1)^\nu}{2^\nu(t - z)^{\nu + m + 1}}dt. \qquad (8)$$

令$t = z + \sqrt{z^2 - 1}e^{i\varphi}$, 得(参看(2)式的推导)

$$P_\nu^m(z) = \frac{\Gamma(\nu+m+1)}{\Gamma(\nu+1)} \frac{1}{2\pi} \int_{-\pi}^{\pi} e^{-im\varphi} \left(z + \sqrt{z^2-1}\cos\varphi\right)^\nu d\varphi$$

$$= \frac{\Gamma(\nu+m+1)}{\Gamma(\nu+1)} \frac{1}{\pi} \int_0^\pi \cos m\varphi \left(z + \sqrt{z^2-1}\cos\varphi\right)^\nu d\varphi. \tag{9}$$

利用 5.16 节(9)式,$P_\nu^m = P_{-\nu-1}^m$,又有

$$P_\nu^m(z) = \frac{\Gamma(-\nu+m)}{\Gamma(-\nu)} \frac{1}{\pi} \int_0^\pi \frac{\cos m\varphi \, d\varphi}{\left(z + \sqrt{z^2-1}\cos\varphi\right)^{\nu+1}}$$

$$= (-)^m \frac{\Gamma(\nu+1)}{\Gamma(\nu-m+1)} \frac{1}{\pi} \int_0^\pi \frac{\cos m\varphi \, d\varphi}{\left(z + \sqrt{z^2-1}\cos\varphi\right)^{\nu+1}}$$

$$(|\arg z| < \pi/2). \tag{10}$$

又由(10)式,用 5.16 节(16)式,得

$$P_\nu^{-m}(z) = (-)^m \frac{\Gamma(\nu+1)}{\Gamma(\nu+m+1)} \frac{1}{\pi} \int_0^\pi \frac{\cos m\varphi \, d\varphi}{\left(z + \sqrt{z^2-1}\cos\varphi\right)^{\nu+1}}$$

$$(|\arg z| < \pi/2). \tag{11}$$

## 5.21 加法公式

利用上节(7)式,可以得到比 5.14 节中的结果更为普遍的加法公式

$$P_\nu(\zeta) = P_\nu(z)P_\nu(z') + 2\sum_{m=1}^\infty (-)^m P_\nu^m(z)P_\nu^{-m}(z')\cos m\varphi, \tag{1}$$

其中 $\nu$ 可以是任何复数,$z$ 和 $z'$ 是不在割缝($-\infty$ 到 1)上的复数,且 $\mathrm{Re}(z)>0$,$\mathrm{Re}(z')>0$;$\zeta = zz' - (z^2-1)^{1/2}(z'^2-1)^{1/2}\cos\varphi$,$\varphi$ 是任意实数;式中的级数一致收敛. 当 $\nu=n$(正整数)时,级数中断为从 $m=1$ 到 $m=n$ 的有限和;这时,对于 $z$ 和 $z'$ 的限制可取消.

在证明(1)式之前,先推导一个计算积分的公式.设 $A,B,C$ 是任意复数,有

$$\int_{-\pi}^{\pi} \frac{d\varphi}{A + B\cos\varphi + C\sin\varphi} = \frac{2\pi}{(A^2 - B^2 - C^2)^{1/2}}, \tag{2}$$

其中的根式应取值使

$$\left| A - (A^2 - B^2 - C^2)^{1/2} \right| < |B^2 + C^2|^{1/2}. \tag{3}$$

(2)式的证明如下.令 $z = e^{i\varphi}$,则(2)式左方的积分 $I$ 化为 $z$ 平面上沿单位圆 $|z|=1$ 的围道积分

$$I = \oint \frac{dz/iz}{A + B\frac{z+z^{-1}}{2} + C\frac{z-z^{-1}}{2i}} = \frac{2}{i(B-iC)} \oint \frac{dz}{z^2 + \alpha z + \beta},$$

$$\alpha = \frac{2A}{B-iC}, \quad \beta = \frac{B+iC}{B-iC}.$$

最后积分中的被积函数有两个一阶极点

$$z_1 = \frac{-A + (A^2 - B^2 - C^2)^{1/2}}{B - iC},$$

$$z_2 = \frac{-A - (A^2 - B^2 - C^2)^{1/2}}{B - iC}.$$

因 $|z_1 z_2| = |\beta| = 1$，故两极点一在单位圆内，一在圆外. 若取根式之值使满足（3）式，则 $z_1$ 在圆内；于是，用残数定理得

$$I = \frac{2}{i(B - iC)} \cdot \frac{2\pi i}{z_1 - z_2} = \frac{2\pi}{(A^2 - B^2 - C^2)^{1/2}}.$$

现在来证明（1）式. 由 5.20 节（7）式有

$$P_\nu(\zeta) = \frac{1}{2\pi i} \int_C h^\nu (h^2 - 2\zeta h + 1)^{-1/2} \, dh,$$

$C$ 是该节图 20 的围道；$h = 0$ 在 $C$ 外. 利用（2）式（关于满足条件（3）的问题可参看 Hobson(1931)，§ 220），令 $A = hz' - z$，$B = h(z'^2 - 1)^{1/2} - (z^2 - 1)^{1/2}\cos\varphi$，$C = -(z^2 - 1)^{1/2}\sin\varphi$，得

$$P_\nu(\zeta) = \frac{1}{2\pi i} \int_C h^\nu \, dh \frac{1}{2\pi} \int_{-\pi}^{\pi} \frac{d\omega}{h\left[z' + \sqrt{z'^2 - 1}\cos\omega\right] - \left[z + \sqrt{z^2 - 1}\cos(\omega - \varphi)\right]}$$

$$= \frac{1}{2\pi} \int_{-\pi}^{\pi} \frac{d\omega}{z' + \sqrt{z'^2 - 1}\cos\omega} \frac{1}{2\pi i} \int_C \frac{h^\nu \, dh}{h - \dfrac{z + \sqrt{z^2 - 1}\cos(\omega - \varphi)}{z' + \sqrt{z'^2 - 1}\cos\omega}}.$$

$h_1 = \left\{z + \sqrt{z^2 - 1}\cos(\omega - \varphi)\right\} \big/ \left\{z' + \sqrt{z'^2 - 1}\cos\omega\right\}$ 是 $\omega$ 的有界函数（$-\pi \leqslant \omega \leqslant \pi$），因为其中的分母只有在 $z'$ 是纯虚数时才等于 0，而现设 $\mathrm{Re}(z') > 0$. 可以证明当 $\omega$ 和 $\varphi$ 取区间 $[-\pi, \pi]$ 中的各值时，在 $h$ 平面上的相应点 $h_1$ 都可以包含在围道 $C$ 内 (Hobson (1931)，§ 220)，因此，根据科希公式，由上式得

$$P_\nu(\zeta) = \frac{1}{2\pi} \int_{-\pi}^{\pi} \frac{\left[z + \sqrt{z^2 - 1}\cos(\omega - \varphi)\right]^\nu}{\left[z' + \sqrt{z'^2 - 1}\cos\omega\right]^{\nu+1}} \, d\omega. \tag{4}$$

今 $P_\nu(\zeta)$ 是 $\cos\varphi$ 的函数，故可展开为傅里叶余弦级数

$$P_\nu(\zeta) = \frac{A_0}{2} + \sum_{m=1}^{\infty} A_m \cos m\varphi, \tag{5}$$

其中

$$A_m = \frac{1}{\pi} \int_{-\pi}^{\pi} P_\nu(\zeta) \cos m\varphi \, d\varphi \quad (m \geqslant 0)$$

$$= \frac{1}{2\pi^2} \int_{-\pi}^{\pi} d\varphi \int_{-\pi}^{\pi} \frac{\left[z + \sqrt{z^2 - 1}\cos(\omega - \varphi)\right]^\nu \cos m\varphi}{\left[z' + \sqrt{z'^2 - 1}\cos\omega\right]^{\nu+1}} \, d\omega$$

$$= \frac{1}{2\pi^2} \int_{-\pi}^{\pi} \frac{d\omega}{\left[z' + \sqrt{z'^2 - 1}\cos\omega\right]^{\nu+1}} \int_{-\pi}^{\pi} \left[z + \sqrt{z^2 - 1}\cos\psi\right]^\nu \cos m(\omega - \psi) \, d\psi$$

$$= \frac{1}{2\pi^2} \int_{-\pi}^{\pi} \frac{\cos m\omega \, d\omega}{[z' + \sqrt{z'^2 - 1}\cos\omega]^{\nu+1}} \int_{-\pi}^{\pi} [z + \sqrt{z^2 - 1}\cos\psi]^{\nu} \cos m\psi \, d\psi$$

$$= 2(-)^m P_\nu^{-m}(z') P_\nu^m(z) ;$$

在最后一步中用了上节(9)式和(11)式. 这就证明了(1)式.

当 $\nu = n$(正整数)时, 如果 $m > n$, 则 $P_n^m(z) = 0$, (1)式右方的级数成为一个有限和, 而(1)式是一个代数恒等式, 故 $\mathrm{Re}(z) > 0$, $\mathrm{Re}(z') > 0$ 的限制可以取消.

当 $z$ 和 $z'$ 为实数时, 有下列加法公式

$$Q_\nu[xx' - (x^2 - 1)^{1/2}(x'^2 - 1)^{1/2}\cos\varphi]$$

$$= Q_\nu(x)P_\nu(x') + 2\sum_{m=1}^{\infty}(-)^m Q_\nu^m(x) P_\nu^{-m}(x')\cos m\varphi$$

$$(x > x' > 1, \nu \neq -1, -2, \cdots). \tag{6}$$

$$P_\nu(\cos\theta \cos\theta' + \sin\theta \sin\theta'\cos\varphi)$$

$$= P_\nu(\cos\theta)P_\nu(\cos\theta') + 2\sum_{m=1}^{\infty}(-)^m P_\nu^{-m}(\cos\theta) P_\nu^m(\cos\theta')\cos m\varphi$$

$$= P_\nu(\cos\theta)P_\nu(\cos\theta') + 2\sum_{m=1}^{\infty}\frac{\Gamma(\nu - m + 1)}{\Gamma(\nu + m + 1)} P_\nu^m(\cos\theta) P_\nu^m(\cos\theta')\cos m\varphi$$

$$(0 \leqslant \theta' < \pi, 0 \leqslant \theta < \pi, \theta + \theta' < \pi, \varphi \text{ 为实数}), \tag{7}$$

$$Q_\nu(\cos\theta \cos\theta' + \sin\theta \sin\theta'\cos\varphi)$$

$$= P_\nu(\cos\theta')Q_\nu(\cos\theta) + 2\sum_{m=1}^{\infty}(-)^m P_\nu^{-m}(\cos\theta') Q_\nu^m(\cos\theta)\cos m\varphi$$

$$= P_\nu(\cos\theta')Q_\nu(\cos\theta) + 2\sum_{m=1}^{\infty}\frac{\Gamma(\nu - m + 1)}{\Gamma(\nu + m + 1)} P_\nu^m(\cos\theta') Q_\nu^m(\cos\theta)\cos m\varphi$$

$$\left(0 < \theta' < \frac{\pi}{2}, 0 < \theta < \pi, 0 < \theta + \theta' < \pi, \varphi \text{ 为实数}\right). \tag{8}$$

关于公式(6),(7),(8)的证明可参看 Hobson (1931)，§§ 222~227.

## 5.22 $P_\nu^\mu(\cos\theta)$ 和 $Q_\nu^\mu(\cos\theta)$ 当 $\nu \to \infty$ 时的渐近展开式

由于 $P_\nu^\mu(z)$ 和 $Q_\nu^\mu(z)$ 可以用超几何函数表达, 故可利用 4.14 节的结果来求这两种函数的渐近展开. 在 4.14 节中讨论了 $F(\alpha, \beta, \gamma, z)$ 在参数 $\alpha, \beta, \gamma$ 大时的渐近展开. 特别简单的是 $\alpha, \beta$ 和 $z$ 固定而 $\gamma \to \infty$ 的情形, 因为在这种情形下, 超几何级数本身(可能是发散的, 例如当 $|z| > 1$)就是关于 $\gamma$ 的渐近展开式(4.14 节(1)). 利用这结果来求勒让德函数在 $\nu$(或 $\mu$) $\to \infty$ 的渐近展开时, 关键在于使 $\nu$(或 $\mu$)只出现在超几何函数表达式的第三个参数 $\gamma$ 中. 下面只讨论宗量是实数 $\cos\theta(0 < \theta < \pi)$, $\mathrm{Re}(\nu)$

$\to\infty$ 的情形.

由 5.17 节(4)式

$$Q^\mu_\nu(z) = \frac{e^{\mu\pi i}}{2^{\nu+1}}\frac{\Gamma\left(\dfrac{1}{2}\right)\Gamma(\nu+\mu+1)}{\Gamma\left(\nu+\dfrac{3}{2}\right)}(z^2-1)^{\mu/2}z^{-\nu-\mu-1}F\left(\frac{\nu+\mu+1}{2},\frac{\nu+\mu+2}{2},\nu+\frac{3}{2},z^{-2}\right)$$

$$(|\arg z|<\pi,\ |\arg(z\pm1)|<\pi).$$

应用 4.12 节(15)式和 4.3 节(8)式,对上式中的超几何函数作变换:

$$F\left(\frac{\nu+\mu+1}{2},\frac{\nu+\mu+2}{2},\nu+\frac{3}{2},z^{-2}\right)$$

$$= (1-z^{-2})^{-\frac{\nu+\mu+1}{2}}F\left[\nu+\mu+1,\nu-\mu+1,\nu+\frac{3}{2},\frac{\sqrt{z^2-1}-z}{2\sqrt{z^2-1}}\right]$$

$$= (1-z^{-2})^{-\frac{\nu+\mu+1}{2}}\left[1-\frac{\sqrt{z^2-1}-z}{2\sqrt{z^2-1}}\right]^{-\nu-1/2}F\left(\frac{1}{2}-\mu,\frac{1}{2}+\mu,\nu+\frac{3}{2},\frac{\sqrt{z^2-1}-z}{2\sqrt{z^2-1}}\right),$$

得

$$Q^\mu_\nu(z) = \frac{e^{\mu\pi i}}{\sqrt{2}}\frac{\Gamma(1/2)\Gamma(\nu+\mu+1)}{\Gamma(\nu+3/2)}(z^2-1)^{-1/4}\left(z+\sqrt{z^2-1}\right)^{-\nu-1/2}$$

$$\times F\left[\frac{1}{2}-\mu,\frac{1}{2}+\mu,\nu+\frac{3}{2},\frac{\sqrt{z^2-1}-z}{2\sqrt{z^2-1}}\right],\tag{1}$$

其中 $|\arg(z\pm1)|<\pi$,$\left|\arg(z+\sqrt{z^2-1})\right|<\pi$. 在这个表达式里,$\nu$ 只出现在超几何函数的第三个参数中,故可用来求 $Q^\mu_\nu(z)$ 在 $\text{Re}(\nu)\to\infty$ 时的渐近展开. 下面只讨论宗量为 $\cos\theta$ 的情形.

由(1)式有

$$Q^\mu_\nu(\cos\theta\pm i0) = \left(\frac{\pi}{2\sin\theta}\right)^{1/2}\frac{e^{\mu\pi i}\Gamma(\nu+\mu+1)}{\Gamma(\nu+3/2)}e^{\mp i[(\nu+1/2)\theta+\pi/4]}$$

$$\times F\left(\frac{1}{2}-\mu,\frac{1}{2}+\mu,\nu+\frac{3}{2},\frac{\pm ie^{\mp i\theta}}{2\sin\theta}\right).\tag{2}$$

代入 5.19 节(7)式,用超几何级数表示,得

$$P^\mu_\nu(\cos\theta) = \left(\frac{2}{\pi\sin\theta}\right)^{1/2}\frac{\Gamma(\nu+\mu+1)}{\Gamma(\nu+3/2)}\sum_{k=0}^{\infty}\frac{(1/2-\mu)_k(1/2+\mu)_k}{k!(\nu+3/2)_k(2\sin\theta)^k}$$

$$\times \sin\left[\left(\nu+k+\frac{1}{2}\right)\theta+\frac{2\mu-2k+1}{4}\pi\right].\tag{3}$$

当 $\text{Re}(\nu)\to\infty$ 时,右方的级数是 $P^\mu_\nu(\cos\theta)$ 在 $\mu$ 固定,$\varepsilon\leqslant\theta\leqslant\pi-\varepsilon(\varepsilon>0)$ 的情形下的渐近展开式.

在 $\mu=0$,$\nu=n$(正整数)的情形下,由(3)式有

$$\mathrm{P}_n(\cos\theta) = \left(\frac{2}{\pi\sin\theta}\right)^{1/2} \frac{\Gamma(n+1)}{\Gamma(n+3/2)}$$

$$\times \sum_{k=0}^{\infty} \frac{\left[\left(\frac{1}{2}\right)_k\right]^2}{k!\left(n+\frac{3}{2}\right)_k (2\sin\theta)^k} \cos\left[\left(n+k+\frac{1}{2}\right)\theta - \frac{2k+1}{4}\pi\right]. \quad (4)$$

由 3.21 节(5)，$\Gamma$ 函数的渐近展开式，有

$$\ln\frac{\Gamma(n+1)}{\Gamma(n+3/2)} = -\frac{1}{2}\ln n + \frac{\varphi_2(1)-\varphi_2(3/2)}{2n} + O(n^{-2})$$

$$= -\frac{1}{2}\ln n - \frac{3}{8n} + O(n^{-2}),$$

其中 $\varphi_2(x)$ 之值是用 1.1 节(10)式算出的. 因此

$$\frac{\Gamma(n+1)}{\Gamma(n+3/2)} = n^{-1/2}\left[1 - \frac{3}{8n} + O(n^{-2})\right]. \quad (5)$$

代入(4)，得

$$\mathrm{P}_n(\cos\theta) = \left(\frac{2}{n\pi\sin\theta}\right)^{1/2} \left(1 - \frac{3}{8n}\right)\left\{\cos\left[\left(n+\frac{1}{2}\right)\theta - \frac{\pi}{4}\right]\right.$$

$$\left. + \frac{1}{2(2n+3)\cdot 2\sin\theta}\cos\left[\left(n+\frac{3}{2}\right)\theta - \frac{3\pi}{4}\right]\right\} + O(n^{-5/2})$$

$$= \left(\frac{2}{n\pi\sin\theta}\right)^{1/2} \left\{\left(1 - \frac{1}{4n}\right)\cos\left[\left(n+\frac{1}{2}\right)\theta - \frac{\pi}{4}\right]\right.$$

$$\left. + \frac{1}{8n}\cot\theta\cdot\sin\left[\left(n+\frac{1}{2}\right)\theta - \frac{\pi}{4}\right]\right\} + O(n^{-5/2})$$

$$(\varepsilon \leqslant \theta \leqslant \pi-\varepsilon). \quad (6)$$

又，把(2)式代入 5.19 节(8)式，得

$$\mathrm{Q}_\nu^\mu(\cos\theta) = \left(\frac{\pi}{2\sin\theta}\right)^{1/2} \frac{\Gamma(\nu+\mu+1)}{\Gamma(\nu+3/2)} \sum_{k=0}^{\infty} \frac{\left(\frac{1}{2}-\mu\right)_k \left(\frac{1}{2}+\mu\right)_k}{k!(\nu+3/2)_k (2\sin\theta)^k}$$

$$\times \cos\left[\left(\nu+k+\frac{1}{2}\right)\theta + \frac{2\mu-2k+1}{4}\pi\right]$$

$$(\varepsilon \leqslant \theta \leqslant \pi-\varepsilon), \quad (7)$$

其特殊情形为

$$\mathrm{Q}_n(\cos\theta) = \left(\frac{\pi}{2n\sin\theta}\right)^{1/2} \left\{\left(1 - \frac{1}{4n}\right)\cos\left[\left(n+\frac{1}{2}\right)\theta + \frac{\pi}{4}\right]\right.$$

$$\left. + \frac{1}{8n}\cot\theta\sin\left[\left(n+\frac{1}{2}\right)\theta + \frac{\pi}{4}\right]\right\} + O(n^{-5/2})$$

$$(\varepsilon \leqslant \theta \leqslant \pi-\varepsilon). \quad (8)$$

其他情形下的渐近展开式也可以用适当的超几何函数表达式得到. 可参看

Erdélyi (1953)，Vol. Ⅰ，§3.9.1，p. 162.

## 5.23　特种球多项式 $C_n^\lambda(x)$

这种多项式又常称为**盖根保尔(Gegenbauer)多项式**，可由下列展开式给出：

$$(1 - 2xt + t^2)^{-\lambda} = \sum_{n=0}^{\infty} C_n^\lambda(x) t^n. \tag{1}$$

左方的函数称为 $C_n^\lambda(x)$**的生成函数**，一般是多值的，除非 $\lambda$ 是整数. 现在规定，当 $t=0$ 时(1)式左方的函数值为 1，于是有

$$C_0^\lambda(x) \equiv 1. \tag{2}$$

勒让德多项式是特种球多项式的一种特殊情形，$P_n(x) = C_n^{1/2}(x)$（参看 5.3 节(2) 式）. 关于特种球多项式与勒让德函数的普遍关系见本章末习题 45,47.

**递推关系.** 把(1)式两边对 $t$ 求微商，得

$$2\lambda(x - t)(1 - 2xt + t^2)^{-\lambda-1} = \sum_{n=0}^{\infty} C_n^\lambda(x) n t^{n-1}.$$

再用(1)式，有

$$2\lambda(x - t) \sum_{n=0}^{\infty} C_n^\lambda(x) t^n = (1 - 2xt + t^2) \sum_{n=0}^{\infty} n C_n^\lambda(x) t^{n-1}.$$

比较两边 $t^n$ 的系数，得

$$(n+1) C_{n+1}^\lambda - 2(\lambda + n) x C_n^\lambda + (2\lambda + n - 1) C_{n-1}^\lambda = 0. \tag{3}$$

又把(1)式两边对 $x$ 求微商，得

$$2\lambda t(1 - 2xt + t^2)^{-\lambda-1} = \sum_{n=0}^{\infty} \frac{d}{dx} C_n^\lambda(x) t^n.$$

再用(1)，有

$$2\lambda t \sum_{n=0}^{\infty} C_n^\lambda(x) t^n = (1 - 2xt + t^2) \sum_{n=0}^{\infty} \frac{d}{dx} C_n^\lambda(x) t^n.$$

比较两边 $t^{n+1}$ 的系数，得

$$\frac{dC_{n+1}^\lambda}{dx} - 2x \frac{dC_n^\lambda}{dx} - 2\lambda C_n^\lambda + \frac{dC_{n-1}^\lambda}{dx} = 0. \tag{4}$$

由(3),(4)两式消去 $C_{n+1}^\lambda$，得

$$x \frac{dC_n^\lambda}{dx} - \frac{dC_{n-1}^\lambda}{dx} = n C_n^\lambda. \tag{5}$$

由(3),(4)两式消去 $C_{n-1}^\lambda$，得

$$\frac{dC_{n+1}^\lambda}{dx} - x \frac{dC_n^\lambda}{dx} = (2\lambda + n) C_n^\lambda,$$

或者

$$\frac{dC_n^\lambda}{dx} - x\frac{dC_{n-1}^\lambda}{dx} = (2\lambda + n - 1)C_{n-1}^\lambda. \tag{6}$$

由(5),(6)两式消去 $dC_{n-1}^\lambda/dx$,得

$$(1-x^2)\frac{dC_n^\lambda}{dx} + nxC_n^\lambda - (2\lambda + n - 1)C_{n-1}^\lambda = 0. \tag{7}$$

(3)式和(7)式是两个基本的递推关系.还有其他递推关系见本章末习题46.

**微分方程.超几何函数表示.**　对(7)式求微商,然后用(5)式消去 $dC_{n-1}^\lambda/dx$,得 $C_n^\lambda(x)$ 所满足的微分方程

$$(1-x^2)\frac{d^2C_n^\lambda}{dx^2} - (2\lambda + 1)x\frac{dC_n^\lambda}{dx} + n(2\lambda + n)C_n^\lambda = 0. \tag{8}$$

勒让德方程(5.2 节(1)式)是它的特殊情形,$\lambda = 1/2$.

与勒让德方程一样,方程(8)($\pm 1, \infty$ 为其正则奇点)的解也可以用超几何函数表达.与 2.9 节(7)式比较,得(8)式的解的 $P$ 符号表示:

$$P\left\{\begin{matrix} -1 & 1 & \infty \\ 0 & 0 & -n; \\ \frac{1}{2}-\lambda & \frac{1}{2}-\lambda & 2\lambda+n \end{matrix}\quad x\right\} = P\left\{\begin{matrix} 0 & 1 & \infty \\ 0 & 0 & -n; \\ \frac{1}{2}-\lambda & \frac{1}{2}-\lambda & 2\lambda+n \end{matrix}\quad \frac{1-x}{2}\right\}.$$

多项式解是 $F\left(-n, 2\lambda+n, \frac{1}{2}+\lambda, \frac{1-x}{2}\right)$,故

$$C_n^\lambda(x) = AF\left(-n, 2\lambda+n, \frac{1}{2}+\lambda, \frac{1-x}{2}\right).$$

要确定常数 $A$,令 $x=1$,得 $A = C_n^\lambda(1)$.在(1)式中令 $x=1$,有

$$(1-t)^{-2\lambda} = \sum_{n=0}^{\infty}\binom{-2\lambda}{n}(-t)^n = \sum_{n=0}^{\infty}C_n^\lambda(1)t^n,$$

故

$$C_n^\lambda(1) = \binom{-2\lambda}{n}(-)^n = \frac{(2\lambda)_n}{n!}, \tag{9}$$

从而有

$$C_n^\lambda(x) = \frac{(2\lambda)_n}{n!}F\left(-n, 2\lambda+n, \frac{1}{2}+\lambda, \frac{1-x}{2}\right). \tag{10}$$

**正交性**——由(10)式知 $C_n^\lambda(x)$ 是 4.10 节雅可毕多项式的一种特殊情形.于是根据该节(12),(13)两式,把其中的 $z$ 换成 $(1-x)/2$,立得 $C_n^\lambda(x)$ 的正交关系

$$\int_{-1}^{1} C_n^\lambda(x)C_m^\lambda(x)(1-x^2)^{\lambda-\frac{1}{2}}dx = \frac{\pi\Gamma(2\lambda+n)}{2^{2\lambda-1}n!(\lambda+n)[\Gamma(\lambda)]^2}\delta_{nm}. \tag{11}$$

**微商公式和显明表达式.** 当 $\lambda=m\,(m=1,2,\cdots)$ 时,由(10)式,利用 4.2 节(10)式,得微商公式

$$C_n^m(x) = \frac{1}{2^{m-1}(m-1)!(m+n)} \frac{d^m}{dx^m} T_{m+n}(x), \tag{12}$$

其中 $T_{m+n}(x)$ 是切比谢夫多项式(4.11 节).

利用(12)和 4.11 节(2)式,立得 $C_n^m(x)$ 的显明表达式

$$C_n^m(x) = \frac{1}{(m-1)!} \sum_{l=0}^{\left[\frac{n}{2}\right]} \frac{(-)^l(m+n-l-1)!}{l!(n-2l)!}(2x)^{n-2l}. \tag{13}$$

对于一般的 $\lambda$,可从(10)式出发,应用 4.12 节(17)式,得到 $C_n^\lambda(x)$ 的显明表达式

$$C_n^\lambda(x) = \frac{1}{\Gamma(\lambda)} \sum_{l=0}^{\left[\frac{n}{2}\right]} \frac{(-)^l \Gamma(\lambda+n-l)}{l!(n-2l)!}(2x)^{n-2l}. \tag{14}$$

还有 $C_n^\lambda(\cos\theta)$ 的傅里叶展开式及其他公式见本章末习题.

# 习　题

1. 设 $\theta$ 是由原点 $(0,0,0)$ 到 $P$ 点 $(x,y,z)$ 的矢径 $\boldsymbol{r}$ 与 $z$ 轴间的夹角,证明

$$P_n(\cos\theta) = \frac{(-)^n r^{n+1}}{n!} \frac{\partial^n}{\partial z^n}\left(\frac{1}{r}\right), \quad r=|\boldsymbol{r}|.$$

2. 由 5.3 节(2)式有

$$P_n(x) = \frac{1}{2\pi i} \int_C \frac{(1-2xt+t^2)^{-1/2}}{t^{n+1}} dt,$$

其中 $C$ 是正向绕 $t=0$ 一周的围道,在围道中没有根式的奇点.试由此导出罗巨格公式(5.3 节(3)式).[提示:作变换 $(1-2xt+t^2)^{1/2}=1-ut$.]

3. 把 $P_n(\cos\theta)$ 的生成函数 $(1-2\cos\theta\cdot t+t^2)^{-1/2}$ 写为 $(1-te^{i\theta})^{-1/2}(1-te^{-i\theta})^{-1/2}$,证明 $P_n(\cos\theta)$ 的傅里叶余弦展开式

$$P_n(\cos\theta) = \sum_{k=0}^{n} (-)^n \begin{bmatrix} -\dfrac{1}{2} \\ k \end{bmatrix} \begin{bmatrix} -\dfrac{1}{2} \\ n-k \end{bmatrix} \cos(n-2k)\theta$$

$$= \frac{1}{2^n} \sum_{k=0}^{n} \frac{1\cdot 3\cdots(2k-1)\cdot 1\cdot 3\cdots(2n-2k-1)}{k!(n-k)!} \cos(n-2k)\theta,$$

并由此证明当 $0\leqslant\theta\leqslant\pi$ 时 $|P_n(\cos\theta)|\leqslant P_n(1)=1$.

4. 证明

$$P_n(\cos\theta) = F\left(n+1, -n, 1, \sin^2\frac{\theta}{2}\right)$$

$$= (-)^n F\left(n+1, -n, 1, \cos^2 \frac{\theta}{2}\right)$$

$$= \cos^{2n} \frac{\theta}{2} F\left(-n, -n, 1, -\tan^2 \frac{\theta}{2}\right)$$

$$= \cos^n \theta F\left(-\frac{n}{2}, \frac{1-n}{2}, 1, -\tan^2 \frac{\theta}{2}\right).$$

[**提示**：最后一个公式可由 5.2 节(7)式用 4.9 节(11)式来证明.]

5. 证明

$$P_n(z) = \frac{(2n)!}{2^{2n}(n!)^2} Z^n F\left(\frac{1}{2}, -n, \frac{1}{2}-n, Z^{-2}\right),$$

$$Q_n(z) = \frac{2^{2n+1}(n!)^2}{(2n+1)!} Z^{-n-1} F\left(\frac{1}{2}, 1+n, \frac{3}{2}+n, Z^{-2}\right),$$

其中 $Z = z + \sqrt{z^2-1}$，当 $z > 1$ 时，根式取正值.

6. 用 $P_\nu(z)$ 的希累夫利积分表示(5.16 节(18)式)证明 5.5 节中的诸递推关系也适用于 $n$ 不是整数的情形.

7. 证明

$$\int_0^1 P_m(x) P_n(x) \mathrm{d}x = \begin{cases} \dfrac{1}{2n+1} & (m=n), \\[2mm] 0 & (m-n=\text{偶数}), \\[2mm] \dfrac{(-)^{\mu+\nu}}{2^{m+n-1}(n-m)(n+m+1)} \dfrac{n!\,m!}{(\nu!)^2(\mu!)^2} \\[2mm] \qquad (n=2\nu+1, m=2\mu). \end{cases}$$

8. 证明

$$\int_0^1 x^\nu P_n(x) \mathrm{d}x = 2^{-n} \frac{\Gamma(\nu+1)\Gamma\left(\dfrac{\nu-n+3}{2}\right)}{\Gamma(\nu-n+2)\Gamma\left(\dfrac{\nu+n+3}{2}\right)}$$

$$= \frac{\nu(\nu-1)\cdots(\nu-n+2)}{(\nu+n+1)(\nu+n-1)\cdots(\nu-n+3)},$$

其中，当 $n$ 为偶数时设 $\mathrm{Re}(\nu) > -1$，$n$ 为奇数时设 $\mathrm{Re}(\nu) > -2$，以保证积分在下限收敛.[提示：用 5.2 节(12)式和 4.13 节(4)式.]

9. 证明

$$z^n = \sum_{m=0}^n a_m P_m(z),$$

其中

$$a_m = 0 \quad (n-m=\text{奇数}),$$

$$a_m = \frac{(2m+1)2^m n! \left(\dfrac{n+m}{2}\right)!}{\left(\dfrac{n-m}{2}\right)!(n+m+1)!} \quad (n-m = \text{偶数}).$$

10. 证明

$$\frac{\mathrm{d}^{m+1}}{\mathrm{d}x^{m+1}}\mathrm{P}_{m+n}(x)\bigg|_{x=1} = \frac{\Gamma(2m+n+2)}{2^{m+1}(m+1)!\Gamma(n)},$$

其中 $n$ 可以是任意复数[提示：利用 5.16 节(8)式].

11. 证明当 $m$ 和 $n$ 是整数时

$$\int_0^\pi \mathrm{P}_n(\cos\theta)\sin m\theta\,\mathrm{d}\theta = 2\,\frac{(m-n+1)(m-n+3)\cdots(m+n-1)}{(m-n)(m-n+2)\cdots(m+n)},$$

如果 $m>n$ 而且 $m+n$ 是奇数；在其他情形下积分值为 0(参看 Hobson (1931)，§29).

利用这结果证明

$$\frac{\pi}{4}\mathrm{P}_n(\cos\theta) = \frac{2^{2n}(n!)^2}{(2n+1)!}\bigg[\sin(n+1)\theta + \frac{1\cdot(n+1)}{1\cdot(2n+3)}\sin(n+3)\theta$$
$$+ \frac{1\cdot3\cdot(n+1)(n+2)}{1\cdot2\cdot(2n+3)(2n+5)}\sin(n+5)\theta + \cdots\bigg] \quad (0<\theta<\pi)$$

及

$$\frac{4}{\pi}\frac{2\cdot4\cdots(2n-2)}{1\cdot3\cdots(2n-3)}\sin n\theta = (2n-1)\mathrm{P}_{n-1}(\cos\theta) + (2n+3)\frac{(n-1)^2-n^2}{(n+2)^2-n^2}\mathrm{P}_{n+1}(\cos\theta)$$
$$+ (2n+7)\frac{[(n-1)^2-n^2][(n+1)^2-n^2]}{[(n+2)^2-n^2][(n+4)^2-n^2]}\mathrm{P}_{n+3}(\cos\theta) + \cdots \quad (0<\theta<\pi).$$

12. 证明

$$2\cdot\frac{3\cdot5\cdots(2n+1)}{2\cdot4\cdots(2n)}\cos n\theta = (2n+1)\mathrm{P}_n(\cos\theta) + (2n-3)\frac{n^2-(n+1)^2}{n^2-(n-2)^2}\mathrm{P}_{n-2}(\cos\theta)$$
$$+ (2n-7)\frac{[n^2-(n+1)^2][n^2-(n-1)^2]}{[n^2-(n-2)^2][n^2-(n-4)^2]}\mathrm{P}_{n-4}(\cos\theta) + \cdots$$

[提示：利用第 3 题的结果].

13. 证明当 $x>1$ 时

$$\mathrm{Q}_n(x) = 2^n n! \int_x^\infty \int_v^\infty \cdots \int_v^\infty \frac{(\mathrm{d}v)^{n+1}}{(v^2-1)^{n+1}},$$

由此,利用公式

$$\int_x^\infty \int_v^\infty \cdots \int_v^\infty f(v)(\mathrm{d}v)^{n+1} = \sum_{r=0}^n \frac{(-x)^{n-r}}{r!(n-r)!}\int_x^\infty v^r f(v)\,\mathrm{d}v,$$

证明

$$\mathrm{Q}_n(x) = \sum_{r=0}^n \frac{2^n n!}{r!(n-r)!}(-x)^{n-r}\int_x^\infty v^r(v^2-1)^{-n-1}\,\mathrm{d}v.$$

14. 证明

$$\mathbf{Q}_n(x) = (-)^n \frac{2^n n!}{(2n)!} \frac{\mathrm{d}^n}{\mathrm{d}x^n} \left\{ (x^2-1)^n \int_x^\infty (x^2-1)^{-n-1} \mathrm{d}x \right\}.$$

[提示：注意勒让德方程可以从方程 $(1-x^2)w'' + 2(n-1)w' + 2nw = 0$ 求 $n$ 次微商得到.]

15. 证明当 $z>1$ 时

$$(1-2zt+t^2)^{-1/2} \ln \frac{z-t+(1-2zt+t^2)^{1/2}}{\sqrt{z^2-1}} = \sum_{n=0}^\infty \mathbf{Q}_n(z) t^n \quad (\arg(z^2-1)=0),$$

左方称为 $\mathbf{Q}_n(z)$ 的生成函数(参看 Hobson (1931)，§43).

16. 当 $-1<t<1$ 时，$\mathbf{Q}_n(t)$ 按 5.19 节(8)式规定，试用上题结果证明

$$\mathbf{Q}_n(t) = \frac{(-)^n r^{n+1}}{n!} \frac{\partial^n}{\partial z^n} \left\{ \frac{1}{2r} \ln \frac{r+z}{r-z} \right\},$$

其中 $r = (x^2+y^2+z^2)^{1/2}$，$t=z/r=\cos\theta$.

17. 利用上题和习题 1 的结果由 5.8 节(6)式证明

$$W_{n-1}(x) = \frac{1}{n} \mathbf{P}_0(x)\mathbf{P}_{n-1}(x) + \frac{1}{n-1}\mathbf{P}_1(x)\mathbf{P}_{n-2}(x) + \cdots + \mathbf{P}_{n-1}(x)\mathbf{P}_0(x).$$

18. 证明

$$W_{n-1}(x) = \frac{2n-1}{1\cdot n}\mathbf{P}_{n-1}(x) + \frac{2n-5}{3\cdot(n-1)}\mathbf{P}_{n-3}(x) + \frac{2n-9}{5\cdot(n-2)}\mathbf{P}_{n-5}(x) + \cdots$$

$$= \sum_{r=0}^{\left[\frac{n-1}{2}\right]} \frac{2n-4r-1}{(2r+1)(n-r)}\mathbf{P}_{n-2r-1}(x).$$

[提示：$W_{n-1}$ 满足微分方程 $(1-x^2)W''_{n-1} - 2xW'_{n-1} + n(n+1)W_{n-1} = 2\mathbf{P}'_n$. 右方可以用 5.5 节(6)式表为勒让德多项式的线性组合，然后把 $W_{n-1}(x)$ 用勒让德多项式展开，代入这方程左方定出展开系数.]

19. 利用习题 5 的结果，证明下列傅里叶展开式

$$\mathbf{Q}_n(\cos\theta) = \frac{2^{2n+1}(n!)^2}{(2n+1)!} \left\{ \cos(n+1)\theta + \frac{1\cdot(n+1)}{1\cdot(2n+3)}\cos(n+3)\theta \right.$$

$$\left. + \frac{1\cdot3\cdot(n+1)(n+2)}{1\cdot2\cdot(2n+3)(2n+5)}\cos(n+5)\theta + \cdots \right\},$$

其中 $\mathbf{Q}_n(\cos\theta)$ 按 5.19 节(8)式规定 $(0<\theta<\pi)$.

20. 证明

$$\mathbf{Q}_n(z) = \int_0^\infty \frac{\mathrm{d}\psi}{(z+\sqrt{z^2-1}\,\mathrm{ch}\psi)^{n+1}},$$

$z$ 是不在区间 $[-1,1]$ 中的任意复数. [提示：利用第 5 题的结果和 4.5 节(6)式，得

$$\mathbf{Q}_n(z) = Z^{-n-1} \int_0^1 v^{-1/2}(1-v)^n (1-vZ^{-2})^{-n-1} \mathrm{d}v,$$

其中 $Z=z+\sqrt{z^2-1}$;然后作变换 $v=(w-1)/(w+1)$.〕

21. 证明

$$Q_n(z) = \int_0^{Z^{-1}} \frac{h^n\,\mathrm{d}h}{(1-2zh+h^2)^{1/2}}, \quad Z=z+\sqrt{z^2-1}.$$

22. 证明

(i) $P_n Q_{n-1} - Q_n P_{n-1} = \dfrac{1}{n}$,

(ii) $P_{n+1} Q_{n-1} - Q_{n+1} P_{n-1} = \dfrac{2n+1}{n(n+1)}x$.

23. 证明

$$P_n^m(\cos\theta) = (-)^n \frac{(2m)!}{2^m m!} \frac{\sin^m\theta}{(n-m)!} r^{n+m+1} \frac{\partial^{n-m}}{\partial z^{n-m}}\left(\frac{1}{r^{2m+1}}\right),$$

其中 $P_n^m(x)$ 是连带勒让德函数(5.11 节(4),霍布森的定义).

24. 证明下列递推关系($-1\leqslant x\leqslant 1$):

(i) $xP_l^m = P_{l+1}^m + (l+m)(1-x^2)^{1/2}P_l^{m-1} = P_{l-1}^m - (l-m+1)(1-x^2)^{1/2}P_l^{m-1}$;

(ii) $(1-x^2)^{1/2}P_l^{m+1} = (l-m+1)P_{l+1}^m - (l+m+1)xP_l^m$
$$= (l-m)xP_l^m - (l+m)P_{l-1}^m;$$

(iii) $(1-x^2)\dfrac{\mathrm{d}P_l^m}{\mathrm{d}x} = (l+1)xP_l^m - (l-m+1)P_{l+1}^m = (l+m)P_{l-1}^m - lxP_l^m$;

(iv) $(P_l^{m+1})^2 + (l-m)^2(P_l^m)^2 = (P_{l-1}^{m+1})^2 + (l+m)^2(P_{l-1}^m)^2$,

或者更普遍一点

(v) $P_l^{m+1}P_{l'}^{m'+1} + (l-m)(l'-m')P_l^m P_{l'}^{m'}$
$$= P_{l-1}^{m+1}P_{l'-1}^{m'+1} + (l+m)(l'+m')P_{l-1}^m P_{l'-1}^{m'}$$

〔提示：利用(i)〕.

25. 设 $S_l(\theta,\varphi)$ 是任意一个 $l$ 次球面谐函数(5.14 节(7)式之后). 证明

$$\int_0^\pi\int_0^{2\pi} S_l(\theta,\varphi)P_l(\cos\theta\cos\theta' + \sin\theta\sin\theta'\cos(\varphi-\varphi'))\sin\theta\,\mathrm{d}\varphi\,\mathrm{d}\theta = \frac{4\pi}{2l+1}S_l(\theta',\varphi').$$

26. 证明

$$\cos\theta\frac{\partial}{\partial\theta}Y_{lm} - \frac{m}{\sin\theta}Y_{lm} = \sqrt{(l-m)(l+m+1)}\cos\theta\,Y_{l,m+1}\mathrm{e}^{-\mathrm{i}\varphi} - m\sin\theta\,Y_{lm},$$

$$\cos\theta\frac{\partial}{\partial\theta}Y_{lm} + \frac{m}{\sin\theta}Y_{lm} = -\sqrt{(l+m)(l-m+1)}\cos\theta\,Y_{l,m-1}\mathrm{e}^{\mathrm{i}\varphi} + m\sin\theta\,Y_{lm};$$

$Y_{lm}$ 的定义见 5.15 节.

27. 由坐标变换公式

$$\frac{\partial}{\partial x} = \sin\theta\cos\varphi\frac{\partial}{\partial r} + \cos\theta\cos\varphi\frac{1}{r}\frac{\partial}{\partial\theta} - \frac{\sin\varphi}{r\sin\theta}\frac{\partial}{\partial\varphi},$$

$$\frac{\partial}{\partial y} = \sin\theta \,\sin\varphi \,\frac{\partial}{\partial r} + \cos\theta \,\sin\varphi \,\frac{1}{r}\frac{\partial}{\partial\theta} + \frac{\cos\varphi}{r\sin\theta}\frac{\partial}{\partial\varphi},$$

$$\frac{\partial}{\partial z} = \cos\theta \,\frac{\partial}{\partial r} - \sin\theta \,\frac{\partial}{\partial\theta},$$

其中的头两个又可合写为

$$\left(\frac{\partial}{\partial x} \pm \mathrm{i}\,\frac{\partial}{\partial y}\right) = \mathrm{e}^{\pm \mathrm{i}\varphi}\left\{\sin\theta \,\frac{\partial}{\partial r} + \cos\theta \,\frac{1}{r}\frac{\partial}{\partial\theta} \pm \mathrm{i}\,\frac{\partial}{\partial\varphi}\right\},$$

利用 5.15 节(6)～(9)式和上题的结果,证明下列公式:

$$\left(\frac{\partial}{\partial x} \pm \mathrm{i}\,\frac{\partial}{\partial y}\right)\{f(r)\,\mathrm{Y}_{lm}\} = \pm \sqrt{\frac{(l\mp m)(l\mp m-1)}{(2l+1)(2l-1)}}\,\mathrm{Y}_{l-1,m\pm1}\left\{\frac{\mathrm{d}f}{\mathrm{d}r} + (l+1)\,\frac{f}{r}\right\}$$

$$\mp \sqrt{\frac{(l\pm m+1)(l\pm m+2)}{(2l+1)(2l+3)}}\,\mathrm{Y}_{l+1,m\pm1}\left\{\frac{\mathrm{d}f}{\mathrm{d}r} - l\,\frac{f}{r}\right\},$$

$$\frac{\partial}{\partial z}\{f(r)\,\mathrm{Y}_{lm}\} = \sqrt{\frac{(l+m)(l-m)}{(2l+1)(2l-1)}}\,\mathrm{Y}_{l-1,m}\left\{\frac{\mathrm{d}f}{\mathrm{d}r} + (l+1)\,\frac{f}{r}\right\}$$

$$+ \sqrt{\frac{(l+m+1)(l-m+1)}{(2l+1)(2l+3)}}\,\mathrm{Y}_{l+1,m}\left\{\frac{\mathrm{d}f}{\mathrm{d}r} - l\,\frac{f}{r}\right\}.$$

28. 当 $\nu+\mu$ 为负整数时 5.16 节(6)式是一个不定式. 证明

$$\mathrm{P}_\nu^\mu(z) = \frac{\mathrm{e}^{-\nu\pi\mathrm{i}}}{4\pi\sin\nu\pi}\,\frac{1}{2^\nu\,\pi\cos(\nu+\mu)\pi}\,\frac{1}{\Gamma(\nu+1)\Gamma(-\nu-\mu)}(z^2-1)^{\mu/2}$$

$$\times \int_M^{(z+,1+,z-,1-)} (t^2-1)^\nu (t-z)^{-\nu-\mu-1}\ln(t-z)\,\mathrm{d}t,$$

其中的围道如 5.16 节图 12,各多值因子的规定与 5.16 节(6)式的相同.

29. 由 5.16 节(8)式,用 4.3 节(8)式和 4.12 节(9)式,证明

$$\mathrm{P}_\nu^\mu(z) = \frac{2^\mu}{\Gamma(1-\mu)}(z^2-1)^{-\mu/2}\mathrm{F}\left(1+\nu-\mu, -\nu-\mu, 1-\mu, \frac{1-z}{2}\right)$$

$$= \frac{2^\mu}{\Gamma(1-\mu)}(z^2-1)^{-\mu/2}\mathrm{F}\left(\frac{1+\nu-\mu}{2}, -\frac{\nu+\mu}{2}, 1-\mu, 1-z^2\right).$$

30. 利用上题第一式和 4.12 节(17)式,证明

$$\mathrm{P}_\nu^\mu(z) = \frac{2^\mu\,\Gamma\!\left(\frac{1}{2}\right)(z^2-1)^{-\mu/2}}{\Gamma\!\left(\dfrac{2+\nu-\mu}{2}\right)\Gamma\!\left(\dfrac{1-\nu-\mu}{2}\right)}\mathrm{F}\left(\frac{1+\nu-\mu}{2}, -\frac{\nu+\mu}{2}, \frac{1}{2}, z^2\right)$$

$$- \frac{2^{\mu+1}\,\Gamma\!\left(\frac{1}{2}\right)z(z^2-1)^{-\mu/2}}{\Gamma\!\left(\dfrac{1+\nu-\mu}{2}\right)\Gamma\!\left(-\dfrac{\nu+\mu}{2}\right)}\mathrm{F}\left(\frac{2+\nu-\mu}{2}, \frac{1-\nu-\mu}{2}, \frac{3}{2}, z^2\right).$$

31. 由 29 题的第二式,用 4.3 节(10)式和 4.8 节(4)证明

$$P_{\nu}^{\mu}(z) = \frac{2^{\nu}\Gamma\left(\nu+\frac{1}{2}\right)z^{\nu+\mu}(z^2-1)^{-\mu/2}}{\Gamma\left(\frac{1}{2}\right)\Gamma(1+\nu-\mu)}F\left(\frac{1-\nu-\mu}{2},-\frac{\nu+\mu}{2},\frac{1}{2}-\nu,z^{-2}\right)$$

$$+\frac{2^{-\nu-1}\Gamma\left(-\nu-\frac{1}{2}\right)z^{-\nu+\mu-1}(z^2-1)^{-\mu/2}}{\Gamma\left(\frac{1}{2}\right)\Gamma(-\nu-\mu)}F\left(\frac{2+\nu-\mu}{2},\frac{1+\nu-\mu}{2},\frac{3}{2}+\nu,z^{-2}\right).$$

32. 证明,如果 $\mathrm{Re}(\nu+1)>0$,有

$$Q_{\nu}^{\mu}(z)=\frac{e^{\mu\pi i}}{2^{\nu+1}}\frac{\Gamma(\nu+\mu+1)}{\Gamma(\nu+1)}(z^2-1)^{\mu/2}\int_{-1}^{1}(1-t^2)^{\nu}(z-t)^{-\nu-\mu-1}\mathrm{d}t,$$

在积分路线上 $\arg(1-t^2)=0,|\arg(z-t)|<\pi$.

33. 证明

$$Q_{\nu}^{\mu}(z)=\mathrm{i}e^{(\mu-\nu)\pi i}2^{\mu}\frac{\Gamma\left(\mu+\frac{1}{2}\right)\Gamma\left(\frac{1}{2}\right)}{4\pi\sin(\nu+\mu)\pi}\frac{(z^2-1)^{\mu/2}}{Z^{\nu+\mu+1}}$$

$$\times\int_{A}^{(1+,0+,1-,0-)}t^{\nu+\mu}(1-t)^{-\frac{1}{2}-\mu}(1-tZ^{-2})^{-\frac{1}{2}-\mu}\mathrm{d}t,$$

其中 $|\arg(z\pm1)|<\pi,Z=z+\sqrt{z^2-1},|\arg Z|<\pi,Z^2$ 在围道外,在围道上 $|\arg(1-tZ^{-2})|<\pi$;围道的起点 $A$ 若位于实轴上 $t=0$ 和 $t=1$ 之间,则在 $A$ 点 $\arg t$ 和 $\arg(1-t)$ 之起始值为 $0$(参看 Hobson (1931) §152, p. 237).

34. 利用上题结果证明

$$Q_{\nu}^{\mu}(z)=\mathrm{i}e^{(\mu-\nu)\pi i}2^{\mu}\frac{\Gamma\left(\mu+\frac{1}{2}\right)\Gamma\left(\frac{1}{2}\right)}{4\pi\sin(\nu+\mu)\pi}(z^2-1)^{\mu/2}\int_{A'}^{(Z^{-1}+,0+,Z^{-1}-,0-)}\frac{h^{\nu+\mu}}{(1-2zh+h^2)^{\mu+1/2}}\mathrm{d}h,$$

$Z=z+\sqrt{z^2-1}$ 在围道外. 在正实轴上的起点 $A'$ 处 $\arg h$ 的起始值为 $0$;当 $A'$ 沿正实轴移至 $\infty$ 时,$\arg(1-2zh+h^2)=\arg(h-Z)(h-Z^{-1})=0$.

35. 证明

$$Q_{\nu}^{\mu}(z)=\frac{\pi e^{\mu\pi i}}{2\sin(\nu+\mu)\pi}\frac{1}{\Gamma(1-\mu)}\left\{e^{\mp\mu\pi i}\left(\frac{z+1}{z-1}\right)^{\mu/2}F\left(-\nu,\nu+1,1-\mu,\frac{1-z}{2}\right)\right.$$

$$\left.-\left(\frac{z-1}{z+1}\right)^{\mu/2}F\left(-\nu,\nu+1,1-\mu,\frac{1+z}{2}\right)\right\}$$

$$=\frac{\Gamma(\nu+\mu+1)}{\Gamma(\nu-\mu+1)}\frac{\pi e^{\mu\pi i}}{2\sin(\nu-\mu)\pi}\frac{1}{\Gamma(1+\mu)}$$

$$\times\left\{e^{\mp\nu\pi i}\left(\frac{z-1}{z+1}\right)^{\mu/2}F\left(-\nu,\nu+1,1+\mu,\frac{1-z}{2}\right)\right.$$

$$\left.-\left(\frac{z+1}{z-1}\right)^{\mu/2}F\left(-\nu,\nu+1,1+\mu,\frac{1+z}{2}\right)\right\},$$

其中 $e^{\mp\nu\pi i}$ 当 $\mathrm{Im}(z)>0$ 时取负号,$\mathrm{Im}(z)<0$ 时取正号[**提示**:由 5.19 节(3),用 4.8 节(4)得第一式,再用 5.17 节(8)得第二式].

又由此证明当 $\nu+\mu$ 是正整数时

$$e^{\mp\nu\pi i}\left(\frac{z+1}{z-1}\right)^{\mu/2}F\left(-\nu,\nu+1,1-\mu,\frac{1-z}{2}\right)=\left(\frac{z-1}{z+1}\right)^{\mu/2}F\left(-\nu,\nu+1,1-\mu,\frac{1+z}{2}\right).$$

(参考 5.17 节(4)式,注意当 $\nu+\mu$ 是正整数时,$Q_\nu^\mu(z)$ 一般是有限的.)

36. 证明

(i) $Q_\nu^\mu(z)\sin(\nu+\mu)\pi-Q_{\nu-1}^\mu(z)\sin(\nu-\mu)\pi=\pi e^{\mu\pi i}\cos\nu\,\pi P_\nu^\mu(z),$

(ii) $P_\nu^{-\mu}(z)=\dfrac{\Gamma(\nu-\mu+1)}{\Gamma(\nu+\mu+1)}\left\{P_\nu^\mu(z)-\dfrac{2}{\pi}e^{-\mu\pi i}\sin\mu\,\pi Q_\nu^\mu(z)\right\},$

(iii) $P_\nu^\mu(-z)=e^{\mp\nu\pi i}P_\nu^\mu(z)-\dfrac{2\sin(\nu+\mu)\pi}{\pi}e^{-\mu\pi i}Q_\nu^\mu(z)$　　($\nu+\mu\ne$ 负整数),

其中的(ii)就是 5.19 节(4)式,其他两式可用上题结果证明. 当 $\nu+\mu$ 等于负整数时,根据 35 题第二式,(iii)式应改为

(iv) $P_\nu^\mu(-z)=e^{\mp\nu\pi i}P_\nu^\mu(z)+\dfrac{2}{\Gamma(\nu-\mu+1)\Gamma(-\nu-\mu)}e^{\mu\pi i}Q_\nu^{-\mu}(z).$

又从(iii)式证明

(v) $Q_\nu^\mu(-z)=-e^{\pm\nu\pi i}Q_\nu^\mu(z).$

在(iii),(iv),(v)中,指数函数上面的正负号在 $\mathrm{Im}(z)>0$ 时取上边的号,$\mathrm{Im}(z)<0$ 时取下边的号.

37. 利用 $P_\nu^\mu(z)$ 与超几何函数的关系和后者的递推公式(4.2 节和第四章末习题 2,3.)证明下列递推关系

(i) $(2\nu+1)zP_\nu^\mu(z)=(\nu+\mu)P_{\nu-1}^\mu(z)+(\nu-\mu+1)P_{\nu+1}^\mu(z),$

(ii) $(2\nu+1)(z^2-1)^{1/2}P_\nu^\mu(z)=P_{\nu+1}^{\mu+1}(z)-P_{\nu-1}^{\mu+1}(z),$

(iii) $(2\nu+1)(z^2-1)^{1/2}P_\nu^\mu(z)$
$$=(\nu-\mu+1)(\nu-\mu+2)P_{\nu+1}^{\mu-1}(z)-(\nu+\mu-1)(\nu+\mu)P_{\nu-1}^{\mu-1}(z),$$

(iv) $(2\nu+1)(z^2-1)\dfrac{dP_\nu^\mu(z)}{dz}=\nu(\nu-\mu+1)P_{\nu+1}^\mu(z)-(\nu+1)(\nu+\mu)P_{\nu-1}^\mu(z).$

这些关系同样适用于 $Q_\nu^\mu(z)$. 又从这些关系,根据在割缝 $-1<x<1$ 上 $P_\nu^\mu(x)$ 的定义(5.18 节(4)式)和 $Q_\nu^\mu(x)$ 的定义(5.19 节(9)式),可以证明 5.13 节中的递推关系也适用于 $l$ 和 $m$ 不是整数的情形.

38. 证明下列展开公式:

$$r^nP_n^m(\cos\theta)=d^n\sum_{l=m}^{\infty}a_lP_l^m(\xi)P_l^m(\eta),$$

$$a_l=\frac{\sqrt{\pi}}{2^{n+1}}\frac{\Gamma(n+m+1)\Gamma(l-m+1)(2l+1)}{\Gamma(l+m+1)\Gamma\left(\dfrac{n-l}{2}+1\right)\Gamma\left(\dfrac{n+l}{2}+\dfrac{3}{2}\right)}\delta_{n-l,2f}$$

$$(f = 0, 1, 2, \cdots).$$

其中$(\xi, \eta, \varphi)$是旋转长椭球坐标(见附录三,(八)及图 22),$\cos\theta = z/r = \xi\eta/\lambda$,
$\lambda = \sqrt{\xi^2 + \eta^2 - 1}$.

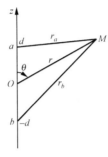

图　22

39. 利用 $P_\nu(x)$ 和 $Q_\nu(x)$ 所满足的微分方程证明

(i) $\displaystyle\int_1^\infty P_\nu(x) P_\sigma(x) \mathrm{d}x = [(\sigma - \nu)(\sigma + \nu + 1)]^{-1}, \quad \mathrm{Re}(\sigma) > \mathrm{Re}(\nu) > 0;$

(ii) $\displaystyle\int_1^\infty Q_\nu(x) Q_\sigma(x) \mathrm{d}x = [(\dot\sigma - \nu)(\sigma + \nu + 1)]^{-1} \times [\psi(\sigma + 1) - \psi(\nu + 1)],$

$\mathrm{Re}(\sigma + \nu) > -1, \sigma + \nu + 1 \neq 0, \nu, \sigma \neq$ 负整数;

(iii) $\displaystyle\int_1^\infty \{Q_\nu(x)\}^2 \mathrm{d}x = (2\nu + 1)^{-1} \psi'(\nu + 1), \mathrm{Re}(\nu) > -1/2.$

(ii),(iii)两式中的 $\psi(z)$ 是 $\Gamma$ 函数的对数微商(3.11 节).

40. 证明

$$\left(n + \frac{1}{2}\right)(1 + x)^{1/2} \int_{-1}^x (x - t)^{-1/2} P_n(t) \mathrm{d}t = T_n(x) + T_{n+1}(x),$$

$$\left(n + \frac{1}{2}\right)(1 - x)^{1/2} \int_x^1 (t - x)^{-1/2} P_n(t) \mathrm{d}t = T_n(x) - T_{n+1}(x),$$

其中 $P_n(x)$ 是勒让德多项式,$T_n(x)$ 是切比谢夫多项式(4.11 节). 这两个式子是
5.20 节(6)式(梅勒-狄里希累积分公式,$\nu = n$)的反演.

41. 把 $C_n^\lambda(\cos\theta)$ 的生成函数(5.23 节(1)式)$(1 - 2t\cos\theta + t^2)^{-\lambda}$ 写为

$$(1 - te^{i\theta})^{-\lambda}(1 - te^{-i\theta})^{-\lambda},$$

证明傅里叶展开公式

$$C_n^\lambda(\cos\theta) = \sum_{l=0}^n \frac{(\lambda)_l (\lambda)_{n-l}}{l!(n-l)!} \cos(n - 2l)\theta.$$

42. 证明

$$\int_0^\pi C_n^\lambda(\cos\theta)(\sin\theta)^{2\lambda} \mathrm{d}\theta = \begin{cases} 0, & n = 1, 2, 3, \cdots; \\ \dfrac{\pi\Gamma(2\lambda + 1)}{2^{2\lambda}[\Gamma(\lambda + 1)]^2}, & n = 0. \end{cases}$$

43. 证明 $C_n^\lambda(x)$ 的加法公式

$$C_n^\lambda\{zz_1 - (z^2-1)^{1/2}(z_1^2-1)^{1/2}\cos\varphi\}$$

$$= \frac{\Gamma(2\lambda-1)}{[\Gamma(\lambda)]^2}\sum_{l=0}^n(-)^l\frac{4^l\Gamma(n-l+1)[\Gamma(\lambda+l)]^2(2\lambda+2l-1)}{\Gamma(2\lambda+n+l)}$$

$$\times(z^2-1)^{l/2}(z_1^2-1)^{l/2}C_{n-l}^{\lambda+l}(z)C_{n-l}^{\lambda+l}(z_1)C_l^{\lambda-\frac{1}{2}}(\cos\varphi)$$

(Gegenbauer, *Wiener Sitzungsberichte*, CII (1893), p. 942).

44. 利用上两题的结果,证明

$$\int_0^\pi C_n^\lambda(\cos\theta\cos\theta' + \sin\theta\sin\theta'\cos\varphi)(\sin\varphi)^{2\lambda-1}d\varphi$$

$$= \frac{2^{2\lambda-1}\cdot n![\Gamma(\lambda)]^2}{\Gamma(2\lambda+n)}C_n^\lambda(\cos\theta)C_n^\lambda(\cos\theta') \quad (\text{Re}(\lambda)>0).$$

45. 证明

$$C_{n-m}^{m+1/2}(z) = \frac{2^m m!}{(2m)!}\frac{d^m}{dz^m}P_n(z) = \frac{2^m m!(z^2-1)^{-m/2}}{(2m)!}P_n^m(z),$$

$P_n^m(z)$ 是 $m$ 阶 $n$ 次连带勒让德函数(5.16 节(14)式).

46. 证明下列递推关系

$$zC_{n-1}^{\lambda+1} - C_{n-2}^{\lambda+1} - \frac{n}{2\lambda}C_n^\lambda = 0,$$

$$C_n^{\lambda+1} - zC_{n-1}^{\lambda+1} = \frac{2\lambda+n}{2\lambda}C_n^\lambda,$$

$$nC_n^\lambda = (2\lambda+n-1)zC_{n-1}^\lambda + 2\lambda(z^2-1)C_{n-2}^{\lambda-1},$$

$$\frac{dC_n^\lambda}{dz} = 2\lambda C_{n-1}^{\lambda+1}.$$

47. **盖根保尔函数** $C_a^\lambda(z)$ 是多项式 $C_n^\lambda(z)$ 的推广,可以用 5.23 节(10)式,把其中的整数 $n$ 换为任意参数 $\alpha$,作为定义:

$$C_a^\lambda(z) = \frac{\Gamma(2\lambda+\alpha)}{\Gamma(\alpha+1)\Gamma(2\lambda)}F\left(-\alpha, 2\lambda+\alpha, \frac{1}{2}+\lambda, \frac{1-z}{2}\right).$$

由此,利用 29 题第一式,证明

$$C_a^\lambda(z) = \frac{2^{\lambda-\frac{1}{2}}\Gamma(2\lambda+\alpha)\Gamma(\lambda+1/2)}{\Gamma(\alpha+1)\Gamma(2\lambda)}(z^2-1)^{\frac{1}{4}-\frac{\lambda}{2}}P_{a+\lambda-\frac{1}{2}}^{\frac{1}{2}-\lambda}(z).$$

利用这关系,证明下列积分表达式:

(i) $C_a^\lambda(z) = \frac{2^{1-2\lambda}\Gamma(2\lambda+\alpha)}{\Gamma(\alpha+1)[\Gamma(\lambda)]^2}\int_0^\pi[z+(z^2-1)^{1/2}\cos t]^\alpha \times (\sin t)^{2\lambda-1}dt$

$$(\text{Re}(\lambda)>0);$$

(ii) $C_a^\lambda(\cos\varphi) = \frac{2^{1-\lambda}\Gamma(2\lambda+\alpha)}{\Gamma(\alpha+1)[\Gamma(\lambda)]^2}(\sin\varphi)^{1-2\lambda}\int_0^\infty\cos[(\lambda+\alpha)v](\cos v-\cos\varphi)^{\lambda-1}dv$

$$(\operatorname{Re}(\lambda) > 0, 0 < \varphi < \pi);$$

(iii) $\mathrm{C}_a^\lambda(z) = -\dfrac{\sin\alpha\,\pi}{\pi}\displaystyle\int_0^\infty \dfrac{(1+2zt+t^2)^{-\lambda}}{t^{\alpha+1}}\mathrm{d}t,$

$$-2 < \operatorname{Re}(\lambda) < \operatorname{Re}(\alpha) < 0, \ |\arg(z\pm1)| < \pi.$$

又证明(iii)式的梅林反演

$$(1+2zt+t^2)^{-\lambda} = \frac{\mathrm{i}}{2}\int_{c-\mathrm{i}\infty}^{c+\mathrm{i}\infty} \frac{t^a}{\sin\alpha\,\pi}\mathrm{C}_a^\lambda(z)\mathrm{d}\alpha, \quad -2 < \operatorname{Re}(\lambda) < c < 0.$$

48. 证明

$$\sin^n\theta\,\mathrm{P}_n(\sin\theta) = \sum_{r=0}^n (-)^r \binom{n}{r}\cos^r\theta\,\mathrm{P}_r(\cos\theta).$$

49. 证明

$$\mathrm{P}_n(z) = \left\{ \frac{(-)^n}{n!}\frac{\mathrm{d}^n}{\mathrm{d}z^n}(v^2+z^2)^{-1/2} \right\}_{v^2=1-z^2}.$$

50. 证明

$$\mathrm{P}_n(z) = \frac{1}{n!\sqrt{\pi}}\int_{-\infty}^\infty \mathrm{e}^{-(1-z^2)t^2}\left(-\frac{\mathrm{d}}{\mathrm{d}z}\right)^n \mathrm{e}^{-z^2t^2}\mathrm{d}t$$

(Glaisher, *Proc. London Math. Soc.*, Ⅵ).

51. 设 $k$ 是整数,且

$$(1-2zh+h^2)^{-k/2} = \sum_{n=0}^\infty a_n\mathrm{P}_n(z),$$

则

$$a_n = \frac{h^n}{(1-h^2)^{k-2}}\frac{2^{\frac{1}{2}(k-3)}(2n+1)}{1\cdot3\cdot5\cdots(k-2)}\left\{\left(h^2\frac{\partial}{\partial x}+\frac{\partial}{\partial y}\right)^{\frac{1}{2}(k-3)}x^{-n+\frac{k}{2}-2}y^{n+\frac{k}{2}-2}\right\}_{x=y=1}.$$

52. 证明当 $|h|$ 和 $|z|$ 足够小时

$$\frac{1-h^2}{(1-2zh+h^2)^{3/2}} = \sum_{n=0}^\infty (2n+1)h^n\mathrm{P}_n(z).$$

53. 设 $f(x)$ 可以展为

$$f(x) = \sum_{n=0}^\infty a_n\mathrm{P}_n(x),$$

级数在包含 $x=1$ 的区域中一致收敛,证明

$$\int_1^x f(x)\mathrm{d}x = -a_0 - \frac{1}{3}a_1 + \sum_{n=1}^\infty \left(\frac{a_{n-1}}{2n-1}-\frac{a_{n+1}}{2n+3}\right)\mathrm{P}_n(x).$$

54. 证明

$$\frac{1}{2\pi}\int_{-\pi}^\pi \{1-2h[\cos\omega\cos\theta+\sin\omega\sin\theta\cos(\varphi'-\varphi)]+h^2\}^{-1/2}\mathrm{d}\varphi$$

$$= \sum_{n=0}^\infty h^n\mathrm{P}_n(\cos\omega)\mathrm{P}_n(\cos\theta).$$

55. 证明

$$\{1-hx-(1-2hx+h^2)^{1/2}\}^m = m(x^2-1)^m \sum_{n=m}^{\infty} \frac{h^{n+m}}{(n+m)!} \frac{1}{n} \frac{d^{n+m}}{dx^{n+m}} \left(\frac{x^2-1}{2}\right)^n.$$

56. 证明

$$\lim_{\lambda\to 0}\left[\Gamma(\lambda)(\lambda+n)C_n^\lambda(\cos\theta)\right] = 2\cos n\theta.$$

57. 证明**惠普耳**(Whipple)**变换**

$$e^{-\mu\pi i}Q_\nu^\mu(\mathrm{ch}\alpha) = \sqrt{\frac{\pi}{2}} \frac{\Gamma(\mu+\nu+1)}{\sqrt{\mathrm{sh}\alpha}} P_{-\mu-\frac{1}{2}}^{-\nu-\frac{1}{2}}(\mathrm{coth}\alpha)$$

(参看 Hobson (1931)，§159，p. 245).

58. 在锥形区域的某一类边值问题中导致特殊的勒让德方程

$$(1-x^2)\frac{d^2 y}{dx^2} - 2x\frac{dy}{dx} - \left[p^2+\frac{1}{4}+\frac{\mu^2}{1-x^2}\right]y = 0,$$

其中$|x|<1,p$ 为实数. 这方程的解

$$P_{-\frac{1}{2}+ip}^\mu(x), \quad Q_{-\frac{1}{2}+ip}^\mu(x)$$

称为**锥函数**. 证明

$$P_{-\frac{1}{2}+ip}(\cos\theta) = 1 + \frac{4p^2+1^2}{2^2}\sin^2\frac{\theta}{2}$$
$$+ \frac{(4p^2+1^2)(4p^2+3^2)}{2^2\cdot 4^2}\sin^4\frac{\theta}{2} + \cdots \quad (0\leqslant\theta<\pi),$$

$$P_{-\frac{1}{2}+ip}(\cos\theta) = 1 + \frac{p^2+\left(\frac{1}{2}\right)^2}{2^2}\sin^2\theta$$
$$+ \frac{\left[p^2+\left(\frac{1}{2}\right)^2\right]\left[p^2+\left(\frac{3}{2}\right)^2\right]}{2^2\cdot 4^2}\sin^4\theta + \cdots \quad \left(0\leqslant\theta<\frac{\pi}{2}\right).$$

由此知 $P_{-\frac{1}{2}+ip}(1)=1, P_{-\frac{1}{2}+ip}(-1)=\infty$.

59. 证明$(r,\theta,\varphi)$和$(r',\theta',\varphi')$两点之间的距离的倒数 $1/R$ 可用锥函数表达：

$$\frac{1}{R} = e^{-\frac{1}{2}(\sigma+\sigma')} \int_0^\infty \frac{\cos p(\sigma-\sigma')}{\mathrm{ch}\pi p} P_{-\frac{1}{2}+ip}(-\cos\gamma)dp,$$

其中 $e^\sigma=r, e^{\sigma'}=r', \cos\gamma=\cos\theta\cos\theta'+\sin\theta\sin\theta'\cos(\varphi-\varphi')$（参看 Hobson (1931)，§262，p. 446).

60. 设 $\xi,\eta,\varphi$ 为旋转长椭球坐标，焦距为 $2a$（见附录三，(八)). 证明两点之间的距离 $r_{12}$ 的倒数可表达为（设 $\xi_1<\xi_2$）

$$\frac{a}{r_{12}} = \sum_{n=0}^{\infty}(2n+1)P_n(\xi_1)Q_n(\xi_2)P_n(\eta_1)P_n(\eta_2) + 2\sum_{n=1}^{\infty}(2n+1)$$
$$\times \sum_{m=1}^{n}(-)^m\left[\frac{(n-m)!}{(n+m)!}\right]^2 P_n^m(\xi_1)Q_n^m(\xi_2)P_n^m(\eta_1)P_n^m(\eta_2)\cos m(\varphi_1-\varphi_2).$$

[提示：把 $r_{12}$ 表达为 $r_{12}^2/a^2 = A^2 - B^2 - C^2$，其中

$$A = \xi_1\xi_2 - \eta_1\eta_2,$$

$$B = \sqrt{(\xi_1^2-1)(\xi_2^2-1)} + \sqrt{(1-\eta_1^2)(1-\eta_2^2)}\cos(\varphi_1-\varphi_2),$$

$$C = \sqrt{(1-\eta_1^2)(1-\eta_2^2)}\sin(\varphi_1-\varphi_2).$$

由 5.21 节(2)式和 5.10 节(3)式得

$$\frac{a}{r_{12}} = \frac{1}{2\pi}\int_0^{2\pi}\frac{\mathrm{d}v}{A - B\cos v - C\sin v} = \frac{1}{2\pi}\int_0^{2\pi}\sum_{n=0}^{\infty}(2n+1)\mathrm{P}_n(\beta)\mathrm{Q}_n(\alpha)\mathrm{d}v,$$

其中

$$\alpha = \xi_1\xi_2 - \sqrt{(\xi_1^2-1)(\xi_2^2-1)}\cos v,$$

$$\beta = \eta_1\eta_2 + \sqrt{(1-\eta_1^2)(1-\eta_2^2)}\cos(\varphi_1-\varphi_2-v).$$

然后应用 5.14 节(3)式和 5.21 节(6)式. 见 Hobson (1931)，p. 416.]

# 第六章  合流超几何函数

合流超几何函数是合流超几何方程的解.这种方程是由超几何方程通过把两个奇点合流为一而产生的.合流超几何函数包括常用的贝塞耳函数,厄密函数,拉革尔函数等作为其特殊情形.我们将从微分方程的解的角度来讨论它.

## 6.1  合流超几何函数

在 2.8 节中曾提到过,使一个微分方程的两个或几个奇点相合时,所得到的新方程称为原方程的合流方程.合流后,方程的奇点的性质常较原来的要复杂一些;解的性质也随之不同.在本章中我们将使超几何方程的两个奇点 1 和∞相合,得到合流超几何方程,然后讨论这新方程的解——合流超几何函数——的性质.

在超几何方程

$$z(1-z)\frac{\mathrm{d}^2 y}{\mathrm{d}z^2} + \left[\gamma - (\alpha+\beta+1)z\right]\frac{\mathrm{d}y}{\mathrm{d}z} - \alpha\beta y = 0$$

中,换 $z$ 为 $z/b$,然后用 $b$ 除,得

$$z\left(1-\frac{z}{b}\right)\frac{\mathrm{d}^2 y}{\mathrm{d}z^2} + \left[\gamma - (\alpha+\beta+1)\frac{z}{b}\right]\frac{\mathrm{d}y}{\mathrm{d}z} - \alpha\frac{\beta}{b}y = 0.$$

这方程的奇点是 $0, b, \infty$,都是正则奇点.现在令 $b=\beta\to\infty$,得

$$z\frac{\mathrm{d}^2 y}{\mathrm{d}z^2} + (\gamma - z)\frac{\mathrm{d}y}{\mathrm{d}z} - \alpha y = 0. \tag{1}$$

这新的方程只有两个奇点 0 和∞;前者仍是正则奇点,后者是原来两正则奇点 $b(=\beta)$ 和∞的合流,现在成为非正则奇点.(1)式称为**合流超几何方程**,或**库末(Kummer)方程**.

方程(1)在正则奇点 $z=0$ 处的指标方程(2.4 节(14))是

$$\rho(\rho-1) + \gamma\rho = 0,$$

其根为 $\rho=0$ 和 $1-\gamma$,与超几何方程的相同.当 $1-\gamma$ 不是整数时,用级数解法(2.4 节),得方程(1)的两个线性无关解

$$y_1 = \mathrm{F}(\alpha, \gamma, z), \tag{2}$$

$$y_2 = z^{1-\gamma}\mathrm{F}(\alpha-\gamma+1, 2-\gamma, z), \tag{3}$$

其中

$$\mathrm{F}(\alpha,\gamma,z) = \sum_{n=0}^{\infty} \frac{(\alpha)_n}{n!(\gamma)_n} z^n \quad (\gamma \neq 0, -1, -2, \cdots), \tag{4}$$

称为**合流超几何函数**;又称为**库末函数**.

当 $\gamma$ 是整数时,第一解是(2)还是(3)要看 $\gamma$ 是正整数还是负整数而定.在第一解确定后,第二解可用 2.5 节的方法来求(参看 6.9 节).

显然,合流超几何函数 $\mathrm{F}(\alpha,\gamma,z)$ 可以形式地从超几何函数 $\mathrm{F}(\alpha,\beta,\gamma,z)$ 通过把 $z$ 换成 $z/\beta$,然后令 $\beta \to \infty$ 而得到.利用这一形式的极限过程,可以从有关超几何函数的许多公式导出相应的合流超几何函数公式.当然,最后还须加以验证.

$\mathrm{F}(\alpha,\gamma,z)$ 又常写为 ${}_1\mathrm{F}_1(\alpha;\gamma;z)$,因为它是广义超几何函数(4.15 节)的一种特殊情形.

无论是从微分方程的性质(一个奇点是 0,另一奇点是 $\infty$)或者是从级数表达式(4)本身,都可以得知 $\mathrm{F}(\alpha,\gamma,z)$ 是全 $z$ 平面上的单值解析函数,这是与超几何函数 $\mathrm{F}(\alpha,\beta,\gamma,z)$ 不相同的(参看 4.1 节(9)式后面一段).

此外,对于固定的 $z$ 和 $\gamma(\gamma \neq 0, -1, -2, \cdots)$,$\mathrm{F}(\alpha,\gamma,z)$ 也是 $\alpha$ 的整函数,因为当 $|\alpha| < R, R$ 是任意正数时,级数(4)中相邻两项之比的绝对值当 $n \to \infty$ 时趋于 0:

$$\left| \frac{\alpha+n}{(n+1)(\gamma+n)} z \right| < \frac{R+n}{n(n-|\gamma|)} |z| \to 0.$$

同样,除去 $\gamma$ 为零或负整数,$\mathrm{F}(\alpha,\gamma,z)$ 也是 $\gamma$ 的解析函数.至于 $\gamma = -m (m=0,1,2,\cdots)$ 则是一阶极点,因为(4)式可写为

$$\mathrm{F}(\alpha,\gamma,z) = 1 + \frac{\Gamma(\gamma)}{\Gamma(\alpha)} \sum_{n=1}^{\infty} \frac{\Gamma(\alpha+n)}{n!\Gamma(\gamma+n)} z^n, \tag{5}$$

$\gamma = -m$ 是 $\Gamma(\gamma)$ 的一阶极点,后面的级数在 $\gamma = -m$ 时等于 $\displaystyle\sum_{n=m+1}^{\infty} \frac{\Gamma(\alpha+n)}{n!\Gamma(n-m)} z^n$,而这级数是收敛的.

综合起来说,$\mathrm{F}(\alpha,\gamma,z)/\Gamma(\gamma)$ 是 $\alpha,\gamma,z$ 的单值解析函数;$\alpha,\gamma,z$ 是任意复数.

**库末变换**——在 4.3 节(10)式中把 $z$ 换为 $z/\beta$,然后令 $\beta \to \infty$,形式地取极限,得

$$\mathrm{F}(\alpha,\gamma,z) = \mathrm{e}^z \mathrm{F}(\gamma-\alpha,\gamma,-z). \tag{6}$$

这是一个重要的变换公式,称为**第一库末公式**,可以直接证明如下:

$$
\begin{aligned}
\mathrm{e}^{-z}\mathrm{F}(\alpha,\gamma,z) &= \sum_{k=0}^{\infty} \frac{(-z)^k}{k!} \sum_{l=0}^{\infty} \frac{(\alpha)_l}{l!(\gamma)_l} z^l \\
&= \sum_{n=0}^{\infty} (-z)^n \sum_{l=0}^{n} \frac{(-)^l (\alpha)_l}{l!(n-l)!(\gamma)_l} \\
&= \sum_{n=0}^{\infty} \frac{(\gamma-\alpha)_n}{n!(\gamma)_n} (-z)^n = \mathrm{F}(\gamma-\alpha,\gamma,-z).
\end{aligned}
$$

在最后的前一步中用了 4.10 节(2)式.在 6.4 节中还要用合流超几何函数的积分表示来证明(6)式.

还有**第二库末公式**(见本章末习题 2)

$$e^{-z/2} F(\alpha, 2\alpha, z) = {}_0F_1\left(\frac{1}{2} + \alpha; \frac{z^2}{16}\right). \tag{7}$$

## 6.2　邻次函数间的关系

设 $l$ 和 $m$ 是任意整数,则 $F(\alpha+l, \gamma+m, z)$ 称为 $F(\alpha, \gamma, z)$ 的邻次函数.$F(\alpha, \gamma, z)$ 的四个紧邻常用下列简写符号表示:

$$\left.\begin{array}{l} F(\alpha \pm 1) = F(\alpha \pm 1, \gamma, z), \\ F(\gamma \pm 1) = F(\alpha, \gamma \pm 1, z). \end{array}\right\} \tag{1}$$

和超几何函数一样,在任意三个邻次函数 $F_1, F_2, F_3$ 之间存在关系式

$$A_1 F_1 + A_2 F_2 + A_3 F_3 = 0,$$

其中 $A_1, A_2, A_3$ 是 $z$ 的有理函数.下面是两个最简单的这种关系式:

$$(\gamma-1) F(\gamma-1) - \alpha F(\alpha+1) - (\gamma-\alpha-1) F = 0, \tag{2}$$

$$\gamma F - z F(\gamma+1) - \gamma F(\alpha-1) = 0, \tag{3}$$

其中 F 代表 $F(\alpha, \gamma, z)$.这两个关系式可以像上节所说的那样,形式地分别从 4.2 节(2),(3)两式导出,也可以用合流超几何函数的积分表示导出(参看本章末习题 3),或者直接用级数表示来验证.

F 和它的四个紧邻之间的 $\binom{4}{2} = 6$ 个关系式都可以从(2)和(3)导出(参看本章末习题 4).

此外还有一个与超几何函数的情形(4.2 节(10)式)相仿的递推公式

$$\frac{d^m}{dz^m} F(\alpha, \gamma, z) = \frac{(\alpha)_m}{(\gamma)_m} F(\alpha+m, \gamma+m, z). \tag{4}$$

其他微商公式见本章末习题 5.

## 6.3　惠泰克(Whittaker)方程和惠泰克函数 $M_{k,m}(z)$

合流超几何方程的另一种重要形式是惠泰克方程,它是从 6.1 节(1)式——库末方程——消去一次微商项得到的.在库末方程 $zy'' + (\gamma-z) y' - \alpha y = 0$ 中令 $y = e^{z/2} z^{-\gamma/2} w(z)$,得

$$w'' + \left[-\frac{1}{4} + \left(\frac{\gamma}{2} - \alpha\right)\frac{1}{z} + \frac{\gamma}{2}\left(1 - \frac{\gamma}{2}\right)\frac{1}{z^2}\right] w = 0. \tag{1}$$

这方程在 $z=0$ 点的两正则解的指标是 $1-\dfrac{\gamma}{2}$ 和 $\dfrac{\gamma}{2}$. 为了使这方程的两个线性无关解以及一些相关的公式具有比较对称的形式,令

$$\gamma = 1+2m, \quad \frac{\gamma}{2}-\alpha = k, \tag{2}$$

即

$$m = \frac{\gamma-1}{2}, \quad \alpha = \frac{1}{2}+m-k, \tag{3}$$

方程(1)化为

$$w'' + \left[ -\frac{1}{4} + \frac{k}{z} + \frac{1/4-m^2}{z^2} \right] w = 0, \tag{4}$$

称为**惠泰克方程**.

从惠泰克方程与库末方程的关系立刻得知,如果 $2m$ **不是整数**,方程(4)在 $z=0$ 点的两个线性无关解是(6.1 节(2),(3))

$$\begin{aligned} \mathrm{M}_{k,m}(z) &= \mathrm{e}^{-\frac{z}{2}} z^{\frac{\gamma}{2}} \mathrm{F}(\alpha,\gamma,z) \\ &= \mathrm{e}^{-\frac{z}{2}} z^{\frac{1}{2}+m} \mathrm{F}\left( \frac{1}{2}+m-k, 1+2m, z \right), \end{aligned} \tag{5}$$

$$\begin{aligned} \mathrm{M}_{k,-m}(z) &= \mathrm{e}^{-\frac{z}{2}} z^{1-\frac{\gamma}{2}} \mathrm{F}(\alpha-\gamma+1, 2-\gamma, z) \\ &= \mathrm{e}^{-\frac{z}{2}} z^{\frac{1}{2}-m} \mathrm{F}\left( \frac{1}{2}-m-k, 1-2m, z \right). \end{aligned} \tag{6}$$

$\mathrm{M}_{k,\pm m}(z)$ 称为**惠泰克函数**,它们对于 $m$ 的对称性是显明的.

由于因子 $z^{\frac{1}{2}\pm m}$,$\mathrm{M}_{k,\pm m}(z)$ 一般是多值函数;通常规定

$$-\pi < \arg z < \pi, \tag{7}$$

于是 $\mathrm{M}_{k,\pm m}(z)$ 就是沿实轴从 $-\infty$ 到 0 割开的 $z$ 平面上的单值解析函数.

由(5)和(2),(3)有

$$\mathrm{F}(\alpha,\gamma,z) = \mathrm{e}^{\frac{z}{2}} z^{-\frac{\gamma}{2}} \mathrm{M}_{\frac{\gamma}{2}-a,\frac{\gamma-1}{2}}(z). \tag{8}$$

用惠泰克函数表示,6.1 节(6)的第一库末公式成为

$$z^{-\frac{1}{2}-m} \mathrm{M}_{k,m}(z) = (-z)^{-\frac{1}{2}-m} \mathrm{M}_{-k,m}(-z). \tag{9}$$

由(5)式和(9)式有

$$\mathrm{M}_{k,m}(z) = \mathrm{e}^{\frac{z}{2}} z^{\frac{1}{2}+m} \mathrm{F}\left( \frac{1}{2}+m+k, 1+2m, -z \right). \tag{10}$$

当 $k=0$ 时,用第二库末公式(6.1 节(7)或者本章末习题2),有

$$\mathrm{M}_{0,m}(z) = z^{\frac{1}{2}+m} {}_0\mathrm{F}_1\left( 1+m; \frac{z^2}{16} \right). \tag{11}$$

## 6.4　积　分　表　示

库末方程

$$zy'' + (\gamma - z)y' - \alpha y = 0 \tag{1}$$

是拉普拉斯型方程(2.13 节),可以用 2.13 节的方法来求它的积分解. 令

$$y(z) = \int_C e^{zt} v(t)\mathrm{d}t,$$

由 2.13 节(6)式得

$$v(t) = At^{\alpha-1}(1-t)^{\gamma-\alpha-1},$$

因此

$$y(z) = A\int_C e^{zt} t^{\alpha-1}(1-t)^{\gamma-\alpha-1}\mathrm{d}t, \tag{2}$$

其中 $A$ 是任意常数,积分路线 $C$ 应使

$$\{Q(z,t)\}_C \equiv \{e^{zt} t^{\alpha}(1-t)^{\gamma-\alpha}\}_C = 0 \tag{3}$$

(见 2.13 节(7)式和(9)式).

现在来证明,适当选取常数 $A$ 和积分路线 $C$,(2)式右方即等于 $\mathrm{F}(\alpha,\gamma,z)$.

设 $\mathrm{Re}(\gamma) > \mathrm{Re}(\alpha) > 0$,可选 $C$ 为从 0 到 1 的直线,于是(3)式满足,而且(2)式中的积分对于 $|z| \leqslant R < \infty$ 是一致收敛的. 因此积分解为

$$y(x) = A\int_0^1 e^{zt} t^{\alpha-1}(1-t)^{\gamma-\alpha-1}\mathrm{d}t = A\int_0^1 \sum_{n=0}^{\infty} \frac{z^n}{n!} t^{\alpha+n-1}(1-t)^{\gamma-\alpha-1}\mathrm{d}t$$

$$= A\sum_{n=0}^{\infty} \frac{\Gamma(\alpha+n)\Gamma(\gamma-\alpha)}{n!\Gamma(\gamma+n)} z^n = A\frac{\Gamma(\alpha)\Gamma(\gamma-\alpha)}{\Gamma(\gamma)}\mathrm{F}(\alpha,\gamma,z),$$

从而得

$$\mathrm{F}(\alpha,\gamma,z) = \frac{\Gamma(\gamma)}{\Gamma(\alpha)\Gamma(\gamma-\alpha)}\int_0^1 e^{zt} t^{\alpha-1}(1-t)^{\gamma-\alpha-1}\mathrm{d}t, \tag{4}$$

其中 $\mathrm{Re}(\gamma) > \mathrm{Re}(\alpha) > 0$, $\arg t = \arg(1-t) = 0$. 注意这式可以用6.1节中所说的形式极限过程从 4.5 节(6)式得到.

把(4)式中的 $t$ 换成 $1-t$,得另一积分表达式

$$\mathrm{F}(\alpha,\gamma,z) = \frac{\Gamma(\gamma)e^z}{\Gamma(\alpha)\Gamma(\gamma-\alpha)}\int_0^1 e^{-zt} t^{\gamma-\alpha-1}(1-t)^{\alpha-1}\mathrm{d}t. \tag{5}$$

$$\mathrm{Re}(\gamma) > \mathrm{Re}(\alpha) > 0, \quad \arg t = \arg(1-t) = 0.$$

比较(4),(5)两式,立得库末公式 $\mathrm{F}(\alpha,\gamma,z) = e^z\mathrm{F}(\gamma-\alpha,\gamma,-z)$(6.1 节(6)式).

上面两个积分表达式虽然比较简单,但参数 $\alpha$ 和 $\gamma$ 受到较大限制. 为了避免这种限制,可取(2)式中的积分路线为 3.9 节图 6 的珀哈末围道. 于是有

$$\int_{P}^{(1+,0+,1-,0-)} e^{zt} t^{\alpha-1} (1-t)^{\gamma-\alpha-1} dt = \sum_{n=0}^{\infty} \frac{z^n}{n!} \int_{P}^{(1+,0+,1-,0-)} t^{\alpha+n-1} (1-t)^{\gamma-\alpha-1} dt$$

$$= \sum_{n=0}^{\infty} \frac{(2\pi i)^2 e^{(\gamma+n)\pi i}}{\Gamma(1-\alpha-n)\Gamma(1-\gamma+\alpha)\Gamma(\gamma+n)} \frac{z^n}{n!} \quad (用\ 3.9\ 节(1))$$

$$= \frac{(2\pi i)^2 e^{\gamma\pi i}}{\Gamma(1-\alpha)\Gamma(\gamma)\Gamma(1-\gamma+\alpha)} F(\alpha,\gamma,z)$$

(因 $\Gamma(\lambda-n)=(-)^n \Gamma(\lambda)/(1-\lambda)_n$)，从而得

$$F(\alpha,\gamma,z) = \frac{\Gamma(1-\alpha)\Gamma(\gamma)\Gamma(1-\gamma+\alpha)e^{-\gamma\pi i}}{(2\pi i)^2} \int_{P}^{(1+,0+,1-,0-)} e^{zt} t^{\alpha-1} (1-t)^{\gamma-\alpha-1} dt, \quad (6)$$

在位于实轴上的起点 $P$，$\arg t = \arg(1-t) = 0$.

(6)式同样可以形式地从 4.5 节(7)式得到，只要把其中的 $\alpha$ 和 $\beta$ 对调，$z$ 换成 $z/\beta$，然后令 $\beta \to \infty$.

当 $\alpha$ 或者 $\gamma-\alpha$ 是正整数时，(6)式右方是一个不定式. 在这种情形下，可用本章末习题 6 的结果.

若 $\alpha=-n(n=0,1,2,\cdots)$，可取(2)式中的 $C$ 为正向绕 $t=0$ 一周的围道，$t=1$ 在 $C$ 外. 于是有

$$\int^{(0+)} e^{zt} t^{-n-1} (1-t)^{\gamma+n-1} dt = \int^{(0+)} \sum_{k=0}^{\infty} \frac{z^k}{k!} t^{k-n-1} (1-t)^{\gamma+n-1} dt$$

$$= \sum_{k=0}^{n} \frac{z^k}{k!} \frac{2\pi i}{(n-k)!} \frac{d^{n-k}}{dt^{n-k}} (1-t)^{\gamma+n-1} \Big|_{t=0}$$

$$= \sum_{k=0}^{n} \frac{z^k}{k!} \frac{2\pi i}{(n-k)!} (-)^{n-k} (\gamma+n-1)(\gamma+n-2)\cdots(\gamma+k)$$

$$= \frac{2\pi i (-)^n \Gamma(\gamma+n)}{n! \Gamma(\gamma)} F(-n,\gamma,z),$$

故

$$F(-n,\gamma,z) = \frac{(-)^n \Gamma(\gamma)}{\Gamma(\gamma+n)} \frac{n!}{2\pi i} \int^{(0+)} e^{zt} t^{-n-1} (1-t)^{\gamma+n-1} dt, \quad |\arg(1-t)| < \pi. \quad (7)$$

如果 $\gamma-\alpha$ 是零或负整数，$F(\alpha,\gamma,z)$ 的积分表达式可以根据 6.1 节(6)式由(7)式推出.

(7)式也可以直接由(6)式得到.

**巴恩斯积分表示.** 与 4.6 节(9)式相应，合流超几何函数也可以用巴恩斯积分表达：

$$F(\alpha,\gamma,z) = \frac{\Gamma(\gamma)}{\Gamma(\alpha)} \frac{1}{2\pi i} \int_{-i\infty}^{i\infty} \frac{\Gamma(\alpha+s)\Gamma(-s)}{\Gamma(\gamma+s)} (-z)^s ds$$

$$\left( \alpha \neq 0, -1, -2, \cdots; \quad |\arg(-z)| < \frac{\pi}{2} \right), \quad (8)$$

$\Gamma(\alpha+s)$ 的极点在积分路线之左，$\Gamma(-s)$ 的极点在其右；$\arg(-z)$ 所受的限制是积分收敛的条件.(8)式可以按照 6.1 节所说的形式极限过程，并用 $\Gamma$ 函数的渐近公式(3.21 节(5))，从 4.6 节(9)式得到.至于严格证明则与 4.6 节超几何函数的证明类似，故不在此重复.

## 6.5    惠泰克函数 $W_{k,m}(z)$

$M_{k,\pm m}(z)$ 是惠泰克方程在 $z=0$ 点的两个解.当 $2m$ 为整数时，其中的一个一般失去意义(参看 6.3 节(5)式和(6)式及 6.9 节).而且这样的解对讨论在 $|z|$ 很大时方程的解的性质也是不便的.为了解决这些问题，惠泰克引进另外两个函数：$W_{\pm k,m}(\pm z)$，它们在任何情形下都是惠泰克方程的两个线性无关的解，并且便于解的渐近性质的讨论.

由前节(2)式，把 $zt$ 换成 $-t$，乘上 $e^{-z/2}z^{\gamma/2}$，并用 6.3 节(2)，(3)两式把 $\alpha$ 和 $\gamma$ 用 $k$ 和 $m$ 表示出来，即得惠泰克方程的积分解式

$$w(z) = Ae^{-\frac{z}{2}}z^k \int_{C'} e^{-t}(-t)^{-k-\frac{1}{2}+m}\left(1+\frac{t}{z}\right)^{k-\frac{1}{2}+m} dt, \tag{1}$$

积分路线 $C'$ 应使

$$\left\{e^{-t}(-t)^{-k+\frac{1}{2}+m}\left(1+\frac{t}{z}\right)^{k+\frac{1}{2}+m}\right\}_{C'} = 0 \tag{2}$$

(参看 6.4 节(3)式).可取 $C'$ 为这样的围道：从 $t$ 平面的正实轴上岸无穷远处出发，正向绕 $t=0$ 一周，然后到正实轴下岸无穷远处；$t=-z$ 点在 $C'$ 之外.

惠泰克函数 $W_{k,m}(z)$ 的定义是

$$W_{k,m}(z) = -e^{-\frac{z}{2}}z^k \frac{\Gamma\left(k+\frac{1}{2}-m\right)}{2\pi i}\int_{\infty}^{(0+)} e^{-t}(-t)^{-k-\frac{1}{2}+m}\left(1+\frac{t}{z}\right)^{k-\frac{1}{2}+m} dt$$

$$\left(k+\frac{1}{2}-m \neq 0, -1, -2, \cdots\right), \tag{3}$$

其中 $|\arg(z)|<\pi$，$|\arg(-t)|\leqslant\pi$，当 $t$ 沿围道内的路径趋于 $t=0$ 点时 $\arg(1+t/z)$ →0.这函数在 $|z|\to\infty$ 时的渐近表示很简单(见下节).

惠泰克方程(6.3 节(4)式)在 $k$ 和 $z$ 同时换正负号时形式不变，因此下式也是方程的解：

$$W_{-k,m}(-z) = -e^{z/2}(-z)^{-k}\frac{\Gamma\left(-k+\frac{1}{2}-m\right)}{2\pi i}$$

$$\times \int_{\infty}^{(0+)} e^{-t}(-t)^{k-\frac{1}{2}+m}\left(1-\frac{t}{z}\right)^{-k-\frac{1}{2}+m} dt \tag{4}$$

$$\left(-k+\frac{1}{2}-m\neq0,-1,-2,\cdots;\ |\arg(-z)|<\pi,\ |\arg(-t)|\leqslant\pi\right),$$

而且与 $W_{k,m}(z)$ 线性无关, 这一点将从两者的渐近表示看出 (下节(5)式).

当 $k+\frac{1}{2}-m=0,-1,-2,\cdots$ 时, (3)式右方为不定式, 因为这时 $\Gamma\left(k+\frac{1}{2}-m\right)\rightarrow\infty$, 而由于 $t=0$ 不再是被积函数的支点, 积分值为 0. 在这种情形下, 先设 $k+\frac{1}{2}-m$ 不等于 0 或负整数, 于是, 可以把积分围道变形为从 $\infty$ 沿正实轴上岸到 $\delta(>0)$, 正向绕 $t=0$ 一圈, 然后沿正实轴下岸到 $\infty$ 的路线. 设 $\mathrm{Re}\left(k-\frac{1}{2}-m\right)<0$, 则圆圈上的积分值随 $\delta$ 趋于 0, 而有

$$\int_{\infty}^{(0+)}\mathrm{e}^{-t}(-t)^{-k-\frac{1}{2}+m}\left(1+\frac{t}{z}\right)^{k-\frac{1}{2}+m}\mathrm{d}t$$

$$=\left[\mathrm{e}^{\left(-k-\frac{1}{2}+m\right)\pi\mathrm{i}}-\mathrm{e}^{-\left(-k-\frac{1}{2}+m\right)\pi\mathrm{i}}\right]\int_{0}^{\infty}\mathrm{e}^{-t}t^{-k-\frac{1}{2}+m}\left(1+\frac{t}{z}\right)^{k-\frac{1}{2}+m}\mathrm{d}t$$

$$=-2\mathrm{i}\sin\pi\left(k+\frac{1}{2}-m\right)\int_{0}^{\infty}\mathrm{e}^{-t}t^{-k-\frac{1}{2}+m}\left(1+\frac{t}{z}\right)^{k-\frac{1}{2}+m}\mathrm{d}t.$$

代入(3)式, 并用 3.5 节(2)式, 得

$$W_{k,m}(z)=\frac{\mathrm{e}^{-z/2}z^{k}}{\Gamma\left(\frac{1}{2}-k+m\right)}\int_{0}^{\infty}\mathrm{e}^{-t}t^{-k-\frac{1}{2}+m}\left(1+\frac{t}{z}\right)^{k-\frac{1}{2}+m}\mathrm{d}t. \qquad (5)$$

这式可以作为在 $k+\frac{1}{2}-m=0,-1,-2,\cdots$ 的情形下 $W_{k,m}(z)$ 的表达式.

对于 $W_{-k,m}(-z)$ 也有类似的表达式, 只要把(5)式中的 $k$ 和 $z$ 分别换成 $-k$ 和 $-z$.

也有用函数 $\Psi(\alpha,\gamma,z)$ 代替 $W_{k,m}(z)$ 的, 称为**屈科米 (Tricomi) 函数**, 它的定义是

$$\Psi(\alpha,\gamma,z)=\mathrm{e}^{\frac{z}{2}}z^{-m-\frac{1}{2}}W_{k,m}(z) \qquad (6)$$

$$\left(k=\frac{\gamma}{2}-\alpha,m=\frac{\gamma-1}{2};\alpha=\frac{1}{2}+m-k,\gamma=2m+1\right).$$

由(3)式得

$$\Psi(\alpha,\gamma,z)=\frac{\mathrm{e}^{-\alpha\pi\mathrm{i}}\Gamma(1-\alpha)}{2\pi\mathrm{i}}\int_{\infty\mathrm{e}^{\mathrm{i}\varphi}}^{(0+)}\mathrm{e}^{-zt}t^{\alpha-1}(1+t)^{\gamma-\alpha-1}\mathrm{d}t, \qquad (7)$$

$t=-1$ 在围道外; 在围道的起点 $\arg t=\varphi$, $|\varphi+\arg z|<\pi/2$ 以保证积分收敛; 当 $t$ 在围道内 $\rightarrow0$ 时 $\arg(1+t)\rightarrow0$.

由于 $\Psi$ 函数的定义比 $W_{k,m}$ 函数少掉了指数因子和 $z$ 的幂因子, 用这函数时有一些公式比较简单 (参看 Erdélyi (1953), Vol. I, Chap. 6).

## 6.6　$W_{k,m}(z)$当 $z \rightarrow \infty$ 时的渐近展开

在上节(3)式

$$W_{k,m}(z) = -\frac{e^{-z/2} z^k \Gamma\left(k + \frac{1}{2} - m\right)}{2\pi i} \int_{\infty}^{(0+)} e^{-t}(-t)^{-k-\frac{1}{2}+m} \left(1 + \frac{t}{z}\right)^{k-\frac{1}{2}+m} dt \quad (1)$$

$$(|\arg z| < \pi, |\arg(-t)| \leqslant \pi)$$

中,把被积函数的最后一个因子用二项式展开,设 $|\arg z| \leqslant \frac{\pi}{2} - \delta (\delta > 0)$,则根据 1.9 节中的瓦特孙引理(该节(5)式),立即得渐近展开式

$$W_{k,m}(z) \sim e^{-z/2} z^k \left\{ 1 + \sum_{n=1}^{\infty} (-)^n \frac{\left(\frac{1}{2} - k + m\right)_n \left(\frac{1}{2} - k - m\right)_n}{n! z^n} \right\}$$

$$(|z| \rightarrow \infty). \quad (2)$$

(2)式是在 $|\arg z| \leqslant \frac{\pi}{2} - \delta (\delta > 0)$ 的条件下得到的. 下面证明它在 $|\arg z| \leqslant \pi - \delta$ 时也成立.

令

$$\left(1 + \frac{t}{z}\right)^p = \sum_{n=0}^{N} \binom{p}{n} \left(\frac{t}{z}\right)^n + R_N(t,z) \quad (3)$$

$\left(p = k - \frac{1}{2} + m\right)$,代入(1)式,并用 3.7 节(4)式,得

$$W_{k,m}(z) = e^{-z/2} z^k \left\{ 1 + \sum_{n=1}^{N} (-)^n \frac{\left(\frac{1}{2} - k + m\right)_n \left(\frac{1}{2} - k - m\right)_n}{n! z^n} \right.$$

$$\left. - \frac{\Gamma\left(k + \frac{1}{2} - m\right)}{2\pi i} \int_{\infty}^{(0+)} e^{-t}(-t)^q R_N(t,z) dt \right\} \quad (4)$$

$\left(q = -k - \frac{1}{2} + m\right)$. 只要证明最后的积分值当 $|z| \rightarrow \infty$ 时为 $O(z^{-N-1})$ 即可. 为此, 把积分路线变形,得

$$\int_{\infty}^{(0+)} e^{-t}(-t)^q R_N(t,z) dt = \int_{C_r} e^{-t}(-t)^q R_N(t,z) dt + (e^{i\pi q} - e^{-i\pi q}) \int_{r}^{\infty} e^{-t} t^q R_N(t,z) dt,$$

其中 $C_r$ 为以 $t = 0$ 为圆心半径等于 $r$ 的小圆. 在 $C_r$ 上,只要 $|z|$ 足够大使 $|t/z| < 1$, 即有泰勒展开

$$\left(1 + \frac{t}{z}\right)^p = \sum_{n=0}^{\infty} \binom{p}{n} \left(\frac{t}{z}\right)^n,$$

故按(3)式

$$R_N(t,z) = \sum_{n=N+1}^{\infty} \binom{p}{n} \left(\frac{t}{z}\right)^n = \sum_{N+1}^{\infty} a_n \left(\frac{t}{z}\right)^n.$$

但根据科希不等式,若 $|t/z| \leqslant \lambda < \lambda_0 < 1$,则 $|a_n| < M/\lambda_0^n$,$M$ 为 $|(1+t/z)^p|$ 的上界,而有

$$|R_N(t,z)| < \sum_{N+1}^{\infty} \frac{M}{\lambda_0^n} \left|\frac{t}{z}\right|^n = \frac{M}{\lambda_0^{N+1}(1-\lambda/\lambda_0)} \left|\frac{t}{z}\right|^{N+1}.$$

由此立得

$$\left| \int_{C_r} \right| = O(|z|^{-N-1}).$$

对于由 $r$ 到 $\infty$ 的积分,上述泰勒展开不成立,需要对 $R_N(t,z)$ 另作估计.

由恒等式

$$(1+\zeta)^p = 1 + p\zeta \int_0^1 (1+\zeta v)^{p-1} \, \mathrm{d}v$$

换部求积分 $N$ 次,得

$$(1+\zeta)^p = \sum_{n=0}^{N} \binom{p}{n} \zeta^n + \frac{p(p-1)\cdots(p-N)}{N!} \zeta^{N+1} \int_0^1 (1-v)^N (1+\zeta v)^{p-N-1} \, \mathrm{d}v,$$

因此

$$R_N(t,z) = \frac{p(p-1)\cdots(p-N)}{N!} \zeta^{N+1} \int_0^1 (1-v)^N (1+\zeta v)^{p-N-1} \, \mathrm{d}v,$$

其中 $\zeta = t/z$, $r \leqslant t < \infty$, $|\arg(1+\zeta v)| < \pi$. 令 $\zeta v = tv/z = \xi$. 因 $t$ 和 $v$ 都是实数,且 $|\arg z| \leqslant \pi - \delta$,故 $|\arg\xi| < \pi$. 由图 23 易见 $|1+\xi| \geqslant \sqrt{1+|\xi|^2 + 2|\xi|\cos(\pi-\delta)} = \sqrt{1+|\xi|^2 - 2|\xi|\cos\delta}$. 当 $|\xi| = \cos\delta$ 时,根式之值最小,故有 $|1+\xi| \geqslant \sin\delta (\delta > 0)$,而

$$\left| \int_0^1 (1-v)^N (1+\zeta v)^{p-N-1} \, \mathrm{d}v \right| \leqslant \int_0^1 (1-v)^N |1+\xi|^{\mathrm{Re}(p)-N-1} \mathrm{e}^{-\mathrm{Im}(p)\arg(1+\xi)} \, \mathrm{d}v.$$

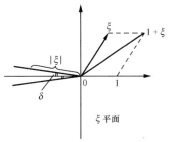

图　23

设 $\mathrm{Re}(p)-N-1<0$（只要 $N$ 足够大，这条件总是能够满足的），最后的积分

$$\leqslant K\int_0^1(1-v)^N(\sin\delta)^{\mathrm{Re}(p)-N-1}\mathrm{d}v=K(\sin\delta)^{\mathrm{Re}(p)-N-1}/(N+1),$$

$K$ 为 $\exp\{-\mathrm{Im}(p)\arg(1+\xi)\}$ 的上界. 因此

$$|R_N(t,z)|\leqslant K\frac{|p(p-1)\cdots(p-N)|}{(N+1)!}(\sin\delta)^{\mathrm{Re}(p)-N-1}\left|\frac{t}{z}\right|^{N+1},$$

而有

$$\left|\int_r^\infty\mathrm{e}^{-t}t^qR_N(t,z)\mathrm{d}t\right|=O(|z|^{-N-1}).$$

这就证明了(2)式在 $|\arg z|\leqslant\pi-\delta$ 的条件下成立. 在证明中虽然作了 $\mathrm{Re}(p)-N-1$ 的假定，需要 $N$ 足够大，但这限制是可以取消的，因为在(4)式的和数中每一项都是 $O(z^{-n})$.

在下一节中，将用 $\mathrm{W}_{k,m}(z)$ 的巴恩斯积分表示证明**渐近展开式(2)在$|\arg z|<$$3\pi/2$ 的条件下成立**. 虽然如此，我们仍然给出了上面的证明，因为这种证法具有一定的典型性，应用较广.

又由(2)式立得

$$\mathrm{W}_{\pm k,m}(\pm z)=\mathrm{e}^{\mp\frac{z}{2}}(\pm z)^{\pm k}\{1+O(z^{-1})\}.\tag{5}$$

可见对于任何 $k$ 和 $m$，$\mathrm{W}_{k,m}(z)$ 和 $\mathrm{W}_{-k,m}(-z)$ 都是线性无关的.

## 6.7　$\mathrm{W}_{k,m}(z)$ 的巴恩斯积分表示

从上节(2)式，$\mathrm{W}_{k,m}(z)$ 的渐近级数表示，用类似于 4.6 节的论证方法，可以形式地得到 $\mathrm{W}_{k,m}(z)$ 的巴恩斯积分表示

$$\mathrm{W}_{k,m}(z)=\frac{\mathrm{e}^{-\frac{z}{2}}z^k}{2\pi\mathrm{i}}\int_{-\mathrm{i}\infty}^{\mathrm{i}\infty}\frac{\Gamma(s)\Gamma(-s-k-m+1/2)\Gamma(-s-k+m+1/2)}{\Gamma(-k-m+1/2)\Gamma(-k+m+1/2)}z^s\mathrm{d}s,$$

$$\tag{1}$$

积分路线应使 $\Gamma(s)$ 的极点在路线的左方，$\Gamma(-s-k\pm m+1/2)$ 的极点在它的右方，这要求 $k\pm m+1/2$ 不等于正整数.

现在来证明(1)式. 首先，用 $\Gamma$ 函数的渐近展开式(3.21节(5))，可以看到，当 $s$ 沿虚轴趋于 $\infty$ 时

$$\Gamma(s)\Gamma(-s+\lambda)\Gamma(-s+\mu)$$

$$=\frac{\pi^2\Gamma(s)}{\Gamma(s+1-\lambda)\Gamma(s+1-\mu)}\csc\pi(s+1-\lambda)\csc\pi(s+1-\mu)$$

$$=O(|s|^{\lambda+\mu-\frac{3}{2}}\mathrm{e}^{-\frac{3\pi}{2}|\mathrm{Im}(s)|}).$$

因此，(1)式右方的积分在 $|\arg z|\leqslant3\pi/2-\delta<3\pi/2$ 中一致收敛，代表着一个在里曼

面 $|\arg z| < 3\pi/2$ 上的解析函数.

其次来证明(1)式右方在 $|z| \to \infty$ 时的渐近展开式确与 $W_{k,m}(z)$ 的相同. 为此, 取 $N$ 为足够大的正整数, 使 $\Gamma(-s-k\pm m+1/2)$ 的极点都在直线 $\operatorname{Re}(s) = -N - 1/2$ 之右. 利用 $\Gamma$ 函数的渐近展开式可以证明在 $|\arg z| \leqslant 3\pi/2 - \delta$ 中, 积分

$$\int_{-\mathrm{i}\xi}^{-N-\frac{1}{2}-\mathrm{i}\xi} \text{ 和 } \int_{\mathrm{i}\xi}^{-N-\frac{1}{2}+\mathrm{i}\xi} \quad (\xi \text{ 为实数})$$

之值随 $\xi \to \infty$ 而趋于 0. 因此, 按残数定理, (1)式的右方

$$I = \mathrm{e}^{-\frac{z}{2}} z^k \Big\{ \sum_{n=0}^{N} R_n + \frac{1}{2\pi\mathrm{i}}$$

$$\times \int_{-N-\frac{1}{2}-\mathrm{i}\infty}^{-N-\frac{1}{2}+\mathrm{i}\infty} \frac{\Gamma(s)\Gamma(-s-k-m+1/2)\Gamma(-s-k+m+1/2)}{\Gamma(-k-m+1/2)\Gamma(-k+m+1/2)} z^s \mathrm{d}s \Big\},$$

其中 $R_n$ 是被积函数在 $s = -n$ 点的残数.

令 $s = -N - \dfrac{1}{2} + \mathrm{i}t$, 用 $\Gamma$ 函数的渐近展开式得被积函数的模为

$$|z|^{-N-\frac{1}{2}} O\{\mathrm{e}^{-\delta|t|} |t|^{N-2k}\},$$

故

$$I = \mathrm{e}^{-\frac{z}{2}} z^k \Big\{ \sum_{n=0}^{N} R_n + O(|z|^{-N-\frac{1}{2}}) \Big\}.$$

$R_n$ 算出为 $(-)^n \left(\dfrac{1}{2} - k + m\right)_n \left(\dfrac{1}{2} - k - m\right)_n \Big/ n! \ z^n$, 可见 $I$ 与 $W_{k,m}(z)$ 有相同的渐近展开(参看上节(2)式).

再来证明 $I$ 满足惠泰克方程(6.3 节(4)式). 为此, 令 $W(z) = \mathrm{e}^{-\frac{z}{2}} z^k v(z)$, 代入所说的方程, 得

$$z^2 v'' + 2kz v' + \left(k - m - \frac{1}{2}\right)\left(k + m - \frac{1}{2}\right) v - z^2 v' = 0.$$

把积分

$$\int_{-\mathrm{i}\infty}^{\mathrm{i}\infty} \Gamma(s)\Gamma\left(-s - k - m + \frac{1}{2}\right)\Gamma\left(-s - k + m + \frac{1}{2}\right) z^s \mathrm{d}s$$

代入左方, 得

$$\left(\int_{-\mathrm{i}\infty}^{\mathrm{i}\infty} - \int_{1-\mathrm{i}\infty}^{1+\mathrm{i}\infty}\right) \Gamma(s)\Gamma\left(-s - k - m + \frac{3}{2}\right)\Gamma\left(-s - k + m + \frac{3}{2}\right) z^s \mathrm{d}s.$$

在这两条积分路线之间没有被积函数的奇点, 而且当 $s$ 沿积分路线趋于 $\infty$ 时, 被积函数之值趋于 0(见上), 故按科希定理, 这积分为 0, 亦即 $I$ 满足惠泰克方程. 因此有

$$I = A W_{k,m}(z) + B W_{-k,m}(-z).$$

令 $|z| \to \infty$, $\operatorname{Re}(z) > 0$, 由 $W_{\pm k,m}(\pm z)$ 的渐近表示(6.6 节(5)式)立见 $B = 0$. 又因 $I$

与 $W_{k,m}(z)$ 的渐近展开式相同,故 $A=1$. 这就证明了(1)式.

(1)式把 $W_{k,m}(z)$ 的定义域开拓到 $|\arg z|<3\pi/2$ 中. 又,上面的结果说明上节 (2)式适用于这范围.

### 6.8　$W_{\pm k,m}(\pm z)$ 与 $M_{\pm k,\pm m}(\pm z)$ 的关系. $F(\alpha,\gamma,z)$ 的渐近展开. 斯托克斯(Stokes)现象

在上节(1)式中令

$$F(s) \equiv \Gamma(s)\Gamma\left(-s-k-m+\frac{1}{2}\right)\Gamma\left(-s-k+m+\frac{1}{2}\right)$$

$$= \pi^2 \Gamma(s)$$

$$\Big/ \left\{ \Gamma\left(s+k+m+\frac{1}{2}\right)\Gamma\left(s+k-m+\frac{1}{2}\right)\cos\pi(s+k+m)\cos\pi(s+k-m) \right\}.$$

当 $|s|\to\infty$, $\mathrm{Re}(s)\geqslant 0$ 时,用 $\Gamma$ 函数的渐近展开式,得

$$F(s) = O\left[ \exp\left\{ \left(-s-\frac{1}{2}-2k\right)\ln s + s \right\} \right] \sec\pi(s+k+m)\sec\pi(s+k-m).$$

令 $C_\rho$ 为虚轴之右的半圆,半径为 $\rho$;当 $\rho\to\infty$ 时,保持 $C_\rho$ 不通过 $F(s)z^s$ 的任何极点. 只要 $|\arg z|<3\pi/2$,就有 $\lim\limits_{\rho\to\infty}\int_{C_\rho} F(s)z^s ds = 0$(参看 4.6 节中类似的讨论). 因此

$$W_{k,m}(z) = -\frac{e^{-\frac{z}{2}} z^k \left(\sum R'\right)}{\Gamma\left(-k-m+\frac{1}{2}\right)\Gamma\left(-k+m+\frac{1}{2}\right)},$$

其中 $\sum R'$ 是 $F(s)z^s$ 在巴恩斯积分路线右方极点的残数之和.

若 $2m$ 不是整数,则 $F(s)$ 的极点都是一阶的. 把相应残数算出来,即见(参看 6.3 节(5),(6))

$$W_{k,m}(z) = \frac{\Gamma(-2m)}{\Gamma\left(\frac{1}{2}-m-k\right)}M_{k,m}(z) + \frac{\Gamma(2m)}{\Gamma\left(\frac{1}{2}+m-k\right)}M_{k,-m}(z)$$

$$(2m \neq \text{整数}, \ |\arg z| < 3\pi/2). \tag{1}$$

由这式立得一重要关系

$$W_{k,m}(z) = W_{k,-m}(z). \tag{2}$$

在(1)式中把 $k$ 和 $z$ 同时换正负号,得

$$W_{-k,m}(-z) = \frac{\Gamma(-2m)}{\Gamma(1/2-m+k)}M_{-k,m}(-z) + \frac{\Gamma(2m)}{\Gamma(1/2+m+k)}M_{-k,-m}(-z)$$

$$(2m \neq \text{整数}, \ |\arg(-z)| < 3\pi/2). \tag{3}$$

利用 6.3 节(9)式,令 $-z=ze^{-\pi i}$,由(3)式得

$$W_{-k,m}(z\mathrm{e}^{-\pi\mathrm{i}}) = \frac{\Gamma(-2m)}{\Gamma(1/2-m+k)}\mathrm{e}^{-(\frac{1}{2}+m)\pi\mathrm{i}}M_{k,m}(z)$$
$$+ \frac{\Gamma(2m)}{\Gamma(1/2+m+k)}\mathrm{e}^{-(\frac{1}{2}-m)\pi\mathrm{i}}M_{k,-m}(z). \tag{4}$$

从(1),(4)两式中消去 $M_{k,-m}(z)$,得

$$M_{k,m}(z) = \frac{\Gamma(2m+1)}{\Gamma(1/2+m+k)}\mathrm{e}^{(\frac{1}{2}+m-k)\pi\mathrm{i}}W_{k,m}(z)$$
$$+ \frac{\Gamma(2m+1)}{\Gamma(1/2+m-k)}\mathrm{e}^{-k\pi\mathrm{i}}W_{-k,m}(z\mathrm{e}^{-\pi\mathrm{i}}), \tag{5}$$

其中 $2m\neq$ 负整数, $-\pi/2<\arg z<3\pi/2$, 以保证右方有意义.

如果要在 $-3\pi/2<\arg z<\pi/2$ 中得到 $M_{k,m}(z)$ 与 $W_{\pm k,m}(\pm z)$ 的关系,可在 6.3 节(9)式中令 $-z=z\mathrm{e}^{\pi\mathrm{i}}$,于是,仿上面的计算,得

$$M_{k,m}(z) = \frac{\Gamma(2m+1)}{\Gamma\left(\frac{1}{2}+m+k\right)}\mathrm{e}^{-(\frac{1}{2}+m-k)\pi\mathrm{i}}W_{k,m}(z) + \frac{\Gamma(2m+1)}{\Gamma\left(\frac{1}{2}+m-k\right)}\mathrm{e}^{k\pi\mathrm{i}}W_{-k,m}(z\mathrm{e}^{\pi\mathrm{i}}),$$
$$\tag{6}$$

其中 $2m\neq$ 负整数, $-3\pi/2<\arg z<\pi/2$.

把 6.6 节(2)——$W_{k,m}(z)$ 的渐近展开式,代入(5)或(6),分别得 $M_{k,m}(z)$ 在 $-\pi/2<\arg z<3\pi/2$ 和 $-3\pi/2<\arg z<\pi/2$ 中的渐近展开式.再用 6.3 节(8),得库末函数的渐近展开式

$$F(\alpha,\gamma,z) \sim \frac{\Gamma(\gamma)}{\Gamma(\gamma-\alpha)}\mathrm{e}^{\pm\alpha\pi\mathrm{i}}z^{-\alpha}\left\{1+\sum_{n=1}^{\infty}(-)^n\frac{(\alpha)_n(1-\gamma+\alpha)_n}{n!z^n}\right\}$$
$$+ \frac{\Gamma(\gamma)}{\Gamma(\alpha)}\mathrm{e}^z z^{\alpha-\gamma}\left\{1+\sum_{n=1}^{\infty}\frac{(\gamma-\alpha)_n(1-\alpha)_n}{n!z^n}\right\}; \tag{7}$$

式中因子 $\mathrm{e}^{\pm\alpha\pi\mathrm{i}}$ 当 $-\pi/2<\arg z<3\pi/2$ 时取正号,当 $-3\pi/2<\arg z<\pi/2$ 时取负号.

**斯托克斯现象.** 表面上看,(7)式是有矛盾的,因为左方的 $F(\alpha,\gamma,z)$ 是全平面上的单值解析函数,而右方,在例如 $-\pi/2<\arg z<\pi/2$ 中却似乎是多值的,这表现在第一项 $\mathrm{e}^{\pm\alpha\pi\mathrm{i}}$ 这因子上;在第二、三象限中亦如此,但表现于第二项.这种现象称**为斯托克斯现象**,是渐近展开的一种带有普遍性的特征:在不同的区域中有不同的渐近表示,而在两区域的交接处或重叠处表现出不连续性或多值性,尽管原来的函数是连续的和单值的.

不过,这种矛盾只是表面上的,因为事实上在例如 $-\pi/2<\arg z<\pi/2$ 中,因 $\mathrm{Re}(z)>0$,(7)式右方的第二项是渐近展开的强部,而表现为不连续或者多值的第一项是应略去的,即

$$F(\alpha,\gamma,z) \sim \frac{\Gamma(\gamma)}{\Gamma(\alpha)}\mathrm{e}^z z^{\alpha-\gamma}\left\{1+\sum_{n=1}^{\infty}\frac{(\gamma-\alpha)_n(1-\alpha)_n}{n!z^n}\right\} \tag{8}$$

$$(|\arg z| < \pi/2).$$

在第二、三象限中,因 $\mathrm{Re}(z) < 0$,(7)式右方的第一项是渐近展开的强部,故应为

$$F(\alpha, \gamma, z) \sim \frac{\Gamma(\gamma)}{\Gamma(\gamma - \alpha)} e^{\pm a\pi i} z^{-a} \left\{ 1 + \sum_{n=1}^{\infty} (-)^n \frac{(\alpha)_n (1 - \gamma + \alpha)_n}{n! z^n} \right\}, \qquad (9)$$

其中因子 $e^{\pm a\pi i}$ 当 $\pi/2 < \arg z < 3\pi/2$ 时取正号,当 $-3\pi/2 < \arg z < -\pi/2$ 时取负号;这样,右方实际是单值的.

又,如果需要,可以根据 $F(\alpha, \gamma, z)$ 的单值解析性,从(7)式推出这函数在其他辐角范围内的渐近展开式.例如,要求 $F(\alpha, \gamma, z)$ 在 $\pi < \arg z < 2\pi$ 中的渐近展开式,可令 $x = z e^{-2\pi i}$,则 $-\pi < \arg x < 0$.于是,用(7)式有

$$F(\alpha, \gamma, z) = F(\alpha, \gamma, x e^{2\pi i}) = F(\alpha, \gamma, x)$$

$$\sim \frac{\Gamma(\gamma)}{\Gamma(\gamma - \alpha)} e^{-a\pi i} x^{-a} \{ 1 + \cdots \} + \frac{\Gamma(\gamma)}{\Gamma(\alpha)} e^x x^{\alpha - \gamma} \{ 1 + \cdots \}$$

$$= \frac{\Gamma(\gamma)}{\Gamma(\gamma - \alpha)} e^{a\pi i} z^{-a} \left\{ 1 + \sum_{n=1}^{\infty} (-)^n \frac{(\alpha)_n (1 - \gamma + \alpha)_n}{n! z^n} \right\}$$

$$+ \frac{\Gamma(\gamma)}{\Gamma(\alpha)} e^{-2(\alpha - \gamma)\pi i} e^z z^{\alpha - \gamma} \left\{ 1 + \sum_{n=1}^{\infty} \frac{(\gamma - \alpha)_n (1 - \alpha)_n}{n! z^n} \right\}$$

$$(\pi < \arg z < 2\pi). \qquad (10)$$

## 6.9    $\gamma$(或 $2m$) 为整数的情形

当 $\gamma$ 为整数时,合流超几何方程在 $z = 0$ 点的两个解式 $F(\alpha, \gamma, z)$ 和 $z^{1-\gamma} F(\alpha - \gamma + 1, 2 - \gamma, z)$ 中的一个一般是无意义的.当 $\gamma$ 是负整数 $-m$ 时,$F(\alpha, \gamma, z)$ 一般没有意义,除非 $\alpha$ 也是一个负整数 $-n$,而且 $\alpha \geqslant \gamma$,这时,$F(\alpha, \gamma, z)$ 是一个 $n$ 次多项式

$$F(-n, -m, z) = \sum_{k=0}^{n} \frac{(-n)_k}{k! (-m)_k} z^k \quad (m \geqslant n). \qquad (1)$$

另一解 $z^{1-\gamma} F(\alpha - \gamma + 1, 2 - \gamma, z) = z^{1+m} F(m - n + 1, 2 + m, z)$ 仍为无穷级数.如果 $\gamma = 1$,则两解相同.如果 $\gamma$ 是 $\geqslant 2$ 的正整数,则 $F(\alpha - \gamma + 1, 2 - \gamma, z)$ 失去意义,除非 $\alpha - \gamma + 1$ 是 $\geqslant 2 - \gamma$ 的负整数,这时,$F(\alpha - \gamma + 1, 2 - \gamma, z)$ 是多项式,而 $F(\alpha, \gamma, z)$ 是无穷级数(因 $\alpha \geqslant 1$).

因此,当 $\gamma$ 为正整数,而 $\alpha$ 或者 $\alpha - \gamma + 1$ 不是适当的负整数时,要另求第二解.这个第二解可以用 2.5 节夫罗比尼斯方法求出为[①]

$$G(\alpha, \gamma, z) = F(\alpha, \gamma, z) \ln z + \sum_{k=0}^{\infty} \frac{(\alpha)_k z^k}{k! (\gamma)_k} \{ \psi(\alpha + k) - \psi(\gamma + k) - \psi(1 + k) \}$$

---

①    具体步骤可参看 4.4 节.

$$+\frac{\Gamma(\gamma-1)\Gamma(\gamma)\Gamma(\alpha-\gamma+1)(-)^{\gamma}}{\Gamma(\alpha)}\sum_{k=0}^{\gamma-2}\frac{(\alpha-\gamma+1)_k}{k!(2-\gamma)_k}z^{k+1-\gamma},\qquad(2)$$

其中 $\gamma=1,2,3,\cdots$;当 $\gamma=1$ 时,去掉最后的有限和;又设 $\alpha$ 和 $\alpha-\gamma+1$ 都不是零或负整数.

若 $\gamma=0,-1,-2,\cdots$,而 $\alpha$ 和 $\alpha-\gamma+1$ 不是零或负整数时,第二解可以从(2)式得到,只要把其中的 $\alpha$ 换成 $\alpha-\gamma+1$,$\gamma$ 换成 $2-\gamma$,并将所得结果乘上 $z^{1-\gamma}$.

由(2)式和 6.3 节(5)式,得到惠泰克方程在 $2m=0,1,2,\cdots$ 时的第二解(第一解为 $M_{k,m}(z)$)

$$M_{k,m}(z)\ln z+e^{-\frac{z}{2}}z^{\frac{1}{2}+m}\sum_{n=0}^{\infty}\frac{\left(\frac{1}{2}-k+m\right)_n}{n!(1+2m)_n}z^n$$

$$\times\left\{\psi\left(\frac{1}{2}-k+m+n\right)-\psi(1+2m+n)-\psi(1+n)\right\}$$

$$+(-)^{2m+1}e^{-\frac{z}{2}}z^{\frac{1}{2}+m}\frac{(2m-1)!(2m)!\Gamma\left(\frac{1}{2}-k-m\right)}{\Gamma\left(\frac{1}{2}-k+m\right)}$$

$$\times\sum_{n=0}^{2m-1}\frac{\left(\frac{1}{2}-k-m\right)_n}{n!(1-2m)_n}z^{n-2m},\qquad(3)$$

其中 $\frac{1}{2}-k\pm m\neq$ 零或负整数;当 $m=0$ 时,去掉最后的有限和.

$W_{k,m}(z)$ 与在 $z=0$ 点两线性无关解的关系可以仿照 6.8 节中的方法用 $W_{k,m}(z)$ 的巴恩斯积分表示(6.7 节(1)式)计算残数得到

$$W_{k,m}(z)=\frac{(-)^{2m+1}}{(2m)!\Gamma\left(\frac{1}{2}-k-m\right)}\left[M_{k,m}(z)\ln z+e^{-\frac{z}{2}}z^{\frac{1}{2}+m}\right.$$

$$\times\sum_{n=0}^{\infty}\frac{\left(\frac{1}{2}-k+m\right)_n}{n!(1+2m)_n}z^n\left\{\psi\left(\frac{1}{2}-k+m+n\right)-\psi(1+2m+n)\right.$$

$$\left.-\psi(1+n)\right\}+(-)^{2m+1}e^{-\frac{z}{2}}z^{\frac{1}{2}+m}$$

$$\left.\times\frac{(2m-1)!(2m)!\Gamma\left(\frac{1}{2}-k-m\right)}{\Gamma\left(\frac{1}{2}-k+m\right)}\sum_{n=0}^{2m-1}\frac{\left(\frac{1}{2}-k-m\right)_n}{n!(1-2m)_n}z^{n-2m}\right]$$

$$(2m=0,1,2,\cdots),\qquad(4)$$

与(3)式只差一常数因子.

如果 $\frac{1}{2}-k+m$ 等于零或负整数,则 $\frac{1}{2}-k-m$ 也是零或负整数(因为 $2m$ 假设是正整数),而(3)式的解无意义.但(4)式的右方,作为不定式,却是有意义的.计算结果表明 $W_{k,m}(z)$ 与 $M_{k,m}(z)$ 只差一常数因子.这一点从上节(5)式可以立刻看出来.又,在这种情形下,第一解 $M_{k,m}(z)$ 中的级数中断成多项式(参看 6.3 节(5)式),而 $M_{k,-m}(z)$ 无意义(见前面关于库末函数的讨论).可取 $W_{-k,m}(-z)$ 为第二解,因为在任何情形下 $W_{-k,m}(-z)$ 都是与 $W_{k,m}(z)$ 线性无关的解(参看 6.6 节(5)式).

如果 $\frac{1}{2}-k-m$ 是零或负整数,但 $\frac{1}{2}-k+m$ 是正整数,则按不定式计算(4)式,得 $W_{k,m}(z)$ 与 $M_{k,-m}(z)$ 只差一常数因子.

## 6.10　$|\alpha|,|\gamma|$ 很大时 $F(\alpha,\gamma,z)$ 的渐近展开

由于 $F(\alpha,\gamma,z)$ 的幂级数展开是在全平面上收敛的,故对于 $\alpha$ 和 $z$ 的任何有限值,这级数也是当 $|\gamma|\to\infty$ 时的渐近展开,即

$$F(\alpha,\gamma,z) = \sum_{n=1}^{N}\frac{(\alpha)_n}{n!(\gamma)_n}z^n + O(|\gamma|^{-N-1}) \tag{1}$$

$$(|\arg\gamma| \leqslant \pi-\delta, \delta>0).$$

用 $\Gamma$ 函数的渐近展开式(3.21 节(5))立刻可以证明(参看 4.14 节).

若 $|\alpha|$ 与 $|\gamma|$ 同时趋于 $\infty$,但 $|\gamma-\alpha|$ 有界,则利用第一库末公式(6.1 节(6))可以从(1)式把 $\alpha$ 换为 $\gamma-\alpha$,$z$ 换成 $-z$,再乘上 $e^z$,得到在这种情形下 $F(\alpha,\gamma,z)$ 的渐近展开式.

关于在其他情形下的渐近展开公式可参看 Erdélyi (1953),Vol. I,p. 278,§ 6.13.2.

## 6.11　可约化为合流超几何方程的微分方程

有许多在应用上很重要的微分方程,如贝塞耳方程,厄密方程等,都可以化为合流超几何方程.为了便于讨论这些方程的解的渐近展开式,以及保持解式对于方程中所含参数的对称性,我们将从惠泰克方程出发,导出可以化为合流超几何方程的微分方程的较普遍形式.

以 $P_{k,m}(\zeta)$ 表示惠泰克方程的解

$$\frac{\mathrm{d}^2 P_{k,m}}{\mathrm{d}\zeta^2} + \left[-\frac{1}{4}+\frac{k}{\zeta}+\frac{1/4-m^2}{\zeta^2}\right]P_{k,m}(\zeta) = 0. \tag{1}$$

设

$$y(z) = z^{\beta} \mathrm{e}^{f(z)} \mathrm{P}_{k,m}(h(z)),^{*} \tag{2}$$

通过直接计算,得 $y(z)$ 的微分方程

$$\frac{\mathrm{d}^2 y}{\mathrm{d}z^2} - \left[\frac{h''}{h'} + \frac{2\beta}{z} + 2f'(z)\right]\frac{\mathrm{d}y}{\mathrm{d}z}$$

$$+ \left\{(f')^2 - f'' + 2\beta\frac{f'}{z} + \frac{\beta(\beta+1)}{z^2} + \frac{h''}{h'}\left(\frac{\beta}{z} + f'\right)\right.$$

$$\left. + \left(\frac{h'}{h}\right)^2\left(\frac{1}{4} - m^2 + kh - \frac{h^2}{4}\right)\right\}y(z) = 0. \tag{3}$$

**具有(3)式这种形式的方程的解立刻可以用惠泰克函数表示出来.**

(3)式的一个重要特殊情形是 $f(z) = \alpha z^{\lambda}, h(z) = Az^{\lambda}$(通常 $\lambda=1$ 或 2). 这时,(3)式简化为

$$\frac{\mathrm{d}^2 y}{\mathrm{d}z^2} + \left[\frac{1-\lambda-2\beta}{z} - 2\lambda\alpha z^{\lambda-1}\right]\frac{\mathrm{d}y}{\mathrm{d}z}$$

$$+ \left\{\lambda^2\left(\alpha^2 - \frac{A^2}{4}\right)z^{2\lambda-2} + \lambda(2\alpha\beta + Ak\lambda)z^{\lambda-2}\right.$$

$$\left. + \frac{\beta(\beta+\lambda) + \lambda^2(1/4 - m^2)}{z^2}\right\}y(z) = 0, \tag{4}$$

它的解是

$$y(z) = z^{\beta}\mathrm{e}^{\alpha z\lambda}\mathrm{P}_{k,m}(Az^{\lambda}). \tag{5}$$

注意,当 $\lambda$ 是非负整数时,$z=0$ 是方程(4)的正则奇点,$z=\infty$ 是非正则奇点,而且方程(4)在 $z=\infty$ 处有常规解(参看 2.11 节).

下面列举(4)式的几个特殊情形:

1. $\lambda=1, \alpha=0, \beta=-\dfrac{1}{2}, k=0, A=2\mathrm{i}$;方程(4)化为 $m$ 阶贝塞耳方程

$$\frac{\mathrm{d}^2 y}{\mathrm{d}z^2} + \frac{1}{z}\frac{\mathrm{d}y}{\mathrm{d}z} + \left(1 - \frac{m^2}{z^2}\right)y = 0; \tag{6}$$

它的解将在下一章详细讨论.

2. $\lambda=2, \alpha=0, \beta=-\dfrac{1}{2}, k=\dfrac{n}{2}+\dfrac{1}{4}, m=\pm\dfrac{1}{4}, A=\dfrac{1}{2}$;方程(4)化为韦伯方程

$$y'' + \left[n + \frac{1}{2} - \frac{z^2}{4}\right]y(z) = 0. \tag{7}$$

3. $\lambda=2, \alpha=\dfrac{1}{2}, \beta=-\dfrac{1}{2}, k=\dfrac{n}{2}, m=\pm\dfrac{1}{4}, A=1$;得厄密方程

$$y'' - 2zy' + 2ny(z) = 0. \tag{8}$$

另外,拉革尔方程

$$zy'' + (\mu+1-z)y' + ny = 0 \tag{9}$$

也是方程(4)的特例;$\lambda=1, \alpha=\dfrac{1}{2}, \beta=-\dfrac{1+\mu}{2}, A=1, m=\dfrac{\mu}{2}, k=n+\dfrac{1}{2}(1+\mu)$. 当

然,更直接一些,方程(9)是库末方程(6.1 节(1))的特例;$\gamma=1+\mu,\alpha=-n$.

在下面几节中将依次讨论方程(7),(8),(9)的解.关于其他可化为合流超几何方程的微分方程,可参看 Erdélyi (1953), Vol. I, §6.2.

## 6.12　韦伯(Weber)方程.抛物线柱函数 $D_n(z)$

用分离变数法,在抛物线柱坐标(参看附录三,(五))中解波动方程或者拉普拉斯方程时,会导致韦伯方程[1]

$$y'' + \left[ n + \frac{1}{2} - \frac{z^2}{4} \right] y(z) = 0, \tag{1}$$

其中 $n$ 是常数.

利用上节结果,立刻得到方程(1)的一个解:

$$D_n(z) = 2^{\frac{n}{2}+\frac{1}{4}} z^{-\frac{1}{2}} W_{\frac{n}{2}+\frac{1}{4},-\frac{1}{4}} \left( \frac{z^2}{2} \right) \quad (|\arg z| < 3\pi/4), \tag{2}$$

前面的常数因子 $2^{\frac{n}{2}+\frac{1}{4}}$ 是为了使 $D_n(z)$ 的渐近展开式第一项的系数为 1 而引进的(见下(5)式).$D_n(z)$ 称为**抛物线柱函数**.

由 6.8 节(1)式得

$$D_n(z) = \frac{\Gamma\left(\frac{1}{2}\right) 2^{\frac{n}{2}+\frac{1}{4}} z^{-\frac{1}{2}}}{\Gamma\left(\frac{1}{2}-\frac{n}{2}\right)} M_{\frac{n}{2}+\frac{1}{4},-\frac{1}{4}} \left( \frac{z^2}{2} \right) + \frac{\Gamma\left(-\frac{1}{2}\right) 2^{\frac{n}{2}+\frac{1}{4}} z^{-\frac{1}{2}}}{\Gamma\left(-\frac{n}{2}\right)} M_{\frac{n}{2}+\frac{1}{4},\frac{1}{4}} \left( \frac{z^2}{2} \right) \tag{3}$$

$$(|\arg z| < 3\pi/4).$$

但按 6.3 节(5)和(6)

$$\left.\begin{aligned}
z^{-\frac{1}{2}} M_{\frac{n}{2}+\frac{1}{4},-\frac{1}{4}} \left( \frac{z^2}{2} \right) &= 2^{-\frac{1}{4}} e^{-\frac{z^2}{4}} F\left( -\frac{n}{2}, \frac{1}{2}, \frac{z^2}{2} \right), \\
z^{-\frac{1}{2}} M_{\frac{n}{2}+\frac{1}{4},\frac{1}{4}} \left( \frac{z^2}{2} \right) &= 2^{-\frac{3}{4}} z e^{-\frac{z^2}{4}} F\left( \frac{1-n}{2}, \frac{3}{2}, \frac{z^2}{2} \right),
\end{aligned}\right\} \tag{4}$$

而 $F(\alpha,\gamma,z)$ 是 $z$ 的单值解析函数,故 $D_n(z)$ 是全 $z$ 平面上的单值解析函数.

由 6.6 节(2)式立得渐近展开式

$$D_n(z) \sim e^{-\frac{z^2}{4}} z^n \left\{ 1 - \frac{n(n-1)}{2 \cdot z^2} + \frac{n(n-1)(n-2)(n-3)}{2 \cdot 4 \cdot z^4} - \cdots \right\} \tag{5}$$

$$(|\arg z| < 3\pi/4).$$

第二解——从 $D_n(z)$ 和惠泰克函数 $W_{k,m}(z^2/2)$ 的关系((2)式),立刻可以知道 $D_{-n-1}(\pm iz)$ 是与 $D_n(z)$ 线性无关的解,因为 $W_{-k,m}(-z^2/2)$ 总是与 $W_{k,m}(z^2/2)$ 线

---

[1]　量子力学中谐振子的薛定谔(Schrödinger)方程也是这种方程.

性无关的(见 6.6 节(5)式).

在有一些边值或者本征值问题中,需要求得方程(1)在整个实轴 $-\infty < z < \infty$ 上有界的解.由于方程(1)只有一个奇点,$z = \infty$,故只需研究当 $z$ 沿实轴趋于 $\pm\infty$ 时方程(1)的解的性质.

当 $z \to +\infty$ 时,由(5)式立即见 $D_n(z) \to 0$. 要讨论 $z \to -\infty$ 时 $D_n(z)$ 的性质,还需得到在包含 $z$ 为负实数的辐角范围内 $D_n(z)$ 的渐近展开式. 为此,利用(3)和(4),得

$$D_n(z) = \frac{\Gamma(1/2)}{\Gamma\left(\dfrac{1-n}{2}\right)} 2^{\frac{n}{2}} e^{-\frac{z^2}{4}} F\left(-\frac{n}{2}, \frac{1}{2}, \frac{z^2}{2}\right) + \frac{\Gamma(-1/2)}{\Gamma\left(-\dfrac{n}{2}\right)} 2^{\frac{n-1}{2}} z e^{-\frac{z^2}{4}} F\left(\frac{1-n}{2}, \frac{3}{2}, \frac{z^2}{2}\right).$$

$$(6)$$

设 $\pi/4 < \arg z < 5\pi/4$,则 $\pi/2 < \arg z^2 < 5\pi/2$. 令 $x = e^{-2\pi i} z^2/2$,则 $-3\pi/2 < \arg x < \pi/2$. 于是,用 6.8 节(7)式,得

$$F\left(\alpha, \gamma, \frac{z^2}{2}\right) = F(\alpha, \gamma, x)$$

$$\sim \frac{\Gamma(\gamma)}{\Gamma(\gamma - \alpha)} e^{-\alpha \pi i} x^{-\alpha} \left\{ 1 + \sum_{k=1}^{\infty} \frac{(\alpha)_k (1 - \gamma + \alpha)_k}{k!(-x)^k} \right\}$$

$$+ \frac{\Gamma(\gamma)}{\Gamma(\alpha)} e^x x^{\alpha - \gamma} \left\{ 1 + \sum_{k=1}^{\infty} \frac{(\gamma - \alpha)_k (1 - \alpha)_k}{k! x^k} \right\} \quad (\pi/4 < \arg z < 5\pi/4).$$

$$(7)$$

应用这个展开式于(6)式的右方,得

$$D_n(z) \sim e^{-\frac{z^2}{4}} z^n \left\{ 1 + \sum_{k=1}^{\infty} \frac{\left(-\dfrac{n}{2}\right)_k \left(\dfrac{1-n}{2}\right)_k}{k!} \left(-\frac{z^2}{2}\right)^{-k} \right\}$$

$$+ \frac{\sqrt{2\pi}}{\Gamma(-n)} e^{n\pi i} e^{\frac{z^2}{4}} z^{-n-1} \left\{ 1 + \sum_{k=1}^{\infty} \frac{\left(\dfrac{1+n}{2}\right)_k \left(1 + \dfrac{n}{2}\right)_k}{k!} \left(\frac{z^2}{2}\right)^{-k} \right\}$$

$$(\pi/4 < \arg z < 5\pi/4). \qquad (8)$$

由此可见,当 $z \to -\infty$ 时,$D_n(z) \to \infty$(第二项),除非 $n$ 为正整数或零;这时,(8)式右方的第二项由于 $1/\Gamma(-n) = 0$ 而不出现,第一项括号中的无穷级数则中断成为一个 $n/2$ 次或者 $(n-1)/2$ 次多项式

$$D_n(z) = e^{-\frac{z^2}{4}} z^n \sum_{k=0}^{[n/2]} \frac{\left(-\dfrac{n}{2}\right)_k \left(\dfrac{1-n}{2}\right)_k}{k!} \left(-\frac{z^2}{2}\right)^{-k}$$

$$= e^{-\frac{z^2}{4}} z^n \left\{ 1 - \frac{n(n-1)}{2 \cdot z^2} + \frac{n(n-1)(n-2)(n-3)}{2 \cdot 4 \cdot z^4} - \cdots \right\} \qquad (9)$$

$$(n = 0, 1, 2, \cdots).$$

而且，$D_n(z)$($n=0,1,2,\cdots$)是韦伯方程((1)式)在$-\infty < z < \infty$中唯一的有界解. 因为与$D_n(z)$线性无关的另一解$D_{-n-1}(iz)$当$z \to +\infty$时是趋于$\infty$的；这一点可以利用(5)式看出，只要把其中的$n$换成$-n-1$，$z$换成$iz$.

**$D_n(z)$的围道积分表达式.** 为了得到$D_n(z)$的一种积分表达式，这种表达式适于导出其他公式，我们把韦伯方程(1)化为库末方程. 从惠泰克方程与库末方程的关系(见 6.3 节)可以看出应作变换$y(z) = e^{-x^2/4} v(z)$；得到的方程是

$$v'' - zv' + nv = 0, \tag{10}$$

这是库末方程的一个特例(参看 6.1 节(1)式)，又称为**厄密方程**(见上节(8)式和 2.13 节的例子).

在 2.13 节的例子中得到过方程(10)的一个积分解

$$v(z) = A \int_\infty^{(0+)} e^{-zt - \frac{t^2}{2}} (-t)^{-n-1} \mathrm{d}t$$

及其渐近展开式(参看 2.13 节(18)式)

$$v(z) \sim -2\pi i A \frac{z^n}{\Gamma(n+1)} \sum_{k=0}^\infty \frac{\left(-\dfrac{n}{2}\right)_k \left(\dfrac{1-n}{2}\right)_k}{k!} \left(-\frac{z^2}{2}\right)^{-k}.$$

与$D_n(z)$的渐近展式比较，得

$$D_n(z) = -\frac{\Gamma(n+1)}{2\pi i} e^{-\frac{z^2}{4}} \int_\infty^{(0+)} e^{-zt - \frac{t^2}{2}} (-t)^{-n-1} \mathrm{d}t \tag{11}$$

$$(|\arg z| < \pi/2, \quad |\arg(-t)| < \pi).$$

当$n = 0, 1, 2, \cdots$时，(11)式中的被积函数是单值的，积分路线可以变形为任意一个正向绕$t=0$点一周的围道，而有

$$D_n(z) = (-)^n \frac{n!}{2\pi i} e^{-\frac{z^2}{4}} \int^{(0+)} e^{-zt - \frac{t^2}{2}} t^{-n-1} \mathrm{d}t. \tag{12}$$

由(12)式立得$D_n(z)$的**生成函数**：

$$e^{-\frac{t^2}{2} - zt - \frac{z^2}{4}} = \sum_{n=0}^\infty \frac{(-)^n D_n(z)}{n!} t^n, \quad |t| < \infty, \tag{13}$$

和**微商公式**

$$D_n(z) = (-)^n \left[ \frac{\mathrm{d}^n}{\mathrm{d}t^n} e^{-\frac{1}{2}(t+z)^2 + \frac{z^2}{4}} \right]_{t=0} = (-)^n e^{\frac{z^2}{4}} \left[ \frac{\mathrm{d}^n}{\mathrm{d}v^n} e^{-\frac{v^2}{2}} \right]_{v=z}$$

$$= (-)^n e^{\frac{z^2}{4}} \frac{\mathrm{d}^n}{\mathrm{d}z^n} (e^{-\frac{z^2}{2}}). \tag{14}$$

**递推关系.** 把(13)式两边对$t$求微商，左方再用(13)式展开，然后比较两边$t^n$的系数，得

$$D_{n+1}(z) - zD_n(z) + nD_{n-1}(z) = 0. \tag{15}$$

把(13)式两边对$z$求微商，左方再用(13)式展开，比较两边的系数，得

$$D_n'(z) + \frac{z}{2}D_n(z) - nD_{n-1}(z) = 0. \tag{16}$$

(15)和(16)两个递推关系虽然是在 $n$ 为整数时求得的,但可利用 $D_n(z)$ 的普遍表达式(11)证明它们对于任意的 $n$ 成立。例如用(11)式,(15)式的左方等于

$$-\frac{e^{-\frac{z^2}{4}}}{2\pi i}\left\{\Gamma(n+2)\int_\infty^{(0+)} e^{-zt-\frac{t^2}{2}}(-t)^{-n-2}dt - z\Gamma(n+1)\int_\infty^{(0+)} e^{-zt-\frac{t^2}{2}}(-t)^{-n-1}dt\right.$$

$$\left. +n\Gamma(n)\int_\infty^{(0+)} e^{-zt-\frac{t^2}{2}}(-t)^{-n}dt\right\}.$$

用换部求积分法,得括弧中的第一项等于

$$\Gamma(n+1)\int_\infty^{(0+)} e^{-zt-\frac{t^2}{2}}(-t)^{-n-1}(z+t)dt,$$

正好与其他两项相消。这就证明(15)式对于任意的 $n$ 成立。

**正交性。** 由(13)式得

$$e^{-\frac{s^2}{2}-zs-\frac{z^2}{4}}e^{-\frac{t^2}{2}-zt-\frac{z^2}{2}} = \sum_{m,n=0}^\infty \frac{(-)^{m+n}s^m t^n}{m!\,n!}D_m(z)D_n(z).$$

两边对 $z$ 求积分,得

$$\int_{-\infty}^\infty e^{-\frac{z^2}{2}-(s+t)z-\frac{s^2+t^2}{2}}dz = e^{st}\int_{-\infty}^\infty e^{-\frac{1}{2}[z+(s+t)]^2}dz$$

$$= e^{st}\int_{-\infty}^\infty e^{-\frac{1}{2}u^2}du = e^{st}\sqrt{2\pi} = \sum_{n=0}^\infty \frac{(st)^n}{n!}\sqrt{2\pi}$$

$$= \sum_{m,n=0}^\infty \frac{(-)^{m+n}s^m t^n}{m!\,n!}\int_{-\infty}^\infty D_m D_n dz,$$

故

$$\int_{-\infty}^\infty D_m D_n dz = n!\sqrt{2\pi}\,\delta_{mn} \quad (m,n=0,1,2,\cdots). \tag{17}$$

上面关于 $n$ 为非负整数时 $D_n(z)$ 的一些性质是在韦伯方程的本征值问题中常用的。作为本征函数,$D_n(z)(n=0,1,2,\cdots)$ 的全体在区间 $[-\infty,+\infty]$ 中构成一正交完备函数组;满足一定条件(例如在 $[-\infty,+\infty]$ 中有一、二级连续微商,且当 $|z|\to\infty$ 时趋于零)的函数 $f(z)$ 可以用 $D_n(z)$ 展开

$$f(z) = \sum_{n=0}^\infty a_n D_n(z), \tag{18}$$

$$a_n = \frac{1}{n!\sqrt{2\pi}}\int_{-\infty}^\infty f(z)D_n(z)dz. \tag{19}$$

## 6.13　厄密(Hermite)函数和厄密多项式

在 6.11 节(8)式,厄密方程

$$y'' - 2zy' + 2ny = 0 \tag{1}$$

中令 $\xi = \sqrt{2}z$, 得

$$\frac{\mathrm{d}^2 y}{\mathrm{d}\xi^2} - \xi \frac{\mathrm{d}y}{\mathrm{d}\xi} + ny = 0. \tag{2}$$

这正是上节方程(10), 故除去一任意常数因子外, 厄密方程(2)的解与上节韦伯方程的解只差因子 $\mathrm{e}^{\xi^2/4} (= \mathrm{e}^{z^2/2})$.

以 $H_n(z)$ 表示方程(1)的一个解, 它与 $D_n(z)$ 的关系规定为

$$H_n(z) = 2^{\frac{n}{2}} \mathrm{e}^{\frac{z^2}{2}} D_n(\sqrt{2}z). \tag{3}$$

$H_n(z)$ 称为**厄密函数**.

当 $n = 0, 1, 2, \cdots$ 时, 由上节(9)式有

$$
\begin{aligned}
H_n(z) &= (2z)^n \sum_{k=0}^{[n/2]} \frac{\left(-\dfrac{n}{2}\right)_k \left(\dfrac{1-n}{2}\right)_k}{k!} (-z^2)^{-k} \\
&= \sum_{k=0}^{[n/2]} \frac{(-)^k n!}{k!(n-2k)!} (2z)^{n-2k} \\
&= (2z)^n - \frac{n(n-1)}{1!}(2z)^{n-2} + \frac{n(n-1)(n-2)(n-3)}{2!}(2z)^{n-2} - \cdots, \tag{4}
\end{aligned}
$$

称为**厄密多项式**(参看 2.11 节(23)式). 也有用另外一种定义, 称 $\mathrm{He}_n(z) = \mathrm{e}^{z^2/4} D_n(z)$ 为厄密多项式的; $H_n(z) = 2^{n/2} \mathrm{He}_n(\sqrt{2}z)$, $\mathrm{He}_n''(z) - z\mathrm{He}_n'(z) + n\mathrm{He}_n(z) = 0$, 即方程(2).

利用厄密多项式 $H_n(z)$ 与 $D_n(\sqrt{2}z)$ 的关系(3), 从上节(13)式和(14)式, 把 $z$ 换为 $\sqrt{2}z$, $t$ 换为 $-\sqrt{2}t$, 可以分别得到 $H_n(z)$ 的**生成函数和微商表示**:

$$\mathrm{e}^{-t^2+2zt} = \sum_{n=0}^{\infty} \frac{H_n(z)}{n!} t^n \quad (|t| < \infty), \tag{5}$$

$$H_n(z) = (-)^n \mathrm{e}^{z^2} \frac{\mathrm{d}^n}{\mathrm{d}z^n}(\mathrm{e}^{-z^2}). \tag{6}$$

由(5)得

$$H_{2n}(0) = (-)^n \frac{(2n)!}{n!}, \quad H_{2n+1}(0) = 0. \tag{7}$$

又由上节(15)和(16)两式得递推关系($n$ 不限于整数)

$$H_{n+1}(z) - 2zH_n(z) + 2nH_{n-1}(z) = 0, \tag{8}$$

$$H_n'(z) = 2nH_{n-1}(z). \tag{9}$$

由上节(17)式得

$$\int_{-\infty}^{\infty} H_m(z)H_n(z)\mathrm{e}^{-z^2}\,\mathrm{d}z = \sqrt{\pi}\,2^n \cdot n!\,\delta_{mn}; \tag{10}$$

$$(n,m = 0,1,2,\cdots)$$

厄密多项式在区间$[-\infty,\infty]$中构成一完备正交函数组,权为 $e^{-z^2}$.

关于厄密函数和多项式的其他一些公式,可利用它和 $D_n(z)$ 的关系得到. 又参看本章末习题 $25\sim30$ 和 Erdélyi (1953),Vol. Ⅱ,§ 10.13,p. 192.

## 6.14 拉革尔(Laguerre)多项式

拉革尔方程(6.11 节(9)式)
$$zy'' + (\mu + 1 - z)y' + ny = 0 \quad (n = 0,1,2,\cdots) \tag{1}$$
是库末方程 $zy'' + (\gamma - z)y' - \alpha y = 0$(6.1 节(1)式)的特殊情形:$\alpha = -n = 0, -1,$ $-2,\cdots$,故它有一个多项式解 $F(-n,\mu+1,z)$(设 $\mu$ 不是负整数). **广义拉革尔多项式 $L_n^\mu(z)$ 的定义**是
$$L_n^\mu(z) = \frac{\Gamma(\mu + 1 + n)}{n!\,\Gamma(\mu + 1)}F(-n,\mu+1,z), \tag{2}$$
这是一个 $n$ 次多项式,其中 $\mu$ 是不等于负整数的任意实数或复数. 这多项式又称为**索宁(Sonine)多项式**,用 $S_\mu^n(z)$ 表示.

$L_n^\mu(z)$ 的特殊情形:$L_n^0(z) = L_n(z)$ 称为**拉革尔多项式**.

**积分表示和微商表示.** 根据定义(2)和 6.4 节(7)式,立得
$$L_n^\mu(z) = \frac{(-)^n}{2\pi i}\int^{(0+)}e^{zt}(1-t)^{\mu+n}t^{-n-1}\mathrm{d}t; \tag{3}$$
$t=1$ 在围道外,$|\arg(1-t)| < \pi$.

在(3)式中令 $t = 1 - v/z$,得
$$L_n^\mu(z) = e^z z^{-\mu}\frac{1}{2\pi i}\int^{(z+)}\frac{e^{-v}v^{\mu+n}}{(v-z)^{n+1}}\mathrm{d}v \tag{4}$$
$$= \frac{e^z z^{-\mu}}{n!}\frac{\mathrm{d}^n}{\mathrm{d}z^n}(z^{\mu+n}e^{-z}) \tag{5}$$
这式也可以从下面(8)式导出,见本章末习题 31.

当 $\mu = m$(正整数)时,(3)式可写为
$$L_n^m(z) = \frac{(-)^n}{2\pi i}\frac{\mathrm{d}^m}{\mathrm{d}z^m}\int^{(0+)}e^{zt}(1-t)^{m+n}t^{-m-n-1}\mathrm{d}t.$$
令 $t = 1 - v/z$,得
$$L_n^m(z) = (-)^m\frac{\mathrm{d}^m}{\mathrm{d}z^m}\frac{e^z}{2\pi i}\int^{(z+)}\frac{e^{-v}v^{m+n}}{(v-z)^{m+n+1}}\mathrm{d}v.$$
利用(4)式,令其中的 $\mu = 0$,并把 $n$ 换成 $m+n$,即得 $L_n^m(z)$ 的微商表示
$$L_n^m(z) = (-)^m\frac{\mathrm{d}^m}{\mathrm{d}z^m}L_{m+n}(z). \tag{6}$$

**生成函数.** (3)式可写为

$$L_n^\mu(z) = \frac{-1}{2\pi i}\int^{(0+)} e^{zt}(1-t)^{\mu-1}\left(\frac{t}{t-1}\right)^{-n-1}\mathrm{d}t.$$

令 $t/(t-1)=v$，使积分中只有 $v$ 的幂次上含 $n$，然后把 $v$ 再写作 $t$，得

$$L_n^\mu(z) = \frac{1}{2\pi i}\int^{(0+)} e^{-\frac{zt}{1-t}}(1-t)^{-\mu-1}t^{-n-1}\mathrm{d}t. \tag{7}$$

由此有

$$\frac{e^{-\frac{zt}{1-t}}}{(1-t)^{\mu+1}} = \sum_{n=0}^\infty L_n^\mu(z)t^n \quad (|t|<1), \tag{8}$$

左方的函数称为 $L_n^\mu(z)$ 的**生成函数**.

**递推关系.** 把(8)式两方对 $t$ 求微商，乘上 $(1-t)^2$，再用(8)式展开左方，比较两方 $t^n$ 的系数，得

$$(n+1)L_{n+1}^\mu + (z-\mu-2n-1)L_n^\mu + (\mu+n)L_{n-1}^\mu = 0 \quad (n\geqslant 1). \tag{9}$$

把(8)式两方对 $z$ 求微商，乘以 $1-t$，再用(8)式展开左方，比较系数，得

$$\frac{\mathrm{d}}{\mathrm{d}z}L_n^\mu - \frac{\mathrm{d}}{\mathrm{d}z}L_{n-1}^\mu + L_{n-1}^\mu = 0 \quad (n\geqslant 1). \tag{10}$$

从(9),(10)两式中消去 $L_{n-1}^\mu$，得

$$(n+1)(L_{n+1}^\mu)' + (z-n-1)(L_n^\mu)' - (n+1)L_{n+1}^\mu + (\mu+2n+2-z)L_n^\mu = 0$$
$$(n\geqslant 0). \tag{11}$$

把(10)式中的 $n$ 改为 $n+1$，然后利用(11)式和(9)式消去 $(L_{n+1}^\mu)'$ 和 $L_{n+1}^\mu$，得

$$z(L_n^\mu)' = nL_n^\mu - (\mu+n)L_{n-1}^\mu \quad (n\geqslant 1). \tag{12}$$

又，在(8)式中把 $\mu$ 换成 $\mu+1$，乘以 $1-t$，然后把左方再用(8)式展开，比较两方的系数，得

$$L_n^\mu(z) = L_n^{\mu+1}(z) - L_{n-1}^{\mu+1}(z). \tag{13}$$

更普遍一些，把(8)式中的 $\mu$ 换成 $\mu-p$，$p$ 是任意实数或复数，得

$$\frac{e^{-\frac{zt}{1-t}}}{(1-t)^{\mu+1}} = (1-t)^{-p}\sum_{l=0}^\infty t^l L_l^{\mu-p}(z), \quad |t|<1,$$

或

$$\sum_{n=0}^\infty t^n L_n^\mu = \sum_{k=0}^\infty \binom{-p}{k}(-t)^k \sum_{l=0}^\infty t^l L_l^{\mu-p} = \sum_{n=0}^\infty t^n \sum_{k=0}^n (-)^k \binom{-p}{k}L_{n-k}^{\mu-p}.$$

因此有

$$L_n^\mu(z) = \sum_{k=0}^n (-)^k \binom{-p}{k}L_{n-k}^{\mu-p}(z) \quad (p\text{ 任意}). \tag{14}$$

又由 $L_n^\mu(z)$ 和 $F(-n,\mu+1,z)$ 的关系式(2)及 6.2 节(4)式，得

$$\frac{\mathrm{d}^r}{\mathrm{d}z^r}L_n^\mu(z) = (-)^r L_{n-r}^{\mu+r}(z) \quad (r\leqslant n). \tag{15}$$

**含两个广义拉革尔多项式的乘积的积分.** 一个重要的积分公式是

$$\int_0^\infty z^\lambda e^{-z} L_n^\mu(z) L_{n'}^{\mu'}(z) dz = (-)^{n+n'} \Gamma(\lambda+1) \sum_k \binom{\lambda-\mu}{n-k}\binom{\lambda-\mu'}{n'-k}\binom{\lambda+k}{k}, \quad (16)$$

其中 $\operatorname{Re}(\lambda)>-1$,以保证积分在下限收敛.这公式可以利用(8)式证明如下:由(8)式有

$$\sum_{n=0}^\infty t^n L_n^\mu(z) \cdot \sum_{n'=0}^\infty s^{n'} L_{n'}^{\mu'}(z) = \sum_{n,n'} t^n s^{n'} L_n^\mu(z) L_{n'}^{\mu'}(z)$$

$$= \frac{e^{-z(\frac{t}{1-t}+\frac{s}{1-s})}}{(1-t)^{\mu+1}(1-s)^{\mu'+1}} \quad (|t|<1, |s|<1).$$

设 $s$ 和 $t$ 是小于 1 的正实数,则

$$\sum_{n,n'} t^n s^{n'} \int_0^\infty z^\lambda e^{-z} L_n^\mu L_{n'}^{\mu'} dz = \int_0^\infty \frac{e^{-z\frac{1-ts}{(1-t)(1-s)}}}{(1-t)^{\mu+1}(1-s)^{\mu'+1}} z^\lambda dz$$

$$= (1-t)^{\lambda-\mu}(1-s)^{\lambda-\mu'}(1-ts)^{-\lambda-1} \int_0^\infty e^{-v} v^\lambda dv$$

$$= \Gamma(\lambda+1) \sum_l \binom{\lambda-\mu}{l}(-t)^l \sum_{l'} \binom{\lambda-\mu'}{l'}(-s)^{l'} \sum_k \binom{-\lambda-1}{k}(-ts)^k$$

$$= \Gamma(\lambda+1) \sum_{n,n'} t^n s^{n'} \sum_k \binom{\lambda-\mu}{n-k}\binom{\lambda-\mu'}{n'-k}\binom{-\lambda-1}{k}(-)^{n+n'+k}.$$

比较两边 $t^n s^{n'}$ 的系数,并注意 $(-)^k \binom{-\lambda-1}{k}=\binom{\lambda+k}{k}$,即得公式(16).

当 $\lambda=\mu=\mu'$ 时,得(16)式的一个重要特例

$$\int_0^\infty z^\mu e^{-z} L_n^\mu(z) L_{n'}^\mu(z) dz = \Gamma(\mu+1)\binom{\mu+n}{n}\delta_{nn'} = \frac{\Gamma(\mu+n+1)}{n!}\delta_{nn'}, \quad (17)$$

因为这时在(16)式右方的和数中只有 $k=n=n'$ 的一项不为 0.(17)式表示出广义拉革尔多项式的**正交归一关系**.

**展开公式.** 利用公式(16)和(17)可以得到下列展开公式

$$z^s L_n^\mu(z) = \sum_{r=0}^{n+s} \alpha_r^s L_{n+s-r}^{\mu+p}(z). \quad (18)$$

展开系数

$$\alpha_r^s = (-)^{s+r} \frac{(n+s-r)!\Gamma(s+\mu+p+1)}{\Gamma(n+s+\mu+p-r+1)} \sum_k \binom{s+p}{n-k}\binom{s}{k+r-n}\binom{s+\mu+p+k}{k},$$

$$(19)$$

其中 $s$ 是任意非负整数,$p$ 是任意的实数或复数.

(18)式显然成立,因为两边都是 $n+s$ 次多项式.求系数 $\alpha_r^s$ 的公式(19)可以证明如下:以 $z^{\mu+p}e^{-z}L_{n+s-r'}^{\mu+p}(z)$ 乘(18)式两边,设 $\operatorname{Re}(\mu+p)>-1$,求积分,对两边分别应用(16)和(17),得

$$\int_0^\infty z^{s+\mu+p} e^{-z} L_{n+s-r'}^{\mu+p} L_n^\mu \, dz = \sum_r \alpha_r^s \int_0^\infty z^{\mu+p} e^{-z} L_{n+s-r'}^{\mu+p} L_{n+s-r}^{\mu+p} \, dz$$

$$= \alpha_{r'}^s \frac{\Gamma(\mu+p+n+s-r'+1)}{(n+s-r')!}$$

$$= (-)^{s-r'} \Gamma(s+\mu+p+1) \sum_k \binom{s}{n+s-r'-k} \binom{s+p}{n-k} \binom{s+\mu+p+k}{k},$$

由此即得(19),因为 $\binom{s}{n+s-r'-k} = \binom{s}{k+r'-n}$. 又,由于(18)式是一个代数恒等式,在证明过程中为了使积分收敛而加入的条件 $\mathrm{Re}(\mu+p) > -1$ 可以取消.

下面给出两个在特殊情形下的系数:

$$\alpha_r^0 = (-)^r \binom{p}{r} \quad (\text{导至(14) 式}), \tag{20}$$

$$\alpha_r^1 = (-)^{r+1} \binom{p+2}{r} \left\{ (n+1) + \frac{(\mu-1)r}{p+2} \right\}$$

$$= (-)^{r+1} \frac{\Gamma(p+2)}{r!\Gamma(p-r+3)} \{ (n+1)(p+2) + (\mu-1)r \}. \tag{21}$$

由(18)式,取 $p=0$,用(21)式,得

$$z L_n^\mu = -(n+1) L_{n+1}^\mu + (\mu+2n+1) L_n^\mu - (\mu+n) L_{n-1}^\mu,$$

这是(9)式;取 $p=-1$,得

$$z L_n^\mu = -(n+1) L_{n+1}^{\mu-1} + (\mu+n) L_n^{\mu-1}; \tag{22}$$

取 $p=1$,得

$$z L_n^\mu = -(n+1) L_{n+1}^{\mu+1} + (\mu+3n+2) L_n^{\mu+1} - (2\mu+3n+1) L_{n-1}^{\mu+1} + (\mu+n) L_{n-2}^{\mu+1}; \tag{23}$$

等等.

## 6.15　其他一些可用惠泰克函数表示的特殊函数

这里只举几个用积分表示的函数作为例子. 还有一些可参看本章末习题 39 和 Erdélyi (1953), Vol. I, § 6.9.2, p. 266;Buchholz, H. (1953), p. 208, Anhang I.

(一) 误差函数 erf$x$.

$$\mathrm{erf}\,x = \frac{2}{\sqrt{\pi}} \int_0^x e^{-t^2} \, dt = 1 - \mathrm{erfc}\,x \quad (x \text{ 为实数}), \tag{1}$$

其中

$$\mathrm{erfc}\,x = \frac{2}{\sqrt{\pi}} \int_x^\infty e^{-t^2} \, dt.$$

这函数与惠泰克函数的关系可以从下面的积分表达式推得:

$$W_{k,m}(z) = \frac{\mathrm{e}^{-\frac{z}{2}} z^k}{\Gamma\left(\frac{1}{2} - k + m\right)} \int_0^\infty t^{-k-\frac{1}{2}+m} \left(1 + \frac{t}{z}\right)^{k-\frac{1}{2}+m} \mathrm{e}^{-t} \mathrm{d}t, \tag{2}$$

其中 $\frac{1}{2} - k + m$ 是正整数(6.5 节(5)式).

在(2)式的积分中令 $t = s^2 - x^2$,使被积函数中出现 $\mathrm{e}^{-s^2}$ 这一因子,同时又使积分的下限为 $x$. 于是有

$$W_{k,m}(z) = \frac{\mathrm{e}^{-\frac{z}{2}} z^k}{\Gamma\left(\frac{1}{2} - k + m\right)} 2\mathrm{e}^{x^2} \int_x^\infty (s^2 - x^2)^{-k-\frac{1}{2}+m} \left(\frac{z + s^2 - x^2}{z}\right)^{k-\frac{1}{2}+m} \mathrm{e}^{-s^2} s\, \mathrm{d}s.$$

再令 $z = x^2, -k - \frac{1}{2} + m = 0, k - \frac{1}{2} + m = -\frac{1}{2}$ 以消去除 $\mathrm{e}^{-s^2}$ 以外的其他含 $s$ 的因子,得 $-k = m = 1/4$,而有

$$W_{-\frac{1}{4}, \frac{1}{4}}(x^2) = 2\mathrm{e}^{\frac{x^2}{2}} x^{\frac{1}{2}} \int_x^\infty \mathrm{e}^{-s^2} \mathrm{d}s.$$

因此

$$\operatorname{erf} x = 1 - \frac{1}{\sqrt{\pi}} \mathrm{e}^{\frac{x^2}{2}} x^{-\frac{1}{2}} W_{-\frac{1}{4}, \frac{1}{4}}(x^2). \tag{3}$$

**(二) 不完全伽马函数 $\gamma(n, x)$.**

$$\gamma(n, x) = \int_0^x t^{n-1} \mathrm{e}^{-t} \mathrm{d}t. \tag{4}$$

显然

$$\gamma(n, x) = \Gamma(n) - \int_x^\infty t^{n-1} \mathrm{e}^{-t} \mathrm{d}t. \tag{5}$$

令 $t = s + x$,得

$$\gamma(n, x) = \Gamma(n) - \mathrm{e}^{-x} x^{n-1} \int_0^\infty \left(1 + \frac{s}{x}\right)^{n-1} \mathrm{e}^{-s} \mathrm{d}s.$$

因此,如果在(2)式中令 $-k - \frac{1}{2} + m = 0, k - \frac{1}{2} + m = n - 1$,即 $k = (n-1)/2, m = n/2$,立见

$$\gamma(n, x) = \Gamma(n) - \mathrm{e}^{-\frac{x}{2}} x^{\frac{n-1}{2}} W_{\frac{n-1}{2}, \frac{n}{2}}(x). \tag{6}$$

**(三) 对数积分函数 $\operatorname{li}(z)$.**

$$\operatorname{li}(z) = \int_0^z \frac{\mathrm{d}t}{\ln t} \quad (|\arg(-\ln z)| < \pi). \tag{7}$$

令 $\ln t = s$,则

$$\operatorname{li}(z) = \int_{-\infty}^{\ln z} \mathrm{e}^s s^{-1} \mathrm{d}s = -\int_{-\ln z}^\infty \mathrm{e}^{-s} s^{-1} \mathrm{d}s.$$

再令 $t=s+\ln z$，得

$$\mathrm{li}(z)=-\,\mathrm{e}^{\ln z}\int_{0}^{\infty}\mathrm{e}^{-t}(t-\ln z)^{-1}\mathrm{d}t=-\,z(-\ln z)^{-1}\int_{0}^{\infty}\mathrm{e}^{-t}\left(1+\frac{t}{-\ln z}\right)^{-1}\mathrm{d}t.$$

与(2)式比较如前，即见

$$\mathrm{li}(z)=-\,(-\ln z)^{-\frac{1}{2}}z^{\frac{1}{2}}\mathrm{W}_{-\frac{1}{2},0}(-\ln z)\quad(|\arg(-\ln z)|<\pi). \tag{8}$$

**（四）指数积分函数** $\mathrm{E}_n(x)$．

$$\mathrm{E}_n(x)=\int_{1}^{\infty}\mathrm{e}^{-x\xi}\xi^{-n}\mathrm{d}\xi\quad(x>0). \tag{9}$$

这函数的一个特例是

$$\mathrm{Ei}(-x)=-\,\mathrm{E}_1(x)\quad(x>0). \tag{10}$$

在(2)式中令 $z=x,t=(\xi-1)x$，并取 $-k-\dfrac{1}{2}+m=0,k-\dfrac{1}{2}+m=-n$，即 $k=-n/2,m=(1-n)/2$，得

$$\mathrm{E}_n(x)=\mathrm{e}^{-\frac{x}{2}}x^{\frac{n}{2}-1}\mathrm{W}_{-\frac{n}{2},\frac{1-n}{2}}(x). \tag{11}$$

　　根据这些函数与惠泰克函数的关系，可以把它们的定义域扩大，明确其多值性，同时求出它们的渐近展开式．

<h1 align="center">习　　题</h1>

　　1. 证明通过适当的变换可以把拉普拉斯型方程

$$(a_0 z+b_0)\frac{\mathrm{d}^2 u}{\mathrm{d}z^2}+(a_1 z+b_1)\frac{\mathrm{d}u}{\mathrm{d}z}+(a_2 z+b_2)u=0$$

化为库末方程

$$x\frac{\mathrm{d}^2 y}{\mathrm{d}x^2}+(\gamma-x)\frac{\mathrm{d}y}{\mathrm{d}x}-\alpha y=0.$$

　　又证明，如果令 $x=\lambda\xi,y=x^{\rho}\,\mathrm{e}^{hx}w$，并适当选择参数 $\lambda,\rho,h$，则库末方程的形式不变．由此再证明第一库末公式(6.1 节(6))．

　　2. 证明**第二库末公式**

$$\mathrm{e}^{-\frac{z}{2}}\mathrm{F}(\alpha,2\alpha,z)={}_0\mathrm{F}_1\left(\frac{1}{2}+\alpha;\frac{z^2}{16}\right).$$

〔**提示**：用 6.4 节(4)式．〕

　　3. 由 $\mathrm{F}(\alpha,\gamma,z)$ 的积分表达式(6.4 节(4)或者(6))导出下列递推关系(6.2 节(2)和(3))

$$(\gamma-1)\mathrm{F}(\gamma-1)-\alpha\mathrm{F}(\alpha+1)-(\gamma-\alpha-1)\mathrm{F}=0,$$

$$\gamma\mathrm{F}-z\mathrm{F}(\gamma+1)-\gamma\mathrm{F}(\alpha-1)=0.$$

4. 用上题的结果导出下列递推关系

$$(\gamma - 2\alpha - z)F + \alpha F(\alpha + 1) - (\gamma - \alpha)F(\alpha - 1) = 0,$$
$$\gamma(\alpha + z)F - \alpha\gamma F(\alpha + 1) - (\gamma - \alpha)zF(\gamma + 1) = 0,$$
$$(\alpha - 1 + z)F - (\gamma - 1)F(\gamma - 1) + (\gamma - \alpha)F(\alpha - 1) = 0,$$
$$\gamma(\gamma - 1 + z)F - (\gamma - \alpha)zF(\gamma + 1) - \gamma(\gamma - 1)F(\gamma - 1) = 0.$$

5. 证明下列微商公式

$$\frac{d^n}{dx^n}\big[x^{\alpha+n-1}F(\alpha,\gamma,x)\big] = (\alpha)_n x^{\alpha-1}F(\alpha + n,\gamma,x),$$

$$\frac{d^n}{dx^n}\big[x^{\gamma-1}F(\alpha,\gamma,x)\big] = (-)^n(1 - \gamma)_n x^{\gamma-n-1}F(\alpha,\gamma - n,x),$$

$$\frac{d^n}{dx^n}\big[e^{-x}F(\alpha,\gamma,x)\big] = (-)^n\frac{(\gamma - \alpha)_n}{(\gamma)_n}e^{-x}F(\alpha,\gamma + n,x),$$

$$\frac{d^n}{dx^n}\big[e^{-x}x^{\gamma-\alpha+n-1}F(\alpha,\gamma,x)\big] = (\gamma - \alpha)_n e^{-x}x^{\gamma-\alpha-1}F(\alpha - n,\gamma,x).$$

6. 证明

(i) $\displaystyle F(\alpha,\gamma,z) = \frac{\Gamma(\gamma)\Gamma(1 + \alpha - \gamma)}{\Gamma(\alpha)}\frac{1}{2\pi i}\int_0^{(1+)}e^{zt}t^{\alpha-1}(t-1)^{\gamma-\alpha-1}dt,$

其中 $\mathrm{Re}(\alpha) > 0, \gamma - \alpha \neq 1, 2, \cdots, |\arg t| < \pi, |\arg(t-1)| < \pi.$

(ii) $\displaystyle F(\alpha,\gamma,z) = \frac{\Gamma(\gamma)\Gamma(1 - \alpha)}{\Gamma(\gamma - \alpha)}\frac{1}{2\pi i}\int_1^{(0+)}e^{zt}(-t)^{\alpha-1}(1-t)^{\gamma-\alpha-1}dt,$

其中 $\mathrm{Re}(\gamma - \alpha) > 0, \alpha \neq 1, 2, \cdots, |\arg(-t)| < \pi, |\arg(1-t)| < \pi.$

7. 证明下列递推关系

$$W_{k,m}(z) = z^{\frac{1}{2}}W_{k-\frac{1}{2},m-\frac{1}{2}}(z) + \left(\frac{1}{2} - k + m\right)W_{k-1,m}(z),$$

$$W_{k,m}(z) = z^{\frac{1}{2}}W_{k-\frac{1}{2},m+\frac{1}{2}}(z) + \left(\frac{1}{2} - k - m\right)W_{k-1,m}(z),$$

$$zW'_{k,m}(z) = \left(k - \frac{z}{2}\right)W_{k,m}(z) - \left\{m^2 - \left(k - \frac{1}{2}\right)^2\right\}W_{k-1,m}(z).$$

8. $\Psi(\alpha,\gamma,x)$ 是 6.5 节(6)式或(7)式所规定的**屈科米函数**. 证明

$$\Psi(\alpha,\gamma,x) = x^{1-\gamma}\Psi(\alpha - \gamma + 1, 2 - \gamma, x),$$

$$\Psi(\alpha,\gamma,x) = \frac{\Gamma(1 - \gamma)}{\Gamma(\alpha - \gamma + 1)}F(\alpha,\gamma,x)$$

$$+ \frac{\Gamma(\gamma - 1)}{\Gamma(\alpha)}x^{1-\gamma}F(\alpha - \gamma + 1, 2 - \gamma, x) \quad (\gamma \neq \text{整数}).$$

9. 证明下列拉普拉斯换式：

$$\mathscr{L}\{t^{\beta-1}F(\alpha,\gamma,\lambda t)\} = \int_0^\infty e^{-st}t^{\beta-1}F(\alpha,\gamma,\lambda t)dt$$

$$= \Gamma(\beta)s^{-\beta}F\left(\alpha,\beta,\gamma,\frac{\lambda}{s}\right) \quad (|\lambda|<|s|)$$

$$= \Gamma(\beta)(s-\lambda)^{-\beta}F\left(\gamma-\alpha,\beta,\gamma,\frac{\lambda}{\lambda-s}\right)$$

$$(|\lambda|<|\lambda-s|).$$

$$\mathscr{L}\{e^{\lambda t}t^{m-\frac{1}{2}}M_{k,m}(t)\} = \Gamma(2m+1)\left(s-\lambda+\frac{1}{2}\right)^{-k-m-\frac{1}{2}}\left(s-\lambda-\frac{1}{2}\right)^{k-m-\frac{1}{2}}$$

$$\left(\mathrm{Re}(m)>-\frac{1}{2},\mathrm{Re}(s)>\mathrm{Re}(\lambda)-\frac{1}{2}\right).$$

$$\mathscr{L}\{e^{t/2}t^{\lambda}W_{k,m}(t)\} = \frac{\Gamma\left(\lambda+m+\frac{3}{2}\right)\Gamma\left(\lambda-m+\frac{3}{2}\right)}{\Gamma(\lambda-k+2)} \cdot s^{-\lambda-m-\frac{3}{2}}$$

$$\times F\left(\lambda+m+\frac{3}{2},m-k+\frac{1}{2},\lambda-k+2,1-s^{-1}\right)$$

$$\left(\mathrm{Re}\left(\lambda\pm m+\frac{3}{2}\right)>0,\quad \mathrm{Re}(s)>0\right).$$

10. 利用上题结果,证明

$$\int_0^\infty t^{\beta-1}F(\alpha,\gamma,-t)\mathrm{d}t = \frac{\Gamma(\beta)\Gamma(\gamma)\Gamma(\alpha-\beta)}{\Gamma(\alpha)\Gamma(\gamma-\beta)}$$

$$(\mathrm{Re}(\alpha)>\mathrm{Re}(\beta)>0),$$

$$\int_0^\infty t^{\beta-1}\Psi(\alpha,\gamma,t)\mathrm{d}t = \frac{\Gamma(\beta)\Gamma(\alpha-\beta)\Gamma(\beta-\gamma+1)}{\Gamma(\alpha)F(\alpha-\gamma+1)}$$

$$(\mathrm{Re}(\alpha)>\mathrm{Re}(\beta)>0,\mathrm{Re}(\beta)+1>\mathrm{Re}(\gamma)).$$

11. 利用第 9 题的结果和拉氏换式的反演公式

$$f(t) = \mathscr{L}^{-1}\{F(s)\} = \frac{1}{2\pi\mathrm{i}}\int_{b-\mathrm{i}\infty}^{b+\mathrm{i}\infty}e^{st}F(s)\mathrm{d}s,$$

其中 $F(s)=\mathscr{L}\{f(t)\}$,$b$ 是正实数使当 $\mathrm{Re}(s)>b$ 时 $F(s)$ 无奇点,证明

$$F(\alpha,\gamma,z) = \frac{n!z^{-n}}{2\pi\mathrm{i}}\int_C e^{zs}s^{-n-1}F(\alpha,n+1,\gamma,s^{-1})\mathrm{d}s,$$

其中 $C$ 是圆 $|s|=\rho>1,n=0,1,2,\cdots$.

12. 利用拉氏变换的折积定理

$$\mathscr{L}\left\{\int_0^t f_1(\tau)f_2(t-\tau)\mathrm{d}\tau\right\} = F_1(s)F_2(s),$$

其中 $F_i(s)=\mathscr{L}\{f_i(t)\}(i=1,2)$,证明下列积分的加法公式

$$\int_0^t \frac{\tau^{\gamma-1}}{\Gamma(\gamma)}F(\alpha,\gamma,\tau)\frac{(t-\tau)^{\gamma'-1}}{\Gamma(\gamma')}F(\alpha',\gamma',t-\tau)\mathrm{d}\tau$$

$$= \frac{t^{\gamma+\gamma'-1}}{\Gamma(\gamma+\gamma')}F(\alpha+\alpha',\gamma+\gamma',t) \quad (\mathrm{Re}(\gamma)>0,\mathrm{Re}(\gamma')>0).$$

13. 证明下列拉氏换式

$$\mathscr{L}\{e^{-t^2} t^{2\gamma-2} F(\alpha,\gamma,t^2)\} = 2^{1-2\gamma} \Gamma(2\gamma-1) \Psi\left(\gamma-\frac{1}{2},\alpha+\frac{1}{2},\frac{s^2}{4}\right)$$

$$\left(\mathrm{Re}(\gamma) > \frac{1}{2}, \mathrm{Re}(s) > 0\right),$$

其中 $\mathscr{L}\{f(t)\} = \displaystyle\int_0^\infty e^{-st} f(t)\mathrm{d}t, \Psi(\lambda,\mu,x)$ 是屈科米函数(6.4 节(6)或(7)).

14. 证明

$$\Gamma(\beta)\Psi(\alpha,\gamma,x) = x^{\alpha-\beta} \int_0^\infty e^{-xt} t^{\beta-1} F(\alpha,\alpha-\gamma+1,\beta,-t)\mathrm{d}t$$

$$(\mathrm{Re}(\beta) > 0, \quad \mathrm{Re}(x) > 0).$$

15. 证明

$$\int_0^\infty \cos(2xy) F(\alpha,\gamma,-y^2)\mathrm{d}y$$

$$= \frac{\sqrt{\pi}}{2} \frac{\Gamma(\gamma)}{\Gamma(\alpha)} x^{2\alpha-1} e^{-x^2} \Psi\left(\gamma-\frac{1}{2},\alpha+\frac{1}{2},x^2\right).$$

16. 证明

$$\frac{1}{2\pi\mathrm{i}} \int_{-i\infty}^{i\infty} \Gamma(-s)\Gamma(\gamma-s)\Psi(s,\gamma,x)\Psi(\gamma-s,\gamma,y)\mathrm{d}s = \Gamma(\gamma)\Psi(\gamma,2\gamma,x+y),$$

其中的积分路线是巴恩斯围道. 这公式称为**马格努斯**(Magnus)**加法公式**(Erdélyi (1953), Vol. I, p. 285(15)式).

17. 证明

$$\int_0^\infty e^{-x} x^{\gamma+n-1} (x+y)^{-1} F(\alpha,\gamma,x)\mathrm{d}x = (-)^n \Gamma(\gamma)\Gamma(1-\alpha) y^{\gamma+n-1} \Psi(\gamma-\alpha,\gamma,y),$$

$$-\mathrm{Re}(\gamma) < n < 1-\mathrm{Re}(\alpha), \quad n = 0,1,2,\cdots; \quad |\arg y| < \pi.$$

(参看上题所引文献 p. 285(16)式.)

18. 利用泰勒展开公式

$$f(\lambda x) = f(x+(\lambda-1)x) = \sum \frac{(\lambda-1)^n x^n}{n!} f^{(n)}(x),$$

拉格朗日展开公式(第一章习题 18)

$$\lambda f(\lambda x) = \sum_{n=0}^\infty \frac{(1-\lambda^{-1})^n}{n!} \frac{\mathrm{d}^n}{\mathrm{d}x^n}[x^n f(x)],$$

以及上面习题 5 的结果证明下列倍乘公式:

(i) $F(\alpha,\gamma,\lambda x) = \displaystyle\sum_{n=0}^\infty \frac{(\alpha)_n}{n!(\gamma)_n}(\lambda-1)^n x^n F(\alpha+n,\gamma+n,x),$

(ii) $F(\alpha,\gamma,\lambda x) = \lambda^{1-\gamma} \displaystyle\sum_{n=0}^\infty \frac{(1-\gamma)_n}{n!}(1-\lambda)^n F(\alpha,\gamma-n,x),$

(iii) $F(\alpha,\gamma,\lambda x)=\lambda^{-\alpha}\sum_{n=0}^{\infty}\dfrac{(\alpha)_n}{n!}(1-\lambda^{-1})^n F(\alpha+n,\gamma,x)$ $\left(\mathrm{Re}(\lambda)>\dfrac{1}{2}\right)$.

如果令 $\lambda=1+y/x$，即 $\lambda x=x+y$，则上面的公式都成为加法公式.

19. 证明

$$F(\alpha,\gamma,\lambda x)=\sum_{n=0}^{\infty}\frac{(\alpha)_n}{n!(g+n)_n}(-x)^n\,{}_2F_1(-n,g+n;\gamma;\lambda)F(\alpha+n,g+2n+1,x),$$

其中 $g$ 是不等于 $-2m-1(m=0,1,2,\cdots)$ 的任意参数（参看 Erdélyi (1953)，Vol. I, p. 283(7)式).

20. 证明，当 $|\arg\alpha|<\pi/2$ 时

$$\int_{\infty}^{(0+)}\mathrm{e}^{\left(\frac{1}{4}-\alpha\right)z^2}z^m\mathrm{D}_n(z)\mathrm{d}z$$

$$=\frac{\pi^{\frac{3}{2}}2^{\frac{n}{2}-m}\mathrm{e}^{\left(m-\frac{1}{2}\right)\pi i}}{\Gamma(-m)\Gamma\left(\dfrac{m}{2}-\dfrac{n}{2}+1\right)\alpha^{\frac{m+1}{2}}}F\left(-\frac{n}{2},\frac{m+1}{2},\frac{m}{2}-\frac{n}{2}+1,1-\frac{1}{2\alpha}\right).$$

21. 利用上题结果证明

$$\int_0^{\infty}\mathrm{e}^{-\frac{3}{4}z^2}z^m\mathrm{D}_{m+1}(z)\mathrm{d}z=(\sqrt{2})^{-1-m}\Gamma(m+1)\sin(1-m)\frac{\pi}{4},$$

如果积分收敛.

22. 设 $n$ 为正整数，证明

$$\int_{-\infty}^{\infty}\mathrm{e}^{-\frac{z^2}{4}}(z-x)^{-1}\mathrm{D}_n(z)\mathrm{d}z=\pm\,\mathrm{i}\mathrm{e}^{\mp n\pi i/2}\,\sqrt{2\pi}\,\Gamma(n+1)\mathrm{e}^{-\frac{x^2}{4}}\mathrm{D}_{-n-1}(\mp\mathrm{i}x);$$

当 $\mathrm{Im}(x)>0$ 时取上边的号，$\mathrm{Im}(x)<0$ 时取下边的号.

23. 证明，当 $n$ 是正整数时，

$$\mathrm{D}_n(x)=(-)^{[n/2]}2^{n+2}(2\pi)^{-\frac{1}{2}}\mathrm{e}^{\frac{x^2}{4}}\int_0^{\infty}\mathrm{e}^{-2t^2}t^n\begin{matrix}\cos\\\sin\end{matrix}(2xt)\mathrm{d}t;$$

被积函数中当 $n$ 是奇数时用正弦函数，$n$ 是偶数时用余弦函数.

24. 证明

$$\mathrm{D}_n(z)=\frac{\Gamma(n+1)}{\sqrt{2\pi}}\left[\mathrm{e}^{\frac{n\pi i}{2}}\mathrm{D}_{-n-1}(\mathrm{i}z)+\mathrm{e}^{-\frac{n\pi i}{2}}\mathrm{D}_{-n-1}(-\mathrm{i}z)\right],$$

$$\mathrm{D}_n(z)=\mathrm{e}^{-n\pi i}\mathrm{D}_n(-z)+\frac{\sqrt{2\pi}}{\Gamma(-n)}\mathrm{e}^{-\frac{n+1}{2}\pi i}\mathrm{D}_{-n-1}(\mathrm{i}z)$$

$$=\mathrm{e}^{n\pi i}\mathrm{D}_n(-z)+\frac{\sqrt{2\pi}}{\Gamma(-n)}\mathrm{e}^{\frac{n+1}{2}\pi i}\mathrm{D}_{-n-1}(-\mathrm{i}z),$$

其中 $\pm\mathrm{i}=\mathrm{e}^{\pm\pi i/2}$.

25. 证明

$$\sum_{k=0}^{n}\frac{\mathrm{H}_k(x)\mathrm{H}_k(y)}{2^k k!}=\frac{\mathrm{H}_{n+1}(x)\mathrm{H}_n(y)-\mathrm{H}_n(x)\mathrm{H}_{n+1}(y)}{2^{n+1}n!(x-y)},$$

其中 $H_n(z)$ 是 $n$ 阶厄密多项式.

　26. 证明

$$\sum_{n=0}^{\infty} \frac{\left(\dfrac{t}{2}\right)^n}{n!} H_n(x) H_n(y) = (1-t^2)^{1/2} \exp\left\{\frac{2xyt - (x^2 + y^2)t^2}{1-t^2}\right\}.$$

　27. 证明下列积分公式

$$\int_0^x e^{-t^2} H_n(t) dt = H_{n-1}(0) - e^{-x^2} H_{n-1}(x),$$

$$\int_0^x H_n(t) dt = \frac{1}{2(n+1)} \left[H_{n+1}(x) - H_{n+1}(0)\right],$$

$$\int_{-\infty}^{\infty} e^{-t^2} H_{2n}(xt) dt = \sqrt{\pi} \frac{(2n)!}{n!} (x^2 - 1)^n,$$

$$\int_{-\infty}^{\infty} e^{-t^2} t H_{2n+1}(xt) dt = \sqrt{\pi} \frac{(2n+1)!}{n!} x(x^2 - 1)^n,$$

$$\int_{-\infty}^{\infty} e^{-t^2} t^n H_n(xt) dt = \sqrt{\pi} n! P_n(x),$$

$P_n(x)$ 是 $n$ 次勒让德多项式.

　28. $F(t)$ 的高斯换式(参数为 $\alpha$)的定义是

$$\mathscr{G}_x^\alpha\{F(t)\} = \frac{1}{\sqrt{2\pi\alpha}} \int_{-\infty}^{\infty} F(t) \exp\{-(x-t)^2/2\alpha\} dt.$$

证明

$$\mathscr{G}_x^\alpha\{H_n(t)\} = (1-2\alpha)^{n/2} H_n\left[(1-2\alpha)^{-\frac{1}{2}} x\right] \quad (0 \leqslant \alpha < 1/2),$$

$$\mathscr{G}_x^{1/2}\{H_n(t)\} = (2x)^n,$$

$$\mathscr{G}_x^{1/2}\{t^n\} = (2i)^{-n} H_n(ix).$$

　29. 证明

$$\sum_{k=0}^{n} (2^k \cdot k!)^{-1} \left[H_k(x)\right]^2 = (2^{n+1} n!)^{-1} \left\{\left[H_{n+1}(x)\right]^2 - H_n(x) H_{n+2}(x)\right\},$$

$$\sum_{k=0}^{\min(m,n)} (-2)^k k! \binom{m}{k} \binom{n}{k} H_{m-k}(x) H_{n-k}(x) = H_{m+n}(x),$$

$$\sum_{k=0}^{\min(m,n)} 2^k \cdot k! \binom{m}{k} \binom{n}{k} H_{m+n-2k}(x) = H_m(x) H_n(x),$$

$$\sum_{k=0}^{n} \binom{n}{k} H_k(\sqrt{2} x) H_{n-k}(\sqrt{2} y) = 2^{n/2} H_n(x+y),$$

$$\sum_{k=0}^{n} \binom{2n}{2k} H_{2k}(\sqrt{2} x) H_{2n-2k}(\sqrt{2} y) = 2^{n-1} \{H_{2n}(x+y) + H_{2n}(x-y)\}.$$

30. 证明

$$\sum_{k=0}^{n} \binom{n}{k} H_{2k}(x) H_{2n-2k}(y) = (-)^{n} n! L_{n}(x^2 + y^2),$$

$$\int_{0}^{\infty} e^{-t^2} [H_n(t)]^2 \cos(\sqrt{2}xt) dt = \sqrt{\pi} 2^{n-1} n! L_n(x^2),$$

$$\Gamma(n+\mu+1) \int_{-1}^{1} (1-t^2)^{\mu-\frac{1}{2}} H_{2n}(\sqrt{x}t) dt$$

$$= (-)^{n} \sqrt{\pi} (2n)! \Gamma\left(\mu + \frac{1}{2}\right) L_{n}^{\mu}(x) \quad \left(\mathrm{Re}(\mu) > -\frac{1}{2}\right),$$

其中 $L_{n}^{\mu}(z)$ 是广义拉革尔多项式.

31. 证明,若 $\rho = 1/\xi$,有

$$\frac{d^n}{d\xi^n} f(\xi) = (-)^n \rho^{n+1} \frac{d^n}{d\rho^n} \left\{ \rho^{n-1} f\left(\frac{1}{\rho}\right) \right\}.$$

利用这公式,由拉革尔多项式 $L_{n}^{\mu}(z)$ 的生成函数(6.14 节(8)式)推出 $L_{n}^{\mu}(z)$ 的微商表示(6.14 节(5)).

32. 证明

$$F\left(\alpha, \gamma, \frac{xy}{x-1}\right) = (1-x)^{\alpha} \sum_{n=0}^{\infty} \frac{(\alpha)_n}{(\gamma)_n} L_{n}^{\gamma-1}(y) x^n \quad (|x| < 1, y > 0)$$

(Erdélyi (1953), Vol. I, p. 276, (5)). 6.14 节(8)式是这个展开式的特殊情形: $\alpha = \gamma = \mu + 1$.

33. 证明

$$L_{n}^{\mu}(x) = \sum_{k=0}^{n} \binom{n+\mu}{n-k} \frac{(-x)^k}{k!}.$$

34. 证明

$$\sum_{k=0}^{n} \frac{k!}{\Gamma(\mu+k+1)} L_{k}^{\mu}(x) L_{k}^{\mu}(y)$$

$$= \frac{(n+1)!}{\Gamma(\mu+n+1)} \frac{1}{x-y} \{ L_{n}^{\mu}(x) L_{n+1}^{\mu}(y) - L_{n+1}^{\mu}(x) L_{n}^{\mu}(y) \}.$$

35. 证明

$$\sum_{n=0}^{\infty} L_{n}^{\mu-n}(x) y^n = e^{-xy} (1+y)^{\mu} \quad (|y| < 1).$$

36. 证明

$$\frac{d^n}{dx^n} [x^{-\mu-1} e^{-1/x}] = (-)^n n! x^{-\mu-n-1} L_{n}^{\mu}(x^{-1}) e^{-1/x},$$

$$\frac{d^m}{dx^m} [x^{\mu} L_{n}^{\mu}(x)] = (n-m+\mu+1)_m x^{\mu-m} L_{n}^{\mu-m}(x),$$

$$\frac{\mathrm{d}^m}{\mathrm{d}x^m}\big[\mathrm{e}^{-x}x^\mu \mathrm{L}_n^\mu(x)\big] = \frac{(m+n)!}{n!}\mathrm{e}^{-x}x^{\mu-m}\mathrm{L}_{m+n}^{\mu-m}(x).$$

37. 证明

$$\int_x^\infty \mathrm{e}^{-t}\{\mathrm{L}_n^\mu(t)\}\mathrm{d}t = \mathrm{e}^{-x}\{\mathrm{L}_n^\mu(x) - \mathrm{L}_{n-1}^\mu(x)\},$$

$$\int_0^x (x-t)^{\beta-1} t^\alpha \mathrm{L}_n^\alpha(t)\mathrm{d}t = \frac{\Gamma(\alpha+n+1)\Gamma(\beta)}{\Gamma(\alpha+\beta+n+1)} x^{\alpha+\beta} \mathrm{L}_n^{\alpha+\beta}(x)$$

$$(\mathrm{Re}(\alpha) > -1, \mathrm{Re}(\beta) > 0),$$

$$\int_0^x \mathrm{L}_m(t)\mathrm{L}_n(x-t)\mathrm{d}t = \int_0^x \mathrm{L}_{m+n}(t)\mathrm{d}t = \mathrm{L}_{m+n}(x) - \mathrm{L}_{m+n+1}(x).$$

38. 证明下列拉氏换式

$$\mathscr{L}\{t^\mu \mathrm{L}_n^\mu(t)\} = \int_0^\infty \mathrm{e}^{-st} t^\mu \mathrm{L}_n^\mu(t)\mathrm{d}t = \frac{\Gamma(\mu+n+1)(s-1)^n}{n!s^{\mu+n+1}}$$

$$(\mathrm{Re}(\mu) > -1, \mathrm{Re}(s) > 0),$$

$$\mathscr{L}\{t^\beta \mathrm{L}_n^\alpha(t)\} = \frac{\Gamma(\beta+1)\Gamma(\alpha+n+1)}{n!\Gamma(\alpha+1)} s^{-\beta-1} \mathrm{F}(-n,\beta+1,\alpha+1,s^{-1})$$

$$(\mathrm{Re}(\beta) > -1, \mathrm{Re}(s) > 0).$$

39. 证明

$$\sum_{k=0}^n \mathrm{L}_k^\alpha(x)\mathrm{L}_{n-k}^\beta(y) = \mathrm{L}_n^{\alpha+\beta+1}(x+y).$$

40. 证明

$$\mathrm{Ci}(z) = \int_\infty^z \frac{\cos t}{t}\mathrm{d}t = -\frac{z^{-\frac{1}{2}}}{2}\big\{\mathrm{e}^{\mathrm{i}(\frac{z}{2}+\frac{\pi}{4})}\,\mathrm{W}_{-\frac{1}{2},0}(z\mathrm{e}^{-\frac{\pi\mathrm{i}}{2}}) + \mathrm{e}^{-\mathrm{i}(\frac{z}{2}+\frac{\pi}{4})}\,\mathrm{W}_{-\frac{1}{2},0}(z\mathrm{e}^{\frac{\pi\mathrm{i}}{2}})\big\},$$

$$\mathrm{Si}(z) = \int_0^z \frac{\sin t}{t}\mathrm{d}t = \frac{\pi}{2} + \frac{\mathrm{i}z^{-\frac{1}{2}}}{2}\big\{\mathrm{e}^{\mathrm{i}(\frac{z}{2}+\frac{\pi}{4})}\,\mathrm{W}_{-\frac{1}{2},0}(z\mathrm{e}^{-\frac{\pi\mathrm{i}}{2}}) - \mathrm{e}^{-\mathrm{i}(\frac{z}{2}+\frac{\pi}{4})}\,\mathrm{W}_{-\frac{1}{2},0}(z\mathrm{e}^{\frac{\pi\mathrm{i}}{2}})\big\}.$$

41. 证明 $_0\mathrm{F}_1(\gamma;x)$ 满足下列微分方程：

$$x\frac{\mathrm{d}^2 y}{\mathrm{d}x^2} + \gamma\frac{\mathrm{d}y}{\mathrm{d}x} - y = 0.$$

42. 证明

$$E_1(x) = \mathrm{e}^{-\frac{x}{2}}x^{-\frac{1}{2}}\mathrm{W}_{-\frac{1}{2},0}(x) = -\gamma - \ln x - \sum_1^\infty \frac{(-x)^n}{n!n},$$

用到 40 题得

$$\mathrm{Ci}z = \gamma + \ln z + \sum_1^\infty \frac{(-)^n z^{2n}}{(2n)!2n},$$

$$\mathrm{Si}z = -\sum_1^\infty \frac{(-)^n z^{2n-1}}{(2n-1)!(2n-1)}.$$

# 第七章　贝塞耳函数

## 7.1　贝塞耳(Bessel)方程及其来源. 与合流超几何方程的关系

贝塞耳函数是下列贝塞耳方程的解:

$$\frac{\mathrm{d}^2 y}{\mathrm{d}z^2} + \frac{1}{z}\frac{\mathrm{d}y}{\mathrm{d}z} + \left(1 - \frac{\nu^2}{z^2}\right)y = 0, \tag{1}$$

其中 $\nu$ 是常数,称为**方程的阶**或**其解的阶**,可以是任何实数或复数.

贝塞耳函数除了作为方程(1)的解而引进外,也还出现在,例如,某些函数的展开问题中(见 7.5 节(2)式,7.17 节(3)式).

贝塞耳方程常在用分离变数法解偏微分方程的边值问题或本征值问题中见到. 例如,在圆柱坐标系中解波动方程

$$\frac{1}{r}\frac{\partial}{\partial r}\left(r\frac{\partial u}{\partial r}\right) + \frac{1}{r^2}\frac{\partial^2 u}{\partial \theta^2} + \frac{\partial^2 u}{\partial z^2} - \frac{1}{c^2}\frac{\partial^2 u}{\partial t^2} = 0,$$

设 $u(r,\theta,z,t) = R(r)\Theta(\theta)Z(z)\mathrm{e}^{\mathrm{i}\omega t}$,得到关于 $R(r)$ 的方程

$$\frac{1}{r}\frac{\mathrm{d}}{\mathrm{d}r}\left(r\frac{\mathrm{d}R}{\mathrm{d}r}\right) + \left(k^2 - \frac{m^2}{r^2}\right)R = 0, \tag{2}$$

其中 $k$ 和 $m$ 是分离变数时引进的常数.令 $\xi = kr, R(r) = y(\xi)$,(2)式即化为贝塞耳方程(1).

又例如在球极坐标系中解波动方程

$$\frac{1}{r^2}\frac{\partial}{\partial r}\left(r^2\frac{\partial u}{\partial r}\right) + \frac{1}{r^2\sin\theta}\frac{\partial}{\partial \theta}\left(\sin\theta\frac{\partial u}{\partial \theta}\right) + \frac{1}{r^2\sin^2\theta}\frac{\partial^2 u}{\partial \varphi^2} - \frac{1}{c^2}\frac{\partial^2 u}{\partial t^2} = 0,$$

设 $u(r,\theta,\varphi,t) = R(r)\Theta(\theta)\Phi(\varphi)\mathrm{e}^{\mathrm{i}\omega t}$,得到关于 $R(r)$ 的方程

$$\frac{1}{r^2}\frac{\mathrm{d}}{\mathrm{d}r}\left(r^2\frac{\mathrm{d}R}{\mathrm{d}r}\right) + \left[k^2 - \frac{l(l+1)}{r^2}\right]R = 0, \tag{3}$$

其中 $l = 0,1,2,\cdots$(参看 5.14 节).令 $\xi = kr$,并作变换 $R(r) = \xi^{-\frac{1}{2}}y(\xi)$,得

$$\frac{\mathrm{d}^2 y}{\mathrm{d}\xi^2} + \frac{1}{\xi}\frac{\mathrm{d}y}{\mathrm{d}\xi} + \left[1 - \frac{(l+1/2)^2}{\xi^2}\right]y(\xi) = 0. \tag{4}$$

这是半奇数阶 $\left(l+\dfrac{1}{2}\right)$ 的贝塞耳方程.

**贝塞耳方程与合流超几何方程的关系.**　贝塞耳方程与合流超几何方程具有相同的奇点 0 和∞;0 点是正则奇点,∞点是非正则奇点. 根据 6.11 节(5),(6)两

式，如果在(1)式中令

$$y(z) = z^{-\frac{1}{2}} W(\xi), \quad \xi = 2\mathrm{i}z, \tag{5}$$

得

$$\frac{\mathrm{d}^2 W}{\mathrm{d}\xi^2} + \left[ -\frac{1}{4} + \frac{1/4 - \nu^2}{\xi^2} \right] W(\xi) = 0, \tag{6}$$

这是惠泰克方程(6.3 节(4)式)的特殊情形：$k=0, m^2 = \nu^2$.

又，根据惠泰克方程与库末方程(6.1 节(1)式)的关系，令

$$y(z) = z^{\nu} \mathrm{e}^{-\xi/2} u(\xi), \quad \xi = 2\mathrm{i}z, \tag{7}$$

由(1)式得

$$\xi \frac{\mathrm{d}^2 u}{\mathrm{d}\xi^2} + (2\nu + 1 - \xi) \frac{\mathrm{d}u}{\mathrm{d}\xi} - \left( \nu + \frac{1}{2} \right) u(\xi) = 0, \tag{8}$$

这是库末方程的特殊情形：$\alpha = \nu + \dfrac{1}{2}, \gamma = 2\nu + 1 = 2\alpha$.

由这些关系，可以利用第六章中的结果，得到贝塞耳函数的一些性质，如积分表示，渐近展开(7.10 节)，等等.

此外，许多与贝塞耳方程有关的方程可以用下面的变换推得：令

$$u(z) = z^{\alpha} Z_{\nu}(\lambda z^{\beta}), \tag{9}$$

其中 $Z_{\nu}(z)$ 是 $\nu$ 阶贝塞耳方程的解，则 $u(z)$ 满足下列方程

$$z^2 \frac{\mathrm{d}^2 u}{\mathrm{d}z^2} + (1 - 2\alpha) z \frac{\mathrm{d}u}{\mathrm{d}z} + (\lambda^2 \beta^2 z^{2\beta} + \alpha^2 - \nu^2 \beta^2) u = 0. \tag{10}$$

## 7.2 第一类贝塞耳函数 $J_{\pm\nu}(z)$，$2\nu\neq$整数

$J_{\pm\nu}(z)$ 是当 $2\nu\neq$整数时 $\nu$ 阶贝塞耳方程

$$\frac{\mathrm{d}^2 y}{\mathrm{d}z^2} + \frac{1}{z} \frac{\mathrm{d}y}{\mathrm{d}z} + \left( 1 - \frac{\nu^2}{z^2} \right) y = 0 \tag{1}$$

在它的正则奇点 $z=0$ 处的两个线性无关解. 下面求出它们的级数表达式.

把方程(1)写为

$$z^2 y'' + zy' + (z^2 - \nu^2) y = 0, \tag{1$'$}$$

设

$$y = \sum_{k=0}^{\infty} c_k z^{k+\rho} \quad (c_0 \neq 0),$$

按求正则解的步骤(2.4 节)，得

$$c_0 [\rho^2 - \nu^2] = 0, \tag{2}$$

$$c_1 [(\rho + 1)^2 - \nu^2] = 0, \tag{3}$$

$$c_k = -\frac{c_{k-2}}{(\rho+k)^2 - \nu^2} \quad (k \geqslant 2). \tag{4}$$

由(2)得方程(1)在 $z=0$ 点的两指标为 $\rho = \pm \nu$. 下面设 $\mathrm{Re}(\nu) \geqslant 0$. 因 $(\pm\nu+1)^2 - \nu^2 = \pm 2\nu + 1 \neq 0$(因为 $2\nu$ 不是整数), 故由(3)得 $c_1 = 0$, 再由递推关系(4)得

$$c_{2k+1} = 0 \quad (k \geqslant 0), \tag{5}$$

$$c_{2k} = -\frac{c_{2k-2}}{2k(\pm 2\nu + 2k)} = (-)^k \frac{c_0 \Gamma(\pm\nu+1)}{2^{2k} k! \, \Gamma(\pm\nu+k+1)}. \tag{6}$$

取 $c_0 \Gamma(\pm\nu+1) = 2^{\mp\nu}$, 得方程(1)的两个级数解

$$\mathrm{J}_{\pm\nu}(z) = \sum_{k=0}^{\infty} \frac{(-)^k}{k!} \frac{1}{\Gamma(\pm\nu+k+1)} \left(\frac{z}{2}\right)^{2k\pm\nu}. \tag{7}$$

当 $2\nu$ 不是整数时, 这两个解显然是线性无关的, 因为令 $z \to 0$, $\mathrm{J}_{\pm\nu}(z)$ 分别 $\sim z^{\pm\nu}$, 而 $\mathrm{J}_\nu(z)/\mathrm{J}_{-\nu}(z) \sim z^{2\nu}$ 不可能为常数.

当 $\nu = n(n=0,1,2,\cdots)$ 时, 因 $\Gamma(-n+k+1) \to \infty(k<n)$, 故

$$\mathrm{J}_{-n}(z) = \sum_{k=n}^{\infty} \frac{(-)^k}{k!} \frac{1}{\Gamma(-n+k+1)} \left(\frac{z}{2}\right)^{2k-n}$$

$$= \sum_{k=0}^{\infty} \frac{(-)^{k+n}}{(k+n)!} \frac{1}{\Gamma(k+1)} \left(\frac{z}{2}\right)^{2k+n}$$

$$= (-)^n \mathrm{J}_n(z). \tag{8}$$

这说明 $\mathrm{J}_{-n}(z)$ 与 $\mathrm{J}_n(z)$ 是线性相关的. 在这种情形下, 方程(1)的第二解需要另求(7.6 节).

$2\nu = 2n+1$, 即 $\nu = n+1/2(n=0,1,2,\cdots)$ 的情形将在下一节中讨论. 这里只指出, 在这种情形中,(7)式所表示的两个解仍是线性无关的, 因为不发生级数中的 $\Gamma$ 函数值为无穷大的问题.

$\mathrm{J}_{\pm\nu}(z)$ 称为 $\nu$ **阶第一类贝塞耳函数**, 或简称为 $\nu$ 阶贝塞耳函数.

令 $u_k$ 代表(7)式中级数(提出因子 $(z/2)^{\pm\nu}$ 之后)的普遍项, 则

$$\left|\frac{u_{k+1}}{u_k}\right| = \frac{1}{k+1} \left|\frac{\Gamma(\pm\nu+k+1)}{\Gamma(\pm\nu+k+2)}\right| \left|\frac{z}{2}\right|^2 = \frac{1}{(k+1)|\pm\nu+k+1|} \left|\frac{z}{2}\right|^2.$$

当 $|z| \leqslant R_1$, $|\nu| \leqslant R_2 (R_1, R_2$ 是任意正数) 时, 只要 $k$ 够大, 就有

$$\left|\frac{u_{k+1}}{u_k}\right| \leqslant \frac{1}{(k+1)(k+1-R_2)} \left(\frac{R_1}{2}\right)^2 \to 0,$$

故级数在所说范围内是一致收敛的. 因此, 对于 $z$ 来说, 当 $\nu$ 不是整数时, $\mathrm{J}_{\pm\nu}(z)$ 是沿负实轴割开的全 $z$ 平面上的单值解析函数, $|\arg z| < \pi$. 而对于 $\nu$ 来说, 则 $\mathrm{J}_{\pm\nu}(z)$ 是 $\nu$ 的整函数.

**递推关系**——由 $\mathrm{J}_\nu(z)$ 的级数表达式(7), 两边乘上 $z^\nu$, 对 $z$ 求微商, 得

$$\frac{\mathrm{d}}{\mathrm{d}z}(z^\nu \mathrm{J}_\nu) = 2^\nu \sum_{k=0}^{\infty} \frac{(-)^k}{k!} \frac{k+\nu}{\Gamma(k+\nu+1)} \left(\frac{z}{2}\right)^{2(k+\nu)-1} = z^\nu \sum_{k=0}^{\infty} \frac{(-)^k}{k!} \frac{1}{\Gamma(\nu+k)} \left(\frac{z}{2}\right)^{2k+\nu-1},$$

即

$$\frac{\mathrm{d}}{\mathrm{d}z}(z^{\nu}J_{\nu}) = z^{\nu}J_{\nu-1}.\tag{9}$$

类似地,可得

$$\frac{\mathrm{d}}{\mathrm{d}z}(z^{-\nu}J_{\nu}) = -z^{-\nu}J_{\nu+1}.\tag{10}$$

把(9),(10)两式左方的微商写开,得

$$\nu J_{\nu} + zJ_{\nu}' = zJ_{\nu-1},\tag{11}$$

$$-\nu J_{\nu} + zJ_{\nu}' = -zJ_{\nu+1}.\tag{12}$$

消去 $J_{\nu}'$,得

$$J_{\nu-1} + J_{\nu+1} = \frac{2\nu}{z}J_{\nu};\tag{13}$$

消去 $J_{\nu}$,得

$$J_{\nu-1} - J_{\nu+1} = 2J_{\nu}'.\tag{14}$$

当 $\nu=0$ 时,由(10)式得

$$J_{0}' = -J_{1}.\tag{15}$$

(13)和(14)是贝塞耳函数的两个基本递推关系.

又,由(9),(10)两式可以分别证明

$$\left(\frac{\mathrm{d}}{z\,\mathrm{d}z}\right)^{m}\{z^{\nu}J_{\nu}\} = z^{\nu-m}J_{\nu-m},\tag{16}$$

$$\left(\frac{\mathrm{d}}{z\,\mathrm{d}z}\right)^{m}\{z^{-\nu}J_{\nu}\} = (-)^{m}z^{-\nu-m}J_{\nu+m}.\tag{17}$$

所有上述关于 $J_{\nu}$ 的递推关系对于任何 $\nu$ 都成立.

最后,由(7)式可证明下列关系式

$$J_{\pm\nu}(z\mathrm{e}^{\pi\mathrm{i}}) = \mathrm{e}^{\pm\nu\pi\mathrm{i}}J_{\pm\nu}(z).\tag{18}$$

## 7.3  半奇数阶贝塞耳函数 $J_{n+\frac{1}{2}}(z)$ $(n=0,\pm 1,\pm 2,\cdots)$

$J_{n+\frac{1}{2}}(z)$ 的一个重要特点是它可以用初等函数表达. 例如

$$J_{\frac{1}{2}}(z) = \sum_{k=0}^{\infty}\frac{(-)^{k}}{k!}\frac{1}{\Gamma\left(k+\frac{3}{2}\right)}\left(\frac{z}{2}\right)^{2k+\frac{1}{2}}.$$

由 3.6 节(8)式,$\Gamma\left(k+\dfrac{3}{2}\right) = \Gamma(2k+2)2^{-2k-1}\sqrt{\pi}\Big/\Gamma(k+1)$,故

$$J_{\frac{1}{2}}(z) = \sqrt{\frac{2}{\pi z}}\sum_{k=0}^{\infty}\frac{(-)^{k}}{(2k+1)!}z^{2k+1} = \sqrt{\frac{2}{\pi z}}\sin z.\tag{1}$$

类似地,可以证明

$$J_{-\frac{1}{2}}(z) = \sqrt{\frac{2}{\pi z}}\cos z. \tag{2}$$

普遍的 $J_{n+\frac{1}{2}}(z)$ 可由(1)式利用上节(17)式求出为

$$J_{n+\frac{1}{2}}(z) = (-)^n z^{n+\frac{1}{2}} \left(\frac{\mathrm{d}}{z\,\mathrm{d}z}\right)^n \{z^{-\frac{1}{2}} J_{\frac{1}{2}}(z)\}$$

$$= (-)^n \sqrt{\frac{2}{\pi z}} z^{n+1} \left(\frac{\mathrm{d}}{z\,\mathrm{d}z}\right)^n \left\{\frac{\sin z}{z}\right\} \tag{3}$$

$$(n = 0, 1, 2, \cdots).$$

由(2)式,利用上节(16)式,得

$$J_{-n-\frac{1}{2}}(z) = \sqrt{\frac{2}{\pi z}} z^{n+1} \left(\frac{\mathrm{d}}{z\,\mathrm{d}z}\right)^n \left\{\frac{\cos z}{z}\right\} \quad (n = 0, 1, 2, \cdots). \tag{4}$$

用归纳法可以分别由(3)和(4)证明 $J_{\pm\left(n+\frac{1}{2}\right)}(z)$ 的显明表达式:

$$J_{n+\frac{1}{2}}(z) = \sqrt{\frac{2}{\pi z}} \left\{ \sin\left(z - \frac{n\pi}{2}\right) \sum_{r=0}^{\left[\frac{n}{2}\right]} \frac{(-)^r (n+2r)!}{(2r)!(n-2r)!(2z)^{2r}} \right.$$

$$\left. + \cos\left(z - \frac{n\pi}{2}\right) \sum_{r=0}^{\left[\frac{n-1}{2}\right]} \frac{(-)^r (n+2r+1)!}{(2r+1)!(n-2r-1)!(2z)^{2r+1}} \right\}, \tag{5}$$

$$J_{-n-\frac{1}{2}}(z) = \sqrt{\frac{2}{\pi z}} \left\{ \cos\left(z + \frac{n\pi}{2}\right) \sum_{r=0}^{\left[\frac{n}{2}\right]} \frac{(-)^r (n+2r)!}{(2r)!(n-2r)!(2z)^{2r}} \right.$$

$$\left. - \sin\left(z + \frac{n\pi}{2}\right) \sum_{r=0}^{\left[\frac{n-1}{2}\right]} \frac{(-)^r (n+2r+1)!}{(2r+1)!(n-2r-1)!(2z)^{2r+1}} \right\}. \tag{6}$$

在 7.10 节中将利用 $J_\nu(z)$ 的渐近展开式证明(5)和(6)。

## 7.4　$J_\nu(z)$ 的积分表示

$J_\nu(z)$ 的积分表达式有很多,在本节中只介绍其中比较重要的和基本的几个(本节公式(5),(6),(9),(10),(13),(15),(17),(18),(19))。

导出积分表达式的方法常用的有两种,一是从微分方程的积分解出发,一是从解的级数表达式出发。先介绍前一种。

根据贝塞耳方程与合流超几何方程的关系(7.1 节),可以得到 $J_\nu(z)$ 的积分表达式,但也可以直接从贝塞耳方程的积分解来求。在贝塞耳方程

$$y'' + \frac{1}{z}y' + \left(1 - \frac{\nu^2}{z^2}\right)y = 0 \tag{1}$$

中令 $y = z^\nu u(z)$,得拉普拉斯型方程(2.13 节(1))

$$z \frac{\mathrm{d}^2 u}{\mathrm{d}z^2} + (2\nu+1)\frac{\mathrm{d}u}{\mathrm{d}z} + zu(z) = 0, \tag{2}$$

它的积分解的普遍形式是

$$u(z) = A\int_C \mathrm{e}^{zt}(1+t^2)^{\nu-\frac{1}{2}}\mathrm{d}t$$

(参看 2.13 节的求法),或者,把 $t$ 换成 $it$,

$$u(z) = A\int_C \mathrm{e}^{izt}(1-t^2)^{\nu-\frac{1}{2}}\mathrm{d}t,$$

其中 $A$ 是任意常数,积分路线 $C$ 应使

$$\{\mathrm{e}^{izt}(1-t^2)^{\nu+\frac{1}{2}}\}_C = 0. \tag{3}$$

由此得贝塞耳方程(1)的积分解式

$$y(z) = Az^\nu\int_C \mathrm{e}^{izt}(1-t^2)^{\nu-\frac{1}{2}}\mathrm{d}t. \tag{4}$$

设 Re$(\nu+1/2)>0$,可取 $C$ 为从 $t=-1$ 到 $t=1$ 的直线段,因为在这路线的端点 $(1-t^2)^{\nu+\frac{1}{2}}=0$,(3)式满足. 现在来证明,只要适当选取常数 $A$,并确定多值因子 $(1-t^2)^{\nu-\frac{1}{2}}$,(4)式右方就代表 J$_\nu$(z). 规定在积分路径上 $\arg(1-t^2)=0$,有

$$y(z) = Az^\nu\int_{-1}^1 \mathrm{e}^{izt}(1-t^2)^{\nu-\frac{1}{2}}\mathrm{d}t$$

$$= Az^\nu\sum_{k=0}^\infty \frac{(iz)^k}{k!}\int_{-1}^1 t^k(1-t^2)^{\nu-\frac{1}{2}}\mathrm{d}t$$

$$= Az^\nu\sum_{k=0}^\infty \frac{(-)^k}{(2k)!}z^{2k}\int_{-1}^1 t^{2k}(1-t^2)^{\nu-\frac{1}{2}}\mathrm{d}t.$$

令

$$\int_{-1}^1 t^{2k}(1-t^2)^{\nu-\frac{1}{2}}\mathrm{d}t = 2\int_0^1 t^{2k}(1-t^2)^{\nu-\frac{1}{2}}\mathrm{d}t$$

$$= \int_0^1 s^{k-\frac{1}{2}}(1-s)^{\nu-\frac{1}{2}}\mathrm{d}s = \frac{\Gamma\left(k+\frac{1}{2}\right)\Gamma\left(\nu+\frac{1}{2}\right)}{\Gamma(\nu+k+1)},$$

而由 3.6 节(8)式,$\Gamma\left(k+\frac{1}{2}\right)=\Gamma(2k+1)2^{-2k}\pi^{\frac{1}{2}}/\Gamma(k+1)$,故

$$y(z) = A\pi^{1/2}\Gamma\left(\nu+\frac{1}{2}\right)z^\nu\sum_{k=0}^\infty \frac{(-)^k}{k!}\frac{1}{\Gamma(\nu+k+1)}\left(\frac{z}{2}\right)^{2k}.$$

与 7.2 节(7),J$_\nu$(z) 的级数表达式比较,即见 $y(z)=A\pi^{1/2}\Gamma(\nu+1/2)2^\nu$J$_\nu$(z),因此有

$$\mathrm{J}_\nu(z) = \frac{(z/2)^\nu}{\sqrt{\pi}\Gamma(\nu+1/2)}\int_{-1}^1 \mathrm{e}^{izt}(1-t^2)^{\nu-\frac{1}{2}}\mathrm{d}t \tag{5}$$

$$(\mathrm{Re}(\nu)>-1/2, \arg(1-t^2)=0).$$

在(5)式中令 $t=\cos\theta$,得**泊松(Poisson)积分表达式**

$$J_\nu(z) = \frac{(z/2)^\nu}{\sqrt{\pi}\,\Gamma(\nu+1/2)}\int_0^\pi e^{iz\cos\theta}\sin^{2\nu}\theta\,\mathrm{d}\theta. \tag{6}$$

由此又得

$$J_\nu(z) = \frac{(z/2)^\nu}{\sqrt{\pi}\,\Gamma(\nu+1/2)}\int_0^\pi \cos(z\cos\theta)\sin^{2\nu}\theta\,\mathrm{d}\theta, \tag{7}$$

因为

$$\int_0^\pi \sin(z\cos\theta)\sin^{2\nu}\theta\,\mathrm{d}\theta = -\int_0^\pi \sin(z\cos\theta)\sin^{2\nu}\theta\,\mathrm{d}\theta = 0$$

(只要把积分中的 $\theta$ 换成 $\pi-\theta$,即可证明这结果).

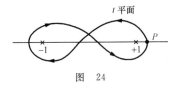

图 24

$J_\nu(z)$ 的上述积分表示虽然比较简单,但受条件 $\mathrm{Re}\left(\nu+\dfrac{1}{2}\right)>0$ 的限制. 要避免这一限制可考虑(4)式中的积分路线 $C$ 为图 24 中横 8 字形的围道. 为了在这种情形下确定被积函数中多值因子之值,把(4)式写为

$$y(z) = Az^\nu \int_P^{(1+,-1-)} e^{izt}(t^2-1)^{\nu-\frac{1}{2}}\,\mathrm{d}t, \tag{8}$$

并规定在积分路线与 $t=1$ 之右的实轴的交点 $P$ 上,$\arg(t^2-1)=0$. 对于这样的积分围道,(3)式显然满足,因为在路线的起、终点 $e^{izt}(t^2-1)^{\nu+\frac{1}{2}}$ 之值相同.

(8)式中的积分路线不通过被积函数的任何奇点,故积分对于任何 $\nu$ 值都有意义. 现在把积分路线变形为图 25 中的围道:从实轴上 $t=-1$ 点右方相距为 $\delta_1$ 的地点出发,沿实轴到 $t=1$ 的左方相距为 $\delta_2$ 之处,正向绕 $t=1$ 一圈,再沿实轴回到 $t=-1$ 附近 $\delta_1$ 处,然后负向绕 $t=-1$ 点一圈回到出发点. 设 $\mathrm{Re}(\nu+1/2)>0$,则绕 $t=\pm1$ 的圆圈积分之值随半径趋于零. 注意在出发点 $\arg(t^2-1)=-\pi$(因为规定在 $P$ 点 $\arg(t^2-1)=0$),有

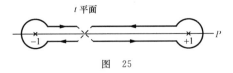

图 25

$$\int_P^{(1+,-1-)} e^{izt}(t^2-1)^{\nu-1/2}\,\mathrm{d}t$$

$$= \int_{-1}^1 e^{izt}\left[(1-t^2)e^{-\pi i}\right]^{\nu-1/2}\,\mathrm{d}t + \int_1^{-1} e^{izt}\left[(1-t^2)e^{\pi i}\right]^{\nu-1/2}\,\mathrm{d}t$$

$$= \left[e^{-(\nu-1/2)\pi i} - e^{(\nu-1/2)\pi i}\right]\int_{-1}^{1} e^{izt}(1-t^2)^{\nu-1/2}\,dt$$

$$= 2i\sin\pi\left(\frac{1}{2}-\nu\right)\frac{\Gamma(\nu+1/2)\sqrt{\pi}}{(z/2)^\nu}J_\nu(z) \quad (\text{用}(8)\text{式})$$

$$= \frac{2\pi i\sqrt{\pi}}{\Gamma(1/2-\nu)(z/2)^\nu}J_\nu(z).$$

因此

$$J_\nu(z) = \frac{\Gamma(1/2-\nu)(z/2)^\nu}{\sqrt{\pi}}\frac{1}{2\pi i}\int_P^{(1+,-1-)} e^{izt}(t^2-1)^{\nu-1/2}\,dt, \tag{9}$$

其中 $\nu\neq 1/2,3/2,\cdots$;在 $P$ 点 $\arg(t^2-1)=0$.(9)式虽然是在条件 $\mathrm{Re}(\nu)>-1/2$ 之下证明的,但因两边的函数都不受此限制,故按解析开拓原理,这一条件可取消.

又,当 $\nu=n+1/2(n=0,1,2,\cdots)$ 时,(9)式右方的因子 $\Gamma(1/2-\nu)$ 为无穷大,而积分值为零(因被积函数现在是单值的),故(9)式右方是一个不定式.但从上面的推导可看出,这个不定式在 $\nu\to n+1/2$ 时的极限值就是(5)式的右方.

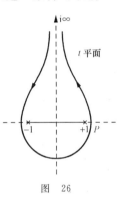

图　26

(4)式中的积分路线也可以选为图 26 所示的另一种围道:从 $t=i\infty$ 出发,沿正向绕 $t=\pm 1$ 一圈,然后回到 $i\infty$. 只要 $\mathrm{Re}(z)>0$,(3)式就成立,而且(4)式中的积分也是收敛的.

仍把(4)式写为

$$y(z) = Az^\nu\int_{i\infty}^{(-1+,1+)} e^{izt}(t^2-1)^{\nu-\frac{1}{2}}\,dt,$$

并规定在围道与 $t=1$ 右方的实轴的交点 $P$ 处,$\arg(t^2-1)=0$. 可设积分围道完全位于圆 $|t|=1$ 之外,于是,因子 $(t^2-1)^{\nu-\frac{1}{2}}$ 可以按 $t$ 的降幂展开

$$(t^2-1)^{\nu-\frac{1}{2}} = t^{2\nu-1}(1-t^{-2})^{\nu-\frac{1}{2}} = \sum_{k=0}^{\infty}\frac{\Gamma\left(\frac{1}{2}-\nu+k\right)}{k!\,\Gamma\left(\frac{1}{2}-\nu\right)}t^{2\nu-1-2k},$$

其中 $-3\pi/2<\arg t<\pi/2$,因为级数展开的形式规定了当 $t\to\infty$ 时 $(1-t^{-2})^{\nu-1/2}\to 1$,且 $\arg(t^2)\sim\arg(t^2-1)$,而由于在 $P$ 点 $\arg(t^2-1)=0$,应有 $-3\pi<\arg(t^2-1)<\pi$.

把级数展开式代入前面的积分中,交换求积分与求和的次序(可证明是合法的,参看下面(13)式之后的一段),得

$$y(z) = A\frac{z^\nu}{\Gamma(1/2-\nu)}\sum_{k=0}^{\infty}\frac{\Gamma(1/2-\nu+k)}{k!}\int_{i\infty}^{(0+)} e^{izt}t^{2\nu-1-2k}\,dt$$

$$(-3\pi/2 < \arg t < \pi/2).$$

令 $u=\mathrm{e}^{\mathrm{i}\pi/2}zt$，以 $\alpha$ 代表 $\arg z$，并设 $|\alpha|<\pi/2$，则

$$\int_{\mathrm{j}\infty}^{(0+)}\mathrm{e}^{\mathrm{i}zt}t^{2\nu-1-2k}\mathrm{d}t=(\mathrm{e}^{\pi\mathrm{i}/2}z)^{-2\nu+2k}\int_{-\infty\mathrm{e}^{\mathrm{i}\alpha}}^{(0+)}\mathrm{e}^{u}u^{2\nu-1-2k}\mathrm{d}u$$

$$=(-)^{k}\mathrm{e}^{-\nu\pi\mathrm{i}}z^{-2\nu+2k}\frac{2\pi\mathrm{i}}{\Gamma(1-2\nu+2k)}\quad(\text{用}3.7\text{节}(6)\text{式}),$$

故

$$y(z)=A\frac{2\pi\mathrm{i}}{\Gamma(1/2-\nu)}\mathrm{e}^{-\nu\pi\mathrm{i}}z^{-\nu}\sum_{k=0}^{\infty}\frac{(-)^{k}}{k!}\frac{\Gamma(1/2-\nu+k)}{\Gamma(1-2\nu+2k)}z^{2k}.$$

利用 3.6 节(8)式并与 7.2 节(7)式比较，即见

$$y(z)=A\frac{2\pi\mathrm{i}}{\Gamma(1/2-\nu)}\mathrm{e}^{-\nu\pi\mathrm{i}}2^{\nu}\sqrt{\pi}\mathrm{J}_{-\nu}(z),$$

因此有

$$\mathrm{J}_{-\nu}(z)=\frac{\mathrm{e}^{\nu\pi\mathrm{i}}\Gamma(1/2-\nu)}{\sqrt{\pi}}\frac{(z/2)^{\nu}}{2\pi\mathrm{i}}\int_{\mathrm{j}\infty}^{(-1+,1+)}\mathrm{e}^{\mathrm{i}zt}(t^{2}-1)^{\nu-\frac{1}{2}}\mathrm{d}t\tag{10}$$

$$(|\arg z|<\pi/2,-3\pi<\arg(t^{2}-1)<\pi,\nu+1/2\neq1,2,\cdots).$$

当 $\nu+\frac{1}{2}$ 为正整数时，(10)式右方是一个不定式(参看 7.7 节(10)式的下一段).

如果 $z$ 不满足条件$|\arg z|<\pi/2$，例如，

$$-\frac{\pi}{2}+\omega<\arg z<\frac{\pi}{2}+\omega,\quad|\omega|<\frac{\pi}{2},\tag{11}$$

可以把积分围道整个绕 $t=0$ 转一角度 $(-\omega)$(参看 3.1 节(2)式后面的论证). 于是，仿照上面的讨论，可得

$$\mathrm{J}_{-\nu}(z)=\frac{\mathrm{e}^{\nu\pi\mathrm{i}}\Gamma(1/2-\nu)}{\sqrt{\pi}}\frac{(z/2)^{\nu}}{2\pi\mathrm{i}}\int_{\mathrm{j}\infty\mathrm{e}^{-\mathrm{i}\omega}}^{(-1+,1+)}\mathrm{e}^{\mathrm{i}zt}(t^{2}-1)^{\nu-\frac{1}{2}}\mathrm{d}t,\tag{12}$$

其中$-\pi/2+\omega<\arg z<\pi/2+\omega$，在 $P$ 点，$\arg(t^{2}-1)=0$，$\nu+1/2\neq$正整数. 逐步这样转动围道，可以得到 $\arg z$ 取任何给定值时$\mathrm{J}_{-\nu}(z)$的这种表达式.

导出 $\mathrm{J}_{\nu}(z)$ 的积分表达式的另一种方法是从它的级数表示出发[①]：由 7.2 节(7)式

$$\mathrm{J}_{\nu}(z)=\left(\frac{z}{2}\right)^{\nu}\sum_{k=0}^{\infty}\frac{(-)^{k}}{k!}\frac{1}{\Gamma(\nu+k+1)}\left(\frac{z}{2}\right)^{2k},$$

用 3.7 节(5)式，得

$$\mathrm{J}_{\nu}(z)=\left(\frac{z}{2}\right)^{\nu}\sum_{k=0}^{\infty}\frac{(-)^{k}}{k!}\left(\frac{z}{2}\right)^{2k}\frac{1}{2\pi\mathrm{i}}\int_{-\infty}^{(0+)}t^{-\nu-k-1}\mathrm{e}^{t}\mathrm{d}t\quad(|\arg t|<\pi).$$

交换求积分及求和次序，右方成为

---

$$\frac{(z/2)^\nu}{2\pi i}\int_{-\infty}^{(0+)}\sum_{k=0}^{\infty}\frac{1}{k!}\left(-\frac{z^2}{4t}\right)^k t^{-\nu-1}e^t dt = \frac{(z/2)^\nu}{2\pi i}\int_{-\infty}^{(0+)}e^{t-\frac{z^2}{4t}}t^{-\nu-1}dt,$$

故有

$$J_\nu(z) = \frac{(z/2)^\nu}{2\pi i}\int_{-\infty}^{(0+)}e^{t-\frac{z^2}{4t}}t^{-\nu-1}dt \quad (|\arg t|<\pi). \tag{13}$$

这就是 $J_\nu(z)$ 的另一重要积分表达式.

要证明前述求积分及求和换序是合法的,只要注意(13)式右方的积分在 $|z|\leqslant R(R$ 为任意正数)中是一致收敛的,故代表一个在全平面上解析的函数,可以在积分号下求微商,因此它在 $z=0$ 点的泰勒展开为

$$\sum_{n=0}^{\infty}\frac{z^n}{n!}\int_{-\infty}^{(0+)}e^t t^{-\nu-1}\frac{d^n}{dz^n}(e^{-z^2/4t})\Big|_{z=0}dt.$$

但

$$\frac{d^n}{dz^n}e^{-z^2/4t}\Big|_{z=0} = \frac{d^n}{dz^n}\sum_{k=0}^{\infty}\frac{1}{k!}\left(-\frac{z^2}{4t}\right)^k\Big|_{z=0}$$

$$= \begin{cases}\dfrac{(2k)!}{k!}\left(-\dfrac{1}{4t}\right)^k & (n=2k), \\ 0 & (n\neq 2k)\end{cases} \quad (k=0,1,2,\cdots).$$

故(13)式右方等于

$$\frac{(z/2)^\nu}{2\pi i}\sum_{k=0}^{\infty}\frac{(-)^k}{k!}\left(\frac{z}{2}\right)^{2k}\int_{-\infty}^{(0+)}e^t t^{-\nu-k-1}dt.$$

这就证明了所作换序的合法性.

把(13)式中的 $t$ 换成 $zt/2$,即得更为简单的表达式

$$J_\nu(z) = \frac{1}{2\pi i}\int_{-\infty e^{-i\alpha}}^{(0+)}e^{\frac{z}{2}(t-t^{-1})}t^{-\nu-1}dt, \tag{14}$$

其中 $|\arg t+\alpha|<\pi, \alpha=\arg z$. 如果 $|\alpha|<\pi/2$,可以把整个围道绕 $t=0$ 转 $\alpha$ 角而不改变积分值(参看 3.1 节的类似做法). 因此有

$$J_\nu(z) = \frac{1}{2\pi i}\int_{-\infty}^{(0+)}e^{\frac{z}{2}(t-t^{-1})}t^{-\nu-1}dt \quad (|\arg z|<\pi/2, |\arg t|<\pi). \tag{15}$$

又,(15)式中的积分路线可取为从 $t=-\infty$ 出发,沿负实轴下岸到 $t=-1$,正向绕 $t=0$ 一周,然后沿上岸回到 $t=-\infty$ 的围道. 于是有

$$J_\nu(z) = \frac{1}{2\pi i}\left\{(e^{-\nu\pi i}-e^{\nu\pi i})\int_1^{\infty}e^{-\frac{z}{2}(t-t^{-1})}t^{-\nu-1}dt + \int^{(0+)}e^{\frac{z}{2}(t-t^{-1})}t^{-\nu-1}dt\right\}.$$

在第一个积分中令 $t=e^u$,在第二个积分中令 $t=e^{i\theta}$,变换次序,得

$$J_\nu(z) = \frac{1}{2\pi}\int_{-\pi}^{\pi}e^{i(z\sin\theta-\nu\theta)}d\theta - \frac{\sin\nu\pi}{\pi}\int_0^{\infty}e^{-z\sinh u-\nu u}du \tag{16}$$

$$(|\arg z|<\pi/2),$$

或

$$J_\nu(z) = \frac{1}{2\pi} \int_{-\pi}^{\pi} \cos(z\sin\theta - \nu\theta) d\theta - \frac{\sin\nu\pi}{\pi} \int_0^\infty e^{-z\mathrm{sh}u - \nu u} du \qquad (17)$$

$$(\,|\arg z| < \pi/2),$$

因为 $\sin(z\sin\theta - \nu\theta)$ 是 $\theta$ 的奇函数,对于(16)式中第一项积分的贡献为 0.

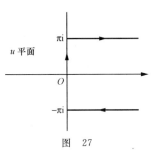

$u$ 平面

图 27

从(15)式还可以推得 $J_\nu(z)$ 的另一重要积分表达式:令其中的 $t = e^u$,得

$$J_\nu(z) = \frac{1}{2\pi i} \int_{\infty-\pi i}^{\infty+\pi i} e^{z\mathrm{sh}u - \nu u} du \quad (\,|\arg z| < \pi/2), \quad (18)$$

积分路线如图 27 所示.

又,若 $\mathrm{Re}(\nu) > -1$,则利用约当引理,可以把(13)式中的积分路线变形为平行于 $t$ 平面中的虚轴的直线,而有

$$J_\nu(z) = \frac{(z/2)^\nu}{2\pi i} \int_{c-i\infty}^{c+i\infty} e^{t - \frac{z^2}{4t}} t^{-\nu-1} dt \quad (c > 0, \mathrm{Re}(\nu) > -1). \qquad (19)$$

## 7.5 整数阶贝塞耳函数 $J_n(z)$ $(n = 0, 1, 2, \cdots)$

根据 7.2 节中的分析,可知当 $n$ 是整数时,$J_n(z)$ 是 $z$ 的整函数.所有该节中的递推关系也都适用于 $J_n(z)$.

$J_n(z)$ 的**生成函数** 在上节(15)式中令 $\nu = n$(整数),则因被积函数成为单值的,积分路线可以变形为正向绕 $t = 0$ 一周的任意一个围道,而有

$$J_n(z) = \frac{1}{2\pi i} \int^{(0+)} e^{\frac{z}{2}\left(t - \frac{1}{t}\right)} t^{-n-1} dt \quad (n = 0, \pm 1, \pm 2, \cdots). \qquad (1)$$

由这式立刻看出 $J_n(z)$ 是函数 $\exp\left\{\frac{z}{2}(t - t^{-1})\right\}$ 在 $0 < |t| < \infty$ 中的洛浪展开的系数,即

$$e^{\frac{z}{2}\left(t - \frac{1}{t}\right)} = \sum_{n=-\infty}^{\infty} J_n(z) t^n. \qquad (2)$$

左方的函数称为 $J_n(z)$ 的**生成函数**.

(2)式是贝塞耳函数理论中的重要公式,从它可以推出一系列展开公式.下面列举其中的几个.

在(2)式中令 $t = i e^{i\theta}$,利用 7.2 节(8)式,$J_{-n}(z) = (-)^n J_n(z)$,得

$$e^{iz\cos\theta} = \sum_{n=-\infty}^{\infty} J_n(z) i^n e^{in\theta} \qquad (3)$$

$$= J_0(z) + \sum_{n=1}^{\infty} \left[ J_n(z) i^n e^{in\theta} + J_{-n}(z) i^{-n} e^{-in\theta} \right]$$

$$= \mathrm{J}_0(z) + \sum_{n=1}^{\infty} \mathrm{J}_n(z)\mathrm{i}^n(\mathrm{e}^{\mathrm{i}n\theta} + \mathrm{e}^{-\mathrm{i}n\theta})$$

$$= \mathrm{J}_0(z) + 2\sum_{n=1}^{\infty} \mathrm{i}^n \mathrm{J}_n(z)\cos n\theta. \tag{4}$$

引进符号

$$\varepsilon_0 = 1, \quad \varepsilon_n = 2 \quad (n=1,2,\cdots), \tag{5}$$

(4)式可简写为

$$\mathrm{e}^{\mathrm{i}z\cos\theta} = \sum_{n=0}^{\infty} \varepsilon_n \mathrm{i}^n \mathrm{J}_n(z)\cos n\theta. \tag{6}$$

由(6)式,比较两边的实部和虚部,得

$$\cos(z\cos\theta) = \sum_{n=0}^{\infty} \varepsilon_{2n}(-)^n \mathrm{J}_{2n}(z)\cos 2n\theta, \tag{7}$$

$$\sin(z\cos\theta) = 2\sum_{n=0}^{\infty} (-)^n \mathrm{J}_{2n+1}(z)\cos(2n+1)\theta. \tag{8}$$

在(7)式中令 $\theta = \pi/2$,得

$$1 = \sum_{n=0}^{\infty} \varepsilon_n \mathrm{J}_{2n}(z) = \mathrm{J}_0(z) + 2\sum_{n=1}^{\infty} \mathrm{J}_{2n}(z). \tag{9}$$

又,在(2)式中把 $t$ 换成 $-t$,有

$$\mathrm{e}^{-\frac{z}{2}(t-t^{-1})} = \sum_{m=-\infty}^{\infty} \mathrm{J}_m(z)(-)^m t^m.$$

与(2)式相乘,得

$$1 = \sum_{k=-\infty}^{\infty} \mathrm{J}_k(z)t^k \sum_{m=-\infty}^{\infty} \mathrm{J}_m(z)(-)^m t^m = \sum_{n=-\infty}^{\infty} t^n \sum_{m=-\infty}^{\infty} (-)^m \mathrm{J}_m(z)\mathrm{J}_{n-m}(z).$$

比较两边,并用 7.2 节(8)式,得

$$\sum_{m=-\infty}^{\infty} \mathrm{J}_m^2(z) = \mathrm{J}_0^2(z) + 2\sum_{m=1}^{\infty} \mathrm{J}_m^2(z) = 1, \tag{10}$$

$$\sum_{m=-\infty}^{\infty} (-)^m \mathrm{J}_m(z)\mathrm{J}_{2n-m}(z) = 0 \tag{11}$$

或

$$\sum_{m=0}^{2n} (-)^m \mathrm{J}_m(z)\mathrm{J}_{2n-m}(z) + 2\sum_{m=1}^{\infty} \mathrm{J}_m(z)\mathrm{J}_{2n+m}(z) = 0. \tag{12}$$

由(10)式可作出下列重要结论:若 $x$ 是实数,则

$$|\mathrm{J}_0(x)| \leqslant 1, \quad |\mathrm{J}_m(x)| \leqslant \frac{1}{\sqrt{2}} \quad (m=1,2,\cdots). \tag{13}$$

$\left(\dfrac{z}{2}\right)^m$ **用贝塞耳函数展开**($m$ 为正整数). 由函数 $\mathrm{e}^{z/u}$ 在 $0<|u|<\infty$ 中的洛浪

展开易见

$$z^m = \frac{m!}{2\pi \mathrm{i}} \int^{(0+)} \mathrm{e}^{\frac{z}{u}} u^{m-1} \mathrm{d}u. \tag{14}$$

令 $u = -2t/(1-t^2)$，得

$$z^m = \frac{m!(-2)^m}{2\pi \mathrm{i}} \int^{(0+)} \mathrm{e}^{\frac{z}{2}(t-t^{-1})} \frac{1}{m} \frac{\mathrm{d}}{\mathrm{d}t} \left(\frac{t}{1-t^2}\right)^m \mathrm{d}t.$$

设 $|t| < 1$，把 $(1-t^2)^{-m}$ 的二项式展开代入这式，逐项求微商，得

$$z^m = \frac{(-2)^m}{2\pi \mathrm{i}} \int^{(0+)} \mathrm{e}^{\frac{z}{2}(t-t^{-1})} \sum_{n=0}^{\infty} \frac{(m+n-1)!(m+2n)}{n!} t^{m+2n-1} \mathrm{d}t$$

$$= \frac{(-2)^m}{2\pi \mathrm{i}} \sum_{n=0}^{\infty} \frac{(m+n-1)!(m+2n)}{n!} \int^{(0+)} \mathrm{e}^{\frac{z}{2}(t-t^{-1})} t^{m+2n-1} \mathrm{d}t$$

$$= (-2)^m \sum_{n=0}^{\infty} \frac{(m+n-1)!(m+2n)}{n!} \mathrm{J}_{-m-2n}(z) \quad (\text{用了}(1)\text{式}).$$

再用 7.2 节 (8) 式，得

$$\left(\frac{z}{2}\right)^m = \sum_{n=0}^{\infty} \frac{(m+n-1)!(m+2n)}{n!} \mathrm{J}_{m+2n}(z) \quad (m \geqslant 1). \tag{15}$$

这式可以推广到 $m$ 不是整数的情形，只要把其中的 $(m+n-1)!$ 换成 $\Gamma(m+n)$（参看本章末习题 20）。

**加法公式**——在 (2) 式中令 $z = x+y$，得

$$\sum_{n=-\infty}^{\infty} \mathrm{J}_n(x+y) t^n = \mathrm{e}^{\frac{x}{2}(t-t^{-1})} \cdot \mathrm{e}^{\frac{y}{2}(t-t^{-1})} = \sum_{k=-\infty}^{\infty} \mathrm{J}_k(x) t^k \sum_{l=-\infty}^{\infty} \mathrm{J}_l(y) t^l$$

$$= \sum_{n=-\infty}^{\infty} t^n \sum_{k=-\infty}^{\infty} \mathrm{J}_k(x) \mathrm{J}_{n-k}(y),$$

故有

$$\mathrm{J}_n(x+y) = \sum_{k=-\infty}^{\infty} \mathrm{J}_k(x) \mathrm{J}_{n-k}(y). \tag{16}$$

另一重要的加法公式是

$$\mathrm{J}_0(R) = \sum_{m=-\infty}^{\infty} \mathrm{J}_m(r_1) \mathrm{J}_m(r_2) \mathrm{e}^{\mathrm{i}m\theta}$$

$$= \mathrm{J}_0(r_1) \mathrm{J}_0(r_2) + 2 \sum_{m=1}^{\infty} \mathrm{J}_m(r_1) \mathrm{J}_m(r_2) \cos m\theta, \tag{17}$$

其中 $R = \sqrt{r_1^2 + r_2^2 - 2r_1 r_2 \cos\theta}$ 是平面上任意两点 $P_1$ 和 $P_2$ 之间的距离；$r_1$ 和 $r_2$ 分别表示由原点 $O$ 到 $P_1$ 和 $P_2$ 的距离，$\theta$ 是 $\overline{OP_1}$ 和 $\overline{OP_2}$ 之间的夹角。

这公式可以证明如下. 由 (1) 式有

$$\mathrm{J}_0(R) = \frac{1}{2\pi \mathrm{i}} \int^{(0+)} \mathrm{e}^{\frac{R}{2}(t-t^{-1})} t^{-1} \mathrm{d}t. \tag{18}$$

今

$$r_1^2 + r_2^2 - 2r_1 r_2 \cos\theta = (r_1 e^{i\theta} - r_2)(r_1 e^{-i\theta} - r_2),$$

故

$$\frac{R}{2}(t - t^{-1}) = \frac{1}{2}\sqrt{(r_1 e^{i\theta} - r_2)(r_1 e^{-i\theta} - r_2)}(t - t^{-1})$$

$$= \frac{1}{2}(r_1 e^{i\theta} - r_2)\sqrt{\frac{r_1 e^{-i\theta} - r_2}{r_1 e^{i\theta} - r_2}}(t - t^{-1}).$$

令

$$u = \sqrt{\frac{r_1 e^{-i\theta} - r_2}{r_1 e^{i\theta} - r_2}}\, t,$$

代入上式,略作计算,得

$$\frac{R}{2}(t - t^{-1}) = \frac{r_1}{2}\left(u e^{i\theta} - \frac{1}{u e^{i\theta}}\right) - \frac{r_2}{2}\left(u - \frac{1}{u}\right).$$

因此,利用(2)式和(1)式,得

$$J_0(R) = \frac{1}{2\pi i}\int^{(0+)} e^{\frac{r_1}{2}\left(u e^{i\theta} - \frac{1}{u e^{i\theta}}\right)} e^{-\frac{r_2}{2}\left(u - \frac{1}{u}\right)} u^{-1}\,du$$

$$= \frac{1}{2\pi i}\sum_{m=-\infty}^{\infty} J_m(r_1) e^{im\theta}\int^{(0+)} e^{-\frac{r_2}{2}\left(u - u^{-1}\right)} u^{m-1}\,du$$

$$= \sum_{m=-\infty}^{\infty} J_m(r_1) J_{-m}(-r_2) e^{im\theta}$$

$$= \sum_{m=-\infty}^{\infty} J_m(r_1) J_m(r_2) e^{im\theta};$$

在最后一步中用了 7.2 节(8)式 $J_{-m}(z) = (-)^m J_m(z)$ 以及 $J_m(-z) = (-)^m J_m(z)$
(7.2 节(18)式).

　　公式(17)在 $r_1, r_2$ 和 $\theta$ 是复数时也仍然成立(参看 Watson (1944)，§ 11.2,
p. 358 的证明及本书 7.13 节).

　　$J_n(z)$ **的积分表达式**——在 $J_n(z)$ 的各种积分表达式中,最重要的和最基本的
除了上面(1)式的围道积分表示之外,还有**泊松表达式**

$$J_n(z) = \frac{(z/2)^n}{\sqrt{\pi}\,\Gamma(n + 1/2)}\int_0^\pi \cos(z\cos\theta)\sin^{2n}\theta\,d\theta \tag{19}$$

**和贝塞耳表达式**

$$J_n(z) = \frac{1}{2\pi}\int_{-\pi}^\pi \cos(n\theta - z\sin\theta)\,d\theta. \tag{20}$$

　　(19)式和(20)式显然分别是 7.4 节(7)式和 7.4 节(17)式的特殊情形. 又,
(20)式可从(19)式导出(参看本章末习题 5).

　　**关于 $J_n(z)$ 的不等式**. 对于 $z$ 的任何实数值或复数值,由 $J_n(z)$ 的级数表达式

（参看 7.2 节（7））

$$J_n(z) = \sum_{k=0}^{\infty} \frac{(-)^k}{k!} \frac{1}{(n+k)!} \left(\frac{z}{2}\right)^{2k+n} \tag{21}$$

得

$$|J_n(z)| \leqslant \left|\frac{z}{2}\right|^n \sum_{k=0}^{\infty} \frac{1}{k!(n+k)!} \left|\frac{z}{2}\right|^{2k} \leqslant \frac{1}{n!} \left|\frac{z}{2}\right|^n \sum_{k=0}^{\infty} \frac{1}{k!(n+1)^k} \left|\frac{z}{2}\right|^{2k}.$$

因此，当 $n \geqslant 0$ 时

$$|J_n(z)| \leqslant \frac{1}{n!} \left|\frac{z}{2}\right|^n \exp\left(\frac{1}{4} \frac{|z|^2}{n+1}\right) \leqslant \frac{1}{n!} \left|\frac{z}{2}\right|^n e^{z^2/4}. \tag{22}$$

又，用类似的推导由（21）式得

$$J_n(z) = \frac{1}{n!} \left(\frac{z}{2}\right)^n (1+\theta), \tag{23}$$

其中

$$|\theta| \leqslant \exp\left(\frac{1}{4} \frac{|z|^2}{n+1}\right) - 1 \leqslant \frac{1}{n+1} \left\{\exp\left(\frac{|z|^2}{4}\right) - 1\right\}. \tag{24}$$

上面这两个不等式在讨论用贝塞耳函数作级数展开时有一定的重要性.

## 7.6　第二类贝塞耳函数 $Y_\nu(z)$

在 7.2 节中看到，当 $\nu$ 不是整数时，$J_\nu(z)$ 和 $J_{-\nu}(z)$ 是贝塞耳方程的两个线性无关解，但对于整数 $n$ 说，$J_n(z)$ 和 $J_{-n}(z)$ 只差一常数因子 $(-)^n$（7.2 节（8）式），因此，需要另求方程的第二解. 这样的解可以用 2.5 节夫罗比尼斯的方法来求，像以前在处理超几何和合流超几何方程的类似问题那样. 下面将介绍另一种处理这种问题的方法，这方法从考虑 $J_\nu(z)$ 和 $J_{-\nu}(z)$ 的线性无关性着手.

由 $J_{\pm\nu}(z)$ 所满足的微分方程

$$\frac{d}{dz}\left(z\frac{dJ_\nu}{dz}\right) + \left(z - \frac{\nu^2}{z}\right)J_\nu = 0,$$

$$\frac{d}{dz}\left(z\frac{dJ_{-\nu}}{dz}\right) + \left(z - \frac{\nu^2}{z}\right)J_{-\nu} = 0,$$

分别乘以 $J_{-\nu}$ 和 $J_\nu$，相减，得

$$J_{-\nu}\frac{d}{dz}\left(z\frac{dJ_\nu}{dz}\right) - J_\nu\frac{d}{dz}\left(z\frac{dJ_{-\nu}}{dz}\right) = 0,$$

或

$$z[J_{-\nu}J_\nu' - J_\nu J_{-\nu}'] = 常数. \tag{1}$$

把 $J_{\pm\nu}(z)$ 的级数表达式（7.2 节（7））代入（1）式，令 $z\to 0$，即求得（1）式中的常数为 $2\sin\nu\pi/\pi$. 因此

$$J_\nu J'_{-\nu} - J_{-\nu} J'_\nu = -\frac{2\sin\nu\pi}{\pi z}. \tag{2}$$

这说明当而且只有当 $\nu$ 是整数时，$J_\nu$ 和 $J_{-\nu}$ 才是线性相关的.

现在试求 $J_\nu$ 和 $J_{-\nu}$ 的一个线性组合

$$Z_\nu(z) = a J_\nu(z) + b J_{-\nu}(z),$$

使 $Z_\nu(z)$ 在 $\nu \to n$ 时的极限 $Z_n(z)$ 是与 $J_n(z)$ 线性无关的解. 利用 (2) 式，可算出 $Z_\nu$ 与 $J_\nu$ 和 $J_{-\nu}$ 分别组成的朗斯基行列式

$$W[Z_\nu, J_\nu] = Z_\nu J'_\nu - J_\nu Z'_\nu = b\frac{2\sin\nu\pi}{\pi z},$$

$$W[Z_\nu, J_{-\nu}] = -a\frac{2\sin\nu\pi}{\pi z}.$$

因此，一般说来，当 $\nu \to n$ 时，$Z_n$ 与 $J_n$（或 $J_{-n}$）是线性相关的，除非所取的 $a$ 和 $b$ 含因子 $(\sin\nu\pi)^{-1}$，例如

$$a = \alpha(\nu)/\sin\nu\pi, \quad b = \beta(\nu)/\sin\nu\pi \quad (\alpha(n), \beta(n) \neq 0).$$

于是

$$Z_\nu(z) = \frac{1}{\sin\nu\pi}[\alpha(\nu)J_\nu(z) + \beta(\nu)J_{-\nu}(z)].$$

要 $Z_\nu(z)$ 在 $\nu \to n$ 时有意义，必须

$$\lim_{\nu \to n}[\alpha(\nu)J_\nu(z) + \beta(\nu)J_{-\nu}(z)] = 0,$$

即

$$\alpha(n)J_n(z) + \beta(n)J_{-n}(z) \equiv 0.$$

但由 7.2 节 (8) 式，$J_{-n} = (-)^n J_n$，故应有 $\alpha(n) + (-)^n\beta(n) = 0$. 最常用的一种标准是取 $\beta(n) = -1$，于是 $\alpha(n) = (-)^n$，$\alpha(\nu) = \cos\nu\pi$，而将这样的 $Z_\nu$ 用 $Y_\nu$ 来表示：

$$Y_\nu(z) = \frac{\cos\nu\pi \cdot J_\nu(z) - J_{-\nu}(z)}{\sin\nu\pi}, \tag{3}$$

这称为**第二类贝塞耳函数**. 这函数也常用符号 $N_\nu(z)$ 来表示，名之为**诺埃曼函数**. 函数 $Y_\nu(z)$ 是韦伯、希累夫利首先引进的[①].

现在来证明，当 $\nu \to n$ 时，(3) 式右方的极限存在并满足 $n$ 阶贝塞耳方程. 由 (3) 式有

$$\lim_{\nu \to n} Y_\nu(z) = \lim_{\nu \to n}\frac{\cos\nu\pi \cdot J_\nu - J_{-\nu}}{\sin\nu\pi} = \frac{1}{\pi}\left\{\frac{\partial J_\nu}{\partial \nu} - (-)^n\frac{\partial J_{-\nu}}{\partial \nu}\right\}_{\nu \to n}.$$

在 7.2 节中已经证明 $J_{\pm\nu}(z)$ 都是 $\nu$ 的整函数，故这极限存在，而有

$$Y_n(z) = \frac{1}{\pi}\left\{\frac{\partial J_\nu}{\partial \nu} - (-)^n\frac{\partial J_{-\nu}}{\partial \nu}\right\}_{\nu \to n}. \tag{4}$$

---

① Watson (1944), pp. 63~64；又同书 § 3.58, p. 70 及 p. 71(8) 式.

在证明 $Y_n(z)$ 确是 $n$ 阶贝塞耳函数的解时,主要是应注意 $J_{\pm\nu}(z)$ 同时也是 $z$ 的解析函数(在相应的里曼面上),因此对 $\nu$ 和对 $z$ 求微商可以交换次序.详细证明可参看 Watson (1944), pp. 58~59.

**$Y_n(z)$ 的级数表示**——把 $J_{\pm\nu}(z)$ 的级数表达式(7.2 节(7))代入(4)式中,直接计算,得

$$Y_n(z) = \frac{2}{\pi} J_n(z) \ln \frac{z}{2} - \frac{1}{\pi} \sum_{k=0}^{n-1} \frac{(n-k-1)!}{k!} \left(\frac{z}{2}\right)^{2k-n}$$

$$- \frac{1}{\pi} \sum_{k=0}^{\infty} \frac{(-)^k}{k!(n+k)!} [\psi(n+k+1) + \psi(k+1)] \left(\frac{z}{2}\right)^{2k+n}$$

$$(n = 0, 1, 2, \cdots; \ |\arg z| < \pi), \tag{5}$$

其中 $\psi(z) = \Gamma'(z)/\Gamma(z)$;当 $n=0$ 时,去掉第二项有限和.

由(5)式看出,当 $z \to 0$ 时

$$Y_0(z) \sim \frac{2}{\pi} \ln \frac{z}{2}, \quad Y_n(z) \sim -\frac{(n-1)!}{\pi} \left(\frac{z}{2}\right)^{-n} \quad (n \geqslant 1). \tag{6}$$

根据 $Y_\nu(z)$ 的定义(3),由 7.2 节(9),(10)两式,可以证明 $Y_\nu(z)$ 也满足该两式,因此所有关于 $J_\nu(z)$ 的递推关系(7.2 节(13)和(14)两式是基本的)都适用于 $Y_\nu(z)$.又因所有递推关系中的项都是 $\nu$ 的连续函数,故这结论也适用于 $\nu$ 等于整数 $n$ 的情形.为了引用方便,下面给出这些关系:

$$\frac{\mathrm{d}}{\mathrm{d}z}(z^\nu Z_\nu) = z^\nu Z_{\nu-1}, \tag{7}$$

$$\frac{\mathrm{d}}{\mathrm{d}z}(z^{-\nu} Z_\nu) = -z^{-\nu} Z_{\nu+1}, \tag{8}$$

$$Z_{\nu-1} + Z_{\nu+1} = \frac{2\nu}{z} Z_\nu, \tag{9}$$

$$Z_{\nu-1} - Z_{\nu+1} = 2Z_\nu', \tag{10}$$

其中 $Z_\nu(z)$ 代表 $J_\nu(z)$ 或者 $Y_\nu(z)$.

**柱函数**——满足递推关系(9)和(10)(或者等价的(7)和(8))的函数称为**柱函数**,用 $Z_\nu(z)$ 表示.柱函数 $Z_\nu(z)$ 必满足贝塞耳方程,证明如下.由(9)和(10)消去 $Z_{\nu+1}$,得 $Z_\nu' + \frac{\nu}{z} Z_\nu = Z_{\nu-1}$.求微商,得 $Z_\nu'' - \frac{\nu}{z^2} Z_\nu + \frac{\nu}{z} Z_\nu' = Z_{\nu-1}'$.由(9)和(10)消去 $Z_{\nu-1}$,然后把所得结果中的 $\nu$ 换成 $\nu-1$,得 $Z_\nu = \frac{\nu-1}{z} Z_{\nu-1} - Z_{\nu-1}'$.从这三个方程消去 $Z_{\nu-1}$ 和 $Z_{\nu-1}'$,即见 $Z_\nu$ 满足贝塞耳方程.因此

$$Z_\nu(z) = a_\nu J_\nu(z) + b_\nu Y_\nu(z), \tag{11}$$

其中 $a_\nu$ 和 $b_\nu$ 与 $z$ 无关,但可以是 $\nu$ 的函数.

又可证明,线性组合 $a_\nu J_\nu(z) + b_\nu Y_\nu(z)$ 为柱函数(即满足(9),(10)两式)的充

要条件是

$$a_\nu = a_{\nu+1}, \quad b_\nu = b_{\nu+1}. \tag{12}$$

## 7.7 第三类贝塞耳函数(汉克耳(Hankel)函数)$H_\nu^{(1)}(z),H_\nu^{(2)}(z)$

**第三类贝塞耳函数**的定义是

$$H_\nu^{(1)}(z) = J_\nu(z) + iY_\nu(z), \tag{1}$$

$$H_\nu^{(2)}(z) = J_\nu(z) - iY_\nu(z); \tag{2}$$

$H_\nu^{(1)}(z),H_\nu^{(2)}(z)$ 又分别称为**第一种和第二种汉克耳**(Hankel)**函数**. 由于 $J_\nu(z)$ 和 $Y_\nu(z)$ 是线性无关的解,故 $H_\nu^{(1)}(z)$ 和 $H_\nu^{(2)}(z)$ 也如此,而且这在 $\nu=n$(整数)时也是对的. 换言之,不论 $\nu$ 之值为何,$J_\nu(z),Y_\nu(z),H_\nu^{(1)}(z),H_\nu^{(2)}(z)$ 中的任意两个都是贝塞耳方程的线性无关解,故可以作为基本解.

由于 $J_\nu(z)$ 和 $Y_\nu(z)$ 都满足上节递推关系(7)~(10),故 $H_\nu^{(1)}(z)$ 和 $H_\nu^{(2)}(z)$ 也满足这些递推关系.

注意,当 $\nu=n(n=0,1,2,\cdots)$ 时,$H_n^{(1)}(z)$ 和 $H_n^{(2)}(z)$ 在 $z=0$ 点具有与 $Y_n(z)$ 相同的奇异性(上节(6)式).

**积分表示**——汉克耳函数 $H_\nu^{(1)}(z)$ 的积分表示可以根据定义(1)和上节(3)式从 $J_\nu$ 和 $J_{-\nu}$ 的积分表示得到如下:由 7.4 节(9)式,把积分路线(7.4 节图 24)变形为图 28 的围道,其中画出与实轴平行的部分移到无穷远处,因而对积分的贡献趋于 0,得

$$J_\nu(z) = \frac{\Gamma(1/2-\nu)}{\sqrt{\pi}2\pi i}\left(\frac{z}{2}\right)^\nu\left\{\int_{1+i\infty}^{(1+)} e^{izt}(t^2-1)^{\nu-1/2}\,dt + \int_{-1+i\infty}^{(-1-)} e^{izt}(t^2-1)^{\nu-1/2}\,dt\right\}, \tag{3}$$

其中在 $P$ 点 $\arg(t^2-1)=0$,$\mathrm{Re}(z)>0$. 同样,由 7.4 节(10)式,把积分路线变形为图 29 的围道,得

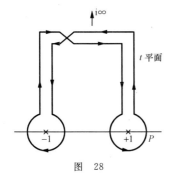

图 28

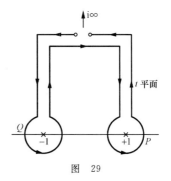

图 29

$$J_{-\nu}(z) = e^{\nu\pi i} \frac{\Gamma(1/2-\nu)}{\sqrt{\pi}\,2\pi i} \left(\frac{z}{2}\right)^{\nu} \left\{ \int_{1+i\infty}^{(1+)} e^{izt}(t^2-1)^{\nu-\frac{1}{2}} dt \right.$$

$$\left. + e^{-2\pi\left(\nu-\frac{1}{2}\right)i} \int_{-1+i\infty}^{(-1+)} e^{izt}(t^2-1)^{\nu-1/2} dt \right\}, \tag{4}$$

其中 $\mathrm{Re}(z)>0$,在 $P$ 点 $\arg(t^2-1)=0$,而在第二个积分中把 $\arg(t^2-1)$ 增加 $2\pi$,使它在 $Q$ 点为 0.

根据(1)式和上节(3)式,有

$$H_{\nu}^{(1)}(z) = \frac{i}{\sin\nu\pi}[e^{-\nu\pi i}J_{\nu}(z) - J_{-\nu}(z)]. \tag{5}$$

把(3),(4)代入(5),得

$$H_{\nu}^{(1)}(z) = \frac{\Gamma(1/2-\nu)}{\sqrt{\pi}\,\pi i}\left(\frac{z}{2}\right)^{\nu} \int_{1+i\infty}^{(1+)} e^{izt}(t^2-1)^{\nu-\frac{1}{2}} dt, \tag{6}$$

其中在出发点 $1+i\infty$,$\arg(t^2-1)=-\pi$,$\mathrm{Re}(z)>0$,$\nu+1/2\neq$ 正整数.

类似地,可由(2)式得

$$H_{\nu}^{(2)}(z) = \frac{-i}{\sin\nu\pi}[e^{\nu\pi i}J_{\nu}(z) - J_{-\nu}(z)], \tag{7}$$

然后把(3),(4)代入,求得 $H_{\nu}^{(2)}(z)$ 的积分表达式.不过更简单些是从(1),(2)两式中消去 $Y_{\nu}(z)$,得

$$J_{\nu}(z) = \frac{1}{2}[H_{\nu}^{(1)}(z) + H_{\nu}^{(2)}(z)]. \tag{8}$$

于是,由(3)和(6)立见

$$H_{\nu}^{(2)}(z) = \frac{\Gamma(1/2-\nu)}{\sqrt{\pi}\,\pi i}\left(\frac{z}{2}\right)^{\nu} \int_{-1+i\infty}^{(-1-)} e^{izt}(t^2-1)^{\nu-1/2} dt, \tag{9}$$

其中在出发点 $-1+i\infty$,$\arg(t^2-1)=\pi$,$\mathrm{Re}(z)>0$,$\nu+1/2\neq$ 正整数.

又,由(1)和(2)两式,消去 $J_{\nu}(z)$,有

$$Y_{\nu}(z) = \frac{1}{2i}[H_{\nu}^{(1)}(z) - H_{\nu}^{(2)}(z)]. \tag{10}$$

由此可以利用(6),(9)两式求得 $Y_{\nu}(z)$ 的积分表示.

当 $\nu+1/2$ 为正整数时,由于 $\Gamma(1/2-\nu)$ 为无穷大,而 $(t^2-1)^{\nu-1/2}$ 是单值解析函数,(6)式右方为不定式.为了计算这个不定式,先来一般地讨论 $\mathrm{Re}(\nu+1/2)>0$ 的情形.这时,绕 $t=1$ 的圆圈的积分之值随 $t\to1$ 而趋于 0,故

$$\int_{1+i\infty}^{(1+)} e^{izt}(t^2-1)^{\nu-1/2} dt = \left[e^{-i\pi(\nu-1/2)} - e^{i\pi(\nu-1/2)}\right] \int_{1+i\infty}^{1} e^{izt}(1-t^2)^{\nu-1/2} dt$$

$$= 2i\sin\left(\frac{\pi}{2} - \nu\pi\right) \int_{1+i\infty}^{1} e^{izt}(1-t^2)^{\nu-1/2} dt,$$

其中$-\pi/2 < \arg(1-t^2) < 0$. 因此[1]

$$H_\nu^{(1)}(z) = \frac{2}{\sqrt{\pi}\,\Gamma(\nu+1/2)}\left(\frac{z}{2}\right)^\nu \int_{1+i\infty}^1 e^{izt}(1-t^2)^{\nu-1/2}\,dt, \tag{11}$$

其中$-\pi/2 < \arg(1-t^2) < 0, \operatorname{Re}(z) > 0, \operatorname{Re}(\nu+1/2) > 0$.

如果$\nu = n + \dfrac{1}{2}, n = 0, 1, 2, \cdots,$(11)式给出

$$H_{n+1/2}^{(1)}(z) = \sqrt{\frac{2}{\pi z}}\,\frac{2}{n!}\left(\frac{z}{2}\right)^{n+1}\int_{1+i\infty}^1 e^{izt}(1-t^2)^n\,dt \quad (\operatorname{Re}(z) > 0). \tag{12}$$

类似地可得

$$H_{n+\frac{1}{2}}^{(2)} = \sqrt{\frac{2}{\pi z}}\,\frac{2}{n!}\left(\frac{z}{2}\right)^{n+1}\int_{-1+i\infty}^{-1} e^{izt}(1-t^2)^n\,dt \quad (\operatorname{Re}(z) > 0). \tag{13}$$

如果$-\pi/2 + \omega < \arg z < \pi/2 + \omega, |\omega| < \pi/2$, 则只要仿 7.4 节(10)式后面一段所说的办法, 把上面相关公式中的积分围道整个绕 $t=0$ 转 $(-\omega)$ 角即可.

汉克耳函数的另一种重要的积分表达式(下面(14)和(15))可以从 7.4 节(16)式得到. 把这式代入(5)式中, 得

$$H_\nu^{(1)}(z) = \frac{i}{\sin\nu\pi}\left\{\frac{1}{2\pi}\int_{-\pi}^\pi e^{i[z\sin\theta-\nu(\theta+\pi)]}\,d\theta - \frac{1}{2\pi}\int_{-\pi}^\pi e^{i(z\sin\theta+\nu\theta)}\,d\theta\right.$$
$$\left. -\frac{\sin\nu\pi}{\pi}\int_0^\infty e^{-z\,\mathrm{sh}\,u-\nu(u+\pi i)}\,du - \frac{\sin\nu\pi}{\pi}\int_0^\infty e^{-z\,\mathrm{sh}\,u+\nu u}\,du\right\}.$$

令

$$\int_{-\pi}^\pi e^{i[z\sin\theta-\nu(\theta+\pi)]}\,d\theta = \int_{-\pi}^0 e^{i[z\sin\theta-\nu(\theta+\pi)]}\,d\theta + \int_0^\pi e^{i[z\sin\theta-\nu(\theta+\pi)]}\,d\theta.$$

在右方第一个积分中把 $\theta+\pi$ 换为 $-\theta$, 在第二个积分中把 $\theta$ 换为 $\pi-\theta$, 然后与前式的第二个积分合并, 得

$$(e^{-2\nu\pi i} - 1)\int_0^\pi e^{i(z\sin\theta+\nu\theta)}\,d\theta.$$

令 $\theta = \pi + it$, 代入上面 $H_\nu^{(1)}(z)$ 的表达式, 并在第三个积分中令 $t = u + \pi i$, 在第四个积分中把 $u$ 换成 $-t$, 得

$$H_\nu^{(1)}(z) = \frac{1}{\pi i}\left\{\int_0^{\pi i} + \int_{\pi i}^{\infty+\pi i} + \int_{-\infty}^0\right\}e^{z\,\mathrm{sh}\,t-\nu t}\,dt$$
$$= \frac{1}{\pi i}\int_{-\infty}^{\infty+\pi i} e^{z\,\mathrm{sh}\,t-\nu t}\,dt \quad \left(|\arg z| < \frac{\pi}{2}\right), \tag{14}$$

积分路线如图 30 所示.

类似地可以得到 $H_\nu^{(2)}(z)$ 的这种积分表达式, 其结果是把(14)式中明显出现的

---

① 参看 Watson (1944), p. 170, § 6.14, 该处遗漏因子 2.

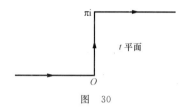

图  30

i 换成 −i(这不包括复变数 z 中的 i):

$$H_\nu^{(2)}(z) = -\frac{1}{\pi i}\int_{-\infty}^{\infty-\pi i} e^{z\,\mathrm{sh}\,t-\nu t}\,dt \quad \left(|\arg z| < \frac{\pi}{2}\right).\qquad(15)$$

从公式(14)和(15)还可以推出其他一些积分表达式;参看本章末习题 42,43.

**汉克耳函数与惠泰克函数的关系.**    在(6)式的积分中把 t 换成 s+1,有

$$\int_{1+i\infty}^{(1+)} e^{izt}(t^2-1)^{\nu-\frac{1}{2}}\,dt = e^{iz}\int_{i\infty}^{(0+)} e^{izs}s^{\nu-\frac{1}{2}}(s+2)^{\nu-\frac{1}{2}}\,ds,$$

其中 $-3\pi/2 < \arg s < \pi/2$, $\arg(s+2)\big|_{s=0} = 0$. 再令 $u = e^{-\pi i/2}zs$,上式右方化为

$$-e^{iz}(e^{\pi i/2}z)^{-\nu-1/2}2^{\nu-1/2}\int_{\infty e^{i\alpha}}^{(0+)} e^{-u}(-u)^{\nu-1/2}\left(1+\frac{u}{2e^{-\pi i/2}z}\right)^{\nu-1/2}\,du,$$

其中 $\alpha = \arg z$, $|\alpha| < \pi/2$, $-\pi+\alpha < \arg(-u) < \pi+\alpha$, $\arg(1-u/2iz)\big|_{u=0} = 0$. 在 $|\alpha| < \pi/2$ 的条件下,可令整个积分围道绕 $u=0$ 转 $(-\alpha)$ 角而不改变积分值(参看 3.1 节(2)式后面的论证). 因此上式等于

$$-e^{-i\left(\frac{\nu\pi}{2}+\frac{\pi}{4}\right)}\left(\frac{z}{2}\right)^{-\nu-1/2}\frac{e^{iz}}{2}\int_{\infty}^{(0+)} e^{-u}(-u)^{\nu-\frac{1}{2}}\left(1+\frac{u}{2e^{-\pi i/2}z}\right)^{\nu-1/2}\,du$$

$$= e^{-i\left(\frac{\nu\pi}{2}+\frac{\pi}{4}\right)}\left(\frac{z}{2}\right)^{-\nu-1/2}\frac{\pi i}{\Gamma(1/2-\nu)}W_{0,\nu}(2e^{-\pi i/2}z) \quad (|\arg(-u)| < \pi)$$

(参看 6.5 节(3)式),而有

$$H_\nu^{(1)}(z) = \sqrt{\frac{2}{\pi z}}\,e^{-i\left(\frac{\nu\pi}{2}+\frac{\pi}{4}\right)}W_{0,\nu}(2e^{-\pi i/2}z).\qquad(16)$$

类似地可得

$$H_\nu^{(2)}(z) = \sqrt{\frac{2}{\pi z}}\,e^{i\left(\frac{\nu\pi}{2}+\frac{\pi}{4}\right)}W_{0,\nu}(2e^{\pi i/2}z).\qquad(17)$$

这两个关系式是在 $|\arg z| < \pi/2$ 的条件下得到的,但因右方的惠泰克函数分别在 $|\arg(e^{\mp\pi i/2}z)| < 3\pi/2$ 中有意义,故(16)式可以作为 $H_\nu^{(1)}(z)$ 在 $-\pi < \arg z < 2\pi$ 中的解析开拓,而(17)式可以作为 $H_\nu^{(2)}(z)$ 在 $-2\pi < \arg z < \pi$ 中的解析开拓.

由于在 6.6 节中已经求得了当 $|z| \to \infty$ 时惠泰克函数的渐近展开,故(16),(17)两式可用来得到贝塞耳函数在 $|z| \to \infty$ 时的渐近展开(参看 7.10 节).

## 7.8 变型（或虚宗量）贝塞耳函数 $I_\nu(z)$ 和 $K_\nu(z)$. 汤姆孙(Thomson)函数 $\mathrm{ber}_\nu(z)$, $\mathrm{bei}_\nu(z)$ 等

常常在一些边值问题中出现下列微分方程

$$\frac{\mathrm{d}^2 y}{\mathrm{d}x^2} + \frac{1}{x}\frac{\mathrm{d}y}{\mathrm{d}x} - \left(1 + \frac{\nu^2}{x^2}\right)y = 0, \tag{1}$$

其中 $x$ 是实数. 令 $z = \mathrm{i}x$, 方程(1)即化为 $\nu$ 阶贝塞耳方程, 因此, 当 $\nu$ 不是整数时, 方程(1)的两个线性无关解是 $J_{\pm\nu}(\mathrm{i}x)$.

为了使在 $\nu = n$(整数)时, 方程(1)的解是实数, 引进一个新的函数 $I_\nu(z)$, 称为**第一类变型（或虚宗量）贝塞耳函数**:

$$I_\nu(z) = \begin{cases} \mathrm{e}^{-\nu\pi\mathrm{i}/2}\,J_\nu(z\mathrm{e}^{\pi\mathrm{i}/2}) & (-\pi < \arg z < \pi/2), \\ \mathrm{e}^{3\nu\pi\mathrm{i}/2}\,J_\nu(z\mathrm{e}^{-3\pi\mathrm{i}/2}) & (\pi/2 < \arg z < \pi), \end{cases} \tag{2}$$

$$= \left(\frac{z}{2}\right)^\nu \sum_{k=0}^{\infty} \frac{1}{k!}\frac{1}{\Gamma(\nu+k+1)}\left(\frac{z}{2}\right)^{2k}. \tag{3}$$

$I_\nu(z)$ 满足的方程

$$\frac{\mathrm{d}^2 y}{\mathrm{d}z^2} + \frac{1}{z}\frac{\mathrm{d}y}{\mathrm{d}z} - \left(1 + \frac{\nu^2}{z^2}\right)y = 0 \tag{4}$$

称为**虚宗量贝塞耳方程**.

如果 $\nu$ 不等于整数, 则 $I_{\pm\nu}(z)$ 是方程(4)的两个线性无关解, 而在 $\nu = n$(整数)时, 由关系 $J_n(z) = (-)^n J_{-n}(z)$ (7.2 节(8)式)及定义(2)立见

$$I_{-n}(z) = I_n(z), \tag{5}$$

这时, 须另求方程(4)的第二解.

仿照 7.6 节的作法, 令

$$K_\nu(z) = \frac{\pi}{2\sin\nu\pi}[I_{-\nu}(z) - I_\nu(z)]. \tag{6}$$

当 $\nu \neq n$ 时, $K_\nu(z)$ 显然是与 $I_\nu(z)$ 线性无关的第二解, 称为**第二类变型贝塞耳函数**.

由(2)式和 7.7 节(5), (7)两式得

$$K_\nu(z) = \frac{\pi\mathrm{i}}{2}\mathrm{e}^{\nu\pi\mathrm{i}/2}H_\nu^{(1)}(z\mathrm{e}^{\pi\mathrm{i}/2}) = -\frac{\pi\mathrm{i}}{2}\mathrm{e}^{-\nu\pi\mathrm{i}/2}H_\nu^{(2)}(z\mathrm{e}^{-\pi\mathrm{i}/2}). \tag{7}$$

可见对于 $\nu$ 的任何值, 包括 $\nu = n$, $K_\nu(z)$ 都是与 $I_\nu(z)$ 线性无关的第二解(参看 7.7 节(2)式之后).

又, 由 7.7 节(16)式得到一个很简单的关系式

$$K_\nu(z) = \sqrt{\frac{\pi}{2z}}\,W_{0,\nu}(2z). \tag{8}$$

当 $\nu = n(n = 0, 1, 2, \cdots)$时, 由(7)式和 7.7 节(1)式有

$$K_n(z) = \frac{\pi i}{2} e^{n\pi i/2} \left[ J_n(ze^{\pi i/2}) + i Y_n(ze^{\pi i/2}) \right]. \tag{9}$$

利用 7.6 节(5)式得

$$K_n(z) = \frac{\pi i}{2} e^{n\pi i/2} \left\{ i \frac{2}{\pi} J_n(ze^{\pi i/2}) \ln \frac{z}{2} - \frac{i}{\pi} e^{-n\pi i/2} \sum_{k=0}^{n-1} \frac{(-)^k (n-k-1)!}{k!} \left( \frac{z}{2} \right)^{2k-n} \right.$$

$$\left. - \frac{i}{\pi} e^{n\pi i/2} \sum_{k=0}^{\infty} \frac{1}{k!(n+k)!} \left[ \psi(n+k+1) + \psi(k+1) \right] \left( \frac{z}{2} \right)^{2k+n} \right\}$$

$$= \frac{1}{2} \sum_{k=0}^{n-1} \frac{(-)^k (n-k-1)!}{k!} \left( \frac{z}{2} \right)^{2k-n} + (-)^{n+1} \sum_{k=0}^{\infty} \frac{1}{k!(n+k)!}$$

$$\times \left[ \ln \frac{z}{2} - \frac{1}{2} \psi(n+k+1) - \frac{1}{2} \psi(k+1) \right] \left( \frac{z}{2} \right)^{2k+n}, \tag{10}$$

其中 $|\arg z| < \pi$；当 $n=0$ 时，去掉第一项有限和. 由此看出 $z=0$ 是 $K_n(z)$ 的奇点，奇异性与 $Y_n(z)$ 的相似(7.6 节(6)式)

$$K_0(z) \sim - \ln \frac{z}{2}, \quad K_n(z) \sim \frac{(n-1)!}{2} \left( \frac{z}{2} \right)^{-n} \quad (n \geqslant 1). \tag{11}$$

$I_n(z)$ 则在 $z=0$ 点是解析的.

**汤姆孙(即开耳芬(Kelvin))函数.**　这种函数实际上是宗量的辐角为 $\pm \pi/4$ 或者 $\pm 3\pi/4$ 的贝塞耳函数.

汤姆孙在解决某些电学问题时引进了函数 $\mathrm{ber}(x)$ 和 $\mathrm{bei}(x)$，它们分别是变型贝塞耳函数 $I_0(x\sqrt{i})$ 的实部和虚部($x$ 为实数)，即

$$\mathrm{ber}(x) + i\mathrm{bei}(x) = I_0(x\sqrt{i}) = J_0(xi\sqrt{i}), \tag{12}$$

其中 $\mathrm{ber}(x)$ 和 $\mathrm{bei}(x)$ 是实变数 $x$ 的实函数. 这两个函数的级数表达式分别是

$$\mathrm{ber}(x) = 1 - \frac{1}{(2!)^2} \left( \frac{x}{2} \right)^4 + \frac{1}{(4!)^2} \left( \frac{x}{2} \right)^8 - \cdots, \tag{13}$$

$$\mathrm{bei}(x) = \frac{1}{(1!)^2} \left( \frac{x}{2} \right)^2 - \frac{1}{(3!)^2} \left( \frac{x}{2} \right)^6 + \frac{1}{(5!)^2} \left( \frac{x}{2} \right)^{10} - \cdots. \tag{14}$$

上述定义的推广是

$$\mathrm{ber}_\nu(z) \pm i\mathrm{ber}_\nu(z) = J_\nu(ze^{\pm 3\pi i/4}). \tag{15}$$

此外还有 $\mathrm{ker}_\nu(z), \mathrm{kei}_\nu(z), \mathrm{her}_\nu(z), \mathrm{hei}_\nu(z)$ 等函数，它们的定义是

$$\mathrm{ker}_\nu(z) \pm i\mathrm{kei}_\nu(z) = e^{\mp \nu \pi i/2} K_\nu(ze^{\pm \pi i/4}), \tag{16}$$

$$\mathrm{her}_\nu(z) + i\mathrm{hei}_\nu(z) = H_\nu^{(1)}(ze^{3\pi i/4}), \tag{17}$$

$$\mathrm{her}_\nu(z) - i\mathrm{hei}_\nu(z) = H_\nu^{(2)}(ze^{-3\pi i/4}). \tag{18}$$

由函数 $K_\nu(z)$ 与 $H_\nu^{(1)}(z)$ 和 $H_\nu^{(2)}(z)$ 的关系式(7)可以推得

$$\mathrm{ker}_\nu(z) = - \frac{\pi}{2} \mathrm{hei}_\nu(z), \quad \mathrm{kei}_\nu(z) = \frac{\pi}{2} \mathrm{her}_\nu(z). \tag{19}$$

所有以上新引进的这些函数,在 $\nu$ 是实数,$z$ 是正实数($\arg z = 0$)时,都是实数.

## 7.9 球贝塞耳函数 $j_l(z), n_l(z), h_l^{(1)}(z), h_l^{(2)}(z)$

球贝塞耳函数是方程(7.1 节(3)式)

$$\frac{\mathrm{d}^2 y}{\mathrm{d}z^2} + \frac{2}{z}\frac{\mathrm{d}y}{\mathrm{d}z} + \left[1 - \frac{l(l+1)}{z^2}\right]y = 0 \tag{1}$$

的解,其中 $l$ 通常等于 $0, 1, 2, \cdots$,但下面不作此限制.

在 7.1 节中已经看到,若令 $y(z) = z^{-1/2} v(z)$,则 $v(z)$ 满足 $l+1/2$ 阶贝塞耳方程

$$\frac{\mathrm{d}^2 v}{\mathrm{d}z^2} + \frac{1}{z}\frac{\mathrm{d}v}{\mathrm{d}z} + \left[1 - \frac{(l+1/2)^2}{z^2}\right]v = 0. \tag{2}$$

因此,方程(1)的解可以用 $l+1/2$ 阶贝塞耳函数表达(用小写字母表示方程(1)的解);在物理学中现今常用的一种定义和符号是

$$j_l(z) = \sqrt{\frac{\pi}{2z}}J_{l+\frac{1}{2}}(z), \tag{3}$$

$$n_l(z) = \sqrt{\frac{\pi}{2z}}Y_{l+\frac{1}{2}}(z), \tag{4}$$

$$h_l^{(1)}(z) = \sqrt{\frac{\pi}{2z}}H_{l+\frac{1}{2}}^{(1)}(z), \tag{5}$$

$$h_l^{(2)}(z) = \sqrt{\frac{\pi}{2z}}H_{l+\frac{1}{2}}^{(2)}(z), \tag{6}$$

其中 $l$ 是任意的. 也有用下列符号的: $\psi_l(z) = j_l(z)$, $\zeta_l^{(1,2)}(z) = h_l^{(1,2)}(z)$.

若以 $\psi_l$ 表示 $j_l, n_l, h_l^{(1)}, h_l^{(2)}$ 中的任何一个,则从贝塞耳函数的递推关系(7.7 节(9),(10))可推出下列基本递推关系:

$$\psi_{l-1} + \psi_{l+1} = \frac{2l+1}{z}\psi_l, \tag{7}$$

$$l\psi_{l-1} - (l+1)\psi_{l+1} = (2l+1)\frac{\mathrm{d}\psi_l}{\mathrm{d}z}. \tag{8}$$

当 $l$ 为整数时,球贝塞耳函数可用初等函数表示(7.3 节). 例如,由 7.3 节(1),(2)和(3)有

$$j_0(z) = \frac{\sin z}{z}, \quad j_{-1}(z) = \frac{\cos z}{z}, \tag{9}$$

$$j_l(z) = z^l\left(-\frac{\mathrm{d}}{z\,\mathrm{d}z}\right)^l \frac{\sin z}{z} \quad (l \geqslant 1). \tag{10}$$

又,由 7.6 节(3)式可推出

$$n_l(z) = (-)^{l+1} j_{-l-1}(z). \tag{11}$$

由 $H_\nu^{(1,2)}(z)$ 与 $J_\nu(z)$ 和 $Y_\nu(z)$ 的关系(7.7 节(1),(2))有

$$h_l^{(1)}(z) = j_l(z) + i n_l(z), \tag{12}$$

$$h_l^{(2)}(z) = j_l(z) - i n_l(z). \tag{13}$$

(这两式在 $l$ 不是整数时也成立.)特殊地,有

$$h_0^{(1)}(z) = \frac{e^{i\left(z - \frac{\pi}{2}\right)}}{z}, \tag{14}$$

$$h_0^{(2)}(z) = \frac{e^{-i\left(z - \frac{\pi}{2}\right)}}{z}. \tag{15}$$

## 7.10  渐近展开, $|z| \to \infty$ 的情形

在 7.7 节中已经找到了汉克耳函数和惠泰克函数间的关系(该节(16)和(17)):

$$H_\nu^{(1)}(z) = \sqrt{\frac{2}{\pi z}} e^{-i\left(\frac{\nu\pi}{2} + \frac{\pi}{4}\right)} W_{0,\nu}(2 e^{-\pi i/2} z), \tag{1}$$

$$H_\nu^{(2)}(z) = \sqrt{\frac{2}{\pi z}} e^{i\left(\frac{\nu\pi}{2} + \frac{\pi}{4}\right)} W_{0,\nu}(2 e^{\pi i/2} z). \tag{2}$$

因此,可以利用惠泰克函数的渐近展开式(6.6 节(2))得到

$$H_\nu^{(1)}(z) \sim \sqrt{\frac{2}{\pi z}} e^{i\left(z - \frac{\nu\pi}{2} - \frac{\pi}{4}\right)} \left[ 1 + \sum_{n=1}^\infty \frac{(1/2 + \nu)_n (1/2 - \nu)_n}{n!(2iz)^n} \right]$$
$$(-\pi < \arg z < 2\pi), \tag{3}$$

$$H_\nu^{(2)}(z) \sim \sqrt{\frac{2}{\pi z}} e^{-i\left(z - \frac{\nu\pi}{2} - \frac{\pi}{4}\right)} \left[ 1 + \sum_{n=1}^\infty (-)^n \frac{(1/2 + \nu)_n (1/2 - \nu)_n}{n!(2iz)^n} \right]$$
$$(-2\pi < \arg z < \pi). \tag{4}$$

由此,利用 7.7 节(8)式和(10)式,分别得

$$J_\nu(z) \sim \sqrt{\frac{2}{\pi z}} \left[ \cos\left(z - \frac{\nu\pi}{2} - \frac{\pi}{4}\right) \sum_{m=0}^\infty \frac{(-)^m (\nu, 2m)}{(2z)^{2m}} \right.$$
$$\left. - \sin\left(z - \frac{\nu\pi}{2} - \frac{\pi}{4}\right) \sum_{m=0}^\infty \frac{(-)^m (\nu, 2m+1)}{(2z)^{2m+1}} \right] \tag{5}$$
$$(-\pi < \arg z < \pi).$$

$$Y_\nu(z) \sim \sqrt{\frac{2}{\pi z}} \left[ \sin\left(z - \frac{\nu\pi}{2} - \frac{\pi}{4}\right) \sum_{m=0}^\infty \frac{(-)^m (\nu, 2m)}{(2z)^{2m}} \right.$$
$$\left. + \cos\left(z - \frac{\nu\pi}{2} - \frac{\pi}{4}\right) \sum_{m=0}^\infty \frac{(-)^m (\nu, 2m+1)}{(2z)^{2m+1}} \right] \tag{6}$$

$$(-\pi < \arg z < \pi),$$

其中 $(\nu, p)$ 是常用的一种符号,它的定义是

$$\left. \begin{aligned} &(\nu, 0) = 1, \\ &(\nu, p) = (-)^p \frac{(1/2 - \nu)_p (1/2 + \nu)_p}{p!} = \frac{\Gamma(1/2 + \nu + p)}{p! \Gamma(1/2 + \nu - p)} \\ &\qquad = \frac{\{4\nu^2 - 1\}\{4\nu^2 - 3^2\} \cdots \{4\nu^2 - (2p-1)^2\}}{2^{2p} p!} \\ &\qquad\qquad\qquad (p = 1, 2, \cdots). \end{aligned} \right\} \tag{7}$$

注意

$$(\nu, p) = (-\nu, p). \tag{8}$$

由(5)式看到,如果 $\nu = n + \dfrac{1}{2}$(半奇数),则级数中断成为有限和;得到的正是 7.3 节(5)式,因为

$$\left(n + \frac{1}{2}, 2m\right) = \frac{\Gamma(n + 2m + 1)}{(2m)! \Gamma(n - 2m + 1)} = \frac{(n + 2m)!}{(2m)!(n - 2m)!},$$

$$\left(n + \frac{1}{2}, 2m + 1\right) = \frac{(n + 2m + 1)!}{(2m + 1)!(n - 2m - 1)!}.$$

对于 $\nu = -n - \dfrac{1}{2}$ 的情形,也可以由(5)式得到 7.3 节(6)式,只要注意(8)式的关系.

要得到在其他辐角范围内,例如 $0 < \arg z < 2\pi$,贝塞耳函数 $J_\nu(z)$ 的渐近展开式,可利用 7.2 节(18)式. 于是有

$$J_\nu(z) = e^{\nu\pi i} J_\nu(ze^{-\pi i}) \sim e^{\left(\nu + \frac{1}{2}\right)\pi i} \sqrt{\frac{2}{\pi z}} \left[ \cos\left(z + \frac{\nu\pi}{2} + \frac{\pi}{4}\right) \sum_{m=0}^{\infty} \frac{(-)^m (\nu, 2m)}{(2z)^{2m}} \right.$$

$$\left. - \sin\left(z + \frac{\nu\pi}{2} + \frac{\pi}{4}\right) \sum_{m=0}^{\infty} \frac{(-)^m (\nu, 2m+1)}{(2z)^{2m+1}} \right] \quad (0 < \arg z < 2\pi). \tag{9}$$

在(5)式和(9)式都成立的区域 $0 < \arg z < \pi$ 内,两个式子表面上不一致的现象称为**斯托克斯现象**(参看 6.8 节关于这种现象的讨论).

又,由 7.8 节(7)式,或者直接由该节(8)式,可得第二类变型贝塞耳函数 $K_\nu(z)$ 的渐近展开式

$$K_\nu(z) \sim \sqrt{\frac{\pi}{2z}} e^{-z} \left[ 1 + \sum_{n=1}^{\infty} \frac{(\nu, n)}{(2z)^n} \right] \quad (|\arg z| < 3\pi/2), \tag{10}$$

而利用关系 $I_\nu(z) = e^{\nu\pi i/2} J_\nu(ze^{-\pi i/2})$ 和 $I_\nu(z) = e^{-\nu\pi i/2} J_\nu(ze^{\pi i/2})$,可以分别得到

$$I_\nu(z) \sim \frac{e^z}{\sqrt{2\pi z}} \sum_{n=0}^{\infty} \frac{(-)^n (\nu, n)}{(2z)^n} + \frac{e^{-z + \left(\nu + \frac{1}{2}\right)\pi i}}{\sqrt{2\pi z}} \sum_{n=0}^{\infty} \frac{(\nu, n)}{(2z)^n} \tag{11}$$

$$(-\pi/2 < \arg z < 3\pi/2),$$

$$I_\nu(z) \sim \frac{e^z}{\sqrt{2\pi z}} \sum_{n=0}^{\infty} \frac{(-)^n(\nu,n)}{(2z)^n} + \frac{e^{-z-(\nu+\frac{1}{2})\pi i}}{\sqrt{2\pi z}} \sum_{n=0}^{\infty} \frac{(\nu,n)}{(2z)^n} \tag{12}$$

$$(-3\pi/2 < \arg z < \pi/2).$$

其他类型的贝塞耳函数(例如 7.8 节的汤姆孙函数,7.9 节的球贝塞耳函数等)的渐近展开式都可以根据各该函数的定义,从上面那些基本渐近展开公式推得,不一一列举.

## 7.11  最陡下降法

为了下一节求 $\nu$ 阶贝塞耳函数在 $|\nu|$ 和 $|z|$ 都很大时的渐近展开,现在来扼要地介绍一个求渐近展开的重要方法——最陡下降法.

要展开的函数具有下列积分表达式:

$$f(z) = \int_a^b g(t)e^{zh(t)} dt, \tag{1}$$

其中 $g(t)$ 和 $h(t)$ 是在一定区域中的复变数 $t$ 的解析函数.

当 $z,t,g(t),h(t)$ 都是实数时,如果 $h(t)$ 在积分区间 $[a,b]$ 中的某一点 $t_0$ 有一极大值,则在 $z\to+\infty$ 时,函数 $\exp\{zh(t)\}$ 在 $t_0$ 点有一个很陡峭的极大值. 在这种情形下,只要 $g(t)$ 的变化不与 $\exp\{zh(t)\}$ 的相匹,(1)式的积分值很可能主要是由于在 $t_0$ 点附近一段的贡献,因而可取这一段的积分值作为 $f(z)$ 在 $z\to+\infty$ 时的近似. 当然,严格的理论必须对这一近似的误差作出估计.

当 $h(t)$ 是复变函数时,情形要复杂得多. 因为,首先,决定 $\exp\{zh(t)\}$ 的大小的函数 $\mathrm{Re}[zh(t)]$——一个解析函数的实部——没有极大值. 其次,$\exp\{i\mathrm{Im}[zh(t)]\}$ 当 $|z|$ 很大时是一个振动极快的函数,因此,一般很难像前述实数情形那样求积分的近似. 下面来讨论解决这些问题的方法. 在讨论中将假定 $z$ 是正实数,因为如果 $z$ 是复数 $|z|e^{i\varphi}$,$\varphi=\arg z$,可以把 $e^{i\varphi}$ 并到 $h(t)$ 中去.

根据科希定理,可以改变(1)式积分的路线,使它通过 $h'(t)$ 的零点 $t_0$,并使在路线上

$$\mathrm{Im}[h(t)] = \mathrm{Im}[h(t_0)], \tag{2}$$

即沿积分路线 $h(t)$ 的虚部保持不变,至少在通过 $t_0$ 点的附近一小段上是如此.

方程(2)所表示的曲线具有下列两个重要性质:(i) 沿着这曲线,$\mathrm{Im}[h(t)]=$ 常数,故 $\exp\{i\mathrm{Im}[zh(t)]\}$ 不再是一个振动的函数. (ii) 由于 $h(t)$ 是一个解析函数,$|h'(t)| = \sqrt{u_s^2+v_s^2}$ 在这曲线上的每一点都有确定值,其中 $u_s$ 和 $v_s$ 分别代表 $h(t)$ 的实部和虚部沿任意方向 $s$ 的方向微商. 既然当 $t$ 沿着这曲线变化时 $\mathrm{Im}[h(t)]$ 之值不变,故 $v_s=0$,而 $u_s$ 最大,即 $\mathrm{Re}[h(t)]$ 之值沿着这曲线的变化,与在同一点其他方

向上的变化相比是最快的. 因此曲线(2)称为**最陡路径**.

一般,通过 $h'(t)$ 的零点 $t_0$ 并满足条件(2)的曲线(最陡路径)不止一条,而最少是两条(见下). 作为积分路线,须选其中这样的一条:$\mathrm{Re}[h(t)]$ 之值在 $t_0$ 的两边都是下降的;这样的路线称为**最陡下降路径**. 于是,当 $t$ 沿着最陡下降路径变化时,若 $z \to +\infty$,则 $\exp\{\mathrm{Re}[zh(t)]\}$ 在 $t_0$ 点有一个很陡峭的极大值,而可以按照前述实数情形那样求(1)式的积分在 $z$ 很大时的近似.

以 $C$ 表示最陡下降路径. 如果 $C$ 的端点是 $a$ 和 $b$,而且在 $C$ 与原来的积分路线之间没有被积函数的奇点,则

$$f(z) = \int_C g(t) \mathrm{e}^{zh(t)} \, \mathrm{d}t. \tag{3}$$

把 $h(t)$ 在 $h'(t)$ 的零点 $t_0$ 附近展开

$$h(t) = h(t_0) + \frac{h''(t_0)}{2!}(t - t_0)^2 + \cdots. \tag{4}$$

令 $h''(t_0) = a \mathrm{e}^{\mathrm{i}\theta_0}$,$\theta_0 = \arg[h''(t_0)]$,并设 $a = |h''(t_0)| \neq 0$,则按(2)式,在 $t_0$ 附近的最陡路径上有

$$\mathrm{Im}\left[\frac{h''(t_0)}{2}(t - t_0)^2 + \cdots\right] = 0. \tag{5}$$

令 $t - t_0 = \rho \mathrm{e}^{\mathrm{i}\theta}$,$\theta = \arg(t - t_0)$,(5)式成为

$$\mathrm{Im}\left[\frac{a}{2}\rho^2 \mathrm{e}^{\mathrm{i}(2\theta+\theta_0)} + \cdots\right] = \frac{a}{2}\rho^2 \sin(2\theta + \theta_0) + O(\rho^3) = 0,$$

故最陡路径在通过 $t_0$ 点时的方向 $\theta$ 满足方程

$$\sin(2\theta + \theta_0) = 0, \tag{6}$$

即

$$2\theta + \theta_0 = n\pi \quad (n = 0, 1, 2, 3). \tag{7}$$

因此有两条最陡路径:一条与 $n = 0$(和 $n = 2$)相应,另一条与 $n = 1$(和 $n = 3$)相应.

在最陡路径上

$$h(t) - h(t_0) = \mathrm{Re}[h(t) - h(t_0)] = \frac{a}{2}\rho^2 \cos(2\theta + \theta_0) + O(\rho^3), \tag{8}$$

故最陡下降路径 $C$ 是 $n = 1$(和 $n = 3$)的那一条;在 $C$ 上

$$h(t) - h(t_0) = \mathrm{Re}[h(t) - h(t_0)] = -\frac{a}{2}\rho^2 + O(\rho^3). \tag{9}$$

把这结果代入(3)式,取 $t_0$ 点附近的一小段 $C_\varepsilon(t_0)$ 的积分值作为近似,得

$$f(z) \sim \int_{C_\varepsilon(t_0)} g(t) \mathrm{e}^{z[h(t_0) - \frac{a}{2}\rho^2 + O(\rho^3)]} \, \mathrm{d}(\rho \mathrm{e}^{\mathrm{i}\theta})$$

$$\sim g(t_0) \mathrm{e}^{zh(t_0)} \left\{ \mathrm{e}^{\mathrm{i}(\pi-\theta_0)/2} \int_0^\varepsilon \mathrm{e}^{-\frac{za}{2}\rho^2} \, \mathrm{d}\rho + \mathrm{e}^{\mathrm{i}(3\pi-\theta_0)/2} \int_\varepsilon^0 \mathrm{e}^{-\frac{za}{2}\rho^2} \, \mathrm{d}\rho \right\}$$

$$= g(t_0) \mathrm{e}^{zh(t_0)-\mathrm{i}\frac{\theta_0}{2}} 2\mathrm{i} \int_0^\varepsilon \mathrm{e}^{-\frac{za}{2}\rho^2} \mathrm{d}\rho \quad (\varepsilon > 0).$$

今

$$\int_0^\varepsilon \mathrm{e}^{-\lambda\rho^2} \mathrm{d}\rho = \left( \int_0^\infty - \int_\varepsilon^\infty \right) \mathrm{e}^{-\lambda\rho^2} \mathrm{d}\rho \quad (\lambda > 0),$$

$$\int_0^\infty \mathrm{e}^{-\lambda\rho^2} \mathrm{d}\rho = \frac{1}{2} \sqrt{\frac{\pi}{\lambda}} \quad (\text{用 } 3.8 \text{ 节 } (9) \text{ 式}),$$

$$\int_\varepsilon^\infty \mathrm{e}^{-\lambda\rho^2} \mathrm{d}\rho = \frac{1}{2} \frac{1}{\sqrt{\lambda}} \int_{\lambda\varepsilon^2}^\infty \mathrm{e}^{-u} u^{-\frac{1}{2}} \mathrm{d}u \leqslant \frac{1}{2\lambda\varepsilon} \int_{\lambda\varepsilon^2}^\infty \mathrm{e}^{-u} \mathrm{d}u = \frac{\mathrm{e}^{-\lambda\varepsilon^2}}{2\lambda\varepsilon}.$$

最后的一个积分值 $\mathrm{e}^{-\lambda\varepsilon^2}/2\lambda\varepsilon$ 随 $\varepsilon$ 的增大而很快地下降,故

$$f(z) \sim \mathrm{i} \sqrt{\frac{2\pi}{az}} g(t_0) \mathrm{e}^{zh(t_0)-\mathrm{i}\frac{\theta_0}{2}}. \tag{10}$$

公式(10)的推导是比较粗略的,因为在计算中忽略了最陡下降路径 $C$ 的其他部分对积分(3)的贡献. 此外,被积函数也取了近似值;在指数函数上略去了 $O(\rho^3)$ 的项,而对于 $g(t)$ 只取了它在 $t_0$ 点附近的展开式的头一项 $g(t_0)$(假定不等于 0).

要得到精确的近似并求出渐近展开式,可令

$$\tau = h(t_0) - h(t) = -\left[ \frac{h''(t_0)}{2!}(t-t_0)^2 + \frac{h'''(t_0)}{3!}(t-t_0)^3 + \cdots \right], \tag{11}$$

代入(3)式,得

$$f(z) = \mathrm{e}^{zh(t_0)} \int_{C'} \mathrm{e}^{-z\tau} g(t(\tau)) \frac{\mathrm{d}t}{\mathrm{d}\tau} \mathrm{d}\tau, \tag{12}$$

其中 $t(\tau)$ 可以利用 1.4 节(9)——拉格朗日展开公式——从(11)式的级数求反演得到. 至于(12)式中的积分则常常可以从 1.9 节的瓦特孙引理中求渐近展开的公式算出. 具体计算可参看下一节.

如果 $h''(t_0) = h'''(t_0) = \cdots = h^{(m-1)}(t_0) = 0$,而 $h^{(m)}(t_0) = a\mathrm{e}^{\mathrm{i}\theta_0} \neq 0$,则(6)式变为

$$\sin(m\theta + \theta_0) = 0, \tag{13}$$

而有

$$m\theta + \theta_0 = n\pi, \quad n = 0, 1, 2, \cdots, 2m-1. \tag{14}$$

最陡路径一共有 $m$ 条,其中与 $n = 1, 3, \cdots$ 相应的是最陡下降路径;在最陡下降路径上

$$h(t) - h(t_0) = \mathrm{Re}[h(t) - h(t_0)] = -\frac{a}{m!}\rho^m + O(\rho^{m+1}). \tag{15}$$

## 7.12　$\nu$ 阶贝塞耳函数在 $|\nu|$ 和 $|z|$ 都很大时的渐近展开

当 $z$ 固定而 $|\nu|$ 很大时,$\mathrm{J}_\nu(z)$ 的渐近展开式很容易从它的级数表达式(7.2 节

(7))求出;应用 3.21 节(5)——伽马函数的渐近展开式,即得

$$J_\nu(z) \sim \exp\left\{\nu + \nu \ln \frac{z}{2} - \left(\nu + \frac{1}{2}\right)\ln\nu\right\}\left[c_0 + \frac{c_1}{\nu} + \frac{c_2}{\nu^2} + \cdots\right], \tag{1}$$

其中 $c_0 = 1/\sqrt{2\pi}$.

在 $|\nu|$ 和 $|z|$ 同时都很大时,求渐近展开式要复杂和困难一些. 上节所讲的最陡下降法是处理这个问题的比较有力的方法.

首先,找贝塞耳函数适于应用最陡下降法的积分表达式. 由 7.4 节(18)式,7.7节(14)和(15)式知道 $J_\nu(z)$,$H_\nu^{(1)}(z)$,$H_\nu^{(2)}(z)$ 等函数可用下列形式的围道积分表达:

$$\int_C e^{z\,\mathrm{sh}\,t - \nu t}\,\mathrm{d}t.$$

由于现在要研究 $z$ 与 $\nu$ 同时很大的情形,可以令 $z = \nu\lambda$,$\lambda$ 为常数,上式成为

$$\int_C e^{\nu[\lambda\,\mathrm{sh}\,t - t]}\,\mathrm{d}t, \tag{2}$$

这正是所要的表达式(上节(1)式).

其次是研究与(2)式积分相关的最陡下降路径,看是否有适宜于用来求当 $\nu \to \infty$ 时的渐近展开的路径. 下面将详细讨论 $\nu$ 和 $z$ 都是正实数的情形[1];把 $z$ 写为 $x$.

先求函数 $\lambda\,\mathrm{sh}\,t - t$ 的逗留值 $t_0$;$t_0$ 是方程

$$\frac{\mathrm{d}}{\mathrm{d}t}[\lambda\,\mathrm{sh}\,t - t] = \lambda\,\mathrm{ch}\,t - 1 = 0$$

的根,即

$$\mathrm{sech}\,t_0 = \lambda = \frac{x}{\nu}. \tag{3}$$

需要区别 $x/\nu \gtreqless 1$ 三种情形来讨论.

(一)$x/\nu < 1$. 在这种情形下存在正数 $\alpha$ 使

$$\mathrm{sech}\,\alpha = x/\nu, \tag{4}$$

因此

$$t_0 = \pm\alpha + 2n\pi\mathrm{i} \quad (n = 0, \pm1, \pm2, \cdots). \tag{5}$$

只需要考虑通过 $t_0 = \pm\alpha$ 这两点的最陡下降路径,因为对于其他的逗留点,只不过是把整个这样的路径沿平行于 $t$ 平面的虚轴方向平移 $2n\pi$ 的距离而已.

根据最陡路径的条件(上节(2)式),注意 $\alpha$ 是实数,有

$$\mathrm{Im}[\mathrm{sech}\,\alpha\,\mathrm{sh}\,t - t] = \mathrm{Im}[\mathrm{sech}\,\alpha\,\mathrm{sh}(\pm\alpha) \mp \alpha] = 0. \tag{6}$$

令 $t = u + \mathrm{i}v$,$u$ 和 $v$ 是实变数,(6)式成为

$$\mathrm{ch}\,u\,\sin v - v\,\mathrm{ch}\,\alpha = 0, \tag{7}$$

因此,最陡路径的方程是 $v = 0$(实轴)或者

$$\mathrm{ch}\,u = \frac{v\,\mathrm{ch}\,\alpha}{\sin v}. \tag{8}$$

---

[1] 关于普遍情形,参看 Watson (1944),§ 8.6,p. 262.

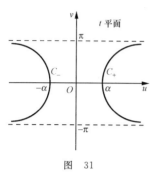

图　31

方程(8)所代表的曲线对 $u,v$ 轴都是对称的,当 $v$ 由 0 变到 $\pi$ 时,$u$ 的正值由 $\alpha$ 单调地增加到 $\infty$,因为这时

$$\mathrm{d}u/\mathrm{d}v = \mathrm{ch}\,\alpha\,\cos v(\tan v - v)/\mathrm{sh}\,u\,\sin^2 v \geqslant 0;$$

故这曲线的图形大致如图 31 中的 $C_+$ 和 $C_-$.

由 $\mathrm{J}_\nu(x)$ 的表达式(7.4 节(18))

$$\mathrm{J}_\nu(x) = \frac{1}{2\pi\mathrm{i}} \int_{\infty-\pi\mathrm{i}}^{\infty+\pi\mathrm{i}} \mathrm{e}^{x\,\mathrm{sh}\,t - \nu t}\,\mathrm{d}t$$

立刻看到,可以把其中的积分路线变形为通过 $t_0 = \alpha$ 点的最陡路径 $C_+$,即

$$\mathrm{J}_\nu(\nu\,\mathrm{sech}\,\alpha) = \frac{1}{2\pi\mathrm{i}} \int_{C_+} \mathrm{e}^{\nu[\mathrm{sech}\,\alpha\,\mathrm{sh}\,t - t]}\,\mathrm{d}t. \tag{9}$$

在 $t = \alpha$ 附近把函数 $\mathrm{sech}\,\alpha\,\mathrm{sh}\,t - t$ 展开,并令 $t - \alpha = \rho\mathrm{e}^{\mathrm{i}\theta}$,$\theta = \arg(t - \alpha)$,有

$$\mathrm{sech}\,\alpha\,\mathrm{sh}\,t - t = \mathrm{th}\,\alpha - \alpha + \frac{\mathrm{th}\,\alpha}{2}(t - \alpha)^2 + \cdots$$

$$= \mathrm{th}\,\alpha - \alpha + \frac{\mathrm{th}\,\alpha}{2}\rho^2\mathrm{e}^{\mathrm{i}2\theta} + O(\rho^3). \tag{10}$$

由此可得通过 $t_0 = \alpha$ 点的两条最陡路径的方向:$\theta = 0, \pi$ 和 $\theta = \pm\frac{\pi}{2}$(参看上节(6),

(7)两式).$\theta = 0, \pi$ 的一条与前面的曲线 $v = 0$ 相应,$\theta = \pm\frac{\pi}{2}$ 的一条与(8)式的曲线

$C_+$ 相应,故 $C_+$ 是最陡下降路径(参看上节(8),(9)两式).

若取 $C_+$ 在 $t = \alpha$ 附近的一小段 $C_\varepsilon$ 的积分值作为(9)式中积分的近似,把(10)式代入,略去其中 $O(\rho^3)$ 的项,利用上节公式(10),得

$$\mathrm{J}_\nu(\nu\,\mathrm{sech}\,\alpha) \sim \frac{\mathrm{e}^{\nu(\mathrm{th}\,\alpha - \alpha)}}{\sqrt{2\nu\pi\,\mathrm{th}\,\alpha}} \quad (\nu \to +\infty). \tag{11}$$

这公式的推导是比较粗略的,因为在计算中忽略了 $C_+$ 的其他部分(延伸至无穷远处)对积分(9)的贡献,而没有给出误差的估计值.

为了证明(11)式确是 $\mathrm{J}_\nu(\nu\,\mathrm{sech}\,\alpha)$ 的渐近表示,并进一步求这函数的渐近展开式,需要作更精确的计算.为此,令(见上节(11)式)

$$\tau = \mathrm{th}\,\alpha - \alpha - (\mathrm{sech}\,\alpha\,\mathrm{sh}\,t - t), \tag{12}$$

(9)式成为

$$\mathrm{J}_\nu(\nu\,\mathrm{sech}\,\alpha) = \frac{\mathrm{e}^{\nu(\mathrm{th}\,\alpha - \alpha)}}{2\pi\mathrm{i}} \int_{C'} \mathrm{e}^{-\nu\tau}\,\frac{\mathrm{d}t}{\mathrm{d}\tau}\mathrm{d}\tau, \tag{13}$$

其中 $C'$ 是 $\tau$ 平面上与 $C_+$ 相应的曲线.由于在 $C_+$ 上 $\mathrm{Im}[\mathrm{sech}\,\alpha\,\mathrm{sh}\,t - t] = 0$,故 $\tau$ 为实数,而 $C'$ 是 $\tau$ 平面的实轴,$t = \alpha$ 的相应点是 $\tau = 0$.

由(12)式,把右方用 $t - \alpha$ 的幂级数展开,得

$$\tau = -\frac{\mathrm{th}\,\alpha}{2!}(t - \alpha)^2 - \frac{1}{3!}(t - \alpha)^3 - \frac{\mathrm{th}\,\alpha}{4!}(t - \alpha)^4 - \cdots$$

$$= -(t-\alpha)^2 [c_0 + c_1(t-\alpha) + c_2(t-\alpha)^2 + \cdots],$$

其中

$$c_{2m} = \frac{\operatorname{th}\alpha}{(2m+2)!}, \quad c_{2m+1} = \frac{1}{(2m+3)!}, \tag{14}$$

$$m = 0,1,2,\cdots.$$

由此得

$$t - \alpha = \pm \,\mathrm{i}\tau^{1/2} [c_0 + c_1 w + c_2 w^2 + \cdots]^{-1/2}, \tag{15}$$

其中 $w = t-\alpha$,并规定当 $w=0$ 时,$\arg[c_0 + c_1 w + \cdots] = 0$,因此,正号代表的是 $C_+$ 的上半部分($v>0$),负号代表的是 $C_+$ 的下半部分($v<0$).

利用拉格朗日展开公式(1.4 节(9)式),可由(15)式解出

$$t - \alpha = \sum_{n=1}^{\infty} \frac{(\pm \,\mathrm{i})^n}{n!} \tau^{\frac{n}{2}} \frac{\mathrm{d}^{n-1}}{\mathrm{d}w^{n-1}} [c_0 + c_1 w + \cdots]^{-\frac{n}{2}} \Big|_{w=0}. \tag{16}$$

令

$$a_n = \frac{\mathrm{d}^{n-1}}{\mathrm{d}w^{n-1}} [c_0 + c_1 w + c_2 w^2 + \cdots]^{-\frac{n}{2}} \Big|_{w=0},$$

得

$$\left.\begin{aligned}
a_1 &= c_0^{-\frac{1}{2}} = (2\coth\alpha)^{\frac{1}{2}}, \\
a_2 &= -c_0^{-2} c_1 = -\frac{2}{3}(\coth\alpha)^2, \\
a_3 &= -c_0^{-\frac{7}{2}}\left(3c_0 c_2 - \frac{15}{4}c_1^2\right) = -(2\coth\alpha)^{\frac{3}{2}}\left(\frac{1}{4} - \frac{5}{12}\coth^2\alpha\right), \\
a_4 &= (2\coth\alpha)^3\left(\frac{2}{5} - \frac{4}{9}\coth^2\alpha\right), \\
a_5 &= (2\coth\alpha)^{\frac{5}{2}}\left(\frac{9}{16} - \frac{77}{24}\coth^2\alpha + \frac{385}{144}\coth^4\alpha\right), \\
&\cdots.
\end{aligned}\right\} \tag{17}$$

把(16)式代入(13)式的积分中,以 $t_+$ 和 $t_-$ 分别代表正号解和负号解,应用 1.9 节瓦特孙引理[①]及该节公式(3),得

$$\int_{C'} \mathrm{e}^{-\nu\tau} \frac{\mathrm{d}t}{\mathrm{d}\tau} \mathrm{d}\tau = \int_0^{\infty} \mathrm{e}^{-\nu\tau} \frac{\mathrm{d}t_+}{\mathrm{d}\tau} \mathrm{d}\tau + \int_{\infty}^0 \mathrm{e}^{-\nu\tau} \frac{\mathrm{d}t_-}{\mathrm{d}\tau} \mathrm{d}\tau$$

$$= \int_0^{\infty} \mathrm{e}^{-\nu\tau} \frac{\mathrm{d}(t_+ - t_-)}{\mathrm{d}\tau} \mathrm{d}\tau = \mathrm{i}\int_0^{\infty} \mathrm{e}^{-\nu\tau} \sum_{m=0}^{\infty} \frac{(-)^m a_{2m+1}}{(2m)!} \tau^{m-\frac{1}{2}} \mathrm{d}\tau$$

$$\sim \mathrm{i}\sum_{m=0}^{\infty} \frac{(-)^m a_{2m+1}}{(2m)!} \Gamma\left(m + \frac{1}{2}\right) \nu^{-(m+\frac{1}{2})}$$

---

① 因 $\mathrm{d}t/\mathrm{d}\tau = (1 - \operatorname{sech}\alpha\operatorname{ch}t)^{-1}$,而当 $\tau \to \infty$ 时 $t \to \infty \pm \pi\mathrm{i}$,故 $\mathrm{d}t/\mathrm{d}\tau \to 0$,而引理中的条件满足.

$$= i \sum_{m=0}^{\infty} \frac{(-)^m \Gamma\left(\frac{1}{2}\right) a_{2m+1}}{2^{2m} m!} \nu^{-\left(m+\frac{1}{2}\right)} \quad (用 3.6 节 (8) 式).$$

因此

$$J_\nu (\nu \operatorname{sech} \alpha) \sim \frac{e^{\nu(\operatorname{th}\alpha - \alpha)}}{\sqrt{2\nu\pi\operatorname{th}\alpha}} \sum_{m=0}^{\infty} \frac{D_m}{(\nu\operatorname{th}\alpha)^m} \quad (\nu \to +\infty), \tag{18}$$

其中 $D_m = (-)^m a_{2m+1} / \{2^m m! (2\coth\alpha)^{m+\frac{1}{2}}\}; D_0 = 1, D_1 = \frac{1}{8} - \frac{5}{24} \times \coth^2\alpha, D_2 =$ $\frac{9}{128} - \frac{77}{192}\coth^2\alpha + \frac{385}{1152}\coth^4\alpha, \cdots$. 可以看到,(11)式的粗略近似确是渐近展开式的第一项.

(二) $x/\nu > 1$. 在这种情形下存在正数 $\beta < \pi/2$ 使

$$\sec\beta = x/\nu. \tag{19}$$

于是要考虑的积分可写为

$$\int_C e^{\nu(\sec\beta\operatorname{sh}t - t)} dt. \tag{20}$$

由(3)式得到指数上的函数的逗留点

$$t_0 = \pm i\beta + 2n\pi i \quad (n = 0, \pm 1, \pm 2, \cdots). \tag{21}$$

如前只需要讨论 $t_0 = \pm i\beta$ 两点.

通过 $t_0 = i\beta$ 点的最陡路径的方程是

$$\operatorname{Im}[\sec\beta\operatorname{sh}t - t] = \operatorname{Im}[\sec\beta\operatorname{sh}(i\beta) - i\beta] = \tan\beta - \beta.$$

令 $t = u + iv$, $u$ 和 $v$ 是实变数,上面的方程变为

$$\sec\beta\operatorname{ch}u\sin v - v = \tan\beta - \beta,$$

或者

$$\operatorname{ch}u = \frac{\tan\beta - \beta + v}{\sec\beta\sin v}. \tag{22}$$

在 $0 \leqslant v \leqslant \pi$ 中,对于每一 $v$ 值有一对数值相等而正负号相反的 $u$ 值相应. 当 $v = 0$ 或者 $\pi$ 时,$u = \pm\infty$. 又

$$\frac{du}{dv} = \frac{\cos v}{\sec\beta} \times \frac{(\tan v - \tan\beta) - (v - \beta)}{\sin^2 v\operatorname{sh}u},$$

故当 $v < \beta$ 时 $du/dv$ 与 $u$ 异号,而当 $v > \beta$ 时,$du/dv$ 与 $u$ 同号. 因此,通过 $i\beta$ 点的最陡路径大致如图 32 中的 $C_+^{(1)}$ 和 $C_-^{(1)}$.

在 $t = i\beta$ 点附近把函数 $\sec\beta\operatorname{sh}t - t$ 用 $t - i\beta$ 的幂级数展开,并令 $t - i\beta = \rho e^{i\theta}$,得

$$\sec\beta\operatorname{sh}t - t = i\tan\beta - i\beta + i\frac{\tan\beta}{2!}(t - i\beta)^2 + \cdots$$

$$= i(\tan\beta - \beta) + \frac{\tan\beta}{2}\rho^2 e^{i\left(2\theta + \frac{\pi}{2}\right)} + O(\rho^3).$$

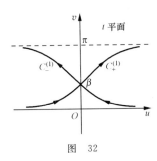

图　32

由此知最陡路径通过 $\mathrm{i}\beta$ 点时的方向为 $\theta=-\dfrac{\pi}{4},\dfrac{3\pi}{4}$ 和 $\theta=\dfrac{\pi}{4},\dfrac{5\pi}{4}$，前者与 $C_{-}^{(1)}$ 相应，

后者与 $C_{+}^{(1)}$ 相应；$C_{+}^{(1)}$ 是最陡下降路径.

由 7.7 节（14）式

$$H_{\nu}^{(1)}(x)=\frac{1}{\pi\mathrm{i}}\int_{-\infty}^{\infty+\pi\mathrm{i}}\mathrm{e}^{x\,\mathrm{sh}\,t-\nu t}\,\mathrm{d}t,$$

把积分路线变形为 $C_{+}^{(1)}$，得

$$H_{\nu}^{(1)}(\nu\sec\beta)=\frac{1}{\pi\mathrm{i}}\int_{C_{+}^{(1)}}\mathrm{e}^{\nu(\sec\beta\,\mathrm{sh}\,t-t)}\,\mathrm{d}t. \tag{23}$$

如前，令

$$\tau=\mathrm{i}(\tan\beta-\beta)-(\sec\beta\,\mathrm{sh}\,t-t). \tag{24}$$

当 $t$ 沿 $C_{+}^{(1)}$ 变化时，$\tau$ 取实数值，从 $\infty$ 变到 0，再由 0 变到 $\infty$.

把（24）式的右方用 $t-\mathrm{i}\beta$ 的幂级数展开，得

$$\tau=-\frac{\mathrm{i}}{2!}\tan\beta\,(t-\mathrm{i}\beta)^{2}-\frac{1}{3!}(t-\mathrm{i}\beta)^{3}-\frac{\mathrm{i}}{4!}\tan\beta\,(t-\mathrm{i}\beta)^{4}-\cdots$$

$$=-(t-\mathrm{i}\beta)^{2}[c_{0}+c_{1}w+c_{2}w^{2}+\cdots],$$

其中 $w=t-\mathrm{i}\beta,c_{2m}=\mathrm{i}\tan\beta/(2m+2)!,c_{2m+1}=1/(2m+3)!,m=0,1,2,\cdots$. 于是有

$$t-\mathrm{i}\beta=\pm\,\mathrm{i}\tau^{\frac{1}{2}}[c_{0}+c_{1}w+\cdots]^{-\frac{1}{2}};$$

其中规定当 $w=0$ 时，$\arg[c_{0}+c_{1}w+\cdots]=\pi/2$，因为 $C_{+}^{(1)}$ 通过 $\mathrm{i}\beta$ 点时的倾角是 $\pi/4$ 或者 $5\pi/4$（见前）.

仿前面（一）的情形做去，即得渐近展开式

$$H_{\nu}^{(1)}(\nu\sec\beta)\sim\frac{2\mathrm{e}^{\mathrm{i}\left[\nu(\tan\beta-\beta)-\frac{\pi}{4}\right]}}{\sqrt{2\nu\pi\tan\beta}}\sum_{m=0}^{\infty}\frac{D_{m}'}{(\mathrm{i}\nu\tan\beta)^{m}}\quad(\nu\to+\infty), \tag{25}$$

其中 $D_{m}'$ 可以从 $D_{m}$（见（18）式）得到，只要把后者中的 $\alpha$ 换为 $\mathrm{i}\beta$，例如 $D_{0}'=1,D_{1}'=\dfrac{1}{8}+\dfrac{5}{24}\cot^{2}\beta,D_{2}'=\dfrac{9}{128}+\dfrac{77}{192}\cot^{2}\beta+\dfrac{385}{1152}\cot^{4}\beta,\cdots$.

类似地，可得 $H_{\nu}^{(2)}(\nu\sec\beta)$ 的渐近展开式（把（25）式中的 i 换成 $-$i）

$$H_\nu^{(2)}(\nu \sec \beta) \sim \frac{2e^{-i\left[\nu(\tan \beta - \beta) - \frac{\pi}{4}\right]}}{\sqrt{2\nu \pi \tan \beta}} \sum_{m=0}^{\infty} \frac{D_m'}{(-i\nu \tan \beta)^m} \quad (\nu \to +\infty). \quad (26)$$

注意在(25)和(26)两式中 $\beta$ 是一个锐角.

分别利用 7.7 节(8)式和(10)式,可由(25)和(26)两式得

$$J_\nu(\nu \sec \beta) \sim \left(\frac{2}{\nu \pi \tan \beta}\right)^{\frac{1}{2}} \left\{ \cos\left(\nu \tan \beta - \nu\beta - \frac{\pi}{4}\right) \sum_{m=0}^{\infty} \frac{(-)^m D_{2m}'}{(\nu \tan \beta)^{2m}} \right.$$

$$\left. + \sin\left(\nu \tan \beta - \nu\beta - \frac{\pi}{4}\right) \sum_{m=0}^{\infty} \frac{(-)^m D_{2m+1}'}{(\nu \tan \beta)^{2m+1}} \right\} \quad (\nu \to +\infty), \quad (27)$$

$$Y_\nu(\nu \sec \beta) \sim \left(\frac{2}{\nu \pi \tan \beta}\right)^{\frac{1}{2}} \left\{ \sin\left(\nu \tan \beta - \nu\beta - \frac{\pi}{4}\right) \sum_{m=0}^{\infty} \frac{(-)^m D_{2m}'}{(\nu \tan \beta)^{2m}} \right.$$

$$\left. - \cos\left(\nu \tan \beta - \nu\beta - \frac{\pi}{4}\right) \sum_{m=0}^{\infty} \frac{(-)^m D_{2m+1}'}{(\nu \tan \beta)^{2m+1}} \right\} \quad (\nu \to +\infty). \quad (28)$$

（三）$x/\nu \approx 1$. 在这种情形下,$\alpha$ 或者 $\beta$ 很小,上面的公式显然不是好的近似,因为这些公式都是 $\nu$ th $\alpha$ 或者 $\nu \tan \beta$ 的降幂展开式.但是上面求渐近展开的方法,只要略加修改,仍可应用.

先讨论 $H_\nu^{(1)}(z)$ 的展开,其中 $\nu$ 和 $z$ 可以是复数.设 $|z|$ 和 $|\nu|$ 都很大,但 $|z-\nu|$ 不大(下面将看到这一数值的恰当数量级).把 $\nu$ 写作

$$\nu = z(1-\varepsilon). \quad (29)$$

设 $|\arg z| < \pi/2$,有

$$H_\nu^{(1)}(z) = \frac{1}{\pi i} \int_{-\infty}^{\infty + \pi i} e^{z(\operatorname{sh} t - t) + z\varepsilon t} dt. \quad (30)$$

以 $\varphi$ 表示 $\arg z$,上式中的积分可写为

$$\int_{-\infty}^{\infty + \pi i} e^{|z|h(t)} g(t) dt, \quad (31)$$

其中 $h(t) = e^{i\varphi}(\operatorname{sh} t - t)$,$g(t) = e^{z\varepsilon t}$. (31)式是一个适于应用最陡下降法的标准形式的积分(上节(1)).

函数 $h(t)$ 的逗留点 $t_0$ 是 $h'(t) = e^{i\varphi}(\operatorname{ch} t - 1) = 0$ 的根:$t_0 = 0 + 2n\pi i(n = 0,\pm 1, \pm 2, \cdots)$. 如前只要讨论 $t_0 = 0$ 这一点.通过这点的最陡路径的方程是

$$\operatorname{Im}[h(t)] = \operatorname{Im}[e^{i\varphi}(\operatorname{sh} t - t)] = \operatorname{Im}[e^{i\varphi}(\operatorname{sh} t_0 - t_0)] = 0. \quad (32)$$

下面只考虑求出(31)式在 $|z|$ 很大时的渐近展开式的头两项.

把 $h(t) = e^{i\varphi}(\operatorname{sh} t - t)$ 在 $t_0 = 0$ 附近展开:

$$h(t) = e^{i\varphi}\left[\frac{t^3}{3!} + \frac{t^5}{5!} + \cdots\right],$$

令 $t = \rho e^{i\theta}$,由(32)得

$$\operatorname{Im}\left[\frac{1}{6}\rho^3 e^{i(3\theta + \varphi)} + \cdots\right] = \frac{1}{6}\rho^3 \sin(3\theta + \varphi) + O(\rho^5) = 0,$$

故最陡下降路径通过 $t=0$ 点的方向为 $\theta=(n\pi-\varphi)/3, n=1,3,5$. 改变(31)式中的积分路线使沿相应于 $n=3$ 的最陡下降路径趋于 $t=0$ 点,然后沿相应于 $n=1$ 的路径离开 $t=0$,则在 $t=0$ 点附近

$$h(t)=\operatorname{Re}[h(t)]\sim-\frac{1}{6}\rho^3$$

和

$$g(t)=\mathrm{e}^{z\varepsilon t}\sim 1+z\varepsilon\,\mathrm{e}^{\mathrm{i}(3\pi-\varphi)/3}\rho\quad(t\text{ 趋近 }0)$$
$$\sim 1+z\varepsilon\,\mathrm{e}^{\mathrm{i}(\pi-\varphi)/3}\rho\quad(t\text{ 离开 }0),$$

而有

$$\int_{-\infty}^{\infty+\pi\mathrm{i}}\mathrm{e}^{|z|h(t)}g(t)\mathrm{d}t\sim\int_0^\delta\mathrm{e}^{-\frac{|z|}{6}\rho^3}[1+z\varepsilon\,\mathrm{e}^{\mathrm{i}(\pi-\varphi)/3}\rho]\mathrm{e}^{\mathrm{i}(\pi-\varphi)/3}\mathrm{d}\rho$$
$$+\int_\delta^0\mathrm{e}^{-\frac{|z|}{6}\rho^3}[1+z\varepsilon\ \mathrm{e}^{\mathrm{i}(3\pi-\varphi)/3}\rho]\mathrm{e}^{\mathrm{i}(3\pi-\varphi)/3}\mathrm{d}\rho. \tag{33}$$

今

$$\int_0^\delta\mathrm{e}^{-\frac{|z|}{6}\rho^3}(1+\lambda\rho)\mathrm{d}\rho=\left(\int_0^\infty-\int_\delta^\infty\right)\mathrm{e}^{-\frac{|z|}{6}\rho^3}(1+\lambda\rho)\mathrm{d}\rho$$
$$=\frac{1}{3}\left(\int_0^\infty-\int_{\delta^3}^\infty\right)\mathrm{e}^{-\frac{|z|}{6}u}(1+\lambda u^{\frac{1}{3}})u^{-\frac{2}{3}}\mathrm{d}u,$$

$$\int_0^\infty\mathrm{e}^{-\frac{|z|}{6}u}(1+\lambda u^{\frac{1}{3}})u^{-\frac{2}{3}}\mathrm{d}u=\left(\frac{|z|}{6}\right)^{-\frac{1}{3}}\Gamma\left(\frac{1}{3}\right)+\lambda\left(\frac{|z|}{6}\right)^{-\frac{2}{3}}\Gamma\left(\frac{2}{3}\right),$$

$$\left|\int_{\delta^3}^\infty\mathrm{e}^{-\frac{|z|}{6}u}(1+\lambda u^{\frac{1}{3}})u^{-\frac{2}{3}}\mathrm{d}u\right|\leqslant(\delta^{-2}+|\lambda|\,\delta^{-1})\frac{6}{|z|}\mathrm{e}^{-\frac{|z|}{6}\delta^3},$$

代入(33),略作计算,得

$$\int_{-\infty}^{\infty+\pi\mathrm{i}}\mathrm{e}^{|z|h(t)}g(t)\mathrm{d}t\sim\frac{2}{3}\left[\mathrm{e}^{\frac{\pi}{6}\mathrm{i}}\sin\frac{\pi}{3}\Gamma\left(\frac{1}{3}\right)\left(\frac{z}{6}\right)^{-\frac{1}{3}}\right.$$
$$\left.+\mathrm{e}^{\frac{5\pi}{6}\mathrm{i}}\sin\frac{2\pi}{3}\Gamma\left(\frac{2}{3}\right)(z\varepsilon)\left(\frac{z}{6}\right)^{-\frac{2}{3}}\right]+O\left(\frac{\mathrm{e}^{-\gamma|z|}}{|z|}\right),\quad\gamma>0.$$

因此,当 $|z|$ 很大时,有

$$H_\nu^{(1)}(z)\sim-\frac{2}{3\pi}\left[\mathrm{e}^{\frac{2\pi}{3}\mathrm{i}}\sin\frac{\pi}{3}\Gamma\left(\frac{1}{3}\right)\left(\frac{z}{6}\right)^{-\frac{1}{3}}+\mathrm{e}^{\frac{4\pi}{3}\mathrm{i}}\sin\frac{2\pi}{3}\Gamma\left(\frac{2}{3}\right)(z\varepsilon)\left(\frac{z}{6}\right)^{-\frac{2}{3}}\right]$$
$$(|\arg z|<\pi), \tag{34}$$

这个结果虽然是用粗略的近似计算得到的,但右方确是精确的渐近展开式($|\arg z|$ $<\pi$)的头两项.关于精确的渐近展开式,不难仿照前面(一)和(二)中的做法算出(参看本章末习题 49 及 Watson (1944),§ 8.42, p. 247).又从(34)看出,如果 $z\varepsilon\cdot z^{-\frac{1}{3}}=o(1)$,即 $z\varepsilon=z-\nu=o(z^{\frac{1}{3}})$,则第二项要比第一项小得多.

又,(34)是在 $|\arg z|<\pi/2$ 的条件下证明的,但(30)式中的积分围道可以整个

地绕 $t=0$ 转一适当的角度 $\eta$, $|\eta|<\pi/2$, 使上面的结果在 $-\pi/2+\eta<\arg z<\pi/2+\eta$ 中成立, 故(34)式的适用范围是 $|\arg z|<\pi$.

类似地可以得到 $H_\nu^{(2)}(z)$ 在同样条件下的渐近表示

$$H_\nu^{(2)}(z)\sim-\frac{2}{3\pi}\Big[\mathrm{e}^{-\frac{2\pi\mathrm{i}}{3}}\sin\frac{\pi}{3}\Gamma\Big(\frac{1}{3}\Big)\Big(\frac{z}{6}\Big)^{-\frac{1}{3}}+\mathrm{e}^{-\frac{4\pi\mathrm{i}}{3}}\sin\frac{2\pi}{3}\Gamma\Big(\frac{2}{3}\Big)(z\varepsilon)\Big(\frac{z}{6}\Big)^{-\frac{2}{3}}\Big]$$
$$(|\arg z|<\pi). \tag{35}$$

利用(34)和(35), 分别由 7.7 节(8)式和(10)式得

$$J_\nu(z)\sim\frac{1}{3\pi}\Big[\sin\frac{\pi}{3}\Gamma\Big(\frac{1}{3}\Big)\Big(\frac{z}{6}\Big)^{-\frac{1}{3}}+\sin\frac{2\pi}{3}\Gamma\Big(\frac{2}{3}\Big)(z\varepsilon)\Big(\frac{z}{6}\Big)^{-\frac{2}{3}}\Big]$$
$$(|\arg z|<\pi), \tag{36}$$

$$Y_\nu(z)\sim-\frac{2}{3\pi}\Big[\sin^2\frac{\pi}{3}\Gamma\Big(\frac{1}{3}\Big)\Big(\frac{z}{6}\Big)^{-\frac{1}{3}}-\sin^2\frac{2\pi}{3}\Gamma\Big(\frac{2}{3}\Big)(z\varepsilon)\Big(\frac{z}{6}\Big)^{-\frac{2}{3}}\Big]$$
$$(|\arg z|<\pi). \tag{37}$$

如果 $x/\nu\approx1$, 但 $|x-\nu|$(即 $|x\varepsilon|$)很大, 上面的近似公式(34)～(37)不适用, 也没有简单的、每一项都是初等函数的渐近展开式. 瓦特孙(Watson (1944), § 8.43) 研究了这种过渡区域情形, 得到了一些重要公式(参看 Watson (1944), § 8.43, p. 248). 此外 Schöbe, Tricomi 也得到了一些公式(参看 Erdélyi (1953), Vol. Ⅱ, § 7.4.3).

## 7.13 加 法 公 式

在 7.5 节中我们得到过加法公式:

$$J_n(x+y)=\sum_{k=-\infty}^{\infty}J_k(x)J_{n-k}(y) \tag{1}$$

和

$$J_0(R)=\sum_{m=-\infty}^{\infty}J_m(r_1)J_m(r_2)\mathrm{e}^{\mathrm{i}m\theta} \tag{2}$$

$$=\sum_{m=0}^{\infty}\varepsilon_m J_m(r_1)J_m(r_2)\cos m\theta, \tag{3}$$

其中 $R=[r_1^2+r_2^2-2r_1r_2\cos\theta]^{\frac{1}{2}}$, $\varepsilon_0=1$, $\varepsilon_m=2(m\geqslant1)$.

在本节中将推广这些公式, 并介绍其他加法公式.

**1. 格喇夫(Graf)公式.**

$$J_\nu(\varpi)\Big\{\frac{x-y\mathrm{e}^{-\mathrm{i}\theta}}{x-y\mathrm{e}^{\mathrm{i}\theta}}\Big\}^{\frac{\nu}{2}}=\sum_{m=-\infty}^{\infty}J_{\nu+m}(x)J_m(y)\mathrm{e}^{\mathrm{i}m\theta}, \tag{4}$$

其中 $x$ 和 $y$ 是复数, $|y\mathrm{e}^{\pm\mathrm{i}\theta}|<|x|$, $\varpi=[x^2+y^2-2xy\cos\theta]^{\frac{1}{2}}$, 并规定当 $y\to0$ 时

$\varpi \to +x$. (4)式显然是上面(1),(2)或(3)诸式的推广,其证明如下.

由 7.4 节(14)

$$J_{\nu}(\varpi) = \frac{1}{2\pi i}\int_{-\infty e^{-i\alpha}}^{(0+)} e^{\frac{\varpi}{2}\left(t-\frac{1}{t}\right)} t^{-\nu-1}\,dt,$$

其中 $\alpha = \arg \varpi$, $|\arg t| < \pi$. 把 $\varpi$ 写作 $(x-ye^{i\theta})^{\frac{1}{2}}(x-ye^{-i\theta})^{\frac{1}{2}}$,并令

$$t = (x-ye^{-i\theta})^{\frac{1}{2}}(x-ye^{i\theta})^{-\frac{1}{2}}u,$$

得

$$J_{\nu}(\varpi)\left\{\frac{x-ye^{-i\theta}}{x-ye^{i\theta}}\right\}^{\frac{\nu}{2}} = \frac{1}{2\pi i}\int_{-\infty e^{-i\beta}}^{(0+)} e^{\frac{x}{2}\left(u-\frac{1}{u}\right)} e^{-\frac{y}{2}\left(ue^{-i\theta}-\frac{1}{ue^{-i\theta}}\right)} u^{-\nu-1}\,du,$$

其中 $\beta = \arg(x-ye^{-i\theta})$. 利用 7.5 节(2)式,有

$$e^{\frac{z}{2}(t-t^{-1})} = \sum_{n=-\infty}^{\infty} J_n(z)t^n = \sum_{n=-\infty}^{\infty} J_{-n}(z)t^{-n} = \sum_{n=-\infty}^{\infty} J_n(-z)t^{-n},$$

代入前式右方的积分中,得

$$\frac{1}{2\pi i}\int_{-\infty e^{-i\beta}}^{(0+)} e^{\frac{x}{2}\left(u-\frac{1}{u}\right)} \sum_{m=-\infty}^{\infty} J_m(y)e^{im\theta}u^{-\nu-m-1}\,du.$$

令 $\gamma = \arg x$. 若 $|ye^{-i\theta}| < |x|$,则 $|\gamma-\beta| < \pi/2$,故可以把整个积分围道绕 $u=0$ 转一角度$(\beta-\gamma)$,而有

$$\int_{-\infty e^{-i\beta}}^{(0+)} = \int_{-\infty e^{-i\gamma}}^{(0+)}.$$

交换求积分及求和的次序(可以利用 7.5 节(23)式证明这是合法的),即得

$$J_{\nu}(\varpi)\left\{\frac{x-ye^{-i\theta}}{x-ye^{i\theta}}\right\}^{\frac{\nu}{2}} = \frac{1}{2\pi i}\sum_{m=-\infty}^{\infty} J_m(y)e^{im\theta}\int_{-\infty e^{-i\gamma}}^{(0+)} e^{\frac{x}{2}(u-u^{-1})} u^{-\nu-m-1}\,du$$

$$= \sum_{m=-\infty}^{\infty} J_m(y)J_{\nu+m}(x)e^{im\theta}.$$

**2. 盖根保尔**(Gegenbauer)**加法公式.**　在(4)式中令 $\nu=0$,得

$$J_0(\varpi) = \sum_{m=-\infty}^{\infty} J_m(x)J_m(y)e^{im\theta} = \sum_{m=0}^{\infty} \varepsilon_m J_m(x)J_m(y)\cos m\theta. \tag{5}$$

对 $\cos\theta$ 求微商 $n$ 次,因

$$\frac{d}{d(\cos\theta)} = \frac{d\varpi}{d(\cos\theta)}\frac{d}{d\varpi} = -\frac{xy}{\varpi}\frac{d}{d\varpi},$$

得

$$(-)^n(xy)^n\left(\frac{1}{\varpi}\frac{d}{d\varpi}\right)^n J_0(\varpi) = \sum_{m=0}^{\infty} \varepsilon_m J_m(x)J_m(y)\frac{d^n\cos m\theta}{d(\cos\theta)^n}.$$

今 $\cos m\theta$ 可以表为 $\cos\theta$ 的 $m$ 次多项式(参看 4.11 节(2)式,注意 $T_m(\cos\theta) = \cos m\theta$),故前式级数中的微商当 $m<n$ 时为零.因此,应用 7.2 节(17)式于前式左

方,得

$$\frac{J_n(\varpi)}{\varpi^n} = \sum_{m=n}^{\infty} \varepsilon_m \frac{J_m(x)}{x^n} \frac{J_m(y)}{y^n} \frac{\mathrm{d}^n \cos m\theta}{\mathrm{d}(\cos\theta)^n}$$

$$= \sum_{m=0}^{\infty} \varepsilon_{m+n} \frac{J_{m+n}(x)}{x^n} \frac{J_{m+n}(y)}{y^n} \frac{\mathrm{d}^n \cos(m+n)\theta}{\mathrm{d}(\cos\theta)^n}, \tag{6}$$

称为盖根保尔加法公式.

(6)式可以推广到 $n$ 不是整数的情形(参看本章末习题51):

$$\frac{J_\nu(\varpi)}{\varpi^\nu} = 2^\nu \Gamma(\nu) \sum_{m=0}^{\infty} (\nu+m) \frac{J_{\nu+m}(x)}{x^\nu} \frac{J_{\nu+m}(y)}{y^\nu} C_m^\nu(\cos\theta), \tag{7}$$

其中 $x,y$ 和 $\theta$ 可以是任何复数, $\nu \neq 0, -1, -2, \cdots$, $C_m^\nu(z)$ 是盖根保尔多项式(5.23节).

又有

$$\frac{J_{-\nu}(\varpi)}{\varpi^\nu} = 2^\nu \Gamma(\nu) \sum_{m=0}^{\infty} (-)^m (\nu+m) \frac{J_{-\nu-m}(x)}{x^\nu} \frac{J_{\nu+m}(y)}{y^\nu} C_m^\nu(\cos\theta), \tag{8}$$

其中 $|y e^{\pm i\theta}| < |x|$, $\nu \neq 0, -1, -2, \cdots$.

当 $\nu = n$(正整数)时,用 5.23 节(12)式,(7)式即化为(6)式.

(7)式的一个重要特殊情形是 $\nu = 1/2$,这时,由 7.3 节(1)式得

$$\frac{\sin \varpi}{\varpi} = \pi \sum_{m=0}^{\infty} \left(m + \frac{1}{2}\right) \frac{J_{m+\frac{1}{2}}(x)}{\sqrt{x}} \frac{J_{m+\frac{1}{2}}(y)}{\sqrt{y}} P_m(\cos\theta). \tag{9}$$

类似地,由(8)式和 7.3 节(2)式得

$$\frac{\cos \varpi}{\varpi} = \pi \sum_{m=0}^{\infty} (-)^m \left(m + \frac{1}{2}\right) \frac{J_{-m-\frac{1}{2}}(x)}{\sqrt{x}} \frac{J_{m+\frac{1}{2}}(y)}{\sqrt{y}} P_m(\cos\theta). \tag{10}$$

$P_m(\cos\theta)$ 是勒让德多项式(参看 5.23 节(2)式之后).

由(7),(8)两式和 7.6 节(3)式得

$$\frac{Y_\nu(\varpi)}{\varpi^\nu} = 2^\nu \Gamma(\nu) \sum_{m=0}^{\infty} (\nu+m) \frac{Y_{\nu+m}(x)}{x^\nu} \frac{J_{\nu+m}(y)}{y^\nu} C_m^\nu(\cos\theta). \tag{11}$$

因此,根据 7.6 节(11)式和(12)式,有

$$\frac{Z_\nu(\varpi)}{\varpi^\nu} = 2^\nu \Gamma(\nu) \sum_{m=0}^{\infty} (\nu+m) \frac{Z_{\nu+m}(x)}{x^\nu} \frac{J_{\nu+m}(y)}{y^\nu} C_m^\nu(\cos\theta), \tag{12}$$

$Z_\nu(z)$ 是任意的 $\nu$ 阶柱函数.

由(12)式,令 $\nu \to 0$,注意 $C_0^0(\cos\theta) = 1$,并利用第五章末习题 56 的结果:

$$\lim_{\nu \to 0} \left[ \Gamma(\nu)(\nu+m) C_m^\nu(\cos\theta) \right] = 2\cos m\theta \quad (m = 1, 2, \cdots),$$

得

$$Z_0(\varpi) = \sum_{m=0}^{\infty} \varepsilon_m Z_m(x) J_m(y) \cos m\theta. \tag{13}$$

从(12)式还可以推出展开式

$$e^{iy\cos\theta} = 2^\nu \Gamma(\nu) \sum_{m=0}^{\infty} (\nu+m) i^m \frac{J_{\nu+m}(y)}{y^\nu} C_m^\nu(\cos\theta). \tag{14}$$

证明如下：在(12)式中取 $Z_\nu(\varpi)$ 为 $H_\nu^{(2)}(\varpi)$，以 $x^{\nu+\frac{1}{2}}$ 乘两边，利用 $H_\nu^{(2)}(\varpi)$ 的渐近展开式(7.10 节(4))，注意

$$\varpi = \sqrt{x^2 + y^2 - 2xy\cos\theta} = x\left[1 - \frac{y}{x}\cos\theta + O(x^{-2})\right],$$

令 $x \to \infty$，即得(14).

(14)式的一个重要特殊情形是 $\left(\nu = \dfrac{1}{2}\right)$：

$$e^{iy\cos\theta} = \sqrt{\frac{\pi}{2y}} \sum_{n=0}^{\infty} (2n+1) i^n J_{n+\frac{1}{2}}(y) P_n(\cos\theta), \tag{15}$$

其中 $P_n(\cos\theta)$ 是勒让德多项式(参看 5.23 节(2)式之后).

还可以类似地从(12)式导出许多其他展开式和公式(参看本章末习题52).

## 7.14 含贝塞耳函数的积分.(一)有限积分

在本节中将举例来介绍几种计算这类积分的方法.

一种最简单的方法是把贝塞耳函数的级数表达式(7.2 节(7)式)代入积分中，逐项求积. 例如，

$$\int_0^{\frac{\pi}{2}} J_\mu(z\sin\theta)(\sin\theta)^{\mu+1}(\cos\theta)^{2\nu+1} d\theta \quad (\operatorname{Re}(\mu), \operatorname{Re}(\nu) > -1)$$

$$= \sum_{k=0}^{\infty} \frac{(-)^k}{k!} \frac{(z/2)^{\mu+2k}}{\Gamma(\mu+k+1)} \int_0^{\frac{\pi}{2}} (\sin\theta)^{2\mu+2k+1}(\cos\theta)^{2\nu+1} d\theta$$

$$= \sum_{k=0}^{\infty} \frac{(-)^k}{k!} \frac{(z/2)^{\mu+2k}}{\Gamma(\mu+k+1)} \frac{\Gamma(\mu+k+1)\Gamma(\nu+1)}{2\Gamma(\mu+\nu+k+2)} \quad (\text{用了 3.8 节(7) 式})$$

$$= \frac{2^\nu \Gamma(\nu+1)}{z^{\nu+1}} J_{\mu+\nu+1}(z). \tag{1}$$

这式称为**第一索宁(Sonine)有限积分公式.**

另一种方法是用贝塞耳函数的积分表达式把要计算的积分变为在单位球面上的面积分，然后通过坐标变换把积分的计算简化. 仍以前面(1)式中的积分为例，用 7.4 节(6)式有

$$\int_0^{\frac{\pi}{2}} J_\mu(z\,\sin\theta)(\sin\theta)^{\mu+1}(\cos\theta)^{2\nu+1} d\theta$$

$$= \frac{(z/2)^\mu}{\sqrt{\pi}\,\Gamma\left(\mu+\frac{1}{2}\right)} \int_0^{\frac{\pi}{2}} \int_0^\pi e^{\mathrm{i}\,z\sin\theta\cos\varphi}(\sin\theta)^{2\mu+1}(\sin\varphi)^{2\mu}(\cos\theta)^{2\nu+1}\,\mathrm{d}\varphi\,\mathrm{d}\theta.$$

以 $l=\sin\theta\cos\varphi$, $m=\sin\theta\sin\varphi$, $n=\cos\theta$ 表示对坐标系 $(x,y,z)$ 的方向余弦, 上面的积分可写为

$$\frac{(z/2)^\mu}{\sqrt{\pi}\,\Gamma\left(\mu+\frac{1}{2}\right)} \iint_{n\geqslant 0,\,m\geqslant 0} e^{\mathrm{i}\,zl}m^{2\mu}n^{2\nu+1}\,\mathrm{d}\omega, \quad \mathrm{d}\omega = \sin\theta\,\mathrm{d}\theta\,\mathrm{d}\varphi.$$

这是在一个单位球面上一固定部分 $(n\geqslant 0, m\geqslant 0)$ 上面的面积分. 现在把坐标轴转动, 从 $(x,y,z)$ 换为 $(z'x'y')$, 使 $(l,m,n)$ 相应地变为 $(n',l',m')$, 则上面的积分化为

$$\frac{(z/2)^\mu}{\sqrt{\pi}\,\Gamma\left(\mu+\frac{1}{2}\right)} \iint_{m'\geqslant 0,\,l'\geqslant 0} e^{\mathrm{i}\,zn'}l'^{2\mu}m'^{2\nu+1}\,\mathrm{d}\omega'$$

$$= \frac{(z/2)^\mu}{\sqrt{\pi}\,\Gamma\left(\mu+\frac{1}{2}\right)} \int_0^{\frac{\pi}{2}} \int_0^\pi e^{\mathrm{i}\,z\cos\theta'}(\sin\theta')^{2\mu+2\nu+1}(\cos\varphi')^{2\mu}(\sin\varphi')^{2\nu+1}\sin\theta'\,\mathrm{d}\theta'\,\mathrm{d}\varphi'$$

$$= \frac{(z/2)^\mu}{\sqrt{\pi}\,\Gamma\left(\mu+\frac{1}{2}\right)} \int_0^{\frac{\pi}{2}} (\cos\varphi)^{2\mu}(\sin\varphi)^{2\nu+1}\,\mathrm{d}\varphi \int_0^\pi e^{\mathrm{i}\,z\cos\theta}(\sin\theta)^{2\mu+2\nu+2}\,\mathrm{d}\theta$$

$$= \frac{(z/2)^\mu}{\sqrt{\pi}\,\Gamma\left(\mu+\frac{1}{2}\right)} \cdot \frac{\Gamma\left(\mu+\frac{1}{2}\right)\Gamma(\nu+1)}{2\Gamma\left(\mu+\nu+\frac{3}{2}\right)} \frac{\sqrt{\pi}\,\Gamma\left(\mu+\nu+\frac{3}{2}\right)}{(z/2)^{\mu+\nu+1}}\mathrm{J}_{\mu+\nu+1}(z)$$

$$= \frac{2^\nu\Gamma(\nu+1)}{z^{\nu+1}}\mathrm{J}_{\mu+\nu+1}(z),$$

其中用了 3.8 节 (7) 式和 7.4 节 (6) 式. 这就证明了 (1) 式.

用同样的方法可得**第二索宁有限积分公式**

$$\int_0^{\frac{\pi}{2}} \mathrm{J}_\mu(x\sin\theta)\mathrm{J}_\nu(y\cos\theta)(\sin\theta)^{\mu+1}(\cos\theta)^{\nu+1}\,\mathrm{d}\theta$$

$$= \frac{x^\mu y^\nu\,\mathrm{J}_{\mu+\nu+1}\left(\sqrt{x^2+y^2}\right)}{(x^2+y^2)^{(\mu+\nu+1)/2}} \quad (\mathrm{Re}(\mu),\mathrm{Re}(\nu)>-1). \tag{2}$$

(参看 Watson (1944), §12.13, p. 376.)

另一个很重要的有限积分公式是

$$\int_0^\pi \frac{Z_\nu\left(\sqrt{x^2+y^2-2xy\cos\theta}\right)}{(x^2+y^2-2xy\cos\theta)^{\nu/2}} C_m^\nu(\cos\theta)(\sin\theta)^{2\nu}\,\mathrm{d}\theta$$

$$= \frac{\pi\Gamma(2\nu+m)}{2^{\nu-1}\cdot m!\,\Gamma(\nu)} \frac{Z_{\nu+m}(x)}{x^\nu}\frac{\mathrm{J}_{\nu+m}(y)}{y^\nu} \quad \left(\mathrm{Re}(\nu)>-\frac{1}{2}\right), \tag{3}$$

称为**索宁-盖根保尔公式**, 其中 $Z_\nu(z)$ 是任意的 $\nu$ 阶柱函数 (7.6 节末), $C_m^\nu(\cos\theta)$ 是

盖根保尔多项式(5.23 节).

(3)式的证明很简单:以 $C_n^\nu(\cos\theta)(\sin\theta)^{2\nu}d\theta$ 乘 7.13 节(12)式两边,求积分,利用 5.23 节(11)式——盖根保尔多项式的正交归一关系——即得.关于证明中逐项求积分的合法性可以根据一般用完备正交函数组展开的理论来论证.

除了上述例子中所用的方法之外,本章末习题 15～19 的不定积分公式也可以用来计算定积分.

## 7.15  含贝塞耳函数的积分.(二)无穷积分

类似于有限积分的情形,计算含贝塞耳函数的无穷积分的方法大致有下列几种:

(一)用贝塞耳函数的级数表达式,逐项求积分.

(二)用贝塞耳函数的各种积分表达式,交换积分次序进行求积分.

(三)在被积函数中出现贝塞耳函数的乘积时,用适当的公式,例如上节(3)式,或者本章末习题 31 的诺埃曼公式,把这乘积用含一个贝塞耳函数的积分代替,交换积分次序,然后进行求积分.

下面给出一些比较基本的积分公式.其他可看本章末有关的习题和 Watson (1944),Chap. 13 及其中所引文献.

**汉克耳积分公式.**

$$\int_0^\infty e^{-at} J_\nu(bt) t^{\mu-1} dt = \frac{\Gamma(\mu+\nu)}{a^{\mu+\nu}\Gamma(\nu+1)} \left(\frac{b}{2}\right)^\nu F\left(\frac{\mu+\nu}{2}, \frac{\mu+\nu+1}{2}, \nu+1, -\frac{b^2}{a^2}\right), \quad (1)$$

其中 $F(\alpha,\beta,\gamma,z)$ 是超几何函数;$\mathrm{Re}(\mu+\nu)>0$ 和 $\mathrm{Re}(a\pm ib)>0$ 以分别保证积分在下限和上限收敛.

设 $\mathrm{Re}(a)>0$,且 $|b/a|<1$,把 $J_\nu(z)$ 的级数表达式(7.2 节(7)式)代入上式积分中,逐项求积分得

$$\int_0^\infty e^{-at} J_\nu(bt) t^{\mu-1} dt = \sum_{k=0}^\infty \frac{(-)^k}{k!} \frac{(b/2)^{\nu+2k}}{\Gamma(\nu+k+1)} \int_0^\infty e^{-at} t^{\mu+\nu+2k-1} dt$$

$$= \sum_{k=0}^\infty \frac{(-)^k}{k!} \frac{(b/2)^{\nu+2k}}{\Gamma(\nu+k+1)} a^{-\mu-\nu-2k} \Gamma(\mu+\nu+2k).$$

用 3.6 节(8)——$\Gamma$ 函数的倍乘公式,得

$$\Gamma(\mu+\nu+2k) = \Gamma(\mu+\nu) 2^{2k} \left(\frac{\mu+\nu}{2}\right)_k \left(\frac{\mu+\nu+1}{2}\right)_k.$$

代入前式,即得(1).证明中的逐项求积分是合法的,因为所得级数在 $|b/a|<1$ 的条件下绝对收敛(Bromwich (1925),§ 176).

上面是在 $\mathrm{Re}(a)>0$ 和 $|a|>|b|$ 的条件下证明(1)式的,但利用 $J_\nu(bt)$ 在 $t\to\infty$

时的渐近表示($7.10$ 节(5)式),即见左方积分在 $\mathrm{Re}(a\pm ib)>0$ 的条件下是收敛的(对上限),故对于固定的 $a$,它代表 $b$ 的一个解析函数. 于是,根据解析开拓原理,(1)式在 $\mathrm{Re}(\mu+\nu)>0$ 和 $\mathrm{Re}(a\pm ib)>0$ 的条件下成立.

又,分别应用 $4.3$ 节(8)式和(9)式于(1)式右方,有

$$\int_0^\infty e^{-at} J_\nu(bt) t^{\mu-1} dt = \frac{\Gamma(\mu+\nu)}{a^{\mu+\nu}\Gamma(\nu+1)}\left(\frac{b}{2}\right)^\nu \left(1+\frac{b^2}{a^2}\right)^{\frac{1}{2}-\mu} F\left(\frac{\nu-\mu+2}{2},\frac{\nu-\mu+1}{2},\nu+1,-\frac{b^2}{a^2}\right)$$

$$= \frac{\Gamma(\mu+\nu)}{\Gamma(\nu+1)}\left(\frac{b}{2}\right)^\nu (a^2+b^2)^{-\frac{\mu+\nu}{2}} F\left(\frac{\nu+\mu}{2},\frac{\nu-\mu+1}{2},\nu+1,\frac{b^2}{a^2+b^2}\right).$$

$$(2)$$

利用 $Y_\nu(z)$,$H_\nu^{(1,2)}(z)$,$I_\nu(z)$,$K_\nu(z)$ 等贝塞耳函数和变型贝塞耳函数与 $J_\nu(z)$ 的关系,可以从上面(1)和(2)两个公式推出一系列含贝塞耳函数的无穷积分公式(参看本章末习题).

(1)式的一个简单的特殊情形是 $\nu=0,\mu=1$:

$$\int_0^\infty e^{-at} J_0(bt) dt = \frac{1}{a} F\left(\frac{1}{2},1,1,-\frac{b^2}{a^2}\right) = \frac{1}{\sqrt{a^2+b^2}} \tag{3}$$

(用 $4.2$ 节(10)式),其中的根式在 $b=0$ 时等于 $a$.

**斯图鲁弗(Struve)积分公式**

$$\int_0^\infty \frac{J_\mu(t)J_\nu(t)}{t^{\mu+\nu}} dt = \frac{\Gamma\left(\frac{1}{2}\right)\Gamma(\mu+\nu)}{2^{\mu+\nu}\Gamma\left(\mu+\nu+\frac{1}{2}\right)\Gamma\left(\mu+\frac{1}{2}\right)\Gamma\left(\nu+\frac{1}{2}\right)} \tag{4}$$

$$(\mathrm{Re}(\mu+\nu)>0).$$

这公式是下面公式(11)的特例,但证明这公式的方法有典型性,故另给出.

先设 $\mathrm{Re}(\mu)$ 和 $\mathrm{Re}(\nu)$ 都大于 $1/2$,把 $7.4$ 节(7)式中的 $\theta$ 换成 $\frac{\pi}{2}-\theta$,换部求积一次(目的是使下面对 $t$ 的无穷积分收敛),代入(4)式左方的积分中,得

$$\int_0^\infty \frac{J_\mu(t)J_\nu(t)}{t^{\mu+\nu}} dt = \frac{(2\mu-1)(2\nu-1)}{\pi 2^{\mu+\nu-2}\Gamma\left(\mu+\frac{1}{2}\right)\Gamma\left(\nu+\frac{1}{2}\right)}\int_0^\infty \int_0^{\frac{\pi}{2}}\int_0^{\frac{\pi}{2}} \frac{\sin(t\sin\theta)\sin(t\sin\varphi)}{t^2}$$

$$\times (\cos\theta)^{2\mu-2}(\cos\varphi)^{2\nu-2}\sin\theta\,\sin\varphi\,d\theta\,d\varphi\,dt.$$

交换求积分次序(易证明其合法性),并利用公式

$$\int_0^\infty \frac{\sin\alpha t\,\sin\beta t}{t^2} dt = \frac{1}{2}\int_0^\infty \frac{\cos(\alpha-\beta)t-\cos(\alpha+\beta)t}{t^2} dt = \begin{cases} \dfrac{\pi\beta}{2} & (\alpha>\beta) \\[2mm] \dfrac{\pi\alpha}{2} & (\alpha<\beta), \end{cases}$$

上式中的三重积分等于

$$\frac{\pi}{2}\int_0^{\frac{\pi}{2}}\int_0^{\varphi}(\cos\theta)^{2\mu-2}(\cos\varphi)^{2\nu-2}\sin^2\theta\,\sin\varphi\,\mathrm{d}\theta\,\mathrm{d}\varphi$$

$$+\frac{\pi}{2}\int_0^{\frac{\pi}{2}}\int_0^{\theta}(\cos\theta)^{2\mu-2}(\cos\varphi)^{2\nu-2}\sin\theta\,\sin^2\varphi\,\mathrm{d}\varphi\,\mathrm{d}\theta.$$

利用 3.8 节(7)式,得

$$\frac{\pi}{2}\int_0^{\frac{\pi}{2}}\int_0^{\varphi}(\cos\theta)^{2\mu-2}(\cos\varphi)^{2\nu-2}\sin^2\theta\,\sin\varphi\,\mathrm{d}\theta\,\mathrm{d}\varphi$$

$$=\frac{\pi}{2}\int_0^{\frac{\pi}{2}}(\cos\theta)^{2\mu-2}\sin^2\theta\,\mathrm{d}\theta\int_0^{\frac{\pi}{2}}(\cos\varphi)^{2\nu-2}\sin\varphi\,\mathrm{d}\varphi$$

$$=\frac{\pi}{2}\frac{1}{2\nu-1}\int_0^{\frac{\pi}{2}}(\cos\theta)^{2\mu+2\nu-3}\sin^2\theta\,\mathrm{d}\theta$$

$$=\frac{\pi}{4}\frac{\Gamma(\mu+\nu-1)\Gamma\left(\frac{3}{2}\right)}{(2\nu-1)\Gamma\left(\mu+\nu+\frac{1}{2}\right)}.$$

再类似地算出前式的第二个积分(只需把 $\mu$ 和 $\nu$ 对换),即得

$$\int_0^{\infty}\frac{\mathrm{J}_{\mu}(t)\mathrm{J}_{\nu}(t)}{t^{\mu+\nu}}\mathrm{d}t=\frac{\Gamma(\mu+\nu-1)\Gamma\left(\frac{3}{2}\right)(2\mu+2\nu-2)}{2^{\mu+\nu}\Gamma\left(\mu+\nu+\frac{1}{2}\right)\Gamma\left(\mu+\frac{1}{2}\right)\Gamma\left(\nu+\frac{1}{2}\right)}.$$

利用关系式 $z\Gamma(z)=\Gamma(z+1)$ 即见这式右方与(4)式右方相同.

条件 $\mathrm{Re}(\mu+\nu)>0$ 保证了(4)式左方的积分在上限收敛,因此,根据解析开拓原理,在证明中所加的条件 $\mathrm{Re}(\mu)>1/2$ 和 $\mathrm{Re}(\nu)>1/2$ 可取消.

**韦伯-夏夫海特林**(Schafheitlin)**积分.** 设积分

$$\int_0^{\infty}\frac{\mathrm{J}_{\mu}(at)\mathrm{J}_{\nu}(bt)}{t^{\lambda}}\mathrm{d}t \tag{5}$$

中的 $a$ 和 $b$ 都是正数,且

$$\mathrm{Re}(\mu+\nu+1)>\mathrm{Re}(\lambda)>-1 \quad (a\neq b),$$
$$\mathrm{Re}(\mu+\nu+1)>\mathrm{Re}(\lambda)>0 \quad (a=b),$$

则积分在上下限都是收敛的;这可以分别用贝塞耳函数的渐近表示(7.10 节(5)式)和级数表示(7.2 节(7)式)来证明.

积分(5)可以利用上面的公式(1)来计算,因为在所说条件下,

$$\int_0^{\infty}\frac{\mathrm{J}_{\mu}(at)\mathrm{J}_{\nu}(bt)}{t^{\lambda}}\mathrm{d}t=\lim_{c\to+0}\int_0^{\infty}\mathrm{e}^{-ct}\frac{\mathrm{J}_{\mu}(at)\mathrm{J}_{\nu}(bt)}{t^{\lambda}}\mathrm{d}t. \tag{6}$$

为了写起来简短,引进下列新的常数

$$
\left.\begin{aligned}
2\alpha &= \nu + \mu - \lambda + 1, \\
2\beta &= \nu - \mu - \lambda + 1, \\
\gamma &= \nu + 1,
\end{aligned}\right\}
\qquad
\left.\begin{aligned}
\lambda &= \gamma - \alpha - \beta, \\
\mu &= \alpha - \beta, \\
\nu &= \gamma - 1.
\end{aligned}\right\}
$$

当(6)式右方积分中的 $c$ 是任意给定的一个正数时,利用 $J_\nu(z)$ 的渐近展开式可以看出积分对于复数值的 $b$ 也是收敛的,只要 $|\mathrm{Im}(b)| < c$. 以 $z$ 代 $b$,则在 $\mathrm{Re}(z) > 0$ 和 $|\mathrm{Im}z| < c$ 中,所述积分是 $z$ 的解析函数.

用贝塞耳函数的级数表达式及公式(2),得

$$
\int_0^\infty e^{-ct}\,\frac{J_{\alpha-\beta}(at)J_{\gamma-1}(zt)}{t^{\gamma-\alpha-\beta}}\,dt
$$

$$
= \int_0^\infty e^{-ct} J_{\alpha-\beta}(at) \sum_{k=0}^\infty \frac{(-)^k}{k!\,\Gamma(\gamma+k)} \left(\frac{z}{2}\right)^{\gamma+2k-1} t^{\alpha+\beta+2k-1}\,dt
$$

$$
= \sum_{k=0}^\infty \frac{(-)^k}{k!\,\Gamma(\gamma+k)} \left(\frac{z}{2}\right)^{\gamma+2k-1} \int_0^\infty e^{-ct} J_{\alpha-\beta}(at) t^{\alpha+\beta+2k-1}\,dt
$$

$$
= \sum_{k=0}^\infty \frac{(-)^k}{k!\,\Gamma(\gamma+k)} \left(\frac{z}{2}\right)^{\gamma+2k-1} \frac{\Gamma(2\alpha+2k)}{(a^2+c^2)^{\alpha+k}\,\Gamma(\alpha-\beta+1)}
$$

$$
\times \left(\frac{a}{2}\right)^{\alpha-\beta} F\left(\alpha+k, \tfrac{1}{2}-\beta-k, \alpha-\beta+1, \frac{a^2}{a^2+c^2}\right),
$$

当 $|z| < c$ 时,求积分与求和交换次序是合法的(参看 Watson (1944), p. 399).

可以证明(Watson (1944), p. 400),只要 $A$ 够小,则最后的级数在 $0 \leqslant c \leqslant A$ 中一致收敛,因此

$$
\lim_{c\to+0}\int_0^\infty e^{-ct}\,\frac{J_{\alpha-\beta}(at)J_{\gamma-1}(bt)}{t^{\gamma-\alpha-\beta}}\,dt
$$

$$
= \sum_{k=0}^\infty \frac{(-)^k \Gamma(2\alpha+2k)}{k!\,\Gamma(\gamma+k)\Gamma(\alpha-\beta+1)a^{2\alpha+2k}} \left(\frac{b}{2}\right)^{\gamma+2k-1} \left(\frac{a}{2}\right)^{\alpha-\beta}
$$

$$
\times F\left(\alpha+k, \tfrac{1}{2}-\beta-k, \alpha-\beta+1, 1\right).
$$

于是,利用 4.7 节(4)式和 3.6 节(8)式,由(6)得

$$
\int_0^\infty \frac{J_{\alpha-\beta}(at)J_{\gamma-1}(bt)}{t^{\gamma-\alpha-\beta}}\,dt = \frac{b^{\gamma-1}\Gamma(\alpha)}{2^{\gamma-\alpha-\beta}a^{\alpha+\beta}\Gamma(\gamma)\Gamma(1-\beta)} F\left(\alpha, \beta, \gamma, \frac{b^2}{a^2}\right) \tag{7}
$$

或

$$
\int_0^\infty \frac{J_\mu(at)J_\nu(bt)}{t^\lambda}\,dt = \frac{b^\nu \Gamma\left(\dfrac{\nu+\mu-\lambda+1}{2}\right)}{2^\lambda a^{\nu-\lambda+1}\Gamma(\nu+1)\Gamma\left(\dfrac{\mu-\nu+\lambda+1}{2}\right)}
$$

$$
\times F\left(\frac{\nu+\mu-\lambda+1}{2}, \frac{\nu-\mu-\lambda+1}{2}, \nu+1, \frac{b^2}{a^2}\right) \tag{8}
$$

$$(0 < b < a).$$

把 $a$ 和 $b$,$\mu$ 和 $\nu$ 对调,由(7)和(8)分别得

$$\int_0^\infty \frac{J_{\alpha-\beta}(at)J_{\gamma-1}(bt)}{t^{\gamma-\alpha-\beta}}dt = \frac{a^{\alpha-\beta}\Gamma(\alpha)}{2^{\gamma-\alpha-\beta}b^{2\alpha-\gamma+1}\Gamma(\gamma-\alpha)\Gamma(\alpha-\beta+1)}$$

$$\times F\left(\alpha, \alpha-\gamma+1, \alpha-\beta+1, \frac{a^2}{b^2}\right) \quad (0 < a < b) \quad (9)$$

以及与(8)式相应的公式.

利用 4.8 节(8)式可以看出(7)和(9)两式右方的函数不是同一函数的解析开拓.但当 $b \to a$ 时,只要 $\mathrm{Re}(\gamma-\alpha-\beta) > 0$,利用 4.7 节(4)式,即见(7)和(9)两式的右方都趋于同一极限,因此,如果积分(5)在 $b=a$ 点是连续的话,有

$$\int_0^\infty \frac{J_{\alpha-\beta}(at)J_{\gamma-1}(at)}{t^{\gamma-\alpha-\beta}}dt = \frac{\Gamma(\alpha)\Gamma(\gamma-\alpha-\beta)}{2\Gamma(1-\beta)\Gamma(\gamma-\alpha)\Gamma(\gamma-\beta)}\left(\frac{a}{2}\right)^{\gamma-\alpha-\beta-1} \quad (10)$$

$$(\mathrm{Re}(\alpha) > 0, \mathrm{Re}(\gamma-\alpha-\beta) > 0)$$

或

$$\int_0^\infty \frac{J_\mu(at)J_\nu(at)}{t^\lambda}dt = \frac{\Gamma(\lambda)\Gamma\left(\frac{\mu+\nu-\lambda+1}{2}\right)\left(\frac{a}{2}\right)^{\lambda-1}}{2\Gamma\left(\frac{\mu-\nu+\lambda+1}{2}\right)\Gamma\left(\frac{\nu-\mu+\lambda+1}{2}\right)\Gamma\left(\frac{\mu+\nu+\lambda+1}{2}\right)}$$

$$(\mathrm{Re}(\mu+\nu+1) > \mathrm{Re}(\lambda) > 0). \quad (11)$$

关于积分(5)在 $b=a$ 点连续的严格证明可参考 Watson (1944), § 13.41, p. 402.

利用贝塞耳函数的渐近表示可以证明,当 $\mu-\nu$ 是奇数时,(11)式左方的积分在 $0 \geqslant \mathrm{Re}(\lambda) > -1$ 时也是收敛的.现在来讨论这种情形,特别是 $\lambda=0$ 的情形.

令 $\mu=\sigma+p$,$\nu=\sigma-p-1$,$p=0,1,2,\cdots$,而 $\mu-\nu=2p+1$ 是奇数.由(8),(9)分别得

$$\int_0^\infty \frac{J_{\sigma+p}(at)J_{\sigma-p-1}(bt)}{t^\lambda}dt = \frac{b^{\sigma-p-1}\Gamma\left(\sigma-\frac{\lambda}{2}\right)}{2^\lambda a^{\sigma-p-\lambda}\Gamma(\sigma-p)\Gamma\left(p+\frac{\lambda}{2}+1\right)}$$

$$\times F\left(\sigma-\frac{\lambda}{2}, -p-\frac{\lambda}{2}, \sigma-p, \frac{b^2}{a^2}\right) \quad (b < a), \quad (12)$$

$$\int_0^\infty \frac{J_{\sigma+p}(at)J_{\sigma-p-1}(bt)}{t^\lambda}dt = \frac{a^{\sigma+p}\Gamma\left(\sigma-\frac{\lambda}{2}\right)}{2^\lambda b^{\sigma+p-\lambda+1}\Gamma(\sigma+p+1)\Gamma\left(\frac{\lambda}{2}-p\right)}$$

$$\times F\left(\sigma-\frac{\lambda}{2}, p+1-\frac{\lambda}{2}, \sigma+p+1, \frac{a^2}{b^2}\right) \quad (b > a).$$

$$(13)$$

如果 $\lambda \neq 0$，则当 $a \to b$ 时，这两式的右方都没有极限，因为其中的超几何级数是发散的（参看 4.7 节（4）式之前），而由（11）式有

$$\int_0^\infty \frac{\mathrm{J}_{\sigma+p}(at)\mathrm{J}_{\sigma-p-1}(at)}{t^\lambda}\mathrm{d}t = \frac{a^{\lambda-1}\Gamma(\lambda)\Gamma\left(\sigma-\dfrac{\lambda}{2}\right)}{2^\lambda \Gamma\left(\dfrac{\lambda}{2}-p\right)\Gamma\left(p+\dfrac{\lambda}{2}+1\right)\Gamma\left(\sigma+\dfrac{\lambda}{2}\right)}. \tag{14}$$

当 $\lambda=0$ 时，（13）式的右方等于零，因为分母中的因子 $\Gamma\left(\dfrac{\lambda}{2}-p\right) \to \infty$，而（12）式右方的超几何级数约化为一个 $p$ 次多项式. 又当 $\lambda \to 0$ 时（14）式右方的极限值存在，

$$\lim_{\lambda \to 0} \frac{a^{\lambda-1}\Gamma(\lambda)\Gamma\left(\sigma-\dfrac{\lambda}{2}\right)}{2^\lambda \Gamma\left(\dfrac{\lambda}{2}-p\right)\Gamma\left(p+\dfrac{\lambda}{2}+1\right)\Gamma\left(\sigma+\dfrac{\lambda}{2}\right)} = \frac{1}{a \cdot p!}\lim_{\lambda \to 0}\frac{\Gamma(\lambda)}{\Gamma\left(\dfrac{\lambda}{2}-p\right)}$$

$$= \frac{1}{a \cdot p!}\lim_{\lambda \to 0}\frac{\Gamma\left(1+p-\dfrac{\lambda}{2}\right)\sin\pi\left(\dfrac{\lambda}{2}-p\right)}{\Gamma(1-\lambda)\sin\pi\lambda} = (-)^p\,\frac{1}{2a}.$$

（关于（14）式积分在 $\lambda=0$ 时之值的严格计算见 Watson（1944），p. 404.）因此，总起来有下列公式：

$$\int_0^\infty \mathrm{J}_{\sigma+p}(at)\mathrm{J}_{\sigma-p-1}(bt)\mathrm{d}t$$
$$= \begin{cases} \dfrac{\Gamma(\sigma)}{\Gamma(\sigma-p)\,p!\,b}\left(\dfrac{b}{a}\right)^{\sigma-p}\mathrm{F}\left(\sigma,-p,\sigma-p,\dfrac{b^2}{a^2}\right) & (b < a), \\[3mm] (-)^p/(2a) & (b = a), \\[2mm] 0 & (b > a). \end{cases} \tag{15}$$

当 $b \to a-0$ 时，利用 4.10 节（2）式，有 $\mathrm{F}(\sigma,-p,\sigma-p,1) = (-p)_p/(\sigma-p)_p = (-)^p p!\,\Gamma(\sigma-p)/\Gamma(\sigma)$，故（15）式的积分当 $b=a$ 时之值是 $b \to a-0$ 和 $b \to a+0$ 的极限值的平均.

**索宁-盖根保尔积分公式**

$$\int_0^\infty \mathrm{J}_\mu(bt)\frac{\mathrm{J}_\nu\left(a\sqrt{t^2+z^2}\right)}{(t^2+z^2)^{\frac{\nu}{2}}}t^{\mu+1}\mathrm{d}t$$
$$= \begin{cases} 0 & (a < b), \\[2mm] \dfrac{b^\mu}{a^\nu}\left(\dfrac{\sqrt{a^2-b^2}}{z}\right)^{\nu-\mu-1}\mathrm{J}_{\nu-\mu-1}\left(z\sqrt{a^2-b^2}\right) & (a > b), \end{cases} \tag{16}$$

其中 $z$ 是任意复数，$a$ 和 $b$ 都是正数，$\mathrm{Re}(\nu) > \mathrm{Re}(\mu) > -1$ 以保证积分收敛；若 $a=b$ 则需要 $\mathrm{Re}(\nu) > \mathrm{Re}(\mu+1) > 0$.

（16）式的证明如下：利用 7.4 节（19）式，有

$$\int_0^\infty J_\mu(bt)\frac{J_\nu\left(a\sqrt{t^2+z^2}\right)}{(t^2+z^2)^{\frac{\nu}{2}}}t^{\mu+1}\,\mathrm{d}t$$

$$=\frac{1}{2\pi i}\int_0^\infty\int_{c-i\infty}^{c+i\infty}J_\mu(bt)t^{\mu+1}u^{-\nu-1}\exp\left\{\frac{a}{2}\left(u-\frac{t^2+z^2}{u}\right)\right\}\mathrm{d}u\,\mathrm{d}t$$

$$=\frac{1}{2\pi i}\int_{c-i\infty}^{c+i\infty}u^{-\nu-1}\exp\left\{\frac{au}{2}-\frac{az^2}{2u}\right\}\mathrm{d}u\int_0^\infty e^{-\frac{a}{2u}t^2}J_\mu(bt)t^{\mu+1}\,\mathrm{d}t,$$

积分交换次序是合法的,因为所涉及的积分在 $\mathrm{Re}(\nu)>\mathrm{Re}(\mu+1)>0$ 的条件下绝对收敛,而对于那些不满足这条件的 $\nu$ 值,可以根据解析开拓原理来考虑.

利用 $J_\mu(bt)$ 的级数表达式,有

$$\int_0^\infty e^{-pt^2}J_\mu(bt)t^{\mu+1}\,\mathrm{d}t\quad(\mathrm{Re}(p)>0,\mathrm{Re}(\mu)>-1)$$

$$=\sum_{k=0}^\infty\frac{(-)^k(b/2)^{\mu+2k}}{k!\,\Gamma(\mu+k+1)}\int_0^\infty e^{-pt^2}t^{2\mu+2k+1}\,\mathrm{d}t$$

$$=\sum_{k=0}^\infty\frac{(-)^k(b/2)^{\mu+2k}}{k!\,\Gamma(\mu+k+1)}p^{-\mu-k-1}\cdot\frac{1}{2}\int_0^\infty e^{-v}v^{\mu+k}\,\mathrm{d}v$$

$$=\frac{(b/2)^\mu}{2p^{\mu+1}}\sum_{k=0}^\infty\frac{1}{k!}\left(\frac{-b^2}{4p}\right)^k=\frac{b^\mu}{(2p)^{\mu+1}}\exp\left\{-\frac{b^2}{4p}\right\}.\tag{17}$$

因此

$$\int_0^\infty J_\mu(bt)\frac{J_\nu\left(a\sqrt{t^2+z^2}\right)}{(t^2+z^2)^{\frac{\nu}{2}}}t^{\mu+1}\,\mathrm{d}t=\frac{b^\mu}{a^{\mu+1}}\frac{1}{2\pi i}\int_{c-i\infty}^{c+i\infty}u^{\mu-\nu}\exp\left\{\frac{(a^2-b^2)u}{2a}-\frac{az^2}{2u}\right\}\mathrm{d}u.$$

当 $a<b$ 时,积分路线可以变形为在原积分路线之右、以 $u=0$ 为圆心的无穷圆弧,而这积分之值为 $0$(约当引理).这证明了(16)式的上半部分.

当 $a>b$ 时,利用 7.4 节(19)式,即得(16)式的下半部分.

另一重要的积分公式(下面的(21)式)是从考虑围道积分

$$\frac{1}{2\pi i}\int_C\frac{z^{\rho-1}H_\nu^{(1)}(az)}{(z^2+k^2)^{\mu+1}}\mathrm{d}z$$

推出的,其中 $C$ 是图 33 中的围道(设 $\mathrm{Re}(k)>0$),$0\leqslant\arg z\leqslant\pi$;当 $z$ 沿正实轴趋于 $\infty$ 时,$\arg(z^2+k^2)\to0$.

设 $a>0$,根据 $H_\nu^{(1)}(az)$ 的渐近性质(7.10 节(3))和约当引理可知,只要 $\mathrm{Re}(\rho)<2\mathrm{Re}(\mu)+7/2$,则在大圆弧上的积分值随半径趋于无穷而趋于 $0$. 又设 $|\mathrm{Re}(\nu)|<\mathrm{Re}(\rho)$,则在绕过 $z=0$ 点的小圆弧上的积分值随半径趋于零. 今在围道内没有被积函数的奇点,故在

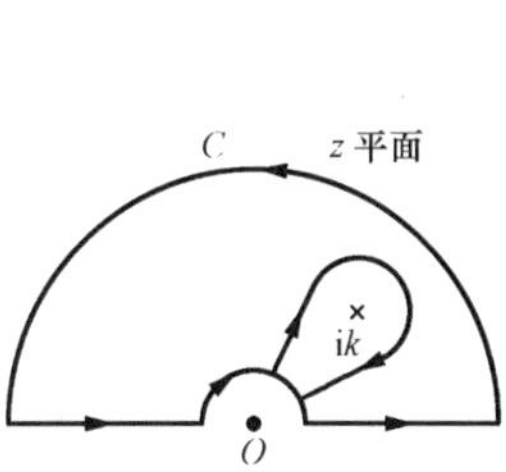

图 33

$$|\mathrm{Re}(\nu)|<\mathrm{Re}(\rho)<2\mathrm{Re}(\mu)+7/2$$

的条件下有

$$\frac{1}{2\pi i}\int_0^\infty \left[ H_\nu^{(1)}(ax) - e^{(\rho-2\mu)\pi i} H_\nu^{(1)}(ax e^{\pi i}) \right] \frac{x^{\rho-1}\,dx}{(x^2+k^2)^{\mu+1}}$$

$$= \frac{1}{2\pi i}\int_0^{(ik+)} \frac{z^{\rho-1} H^{(1)}(az)\,dz}{(z^2+k^2)^{\mu+1}}, \tag{18}$$

其中 $\arg(ik)=\pi/2+\arg k$. 这式右方积分中的 $H_\nu^{(1)}(az)$ 可以利用 7.7 节 (5) 式展开为 $z$ 的升幂级数,逐项求积分,并注意

$$\frac{1}{2\pi i}\int_0^{(ik+)} \frac{z^{\lambda-1}\,dz}{(z^2+k^2)^{\mu+1}}$$

$$= \frac{e^{\frac{\lambda\pi}{2}i} k^\lambda}{e^{(\mu+1)\pi i} k^{2\mu+2}} \frac{1}{2\pi i}\int_0^{(1+)} \frac{z^{\lambda-1}\,dz}{(z^2-1)^{\mu+1}} \quad (\,|\arg(z^2-1)\,|<\pi)$$

$$= -\frac{1}{2\pi i} e^{(\frac{\lambda}{2}-\mu)\pi i} k^{\lambda-2\mu-2} (e^{\mu\pi i} - e^{-\mu\pi i}) \int_0^1 \frac{x^{\lambda-1}\,dx}{(1-x^2)^{\mu+1}}$$

$$= -\frac{1}{\pi} e^{(\frac{\lambda}{2}-\mu)\pi i} k^{\lambda-2\mu-2} \sin\mu\pi \, \frac{\Gamma(\lambda/2)\Gamma(-\mu)}{2\Gamma(\lambda/2-\mu)} \quad (\text{参考 3.8 节})$$

$$= -e^{(\frac{\lambda}{2}-\mu)\pi i} k^{\lambda-2\mu-2} \frac{\Gamma(\lambda/2)}{2\Gamma(\lambda/2-\mu)\Gamma(1+\mu)}, \tag{19}$$

得

$$\frac{1}{2\pi i}\int_0^{(ik+)} \frac{z^{\rho-1} H_\nu^{(1)}(az)\,dz}{(z^2+k^2)^{\mu+1}} = \frac{-i}{2\sin\nu\pi} \, \frac{e^{(\frac{\rho}{2}-\mu)\pi i} k^{\rho-2\mu-2}}{\Gamma(1+\mu)}$$

$$\times \left\{ \left(\frac{ak}{2}\right)^\nu \frac{\Gamma\left(\frac{\rho+\nu}{2}\right)}{\Gamma\left(\frac{\rho+\nu}{2}-\mu\right)\Gamma(1+\nu)} {}_1F_2\left(\frac{\rho+\nu}{2}; \frac{\rho+\nu}{2}-\mu, 1+\nu; \frac{a^2k^2}{4}\right) \right.$$

$$\left. - \left(\frac{ak}{2}\right)^{-\nu} \frac{\Gamma\left(\frac{\rho-\nu}{2}\right)}{\Gamma\left(\frac{\rho-\nu}{2}-\mu\right)\Gamma(1-\nu)} {}_1F_2\left(\frac{\rho-\nu}{2}; \frac{\rho-\nu}{2}-\mu, 1-\nu; \frac{a^2k^2}{4}\right) \right\}, \tag{20}$$

其中 ${}_1F_2(\alpha; \gamma_1, \gamma_2; z)$ 是广义超几何级数(4.15 节).

由 7.2 节 (18) 式,7.6 节 (3) 式和 7.7 节 (5) 式,有

$$H_\nu^{(1)}(z) - e^{(\rho-2\mu)\pi i} H_\nu^{(1)}(z e^{\pi i})$$

$$= 2e^{(\frac{\rho-\nu}{2}-\mu)\pi i} \left\{ \cos\pi\left(\frac{\rho-\nu}{2}-\mu\right) \cdot J_\nu(z) + \sin\pi\left(\frac{\rho-\nu}{2}-\mu\right) \cdot Y_\nu(z) \right\}.$$

把这些结果代入 (18) 式,得积分公式

$$\int_0^\infty \left\{ \cos\pi\left(\frac{\rho-\nu}{2}-\mu\right) \cdot J_\nu(ax) + \sin\pi\left(\frac{\rho-\nu}{2}-\mu\right) \cdot Y_\nu(ax) \right\} \frac{x^{\rho-1}\,dx}{(x^2+k^2)^{\mu+1}}$$

$$
= \frac{\pi}{2\sin\nu\pi} \frac{k^{\rho-2\mu-2}}{\Gamma(1+\mu)} \left\{ \left(\frac{ak}{2}\right)^{\nu} \frac{\Gamma\left(\frac{\rho+\nu}{2}\right)}{\Gamma\left(\frac{\rho+\nu}{2}-\mu\right)\Gamma(1+\nu)} \right.
$$

$$
\times {}_1\mathrm{F}_2\left(\frac{\rho+\nu}{2};\frac{\rho+\nu}{2}-\mu,1+\nu;\frac{a^2k^2}{4}\right) - \left(\frac{ak}{2}\right)^{-\nu} \frac{\Gamma\left(\frac{\rho-\nu}{2}\right)}{\Gamma\left(\frac{\rho-\nu}{2}-\mu\right)\Gamma(1-\nu)}
$$

$$
\left. \times {}_1\mathrm{F}_2\left(\frac{\rho-\nu}{2};\frac{\rho-\nu}{2}-\mu,1-\nu;\frac{a^2k^2}{4}\right) \right\}. \tag{21}
$$

## 7.16  诺埃曼(Neumann)展开

先讨论函数$(t-z)^{-1}$的贝塞耳函数展开. 利用这个展开式和科希积分公式, 可以得到一般解析函数的相应展开式.

设$|z|<|t|$, 由 7.5 节(9)式和(15)式, 有

$$
\frac{1}{t-z} = \frac{1}{t} + \sum_{s=1}^{\infty} \frac{z^s}{t^{s+1}}
$$

$$
= \frac{1}{t}\sum_{m=0}^{\infty} \varepsilon_{2m} \mathrm{J}_{2m}(z) + \sum_{s=1}^{\infty} \frac{2^s}{t^{s+1}} \left\{ \sum_{m=0}^{\infty} \frac{(s+m-1)!(s+2m)}{m!} \mathrm{J}_{s+2m}(z) \right\}.
$$

利用 7.5 节(22)式可以证明这里的二重级数在$|z|<|t|$的条件下是绝对收敛的(参看 Watson (1944), p. 272), 因此求和次序可以交换. 令$n=s+2m$, 得

$$
\frac{1}{t-z} = \frac{1}{t}\sum_{m=0}^{\infty} \varepsilon_{2m} \mathrm{J}_{2m}(z) + \sum_{n=1}^{\infty} \mathrm{J}_n(z) \sum_{m=0}^{\left[\frac{n-1}{2}\right]} \frac{2^{n-2m} n \cdot (n-m-1)!}{m!\, t^{n-2m+1}}
$$

$$
= \frac{1}{t}\mathrm{J}_0(z) + \sum_{n=1}^{\infty} \varepsilon_n \mathrm{J}_n(z) \sum_{m=0}^{\left[\frac{n}{2}\right]} \frac{2^{n-2m-1} n \cdot (n-m-1)!}{m!\, t^{n-2m+1}}.
$$

令

$$
\mathrm{O}_0(t) = \frac{1}{t}, \tag{1}
$$

$$
\mathrm{O}_n(t) = \sum_{m=0}^{\left[\frac{n}{2}\right]} \frac{2^{n-2m-1} n \cdot (n-m-1)!}{m!\, t^{n-2m+1}} \quad (n \geqslant 1), \tag{2}
$$

得展开式

$$
\frac{1}{t-z} = \mathrm{O}_0(t)\mathrm{J}_0(z) + 2\mathrm{O}_1(t)\mathrm{J}_1(z) + 2\mathrm{O}_2(t)\mathrm{J}_2(z) + \cdots
$$

$$= \sum_{n=0}^{\infty} \varepsilon_n O_n(t) J_n(z). \tag{3}$$

可以证明这级数在 $|t| \geqslant R, |z| \leqslant r$ 中一致收敛,其中 $R$ 和 $r$ 是任意正数,$R > r$.
$O_n(t)$ 称为**诺埃曼多项式**,它是 $1/t$ 的 $n+1$ 次多项式;前面几个是:

$$\left.\begin{array}{l} O_0(t) = \dfrac{1}{t}, \ O_1(t) = \dfrac{1}{t^2}, \ O_2(t) = \dfrac{1}{t} + \dfrac{4}{t^3}, \\[3mm] O_3(t) = \dfrac{3}{t^2} + \dfrac{24}{t^4}, \ O_4(t) = \dfrac{1}{t} + \dfrac{16}{t^3} + \dfrac{192}{t^5}, \\[3mm] O_5(t) = \dfrac{5}{t^2} + \dfrac{120}{t^4} + \dfrac{1920}{t^6}. \end{array}\right\} \tag{4}$$

$O_n(t)$ 满足的递推关系可以推得如下:由关系

$$\left(\frac{\partial}{\partial t} + \frac{\partial}{\partial z}\right)\frac{1}{t-z} = 0$$

及(3)式,在条件 $|z| < |t|$ 下,得

$$\sum_{n=0}^{\infty} \varepsilon_n O_n'(t) J_n(z) + \sum_{n=0}^{\infty} \varepsilon_n O_n(t) J_n'(z) = 0.$$

再利用 7.2 节(14)式,得

$$\sum_{n=0}^{\infty} \varepsilon_n O_n'(t) J_n(z) = O_0(t) J_1(z) - \sum_{n=1}^{\infty} [J_{n-1}(z) - J_{n+1}(z)] O_n(t)$$

$$= -J_0(z) O_1(t) - \sum_{n=1}^{\infty} J_n(z) [O_{n+1}(t) - O_{n-1}(t)],$$

或

$$J_0(z)[O_0'(t) + O_1(t)] + \sum_{n=1}^{\infty} J_n(z)[2O_n'(t) + O_{n+1}(t) - O_{n-1}(t)] = 0.$$

对于固定的 $t$,如果 $J_0(z)$ 的系数 $O_0'(t) + O_1(t)$ 不等于 0,则因级数在 $z=0$ 的一个邻域内一致收敛(参看 Watson (1944),§ 9.11),只要取 $|z|$ 够小,上式左方的第一项在数值上将超过其他各项的绝对值之和(因为当 $z \approx 0$ 时,$J_n(z) \approx z^n$).因此必须

$$O_0'(t) + O_1(t) = 0. \tag{5}$$

用同样的论证,得

$$2O_n'(t) + O_{n+1}(t) - O_{n-1}(t) = 0 \quad (n \geqslant 1). \tag{6}$$

注意(5)和(6)这两个递推关系同于 $J_n(z)$ 的相应关系(7.2 节(14)和(15)).
$O_n(t)$ 还满足下列递推关系(证明参看 Watson (1944),§ 9.11):

$$(n-1)O_{n+1}(t) + (n+1)O_{n-1}(t) - \frac{2(n^2-1)}{t}O_n(t) = \frac{2n\left(\sin\dfrac{n\pi}{2}\right)^2}{t} \quad (n \geqslant 1).$$

$$\tag{7}$$

现在来看一个解析函数的诺埃曼展开. 设 $f(z)$ 是圆 $|z| \leqslant R$ 中的解析函数. 以 $C$ 表示圆周, 根据科希积分公式, 有

$$f(z) = \frac{1}{2\pi i} \int_C \frac{f(t)}{t-z} dt.$$

于是, 利用展开式(3), 得 $f(z)$ 的诺埃曼展开

$$f(z) = \sum_{n=0}^{\infty} a_n J_n(z), \tag{8}$$

其中

$$a_n = \frac{\varepsilon_n}{2\pi i} \int_C f(t) O_n(t) dt. \tag{9}$$

若 $f(z)$ 在 $|z| \leqslant R$ 中的泰勒展开为 $\sum_0^{\infty} b_s z^s$, 则

$$a_n = \frac{\varepsilon_n}{2\pi i} \int_C O_n(t) \sum_{s=0}^{\infty} b_s t^s dt = \frac{\varepsilon_n}{2\pi i} \sum_{s=0}^{\infty} b_s \int_C O_n(t) t^s dt.$$

由(1),(2)两式和残数定理得

$$\left. \begin{array}{l} a_0 = b_0, \\[2mm] a_n = n \cdot 2^n \displaystyle\sum_{m=0}^{\left[\frac{n}{2}\right]} \frac{(n-m-1)!}{m! \, 2^{2m}} b_{n-2m} \quad (n \geqslant 1). \end{array} \right\} \tag{10}$$

## 7.17   卡普坦(Kapteyn)展开

不同于上节的诺埃曼级数, 卡普坦级数的普遍形式是

$$\sum_n a_n J_{\nu+n}\{(\nu+n)z\},$$

贝塞耳函数的宗量中含有相应阶数的因子 $(\nu+n)$.

**卡普坦展开的一个例子**——求函数 $(1-x\cos\theta)^{-1}$ 的傅里叶余弦级数展开式 $(|x|<1)$

$$(1 - x\cos\theta)^{-1} = \frac{A_0}{2} + \sum_{n=1}^{\infty} A_n \cos n\varphi, \tag{1}$$

其中

$$\varphi = \theta - x\sin\theta. \tag{2}$$

(方程(2)是动力学中熟知的开普勒方程, $\varphi$ 是平均近点角, $\theta$ 是偏近点角.)

按傅氏级数理论, (1)式中的展开系数为

$$A_n = \frac{2}{\pi} \int_0^{\pi} \frac{\cos n\varphi}{1-x\cos\theta} d\varphi = \frac{2}{\pi} \int_0^{\pi} \cos(n\theta - nx\sin\theta) d\theta$$

$$= \begin{cases} 2 & (n=0), \\ 2 J_n(nx) & (n \geqslant 1) \end{cases}$$

(参看 7.5 节(20)式). 因此有

$$\frac{1}{1-x\cos\theta} = 1 + 2\sum_{n=1}^{\infty} J_n(nx)\cos n\varphi; \tag{3}$$

右方正是一个卡普坦级数.

当 $\theta=0$ 时，$\varphi=0$，故有

$$\frac{1}{1-x} = 1 + 2\sum_{n=1}^{\infty} J_n(nx). \tag{4}$$

可以证明(参看 Watson (1944)，§ 17.3)，对于在下面区域中的复数 $z$

$$\omega(z) = \left| \frac{z\exp\sqrt{1-z^2}}{1+\sqrt{1-z^2}} \right| < 1, \tag{5}$$

(4)式亦成立，即

$$\frac{1}{1-z} = 1 + 2\sum_{n=1}^{\infty} J_n(nz). \tag{6}$$

现在利用(6)来求 $z^n$ 的卡普坦展开. 为此，先证明下列结果: 若 $f(z) = \sum_{m=1}^{\infty} a_m J_m(mz)$，则 $\sum_{m=1}^{\infty} a_m J_m(mz) \cdot m^{-2}$ 之和 $F(z)$ 可以从 $f(z)$ 经过两次求积分得到，只要代表 $f(z)$ 的卡普坦级数是一致收敛的. 利用贝塞耳函数所满足的微分方程 (7.1 节(1)式)，有

$$z^2 F'' + zF' = \sum_{m=1}^{\infty} a_m \left[ z^2 J_m''(mz) + \frac{z}{m} J_m'(mz) \right]$$

$$= (1-z^2) \sum_{m=1}^{\infty} a_m J_m(mz),$$

其中 $J_m$ 上的 $'$ 代表对宗量 $mz$ 的微商. 因此

$$\left( z\frac{\mathrm{d}}{\mathrm{d}z} \right)^2 F(z) = (1-z^2)f(z), \tag{7}$$

而 $F(z)$ 可以从 $f(z)$ 求积分得到.

把(6)式中的 $z$ 换成 $-z$，用 7.2 节(8)式，有

$$\frac{1}{1+z} = 1 + 2\sum_{m=1}^{\infty} (-)^m J_m(mz). \tag{8}$$

于是，由(6)和(8)相加得

$$\sum_{m=1}^{\infty} J_{2m}(2mz) = \frac{\frac{1}{2}z^2}{1-z^2}. \tag{9}$$

利用(7)式，令 $f(z) = \frac{1}{2}z^2(1-z^2)^{-1}$，得

$$F(z) = \sum_{m=1}^{\infty} \frac{1}{4m^2} J_{2m}(2mz) = \frac{1}{8}z^2 + A\ln z + B.$$

令 $z \rightarrow 0$，即见 $A = B = 0$，因此有

$$z^2 = 2\sum_{m=1}^{\infty}\frac{1}{m^2}J_{2m}(2mz). \tag{10}$$

又，由(6)和(8)相减得

$$\sum_{m=0}^{\infty}J_{2m+1}\{(2m+1)z\} = \frac{\frac{1}{2}z}{1-z^2}, \tag{11}$$

仿上可推得

$$z = 2\sum_{m=0}^{\infty}\frac{1}{(2m+1)^2}J_{2m+1}\{(2m+1)z\}. \tag{12}$$

今设

$$z^n = \sum_{s=1}^{\infty}b_{n,s}J_s(sz) \quad (n \geqslant 1),$$

利用前述定理，令 $f(z) = z^n$，得

$$F(z) = \sum_{s=1}^{\infty}\frac{b_{n,s}}{s^2}J_s(sz) = \frac{z^n}{n^2} - \frac{z^{n+2}}{(n+2)^2} + C\ln z + D.$$

令 $z \rightarrow 0$，即见 $C = D = 0$，因此有

$$z^{n+2} = (n+2)^2\left\{\frac{z^n}{n^2} - \sum_{s=1}^{\infty}\frac{b_{n,s}}{s^2}J_s(sz)\right\} = \frac{(n+2)^2}{n^2}\sum_{s=1}^{\infty}\left(1-\frac{n^2}{s^2}\right)b_{n,s}J_s(sz)$$

$$= \sum_{s=1}^{\infty}b_{n+2,s}J_s(sz),$$

其中

$$b_{n+2,s} = \frac{(n+2)^2}{n^2}\left(1-\frac{n^2}{s^2}\right)b_{n,s}. \tag{13}$$

若 $n = 2(k-1)$（偶数），则由(13)得

$$b_{2k,s} = \frac{k^2}{(k-1)^2}\left[1-\frac{(k-1)^2}{(s/2)^2}\right]b_{2(k-1),s}$$

$$= k^2\left[1-\frac{(k-1)^2}{(s/2)^2}\right]\left[1-\frac{(k-2)^2}{(s/2)^2}\right]\cdots\left[1-\frac{1}{(s/2)^2}\right]b_{2,s}.$$

但由(10)式知，当 $s$ 为奇数时 $b_{2,s} = 0$，当 $s = 2m$（偶数）时 $b_{2,2m} = 2/m^2$，故

$$b_{2k,2m} = \frac{2k^2}{m^2}\left[1-\frac{(k-1)^2}{m^2}\right]\left[1-\frac{(k-2)^2}{m^2}\right]\cdots\left[1-\frac{1}{m^2}\right]$$

$$= \frac{2k^2}{m^{2k}}[m-(k-1)][m-(k-2)]\cdots[m-1]$$

$$\times[m+(k-1)][m+(k-2)]\cdots[m+1]$$

$$= \frac{2k^2\Gamma(m+k)\Gamma(m)}{m^{2k}\Gamma(m+1)\Gamma(m-k+1)} = \frac{2k^2\Gamma(m+k)}{m^{2k+1}\Gamma(m-k+1)},$$

$$b_{2k,2m+1} = 0 \quad (m = 0,1,2,\cdots),$$

从而有

$$z^{2k} = 2k^2 \sum_{m=1}^{\infty} \frac{\Gamma(m+k)}{m^{2k+1}\Gamma(m-k+1)} J_{2m}(2mz)$$

$$= 2k^2 \sum_{m=k}^{\infty} \frac{\Gamma(m+k)}{m^{2k+1}\Gamma(m-k+1)} J_{2m}(2mz)$$

$$= 2k^2 \sum_{m=0}^{\infty} \frac{\Gamma(m+2k)}{(m+k)^{2k+1}m!} J_{2m+2k}\{(2m+2k)z\}.$$

类似地，由(12)式出发，利用(13)式，得

$$z^{2k+1} = 2\left(k+\frac{1}{2}\right)^2 \sum_{m=0}^{\infty} \frac{\Gamma(m+2k+1)}{\left(m+k+\frac{1}{2}\right)^{2k+2}m!} J_{2m+2k+1}\{(2m+2k+1)z\}.$$

上面两个式子又可合写为

$$\left(\frac{z}{2}\right)^n = n^2 \sum_{m=0}^{\infty} \frac{\Gamma(n+m)}{m!\,(n+2m)^{n+1}} J_{n+2m}\{(n+2m)z\} \tag{14}$$

$$(n = 1,2,\cdots).$$

这是与 7.5 节(15)式（$(z/2)^n$ 的诺埃曼展开）相应的卡普坦展开.

卡普坦证明，只要 $z^2-1$ 不是正的实数，即有不等式（参看 Watson (1944)，§ 8.7)

$$|J_n(nz)| \leqslant \left| \frac{z^n \exp\{n\sqrt{1-z^2}\}}{(1+\sqrt{1-z^2})^n} \right|. \tag{15}$$

而利用 $\Gamma(n+m)$ 在 $m \to \infty$ 时的渐近表示(3.21 节(5))易证 $\Gamma(n+m)/m!\,(n+2m)^{n+1} = O(m^{-2})$，故级数 $\sum_{m=0}^{\infty} \frac{\Gamma(n+m)}{m!\,(n+2m)^{n+1}}$ 是绝对收敛的. 因此，(14)式中的级数在闭区域

$$\omega(z) = \left| \frac{z \exp\sqrt{1-z^2}}{1+\sqrt{1-z^2}} \right| \leqslant 1 \tag{16}$$

中一致收敛.

有了幂函数的展开式(14)，就可以用完全类似于上节的方法求得 $(t-z)^{-1}$ 的卡普坦展开式

$$\frac{1}{t-z} = \Theta_0(t) + 2\sum_{n=1}^{\infty} \Theta_n(t) J_n(nz), \tag{17}$$

其中

$$\Theta_0(t) = \frac{1}{t}, \left.\begin{matrix} \\ \\ \\ \end{matrix}\right\} \tag{18}$$
$$\Theta_n(t) = \sum_{m=0}^{[(n-1)/2]} \frac{2^{n-2m-1}(n-2m)^2 \cdot (n-m-1)!}{m!(nt)^{n-2m+1}}$$

称为**卡普坦多项式**.(17)式在下列区域中成立(见(16)式):
$$\omega(z) < \omega(t), \quad \omega(z) < \omega(1), \tag{19}$$
而且其中的级数在这区域内是一致收敛的(参看 Watson (1944),§ 17.34).

由(17)式和科希积分公式立即得关于一般解析函数的卡普坦展开的定理:

设 $f(z)$ 是 $\omega(z) \leqslant a (a \leqslant 1)$ 中的解析函数,则
$$f(z) = \alpha_0 + 2\sum_{n=1}^{\infty} \alpha_n \mathrm{J}_n(nz), \tag{20}$$
其中
$$\alpha_n = \frac{1}{2\pi\mathrm{i}} \int_C \Theta_n(t) f(t) \mathrm{d}t, \tag{21}$$
积分围道 $C$ 是 $\omega(t) = a$.

如果 $f(z)$ 在 $z=0$ 的邻域中的泰勒展开是 $\sum_{s=0}^{\infty} a_s z^s$,由(18)和(21)得
$$\alpha_0 = a_0, \quad \alpha_n = \sum_{m=0}^{[(n-1)/2]} \frac{2^{n-2m-1}(n-2m)^2 \cdot (n-m-1)!}{m! n^{n-2m+1}} a_{n-2m}. \tag{22}$$

## 7.18 贝塞耳函数的零点

我们不准备详细地讨论关于贝塞耳函数的零点的理论[1],特别是求零点的公式,而只介绍一些最基本的结果,这些结果在数学物理的边值问题中常用,而且是在下一节中说明傅里叶-贝塞耳展开时必需的.至于零点的具体数值,可查有关的函数表或文献[2].

首先证明,**对于任何给定的实数 $\nu$,$\mathrm{J}_\nu(z)$ 有无穷个实数零点**.

先设 $\nu > -\frac{1}{2}$,则按 7.4 节公式(7)有
$$\mathrm{J}_\nu(x) = \frac{(x/2)^\nu}{\Gamma\left(\frac{1}{2}\right)\Gamma\left(\nu+\frac{1}{2}\right)} \int_0^\pi \cos(x\cos\theta)\sin^{2\nu}\theta\,\mathrm{d}\theta$$
$$= \frac{2^{1-\nu}}{\Gamma\left(\frac{1}{2}\right)\Gamma\left(\nu+\frac{1}{2}\right)x^\nu} \int_0^x \frac{\cos t\,\mathrm{d}t}{(x^2-t^2)^{\frac{1}{2}-\nu}}.$$

---

[1] 参看 Watson (1944), Chap. XV;Erdélyi (1953), Vol. II,§ 7.9, pp. 58~63.

[2] 例如,Abramowitz & Stegun (1966), Chap. 9;特别是表 9.5~9.7, pp. 409~415.

令 $x = m\pi + \dfrac{\pi}{2}\theta, 0 \leqslant \theta \leqslant 1$，得

$$J_\nu(m\pi + \pi\theta/2) = \frac{2(\pi/4)^\nu}{\Gamma\left(\dfrac{1}{2}\right)\Gamma\left(\nu + \dfrac{1}{2}\right)(2m+\theta)^\nu} \int_0^{2m+\theta} \frac{\cos(\pi t/2)\,\mathrm{d}t}{[(2m+\theta)^2 - t^2]^{\frac{1}{2}-\nu}}.$$

因 $\nu$ 是实数，故

$$\operatorname{sgn} J_\nu(m\pi + \theta\pi/2) = \operatorname{sgn} \int_0^{2m+\theta} \frac{\cos(\pi t/2)\,\mathrm{d}t}{[(2m+\theta)^2 - t^2]^{\frac{1}{2}-\nu}},$$

为了研究上式右方积分的正负号的变化，把它写作

$$\sum_{r=1}^m (-)^r v_r + (-)^m v'_m,$$

其中

$$(-)^r v_r = \int_{2r-2}^{2r} \frac{\cos(\pi t/2)\,\mathrm{d}t}{[(2m+\theta)^2 - t^2]^{\frac{1}{2}-\nu}} \quad (r = 1, 2, \cdots, m),$$

$$(-)^m v'_m = \int_{2m}^{2m+\theta} \frac{\cos(\pi t/2)\,\mathrm{d}t}{[(2m+\theta)^2 - t^2]^{\frac{1}{2}-\nu}}.$$

令 $t = 2r - 1 \pm s$，则第一个式子可写为

$$v_r = \int_0^1 f_r(s) \sin(\pi s/2)\,\mathrm{d}s,$$

其中

$$f_r(s) = [(2m+\theta)^2 - (2r-1+s)^2]^{\nu-\frac{1}{2}} - [(2m+\theta)^2 - (2r-1-s)^2]^{\nu-\frac{1}{2}}.$$

若设 $\nu \leqslant 1/2$，则通过对 $r$ 求微商，即见 $f_r(s)$ 是 $r$ 的一个正的恒增函数，而有

$$0 \leqslant v_1 \leqslant v_2 \leqslant \cdots \leqslant v_m.$$

又，令 $t = 2m + s$，即见 $v'_m \geqslant 0$. 因此

$$\operatorname{sgn} J_\nu(m\pi + \theta\pi/2) = (-)^m \operatorname{sgn}\{v'_m + (v_m - v_{m-1}) + (v_{m-2} - v_{m-3}) + \cdots\}$$
$$= (-)^m;$$

即，当 $-1/2 < \nu \leqslant 1/2$ 时

$$\operatorname{sgn} J_\nu(m\pi + \theta\pi/2) = \begin{cases} + & (m = 0, 2, 4, \cdots), \\ - & (m = 1, 3, 5, \cdots). \end{cases}$$

今 $J_\nu(x)$ 是 $x$ 的连续函数，故在 $(\pi/2, \pi), (3\pi/2, 2\pi), \cdots$ 等每一个区间中都有 $J_\nu(x)$ 的奇数个零点，因而也就有无穷个实数零点．

利用 7.2 节 (9)，(10) 两式和罗耳 (Rolle) 定理，立刻可以从上述结果推得，对于任何实数 $\nu$，$J_\nu(z)$ 都有无穷个实数零点．

又，所有这些零点，除去 $z = 0$（如果它是零点的话）可能是例外，都是一阶的，因为贝塞耳函数在有限区域中除了 $z = 0$ 这点以外，别无奇点，如果 $z = \alpha(\neq 0)$ 是

$J_\nu(z)$的高阶零点,则 $J_\nu(\alpha)=J_\nu'(\alpha)=0$,而有 $J_\nu(z)\equiv0$. 这结论显然对于贝塞耳方程的任何解的零点均成立.

其次证明,任何一个实的柱函数(7.6 节末)$Z_\nu(x)=\alpha J_\nu(x)+\beta Y_\nu(x)$($\alpha,\beta,\nu$ 是实数,$x>0$)都有无穷个正数零点. 为此,令 $Z_\nu^*(x)=\gamma J_\nu(x)+\delta Y_\nu(x)$ 为与 $Z_\nu(x)$ 线性无关的($\alpha\delta-\beta\gamma\neq0$)另一 $\nu$ 阶柱函数. 由 7.6 节(2),(3)两式得

$$Z_\nu(x)Z_\nu^{*\,'}(x)-Z_\nu'(x)Z_\nu^*(x)=\frac{2(\alpha\delta-\beta\gamma)}{\pi x}. \tag{1}$$

取 $Z_\nu^*(x)\equiv J_\nu(x)$,则由于 $J_\nu(x)$ 的正数零点都是一阶的,在两个相邻的正数零点处,$J_\nu'(x)$ 的正负号必相反. 因此,根据(1)式,$Z_\nu(x)$ 在所说的两个零点处之值的正负号也必然相反,而 $Z_\nu(x)$ 在其间至少有一个零点. 这也就证明了 $Z_\nu(x)$ 有无穷个正数零点.

用同样的论证方法可知,任何两个线性无关的同阶的实的柱函数 $Z_\nu(x)$ 和 $Z_\nu^*(x)$,它们的零点是相间的,即在 $Z_\nu(x)$ 的两相邻正数零点之间必有而且只有一个 $Z_\nu^*(x)$ 的正数零点;反之亦然.

又,利用柱函数所满足的递推关系(7.6 节(7),(8)两式),可知 $Z_\nu(x)$ 和 $Z_{\nu+1}(x)$ 的正数零点也是相间的.

现在来证明,当 $\nu>-1$ 时,$J_\nu(z)$ 的零点都是实数.

先证明下列重要公式:

$$\int_0^x tJ_\nu(at)J_\nu(bt)\mathrm{d}t=\frac{x}{a^2-b^2}\Big[J_\nu(ax)\frac{\mathrm{d}J_\nu(bx)}{\mathrm{d}x}-J_\nu(bx)\frac{\mathrm{d}J_\nu(ax)}{\mathrm{d}x}\Big], \tag{2}$$

其中 $\nu>-1$,以保证左方积分在下限收敛.

由 $J_\nu(z)$ 所满足的微分方程(7.1 节(1)式)有

$$\frac{1}{t}\frac{\mathrm{d}}{\mathrm{d}t}\Big[t\frac{\mathrm{d}J_\nu(at)}{\mathrm{d}t}\Big]+\Big(a^2-\frac{\nu^2}{t^2}\Big)J_\nu(at)=0,$$

$$\frac{1}{t}\frac{\mathrm{d}}{\mathrm{d}t}\Big[t\frac{\mathrm{d}J_\nu(bt)}{\mathrm{d}t}\Big]+\Big(b^2-\frac{\nu^2}{t^2}\Big)J_\nu(bt)=0.$$

分别以 $tJ_\nu(bt)$ 和 $tJ_\nu(at)$ 乘两式,把结果相减,然后由 $0$ 到 $x$ 求积分,得

$$(a^2-b^2)\int_0^x tJ_\nu(at)J_\nu(bt)\mathrm{d}t=\Big[tJ_\nu(at)\frac{\mathrm{d}J_\nu(bt)}{\mathrm{d}t}-tJ_\nu(bt)\frac{\mathrm{d}J_\nu(at)}{\mathrm{d}t}\Big]_{t=0}^{t=x}.$$

利用 $J_\nu(z)$($\nu>-1$)的级数表达式,注意 $\nu>-1$,即见右方括号在 $t=0$ 之值为 $0$ 而得(2)式.

今设 $\alpha$ 为 $J_\nu(z)$ 的复数零点. $\alpha$ 不能是纯虚数,否则

$$J_\nu(\alpha)=\Big(\frac{\alpha}{2}\Big)^\nu\sum_{k=0}^\infty\frac{(-)^k\Big(\frac{\alpha}{2}\Big)^{2k}}{k!\,\Gamma(\nu+k+1)}$$

中的级数是正项级数而 $J_\nu(\alpha)\neq0$.

由于 $J_\nu(z)$ 的级数表达式中的系数都是实数,故 $J_\nu(\bar\alpha)$ 也等于 $0$;$\bar\alpha$ 是 $\alpha$ 的共轭复数. 既然 $\alpha$ 不是纯虚数,故 $\alpha^2\neq\bar\alpha^2$. 于是,由(2)式,令 $a=\alpha,b=\bar\alpha$,得

$$\int_0^1 tJ_\nu(\alpha t)J_\nu(\bar\alpha t)dt = 0.$$

但被积函数 $t|J_\nu(\alpha t)|^2$ 是一个非负的连续函数,其积分不能等于零,故 $\alpha$ 不能是复数.

关于 $J_\nu(x)$ 的实数零点之值只说一点. 当 $x$ 很大时,由 $J_\nu(x)$ 的渐近展开式(7.10 节(5))知道零点为

$$x \sim \left(m+\frac{\nu}{2}-\frac{1}{4}\right)\pi. \tag{3}$$

知道了贝塞耳函数的零点,就能推出与贝塞耳函数有关的特殊函数(例如合流超几何函数)的零点[1]. 在数学物理的某些边值问题和本征值问题中,这当然是首要的问题.

## 7.19  傅里叶(Fourier)-贝塞耳展开

这是一种用正交函数组的展开,与数学物理中的本征值问题有密切关系. 我们将给出一些重要的结论,不作严格的数学证明和推导. 这方面的严格理论与傅里叶级数的理论相似.

设 $\alpha_m$,$\alpha_n$ 是 $J_\nu(x)$ 的两个相异的正数零点,$\nu>-1$,由上节(2)式有

$$\int_0^1 tJ_\nu(\alpha_m t)J_\nu(\alpha_n t)dt = 0. \tag{1}$$

这关系常称为**贝塞耳函数的正交关系**,权为 $t$(参看 1.10 节(1)式).

当 $a=b$ 时,应用洛毕达(l'Hospital)法则于上节(2)式右方,求得当 $a\to b$ 时的极限(参看本章末习题 19)

$$\int_0^1 tJ_\nu^2(bt)dt = \frac{1}{2b^2}[b^2\{J_\nu'(b)\}^2 + (b^2-\nu^2)J_\nu^2(b)]. \tag{2}$$

由这式得

$$\int_0^1 tJ_\nu^2(\alpha_m t)dt = \frac{1}{2}\{J_\nu'(\alpha_m)\}^2, \tag{3}$$

$\alpha_m$ 是 $J_\nu(x)$ 的正数零点.

现在来看函数 $f(x)$ 的傅里叶-贝塞耳展开

$$f(x) = \sum_m a_m J_\nu(\alpha_m x). \tag{4}$$

[1]  例如,Slater (1960),§ 6.12 及以后.

两边乘以 $x\mathrm{J}_\nu(\alpha_n x)$，由 0 到 1 求积分. 设右方级数可以逐项求积分，利用(1)，(3)两式的正交归一关系，得(4)式中的展开系数

$$a_n = \frac{2}{\{\mathrm{J}_\nu'(\alpha_n)\}^2}\int_0^1 tf(t)\mathrm{J}_\nu(\alpha_n t)\mathrm{d}t; \tag{5}$$

或者利用 7.2 节(10)式，并注意 $\mathrm{J}_\nu(\alpha_n)=0$，有

$$a_n = \frac{2}{\{\mathrm{J}_{\nu+1}(\alpha_n)\}^2}\int_0^1 tf(t)\mathrm{J}_\nu(\alpha_n t)\mathrm{d}t. \tag{6}$$

当然，以上只是一种启示性的推导. 严格的展开定理如下：

设 $f(x)$ 是在区间$(0,1)$中有定义的函数，且 $\int_0^1 t^{\frac{1}{2}}f(t)\mathrm{d}t$ 存在；如果这积分是非正常的，则设它是绝对收敛的. 设 $x$ 是区间$(a,b)$中的任何点，$0<a<b<1$，且 $f(x)$ 在$(a,b)$中是囿变的，则

$$\sum_m a_m\mathrm{J}_\nu(\alpha_m x) = \frac{1}{2}\{f(x+0)+f(x-0)\}, \tag{7}$$

其中 $a_m$ 由(5)式或者(6)式给出，$\nu+1/2\geqslant0$，$\alpha_m$ 是 $\mathrm{J}_\nu(x)$ 的正数零点，$\alpha_m\leqslant\alpha_{m+1}$. 又如果 $f(x)$ 在$(a,b)$中是连续的，则级数在 $a+\Delta\leqslant x\leqslant b-\Delta(\Delta>0)$ 中一致收敛，其和为 $f(x)$. 关于这定理的证明可看 Watson (1944)，§ 18.24~18.25；或者 Titch-marsh，*Eigenfunction Expansions Associated with Second-Order Differential Equations*，§ 4.9 (1946). 后面一文献是从本征函数展开的角度来讨论这问题的.

## 习　题

1. 证明

$$\frac{\mathrm{d}^r}{\mathrm{d}z^r}\mathrm{J}_n(z) = \frac{1}{2^r}\sum_{k=0}^r (-)^k\binom{r}{k}\mathrm{J}_{n-r+2k}(z).$$

2. 证明

$$\mathrm{J}_0\{\sqrt{z^2-t^2}\} = \frac{1}{\pi}\int_0^\pi e^{t\cos\theta}\cos(z\sin\theta)\mathrm{d}\theta.$$

[提示：把被积函数写作 $\exp\{t\cos\theta+iz\sin\theta\}$，展开成 $\sin\theta$ 和 $\cos\theta$ 的幂级数，逐项求积分.]

3. 证明

$$\cos(z\sin\theta) = \mathrm{J}_0(z)+2\sum_{n=1}^\infty \mathrm{J}_{2n}(z)\cos2n\theta,$$

$$\sin(z\sin\theta) = 2\sum_{n=0}^\infty \mathrm{J}_{2n+1}(z)\sin(2n+1)\theta,$$

并由此证明

$$z \sin z = 2\{2^2 J_2(z) - 4^2 J_4(z) + 6^2 J_6(z) - \cdots\},$$

$$z \cos z = 2\{1^2 J_1(z) - 3^2 J_3(z) + 5^2 J_5(z) - \cdots\}.$$

4. 由公式(可利用 4.11 节(6)式得到)

$$\cos 2n\theta = \sum_{m=0}^{n} (-)^m \frac{2^{2m} n^2 [n^2-1] \cdots [n^2-(m-1)^2]}{(2m)!} \sin^{2m}\theta,$$

并利用 7.5 节(7),证明

$$J_{2n}(z) = (-)^n \sum_{m=0}^{n} (-)^m \frac{2^m n^2 [n^2-1] \cdots [n^2-(m-1)^2]}{m!} \frac{J_m(z)}{z^m}.$$

5. 证明**雅可毕变换公式**

$$\frac{d^{n-1}}{d\mu^{n-1}} \sin^{2n-1}\theta = (-)^{n-1} \frac{1 \cdot 3 \cdot 5 \cdots (2n-1)}{n} \sin n\theta \quad (\mu = \cos\theta).$$

[提示:把 $\sin^{2n-1}\theta$ 写作 $(1-\mu)^{n-\frac{1}{2}}(1+\mu)^{n-\frac{1}{2}}$.]

利用这公式从 $J_n(z)$ 的泊松积分表达式(7.5 节(19))导出贝塞耳积分表达式(7.5 节(20)).

6. 证明

$$J_n^2(z) = \frac{1}{\pi} \int_0^\pi J_{2n}(2z \cos\theta) d\theta = \frac{2}{\pi} \int_0^{\frac{\pi}{2}} J_{2n}(2z \sin\theta) d\theta$$

$$= \frac{1}{\pi} \int_0^\pi J_{2n}(2z \sin\theta) d\theta = \frac{1}{\pi} \int_0^\pi J_0(2z \sin\theta) \cos 2n\theta \, d\theta.$$

(参看 Watson (1944), § 2.6, p. 31;又参看第 31 题.)

7. 利用上题的结果证明

$$J_n^2(z) = \sum_{m=0}^{\infty} \frac{(-)^m (2n+2m)!}{m! (2n+m)! [(n+m)!]^2} \left(\frac{z}{2}\right)^{2n+2m}.$$

8. 由 7.5 节(15)式,把 $z$ 换成 $2z \sin\theta$,$m$ 换成 $2m$,对 $\theta$ 从 0 到 $\pi$ 求积分,然后利用第 6 题的结果,证明

$$\left(\frac{z}{2}\right)^{2m} = \frac{(m!)^2}{(2m)!} \sum_{n=0}^{\infty} \frac{(2m+n-1)!(2m+2n)}{n!} J_{m+n}^2(z).$$

又由此证明

$$\left(\frac{z}{2}\right)^{2m-1} = \frac{m!(m-1)!}{(2m-1)!} \sum_{n=0}^{\infty} \frac{(2m+n-2)!(2m+2n-1)}{n!} J_{m+n-1}(z) J_{m+n}(z).$$

9. 证明

$$J_{\nu+n}(z) = \frac{(-i)^n \Gamma(2\nu) n! \left(\frac{z}{2}\right)^\nu}{\Gamma\left(\nu+\frac{1}{2}\right) \Gamma\left(\frac{1}{2}\right) \Gamma(2\nu+n)} \int_0^\pi e^{iz\cos\theta} \sin^{2\nu}\theta C_n^\nu(\cos\theta) d\theta,$$

其中 $C_n^\nu(x)$ 是盖根保尔多项式(5.23 节),$n$ 是任意非负整数,$\mathrm{Re}(\nu+1/2) > 0$. [提

示：利用 5.23 节(10)式和 4.10 节(7)式得到$C_n^\nu(x)$的微商表示，代入右方积分.]

7.4 节(6)式是这式的特殊情形 $n=0$. 又当 $\nu=1/2$ 时，有

$$J_{n+\frac{1}{2}}(z) = (-i)^n \left(\frac{z}{2\pi}\right)^{\frac{1}{2}} \int_0^\pi e^{iz\cos\theta} P_n(\cos\theta)\sin\theta \, d\theta,$$

其中 $P_n(\cos\theta)$ 是勒让德多项式.

10. 证明

$$J_\nu(\varpi) = \frac{1}{\pi\Gamma(\nu)}\left(\frac{\varpi}{2}\right)^\nu \int_0^\pi \int_0^\pi \exp\{iz\cos\theta - iz_1(\cos\theta\cos\theta_1$$
$$+ \sin\theta\sin\theta_1\cos\varphi)\} \sin^{2\nu-1}\varphi \, \sin^{2\nu}\theta \, d\varphi \, d\theta,$$

其中 $\varpi^2 = z^2 + z_1^2 - 2zz_1\cos\theta_1$，$z, z_1, \theta_1$ 是任意复数. [**提示**：可用 290 页转动坐标轴的方法；参看 Watson (1944)，p. 51.]

11. 证明

$$H_{-\nu}^{(1)}(z) = e^{\nu\pi i}H_\nu^{(1)}(z), \quad H_{-\nu}^{(2)}(z) = e^{-\nu\pi i}H_\nu^{(2)}(z).$$

12. 证明

$$Y_\nu(ze^{m\pi i}) = e^{-m\nu\pi i}Y_\nu(z) + 2i\sin m\nu\pi \cot\nu\pi J_\nu(z),$$
$$Y_{-\nu}(ze^{m\pi i}) = e^{-m\nu\pi i}Y_{-\nu}(z) + 2i\sin m\nu\pi \csc\nu\pi J_\nu(z),$$
$$H_\nu^{(1)}(ze^{m\pi i}) = e^{-m\nu\pi i}H_\nu^{(1)}(z) - 2e^{-\nu\pi i}\frac{\sin m\nu\pi}{\sin\nu\pi}J_\nu(z)$$
$$= \frac{\sin(1-m)\nu\pi}{\sin\nu\pi}H_\nu^{(1)}(z) - e^{-\nu\pi i}\frac{\sin m\nu\pi}{\sin\nu\pi}H_\nu^{(2)}(z),$$
$$H_\nu^{(2)}(ze^{m\pi i}) = e^{-m\nu\pi i}H_\nu^{(2)}(z) + 2e^{\nu\pi i}\frac{\sin m\nu\pi}{\sin\nu\pi}J_\nu(z)$$
$$= \frac{\sin(1+m)\nu\pi}{\sin\nu\pi}H_\nu^{(2)}(z) + e^{\nu\pi i}\frac{\sin m\nu\pi}{\sin\nu\pi}H_\nu^{(1)}(z).$$

13. 证明 $I_\nu(ze^{m\pi i}) = e^{m\nu\pi i}I_\nu(z)$，

$$K_\nu(ze^{m\pi i}) = e^{-m\nu\pi i}K_\nu(z) - \pi i\frac{\sin m\nu\pi}{\sin\nu\pi}I_\nu(z).$$

14. 证明

$$I_{\nu-1} - I_{\nu+1} = \frac{2\nu}{z}I_\nu, \qquad K_{\nu-1} - K_{\nu+1} = -\frac{2\nu}{z}K_\nu,$$
$$I_{\nu-1} + I_{\nu+1} = 2I_\nu', \qquad K_{\nu-1} + K_{\nu+1} = -2K_\nu',$$
$$\left(\frac{d}{z\,dz}\right)^m (z^\nu I_\nu) = z^{\nu-m}I_{\nu-m}, \quad \left(\frac{d}{z\,dz}\right)^m (z^\nu K_\nu) = (-)^m z^{\nu-m}K_{\nu-m},$$
$$\left(\frac{d}{z\,dz}\right)^m (z^{-\nu}I_\nu) = z^{-\nu-m}I_{\nu+m}, \quad \left(\frac{d}{z\,dz}\right)^m (z^{-\nu}K_\nu) = (-)^m z^{-\nu-m}K_{\nu+m},$$
$$I_0' = I_1, \qquad\qquad K_0' = -K_1,$$
$$I_{-n} = I_n, \qquad\qquad K_{-\nu} = K_\nu.$$

15. 把柱函数(7.6 节末)$Z_\nu(z)$满足的方程写作 $(zZ_\nu')' + (z - \nu^2 z^{-1})Z_\nu = 0$，证明下面约化公式

$$\int^z z^{\mu+1} Z_\nu(z)\mathrm{d}z = (\nu^2 - \mu^2)\int^z z^{\mu-1} Z_\nu(z)\mathrm{d}z + \left[ z^{\mu+1} Z_{\nu+1}(z) - (\nu - \mu)z^\mu Z_\nu(z) \right].$$

16. $Z_\mu(z), \overline{Z}_\nu(z)$ 分别是 $\mu$ 阶和 $\nu$ 阶柱函数，证明

$$\int^z \left\{ (k^2 - l^2)z - \frac{\mu^2 - \nu^2}{z} \right\} Z_\mu(kz)\overline{Z}_\nu(lz)\mathrm{d}z$$

$$= z\{ kZ_{\mu+1}(kz)\overline{Z}_\nu(lz) - lZ_\mu(kz)\overline{Z}_{\nu+1}(lz) \} - (\mu - \nu)Z_\mu(kz)\overline{Z}_\nu(lz).$$

17. 利用上题的结果，证明

$$\int^z z Z_\mu(kz)\overline{Z}_\mu(kz)\mathrm{d}z$$

$$= -\frac{z}{2k}\{ kzZ_{\mu+1}(kz)\overline{Z}_\mu'(kz) - kzZ_\mu(kz)\overline{Z}_{\mu+1}(kz) - Z_\mu(kz)\overline{Z}_{\mu+1}(kz) \}$$

$$= \frac{z^2}{4}\{ 2Z_\mu(kz)\overline{Z}_\mu(kz) - Z_{\mu-1}(kz)\overline{Z}_{\mu+1}(kz) - Z_{\mu+1}(kz)\overline{Z}_{\mu-1}(z) \}.$$

$$\int^z Z_\mu(kz)\overline{Z}_\mu(kz)\frac{\mathrm{d}z}{z} = \frac{kz}{2\mu}\left\{ Z_{\mu+1}(kz)\frac{\partial}{\partial\mu}\overline{Z}_\mu(kz) - Z_\mu(kz)\frac{\partial}{\partial\mu}\overline{Z}_{\mu+1}(kz) \right\} + \frac{Z_\mu(kz)\overline{Z}_\mu(kz)}{2\mu}.$$

18. 考虑微商 $\mathrm{d}\{ z^\rho Z_\mu(z)\overline{Z}_\nu(z) \}/\mathrm{d}z$ 和 $\mathrm{d}\{ z^\rho Z_{\mu+1}(z)\overline{Z}_{\nu+1}(z) \}/\mathrm{d}z$，证明

$$(\rho + \mu + \nu)\int^z z^{\rho-1} Z_\mu(z)\overline{Z}_\nu(z)\mathrm{d}z + (\rho - \mu - \nu - 2)\int^z z^{\rho-1} Z_{\mu+1}(z)\overline{Z}_{\nu+1}(z)\mathrm{d}z$$

$$= z^\rho \{ Z_\mu(z)\overline{Z}_\nu(z) + Z_{\mu+1}(z)\overline{Z}_{\nu+1}(z) \}.$$

19. 利用上题的结果，证明

$$\int^z z^{-\mu-\nu-1} Z_{\mu+1}(z)\overline{Z}_{\nu+1}(z)\mathrm{d}z$$

$$= -\frac{z^{-\mu-\nu}}{2(\mu+\nu+1)}\{ Z_\mu(z)\overline{Z}_\nu(z) + Z_{\mu+1}(z)\overline{Z}_{\nu+1}(z) \},$$

$$\int^z z^{\mu+\nu+1} Z_\mu(z)\overline{Z}_\nu(z)\mathrm{d}z$$

$$= \frac{z^{\mu+\nu+2}}{2(\mu+\nu+1)}\{ Z_\mu(z)\overline{Z}_\nu(z) + Z_{\mu+1}(z)\overline{Z}_{\nu+1}(z) \},$$

$$\int^z Z_n(z)\overline{Z}_n(z)\frac{\mathrm{d}z}{z}$$

$$= -\frac{1}{2n}\left\{ Z_0(z)\overline{Z}_0(z) + 2\sum_{m=1}^{n-1} Z_m(z)\overline{Z}_m(z) + Z_n(z)\overline{Z}_n(z) \right\}$$

$$(n = 1, 2, \cdots).$$

20. 设 $\mu$ 不是负整数，证明

$$\left( \frac{z}{2} \right)^\mu = \sum_{n=0}^\infty \frac{(\mu+2n)\Gamma(\mu+n)}{n!} J_{\mu+2n}(z),$$

这是 7.5 节(15)式的推广.[**提示**:两边乘以$(z/2)^{-\mu}$,证明右边级数的微商等于 0,因此级数为一常数,然后证明此常数等于 1.]

21. 证明

$$\left(\frac{z}{2}\right)^{\mu-\nu}\mathrm{J}_\nu(z) = \Gamma(\nu+1-\mu)\sum_{n=0}^{\infty}\frac{(\mu+2n)\Gamma(\mu+n)}{n!\,\Gamma(\nu+1-\mu-n)\Gamma(\nu+n+1)}\mathrm{J}_{\mu+2n}(z),$$

其中 $\mu,\nu,\nu-\mu$ 不等于负整数.[**提示**:利用上题的结果,把 $\left(\frac{z}{2}\right)^{\mu-\nu}\mathrm{J}_\nu(z)$ 的幂级数展开式中的每一项用贝塞耳函数展开.]

22. 证明

$$\left(\frac{kz}{2}\right)^{\mu-\nu}\mathrm{J}_\nu(kz) = k^\mu\sum_{n=0}^{\infty}\frac{\Gamma(\mu+n)}{n!\,\Gamma(\nu+1)}\,_2\mathrm{F}_1(\mu+n,-n;\nu+1;k^2)(\mu+2n)\mathrm{J}_{\mu+2n}(z).$$

23. 证明

$$(z+h)^{-\frac{\nu}{2}}\mathrm{J}_\nu\left(\sqrt{z+h}\right) = \sum_{m=0}^{\infty}\frac{h^m}{m!}\frac{\mathrm{d}^m}{\mathrm{d}z^m}\left\{z^{-\frac{\nu}{2}}\mathrm{J}_\nu\left(\sqrt{z}\right)\right\}$$

$$= \sum_{m=0}^{\infty}\frac{\left(-\frac{h}{2}\right)^m}{m!}z^{-\frac{\nu+m}{2}}\mathrm{J}_{\nu+m}\left(\sqrt{z}\right),$$

$$(z+h)^{\frac{\nu}{2}}\mathrm{J}_\nu\left(\sqrt{z+h}\right) = \sum_{m=0}^{\infty}\frac{\left(\frac{h}{2}\right)^m}{m!}z^{\frac{\nu-m}{2}}\mathrm{J}_{\nu-m}\left(\sqrt{z}\right)$$

$$(|h|<|z|).$$

24. 利用上题的结果证明

$$\sqrt{\frac{2}{\pi z}}\cos\sqrt{z^2-2zt} = \sum_{m=0}^{\infty}\frac{t^m}{m!}\mathrm{J}_{m-\frac{1}{2}}(z),$$

$$\sqrt{\frac{2}{\pi z}}\sin\sqrt{z^2+2zt} = \sum_{m=0}^{\infty}\frac{t^m}{m!}\mathrm{J}_{\frac{1}{2}-m}(z)\quad\left(|t|<\frac{1}{2}|z|\right).$$

两式左方的函数可看作**半奇数阶贝塞耳函数的生成函数**.

25. 由第 23 题的结果证明

$$\mathrm{J}_\nu\{z\sqrt{1+k}\} = (1+k)^{\frac{\nu}{2}}\sum_{m=0}^{\infty}\frac{(-)^m}{m!}\left(\frac{kz}{2}\right)^m\mathrm{J}_{\nu+m}(z),$$

$$\mathrm{J}_\nu\{z\sqrt{1+k}\} = (1+k)^{-\frac{\nu}{2}}\sum_{m=0}^{\infty}\frac{1}{m!}\left(\frac{kz}{2}\right)^m\mathrm{J}_{\nu-m}(z)\quad(|k|<1).$$

26. 利用上题的结果和对于 $\mathrm{Y}_\nu(z\sqrt{1+k})$ 的类似公式,证明

$$Z_\nu(\lambda z) = \lambda^\nu\sum_{m=0}^{\infty}\frac{(-)^m(\lambda^2-1)^m}{m!}\left(\frac{z}{2}\right)^m Z_{\nu+m}(z),\ |\lambda^2-1|<1,$$

其中 $Z_\nu(z)$ 是任意的柱函数(7.6 节末).

27. 以 $(1+k)^{-\nu/2}$ 乘第 25 题头一式的两边,然后令 $k \to -1$,得

$$\frac{\left(\dfrac{z}{2}\right)^{\nu}}{\Gamma(\nu+1)} = \sum_{m=0}^{\infty} \frac{\left(\dfrac{z}{2}\right)^{m}}{m!} J_{\nu+m}(z).$$

试由此证明

$$J_{\nu}(z) = \frac{\Gamma(\mu+1)}{\Gamma(\nu-\mu)} \sum_{m=0}^{\infty} \frac{\Gamma(\nu-\mu+m)}{m!\,\Gamma(\nu+m+1)} \left(\frac{z}{2}\right)^{\nu-\mu+m} J_{\mu+m}(z),$$

其中 $\mu \neq \nu$, $\mu \neq$ 负整数.

28. 证明下列加法公式

$$Z_{\nu}(z+t) = \sum_{m=-\infty}^{\infty} Z_{\nu-m}(t) J_{m}(z), \qquad |z| < |t|,$$

其中 $Z_{\nu}(z)$ 是 $\nu$ 阶柱函数($\nu$ 任意).这式是 7.5 节(16)式的推广(证明参看 Watson (1944), § 5.3, p. 143.)

29. 证明

$$J_{\mu}(az) J_{\nu}(bz) = \frac{1}{\Gamma(\nu+1)} \left(\frac{az}{2}\right)^{\mu} \left(\frac{bz}{2}\right)^{\nu}$$

$$\times \sum_{m=0}^{\infty} \frac{(-)^{m}\,{}_2F_1(-m,-\mu-m;\nu+1;b^2/a^2)}{m!\,\Gamma(\mu+m+1)} \left(\frac{az}{2}\right)^{2m}.$$

30. 利用上题的结果,证明

$$\mathrm{e}^{z\cos\theta} J_{\nu-\frac{1}{2}}(z\sin\theta) = \frac{\Gamma(\nu)}{\Gamma\left(\dfrac{1}{2}\right)} (2\sin\theta)^{\nu-\frac{1}{2}} \sum_{n=0}^{\infty} \frac{z^{\nu+n-\frac{1}{2}}}{\Gamma(2\nu+n)} C_n^{\nu}(\cos\theta),$$

其中 $C_n^{\nu}(x)$ 是盖根保尔多项式(5.23 节).[**提示**:在上题公式中分别令 $\mu=\pm 1/2$.]

31. 在第 29 题的公式中令 $a=b=1$,然后应用第三章习题 16 的公式,证明**诺埃曼积分公式**

$$J_{\mu}(z) J_{\nu}(z) = \frac{2}{\pi} \int_{0}^{\frac{\pi}{2}} J_{\mu+\nu}(2z\cos\theta) \cos(\mu-\nu)\theta\, \mathrm{d}\theta,$$

其中 $\mathrm{Re}(\mu+\nu) > -1$.

32. 证明

$$\left(\frac{z}{2}\right)^{\mu+\nu} = \frac{\Gamma(\mu+1)\Gamma(\nu+1)}{\Gamma(\mu+\nu+1)} \sum_{m=0}^{\infty} \frac{(\mu+\nu+2m)\Gamma(\mu+\nu+m)}{m!} J_{\mu+m}(z) J_{\nu+m}(z).$$

[**提示**:把 $(z\cos\theta)^{\mu+\nu}$ 用第 20 题的公式展开,乘上 $\cos(\mu-\nu)\theta$,求积分,然后应用上题的结果和第三章习题 16 的公式.]

33. 证明

$$\frac{z^2}{4} \{ J_{\nu-1}^2(z) - J_{\nu-2}(z) J_{\nu}(z) \} = \sum_{n=0}^{\infty} (\nu+2n) J_{\nu+2n}^2(z).$$

[提示：由右方的级数对 $z$ 求微商证明

$$\frac{1}{2}\int^z z\,\mathrm{J}_{\nu-1}^2(z)\,\mathrm{d}z = \sum_{n=0}^{\infty}(\nu+2n)\mathrm{J}_{\nu+2n}^2(z),$$

然后对左方的积分应用第 17 题的头一个公式.]

34. 证明

$$\mathrm{J}_{\nu}(z) = \lim_{\substack{\lambda\to\infty\\ \mu\to\infty}}\frac{(z/2)^{\nu}}{\Gamma(\nu+1)}\,{}_2\mathrm{F}_1\left(\lambda,\mu;\nu+1;-\frac{z^2}{4\lambda\mu}\right)$$

(参看 Watson (1944)，§ 5.7，p. 154).

35. 证明

$$\lim_{n\to\infty}\mathrm{P}_n\left(\cos\frac{\theta}{n}\right) = \mathrm{J}_0(\theta),$$

$\mathrm{P}_n(x)$ 是勒让德多项式(参看 Watson (1944)，§ 5.71，p. 155).

36. 证明

$$\mathrm{J}_{\nu}(z) = \frac{\Gamma(1/2-\nu)(z/2)^{\nu}}{\pi\mathrm{i}\Gamma(1/2)}\int_0^{(1+)}(t^2-1)^{\nu-\frac{1}{2}}\cos(zt)\,\mathrm{d}t,$$

其中规定当 $t$ 在实轴上 $t=1$ 之右时 $\arg(t^2-1)=0$.

37. 设 $|\operatorname{Re}(\nu)|<\dfrac{1}{2}$，证明

$$\mathrm{H}_{\nu}^{(1)}(z) = \frac{2}{\mathrm{i}\Gamma\left(\frac{1}{2}-\nu\right)\Gamma\left(\frac{1}{2}\right)\left(\frac{z}{2}\right)^{\nu}}\int_1^{\infty}\frac{\mathrm{e}^{\mathrm{i}zt}\mathrm{d}t}{(t^2-1)^{\nu+\frac{1}{2}}}\quad(\operatorname{Im}(z)\geqslant0),$$

$$\mathrm{H}_{\nu}^{(2)}(z) = -\frac{2}{\mathrm{i}\Gamma\left(\frac{1}{2}-\nu\right)\Gamma\left(\frac{1}{2}\right)\left(\frac{z}{2}\right)^{\nu}}\int_1^{\infty}\frac{\mathrm{e}^{-\mathrm{i}zt}\mathrm{d}t}{(t^2-1)^{\nu+\frac{1}{2}}}\quad(\operatorname{Im}(z)\leqslant0).$$

38. 证明

$$\mathrm{K}_{\nu}(\alpha x) = \frac{\Gamma\left(\nu+\frac{1}{2}\right)(2\alpha)^{\nu}}{2\Gamma\left(\frac{1}{2}\right)x^{\nu}}\int_{-\infty}^{\infty}\frac{\mathrm{e}^{-\mathrm{i}xt}\mathrm{d}t}{(t^2+\alpha^2)^{\nu+\frac{1}{2}}},$$

其中 $\operatorname{Re}(\nu+1/2)>0, x>0, |\arg\alpha|<\pi/2$.

39. 证明

$$\mathrm{J}_{\nu}(z) = \frac{\mathrm{e}^{-\frac{1}{2}\left(\nu+\frac{1}{2}\right)\pi\mathrm{i}}}{\pi\Gamma\left(\frac{1}{2}\right)}\left(\frac{z}{2}\right)^{\frac{1}{2}}\int_{\infty\mathrm{i}\exp(-\mathrm{i}\omega)}^{(-1+,1+)}\mathrm{e}^{\mathrm{i}zt}\mathrm{Q}_{\nu-\frac{1}{2}}(t)\,\mathrm{d}t,$$

其中 $\mathrm{Q}_{\nu-\frac{1}{2}}(t)$ 是第二类勒让德函数(5.17 节(5)式)，$-\dfrac{\pi}{2}+\omega<\arg z<\dfrac{\pi}{2}+\omega$，$|\omega|$

$<\dfrac{\pi}{2}$，并规定当 $t$ 在实轴上 $t=1$ 之右时 $\arg t=0$. [提示：取围道使完全位于圆 $|t|=$

1 之外，把 $Q_{\nu-\frac{1}{2}}(t)$ 用 $t$ 的降幂展开.〕

40. 利用上题的结果和第五章末习题 36 公式(i)，证明

$$
H_{\nu}^{(2)}(z) = \frac{e^{\frac{1}{2}\left(\nu+\frac{1}{2}\right)\pi i}\left(\dfrac{z}{2}\right)^{\frac{1}{2}}}{\pi\Gamma\left(\dfrac{1}{2}\right)\cos\nu\pi} \int_{\infty\exp(-i\omega)}^{(-1+,1+)} e^{izt} P_{\nu-\frac{1}{2}}(t)\,dt,
$$

$P_{\nu-\frac{1}{2}}(t)$ 是第一类勒让德函数(第五章末习题 31). 又因 $t=1$ 不是 $P_{\nu-\frac{1}{2}}(t)$ 的奇点(参看 5.16 节(10)式)，故式中的积分围道只要正向绕 $t=-1$ 一周即可；在围道与 $t=-1$ 之右的实轴相交之点 $\arg(t+1)=0$.

41. 由第 39 题的结果证明

$$
H_{\nu}^{(1)}(z) = \frac{e^{-\frac{1}{2}\left(\nu+\frac{1}{2}\right)\pi i}}{\pi\Gamma\left(\dfrac{1}{2}\right)}(2z)^{\frac{1}{2}} \int_{\infty\exp(-i\omega)}^{(1+)} e^{izt} Q_{\nu-\frac{1}{2}}(t)\,dt,
$$

$$
H_{\nu}^{(2)}(z) = \frac{e^{-\frac{1}{2}\left(\nu+\frac{1}{2}\right)\pi i}}{\pi\Gamma\left(\dfrac{1}{2}\right)}(2z)^{\frac{1}{2}} \int_{\infty\exp(-i\omega)}^{(-1+)} e^{izt} Q_{\nu-\frac{1}{2}}(t)\,dt;
$$

第一式中在围道与 $t=1$ 之右的实轴相交之点 $\arg(t-1)=\arg(t+1)=0$，第二式中在围道与 $t=-1$ 和 $t=1$ 之间的实轴相交之点，$\arg(t+1)=0$，$\arg(t-1)=-\pi$.

42. 由 7.7 节(14)和(15)两式分别证明

$$
H_{\nu}^{(1)}(z) = \frac{1}{\pi i}\int_{0}^{\infty\exp\pi i} u^{-\nu-1}\exp\left\{\frac{z}{2}(u-u^{-1})\right\}du,
$$

$$
H_{\nu}^{(2)}(z) = -\frac{1}{\pi i}\int_{0}^{\infty\exp(-\pi i)} u^{-\nu-1}\exp\left\{\frac{z}{2}(u-u^{-1})\right\}du,
$$

其中 $|\arg z|<\pi/2$，积分围道如图 34；当 $u$ 沿围道趋于零时，$\arg u\to 0$ 以保证积分在下限收敛.

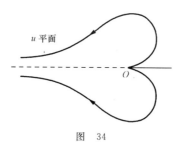

图 34

若 $|\arg z|>\pi/2$，设 $-\pi/2+\omega<\arg z<\pi/2+\omega$，$|\omega|<\pi$，则

$$
H_{\nu}^{(1)}(z) = \frac{1}{\pi i}\int_{0\exp i\omega}^{\infty\exp(\pi-\omega)i} u^{-\nu-1}\exp\left\{\frac{z}{2}(u-u^{-1})\right\}du,
$$

$$H_\nu^{(2)}(z) = -\frac{1}{\pi i}\int_{0\,\exp i\omega}^{\infty\,\exp(-\pi-\omega)i} u^{-\nu-1}\exp\left\{\frac{z}{2}(u-u^{-1})\right\}\mathrm{d}u,$$

积分围道分别如图 35(a) 和图 35(b).

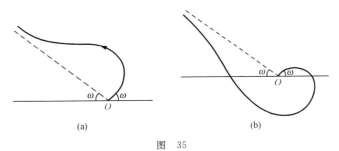

(a)　　　　　　　　　　(b)

图　35

43. 设 $x>0$, $|\mathrm{Re}(\nu)|<1$, 利用上题的结果, 证明

$$H_\nu^{(1)}(x) = \frac{e^{-\nu\pi i/2}}{\pi i}\int_{-\infty}^{\infty} e^{ix\,\mathrm{ch}\,t-\nu t}\,\mathrm{d}t = \frac{2e^{-\nu\pi i/2}}{\pi i}\int_{0}^{\infty} e^{ix\,\mathrm{ch}\,t}\,\mathrm{ch}\,\nu t\ \mathrm{d}t,$$

$$H_\nu^{(2)}(x) = -\frac{e^{\nu\pi i/2}}{\pi i}\int_{-\infty}^{\infty} e^{-ix\,\mathrm{ch}\,t-\nu t}\,\mathrm{d}t = -\frac{2e^{\nu\pi i/2}}{\pi i}\int_{0}^{\infty} e^{-ix\,\mathrm{ch}\,t}\,\mathrm{ch}\,\nu t\ \mathrm{d}t.$$

44. **爱里(Airy)积分**的定义是

$$\int_{0}^{\infty}\cos(t^3\pm xt)\mathrm{d}t.$$

考虑函数 $\exp\{it^3\pm ixt\}$ 在 $t$ 平面上的围道积分; 围道从实轴上 $t=-\rho\,(\rho>0)$ 点出发, 沿实轴到 $t=\rho$ 之后, 再沿圆弧(中心在 $t=0$, 半径为 $\rho$)到 $\rho\,e^{\pi i/6}$, 然后沿直线到 $t=0$, 又从 $t=0$ 沿直线到 $\rho\,e^{5\pi i/6}$, 最后沿圆弧回到 $-\rho$. 证明

$$\int_{0}^{\infty}\cos(t^3\pm xt)\mathrm{d}t = \frac{1}{2}\int_{0}^{\infty}\{e^{\frac{\pi i}{6}}\exp(-\tau^3\pm e^{\frac{2\pi i}{3}}x\tau) + e^{-\frac{\pi i}{6}}\exp(-\tau^3\pm e^{-\frac{2\pi i}{3}}x\tau)\}\mathrm{d}\tau,$$

由此得

$$\int_{0}^{\infty}\cos(t^3-xt)\mathrm{d}t = \frac{\pi}{3}\sqrt{\frac{x}{3}}\left\{J_{-\frac{1}{3}}\left(\frac{2x\sqrt{x}}{3\sqrt{3}}\right) + J_{\frac{1}{3}}\left(\frac{2x\sqrt{x}}{3\sqrt{3}}\right)\right\},$$

$$\int_{0}^{\infty}\cos(t^3+xt)\mathrm{d}t = \frac{\pi}{3}\sqrt{\frac{x}{3}}\left\{I_{-\frac{1}{3}}\left(\frac{2x\sqrt{x}}{3\sqrt{3}}\right) - I_{\frac{1}{3}}\left(\frac{2x\sqrt{x}}{3\sqrt{3}}\right)\right\} = \frac{\sqrt{x}}{3}K_{\frac{1}{3}}\left(\frac{2x\sqrt{x}}{3\sqrt{3}}\right).$$

45. 证明

$$\begin{matrix}\mathrm{ber}(z)\\\mathrm{bei}(z)\end{matrix} = \frac{\exp\alpha(z)}{\sqrt{2\pi z}}\begin{matrix}\cos\\\sin\end{matrix}\beta(z)\quad\left(|\arg z|<\frac{\pi}{4}\right),$$

$$\begin{matrix}\mathrm{ker}(z)\\\mathrm{kei}(z)\end{matrix} = \frac{\exp\alpha(-z)}{\sqrt{2z/\pi}}\begin{matrix}\cos\\\sin\end{matrix}\beta(-z)\quad\left(|\arg z|<\frac{5\pi}{4}\right),$$

其中

$$\alpha(z) \sim \frac{z}{\sqrt{2}} + \frac{1}{8\sqrt{2}z} - \frac{25}{384\sqrt{2}z^3} - \frac{13}{128z^4} - \cdots,$$

$$\beta(z) \sim \frac{z}{\sqrt{2}} - \frac{\pi}{8} - \frac{1}{8\sqrt{2}z} - \frac{1}{16z^2} - \frac{25}{384\sqrt{2}z^3} + \cdots.$$

46. 利用习题 29 的公式证明

$$\frac{\pi^3}{2\sin\frac{1}{2}(\mu+\nu)\pi}\left\{[J_\mu(z)J_\nu(z)+Y_\mu(z)Y_\nu(z)]\right.$$

$$\left. -\cot\frac{1}{2}(\mu-\nu)\pi\cdot[J_\mu(z)Y_\nu(z)-Y_\mu(z)J_\nu(z)]\right\}$$

$$=\frac{1}{2\pi i}\int_{-\infty i}^{\infty i}\Gamma(2s+1)\Gamma\left(\frac{\mu+\nu}{2}-s\right)\Gamma\left(\frac{\mu-\nu}{2}-s\right)$$

$$\times\Gamma\left(\frac{\nu-\mu}{2}-s\right)\Gamma\left(-\frac{\mu+\nu}{2}-s\right)\cos s\pi\cdot\left(\frac{z}{2}\right)^{2s}ds$$

$$(\mu\pm\nu\neq\text{偶数}),$$

$$\frac{\pi^3}{2\cos\frac{1}{2}(\mu+\nu)\pi}\left\{[J_\mu(z)J_\nu(z)+Y_\mu(z)Y_\nu(z)]\right.$$

$$\left. +\tan\frac{1}{2}(\mu-\nu)\pi\cdot[J_\mu(z)Y_\nu(z)-Y_\mu(z)J_\nu(z)]\right\}$$

$$=\frac{-1}{2\pi i}\int_{-\infty i}^{\infty i}\Gamma(2s+1)\Gamma\left(\frac{\mu+\nu}{2}-s\right)\Gamma\left(\frac{\mu-\nu}{2}-s\right)$$

$$\times\Gamma\left(\frac{\nu-\mu}{2}-s\right)\Gamma\left(-\frac{\mu+\nu}{2}-s\right)\sin s\pi\cdot\left(\frac{z}{2}\right)^{2s}ds$$

$$(\mu\pm\nu\neq\text{奇数}),$$

其中 $|\arg z|<\pi$；$\Gamma(2s+1)$ 的极点在积分路线之左,其他 $\Gamma$ 函数的极点在积分路线之右.

47. 利用前题的结果证明下列渐近展开式

$$J_\mu(z)J_\nu(z)+Y_\mu(z)Y_\nu(z)-\cot\frac{1}{2}(\mu-\nu)\pi\{J_\mu(z)Y_\nu(z)-J_\nu(z)Y_\mu(z)\}$$

$$\sim\frac{\mu^2-\nu^2}{\pi z^2\sin\frac{1}{2}(\mu-\nu)\pi}$$

$$\times {}_4F_1\left(\frac{\mu+\nu}{2}+1,\frac{\mu-\nu}{2}+1,\frac{\nu-\mu}{2}+1,1-\frac{\mu+\nu}{2};\frac{3}{2};-\frac{1}{z^2}\right),$$

$$J_\mu(z)J_\nu(z)+Y_\mu(z)Y_\nu(z)+\tan\frac{1}{2}(\mu-\nu)\pi\{J_\mu(z)Y_\nu(z)-J_\nu(z)Y_\mu(z)\}$$

$$\sim \frac{2}{\pi z \cos\frac{1}{2}(\mu-\nu)\pi}$$

$$\times {}_4F_1\left(\frac{\mu+\nu+1}{2},\frac{\mu-\nu+1}{2},\frac{\nu-\mu+1}{2},\frac{1-\mu-\nu}{2};\frac{1}{2};-\frac{1}{z^2}\right);$$

当 $\mu=\nu$ 时,有

$$J_\nu^2(z)+Y_\nu^2(z)\sim\frac{2}{\pi z}\sum_{m=0}^\infty\frac{(2m)!(\nu,m)}{2^{2m}\cdot m!z^{2m}}.$$

48. 证明当 $\nu\to+\infty$ 时,

$$Y_\nu(\nu\ \mathrm{sech}\ \alpha)\sim-\frac{e^{\nu(\alpha-\mathrm{th}\,\alpha)}}{\sqrt{\frac{1}{2}\nu\pi\ \mathrm{th}\ \alpha}}\sum_{m=0}^\infty\frac{\Gamma\left(m+\frac{1}{2}\right)}{\Gamma\left(\frac{1}{2}\right)}\frac{(-)^mD_m}{(\nu\ \mathrm{th}\ \alpha)^m},$$

其中 $D_m$ 是 7.12 节(18)式中的系数.

49. 证明,当 $|z|\to\infty,|\nu|\to\infty$ 而 $|z|\approx|\nu|$ 时,

$$H_\nu^{(1)}(z)\sim-\frac{2}{3\pi}\sum_{m=0}^\infty e^{\frac{2}{3}(m+1)\pi i}B_m(\varepsilon z)\sin\frac{1}{3}(m+1)\pi\cdot\frac{\Gamma\left(\frac{m+1}{3}\right)}{(z/6)^{\frac{1}{3}(m+1)}},$$

$$H_\nu^{(2)}(z)\sim-\frac{2}{3\pi}\sum_{m=0}^\infty e^{-\frac{2}{3}(m+1)\pi i}B_m(\varepsilon z)\sin\frac{1}{3}(m+1)\pi\cdot\frac{\Gamma\left(\frac{m+1}{3}\right)}{(z/6)^{\frac{1}{3}(m-1)}},$$

其中 $|\arg z|<\pi,\varepsilon z=z-\nu$,

$$B_0(\varepsilon z)=1,\quad B_1(\varepsilon z)=\varepsilon z,\quad B_2(\varepsilon z)=\frac{1}{2}\varepsilon^2z^2-\frac{1}{20},$$

$$B_3(\varepsilon z)=\frac{1}{6}\varepsilon^3z^3-\frac{1}{15}\varepsilon z,\quad B_4(\varepsilon z)=\frac{1}{24}\varepsilon^4z^4-\frac{1}{24}\varepsilon^2z^2+\frac{1}{280},$$

$$B_5(\varepsilon z)=\frac{1}{120}\varepsilon^5z^5-\frac{1}{60}\varepsilon^3z^3+\frac{43}{8400}\varepsilon z,\quad\cdots.$$

50. 由 7.13 节(4)式证明

$$Z_\nu(\varpi)\genfrac{}{}{0pt}{}{\cos}{\sin}\psi=\sum_{m=-\infty}^\infty Z_{\nu+m}(x)J_m(y)\genfrac{}{}{0pt}{}{\cos}{\sin}m\theta,$$

其中 $Z_\nu$ 是 $\nu$ 阶柱函数(7.6 节末),$\psi$ 的定义是

$$\varpi\cos\psi=x-y\cos\theta,\quad\varpi\sin\psi=y\sin\theta,$$

当 $y\to0$ 时,$\psi\to0$.

51. 由第 23 题第一式,令 $z=x^2+y^2,h=-2xy\cos\theta$,得

$$\frac{J_\nu(\varpi)}{\varpi^\nu}=\sum_{p=0}^\infty\frac{(xy\cos\theta)^p}{p!}\frac{J_{\nu+p}\{\sqrt{x^2+y^2}\}}{(x^2+y^2)^{\frac{1}{2}(\nu+p)}}.$$

对求和号中后面一个分数因子再用第 23 题第一式,然后利用第 21 题的公式,证明 7.13 节的加法公式(7)

$$\frac{J_\nu(\varpi)}{\varpi^\nu} = 2^\nu \Gamma(\nu) \sum_{m=0}^\infty (\nu+m) \frac{J_{\nu+m}(x)}{x^\nu} \frac{J_{\nu+m}(y)}{y^\nu} C_m^\nu(\cos\theta) \quad (\nu \neq 0, -1, -2, \cdots).$$

类似地,利用第 23 题第二式,证明 7.13 节(8)式

$$\frac{J_{-\nu}(\varpi)}{\varpi^\nu} = 2^\nu \Gamma(\nu) \sum_{m=0}^\infty (-)^m (\nu+m) \frac{J_{-\nu-m}(x)}{x^\nu} \frac{J_{\nu+m}(y)}{y^\nu} C_m^\nu(\cos\theta)$$

$$(|y e^{\pm i\theta}| < |x|, \nu \neq 0, -1, -2, \cdots).$$

52. 设 $R = \{r^2 + a^2 - 2ar\cos\theta\}^{\frac{1}{2}}$,证明

$$\frac{\sin kR}{R} = \pi \sum_{m=0}^\infty \left(m + \frac{1}{2}\right) \frac{J_{m+\frac{1}{2}}(ka)}{\sqrt{a}} \frac{J_{m+\frac{1}{2}}(kr)}{\sqrt{r}} P_m(\cos\theta),$$

$$\frac{\cos kR}{R} = \pi \sum_{m=0}^\infty (-)^m \left(m + \frac{1}{2}\right) \frac{J_{-m-\frac{1}{2}}(ka)}{\sqrt{a}} \frac{J_{m+\frac{1}{2}}(kr)}{\sqrt{r}} P_m(\cos\theta),$$

$$\frac{e^{-kR}}{R} = \sum_{m=0}^\infty (2m+1) \frac{K_{m+\frac{1}{2}}(ka)}{\sqrt{a}} \frac{I_{m+\frac{1}{2}}(kr)}{\sqrt{r}} P_m(\cos\theta).$$

53. 利用第五章习题 44 的结果证明

$$\int_0^\pi \exp\{iz(\cos\theta\cos\theta' + \sin\theta\sin\theta'\cos\varphi)\}(\sin\varphi)^{2\nu-1} d\varphi$$

$$= 2^{3\nu-1}[\Gamma(\nu)]^3 \sum_{m=0}^\infty \frac{i^m m!(\nu+m)}{\Gamma(2\nu+m)} \frac{J_{\nu+m}(z)}{z^\nu} C_m^\nu(\cos\theta) C_m^\nu(\cos\theta').$$

54. 证明**倍特曼**(Bateman)**展开公式**:

$$\frac{z}{2} J_\mu(z\cos\theta\cos\varphi) J_\nu(z\sin\theta\sin\varphi)$$

$$= \cos^\mu\theta \cos^\mu\varphi \sin^\nu\theta \sin^\nu\varphi$$

$$\times \sum_{n=0}^\infty (-)^n (\mu+\nu+2n+1) J_{\mu+\nu+2n+1}(z) \frac{\Gamma(\mu+\nu+n+1)\Gamma(\nu+n+1)}{n!\Gamma(\mu+n+1)\{\Gamma(\nu+1)\}^2}$$

$$\times {}_2F_1(-n, \mu+\nu+n+1; \nu+1; \sin^2\theta) {}_2F_1(-n, \mu+\nu+n+1; \nu+1; \sin^2\varphi)$$

$$(\mu, \nu \neq 负整数)$$

(参看 Watson (1944),§ 11.6, p. 370).

55. 证明

$$\int_0^{\frac{\pi}{2}} J_\mu(z\sin\theta) I_\nu(z\cos\theta)(\tan\theta)^{\mu+1} d\theta = \frac{\Gamma\left(\dfrac{\nu-\mu}{2}\right)}{\Gamma\left(\dfrac{\nu+\mu}{2}+1\right)} \left(\frac{z}{2}\right)^\mu J_\nu(z)$$

$$(\text{Re}(\nu) > \text{Re}(\mu) > -1).$$

[**提示**: 把 $I_\nu(z\cos\theta)$ 用幂级数展开,利用 7.14 节(1)式逐项求积分,然后利用第 21

题的结果.]

56. 证明

$$\int_0^\pi e^{\mathrm{i}z\cos\theta\cos\varphi} J_{\nu-\frac{1}{2}}(z\ \sin\theta\ \sin\varphi) C_n^\nu(\cos\theta)(\sin\theta)^{\nu+\frac{1}{2}}\,\mathrm{d}\theta$$

$$= \sqrt{\frac{2\pi}{z}}\,\mathrm{i}^n(\sin\varphi)^{\nu-\frac{1}{2}} C_n^\nu(\cos\varphi) J_{\nu+n}(z)$$

(参看 Watson (1944)，§ 12.14，p. 378).

57. 利用第 54 题的倍特曼公式和 4.10 节(13)式,证明

$$2z\int_0^{\frac{\pi}{2}} J_\mu(z\cos^2\theta) J_\nu(z\sin^2\theta)\sin\theta\,\cos\theta\,\mathrm{d}\theta$$

$$= \int_0^z J_\mu(t) J_\nu(z-t)\mathrm{d}t = 2\sum_{n=0}^\infty(-)^n J_{\mu+\nu+2n+1}(z) \quad (\mathrm{Re}(\mu),\mathrm{Re}(\nu)>-1).$$

又,由此利用贝塞耳函数的递推关系证明

$$\int_0^z J_\mu(t) J_\nu(z-t)\frac{\mathrm{d}t}{t} = \frac{J_{\mu+\nu}(z)}{\mu} \quad (\mathrm{Re}(\mu)>0,\mathrm{Re}(\nu)>-1).$$

58. 利用上题的第一式和第 3 题的结果证明

$$\int_0^z J_\mu(t) J_{-\mu}(z-t)\mathrm{d}t = \sin z \quad (|\mathrm{Re}(\mu)|<1),$$

$$\int_0^z J_\mu(t) J_{1-\mu}(z-t)\mathrm{d}t = J_0(z) - \cos z \quad (-1<\mathrm{Re}(\mu)<2).$$

59. 证明

$$\int_0^z \cos(z-t) J_0(t)\mathrm{d}t = z J_0(z).$$

[**提示**：考虑积分所满足的微分方程,求出其通解,然后根据积分在 $z\to 0$ 时的性质定解.]

60. 证明

$$\int_0^z \sin(z-t)\frac{J_\mu(t)}{t}\mathrm{d}t = \frac{2}{\mu}\sum_{n=0}^\infty(-)^n J_{\mu+2n+1}(z) \quad (\mathrm{Re}(\mu)>0).$$

[**提示**：考虑 $v=\int_0^z J_0(z-t) J_\mu(t)\mathrm{d}t$ 所满足的微分方程,用参数变值法求出通解,然后根据 $v$ 在 $z\to 0$ 时的性质定解并应用第 57 题的第一式.]

61. 证明

$$\int_0^\infty \frac{J_\nu(bt)t^\nu\,\mathrm{d}t}{e^{\pi t}-1} = \frac{(2b)^\nu \Gamma\left(\nu+\frac{1}{2}\right)}{\sqrt{\pi}}\sum_{n=1}^\infty \frac{1}{(n^2\pi^2+b^2)^{\nu+\frac{1}{2}}}$$

$$(\mathrm{Re}(\nu)>0, \quad |\mathrm{Im}(b)|<\pi).$$

62. 证明

$$\int_0^\infty e^{-t\,\mathrm{ch}\,\alpha} I_\nu(t\,\mathrm{sh}\,\alpha) t^\mu dt = \Gamma(\mu+\nu+1)P_\mu^{-\nu}(\mathrm{ch}\,\alpha)\quad(\mathrm{Re}(\mu+\nu)>-1),$$

其中 $P_\mu^{-\nu}(z)$ 是第一类连带勒让德函数(5.16 节).

63. 由上题的结果和第五章习题 57 的惠普耳变换证明

$$\int_0^\infty e^{-t\,\mathrm{ch}\,\alpha} I_\nu(t) t^{\mu-1} dt = \frac{\cos\nu\pi}{\sin(\mu+\nu)\pi}\cdot\sqrt{\frac{2}{\pi}}\cdot\frac{Q_{\nu-\frac{1}{2}}^{\mu-\frac{1}{2}}(\mathrm{ch}\,\alpha)}{(\mathrm{sh}\,\alpha)^{\mu-\frac{1}{2}}},$$

其中 $\mathrm{Re}(\mu+\nu)>0,\mathrm{Re}(\mathrm{ch}\,\alpha)>1,Q_{\nu-1/2}^{\mu-1/2}(z)$ 是第二类连带勒让德函数(5.17 节).
又由此证明

$$\int_0^\infty e^{-t\,\mathrm{ch}\,\alpha} K_\nu(t) t^{\mu-1} dt = \sqrt{\frac{\pi}{2}}\Gamma(\mu-\nu)\Gamma(\mu+\nu)\frac{P_{\nu-\frac{1}{2}}^{\frac{1}{2}-\mu}(\mathrm{ch}\,\alpha)}{(\mathrm{sh}\,\alpha)^{\mu-\frac{1}{2}}},$$

其中 $\mathrm{Re}(\mu)>|\mathrm{Re}(\nu)|,\mathrm{Re}(\mathrm{ch}\alpha)>-1$.

64. 证明

$$\int_0^\infty e^{-at} J_\nu(bt) J_\nu(ct) dt = \frac{1}{\pi\sqrt{bc}} Q_{\nu-1/2}\left(\frac{a^2+b^2+c^2}{2bc}\right),$$

其中 $\mathrm{Re}(a\pm ib\pm ic)$ 四个数都是正数,$\mathrm{Re}(\mu+2\nu)>0$. [**提示**:利用 7.14 节公式(3),令其中的 $m=0$.]

65. 证明

$$\int_0^\infty \frac{J_\nu(t)dt}{t^{\nu-\mu+1}} = \frac{\Gamma(\mu/2)}{2^{\nu-\mu+1}\Gamma(\nu-\mu/2+1)}\quad(0<\mathrm{Re}(\mu)<\mathrm{Re}(\nu)+1/2).$$

[**提示**:利用 7.15 节(2)式中的后面一个公式,令 $a\to0$.]

66. 证明

$$\int_0^\infty e^{-p^2t^2} J_\nu(at) t^{\mu-1} dt = \frac{\Gamma\left(\dfrac{\mu+\nu}{2}\right)}{2p^\mu\Gamma(\nu+1)}\left(\frac{a}{2p}\right)^\nu {}_1F_1\left(\frac{\mu+\nu}{2};\nu+1;-\frac{a^2}{4p^2}\right)$$

$$= \frac{\Gamma\left(\dfrac{\mu+\nu}{2}\right)}{2p^\mu\Gamma(\nu+1)}\left(\frac{a}{2p}\right)^\nu e^{-\frac{a^2}{4p^2}} {}_1F_1\left(\frac{\nu-\mu}{2}+1;\nu+1;\frac{a^2}{4p^2}\right)$$

$$(|\arg p|<\pi/4,\quad \mathrm{Re}(\mu+\nu)>0).$$

67. 证明

$$\int_0^\infty e^{-p^2t^2} J_{2\nu}(at) dt = \frac{\sqrt{\pi}}{2p} e^{-\frac{a^2}{8p^2}} I_\nu\left(\frac{a^2}{8p^2}\right)\quad(|\arg p|<\pi/4,\quad \mathrm{Re}(\nu)>-1/2).$$

68. 证明

$$\int_0^\infty e^{-p^2t^2} J_\nu(at) J_\nu(bt) t\, dt = \frac{1}{2p^2}\exp\left\{-\frac{a^2+b^2}{4p^2}\right\}\cdot I_\nu\left(\frac{ab}{2p^2}\right)$$

$$(\mathrm{Re}(\nu) > -1, \quad |\arg p| < \pi/4).$$

［提示：利用 7.14 节公式(3)，令其中的 $m=0$.］

69. 证明

$$\int_0^\infty \mathrm{e}^{-p^2 t^2} \mathrm{J}_\mu(at) \mathrm{J}_\nu(at) t^{\lambda-1}\,\mathrm{d}t$$

$$= \frac{a^{\mu+\nu}}{2^{\mu+\nu} p^{\lambda+\mu+\nu}} \frac{\Gamma\!\left(\dfrac{\lambda+\mu+\nu}{2}\right)}{\Gamma(\mu+1)\Gamma(\nu+1)}$$

$$\times {}_3\mathrm{F}_3\!\left(\frac{\mu+\nu+1}{2}, \frac{\mu+\nu+2}{2}, \frac{\lambda+\mu+\nu}{2}; \mu+1, \nu+1, \mu+\nu+1; -a^2/p^2\right)$$

$$(\mathrm{Re}(\lambda+\mu+\nu) > 0, \quad |\arg p| < \pi/4).$$

［提示：利用第 29 题的结果.］

70. 证明下列不连续积分公式

(i) $\displaystyle\int_0^\infty \frac{\mathrm{J}_\mu(at)\mathrm{J}_\mu(bt)}{t}\,\mathrm{d}t = \begin{cases} \dfrac{1}{2\mu}\left(\dfrac{b}{a}\right)^\mu & (a \geqslant b), \\[2mm] \dfrac{1}{2\mu}\left(\dfrac{a}{b}\right)^\mu & (a \leqslant b) \end{cases} \quad (\mathrm{Re}(\mu) > 0).$

(ii) $\displaystyle\int_0^\infty \frac{\mathrm{J}_\mu(at)\sin bt}{t}\,\mathrm{d}t = \begin{cases} \dfrac{1}{\mu}\sin\{\mu\arcsin(b/a)\} & (a \geqslant b), \\[2mm] \dfrac{a^\mu \sin(\mu\pi/2)}{\mu\{b+\sqrt{b^2-a^2}\}^\mu} & (a \leqslant b) \end{cases} \quad (\mathrm{Re}(\mu) > -1).$

(iii) $\displaystyle\int_0^\infty \frac{\mathrm{J}_\mu(at)\cos bt}{t}\,\mathrm{d}t = \begin{cases} \dfrac{1}{\mu}\cos\{\mu\arcsin(b/a)\} & (a \geqslant b), \\[2mm] \dfrac{a^\mu \cos(\mu\pi/2)}{\mu\{b+\sqrt{b^2-a^2}\}^\mu} & (a \leqslant b) \end{cases} \quad (\mathrm{Re}(\mu) > 0).$

(iv) $\displaystyle\int_0^\infty \mathrm{J}_\mu(at)\sin bt\,\mathrm{d}t$

$$= \begin{cases} \dfrac{\sin\{\mu\arcsin(b/a)\}}{\sqrt{a^2-b^2}} & (a > b), \\[2mm] \dfrac{a^\mu\cos(\mu\pi/2)}{\sqrt{b^2-a^2}\{b+\sqrt{b^2-a^2}\}^\mu} & (a < b) \end{cases} \quad (\mathrm{Re}(\mu) > -2).$$

(v) $\displaystyle\int_0^\infty \mathrm{J}_\mu(at)\cos bt\,\mathrm{d}t$

$$= \begin{cases} \dfrac{\cos\{\mu\arcsin(b/a)\}}{\sqrt{a^2-b^2}} & (a > b), \\[2mm] -\dfrac{a^\mu\sin(\mu\pi/2)}{\sqrt{b^2-a^2}\{b+\sqrt{b^2-a^2}\}^\mu} & (a < b) \end{cases} \quad (\mathrm{Re}(\mu) > -1).$$

71. 证明

$$\sum_{n=0}^{\infty}\varepsilon_n J_{\nu+n}^2(z) = 2\nu\int_0^z J_\nu^2(t)\,\frac{\mathrm{d}t}{t}\quad (\mathrm{Re}(\nu)>0),$$

然后利用上题(i)证明当 $\nu>0, x>0$ 时

$$|J_\nu(x)|\leqslant 1,\quad |J_{\nu+1}(x)|\leqslant 1/\sqrt{2}.$$

72. 证明

$$\int_0^\infty \frac{K_\mu(at)J_\nu(bt)}{t^\lambda}\mathrm{d}t = \frac{b^\nu\Gamma\left(\frac{\nu+\mu-\lambda+1}{2}\right)\Gamma\left(\frac{\nu-\mu-\lambda+1}{2}\right)}{2^{\lambda+1}a^{\nu-\lambda+1}\Gamma(\nu+1)}$$

$$\times{}_2F_1\left(\frac{\nu+\mu-\lambda+1}{2},\frac{\nu-\mu-\lambda+1}{2};\nu+1;-\frac{b^2}{a^2}\right)$$

$$(\mathrm{Re}(a)>|\mathrm{Im}(b)|,\quad \mathrm{Re}(\nu+1-\lambda)>|\mathrm{Re}(\mu)|),$$

及其特殊情形

$$\int_0^\infty K_\mu(at)J_\nu(bt)t^{\mu+\nu+1}\mathrm{d}t = \frac{(2a)^\mu(2b)^\nu\Gamma(\mu+\nu+1)}{(a^2+b^2)^{\mu+\nu+1}}$$

$$(\mathrm{Re}(a)>|\mathrm{Im}(b)|,\quad \mathrm{Re}(\nu+1)>|\mathrm{Re}(\mu)|).$$

[提示：利用第 63 题的第二式，令其中的 ch $\alpha=0$. ]

73. 证明

$$\int_0^\infty J_\mu(at)J_\nu(bt)J_\nu(ct)t^{1-\mu}\mathrm{d}t = \frac{(bc)^\nu}{2^{\mu-1}a^\mu\Gamma(\mu-\nu)\Gamma\left(\nu+\frac{1}{2}\right)\Gamma\left(\frac{1}{2}\right)}$$

$$\times\int_0^A (a^2-b^2-c^2+2bc\,\cos\varphi)^{\mu-\nu-1}\sin^{2\nu}\varphi\,\mathrm{d}\varphi,$$

其中设 $\mathrm{Re}(\mu)$ 和 $\mathrm{Re}(\nu)$ 都大于 $-1/2$

$$A = \begin{cases} 0 & (a^2<(b-c)^2,(b+c)^2), \\ \arccos\dfrac{b^2+c^2-a^2}{2bc} & (a^2 \text{ 介于}(b-c)^2 \text{ 和}(b+c)^2 \text{ 之间}), \\ \pi & (a^2>(b-c)^2,(b+c)^2) \end{cases}$$

(参看 Watson (1944), § 13.46, p. 411).

74. 证明

$$\int_0^\infty [J_\nu(at)]^4\frac{\mathrm{d}t}{t^{2\nu-1}} = \frac{a^{2\nu-2}\Gamma(2\nu)\Gamma(\nu)}{2\pi\Gamma(3\nu)\left[\Gamma\left(\nu+\frac{1}{2}\right)\right]^2}\quad (\mathrm{Re}(\nu)>0,\quad a>0)$$

(参看 Watson (1944), p. 415).

75. 证明

$$\mathrm{I}_\nu(z) = \frac{\left(\dfrac{z}{2}\right)^\nu}{2\pi\mathrm{i}} \int_{-\infty}^{(0+)} t^{-\nu-1} \exp\left\{t + \frac{z^2}{4t}\right\} \mathrm{d}t \qquad (\,|\arg t| \leqslant \pi)$$

$$= \frac{1}{2\pi\mathrm{i}} \int_{-\infty}^{(0+)} u^{-\nu-1} \exp\left\{\frac{z}{2}\left(u + \frac{1}{u}\right)\right\} \mathrm{d}u \qquad \left(\,|\arg z| < \frac{\pi}{2}\right)$$

$$= \frac{1}{2\pi\mathrm{i}} \int_{\infty-\pi\mathrm{i}}^{\infty+\pi\mathrm{i}} \mathrm{e}^{z\,\mathrm{ch}\,w - \nu w} \mathrm{d}w \qquad \left(\,|\arg z| < \frac{\pi}{2}\right);$$

如果 $\mathrm{Re}(\nu) > 0$,则后面两式在 $\arg z = \pm \pi/2$ 时亦成立.

76. 由上题的第三式证明

$$\mathrm{I}_\nu(z) = \frac{1}{\pi} \int_0^\pi \mathrm{e}^{z\cos\theta} \cos\nu\theta \,\mathrm{d}\theta - \frac{\sin\nu\pi}{\pi} \int_0^\infty \mathrm{e}^{-z\,\mathrm{ch}\,t - \nu t} \mathrm{d}t,$$

并利用这式证明

$$\mathrm{K}_\nu(z) = \int_0^\infty \mathrm{e}^{-z\,\mathrm{ch}\,t} \mathrm{ch}\,\nu t \,\mathrm{d}t \qquad \left(\,|\arg z| < \frac{\pi}{2}\right)$$

$$= \frac{1}{2} \int_{-\infty}^\infty \mathrm{e}^{-z\,\mathrm{ch}\,t - \nu t} \mathrm{d}t \qquad \left(\,|\arg z| < \frac{\pi}{2}\right)$$

$$= \frac{1}{2} \int_{0\,\exp\mathrm{i}\omega}^{\infty\exp(-\mathrm{i}\omega)} u^{-\nu-1} \exp\left\{-\frac{z}{2}\left(u + \frac{1}{u}\right)\right\} \mathrm{d}u$$

$$\left(-\frac{\pi}{2} + \omega < \arg z < \frac{\pi}{2} + \omega, \quad |\omega| < \pi\right).$$

77. 利用上题中 $\mathrm{K}_\nu(z)$ 的最后一个表达式证明

$$\int_0^\infty \mathrm{J}_\mu(bt) \frac{\mathrm{K}_\nu\{a\sqrt{t^2 + z^2}\}}{(t^2 + z^2)^{\frac{\nu}{2}}} t^{\mu+1} \mathrm{d}t = \frac{b^\mu}{a^\nu} \left\{\frac{\sqrt{a^2 + b^2}}{z}\right\}^{\nu-\mu-1} \mathrm{K}_{\nu-\mu-1}\{z\sqrt{a^2 + b^2}\},$$

其中 $a$ 和 $b$ 是正数,$\mathrm{Re}(\mu) > -1$,$|\arg z| < \dfrac{\pi}{2}$.

78. 利用上题的结果证明

$$\int_0^\infty \mathrm{J}_0(bt) \frac{\exp\{-a\sqrt{t^2 - y^2}\}}{\sqrt{t^2 - y^2}} t \,\mathrm{d}t = \frac{\exp\{\mp\mathrm{i}y\sqrt{a^2 + b^2}\}}{\sqrt{a^2 + b^2}} \quad (y > 0),$$

其中的积分路线须绕过奇点 $t = y$;从上方绕过时右边的指数函数上取负号,从下方绕过时取正号.

79. 由 7.15 节(16)式,两边除以 $b^\mu$,令 $b \to 0$,得

$$\int_0^\infty \frac{\mathrm{J}_\nu\{a\sqrt{t^2 + z^2}\}}{(t^2 + z^2)^{\nu/2}} t^{2\mu+1} \mathrm{d}t = \frac{2^\mu \Gamma(\mu+1)}{a^{\mu+1} z^{\nu-\mu-1}} \mathrm{J}_{\nu-\mu-1}(az)$$

$$\left(a \geqslant 0, \quad \mathrm{Re}\left(\frac{\nu}{2} - \frac{1}{4}\right) > \mathrm{Re}(\mu) > -1\right).$$

在这式中把 $\nu$ 换成 $2\nu$，$a$ 换成 $2\sin\theta$，然后由 $\theta=0$ 到 $\dfrac{\pi}{2}$ 求积分，利用第 31 题的诺埃曼公式，证明

$$\int_0^\infty \frac{J_\nu^2\left\{\sqrt{t^2+z^2}\right\}}{(t^2+z^2)^\nu} t^{2\mu+1}\,\mathrm{d}t = \frac{\Gamma(\mu+1)}{\pi z^{2\nu-\mu-1}} \int_0^{\frac{\pi}{2}} \frac{J_{2\nu-\mu-1}(2z\sin\theta)\,\mathrm{d}\theta}{\sin^{\mu+1}\theta}$$

$$\left(\operatorname{Re}\left(\nu-\frac{1}{2}\right) > \operatorname{Re}(\mu) > -1\right).$$

80. 在 7.15 节(16)式中把 $b$ 写作 $u$，以 $u^{\mu+1}$ 乘两边，由 $u=0$ 到 $u=b$ 求积分，证明当 $b>a$ 时

$$\int_0^\infty J_{\mu+1}(bt) \frac{J_\nu\left\{a\sqrt{t^2+z^2}\right\}}{(t^2+z^2)^{\nu/2}} t^\mu\,\mathrm{d}t = \frac{2^\mu \Gamma(\mu+1)}{b^{\mu+1}} \frac{J_\nu(az)}{z^\nu}$$

$$(\operatorname{Re}(\nu+1) > \operatorname{Re}(\mu) > -1).$$

81. 在 7.15 节(16)式中把 $a$ 写作 $u$，以 $u^{\nu-1}$ 除两边，由 $u=a$（设 $a\leqslant b$）到 $u=\infty$ 求积分，证明

$$\int_0^\infty J_\mu(bt) \frac{J_{\nu-1}\left\{a\sqrt{t^2+z^2}\right\}}{(t^2+z^2)^{\frac{\nu}{2}+1}} t^{\mu+1}\,\mathrm{d}t = \frac{a^{\nu-1} z^\mu}{2^{\nu-1}\Gamma(\nu)} K_\mu(bz)$$

$$(a<b, \quad \operatorname{Re}(\nu+2) > \operatorname{Re}(\mu) > -1).$$

82. 利用第 31 题的诺埃曼公式和第 80 题的结果，证明

$$\int_0^\infty J_\mu(bt) \frac{J_\nu\left\{a\sqrt{t^2+z^2}\right\}J_\lambda\left\{a\sqrt{t^2+z^2}\right\}}{(t^2+z^2)^{\frac{1}{2}(\nu+\lambda)}} t^{\mu-1}\,\mathrm{d}t = \frac{2^{\mu-1}\Gamma(\mu)}{b^\mu} \frac{J_\nu(az)J_\lambda(az)}{z^{\nu+\lambda}}$$

$$(b>2a, \quad \operatorname{Re}(\nu+\lambda+5/2) > \operatorname{Re}(\mu) > 0).$$

83. 利用 7.14 节公式(3)和第 80 题的结果，证明

$$\int_0^\infty J_\mu(bt) \frac{J_\nu\left\{a\sqrt{t^2+z^2}\right\}J_\nu\left\{c\sqrt{t^2+z^2}\right\}}{(t^2+z^2)^\lambda} t^{\mu-1}\,\mathrm{d}t = \frac{2^{\mu-1}\Gamma(\mu)}{b^\mu} \frac{J_\nu(az)}{z^\nu} \frac{J_\nu(cz)}{z^\nu}$$

$$(b>a+c, \quad \operatorname{Re}(2\nu+5/2) > \operatorname{Re}(\mu) > 0).$$

由此用归纳法证明

$$\int_0^\infty J_\mu(bt) \frac{\prod\limits_a\left[J_\nu\left\{a\sqrt{t^2+z^2}\right\}\right]}{(t^2+z^2)^{n\nu/2}} t^{\mu-1}\,\mathrm{d}t = \frac{2^{\mu-1}\Gamma(\mu)}{b^\mu} \prod\limits_a\left[\frac{J_\nu(az)}{z^\nu}\right]$$

$$\left(b>\sum a, \quad \operatorname{Re}(n\nu+n/2+1/2) > \operatorname{Re}(\mu) > 0\right).$$

84. 证明

$$\int_{-\infty}^\infty \frac{J_\mu\{a(z+t)\}J_\nu\{b(\zeta+t)\}}{(z+t)^\mu(\zeta+t)^\nu}\,\mathrm{d}t$$

$$= \frac{2(b/2)^\nu}{(2a)^\mu \Gamma(\mu+1/2)\Gamma(\nu+1/2)}$$

$$\times \int_0^{\pi} (a^2 - b^2 \cos^2 \varphi)^{\mu - \frac{1}{2}} \cos[b(z - \zeta)\cos \varphi] \sin^{2\nu} \varphi \, \mathrm{d}\varphi,$$

其中 $a$ 和 $b$ 是正数；若 $a \neq b$，设 $\mathrm{Re}(\mu + \nu) > -1$；若 $a = b$ 则设 $\mathrm{Re}(\mu + \nu) > 0$ 以保证积分收敛.［**提示**：利用 7.4 节(7)式和 7.15 节(8)式.］

85. 前题公式右方的积分只有在 $\mu = 1/2$，或者 $a = b$ 时才能化简或者算出. 试证明

$$\int_{-\infty}^{\infty} \frac{\sin a(z+t)}{z+t} \mathrm{J}_0(bt) \, \mathrm{d}t = \pi \mathrm{J}_0(bz) \quad (b \leqslant a),$$

$$\int_{-\infty}^{\infty} \frac{\sin a(z+t)}{z+t} \mathrm{J}_0(bt) \, \mathrm{d}t = 2 \int_0^a \frac{\cos uz \cdot \mathrm{d}u}{\sqrt{b^2 - u^2}} \quad (b \geqslant a)$$

和**哈第**(Hardy)**公式**

$$\int_{-\infty}^{\infty} \frac{\mathrm{J}_\mu\{a(z+t)\} \mathrm{J}_\nu\{a(\zeta+t)\}}{(z+t)^\mu (\zeta+t)^\nu} \mathrm{d}t$$

$$= \frac{\Gamma(\mu + \nu) \Gamma\left(\dfrac{1}{2}\right)}{\Gamma\left(\mu + \dfrac{1}{2}\right) \Gamma\left(\nu + \dfrac{1}{2}\right)} \left(\frac{2}{a}\right)^{\frac{1}{2}} \frac{\mathrm{J}_{\mu+\nu-\frac{1}{2}}\{a(z - \zeta)\}}{(z - \zeta)^{\mu+\nu-\frac{1}{2}}}$$

$$(\mathrm{Re}(\mu + \nu) > 0).$$

86. 证明

$$\frac{1}{2\pi \mathrm{i}} \int_0^{\infty} \left[ Z_\mu(bx) \mathrm{H}_\nu^{(1)}(ax) - \mathrm{e}^{\rho \pi \mathrm{i}} Z_\mu(bx \mathrm{e}^{\pi \mathrm{i}}) \mathrm{H}_\nu^{(1)}(ax \mathrm{e}^{\pi \mathrm{i}}) \right] \frac{x^{\rho-1} \mathrm{d}x}{(x^2 - r^2)^{m+1}}$$

$$= \frac{1}{2^{m+1} m!} \left(\frac{\mathrm{d}}{r \mathrm{d}r}\right)^m \left[ r^{\rho-2} Z_\mu(br) \mathrm{H}_\nu^{(1)}(ar) \right],$$

其中 $a \geqslant b > 0$，$m$ 是正整数，$r$ 是虚部大于零的任意复数，$Z_\mu(z)$ 是任意的 $\mu$ 阶柱函数(7.6 节末)，$|\mathrm{Re}(\nu)| + |\mathrm{Re}(\mu)| < \mathrm{Re}(\rho) < 2m+4$；若 $a = b$，则最后的不等式中 $2m+4$ 应改为 $2m+3$.［**提示**：考虑围道积分

$$\frac{1}{2\pi \mathrm{i}} \int_C z^{\rho-1} Z_\mu(bz) \frac{\mathrm{H}_\nu^{(1)}(az) \mathrm{d}z}{(z^2 - r^2)^{m+1}},$$

$C$ 是 7.15 节图 32 中的围道.］

87. 在上题中如果 $\rho = 2m+3$，而且 $a = b$，令

$$Z_\mu(az) \equiv c_1 \mathrm{H}_\mu^{(1)}(az) + c_2 \mathrm{H}_\mu^{(2)}(az),$$

证明

$$\frac{1}{2\pi \mathrm{i}} \int_0^{\infty} \left[ Z_\mu(ax) \mathrm{H}_\nu^{(1)}(ax) + Z_\mu(ax \mathrm{e}^{\pi \mathrm{i}}) \mathrm{H}_\nu^{(1)}(ax \mathrm{e}^{\pi \mathrm{i}}) \right] \frac{x^{2m+2} \mathrm{d}x}{(x^2 - r^2)^{m+1}}$$

$$= \frac{1}{2^{m+1} m!} \left(\frac{\mathrm{d}}{r \mathrm{d}r}\right)^m \left[ r^{2m+1} Z_\mu(ar) \mathrm{H}_\nu^{(1)}(ar) \right] - \frac{c_2 \mathrm{e}^{\frac{1}{2}(\mu-\nu)\pi \mathrm{i}}}{\pi a}.$$

88. 证明

$$\int_0^\infty J_\nu(ax) J_\nu(bx) \frac{x \, \mathrm{d}x}{x^2 - r^2} = \begin{cases} \dfrac{\pi i}{2} J_\nu(br) H_\nu^{(1)}(ar) & (a > b), \\[2mm] \dfrac{\pi i}{2} J_\nu(ar) H_\nu^{(1)}(br) & (a < b) \end{cases}$$

$$(\mathrm{Re}(\nu) > -1).$$

89. 证明

$$\frac{1}{2\pi i} \int_0^\infty \frac{x^{\rho-1}}{(x^2 - r^2)^{m+1}} \frac{J_\mu\{b \sqrt{x^2 + \zeta^2}\}}{(x^2 + \zeta^2)^{\mu/2}} \{ H_\nu^{(1)}(ax) - e^{\rho \pi i} H_\nu^{(1)}(ax \, e^{\pi i}) \} \mathrm{d}x$$

$$= \frac{1}{2^{m+1} m!} \left( \frac{\mathrm{d}}{r \mathrm{d} r} \right)^m \left[ r^{\rho-2} \frac{J_\mu\{b \sqrt{r^2 + \zeta^2}\}}{(r^2 + \zeta^2)^{\mu/2}} H_\nu^{(1)}(ar) \right]$$

$$(|\mathrm{Re}(\nu)| < \mathrm{Re}(\rho) < 2m + 4 + \mathrm{Re}(\mu)),$$

及其特殊情形(利用第 13 题的关系式)

$$\int_0^\infty \frac{x^{\nu+1}}{x^2 + k^2} \frac{J_\mu\{b \sqrt{x^2 + \zeta^2}\}}{(x^2 + \zeta^2)^{\mu/2}} J_\nu(ax) \mathrm{d}x = \frac{J_\mu\{b \sqrt{\zeta^2 - k^2}\}}{(\zeta^2 - k^2)^{\mu/2}} k^\nu K_\nu(ak).$$

90. 由 $J_\nu(ax)$ 的级数表示(7.2 节(7)式)易证

$$J_\nu(ax) = \frac{1}{2\pi i} \int_{-\infty i}^{\infty i} \frac{\Gamma(-s)}{\Gamma(\nu + s + 1)} \left( \frac{ax}{2} \right)^{\nu+2s} \mathrm{d}s,$$

其中 $\mathrm{Re}(\nu) > 0$，$a$ 和 $x$ 都是正数. 利用这式证明

$$\int_0^\infty \frac{x^{\rho-1} J_\nu(ax) \mathrm{d}x}{(x^2 + k^2)^{\mu+1}} = \frac{a^\nu k^{\rho+\nu-2\mu-2} \Gamma\left( \dfrac{\rho+\nu}{2} \right) \Gamma\left( \mu + 1 - \dfrac{\rho+\nu}{2} \right)}{2^{\nu+1} \Gamma(\mu+1) \Gamma(\nu+1)}$$

$$\times {}_1F_2\left( \frac{\rho+\nu}{2}; \frac{\rho+\nu}{2} - \mu, \nu + 1; \frac{a^2 k^2}{4} \right) + \frac{a^{2\mu+2-\rho} \Gamma\left( \dfrac{\nu+\rho}{2} - \mu - 1 \right)}{2^{2\mu+3-\rho} \Gamma\left( \mu + 2 + \dfrac{\nu-\rho}{2} \right)}$$

$$\times {}_1F_2\left( \mu + 1; \mu + 2 + \frac{\nu-\rho}{2}, \mu + 2 - \frac{\nu+\rho}{2}; \frac{a^2 k^2}{4} \right)$$

$$(-\mathrm{Re}(\nu) < \mathrm{Re}(\rho) < 2\mathrm{Re}(\mu) + 7/2).$$

91. 利用第 76 题中 $K_\nu(z)$ 的第一个积分表达式证明

$$K_\mu(z) K_\nu(z) = 2 \int_0^\infty K_{\mu+\nu}(2z \, \mathrm{ch} \, t) \cdot \mathrm{ch}(\mu - \nu) t \cdot \mathrm{d}t$$

$$= 2 \int_0^\infty K_{\mu-\nu}(2z \, \mathrm{ch} \, t) \cdot \mathrm{ch}(\mu + \nu) t \cdot \mathrm{d}t$$

$$\left( |\arg z| < \frac{\pi}{2} \right),$$

(参看 Watson (1944)，§ 13.72, p. 440).

92. 证明诺埃曼多项式(7.16 节)的积分表达式

$$O_n(z) = \int_0^\infty \frac{(t + \sqrt{t^2 + z^2})^n + (t - \sqrt{t^2 + z^2})^n}{2z^{n+1}} e^{-t} dt.$$

93. 证明

$$\frac{1}{t^2 - z^2} = J_0^2(z)\Omega_0(t) + 2J_1^2(z)\Omega_1(t) + 2J_2^2(z)\Omega_2(t) + \cdots$$

$$= \sum_{n=0}^\infty \varepsilon_n J_n^2(z)\Omega_n(t),$$

其中

$$\Omega_0(t) = \frac{1}{t^2},$$

$$\Omega_n(t) = \sum_{s=0}^n \frac{n \cdot (n+s-1)! 2^{2s}(s!)^2}{(n-s)!(2s)! t^{2s+2}} \quad (n \geqslant 1)$$

称为**第二类诺埃曼多项式**.

94. 证明上题中的多项式 $\Omega_n(t)$ 满足下列递推关系：

$$\frac{2}{t}\Omega_0'(t) = -2\Omega_1(t) + 2\Omega_0(t),$$

$$\frac{2}{t}\Omega_1'(t) = \frac{1}{2}\Omega_0(t) - \frac{1}{2}\Omega_2(t),$$

$$\frac{2}{t}\Omega_n'(t) = \frac{\Omega_{n-1}(t)}{n-1} - \frac{\Omega_{n+1}(t)}{n+1} - \frac{2\Omega_0(t)}{n^2 - 1} \quad (n \geqslant 2).$$

[提示：参看 7.16 节关于 $O_n(t)$ 的递推关系的推导,并注意利用7.5节(10)式.]

95. 利用第 20 题的展开公式证明

$$\frac{z^\nu}{t - z} = \sum_{n=0}^\infty A_{n,\nu}(t)J_{\nu+n}(z) \quad (|z| < |t|),$$

其中 $\nu \neq 0, -1, -2, \cdots$.

$$A_{n,\nu}(t) = \frac{2^{\nu+n}(\nu+n)}{t^{n+1}} \sum_{m=0}^{\leqslant \frac{n}{2}} \frac{\Gamma(\nu+n-m)}{m!} \left(\frac{t}{2}\right)^{2m}$$

是 $1/t$ 的 $n+1$ 次多项式.

96. 证明诺埃曼展开(7.16 节)的推广——**盖根保尔展开**：设 $f(z)$ 是 $|z| \leqslant R$ 中的解析函数,则有

$$z^\nu f(z) = \sum_{n=0}^\infty a_n J_{\nu+n}(z),$$

其中

$$a_n = \frac{1}{2\pi i} \int_C f(t) A_{n,\nu}(t) dt,$$

$C$ 代表圆 $|z|=R$，$A_{n,\nu}(t)$ 是上题中的展开系数.

97. 利用第 32 题的展开公式证明

$$\frac{z^{\mu+\nu}}{t-z} = \sum_{n=0}^{\infty} B_{n;\mu,\nu}(t) J_{\mu+\frac{n}{2}}(z) J_{\nu+\frac{n}{2}}(z) \quad (\,|z|<|t|\,),$$

其中

$$B_{n;\mu,\nu}(t) = \frac{2^{\mu+\nu+n}(\mu+\nu+n)}{t^{n+1}}$$

$$\times \sum_{m=0}^{\leqslant \frac{n}{2}} \frac{\Gamma\left(\mu+\dfrac{n}{2}-m+1\right)\Gamma\left(\nu+\dfrac{n}{2}-m+1\right)\Gamma(\mu+\nu+n-m)}{m!\,\Gamma(\mu+\nu+n-2m+1)} \left(\frac{t}{2}\right)^{2m}$$

是 $1/t$ 的 $n+1$ 次多项式.

98. 设 $f(z)$ 在 $|z|\leqslant r$ 中解析，证明

$$z^{\mu+\nu}f(z) = \sum_{n=0}^{\infty} a_n J_{\mu+\frac{n}{2}}(z) J_{\nu+\frac{n}{2}}(z),$$

其中

$$a_n = \frac{1}{2\pi i}\int_C f(t) B_{n;\mu,\nu}(t)\,\mathrm{d}t,$$

$C$ 代表圆 $|z|=r$，$B_{n;\mu,\nu}(t)$ 是上题中的展开系数.

99. 证明，如果 $f(z)$ 是 $|z|\leqslant r$ 中的解析函数，且 $f(-z)=f(z)$，则有展开式

$$f(z) = \sum_{n=0}^{\infty} a_n' J_n^2(z),$$

其中

$$a_n' = \frac{\varepsilon_n}{2\pi i}\int_C t f(t) \Omega_n(t)\,\mathrm{d}t,$$

$C$ 代表圆 $|z|=r$，$\Omega_n(t)$ 是第 93 题中的展开系数.

100. 证明

$$\left(\frac{z}{2}\right)^{\nu} = \nu^2 \sum_{m=0}^{\infty} \frac{\Gamma(\nu+m)}{(\nu+2m)^{\nu+1} m!} J_{\nu+2m}\{(\nu+2m)z\},$$

其中 $z$ 满足 7.17 节(16)式(参看 Watson (1944)，§ 17.5，p. 571).

101. 利用上题的结果证明[1]

$$\frac{z^{\nu}}{t-z} = \sum_{n=0}^{\infty} \mathscr{A}_{n,\nu}(t) J_{\nu+n}\{(\nu+n)z\},$$

其中

---

① Watson (1944)，§ 17.5，p. 571. 该处 $\mathscr{A}_{n,\nu}(t)$ 的表达式有误，这可通过取特殊值 $\nu=0$ 或 1 而验证(参看 7.17 节(6)式).

$$\mathscr{A}_{0,\nu}(t) = \left(\frac{2}{\nu}\right)^{\nu}\frac{\Gamma(\nu+1)}{t},$$

$$\mathscr{A}_{n,\nu}(t) = \frac{1}{2}\sum_{m=0}^{[n/2]}\left(\frac{2}{\nu+n}\right)^{\nu+n-2m+1}\frac{(\nu+n-2m)^2\Gamma(\nu+n-m)}{m!\,t^{n-2m+1}},$$

当 $\nu = 0$ 时，$\nu^{\nu} = \mathrm{e}^{\nu\ln\nu}$ 取为 1.

然后由此得到普遍的卡普坦展开公式(参看 7.17 节):

$$z^{\nu}f(z) = \sum_{n=0}^{\infty}\alpha_{n,\nu}\mathrm{J}_{\nu+n}\{(\nu+n)z\},$$

$$\alpha_{n,\nu} = \frac{1}{2\pi\mathrm{i}}\int_{C}f(t)\mathscr{A}_{n,\nu}(t)\mathrm{d}t,$$

其中 $f(z)$ 是 7.17 节(16)式区域 $\omega(z)\leqslant a(a\leqslant 1)$ 中的解析函数，$C$ 是这区域中正向绕 $z=0$ 一周的围道.

102. 由第 100 题的展开公式证明

$$\left(\frac{z}{2}\right)^{2\nu} = \frac{2\nu[\Gamma(\nu+1)]^2}{\Gamma(2\nu+1)}\sum_{m=0}^{\infty}\frac{\Gamma(2\nu+m)}{(\nu+m)^{2\nu+1}m!}\mathrm{J}_{\nu+m}^2\{(\nu+m)z\},$$

并得到一个解析函数用 $\mathrm{J}_{\nu+m}^2\{(\nu+m)z\}$ 展开的公式.

103. 设 $x^{\frac{1}{2}}f(x)$ 在区间 $0\leqslant x\leqslant 1$ 中的积分绝对收敛，$k_m$ 为方程

$$k^{-\nu}\{k\mathrm{J}_{\nu}'(k) + H\mathrm{J}_{\nu}(k)\} = 0 \qquad\qquad (*)$$

的正数根，$H$ 为实数常数，$\nu\geqslant-\frac{1}{2}$. 证明，如果 $f(x)$ 在 $(a,b)$ 中是囿变的而 $0\leqslant a<b\leqslant 1$，则对于 $a+\Delta\leqslant x\leqslant b-\Delta$($\Delta$ 为任意小的正数)中的任意 $x$ 点有**狄尼**(Dini)**展开式**:

$$\frac{1}{2}\{f(x+0) + f(x-0)\} = \sum_{m=1}^{\infty}A_m\mathrm{J}_{\nu}(k_m x),$$

其中

$$A_m = \left[\int_0^1 x\{\mathrm{J}_{\nu}(k_m x)\}^2\mathrm{d}x\right]^{-1}\int_0^1 xf(x)\mathrm{J}_{\nu}(k_m x)\mathrm{d}x;$$

如果 $f(x)$ 在 $(a,b)$ 中是连续的，则级数一致收敛于 $f(x)$.

当 $H+\nu=0$ 时，方程 $(*)$ 成为 $k^{1-\nu}\mathrm{J}_{\nu+1}(k)=0$(参看 7.2 节(12)式)，$k=0$ 是它的一个根；这时上面 $f(x)$ 的展开式中应加一项 $A_0 x^{\nu}$,

$$A_0 = 2(\nu+1)\int_0^1 x^{\nu+1}f(x)\mathrm{d}x.$$

104. 设 $f(z)$ 是以 $z=0$ 为圆心的同心圆 $c$ 和 $C$ 所围的环状区域中的解析函数，证明

$$f(z) = \frac{1}{2}a_0\mathrm{J}_0(z) + a_1\mathrm{J}_1(z) + a_2\mathrm{J}_2(z) + \cdots$$

$$+\frac{1}{2}\beta_0 O_0(z)+\beta_1 O_1(z)+\beta_2 O_2(z)+\cdots,$$

其中

$$\alpha_n=\frac{1}{\pi i}\int_C f(t)O_n(t)\mathrm{d}t,\quad \beta_n=\frac{1}{\pi i}\int_c f(t)J_n(t)\mathrm{d}t,$$

$O_n(z)$ 是诺埃曼多项式（7.16 节）．

105. 证明

$$J_\nu(z)=\left(\frac{z}{2}\right)^\nu {}_0F_1\left(\nu+1;-\frac{z^2}{4}\right)\bigg/\Gamma(\nu+1)$$

$$=\left(\frac{z}{2}\right)^\nu e^{-iz}\,{}_1F_1\left(\nu+\frac{1}{2};2\nu+1;2iz\right)\bigg/\Gamma(\nu+1).$$

106. 由 7.15 节 (11) 式证明（$m,n$ 为非负整数，$\nu>-1$）

$$\int_0^\infty t^{-1}J_{\nu+2n+1}(t)J_{\nu+2m+1}(t)\mathrm{d}t=\begin{cases}0 & (m\neq n),\\ (2\nu+4n+2)^{-1} & (m=n).\end{cases}$$

于是，当 $x>0$ 时，形式地可得展开公式

$$f(x)=\sum_{n=0}^\infty a_n(2\nu+4n+2)J_{\nu+2n+1}(x),$$

其中

$$a_n=\int_0^\infty t^{-1}f(t)J_{\nu+2n+1}(t)\mathrm{d}t.$$

（关于这种展开的理论，参看 Wilkins, J. E., *Bull. Amer. Math. Soc.*, 54, 232~234 (1948); *Trans. Amer. Math. Soc.*, 69, 55~65 (1950).）

# 第八章 外氏椭圆函数

## 8.1 椭圆积分与椭圆函数

在实际问题中椭圆函数往往由椭圆积分而来. 椭圆积分的普遍形式是

$$\int R(x,y)\,\mathrm{d}x, \tag{1}$$

其中 $R(x,y)$ 为 $x$ 和 $y$ 的有理函数,而

$$y^2 = P(x) = ax^4 + bx^3 + cx^2 + dx + e. \tag{2}$$

若 $a=0$,则多项式 $P(x)$ 由四次降为三次. 三次和四次多项式情形都属于椭圆积分. 若多项式的次数高于四,则为超椭圆积分. 三次多项式情形可以用变换 $x=1/t$ 化为四次多项式情形:

$$\left.\begin{array}{l} P(x) = bx^3 + cx^2 + dx + e, \\[2mm] P\left(\dfrac{1}{t}\right) = \dfrac{1}{t^4}P_1(t), P_1(t) = et^4 + dt^3 + ct^2 + bt, \\[2mm] y = \sqrt{P(x)} = t^{-2}\sqrt{P_1(t)}, \end{array}\right\} \tag{3}$$

其中 $P_1(t)$ 为四次多项式. 另一方面,若知道四次多项式的一个零点 $x=x_1$,可以用变换 $\xi=1/(x-x_1)$ 化为三次多项式情形:

$$\left.\begin{array}{l} x = x_1 + \dfrac{1}{\xi}, \\[3mm] \begin{aligned} P\left(x_1 + \dfrac{1}{\xi}\right) &= a\left(x_1 + \dfrac{1}{\xi}\right)^4 + b\left(x_1 + \dfrac{1}{\xi}\right)^3 \\ &\quad + c\left(x_1 + \dfrac{1}{\xi}\right)^2 + d\left(x_1 + \dfrac{1}{\xi}\right) + e \\ &= \dfrac{1}{\xi^4}P_1(\xi), \end{aligned} \\[3mm] \begin{aligned} P_1(\xi) &= (ax_1^4 + bx_1^3 + cx_1^2 + dx_1 + e)\xi^4 \\ &\quad + (4ax_1^3 + 3bx_1^2 + 2cx_1 + d)\xi^3 \\ &\quad + (6ax_1^2 + 3bx_1 + c)\xi^2 + (4ax_1 + b)\xi + a. \end{aligned} \end{array}\right\} \tag{4}$$

由于 $x_1$ 是 $P(x)=0$ 的根,故 $P_1(\xi)$ 中 $\xi^4$ 的系数等于零,而 $P_1$ 成为三次多项式. 由于三次多项式和四次多项式情形可以简单地互相变换,它们相应的积分的性质是一样的,都是椭圆积分.

普遍椭圆积分可以归结为几个基本椭圆积分的组合. 现在对此作一简单说明, 详细的讨论留到椭圆函数讲了以后(见后 10.8 节). 利用(2)可把 $R(x,y)$ 表为下列形式:

$$R(x,y) = R_1(x) + \frac{R_2(x)}{y}, \tag{5}$$

其中 $R_1(x)$ 和 $R_2(x)$ 为 $x$ 的有理函数. 积分 $\int R_1(x)\mathrm{d}x$ 可以用初等函数表达, 只剩下 $\int R_2(x)y^{-1}\mathrm{d}x$ 是椭圆积分. $R_2(x)$ 可表为

$$R_2(x) = \sum_{m=0}^{n} a_m x^m + \sum_{p=1}^{q} \sum_{k=1}^{n_p} \frac{b_{pk}}{(x-h_p)^k}, \tag{6}$$

其中 $a_m, b_{pk}$ 为常数. 由此可见椭圆积分归结为下面两种类型

$$I_m = \int \frac{x^m}{y}\mathrm{d}x, \quad J_k = \int \frac{\mathrm{d}x}{(x-h)^k y}. \tag{7}$$

在 $P(x)$ 是三次多项式的情形下, 可以证明 $I_m$ 和 $J_k$ 能用三个基本椭圆积分 $I_0, I_1, J_1$ 表达. 证明如下. 求微商

$$\frac{\mathrm{d}}{\mathrm{d}x}\left(x^m \sqrt{P(x)}\right) = m x^{m-1} \sqrt{P(x)} + \frac{x^m}{2} \frac{P'(x)}{\sqrt{P(x)}}$$

$$= \frac{1}{y}\left\{ m x^{m-1}(ax^4 + bx^3 + cx^2 + dx + e)\right.$$

$$\left. + \frac{1}{2}x^m(4ax^3 + 3bx^2 + 2cx + d)\right\}$$

$$= \frac{1}{y}\left\{ (m+2)ax^{m+3} + \left(m+\frac{3}{2}\right)bx^{m+2}\right.$$

$$\left. + (m+1)cx^{m+1} + \left(m+\frac{1}{2}\right)dx^m + me x^{m-1}\right\}.$$

求积分, 得

$$(m+2)aI_{m+3} + \left(m+\frac{3}{2}\right)bI_{m+2} + (m+1)cI_{m+1}$$

$$+ \left(m+\frac{1}{2}\right)dI_m + meI_{m-1} = x^m \sqrt{P(x)} + C, \tag{8}$$

其中 $C$ 为积分常数.

当 $P(x)$ 为三次多项式时, $a=0$, 公式(8)在依次令 $m=0,1,\cdots$ 时, 给出 $I_m$ 用两个基本椭圆积分 $I_0, I_1$ 表达. 同样有(设 $P(x)$ 为三次多项式)

$$\frac{\mathrm{d}}{\mathrm{d}x}\frac{\sqrt{P(x)}}{(x-h)^k} = \frac{1}{(x-h)^{k+1}y}\left\{\frac{x-h}{2}P'(x) - kP(x)\right\}$$

$$= \frac{1}{y}\left\{-\frac{kP(h)}{(x-h)^{k+1}} + \left(\frac{1}{2}-k\right)\frac{P'(h)}{(x-h)^k}\right.$$

$$+ \frac{(1-k)P''(h)}{2(x-h)^{k-1}} + \left( \frac{1}{4} - \frac{k}{6} \right) \frac{P'''(h)}{(x-h)^{k-2}} \right\}.$$

求积分,得

$$-kP(h)J_{k+1} + \left( \frac{1}{2} - k \right) P'(h)J_k + \frac{(1-k)}{2} P''(h)J_{k-1}$$

$$+ \left( \frac{1}{4} - \frac{k}{6} \right) P'''(h)J_{k-2} = \frac{\sqrt{P(x)}}{(x-h)^k} + C. \tag{9}$$

很显然有 $J_0 = I_0, J_{-1} = I_1 - hI_0$. 在(9)式中依次令 $k=1,2,\cdots$,我们求出 $J_k$ 由 $J_1$ 和 $I_0, I_1$ 表达.

从(9)看出,假如 $h$ 是 $P(x)=0$ 的根,则(9)的左方第一项等于零,而在 $k=1$ 时把 $J_1$ 用 $I_0$ 和 $I_1$ 表达出来,因而普遍的 $J_k$ 也可用 $I_0$ 和 $I_1$ 表达出来.

三个基本椭圆积分 $I_0, I_1, J_1$ 分别叫作第一种,第二种,第三种椭圆积分. 第一种椭圆积分的反演是椭圆函数. 这有两种标准形式,一种是外氏(Weierstrass)椭圆函数 $\zeta = \wp(z)$,用的是三次多项式:

$$z = \int_{\infty}^{\zeta} \frac{\mathrm{d}x}{\sqrt{4x^3 - g_2 x - g_3}} \quad (\zeta = \wp(z)), \tag{10}$$

其中 $g_2$ 和 $g_3$ 为两个常数. 另一种是雅氏(Jacobi)椭圆函数 $t = \mathrm{sn}\, u$,用的是四次多项式:

$$u = \int_0^t \frac{\mathrm{d}t}{\sqrt{(1-t^2)(1-k^2 t^2)}} \quad (t = \mathrm{sn}\, u), \tag{11}$$

其中 $k$ 为一小于 1 的常数. 关于如何从一般的椭圆积分化为标准形式问题以后再讲(见 10.8 节).

椭圆函数的名称来源于求椭圆的周长. 设椭圆的坐标为

$$x = a \cos\varphi, \quad y = b \sin\varphi \quad (a > b), \tag{12}$$

线段元 $\mathrm{d}s$ 为

$$\mathrm{d}s = \sqrt{\mathrm{d}x^2 + \mathrm{d}y^2} = \sqrt{a^2 \sin^2\varphi + b^2 \cos^2\varphi}\, \mathrm{d}\varphi = a\sqrt{1 - e^2 \cos^2\varphi}\, \mathrm{d}\varphi,$$

其中 $e^2 = (a^2 - b^2)/a^2$. 令 $\cos\varphi = t$,得线段长为

$$s = a \int \frac{\sqrt{1 - e^2 t^2}}{\sqrt{1 - t^2}} \mathrm{d}t = a \int \frac{1 - e^2 t^2}{\sqrt{(1-t^2)(1-e^2 t^2)}} \mathrm{d}t. \tag{13}$$

在这个公式中出现了椭圆积分.

## 8.2  椭圆积分的周期

考虑第一种椭圆积分

$$F(z) = \int_{z_0}^{z} \frac{\mathrm{d}z}{\sqrt{P(z)}}, \tag{1}$$

其中 $P(z)$ 是三次多项式,或者是四次多项式.根据上节(4)式,四次多项式的积分可以用变换化为三次多项式的积分,因此可以只考虑三次多项式情形.设三次多项式的三个零点为 $e_1$,

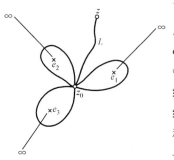

图　36

$e_2$,$e_3$.作三条线分别由 $e_1$ 到 $\infty$,由 $e_2$ 到 $\infty$,由 $e_3$ 到 $\infty$.设 $L$ 为由 $z_0$ 到 $z$ 的一条直接线路,不与这三条线相交(图 36).若由 $z_0$ 出发,经过任意曲折复杂的线路,但在过程中不与这三条线相交,则到达 $z$ 点的积分数值总是一样的.现在考虑由 $z_0$ 出发而围绕 $e_i$ 一周的线路.令

$$E_i = \int_{z_0}^{e_i} \frac{\mathrm{d}z}{\sqrt{P(z)}}, \tag{2}$$

积分路线为从 $z_0$ 出发沿着不与三条线相交的路到达 $e_i$(有时可用直线 $z_0 e_i$),并且假设在出发点 $\sqrt{P(z_0)} = y_0$.围绕 $e_i$ 一周的路线可以设想为三段组成,第一段为 $z_0 e_i$,第二段为围绕 $e_i$ 一周的小圆,其半径为无限小,第三段为 $e_i z_0$.围绕 $e_i$ 一周后,$\sqrt{P(z)}$ 变了正负号,故第三段积分为 $-(-E_i)$.第二段积分趋于零,故得围绕 $e_i$ 一周的积分为 $2E_i$.由于第二段积分为零,所以围绕 $e_i$ 一周的积分数值与围绕的方向无关,只与出发点根式值的正负号有关;假如在出发点取 $\sqrt{P(z_0)} = -y_0$,则围绕 $e_i$ 一周的积分为 $-2E_i$.

设 $I$ 为积分(1)沿着直接线路 $L$ 的数值,出发点根式值为 $y_0$.积分的普遍路线为先绕三个点 $e_1, e_2, e_3$ 各若干周,然后再沿 $L$ 到 $z_0$.设先绕 $e_\alpha$ 一周,再绕 $e_\beta$(可以仍为 $e_\alpha$)一周,依次绕 $e_\gamma, e_\delta, \cdots$.接连绕两周的积分为 $2(E_\alpha - E_\beta)$.假如总的周数是偶数,则最后沿 $L$ 到 $z$ 的出发点根式值为 $y_0$,因而沿 $L$ 的积分值为 $I$;假如总的周数是奇数,则最后出发点根式值为 $-y_0$,因而积分为 $-I$.这两种情形下(1)中积分 $F(z)$ 的值分别为

$$F(z) = 2(E_\alpha - E_\beta) + 2(E_\gamma - E_\delta) + \cdots + 2(E_\kappa - E_\lambda) + I,$$
$$F(z) = 2(E_\alpha - E_\beta) + \cdots + 2(E_\kappa - E_\lambda) + 2E_\mu - I.$$

为了简化这两个公式,引进 $\omega_1$ 和 $\omega_2$:

$$\omega_1 = E_1 - E_3, \quad \omega_2 = E_2 - E_3. \tag{3}$$

由于 $E_\alpha - E_\beta = \omega_\alpha - \omega_\beta, E_\mu = \omega_\mu + E_3 (\omega_3 = 0)$,故可把上面两个式子简化为

$$\left. \begin{array}{l} F(z) = I + 2m_1\omega_1 + 2m_2\omega_2, \\ F(z) = 2E_3 - I + 2m_1\omega_1 + 2m_2\omega_2, \end{array} \right\} \tag{4}$$

其中 $m_1$ 和 $m_2$ 为正负整数.从这个公式看出,$2\omega_1$ 和 $2\omega_2$ 是**椭圆积分(1)的两个周**

期;意思是对于从 $z_0$ 到 $x$ 的不同路线,积分(1)之值相差 $2\omega_1$ 或 $2\omega_2$ 的整数倍.

现在证明两个周期的比例 $\omega_2/\omega_1$ 不是实数,而是复数. 为说明方便起见,设 $e_1=a, e_2=1, e_3=0$,这可通过变换 $z=e_3+(e_2-e_3)t$ 而实现. 这时候

$$\omega_1 = \int_0^a \frac{\mathrm{d}z}{\sqrt{z(z-1)(z-a)}}, \quad \omega_2 = \int_0^1 \frac{\mathrm{d}z}{\sqrt{z(1-z)(a-z)}}. \tag{5}$$

若 $a$ 为实数,可以设 $a>1$. 这时候 $\omega_2$ 为实数,$\omega_1-\omega_2$ 为纯虚数:

$$\omega_1 - \omega_2 = \int_1^a \frac{\mathrm{d}z}{\sqrt{z(z-1)(z-a)}} = \pm \mathrm{i} \int_1^a \frac{\mathrm{d}z}{\sqrt{z(z-1)(a-z)}}. \tag{6}$$

由此可见两个周期的比例 $\omega_2/\omega_1$ 不是实数.

若 $a$ 为复数,在 $\omega_1$ 积分中作变换 $z=at$,得

$$\omega_1 = \int_0^1 \frac{\mathrm{d}t}{\sqrt{t(1-t)(1-at)}}. \tag{7}$$

由此式可以证明,若 $a$ 的虚部是正的,则 $\omega_1$ 的虚部是正的,而 $\omega_2$ 的虚部是负的,因此 $\omega_2/\omega_1$ 的虚部不可能等于零.

从上面的讨论看来,椭圆积分的反演,即椭圆函数,是一个双周期函数,两个周期 $2\omega_1$ 和 $2\omega_2$ 的比例不是实数[1].

外尔斯特喇斯(Weierstrass)从双周期解析函数的角度建立了椭圆函数的普遍理论. 我们将先介绍外氏理论,其次讲试塔函数,然后讲雅氏椭圆函数和椭圆积分.

## 8.3　双周期函数和椭圆函数的一般性质

设一单值解析函数 $f(z)$ 有两个周期 $2\omega$ 和 $2\omega'$,并假设 $\omega'/\omega$ 的虚部是正数 $(\mathrm{Im}(\omega'/\omega)>0)$:

$$f(z+2\omega) = f(z), \quad f(z+2\omega') = f(z). \tag{1}$$

设 $m$ 和 $m'$ 为任意整数(以后说整数都包括正负整数和零),令

$$w = 2m\omega + 2m'\omega', \tag{2}$$

则双周期性的普遍表示为

$$f(z+w) = f(z). \tag{3}$$

在 $z$ 平面作一直线 $OA$,$A$ 点的值为 $2\omega$,在 $OA$ 的延线上标好 $2m\omega$ 各点. 又作一直线 $OC$,$C$ 点的值为 $2\omega'$,在 $OC$ 的延线上标好 $2m'\omega'$ 各点. 经过 $OA$ 上各点 $2m\omega$ 作直线平行于 $OC$,经过 $OC$ 上的各点 $2m'\omega'$ 作直线平行于 $OA$,这些平行线把 $z$ 平面分成许多相等的平行四边形,所有这些平行四边形都和 $OABC$ 相等(图 37). $A$

---

[1]　雅可毕曾经证明单值解析函数不能有三个周期,由此可以推得双周期函数的两个周期之比不能是实数. 见 Goursat, *Cours d'Analyse Mathématique*, Ⅱ, p. 170.

点的值为 $2\omega$，$C$ 点的值为 $2\omega'$，$B$ 点的值为 $2\omega+2\omega'$．当 $z$ 沿着 $OABC$ 走一周时，$z+$ $w$ 将依次走过，$w,w+2\omega,w+2\omega+2\omega',w+2\omega'$，在这四点的函数值都与在 $O$ 点的相等．每一个平行四边形叫作一个胞腔．平行四边形也可以不从原点 $O$ 出发，而从任一点 $z_0$ 出发，以 $z_0,z_0+2\omega,z_0+2\omega+2\omega',z_0+2\omega'$ 为四个顶点，构成一平行四边形，称为**周期平行四边形**．

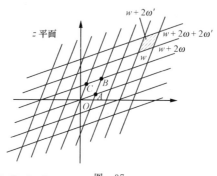

图　37

双周期函数在任一胞腔内任意点的数值与在 $OABC$ 内相应点的相等，因此得下一定理：

**定理 1　没有奇点的双周期函数是一常数.**

**证**　既然双周期函数 $f(z)$ 在胞腔 $OABC$ 内没有奇点，它的绝对值必小于一正数 $M$，而且在全平面都是这样．根据刘维定理[①]，$f(z)$ 是一常数．

由此可见，不是常数的双周期单值函数一定有奇点．只有极点这种奇点的**双周期函数**（或者说是**双周期半纯函数**）叫作椭圆函数．在一个周期平行四边形内极点的数目叫作椭圆函数的**阶**，一个 $p$ 阶极点当作 $p$ 个极点计算．若周期平行四边形的顶点是极点，则只算四个顶点中的一个；若在边上有极点，也只算相对两边中的一个．为了避免把极点的数目算错，可以使周期平行四边形稍稍移动，让所有极点都在内部，而不在顶点和边上．

显然，**椭圆函数的微商仍然是椭圆函数**．

我们假设了 $\mathrm{Im}(\omega'/\omega)>0$．假如不然，而有 $\mathrm{Im}(\omega'/\omega)<0$，我们可以交换 $\omega$ 与 $\omega'$，而使假设成立．更普遍些，设 $p,p',q,q'$ 为四个整数，满足关系式 $pq'-p'q=\pm1$，并令 $\Omega=p\omega+q\omega',\Omega'=p'\omega+q'\omega'$，反过来有 $\omega=\pm(q'\Omega-q\Omega'),\omega'=\pm(p\Omega'-p'\Omega)$，因此周期 $(2\omega,2\omega')$ 与 $(2\Omega,2\Omega')$ 是等效的．我们可以适当选 $p,p',q,q'$，使 $\mathrm{Im}(\Omega'/\Omega)>0$．

关于椭圆函数的一般性质有下面几个：

---

①　见普里瓦洛夫：《复变函数引论》，上册，231 页（商务 1953 年版）．

**定理 2** 椭圆函数在周期平行四边形内的极点的残数之和等于零.

**证** 取周期平行四边形 $OABC$ 的顶点 $O(z=z_0)$ 使在边界线上没有极点. 沿着边界的围道积分为 $\int_{OABCO} f(z)\mathrm{d}z$, 这等于 $2\pi\mathrm{i}$ 乘残数之和. 相对的两个边界的积分正好相互抵消, 如

$$\int_{OA} f(z)\mathrm{d}z = \int_{z_0}^{z_0+2\omega} f(z)\mathrm{d}z, \quad \int_{BC} f(z)\mathrm{d}z = \int_{z_0+2\omega+2\omega'}^{z_0+2\omega'} f(z)\mathrm{d}z.$$

在第二个积分中作变换 $z=u+2\omega'$, 用 $f(z)$ 的周期性(1), 得

$$\int_{BC} f(z)\mathrm{d}z = \int_{z_0+2\omega}^{z_0} f(u)\mathrm{d}u = -\int_{z_0}^{z_0+2\omega} f(u)\mathrm{d}u = -\int_{OA} f(z)\mathrm{d}z.$$

同样可证明沿着 $AB$ 的积分与沿着 $CO$ 的积分相互抵消. 因此围道积分等于零, 残数之和为零.

根据这个定理, 椭圆函数在周期平行四边形内不可能仅仅有一个极点[①], 它至少要有两个极点, 也就是说, **椭圆函数至少是二阶的**.

**定理 3** 椭圆函数在周期平行四边形内的零点的数目等于这个函数的阶(即等于极点的数目).

**证** 设 $f(z)$ 为椭圆函数, 显然 $\varphi(z)=f'(z)/f(z)$ 也是椭圆函数. $\varphi(z)$ 在周期平行四边形内的残数之和等于 $f(z)$ 的零点数目减去极点数目(参看 1.4 节(5)式). 应用定理 2 到 $\varphi(z)$ 就证明了定理 3. 注意, 与极点一样, 一个 $p$ 阶零点作 $p$ 个零点算. 在证明中把 $f(z)$ 换为 $f(z)-C$, 由于 $f(z)-C$ 与 $f(z)$ 有相同的极点, 得出结论:

$f(z)=C$ 在周期平行四边形内根的数目等于 $f(z)$ 的阶.

**定理 4** 椭圆函数在周期平行四边形内的零点之和减去极点之和等于周期(周期指(2)式中的 $\omega$).

**证** 设 $s$ 为椭圆函数 $f(z)$ 的阶, $\alpha_k$ 为它的零点, $\beta_k$ 为它的极点, 由 1.4 节(1)式有

$$\sum_{k=1}^{s}\alpha_k - \sum_{k=1}^{s}\beta_k = \frac{1}{2\pi\mathrm{i}}\int_{OABCO} z\frac{f'(z)}{f(z)}\mathrm{d}z, \tag{4}$$

其中 $OABC$ 的顶点为 $z_0, z_0+2\omega, z_0+2\omega+2\omega', z_0+2\omega'$, 设在 $OABC$ 的边界上没有 $f(z)$ 的零点和极点. 先考虑沿 $OA$ 和 $BC$ 的积分, 在 $BC$ 段的积分中作变换 $z=u+2\omega'$:

$$\int_{OA} z\frac{f'(z)}{f(z)}\mathrm{d}z = \int_{z_0}^{z_0+2\omega} z\frac{f'(z)}{f(z)}\mathrm{d}z,$$

---

① 注意一个 $p$ 阶极点当作 $p$ 个极点计算(见前页).

$$\int_{BC} z\,\frac{f'(z)}{f(z)}\mathrm{d}z = \int_{z_0+2\omega+2\omega'}^{z_0+2\omega'} z\,\frac{f'(z)}{f(z)}\mathrm{d}z = \int_{z_0+2\omega}^{z_0} (u+2\omega')\,\frac{f'(u)}{f(u)}\mathrm{d}u.$$

得

$$\left(\int_{OA}+\int_{BC}\right) z\,\frac{f'(z)}{f(z)}\mathrm{d}z = -2\omega'\int_{z_0}^{z_0+2\omega}\frac{f'(u)}{f(u)}\mathrm{d}u = -2\omega'\big[\ln f(z)\big]_{z_0}^{z_0+2\omega}.$$

$f(z)$ 的数值在 $OA$ 的两端相等,所以 $\ln f(z)$ 的改变等于 $\arg f(z)$ 的改变,这等于整数倍 $2\pi\mathrm{i}$,即 $-2m'\pi\mathrm{i}$,因此(4)式右方积分沿 $OA$ 和 $BC$ 的值之和等于 $2m'\omega'$.同样,沿 $AB$ 和 $CO$ 的积分值之和等于 $2m\omega$,故得

$$\sum_{k=1}^{s}(\alpha_k-\beta_k)=2m\omega+2m'\omega'=w. \tag{5}$$

同样的证明适用于函数 $f(z)-C$,这时(5)式的 $\alpha_k$ 变为 $f(z)=C$ 在周期平行四边形内的根.

## 8.4　函数 $\mathrm{p}(z)$

在上节定理 2 的推论中得知椭圆函数的阶最少是 2. 现在研究二阶椭圆函数,这可以有两种情形.一种是周期平行四边形内有两个不同的一阶极点,这是雅氏椭圆函数,将在以后第十章中详细讨论.这种情形比较复杂,因为两个不同的极点的地点可以有不同的情况.第二种情形是周期平行四边形内只有一个二阶极点,这个极点可以选为 $z=w$.由于残数之和等于零,所以函数在极点附近的主部是 $A/(z-w)^2$.为简单起见,可以取 $A=1$.这样,就造出外氏椭圆函数 $\mathrm{p}(z)$:

$$\mathrm{p}(z)=\frac{1}{z^2}+\sum{}'\left[\frac{1}{(z-w)^2}-\frac{1}{w^2}\right]\quad(w=2m\omega+2m'\omega'), \tag{1}$$

其中 $\sum'$ 表示在对整数 $m$ 和 $m'$ 求和时,必须删去 $m=m'=0$ 一项.在级数中减去 $w^{-2}$ 一项是为了使级数收敛,这可证明如下.

级数的普遍项为

$$\frac{1}{(z-w)^2}-\frac{1}{w^2}=\frac{z(2w-z)}{(z-w)^2 w^2}.$$

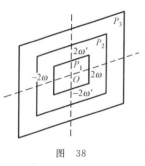

图　38

这个级数的收敛性取决于当 $|w|\gg|z|$ 时,级数 $\sum'|w|^{-3}$ 的收敛性.现在证明级数 $\sum'|w|^{-\alpha}$ 在 $\alpha>2$ 时收敛.把级数的各项按照一系列平行四边形 $P_k(k=1,2,\cdots)$ 排列(见图 38),第一个平行四边形 $P_1$ 以 $2\omega+2\omega'$,$-2\omega+2\omega'$,$-2\omega-2\omega'$,$2\omega-2\omega'$ 为顶点,在边界上共有八个 $w$ 点,包括四个顶点和边的中心点 $\pm2\omega$,$\pm2\omega'$.第二个平行四边形 $P_2$ 以 $\pm4\omega\pm4\omega'$ 为顶点,在边界上共有

$2 \times 8 = 16$ 个 $w$ 点. 普遍说来, 平行四边形 $P_k$ 以 $\pm 2k\omega \pm 2k\omega'$ 为顶点, 在边界上共有 $8k$ 个 $w$ 点. 令 $\delta$ 为从中心 $O$ 到 $P_1$ 边界上 $w$ 点的最短距离, 这就是说, $\delta$ 是 $|2\omega|$, $|2\omega'|$, $|2\omega \pm 2\omega'|$ 中最小的数. 有

$$\sum{}' \frac{1}{|w|^\alpha} < \sum_{k=1}^{\infty} \frac{8k}{(k\delta)^\alpha} = \frac{8}{\delta^\alpha} \sum_{k=1}^{\infty} \frac{1}{k^{\alpha-1}}.$$

右方级数在 $\alpha > 2$ 时收敛, 所以 $\sum{}' |w|^{-\alpha}$ 也在 $\alpha > 2$ 时收敛.

经过对 (1) 式右方级数项的重新排列, 可以证明函数 $\mathrm{p}(z)$ 具有周期 $2\omega$ 和 $2\omega'$. 函数 $\mathrm{p}(z)$ 具有三个特点:

1. $\mathrm{p}(z)$ 是双周期函数, 以 $w$ 为仅有的极点;

2. 在原点附近的主部为 $z^{-2}$;

3. $\mathrm{p}(z) - z^{-2}$ 在 $z = 0$ 处等于零.

同时, 这三个特点把函数 $\mathrm{p}(z)$ 完全确定. 因为, 假如另有一函数 $f(z)$ 具有这三个特点, 则 $f(z) - \mathrm{p}(z)$ 将是一个没有奇点的双周期函数. 根据 8.3 节定理 1, 它是常数. 又由于它在 $z = 0$ 处等于零, 所以常数等于零, 而 $f(z) = \mathrm{p}(z)$.

从 (1) 式看出 $\mathrm{p}(z)$ 是偶函数: $\mathrm{p}(-z) = \mathrm{p}(z)$.

对 (1) 取微商, 得

$$\mathrm{p}'(z) = -\frac{2}{z^3} - 2\sum{}' \frac{1}{(z-w)^3} = -2\sum \frac{1}{(z-w)^3}, \tag{2}$$

其中求和号 $\sum$ 表示对一切 $m$ 和 $m'$ 求和. 这是一个三阶椭圆函数, 是一个奇函数: $\mathrm{p}'(-z) = -\mathrm{p}'(z)$. (2) 式的周期性很显然, 有

$$\mathrm{p}'(z + 2\omega) = \mathrm{p}'(z), \quad \mathrm{p}'(z + 2\omega') = \mathrm{p}'(z).$$

求积分得

$$\mathrm{p}(z + 2\omega) = \mathrm{p}(z) + C, \quad \mathrm{p}(z + 2\omega') = \mathrm{p}(z) + C'.$$

在这两式中分别令 $z = -\omega$ 和 $-\omega'$, 因为 $\mathrm{p}(z)$ 是偶函数, 得 $C = 0, C' = 0$. 这是 $\mathrm{p}(z)$ 的周期性的又一证明.

在原点的附近, $\mathrm{p}(z) - z^{-2}$ 可展为幂级数, 它的收敛半径为 $\delta$ ($\delta$ 为从原点 $O$ 到 $P_1$ 边界上 $w$ 点的最短距离). 由

$$\frac{1}{(z-w)^2} - \frac{1}{w^2} = \frac{2z}{w^3} + \frac{3z^2}{w^4} + \cdots + \frac{(n+1)z^n}{w^{n+2}} + \cdots$$

得知, 所求幂级数的奇次方都等于零, 因为 $\sum{}' w^{-2k-1} = 0$. 于是得

$$\mathrm{p}(z) = \frac{1}{z^2} + c_2 z^2 + c_3 z^4 + \cdots + c_\lambda z^{2\lambda-2} + \cdots = \sum_{\lambda=0}^{\infty} c_\lambda z^{2\lambda-2}, \tag{3}$$

其中

$$c_0 = 1, \quad c_1 = 0, \quad c_2 = 3\sum{}' w^{-4}, \quad c_3 = 5\sum{}' w^{-6}, \cdots,$$

$$c_\lambda = (2\lambda - 1)\sum{}'w^{-2\lambda} \quad (\lambda \geqslant 2). \tag{4}$$

对(3)式取微商得

$$\mathfrak{p}'(z) = -\frac{2}{z^3} + 2c_2 z + 4c_3 z^3 + \cdots + (2\lambda-2)c_\lambda z^{2\lambda-3} + \cdots. \tag{5}$$

## 8.5　$\mathfrak{p}(z)$ 和 $\mathfrak{p}'(z)$ 之间的代数关系

可以证明(见习题1),具有相同周期和相同极点的两个椭圆函数之间有一代数关系.

为了研究 $\mathfrak{p}(z)$ 和 $\mathfrak{p}'(z)$ 的代数关系,考虑在原点附近的幂级数展开.由上节(3)式和(5)式得

$$\mathfrak{p}^3(z) = \frac{1}{z^6} + \frac{3c_2}{z^2} + 3c_3 + \cdots,$$

$$\mathfrak{p}'^2(z) = \frac{4}{z^6} - \frac{8c_2}{z^2} - 16c_3 + \cdots,$$

其中没有写出的各项在 $z=0$ 时等于零.把这两个展开式组合以消去 $z^{-6}$ 项,得

$$\mathfrak{p}'^2(z) - 4\mathfrak{p}^3(z) = -\frac{20c_2}{z^2} - 28c_3 + \cdots.$$

椭圆函数 $\mathfrak{p}'^2(z) - 4\mathfrak{p}^3(z)$ 与 $-20c_2\mathfrak{p}(z) - 28c_3$ 有相同的周期,相同的极点,相同的主部,而且它们的差在 $z=0$ 时等于零.因此这两个椭圆函数完全相等,得

$$\mathfrak{p}'^2(z) = 4\mathfrak{p}^3(z) - g_2\mathfrak{p}(z) - g_3, \tag{1}$$

其中

$$g_2 = 20c_2 = 60\sum{}'w^{-4}, \quad g_3 = 28c_3 = 140\sum{}'w^{-6}. \tag{2}$$

这个方程(1)是 $\mathfrak{p}(z)$ 所满足的微分方程,常数 $g_2$ 和 $g_3$ 叫作**不变量**.

对(1)式求微商,用 $2\mathfrak{p}'(z)$ 除,得

$$\mathfrak{p}''(z) = 6\mathfrak{p}^2(z) - \frac{g_2}{2}. \tag{3}$$

另一方面,对上节(5)式取微商,得 $\mathfrak{p}''(z)$ 在原点附近的展开式为

$$\mathfrak{p}''(z) = \frac{6}{z^4} + 2c_2 + 12c_3 z^2 + \cdots + (2\lambda-2)(2\lambda-3)c_\lambda z^{2\lambda-4} + \cdots. \tag{4}$$

把上节 $\mathfrak{p}(z)$ 的展开式(3)取平方,代入上面(3)式,然后与(4)式比较,得

$$(2\lambda-2)(2\lambda-3)c_\lambda = 6\sum_{\mu=0}^{\lambda}c_\mu c_{\lambda-\mu} \quad (\lambda \geqslant 3).$$

把 $c_0$ 和 $c_1$ 之值代入,这式化为

$$(2\lambda+1)(\lambda-3)c_\lambda = 3\sum_{\mu=2}^{\lambda-2}c_\mu c_{\lambda-\mu} \quad (\lambda \geqslant 4). \tag{5}$$

利用这个公式可以把所有的 $c_\lambda$,$\lambda \geq 4$,用 $c_2$ 和 $c_3$ 表达出来,再通过(2)式可用 $g_2$ 和 $g_3$ 表达出来.结果为

$$c_2 = \frac{g_2}{2^2 \cdot 5}, \quad c_3 = \frac{g_3}{2^2 \cdot 7}, \quad c_4 = \frac{g_2^2}{2^4 \cdot 3 \cdot 5^2}, \quad c_5 = \frac{3 g_2 g_3}{2^4 \cdot 5 \cdot 7 \cdot 11}, \cdots. \quad (6)$$

由方程(1)得知下列微分方程

$$\left(\frac{\mathrm{d}\zeta}{\mathrm{d}z}\right)^2 = 4\zeta^3 - g_2 \zeta - g_3 \quad (7)$$

的解为 $\zeta = \wp(\pm z + \alpha)$,$\alpha$ 为积分常数.由于当 $z = 0$ 时,$\wp(z)$ 趋于无穷大,故由(7)取积分得

$$z = \int_\infty^\wp \frac{\mathrm{d}t}{\sqrt{4t^3 - g_2 t - g_3}}, \quad (8)$$

这就是 8.1 节(10)式.

设(7)式右方三次多项式的三个零点为 $e_1, e_2, e_3$:

$$4\zeta^3 - g_2 \zeta - g_3 = 4(\zeta - e_1)(\zeta - e_2)(\zeta - e_3). \quad (9)$$

比较系数,得

$$e_1 + e_2 + e_3 = 0, \quad (10)$$

$$e_2 e_3 + e_3 e_1 + e_1 e_2 = -\frac{g_2}{4}, \quad e_1 e_2 e_3 = \frac{g_3}{4}. \quad (11)$$

多项式(9)的判别式为

$$\Delta = 16(e_1 - e_2)^2 (e_1 - e_3)^2 (e_2 - e_3)^2 = g_2^3 - 27 g_3^2. \quad (12)$$

关于三次方程的根如何求得,见附录一.

从(1)式看出这三个根 $e_k$ 对应于 $\wp'(z)$ 在周期平行四边形内的三个零点 $z_k$.现在证明 $z_k = \omega_k$,$\omega_k$ 为半周期,是 $\omega, \omega'$ 和 $\omega + \omega'$ 三个.从 $\wp'(z)$ 的周期性和 $\wp'(z)$ 是奇函数,得

$$\wp'(z + 2\omega) = \wp'(z) = -\wp'(-z).$$

令 $z = -\omega$,得

$$\wp'(\omega) = -\wp'(\omega).$$

令 $\omega$ 不是 $\wp'(z)$ 的极点,$\wp'(\omega)$ 不等于无限大,故得 $\wp'(\omega) = 0$.同样可证明 $\wp'(\omega') = 0$,$\wp'(\omega + \omega') = 0$.这样就证明了 $\omega_k$ 是半周期,$\omega_k$ 与 $e_k$ 的对应关系是:

$$\wp(\omega_1) = e_1, \quad \wp(\omega_2) = e_2, \quad \wp(\omega_3) = e_3. \quad (13)$$

为了使得 $\omega_k$ 与 $e_k$ 所满足的条件(10)相适应,我们稍稍改变 $\omega_k$ 的选择,令

$$\omega_1 = \omega, \quad \omega_3 = \omega', \quad \omega_2 = -\omega - \omega', \quad (14)$$

使

$$\omega_1 + \omega_2 + \omega_3 = 0. \quad (15)$$

但在这样选择之下,$\omega_1, \omega_2, \omega_3$ 不再在同一周期平行四边形之内,而 $\omega_1, \omega_3, \omega_2 + 2\omega$

$+2\omega'$在同一周期平行四边形之内. 为什么选 $\omega'$ 为 $\omega_3$ 而不选它为 $\omega_2$ 呢? 这是因为在这样选择之下, 当三个根 $e_k$ 都是实数时, 习惯上所要求的 $e_1 > e_2 > e_3$ 得到满足. 这一点在忒塔函数理论里可以明确地表现出来 (见 9.7 节 (5) 式下的讨论).

## 8.6　函数 $\zeta(z)$

为了表达椭圆函数的积分, 需要引进 $\zeta(z)$ (这不是 3.14 节的里曼 $\zeta$ 函数). 对 $\wp(z) - z^{-2}$ 求积分, 沿着从原点起不经过极点的任意路线, 得

$$\int_0^z \left\{ \wp(z) - \frac{1}{z^2} \right\} dz = - \sum{}' \left[ \frac{1}{z-w} + \frac{1}{w} + \frac{z}{w^2} \right].$$

根据 8.4 节的讨论, 可以证明上式右方的级数收敛, 因此右方是半纯函数, 以 $z = w$ 为一阶极点. 令 $\zeta(z)$ 的定义为

$$\zeta(z) = \frac{1}{z} + \sum{}' \left[ \frac{1}{z-w} + \frac{1}{w} + \frac{z}{w^2} \right], \tag{1}$$

它与 $\wp(z)$ 的关系为

$$\int_0^z \left\{ \wp(z) - \frac{1}{z^2} \right\} dz = - \zeta(z) + \frac{1}{z}. \tag{2}$$

取微商, 得

$$\zeta'(z) = - \wp(z). \tag{3}$$

从这些式子看来, $\zeta$ 显然是奇函数: $\zeta(-z) = - \zeta(z)$.

将 8.4 节 $\wp(z)$ 的展开式 (3) 代入上面 (2) 式, 求积分, 得 $\zeta(z)$ 在原点附近的展开式:

$$\zeta(z) = \frac{1}{z} - \frac{c_2}{3} z^3 - \frac{c_3}{5} z^5 - \cdots - \frac{c_\lambda}{2\lambda - 1} z^{2\lambda - 1} - \cdots. \tag{4}$$

由于在一个周期平行四边形内 $\zeta(z)$ 只有一个一阶极点, 它不能是椭圆函数, 不具有双周期. 但 $\zeta(z+w)$ 和 $\zeta(z)$ 有相等的微商 $-\wp(z)$, 所以两者只能差一常数. 现在来求这个常数. 引进基本常数 $\eta$ 和 $\eta'$

$$\zeta(z + 2\omega) = \zeta(z) + 2\eta, \quad \zeta(z + 2\omega') = \zeta(z) + 2\eta'. \tag{5}$$

由于 $\zeta$ 是奇函数, 在上两个式子中分别令 $z = -\omega$ 和 $z = -\omega'$, 得

$$\zeta(\omega) = \eta, \quad \zeta(\omega') = \eta'. \tag{6}$$

由 (5) 可求得普遍关系式

$$\zeta(z + w) = \zeta(z + 2m\omega + 2m'\omega') = \zeta(z) + 2m\eta + 2m'\eta'. \tag{7}$$

四个常数 $\eta, \eta', \omega, \omega'$ 之间有一简单关系, 这可沿周期平行四边形对 $\zeta(z)$ 求积分而得到. 在周期平行四边形内 $\zeta(z)$ 只有一个一阶极点, 根据 (1) 得知它的残数等于 1. 假设 $\mathrm{Im}(\omega'/\omega) > 0$, 则得

$$2\pi i = \int_{OABCO} \zeta(z)\mathrm{d}z,$$

沿 $OA$ 和 $BC$ 两段积分之和为

$$\int_{z_0}^{z_0+2\omega} [\zeta(z) - \zeta(z+2\omega')]\mathrm{d}z = -\int_{z_0}^{z_0+2\omega} 2\eta' \mathrm{d}z = -4\omega\eta'.$$

沿 $AB$ 和 $CO$ 两段积分之和可同样证明等于 $4\omega'\eta$，于是得 $4\eta\omega' - 4\omega\eta' = 2\pi i$，即

$$\eta\omega' - \omega\eta' = \frac{\pi i}{2}. \tag{8}$$

这个结果与假设 $\mathrm{Im}(\omega'/\omega) > 0$ 有关. 如果 $\mathrm{Im}(\omega'/\omega) < 0$，则沿 $OABCO$ 方向是反向的，所以在这个情形下必须将(8)式右方的 i 改为 $-$i.

对应于 $\omega_k$ 也有 $\eta_k$，它与 $\omega_k$ 的关系为

$$\zeta(\omega_k) = \eta_k \quad (k = 1, 2, 3). \tag{9}$$

从(6)和(7)看出，与上节(15)式相应的关系是

$$\eta_1 = \eta, \quad \eta_3 = \eta', \quad \eta_2 = -\eta - \eta'. \tag{10}$$

因此公式(8)可以推广为

$$\omega_1\eta_2 - \omega_2\eta_1 = \omega_2\eta_3 - \omega_3\eta_2 = \omega_3\eta_1 - \omega_1\eta_3 = \frac{\pi i}{2}. \tag{11}$$

## 8.7 函数 $\sigma(z)$

函数 $\sigma(z)$ 是对 $\zeta(z)$ 求积分之后得到的函数. 对 $\zeta(z) - z^{-1}$ 求积分，沿着从原点起不经过极点的任意路线，得

$$\int_0^z \left\{ \zeta(z) - \frac{1}{z} \right\}\mathrm{d}z = \sum{}' \left[ \ln\left(1 - \frac{z}{w}\right) + \frac{z}{w} + \frac{z^2}{2w^2} \right]. \tag{1}$$

为了不使多值函数对数出现，我们令(1)式的右方等于 $\ln\dfrac{\sigma(z)}{z}$:

$$\int_0^z \left\{ \zeta(z) - \frac{1}{z} \right\}\mathrm{d}z = \ln\frac{\sigma(z)}{z}. \tag{2}$$

代入(1)式，得

$$\sigma(z) = z\prod{}' \left\{ \left(1 - \frac{z}{w}\right)\exp\left(\frac{z}{w} + \frac{z^2}{2w^2}\right) \right\}, \tag{3}$$

其中 $\prod'$ 表示对整数 $m$ 和 $m'$ 求乘积时，必须删去 $m = m' = 0$ 一个因子. 无穷乘积(3)的收敛与无穷级数(1)的收敛是一样的(参看 1.6 节定理 2 和 5)，在 $|w| \gg |z|$ 时，展开(1)式右方的对数，应用 8.4 节的讨论，可以证明(1)式右方级数收敛.

对(2)式取微商，得

$$\frac{\sigma'(z)}{\sigma(z)} = \zeta(z). \tag{4}$$

由(3)看出 $\sigma(z)$ 是奇函数：$\sigma(-z)=-\sigma(z)$. 由(3)还看出 $\sigma(z)$ 是整函数,在有限区域内没有奇点,而以 $z=w$ 为仅有的零点.

将上节 $\zeta(z)$ 的展开式(4)代入本节(2)式,求积分,得

$$\ln\frac{\sigma(z)}{z}=-\frac{c_2}{3\cdot 4}z^4-\frac{c_3}{5\cdot 6}z^6-\cdots-\frac{c_\lambda}{2\lambda(2\lambda-1)}z^{2\lambda}-\cdots. \tag{5}$$

去掉对数,应用 8.5 节公式(6),得 $\sigma(z)$ 的幂级数：

$$\sigma(z)=z-\frac{g_2 z^5}{2^4\cdot 3\cdot 5}-\frac{g_3 z^7}{2^3\cdot 3\cdot 5\cdot 7}-\frac{g_2^2 z^9}{2^9\cdot 3^2\cdot 5\cdot 7}-\frac{g_2 g_3 z^{11}}{2^7\cdot 3^2\cdot 5^2\cdot 7\cdot 11}-\cdots. \tag{6}$$

由(4)式及上节(5)式得

$$\frac{\sigma'(z+2\omega)}{\sigma(z+2\omega)}-\frac{\sigma'(z)}{\sigma(z)}=\zeta(z+2\omega)-\zeta(z)=2\eta.$$

求积分,得

$$\ln\frac{\sigma(z+2\omega)}{\sigma(z)}=2\eta z+\ln C,$$

即

$$\sigma(z+2\omega)=Ce^{2\eta z}\sigma(z),$$

$C$ 为积分常数. 令 $z=-\omega$,由于 $\sigma(z)$ 是奇函数,得

$$\sigma(\omega)=-C\sigma(\omega)e^{-2\eta\omega},$$

即 $C=-e^{2\eta\omega}$. 由此得

$$\sigma(z+2\omega)=-e^{2\eta(z+\omega)}\sigma(z). \tag{7}$$

同样可证明

$$\sigma(z+2\omega')=-e^{2\eta'(z+\omega')}\sigma(z). \tag{8}$$

在(7)式中把 $z$ 换为 $z-\omega$,得到较为对称的形式：

$$e^{-\eta z}\sigma(\omega+z)=e^{\eta z}\sigma(\omega-z). \tag{9}$$

同样由(8)式得

$$e^{-\eta' z}\sigma(\omega'+z)=e^{\eta' z}\sigma(\omega'-z). \tag{10}$$

在(8)式中把 $z$ 换为 $z+2\omega$,并用(7)式,得

$$\sigma(z+2\omega+2\omega')=e^{2\eta'(z+2\omega+\omega')+2\eta(z+\omega)}\sigma(z).$$

应用上节(8)式,得

$$\sigma(z+2\omega+2\omega')=-e^{2(\eta+\eta')(z+\omega+\omega')}\sigma(z). \tag{11}$$

把 $z$ 换为 $z-\omega-\omega'$,得到较为对称的形式：

$$e^{-(\eta+\eta')z}\sigma(\omega+\omega'+z)=e^{(\eta+\eta')z}\sigma(\omega+\omega'-z). \tag{12}$$

(9),(10),(12)三个公式可合并为

$$e^{-\eta_k z}\sigma(\omega_k+z)=e^{\eta_k z}\sigma(\omega_k-z) \quad (k=1,2,3). \tag{13}$$

引进函数 $\sigma_k(z)$:

$$\sigma_k(z) = \mathrm{e}^{-\eta_k z} \frac{\sigma(\omega_k + z)}{\sigma(\omega_k)} = \mathrm{e}^{\eta_k z} \frac{\sigma(\omega_k - z)}{\sigma(\omega_k)}. \tag{14}$$

很显然,这些函数是偶函数: $\sigma_k(-z) = \sigma_k(z)$,而且 $\sigma_k(0) = 1, \sigma_k(\omega_k) = 0$,以 $z = w + \omega_k$ 为零点. 与(7)和(8)相当的公式很容易证明为

$$\sigma_k(z + 2\omega_k) = -\mathrm{e}^{2\eta_k(z+\omega_k)} \sigma_k(z), \tag{15}$$

$$\sigma_k(z + 2\omega_l) = \mathrm{e}^{2\eta_l(z+\omega_l)} \sigma_k(z) \quad (l \neq k). \tag{16}$$

可以证明(见习题 2)

$$\ln \sigma_k(z) = -\sum_{n=1}^{\infty} \mathfrak{p}^{(2n-2)}(\omega_k) \frac{z^{2n}}{(2n)!}. \tag{17}$$

## 8.8 外氏椭圆函数的齐次性

为了把椭圆函数的周期,或者不变量 $g_2$ 和 $g_3$(8.5 节(1)式),显示出来,有时候写为

$$\mathfrak{p}(z) = \mathfrak{p}(z \mid \omega, \omega') = \mathfrak{p}(z; g_2, g_3),$$
$$\zeta(z) = \zeta(z \mid \omega, \omega') = \zeta(z; g_2, g_3),$$
$$\sigma(z) = \sigma(z \mid \omega, \omega') = \sigma(z; g_2, g_3).$$

从这三个函数的定义(即 8.4 节(1)式,8.6 节(1)式,8.7 节(3)式)立即可以看出,对于任意数 $\lambda$ 有下列齐次关系:

$$\mathfrak{p}(\lambda z \mid \lambda\omega, \lambda\omega') = \lambda^{-2}\mathfrak{p}(z \mid \omega, \omega'),$$
$$\zeta(\lambda z \mid \lambda\omega, \lambda\omega') = \lambda^{-1}\zeta(z \mid \omega, \omega'),$$
$$\sigma(\lambda z \mid \lambda\omega, \lambda\omega') = \lambda\sigma(z \mid \omega, \omega').$$

从 8.5 节(2)式可以看出对于 $g_2$ 和 $g_3$ 相应的齐次关系:

$$\mathfrak{p}(\lambda z; \lambda^{-4} g_2, \lambda^{-6} g_3) = \lambda^{-2}\mathfrak{p}(z; g_2, g_3),$$
$$\zeta(\lambda z; \lambda^{-4} g_2, \lambda^{-6} g_3) = \lambda^{-1}\zeta(z; g_2, g_3),$$
$$\sigma(\lambda z; \lambda^{-4} g_2, \lambda^{-6} g_3) = \lambda\sigma(z; g_2, g_3).$$

从齐次关系看出,外氏椭圆函数基本上依赖于两个参数,例如可以表达为 $z/\omega$ 与 $\omega'/\omega$ 的函数. 这一点将在后面要讲的忒塔函数中实现.

## 8.9 普遍椭圆函数表达式

任意的椭圆函数可以通过 $\sigma(z)$ 表达出来,也可通过 $\zeta(z)$ 表达出来,也可通过 $\mathfrak{p}(z)$ 表达出来. 现在依次讲这三种表达法.

**1. 用 σ 函数表达.** 设具有双周期 $(2\omega, 2\omega')$ 的椭圆函数 $f(z)$ 是 $s$ 阶的，$\alpha_r$ 和 $\beta_r$ $(r=1,2,\cdots,s)$ 分别为 $f(z)$ 在周期平行四边形内的 $s$ 个零点和 $s$ 个极点，$p$ 阶的零点或者极点算作 $p$ 个. 依照 8.3 节定理 4 公式 (5)，有

$$\sum_{r=1}^{s}\alpha_r - \sum_{r=1}^{s}\beta_r = 2\Omega, \tag{1}$$

$2\Omega$ 为某一周期. 造出下列函数

$$\varphi(z) = \frac{\sigma(z-\alpha_1)\cdots\sigma(z-\alpha_s)}{\sigma(z-\beta_1)\cdots\sigma(z-\beta_{s-1})\sigma(z-\beta_s-2\Omega)}.$$

这个函数跟 $f(z)$ 有相同的零点和极点，因为由 8.7 节 (3) 式知 0 是 $\sigma(z)$ 的一阶零点. 考察 $\varphi(z)$ 的双周期性，把 $z$ 换成 $z+2\omega$，根据 8.7 节 (7) 式，$\varphi(z)$ 的分子和分母将分别乘以下列两个因子：

$$(-)^s \exp\{2\eta(sz + s\omega - \alpha_1 - \cdots - \alpha_s)\},$$
$$(-)^s \exp\{2\eta(sz + s\omega - \beta_1 - \cdots - \beta_s - 2\Omega)\}.$$

由 (1) 看出这两个因子相等，故 $\varphi(z)$ 具有周期 $2\omega$. 同样可证明 $\varphi(z)$ 具有周期 $2\omega'$，因此 $\varphi(z)$ 与 $f(z)$ 是有相同的周期，相同的零点和相同的极点的椭圆函数. 它们的比 $f(z)/\varphi(z)$ 是一个没有奇点的双周期函数，根据 8.3 节定理 1，这是一常数. 故得

$$f(z) = C \frac{\sigma(z-\alpha_1)\cdots\sigma(z-\alpha_s)}{\sigma(z-\beta_1)\cdots\sigma(z-\beta_{s-1})\sigma(z-\beta_s-2\Omega)}. \tag{2}$$

常数 $C$ 可以用某一非零点非极点处 $f(z)$ 的值来确定.

从 $\sigma(z)$ 的零点具有周期 $w$ 的性质可以看出，零点 $\alpha_r$ 和极点 $\beta_r$ 不必一定选在一个周期平行四边形内，我们可以任意选 $s$ 个零点 $\alpha_r'$ 和 $s$ 个极点 $\beta_r'$，只要它们加上周期 $w$ 后构成全部零点和极点，并且使得

$$\sum_{r=1}^{s}\alpha_r' = \sum_{r=1}^{s}\beta_r'. \tag{3}$$

这时候 $f(z)$ 的表达式是

$$f(z) = C\prod_{r=1}^{s}\frac{\sigma(z-\alpha_r')}{\sigma(z-\beta_r')}. \tag{4}$$

**2. 用 ζ 函数表达.** 设具有周期 $(2\omega, 2\omega')$ 的椭圆函数 $f(z)$ 的 $k$ 个极点 $\beta_r$ 在普遍情形下是 $p_r$ 阶的，在极点 $\beta_r$ 附近的主部已知为

$$\frac{B_{r,1}}{z-\beta_r} + \frac{B_{r,2}}{(z-\beta_r)^2} + \cdots + \frac{B_{r,p_r}}{(z-\beta_r)^{p_r}}. \tag{5}$$

造出下列函数

$$\varphi(z) = \sum_{r=1}^{k}\Big\{ B_{r,1}\zeta(z-\beta_r) - B_{r,2}\zeta'(z-\beta_r) + \cdots$$
$$+ (-)^{p_r-1}\frac{B_{r,p_r}}{(p_r-1)!}\zeta^{(p_r-1)}(z-\beta_r)\Big\}.$$

由于 $z=0$ 是 $\zeta(z)$ 的一阶极点(8.6 节(1)),这个函数跟 $f(z)$ 有相同的极点和相同的主部.考察 $\varphi(z)$ 的双周期性,把 $z$ 换为 $z+2\omega$,$\varphi(z)$ 将增加 $2\eta\sum_{r=1}^{k}B_{r,1}$(参看 8.6 节

(5) 式),但 $\sum_{r=1}^{k}B_{r,1}$ 是 $f(z)$ 的极点在一个周期平行四边形内的残数之和(注意这里并不一定要选 $\beta_r$ 全在一个周期平行四边形之内),根据 8.3 节定理 2,这等于零,因此 $\varphi(z)$ 具有周期 $2\omega$.同样可证明 $\varphi(z)$ 具有周期 $2\omega'$,因此 $f(z)$ 与 $\varphi(z)$ 之差是一个没有奇点的双周期函数,根据 8.3 节定理 1 是一常数.故得

$$f(z) = C + \sum_{r=1}^{k}\sum_{q=1}^{p_r}\frac{(-)^{q-1}B_{r,q}}{(q-1)!}\zeta^{(q-1)}(z-\beta_r). \tag{6}$$

椭圆函数 $f(z)$ 的阶等于 $s = \sum_{r=1}^{k}p_r$.

这种表达式最便于用来求椭圆函数的积分.对(6)式求积分,得

$$\int f(z)\mathrm{d}z = Cz + C' + \sum_{r=1}^{k}B_{r,1}\ln\sigma(z-\beta_r) + \sum_{r=1}^{k}\sum_{q=1}^{p_r-1}\frac{(-)^qB_{r,q+1}}{q!}\zeta^{(q-1)}(z-\beta_r). \tag{7}$$

**3. 用 ℘ 函数表达.** 由于 ℘ 函数是偶函数,我们必须分别考虑偶函数和奇函数.先设 $f_1(z)$ 为偶椭圆函数,为了表现出偶函数或者奇函数的特点,选周期平行四边形的顶点 $ABCD$ 为 $\omega+\omega'$,$\omega'-\omega$,$-\omega-\omega'$,$\omega-\omega'$.在 $ABCD$ 内的零点,除了可能的 $z=0$ 点外,都是正负号成对的:$\pm\alpha_1,\pm\alpha_2,\cdots,\pm\alpha_k$,每个零点出现的次数等于它的阶.在 $ABCD$ 内的极点,除了可能的 $z=0$ 点外,也是成对的:$\pm\beta_1,\pm\beta_2,\cdots,\pm\beta_l$,每个极点出现的次数等于它的阶.根据 8.3 节定理 3,在 $ABCD$ 内零点的数目等于极点的数目,所以若是 $k<l$,则 $z=0$ 是零点,阶等于 $2(l-k)$;若是 $k>l$,则 $z=0$ 是极点,阶等于 $2(k-l)$.椭圆函数 $f_1(z)$ 的阶 $s$ 等于 $2k$ 和 $2l$ 中的较大的一个.应用证明公式(2)同样的道理,得

$$f_1(z) = C\frac{[\wp(z)-\wp(\alpha_1)][\wp(z)-\wp(\alpha_2)]\cdots[\wp(z)-\wp(\alpha_k)]}{[\wp(z)-\wp(\beta_1)][\wp(z)-\wp(\beta_2)]\cdots[\wp(z)-\wp(\beta_l)]}. \tag{8}$$

假如有的零点,如 $\alpha_r$,是半周期,则 $\alpha_r$ 和 $-\alpha_r$ 都在 $ABCD$ 的边界上,而且两者之差 $2\alpha_r$ 等于周期,因此 $\alpha_r$ 的阶只能算一半.这个零点的阶若等于 $2p$,则在(8)式乘积中只能出现 $p$ 次,而不是像其他在 $ABCD$ 内部的零点出现 $2p$ 次.同样的结论适用于等于半周期的极点.

偶函数的零点如果是半周期,或者是周期,它的阶只能是偶数.极点也是如此.因为假如不然,设半周期 $\omega$ 为偶函数 $f(z)$ 的奇数$(2n+1)$阶零点,则这个函数的$(2n+1)$阶微商 $f^{(2n+1)}(z)$ 在 $z=\omega$ 处将不等于零.由 $f^{(2n+1)}(z+2\omega)=f^{(2n+1)}(z)$,令 $z=-\omega$,得 $f^{(2n+1)}(\omega)=f^{(2n+1)}(-\omega)$.但 $f^{(2n+1)}(z)$ 为奇函数,所以

$$f^{(2n+1)}(-\omega) = -f^{(2n+1)}(\omega).$$

从这两个等式看出，既然 $\omega$ 不是奇点，必有 $f^{(2n+1)}(\omega)=0$，这与上面的结论 $f^{(2n+1)}(\omega)\neq 0$ 矛盾，所以偶函数的半周期零点的阶只能是偶数. 对于极点说，由于 $f(z)$ 的极点是 $1/f(z)$ 的零点，所以偶函数的半周期极点的阶也只能是偶数. 同样的道理说明奇函数的半周期零点或者极点的阶只能是奇数. 因为周期的一倍也是周期，所以上面关于奇偶的结论也同样适用于零点或者极点是一个周期的情形，也就是说，$z=0$ 是零点或者是极点的情形.

其次讨论奇椭圆函数 $f_2(z)$，显然 $f_2(z)/\mathfrak{p}'(z)$ 是偶函数，可以应用(8)式，得

$$f_2(z)=C'\frac{[\mathfrak{p}(z)-\mathfrak{p}(\alpha_1')]\cdots[\mathfrak{p}(z)-\mathfrak{p}(\alpha_{k'}')]}{[\mathfrak{p}(z)-\mathfrak{p}(\beta_1')]\cdots[\mathfrak{p}(z)-\mathfrak{p}(\beta_{l'}')]}\mathfrak{p}'(z). \tag{9}$$

一个普遍的椭圆函数 $f(z)$ 可以如下分为偶函数与奇函数之和：

$$f(z)=\frac{1}{2}\{f(z)+f(-z)\}+\frac{1}{2}\{f(z)-f(-z)\}$$
$$=f_1(z)+f_2(z). \tag{10}$$

应用(8)和(9)可以把 $f(z)$ 表达为

$$f(z)=R_1[\mathfrak{p}(z)]+R_2[\mathfrak{p}(z)]\mathfrak{p}'(z), \tag{11}$$

其中 $R_1(\mathfrak{p})$ 和 $R_2(\mathfrak{p})$ 为 $\mathfrak{p}$ 的有理函数.

利用公式(11)可以求出 $f(z)$ 的积分：

$$\int f(z)\mathrm{d}z=\int R_1(\mathfrak{p})\mathrm{d}z+\int R_2(\mathfrak{p})\mathrm{d}\mathfrak{p}.$$

右方第二个积分可以表达为 $\mathfrak{p}(z)$ 的初等函数. 关于第一个积分，仿照 8.1 节的讨论，将 $R_1(\mathfrak{p})$ 表达成 8.1 节(6)式的形式，可以看出归结为两种类型的积分：

$$I_m=\int[\mathfrak{p}(z)]^m\mathrm{d}z,\quad J_k=\int\frac{\mathrm{d}z}{[\mathfrak{p}(z)-\mathfrak{p}(\beta)]^k}. \tag{12}$$

对于 $I_m$ 说，有与 8.1 节(8)式相同的递推公式(利用 8.5 节(1)和(3)式)：

$$\frac{\mathrm{d}}{\mathrm{d}z}\{[\mathfrak{p}(z)]^m\mathfrak{p}'(z)\}=(4m+6)[\mathfrak{p}(z)]^{m+2}-\left(m+\frac{1}{2}\right)g_2[\mathfrak{p}(z)]^m-mg_3[\mathfrak{p}(z)]^{m-1}, \tag{13}$$

$$[\mathfrak{p}(z)]^m\mathfrak{p}'(z)=(4m+6)I_{m+2}-\left(m+\frac{1}{2}\right)g_2I_m-mg_3I_{m-1}. \tag{14}$$

在这公式中依次令 $m=0,1,2,\cdots$，可把 $I_m(m\geqslant 2)$ 用 $I_0=z$ 和 $I_1=-\zeta(z)$ 表达.

对于 $J_k$，仿照 8.1 节(9)式，取 $\mathfrak{p}$ 作自变数，并用 8.5 节(1)式，有

$$\frac{\mathrm{d}}{\mathrm{d}z}\frac{\mathfrak{p}'(z)}{[\mathfrak{p}(z)-\mathfrak{p}(\beta)]^k}=-\frac{k\mathfrak{p}'^2(\beta)}{[\mathfrak{p}(z)-\mathfrak{p}(\beta)]^{k+1}}+\frac{(1-2k)\mathfrak{p}''(\beta)}{[\mathfrak{p}(z)-\mathfrak{p}(\beta)]^k}$$
$$+\frac{12(1-k)\mathfrak{p}(\beta)}{[\mathfrak{p}(z)-\mathfrak{p}(\beta)]^{k-1}}+\frac{6-4k}{[\mathfrak{p}(z)-\mathfrak{p}(\beta)]^{k-2}}, \tag{15}$$

$$\frac{\mathfrak{p}'(z)}{[\mathfrak{p}(z)-\mathfrak{p}(\beta)]^k}=-k\mathfrak{p}'^2(\beta)J_{k+1}+(1-2k)\mathfrak{p}''(\beta)J_k$$

$$+ 12(1-k)\mathrm{p}(\beta)J_{k-1} + (6-4k)J_{k-2}. \tag{16}$$

在这个公式中依次令 $k=1,2,\cdots$，可把 $J_k(k>1)$ 用 $J_1$ 和 $I_0,I_1$ 表达. 在 $\beta$ 为半周期时，$\mathrm{p}'(\beta)=0$，$J_1$ 本身也可用 $I_0$ 和 $I_1$ 表达. 关于 $J_1$ 的计算，在下一节末讲(见下节 (19)式).

## 8.10 加 法 公 式

加法公式是 $f(z+u)$ 的表达式，$f$ 是 $\mathrm{p},\zeta,\sigma$ 中的任一个. 由于公式比较复杂，不容易直接求出，我们将采用间接方法推导出来. 首先把 $\mathrm{p}(z)-\mathrm{p}(u)$ 用 $\sigma$ 函数表达. $\mathrm{p}(z)-\mathrm{p}(u)$ 作为 $z$ 的函数，有两个零点 $z=\pm u$，极点仍然是 $z=0$，根据上节(2)式，得

$$\mathrm{p}(z) - \mathrm{p}(u) = C\,\frac{\sigma(z+u)\sigma(z-u)}{\sigma^2(z)}.$$

用 $\sigma^2(z)$ 乘，然后令 $z\to 0$，得 $1=-C\sigma^2(u)$，而有

$$\mathrm{p}(z) - \mathrm{p}(u) = -\,\frac{\sigma(z+u)\sigma(z-u)}{\sigma^2(z)\sigma^2(u)}. \tag{1}$$

这是 $\sigma$ 函数的加法公式.

对 $z$ 取对数微商，得

$$\frac{\mathrm{p}'(z)}{\mathrm{p}(z) - \mathrm{p}(u)} = \zeta(z+u) + \zeta(z-u) - 2\zeta(z). \tag{2}$$

将 $z$ 与 $u$ 交换，得

$$-\frac{\mathrm{p}'(z)}{\mathrm{p}(z) - \mathrm{p}(u)} = \zeta(z+u) - \zeta(z-u) - 2\zeta(u). \tag{3}$$

两个方程相加，得

$$\zeta(z+u) - \zeta(z) - \zeta(u) = \frac{1}{2}\,\frac{\mathrm{p}'(z) - \mathrm{p}'(u)}{\mathrm{p}(z) - \mathrm{p}(u)}. \tag{4}$$

这是 $\zeta$ 函数的加法公式.

从(4)式对 $z$ 取微商，然后把 $\mathrm{p}''(z)$ 利用 8.5 节(3)式用 $\mathrm{p}(z)$ 表达，就可得到 $\mathrm{p}$ 函数的加法公式. 但这个计算步骤较繁，今采用下面间接的方法. 先证明公式

$$\mathrm{p}(z+u) + \mathrm{p}(z) + \mathrm{p}(u) = [\zeta(z+u) - \zeta(z) - \zeta(u)]^2. \tag{5}$$

公式的两方都是 $z$ 的椭圆函数，以 $z=0$ 和 $z=-u$ 为二阶极点. 在原点附近有

$$\zeta(z+u) - \zeta(z) - \zeta(u) = -\frac{1}{z} + z\zeta'(u) + \alpha z^2 + \cdots,$$

$$[\zeta(z+u) - \zeta(z) - \zeta(u)]^2 = \frac{1}{z^2} - 2\zeta'(u) - 2\alpha z + \cdots,$$

主部为 $z^{-2}$，与(5)式左方的相同. 在 $z=-u$ 附近，令 $z=v-u$，有

$$\zeta(z+u) - \zeta(z) - \zeta(u) = \zeta(v) - \zeta(v-u) - \zeta(u) = \frac{1}{v} - v\zeta'(u) + \beta v^2 + \cdots,$$

$$[\zeta(z+u) - \zeta(z) - \zeta(u)]^2 = \frac{1}{v^2} - 2\zeta'(u) + 2\beta v + \cdots,$$

主部为 $v^{-2} = (z+u)^{-2}$，与(5)式左方的相同.(5)式两方既有相同的主部,则它们只能相差一个常数.但是左方在原点附近展开的常数项为 $2\mathfrak{p}(u) = -2\zeta'(u)$,与右方的相同,因此(5)式成立.

把(4)式代入(5)式,即得 $\mathfrak{p}$ 函数的加法公式:

$$\mathfrak{p}(z+u) + \mathfrak{p}(z) + \mathfrak{p}(u) = \frac{1}{4}\left[\frac{\mathfrak{p}'(z) - \mathfrak{p}'(u)}{\mathfrak{p}(z) - \mathfrak{p}(u)}\right]^2. \tag{6}$$

令 $u=z$,得

$$\mathfrak{p}(2z) + 2\mathfrak{p}(z) = \frac{1}{4}\left[\frac{\mathfrak{p}''(z)}{\mathfrak{p}'(z)}\right]^2 = \frac{\left[6\mathfrak{p}^2(z) - \frac{1}{2}g_2\right]^2}{4\{4\mathfrak{p}^3(z) - g_2\mathfrak{p}(z) - g_3\}}. \tag{7}$$

这是 $\mathfrak{p}$ 函数的倍加公式.

现在讲 $\mathfrak{p}$ 函数的加法公式的另一形式.设

$$\mathfrak{p}'(z) = A\mathfrak{p}(z) + B, \quad \mathfrak{p}'(u) = A\mathfrak{p}(u) + B. \tag{8}$$

这两个方程定出 $A$ 和 $B$,$A$ 为

$$A = \frac{\mathfrak{p}'(z) - \mathfrak{p}'(u)}{\mathfrak{p}(z) - \mathfrak{p}(u)}. \tag{9}$$

今 $\mathfrak{p}'(v)$ 为三阶函数,故 $\mathfrak{p}'(v) - A\mathfrak{p}(v) - B = 0$ 应该有三个根,这三个根之和应该等于周期(8.3节定理4,现在极点是 $v=0$),所以这三个根是 $v=z, v=u, v=-z-u$.因此有

$$-\mathfrak{p}'(z+u) = A\mathfrak{p}(z+u) + B. \tag{10}$$

从(8)和(10)中消去 $A$ 和 $B$,得

$$\begin{vmatrix} \mathfrak{p}(z) & \mathfrak{p}'(z) & 1 \\ \mathfrak{p}(u) & \mathfrak{p}'(u) & 1 \\ \mathfrak{p}(z+u) & -\mathfrak{p}'(z+u) & 1 \end{vmatrix} = 0. \tag{11}$$

这是 $\mathfrak{p}$ 函数的加法公式的另一形式.

加法公式(6)的另一导出法是:将(8)和(10)自乘,得

$$\mathfrak{p}'^2(v) - [A\mathfrak{p}(v) + B]^2 = 0. \tag{12}$$

这个方程,作为 $v$ 的方程,应该有 6 个根: $v = \pm z, \pm u, \pm(z+u)$.令 $t = \mathfrak{p}(v)$,用 8.5 节(1)式,化(12)为

$$4t^3 - A^2t^2 - (2AB + g_2)t - (B^2 + g_3) = 0. \tag{13}$$

这个方程,作为 $t$ 的方程,有三个根: $t = \mathfrak{p}(z), \mathfrak{p}(u), \mathfrak{p}(z+u)$,这三个根的和等于 $A^2/4$.用(9),即得(6)式.

在(6)式中令 $u=\omega_1$,用 8.5 节(13)式和(9)式,得

$$\wp(z+\omega_1)+\wp(z)+e_1 = \frac{1}{4}\frac{\wp'^2(z)}{[\wp(z)-e_1]^2} = \frac{[\wp(z)-e_2][\wp(z)-e_3]}{\wp(z)-e_1}$$

$$= \wp(z)-e_1+2e_1-e_2-e_3+\frac{(e_1-e_2)(e_1-e_3)}{\wp(z)-e_1}.$$

用 8.5 节(10)式,得

$$\wp(z+\omega_1) = e_1 + \frac{(e_1-e_2)(e_1-e_3)}{\wp(z)-e_1}. \tag{14}$$

这个公式给出 $\wp$ 函数在增加半个周期后的改变.

在(1)式中令 $u=\omega_1$,用 8.7 节(14)式,并注意 $\sigma$ 是奇函数,得

$$\wp(z)-e_1 = -\frac{\sigma(z+\omega_1)\sigma(z-\omega_1)}{[\sigma(z)\sigma(\omega_1)]^2} = \left[\frac{\sigma_1(z)}{\sigma(z)}\right]^2. \tag{15}$$

取根式,得

$$\sqrt{\wp(z)-e_1} = \frac{\sigma_1(z)}{\sigma(z)} = \mathrm{e}^{-\eta_1 z}\frac{\sigma(z+\omega_1)}{\sigma(\omega_1)\sigma(z)}. \tag{16}$$

这里习惯上根式只取一种正负号.同样的公式适用于 $e_2,e_3$,故有

$$\sqrt{\wp(z)-e_k} = \frac{\sigma_k(z)}{\sigma(z)} \quad (k=1,2,3). \tag{17}$$

在(14)和(16)中令 $z=-\omega_1/2$,得

$$\wp\left(\frac{\omega_1}{2}\right)-e_1 = \pm\sqrt{(e_1-e_2)(e_1-e_3)} = \frac{\mathrm{e}^{\eta_1\omega_1}}{\sigma^2(\omega_1)}. \tag{18}$$

最后讲上节末所提到的积分 $J_1$ 的计算.对(3)式求积分,得

$$J_1 = \int\frac{\mathrm{d}z}{\wp(z)-\wp(u)} = \frac{1}{\wp'(u)}\left\{\ln\frac{\sigma(z-u)}{\sigma(z+u)}+2z\zeta(u)\right\}. \tag{19}$$

## 8.11　三次曲线的坐标用椭圆函数表达

先讨论一个特殊的平面三次曲线,其坐标 $x,y$ 之间有下列关系:

$$y^2 = 4x^3-g_2x-g_3. \tag{1}$$

若判别式 $\Delta=g_2^3-27g_3^2\neq0$,则三次曲线没有重点.按照 8.5 节(1)式,这个曲线的坐标可以用椭圆函数表达:

$$x = \wp(u), \quad y = \wp'(u). \tag{2}$$

由于 $\wp(u),\wp'(u)$ 是单值函数,对应于一个 $u$ 的值,只能有一组 $(x,y)$ 的值.反过来,对应于一组 $(x,y)$ 的值,可以证明在周期平行四边形内也只能有一个 $u$ 的值.因为 $x=\wp(u)$ 只能有两个根 $u_1,u_2=-u_1$;而由于 $\wp'(u)$ 是奇函数,相应于这两个 $u$ 的 $y$ 值不同,所以对应于一组 $(x,y)$ 的值,只能有一个 $u$ 的值.

其次讨论下列三次曲线：

$$y^2 = b_0 x^3 + 3b_1 x^2 + 3b_2 x + b_3. \tag{3}$$

作变换

$$x = \frac{4}{b_0}x' - \frac{b_1}{b_0}, \quad y = \frac{4}{b_0}y', \tag{4}$$

得

$$\left.\begin{array}{l} y'^2 = 4x'^3 - g_2 x' - g_3, \\[2mm] g_2 = \dfrac{3}{4}(b_1^2 - b_0 b_2), \\[2mm] g_3 = \dfrac{1}{16}(3b_0 b_1 b_2 - 2b_1^3 - b_0^2 b_3). \end{array}\right\} \tag{5}$$

这时 $x'$ 和 $y'$ 可以用(2)式表达, 代入(4), 得

$$x = \frac{4}{b_0}\wp(u) - \frac{b_1}{b_0}, \quad y = \frac{4}{b_0}\wp'(u). \tag{6}$$

现在讨论普遍三次曲线 $C_3$, 并设 $C_3$ 上有一点 $(\alpha, \beta)$ 为已知. 设在 $C_3$ 上 $(\alpha, \beta)$ 点的切线交 $C_3$ 于另一点 $(\alpha', \beta')$, 选 $(\alpha', \beta')$ 为原点, 并把 $C_3$ 的方程写成下列形式：

$$\varphi_3(x, y) + \varphi_2(x, y) + \varphi_1(x, y) = 0, \tag{7}$$

其中 $\varphi_k(x, y)$ 为 $k$ 次齐式. 由于 $C_3$ 经过原点, 所以(7)式中没有常数项. 任意一条直线 $y = tx$ 交 $C_3$ 于三点, 除原点外的其他两点的 $x$ 值由下面方程

$$x^2 \varphi_3(1, t) + x\varphi_2(1, t) + \varphi_1(1, t) = 0$$

来确定. 由此得

$$x = \frac{-\varphi_2(1, t) \pm \sqrt{P(t)}}{2\varphi_3(1, t)}, \quad y = tx, \tag{8}$$

其中

$$P(t) = [\varphi_2(1, t)]^2 - 4\varphi_1(1, t)\varphi_3(1, t). \tag{9}$$

这是一个 $t$ 的四次多项式. 这个多项式的根相当于两点相重合, 因而是 $C_3$ 的切线的斜率(因 $t = y/x$). 但是我们已经知道一条切线的斜率, 那就是在开始所说的经过 $(\alpha, \beta)$ 点的切线的斜率. 设 $t_0$ 为这个斜率, 它是 $P(t) = 0$ 的一个根. 用 8.1 节变换(4), 即 $t - t_0 = 1/\xi$, 可得到 $\sqrt{P(t)} = \xi^{-2}\sqrt{P_1(\xi)}$, $P_1(\xi)$ 为三次多项式. 令 $\eta^2 = P_1(\xi)$, 则 $\xi$ 和 $\eta$ 可以分别像(6)式中的 $x$ 和 $y$ 那样用椭圆函数表达, 然后通过(8)式可把 $C_3$ 的坐标 $(x, y)$ 用椭圆函数表达.

## 8.12　四次多项式问题

设 $P(x)$ 为四次多项式, $(x, y)$ 为曲线 $C_4$ 的坐标：

$$y^2 = P(x) = a_0 x^4 + 4a_1 x^3 + 6a_2 x^2 + 4a_3 x + a_4. \tag{1}$$

假如知道多项式的一个根 $\alpha$，$P(\alpha)=0$，则用 8.1 节变换(4)，即 $x-\alpha=1/x'$，得 $y=\sqrt{P(x)}=x'^{-2}\sqrt{P_1(x')}$，$P_1(x')$ 为三次多项式. 再用变换 $y=y'/x'^2$，得 $y'^2 = P_1(x')$. 根据上节(6)式，可把 $x'$ 和 $y'$ 表达为 $x'=b\mathfrak{p}(u)+c$，$y'=b\mathfrak{p}'(u)$，因此有

$$x = \alpha + \frac{1}{b\mathfrak{p}(u)+c}, \quad y = \frac{b\mathfrak{p}'(u)}{[b\mathfrak{p}(u)+c]^2}, \tag{2}$$

其中 $b=4/b_0=4/P'(\alpha)$，$c=-b_1/b_0=-P''(\alpha)/6P'(\alpha)$，$b_0$ 和 $b_1$ 是 $P_1(x')$ 的系数 (见上节(3)式). 由(2)得 $\mathrm{d}x=-y\mathrm{d}u$，故

$$u = -\int \frac{\mathrm{d}x}{\sqrt{P(x)}}. \tag{3}$$

假如 $P(x)=0$ 的根一个也不知道，我们不必解四次方程而求根(关于四次方程的解法见附录二)，可以采用下面的方法. 把 $P(t)$ 表达为下列形式：

$$\eta^2 = P(t) = a_0 t^4 + 4a_1 t^3 + 6a_2 t^2 + 4a_3 t + a_4 = [\varphi_2(t)]^2 - \varphi_1(t)\varphi_3(t), \tag{4}$$

其中 $\varphi_k(t)$ 是 $k$ 次多项式. 显然这种表达形式有无穷多个可能. 一种选择 $\varphi_k(t)$ 的方法是：设 $(\alpha,\beta)$ 为 $C_4$ 上一点的坐标，可任意选 $\alpha$，然后得 $\beta=\sqrt{P(\alpha)}$. 设选 $\varphi_2(t)$ 使得 $\varphi_2(\alpha)=\beta$，这显然有无穷多个可能. 这时候 $t=\alpha$ 将是方程 $P(t)-[\varphi_2(t)]^2=0$ 的根，因此可令 $\varphi_1(t)=t-\alpha$，从而确定了 $\varphi_3(t)$. 在 $\varphi_k(t)$ 选定之后，造一个辅助三次曲线 $C_3$，其方程为

$$x^3 \varphi_3\left(\frac{y}{x}\right) + 2x^2 \varphi_2\left(\frac{y}{x}\right) + x\varphi_1\left(\frac{y}{x}\right) = 0. \tag{5}$$

这个曲线经过原点，它与直线 $y=tx$ 的交点，除原点外，其他两点的 $x$ 值满足二次方程：

$$x^2 \varphi_3(t) + 2x\varphi_2(t) + \varphi_1(t) = 0,$$

由此解得

$$x = \frac{-\varphi_2(t)+\eta}{\varphi_3(t)}, \tag{6}$$

其中 $\eta^2=P(t)$，见(4)式. 在上节中已经得到三次曲线 $C_3$ 的坐标 $(x,y)$ 用椭圆函数表达的公式，然后通过 $y=tx$ 和(6)式可把 $t$ 和 $\eta$ 用椭圆函数表达. 这样就解决了 $C_4$ 的坐标 $(t,\eta)$ 用椭圆函数表达的问题.

现在进行演算，把 $\varphi_k(t)$ 具体化. 对(1)式先作变换 $x=t-\dfrac{a_1}{a_0}$ 消去 $x^3$ 项，因此可以令(4)式中的 $a_1=0$，得

$$a_0 \eta^2 = a_0 P(t) = (a_0 t^2)^2 + 6a_0 a_2 t^2 + 4a_0 a_3 t + a_0 a_4. \tag{7}$$

令

$$\varphi_1(t) = -1, \quad \varphi_2(t) = a_0 t^2, \quad \varphi_3(t) = 6a_0 a_2 t^2 + 4a_0 a_3 t + a_0 a_4, \tag{8}$$

辅助三次曲线 $C_3$ 的方程(5)化为

$$6a_0a_2xy^2 + 4a_0a_3x^2y + a_0a_4x^3 + 2a_0y^2 - x = 0. \tag{9}$$

令 $y=tx$,得

$$\frac{1}{x^2} - \frac{2a_0t^2}{x} - (6a_0a_2t^2 + 4a_0a_3t + a_0a_4) = 0.$$

这个方程的解是

$$\frac{1}{x} = a_0t^2 + \sqrt{a_0P(t)}.$$

由此可将 $t$ 和 $\eta = \sqrt{P(t)}$ 用三次曲线 $C_3$ 的坐标 $(x,y)$ 表达如下:

$$t = \frac{y}{x}, \qquad \sqrt{a_0P(t)} = \frac{1}{x} - a_0\left(\frac{y}{x}\right)^2. \tag{10}$$

另一方面,从(9)式解得

$$y = \frac{-2a_0a_3x^2 + \sqrt{4a_0^2a_3^2x^4 - x(a_0a_4x^2-1)(6a_0a_2x+2a_0)}}{6a_0a_2x+2a_0}. \tag{11}$$

根式中的四次多项式有一根 $x=0$,可以令 $x=1/\xi$(参看 8.1 节(4)式),得

$$y = \frac{-2a_0a_3 + \sqrt{4a_0^2a_3^2 - (a_0a_4-\xi^2)(6a_0a_2+2a_0\xi)}}{2a_0\xi(3a_2+\xi)}. \tag{12}$$

再令 $\xi = 2a_0x' - a_2$,则根式内的多项式化为 $4a_0^4(4x'^3 - g_2x' - g_3)$,其中

$$g_2 = \frac{a_0a_4 + 3a_2^2}{a_0^2}, \qquad g_3 = \frac{a_0a_2a_4 - a_3^3 - a_0a_3^2}{a_0^3}. \tag{13}$$

因此得

$$x = \frac{1}{2a_0\mathfrak{p}(u) - a_2}, \qquad y = \frac{a_0\mathfrak{p}'(u) - a_3}{[2a_0\mathfrak{p}(u) - a_2][2a_0\mathfrak{p}(u) + 2a_2]}. \tag{14}$$

为了把公式表达得更简单些,引进参数 $v$ 使得

$$\mathfrak{p}(v) = -\frac{a_2}{a_0}, \qquad \mathfrak{p}'(v) = \frac{a_3}{a_0}. \tag{15}$$

很容易验证,采用(13)式所给的 $g_2$ 和 $g_3$,(15)式中的 $\mathfrak{p}(v)$ 和 $\mathfrak{p}'(v)$ 满足上节关系式(1)和(2),因此是同时成立的.用了 $v$ 之后,将(14)式代入(10),得

$$t = \frac{1}{2}\frac{\mathfrak{p}'(u) - \mathfrak{p}'(v)}{\mathfrak{p}(u) - \mathfrak{p}(v)}, \tag{16}$$

$$\eta = \sqrt{P(t)} = \sqrt{a_0}\left\{2\mathfrak{p}(u) + \mathfrak{p}(v) - \frac{1}{4}\left[\frac{\mathfrak{p}'(u) - \mathfrak{p}'(v)}{\mathfrak{p}(u) - \mathfrak{p}(v)}\right]^2\right\}. \tag{17}$$

应用 8.10 节(6)式,后者简化为

$$\eta = \sqrt{P(t)} = \sqrt{a_0}\{\mathfrak{p}(u) - \mathfrak{p}(u+v)\}. \tag{18}$$

由 8.10 节(4)式求微商,得

$$\frac{1}{2}\frac{\mathrm{d}}{\mathrm{d}u}\frac{\mathfrak{p}'(u)-\mathfrak{p}'(v)}{\mathfrak{p}(u)-\mathfrak{p}(v)}=\mathfrak{p}(u)-\mathfrak{p}(u+v).\tag{19}$$

由此得 $\mathrm{d}t/\mathrm{d}u=\sqrt{P(t)/a_0}$ ,求积分得

$$u=\sqrt{a_0}\int\frac{\mathrm{d}t}{\sqrt{P(t)}}.\tag{20}$$

## 8.13 亏数为一的曲线

一个 $n$ 次曲线 $C_n$ 的方程可以写为

$$F(x,y)=\sum_{m=0}^{n}\varphi_m(x,y)=0,\tag{1}$$

$\varphi_m(x,y)$ 为 $m$ 次齐次多项式,有 $m+1$ 个系数.由于(1)式可以乘一任意常数而不改变曲线,故独立的系数总数为 $\sum_{m=0}^{n}(m+1)-1=\sum_{m=1}^{n}(m+1)=\frac{1}{2}n(n+3)$ ,这个数目也就是确定曲线 $C_n$ 所需要的点数.

现在证明一个不能分解的曲线 $C_n$ 最多有 $\frac{1}{2}(n-1)(n-2)$ 个重点(分解是指曲线方程 $F(x,y)=0$ 可分解为 $F(x,y)=F_1(x,y)\cdot F_2(x,y)=0$ ,即分解为两条曲线: $F_1(x,y)=0,F_2(x,y)=0$ ).设 $d$ 为 $C_n$ 的重点数.作一曲线 $C_{n-1}$ ,经过这 $d$ 个点,另外还可经过 $C_n$ 上指定的 $N-d$ 个点, $N$ 为确定 $C_{n-1}$ 所需要的点数, $N=\frac{1}{2}(n-1)(n+2)$ .由于一个重点算作两个点,所以交点数目等于 $N-d+2d=N+d$ .但是 $C_n$ 和一个 $m$ 次曲线 $C_m$ 的交点最多有 $nm$ 个[①],因此 $N+d$ 这个数目不能大于 $n(n-1)$ ,而有

$$d\leqslant n(n-1)-N=\frac{1}{2}(n-1)(n-2).$$

这样就证明了曲线 $C_n$ 最多只能有 $\frac{1}{2}(n-1)(n-2)$ 个重点.

设 $d$ 为 $C_n$ 的重点数目,令

$$p=\frac{1}{2}(n-1)(n-2)-d.\tag{2}$$

$p$ 叫作曲线 $C_n$ 的**亏数**.亏数为零的曲线有最多的重点,叫作**单行**(unicursal)曲线,它的坐标可以用某一参数的有理函数表达.而且凡是能这样表达的曲线都是单行曲线.亏数为一的 $n$ 次曲线 $C_n$ 有 $d=\frac{1}{2}(n-1)(n-2)-1=\frac{1}{2}n(n-3)$ 个重点.当 $n$

---

① 这是贝祖(Bézout)定理,见 Fricke: *Algebra*, I, p. 123.

＝3 时,$d＝0$,因此没有重点的三次曲线是亏数为 1 的曲线.

现在来证明,亏数为一的曲线 $C_n$ 的坐标可以用椭圆函数表达.

作一 $(n-2)$ 次曲线 $C_{n-2}$,经过 $C_n$ 的全体 $\frac{1}{2}n(n-3)$ 个重点.要完全确定 $C_{n-2}$,还需要 $\frac{1}{2}(n-2)(n+1)-\frac{1}{2}n(n-3)＝n-1$ 个点.现在再在 $C_n$ 上挑选 $n-3$ 个点,还剩下两个未定点,这可用两个未定系数 $\lambda$ 和 $\mu$ 来标志.因此 $C_{n-2}$ 的方程的形式是

$$\lambda f_1(x,y)+\mu f_2(x,y)+f_3(x,y)=0. \tag{3}$$

由于一个重点要当作两个点,所以 $C_{n-2}$ 与 $C_n$ 的交点数已经确定的是 $n(n-3)+n-3＝n(n-2)-3$.但是交点的总数最多只能有 $n(n-2)$ 个,因此除了已经确定的这些点外,最多还可能交于三点.

利用(3)式中的多项式,引进新的变数 $x',y'$:

$$x'=\frac{f_1(x,y)}{f_3(x,y)},\quad y'=\frac{f_2(x,y)}{f_3(x,y)}. \tag{4}$$

当 $(x,y)$ 点走过曲线 $C_n$ 时,$(x',y')$ 点走过一相应的曲线 $C'$,$C'$ 的方程由(1)和(4)消去 $x$ 和 $y$ 而得到.从(4)式看出,对应于 $C_n$ 上的一点 $(x,y)$,在 $C'$ 上只能有一点 $(x',y')$.反过来,可以证明对应于 $C'$ 上的一点,在 $C_n$ 上也只能有一点.因为假如对应于 $C'$ 上的一点 $(x',y')$,在 $C_n$ 上有两点 $(a,b)$ 和 $(a',b')$ 的话,由(4)式得

$$\frac{f_1(a',b')}{f_1(a,b)}=\frac{f_2(a',b')}{f_2(a,b)}=\frac{f_3(a',b')}{f_3(a,b)},$$

那末从(3)式看出,若使 $C_{n-2}$ 经过 $(a,b)$ 点,它必然也经过 $(a',b')$ 点.设 $(a,b)$ 和 $(a',b')$ 不是确定 $C_{n-2}$ 曲线族((3)式)的那些点,则在固定了 $(a,b)$ 点以后,在 $\lambda$ 和 $\mu$ 两个参数之中还有一个,比如说是 $\lambda$,可以任意改变,而曲线族 $C_{n-2}$ 简化为一个参数的曲线族,这个曲线族还可与曲线 $C_n$ 相交于一个变点 $(x,y)$.当这个变点确定之后,参数 $\lambda$ 也就确定;反过来,当参数 $\lambda$ 确定之后,变点也就确定.因此变点的坐标必是参数 $\lambda$ 的有理函数.变点可以在曲线 $C_n$ 上连续变,这样就引到结论,$C_n$ 的坐标可以用一个参数的有理函数表达.但是只有单行曲线的坐标才能用一个参数的有理函数表达,而我们的曲线 $C_n$ 不是单行曲线.这说明有两点 $(a,b)$ 和 $(a',b')$ 的假设不对,因此对应于 $C'$ 上的一点,在 $C_n$ 上也只能有一点.所以 $C_n$ 的坐标一定可以用 $C'$ 的坐标的有理函数表达:

$$x=g_1(x',y'),\quad y=g_2(x',y'). \tag{5}$$

这两个关系应该可以从(4)式解得.凡是(4)式和(5)式同时成立的变换名为**双有理变换**.

现在求曲线 $C'$ 的次数,这等于 $C'$ 与直线 $ax'+by'+c=0$ 相交的点数.这也等于 $C_n$ 与曲线

$$af_1(x,y)+bf_2(x,y)+cf_3(x,y)=0$$

相交的点数,因为 $C_n$ 上一点对应于 $C'$ 上的一点.这个曲线属于 $C_{n-2}$ 曲线族,与 $C_n$ 的交点随 $a,b,c$ 变的最多有三点.因此 $C'$ 是三次曲线.我们已经知道三次曲线的坐标 $(x',y')$ 能用椭圆函数表达,代入(5)式就可得到 $C_n$ 的坐标的椭圆函数表达式.这样就证明了亏数为一的曲线的坐标可以用椭圆函数表达.

以上是在原则上解决了亏数为一的曲线的坐标用椭圆函数表达的问题,但在实际具体演算中确定曲线族 $C_{n-2}$ 比较麻烦,不如采用双有理变换逐步降低曲线次数的办法.这样作的时候,每一步只要确定一个重点,而不需要一次把所有的重点都找出来.举一个例子来说明.设有一个十二次曲线

$$y^6=A(x-a)^3(x-b)^4(x-c)^5. \tag{6}$$

这个曲线的三点 $(a,0),(b,0),(c,0)$ 是多重点.第一步作变换:

$$x=x,\quad y=(x-b)(x-c)/\xi,$$

得

$$(x-b)^2(x-c)=A(x-a)^3\xi^6.$$

这是一个九次曲线,坐标是 $(x,\xi)$.第二步作变换: $\xi=\xi,x=a+1/\eta$,得

$$A\xi^6=[(a-b)\eta+1]^2[(a-c)\eta+1].$$

这是一个六次曲线,坐标是 $(\xi,\eta)$.第三步作变换: $\xi=\xi,(a-b)\eta+1=\xi^3/\zeta$,得

$$(a-c)\xi^3-(b-c)\zeta=A(a-b)\zeta^3,$$

这已经是一个三次曲线.第四步作变换: $\xi=t/v,\zeta=1/v$,得

$$(b-c)v^2=(a-c)t^3-A(a-b). \tag{7}$$

这已接近于标准形式.再作变换

$$t=\frac{4(b-c)}{a-c}t',\quad v=\frac{4(b-c)}{a-c}v', \tag{8}$$

得

$$v'^2=4t'^3-g_3;\quad g_2=0,\quad g_3=\frac{A(a-b)(a-c)^2}{16(b-c)^3}. \tag{9}$$

这是标准形式. $(x,y)$ 与 $(t,v)$ 的关系是

$$\left.\begin{array}{l}x=\dfrac{at^3-bv^2}{t^3-v^2},y=\dfrac{(a-b)[(a-c)t^3-(b-c)v^2]t^2v}{(t^3-v^2)^2};\\[3mm]t=\dfrac{y^2}{(x-a)(x-b)(x-c)^2},v=\dfrac{y^3}{(x-a)(x-b)^2(x-c)^3}.\end{array}\right\} \tag{10}$$

用椭圆函数表达为

$$t=\frac{4(b-c)}{a-c}\wp(u),\quad v=\frac{4(b-c)}{a-c}\wp'(u). \tag{11}$$

这个方法可应用于解微分方程:

$$\left(\frac{\mathrm{d}z}{\mathrm{d}x}\right)^6 = A(x-a)^3(x-b)^4(x-c)^5. \tag{12}$$

用上述方法,令 $y=\mathrm{d}z/\mathrm{d}x$,得

$$z = \int y\mathrm{d}x.$$

这个积分可以用椭圆函数表达出来.

## 习　　题

1. 证明具有相同周期和相同极点的两个椭圆函数 $x=f_1(z)$, $y=f_2(z)$ 之间有一代数关系.[**提示**:选多项式 $F(x,y)$ 的系数,使在每个极点的主部为零.]

2. 由 8.7 节(14)中两式相乘,把 $\ln\sigma(\omega_k\pm z)$ 展开为泰勒级数,相加,证明 8.7 节(17)式:

$$\ln\sigma_k(z) = -\sum_{n=1}^{\infty}\mathrm{p}^{(2n-2)}(\omega_k)\frac{z^{2n}}{(2n)!}$$

$$= -e_k\frac{z^2}{2!} - (6e_k^2 - e_1^2 - e_2^2 - e_3^2)\frac{z^4}{4!} - 12e_k(6e_k^2 - e_1^2 - e_2^2 - e_3^2)\frac{z^6}{6!}$$

$$- 36(6e_k^2 - e_1^2 - e_2^2 - e_3^2)(10e_k^2 - e_1^2 - e_2^2 - e_3^2)\frac{z^8}{8!} - \cdots.$$

3. 由 8.5 节(6)和(11)式证明

$$c_2 = \frac{1}{5}(e_3^2 - e_1 e_2), \quad c_3 = \frac{e_1 e_2 e_3}{7}, \quad c_4 = \frac{(e_3^2 - e_1 e_2)^2}{75}.$$

4. 由习题 2,3 和 8.7 节(5)式证明

$$\ln\frac{\sigma(z)}{z\sigma_3(z)} = e_3\frac{z^2}{2} + (2e_3^2 + 3e_1 e_2)\frac{z^4}{30} + e_3\left(e_3^2 + \frac{3}{7}e_1 e_2\right)\frac{z^6}{15}$$

$$+ \left[(2e_3^2 + e_1 e_2)(4e_3^2 + e_1 e_2) - \frac{(e_3^2 - e_1 e_2)^2}{15}\right]\frac{z^8}{280} + \cdots,$$

$$\ln\frac{\sigma_1(z)}{\sigma_3(z)} = (e_1 - e_3)\left\{-\frac{z^2}{2} + e_2\frac{z^4}{4} - (e_2^2 - e_1 e_3)\frac{z^6}{15}\right.$$

$$\left. + e_2(7e_2^2 - 22e_1 e_3)\frac{z^8}{280} - \cdots\right\},$$

$$\ln\frac{\sigma_2(z)}{\sigma_3(z)} = (e_2 - e_3)\left\{-\frac{z^2}{2} + e_1\frac{z^4}{4} - (e_1^2 - e_2 e_3)\frac{z^6}{15}\right.$$

$$\left. + e_1(7e_1^2 - 22e_2 e_3)\frac{z^8}{280} - \cdots\right\}.$$

5. 由 8.10 节(1)式和(7)式推导得

$$\mathfrak{p}'(z) = -\frac{\sigma(2z)}{\sigma^4(z)}, \quad \frac{\sigma(3z)}{\sigma^9(z)} = 3\mathfrak{p}(z)\mathfrak{p}'^2(z) - \frac{1}{4}\mathfrak{p}''^2(z).$$

6. 由 8.10 节(4)式证明

$$\zeta(2z) - 2\zeta(z) = \frac{\mathfrak{p}''(z)}{2\mathfrak{p}'(z)},$$

$$\zeta(z+\omega_1) - \zeta(z) - \eta_1 = \frac{1}{2}\frac{\mathfrak{p}'(z)}{\mathfrak{p}(z) - e_1},$$

由此求积分,导出

$$\sqrt{\mathfrak{p}(z) - e_1} = \frac{\sigma_1(z)}{\sigma(z)}.$$

7. 用 8.10 节(14)式证明

$$(e_1 - e_2)(e_1 - e_3)\int \frac{dz}{\mathfrak{p}(z) - e_1} = -\zeta(z+\omega_1) - e_1 z + C.$$

8. 由 8.10 节(16)和(17)式证明

$$\sqrt{e_1 - e_2} = -\frac{e^{-\omega_1 \eta_2}\sigma(\omega_3)}{\sigma(\omega_1)\sigma(\omega_2)},$$

$$\sqrt{e_1 - e_3} = -\frac{e^{-\omega_1 \eta_3}\sigma(\omega_2)}{\sigma(\omega_1)\sigma(\omega_3)},$$

$$\sqrt{e_2 - e_3} = -\frac{e^{-\omega_2 \eta_3}\sigma(\omega_1)}{\sigma(\omega_2)\sigma(\omega_3)}.$$

9. 证明 $x = \mathfrak{p}\left(\frac{w}{5}\right) + \mathfrak{p}\left(\frac{2w}{5}\right)$,其中 $w = 2m\omega + 2m'\omega'$,是六次方程

$$x^6 - 5g_2 x^4 - 40g_3 x^3 - 5g_2^2 x^2 - 8g_2 g_3 x - 5g_3^2 = 0$$

的根,并把六个根都表达出来.

10. 证明三次曲线有九个拐点,其坐标由椭圆函数的变数 $u$ 作为参数,$u = \frac{1}{3}(2m\omega + 2m'\omega')$,其中 $m$ 和 $m'$ 各取 $(0,1,2)$ 中任一值.

11. 对 $P(x) = a_0 x^4 + 4a_1 x^3 + 6a_2 x^2 + 4a_3 x + a_4$ 作变换 $x = x' - \frac{a_1}{a_0}$,化为

$$P\left(x' - \frac{a_1}{a_0}\right) = a_0 x'^4 + 6a_2' x'^2 + 4a_3' x' + a_4',$$

$$a_2' = a_2 - \frac{a_1^2}{a_0}, \quad a_3' = a_3 - \frac{3a_1 a_2}{a_0} + \frac{2a_1^3}{a_0^2},$$

$$a_4' = a_4 - \frac{4a_1 a_3}{a_0} + \frac{6a_1^2 a_2}{a_0^2} - \frac{3a_1^4}{a_0^3}.$$

由此得出在 $a_1 \neq 0$ 时 8.12 节(13)~(18)化为

$$g_2 = \frac{a_0 a_4 - 4a_1 a_3 + 3a_2^2}{a_0^2},$$

$$g_3 = \frac{a_0 a_2 a_4 + 2a_1 a_2 a_3 - a_1^2 a_4 - a_0 a_3^2 - a_2^3}{a_0^3},$$

$$\mathfrak{p}(v) = \frac{a_1^2}{a_0^2} - \frac{a_2}{a_0}, \quad \mathfrak{p}'(v) = \frac{a_3}{a_0} - \frac{3a_1 a_2}{a_0^2} + \frac{2a_1^3}{a_0^3},$$

$$x = \frac{1}{2}\frac{\mathfrak{p}'(u) - \mathfrak{p}'(v)}{\mathfrak{p}(u) - \mathfrak{p}(v)} - \frac{a_1}{a_0},$$

$$y = \sqrt{P(x)} = \sqrt{a_0}\{\mathfrak{p}(u) - \mathfrak{p}(u + v)\}.$$

12. 证明,在 11 题中若把 $g_2$,$g_3$ 改为 $G_2$,$G_3$:

$$G_2 = a_0^2 g_2 = a_0 a_4 - 4a_1 a_3 + 3a_2^2,$$

$$G_3 = a_0^3 g_3 = a_0 a_2 a_4 - a_1^2 a_4 + 2a_1 a_2 a_3 - a_0 a_3^2 - a_2^3,$$

则 $u$ 将改为 $U = a_0^{-\frac{1}{2}} u$,而

$$\mathfrak{p}(V) = \frac{a_1^2}{a_0} - a_2, \quad \mathfrak{p}'(V) = \sqrt{a_0}\left(a_3 - \frac{3a_1 a_2}{a_0} + \frac{2a_1^3}{a_0^2}\right),$$

$$x = \frac{1}{2\sqrt{a_0}}\frac{\mathfrak{p}'(U) - \mathfrak{p}'(V)}{\mathfrak{p}(U) - \mathfrak{p}(V)} - \frac{a_1}{a_0},$$

$$y = \sqrt{P(x)} = \frac{1}{\sqrt{a_0}}\{\mathfrak{p}(U) - \mathfrak{p}(U + V)\}.$$

并证明这里的 $G_2$,$G_3$ 与 8.12 节(2)式中的不变量一样,而且(2)式中的 $u$ 与 $U$ 的关系是 $u = U + V/2$(应用 8.9 节公式(9))。

13. 把下列曲线的坐标用椭圆函数表达:

$$y^5 + Axy^4 + x^4\left(Bx - \frac{4^4}{5^5}\frac{A^5}{4B}\right)^2 = 0.$$

14. 把下列曲线的坐标用椭圆函数表达:

$$y^5 + Axy^4 + \left(Bx^5 - \frac{4^4}{5^5}\frac{A^5}{4B}\right)^2 = 0.$$

15. 由 8.10 节(17)式推导得

$$\sigma_k^2(z) - \sigma_l^2(z) + (e_k - e_l)\sigma^2(z) = 0 \quad (k, l = 1, 2, 3),$$

$$(e_2 - e_3)\sigma_1^2(z) + (e_3 - e_1)\sigma_2^2(z) + (e_1 - e_2)\sigma_3^2(z) = 0.$$

# 第九章 忒 塔 函 数

## 9.1 函数 $\theta(v)$

为了实用的目的需要把椭圆函数的两个周期之一选为实数,这可以令 $v = z/2\omega$ 而实现. 在 8.8 节末曾提过,可以把椭圆函数的关系表达为 $z/\omega$ 和 $\omega'/\omega$ 的函数. 令

$$v = \frac{z}{2\omega}, \quad \tau = \frac{\omega'}{\omega}. \tag{1}$$

对应于 $z$ 的两个周期 $2\omega$ 和 $2\omega'$, $v$ 的两个周期是 1 和 $\tau$. 我们仍然假设 $\mathrm{Im}(\tau) > 0$. 由于一切椭圆函数都可用 $\sigma(z)$ 表达,而 $\sigma(z)$ 又是整函数,它的零点全为已知,所以 $\sigma(z)$ 是一个很适宜的函数. 为了突出实周期的特点,我们将乘 $\sigma(z)$ 以因子 $\mathrm{e}^{az^2+bz}$, 而适当选择 $a$ 和 $b$ 使具有周期 $2\omega$. 很容易证明 $a = -\eta/2\omega, b = \pi\mathrm{i}/2\omega$. 令

$$\varphi(z) = \mathrm{e}^{-\frac{\eta z^2}{2\omega} + \frac{\mathrm{i}\pi z}{2\omega}} \sigma(z). \tag{2}$$

应用 8.7 节(7)和(8)式及 8.6 节(8)式,得

$$\varphi(z + 2\omega) = \varphi(z), \quad \varphi(z + 2\omega') = -\mathrm{e}^{-\frac{\mathrm{i}\pi z}{\omega}} \varphi(z). \tag{3}$$

周期函数可以展开为傅里叶级数[1]:

$$\varphi(z) = \sum_{n=-\infty}^{\infty} c_n \mathrm{e}^{2n\pi v\mathrm{i}} = \sum_{n=-\infty}^{\infty} c_n x^{2n}, \tag{4}$$

其中 $x = \mathrm{e}^{\mathrm{i}\pi v}, z = 2\omega v$. 在(4)中把 $z$ 改为 $z + 2\omega'$, $v$ 改为 $v + \tau$, 并令

$$x = \mathrm{e}^{\mathrm{i}\pi v}, \quad q = \mathrm{e}^{\mathrm{i}\pi \tau}, \tag{5}$$

得

$$\varphi(z + 2\omega') = \sum_{n=-\infty}^{\infty} c_n q^{2n} x^{2n}.$$

代入(3)的第二式,得

$$\sum_{n=-\infty}^{\infty} c_n q^{2n} x^{2n} = -\sum_{n=-\infty}^{\infty} c_n x^{2n-2} = -\sum_{n=-\infty}^{\infty} c_{n+1} x^{2n}.$$

两方的 $x^{2n}$ 的系数必相等,得

$$c_{n+1} = -q^{2n} c_n,$$

---

① 关于复变函数的傅里叶展开,参看 12.5 节.

这可化为

$$(-)^{n+1}q^{-\left(n+\frac{1}{2}\right)^2}c_{n+1} = (-)^n q^{-\left(n-\frac{1}{2}\right)^2}c_n = C,$$

$C$ 为一常数. 于是得

$$\varphi(z) = C\sum_{n=-\infty}^{\infty}(-)^n q^{\left(n-\frac{1}{2}\right)^2}x^{2n}. \tag{6}$$

为了保持 $\sigma(z)$ 的奇函数性质, 我们不用函数 $\varphi(z)$ 而选 $\varphi(z)/x$ 为标准, 引进 $\theta$ 函数:

$$\theta(v) = \mathrm{i}\sum_{n=-\infty}^{\infty}(-)^n q^{\left(n-\frac{1}{2}\right)^2}\mathrm{e}^{(2n-1)\pi v\mathrm{i}}, \tag{7}$$

因子 i 是为了使 $\theta(v)$ 在 $v$ 是实数时用 $\sin(2n+1)\pi v$ 表达的系数没有 i 出现 (见 (8) 式). 在 (7) 式右方的级数中, 由 $n=0$ 到 $-\infty$ 的求和部分用 $-n$ 代替 $n$, 由 $n=1$ 到 $+\infty$ 的部分用 $n+1$ 代替 $n$, 得

$$\theta(v) = 2\sum_{n=0}^{\infty}(-)^n q^{\left(n+\frac{1}{2}\right)^2}\sin(2n+1)\pi v$$

$$= 2q^{1/4}\sin\pi v - 2q^{9/4}\sin 3\pi v + 2q^{25/4}\sin 5\pi v - \cdots. \tag{8}$$

这个表达式很清楚地把 $\theta(v)$ 的奇函数性质表达出来了.

由 (2), (6), (7) 得

$$\sigma(z) = -\mathrm{i}C\mathrm{e}^{\frac{\eta z^2}{2\omega}}\theta\left(\frac{z}{2\omega}\right).$$

常数 $C$ 可以由 $z\to 0$ 而定 (等式两方都用 $z$ 除过), 得 $1=-\mathrm{i}C\theta'(0)/2\omega$:

$$\sigma(z) = \frac{2\omega}{\theta'}\mathrm{e}^{\frac{\eta z^2}{2\omega}}\theta\left(\frac{z}{2\omega}\right), \tag{9}$$

其中 $\theta'$ 是 $\theta'(0)$ 的简写.

$\theta$ 函数的好处一方面在它有实数周期, 另一方面在它是由一个收敛非常快的级数 (8) 表达, 这个级数收敛之快是因为 $q$ 的绝对值在 $\mathrm{Im}(\tau)>0$ 的条件下小于 1, 而相邻项的方次相差比较大.

注意 $\varphi(z)$ 与 $\theta(v)$ 的关系, 由 (3) 可得

$$\theta(v+1) = -\theta(v), \quad \theta(v+\tau) = -q^{-1}\mathrm{e}^{-2\pi v\mathrm{i}}\theta(v). \tag{10}$$

这也可由定义 (7) 直接证明. $\theta(v)$ 的零点与 $\sigma(z)$ 的零点是一致的, 所以 $v=m+m'\tau$ 是仅有的零点, $m$ 和 $m'$ 为任意整数. 关于 $\theta(v)$ 的零点, 可以不必利用 $\sigma(z)$ 的结果而直接求沿着周期平行四边形围道积分 $\displaystyle\int\frac{\theta'(v)}{\theta(v)}\mathrm{d}v$ 之值, 证明积分值等于 $2\pi\mathrm{i}$, 也可得到.

## 9.2 函数 $\vartheta_k(v)$

忒塔函数 $\vartheta_k$ 是雅可毕引进的,共有四个函数,$k=1,2,3,4$,而 $\vartheta_1(v)=\theta(v)$. 另外三个 $\vartheta$ 函数对应于三个 $\sigma$ 函数(8.7 节(14))$\sigma_k(z)$,$k=1,2,3$. 约当(Jordan)用的符号是 $\theta(v)$ 和 $\theta_k(v)$,而 $\theta_k(v)$ 与 $\sigma_k(z)$ 相对应. 雅可毕用的是比较通用的符号,$\vartheta_k(v)$ 与 $\sigma_k(z)$ 的对应关系是 $\sigma_k(z)$ 对应于 $\vartheta_{k+1}(v)$. $\vartheta_k(v)$ 的定义是:

$$\vartheta_1(v) = \theta(v) = \mathrm{i} \sum_{n=-\infty}^{\infty} (-)^n q^{\left(n-\frac{1}{2}\right)^2} \mathrm{e}^{(2n-1)\pi v\mathrm{i}}$$

$$= 2\sum_{n=0}^{\infty} (-)^n q^{\left(n+\frac{1}{2}\right)^2} \sin(2n+1)\pi v$$

$$= 2q^{1/4}\sin\pi v - 2q^{9/4}\sin 3\pi v + 2q^{25/4}\sin 5\pi v - \cdots. \tag{1}$$

$$\vartheta_2(v) = \theta_1(v) = \vartheta_1\left(v+\frac{1}{2}\right) = \theta\left(v+\frac{1}{2}\right)$$

$$= \sum_{n=-\infty}^{\infty} q^{\left(n-\frac{1}{2}\right)^2} \mathrm{e}^{(2n-1)\pi v\mathrm{i}} = 2\sum_{n=0}^{\infty} q^{\left(n+\frac{1}{2}\right)^2}\cos(2n+1)v$$

$$= 2q^{1/4}\cos\pi v + 2q^{9/4}\cos 3\pi v + 2q^{25/4}\cos 5\pi v + \cdots. \tag{2}$$

$$\vartheta_3(v) = \theta_2(v) = q^{1/4}\mathrm{e}^{\mathrm{i}\pi v}\vartheta_1\left(v+\frac{1}{2}+\frac{\tau}{2}\right) = q^{1/4}\mathrm{e}^{\mathrm{i}\pi v}\vartheta_2\left(v+\frac{\tau}{2}\right)$$

$$= \sum_{n=-\infty}^{\infty} q^{n^2}\mathrm{e}^{2n\pi v\mathrm{i}} = 1 + 2\sum_{n=1}^{\infty} q^{n^2}\cos 2n\pi v$$

$$= 1 + 2q\cos 2\pi v + 2q^4\cos 4\pi v + 2q^9\cos 6\pi v + \cdots. \tag{3}$$

$$\vartheta_4(v) = \theta_3(v) = \vartheta_3\left(v+\frac{1}{2}\right) = -\mathrm{i}q^{1/4}\mathrm{e}^{\mathrm{i}\pi v}\vartheta_1\left(v+\frac{\tau}{2}\right)$$

$$= \mathrm{i}q^{1/4}\mathrm{e}^{-\mathrm{i}\pi v}\vartheta_1\left(v-\frac{\tau}{2}\right)$$

$$= \sum_{n=-\infty}^{\infty} (-)^n q^{n^2}\mathrm{e}^{2n\pi v\mathrm{i}} = 1 + 2\sum_{n=1}^{\infty} (-)^n q^{n^2}\cos 2n\pi v$$

$$= 1 - 2q\cos 2\pi v + 2q^4\cos 4\pi v - 2q^9\cos 6\pi v + \cdots. \tag{4}$$

函数 $\vartheta_k(v)(k=2,3,4)$ 都是 $v$ 的偶函数:$\vartheta_k(-v)=\vartheta_k(v)$,只有 $\vartheta_1(v)$ 是奇函数. 公式(1)是上节公式(7)和(8)的重现.

这些函数与 8.7 节函数 $\sigma(z)$ 和 $\sigma_k(z)$ 的关系可以根据它们定义得到:

$$\sigma(z) = \frac{2\omega}{\vartheta_1'}\mathrm{e}^{\frac{\eta z^2}{2\omega}}\vartheta_1\left(\frac{z}{2\omega}\right), \tag{5}$$

$$\sigma_k(z) = \frac{\mathrm{e}^{\frac{\eta z^2}{2\omega}}}{\vartheta_{k+1}}\vartheta_{k+1}\left(\frac{z}{2\omega}\right) \quad (k=1,2,3), \tag{6}$$

其中 $\vartheta_k$ 为 $\vartheta_k(0)(k=2,3,4)$ 的简写. 类似地, $\vartheta_1' = \vartheta_1'(0)$. 公式(5)是上节公式(9)的重现.

这些函数的周期性, 根据上节(10)式和本节的定义(1)～(4), 表现为

$$
\left.
\begin{aligned}
\vartheta_1(v+1) &= -\vartheta_1(v), & \vartheta_1(v+\tau) &= -q^{-1}\mathrm{e}^{-2\pi vi}\vartheta_1(v), \\
\vartheta_2(v+1) &= -\vartheta_2(v), & \vartheta_2(v+\tau) &= q^{-1}\mathrm{e}^{-2\pi vi}\vartheta_2(v), \\
\vartheta_3(v+1) &= \vartheta_3(v), & \vartheta_3(v+\tau) &= q^{-1}\mathrm{e}^{-2\pi vi}\vartheta_3(v), \\
\vartheta_4(v+1) &= \vartheta_4(v), & \vartheta_4(v+\tau) &= -q^{-1}\mathrm{e}^{-2\pi vi}\vartheta_4(v).
\end{aligned}
\right\}
\tag{7}
$$

根据上节末的结果得知这些函数 $\vartheta_k(v)$ 的零点(都是一阶的)为 $m + m'\tau + v_k$:

$$
v_1 = 0, \quad v_2 = \frac{1}{2}, \quad v_3 = \frac{1}{2} + \frac{\tau}{2}, \quad v_4 = \frac{\tau}{2}.
\tag{8}
$$

由定义求得 $\vartheta_k(v)$ 在半周期处的值为

$$
\left.
\begin{aligned}
\vartheta_1\left(\frac{1}{2}\right) &= \vartheta_2, & \vartheta_1\left(\frac{\tau}{2}\right) &= iq^{-\frac{1}{4}}\vartheta_4, & \vartheta_1\left(\frac{1}{2}+\frac{\tau}{2}\right) &= q^{-\frac{1}{4}}\vartheta_3; \\
\vartheta_2\left(\frac{1}{2}\right) &= 0, & \vartheta_2\left(\frac{\tau}{2}\right) &= q^{-\frac{1}{4}}\vartheta_3, & \vartheta_2\left(\frac{1}{2}+\frac{\tau}{2}\right) &= -iq^{-\frac{1}{4}}\vartheta_4; \\
\vartheta_3\left(\frac{1}{2}\right) &= \vartheta_4, & \vartheta_3\left(\frac{\tau}{2}\right) &= q^{-\frac{1}{4}}\vartheta_2, & \vartheta_3\left(\frac{1}{2}+\frac{\tau}{2}\right) &= 0; \\
\vartheta_4\left(\frac{1}{2}\right) &= \vartheta_3, & \vartheta_4\left(\frac{\tau}{2}\right) &= 0, & \vartheta_4\left(\frac{1}{2}+\frac{\tau}{2}\right) &= q^{-\frac{1}{4}}\vartheta_2.
\end{aligned}
\right\}
\tag{9}
$$

## 9.3　椭圆函数用忒塔函数表达

通过 $\sigma(z)$ 与 $\vartheta_1(v)$ 的关系(9.2 节(5)式), 可以把 8.9 节的表达式(2), 或者(4), 改用 $\vartheta_1(v)$ 表达. 设椭圆函数 $f(z)$ 的周期为 $2\omega$ 和 $2\omega'$, 并且 $\mathrm{Im}(\omega'/\omega) > 0$, $\omega'/\omega = \tau$. 设它的零点为 $\alpha_r$, 极点为 $\beta_r$, $r = 1,2,\cdots,s$, 满足 $\sum\limits_{r=1}^{s}(\alpha_r - \beta_r) = 0$, 则有

$$
f(z) = C\prod_{r=1}^{s}\left\{\vartheta_1\left(\frac{z-\alpha_r}{2\omega}\right)\bigg/\vartheta_1\left(\frac{z-\beta_r}{2\omega}\right)\right\}.
\tag{1}
$$

另外, 8.9 节公式(6)也可用 $\vartheta_1(v)$ 表达. 由 8.7 (4)式和 9.2 节(5)式得

$$
\zeta(z) = \frac{\sigma'(z)}{\sigma(z)} = \frac{\eta z}{\omega} + \frac{1}{2\omega}\frac{\vartheta_1'(z/2\omega)}{\vartheta_1(z/2\omega)}.
\tag{2}
$$

代入 8.9 节公式(6), 得

$$
f(z) = C + \sum_{r=1}^{s}\sum_{q=1}^{p_r}\frac{(-)^{q-1}B_{r,q}}{(q-1)!}\frac{\mathrm{d}^q}{\mathrm{d}z^q}\ln\vartheta_1\left(\frac{z-\beta_r}{2\omega}\right).
\tag{3}
$$

这个公式比 8.9 节公式(6)所差的各项, 相当于(2)式右方第一项 $\eta z/\omega$, 都归入到(3)式的常数 $C$ 中, 这利用了残数的和, $\sum\limits_{r}B_{r,1} = 0$.

由 8.10 节(15)式和(17)式得 $\wp(z)$ 用 $\vartheta_k(v)$ 表达:

$$\wp(z) - e_1 = \left[\frac{\sigma_1(z)}{\sigma(z)}\right]^2 = \left[\frac{\vartheta_1'}{2\omega\vartheta_2} \cdot \frac{\vartheta_2(z/2\omega)}{\vartheta_1(z/2\omega)}\right]^2. \tag{4}$$

$$\wp(z) - e_k = \left[\frac{\vartheta_1'}{2\omega\vartheta_{k+1}} \cdot \frac{\vartheta_{k+1}(z/2\omega)}{\vartheta_1(z/2\omega)}\right]^2 \quad (k = 1,2,3). \tag{5}$$

由 8.10 节(17)式,三个相乘,得到 $\wp'(z)$ 用 $\sigma_k(z)$ 表达为

$$\wp'(z) = -\frac{2\sigma_1(z)\sigma_2(z)\sigma_3(z)}{\sigma^3(z)}, \tag{6}$$

右方的负号是由原点附近的主部确定的. 用 $\vartheta_k(v)$ 表达为

$$\wp'(z) = -\frac{\vartheta_1'^3}{4\omega^3\vartheta_2\vartheta_3\vartheta_4} \cdot \frac{\vartheta_2(v)\vartheta_3(v)\vartheta_4(v)}{\vartheta_1^3(v)} \quad \left(v = \frac{z}{2\omega}\right). \tag{7}$$

## 9.4 $\vartheta_k(v)$ 的平方之间的关系

考虑函数

$$f(v) = \frac{a\vartheta_1^2(v) + b\vartheta_4^2(v)}{\vartheta_2^2(v)}.$$

这是双周期函数,以 1 和 $\tau$ 为周期,这可用 9.2 节(7)式证明. 假如选常数 $a$ 和 $b$ 使得分母的零点与分子的消去一个,则 $f(v)$ 将是一个最多只有一个极点的椭圆函数,依照 8.3 节定理 2 和定理 1,它只能是一个常数. 由于 $a$ 和 $b$ 还可乘一任意常数,可使常数 $f(v) = 1$ 而得

$$\vartheta_2^2(v) = a\vartheta_1^2(v) + b\vartheta_4^2(v).$$

要确定系数 $a$ 和 $b$,可依次令 $v = 0$ 和 $v = \tau/2$,利用 9.2 节(9)式,得 $b = \vartheta_2^2/\vartheta_4^2$,$a = -\vartheta_3^2/\vartheta_4^2$:

$$\vartheta_4^2\vartheta_2^2(v) = \vartheta_2^2\vartheta_4^2(v) - \vartheta_3^2\vartheta_1^2(v). \tag{1}$$

同样,可证明

$$\vartheta_4^2\vartheta_3^2(v) = \vartheta_3^2\vartheta_4^2(v) - \vartheta_2^2\vartheta_1^2(v). \tag{2}$$

把(1)和(2)式中的 $v$ 换为 $v + \frac{1}{2}$,用 9.2 节(2)和(4)式,得

$$\vartheta_4^2\vartheta_1^2(v) = \vartheta_2^2\vartheta_3^2(v) - \vartheta_3^2\vartheta_2^2(v), \tag{3}$$

$$\vartheta_4^2\vartheta_4^2(v) = \vartheta_3^2\vartheta_3^2(v) - \vartheta_2^2\vartheta_2^2(v). \tag{4}$$

在(4)中令 $v = 0$,得

$$\vartheta_3^4 = \vartheta_2^4 + \vartheta_4^4. \tag{5}$$

用了这个关系之后,我们看到(3)和(4)式可以从(1)和(2)中分别消去 $\vartheta_4^2(v)$ 和 $\vartheta_1^2(v)$ 而得到.

值得提出,本节的关系式从 $\vartheta_k(v)$ 与 $\sigma_k(z)$ 的关系很容易由上节(5)式求得,见第八章习题 15.

## 9.5  加 法 公 式

考虑函数

$$f(v) = \frac{a\vartheta_1^2(v) + b\vartheta_3^2(v)}{\vartheta_3(v+w)\vartheta_3(v-w)}.$$

与上节的理由一样,可以适当地选 $a$ 和 $b$ 使它是一个最多只有一个极点的椭圆函数,而必然等于一个常数. 所以有

$$\vartheta_3(v+w)\vartheta_3(v-w) = a\vartheta_1^2(v) + b\vartheta_3^2(v).$$

依次令 $v=0$ 和 $v=1/2+\tau/2$,用 9.2 节(9)式和(3)式,得 $b=\vartheta_3^2(w)/\vartheta_3^2$,$a=\vartheta_1^2(w)/\vartheta_3^2$:

$$\vartheta_3^2\vartheta_3(v+w)\vartheta_3(v-w) = \vartheta_1^2(v)\vartheta_1^2(w) + \vartheta_3^2(v)\vartheta_3^2(w). \tag{1}$$

把 $v$ 换为 $v+1/2$,得

$$\vartheta_3^2\vartheta_4(v+w)\vartheta_4(v-w) = \vartheta_2^2(v)\vartheta_1^2(w) + \vartheta_4^2(v)\vartheta_3^2(w). \tag{2}$$

再把 $v$ 换为 $v+\tau/2$ 和 $v+1/2+\tau/2$,可以得到 $\vartheta_3^2\vartheta_k(v+w)\vartheta_k(v-w)$ $(k=1,2)$ 的表达式. 同样,可证明

$$\vartheta_2^2\vartheta_3(v+w)\vartheta_3(v-w) = \vartheta_1^2(v)\vartheta_4^2(w) + \vartheta_2^2(v)\vartheta_3^2(w). \tag{3}$$

由这个公式也可得到 $\vartheta_2^2\vartheta_k(v+w)\vartheta_k(v-w)$ 的表达式.

在(2)中令 $v=0$,即得到上节(2)式,所以上节各式是本节各式的特殊情形. 现在再写下一个公式

$$\vartheta_4^2\vartheta_1(v+w)\vartheta_1(v-w) = \vartheta_1^2(v)\vartheta_4^2(w) - \vartheta_4^2(v)\vartheta_1^2(w). \tag{4}$$

把 $v$ 改为 $v+1/2$,同时 $w$ 改为 $w+1/2$,得

$$\vartheta_4^2\vartheta_1(v+w)\vartheta_1(v-w) = \vartheta_3^2(v)\vartheta_2^2(w) - \vartheta_2^2(v)\vartheta_3^2(w). \tag{5}$$

普遍说来,每一个 $\vartheta_r^2\vartheta_k(v+w)\vartheta_k(v-w)$ 都有两种表达式,像(4)和(5)一样.

同样,可证明

$$\vartheta_2\vartheta_3\vartheta_1(v+w)\vartheta_4(v-w)$$
$$= \vartheta_1(v)\vartheta_4(v)\vartheta_2(w)\vartheta_3(w) + \vartheta_2(v)\vartheta_3(v)\vartheta_1(w)\vartheta_4(w). \tag{6}$$

在(1),(2),(3),(6)中令 $v=w$,得倍加公式:

$$\left.\begin{aligned}
\vartheta_3^3\vartheta_3(2v) &= \vartheta_1^4(v) + \vartheta_3^4(v), \\
\vartheta_3^2\vartheta_4\vartheta_4(2v) &= \vartheta_1^2(v)\vartheta_2^2(v) + \vartheta_3^2(v)\vartheta_4^2(v), \\
\vartheta_2^2\vartheta_3\vartheta_3(2v) &= \vartheta_1^2(v)\vartheta_4^2(v) + \vartheta_2^2(v)\vartheta_3^2(v), \\
\vartheta_2\vartheta_3\vartheta_4\vartheta_1(2v) &= 2\vartheta_1(v)\vartheta_2(v)\vartheta_3(v)\vartheta_4(v).
\end{aligned}\right\} \tag{7}$$

## 9.6 忒塔函数所满足的微分方程

现在证明每个函数 $\vartheta_k(v)$ 都满足偏微分方程

$$\frac{\partial^2 \vartheta_k(v)}{\partial v^2} = 4\pi\mathrm{i}\,\frac{\partial \vartheta_k(v)}{\partial \tau} \quad (k=1,2,3,4). \tag{1}$$

为了证明这个结果,取一确定的 $k$ 值,例如 $k=3$,由 9.2 节的定义(3)得

$$\frac{\partial^2 \vartheta_3(v)}{\partial v^2} = -4\pi^2 \sum_{n=-\infty}^{\infty} n^2 q^{n^2} \mathrm{e}^{2n\pi v\mathrm{i}},$$

$$\frac{\partial \vartheta_3(v)}{\partial \tau} = \mathrm{i}\pi \sum_{n=-\infty}^{\infty} n^2 q^{n^2} \mathrm{e}^{2n\pi v\mathrm{i}}.$$

由此可见方程(1)得到满足.同样的证明适用于 $k=1,2,4$.

其次证明下列常微分方程

$$\frac{\mathrm{d}}{\mathrm{d}v}\left\{\frac{\vartheta_1(v)}{\vartheta_4(v)}\right\} = \pi\vartheta_4^2\,\frac{\vartheta_2(v)\vartheta_3(v)}{\vartheta_4^2(v)}. \tag{2}$$

为了这个目的,考虑函数

$$f(v) = \frac{\vartheta_1'(v)}{\vartheta_1(v)} - \frac{\vartheta_4'(v)}{\vartheta_4(v)}.$$

从 9.2 节(7)式和(8)式很容易看出,$f(v)$ 是双周期函数,以 1 和 $\tau$ 为周期,以 0 和 $-\frac{\tau}{2}$ 为极点,以 $\frac{1}{2}$ 和 $-\frac{1}{2}-\frac{\tau}{2}$ 为零点. 由 9.3 节(1)式得

$$f(v) = C\,\frac{\vartheta_1\left(v-\frac{1}{2}\right)\vartheta_1\left(v+\frac{1}{2}+\frac{\tau}{2}\right)}{\vartheta_1(v)\vartheta_1\left(v+\frac{\tau}{2}\right)} = \mathrm{i}C\,\frac{\vartheta_2(v)\vartheta_3(v)}{\vartheta_1(v)\vartheta_4(v)}.$$

由于 $vf(v)$ 在 $v \to 0$ 时趋于 1,得

$$1 = \frac{\mathrm{i}C\vartheta_2\vartheta_3}{\vartheta_1'\vartheta_4}.$$

再用下面要证明的结果 $\vartheta_1' = \pi\vartheta_2\vartheta_3\vartheta_4$,即得(2).

方程(2)也可以简单地从 9.3 节(5)式和(7)式得到,在(5)式中令 $k=3$,对 $z$ 取微商得 $\mathrm{p}'(z)$,然后用(7)式消去 $\mathrm{p}'(z)$,就得到(2)式.

现在来证明

$$\vartheta_1' = \pi\vartheta_2\vartheta_3\vartheta_4. \tag{3}$$

把 9.3 节(5)式的右方在原点附近展开为 $z$ 的幂级数,得

$$\mathrm{p}(z) - e_k = \left[\frac{\vartheta_1'}{2\omega\vartheta_{k+1}}\,\frac{\vartheta_{k+1}+\frac{z^2}{8\omega^2}\vartheta_{k+1}''+\cdots}{\frac{z}{2\omega}\vartheta_1'+\frac{z^3}{48\omega^3}\vartheta_1'''+\cdots}\right]^2,$$

其中用了 $\vartheta_1(v)$ 为奇函数，$\vartheta_{k+1}(v)$ 为偶函数的性质，$\vartheta_k''$，$\vartheta_k'''$ 为 $\vartheta_k''(0)$，$\vartheta_k'''(0)$ 的简写.
进一步演算得右方为

$$\frac{1}{z^2}\left[1+\frac{z^2}{8\omega^2}\left(\frac{\vartheta_{k+1}''}{\vartheta_{k+1}}-\frac{\vartheta_1'''}{3\vartheta_1'}\right)+\cdots\right]^2 = \frac{1}{z^2}+\frac{1}{4\omega^2}\left(\frac{\vartheta_{k+1}''}{\vartheta_{k+1}}-\frac{\vartheta_1'''}{3\vartheta_1'}\right)+\cdots.$$

左方 $\mathfrak{p}(z)$ 用 8.4 节(3)的展开式表达，由两方的常数项相等得

$$4\omega^2 e_k = \frac{\vartheta_1'''}{3\vartheta_1'}-\frac{\vartheta_{k+1}''}{\vartheta_{k+1}} \quad (k=1,2,3). \tag{4}$$

条件 $e_1+e_2+e_3=0$(8.5 节(10)式)给出

$$\frac{\vartheta_1'''}{\vartheta_1'} = \frac{\vartheta_2''}{\vartheta_2}+\frac{\vartheta_3''}{\vartheta_3}+\frac{\vartheta_4''}{\vartheta_4}. \tag{5}$$

另一方面，在微分方程(1)中令 $v=0$，得

$$\vartheta_k'' = 4\pi\mathrm{i}\frac{\partial\vartheta_k}{\partial\tau} \quad (k=2,3,4). \tag{6}$$

关于 $k=1$，需要对(1)式再求一次对 $v$ 的偏微商，然后令 $v=0$

$$\vartheta_1''' = 4\pi\mathrm{i}\frac{\partial\vartheta_1'}{\partial\tau}. \tag{7}$$

把(6)和(7)代入(5)，得

$$\frac{1}{\vartheta_1'}\frac{\partial\vartheta_1'}{\partial\tau} = \frac{1}{\vartheta_2}\frac{\partial\vartheta_2}{\partial\tau}+\frac{1}{\vartheta_3}\frac{\partial\vartheta_3}{\partial\tau}+\frac{1}{\vartheta_4}\frac{\partial\vartheta_4}{\partial\tau}. \tag{8}$$

求积分，得

$$\vartheta_1' = C\vartheta_2\vartheta_3\vartheta_4,$$

积分常数 $C$ 由 $q\to 0$，利用 9.2 节(1)～(4)式，确定为 $\pi$，因而证明了(3)式.

## 9.7　一些常数的值

在 9.2 节 $\vartheta_k(v)$ 的定义中令 $v=0$，得

$$\left.\begin{aligned}
\vartheta_2 &= 2\sum_{n=0}^{\infty}q^{\left(n+\frac{1}{2}\right)^2} = 2q^{1/4}+2q^{9/4}+2q^{25/4}+2q^{49/4}+\cdots\\
&= 2q^{1/4}(1+q^2+q^6+q^{12}+\cdots),\\
\vartheta_3 &= 1+2\sum_{n=1}^{\infty}q^{n^2} = 1+2q+2q^4+2q^9+\cdots,\\
\vartheta_4 &= 1+2\sum_{n=1}^{\infty}(-)^n q^{n^2} = 1-2q+2q^4-2q^9+\cdots.
\end{aligned}\right\} \tag{1}$$

这三个常数之间有一关系(9.4 节(5)式)：$\vartheta_3^4 = \vartheta_2^4+\vartheta_4^4$.

由 8.10 节(17)式和 9.3 节(5)式得

$$\sqrt{\mathfrak{p}(z)-e_k} = \frac{\vartheta_1'}{2\omega\vartheta_{k+1}}\frac{\vartheta_{k+1}(v)}{\vartheta_1(v)} \quad \left(v=\frac{z}{2\omega}\right), \tag{2}$$

令 $k=2$，$z=\omega$，用 9.2 节(9)式和 9.6 节(3)式，得

$$\sqrt{e_1-e_2} = \frac{\pi\vartheta_4^2}{2\omega}. \tag{3}$$

令 $k=3$，$z=\omega$，得

$$\sqrt{e_1-e_3} = \frac{\pi\vartheta_3^2}{2\omega}. \tag{4}$$

令 $k=3$，$z=\omega+\omega'$，得

$$\sqrt{e_2-e_3} = \frac{\pi\vartheta_2^2}{2\omega}. \tag{5}$$

从这几个公式看出，在 $e_k$ 是实数的情形下，可以选 $\omega$ 和 $q$ 都是实数以使 $e_1>e_2>e_3$。假如在 8.5 节中我们不选 $\omega'=\omega_3$，而选 $\omega'=\omega_2$，则 $e_2$ 和 $e_3$ 就要对调，而不能满足 $e_2>e_3$ 的要求。

又令 $k=1$，$z=\omega+\omega'$，得

$$\sqrt{e_2-e_1} = -\mathrm{i}\sqrt{e_1-e_2}. \tag{6}$$

同样得

$$\sqrt{e_3-e_1} = -\mathrm{i}\sqrt{e_1-e_3}, \\ \sqrt{e_3-e_2} = -\mathrm{i}\sqrt{e_2-e_3}. \tag{7}$$

在这些公式中，$e_2$ 对应于 $z=\omega+\omega'=-\omega_2$；假如采用 $z=\omega_2$，则凡是有 $e_2$ 在第一项的根式都变正负号，i 改为 $-\mathrm{i}$。

取(3)和(4)的平方，相加，应用关系 $e_1+e_2+e_3=0$，得

$$12\omega^2 e_1 = \pi^2(\vartheta_3^4+\vartheta_4^4). \tag{8}$$

同样得

$$12\omega^2 e_2 = \pi^2(\vartheta_2^4-\vartheta_4^4), \quad 12\omega^2 e_3 = -\pi^2(\vartheta_2^4+\vartheta_3^4). \tag{9}$$

由下列关系式

$$(e_2-e_3)^2+(e_3-e_1)^2+(e_1-e_2)^2-2(e_1+e_2+e_3)^2$$
$$=-6(e_2e_3+e_3e_1+e_1e_2) = \frac{3}{2}g_2$$

及 $g_3=4e_1e_2e_3$ (见 8.5 节(11)式)，得

$$g_2 = \frac{2}{3}\left(\frac{\pi}{2\omega}\right)^4(\vartheta_2^8+\vartheta_3^8+\vartheta_4^8), \tag{10}$$

$$g_3 = \frac{4}{27}\left(\frac{\pi}{2\omega}\right)^6(\vartheta_2^4+\vartheta_3^4)(\vartheta_3^4+\vartheta_4^4)(\vartheta_4^4-\vartheta_2^4). \tag{11}$$

判别式 $\Delta$(8.5 节(12)式)的四次根为

$$\Delta^{1/4} = 2\left(\frac{\pi}{2\omega}\right)^3 (\vartheta_2 \vartheta_3 \vartheta_4)^2 = \frac{\pi \vartheta_1'^2}{4\omega^3}. \tag{12}$$

现在求 $\eta$ 和 $\eta'$ 的表达式. 对 9.3 节(2)式取微商,得

$$\mathrm{p}(z) = -\zeta'(z) = -\frac{\eta}{\omega} - \frac{1}{(2\omega)^2} \frac{\mathrm{d}}{\mathrm{d}v} \frac{\vartheta_1'(v)}{\vartheta_1(v)}. \tag{13}$$

$\vartheta_1(v)$ 在原点的展开是

$$\vartheta_1(v) = \vartheta_1' v + \frac{\vartheta_1'''}{6} v^3 + \cdots, \quad \vartheta_1'(v) = \vartheta_1' + \frac{\vartheta_1'''}{2} v^2 + \cdots,$$

$$\frac{\vartheta_1'(v)}{\vartheta_1(v)} = \frac{1}{v} + \frac{\vartheta_1'''}{3\vartheta_1'} v + \cdots.$$

代入(13)式,与 $\mathrm{p}(z)$ 的展开式比较(见 8.4 节(3)式),令常数项等于零,得

$$\eta = -\frac{\vartheta_1'''}{12\omega \vartheta_1'}. \tag{14}$$

再用 8.6 节(8)式,得

$$\eta' = -\frac{\pi \mathrm{i}}{2\omega} - \frac{\tau \vartheta_1'''}{12\omega \vartheta_1'}. \tag{15}$$

关于 $\vartheta_1'$ 和 $\vartheta_1'''$ 的展开式可以从 9.2 节(1)式求微商得到:

$$\vartheta_1' = 2\pi q^{1/4} (1 - 3q^2 + 5q^6 - 7q^{12} + \cdots), \tag{16}$$

$$\vartheta_1''' = -2\pi^3 q^{1/4} (1 - 27q^2 + 125q^6 - 343q^{12} + \cdots). \tag{17}$$

## 9.8　勒让德第一种椭圆积分

在 9.6 节(2)式中令

$$t = \frac{\vartheta_3 \vartheta_1(v)}{\vartheta_2 \vartheta_4(v)}, \quad k = \frac{\vartheta_2^2}{\vartheta_3^2}, \quad u = \pi \vartheta_3^2 v, \tag{1}$$

取平方,应用 9.4 节(1)和(2)式,得

$$\left(\frac{\mathrm{d}t}{\mathrm{d}u}\right)^2 = (1 - t^2)(1 - k^2 t^2), \tag{2}$$

由此有

$$u = \int_0^t \frac{\mathrm{d}t}{\sqrt{(1-t^2)(1-k^2 t^2)}}. \tag{3}$$

这个结果符合 $u \to 0$ 时, $t \to 0$ 和 $\mathrm{d}t/\mathrm{d}u \to 1$ 的要求,这些要求从(1)式可以得到.

　　积分(3)是勒让德的第一种椭圆积分, $k$ 名为**模数**. 通常设 $k < 1$,因此 $k' = \sqrt{1-k^2}$ 也是小于 1 的实数, $k'$ 名为**余模数**. 由(1)式及 9.4 节(5)式得

$$k' = \frac{\vartheta_4^2}{\vartheta_3^2}. \tag{4}$$

**全椭圆积分** K 和 K′的定义是

$$K = \int_0^1 \frac{dt}{\sqrt{(1-t^2)(1-k^2 t^2)}},$$

$$K' = \int_0^1 \frac{dt}{\sqrt{(1-t^2)(1-k'^2 t^2)}}. \tag{5}$$

根据 9.2 节(7)式得知 $t$ 是双周期函数,对于 $v$ 的周期是 $(2,\tau)$,对于 $u$ 的周期是 $(2\pi\vartheta_3^2, \pi\tau\vartheta_3^2)$. 这个函数是雅氏椭圆函数 $t = \mathrm{sn}\, u$(8.1 节(11)),它将在下章详细讨论. 当 $v=1/2$ 时,由 9.2 节(9)式得 $t=1$,因此由(5)式得知相应的 $u$ 为 K,故由(1)式得

$$K = \frac{\pi}{2}\vartheta_3^2. \tag{6}$$

应用上节(1)式,得

$$\left(\frac{2K}{\pi}\right)^{1/2} = 1 + 2\sum_{n=1}^{\infty} q^{n^2} = 1 + 2q + 2q^4 + 2q^9 + \cdots. \tag{7}$$

当 $v = \frac{1}{2} + \frac{\tau}{2}$ 时,由(1)式,用 9.2 节(9)式,得 $t=1/k$. 同时有

$$\pi\vartheta_3^2 \cdot \left(\frac{1}{2} + \frac{\tau}{2}\right) = u = \int_0^{1/k} \frac{dt}{\sqrt{(1-t^2)(1-k^2 t^2)}}$$

$$= \int_0^1 \frac{dt}{\sqrt{(1-t^2)(1-k^2 t^2)}} + i\int_1^{1/k} \frac{dt}{\sqrt{(t^2-1)(1-k^2 t^2)}},$$

其中当积分路线绕过 $t=1$ 时,$\mathrm{Im}(t) > 0$. 在第二个积分中作变换 $k^2 t^2 = 1 - k'^2 t'^2$,得

$$\int_1^{1/k} \frac{dt}{\sqrt{(t^2-1)(1-k^2 t^2)}} = \int_0^1 \frac{dt'}{\sqrt{(1-t'^2)(1-k'^2 t'^2)}} = K'.$$

因此有

$$\frac{\pi}{2}\vartheta_3^2 \cdot (1+\tau) = K + iK'.$$

用(6)式,得

$$iK' = \frac{\pi}{2}\vartheta_3^2 \cdot \tau, \quad \tau = \frac{iK'}{K}. \tag{8}$$

故得

$$\frac{\pi K'}{K} = -i\pi\tau = \ln\frac{1}{q}. \tag{9}$$

由公式(1),(4),(7),(9)可以从给定的 $q$ 值计算 $k,K,K'$. 反过来也可利用(4)式,从给定的 $k$ 值计算 $q$,具体计算步骤如下. 令

$$2\varepsilon = \frac{1-\sqrt{k'}}{1+\sqrt{k'}}. \tag{10}$$

由(4)式及 9.7 节(1)式得

$$2\varepsilon = \frac{\vartheta_3 - \vartheta_4}{\vartheta_3 + \vartheta_4} = \frac{2(q + q^9 + q^{25} + \cdots)}{1 + 2q^4 + 2q^{16} + \cdots}. \tag{11}$$

反过来可求得

$$q = \varepsilon + 2\varepsilon^5 + 15\varepsilon^9 + 150\varepsilon^{13} + 1707\varepsilon^{17} + 20\,910\varepsilon^{21} + \cdots. \tag{12}$$

由(10)式看出 $\varepsilon < 1/2$. 级数(12)收敛很快, 适于用来由给定的 $k$ 值求 $q$. 即使 $k$ 大到 $\sqrt{0.8704} = 0.933$, 这时 $\varepsilon = 1/8$, $2\varepsilon^5 = 0.000\,060\,9$, $15\varepsilon^9 = 0.000\,000\,2$, 也只要级数的头三项就可算到七位小数. $k$ 越小, $q$ 也越小, 收敛就越快. 假如 $k' < k$, 在计算时可交换 $k$ 与 $k'$, 这相当于一种变换, 将在下节详细讨论.

由上节(3)~(5)式和本节(1)和(4)式, 得 $k$ 与 $e_1, e_2, e_3$ 的关系:

$$k^2 = \frac{e_2 - e_3}{e_1 - e_3}, \quad k'^2 = \frac{e_1 - e_2}{e_1 - e_3}. \tag{13}$$

在 $e_r$ 为实数而满足 $e_1 > e_2 > e_3$ 的条件下, 可以应用上述方法求得 $q$. 积分

$$z = \int_x^\infty \frac{\mathrm{d}x}{\sqrt{4(x - e_1)(x - e_2)(x - e_3)}} \tag{14}$$

经过变换

$$x = e_3 + \frac{e_1 - e_3}{t^2}, \quad z = \frac{u}{\sqrt{e_1 - e_3}}, \tag{15}$$

可变为勒让德标准形式(3), 其中 $k$ 由(13)式确定. 这时 $\omega\sqrt{e_1 - e_3} = \mathrm{K}$, $\omega'\sqrt{e_1 - e_3} = \mathrm{i}\mathrm{K}'$ (参看习题 10).

在 $e_r$ 只有一个是实数的情形下, 令

$$e_1 = \alpha + \mathrm{i}\beta, \quad e_2 = -2\alpha, \quad e_3 = \alpha - \mathrm{i}\beta \quad (\beta > 0). \tag{16}$$

这时要把(14)化为勒让德标准形式, 先作变换 $x - \alpha = \beta/\xi$, 使根式内多项式变为四次的, 得

$$z = \int_x^\infty \frac{\mathrm{d}x}{\sqrt{4[(x - \alpha)^2 + \beta^2](x + 2\alpha)}} = \int_0^\xi \frac{\mathrm{d}\xi}{2\sqrt{(1 + \xi^2)(\beta - 3\alpha\xi)\xi}}. \tag{17}$$

再作变换使只出现平方项. 为了保持因子 $1 + \xi^2$ 使给出平方项, 作变换

$$\xi = \frac{\eta - \lambda}{\lambda\eta + 1}, \quad \eta = \frac{\lambda + \xi}{1 - \lambda\xi},$$

这时参数 $\lambda$ 还未确定. 选 $\lambda$ 使得根式内其他两个因子给出 $\eta^2 - \lambda^2$, 这就要求当 $\xi = -\beta/3\alpha$ 时 $\eta = -\lambda$: $-\beta/3\alpha = 2\lambda/(\lambda^2 - 1)$. 求出解为

$$\lambda = \frac{\sigma^2 - 3\alpha}{\beta}, \quad \sigma^4 = 9\alpha^2 + \beta^2.$$

变换后(17)式化为

$$z = \sqrt{\frac{\lambda}{2\beta}} \int_\lambda^\eta \frac{\mathrm{d}\eta}{\sqrt{(\eta^2 + 1)(\eta^2 - \lambda^2)}}. \tag{18}$$

再作变换

$$\eta^2 = \frac{\lambda^2}{1-t^2}, \quad k^2 = \frac{1}{1+\lambda^2} = \frac{1}{2} + \frac{3\alpha}{2\sigma^2},$$

得

$$2\sigma z = \int_0^t \frac{\mathrm{d}t}{\sqrt{(1-t^2)(1-k^2t^2)}} = u. \tag{19}$$

这样就变换成为勒让德的标准形式了.通过以上的变换公式,可以把 $\omega_1, \omega_2, \omega_3$ 用 K 和 K′ 表达出来(见习题 11). $t$ 与 $x$ 的关系为

$$t = \frac{2\sigma\sqrt{x+2\alpha}}{x+2\alpha+\sigma^2}, \quad x + 2\alpha + \sigma^2 = \frac{2\sigma^2}{t^2}(1+\sqrt{1-t^2}). \tag{20}$$

## 9.9  雅氏虚变换

在外氏椭圆函数中交换 $\omega$ 和 $\omega'$ 不引起什么改变;为了保持 $\mathrm{Im}(\omega'/\omega)>0$,需要把 $\omega, \omega'$ 依次换为 $\omega', -\omega$. 但是在 $\vartheta_k(v)$ 函数中,由于两个周期不对称,相应的变换是 $v$ 变为 $v' = z/2\omega' = v/\tau$,同时 $\tau$ 变为 $\tau' = -1/\tau$. 因为 $\tau$ 是虚数,所以这种变换称为虚变换.为了标明周期 $\tau$,把 $\vartheta_k(v)$ 写为 $\vartheta_k(v\,|\,\tau)$. 在变换 $(\omega, \omega') \to (\omega', -\omega)$ 中 $\sigma(z)$ 不变,而 $e_1 \to e_3, e_3 \to e_1, e_2$ 不变.由 9.2 节(5)式得

$$\sigma(z) = \frac{2\omega}{\vartheta_1'(0\,|\,\tau)} \mathrm{e}^{\frac{\eta z^2}{2\omega}} \vartheta_1(v\,|\,\tau) = \frac{2\omega'}{\vartheta_1'(0\,|\,\tau')} \mathrm{e}^{\frac{\eta' z^2}{2\omega'}} \vartheta_1\left(\frac{v}{\tau}\,\Big|\,-\frac{1}{\tau}\right).$$

用 8.6 节(8)式及 $z = 2\omega v$,得

$$\left(\frac{\eta}{2\omega} - \frac{\vartheta'}{2\omega'}\right) z^2 = \frac{2\omega v^2}{\omega'}(\eta\omega' - \eta'\omega) = \frac{\mathrm{i}\pi v^2}{\tau}.$$

又由于 $e_k$ 只是互相交换,故 $\Delta$ 不变,因而由 9.7 节(12)式得知

$$\frac{\vartheta_1'(0\,|\,\tau')}{\omega'^{3/2}} = \varepsilon \frac{\vartheta_1'(0\,|\,\tau)}{\omega^{3/2}},$$

其中 $\varepsilon$ 为与 $\tau$ 无关的因子.为了定这个因子,令 $\tau = \tau' = \mathrm{i}$,得 $\varepsilon = \mathrm{i}^{-3/2}$. 因此得

$$\vartheta_1'\left(0\,\Big|\,-\frac{1}{\tau}\right) = (-\mathrm{i}\tau)^{3/2}\vartheta_1'(0\,|\,\tau), \tag{1}$$

$$\vartheta_1\left(\frac{v}{\tau}\,\Big|\,-\frac{1}{\tau}\right) = -\mathrm{i}(-\mathrm{i}\tau)^{1/2}\mathrm{e}^{\mathrm{i}\pi v^2/\tau}\vartheta_1(v\,|\,\tau). \tag{2}$$

依次把 $v$ 改为 $v+\frac{\tau}{2}, v+\frac{\tau}{2}-\frac{1}{2}, v-\frac{1}{2}$,用 9.2 节定义(2)~(4),得

$$\vartheta_2\left(\frac{v}{\tau}\,\Big|\,-\frac{1}{\tau}\right) = (-\mathrm{i}\tau)^{1/2}\mathrm{e}^{\mathrm{i}\pi v^2/\tau}\vartheta_4(v\,|\,\tau), \tag{3}$$

$$\vartheta_3\left(\frac{v}{\tau}\,\Big|\,-\frac{1}{\tau}\right) = (-\mathrm{i}\tau)^{1/2}\mathrm{e}^{\mathrm{i}\pi v^2/\tau}\vartheta_3(v\,|\,\tau), \tag{4}$$

$$\vartheta_4\left(\frac{v}{\tau}\left|-\frac{1}{\tau}\right.\right)=(-\mathrm{i}\tau)^{1/2}\mathrm{e}^{\mathrm{i}\pi v^2/\tau}\vartheta_2(v\,|\,\tau).\tag{5}$$

这个变换在数值计算上很重要，因为它把一个收敛较慢的级数（$\tau$ 的绝对值较小的情形）变为收敛较快的级数（$\tau'=-1/\tau$ 的绝对值较大的情形）.

令 $\tau=\mathrm{i}\sigma$，用 9.2 节(3)式可把本节公式(4)写为

$$\sum_{n=-\infty}^{\infty}\mathrm{e}^{-\pi(n+v)^2/\sigma}=\sigma^{1/2}\sum_{n=-\infty}^{\infty}\mathrm{e}^{-\pi\sigma n^2+2n\pi v\mathrm{i}}.\tag{6}$$

这公式也可用傅里叶级数展开法证明. 左方显然是 $v$ 的周期函数，以 1 为周期，因此可展为傅里叶级数 $\sum_{-\infty}^{\infty}c_n\mathrm{e}^{2n\pi v\mathrm{i}}$，系数 $c_n$ 等于

$$c_n=\int_0^1\sum_{m=-\infty}^{\infty}\mathrm{e}^{-\pi(m+v)^2/\sigma}\mathrm{e}^{-2n\pi v\mathrm{i}}\mathrm{d}v=\sum_{m=-\infty}^{\infty}\int_m^{m+1}\mathrm{e}^{-\pi t^2/\sigma}\mathrm{e}^{-2n\pi t\mathrm{i}}\mathrm{d}t$$

$$=\int_{-\infty}^{\infty}\mathrm{e}^{-\frac{\pi}{\sigma}t^2-2n\pi t\mathrm{i}}\mathrm{d}t=\sigma^{1/2}\mathrm{e}^{-\pi\sigma n^2}.$$

这样就证明了(6)式.

在(3),(4),(5)中令 $v=0$，得

$$\vartheta_2\left(0\left|-\frac{1}{\tau}\right.\right)=(-\mathrm{i}\tau)^{1/2}\vartheta_4(0\,|\,\tau),$$

$$\vartheta_3\left(0\left|-\frac{1}{\tau}\right.\right)=(-\mathrm{i}\tau)^{1/2}\vartheta_3(0\,|\,\tau).\tag{7}$$

这表达了常数 $\vartheta_k$ 的变换关系.

从 9.8 节(1)式和(4)式所给的 $k$ 和 $k'$ 的表达式看出，上面公式(7)说明，$\tau$ 到 $\tau'$ 的变换引导到 $k$ 变为 $k'$. 因此由 9.8 节(6)式作变换 $\tau\to\tau'$，得

$$\mathrm{K}'=\frac{\pi}{2}\left[\vartheta_3\left(0\left|-\frac{1}{\tau}\right.\right)\right]^2=-\frac{\mathrm{i}\tau\pi}{2}[\vartheta_3(0\,|\,\tau)]^2=-\mathrm{i}\tau\mathrm{K},$$

即 $\tau=\mathrm{i}\mathrm{K}'/\mathrm{K}$. 这个结果与 9.8 节(8)式相同.

更普遍的变换（见 8.3 节，$p,q,p',q'$ 为整数）：

$$\Omega=p\omega+q\omega',\quad\Omega'=p'\omega+q'\omega',\quad pq'-p'q=1,\tag{8}$$

可以化为两个基本变换相继作用的组合. 这两个基本变换中的一个是雅可毕的虚变换，相当于 $p=0,q=1,p'=-1,q'=0$；另一个是

$$\Omega=\omega,\quad\Omega'=\omega+\omega',\tag{9}$$

相当于 $(v,\tau)\to(v,\tau_2)$：

$$\tau_2=\tau+1.\tag{10}$$

对于这个变换说，从 9.2 节定义得到

$$\left.\begin{array}{ll}\vartheta_1(v\,|\,\tau+1)=\mathrm{e}^{\mathrm{i}\pi/4}\vartheta_1(v\,|\,\tau),&\vartheta_2(v\,|\,\tau+1)=\mathrm{e}^{\mathrm{i}\pi/4}\vartheta_2(v\,|\,\tau),\\\vartheta_3(v\,|\,\tau+1)=\vartheta_4(v\,|\,\tau),&\vartheta_4(v\,|\,\tau+1)=\vartheta_3(v\,|\,\tau).\end{array}\right\}\tag{11}$$

## 9.10 朗登(Landen)型变换

变换 $v'=2v, \tau'=2\tau$ 是朗登型变换. 现在证明

$$\frac{\vartheta_3(v|\tau)\vartheta_4(v|\tau)}{\vartheta_4(2v|2\tau)} = \frac{\vartheta_3(0|\tau)\vartheta_4(0|\tau)}{\vartheta_4(0|2\tau)}. \tag{1}$$

这个方程的左方有两个周期, $v=\frac{1}{2}$ 和 $v=\tau$; 分子的零点为 $v=\frac{\tau}{2}$ (零点 $\frac{1}{2}+\frac{\tau}{2}$ 由于周期 $\frac{1}{2}$ 而重复), 分母的零点为 $v=\frac{\tau}{2}$, 与分子的相同而相消去. 根据 8.3 节定理 1, (1) 式的左方必是一常数, 这个常数的数值由 $v=0$ 而得到, 这就是 (1) 式右方的数值. 因此 (1) 式成立.

把 $v$ 变为 $v+\frac{\tau}{2}$, 用 9.2 节各式, 化 (1) 为

$$\frac{\vartheta_1(v|\tau)\vartheta_2(v|\tau)}{\vartheta_1(2v|2\tau)} = \frac{\vartheta_3(0|\tau)\vartheta_4(0|\tau)}{\vartheta_4(0|2\tau)}. \tag{2}$$

同样, 可证明

$$\frac{[\vartheta_3(v|\tau)]^2 + [\vartheta_4(v|\tau)]^2}{\vartheta_3(2v|2\tau)} = \frac{\vartheta_3^2(0|\tau) + \vartheta_4^2(0|\tau)}{\vartheta_3(0|2\tau)}, \tag{3}$$

$$\frac{[\vartheta_1(v|\tau)]^2 + [\vartheta_2(v|\tau)]^2}{\vartheta_3(2v|2\tau)} = \frac{\vartheta_2^2(0|\tau)}{\vartheta_3(0|2\tau)}. \tag{4}$$

把 $v$ 改为 $v+\frac{\tau}{2}$, 得

$$\frac{[\vartheta_2(v|\tau)]^2 - [\vartheta_1(v|\tau)]^2}{\vartheta_2(2v|2\tau)} = \frac{\vartheta_3^2(0|\tau) + \vartheta_4^2(0|\tau)}{\vartheta_3(0|2\tau)}, \tag{5}$$

$$\frac{[\vartheta_3(v|\tau)]^2 - [\vartheta_4(v|\tau)]^2}{\vartheta_2(2v|2\tau)} = \frac{\vartheta_2^2(0|\tau)}{\vartheta_3(0|2\tau)}. \tag{6}$$

又由 9.2 节定义得

$$\vartheta_3(v|\tau) + \vartheta_4(v|\tau) = 2\sum_{n=-\infty}^{\infty} q^{4n^2} e^{4n\pi vi} = 2\vartheta_3(2v|4\tau), \tag{7}$$

$$\vartheta_3(v|\tau) - \vartheta_4(v|\tau) = 2\sum_{n=-\infty}^{\infty} q^{4\left(n-\frac{1}{2}\right)^2} e^{2(2n-1)\pi vi} = 2\vartheta_2(2v|4\tau). \tag{8}$$

## 9.11 忒塔函数用无穷乘积表示

先考虑 $\vartheta_4(v)$ 用无穷乘积表示. 由 9.2 节 (8) 式得知 $\vartheta_4(v)$ 的零点为 $m+m'\tau+\tau/2$. 把 $m'$ 写成 $n-1$, 利用 $e^{2\pi vi}$ 的周期性, 这些零点将只与一个整数 $n$ 有关, 而贡献

因子$(e^{2\pi vi}-e^{(2n-1)\tau\pi i})$. 为了保证无穷乘积收敛, $\tau$的系数$(2n-1)$必须是正的(因为$\text{Im}(\tau)>0$), 因此得

$$\vartheta_4(v)=G\prod_{n=1}^{\infty}\{(1-q^{2n-1}e^{2\pi vi})(1-q^{2n-1}e^{-2\pi vi})\}. \tag{1}$$

因子$G$是否与$v$有关可以从$\vartheta_4(v)$对$v$的周期性质(9.2节(7)式)来判断. 当$v$变为$v+1$时, (1)式右方乘积不变; 当$v$变为$v+\tau$时, 乘积变为

$$\prod_{n=1}^{\infty}(1-q^{2n+1}e^{2\pi vi})(1-q^{2n-3}e^{-2\pi vi})$$

$$=\prod_{n=1}^{\infty}(1-q^{2n-1}e^{2\pi vi})(1-q^{2n-1}e^{-2\pi vi})\cdot(1-q^{-1}e^{-2\pi vi})/(1-qe^{2\pi vi})$$

$$=-q^{-1}e^{-2\pi vi}\prod_{n=1}^{\infty}(1-q^{2n-1}e^{2\pi vi})(1-q^{2n-1}e^{-2\pi vi}),$$

所乘的因子与$\vartheta_4(v)$所乘的相同. 因此, 这个无穷乘积与$\vartheta_4(v)$的比例是没有奇点的双周期函数, 根据8.3节定理1, 必是常数, 所以$G$与$v$无关. $G$的数值等一会再确定. 这个无穷乘积比8.7节$\sigma(z)$的无穷乘积简单些, 因为现在只有一个整数$n$.

依次把$v$换为$v+\dfrac{1}{2}$, $v+\dfrac{\tau}{2}$, $v+\dfrac{1}{2}+\dfrac{\tau}{2}$, 得

$$\vartheta_3(v)=G\prod_{n=1}^{\infty}(1+q^{2n-1}e^{2\pi vi})(1+q^{2n-1}e^{-2\pi vi}), \tag{2}$$

$$\vartheta_1(v)=2Gq^{1/4}\sin\pi v\prod_{n=1}^{\infty}(1-q^{2n}e^{2\pi vi})(1-q^{2n}e^{-2\pi vi}), \tag{3}$$

$$\vartheta_2(v)=2Gq^{1/4}\cos\pi v\prod_{n=1}^{\infty}(1+q^{2n}e^{2\pi vi})(1+q^{2n}e^{-2\pi vi}). \tag{4}$$

把乘积中的两个因子乘开, 化为

$$\vartheta_1(v)=2Gq^{1/4}\sin\pi v\prod_{n=1}^{\infty}(1-2q^{2n}\cos2\pi v+q^{4n}), \tag{5}$$

$$\vartheta_2(v)=2Gq^{1/4}\cos\pi v\prod_{n=1}^{\infty}(1+2q^{2n}\cos2\pi v+q^{4n}), \tag{6}$$

$$\vartheta_3(v)=G\prod_{n=1}^{\infty}(1+2q^{2n-1}\cos2\pi v+q^{4n-2}), \tag{7}$$

$$\vartheta_4(v)=G\prod_{n=1}^{\infty}(1-2q^{2n-1}\cos2\pi v+q^{4n-2}). \tag{8}$$

为了确定因子$G$, 我们利用9.6节(3)式, 即$\vartheta_1'=\pi\vartheta_2\vartheta_3\vartheta_4$. 由(1)~(4)求得

$$\vartheta_1'=2\pi Gq^{1/4}\prod_{n=1}^{\infty}(1-q^{2n})^2, \tag{9}$$

$$\vartheta_2 = 2Gq^{1/4}\prod_{n=1}^{\infty}(1+q^{2n})^2, \tag{10}$$

$$\vartheta_3 = G\prod_{n=1}^{\infty}(1+q^{2n-1})^2, \tag{11}$$

$$\vartheta_4 = G\prod_{n=1}^{\infty}(1-q^{2n-1})^2. \tag{12}$$

代入 $\vartheta_1' = \pi\vartheta_2\vartheta_3\vartheta_4$,得

$$\prod_{n=1}^{\infty}(1-q^{2n})^2 = G^2\prod_{n=1}^{\infty}\left[(1+q^{2n})(1+q^{2n-1})\right]^2(1-q^{2n-1})^2$$

$$= G^2\prod_{n=1}^{\infty}(1+q^n)^2(1-q^{2n-1})^2$$

$$= G^2\prod_{n=1}^{\infty}(1+q^n)^2\left[(1-q^n)/(1-q^{2n})\right]^2 = G^2.$$

取平方根,应用 $q\to 0$ 时 $\vartheta_4\to 1$ 的性质(见 9.7 节(1)式),得

$$G = \prod_{n=1}^{\infty}(1-q^{2n}). \tag{13}$$

应用这些公式求得

$$\vartheta_3(0\,|\,\tau)\vartheta_4(0\,|\,\tau) = \prod_{n=1}^{\infty}(1-q^{2n})^2(1+q^{2n-1})^2(1-q^{2n-1})^2$$

$$= \prod_{n=1}^{\infty}(1-q^{2n})^2(1-q^{4n-2})^2$$

$$= \left[\prod_{n=1}^{\infty}(1-q^{4n})(1-q^{4n-2})(1-q^{4n-2})\right]^2,$$

即

$$\vartheta_3(0\,|\,\tau)\vartheta_4(0\,|\,\tau) = \left[\vartheta_4(0\,|\,2\tau)\right]^2. \tag{14}$$

又由上节(7)和(8)式相乘,令 $v=0$,得

$$\vartheta_3^2(0\,|\,\tau) - \vartheta_4^2(0\,|\,\tau) = 4\vartheta_2(0\,|\,4\tau)\vartheta_3(0\,|\,4\tau)$$

$$= 8q\prod_{n=1}^{\infty}(1-q^{8n})^2(1+q^{8n})^2(1+q^{8n-4})^2$$

$$= 8q\prod_{n=1}^{\infty}(1-q^{8n})^2(1+q^{4n})^2$$

$$= 8q\prod_{n=1}^{\infty}(1-q^{4n})^2(1+q^{4n})^4,$$

即

$$\vartheta_3^2(0\,|\,\tau) - \vartheta_4^2(0\,|\,\tau) = 2\vartheta_2^2(0\,|\,2\tau). \tag{15}$$

由(14)和(15)两式得

$$[\vartheta_3^2(0\,|\,\tau) + \vartheta_4^2(0\,|\,\tau)]^2 = [\vartheta_3^2(0\,|\,\tau) - \vartheta_4^2(0\,|\,\tau)]^2 + 4\vartheta_3^2(0\,|\,\tau)\vartheta_4^2(0\,|\,\tau)$$
$$= 4[\vartheta_2^4(0\,|\,2\tau) + \vartheta_4^4(0\,|\,2\tau)].$$

应用 9.4 节(5)式,并注意当 $q \to 0$ 时的性质,得

$$\vartheta_3^2(0\,|\,\tau) + \vartheta_4^2(0\,|\,\tau) = 2\vartheta_3^2(0\,|\,2\tau). \tag{16}$$

把(15)和(16)两式相乘,应用 9.4 节(5)式,取平方根,得

$$\vartheta_2^2(0\,|\,\tau) = 2\vartheta_2(0\,|\,2\tau)\vartheta_3(0\,|\,2\tau). \tag{17}$$

用了这些关系之后,上节朗登型变换公式可简化为

$$\vartheta_1(2v\,|\,2\tau) = \frac{\vartheta_1(v\,|\,\tau)\vartheta_2(v\,|\,\tau)}{\vartheta_4(0\,|\,2\tau)}, \tag{18}$$

$$\vartheta_2(2v\,|\,2\tau) = \frac{\vartheta_3^2(v\,|\,\tau) - \vartheta_4^2(v\,|\,\tau)}{2\vartheta_2(0\,|\,2\tau)} = \frac{\vartheta_2^2(v\,|\,\tau) - \vartheta_1^2(v\,|\,\tau)}{2\vartheta_3(0\,|\,2\tau)}, \tag{19}$$

$$\vartheta_3(2v\,|\,2\tau) = \frac{\vartheta_2^2(v\,|\,\tau) + \vartheta_1^2(v\,|\,\tau)}{2\vartheta_2(0\,|\,2\tau)} = \frac{\vartheta_3^2(v\,|\,\tau) + \vartheta_4^2(v\,|\,\tau)}{2\vartheta_3(0\,|\,2\tau)}, \tag{20}$$

$$\vartheta_4(2v\,|\,2\tau) = \frac{\vartheta_3(v\,|\,\tau)\vartheta_4(v\,|\,\tau)}{\vartheta_4(0\,|\,2\tau)}. \tag{21}$$

公式(18)和(21)以及公式(19)的第一式,可以利用本节公式(1)~(4)和上节公式(7),(8)来证明.公式(19)的第二式可以利用 9.4 节的(2)和(4)式及本节的(16)和(17)式来证明.公式(20)可以从(19)式中把 $v$ 改为 $v + \tau/2$ 而得到.

## 9.12　忒塔函数的对数微商用傅里叶级数展开

忒塔函数的对数微商也具有周期 $v = 1$,所以也可以展开为傅里叶级数.先考虑 $\vartheta_4'(v)/\vartheta_4(v)$ 的展开.这是奇函数,所以展开为正弦级数:

$$\frac{\vartheta_4'(v)}{\vartheta_4(v)} = \sum_{n=1}^{\infty} c_n \sin 2n\pi v,$$

其中

$$c_n = 2\int_{-\frac{1}{2}}^{\frac{1}{2}} \frac{\vartheta_4'(v)}{\vartheta_4(v)} \sin 2n\pi v \cdot \mathrm{d}v.$$

由于 $\vartheta_4(v)$ 的周期性,这个积分可以用围道积分方法来计算,围道选为矩形,顶点 $ABCD$ 依次为 $-\frac{1}{2}, \frac{1}{2}, \frac{1}{2} + \tau, -\frac{1}{2} + \tau$,以 $e^{2n\pi vi}\vartheta_4'(v)/\vartheta_4(v)$ 为被积函数,它在 $ABCD$ 内有一个唯一的极点 $v = \frac{\tau}{2}$,在这个极点的残数为 $e^{n\pi\tau i}\vartheta_4'\left(\frac{\tau}{2}\right)\!\Big/\vartheta_4'\left(\frac{\tau}{2}\right) = q^n$. 沿 $BC$ 和 $DA$ 两段的积分相互抵消.沿 $AB$ 和 $CD$ 的积分各为

$$\int_{AB} \frac{\vartheta_4'(v)}{\vartheta_4(v)} e^{2n\pi vi} dv = \int_{-\frac{1}{2}}^{\frac{1}{2}} \frac{\vartheta_4'(v)}{\vartheta_4(v)} e^{2n\pi vi} dv = i\int_{-\frac{1}{2}}^{\frac{1}{2}} \frac{\vartheta_4'(v)}{\vartheta_4(v)} \sin 2n\pi v \cdot dv,$$

$$\int_{CD} \frac{\vartheta_4'(v)}{\vartheta_4(v)} e^{2n\pi vi} dv = -\int_{-\frac{1}{2}}^{\frac{1}{2}} \frac{\vartheta_4'(v+\tau)}{\vartheta_4(v+\tau)} e^{2n\pi(v+\tau)i} dv = -\int_{-\frac{1}{2}}^{\frac{1}{2}} \left[\frac{\vartheta_4'(v)}{\vartheta_4(v)} - 2\pi i\right] q^{2n} e^{2n\pi vi} dv$$

$$= -iq^{2n} \int_{-\frac{1}{2}}^{\frac{1}{2}} \frac{\vartheta_4'(v)}{\vartheta_4(v)} \sin 2n\pi v \cdot dv.$$

两个积分相加,除以 $2\pi i$,应等于残数 $q^n$,故得 $q^n = (1-q^{2n})c_n/4\pi$. 因此有

$$\frac{\vartheta_4'(v)}{\vartheta_4(v)} = 4\pi \sum_{n=1}^{\infty} \frac{q^n \sin 2n\pi v}{1-q^{2n}}. \tag{1}$$

把 $v$ 改为 $v+1/2$,利用 9.2 节(4)式,得

$$\frac{\vartheta_3'(v)}{\vartheta_3(v)} = 4\pi \sum_{n=1}^{\infty} \frac{(-)^n q^n \sin 2n\pi v}{1-q^{2n}}. \tag{2}$$

在(1)式中把 $v$ 改为 $v-\tau/2$,把右方的正弦函数用指数函数表达,并假设 $\mathrm{Im}(v) > 0$,利用 9.2 节(4)式,得

$$\frac{\vartheta_1'(v)}{\vartheta_1(v)} = \pi \cot \pi v + 4\pi \sum_{n=1}^{\infty} \frac{q^{2n} \sin 2n\pi v}{1-q^{2n}}. \tag{3}$$

再把 $v$ 改为 $v+1/2$,得

$$\frac{\vartheta_2'(v)}{\vartheta_2(v)} = -\pi \tan \pi v + 4\pi \sum_{n=1}^{\infty} \frac{(-)^n q^{2n} \sin 2n\pi v}{1-q^{2n}}. \tag{4}$$

(3)和(4)中的级数在 $v$ 是实数时收敛,所以可以把假设 $\mathrm{Im}(v) > 0$ 取消. 级数(1)和(2)收敛的条件是 $|\mathrm{Im}(v)| < \frac{1}{2}\mathrm{Im}(\tau)$,级数(3)和(4)收敛的条件是 $|\mathrm{Im}(v)| < \mathrm{Im}(\tau)$.

## 9.13   函数 $\Theta(u)$ 和 $H(u)$

雅可毕最初引进椭塔函数时用了符号 $\Theta(u)$ 和 $H(u)$,它们和 $\vartheta_k(v)$ 的关系是

$$\Theta(u) = \vartheta_4(v), \quad H(u) = \vartheta_1(v), \quad u = 2Kv. \tag{1}$$

对应于 $v$ 的两个周期 1 和 $\tau$,$u$ 的两个周期是 $2K$ 和 $2K'i$,而

$$\tau = iK'/K, \quad q = e^{-\pi K'/K}. \tag{2}$$

$H(u)$ 与 $\Theta(u)$ 的关系,根据 9.2 节(4)式,是

$$H(u) = -iq^{1/4} e^{i\pi u/2K} \Theta(u+iK'). \tag{3}$$

此外还引进函数 $Z(u)$:

$$Z(u) = \frac{\Theta'(u)}{\Theta(u)}. \tag{4}$$

这些符号在文献中有时候还会遇到. 在下一章讲雅氏椭圆函数,讲到椭圆积分时将要谈到它们.

## 习　题

1. 令 $M=q^{1/4}\,e^{i\pi v}$,证明

$$\vartheta_1(v)=-\vartheta_2\left(v+\frac{1}{2}\right)=-iM\vartheta_3\left(v+\frac{1}{2}+\frac{\tau}{2}\right)=-iM\vartheta_4\left(v+\frac{\tau}{2}\right),$$

$$\vartheta_2(v)=M\vartheta_3\left(v+\frac{\tau}{2}\right)=M\vartheta_4\left(v+\frac{1}{2}+\frac{\tau}{2}\right)=\vartheta_1\left(v+\frac{1}{2}\right),$$

$$\vartheta_3(v)=\vartheta_4\left(v+\frac{1}{2}\right)=M\vartheta_1\left(v+\frac{1}{2}+\frac{\tau}{2}\right)=M\vartheta_2\left(v+\frac{\tau}{2}\right),$$

$$\vartheta_4(v)=-iM\vartheta_1\left(v+\frac{\tau}{2}\right)=iM\vartheta_2\left(v+\frac{1}{2}+\frac{\tau}{2}\right)=\vartheta_3\left(v+\frac{1}{2}\right).$$

2. 证明

$$\vartheta_3^2\vartheta_1(v+w)\vartheta_1(v-w)=\vartheta_1^2(v)\vartheta_3^2(w)-\vartheta_3^2(v)\vartheta_1^2(w)$$
$$=\vartheta_4^2(v)\vartheta_2^2(w)-\vartheta_2^2(v)\vartheta_4^2(w),$$

$$\vartheta_3^2\vartheta_2(v+w)\vartheta_2(v-w)=\vartheta_2^2(v)\vartheta_3^2(w)-\vartheta_4^2(v)\vartheta_1^2(w)$$
$$=\vartheta_3^2(v)\vartheta_2^2(w)-\vartheta_1^2(v)\vartheta_4^2(w),$$

$$\vartheta_4^2\vartheta_2(v+w)\vartheta_2(v-w)=\vartheta_2^2(v)\vartheta_4^2(w)-\vartheta_3^2(v)\vartheta_1^2(w)$$
$$=\vartheta_4^2(v)\vartheta_2^2(w)-\vartheta_1^2(v)\vartheta_3^2(w),$$

$$\vartheta_4^2\vartheta_3(v+w)\vartheta_3(v-w)=\vartheta_3^2(v)\vartheta_4^2(w)-\vartheta_2^2(v)\vartheta_1^2(w)$$
$$=\vartheta_4^2(v)\vartheta_3^2(w)-\vartheta_1^2(v)\vartheta_2^2(w),$$

$$\vartheta_4^2\vartheta_4(v+w)\vartheta_4(v-w)=\vartheta_4^2(v)\vartheta_4^2(w)-\vartheta_1^2(v)\vartheta_1^2(w)$$
$$=\vartheta_3^2(v)\vartheta_3^2(w)-\vartheta_2^2(v)\vartheta_2^2(w),$$

$$\vartheta_2^2\vartheta_4(v+w)\vartheta_4(v-w)=\vartheta_4^2(v)\vartheta_2^2(w)+\vartheta_3^2(v)\vartheta_1^2(w)$$
$$=\vartheta_2^2(v)\vartheta_4^2(w)+\vartheta_1^2(v)\vartheta_3^2(w).$$

3. 证明

$$\vartheta_2\vartheta_3\vartheta_2(v+w)\vartheta_3(v-w)=\vartheta_2(v)\vartheta_3(v)\vartheta_2(w)\vartheta_3(w)-\vartheta_1(v)\vartheta_4(v)\vartheta_1(w)\vartheta_4(w),$$

$$\vartheta_2\vartheta_4\vartheta_1(v+w)\vartheta_3(v-w)=\vartheta_1(v)\vartheta_3(v)\vartheta_2(w)\vartheta_4(w)+\vartheta_2(v)\vartheta_4(v)\vartheta_1(w)\vartheta_3(w),$$

$$\vartheta_2\vartheta_4\vartheta_2(v+w)\vartheta_4(v-w)=\vartheta_2(v)\vartheta_4(v)\vartheta_2(w)\vartheta_4(w)-\vartheta_1(v)\vartheta_3(v)\vartheta_1(w)\vartheta_3(w),$$

$$\vartheta_3\vartheta_4\vartheta_1(v+w)\vartheta_2(v-w)=\vartheta_1(v)\vartheta_2(v)\vartheta_3(w)\vartheta_4(w)+\vartheta_3(v)\vartheta_4(v)\vartheta_1(w)\vartheta_2(w),$$

$$\vartheta_3\vartheta_4\vartheta_3(v+w)\vartheta_4(v-w)=\vartheta_3(v)\vartheta_4(v)\vartheta_3(w)\vartheta_4(w)-\vartheta_1(v)\vartheta_2(v)\vartheta_1(w)\vartheta_2(w).$$

4. 证明

$$\vartheta_3^2 \vartheta_3(v+w)\vartheta_3(v-w)=\vartheta_2^2(v)\vartheta_2^2(w)+\vartheta_4^2(v)\vartheta_4^2(w),$$

由此得

$$\vartheta_3^3 \vartheta_3(2v)=\vartheta_2^4(v)+\vartheta_4^4(v),$$

因而导出

$$\vartheta_1^4(v)+\vartheta_3^4(v)=\vartheta_2^4(v)+\vartheta_4^4(v).$$

5. 利用习题 2 的结果,证明

$$\vartheta_2 \vartheta_4^2 \vartheta_2(2v)=\vartheta_2^2(v)\vartheta_4^2(v)-\vartheta_1^2(v)\vartheta_3^2(v),$$

$$\vartheta_3 \vartheta_4^2 \vartheta_3(2v)=\vartheta_3^2(v)\vartheta_4^2(v)-\vartheta_1^2(v)\vartheta_2^2(v),$$

$$\vartheta_4^3 \vartheta_4(2v)=\vartheta_3^4(v)-\vartheta_2^4(v)=\vartheta_4^4(v)-\vartheta_1^4(v).$$

6. 设 $(w',x',y',z')$ 与 $(w,x,y,z)$ 的关系为

$$2w'=-w+x+y+z,\quad 2x'=w-x+y+z,$$

$$2y'=w+x-y+z,\quad 2z'=w+x+y-z,$$

用简单符号 $[r]$ 表达 $\vartheta_r(w)\vartheta_r(x)\vartheta_r(y)\vartheta_r(z)$,$[pqrs]$ 表达 $\vartheta_p(w)\vartheta_q(x)\vartheta_r(y)\vartheta_s(z)$,$[r]'$ 表达 $\vartheta_r(w')\vartheta_r(x')\vartheta_r(y')\vartheta_r(z')$,$[pqrs]'$ 表达 $\vartheta_p(w')\vartheta_q(x')\vartheta_r(y')\vartheta_s(z')$. 证明

$$2[3]=-[1]'+[2]'+[3]'+[4]',$$

$$2[4]=[1]'-[2]'+[3]'+[4]',$$

$$2[1]=[1]'+[2]'-[3]'+[4]',$$

$$2[2]=[1]'+[2]'+[3]'-[4]',$$

$$[1]+[2]=[1]'+[2]',\quad [1]+[3]=[2]'+[4]',$$

$$[1]+[4]=[1]'+[4]',\quad [2]+[3]=[2]'+[3]',$$

$$[2]+[4]=[1]'+[3]',\quad [3]+[4]=[3]'+[4]',$$

$$[3344]+[2211]=[4433]'+[1122]',$$

$$2[1234]=[3412]'+[2143]'-[1234]'+[4321]',$$

$$2[1122]=[1122]'+[2211]'-[4433]'+[3344]',$$

$$2[1133]=[1133]'+[3311]'-[4422]'+[2244]',$$

$$2[1144]=[1144]'+[4411]'-[3322]'+[2233]',$$

$$2[2233]=[2233]'+[3322]'-[4411]'+[1144]',$$

$$2[2244]=[2244]'+[4422]'-[3311]'+[1133]',$$

$$2[3344]=[3344]'+[4433]'-[2211]'+[1122]'.$$

7. 证明

$$\frac{\vartheta_1'(v)}{\vartheta_1(v)}-\frac{\vartheta_2'(v)}{\vartheta_2(v)}=\pi\vartheta_3^2\frac{\vartheta_3(v)\vartheta_4(v)}{\vartheta_1(v)\vartheta_2(v)},$$

$$\frac{\vartheta_1'(v)}{\vartheta_1(v)}-\frac{\vartheta_3'(v)}{\vartheta_3(v)}=\pi\vartheta_3^2\frac{\vartheta_2(v)\vartheta_4(v)}{\vartheta_1(v)\vartheta_3(v)},$$

$$\frac{\vartheta_2'(v)}{\vartheta_2(v)} - \frac{\vartheta_3'(v)}{\vartheta_3(v)} = -\pi\vartheta_4^2\frac{\vartheta_1(v)\vartheta_4(v)}{\vartheta_2(v)\vartheta_3(v)},$$

$$\frac{\vartheta_2'(v)}{\vartheta_2(v)} - \frac{\vartheta_4'(v)}{\vartheta_4(v)} = -\pi\vartheta_3^2\frac{\vartheta_1(v)\vartheta_3(v)}{\vartheta_2(v)\vartheta_4(v)},$$

$$\frac{\vartheta_3'(v)}{\vartheta_3(v)} - \frac{\vartheta_4'(v)}{\vartheta_4(v)} = -\pi\vartheta_2^2\frac{\vartheta_1(v)\vartheta_2(v)}{\vartheta_3(v)\vartheta_4(v)}.$$

[提示：利用证明 9.6 节(2)式的方法，并利用 9.4 节各式，或者应用 9.3 节(5)和(6)式.]

8. 利用 9.6 节(4)式和 9.7 节(3)~(5)式证明

$$\frac{\vartheta_4''}{\vartheta_4} - \frac{\vartheta_3''}{\vartheta_3} = 4\omega^2(e_2 - e_3) = \pi^2\vartheta_2^4,$$

$$\frac{\vartheta_4''}{\vartheta_4} - \frac{\vartheta_2''}{\vartheta_2} = 4\omega^2(e_1 - e_3) = \pi^2\vartheta_3^4,$$

$$\frac{\vartheta_3''}{\vartheta_3} - \frac{\vartheta_2''}{\vartheta_2} = 4\omega^2(e_1 - e_2) = \pi^2\vartheta_4^4.$$

9. 利用 9.8 节(1),(4),(6)式和 9.7 节(1)式证明

$$\left(\frac{2k\mathrm{K}}{\pi}\right)^{1/2} = \vartheta_2 = 2\sum_{n=0}^{\infty}q^{(n+\frac{1}{2})^2} = 2q^{1/4}(1 + q^2 + q^6 + q^{12} + q^{20} + \cdots),$$

$$\left(\frac{2k'\mathrm{K}}{\pi}\right)^{1/2} = \vartheta_4 = 1 + 2\sum_{n=1}^{\infty}(-)^n q^{n^2} = 1 - 2q + 2q^4 - 2q^9 + \cdots.$$

10. 在实根满足 $e_1 > e_2 > e_3$ 的条件下有

$$2\omega = \int_{e_1}^{+\infty}\frac{\mathrm{d}x}{\sqrt{(x-e_1)(x-e_2)(x-e_3)}},$$

$$2\omega' = \int_{e_3}^{+\infty}\frac{\mathrm{d}x}{\sqrt{(x-e_1)(x-e_2)(x-e_3)}},$$

第二个积分路线当绕过 $e_2$ 和 $e_1$ 点时在上半平面. 作变换使四点 $(e_3, e_2, e_1, \infty)$ 依次变为 $(e_1, \infty, e_3, e_2)$：

$$x = e_2 - \frac{(e_1-e_2)(e_2-e_3)}{\zeta - e_2},$$

证明

$$2\omega = \int_{e_1}^{\infty}\frac{\mathrm{d}x}{\sqrt{(x-e_1)(x-e_2)(x-e_3)}} = \int_{e_3}^{e_2}\frac{\mathrm{d}\zeta}{\sqrt{(\zeta-e_1)(\zeta-e_2)(\zeta-e_3)}}.$$

由此得

$$2\omega' = \mathrm{i}\int_{e_2}^{e_1}\frac{\mathrm{d}x}{\sqrt{(e_1-x)(x-e_2)(x-e_3)}}.$$

再作变换 $\zeta = e_3 + (e_2-e_3)t^2$，证明 $\omega\sqrt{e_1-e_3} = \mathrm{K}$，而 $k^2 = (e_2-e_3)/(e_1-e_3)$.

在 $\omega'$ 中作变换

$$x - e_2 = \frac{(e_1 - e_2)(e_2 - e_3)\tau^2}{(e_1 - e_3) - (e_1 - e_2)\tau^2},$$

证明 $\omega'\sqrt{e_1 - e_3} = iK'$.

11. 在有虚根的情形下,依 9.8 节(16)式的选择,证明在积分路线适当选择之下有

$$2\sigma\omega_1 = -K - iK', \quad 2\sigma\omega_2 = 2K, \quad 2\sigma\omega_3 = -K + iK',$$

相应的模数为

$$k = (1 + \lambda^2)^{-1/2}.$$

[在 $x$ 平面上的积分路线为:$\omega_1$ 是由 $\alpha + i\infty$ 到 $e_1$,$\omega_2$ 是由 $e_2$ 到 $+\infty$,$\omega_3$ 是由 $\alpha - i\infty$ 到 $e_3$. 在 $\eta$ 平面上的积分路线为:$\omega_1$ 是由 $-i$ 到 $-i\infty$,再由 $+\infty$ 到 $\lambda$,$\omega_2$ 是由 $\lambda$ 到 $+\infty$,再由 $-\infty$ 到 $-\lambda$,$\omega_3$ 是由 i 到 i$\infty$,再由 $+\infty$ 到 $\lambda$.]

12. 利用 9.11 节(10)~(12)式证明

$$k = 4q^{1/2}\prod_{n=1}^{\infty}\left(\frac{1 + q^{2n}}{1 + q^{2n-1}}\right)^4, \quad k' = \prod_{n=1}^{\infty}\left(\frac{1 - q^{2n-1}}{1 + q^{2n-1}}\right)^4.$$

13. 利用 9.1 节(9)式和 9.11 节(5)式证明

$$\sigma(z) = \frac{2\omega}{\pi}\exp\left(\frac{\eta z^2}{2\omega}\right)\sin\left(\frac{\pi z}{2\omega}\right)\prod_{n=1}^{\infty}\left\{\left(1 - 2q^{2n}\cos\frac{\pi z}{\omega} + q^{4n}\right)(1 - q^{2n})^{-2}\right\}.$$

14. 由 9.12 节(3)式证明

$$\zeta(z) = \frac{\eta z}{\omega} + \frac{\pi}{2\omega}\cot\frac{\pi z}{2\omega} + \frac{2\pi}{\omega}\sum_{n=1}^{\infty}\frac{q^{2n}}{1 - q^{2n}}\sin\frac{n\pi z}{\omega},$$

$$\wp(z) = -\frac{\eta}{\omega} + \left(\frac{\pi}{2\omega}\right)^2\csc^2\frac{\pi z}{2\omega} - 2\left(\frac{\pi}{\omega}\right)^2\sum_{n=1}^{\infty}\frac{nq^{2n}}{1 - q^{2n}}\cos\frac{n\pi z}{\omega}.$$

15. 证明,当 $|\operatorname{Im}(v)| < \operatorname{Im}(\tau)$,$|\operatorname{Im}(w)| < \operatorname{Im}(\tau)$ 时,

$$\frac{\vartheta_1'\vartheta_1(v + w)}{\vartheta_1(v)\vartheta_1(w)} = \pi\cot\pi v + \pi\cot\pi w + 4\pi\sum_{m,n=1}^{\infty}q^{2mn}\sin(2m\pi v + 2n\pi w).$$

16. 证明

$$\frac{Kk^{1/2}\vartheta_4}{\pi\vartheta_4(v)} = \frac{1}{2}a_0 + \sum_{n=1}^{\infty}a_n\cos 2\pi nv,$$

$$a_n = 2\sum_{m=0}^{\infty}(-)^m q^{\left(m+\frac{1}{2}\right)\left(2n+m+\frac{1}{2}\right)}.$$

17. 从 9.11 节(5)~(8)式求微商,证明

$$\frac{\vartheta_1'(v)}{\vartheta_1(v)} = \pi\cot\pi v + 4\pi\sum_{n=1}^{\infty}\frac{q^{2n}\sin 2\pi v}{1 - 2q^{2n}\cos 2\pi v + q^{4n}},$$

$$\frac{\vartheta_2'(v)}{\vartheta_2(v)} = -\pi\tan\pi v - 4\pi\sum_{n=1}^{\infty}\frac{q^{2n}\sin 2\pi v}{1 + 2q^{2n}\cos 2\pi v + q^{4n}},$$

$$\frac{\vartheta_3'(v)}{\vartheta_3(v)} = -4\pi \sum_{n=1}^{\infty} \frac{q^{2n-1}\sin 2\pi v}{1 + 2q^{2n-1}\cos 2\pi v + q^{4n-2}},$$

$$\frac{\vartheta_4'(v)}{\vartheta_4(v)} = 4\pi \sum_{n=1}^{\infty} \frac{q^{2n-1}\sin 2\pi v}{1 - 2q^{2n-1}\cos 2\pi v + q^{4n-2}}.$$

18. 利用 9.6 节(7)式和 9.11 节(9)式证明(并利用 17 题)

$$\frac{\vartheta_1'''}{\vartheta_1'} = -\pi^2 \left\{ 1 - 24 \sum_{n=1}^{\infty} \frac{nq^{2n}}{1-q^{2n}} \right\} = -\pi^2 \left\{ 1 - 24 \sum_{n=1}^{\infty} \frac{q^{2n}}{(1-q^{2n})^2} \right\}.$$

19. 由习题 17 的结果令 $v \to 0$ 证明

$$\frac{\vartheta_2''}{\vartheta_2} = -\pi^2 \left\{ 1 + 8 \sum_{n=1}^{\infty} \frac{q^{2n}}{(1+q^{2n})^2} \right\},$$

$$\frac{\vartheta_3''}{\vartheta_3} = -8\pi^2 \sum_{n=1}^{\infty} \frac{q^{2n-1}}{(1+q^{2n-1})^2},$$

$$\frac{\vartheta_4''}{\vartheta_4} = 8\pi^2 \sum_{n=1}^{\infty} \frac{q^{2n-1}}{(1-q^{2n-1})^2}.$$

又,用 18 题和本题的结果验证 9.6 节(5)式.

20. 证明

$$\frac{\vartheta_4'(v)}{\vartheta_4(v)} + \frac{\vartheta_4'(w)}{\vartheta_4(w)} - \frac{\vartheta_4'(v+w)}{\vartheta_4(v+w)} = \pi\vartheta_2\vartheta_3 \frac{\vartheta_1(v)\vartheta_1(w)\vartheta_1(v+w)}{\vartheta_4(v)\vartheta_4(w)\vartheta_4(v+w)}.$$

# 第十章  雅氏椭圆函数

## 10.1  雅氏椭圆函数 sn $u$, cn $u$, dn $u$

雅氏椭圆函数是在周期平行四边形内有两个一阶极点的函数,而且两个周期一个是实数,一个是纯虚数.由于这个特点,雅氏椭圆函数与上章所讲的忒塔函数有很密切的关系,因而雅氏椭圆函数的理论可以完全建筑在忒塔函数理论之上.另一方面,雅氏椭圆函数与三角函数很相似,从勒让德第一种椭圆积分的反演来讨论比较直接而容易懂.在本章中这两种理论都讲,先讲用椭圆积分的反演的理论,后讲利用忒塔函数的理论.

函数 sn $u$ 的定义是勒让德第一种椭圆积分的反演:

$$t = \text{sn } u, \quad u = \int_0^t \frac{\mathrm{d}t}{\sqrt{(1-t^2)(1-k^2t^2)}}. \tag{1}$$

常引进变数 $\varphi$:

$$t = \sin\varphi, \quad u = \int_0^\varphi \frac{\mathrm{d}\varphi}{\sqrt{1-k^2\sin^2\varphi}}. \tag{2}$$

这个积分的反演常写为

$$\varphi = \text{am } u, \tag{3}$$

因此而有

$$t = \sin\text{am } u = \text{sn } u. \tag{4}$$

函数 cn $u$ 和 dn $u$ 的定义是

$$\text{cn } u = \sqrt{1-\text{sn}^2 u}, \quad \text{dn } u = \sqrt{1-k^2\text{sn}^2 u}, \tag{5}$$

其中根式的正负号的选择使得当 $u \to 0$ 时 cn $u \to 1$, dn $u \to 1$.这两个函数有时又写成下列形式:

$$\text{cn } u = \cos\text{am } u, \quad \text{dn } u = \Delta\text{am } u. \tag{6}$$

(5)式常常写为

$$\text{sn}^2 u + \text{cn}^2 u = 1, \quad \text{dn}^2 u + k^2\text{sn}^2 u = 1. \tag{7}$$

由(1)式取微商,得

$$\frac{\mathrm{d}t}{\mathrm{d}u} = \sqrt{(1-t^2)(1-k^2t^2)},$$

由此得

$$\frac{\mathrm{d}}{\mathrm{d}u}\mathrm{sn}\ u = \mathrm{cn}\ u\ \mathrm{dn}\ u, \tag{8}$$

正负号由 $u \to 0$ 而确定.

对(7)取微商然后用(8),得

$$\frac{\mathrm{d}}{\mathrm{d}u}\mathrm{cn}\ u = -\mathrm{sn}\ u\ \mathrm{dn}\ u, \tag{9}$$

$$\frac{\mathrm{d}}{\mathrm{d}u}\mathrm{dn}\ u = -k^2\mathrm{sn}\ u\ \mathrm{cu}\ u. \tag{10}$$

在较复杂的公式中常用格莱歇尔(Glaisher)符号:

$$\left.\begin{array}{l}\mathrm{ns}\ u = \dfrac{1}{\mathrm{sn}\ u},\ \mathrm{nc}\ u = \dfrac{1}{\mathrm{cn}\ u},\ \mathrm{nd}\ u = \dfrac{1}{\mathrm{dn}\ u}, \\[2mm] \mathrm{sc}\ u = \dfrac{\mathrm{sn}\ u}{\mathrm{cn}\ u},\ \mathrm{sd}\ u = \dfrac{\mathrm{sn}\ u}{\mathrm{dn}\ u},\ \mathrm{cd}\ u = \dfrac{\mathrm{cn}\ u}{\mathrm{dn}\ u}, \\[2mm] \mathrm{cs}\ u = \dfrac{\mathrm{cn}\ u}{\mathrm{sn}\ u},\ \mathrm{ds}\ u = \dfrac{\mathrm{dn}\ u}{\mathrm{sn}\ u},\ \mathrm{dc}\ u = \dfrac{\mathrm{dn}\ u}{\mathrm{cn}\ u}.\end{array}\right\} \tag{11}$$

在最后两行公式中符号的前一字母表示分子,后一字母表示分母.

从积分(1)看出 $\mathrm{sn}\ u$ 是奇函数:$\mathrm{sn}(-u) = -\mathrm{sn}\ u$;从定义(5)看出 $\mathrm{cn}\ u$ 和 $\mathrm{dn}\ u$ 是偶函数:$\mathrm{cn}(-u) = \mathrm{cn}\ u, \mathrm{dn}(-u) = \mathrm{dn}\ u$.

## 10.2　雅氏椭圆函数的几何表示法

**1. 第一种几何表示法.** 　雅氏椭圆函数有两种几何表示法.在第一种几何表示法中,以 $O$ 为心作一个半径等于 1 的圆(见图 39),在直径 $A'OA$ 上选一点 $C$,令 $CO = \varepsilon, \varepsilon$ 与 $k' = \sqrt{1-k^2}$ 的关系是

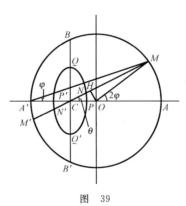

图　39

$$\varepsilon = \frac{1-k'}{1+k'}. \tag{1}$$

经过 $C$ 点作一任意弦 $M'M$，在 $M'M$ 上取两点，$N$ 和 $N'$，令 $CN = N'C \propto (M'M)^{-1/2}$. 由 $O$ 向 $M'M$ 作垂直线交 $M'M$ 于 $H$ 点. 令 $HM = m$，则 $M'M = 2m$. 设 $\angle OCN = \theta$，$\angle AA'M = \varphi$，则有 $\angle AOM = 2\varphi$，$\angle OMC = 2\varphi - \theta$. 由于 $OM = 1$，得

$$m = \cos(2\varphi - \theta), \tag{2}$$

$$\varepsilon \sin\theta = \sin(2\varphi - \theta). \tag{3}$$

由(3)式解得 $\theta$ 与 $\varphi$ 的关系为：

$$\tan\theta = \frac{\sin 2\varphi}{\varepsilon + \cos 2\varphi}. \tag{4}$$

选 $CN$ 与 $(M'M)^{-1/2}$ 的比例常数为 $\lambda\sqrt{2(1+\varepsilon)}$，$\lambda$ 为一任意常数因子：

$$r = CN = \lambda\sqrt{\frac{1+\varepsilon}{m}}. \tag{5}$$

由(2)和(3)得

$$m^2 = 1 - \varepsilon^2 \sin^2\theta, \tag{6}$$

代入(5)式，得

$$r^4(1 - \varepsilon^2 \sin^2\theta) = \lambda^4(1+\varepsilon)^2. \tag{7}$$

这是 $N$ 点轨迹的极坐标方程，是一个四次曲线，它的形状有点像椭圆. 设 $P$ 点为这个曲线与 $A'A$ 线的交点，用 $[PCN]$ 表示这个曲线的一个扇形 $PCN$ 的面积，有

$$[PCN] = \frac{1}{2}\int_0^\theta r^2 \,\mathrm{d}\theta = \frac{\lambda^2(1+\varepsilon)}{2}\int_0^\theta \frac{\mathrm{d}\theta}{m}.$$

由(2)和(4)式求得

$$m = \frac{1 + \varepsilon\cos 2\varphi}{\sqrt{1 + \varepsilon^2 + 2\varepsilon\cos 2\varphi}},$$

$$\frac{\mathrm{d}\theta}{\mathrm{d}\varphi} = \frac{2(1 + \varepsilon\cos 2\varphi)}{1 + \varepsilon^2 + 2\varepsilon\cos 2\varphi}.$$

用(1)式中 $\varepsilon$ 与 $k$ 的关系，有

$$1 + \varepsilon^2 + 2\varepsilon\cos 2\varphi = (1+\varepsilon)^2 - 4\varepsilon\sin^2\varphi = (1+\varepsilon)^2(1 - k^2\sin^2\varphi),$$

故得

$$[PCN] = \lambda^2\int_0^\varphi \frac{\mathrm{d}\varphi}{\sqrt{1 - k^2\sin^2\varphi}} = \lambda^2 u. \tag{8}$$

这个公式给出了 $u$ 的几何意义为扇形 $PCN$ 的面积（$\lambda$ 是任意的，图上选了 $\lambda < \varepsilon < 1/2$；假如选 $\lambda = 1$，则 $[PCN] = u$）.

现在已经由(8)式确定了 $\varphi = \mathrm{am}\, u$，因而得到

$$\left.\begin{array}{l} \operatorname{sn} u = \sin\varphi = \dfrac{AM}{A'A} = \dfrac{1}{2}AM, \\[3mm] \operatorname{cn} u = \cos\varphi = \dfrac{A'M}{A'A} = \dfrac{1}{2}A'M, \\[3mm] \operatorname{dn} u = \dfrac{CM}{CA} = \dfrac{CM}{1+\varepsilon}. \end{array}\right\} \tag{9}$$

关于最后一个公式的证明是:

$$\begin{aligned} CM^2 &= CA^2 + AM^2 - 2CA \cdot AM\cos\angle OAM \\ &= (1+\varepsilon)^2 + 4\sin^2\varphi - 4(1+\varepsilon)\sin\varphi\cos(\pi/2 - \varphi) \\ &= (1+\varepsilon)^2 - 4\varepsilon\sin^2\varphi \\ &= (1+\varepsilon)^2(1 - k^2\sin^2\varphi) = (1+\varepsilon)^2(1 - k^2\operatorname{sn}^2 u) = (1+\varepsilon)^2\operatorname{dn}^2 u. \end{aligned}$$

**2. 第二种几何表示法.** 在第二种表示法中,作一半径为 1 的球,选 $\dfrac{\pi}{2} - \varphi$ 为纬度,$\theta$ 为经度,则在球面上一点的坐标为

$$x = \sin\varphi\cos\theta, \quad y = \sin\varphi\sin\theta, \quad z = \cos\varphi. \tag{10}$$

现在的 $\varphi, \theta$ 正好与通常的交换,目的是为了使 $\varphi = \operatorname{am} u$ 的关系得到满足.令

$$t = \sin\varphi, \tag{11}$$

则 $(t, \theta, z)$ 是柱坐标.在球面上的线元平方为

$$\mathrm{d}s^2 = \mathrm{d}\varphi^2 + \sin^2\varphi\,\mathrm{d}\theta^2 = \frac{\mathrm{d}t^2}{1-t^2} + t^2\mathrm{d}\theta^2. \tag{12}$$

在球面上作一螺旋线,由下列方程表示

$$\theta = ks, \tag{13}$$

其中 $s$ 为由极轴 $\varphi = 0$(即 $t = 0$)算起的曲线长.将(13)代入(12),得

$$(1 - k^2\sin^2\varphi)\mathrm{d}s^2 = \mathrm{d}\varphi^2,$$

由此得 $u = s$,即等于曲线长.于是这条曲线的柱坐标为

$$t = \operatorname{sn} s, \quad \theta = ks, \quad z = \operatorname{cn} s \quad (s = u). \tag{14}$$

这条曲线与子午线的交角的余弦为

$$\frac{\mathrm{d}\varphi}{\mathrm{d}s} = \sqrt{1 - k^2\sin^2\varphi} = \operatorname{dn} s. \tag{15}$$

## 10.3 全椭圆积分

K 名为全椭圆积分:

$$K = \int_0^1 \frac{\mathrm{d}t}{\sqrt{(1-t^2)(1-k^2t^2)}} = \int_0^{\frac{\pi}{2}} \frac{\mathrm{d}\varphi}{\sqrt{1 - k^2\sin^2\varphi}}. \tag{1}$$

由此得

$$\text{sn K} = 1, \quad \text{cn K} = 0, \quad \text{dn K} = k'. \tag{2}$$

当 $k<1$ 时，把(1)中的被积函数展开为 $k^2$ 的幂级数，并令 $t^2=\xi$，得

$$\text{K} = \sum_{r=0}^{\infty} \begin{bmatrix} -\dfrac{1}{2} \\ r \end{bmatrix} (-k^2)^r \int_0^1 \frac{t^{2r} \mathrm{d}t}{\sqrt{1-t^2}} = \frac{1}{2} \sum_{r=0}^{\infty} \left(\frac{1}{2}\right)_r \frac{k^{2r}}{r!} \int_0^1 \xi^{-\frac{1}{2}} (1-\xi)^{-\frac{1}{2}} \mathrm{d}\xi$$

$$= \frac{1}{2} \sum_{r=0}^{\infty} \left(\frac{1}{2}\right)_r \frac{k^{2r}}{r!} \frac{\Gamma\left(\dfrac{1}{2}\right) \Gamma\left(r+\dfrac{1}{2}\right)}{\Gamma(r+1)} = \frac{\pi}{2} \sum_{r=0}^{\infty} \left[\left(\frac{1}{2}\right)_r\right]^2 \frac{k^{2r}}{(r!)^2},$$

即

$$\text{K} = \frac{\pi}{2} \text{F}\left(\frac{1}{2}, \frac{1}{2}, 1, k^2\right). \tag{3}$$

对应于余模数 $k'$ 的全椭圆积分 K' 为

$$\text{K}' = \int_0^1 \frac{\mathrm{d}t}{\sqrt{(1-t^2)(1-k'^2 t^2)}} = \frac{\pi}{2} \text{F}\left(\frac{1}{2}, \frac{1}{2}, 1, k'^2\right)$$

$$= \frac{\pi}{2} \text{F}\left(\frac{1}{2}, \frac{1}{2}, 1, 1-k^2\right). \tag{4}$$

在 9.8 节中曾经通过变换 $k^2 t^2 = 1 - k'^2 t'^2$ 证明了下列公式：

$$\int_0^{\frac{1}{k}} \frac{\mathrm{d}t}{\sqrt{(1-t^2)(1-k^2 t^2)}} = \int_0^1 \frac{\mathrm{d}t}{\sqrt{(1-t^2)(1-k^2 t^2)}} + \mathrm{i} \int_1^{\frac{1}{k}} \frac{\mathrm{d}t}{\sqrt{(t^2-1)(1-k^2 t^2)}}$$

$$= \text{K} + \mathrm{i}\text{K}',$$

因此有

$$\text{sn}(\text{K} + \mathrm{i}\text{K}') = \frac{1}{k}, \quad \text{cn}(\text{K} + \mathrm{i}\text{K}') = -\frac{\mathrm{i}k'}{k}, \left.\begin{matrix} \\ \\ \end{matrix}\right\}$$
$$\text{dn}(\text{K} + \mathrm{i}\text{K}') = 0. \tag{5}$$

第二个公式的正负号是根据积分路线在绕过 $t=1$ 点时处于上半平面（$\text{Im}(t)>0$）而确定的（参看 9.8 节(7)式之后的一段）。

再考虑由 $t=0$ 到 $t=\infty$ 的积分，绕过 $t=1$ 和 $t=1/k$ 两点时都在上半平面，得

$$\int_0^{\infty} \frac{\mathrm{d}t}{\sqrt{(1-t^2)(1-k^2 t^2)}} = \text{K} + \mathrm{i}\text{K}' - \int_{\frac{1}{k}}^{\infty} \frac{\mathrm{d}t}{\sqrt{(t^2-1)(k^2 t^2-1)}}.$$

在最后的积分中作变换 $kt=1/\xi$，得

$$\int_{\frac{1}{k}}^{\infty} \frac{\mathrm{d}t}{\sqrt{(t^2-1)(k^2 t^2-1)}} = \int_0^1 \frac{\mathrm{d}\xi}{\sqrt{(1-\xi^2)(1-k^2 \xi^2)}} = \text{K},$$

故得

$$\int_0^{\infty} \frac{\mathrm{d}t}{\sqrt{(1-t^2)(1-k^2 t^2)}} = \mathrm{i}\text{K}',$$

因此有

$$\operatorname{sn}(iK') = \infty. \tag{6}$$

应用 10.1 节 cn $u$ 和 dn $u$ 的定义(5),得

$$\operatorname{cn}(iK') = \infty, \quad \operatorname{dn}(iK') = \infty. \tag{7}$$

所以 $u = iK'$ 是这三个函数的极点.

## 10.4　加法公式

加法公式是指 $\operatorname{sn}(u+v)$ 等的表达式. 为书写简单起见,令

$$s_1 = \operatorname{sn} u, \ s_2 = \operatorname{sn} v; \ c_1 = \operatorname{cn} u, \ c_2 = \operatorname{cn} v; \atop d_1 = \operatorname{dn} u, \quad d_2 = \operatorname{dn} v. \tag{1}$$

假设 $u+v=c$ 为一常数,求 $dv/du=-1$ 的解.用一点代表对 $u$ 的微商,由于 $\dot{v} = -1$,有(10.1 节(8)式)

$$\dot{s}_1^2 = (1-s_1^2)(1-k^2 s_1^2), \quad \dot{s}_2^2 = (1-s_2^2)(1-k^2 s_2^2).$$

再求微商,得

$$\ddot{s}_1 = -(1+k^2)s_1 + 2k^2 s_1^3, \quad \ddot{s}_2 = -(1+k^2)s_2 + 2k^2 s_2^3.$$

于是得

$$\frac{\ddot{s}_1 s_2 - \ddot{s}_2 s_1}{\dot{s}_1^2 s_2^2 - \dot{s}_2^2 s_1^2} = \frac{2k^2 s_1 s_2(s_1^2 - s_2^2)}{(s_2^2 - s_1^2)(1-k^2 s_1^2 s_2^2)} = -\frac{2k^2 s_1 s_2}{1-k^2 s_1^2 s_2^2},$$

故

$$\frac{1}{\dot{s}_1 s_2 - \dot{s}_2 s_1} \frac{d}{du}(\dot{s}_1 s_2 - \dot{s}_2 s_1) - \frac{1}{1-k^2 s_1^2 s_2^2}\frac{d}{du}(1-k^2 s_1^2 s_2^2) = 0.$$

其积分是

$$\frac{\dot{s}_1 s_2 - \dot{s}_2 s_1}{1-k^2 s_1^2 s_2^2} = C'.$$

用 10.1 节公式(8),得

$$\frac{c_1 d_1 s_2 + c_2 d_2 s_1}{1-k^2 s_1^2 s_2^2} = C'.$$

这个结果应当与 $u+v=c$ 一致,都是微分方程 $du+dv=0$ 的积分,故两个常数之间必有一函数关系:

$$\frac{c_1 d_1 s_2 + c_2 d_2 s_1}{1-k^2 s_1^2 s_2^2} = f(u+v).$$

令 $v=0$,得 $f(u)=\operatorname{sn} u$,而有

$$\operatorname{sn}(u+v) = \frac{s_1 c_2 d_2 + s_2 c_1 d_1}{1-k^2 s_1^2 s_2^2} = \frac{\operatorname{sn} u \operatorname{cn} v \operatorname{dn} v + \operatorname{sn} v \operatorname{cn} u \operatorname{dn} u}{1-k^2 \operatorname{sn}^2 u \operatorname{sn}^2 v}. \tag{2}$$

这就是所求的加法公式.

从这个公式出发，可求 $\mathrm{cn}(u+v)$ 和 $\mathrm{dn}(u+v)$：

$$(1-k^2 s_1^2 s_2^2)^2 \mathrm{cn}^2(u+v)$$

$$= (1-k^2 s_1^2 s_2^2)^2 \{1-\mathrm{sn}^2(u+v)\}$$

$$= (1-k^2 s_1^2 s_2^2)^2 - (s_1 c_2 d_2 + s_2 c_1 d_1)^2$$

$$= 1 - 2k^2 s_1^2 s_2^2 + k^4 s_1^4 s_2^4 - s_1^2 (1-s_2^2)(1-k^2 s_2^2)$$

$$\quad - s_2^2 (1-s_1^2)(1-k^2 s_1^2) - 2s_1 s_2 c_1 c_2 d_1 d_2$$

$$= (1-s_1^2)(1-s_2^2) + s_1^2 s_2^2 (1-k^2 s_1^2)(1-k^2 s_2^2) - 2s_1 s_2 c_1 c_2 d_1 d_2$$

$$= (c_1 c_2 - s_1 s_2 d_1 d_2)^2.$$

取平方根，用 $v=0$ 定正负号，得

$$\mathrm{cn}(u+v) = \frac{c_1 c_2 - s_1 s_2 d_1 d_2}{1-k^2 s_1^2 s_2^2} = \frac{\mathrm{cn}\,u\,\mathrm{cn}\,v - \mathrm{sn}\,u\,\mathrm{sn}\,v\,\mathrm{dn}\,u\,\mathrm{dn}\,v}{1-k^2 \mathrm{sn}^2 u\,\mathrm{sn}^2 v}. \tag{3}$$

同样，由

$$(1-k^2 s_1^2 s_2^2)^2 \mathrm{dn}^2(u+v)$$

$$= (1-k^2 s_1^2 s_2^2)^2 - k^2 (s_1 c_2 d_2 + s_2 c_1 d_1)^2$$

$$= (1-k^2 s_1^2)(1-k^2 s_2^2) + k^4 s_1^2 s_2^2 (1-s_1^2)(1-s_2^2) - 2k^2 s_1 s_2 c_1 c_2 d_1 d_2,$$

得

$$\mathrm{dn}(u+v) = \frac{d_1 d_2 - k^2 s_1 s_2 c_1 c_2}{1-k^2 s_1^2 s_2^2} = \frac{\mathrm{dn}\,u\,\mathrm{dn}\,v - k^2 \mathrm{sn}\,u\,\mathrm{sn}\,v\,\mathrm{cn}\,u\,\mathrm{cn}\,v}{1-k^2 \mathrm{sn}^2 u\,\mathrm{sn}^2 v}. \tag{4}$$

在加法公式中令 $v=u$，得倍加公式. 引进简写符号：

$$\left.\begin{array}{l} s = \mathrm{sn}\,u, \quad c = \mathrm{cn}\,u, \quad d = \mathrm{dn}\,u; \\ S = \mathrm{sn}(2u), \ C = \mathrm{cn}(2u), \ D = \mathrm{dn}(2u). \end{array}\right\} \tag{5}$$

得

$$S = \frac{2scd}{1-k^2 s^4}, \quad C = \frac{1-2s^2 + k^2 s^4}{1-k^2 s^4}, \quad D = \frac{1-2k^2 s^2 + k^2 s^4}{1-k^2 s^4}. \tag{6}$$

反过来求得

$$s^2 = \frac{1-C}{1-D}, \quad c^2 = \frac{D+C}{1+D}, \quad d^2 = \frac{D+C}{1+C}. \tag{7}$$

## 10.5  雅氏椭圆函数的周期性

由上节的加法公式和 10.3 节(2)式得

$$\mathrm{su}(u+K) = \frac{\mathrm{cn}\,u\,\mathrm{dn}\,u}{1-k^2 \mathrm{sn}^2 u} = \frac{\mathrm{cn}\,u}{\mathrm{dn}\,u} = \mathrm{cd}\,u. \tag{1}$$

同样，得

$$\operatorname{cn}(u + K) = -k'\operatorname{sd} u, \quad \operatorname{dn}(u + K) = k'\operatorname{nd} u. \tag{2}$$

再加 K：

$$\operatorname{sn}(u + 2K) = -\operatorname{sn} u, \ \operatorname{cn}(u + 2K) = -\operatorname{cn} u, \left.\begin{array}{r}\\ \end{array}\right\}$$
$$\operatorname{dn}(u + 2K) = \operatorname{dn} u. \tag{3}$$

再加 2K：

$$\operatorname{sn}(u + 4K) = \operatorname{sn} u, \quad \operatorname{cn}(u + 4K) = \operatorname{cn} u. \tag{4}$$

因此 sn $u$ 和 cn $u$ 的周期是 4K, 而 dn $u$ 的周期是 2K.

同样, 由加法公式和 10.3 节 (5) 式得

$$\operatorname{sn}(u + K + iK') = k^{-1}\operatorname{dc} u,$$
$$\operatorname{cn}(u + K + iK') = -ik'k^{-1}\operatorname{nc} u,$$
$$\operatorname{dn}(u + K + iK') = ik'\operatorname{sc} u. \tag{5}$$

加一倍：

$$\operatorname{sn}(u + 2K + 2K'i) = -\operatorname{sn} u, \quad \operatorname{cn}(u + 2K + 2K'i) = \operatorname{cn} u,$$
$$\operatorname{dn}(u + 2K + 2K'i) = -\operatorname{dn} u. \tag{6}$$

因此 $4K + 4K'i$ 是 sn $u$ 和 dn $u$ 的周期, $2K + 2K'i$ 是 cn $u$ 的周期.

加 K'i, 用 10.3 节公式 (6) 不好计算, 改用下面的方法：

$$\operatorname{sn}(u + K'i) = \operatorname{sn}(u - K + K + K'i) = k^{-1}\operatorname{dc}(u - K) = k^{-1}\operatorname{ns} u. \tag{7}$$

同样, 得

$$\operatorname{cn}(u + K'i) = -ik^{-1}\operatorname{ds} u, \quad \operatorname{dn}(u + K'i) = -i\operatorname{cs} u. \tag{8}$$

再加一次：

$$\operatorname{sn}(u + 2K'i) = \operatorname{sn} u, \quad \operatorname{cn}(u + 2K'i) = -\operatorname{cn} u, \left.\begin{array}{r}\\ \end{array}\right\}$$
$$\operatorname{dn}(u + 2K'i) = -\operatorname{dn} u. \tag{9}$$

因此, $2K'i$ 是 sn $u$ 的周期, $4K'i$ 是 cn $u$ 和 dn $u$ 的周期.

总结以上, 由于 $4K'i = 2(2K + 2K'i) - 4K$, 有以下结论：

$(4K, 2K'i)$ 是 sn $u$ 的周期；$(4K, 2K + 2K'i)$ 是 cn $u$ 的周期；$(2K, 4K'i)$ 是 dn $u$ 的周期.

## 10.6　雅氏椭圆函数的极点和零点

从 10.3 节最后积分的计算看出 sn $u$ 的极点 $u$ 为

$$u = \int_0^\infty \frac{\mathrm{d}t}{\sqrt{(1 - t^2)(1 - k^2 t^2)}} = K \pm iK' \pm K,$$

正负号取决于积分路线在绕过 $t = 1, t = 1/k$ 点时是在上半平面, 还是在下半平面. 从 10.1 节 cn $u$ 和 dn $u$ 的定义 (5) 看出, sn $u$ 的极点也就是 cn $u$ 和 dn $u$ 的极点. 根据上节关于这些函数的周期的具体数值, 得知在周期平行四边形内每个函数只有

两个极点.因此有

在周期平行四边形内,sn$u$ 和 cn$u$ 的两个极点是 K′i 和 2K+K′i;dn $u$ 的两个极点是 K′i 和 3K′i.

根据 8.3 节的普遍理论,这些函数在周期平行四边形内也只有两个零点.从 10.1 节 sn $u$ 的定义看出,$u=0$ 是 sn $u$ 的一个零点;从上节(3)式看出,$u=2$K 是 sn $u$ 的另一零点.从上节公式(2)看出 cn $u$ 的两个零点是 $u=$K 和 $u=3$K.从上节公式(5)看出 dn $u$ 的两个零点是 $u=$K+K′i 和 $u=-$K$-$K′i,或者是 $u=$K+K′i 和 $u=$K+3K′i,后者等于 2K+4K′i$-$(K+K′i).总结起来是:

在周期平行四边形内,(0,2K)是 sn$u$ 的两个零点,(K,3K)是 cn$u$ 的两个零点,(K+K′i,K+3K′i)是 dn $u$ 的两个零点.

现在来求在零点和极点的展开式.先求 sn $u$ 在 $u=0$ 处的幂级数展开,即泰勒展开.用 10.1 节公式(8)～(10)可求得 sn $u$ 的各级微商,代入泰勒展开公式,得

$$\mathrm{sn}\, u = u - \frac{1+k^2}{6} u^3 + (1+14k^2+k^4)\frac{u^5}{5!} - \cdots. \tag{1}$$

代入 10.1 节定义(5),可求得 cn $u$ 和 dn $u$ 在原点附近的展开式:

$$\mathrm{cn}\, u = 1 - \frac{u^2}{2} + (1+4k^2)\frac{u^4}{4!} - (1+44k^2+16k^4)\frac{u^6}{6!} + \cdots, \tag{2}$$

$$\mathrm{dn}\, u = 1 - k^2\frac{u^2}{2} + k^2(4+k^2)\frac{u^4}{4!} - k^2(16+44k^2+k^4)\frac{u^6}{6!} + \cdots. \tag{3}$$

代入 10.5 节(2)式,得 cn $u$ 在零点 K 处的展开式:

$$\mathrm{cn}(u+\mathrm{K}) = -k'u + \frac{k'(1-2k^2)}{6} u^3 - \cdots. \tag{4}$$

代入 10.5 节(5)式,得 dn $u$ 在零点 K+K′i 处的展开式:

$$\mathrm{dn}(u+\mathrm{K}+\mathrm{K}'\mathrm{i}) = ik'u + \frac{ik'(2-k^2)}{6} u^3 + \cdots. \tag{5}$$

代入 10.5 节(7)和(8)式,得在极点 K′i 处的展开式:

$$\mathrm{sn}(u+\mathrm{K}'\mathrm{i}) = \frac{1}{ku} + \frac{1+k^2}{6k} u + \frac{7-22k^2+7k^4}{360k} u^3 + \cdots, \tag{6}$$

$$\mathrm{cn}(u+\mathrm{K}'\mathrm{i}) = -\frac{i}{ku} + \frac{i(2k^2-1)}{6k} u + \cdots, \tag{7}$$

$$\mathrm{dn}(u+\mathrm{K}'\mathrm{i}) = -\frac{i}{u} + \frac{i(2-k^2)}{6} u + \cdots. \tag{8}$$

从这几个展开式看出,sn $u$,cn $u$,dn $u$ 在极点 K′i 处的残数分别为 $1/k, -i/k, -i$.

## 10.7  椭圆函数的变换

这里不准备全面地讨论椭圆函数的变换,只讲三种.第一种是雅可毕的虚变

换,第二种是朗登型变换,第三种是虚模数变换.

为了讲变换,必须将模数 $k$ 标明,因为在变换中模数要变.因此把 sn $u$ 写为 sn$(u,k)$.

**1. 雅氏虚变换.**　雅氏虚变换是求 sn$(iu,k)$.当 $u$ 变为 $iu$ 时,在积分中 $t$ 也将变为纯虚数 $iy$:

$$iu = \int_0^{iy} \frac{dt}{\sqrt{(1-t^2)(1-k^2t^2)}} = i\int_0^y \frac{dy}{\sqrt{(1+y^2)(1+k^2y^2)}}. \tag{1}$$

作变换 $y^2 = \dfrac{\eta^2}{1-\eta^2}$,得

$$u = \int_0^\eta \frac{d\eta}{\sqrt{(1-\eta^2)(1-k'^2\eta^2)}}.$$

因此有 $\eta = $ sn$(u,k')$,而得

$$t = \text{sn}(iu,k) = iy = i\eta(1-\eta^2)^{-\frac{1}{2}} = i\,\text{sc}(u,k'), \tag{2}$$

$$\text{cn}(iu,k) = (1+y^2)^{\frac{1}{2}} = (1-\eta^2)^{-\frac{1}{2}} = \text{nc}(u,k'), \tag{3}$$

$$\text{dn}(iu,k) = (1+k^2y^2)^{\frac{1}{2}} = (1-k'^2\eta^2)^{\frac{1}{2}}(1-\eta^2)^{-\frac{1}{2}} = \text{dc}(u,k'). \tag{4}$$

**2. 朗登型变换.**　在忒塔函数理论中,我们在 9.10 节讨论了朗登型变换,是 $\tau$ 变为 $\tau_1 = 2\tau$.相应的 $k$ 变为 $k_1$,$k_1$ 的数值可以从 9.11 节(15)和(16)式得到(关于 $k$ 见 9.8 节(1)式):

$$k_1 = \frac{\vartheta_2^2(0\mid 2\tau)}{\vartheta_3^2(0\mid 2\tau)} = \frac{\vartheta_3^2(0\mid\tau) - \vartheta_4^2(0\mid\tau)}{\vartheta_3^2(0\mid\tau) + \vartheta_4^2(0\mid\tau)} = \frac{1-k'}{1+k'}.$$

所以朗登变换是求 sn$(u_1,k_1)$:

$$t_1 = \text{sn}(u_1,k_1), \quad u_1 = \int_0^{t_1} \frac{dt_1}{\sqrt{(1-t_1^2)(1-k_1^2t_1^2)}}, \quad k_1 = \frac{1-k'}{1+k'}. \tag{5}$$

作变换

$$t_1 = \frac{(1+k')t(1-t^2)^{\frac{1}{2}}}{(1-k^2t^2)^{\frac{1}{2}}}, \tag{6}$$

得

$$u_1 = (1+k')\int_0^t \frac{dt}{\sqrt{(1-t^2)(1-k^2t^2)}} = (1+k')u, \tag{7}$$

因此有($u_1 = (1+k')u$)

$$\text{sn}(u_1,k_1) = (1+k')\text{sn}(u,k)\text{cd}(u,k), \tag{8}$$

$$\text{cn}(u_1,k_1) = \{1-(1+k')\text{sn}^2(u,k)\}\text{nd}(u,k), \tag{9}$$

$$\text{dn}(u_1,k_1) = \{1-(1-k')\text{sn}^2(u,k)\}\text{nd}(u,k). \tag{10}$$

变换(6)不容易直接看出,从忒塔函数理论推导较方便.

周期 $2K_1$ 和 $2K'_1 i$ 可以从 $\operatorname{sn} u_1$ 的零点和极点得到. 由(8)式看出 $\operatorname{sn} u_1$ 的两个零点 $u_1 = 0$ 和 $u_1 = 2K_1$,对应于 $\operatorname{sn} u$ 的零点 $u = 0$ 和 $\operatorname{cn} u$ 的零点 $u = K$,因此由(7)式得

$$2K_1 = (1+k')K. \tag{11}$$

由(8)式得知 $\operatorname{sn} u_1$ 的极点 $u_1 = K'_1 i$ 就是 $\operatorname{sn} u$ 的极点 $u = K'i$,因此由(7)式得

$$K'_1 = (1+k')K'. \tag{12}$$

从(11)和(12)得 $K'_1/K_1 = 2K'/K$,这就是 $\tau_1 = 2\tau$. 公式(11)和(12)也可从(7)式积分证明. 当 $t$ 由 0 变到 $(1+k')^{-\frac{1}{2}}$ 时,$t_1$ 由 0 变到 1;当 $t$ 再由 $(1+k')^{-\frac{1}{2}}$ 变到 1 时,$t_1$ 又由 1 变回到 0;因此由 $t = 0$ 到 $t = 1$ 的积分等于 $2K_1$,这样就得到了(11)式. 当 $t$ 由 1 变到 $1/k$ 时,$t_1$ 由 0 沿负虚轴变到 $\infty$,但在 $t_1 = 0$ 处 $\sqrt{1 - t_1^2} = -1$,因此得(12)式.

**3. 虚模数变换.** 这相当于忒塔函数由 $\tau$ 到 $\tau_2 = \tau + 1$ 的变换,相应的模数由 $k$ 变为 $k_2$(见 9.9 节(11)式):

$$k_2 = \frac{\vartheta_2^2(0 \mid \tau+1)}{\vartheta_3^2(0 \mid \tau+1)} = \frac{i\vartheta_2^2(0 \mid \tau)}{\vartheta_4^2(0 \mid \tau)} = \frac{ik}{k'}, \tag{13}$$

这是纯虚数. 这个变换是求 $\operatorname{sn}(u_2, k_2)$:

$$t_2 = \operatorname{sn}(u_2, k_2), \quad u_2 = \int_0^{t_2} \frac{dt_2}{\sqrt{(1-t_2^2)(1-k_2^2 t_2^2)}}, \quad k_2 = \frac{ik}{k'}. \tag{14}$$

作变换

$$t_2 = \frac{k't}{\sqrt{1-k^2 t^2}}, \tag{15}$$

得

$$u_2 = \int_0^t \frac{k' dt}{\sqrt{(1-t^2)(1-k^2 t^2)}} = k'u. \tag{16}$$

因此有

$$\operatorname{sn}(u_2, k_2) = \operatorname{sn}(k'u, ik/k') = \frac{k't}{\sqrt{1-k^2 t^2}} = k'\operatorname{sd}(u, k), \tag{17}$$

$$\operatorname{cn}(k'u, ik/k') = \operatorname{cd}(u, k),$$
$$\operatorname{dn}(k'u, ik/k') = \operatorname{nd}(u, k). \tag{18}$$

由 $\operatorname{cn} u_2$ 的零点和 $\operatorname{dn} u_2$ 的极点可以求出周期 $2K_2$ 和 $2K'_2 i$:

$$K_2 = k'K, \quad iK'_2 = k'(K + K'i), \tag{19}$$

由此得 $iK'_2/K_2 = 1 + K'i/K = \tau + 1$. 公式(19)中的第二式 $K$ 的系数是正还是负,从 $\operatorname{dn} u$ 的极点来看不好确定,直接用(16)式积分比较容易确定. 当 $t$ 从 0 变到 1 时,(15)式指出 $t_2$ 也从 0 变到 1,因此(16)式积分给出(19)的第一式. 当 $t_2$ 由 1 变到

$1/k_2 = -\mathrm{i}k'/k$ 时，$t$ 由 1 变到 $\infty$，而在 $t > 1/k$ 时必须取(15)中根式为 $+\mathrm{i}$，用 10.3 节最后的算法，得到(19)的第二式.

## 10.8　椭圆积分的演算

普遍的椭圆积分是 $\int R(x, y)\mathrm{d}x$，其中 $R(x, y)$ 是 $x$ 和 $y$ 的有理函数，而

$$y^2 = P(x) = a_0 x^4 + 4a_1 x^3 + 6a_2 x^2 + 4a_3 x + a_4. \tag{1}$$

在 8.1 节中证明了三次多项式 $P(x)(a_0 = 0)$ 的情形可以化为四次多项式的情形，四次多项式的情形在已知一个根时可以化为三次多项式的情形. 在三次多项式的情形下，证明了普遍椭圆积分可以归结为三个基本椭圆积分 $I_0, I_1, J_1$.

在 8.11 节讨论了如何把一任意三次多项式化为外氏的标准形式：

$$y^2 = 4x^3 - g_2 x - g_3. \tag{2}$$

在 8.9 节讨论了在外氏标准形式下如何把椭圆积分归结为三个基本积分 $I_0$，$I_1, J_1$，并且得到了 $I_0 = z, I_1 = -\zeta(z)$. 在 8.10 节中得到了 $J_1$ 的表达式.

在 8.12 节讨论了在四次多项式的根不知道的情形下如何把它用外氏椭圆函数表达，这也等于把它化为三次多项式的情形.

因此椭圆积分问题已经在理论上完全解决了.

但是在实用上，特别是在数值计算上，有一个周期是实数比较方便，因此勒让德的椭圆积分标准形式比较适用. 虽然在 9.8 节中讨论了如何把外氏标准形式化为勒让德的标准形式：

$$y^2 = L(t) = (1 - t^2)(1 - k^2 t^2), \quad k < 1, \tag{3}$$

但是在实用上的重要性要求能够直接从四次多项式(1)化为勒让德的标准形式(3)，不必通过外氏标准形式(2)的中间过程.

现在讨论如何从一般的四次多项式(1)化为勒让德的标准形式(3). 我们假设 $P(x) = 0$ 的根已知(关于四次方程的解法见附录二)，并表达为

$$P(x) = S_1 S_2, \quad S_l = p_l x^2 + 2q_l x + r_l, \quad l = 1, 2, \tag{4}$$

或者是把四个根 $a, b, c, d$ 写明：

$$S_1 = p_1 (x - a)(x - b), \quad S_2 = p_2 (x - c)(x - d). \tag{5}$$

选 $\lambda$ 使 $S_1 - \lambda S_2$ 化为完整平方：

$$S_1 - \lambda S_2 = (p_1 - \lambda p_2) x^2 + 2(q_1 - \lambda q_2) x + (r_1 - \lambda r_2)$$
$$= (p_1 - \lambda p_2)(x - \alpha)^2. \tag{6}$$

要使得(6)式成立，$\lambda$ 必须满足下列条件

$$(q_1 - \lambda q_2)^2 - (p_1 - \lambda p_2)(r_1 - \lambda r_2) = 0, \tag{7}$$

这个方程有两个根 $\lambda$ 和 $\mu$. 比较(6)式 $2x$ 的系数，得

$$(p_1 - \lambda p_2)\alpha = -(q_1 - \lambda q_2), \tag{8}$$

由此解得

$$\lambda = \frac{p_1 \alpha + q_1}{p_2 \alpha + q_2}. \tag{9}$$

代入方程(7),得

$$(p_1 q_2 - p_2 q_1)\alpha^2 + (p_1 r_2 - p_2 r_1)\alpha + (q_1 r_2 - q_2 r_1) = 0. \tag{10}$$

这个方程的两个根 $\alpha$ 和 $\beta$ 与方程(7)的两个根 $\lambda$ 和 $\mu$ 相对应.

当 $P(x)$ 的系数是实数时,四个根 $a, b, c, d$ 中如果有复数,一定成对出现,故可使 $p_l, q_l, r_l$ 全是实数. 这时候可以使方程(10)的两个根是实数. 实根的条件是

$$D = (p_1 r_2 - p_2 r_1)^2 - 4(p_1 q_2 - p_2 q_1)(q_1 r_2 - q_2 r_1) > 0. \tag{11}$$

这个关系可以用 $P(x) = 0$ 的根表达出来. 比较(4)和(5)中的系数,得

$$p_1(a + b) = -2q_1, \quad p_1 ab = r_1;$$
$$p_2(c + d) = -2q_2, \quad p_2 cd = r_2. \tag{12}$$

代入(10),得

$$(a + b - c - d)\alpha^2 + 2(cd - ab)\alpha + ab(c + d) - cd(a + b) = 0. \tag{13}$$

代入(11),得

$$D = (p_1 p_2)^2 \{(cd - ab)^2 - (a + b - c - d)[ab(c + d) - cd(a + b)]\}$$
$$= a_0^2 (a - c)(a - d)(b - c)(b - d) > 0. \tag{14}$$

假如四个根全是实数,可选 $a > b > c > d$ 使(14)满足. 一般说来,只要区间 $(a, b)$ 与 $(c, d)$ 不重叠,就可以使(14)满足. 假如有一对复数根 $(c, d)$,$c$ 和 $d$ 是共轭复数;假如四个根全是复数根,$a$ 和 $b$ 也是共轭复数;在这两种情形下,(14)显然都成立.

设 $p_1 q_2 - p_2 q_1 \neq 0$,这时方程(10)有两个实根 $\alpha$ 和 $\beta$;设 $\lambda$ 和 $\mu$ 为方程(7)对应于 $\alpha$ 和 $\beta$ 的两个根. 由(6)式得

$$S_1 - \lambda S_2 = (p_1 - \lambda p_2)(x - \alpha)^2,$$
$$S_1 - \mu S_2 = (p_1 - \mu p_2)(x - \beta)^2,$$

解得

$$S_1 = b_1(x - \alpha)^2 + c_1(x - \beta)^2,$$
$$S_2 = b_2(x - \alpha)^2 + c_2(x - \beta)^2, \tag{15}$$

$$b_1 = \frac{\mu p_1 - \lambda \mu p_2}{\mu - \lambda} = \frac{p_1 \beta + q_1}{\alpha - \beta},$$

$$c_1 = -\frac{\lambda p_1 - \lambda \mu p_2}{\mu - \lambda} = -\frac{p_1 \alpha + q_1}{\alpha - \beta},$$

$$b_2 = \frac{p_1 - \lambda p_2}{\mu - \lambda} = \frac{p_2 \beta + q_2}{\alpha - \beta},$$

$$c_2 = -\frac{p_1 - \mu p_2}{\mu - \lambda} = -\frac{p_2 \alpha + q_2}{\alpha - \beta}.$$

作变换

$$s = \frac{x - \alpha}{x - \beta},$$

$$P(x) = (x - \beta)^4 Q(s) = (x - \beta)^4 (b_1 s^2 + c_1)(b_2 s^2 + c_2), \tag{16}$$

得

$$\frac{\mathrm{d}x}{\sqrt{P(x)}} = \frac{1}{\alpha - \beta} \frac{\mathrm{d}s}{\sqrt{(b_1 s^2 + c_1)(b_2 s^2 + c_2)}}. \tag{17}$$

若 $p_1 q_2 - p_2 q_1 = 0$，则方程(10)只有一个解 $\alpha = -q_1/p_1 = -q_2/p_2$，另一个解 $\beta = \infty$. 这时候显然有

$$S_1 = p_1 (x - \alpha)^2 + r_1 - p_1 \alpha^2, \quad S_2 = p_2 (x - \alpha)^2 + r_2 - p_2 \alpha^2. \tag{18}$$

作变换 $x - \alpha = s$ 就可使 $P(s + \alpha)$ 只含 $s$ 的偶次方, 成为(16)式中 $Q(s)$ 的形式. 注意, 由(13)式看出这种情形出现在 $a + b = c + d$ 时, 所以这只能出现在有复数根的情形下; 这时 $\alpha = \frac{1}{2}(a + b) = -q_1/p_1$.

下列椭圆积分

$$I_m = \int \frac{s^{2m} \mathrm{d}s}{\sqrt{Q(s)}}, \quad J_n = \int \frac{\mathrm{d}s}{(s^2 - h)^n \sqrt{Q(s)}}, \tag{19}$$

可以归结为三个基本积分 $I_0, I_1, J_1$, 证明的方法与 8.1 节一样, 依赖于下面两个关系式

$$\frac{\mathrm{d}}{\mathrm{d}s}\{s^{2m-1} \sqrt{Q(s)}\} = \frac{1}{\sqrt{Q(s)}}\{(2m+1)b_1 b_2 s^{2m+2}$$
$$+ 2m(b_1 c_2 + b_2 c_1)s^{2m} + (2m-1)c_1 c_2 s^{2m-2}\}, \tag{20}$$

$$\frac{\mathrm{d}}{\mathrm{d}s}\left\{\frac{s \sqrt{Q(s)}}{(s^2 - h)^n}\right\} = \frac{1}{(s^2 - h)^{n+1} \sqrt{Q(s)}}\{(3 - 2n)b_1 b_2 (s^2 - h)^3$$
$$+ (2 - 2n)[b_1 c_2 + b_2 c_1 + 3b_1 b_2 h](s^2 - h)^2$$
$$+ (1 - 2n)[c_1 c_2 + 2(b_1 c_2 + b_2 c_1)h + 3b_1 b_2 h^2](s^2 - h)$$
$$- 2nh(c_1 + hb_1)(c_2 + hb_2)\}. \tag{21}$$

现在进一步讨论如何由 $Q(s)$ 化为勒让德标准形式 $\mathrm{L}(t)$, 这分为下面几种不同的情形讨论.

(一) $Q(s) = (a^2 - s^2)(b^2 - s^2)$, $s < a < b$.

令 $s = at$, 得 $Q(s) = a^2 b^2 \mathrm{L}(t)$, $k = a/b$,

$$\frac{\mathrm{d}s}{\sqrt{Q(s)}} = \frac{1}{b} \frac{\mathrm{d}t}{\sqrt{\mathrm{L}(t)}} = \frac{\mathrm{d}u}{b}.$$

(二) $Q(s) = (s^2 - a^2)(s^2 - b^2)$, $a < b < s$.

令 $s = b/t$, 得 $Q(s) = (b/t)^4 \mathrm{L}(t)$, $k = a/b$,

$$\frac{\mathrm{d}s}{\sqrt{Q(s)}} = -\frac{\mathrm{d}t}{b\ \sqrt{L(t)}}.$$

（三）$Q(s) = (s^2 - a^2)(b^2 - s^2), \quad a < s < b.$

令 $s^2 = \dfrac{a^2}{1 - k^2 t^2}, \ k^2 = 1 - \dfrac{a^2}{b^2},$ 得

$$Q(s) = \frac{a^2 b^2 k^4 t^2 (1 - t^2)}{(1 - k^2 t^2)^2}, \qquad \frac{\mathrm{d}s}{\sqrt{Q(s)}} = \frac{\mathrm{d}t}{b\ \sqrt{L(t)}}.$$

或者用变换 $s^2 = b^2 (1 - k^2 \tau^2), \ k^2 = 1 - \dfrac{a^2}{b^2},$ 得

$$Q(s) = b^4 k^4 \tau^2 (1 - \tau^2), \qquad \frac{\mathrm{d}s}{\sqrt{Q(s)}} = -\frac{\mathrm{d}\tau}{b\ \sqrt{L(\tau)}}.$$

变数 $\tau$ 与 $t$ 的关系是 $\tau^2 = (1 - t^2)/(1 - k^2 t^2)$，或者是 $1 - k^2 \tau^2 = (1 - k^2)/(1 - k^2 t^2)$；这两者之间的关系是 $0$ 与 $1$ 对换.

（四）$Q(s) = (a^2 - s^2)(s^2 + b^2), \quad s < a.$

令 $s^2 = \dfrac{a^2 (1 - k^2) t^2}{1 - k^2 t^2} = \dfrac{b^2}{1 - k^2 t^2} - b^2, \quad k^2 = \dfrac{a^2}{a^2 + b^2},$ 或者是 $s^2 = a^2 (1 - \tau^2),$ 得

$$\frac{\mathrm{d}s}{\sqrt{Q(s)}} = \frac{\mathrm{d}t}{\sqrt{a^2 + b^2}\ \sqrt{L(t)}} = -\frac{\mathrm{d}\tau}{\sqrt{a^2 + b^2}\ \sqrt{L(\tau)}}.$$

（五）$Q(s) = (s^2 - a^2)(s^2 + b^2), \quad s > a.$

令 $s^2 = \dfrac{a^2}{1 - t^2}, \ k^2 = \dfrac{b^2}{a^2 + b^2},$ 得

$$\frac{\mathrm{d}s}{\sqrt{Q(s)}} = \frac{\mathrm{d}t}{\sqrt{a^2 + b^2}\ \sqrt{L(t)}}.$$

（六）$Q(s) = (s^2 + a^2)(s^2 + b^2), \quad a < b.$

令 $s^2 = \dfrac{a^2 t^2}{1 - t^2}, \ k^2 = 1 - \dfrac{a^2}{b^2},$ 得

$$\frac{\mathrm{d}s}{\sqrt{Q(s)}} = \frac{\mathrm{d}t}{b\ \sqrt{L(t)}}.$$

**例** $P(x) = x^4 + 1.$

四个根是 $a = \mathrm{e}^{\frac{\pi i}{4}}, b = \mathrm{e}^{\frac{\pi i}{4} + \frac{3\pi i}{2}} = \mathrm{e}^{\frac{\pi i}{4} - \frac{\pi i}{2}} = \mathrm{e}^{-\frac{\pi i}{4}}, c = \mathrm{e}^{\frac{\pi i}{4} + \frac{\pi i}{2}} = \mathrm{e}^{\frac{3\pi i}{4}}, d = \mathrm{e}^{\frac{\pi i}{4} + \pi i} = \mathrm{e}^{\frac{\pi i}{4} - \pi i} = \mathrm{e}^{-\frac{3\pi i}{4}}.$ 代入(13)，得 $\alpha^2 = 1$，即 $\alpha = 1, \beta = -1.$ 令 $s = \dfrac{x - 1}{x + 1}, x = \dfrac{1 + s}{1 - s} = \dfrac{2}{1 - s} - 1,$ 得

$$P(x) = \frac{(1 + s)^4 + (1 - s)^4}{(1 - s)^4} = \frac{2(s^4 + 6s^2 + 1)}{(1 - s)^4},$$

$$\frac{\mathrm{d}x}{\sqrt{P(x)}} = \frac{\sqrt{2}\,\mathrm{d}s}{\sqrt{s^4 + 6s^2 + 1}}.$$

现在 $Q(s)=s^4+6s^2+1=(s^2+3)^2-8=(s^2+3-\sqrt{8})(s^2+3+\sqrt{8})$，这是类型（六）. 令

$$s^2=\frac{(3-\sqrt{8})t^2}{1-t^2},\quad k^2=1-\frac{3-\sqrt{8}}{3+\sqrt{8}}=\frac{2\sqrt{8}}{3+\sqrt{8}},$$

得

$$k'=\sqrt{\frac{3-\sqrt{8}}{3+\sqrt{8}}}=\frac{1}{3+\sqrt{8}}=3-\sqrt{8},$$

$$\frac{\mathrm{d}x}{\sqrt{x^4+1}}=\sqrt{\frac{2}{3+\sqrt{8}}}\frac{\mathrm{d}t}{\sqrt{(1-t^2)(1-k^2t^2)}}.$$

在四个根全是实数时，可以不必通过由 $x$ 变到 $s$，然后再变到 $t$ 的过程，而直接变到 $t$，步骤如下：

（七）$P(x)=(x-a)(x-b)(x-c)(x-d)$,

$$a>b>c>d.$$

这有两种情形使 $P(x)\geqslant 0$：

（甲）$x\geqslant a$ 或者 $x\leqslant d$. 令

$$\frac{x-a}{x-b}=\frac{a-d}{b-d}t^2,\quad k^2=\frac{(a-d)(b-c)}{(a-c)(b-d)},$$

得

$$\frac{\mathrm{d}x}{\sqrt{P(x)}}=\frac{2}{\sqrt{(a-c)(b-d)}}\frac{\mathrm{d}t}{\sqrt{\mathrm{L}(t)}}.$$

由 $(a-b)(c-d)+(a-d)(b-c)=(a-c)(b-d)$ 得知 $k^2<1$.

（乙）$b\geqslant x\geqslant c$. 令

$$\frac{x-c}{x-d}=\frac{b-c}{b-d}t^2,\quad k^2=\frac{(a-d)(b-c)}{(a-c)(b-d)},$$

得

$$\frac{\mathrm{d}x}{\sqrt{P(x)}}=\frac{2}{\sqrt{(a-c)(b-d)}}\frac{\mathrm{d}t}{\sqrt{\mathrm{L}(t)}}.$$

（八）$P(x)=-(x-a)(x-b)(x-c)(x-d)$,

$$a>b>c>d.$$

这也有两种情形使 $P(x)\geqslant 0$：

（甲）$a\geqslant x\geqslant b$. 令

$$\frac{x-b}{x-c}=\frac{a-b}{a-c}t^2,\quad k^2=\frac{(a-b)(c-d)}{(a-c)(b-d)},$$

得

$$\frac{\mathrm{d}x}{\sqrt{P(x)}} = \frac{2}{\sqrt{(a-c)(b-d)}}\frac{\mathrm{d}t}{\sqrt{L(t)}}.$$

(乙) $c \geqslant x \geqslant d$. 令

$$\frac{x-d}{x-a} = \frac{c-d}{c-a}t^2, \quad k^2 = \frac{(a-b)(c-d)}{(a-c)(b-d)},$$

得

$$\frac{\mathrm{d}x}{\sqrt{P(x)}} = \frac{2}{\sqrt{(a-c)(b-d)}}\frac{\mathrm{d}t}{\sqrt{L(t)}}.$$

情形(七)相当于(三);情形(八)之(甲)相当于(一),(八)之(乙)相当于(二);因为根据(15)式可以证明(一),(二),(三)中的 $a^2$ 和 $b^2$ 分别等于 $-c_1/b_1, -c_2/b_2$. 经过演算可以证明(一),(二),(三)中的模数 $k$ 与(七),(八)中的 $k$ 不相同,而两者之间的关系相当于朗登型变换(10.7 节(5)式).

## 10.9  第二种椭圆积分

勒让德的第二种椭圆积分的标准形式是

$$E(u) = \int_0^t \frac{(1-k^2t^2)\mathrm{d}t}{\sqrt{(1-t^2)(1-k^2t^2)}} = \int_0^t \sqrt{\frac{1-k^2t^2}{1-t^2}}\mathrm{d}t$$

$$= \int_0^\varphi \sqrt{1-k^2\sin^2\varphi}\,\mathrm{d}\varphi \quad (t = \mathrm{sn}\,u = \sin\varphi). \tag{1}$$

又可表达为

$$E(u) = \int_0^u \mathrm{dn}^2 u\,\mathrm{d}u. \tag{2}$$

第二种全椭圆积分为(参看 10.3 节(3)式)

$$E = E(K) = \int_0^1 \sqrt{\frac{1-k^2t^2}{1-t^2}}\mathrm{d}t = \sum_{r=0}^\infty \begin{bmatrix}\frac{1}{2}\\r\end{bmatrix}(-k^2)^r\int_0^1\frac{t^{2r}\mathrm{d}t}{\sqrt{1-t^2}}$$

$$= \frac{1}{2}\sum_{r=0}^\infty\left(-\frac{1}{2}\right)_r\frac{k^{2r}}{r!}\frac{\Gamma\left(\frac{1}{2}\right)\Gamma\left(r+\frac{1}{2}\right)}{\Gamma(r+1)}$$

$$= \frac{\pi}{2}\sum_{r=0}^\infty\left(-\frac{1}{2}\right)_r\left(\frac{1}{2}\right)_r\frac{k^{2r}}{(r!)^2},$$

即

$$E = \frac{\pi}{2}F\left(-\frac{1}{2},\frac{1}{2},1,k^2\right). \tag{3}$$

为了求出(2),我们应用忒塔函数的表达式(9.3 节(3)式). $\mathrm{dn}^2 u$ 的周期为 2K

和 2K'i(见 10.5 节),极点为 K'i,在极点的主部为 $-(u-K'i)^{-2}$(见 10.6 节),因此有

$$\mathrm{dn}^2 u = \frac{\mathrm{d}^2}{\mathrm{d}u^2}\ln\vartheta_1\left(\frac{u-K'i}{2K}\right) + C = \frac{\mathrm{d}^2}{\mathrm{d}u^2}\ln\Theta(u) + C,$$

其中 $\Theta(u) = iq^{\frac{1}{4}}\,e^{-\frac{i\pi u}{2K}}\vartheta_1\left(\frac{u-K'i}{2K}\right) = iq^{\frac{1}{4}}\,e^{-\frac{i\pi u}{2K}}\vartheta_1\left(\frac{u}{2K}-\frac{\tau}{2}\right) = \vartheta_4\left(\frac{u}{2K}\right)$,这个符号与

9.13 节的一致.代入(2),求积分,得

$$E(u) = \frac{\Theta'(u)}{\Theta(u)} + Cu.$$

在 $\Theta'(u+2K) = \Theta'(u)$ 中令 $u=-K$,注意 $\Theta'(u)$ 是 $u$ 的奇函数,得 $\Theta'(K)=0$,故有

$$E = CK,$$

这确定了常数 $C$,而有

$$E(u) = Z(u) + \frac{E}{K}u, \tag{4}$$

其中

$$Z(u) = \frac{\Theta'(u)}{\Theta(u)} = \frac{\mathrm{d}}{\mathrm{d}u}\ln\vartheta_4\left(\frac{u}{2K}\right). \tag{5}$$

## 10.10　第三种椭圆积分

勒让德的第三种椭圆积分现在常用的定义是

$$\Pi(u,c) = \int_0^u \frac{\mathrm{d}u}{1+c\,\mathrm{sn}^2 u}. \tag{1}$$

这又可表达为(令 $t=\mathrm{sn}\,u=\sin\varphi$)

$$\Pi(u,c) = \int_0^t \frac{\mathrm{d}t}{(1+ct^2)\,\sqrt{(1-t^2)(1-k^2 t^2)}}$$

$$= \int_0^\varphi \frac{\mathrm{d}\varphi}{(1+c\,\sin^2\varphi)\,\sqrt{1-k^2\sin^2\varphi}}. \tag{2}$$

令 $t=1$,或 $u=K$,得第三种全椭圆积分为

$$\Pi_1(c) = \int_0^K \frac{\mathrm{d}u}{1+c\,\mathrm{sn}^2 u} = \int_0^1 \frac{\mathrm{d}t}{(1+ct^2)\,\sqrt{(1-t^2)(1-k^2 t^2)}}. \tag{3}$$

为了方便地用椭圆函数表达第三种椭圆积分,引进常数 $a$ 使

$$c = -\frac{1}{\mathrm{sn}^2 a} = -\mathrm{ns}^2 a. \tag{4}$$

(1)中被积函数的周期是 2K 和 2K'i,极点是 $u=\pm a$,相应的残数是

$$\mp \mathrm{sn}\,a/2\,\mathrm{cn}\,a\,\mathrm{dn}\,a.$$

用 9.8 节(1)式，$\operatorname{sn} u = \vartheta_3 \vartheta_1(v)/\vartheta_2\vartheta_4(v)$，$u=2Kv=\pi\vartheta_3^2 v$，又可把残数表达为

$$\mp\left[2\frac{d}{da}\left\{\ln\vartheta_1\left(\frac{a}{2K}\right)-\ln\vartheta_4\left(\frac{a}{2K}\right)\right\}\right]^{-1}.$$

应用 9.3 节(3)式得

$$\frac{1}{1+c\operatorname{sn}^2 u}=\frac{\operatorname{sn} a}{\operatorname{cn} a\operatorname{dn} a}\left\{\frac{1}{2}\frac{d}{du}\left[\ln\vartheta_1\left(\frac{u+a}{2K}\right)-\ln\vartheta_1\left(\frac{u-a}{2K}\right)\right]+C\right\}.$$

令 $u\to 0$，得 $C$ 的值为

$$C=-\frac{d}{da}\ln\vartheta_4\left(\frac{a}{2K}\right)=-Z(a).$$

于是得第三种椭圆积分的表达式

$$\Pi(u,c)=\frac{\operatorname{sn} a}{\operatorname{cn} a\operatorname{dn} a}\left\{\frac{1}{2}\ln\frac{\vartheta_1\left(\frac{u+a}{2K}\right)}{\vartheta_1\left(\frac{u-a}{2K}\right)}-u\frac{d}{da}\ln\vartheta_4\left(\frac{a}{2K}\right)\right\}. \tag{5}$$

令 $u=K$，得第三种全椭圆积分的表达式

$$\Pi_1(c)=\frac{\operatorname{sn} a}{\operatorname{cn} a\operatorname{dn} a}\{Ea-KE(a)\}. \tag{6}$$

从这个结果看出，第三种全椭圆积分可用第一种和第二种椭圆积分表达.

关于 $a$ 的数值，从定义(4)式看出，若 $c<-1$，则有 $0<a<K$. 这时，如 $u<a$，则 (5)中 $\vartheta_1\left(\frac{u-a}{2K}\right)$ 应改负号，这从推导(5)的过程中可以看出，所以(5)要改为

$$\Pi(u,c)=\frac{\operatorname{sn} a}{\operatorname{cn} a\operatorname{dn} a}\left\{\frac{1}{2}\ln\frac{\vartheta_1\left(\frac{u+a}{2K}\right)}{\vartheta_1\left(\frac{a-u}{2K}\right)}-u\frac{d}{da}\ln\vartheta_4\left(\frac{a}{2K}\right)\right\}. \tag{7}$$

若 $-1<c<-k^2$，则 $a$ 的值要改为 $K+ia'$，由 10.5 节(1)式和 10.7 节(3)和 (4)式得

$$c=-\operatorname{dn}^2(a',k')\quad (a=K+ia'). \tag{8}$$

同时(7)式化为

$$\Pi(u,c)=\frac{i\operatorname{dn}(a',k')}{k'^2\operatorname{sn}(a',k')\operatorname{cn}(a',k')}\left\{\frac{1}{2}\ln\frac{\vartheta_2\left(\frac{u+ia'}{2K}\right)}{\vartheta_2\left(\frac{u-ia'}{2K}\right)}+iu\frac{d}{da'}\ln\vartheta_3\left(\frac{ia'}{2K}\right)\right\}. \tag{9}$$

在区间 $-k^2<c<0$ 要用变换 $a=b+K'i$，使

$$c=-k^2\operatorname{sn}^2 b\quad (a=b+K'i), \tag{10}$$

$$\Pi(u,c)=-\frac{\operatorname{sn} b}{\operatorname{cn} b\operatorname{dn} b}\left\{\frac{1}{2}\ln\frac{\vartheta_4\left(\frac{u+b}{2K}\right)}{\vartheta_4\left(\frac{u-b}{2K}\right)}-u\frac{d}{db}\ln\vartheta_1\left(\frac{b}{2K}\right)\right\}. \tag{11}$$

若 $c>0$，可用 10.7 节虚变换，令 $b=ib'$，得

$$c = k^2 \operatorname{sc}^2(b',k') = k^2 \operatorname{sn}^2(b',k')/\{1-\operatorname{sn}^2(b',k')\}. \tag{12}$$

这时 $a=(b'+K')\mathrm{i}$，而(11)式化为

$$\Pi(u,c) = -\frac{\mathrm{i}\,\operatorname{sn}(b',k')\operatorname{cn}(b',k')}{\operatorname{dn}(b',k')}\left\{\frac{1}{2}\ln\frac{\vartheta_4\left(\dfrac{u+ib'}{2K}\right)}{\vartheta_4\left(\dfrac{u-ib'}{2K}\right)} + \mathrm{i}u\frac{\mathrm{d}}{\mathrm{d}b'}\ln\vartheta_1\left(\frac{ib'}{2K}\right)\right\}. \tag{13}$$

在不同区间第三种全椭圆积分的相应表达式是

$$\Pi_1(-\operatorname{dn}^2(a',k')) = K + \frac{\operatorname{dc}(a',k')}{k'^2\operatorname{sn}(a'k')}\left[\frac{\pi}{2}-(E-K)a'-KE(a',k')\right], \tag{14}$$

$$\Pi_1(-k^2\operatorname{sn}^2b) = K + \frac{\operatorname{sc}b}{\operatorname{dn}b}[KE(b)-Eb], \tag{15}$$

$$\Pi_1(k^2\operatorname{sc}^2(b',k')) = K\operatorname{cn}^2(b',k') + \operatorname{sn}(b',k')\operatorname{cd}(b',k')[(E-K)b'+KE(b',k')]. \tag{16}$$

## 10.11  函数 $E(u)$ 的性质

在 10.9 节所引进的第二种椭圆积分 $E(u)$ 是奇函数，因为 $Z(u)$ 是奇函数. 它在周期平行四边形内有一个零点 $u=0$，有一个极点 $u=K'\mathrm{i}$，残数等于 1. 这一点很容易证明，因为残数等于 $\Theta'(K'\mathrm{i})\Big/\left[\dfrac{\mathrm{d}}{\mathrm{d}u}\Theta(u)\right]_{u=K'\mathrm{i}}=1$.

$E(u)$ 不是周期函数. 从 10.9 节(2)式定义得

$$E(u+2K) = \int_0^{u+2K}\operatorname{dn}^2u\,\mathrm{d}u = \int_0^{2K}\operatorname{dn}^2u\,\mathrm{d}u + \int_{2K}^{u+2K}\operatorname{dn}^2u\,\mathrm{d}u.$$

第一个积分可化为

$$\int_0^K\operatorname{dn}^2u\,\mathrm{d}u + \int_K^{2K}\operatorname{dn}^2u\,\mathrm{d}u = \int_0^K[\operatorname{dn}^2u+\operatorname{dn}^2(2K-u)]\mathrm{d}u$$

$$= 2\int_0^K\operatorname{dn}^2u\,\mathrm{d}u = 2E,$$

即

$$E(2K) = 2E(K) = 2E. \tag{1}$$

第二个积分可化为

$$\int_0^u\operatorname{dn}^2(u+2K)\mathrm{d}u = \int_0^u\operatorname{dn}^2u\,\mathrm{d}u = E(u).$$

因此得

$$E(u+2K) = E(u) + 2E. \tag{2}$$

同样可得

$$E(u + 2K'i) = E(u) + E(2K'i).\qquad (3)$$

为了求 E($2K'i$)，我们研究 E($u$)的虚变换，把 E($u$)写成 E($u,k$)．在 10.7 节讨论虚变换 $u' = iu$ 时，我们把 $t$ 变为 $it$．用 10.7 节（4）式，得

$$E(iu,\,k) = i\int_0^u dn^2(iu,k)\,du = i\int_0^u dc^2(u,k')\,du.$$

用 10.1 节公式求得

$$\frac{d}{du}(u + dn\,u\,sc\,u)$$

$$= 1 + dn\,u\,sc\,u\left(-\frac{k^2\,sn\,u\,cn\,u}{dn\,u} + \frac{cn\,u\,dn\,u}{sn\,u} + \frac{sn\,u\,dn\,u}{cn\,u}\right)$$

$$= 1 + dn\,u\,sc\,u\left(-\frac{k^2\,sn\,u\,cn\,u}{dn\,u} + \frac{dn\,u}{sn\,u\,cn\,u}\right)$$

$$= 1 - k^2\,sn^2\,u + \frac{dn^2\,u}{cn^2\,u} = dn^2\,u + dc^2\,u.$$

因此得 E($u$)的虚变换公式

$$E(iu,k) = iu + i\,dn(u,k')sc(u,k') - iE(u,k').\qquad (4)$$

令 $u = 2K'$，应用（1）到模数为 $k'$ 的情形，有 E($2K',k'$) = $2E'$，得

$$E(2K'i,k) = 2(K' - E')i.\qquad (5)$$

代入（3），得

$$E(u + 2K'i) = E(u) + 2(K' - E')i.\qquad (6)$$

选矩形的顶点为 $-K, K, K+2K'i, -K+2K'i$，其中包含 E($u$)的一个极点 $K'i$，沿矩形求积分 $\int E(u)\,du$，等于 $2\pi i$ 乘上 E($u$)的残数．故得

$$2\pi i = \int_{-K}^{K}\left[E(u) - E(u+2K'i)\right]du + \int_{K}^{K+2K'i}\left[E(u) - E(u-2K)\right]du$$

$$= -4K(K' - E')i + 4K'Ei,$$

即

$$KE' + K'E - KK' = \frac{\pi}{2}.\qquad (7)$$

这个结果叫作**勒让德关系式**．

关于 Z($u$)的周期性可以从忒塔函数的周期性得到．由 9.2 节（7）式得

$$\frac{\vartheta_4'(v+1)}{\vartheta_4(v+1)} = \frac{\vartheta_4'(v)}{\vartheta_4(v)},\qquad \frac{\vartheta_4'(v+\tau)}{\vartheta_4(v+\tau)} = \frac{\vartheta_4'(v)}{\vartheta_4(v)} - 2\pi i.$$

由此得

$$Z(u + 2K) = Z(u),\quad Z(u + 2K'i) = Z(u) - \frac{\pi i}{K}.\qquad (8)$$

由 10.9 节（4）式和本节（2）式立刻得到（8）中第一式．由 10.9 节（4）式和本节（6）

式得

$$Z(u + 2K'i) = Z(u) + 2\left(K' - E' - \frac{K'E}{K}\right)i.$$

把这个结果与(8)式中的第二式比较,就得到(7)式,这是(7)式的又一证明.

由 10.9 节(4)式和本节(4)式得

$$Z(iu, k) = iu + i\, dn(u, k')sc(u, k') - iZ(u, k') - iu\left(\frac{E}{K} + \frac{E'}{K'}\right).$$

应用(7),得

$$Z(iu, k) = i\, dn(u, k')sc(u, k') - iZ(u, k') - \frac{i\pi u}{2KK'}. \tag{9}$$

这是 $Z(u)$ 函数的虚变换关系.

现在证明 $E(u)$ 的加法公式:

$$E(u) + E(v) - E(u + v) = Z(u) + Z(v) - Z(u + v)$$
$$= k^2 sn\, u\, sn\, v\, sn(u + v). \tag{10}$$

根据公式(2)和(6)得知这个方程的左方是 $u$ 的双周期函数,以 $2K$ 和 $2K'i$ 为周期,以 $K'i$ 和 $K'i - v$ 为极点,残数分别为 1 和 $-1$,右方也是这样,而且两方都在 $u = 0$ 时等于零,因此等式成立.利用这个公式,加上 10.4 节(2)式,也可推导出 10.10 节(11)式.在(10)中令 $v = u$,得倍加公式

$$2E(u) - E(2u) = 2Z(u) - Z(2u) = k^2 sn^2 u\, sn(2u). \tag{11}$$

## 10.12　K 和 E 对 $k$ 的微分方程和对 $k$ 的展开式

先求 $\dfrac{dK}{dk}$.

$$\frac{dK}{dk} = \frac{d}{dk}\int_0^1 \frac{dt}{\sqrt{(1 - t^2)(1 - k^2 t^2)}} = \int_0^1 \frac{kt^2\, dt}{(1 - t^2)^{\frac{1}{2}}(1 - k^2 t^2)^{\frac{3}{2}}}$$

$$= \frac{1}{k}\int_0^1 \frac{dt}{(1 - t^2)^{\frac{1}{2}}(1 - k^2 t^2)^{\frac{3}{2}}} - \frac{1}{k}\int_0^1 \frac{dt}{\sqrt{(1 - t^2)(1 - k^2 t^2)}}.$$

由

$$\frac{d}{dt}\left\{k^2 t\sqrt{\frac{1 - t^2}{1 - k^2 t^2}}\right\} = k^2\sqrt{\frac{1 - t^2}{1 - k^2 t^2}} - \frac{k^2 t^2}{\sqrt{(1 - t^2)(1 - k^2 t^2)}} + \frac{k^4 t^2\sqrt{1 - t^2}}{(1 - k^2 t^2)^{\frac{3}{2}}}$$

$$= \frac{k^2\sqrt{1 - t^2}}{(1 - k^2 t^2)^{\frac{3}{2}}} - \frac{k^2 t^2}{\sqrt{(1 - t^2)(1 - k^2 t^2)}}$$

$$= \frac{k^2(1 - t^2)}{(1 - t^2)^{\frac{1}{2}}(1 - k^2 t^2)^{\frac{3}{2}}} - \frac{k^2 t^2}{\sqrt{(1 - t^2)(1 - k^2 t^2)}}$$

$$= \sqrt{\frac{1-k^2 t^2}{1-t^2}} - \frac{1-k^2}{(1-t^2)^{\frac{1}{2}}(1-k^2 t^2)^{\frac{3}{2}}}.$$

求积分,得

$$\int_0^1 \frac{k'^2\,\mathrm{d}t}{(1-t^2)^{\frac{1}{2}}(1-k^2 t^2)^{\frac{3}{2}}} = \int_0^1 \sqrt{\frac{1-k^2 t^2}{1-t^2}}\,\mathrm{d}t = \mathrm{E}.$$

因此有

$$\frac{\mathrm{d}\mathrm{K}}{\mathrm{d}k} = \frac{\mathrm{E}}{kk'^2} - \frac{\mathrm{K}}{k}. \tag{1}$$

再求 $\mathrm{d}\mathrm{E}/\mathrm{d}k$:

$$\frac{\mathrm{d}\mathrm{E}}{\mathrm{d}k} = \frac{\mathrm{d}}{\mathrm{d}k}\int_0^1 \sqrt{\frac{1-k^2 t^2}{1-t^2}}\,\mathrm{d}t = -\int_0^1 \frac{kt^2\,\mathrm{d}t}{\sqrt{(1-t^2)(1-k^2 t^2)}}$$

$$= \frac{1}{k}\int_0^1 \frac{(1-k^2 t^2 -1)\,\mathrm{d}t}{\sqrt{(1-t^2)(1-k^2 t^2)}},$$

即

$$\frac{\mathrm{d}\mathrm{E}}{\mathrm{d}k} = \frac{\mathrm{E}-\mathrm{K}}{k}. \tag{2}$$

当 $k<1$ 时,K 的展开式已经在 10.3 节(3)式给出了:

$$\mathrm{K} = \frac{\pi}{2}\left\{1 + \frac{k^2}{4} + \frac{9k^4}{64} + \cdots\right\}. \tag{3}$$

E 的展开式已经在 10.9 节(3)式给出了:

$$\mathrm{E} = \frac{\pi}{2}\left\{1 - \frac{k^2}{4} - \frac{3k^4}{64} - \cdots\right\}. \tag{4}$$

关于 $\mathrm{K}'$ 和 $\mathrm{E}'$,用超几何函数的变换(4.9 节(8)式),得

$$\mathrm{K}' = \frac{\pi}{2}\mathrm{F}\left(\frac{1}{2}, \frac{1}{2}, 1, 1-k^2\right)$$

$$= -\frac{1}{2}\mathrm{F}\left(\frac{1}{2}, \frac{1}{2}, 1, k^2\right)\ln k^2 - \sum_{r=0}^{\infty}\left[\left(\frac{1}{2}\right)_r\right]^2 \frac{k^{2r}}{(r!)^2}\left[\psi\left(\frac{1}{2}+r\right) - \psi(1+r)\right]$$

$$= \left\{1 + \frac{k^2}{4} + \frac{9k^4}{64} + \cdots\right\}\ln\frac{1}{k} + \left\{\left[\psi(1) - \psi\left(\frac{1}{2}\right)\right] + \left[\psi(2) - \psi\left(\frac{3}{2}\right)\right]\frac{k^2}{4}\right.$$

$$\left. + \left[\psi(3) - \psi\left(\frac{5}{2}\right)\right]\frac{9k^4}{64} + \cdots\right\}. \tag{5}$$

用 4.9 节(9)式,得

$$\mathrm{E}' = \frac{\pi}{2}\mathrm{F}\left(-\frac{1}{2}, \frac{1}{2}, 1, 1-k^2\right)$$

$$= 1 - \frac{k^2}{4}\mathrm{F}\left(\frac{3}{2}, \frac{1}{2}, 2, k^2\right)\ln k^2 - \frac{k^2}{4}\sum_{r=0}^{\infty}\frac{\left(\frac{3}{2}\right)_r\left(\frac{1}{2}\right)_r k^{2r}}{r!\,(r+1)!}\left[\psi\left(\frac{3}{2}+r\right)\right.$$

$$+ \psi\left(\frac{1}{2} + r\right) - \psi(1 + r) - \psi(2 + r)\Big]$$

$$= 1 - \frac{k^2}{2}\left(1 + \frac{3}{8}k^2 + \cdots\right)\ln k - \frac{k^2}{4}\left\{\left[\psi\left(\frac{1}{2}\right) + \psi\left(\frac{3}{2}\right) - \psi(1) - \psi(2)\right]\right.$$

$$\left. + \frac{3k^2}{8}\left[\psi\left(\frac{3}{2}\right) + \psi\left(\frac{5}{2}\right) - \psi(2) - \psi(3)\right] + \cdots\right\}. \tag{6}$$

用 3.11 节(2)式,有

$$\psi(2 + r) - \psi\left(\frac{3}{2} + r\right) = \psi(1 + r) - \psi\left(\frac{1}{2} + r\right) + \frac{1}{1 + r} - \frac{1}{\frac{1}{2} + r}$$

$$= \psi(1 + r) - \psi\left(\frac{1}{2} + r\right) - \frac{1}{(1 + r)(1 + 2r)},$$

$$\psi(1 + r) - \psi\left(\frac{1}{2} + r\right) = \psi(1) - \psi\left(\frac{1}{2}\right) + \sum_{p=1}^{r}\left(\frac{1}{p} - \frac{1}{p - 1/2}\right)$$

$$= \ln 4 - \sum_{p=1}^{r}\frac{1}{p(2p - 1)}.$$

得

$$K' = F\left(\frac{1}{2}, \frac{1}{2}, 1, k^2\right)\ln\frac{4}{k} - \sum_{r=1}^{\infty}\left[\left(\frac{1}{2}\right)_r\right]^2\frac{k^{2r}}{(r!)^2}\sum_{p=1}^{r}\frac{1}{p(2p - 1)}, \tag{7}$$

$$E' = 1 + \frac{k^2}{2}F\left(\frac{3}{2}, \frac{1}{2}, 2, k^2\right)\ln\frac{4}{k}$$

$$- \frac{k^2}{4}\sum_{r=0}^{\infty}\left(\frac{3}{2}\right)_r\left(\frac{1}{2}\right)_r\frac{k^{2r}}{r!(r + 1)!}\left[\sum_{p=0}^{r}\frac{2}{(p + 1)(2p + 1)} - \frac{1}{(r + 1)(2r + 1)}\right]. \tag{8}$$

## 10.13　雅氏椭圆函数与氚塔函数的关系

在讲椭圆积分时已经用到氚塔函数. 现在更全面地从氚塔函数理论来建立雅氏椭圆函数的理论,从氚塔函数来给雅氏椭圆函数下定义.

在 9.8 节(1)式中已经找到了 sn $u$ 与氚塔函数的关系为

$$\text{sn } u = \frac{\vartheta_3 \vartheta_1(v)}{\vartheta_2 \vartheta_4(v)}, \quad u = 2Kv, \quad k = \frac{\vartheta_2^2}{\vartheta_3^2}, \tag{1}$$

$$2K = \pi\vartheta_3^2, \quad K'i = K\tau. \tag{2}$$

现在把(1)作为 sn $u$ 的定义. 同样给予 cn $u$ 和 dn $u$ 的定义为

$$\text{cn } u = \frac{\vartheta_4 \vartheta_2(v)}{\vartheta_2 \vartheta_4(v)}, \quad \text{dn } u = \frac{\vartheta_4 \vartheta_3(v)}{\vartheta_3 \vartheta_4(v)}. \tag{3}$$

利用 9.2 节(7)式,得知 sn $u$ 的周期为$(4K, 2K'i)$, cn $u$ 的周期为$(4K, 2K + 2K'i)$,

$\mathrm{dn}\,u$ 的周期为 $(2\mathrm{K},4\mathrm{K}'\mathrm{i})$，与 10.5 节相同. 从 9.2 节 (8) 式得知 $\mathrm{sn}\,u,\mathrm{cn}\,u,\mathrm{dn}\,u$ 的零点和极点与 10.6 节的结果相同. 利用 9.4 节 (1) 式，得 $\mathrm{sn}^2u+\mathrm{cn}^2u=1$，利用 9.4 节 (2) 式得 $k^2\,\mathrm{sn}^2u+\mathrm{dn}^2u=1$；并且符合 $\mathrm{cn}\,0=1,\mathrm{dn}\,0=1$ 的条件.

从 $\mathrm{sn}\,u$ 的已知零点和极点出发，应用 9.3 节 (1) 式也可得到本节 (1) 式. 由于 $\mathrm{sn}^2u$ 的周期是 $(2\mathrm{K},2\mathrm{K}'\mathrm{i})$，零点是 0，极点是 $\pm\mathrm{K}'\mathrm{i}$，故 9.3 节 (1) 式给出

$$\mathrm{sn}^2u = C\,\frac{\left[\vartheta_1\left(\dfrac{u}{2\mathrm{K}}\right)\right]^2}{\vartheta_1\left(\dfrac{u-\mathrm{K}'\mathrm{i}}{2\mathrm{K}}\right)\vartheta_1\left(\dfrac{u+\mathrm{K}'\mathrm{i}}{2\mathrm{K}}\right)} = Cq^{\frac12}\left[\frac{\vartheta_1\left(\dfrac{u}{2\mathrm{K}}\right)}{\vartheta_4\left(\dfrac{u}{2\mathrm{K}}\right)}\right]^2,$$

由此取平方根得

$$\mathrm{sn}\,u = C'\,\frac{\vartheta_1(v)}{\vartheta_4(v)}.$$

要确定常数 $C'$，用 $u$ 除，令 $u\to0$，得

$$1 = \frac{C'}{2\mathrm{K}}\frac{\vartheta_1'}{\vartheta_4} = \frac{C'}{\pi\vartheta_3^2}\frac{\pi\vartheta_2\vartheta_3\vartheta_4}{\vartheta_4} = \frac{C'\vartheta_2}{\vartheta_3}.$$

这样就得到了 (1) 式.

假如要把 $\mathrm{sn}\,u$ 用 $\sigma(u)$ 表达，可以应用 8.9 节 (2) 式，得

$$\mathrm{sn}^2u = C\,\frac{[\sigma(u)]^2}{\sigma(u-\mathrm{K}'\mathrm{i})\sigma(u+\mathrm{K}'\mathrm{i})} = -C\left[\frac{\sigma(u)}{\sigma_3(u)\sigma(\mathrm{K}'\mathrm{i})}\right]^2,$$

最后一步用了 8.7 节 (14) 式和 $\omega_3=\omega'=\mathrm{K}'\mathrm{i}$. 取平方根，得

$$\mathrm{sn}\,u = C'\,\frac{\sigma(u)}{\sigma_3(u)}.$$

要确定常数 $C'$，用 $u$ 除，令 $u\to0$，得 $C'=1$：

$$\mathrm{sn}\,u = \frac{\sigma(u)}{\sigma_3(u)} \quad (\omega=\mathrm{K},\omega'=\mathrm{K}'\mathrm{i}). \tag{4}$$

这个结果也可从 9.2 节 (5) 和 (6) 式得到，同时这两个公式给出

$$\mathrm{cn}\,u = \frac{\sigma_1(u)}{\sigma_3(u)},\quad \mathrm{dn}\,u = \frac{\sigma_2(u)}{\sigma_3(u)}. \tag{5}$$

关于更普遍的公式，不假设 $\omega=\mathrm{K},\omega'=\mathrm{K}'\mathrm{i}$，见习题 8.

10.6 节的幂级数展开式可以从 (4) 和 (5)，利用 8.7 节 (6) 式而得到.

$\mathrm{sn}\,u$ 的微商 (10.1 节 (8) 式) 可以从 9.6 节微分方程 (2) 得到.

10.4 节的加法公式可以从 9.5 节的加法公式 (2) 和 (6) 得到.

10.5 节的公式可以从 9.2 节忒塔函数的定义得到.

10.7 节的雅氏虚变换可以从 9.9 节的公式得到. 10.7 节的朗登型变换可以从 9.10 节的公式得到，具体演证如下. 把 9.10 节 (1) 和 (2) 相除，得

$$\frac{\vartheta_1(2v\mid2\tau)}{\vartheta_4(2v\mid2\tau)} = \frac{\vartheta_1(v\mid\tau)\vartheta_2(v\mid\tau)}{\vartheta_3(v\mid\tau)\vartheta_4(v\mid\tau)},$$

即

$$k_1^{\frac{1}{2}} \operatorname{sn}(4\mathrm{K}_1 v, k_1) = k \operatorname{sn}(2\mathrm{K}v, k)\operatorname{cd}(2\mathrm{K}v, k).$$

在 10.7 节已经应用忒塔函数理论证明了 $k_1 = (1-k')/(1+k') = [k/(1+k')]^2$，故得

$$\operatorname{sn}(4\mathrm{K}_1 v, k_1) = (1+k')\operatorname{sn}(2\mathrm{K}v, k)\operatorname{cd}(2\mathrm{K}v, k).$$

这已经是 10.7 节(8)式，但还需要证明 $2\mathrm{K}_1 = (1+k')\mathrm{K}$，即 10.7 节(11)式. 这可由 9.11 节(16)式得到证明：

$$2\mathrm{K}_1 = \pi\vartheta_3^2(0\,|\,2\tau) = \frac{\pi}{2}\left[\vartheta_3^2(0\,|\,\tau) + \vartheta_4^2(0\,|\,\tau)\right] = (1+k')\mathrm{K}.$$

这个结果也可在上面得到的 $\operatorname{sn}(4\mathrm{K}_1 v, k_1)$ 表达式中用 $v$ 除，然后令 $v \to 0$ 而得到.

　　10.7 节的虚模数变换相当于 9.9 节的变换(11)式，这已经在 10.7 节提到了. 由 9.9 节(11)式得

$$\frac{\vartheta_1(v\,|\,\tau+1)}{\vartheta_4(v\,|\,\tau+1)} = \mathrm{e}^{\mathrm{i}\pi/4}\,\frac{\vartheta_1(v\,|\,\tau)}{\vartheta_3(v\,|\,\tau)},$$

即

$$k_2^{\frac{1}{2}} \operatorname{sn}(2\mathrm{K}_2 v, k_2) = \mathrm{e}^{\mathrm{i}\pi/4}(kk')^{\frac{1}{2}}\operatorname{sc}(2\mathrm{K}v, k).$$

在 10.7 节已经应用忒塔函数理论证明了 $k_2 = \mathrm{i}k/k'$，故得

$$\operatorname{sn}(2\mathrm{K}_2 v, k_2) = k'\operatorname{sc}(2\mathrm{K}v, k).$$

以 $v$ 除两边，然后令 $v \to 0$，即得 $\mathrm{K}_2 = k'\mathrm{K}$，这又可应用 9.9 节(11)式证明如下：

$$2\mathrm{K}_2/\pi = \vartheta_3^2(0\,|\,\tau+1) = \vartheta_4^2(0\,|\,\tau) = k'\vartheta_3^2(0\,|\,\tau) = 2k'\mathrm{K}/\pi.$$

由 $\tau_2 = \tau+1$ 立刻得到

$$\mathrm{i}\mathrm{K}_2' = (\tau+1)\mathrm{K}_2 = (\tau+1)k'\mathrm{K} = k'(\mathrm{K}+\mathrm{K}'\mathrm{i}),$$

这就是 10.7 节(19)中的第二式.

　　在 10.9 节中第二种椭圆积分 $E(u)$ 已经用忒塔函数 $\vartheta_4(v)$ 表达. 关于常数 E，可以在下面公式

$$\operatorname{dn}^2 u = \left[\frac{\vartheta_4\,\vartheta_3(v)}{\vartheta_3\,\vartheta_4(v)}\right]^2 = \frac{\mathrm{d}^2}{\mathrm{d}u^2}\ln\vartheta_4(v) + \frac{\mathrm{E}}{\mathrm{K}}$$

中令 $u = 2\mathrm{K}v \to 0$ 得到. 令 $v \to 0$，得

$$\mathrm{E} = \mathrm{K} - \frac{1}{4\mathrm{K}}\frac{\vartheta_4''}{\vartheta_4} = \frac{\pi}{2}\vartheta_3^2 - \frac{\vartheta_4''}{2\pi\vartheta_3^2\vartheta_4}. \tag{6}$$

　　由 9.6 节(4)式和 9.7 节(4)式得

$$4\omega^2(e_1 - e_3) = \frac{\vartheta_4''}{\vartheta_4} - \frac{\vartheta_2''}{\vartheta_2} = \pi^2\vartheta_3^4. \tag{7}$$

代入(6)式，得

$$\mathrm{E} = -\frac{\vartheta_2''}{2\pi\vartheta_3^2\vartheta_2}. \tag{8}$$

由 9.6 节(6)式及 9.7 节(1)式得

$$\vartheta_2'' = -8\pi^2 \sum_{n=0}^{\infty} \left(n+\frac{1}{2}\right)^2 q^{\left(n+\frac{1}{2}\right)^2}$$

$$= -2\pi^2 q^{\frac{1}{4}}(1 + 9q^2 + 25q^6 + 49q^{12} + \cdots), \tag{9}$$

$$\vartheta_3'' = -8\pi^2 \sum_{n=1}^{\infty} n^2 q^{n^2}$$

$$= -8\pi^2 (q + 4q^4 + 9q^9 + 16q^{16} + \cdots), \tag{10}$$

$$\vartheta_4'' = -8\pi^2 \sum_{n=1}^{\infty} (-)^n n^2 q^{n^2}$$

$$= 8\pi^2 (q - 4q^4 + 9q^9 - 16q^{16} + \cdots). \tag{11}$$

把(9)和 9.7 节(1)式代入(8),可得到 E 按 $q$ 的幂次展开式.

应用 9.9 节虚变换的公式可以证明 $K'$ 与 $k'$ 的关系和 K 与 $k$ 的关系一样. 这表现于:

$$2K' = -i\tau\pi\vartheta_3^2(0\mid\tau) = \pi\vartheta_3^2(0\mid\tau') \quad (\tau' = -1/\tau).$$

在虚变换中 $k$ 与 $k'$ 的关系表现于:

$$k'^2 = \frac{\vartheta_2^4(0\mid\tau')}{\vartheta_3^4(0\mid\tau')} = \frac{\vartheta_4^4(0\mid\tau)}{\vartheta_3^4(0\mid\tau)} = 1 - \frac{\vartheta_2^4(0\mid\tau)}{\vartheta_3^4(0\mid\tau)} = 1 - k^2.$$

10.11 节(9)式关于 $Z(u)$ 的虚变换可以从 9.9 节的公式得到,证明如下:从 9.9 节(5)式令 $v' = v/\tau, \tau' = -1/\tau$, 得

$$\frac{1}{\tau}\frac{\vartheta_4'(v'\mid\tau')}{\vartheta_4(v'\mid\tau')} = \frac{2\pi vi}{\tau} + \frac{\vartheta_2'(v\mid\tau)}{\vartheta_2(v\mid\tau)} = \frac{2\pi vi}{\tau} + \frac{d}{dv}\ln\frac{\vartheta_2(v\mid\tau)}{\vartheta_4(v\mid\tau)} + \frac{\vartheta_4'(v\mid\tau)}{\vartheta_4(v\mid\tau)}.$$

用 $\frac{\tau}{2K'} = \frac{i}{2K}$ 乘,令 $u = 2Kv$, 得

$$Z\left(\frac{2K'v}{\tau}, k'\right) = \frac{\pi vi}{K'} + i\frac{d}{du}\ln \operatorname{cn}(u,k) + iZ(u,k),$$

即

$$Z(-iu, k') = \frac{\pi ui}{2KK'} - i\, \operatorname{dn}(u,k)\operatorname{sc}(u,k) + iZ(u,k).$$

把 i 改为 $-i$,就得到 10.11 节(9)式.

上面已经由 9.9 节(5)式求得 $\vartheta_4'(v'\mid\tau')$, 再求一次微商, 得

$$\frac{\vartheta_4''(v'\mid\tau')}{\vartheta_4(v'\mid\tau')} - \left[\frac{\vartheta_4'(v'\mid\tau')}{\vartheta_4(v'\mid\tau')}\right]^2 = \tau^2\left\{\frac{\vartheta_2''(v\mid\tau)}{\vartheta_2(v\mid\tau)} - \left[\frac{\vartheta_2'(v\mid\tau)}{\vartheta_2(v\mid\tau)}\right]^2\right\} + 2\pi\tau i,$$

其中 $v' = v/\tau$. 令 $v \to 0$, 得

$$\frac{\vartheta_4''(0\mid\tau')}{\vartheta_4(0\mid\tau')} = \tau^2\frac{\vartheta_2''(0\mid\tau)}{\vartheta_2(0\mid\tau)} + 2\pi\tau i. \tag{12}$$

用 $\tau^2$ 除，然后把 $\tau$ 改为 $\tau'$，得

$$\frac{\vartheta_2''(0\mid\tau')}{\vartheta_2(0\mid\tau')} = \tau^2\frac{\vartheta_4''(0\mid\tau)}{\vartheta_4(0\mid\tau)} + 2\pi\tau\mathrm{i}. \tag{13}$$

在(8)式中把 $\tau$ 改为 $\tau'$，得

$$\mathrm{E}' = -\frac{\vartheta_2''(0\mid\tau')}{4\mathrm{K}'\vartheta_2(0\mid\tau')} = -\frac{\tau^2\vartheta_4''(0\mid\tau)}{4\mathrm{K}'\vartheta_4(0\mid\tau)} - \frac{\pi\tau\mathrm{i}}{2\mathrm{K}'}$$

$$= \frac{\tau^2\mathrm{K}(\mathrm{E}-\mathrm{K})}{\mathrm{K}'} + \frac{\pi}{2\mathrm{K}} = -\frac{\mathrm{K}'(\mathrm{E}-\mathrm{K})}{\mathrm{K}} + \frac{\pi}{2\mathrm{K}},$$

由此即得勒让德关系式(10.11 节(7))：

$$\mathrm{KE}' + \mathrm{K}'\mathrm{E} - \mathrm{KK}' = \frac{\pi}{2},$$

这又可写为下面的形式：

$$\frac{\mathrm{E}'}{\mathrm{K}'} + \frac{\mathrm{E}}{\mathrm{K}} = 1 + \frac{\pi}{2\mathrm{KK}'}. \tag{14}$$

关于 $\mathrm{K}'$ 按 $k$ 的幂级数展开式，可利用 9.8 节(9)式，而 $k$ 与 $q$ 的关系由 9.8 节(1)式和 9.7 节(1)式得出为

$$\left.\begin{array}{l} k^2 = 16q(1 - 8q + 44q^2 - 192q^3 + \cdots), \\[2mm] q = \left(\dfrac{k}{4}\right)^2\left(1 + \dfrac{k^2}{2} + \cdots\right). \end{array}\right\} \tag{15}$$

## 10.14　雅氏椭圆函数用无穷乘积和傅里叶级数表达

由上节(1)和(3)，应用 9.11 节忒塔函数的无穷乘积表达式(5)～(8)，得

$$\mathrm{sn}(2\mathrm{K}v) = 2q^{\frac{1}{4}}k^{-\frac{1}{2}}\sin\pi v\prod_{n=1}^{\infty}\frac{1 - 2q^{2n}\cos2\pi v + q^{4n}}{1 - 2q^{2n-1}\cos2\pi v + q^{4n-2}}, \tag{1}$$

$$\mathrm{cn}(2\mathrm{K}v) = 2q^{\frac{1}{4}}\left(\frac{k'}{k}\right)^{\frac{1}{2}}\cos\pi v\prod_{n=1}^{\infty}\frac{1 + 2q^{2n}\cos2\pi v + q^{4n}}{1 - 2q^{2n-1}\cos2\pi v + q^{4n-2}}, \tag{2}$$

$$\mathrm{dn}(2\mathrm{K}v) = k'^{\frac{1}{2}}\prod_{n=1}^{\infty}\frac{1 + 2q^{2n-1}\cos2\pi v + q^{4n-2}}{1 - 2q^{2n-1}\cos2\pi v + q^{4n-2}}. \tag{3}$$

对(1)取对数，得

$$\ln\mathrm{sn}(2\mathrm{K}v) = \ln(2q^{\frac{1}{4}}) - \frac{1}{2}\ln k + \ln\sin\pi v + \sum_{n=1}^{\infty}\{\ln(1 - q^{2n}\mathrm{e}^{2\pi v\mathrm{i}})(1 - q^{2n}\mathrm{e}^{-2\pi v\mathrm{i}})$$

$$- \ln(1 - q^{2n-1}\mathrm{e}^{2\pi v\mathrm{i}})(1 - q^{2n-1}\mathrm{e}^{-2\pi v\mathrm{i}})\}.$$

展开对数为 $\mathrm{e}^{\pm2\pi v\mathrm{i}}$ 的幂级数，得

$$\ln\mathrm{sn}(2\mathrm{K}v) = \frac{1}{4}\ln\frac{16q}{k^2} + \ln\sin\pi v + \sum_{m=1}^{\infty}\frac{2q^m\cos(2m\pi v)}{m(1 + q^m)}. \tag{4}$$

同样,由(2)和(3)求得

$$\ln \mathrm{cn}(2\mathrm{K}v) = \frac{1}{4}\ln\frac{16qk'^2}{k^2} + \ln\cos\pi v + \sum_{m=1}^{\infty}\frac{2q^m\cos(2m\pi v)}{m[1+(-q)^m]}, \tag{5}$$

$$\ln\mathrm{dn}(2\mathrm{K}v) = \frac{1}{2}\ln k' + \sum_{m=0}^{\infty}\frac{4q^{2m+1}\cos(2m+1)2\pi v}{(2m+1)(1-q^{4m+2})}. \tag{6}$$

这些是傅里叶级数展开式,它们的收敛条件是

$$|\,\mathrm{Im}(v)\,| < \frac{1}{2}\mathrm{Im}(\tau).$$

sn $u$ 本身也可用傅里叶级数展开. 由于 sn $u$ 是奇函数,可以设

$$\mathrm{sn}(2\mathrm{K}v) = \sum_{m=1}^{\infty}b_m\sin(m\pi v),$$

这里相应于 sn $u$ 的周期 4K, $v$ 的周期是 2,而系数 $b_m$ 由下列积分

$$b_m = \int_{-1}^{1}\mathrm{sn}(2\mathrm{K}v)\sin(m\pi v)\mathrm{d}v$$

确定. 这个积分的计算方法与 9.12 节的一样,求 $\int\mathrm{sn}(2\mathrm{K}v)\mathrm{e}^{m\pi v\mathrm{i}}\mathrm{d}v$ 沿平行四边形的围道积分,平行四边形以 $-1, +1, 2+\tau, \tau$ 为顶点,在平行四边形内 sn$(2\mathrm{K}v)$ 有两个极点 $v=\tau/2$ 和 $1+\tau/2$. 由 10.6 节(6)式,得知被积函数在这两个极点的残数分别为

$$\frac{\mathrm{e}^{\frac{m\pi\mathrm{i}}{2}}}{2\mathrm{K}k} = \frac{q^{\frac{m}{2}}}{2\mathrm{K}k}, \qquad -\frac{\mathrm{e}^{m\pi\left(1+\frac{\tau}{2}\right)\mathrm{i}}}{2\mathrm{K}k} = -\frac{(-)^m q^{\frac{m}{2}}}{2\mathrm{K}k}.$$

因此得

$$[1-(-)^m]\frac{q^{\frac{m}{2}}}{2\mathrm{K}k} = \frac{1}{2\pi\mathrm{i}}\left\{\int_{-1}^{1}-\int_{\tau}^{2+\tau}\right\}\mathrm{sn}(2\mathrm{K}v)\mathrm{e}^{m\pi v\mathrm{i}}\mathrm{d}v$$

$$= \frac{1}{2\pi\mathrm{i}}\int_{-1}^{1}\{\mathrm{sn}(2\mathrm{K}v)\mathrm{e}^{m\pi v\mathrm{i}} - \mathrm{sn}\,2\mathrm{K}(v+1+\tau)\cdot\mathrm{e}^{m\pi(v+1+\tau)\mathrm{i}}\}\mathrm{d}v$$

$$= \frac{1}{2\pi\mathrm{i}}\int_{-1}^{1}\{1+(-)^m q^m\}\mathrm{sn}(2\mathrm{K}v)\mathrm{e}^{m\pi v\mathrm{i}}\mathrm{d}v$$

$$= \frac{1}{2\pi}\{1+(-)^m q^m\}\int_{-1}^{1}\mathrm{sn}(2\mathrm{K}v)\sin(m\pi v)\mathrm{d}v.$$

故有

$$b_m = \frac{\pi[1-(-)^m]q^{\frac{m}{2}}}{\mathrm{K}k[1+(-q)^m]}.$$

只有 $m$ 为奇数 $2n+1$ 时 $b_m$ 才不等于零. 于是 sn $u$ 的展开式为

$$\mathrm{sn}(2\mathrm{K}v) = \frac{2\pi}{\mathrm{K}k}\sum_{n=0}^{\infty}\frac{q^{n+\frac{1}{2}}\sin(2n+1)\pi v}{1-q^{2n+1}}. \tag{7}$$

同样可求得

$$\mathrm{cn}(2\mathrm{K}v) = \frac{2\pi}{\mathrm{K}k} \sum_{n=0}^{\infty} \frac{q^{n+\frac{1}{2}}\cos(2n+1)\pi v}{1+q^{2n+1}}, \tag{8}$$

$$\mathrm{dn}(2\mathrm{K}v) = \frac{\pi}{2\mathrm{K}} + \frac{2\pi}{\mathrm{K}} \sum_{n=1}^{\infty} \frac{q^n \cos 2n\pi v}{1+q^{2n}}. \tag{9}$$

由(9)式求积分,得

$$\mathrm{am}(2\mathrm{K}v) = \int_0^{2\mathrm{K}v} \mathrm{dn}\, u du = \pi v + \sum_{n=1}^{\infty} \frac{2q^n \sin 2n\pi v}{n(1+q^{2n})}. \tag{10}$$

关于 sn $u$ 的倒数的傅里叶级数,可以从 10.5 节(7)式求得如下:

$$\begin{aligned}
\mathrm{ns}(2\mathrm{K}v) &= k\,\mathrm{sn}\Big[2\mathrm{K}\Big(v+\frac{\tau}{2}\Big)\Big] \\
&= \frac{2\pi}{\mathrm{K}} \sum_{n=0}^{\infty} \frac{q^{n+\frac{1}{2}}\sin(2n+1)\pi(v+\tau/2)}{1-q^{2n+1}} \\
&= \frac{\pi}{\mathrm{Ki}} \sum_{n=0}^{\infty} \frac{q^{n+\frac{1}{2}}}{1-q^{2n+1}}\{q^{n+\frac{1}{2}}\mathrm{e}^{(2n+1)\pi vi} - q^{-n-\frac{1}{2}}\mathrm{e}^{-(2n+1)\pi vi}\} \\
&= \frac{\pi}{\mathrm{Ki}} \sum_{n=0}^{\infty} \frac{1}{1-q^{2n+1}}\{q^{2n+1}\big[\mathrm{e}^{(2n+1)\pi vi} - \mathrm{e}^{-(2n+1)\pi vi}\big] - (1-q^{2n+1})\mathrm{e}^{-(2n+1)\pi vi}\}.
\end{aligned}$$

这个级数的收敛条件是 $-\mathrm{Im}(\tau) < \mathrm{Im}(v) < 0$. 在这个条件下有

$$\sum_{n=0}^{\infty} \mathrm{e}^{-(2n+1)\pi vi} = \frac{\mathrm{e}^{-\pi vi}}{1-\mathrm{e}^{-2\pi vi}} = \frac{1}{2\mathrm{i}\sin\pi v}.$$

于是得

$$\mathrm{ns}(2\mathrm{K}v) = \frac{\pi}{2\mathrm{K}\sin\pi v} + \frac{2\pi}{\mathrm{K}} \sum_{n=0}^{\infty} \frac{q^{2n+1}\sin(2n+1)\pi v}{1-q^{2n+1}}. \tag{11}$$

由于右方级数在 $|\mathrm{Im}(v)| < \mathrm{Im}(\tau)$ 下收敛,前面在证明过程中所加的条件 $\mathrm{Im}(v) < 0$ 可以取消.

同样求得

$$\mathrm{nc}(2\mathrm{K}v) = \frac{\pi}{2\mathrm{K}k'\cos\pi v} - \frac{2\pi}{\mathrm{K}k'} \sum_{n=0}^{\infty} \frac{(-)^n q^{2n+1}\cos(2n+1)\pi v}{1+q^{2n+1}}, \tag{12}$$

$$\mathrm{nd}(2\mathrm{K}v) = \frac{\pi}{2\mathrm{K}k'} + \frac{2\pi}{\mathrm{K}k'} \sum_{n=1}^{\infty} \frac{(-)^n q^n \cos 2n\pi v}{1+q^{2n}}. \tag{13}$$

# 习　　题

1. 用 10.4 节(5)式的符号,证明

$$s = \frac{\sqrt{1+S} - \sqrt{1-S}}{\sqrt{1+kS} + \sqrt{1-kS}},$$

$$s^2 = \frac{1-C}{1+D} = \frac{1-D}{k^2(1+C)} = \frac{D-k^2C-k'^2}{k^2(D-C)} = \frac{D-C}{k'^2+D-k^2C},$$

$$c^2 = \frac{D+C}{1+D} = \frac{D+k^2C-k'^2}{k^2(1+C)} = \frac{k'^2(1-D)}{k^2(D-C)} = \frac{k'^2(1+C)}{k'^2+D-k^2C},$$

$$d^2 = \frac{k'^2+D+k^2C}{1+D} = \frac{D+C}{1+C} = \frac{k'^2(1-C)}{D-C} = \frac{k'^2(1+D)}{k'^2+D-k^2C}.$$

2. 证明

$$\operatorname{sn}\frac{K}{2} = (1+k')^{-\frac{1}{2}}, \quad \operatorname{cn}\frac{K}{2} = \sqrt{\frac{k'}{1+k'}}, \quad \operatorname{dn}\frac{K}{2} = k'^{\frac{1}{2}}.$$

3. 由第九章习题 20 的结果推导出 10.11 节(10)式关于 $Z(u)$ 的加法公式.

4. 证明

$$\operatorname{sn}\frac{\mathrm{i}K'}{2} = \mathrm{i}k^{-\frac{1}{2}}, \quad \operatorname{cn}\frac{\mathrm{i}K'}{2} = \sqrt{1+\frac{1}{k}}, \quad \operatorname{dn}\frac{\mathrm{i}K'}{2} = \sqrt{1+k},$$

$$\operatorname{sn}\frac{K+K'\mathrm{i}}{2} = \frac{\sqrt{1+k}+\mathrm{i}\sqrt{1-k}}{\sqrt{2k}},$$

$$\operatorname{cn}\frac{K+K'\mathrm{i}}{2} = \frac{(1-\mathrm{i})\sqrt{k'}}{\sqrt{2k}},$$

$$\operatorname{dn}\frac{K+K'\mathrm{i}}{2} = \frac{\sqrt{k'}\,(\sqrt{1+k'}-\mathrm{i}\sqrt{1-k'})}{\sqrt{2}}.$$

5. 证明

$$\int \operatorname{sn} u \, \mathrm{d}u = \frac{1}{2k}\ln\frac{1-k\,\operatorname{cd} u}{1+k\,\operatorname{cd} u},$$

$$\int \operatorname{cn} u \, \mathrm{d}u = k^{-1}\arctan(k\,\operatorname{sd} u),$$

$$\int \operatorname{dn} u \, \mathrm{d}u = \operatorname{am} u,$$

$$\int \operatorname{sc} u \, \mathrm{d}u = \frac{1}{2k'}\ln\frac{\operatorname{dn} u+k'}{\operatorname{dn} u-k'},$$

$$\int \operatorname{ds} u \, \mathrm{d}u = \frac{1}{2}\ln\frac{1-\operatorname{cn} u}{1+\operatorname{cn} u},$$

$$\int \operatorname{dc} u \, \mathrm{d}u = \frac{1}{2}\ln\frac{1+\operatorname{sn} u}{1-\operatorname{sn} u}.$$

把 $u$ 换为 $u+K$,还可得到另外六个公式.

6. 证明

$$\operatorname{sn}\left(u+\frac{K}{2}\right) = \frac{1}{\sqrt{1+k'}}\frac{k'\operatorname{sn} u+\operatorname{cn} u\,\operatorname{dn} u}{1-(1-k')\operatorname{sn}^2 u},$$

$$\mathrm{sn}\left(u + \frac{\mathrm{K}'\mathrm{i}}{2}\right) = \frac{1}{\sqrt{k}}\, \frac{(1+k)\,\mathrm{sn}\,u + \mathrm{i}\,\mathrm{cn}\,u\,\mathrm{dn}\,u}{1 + k\,\mathrm{sn}^2 u}.$$

7. 证明

$$\int_0^{\mathrm{K}} \cos\frac{\pi u}{\mathrm{K}}\ln\,\mathrm{sn}\,u\,\mathrm{d}u = \frac{\mathrm{K}}{2}\mathrm{th}\frac{\mathrm{i}\pi\tau}{2}.$$

8. 由 9.8 节公式(15)得

$$\wp(z) = e_3 + \frac{e_1 - e_3}{\mathrm{sn}^2\left(z\,\sqrt{e_1 - e_3}\right)}.$$

由此证明

$$\mathrm{K} = \omega\,\sqrt{e_1 - e_3}, \quad \mathrm{i}\mathrm{K}' = \omega'\,\sqrt{e_1 - e_3},$$

$$\mathrm{sn}\,u = \sqrt{e_1 - e_3}\,\frac{\sigma\left(u/\sqrt{e_1 - e_3}\right)}{\sigma_3\left(u/\sqrt{e_1 - e_3}\right)},$$

$$\mathrm{cn}\,u = \frac{\sigma_1\left(u/\sqrt{e_1 - e_3}\right)}{\sigma_3\left(u/\sqrt{e_1 - e_3}\right)}, \quad \mathrm{dn}\,u = \frac{\sigma_2\left(u/\sqrt{e_1 - e_3}\right)}{\sigma_3\left(u/\sqrt{e_1 - e_3}\right)}.$$

9. 证明在 $\mathrm{K} = \omega$ 的情形下

$$e_1 - e_3 = 1, \quad e_1 = \frac{2 - k^2}{3},$$

$$e_2 = -\frac{1 - 2k^2}{3}, \quad e_3 = -\frac{1 + k^2}{3}.$$

并且从第八章习题 4 的结果推导出 10.6 节展开式(1),(2),(3).

10. 证明(用 10.3 节(8)式和 9.6 节(4)式)

$$\mathrm{E} = \frac{2\omega^2 e_1}{\pi\vartheta_3^2} - \frac{\vartheta_1'''}{6\pi\vartheta_3^2\vartheta_1'} = \frac{\pi(\vartheta_3^4 + \vartheta_4^4)}{6\vartheta_3^2} - \frac{\vartheta_1'''}{6\pi\vartheta_3^2\vartheta_1'} = \frac{\mathrm{K}}{3}(2 - k^2) - \frac{\vartheta_1'''}{12\mathrm{K}\vartheta_1'}.$$

11. 证明

$$\mathrm{E}\mathrm{K} = \eta\omega + \omega^2 e_1 = \eta\omega + \frac{\pi^2}{12}(\vartheta_3^4 + \vartheta_4^4),$$

$$\frac{\mathrm{E}}{\mathrm{K}} = \frac{2 - k^2}{3} - \frac{\mathrm{i}\eta\omega'}{\mathrm{K}\mathrm{K}'}, \quad \frac{\mathrm{E}'}{\mathrm{K}'} = \frac{2 - k'^2}{3} + \frac{\mathrm{i}\eta'\omega}{\mathrm{K}\mathrm{K}'}.$$

12. 证明

$$\mathrm{Z}(u) = \frac{\omega}{\mathrm{K}}\left\{\zeta\left(\frac{\omega u}{\mathrm{K}} + \omega'\right) - \eta' - \frac{\eta}{\mathrm{K}}u\right\},$$

$$\mathrm{E}(u) = \frac{\omega}{\mathrm{K}}\left\{\zeta\left(\frac{\omega u}{\mathrm{K}} + \omega'\right) - \eta' + \frac{\omega e_1}{\mathrm{K}}u\right\}.$$

13. 证明

$$\mathrm{sc}(2\mathrm{K}v) = \frac{\pi}{2\mathrm{K}k'}\tan\pi v + \frac{2\pi}{\mathrm{K}k'}\sum_{n=1}^{\infty}\frac{(-)^n q^{2n}\sin 2n\pi v}{1 + q^{2n}},$$

$$\operatorname{sd}(2Kv) = \frac{2\pi}{Kkk'}\sum_{n=0}^{\infty}\frac{(-)^n q^{n+\frac{1}{2}}\sin(2n+1)\pi v}{1+q^{2n+1}},$$

$$\operatorname{cs}(2Kv) = \frac{\pi}{2K}\cot\pi v - \frac{2\pi}{K}\sum_{n=1}^{\infty}\frac{q^{2n}\sin2n\pi v}{1+q^{2n}},$$

$$\operatorname{cd}(2Kv) = \frac{2\pi}{Kk}\sum_{n=0}^{\infty}\frac{(-)^n q^{n+\frac{1}{2}}\cos(2n+1)\pi v}{1-q^{2n+1}},$$

$$\operatorname{ds}(2Kv) = \frac{\pi}{2K}\csc\pi v - \frac{2\pi}{K}\sum_{n=0}^{\infty}\frac{q^{2n+1}\sin(2n+1)\pi v}{1+q^{2n+1}},$$

$$\operatorname{dc}(2Kv) = \frac{\pi}{2K}\sec\pi v + \frac{2\pi}{K}\sum_{n=0}^{\infty}\frac{(-)^n q^{2n+1}\cos(2n+1)\pi v}{1-q^{2n+1}}.$$

14. 证明
$$E(u+K) = E(u) - k^2 \operatorname{sn} u \operatorname{cd} u + E,$$
$$E(u+iK') = E(u) + \operatorname{cn} u \operatorname{ds} u + i(K'-E'),$$
$$E(u+K+iK') = E(u) - \operatorname{sn} u \operatorname{dc} u + E + i(K'-E').$$

15. 在朗登型变换中由 10.13 节公式(8)证明变换后的 E 为
$$E_1 = \frac{E+k'K}{1+k'}.$$

16. 证明 10.10 节第三种椭圆积分的关系
$$\Pi(iu,c,k) = \frac{ic}{c+1}\Pi(u,-c-1,k') + \frac{iu}{c+1}.$$

$$\Pi(u,c) + \Pi(v,c) - \Pi(u+v,c)$$
$$= \frac{\operatorname{sn} b}{2\operatorname{cn} b \operatorname{dn} b}\ln\frac{1-k^2\operatorname{sn} b \operatorname{sn} v \operatorname{sn}(u+v-b)}{1+k^2\operatorname{sn} b \operatorname{sn} u \operatorname{sn} v \operatorname{sn}(u+v+b)},$$

其中,$b=a-K'i.$ [提示:应用九章习题 6 中关系式$[1]+[4]=[1]'+[4]'$,取 $x\colon y$ $\colon z\colon w = u\colon v\colon \pm b\colon u+v\pm b.$]

17. 用 10.8 节变换(四)证明
$$\int_0^1\frac{\mathrm{d}s}{\sqrt{1-s^4}} = \frac{1}{\sqrt{2}}\int_0^1\frac{\mathrm{d}\tau}{\sqrt{(1-\tau^2)(1-k^2\tau^2)}},$$
$$s^2 = 1-\tau^2,\quad k^2 = 1/2.$$

并证明
$$q = e^{-\pi},\quad K = \frac{1}{4\sqrt{\pi}}\Big[\Gamma\Big(\frac{1}{4}\Big)\Big]^2,$$

$$E = \frac{1}{8\sqrt{\pi}}\Big[\Gamma\Big(\frac{1}{4}\Big)\Big]^2 + \pi^{\frac{3}{2}}\Big[\Gamma\Big(\frac{1}{4}\Big)\Big]^{-2}.$$

18. 研究三个特殊 k 值:(1) $k=\sqrt{2}-1$,求证 $K'=K\sqrt{2}$;(2) $k=\sin\frac{\pi}{12}$,求证

$K'=K\sqrt{3}$；(3) $k=\tan^2\dfrac{\pi}{8}$，求证 $K'=2K$. $\Big[$(1) 相当于朗登变换中 $k_1=k'=\sqrt{2}-1$；

(2) 相当于 $P(x)=x^3-1$，用 9.8 节(16)式有 $\alpha=-\dfrac{1}{2}$，$\beta=\dfrac{\sqrt{3}}{2}=\cos\dfrac{\pi}{6}$；(3) 相当于

朗登变换用于 $k=\dfrac{1}{\sqrt{2}}$，$k_1=\dfrac{\sqrt{2}-1}{\sqrt{2}+1}=\tan^2\dfrac{\pi}{8}$. $\Big]$

19. 在 $k=\sin\dfrac{\pi}{12}$ 的情形下证明

$$3^{-\frac{1}{4}}\cdot 2K=3^{-\frac{3}{4}}\cdot 2K'=3^{-\frac{1}{2}}\int_0^1 t^{-\frac{2}{3}}(1-t)^{-\frac{1}{2}}dt=\frac{\sqrt{\pi}}{3}\Gamma\left(\frac{1}{6}\right)\Big/\Gamma\left(\frac{2}{3}\right),$$

$$\frac{\pi}{4\sqrt{3}}=K\left\{E-\frac{\sqrt{3}+1}{2\sqrt{3}}K\right\},$$

$$\frac{\pi\sqrt{3}}{4}=K'\left\{E'-\frac{\sqrt{3}-1}{2\sqrt{3}}K'\right\}.$$

20. **加法公式的另一推导法**. 考虑三个函数：$\operatorname{sn}u\operatorname{sn}(u+v)$，$\operatorname{cn}u\operatorname{cn}(u+v)$，$\operatorname{dn}u\operatorname{dn}(u+v)$，它们对 $u$ 说，周期都是 $2K$，$2K'i$，极点都是 $K'i$ 和 $K'i-v$，这是两个一阶极点. 因此任何两个函数的线性组合可消去一个极点，同时根据 8.3 节定理 2，也必然消去了第二个极点，因而是一常数. 这样可以有两个线性组合等于常数，每个包含两个常数，这两个常数可以从线性组合本身和它对 $u$ 的微商令 $u=0$ 而确定. 结果是

$$\operatorname{cn}u\operatorname{cn}(u+v)+\operatorname{dn}v\operatorname{sn}u\operatorname{sn}(u+v)=\operatorname{cn}v,$$
$$\operatorname{dn}u\operatorname{dn}(u+v)+k^2\operatorname{cn}v\operatorname{sn}u\operatorname{sn}(u+v)=\operatorname{dn}v.$$

把 $u$ 换为 $-u$，$v$ 换为 $u+v$，得

$$\operatorname{cn}u\operatorname{cn}v-\operatorname{dn}(u+v)\operatorname{sn}u\operatorname{sn}v=\operatorname{cn}(u+v),$$
$$\operatorname{dn}u\operatorname{dn}v-k^2\operatorname{cn}(u+v)\operatorname{sn}u\operatorname{sn}v=\operatorname{dn}(u+v).$$

从这两个方程可解得 $\operatorname{cn}(u+v)$ 和 $\operatorname{dn}(u+v)$，代入前面的方程得 $\operatorname{sn}(u+v)$.

# 第十一章 拉梅函数

## 11.1 椭球坐标

拉梅(Lamé)函数是在椭球坐标中解拉普拉斯方程而产生的. 在直角坐标 $(x,y,z)$ 中椭球的方程是

$$\frac{x^2}{a^2} + \frac{y^2}{b^2} + \frac{z^2}{c^2} = 1, \tag{1}$$

其中 $a,b,c$ 为椭球的三个半轴长. 我们将选择坐标的次序使得 $a>b>c$, 并且暂时先不讨论三个轴长中有相等的情形.

与(1)共焦的二次曲面为

$$\frac{x^2}{a^2+\theta} + \frac{y^2}{b^2+\theta} + \frac{z^2}{c^2+\theta} = 1. \tag{2}$$

当 $\theta > -c^2$ 时,(2)代表椭球;当 $-b^2 < \theta < -c^2$ 时,(2)代表单叶双曲面;当 $-a^2 < \theta < -b^2$ 时,(2)代表双叶双曲面. 对应于三个不同的 $\theta$ 值有三个曲面,它们在空间的交点具有唯一确定的一组 $(x^2,y^2,z^2)$ 值,这相应于空间的八个点. 反过来,经过空间的任一点 $(x,y,z)$,有三个曲面(2),对应于三个 $\theta$ 值. 为了进一步讨论三个 $\theta$ 值,令

$$\varphi(\theta) = (a^2+\theta)(b^2+\theta)(c^2+\theta). \tag{3}$$

于是(2)式可写为

$$\begin{aligned}
f(\theta) &\equiv \varphi(\theta)\left\{1 - \frac{x^2}{a^2+\theta} - \frac{y^2}{b^2+\theta} - \frac{z^2}{c^2+\theta}\right\} \\
&\equiv (a^2+\theta)(b^2+\theta)(c^2+\theta) - x^2(b^2+\theta)(c^2+\theta) \\
&\quad - y^2(c^2+\theta)(a^2+\theta) - z^2(a^2+\theta)(b^2+\theta) = 0.
\end{aligned} \tag{4}$$

$f(\theta)$ 是 $\theta$ 的三次多项式,有三个根 $\lambda,\mu,\nu$:

$$f(\theta) = (\theta-\lambda)(\theta-\mu)(\theta-\nu). \tag{5}$$

当 $\theta$ 依次取值 $-\infty, -a^2, -b^2, -c^2, +\infty$ 时,根据(4),$f(\theta)$ 依次取值 $-\infty$, $-x^2(a^2-b^2)(a^2-c^2)$, $y^2(a^2-b^2)(b^2-c^2)$, $-z^2(a^2-c^2)(b^2-c^2)$, $+\infty$. 由此可见,$f(\theta)$ 的三个根分别处在区间 $(-a^2, -b^2)$, $(-b^2, -c^2)$, $(-c^2, +\infty)$ 中,因此是三个互不相等的实根. 把三个根的大小次序选为 $\lambda>\mu>\nu$,得

$$\lambda > -c^2 > \mu > -b^2 > \nu > -a^2.$$

这说明,经过空间一点的三个曲面(2),其中对应于 $\theta=\lambda$ 的一个是椭球,对应于

$\theta=\mu$ 的一个是单叶双曲面,对应于 $\theta=\nu$ 的一个是双叶双曲面.

我们可以选 $\lambda,\mu,\nu$ 为坐标,这就是椭球坐标,而把 $x,y,z$ 用 $\lambda,\mu,\nu$ 表达.在(4)和(5)中依次令 $\theta=-a^2,-b^2,-c^2$,得

$$
\left.
\begin{aligned}
x^2 &= \frac{(a^2+\lambda)(a^2+\mu)(a^2+\nu)}{(a^2-b^2)(a^2-c^2)}, \\
y^2 &= \frac{(b^2+\lambda)(b^2+\mu)(b^2+\nu)}{(b^2-c^2)(b^2-a^2)}, \\
z^2 &= \frac{(c^2+\lambda)(c^2+\mu)(c^2+\nu)}{(c^2-a^2)(c^2-b^2)}.
\end{aligned}
\right\}
\tag{6}
$$

现在来证明经过任一点的三个曲面是互相正交的,所以 $\lambda,\mu,\nu$ 是正交曲面坐标.曲面 $F(x,y,z)=0$ 经过 $(x,y,z)$ 点的法线方向 $(l,m,n)$ 与 $\left(\dfrac{\partial F}{\partial x},\dfrac{\partial F}{\partial y},\dfrac{\partial F}{\partial z}\right)$ 成正比,因此曲面 $\theta=\lambda$ 的法线方向 $(l_\lambda,m_\lambda,n_\lambda)$ 的比例为

$$
l_\lambda : m_\lambda : n_\lambda = \frac{x}{a^2+\lambda} : \frac{y}{b^2+\lambda} : \frac{z}{c^2+\lambda}.
\tag{7}
$$

把 $\theta=\lambda$ 和 $\theta=\mu$ 两个曲面的方程(2)相减,消去因子 $\lambda-\mu$,得

$$
\frac{x^2}{(a^2+\lambda)(a^2+\mu)} + \frac{y^2}{(b^2+\lambda)(b^2+\mu)} + \frac{z^2}{(c^2+\lambda)(c^2+\mu)} = 0.
\tag{8}
$$

这就是 $l_\lambda l_\mu + m_\lambda m_\mu + n_\lambda n_\mu = 0$,所以 $\theta=\lambda$ 和 $\theta=\mu$ 两个曲面互相正交,同样可证明 $\theta=\lambda$ 和 $\theta=\nu$ 两个曲面互相正交,$\theta=\mu$ 和 $\theta=\nu$ 两个曲面互相正交.

现在求 $\mathrm{d}x$ 与 $\mathrm{d}\lambda$ 之间的关系.由(6)式取对数微分,得

$$
2\frac{\mathrm{d}x}{x} = \frac{\mathrm{d}\lambda}{a^2+\lambda} + \frac{\mathrm{d}\mu}{a^2+\mu} + \frac{\mathrm{d}\nu}{a^2+\nu}.
\tag{9}
$$

把 $a$ 换为 $b$ 和 $c$,即得 $\mathrm{d}y$ 和 $\mathrm{d}z$ 的公式.利用这些公式,可把正交条件(8)写成

$$
\frac{\partial x}{\partial \lambda}\frac{\partial x}{\partial \mu} + \frac{\partial y}{\partial \lambda}\frac{\partial y}{\partial \mu} + \frac{\partial z}{\partial \lambda}\frac{\partial z}{\partial \mu} = 0.
\tag{10}
$$

线元的平方是

$$
\mathrm{d}s^2 = \mathrm{d}x^2 + \mathrm{d}y^2 + \mathrm{d}z^2 = H_1^2(\mathrm{d}\lambda)^2 + H_2^2(\mathrm{d}\mu)^2 + H_3^2(\mathrm{d}\nu)^2,
\tag{11}
$$

其中没有 $\mathrm{d}\lambda\mathrm{d}\mu,\mathrm{d}\mu\mathrm{d}\nu,\mathrm{d}\nu\mathrm{d}\lambda$ 各项是用了正交条件(10)的结果.关于 $(\mathrm{d}\lambda)^2$ 的系数有

$$
H_1^2 = \left(\frac{\partial x}{\partial \lambda}\right)^2 + \left(\frac{\partial y}{\partial \lambda}\right)^2 + \left(\frac{\partial z}{\partial \lambda}\right)^2 = \frac{1}{4}\left\{\frac{x^2}{(a^2+\lambda)^2} + \frac{y^2}{(b^2+\lambda)^2} + \frac{z^2}{(c^2+\lambda)^2}\right\}.
$$

应用(6)式,得

$$
\begin{aligned}
4H_1^2 &= \frac{(a^2+\mu)(a^2+\nu)}{(a^2-b^2)(a^2-c^2)(a^2+\lambda)} + \frac{(b^2+\mu)(b^2+\nu)}{(b^2-c^2)(b^2-a^2)(b^2+\lambda)} \\
&\quad + \frac{(c^2+\mu)(c^2+\nu)}{(c^2-a^2)(c^2-b^2)(c^2+\lambda)} \\
&= \frac{(\lambda-\mu)(\lambda-\nu)}{(a^2+\lambda)(b^2+\lambda)(c^2+\lambda)},
\end{aligned}
\tag{12}
$$

其中最后一步可以通过把最后的式子表达为部分分式而证明. 把 $\lambda,\mu,\nu$ 作循环置换, 就可由 $H_1$ 得到 $H_2$ 和 $H_3$. 把三者相乘, 取平方根, 得

$$H = H_1 H_2 H_3 = \frac{(\lambda - \mu)(\lambda - \nu)(\mu - \nu)}{8\sqrt{-\varphi(\lambda)\varphi(\mu)\varphi(\nu)}}, \tag{13}$$

其中 $\varphi$ 函数由 (3) 式确定.

在椭球坐标中拉普拉斯方程的表达式是 (见附录三)

$$\nabla^2\Psi \equiv \frac{4}{(\lambda - \mu)(\lambda - \nu)(\mu - \nu)} \times \left\{ (\mu - \nu)\sqrt{\varphi(\lambda)}\frac{\partial}{\partial\lambda}\left(\sqrt{\varphi(\lambda)}\frac{\partial\Psi}{\partial\lambda}\right)\right.$$

$$+ (\lambda - \nu)\sqrt{-\varphi(\mu)}\frac{\partial}{\partial\mu}\left(\sqrt{-\varphi(\mu)}\frac{\partial\Psi}{\partial\mu}\right)$$

$$\left.+ (\lambda - \mu)\sqrt{\varphi(v)}\frac{\partial}{\partial v}\left(\sqrt{\varphi(v)}\frac{\partial\Psi}{\partial v}\right)\right\} = 0. \tag{14}$$

## 11.2 坐标用椭圆函数表达

在上节中, 直角坐标变换为椭球坐标的表达式 (上节 (6) 式) 不是单值的. 利用椭圆函数可以把对应关系变为单值的. 把椭球坐标表为椭圆函数:

$$\left.\begin{array}{l} \mathfrak{p}(u) = -\lambda - \dfrac{1}{3}(a^2 + b^2 + c^2), \\[2mm] \mathfrak{p}(v) = -\mu - \dfrac{1}{3}(a^2 + b^2 + c^2), \\[2mm] \mathfrak{p}(w) = -\nu - \dfrac{1}{3}(a^2 + b^2 + c^2). \end{array}\right\} \tag{1}$$

不变量 $g_2$ 和 $g_3$ 由下式确定

$$4\mathfrak{p}^3(u) - g_2\mathfrak{p}(u) - g_3 = -4(a^2 + \lambda)(b^2 + \lambda)(c^2 + \lambda), \tag{2}$$

则三个根为 (参看 8.5 节 (9) 式)

$$\left.\begin{array}{l} e_1 = a^2 - \dfrac{1}{3}(a^2 + b^2 + c^2), \quad e_2 = b^2 - \dfrac{1}{3}(a^2 + b^2 + c^2), \\[2mm] e_3 = c^2 - \dfrac{1}{3}(a^2 + b^2 + c^2). \end{array}\right\} \tag{3}$$

这三个根满足条件 $e_1 > e_2 > e_3$.

将 (1) 式代入上节 (6) 式, 得

$$x^2 = -\frac{\{\mathfrak{p}(u) - e_1\}\{\mathfrak{p}(v) - e_1\}\{\mathfrak{p}(w) - e_1\}}{(e_1 - e_2)(e_1 - e_3)}.$$

应用 8.10 节 (17) 和 (18) 式, 得

$$x^2 = -\left[\frac{\mathrm{e}^{-\eta_1\omega_1}\sigma_1(u)\sigma_1(v)\sigma_1(w)}{\sigma(u)\sigma(v)\sigma(w)}\sigma^2(\omega_1)\right]^2.$$

取平方根,得

$$x = \mathrm{i} \mathrm{e}^{-\eta_1 \omega_1} \sigma^2(\omega_1) \frac{\sigma_1(u)\sigma_1(v)\sigma_1(w)}{\sigma(u)\sigma(v)\sigma(w)}. \tag{4}$$

同样得

$$\left. \begin{aligned} y &= \mathrm{i} \mathrm{e}^{-\eta_2 \omega_2} \sigma^2(\omega_2) \frac{\sigma_2(u)\sigma_2(v)\sigma_2(w)}{\sigma(u)\sigma(v)\sigma(w)}, \\ z &= \mathrm{i} \mathrm{e}^{-\eta_3 \omega_3} \sigma^2(\omega_3) \frac{\sigma_3(u)\sigma_3(v)\sigma_3(w)}{\sigma(u)\sigma(v)\sigma(w)}. \end{aligned} \right\} \tag{5}$$

这些公式把直角坐标用 $u,v,w$ 的单值函数表达出来了.

利用 9.2 节公式(5)和(6)可把坐标用忒塔函数表达如下:

$$\left. \begin{aligned} x &= \frac{\mathrm{i}\vartheta_1'}{2\omega_1\vartheta_2} \frac{\vartheta_2\left(\frac{u}{2\omega_1}\right)\vartheta_2\left(\frac{v}{2\omega_1}\right)\vartheta_2\left(\frac{w}{2\omega_1}\right)}{\vartheta_1\left(\frac{u}{2\omega_1}\right)\vartheta_1\left(\frac{v}{2\omega_1}\right)\vartheta_1\left(\frac{w}{2\omega_1}\right)}, \\ y &= \frac{\mathrm{i}\vartheta_1'}{2\omega_1\vartheta_3} \frac{\vartheta_3\left(\frac{u}{2\omega_1}\right)\vartheta_3\left(\frac{v}{2\omega_1}\right)\vartheta_3\left(\frac{w}{2\omega_1}\right)}{\vartheta_1\left(\frac{u}{2\omega_1}\right)\vartheta_1\left(\frac{v}{2\omega_1}\right)\vartheta_1\left(\frac{w}{2\omega_1}\right)}, \\ z &= \frac{\mathrm{i}\vartheta_1'}{2\omega_1\vartheta_4} \frac{\vartheta_4\left(\frac{u}{2\omega_1}\right)\vartheta_4\left(\frac{v}{2\omega_1}\right)\vartheta_4\left(\frac{w}{2\omega_1}\right)}{\vartheta_1\left(\frac{u}{2\omega_1}\right)\vartheta_1\left(\frac{v}{2\omega_1}\right)\vartheta_1\left(\frac{w}{2\omega_1}\right)}. \end{aligned} \right\} \tag{6}$$

坐标也可用雅氏椭圆函数表达,这种表达形式便于数值计算. 令

$$a^2 + \lambda = (a^2 - b^2)t^2, \quad k^2 = \frac{a^2 - b^2}{a^2 - c^2}, \tag{7}$$

得

$$\varphi(\lambda) = (a^2 - b^2)^2 (a^2 - c^2)t^2 (1 - t^2)(1 - k^2 t^2), \tag{8}$$

$$K = \int_0^1 \frac{\mathrm{d}t}{\sqrt{(1-t^2)(1-k^2 t^2)}} = \frac{\sqrt{a^2 - c^2}}{2} \int_{-a^2}^{-b^2} \frac{\mathrm{d}\lambda}{\sqrt{\varphi(\lambda)}}. \tag{9}$$

令 $t = \mathrm{sn}\,\alpha$,并令 $\mathrm{sn}\,\beta$ 对应于 $\mu$,$\mathrm{sn}\,\gamma$ 对应于 $\nu$,将(7)式代入上节(6)式,取平方根,得

$$\left. \begin{aligned} x &= k^2 \sqrt{a^2 - c^2}\,\mathrm{sn}\,\alpha\,\mathrm{sn}\,\beta\,\mathrm{sn}\,\gamma, \\ y &= -\frac{k^2}{k'}\sqrt{a^2 - c^2}\,\mathrm{cn}\,\alpha\,\mathrm{cn}\,\beta\,\mathrm{cn}\,\gamma, \\ z &= \frac{\mathrm{i}}{k'}\sqrt{a^2 - c^2}\,\mathrm{dn}\,\alpha\,\mathrm{dn}\,\beta\,\mathrm{dn}\,\gamma. \end{aligned} \right\} \tag{10}$$

由(7)式和 10.3 节(5),(6)两式看出,当 $\lambda$ 由 $-c^2$ 到 $+\infty$ 时,$\pm\alpha$ 由 $K+K'\mathrm{i}$ 到 $K'\mathrm{i}$,或者是 $\alpha$ 由 $-K+K'\mathrm{i}$ 到 $K'\mathrm{i}$,再由 $K'\mathrm{i}$ 到 $K+K'\mathrm{i}$;$\alpha = \pm K+K'\mathrm{i}$ 相当于 $z=0$ 平

面上退化的焦面椭球重复一遍. 当 $\mu$ 由 $-b^2$ 到 $-c^2$ 时, $\pm\beta$ 由 K 到 $K+K'i$; $\beta=\pm K$ 相当于退化到 $y=0$ 平面上的双曲面含原点的区域; 而 $\beta=\pm K+K'i$ 相当于 $z=0$ 平面上退化的焦面椭球之外的区域. 当 $\nu$ 由 $-a^2$ 到 $-b^2$ 时, $\pm\gamma$ 由 0 到 K, 或者是 $\gamma$ 由 $-K$ 经过 0 到 K; $\gamma=0$ 相当于退化到 $x=0$ 平面上的双叶双曲面重合; $\gamma=\pm K$ 相当于退化到 $y=0$ 平面上的双曲面不含原点的区域.

## 11.3 拉梅(Lamé)方程

在椭球坐标中用分离变数法解拉普拉斯方程, 令 11.1 节方程(14)的解为 $\Psi=\Lambda(\lambda)M(\mu)N(\nu)$:

$$\frac{\mu-\nu}{\Lambda}\sqrt{\varphi(\lambda)}\frac{\mathrm{d}}{\mathrm{d}\lambda}\left(\sqrt{\varphi(\lambda)}\frac{\mathrm{d}\Lambda}{\mathrm{d}\lambda}\right)+\frac{\lambda-\nu}{M}\sqrt{-\varphi(\mu)}\frac{\mathrm{d}}{\mathrm{d}\mu}\left(\sqrt{-\varphi(\mu)}\frac{\mathrm{d}M}{\mathrm{d}\mu}\right)$$
$$+\frac{\lambda-\mu}{N}\sqrt{\varphi(\nu)}\frac{\mathrm{d}}{\mathrm{d}\nu}\left(\sqrt{\varphi(\nu)}\frac{\mathrm{d}N}{\mathrm{d}\nu}\right)=0.$$

与下列恒等式比较:

$$(\mu-\nu)(K\lambda+C)+(\nu-\lambda)(K\mu+C)+(\lambda-\mu)(K\nu+C)\equiv0,$$

其中 $K$ 和 $C$ 为常数, 得

$$4\sqrt{\varphi(\lambda)}\frac{\mathrm{d}}{\mathrm{d}\lambda}\left(\sqrt{\varphi(\lambda)}\frac{\mathrm{d}\Lambda}{\mathrm{d}\lambda}\right)=(K\lambda+C)\Lambda. \tag{1}$$

这个方程名为**拉梅**(Lamé)**方程**. 通常将常数 $K$ 写为 $n(n+1)$:

$$4\sqrt{\varphi(\lambda)}\frac{\mathrm{d}}{\mathrm{d}\lambda}\left(\sqrt{\varphi(\lambda)}\frac{\mathrm{d}\Lambda}{\mathrm{d}\lambda}\right)=\{n(n+1)\lambda+C\}\Lambda. \tag{2}$$

当 $n$ 为非负整数时, 这个微分方程的解称为**拉梅函数**.

对于 $M(\mu)$ 和 $N(\nu)$ 也有与(2)完全相同的方程:

$$-4\sqrt{-\varphi(\mu)}\frac{\mathrm{d}}{\mathrm{d}\mu}\left(\sqrt{-\varphi(\mu)}\frac{\mathrm{d}M}{\mathrm{d}\mu}\right)=\{n(n+1)\mu+C\}M, \tag{3}$$

$$4\sqrt{\varphi(\nu)}\frac{\mathrm{d}}{\mathrm{d}\nu}\left(\sqrt{\varphi(\nu)}\frac{\mathrm{d}N}{\mathrm{d}\nu}\right)=\{n(n+1)\nu+C\}N. \tag{4}$$

详细写出后, 方程(2)取下列形式:

$$\frac{\mathrm{d}^2\Lambda}{\mathrm{d}\lambda^2}+\frac{1}{2}\left(\frac{1}{a^2+\lambda}+\frac{1}{b^2+\lambda}+\frac{1}{c^2+\lambda}\right)\frac{\mathrm{d}\Lambda}{\mathrm{d}\lambda}-\frac{n(n+1)\lambda+C}{4(a^2+\lambda)(b^2+\lambda)(c^2+\lambda)}\Lambda=0. \tag{5}$$

这个微分方程是傅克斯型方程(2.7 节), 有四个正则奇点: $\lambda=-a^2, -b^2, -c^2, \infty$; 在前三个奇点的指标是 0 和 1/2, 在 $\infty$ 点的指标是 $-\dfrac{n}{2}, \dfrac{n+1}{2}$.

应用上节变换(1)和(2):

$$\lambda = - p - \frac{1}{3}(a^2 + b^2 + c^2), \tag{6}$$

$$e_1 = a^2 - \frac{1}{3}(a^2 + b^2 + c^2),\ e_2 = b^2 - \frac{1}{3}(a^2 + b^2 + c^2),$$
$$e_3 = c^2 - \frac{1}{3}(a^2 + b^2 + c^2), \tag{7}$$

方程(5)化为

$$\frac{d^2 \Lambda}{dp^2} + \frac{1}{2}\left(\frac{1}{p - e_1} + \frac{1}{p - e_2} + \frac{1}{p - e_3}\right)\frac{d\Lambda}{dp} - \frac{n(n+1)p + B}{4(p - e_1)(p - e_2)(p - e_3)}\Lambda = 0, \tag{8}$$

其中 $B$ 与 $C$ 的关系是

$$B + C = \frac{1}{3}n(n+1)(a^2 + b^2 + c^2). \tag{9}$$

再作变换 $p = \mathfrak{p}(u)$，拉梅微分方程化为

$$\frac{d^2 \Lambda}{du^2} = \{n(n+1)\mathfrak{p}(u) + B\}\Lambda. \tag{10}$$

这是拉梅方程的外氏形式.

利用雅氏椭圆函数把拉梅方程表达为雅氏形式. 应用上节变换(7)：

$$a^2 + \lambda = (a^2 - b^2)\operatorname{sn}^2\alpha, \quad k^2 = \frac{a^2 - b^2}{a^2 - c^2}, \tag{11}$$

得

$$\frac{d^2 \Lambda}{d\alpha^2} = \{n(n+1)k^2\operatorname{sn}^2\alpha + A\}\Lambda, \tag{12}$$

其中 $A$ 与 $C$ 的关系是

$$C - n(n+1)a^2 = (a^2 - c^2)A. \tag{13}$$

在研究拉梅方程的性质时，最好不要局限于一种形式的方程，而采用适合于研究目的的形式. 对于数值实用方面说，利用雅氏形式(12)较为适宜. 为了求得方程的解的一般性质，以用代数形式(8)较为适宜.

若令 $\operatorname{sn}^2\alpha = s$ 作为独立变数，拉梅方程化为

$$\frac{d^2 \Lambda}{ds^2} + \frac{1}{2}\left(\frac{1}{s} + \frac{1}{s - 1} + \frac{1}{s - h}\right)\frac{d\Lambda}{ds} - \frac{n(n+1)s + H}{4s(s - 1)(s - h)}\Lambda = 0, \tag{14}$$

其中 $h = k^{-2} = (a^2 - c^2)/(a^2 - b^2)$，$H = hA$，并且 $h > 1$.

还有一种形式是利用三角函数. 令 $\operatorname{sn}\alpha = \cos\zeta$，得

$$(1 - k^2\cos^2\zeta)\frac{d^2 \Lambda}{d\zeta^2} + k^2\cos\zeta\sin\zeta\frac{d\Lambda}{d\zeta} - [n(n+1)k^2\cos^2\zeta + A]\Lambda = 0. \tag{15}$$

## 11.4 四类拉梅函数

现在采用拉梅方程的代数形式来研究拉梅方程的解. 上节的三种代数形式 (5),(8),(14)是相当的,我们将根据(14)来讨论. 上节方程(14)可写为

$$4[s^3 - (1+h)s^2 + hs]\frac{\mathrm{d}^2\Lambda}{\mathrm{d}s^2} + 2[3s^2 - 2(1+h)s + h]\frac{\mathrm{d}\Lambda}{\mathrm{d}s} - [n(n+1)s + H]\Lambda = 0.$$

$$(1)$$

这个方程是傅克斯型的,具有四个正则奇点: $s = 0, 1, h, \infty$,前三个奇点 $0, 1, h$ 的性质是一样的,指标都是 $0$ 和 $1/2$,而奇点 $\infty$ 的指标是 $-\frac{n}{2}$ 和 $\frac{n+1}{2}$.

设(1)的解为

$$\Lambda = \sum_{\nu=0}^{\infty} a_\nu s^{\rho+\nu} \quad (a_0 \neq 0),$$

$$(2)$$

代入(1),求得定系数 $a_\nu$ 的方程为

$$\left.\begin{array}{l} 2h\rho(2\rho-1)a_0 = 0, \\ 2h(\rho+1)(2\rho+1)a_1 - [4(1+h)\rho^2 + H]a_0 = 0, \\ 2h(\rho+2)(2\rho+3)a_2 - [4(1+h)(\rho+1)^2 \\ \qquad + H]a_1 - (n-2\rho)(n+2\rho+1)a_0 = 0, \\ \qquad\qquad \cdots \\ 2h(\rho+\nu+2)(2\rho+2\nu+3)a_{\nu+2} \\ \qquad - [4(1+h)(\rho+\nu+1)^2 + H]a_{\nu+1} \\ \qquad - (n-2\rho-2\nu)(n+2\rho+2\nu+1)a_\nu = 0, \\ \qquad\qquad \cdots \end{array}\right\}$$

$$(3)$$

从第一个方程得指标 $\rho$ 的两个值 $0$ 和 $1/2$. 以后的方程依次定出系数 $a_1/a_0, a_2/a_0$, $\cdots, a_\nu/a_0, \cdots$. 很容易看出, $a_\nu/a_0$ 是 $H$ 的 $\nu$ 次多项式. 在一般情况下,对应于 $\rho=0$ 和 $\rho=1/2$ 的两个解是无穷级数.

当 $n$ 是非负整数时,可以适当选择 $H$ 的值使得解不是无穷级数,而是多项式. 当 $\nu=m$ 满足 $2\rho+2m=n$,而且 $H$ 是 $a_{m+1}=0$ 的根时, $a_{m+2}=0$,而所有的 $a_\nu$ 当 $\nu>m$ 时都是零,解是 $m$ 次多项式. 若 $n$ 是偶数,则 $\rho=0$ 的解是 $m=n/2$ 次多项式. 若 $n$ 是奇数,则 $\rho=\frac{1}{2}$ 的解是 $m=\frac{n-1}{2}$ 次多项式,而 $\Lambda$ 的最高次项的次 $m+\rho$ 依然等于 $n/2$.

这种多项式是**第一类拉梅函数**. 由于 $H$ 是一个 $(m+1)$ 次方程 $a_{m+1}=0$ 的根,有 $m+1$ 个不同的值,所以第一类拉梅函数有 $m+1$ 个. $n=0,1,2,3,4,5$ 的解是:

$n=0$：$\Lambda=1$，$H=0$.

$n=1$：$\Lambda=s^{1/2}$，$H=-1-h$.

$n=2$：$\Lambda=s+\dfrac{2h}{H}$，$H^2+4(1+h)H+12h=0$.

$\quad\quad$ $H$ 的两个值是 $H_1=-2(1+h)-2\sqrt{1-h+h^2}$，

$\quad\quad\quad\quad\quad\quad\quad\quad\quad\quad H_2=-2(1+h)+2\sqrt{1-h+h^2}$.

$n=3$：$\Lambda=s^{3/2}+\dfrac{6h}{1+h+H}s^{1/2}$，

$\quad\quad H^2+10(1+h)H+9(1+h)^2+60h=0$.

$\quad\quad$ $H$ 的两个值是 $H_1=-5(1+h)-2\sqrt{4(1-h)^2+h}$，

$\quad\quad\quad\quad\quad\quad\quad\quad\quad\quad H_2=-5(1+h)+2\sqrt{4(1-h)^2+h}$.

$n=4$：$\Lambda=s^2+\dfrac{12hH}{H^2+4(1+h)H+40h}s+\dfrac{24h^2}{H^2+4(1+h)H+40h}$，

$\quad\quad H^3+20(1+h)H^2+16(4+21h+4h^2)H+640(1+h)h=0$.

$n=5$：$\Lambda=s^{5/2}+\dfrac{20h(H+1+h)}{H^2+10(1+h)H+9(1+h)^2+168h}s^{3/2}$

$\quad\quad +\dfrac{120h^2}{H^2+10(1+h)H+9(1+h)^2+168h}s^{1/2}$，

$\quad\quad H^3+35(1+h)H^2+[259(1+h)^2+528h]H$

$\quad\quad\quad\quad +225(1+h)^3+4560(1+h)h=0$.

$$\left.\right\}\quad(4)$$

除了这一类拉梅函数之外，还有三类拉梅函数，这相当于在 $s=1$ 和 $s=h$ 两点附近展开式的指标为 $1/2$ 的解.

**第二类拉梅函数**是 $\Lambda=(s-1)^{1/2}\Phi$，$\Phi=\sum\limits_{\nu=0}^{\infty}b_\nu s^{\rho+\nu}$. 代入 (1)，得 $\Phi$ 所满足的方程：

$$4[s^3-(1+h)s^2+hs]\frac{\mathrm{d}^2\Phi}{\mathrm{d}s^2}+2[5s^2-2(1+2h)s+h]\frac{\mathrm{d}\Phi}{\mathrm{d}s}$$

$$-[(n-1)(n+2)s+H+h]\Phi=0.\qquad(5)$$

定系数 $b_\nu$ 的方程为

$$2h(\rho+\nu+2)(2\rho+2\nu+3)b_{\nu+2}$$

$$-\{4(\rho+\nu+1)[(1+h)(\rho+\nu+1)+h]+H+h\}b_{\nu+1}$$

$$-(n-2\rho-2\nu-1)(n+2\rho+2\nu+2)b_\nu=0$$

$$(\nu=0,1,2,\cdots).\qquad(6)$$

指标 $\rho$ 的值仍然是 $0$ 和 $1/2$，$b_\nu/b_0$ 是 $H$ 的 $\nu$ 次多项式. 当 $n$ 是正整数时，可以适当选择 $H$ 的值使得解不是无穷级数，而是多项式. 当 $\nu=m$ 满足 $2\rho+2m+1=n$，而且 $H$ 是 $b_{m+1}=0$ 的根时就得到多项式的解. 指标 $\rho=0$ 对应于奇数 $n$，$\rho=1/2$ 对应于

偶数 $n$,而 $n$ 不小于 1.

**第三类拉梅函数**是 $\Lambda=(s-h)^{1/2}\Psi,\Psi=\sum_{\nu=0}^{\infty}c_\nu s^{\rho+\nu}$.代入(1),得 $\Psi$ 所满足的方程:

$$4[s^3-(1+h)s^2+hs]\frac{d^2\Psi}{ds^2}+2[5s^2-2(2+h)s+h]\frac{d\Psi}{ds}$$

$$-[(n-1)(n+2)s+H+1]\Psi=0. \tag{7}$$

定系数 $c_\nu$ 的方程为

$$2h(\rho+\nu+2)(2\rho+2\nu+3)c_{\nu+2}$$

$$-\{4(\rho+\nu+1)[(1+h)(\rho+\nu+1)+1]+H+1\}c_{\nu+1}$$

$$-(n-2\rho-2\nu-1)(n+2\rho+2\nu+2)c_\nu=0$$

$$(\nu=0,1,2,\cdots). \tag{8}$$

这一类拉梅函数的性质与第二类的相似.

**第四类拉梅函数**是 $\Lambda=(s-1)^{1/2}(s-h)^{1/2}\Omega,\Omega=\sum_{\nu=0}^{\infty}d_\nu s^{\rho+\nu}$;或 $\Phi=(s-h)^{1/2}\Omega$. 把这个形式的 $\Phi$ 代入(5),得

$$4[s^3-(1+h)s^2+hs]\frac{d^2\Omega}{ds^2}+2[7s^2-4(1+h)s+h]\frac{d\Omega}{ds}$$

$$-[(n-2)(n+3)s+H+1+h]\Omega=0. \tag{9}$$

定系数 $d_\nu$ 的方程为

$$2h(\rho+\nu+2)(2\rho+2\nu+3)d_{\nu+2}$$

$$-[4(1+h)(\rho+\nu+1)(\rho+\nu+2)+H+1+h]d_{\nu+1}$$

$$-(n-2\rho-2\nu-2)(n+2\rho+2\nu+3)d\nu=0$$

$$(\nu=0,1,2,\cdots). \tag{10}$$

与前几类拉梅函数一样,当 $n$ 是正整数时,可选 $H$ 使 $d_{m+1}=0,2\rho+2m+2=n$,而得 $m$ 次多项式解,这时候 $n\geqslant2$.

总结四类拉梅函数,当 $n$ 是偶数时,第一类拉梅函数有 $\frac{n}{2}+1$ 个,第二类、第三类、第四类函数各有 $\frac{n}{2}$ 个,全体共有 $2n+1$ 个函数.当 $n$ 是奇数时,第一、二、三类函数各有 $\frac{n+1}{2}$ 个,第四类函数有 $\frac{n-1}{2}$ 个,全体四类也共有 $2n+1$ 个函数.这四类拉梅函数(统称第一种拉梅函数,见 11.8 节)用符号 $E_n^m(s)$ 表达,$m$ 取 $-n,-n+1,\cdots,n-1,n$ 各值[①].

当 $n=0,1,2,3$ 时,四类函数的具体形式为(指标 $m$ 的次序由 $-n$ 到 $n$ 按本征

① 一般文献上 $m$ 的值由 1 到 $2n+1$.

值 $H_n^m$ 的大小由小到大顺序排列）：

$$n = 0:E_0 = 1, H_0 = 0.$$

$$n = 1:E_1^{-1} = s^{1/2}, E_1^0 = (s-1)^{1/2}, E_1^1 = (s-h)^{1/2};$$

$$H_1^{-1} = -1-h, H_1^0 = -h, H_1^1 = -1.$$

$$n = 2:E_2^{-2} = s + \frac{2h}{H_1}, E_2^2 = s + \frac{2h}{H_2}, E_2^{-1} = s^{1/2}(s-1)^{1/2},$$

$$E_2^0 = s^{1/2}(s-h)^{1/2}, E_2^1 = (s-1)^{1/2}(s-h)^{1/2};$$

$$H_2^{-2} = H_1 = -2(1+h) - 2\sqrt{1-h+h^2},$$

$$H_2^2 = H_2 = -2(1+h) + 2\sqrt{1-h+h^2},$$

$$H_2^{-1} = -1-4h, H_2^0 = -4-h, H_2^1 = -1-h.$$

$$n = 3:E_3^{-3} = s^{1/2}\left(s + \frac{6h}{1+h+H_1}\right),$$

$$E_3^1 = s^{1/2}\left(s + \frac{6h}{1+h+H_2}\right),$$

$$E_3^{-2} = (s-1)^{1/2}\left(s + \frac{2h}{H_3+h}\right),$$

$$E_3^2 = (s-1)^{1/2}\left(s + \frac{2h}{H_4+h}\right),$$

$$E_3^{-1} = (s-h)^{1/2}\left(s + \frac{2h}{H_5+1}\right),$$

$$E_3^3 = (s-h)^{1/2}\left(s + \frac{2h}{H_6+1}\right),$$

$$E_3^0 = s^{1/2}(s-1)^{1/2}(s-h)^{1/2};$$

$$H_3^{-3} = H_1 = -5(1+h) - 2\sqrt{4(1-h)^2+h},$$

$$H_3^1 = H_2 = -5(1+h) + 2\sqrt{4(1-h)^2+h},$$

$$H_3^{-2} = H_3 = -(2+5h) - 2\sqrt{1-h+4h^2},$$

$$H_3^2 = H_4 = -(2+5h) + 2\sqrt{1-h+4h^2},$$

$$H_3^{-1} = H_5 = -(5+2h) - 2\sqrt{4-h+h^2},$$

$$H_3^3 = H_6 = -(5+2h) + 2\sqrt{4-h+h^2},$$

$$H_3^0 = -4(1+h).$$

$$(11)$$

可以证明所有的本征值 $H_n^m$ 都是实数. 一种证明的方法是采用 11.3 节方程

(8) 的形式，求级数 $\sum\limits_{\nu=0}^{\infty} a_\nu (p-e_2)^{\rho+\nu}$ 的系数，系数 $a_{m+1} = 0$ 的 $m+1$ 个根都各不相

等,而且是实数,这是因为 $a_\nu$ 作为 $B$ 的 $\nu$ 次多项式,构成一组斯突木(Sturm)函数列(见习题 2).另一种证明的方法是考虑不同本征值的解(本征函数)的正交性(参看 Hobson (1931),p. 465).设对应于两个本征值 $H_1$ 和 $H_2$ 的两个函数为 $\Lambda_1$ 和 $\Lambda_2$,分别满足方程(上节(14))

$$\frac{\mathrm{d}^2\Lambda_r}{\mathrm{d}s^2}+\frac{1}{2}\left(\frac{1}{s}+\frac{1}{s-1}+\frac{1}{s-h}\right)\frac{\mathrm{d}\Lambda_r}{\mathrm{d}s}-\frac{n(n+1)s+H_r}{4s(s-1)(s-h)}\Lambda_r=0 \quad (r=1,2).$$

用 $\Lambda_2$ 乘 $r=1$ 的方程,用 $\Lambda_1$ 乘 $r=2$ 的方程,相减,得

$$\Lambda_2\frac{\mathrm{d}^2\Lambda_1}{\mathrm{d}s^2}-\Lambda_1\frac{\mathrm{d}^2\Lambda_2}{\mathrm{d}s^2}+\frac{1}{2}\left(\frac{1}{s}+\frac{1}{s-1}+\frac{1}{s-h}\right)$$
$$\times\left(\Lambda_2\frac{\mathrm{d}\Lambda_1}{\mathrm{d}s}-\Lambda_1\frac{\mathrm{d}\Lambda_2}{\mathrm{d}s}\right)-\frac{(H_1-H_2)\Lambda_1\Lambda_2}{4s(s-1)(s-h)}=0.$$

即

$$\sqrt{4s(s-1)(s-h)}\frac{\mathrm{d}}{\mathrm{d}s}\left\{\sqrt{4s(s-1)(s-h)}\left(\Lambda_2\frac{\mathrm{d}\Lambda_1}{\mathrm{d}s}-\Lambda_1\frac{\mathrm{d}\Lambda_2}{\mathrm{d}s}\right)\right\}$$
$$=(H_1-H_2)\Lambda_1\Lambda_2,$$

求积分由 $s=0$ 到 1,得

$$(H_1-H_2)\int_0^1\frac{\Lambda_1\Lambda_2\mathrm{d}s}{\sqrt{4s(s-1)(s-h)}}=\left[\sqrt{4s(s-1)(s-h)}\left(\Lambda_2\frac{\mathrm{d}\Lambda_1}{\mathrm{d}s}-\Lambda_1\frac{\mathrm{d}\Lambda_2}{\mathrm{d}s}\right)\right]_{s=0}^{s=1}. \tag{12}$$

假如 $\Lambda_1$ 和 $\Lambda_2$ 是同一类的拉梅函数,对于四类函数来说,(12)式的右方都等于零,而有

$$\int_0^1\frac{\Lambda_1\Lambda_2\mathrm{d}s}{\sqrt{4s(s-1)(s-h)}}=0. \tag{13}$$

这就是说对于给定的正整数 $n$,不同本征值的同一类拉梅函数是正交的.如果 $H_1$ 是一个复数 $P+\mathrm{i}Q$,则必有共轭复数 $H_2=P-\mathrm{i}Q$;相应的 $\Lambda$ 将是 $\Lambda_1=I+\mathrm{i}J$,$\Lambda_2=I-\mathrm{i}J$.这时(13)式给出

$$\int_0^1\frac{(I^2+J^2)\mathrm{d}s}{\sqrt{4s(s-1)(h-s)}}=0.$$

这里被积函数是恒正的,积分不能等于零.因此本征值 $H$ 不可能是复数,而一定是实数.

可以证明,对于给定的 $n$,$2n+1$ 个拉梅函数是相互线性无关的.同一类的拉梅函数显然是线性无关的.因为假如它们之间有一个关系式 $\sum_m a_m E_n^m(s)=0$,则乘以 $E_n^{m'}(s)\mathrm{d}s/\sqrt{4s(s-1)(s-h)}$,求积分,由正交关系即得,对于所有的 $m'$,$a_{m'}=0$.而不同类的拉梅函数也是线性无关的,因为它们的比不可能等于常数.

由微分方程的级数解法可以证明拉梅函数的零点都是一阶的.设拉梅函数的

$m$ 个零点为 $s_r$,它不是微分方程的奇点而是常点,则与 $0,1,h$ 都不相等. 从 $s_r$ 附近的级数解法(2.2 节)可以看出,如果 $(s-s_r)^0$ 和 $(s-s_r)^1$ 的系数都等于零,则级数解本身必恒等于零,而不会有 $(s-s_r)^\nu(\nu>1)$ 的因子. 对于奇点 $0,1,h$ 说,由于指标为 0 和 $1/2$,故都不可能是解的零点.

## 11.5  椭球谐函数

若不用 $s$,而用 $\lambda$ 为独立变数,并令 $m$ 次多项式的不同的 $m$ 个根为 $\theta_r$,写成

$$F(\lambda) = \prod_{r=1}^{m}(\lambda - \theta_r),\tag{1}$$

则上节的四类拉梅函数可重新划分为下列四组函数

(i)  $F(\lambda)$;

(ii)  $\sqrt{\lambda + a^2}\,F(\lambda),\ \sqrt{\lambda + b^2}\,F(\lambda),\ \sqrt{\lambda + c^2}\,F(\lambda)$;

(iii)  $\sqrt{(\lambda + b^2)(\lambda + c^2)}\,F(\lambda),\ \sqrt{(\lambda + c^2)(\lambda + a^2)}\,F(\lambda),$
$\sqrt{(\lambda + a^2)(\lambda + b^2)}\,F(\lambda)$;    (2)

(iv)  $\sqrt{(\lambda + a^2)(\lambda + b^2)(\lambda + c^2)}\,F(\lambda)$.

这里第一组函数(i) $F(\lambda)$ 相应的 $n$ 等于 $2m$;第二组函数(ii)相应的 $n$ 等于 $2m+1$;第三组函数(iii)相应的 $n$ 等于 $2m+2$;第四组函数(iv)相应的 $n$ 等于 $2m+3$. 每一组内的各个多项式 $F(\lambda)$,以及不同组的 $F(\lambda)$,都有不同的根 $\theta_r$,故都各不相同,这可以从定 $F(\lambda)$ 中的系数的方程(上节(3)、(6)、(8)、(10))看出. 但是为简单起见,我们用同一个符号 $F(\lambda)$ 表达这些多项式.

从上面四组拉梅函数可以造出**四族椭球谐函数** $\Psi$,$\Psi$ 满足拉氏方程 $\nabla^2\Psi=0$. 根据 11.3 节方程(2)～(4),对于三个变数 $\lambda,\mu,\nu$ 说,常数 $C$ 都相等,因此三个多项式 $F(\lambda),F(\mu),F(\nu)$ 都有相同的根 $\theta_r$. 每一个根 $\theta_r$ 贡献给 $\Psi$ 三个相乘的因子 $(\lambda-\theta_r)(\mu-\theta_r)(\nu-\theta_r)$. 根据 11.1 节(4)和(5),这个乘积等于

$$-f(\theta_r) = \varphi(\theta_r)\Theta_r,$$

其中 $\varphi(\theta_r) = (a^2+\theta_r)(b^2+\theta_r)(c^2+\theta_r)$ 是一个常数,而

$$\Theta_r = \frac{x^2}{a^2+\theta_r} + \frac{y^2}{b^2+\theta_r} + \frac{z^2}{c^2+\theta_r} - 1.\tag{3}$$

因此 $F(\lambda)F(\mu)F(\nu)$ 与 $\prod\limits_{r=1}^{m}\Theta_r$ 只差一个常数因子.

关于四组拉梅函数在 $F(\lambda)$ 之外的因子,第一组的因子为 1,这给出第一族椭球谐函数 $\Psi = \sum\limits_{r=1}^{m}\Theta_r$.

第二组的因子有三种不同的情形. 第一种情形是

$$\sqrt{(\lambda+a^2)(\mu+a^2)(\nu+a^2)}.$$

与 11.1 节公式(6)比较,看出这个因子与 $x$ 只差一个常数因子,因此这样给出的第二族椭球谐函数的第一种情形为 $x\prod_{r=1}^{m}\Theta_r$. 很容易看出,第二族椭球谐函数的第二种情形和第三种情形分别为 $y\prod_{r=1}^{m}\Theta_r$ 和 $z\prod_{r=1}^{m}\Theta_r$.

第三组的因子也有三种不同的情形. 很容易看出,这样给出的第三族椭球谐函数的三种情形分别为 $yz\prod_{r=1}^{m}\Theta_r$, $zx\prod_{r=1}^{m}\Theta_r$, $xy\prod_{r=1}^{m}\Theta_r$.

第四组的因子给出了 $xyz$, 相应的第四族椭球谐函数为 $xyz\prod_{r=1}^{m}\Theta_r$.

总结以上的结果,四族椭球谐函数可以合并简写为

$$\Psi=\left\{\begin{matrix} & x, & yz, & \\ 1, & y, & zx, & xyz \\ & z, & xy, & \end{matrix}\right\}\prod_{r=1}^{m}\left\{\frac{x^2}{a^2+\theta_r}+\frac{y^2}{b^2+\theta_r}+\frac{z^2}{c^2+\theta_r}-1\right\}. \quad (4)$$

从上面的表看出,第一族椭球谐函数是 $x,y,z$ 的 $2m$ 次多项式,第二族、第三族和第四族椭球谐函数分别是 $x,y,z$ 的 $(2m+1)$ 次、$(2m+2)$ 次和 $(2m+3)$ 次多项式.

## 11.6 尼文(Niven)的表达式

尼文找到了通过齐次谐函数来表达椭球谐函数的公式. 设 $G_n(x,y,z)$ 为 $n$ 次椭球谐函数, $H_n(x,y,z)$ 为同族的 $n$ 次齐次椭球谐函数:

$$G_n(x,y,z)=\left\{\begin{matrix} & x, & yz, & \\ 1, & y, & zx, & xyz \\ & z, & xy, & \end{matrix}\right\}\prod_{r=1}^{m}\left\{\frac{x^2}{a^2+\theta_r}+\frac{y^2}{b^2+\theta_r}+\frac{z^2}{c^2+\theta_r}-1\right\}, \quad (1)$$

$$H_n(x,y,z)=\left\{\begin{matrix} & x, & yz, & \\ 1, & y, & zx, & xyz \\ & z, & xy, & \end{matrix}\right\}\prod_{r=1}^{m}\left\{\frac{x^2}{a^2+\theta_r}+\frac{y^2}{b^2+\theta_r}+\frac{z^2}{c^2+\theta_r}\right\}, \quad (2)$$

其中 $n$ 与 $m$ 的关系在四族的情形下分别为

(i) $n=2m$, (ii) $n=2m+1$, (iii) $n=2m+2$, (iv) $n=2m+3$. (3)

尼文的表达式是

$$G_n(x,y,z)=\left\{1-\frac{D}{2(2n-1)}+\frac{D^2}{2\cdot4(2n-1)(2n-3)}-\cdots\right.$$

$$+ (-)^p \frac{D^p}{2^p p!(2n-1)\cdots(2n-2p+1)} \bigg\} H_n(x,y,z), \tag{4}$$

其中

$$D \equiv a^2 \frac{\partial^2}{\partial x^2} + b^2 \frac{\partial^2}{\partial y^2} + c^2 \frac{\partial^2}{\partial z^2}.$$

现在只讲在第一族函数情形下公式(4)的证明. 令

$$K_p = \frac{x^2}{a^2+\theta_p} + \frac{y^2}{b^2+\theta_p} + \frac{z^2}{c^2+\theta_p}. \tag{5}$$

于是有($n=2m$)

$$G_{2m}(x,y,z) = \prod_{p=1}^{m}(K_p-1) = \sum_{r=0}^{m}(-)^r S_{2m-2r}, \tag{6}$$

其中 $S_{2m-2r}$ 为 $(2m-2r)$ 次齐次函数, 是 $K_1, K_2, \cdots, K_m$ 的乘积之和, 和数中的每一项有 $m-r$ 个不同的因子 $K_p$ 相乘, 而 $S_{2m}$ 为

$$S_{2m} = H_{2m}(x,y,z) = \prod_{p=1}^{m}K_p. \tag{7}$$

求微商, 得

$$\frac{\partial S_{2m-2r}}{\partial x} = \sum_{p=1}^{m} \frac{\partial S_{2m-2r}}{\partial K_p} \frac{\partial K_p}{\partial x} = \sum_{p=1}^{m} \frac{\partial S_{2m-2r}}{\partial K_p} \frac{2x}{a^2+\theta_p},$$

$$\frac{\partial^2 S_{2m-2r}}{\partial x^2} = \sum_{p=1}^{m} \frac{\partial S_{2m-2r}}{\partial K_p} \frac{2}{a^2+\theta_p} + \sum_{p<q} \frac{\partial^2 S_{2m-2r}}{\partial K_p \partial K_q} \frac{8x^2}{(a^2+\theta_p)(a^2+\theta_q)}.$$

由此得

$$\begin{aligned}
DS_{2m-2r} &= \sum_{p=1}^{m} \frac{\partial S_{2m-2r}}{\partial K_p} \left( \frac{2a^2}{a^2+\theta_p} + \frac{2b^2}{b^2+\theta_p} + \frac{2c^2}{c^2+\theta_p} \right) \\
&\quad + \sum_{p<q} \frac{\partial^2 S_{2m-2r}}{\partial K_p \partial K_q} \bigg\{ \frac{8a^2 x^2}{(a^2+\theta_p)(a^2+\theta_q)} \\
&\quad + \frac{8b^2 y^2}{(b^2+\theta_p)(b^2+\theta_q)} + \frac{8c^2 z^2}{(c^2+\theta_p)(c^2+\theta_q)} \bigg\}.
\end{aligned} \tag{8}$$

另一方面, $\theta_p$ 是 $\Lambda(\lambda)$ 的零点, 即

$$\Lambda(\lambda) = \prod_{p=1}^{m}(\lambda-\theta_p).$$

代入 $\Lambda$ 所满足的拉梅方程(11.3 节(5)式), 令 $\lambda=\theta_p$, 注意

$$\Lambda''(\theta_p)/\Lambda'(\theta_p) = 2 \sum_{q=1}^{m}{}'(\theta_p-\theta_q)^{-1},$$

得

$$\frac{1}{a^2+\theta_p} + \frac{1}{b^2+\theta_p} + \frac{1}{c^2+\theta_p} + \sum_{q=1}^{m}{}' \frac{4}{\theta_p-\theta_q} = 0, \tag{9}$$

其中 $\sum'$ 上一撇表示不含 $q = p$ 的项.

现在求(8)式右方的第一个和式内的表达式. 应用(9),得

$$\frac{a^2}{a^2 + \theta_p} + \frac{b^2}{b^2 + \theta_p} + \frac{c^2}{c^2 + \theta_p} = 3 - \theta_p \left( \frac{1}{a^2 + \theta_p} + \frac{1}{b^2 + \theta_p} + \frac{1}{c^2 + \theta_p} \right)$$

$$= 3 + \theta_p \sum_{q=1}^{m}{}' \frac{4}{\theta_p - \theta_q}.$$

再来求(8)式右方的第二个和式,有

$$\frac{a^2 x^2}{(a^2 + \theta_p)(a^2 + \theta_q)} + \frac{b^2 y^2}{(b^2 + \theta_p)(b^2 + \theta_q)} + \frac{c^2 z^2}{(c^2 + \theta_p)(c^2 + \theta_q)} = \frac{\theta_p K_p - \theta_q K_q}{\theta_p - \theta_q}.$$

令 $S^*_{2m-2r}$ 为与 $S_{2m-2r}$ 一样的齐次函数,是 $K_1, K_2, \cdots, K_m$ 的乘积之和,和数中的每一项有 $m - r$ 个不同的因子 $K_s (s \neq p, q)$ 相乘,但因子中比 $S_{2m-2r}$ 缺 $K_p$ 和 $K_q$. 显然有

$$S_{2m-2r} = S^*_{2m-2r} + K_p S^*_{2m-2r-2} + K_q S^*_{2m-2r-2} + K_p K_q S^*_{2m-2r-4}. \tag{10}$$

由此得

$$\frac{\partial S_{2m-2r}}{\partial K_p} - K_q \frac{\partial^2 S_{2m-2r}}{\partial K_p \partial K_q} = \frac{\partial S_{2m-2r}}{\partial K_q} - K_p \frac{\partial^2 S_{2m-2r}}{\partial K_p \partial K_q}$$

和

$$K_p \frac{\partial S_{2m-2r}}{\partial K_p} - K_q \frac{\partial S_{2m-2r}}{\partial K_q} = (K_p - K_q) S^*_{2m-2r-2}.$$

由第一个关系求得

$$\frac{\partial^2 S_{2m-2r}}{\partial K_p \partial K_q} = - \frac{1}{K_p - K_q} \left\{ \frac{\partial S_{2m-2r}}{\partial K_p} - \frac{\partial S_{2m-2r}}{\partial K_q} \right\}.$$

于是(8)式化为

$$DS_{2m-2r} = \sum_{p=1}^{m} \frac{\partial S_{2m-2r}}{\partial K_p} \left\{ 6 + \theta_p \sum_{q=1}^{m}{}' \frac{8}{\theta_p - \theta_q} \right\} + 8 \sum_{p<q} \frac{\partial^2 S_{2m-2r}}{\partial K_p \partial K_q} \frac{\theta_p K_p - \theta_q K_q}{\theta_p - \theta_q}$$

$$= \sum_{p=1}^{m} \frac{\partial S_{2m-2r}}{\partial K_p} \left\{ 6 + \theta_p \sum_{q=1}^{m}{}' \frac{8}{\theta_p - \theta_q} - 8 \sum_{q=1}^{m}{}' \frac{\theta_p K_p - \theta_q K_q}{(\theta_p - \theta_q)(K_p - K_q)} \right\}$$

$$= \sum_{p=1}^{m} \frac{\partial S_{2m-2r}}{\partial K_p} \left\{ 6 - 8 \sum_{q=1}^{m}{}' \frac{K_q}{K_p - K_q} \right\}$$

$$= \sum_{p=1}^{m} \frac{\partial S_{2m-2r}}{\partial K_p} \left\{ 6 + 8(m-1) - 8 \sum_{q=1}^{m}{}' \frac{K_p}{K_p - K_q} \right\}$$

$$= (8m-2) \sum_{p=1}^{m} \frac{\partial S_{2m-2r}}{\partial K_p} - 8 \sum_{p<q} \frac{1}{K_p - K_q} \left\{ K_p \frac{\partial S_{2m-2r}}{\partial K_p} - K_q \frac{\partial S_{2m-2r}}{\partial K_q} \right\}$$

$$= (8m-2) \sum_{p=1}^{m} \frac{\partial S_{2m-2r}}{\partial K_p} - 8 \sum_{p<q} S^*_{2m-2r-2}.$$

很显然,右方是 $K_1, K_2, \cdots, K_m$ 的齐次函数,是 $m-r-1$ 个不同因子的乘积之和,因此它必然与 $S_{2m-2r-2}$ 成正比. 为了求得比例常数,可以让上式右方项数与 $S_{2m-2r-2}$ 的项数相比. $S_{2m-2r-2}$ 的项数为 $\binom{m}{r+1}$, $\partial S_{2m-2r}\big/\partial K_p$ 的项数为 $\binom{m-1}{r}$, $S_{2m-2r-2}^*$ 的项数为 $\binom{m-2}{r-1}$. 因此上式右方的项数与 $S_{2m-2r-2}$ 的项数之比为

$$\left[(8m-2)m\binom{m-1}{r}-8\binom{m}{2}\binom{m-2}{r-1}\right]\Big/\binom{m}{r+1}$$
$$= (2r+2)(4m-2r-1) = (2r+2)(2n-2r-1).$$

这样就证明了

$$DS_{2m-2r} = (2r+2)(2n-2r-1)S_{2m-2r-2} \quad (n=2m). \tag{11}$$

由此可得

$$D^p S_{2m-2r} = (2r+2)(2r+4)\cdots(2r+2p)$$
$$\times (2n-2r-1)(2n-2r-3)\cdots(2n-2r-2p+1)S_{2m-2r-2p}. \tag{12}$$

令 $r=0$,得

$$D^p S_{2m} = 2 \cdot 4 \cdots 2p(2n-1)(2n-3)\cdots(2n-2p+1)S_{2m-2p}.$$

代入(6),得

$$G_{2m}(x,y,z) = \sum_{r=0}^{m} \frac{(-)^r D^r H_{2m}(x,y,z)}{2 \cdot 4 \cdots 2r(2n-1)(2n-3)\cdots(2n-2r+1)}.$$

这就是公式(4)在第一族椭球谐函数情形下的形式.

关于第二族、第三族、第四族椭球谐函数的公式(4)可以仿上面的方法证明.

## 11.7　关于拉梅多项式的零点

在 11.4 节所引进的四类拉梅多项式的普遍表达式可以写为

$$\Lambda(\lambda) = (\lambda+a^2)^\rho(\lambda+b^2)^\sigma(\lambda+c^2)^\tau \prod_{p=1}^{m}(\lambda-\theta_p), \tag{1}$$

其中 $\rho, \sigma, \tau$ 等于 0 或者 1/2,而拉梅函数的次数 $n$ 与 $m$ 的关系为

$$\frac{n}{2} = m + \rho + \sigma + \tau. \tag{2}$$

当 $\rho=\sigma=\tau=0$ 时,得第一组拉梅函数;当 $\rho, \sigma, \tau$ 中有一个等于1/2,而其余两个等于零时,得第二组拉梅函数;当 $\rho, \sigma, \tau$ 中有两个等于1/2,而其余一个等于零时,得第三组拉梅函数;当 $\rho, \sigma, \tau$ 都等于1/2 时,得第四组拉梅函数. 每一类拉梅函数(指有确定 $m, \rho, \sigma, \tau$ 值的)有 $m+1$ 个线性独立的函数,相应于 $m+1$ 个本征值 $H$ 或者 $C$. 每一个函数有 $m$ 个零点 $\theta_p$,这些零点各不相等,也不等于 $-a^2, -b^2, -c^2$ (见 11.4 节最后一段).

将表达式(1)代入 11.3 节拉梅方程(5),令 $\lambda = \theta_p$,得

$$\frac{\rho + \frac{1}{4}}{a^2 + \theta_p} + \frac{\sigma + \frac{1}{4}}{b^2 + \theta_p} + \frac{\tau + \frac{1}{4}}{c^2 + \theta_p} + \sum_{q=1}^{m}{}' \frac{1}{\theta_p - \theta_q} = 0. \tag{3}$$

这是 $m$ 个根 $\theta_p$ 所满足的条件,是上节方程(9)的推广.每一个方程(3)是 $\theta_p$ 的 $m+1$ 次方程,给出 $m+1$ 个 $\theta_p$ 值.例如,当 $m=1$ 时,方程(3)简化为

$$\frac{\rho + \frac{1}{4}}{a^2 + \theta} \frac{\sigma + \frac{1}{4}}{b^2 + \theta} + \frac{\tau + \frac{1}{4}}{c^2 + \theta} = 0,$$

即

$$(4\rho + 1)(b^2 + \theta)(c^2 + \theta) + (4\sigma + 1)(c^2 + \theta)(a^2 + \theta)$$
$$+ (4\tau + 1)(a^2 + \theta)(b^2 + \theta) = 0. \tag{4}$$

这个方程给出两个 $\theta$ 值,相应于两个不同的 $H$ 值.

斯提耳提斯(Stieltjes)证明,这 $m+1$ 个拉梅函数可以如此编排,使得第 $r$ 个函数的 $r-1$ 个零点处在 $-a^2$ 与 $-b^2$ 之间,而余下的 $m-r+1$ 个零点处在 $-b^2$ 与 $-c^2$ 之间.为了证明这个结果,设 $\varphi_1, \varphi_2, \cdots, \varphi_m$ 为满足下列条件的实数:

$$-a^2 \leqslant \varphi_p \leqslant -b^2 \quad (p = 1, 2, \cdots, r-1);$$
$$-b^2 \leqslant \varphi_p \leqslant -c^2 \quad (p = r, r+1, \cdots, m).$$

造一个乘积 $\Phi$:

$$\Phi = \prod_{p=1}^{m} |(\varphi_p + a^2)|^{\rho + \frac{1}{4}} |(\varphi_p + b^2)|^{\sigma + \frac{1}{4}} |(\varphi_p + c^2)|^{\tau + \frac{1}{4}} \times \prod_{p<q} |(\varphi_p - \varphi_q)|.$$

$\Phi$ 的数值在 $\varphi_p$ 达到端点 $-a^2, -b^2, -c^2$ 时等于零,$\varphi_p$ 的数值是有限的,因此 $\Phi$ 的数值也是有限的,$\Phi$ 的数值是正的,又是有限的和连续的,除了在各个 $\varphi_p$ 的端点值 $\Phi$ 等于零外,必然有一组 $\varphi_p$ 值使 $\Phi$ 达到它的极大值.使 $\Phi$ 为极大值的 $\varphi_p$ 满足条件

$$\frac{\partial}{\partial \varphi_p} \ln \Phi = 0 \quad (p = 1, 2, \cdots, m).$$

即

$$\frac{\rho + \frac{1}{4}}{\varphi_p + a^2} + \frac{\sigma + \frac{1}{4}}{\varphi_p + b^2} + \frac{\tau + \frac{1}{4}}{\varphi_p + c^2} + \sum_{q=1}^{m}{}' \frac{1}{\varphi_p - \varphi_q} = 0.$$

这个结果与方程(3)一样,所以这个方程的解是 $\varphi_p = \theta_p$,因而上述关于拉梅函数的零点的结果得到证明.

## 11.8  第二种拉梅函数

当 $n$ 是非负整数时,若拉梅方程的两个解中一个是多项式,则另一个是无穷级

数;多项式名为第一种拉梅函数,无穷级数名为第二种拉梅函数.令第一种拉梅函数为 $E_n^m(p)$,第二种拉梅函数为 $F_n^m(p)$,其中 $p=\mathfrak{p}(u)=-\lambda-\dfrac{1}{3}(a^2+b^2+c^2)$(见 11.3 节(6)式).

　　用证明 11.4 节方程(12)的方法,注意两种拉梅函数属于相同的本征值,由 11.3 节(10)式得

$$\frac{\mathrm{d}}{\mathrm{d}u}\left(E_n^m\frac{\mathrm{d}F_n^m}{\mathrm{d}u}-F_n^m\frac{\mathrm{d}E_n^m}{\mathrm{d}u}\right)=0.$$

求积分,得

$$E_n^m\frac{\mathrm{d}F_n^m}{\mathrm{d}u}-F_n^m\frac{\mathrm{d}E_n^m}{\mathrm{d}u}=C.$$

这个积分常数 $C$ 的数值取决于第二种拉梅函数的常数因子的选择,海恩(Heine)选 $C=2n+1$.

　　再求积分得

$$F_n^m(p)=(2n+1)E_n^m(p)\int_0^u\frac{\mathrm{d}u}{[E_n^m(p)]^2}. \tag{1}$$

　　在 $u=0$ 的附近,由于 $E_n^m(p)$ 是 $p$ 的 $\dfrac{n}{2}$ 次多项式,而 $p=\mathfrak{p}(u)=u^{-2}[1+O(u^4)]$(参看 8.4 节(3)式),有

$$E_n^m(p)=u^{-n}[1+O(u)],$$

$$F_n^m(p)=(2n+1)u^{-n}[1+O(u)]\int_0^u u^{2n}[1+O(u)]\mathrm{d}u=u^{n+1}[1+O(u)].$$

这个结果说明选择 $C=2n+1$ 的原因——使 $F_n^m(p)$ 在 $u=0$ 附近的展开式中最低次方 $u^{n+1}$ 的系数为 1.

　　积分(1)可以用椭圆函数表达.今就第一组拉梅函数来加以说明.对于第一组拉梅函数 $E_n^m$ 说,$n$ 为偶数($=2m$),$E_n^m$ 有 $\dfrac{n}{2}$ 个零点 $p_s$,对应于每一个零点 $p_s$ 有两个 $u$ 值(在周期平行四边形内),共有 $n$ 个 $u_r$,$r=1,2,\cdots,n$. 今设 $u_r$ 如此排列,使得 $u_{n-r}=-u_{r+1}$.

　　设在 $u_r$ 附近,$E_n^m(p)$ 的展开式为

$$E_n^m(p)=k_1(u-u_r)+k_2(u-u_r)^2+k_3(u-u_r)^3+\cdots \quad (k_1\neq 0).$$

代入拉梅微分方程(11.3 节(10)式),得 $k_2=0$. 由此得知 $[E_n^m(p)]^{-2}$ 在 $u_r$ 点的主部为 $[k_1(u-u_r)]^{-2}$. 因此可找到常数 $A_r$ 使得(参看 8.9 节(6)式)

$$\frac{1}{[E_n^m(p)]^2}=A+\sum_{r=1}^n A_r\mathfrak{p}(u-u_r), \tag{2}$$

其中 $A_{n-r}=A_{r+1}$.求积分,得

$$\int_0^u \frac{\mathrm{d}u}{\left[\mathrm{E}_n^m(p)\right]^2} = Au - \sum_{r=1}^n A_r\{\zeta(u-u_r)+\zeta(u_r)\}$$

$$= Au - \sum_{r=1}^{n/2} A_r\{\zeta(u-u_r)+\zeta(u+u_r)\},$$

其中用了关系式 $u_{n-r}=-u_{r+1}$, $A_{n-r}=A_{r+1}$. 应用 8.10 节公式(2), 得

$$\int_0^u \frac{\mathrm{d}u}{\left[\mathrm{E}_n^m(p)\right]^2} = Au - 2\zeta(u)\sum_{r=1}^{n/2}A_r - \sum_{r=1}^{n/2}\frac{A_r\mathfrak{p}'(u)}{\mathfrak{p}(u)-\mathfrak{p}(u_r)}. \tag{3}$$

代入(1)式, 得

$$\mathrm{F}_n^m(p) = (2n+1)\left\{Au - 2\zeta(u)\sum_{r=1}^{n/2}A_r\right\}\mathrm{E}_n^m(p) + \mathfrak{p}'(u)W_{\frac{n}{2}-1}(p), \tag{4}$$

其中 $W_{\frac{n}{2}-1}(p)$ 为 $p$ 的 $\frac{n}{2}-1$ 次多项式.

对于其他组拉梅多项式, 也可把(1)化为(4)的形式. 第二种拉梅函数 $\mathrm{F}_n^m(p)$ 适用于椭球外部问题.

## 11.9　广义拉梅函数

当 $n$ 不是非负整数时, 拉梅方程的解称为**广义拉梅函数**. 因斯(Ince)和厄德利 (Erdélyi)研究了用雅氏椭圆函数表达的拉梅方程[①](11.3 节(12))

$$\frac{\mathrm{d}^2\Lambda}{\mathrm{d}z^2} + \{h - n(n+1)(k\,\mathrm{sn}\,z)^2\}\Lambda = 0. \tag{1}$$

他们在假设 $k<1$ 和 $n(n+1)$ 是实数的情形下, 研究了拉梅方程(1)的单周期解, 这些单周期解(注意, 由 11.3 节(11)式的关系知拉梅多项式是 $z$ 的双周期函数)名为**周期拉梅函数**.

我们只研究实周期函数, 至于虚周期问题可以通过雅氏虚变换(见 10.7 节)化为实周期问题而解决, 详细见厄德利的书[①].

由于 $\mathrm{sn}^2 z$ 的实周期为 $2\mathrm{K}$(10.5 节(3)式), 所以拉梅函数的实周期一定是 $P = 2p\mathrm{K}$, $p=1,2,\cdots$. 今 $\mathrm{sn}^2 z$ 是 $z-\mathrm{K}$ 的偶函数, 所以当 $\Lambda(z)$ 是周期拉梅函数时, $\Lambda(2\mathrm{K}-z)$ 也必然是周期拉梅函数, 由此可见 $\Lambda(z)\pm\Lambda(2\mathrm{K}-z)$ 是周期拉梅函数. 因此我们可以分别研究 $z-\mathrm{K}$ 的奇函数和偶函数. 令 $\mathrm{Ec}_n(z)$ 或者 $\mathrm{Ec}_n(z,k^2)$ 表示实周期拉梅函数, 它是 $z-\mathrm{K}$ 的偶函数; 令 $\mathrm{Es}_n(z)$, 或 $\mathrm{Es}_n(z,k^2)$ 表示实周期的 $z-\mathrm{K}$ 的奇函数. 更具体地说, 以 $\mathrm{Ec}_n^m(z,k^2)$ 和 $\mathrm{Es}_n^m(z,k^2)$ 表示具有周期 $P=2p\mathrm{K}$, 而且在 $0\leqslant z<2p\mathrm{K}$ 区间中正好有 $pm$ 个零点的函数. 对应于 $\mathrm{Ec}_n^m$ 和 $\mathrm{Es}_n^m$ 的本征值 $h$(方程

---

[①]　本节采用 Erdélyi (1955), Vol. Ⅲ, p. 63.

(1)中的 $h$)用 $a_n^m(k^2)$ 和 $b_n^m(k^2)$ 或简写为 $a_n^m$ 和 $b_n^m$ 来表示.

现在讨论周期 2K 和 4K(即 $p=1,2$). 这时候 Ec$(z)$ 是 $z-$K 的偶函数,也是 $z+$K 的偶函数. 由于 $z-$K 的偶函数要求 Ec$(z)=$Ec$(2$K$-z)$,而 $z+$K 的偶函数要求 Ec$(z)=$Ec$(-2$K$-z)$,因此有边界条件

$$Ec'(-K) = Ec'(K) = 0. \tag{2}$$

同理,有

$$Es(-K) = Es(K) = 0. \tag{3}$$

这些函数的具体表达式固然可以按照 11.4 节的办法,用 $s=\mathrm{sn}^2 z$ 的无穷幂级数展开,然而因斯找到了用三角函数展开(利用 11.3 节(15)式),收敛更快. 设 $\mathrm{sn}\, z$ $=\cos\zeta$,$H=2h-n(n+1)k^2$,则方程(1)化为(见 11.3 节(15)式)

$$(2 - k^2 - k^2\cos 2\zeta)\frac{\mathrm{d}^2\varLambda}{\mathrm{d}\zeta^2} + k^2\sin 2\zeta\frac{\mathrm{d}\varLambda}{\mathrm{d}\zeta} + \{H - n(n+1)k^2\cos 2\zeta\}\varLambda = 0. \tag{4}$$

设用三角函数的展开式为

$$\mathrm{Ec}_n^{2m}(z) = \frac{1}{2}A_0 + \sum_{r=1}^{\infty}A_{2r}\cos(2r\zeta) = \mathrm{dn}\, z\left[\frac{1}{2}C_0 + \sum_{r=1}^{\infty}C_{2r}\cos(2r\zeta)\right], \tag{5}$$

$$\mathrm{Ec}_n^{2m+1}(z) = \sum_{r=0}^{\infty}A_{2r+1}\cos[(2r+1)\zeta] = \mathrm{dn}\, z\sum_{r=0}^{\infty}C_{2r+1}\cos[(2r+1)\zeta], \tag{6}$$

$$\mathrm{Es}_n^{2m}(z) = \sum_{r=1}^{\infty}B_{2r}\sin(2r\zeta) = \mathrm{dn}\, z\sum_{r=1}^{\infty}D_{2r}\sin(2r\zeta), \tag{7}$$

$$\mathrm{Es}_n^{2m+1}(z) = \sum_{r=0}^{\infty}B_{2r+1}\sin[(2r+1)\zeta] = \mathrm{dn}\, z\sum_{r=0}^{\infty}D_{2r+1}\sin[(2r+1)\zeta]. \tag{8}$$

代入方程(4),求得定系数的方程为

$$\left.\begin{array}{l} -HA_0 + (n-1)(n+2)k^2A_2 = 0, \\[2mm] \dfrac{1}{2}(n-2r+2)(n+2r-1)k^2A_{2r-2} - [H - 4r^2(2-k^2)]A_{2r} \\[2mm] \qquad + \dfrac{1}{2}(n-2r-1)(n+2r+2)k^2A_{2r+2} = 0. \end{array}\right\} \tag{9}$$

$$\left.\begin{array}{l} -HC_0 + n(n+1)k^2C_2 = 0, \\[2mm] \dfrac{1}{2}(n-2r+1)(n+2r)k^2C_{2r-2} - [H - 4r^2(2-k^2)]C_{2r} \\[2mm] \qquad + \dfrac{1}{2}(n-2r)(n+2r+1)k^2C_{2r+2} = 0. \end{array}\right\} \tag{10}$$

$$-\left[H-2+k^2-\frac{1}{2}n(n+1)k^2\right]A_1+\frac{1}{2}(n-2)(n+3)k^2A_3=0,$$

$$\frac{1}{2}(n-2r+1)(n+2r)k^2A_{2r-1}-\left[H-(2r+1)^2(2-k^2)\right]A_{2r+1}$$

$$+\frac{1}{2}(n-2r-2)(n+2r+3)k^2A_{2r+3}=0. \tag{11}$$

$$-\left[H-2+k^2-\frac{1}{2}n(n+1)k^2\right]C_1+\frac{1}{2}(n-1)(n+2)k^2C_3=0,$$

$$\frac{1}{2}(n-2r)(n+2r+1)k^2C_{2r-1}-\left[H-(2r+1)^2(2-k^2)\right]C_{2r+1}$$

$$+\frac{1}{2}(n-2r-1)(n+2r+2)k^2C_{2r+3}=0. \tag{12}$$

$$-(H-8+4k^2)B_2+\frac{1}{2}(n-3)(n+4)k^2B_4=0,$$

$$\frac{1}{2}(n-2r)(n+2r+1)k^2B_{2r}-\left[H-(2r+2)^2(2-k^2)\right]B_{2r+2}$$

$$+\frac{1}{2}(n-2r-3)(n+2r+4)k^2B_{2r+4}=0. \tag{13}$$

$$-(H-8+4k^2)D_2+\frac{1}{2}(n-2)(n+3)k^2D_4=0,$$

$$\frac{1}{2}(n-2r-1)(n+2r+2)k^2D_{2r}$$

$$-\left[H-(2r+2)^2(2-k^2)\right]D_{2r+2}$$

$$+\frac{1}{2}(n-2r-2)(n+2r+3)k^2D_{2r+4}=0. \tag{14}$$

$$-\left[H-2+k^2+\frac{1}{2}n(n+1)k^2\right]B_1+\frac{1}{2}(n-2)(n+3)k^2B_3=0,$$

$$\frac{1}{2}(n-2r+1)(n+2r)k^2B_{2r-1}-\left[H-(2r+1)^2(2-k^2)\right]B_{2r+1}$$

$$+\frac{1}{2}(n-2r-2)(n+2r+3)k^2B_{2r+3}=0. \tag{15}$$

$$-\left[H-2+k^2+\frac{1}{2}n(n+1)k^2\right]D_1+\frac{1}{2}(n-1)(n+2)k^2D_3=0,$$

$$\frac{1}{2}(n-2r)(n+2r+1)k^2D_{2r-1}-\left[H-(2r+1)^2(2-k^2)\right]D_{2r+1}$$

$$+\frac{1}{2}(n-2r-1)(n+2r+2)k^2D_{2r+3}=0. \tag{16}$$

从以上各个递推关系可以具体地求出各个系数 $A,B,C,D$.

## 11.10　拉梅函数的积分方程[①]

设拉梅函数 $\Lambda(\alpha)$ 满足拉梅方程(11.3 节(12)式)：

$$\frac{\mathrm{d}^2\Lambda}{\mathrm{d}\alpha^2} - \{n(n+1)k^2\mathrm{sn}^2\alpha + A\}\Lambda = 0. \tag{1}$$

设有一函数 $N(\alpha,\theta)$ 满足下列偏微分方程：

$$\frac{\partial^2 N}{\partial\alpha^2} - n(n+1)k^2\mathrm{sn}^2\alpha \cdot N = \frac{\partial^2 N}{\partial\theta^2} - n(n+1)k^2\mathrm{sn}^2\theta \cdot N. \tag{2}$$

用换部积分法求得

$$\left\{\frac{\mathrm{d}^2}{\mathrm{d}\alpha^2} - n(n+1)k^2\mathrm{sn}^2\alpha - A\right\}\int_a^b N(\alpha,\theta)\Lambda(\theta)\mathrm{d}\theta$$

$$= \int_a^b\left\{\frac{\partial^2 N}{\partial\theta^2} - [n(n+1)k^2\mathrm{sn}^2\theta + A]N\right\}\Lambda(\theta)\mathrm{d}\theta$$

$$= \left[\frac{\partial N}{\partial\theta}\Lambda(\theta) - N(\alpha,\theta)\frac{\mathrm{d}\Lambda}{\mathrm{d}\theta}\right]_a^b + \int_a^b N(\alpha,\theta)\left\{\frac{\mathrm{d}^2\Lambda}{\mathrm{d}\theta^2} - [n(n+1)k^2\mathrm{sn}^2\theta + A]\Lambda\right\}\mathrm{d}\theta.$$

若适当选择 $N(\alpha,\theta)$ 使得

$$\left[\frac{\partial N}{\partial\theta}\Lambda(\theta) - N(\alpha,\theta)\frac{\mathrm{d}\Lambda}{\mathrm{d}\theta}\right]_a^b = 0, \tag{3}$$

则 $\int_a^b N(\alpha,\theta)\Lambda(\theta)\mathrm{d}\theta$ 将是拉梅方程(1)的一个解，而且同 $\Lambda(\alpha)$ 具有相同的本征值 $A$. 在很多情形下，这个解的性质与 $\Lambda(\alpha)$ 的相同，因此它与 $\Lambda(\alpha)$ 成正比，从而引导到 $\Lambda(\alpha)=\mathrm{E}_n^m(\alpha)$ 的积分方程：

$$\mathrm{E}_n^m(\alpha) = \lambda\int_{-2K}^{2K} N(\alpha,\theta)\mathrm{E}_n^m(\theta)\mathrm{d}\theta, \tag{4}$$

其中积分的上下限选为 $\pm 2K$，以适应于 $N(\alpha,\theta)$ 具有周期 4K 的情形，因而使 $\mathrm{E}_n^m(\theta)$ 具有周期 4K 时(3)式得到满足. 关于 $N(\alpha,\theta)$ 的具体形式，下面分别不同的情形讨论.

对于第一类拉梅函数(见 11.4 节)

$$N(\alpha,\theta) = \mathrm{P}_n(k\,\mathrm{sn}\alpha\,\mathrm{sn}\theta), \tag{5}$$

其中 $\mathrm{P}_n(\mu)$ 为勒让德函数，证明如下. 令 $\mu=k\,\mathrm{sn}\alpha\,\mathrm{sn}\theta$，有

$$\left\{\frac{\partial^2}{\partial\alpha^2} - \frac{\partial^2}{\partial\theta^2}\right\}\mathrm{P}_n(k\,\mathrm{sn}\alpha\,\mathrm{sn}\theta)$$

$$= k^2\{\mathrm{cn}^2\alpha\,\mathrm{dn}^2\alpha\,\mathrm{sn}^2\theta - \mathrm{cn}^2\theta\,\mathrm{dn}^2\theta\,\mathrm{sn}^2\alpha\}\mathrm{P}_n''(\mu) + 2k^3\,\mathrm{sn}\,\alpha\,\mathrm{sn}\,\theta(\mathrm{sn}^2\alpha - \mathrm{sn}^2\theta)\mathrm{P}_n'(\mu)$$

---

[①]　参看 12.14 节关于马丢函数的同样问题的讨论.

$$= k^2(\mathrm{sn}^2\alpha - \mathrm{sn}^2\theta)\big[(\mu^2-1)\mathrm{P}_n''(\mu) + 2\mu\mathrm{P}_n'(\mu)\big]$$

$$= k^2(\mathrm{sn}^2\alpha - \mathrm{sn}^2\theta)n(n+1)\mathrm{P}_n(\mu).$$

这证明 $\mathrm{P}_n(\mu)$ 满足偏微分方程(2). 此外,由于 $\mathrm{P}_n(\mu)$ 是 $\mu$ 的 $n$ 次多项式,所以(4)式右方是 $\mathrm{sn}\,\alpha$ 的 $n$ 次多项式,这正好与 $\mathrm{E}_n^m(\alpha)$(第一类拉梅函数)的性质相同,因此它必与 $\mathrm{E}_n^m(\alpha)$ 成正比,而(4)式成立,$\lambda$ 为比例常数.

对于第二类拉梅函数来说,它具有因子 $\mathrm{cn}\alpha$,若 $n$ 为奇数,有

$$N(\alpha,\theta) = \mathrm{P}_n\Big(\frac{\mathrm{i}k}{k'}\mathrm{cn}\alpha\,\mathrm{cn}\theta\Big). \tag{6}$$

这也适用于第一类拉梅函数具有偶数 $n$ 的情形.

对于第三类拉梅函数来说,它具有因子 $\mathrm{dn}\alpha$,若 $n$ 为奇数有

$$N(\alpha,\theta) = \mathrm{P}_n\Big(\frac{1}{k'}\mathrm{dn}\alpha\,\mathrm{dn}\theta\Big). \tag{7}$$

这类拉梅函数属于第二组中的第三种(见 11.5 节). 这也适用于第一类拉梅函数具有偶数 $n$ 的情形(即第一组拉梅函数).

对于具有因子 $\mathrm{sn}\alpha\,\mathrm{cn}\alpha$ 的第二类拉梅函数(这是第三组拉梅函数中的第三种, $n$ 为偶数),有

$$N(\alpha,\theta) = \mathrm{sn}\alpha\,\mathrm{cn}\alpha\,\mathrm{sn}\theta\,\mathrm{cn}\theta\mathrm{P}_n''\Big(\frac{1}{k'}\mathrm{dn}\alpha\,\mathrm{dn}\theta\Big). \tag{8}$$

对于具有因子 $\mathrm{sn}\alpha\,\mathrm{dn}\alpha$ 的第三类拉梅函数(这是第三组拉梅函数的第二种,$n$ 为偶数),有

$$N(\alpha,\theta) = \mathrm{sn}\alpha\,\mathrm{dn}\alpha\,\mathrm{sn}\theta\,\mathrm{dn}\theta\mathrm{P}_n''\Big(\frac{\mathrm{i}k}{k'}\mathrm{cn}\alpha\,\mathrm{cn}\theta\Big). \tag{9}$$

对于具有因子 $\mathrm{cn}\alpha\,\mathrm{dn}\alpha$ 的第四类拉梅函数(这是第三组拉梅函数中的第一种,$n$ 为偶数),有

$$N(\alpha,\theta) = \mathrm{cn}\alpha\,\mathrm{dn}\alpha\,\mathrm{cn}\theta\,\mathrm{dn}\theta\mathrm{P}_n''(k\,\mathrm{sn}\alpha\,\mathrm{sn}\theta). \tag{10}$$

这也适用于具有因子 $\mathrm{sn}\alpha\,\mathrm{cn}\alpha\,\mathrm{dn}\alpha$ 的第四类拉梅函数的情形,这时 $n$ 为奇数(这是第四组拉梅函数).上面积分核(8)和(9)也适用于第四组拉梅函数,因为当 $n$ 为奇数时,它们也都给出因子 $\mathrm{sn}\alpha\,\mathrm{cn}\alpha\,\mathrm{dn}\alpha$.

## 11.11 椭球谐函数的积分表达式

在 11.6 节引进的齐次椭球谐函数 $H_n^m(x,y,z)$ 可以用下列积分形式表达:

$$H_n^m(x,y,z) = \int_{-\pi}^{\pi}(x\cos t + y\sin t + \mathrm{i}z)^n f(t)\mathrm{d}t, \tag{1}$$

其中 $f(t)$ 是 $t$ 的周期函数,以 $2\pi$ 为周期,它的形式有待确定.用 11.6 节算符 $D$ 作

用的结果是

$$D(x\cos t + y\sin t + iz)^n$$

$$= n(n-1)(a^2\cos^2 t + b^2\sin^2 t - c^2)(x\cos t + y\sin t + iz)^{n-2}. \tag{2}$$

由此可见,(1)式的右方满足拉普拉斯方程($a=b=c$). 显然它是齐次的,所以是 $n$ 次齐次谐函数. 只要适当选择 $f(t)$,就可使它等于 $H_n^m(x,y,z)$.

利用(2)式可把尼文表达式(11.6 节(4)式)写为

$$G_n^m(x,y,z) = \int_{-\pi}^{\pi}\left\{ p^n - \frac{n(n-1)}{2(2n-1)}p^{n-2}q^2 \right.$$

$$\left. + \frac{n(n-1)(n-2)(n-3)}{2\cdot 4(2n-1)(2n-3)}p^{n-4}q^4 - \cdots \right\}f(t)\mathrm{d}t,$$

其中

$$p = x\cos t + y\sin t + iz, \quad q = \sqrt{a^2\cos^2 t + b^2\sin^2 t - c^2}. \tag{3}$$

应用 5.2 节公式(7)的第一式,得

$$G_n^m(x,y,z) = \frac{2^n(n!)^2}{(2n)!}\int_{-\pi}^{\pi}\mathrm{P}_n\left(\frac{p}{q}\right)\cdot q^n f(t)\mathrm{d}t. \tag{4}$$

作变换

$$\sin t = \mathrm{cd}\,\theta, \quad k^2 = \frac{a^2-b^2}{a^2-c^2}, \quad \frac{2^n(n!)^2}{(2n)!}q^n f(t)\mathrm{d}t = \varphi(\theta)\mathrm{d}\theta,$$

得

$$G_n^m(x,y,z) = \int_{-2\mathrm{K}}^{2\mathrm{K}}\mathrm{P}_n\left(\frac{k'x\,\mathrm{sn}\,\theta + y\,\mathrm{cn}\,\theta + iz\,\mathrm{dn}\,\theta}{\sqrt{b^2-c^2}}\right)\varphi(\theta)\mathrm{d}\theta, \tag{5}$$

其中积分的上下限原为 $\mathrm{K}, -3\mathrm{K}$,根据被积函数的周期性改为 $2\mathrm{K}, -2\mathrm{K}$.

为了确定函数 $\varphi(\theta)$,把 $x,y,z$ 用变数 $\alpha,\beta,\gamma$ 表达(见 11.2 节(10)式),并把椭球谐函数 $G_n^m(x,y,z)$ 用拉梅函数乘积表达(见 11.5 节),(5)式化为

$$\mathrm{E}_n^m(\alpha)\mathrm{E}_n^m(\beta)\mathrm{E}_n^m(\gamma) = C\int_{-2\mathrm{K}}^{2\mathrm{K}}\mathrm{P}_n(\mu)\varphi(\theta)\mathrm{d}\theta, \tag{6}$$

其中 $C$ 为一常数因子,而

$$\mu = k^2\,\mathrm{sn}\,\alpha\,\mathrm{sn}\,\beta\,\mathrm{sn}\,\gamma\,\mathrm{sn}\,\theta - \frac{k^2}{k'^2}\mathrm{cn}\,\alpha\,\mathrm{cn}\,\beta\,\mathrm{cn}\,\gamma\,\mathrm{cn}\,\theta - \frac{1}{k'^2}\mathrm{dn}\,\alpha\,\mathrm{dn}\,\beta\,\mathrm{dn}\,\gamma\,\mathrm{dn}\,\theta. \tag{7}$$

假如椭球谐函数是第一族的,或者是第二族的第一种情形(即第一类拉梅函数),令 $\beta=\mathrm{K}, \gamma=\mathrm{K}+\mathrm{K}'\mathrm{i}$,则 $\mu = k\,\mathrm{sn}\,\alpha\,\mathrm{sn}\,\theta$,而(6)式指明

$$\int_{-2\mathrm{K}}^{2\mathrm{K}}\mathrm{P}_n(k\,\mathrm{sn}\,\alpha\,\mathrm{sn}\,\theta)\varphi(\theta)\mathrm{d}\theta$$

是拉梅方程的解,与 $\mathrm{E}_n^m(\alpha)$ 成正比. 根据上节(4)式和(5)式,得知 $\varphi(\theta)\propto\mathrm{E}_n^m(\theta)$. 因此得

$$G_n^m(x,y,z) = \lambda\int_{-2\mathrm{K}}^{2\mathrm{K}}\mathrm{P}_n\left(\frac{k'x\,\mathrm{sn}\theta + y\,\mathrm{cn}\theta + iz\,\mathrm{dn}\theta}{\sqrt{b^2-c^2}}\right)\mathrm{E}_n^m(\theta)\mathrm{d}\theta. \tag{8}$$

假如椭球谐函数是第二族的第二种情形，令 $\beta=0,\gamma=\mathrm{K}+\mathrm{K}'i$，则 $\mu=\dfrac{ik}{k'}\mathrm{cn}\,\alpha\,\mathrm{cn}\,\theta$，根据上节(6)式，仍然引导到上面公式(8).

假如椭球谐函数是第二族的第三种情形，令 $\beta=0,\gamma=\mathrm{K}$，则 $\mu=-\dfrac{1}{k'}\mathrm{dn}\,\alpha\,\mathrm{dn}\,\theta$，根据上节(7)式，仍然引导到上面公式(8).

假如椭球函数是第三族的和第四族的，设 $\mathrm{E}_n^m(\alpha)$ 有因子 $\mathrm{cn}\,\alpha\,\mathrm{dn}\,\alpha$，可先对(6)求 $\beta$ 的微商，再求 $\gamma$ 的微商，然后令 $\beta=\mathrm{K},\gamma=\mathrm{K}+\mathrm{K}'i$. 这样求得

$$\mathrm{E}_n^m(\alpha)\left[\frac{\mathrm{d}}{\mathrm{d}\beta}\mathrm{E}_n^m(\beta)\right]_{\beta=\mathrm{K}}\left[\frac{\mathrm{d}}{\mathrm{d}\gamma}\mathrm{E}_n^m(\gamma)\right]_{\gamma=\mathrm{K}+\mathrm{K}'i}=C\int_{-2\mathrm{K}}^{2\mathrm{K}}\left[\frac{\partial^2 \mathrm{P}_n(\mu)}{\partial\beta\partial\gamma}\right]_{\substack{\beta=\mathrm{K}\\\gamma=\mathrm{K}+\mathrm{K}'i}}\varphi(\theta)\mathrm{d}\theta.$$

又由

$$\left[\frac{\partial \mathrm{P}_n(\mu)}{\partial\gamma}\right]_{\gamma=\mathrm{K}+\mathrm{K}'i}=-\frac{i}{k'}\mathrm{dn}\,\alpha\,\mathrm{dn}\,\beta\,\mathrm{dn}\,\theta \mathrm{P}_n'(\mu),$$

$$\left[\frac{\partial^2 \mathrm{P}_n(\mu)}{\partial\beta\partial\gamma}\right]_{\substack{\beta=\mathrm{K}\\\gamma=\mathrm{K}+\mathrm{K}'i}}=-k\,\mathrm{cn}\,\alpha\,\mathrm{dn}\,\alpha\,\mathrm{cn}\,\theta\,\mathrm{dn}\,\theta \mathrm{P}_n''(k\,\mathrm{sn}\,\alpha\,\mathrm{sn}\,\theta),$$

根据上节(10)式，仍然引导到上面公式(8).

由此可见(8)式对任何一族的椭球谐函数都是对的. 很容易看出，相应的齐次函数满足积分公式

$$H_n^m(x,y,z)=\lambda\frac{(2n)!}{2^n(n!)^2(b^2-c^2)^{n/2}}\int_{-2\mathrm{K}}^{2\mathrm{K}}(k'x\,\mathrm{sn}\,\theta+y\,\mathrm{cn}\,\theta+iz\,\mathrm{dn}\,\theta)^n\mathrm{E}_n^m(\theta)\mathrm{d}\theta.$$

$$(9)$$

# 习　　题

1. 证明椭球坐标满足下列关系
$$x^2+y^2+z^2=a^2+b^2+c^2+\lambda+\mu+\nu.$$

2. 取 11.3 节(8)式作为拉梅方程，将四类拉梅函数用下列四类级数表达：

(i) $\Lambda=\sum_r b_r(p-e_2)^{\frac{n}{2}-r}$,

(ii) $\Lambda=(p-e_1)^{1/2}\sum_r b_r'(p-e_2)^{\frac{n}{2}-\frac{1}{2}-r}$,

(iii) $\Lambda=(p-e_3)^{1/2}\sum_r b_r''(p-e_2)^{\frac{n}{2}-\frac{1}{2}-r}$,

(iv) $\Lambda=(p-e_1)^{1/2}(p-e_3)^{1/2}\sum_r b_r'''(p-e_2)^{\frac{n}{2}-1-r}$.

证明定系数的方程为

$$r\left(n-r+\frac{1}{2}\right)b_r = \left\{3e_2\left(\frac{n}{2}-r+1\right)^2 - \frac{1}{4}n(n+1)e_2 - \frac{1}{4}B\right\}b_{r-1}$$

$$-(e_1-e_2)(e_2-e_3)\left(\frac{n}{2}-r+2\right)\left(\frac{n}{2}-r+\frac{3}{2}\right)b_{r-2},$$

$$r\left(n-r+\frac{1}{2}\right)b'_r = \left\{3e_2\left(\frac{n}{2}-r+\frac{1}{2}\right)^2\right.$$

$$\left. + (e_2-e_3)\left(\frac{n}{2}-r+\frac{3}{4}\right) - \frac{1}{4}n(n+1)e_2 - \frac{1}{4}B\right\}b'_{r-1}$$

$$-(e_1-e_2)(e_2-e_3)\left(\frac{n}{2}-r+\frac{3}{2}\right)\left(\frac{n}{2}-r+1\right)b'_{r-2},$$

$$r\left(n-r+\frac{1}{2}\right)b''_r = \left\{3e_2\left(\frac{n}{2}-r+\frac{1}{2}\right)^2\right.$$

$$\left. - (e_1-e_2)\left(\frac{n}{2}-r+\frac{3}{4}\right) - \frac{1}{4}n(n+1)e_2 - \frac{1}{4}B\right\}b''_{r-1}$$

$$-(e_1-e_2)(e_2-e_3)\left(\frac{n}{2}-r+\frac{3}{2}\right)\left(\frac{n}{2}-r+1\right)b''_{r-2},$$

$$r\left(n-r+\frac{1}{2}\right)b'''_r = \left\{3e_2\left(\frac{n}{2}-r+\frac{1}{2}\right)^2 - \frac{1}{4}e_2(n^2+n+1) - \frac{1}{4}B\right\}b'''_{r-1}$$

$$-(e_1-e_2)(e_2-e_3)\left(\frac{n}{2}-r+1\right)\left(\frac{n}{2}-r+\frac{1}{2}\right)b'''_{r-2}.$$

证明 $b_r$ 是 $B$ 的 $r$ 次多项式,其中 $B^r$ 的系数为

$$(-)^r/[2\cdot 4\cdots 2r(2n-1)(2n-3)\cdots(2n-2r+1)];$$

当 $r<\frac{1}{2}(n+3)$, $r<n$ 时,若 $b_{r-1}=0$,则 $b_r$ 与 $b_{r-2}$ 的正负号相反,因此 $b_0, b_1, \cdots, b_r$ 构成斯突木(Sturm)函数列.所以当 $n$ 为偶数时,$b_{\frac{n}{2}+1}=0$,当 $n$ 为奇数时,$b_{\frac{1}{2}(n+1)}=0$,所有的根都是互不相等的实根(参看 Whittaker and Watson,(1927),p. 556).

3. 证明 11.7 节方程(4)所给出的 $\theta$ 值与 11.4 节(4)式和(11)式所给出的 $s$ 的根是一致的.

4. 补充 11.6 节中公式(4)在第二族、第三族和第四族椭球谐函数情形下的证明.

5. 研究郝因(Heun)方程

$$z(z-1)(z-a)\frac{\mathrm{d}^2 y}{\mathrm{d}z^2} + \{(\alpha+\beta+1)z^2 - [\alpha+\beta$$

$$-\delta+1+(\gamma+\delta)a]z+\alpha\gamma\}\frac{\mathrm{d}y}{\mathrm{d}z} + \alpha\beta(z-q)y = 0,$$

求下列级数解:

$$y = 1 + \alpha\beta\sum_{n=1}^{\infty}\frac{G_n(q)}{n!(\gamma)_n}\left(\frac{z}{a}\right)^n,$$

其中

$$G_1(q) = q,$$

$$G_2(q) = \alpha\beta q^2 + [(\alpha+\beta-\delta+1) + (\gamma+\delta)a]q - \alpha\gamma,$$

$$G_{n+1}(q) = \{n[(\alpha+\beta-\delta+n) + (\gamma+\delta+n-1)a] + \alpha\beta q\}G_n(q)$$
$$- (\alpha+n-1)(\beta+n-1)(\gamma+n-1)naG_{n-1}(q).$$

# 第十二章 马丢函数

## 12.1 马丢(Mathieu)方程

下列方程称为马丢方程:

$$\frac{\mathrm{d}^2 y}{\mathrm{d}z^2} + (\lambda - 2q\cos 2z)y = 0, \tag{1}$$

其中 $\lambda$ 和 $q$ 是参数. 这是一种系数为周期函数的方程.

方程(1)的解称为**马丢函数**; 有时马丢函数专指那些具有周期为 $\pi$ 或 $2\pi$ 的解. 这里需要指出, 一个微分方程, 尽管它的系数是单值、连续的周期函数, 它的解却不一定是周期函数; 例如方程

$$\frac{\mathrm{d}y}{\mathrm{d}x} + (a + b\cos 2x)y = 0$$

就没有周期函数解, 除非 $a=0$. 又, 即使有周期函数解, 其周期也不一定与方程系数的周期相同. 以后将看到, 只有当参数 $\lambda$ 和 $q$ 满足一定的关系时, 方程(1)才有周期为 $\pi$ 或 $2\pi$ 的解. 找出 $\lambda$ 和 $q$ 之间的这种关系是马丢函数理论的中心问题之一, 因为导致马丢方程的物理问题的性质往往要求解具有周期性, 例如振动或者波动问题(见下).

**马丢方程的来源举例**——在马丢方程的各种来源中, 最重要之一是在椭圆柱坐标中用分离变数法解亥姆霍兹方程

$$\nabla^2 u + k^2 u = 0. \tag{2}$$

椭圆柱坐标 $\xi, \eta, z$(参看附录三(四))与直角坐标之间的关系是

$$x = a\,\mathrm{ch}\,\xi\cos\eta, \quad y = a\,\mathrm{sh}\,\xi\sin\eta, \quad z = z; \tag{3}$$

若规定 $\xi \geqslant 0, -\pi \leqslant \eta \leqslant \pi$, 则 $(x,y)$ 与 $(\xi, \eta)$ 一一对应.

设方程(2)的解 $u = F(\xi)G(\eta)Z(z)$, 得

$$Z''(z) + m^2 Z = 0, \tag{4}$$

$$\frac{\mathrm{d}^2 F(\xi)}{\mathrm{d}\xi^2} + (\alpha^2\,\mathrm{ch}^2\,\xi - \mu)F(\xi) = 0, \tag{5}$$

$$\frac{\mathrm{d}^2 G(\eta)}{\mathrm{d}\eta^2} + (\mu - \alpha^2\cos^2\eta)G(\eta) = 0, \tag{6}$$

其中 $\alpha^2 = a^2(k^2 - m^2)$, $\mu$ 和 $m$ 是分离变数过程中引进的参数. 显然(6)是马丢方程. 在方程(5)中令 $\xi = \mathrm{i}\zeta$, 即见(5)也是马丢方程(1); $\lambda = \mu - \dfrac{\alpha^2}{2}$, $q = \alpha^2/2$.

从(1)式看到,马丢方程(1)的系数是全 $z$ 平面上的解析函数,唯一的奇点,$z=\infty$,是非正则奇点. 因此马丢方程的解必是整函数.

又,令 $t=\cos^2 z$,得马丢方程的另一形式,系数是代数函数:

$$4t(1-t)\frac{\mathrm{d}^2 y}{\mathrm{d}t^2} + 2(1-2t)\frac{\mathrm{d}y}{\mathrm{d}t} + (\lambda + 2q - 4qt)y = 0 \tag{7}$$

(参看第二章末习题 3). 这方程有两个正则奇点,$t=0$ 和 $t=1$,另一个奇点 $t=\infty$ 是非正则奇点.

马丢方程可以推广为下列形式

$$\frac{\mathrm{d}^2 u}{\mathrm{d}z^2} + \left\{\theta_0 + 2\sum_{n=1}^{\infty}\theta_n\cos 2nz\right\}u = 0, \tag{8}$$

其中 $\theta_0,\theta_1,\cdots$ 为常数. 这方程称为**希耳(Hill)方程**,将在 12.11 节中讨论.

## 12.2　解的一般性质. 基本解

在这一节和下一节中我们将讨论更普遍的方程

$$\frac{\mathrm{d}^2 y}{\mathrm{d}z^2} + \{\lambda - \varphi(z)\}y = 0, \tag{1}$$

其中 $\varphi(z)$ 是周期为 $\omega$ 的函数. 方程(1)不仅包括上节的马丢方程(1)和希耳方程(8),而且还包括,例如,11.3 节的拉梅方程(10)或者(12). 因此本节和下一节的结果也适用于所有这些方程.

**基本解**——设 $f(z)$ 和 $g(z)$ 是方程(1)的解,分别满足下列初值条件:

$$\left.\begin{array}{ll} f(0)=1, & f'(0)=0, \\ g(0)=0, & g'(0)=1. \end{array}\right\} \tag{2}$$

由 $f(z)$ 和 $g(z)$ 所满足的方程(1)和初值条件(2),即得

$$f(z)g'(z) - f'(z)g(z) = C = 1. \tag{3}$$

因此 $f(z)$ 和 $g(z)$ 是方程(1)的两个线性无关的解;我们取为基本解.

由于 $\varphi(z)$ 是周期等于 $\omega$ 的函数,故 $f(z\pm\omega)$ 和 $g(z\pm\omega)$ 也是方程(1)的解. 于是有

$$f(z\pm\omega) = A_{\pm}f(z) + B_{\pm}g(z).$$

利用条件(2)定出 $A_{\pm}$ 和 $B_{\pm}$,得

$$f(z\pm\omega) = f(\pm\omega)f(z) + f'(\pm\omega)g(z). \tag{4}$$

类似地有

$$g(z\pm\omega) = g(\pm\omega)f(z) + g'(\pm\omega)g(z). \tag{5}$$

如果 $\varphi(z)$ 是偶函数,则 $f(-z)$ 和 $g(-z)$ 也应当是方程(1)的解而有

$$f(-z) = Af(z) + Bg(z).$$

利用条件(2),即得 $A=1, B=0$,故

$$f(-z) = f(z).\tag{6}$$

类似地得

$$g(-z) = -g(z).\tag{7}$$

这就是说,**当 $\varphi(z)$ 为偶函数时,由条件(2)所规定的两个基本解 $f(z)$ 和 $g(z)$,前者是偶函数,后者是奇函数**.因此,方程(1)不能同时有两个线性无关的偶函数解或者两个线性无关的奇函数解.

在(6)和(7)成立的情形下,(4)和(5)化为

$$f(z \pm \omega) = f(\omega)f(z) \pm f'(\omega)g(z),\tag{8}$$

$$g(z \pm \omega) = \pm g(\omega)f(z) + g'(\omega)g(z).\tag{9}$$

又,取(8)和(9)两式的下号,令 $z=\omega$,并利用条件(2),得

$$1 = f^2(\omega) - f'(\omega)g(\omega),\tag{10}$$

$$0 = g(\omega)\{g'(\omega) - f(\omega)\}.\tag{11}$$

若 $g(\omega) \neq 0$,由(11)式得

$$f(\omega) = g'(\omega).\tag{12}$$

若 $g(\omega)=0$,则由(10)式得 $f(\omega)=\pm 1$.把这结果代入(3)式,得 $g'(\omega)=1/f(\omega)=\pm 1$,故(12)式亦成立.

## 12.3　夫洛开(Floquet)解

系数 $\varphi(z)$ 是周期函数的方程

$$\frac{\mathrm{d}^2 y}{\mathrm{d}z^2} + \{\lambda - \varphi(z)\}y = 0\tag{1}$$

的解 $y(z)$,如果具有下列性质:

$$y(z + \omega) = \sigma y(z),\tag{2}$$

其中 $\sigma$ 是与 $z$ 无关的常数,$\omega$ 是 $\varphi(z)$ 的周期,则 $y(z)$ 称为**夫洛开解**.

由于方程(1)的解为一定的初值条件所完全决定,故条件(2)与下列条件等价:

$$y(\omega) = \sigma y(0), \quad y'(\omega) = \sigma y'(0).\tag{3}$$

现在来看在什么情形下,满足(3)式因之也满足(2)式的解 $y(z)$ 存在.为此设

$$y(z) = Af(z) + Bg(z);\tag{4}$$

$f(z)$ 和 $g(z)$ 是上节中引进的基本解.

由(3)和上节(2)有

$$y(\omega) = Af(\omega) + Bg(\omega) = \sigma A,$$

$$y'(\omega) = Af'(\omega) + Bg'(\omega) = \sigma B,$$

或者

$$\left.\begin{array}{l} \{f(\omega)-\sigma\}A+g(\omega)B=0, \\ f'(\omega)A+\{g'(\omega)-\sigma\}B=0. \end{array}\right\} \tag{5}$$

要 $A$ 和 $B$ 不同时为零, $\sigma$ 必须满足行列式方程:

$$\begin{vmatrix} f(\omega)-\sigma & g(\omega) \\ f'(\omega) & g'(\omega)-\sigma \end{vmatrix}=0, \tag{6}$$

或者,利用上节(3)式

$$\sigma^2-\{f(\omega)+g'(\omega)\}\sigma+1=0. \tag{7}$$

令

$$\sigma=\mathrm{e}^{\mathrm{i}\nu\omega}, \tag{8}$$

由(7)式得

$$\cos\nu\omega=\frac{1}{2}\{f(\omega)+g'(\omega)\}. \tag{9}$$

如果 $\varphi(z)=\varphi(-z)$, 即 $\varphi(z)$ 是偶函数,则按上节(10)式, $f(\omega)=g'(\omega)$, 而(9)式成为

$$\cos\nu\omega=f(\omega). \tag{10}$$

(9)或者(10)的解 $\nu$ 称为**特征指标**. 把与特征指标相应的 $\sigma$ 值代入(5)式,解出一组 $A$ 和 $B$ 之值,即由(4)式得到夫洛开解.

夫洛开解总可以写成下面的形式

$$y(z)=\mathrm{e}^{\mathrm{i}\nu z}u(z), \tag{11}$$

其中 $u(z)$ 是以 $\omega$ 为周期的函数,因为由(2)和(8)有

$$u(z+\omega)=\mathrm{e}^{-\mathrm{i}\nu(z+\omega)}y(z+\omega)=\mathrm{e}^{-\mathrm{i}\nu z}y(z)=u(z).$$

当 $\omega=\pi$ 时,由(9)和(10)可以看到,如果 $\nu_0$ 是一个特征指标,则 $-\nu_0$ 和 $\pm\nu_0+2k(k=\pm1,\pm2,\cdots)$ 也都是的. 又如果 $\nu_0$ 不是整数,则 $\mathrm{e}^{\mathrm{i}\nu_0 z}u_1(z)$ 和 $\mathrm{e}^{-\mathrm{i}\nu_0 z}u_2(z)(u_i(z+\pi)=u_i(z),i=1,2)$ 是两个线性无关的夫洛开解,因为这两个解之比 $\mathrm{e}^{2\mathrm{i}\nu_0 z}\times u_1(z)/u_2(z)$ 不会是常数,否则 $u_1(z)/u_2(z)$ 将不是以 $\pi$ 为周期的函数.

如果 $\nu_0$ 是整数,则夫洛开解 $\mathrm{e}^{\mathrm{i}\nu_0 z}u(z)$ 是以 $\pi$ 或者 $2\pi$ 为周期的函数;当 $\nu_0$ 为偶数时,周期为 $\pi$, 解称为**全周期的**;当 $\nu_0$ 为奇数时,周期是 $2\pi$, 解称为**半周期的**.

又如果 $\nu_0$ 是有理数 $r/s,r$ 和 $s$ 为非零整数且互相无公约数,则夫洛开解 $\mathrm{e}^{\pm\mathrm{i}\nu_0 z}u(z)$ 是以 $s\pi$ 或者 $2s\pi$ 为周期的函数.

## 12.4 马丢方程的周期解

马丢方程的求解问题大致有两类. 一类是方程中的参数 $\lambda$ 和 $q$ 都是待定常数,需要根据周期条件来确定两者之间的关系. 这是本节要讨论的主题——双参数本征值问题.

另一类问题是在 $\lambda$ 和 $q$ 之值已给定时求解. 这类问题将在12.11节中处理.

现在来讨论马丢方程

$$\frac{\mathrm{d}^2 y}{\mathrm{d}z^2} + (\lambda - 2q\cos 2z)y = 0 \tag{1}$$

的周期解. 我们将看到,这方程只有在参数 $\lambda$ 和 $q$ 满足一定的关系时(见下面(8)式),才有以 $\pi$ 或者 $2\pi$ 为周期的解. $\lambda(q)$ 称为方程(1)的**本征值**,$q$ 为参数. 对应于每一本征值,只有一个以 $\pi$ 或者 $2\pi$ 为周期的解,除非 $q=0, \lambda = m^2 (m=1,2,\cdots)$,这时(1)式的解是熟知的周期解 $\cos mz$ 和 $\sin mz$.

仍令 $f(z)$ 和 $g(z)$ 为方程(1)的两个基本解,满足 12.2 节(2)式的初值条件,则因方程(1)的系数是以 $\pi$ 为周期的偶函数,故按 12.2 的结果有

$$f(z) = f(-z), \quad g(z) = -g(-z), \tag{2}$$

$$f(z \pm \pi) = f(\pi)f(z) \pm f'(\pi)g(z), \tag{3}$$

$$g(z \pm \pi) = \pm g(\pi)f(z) + g'(\pi)g(z), \tag{4}$$

$$1 = f^2(\pi) - f'(\pi)g(\pi), \tag{5}$$

$$f(\pi) = g'(\pi). \tag{6}$$

又按 12.3 节(10)式,特征指标 $\nu$ 满足关系式

$$\cos \nu\pi = f(\pi; \lambda, q), \tag{7}$$

这里把解 $f(z; \lambda, q)$ 对参数 $\lambda$ 和 $q$ 的依赖关系明显地表示出来了.

由(7)式看到,只有当 $\lambda$ 和 $q$ 满足关系

$$f(\pi; \lambda, q) = \pm 1 \tag{8}$$

时,$\nu$ 才是整数,而方程(1)有周期为 $\pi$ 或者 $2\pi$ 的解(见上节最后的前一段).

现在来证明,当 $\lambda$ 和 $q$ 满足(8)式时,基本解 $f(z)$ 和 $g(z)$ 两者至少有一个是以 $\pi$ 或者 $2\pi$ 为周期的函数. 当(8)式满足时,由(5)知有 $f'(\pi)g(\pi)=0$,那就是说,或者是 $f'(\pi)=0$,或者是 $g(\pi)=0$,或者是 $f'(\pi)=g(\pi)=0$.

若 $f'(\pi)=0$ 而 $g(\pi)\neq 0$,则由(3)和(4)并用(6)得

$$f(z \pm \pi) = f(\pi)f(z), \tag{9}$$

$$g(z \pm \pi) = \pm g(\pi)f(z) + f(\pi)g(z). \tag{10}$$

再利用(8)式,即见在这种情形下 $f(z)$ 是以 $\pi$(当 $f(\pi)=1$)或者是以 $2\pi$(当 $f(\pi)=-1$)为周期的函数;$g(z)$ 则不是周期函数.

若 $g(\pi)=0$,而 $f'(\pi)\neq 0$,则 $g(z)$ 是以 $\pi$(当 $f(\pi)=1$)或者是以 $2\pi$(当 $f(\pi)=-1$)为周期的函数. 证明与前相似.

只有当 $f'(\pi)$ 和 $g(\pi)$ 同时为零时,$f(z)$ 和 $g(z)$ 才同时是以 $\pi$ 或者 $2\pi$ 为周期的解. 在下一节中将证明,这种情况只出现在 $q=0$ 的时候.

## 12.5　夫洛开解的傅里叶展开

设有马丢方程的夫洛开解(12.3 节):

$$y(z) = e^{i\nu z}u(z), \tag{1}$$

其中 $u(z)$ 是以 $\pi$ 为周期的函数,而且 $u(z)$ 在全 $z$ 平面上是解析的,因为马丢方程在有限区域内没有奇点. 作变换 $z = \dfrac{1}{2i}\ln t$,则函数

$$v(t) \equiv u\left(\frac{1}{2i}\ln t\right)$$

是除了 $t=0$ 之外的全 $t$ 平面上的单值解析函数,可以展开为洛浪级数:

$$v(t) = \sum_{k=-\infty}^{\infty} c_k t^k, \quad 0 < a \leqslant |t| \leqslant b < \infty.$$

回到变数 $z$,得

$$y(z) = \sum_{k=-\infty}^{\infty} c_k e^{i(\nu+2k)z}. \tag{2}$$

这是夫洛开解的傅氏展开;级数在 $z$ 平面上与实轴平行的任意带形区域中是绝对而且一致收敛的,因为前面的洛浪展开式在 $a \leqslant |t| \leqslant b$ 中绝对而且一致收敛,而 $|t| = |e^{i2z}| = e^{-2y}, y = \mathrm{Im}(z)$.

又,当 $k \to \pm\infty$ 时,

$$\lim_{k\to\pm\infty} |c_k|^{\frac{1}{|k|}} = 0, \tag{3}$$

因为前面洛浪展开的环状区域的内半径可以无限接近于 $0$,而外半径可以任意大.

现在来求展开系数 $c_k$. 把级数(2)代入马丢方程中,得

$$\sum_{k=-\infty}^{\infty} \{[\lambda - (\nu+2k)^2]c_k - q(c_{k-1} + c_{k+1})\}e^{i(\nu+2k)z} = 0.$$

由此得系数 $c_k$ 之间的递推关系:

$$[\lambda - (\nu+2k)^2]c_k - q(c_{k-1} + c_{k+1}) = 0. \tag{4}$$

若 $q \neq 0$,(4)式可写为

$$c_{k+1} - D_k c_k + c_{k-1} = 0, \tag{5}$$

其中

$$D_k = [\lambda - (\nu+2k)^2]/q \quad (k = 0, \pm1, \pm2, \cdots). \tag{6}$$

(4)或(5)是一个三项的线性递推关系. 关于这种方程的求解问题可参看 Meixner und Schäfke (1954),§1.8.

现在来证明,由于 $c_k$ 在 $k \to \pm\infty$ 时趋于 $0$(见(3)式),对于一定的 $\nu, \lambda, q$,(5)式的解除一常数因子外,是唯一的. 设这方程有两个解 $c_k$ 和 $c_k'(k = 0, \pm1, \pm2, \cdots)$;$c_k'$

满足

$$c'_{k+1} - D_k c'_k + c'_{k-1} = 0. \tag{7}$$

以 $c'_k$ 和 $c_k$ 分别乘(5)和(7)两式,然后相减,得

$$c'_k c_{k+1} - c_k c'_{k+1} = c'_{k-1} c_k - c_{k-1} c'_k,$$

即

$$\delta(c_k, c'_k) \equiv c'_k c_{k+1} - c_k c'_{k+1} = 常数(与 k 无关). \tag{8}$$

令 $c_k \to 0 (k \to \pm\infty)$,故此常数为零而有

$$\frac{c_{k+1}}{c'_{k+1}} = \frac{c_k}{c'_k} \quad (k = 0, \pm 1, \pm 2, \cdots).$$

这就证明了所说的唯一性.

当 $\nu$ 等于整数时,(1)式的 $y(z)$ 是周期函数;若 $\nu$ 为偶数,则 $y(z)$ 是全周期解,周期为 $\pi$;若 $\nu$ 为奇数,则 $y(z)$ 是半周期解,周期为 $2\pi$. 由前面所证明的唯一性知道,如果 $q \neq 0$,则当 $\nu$ 确定时(可设为 $\nu = 0$ 或者 $\nu = 1$,因为任意加上一偶数不影响结果),对应于满足上节(8)式的一个本征值 $\lambda(q)$,系数 $c_k(k = 0, \pm 1, \pm 2, \cdots)$ 之值,除一常数因子外,是唯一的,因此解也是唯一的;也就是说,只可能有一个周期解. 但如果 $q = 0$,则确定系数的(4)式成为

$$[\lambda - (\nu + 2k)^2] c_k = 0.$$

可见在这种情形下,一般说来,所有的系数 $c_k$ 都为零而得零解;除非 $\lambda = m^2 (m = 1, 2, \cdots)$,这时,由

$$[m^2 - (\nu + 2k)^2] c_k = 0$$

知道可以有两个不等于零的系数 $c_k$,其中 $2k = -\nu \pm m$,相应的两个线性无关的周期解是 $e^{\pm imz}$.

**相邻系数比的连分式**——由(5)式有

$$\frac{c_{k-1}}{c_k} = D_k - \frac{c_{k+1}}{c_k}.$$

取倒数,得

$$\frac{c_k}{c_{k-1}} = \frac{1}{D_k} - \frac{c_{k+1}}{c_k} = \frac{1}{D_k} - \frac{1}{D_{k+1}} - \frac{c_{k+2}}{c_{k+1}} = \cdots = \frac{1}{D_k} - \frac{1}{D_{k+1}} - \frac{1}{D_{k+2}} - \cdots . \tag{9}$$

这无穷连分式可以证明是收敛的(参看 Meixner und Schäfke (1954), §1.8,定理4).

当 $k$ 很大时,由(9)式和(6)式得

$$\frac{c_k}{c_{k-1}} = \frac{1}{D_k + qO(k^{-2})} = \frac{1}{D_k} \{1 + q^2 O(k^{-4})\} = \frac{q}{\lambda - (\nu + 2k)^2} \{1 + q^2 O(k^{-4})\}. \tag{10}$$

当 $k$ 为负整数时,仿上面的做法,得

$$\frac{c_k}{c_{k+1}} = \frac{1}{D_k} - \frac{1}{D_{k-1}} - \frac{1}{D_{k-2}} - \cdots. \tag{11}$$

当 $k$ 很大时,得

$$\frac{c_k}{c_{k+1}} = \frac{1}{D_k}\{1+q^2 O(k^{-4})\} = \frac{q}{\lambda-(\nu+2k)^2}\{1+q^2 O(k^{-4})\}. \tag{12}$$

从(10)和(12)两式还看到,当 $|k|$ 够大时,$c_k \neq 0$.

## 12.6   本征值 $\lambda(q)$ 的计算公式

在 $\lambda, q, \nu$ 之间的关系式(12.4(7))

$$\cos\nu\pi = f(\pi; \lambda, q)$$

中出现基本解 $f(z; \lambda, q)$. 虽然 $f(z; \lambda, q)$ 的幂级数表达式不难求得,但不便于用来求本征值 $\lambda(q)$. 在本节中将导出一些连分式公式,这些公式在数值计算中很重要.

设 $q \neq 0$,根据上节(9)式和(6)式有

$$\frac{c_k}{c_{k-1}} = \frac{q}{\lambda-(\nu+2k)^2} - \frac{q^2}{\lambda-(\nu+2k+2)^2} - \frac{q^2}{\lambda-(\nu+2k+4)^2} - \cdots. \tag{1}$$

类似地,由上节(11)式得

$$\frac{c_{k-1}}{c_k} = \frac{q}{\lambda-(\nu+2k-2)^2} - \frac{q^2}{\lambda-(\nu+2k-4)^2} - \frac{q^2}{\lambda-(\nu+2k-6)^2} - \cdots. \tag{2}$$

比较两式,即见对于任何 $k$ 值 $(k=0, \pm1, \pm2, \cdots)$ 有

$$\lambda-(\nu+2k)^2 - \frac{q^2}{\lambda-(\nu+2k+2)^2} - \frac{q^2}{\lambda-(\nu+2k+4)^2} - \cdots$$

$$= \frac{q^2}{\lambda-(\nu+2k-2)^2} - \frac{q^2}{\lambda-(\nu+2k-4)^2} - \frac{q^2}{\lambda-(\nu+2k-6)^2} - \cdots. \tag{3}$$

现在来导出求本征值 $\lambda(q)$ 的公式.

(i) **全周期解**. 周期 $=\pi$,$\nu=$ 偶数.

在(3)式中令 $\nu=0, k=0$,如果所得结果的两边是有限的($c_0 \neq 0$ 的情形),有

$$\lambda = -\frac{2q^2}{4-\lambda} - \frac{q^2}{16-\lambda} - \frac{q^2}{36-\lambda} - \cdots; \tag{4}$$

如果两边都是无穷大(这出现在 $c_0=0$ 时,参看(1)式和下节),则有

$$\lambda - 4 = -\frac{q^2}{16-\lambda} - \frac{q^2}{36-\lambda} - \cdots. \tag{5}$$

(4)和(5)两式对于任何偶数 $\nu$ 都成立,因为如果 $\nu=2n$,则只要取 $k=-n$,仍可由(3)式得到这两式.

(4)和(5)是全周期解的本征值 $\lambda(q)$ 的计算公式. 由此可定出一系列的 $\lambda(q)$. 以后用 $a_{2n}(q)$ 表示由(4)式定出的本征值,满足条件 $a_{2n}(0)=(2n)^2$;用 $b_{2n+2}(q)$ 表

示由(5)式定出的本征值,满足条件 $b_{2n+2}(0)=(2n+2)^2$.

由(4)式可以导出便于计算 $\lambda=a_{2n}(q)$ 的公式($n=1,2,\cdots$):

$$\lambda-(2n)^2-\cfrac{q^2}{\lambda-(2n-2)^2-}\cdots\cfrac{q^2}{-\lambda-4-}\cfrac{2q^2}{\lambda}$$

$$=-\cfrac{q^2}{(2n+2)^2-\lambda-}\cfrac{q^2}{(2n+4)^2-\lambda-}\cdots; \tag{6}$$

由(5)可导出便于计算 $\lambda=b_{2n+2}(q)$ 的公式:

$$\lambda-(2n+2)^2-\cfrac{q^2}{\lambda-(2n)^2-}\cdots\cfrac{q^2}{-\lambda-4}$$

$$=-\cfrac{q^2}{(2n+4)^2-\lambda-}\cfrac{q^2}{(2n+6)^2-\lambda-}\cdots. \tag{7}$$

下面给出(6)式的证明,(7)式的证明亦类似.

由(4)式得

$$-\frac{\lambda}{2q^2}=\cfrac{1}{4-\lambda-}\cfrac{q^2}{16-\lambda-}\cfrac{q^2}{36-\lambda-}\cdots,$$

因此有

$$4-\lambda-\cfrac{q^2}{16-\lambda-}\cfrac{q^2}{36-\lambda-}\cdots=-\frac{2q^2}{\lambda}.$$

这正是 $n=1$ 时的(6)式. 用归纳法即可证明(6).

(ii) **半周期解**. 周期$=2\pi$,$\nu=$奇数.

在(3)式中令 $\nu=1,k=0$,得

$$\lambda-1-\cfrac{q^2}{\lambda-9-}\cfrac{q^2}{\lambda-25-}\cdots=\cfrac{q^2}{\lambda-1-}\cfrac{q^2}{\lambda-9-}\cfrac{q^2}{\lambda-25-}\cdots=\pm q;$$

由于前面的等式恰是 $\alpha=q^2/\alpha$ 的形式,故 $\alpha=\pm q$.

取正号,得

$$\lambda=1+q-\cfrac{q^2}{9-\lambda-}\cfrac{q^2}{25-\lambda-}\cdots. \tag{8}$$

取负号,得

$$\lambda=1-q-\cfrac{q^2}{9-\lambda-}\cfrac{q^2}{25-\lambda-}\cdots. \tag{9}$$

这是半周期解的本征值的计算公式;对于任何奇数 $\nu$ 都成立,因为若 $\nu=2n+1$,则在(3)式中令 $k=-n$,即得相同的结果. 以后分别用 $a_{2n+1}(q)$ 和 $b_{2n+1}(q)$ 表示由(8)式和(9)式定出的本征值,满足条件 $a_{2n+1}(0)=b_{2n+1}(0)=(2n+1)^2$.

又,由于(9)式可以从(8)式把 $q$ 换成 $-q$ 而得到,故有

$$a_{2n+1}(q)=b_{2n+1}(-q). \tag{10}$$

由(8)和(9)也可以分别导出便于计算 $a_{2n+1}(q)$ 和 $b_{2n+1}(q)$ 的公式 $(n=1,2,\cdots)$:

$$\lambda - (2n+1)^2 - \cfrac{q^2}{\lambda - (2n-1)^2 -} \cdots \cfrac{q^2}{-\lambda - 9 -} \cfrac{q^2}{\lambda - 1 - q}$$

$$= -\cfrac{q^2}{(2n+3)^2 - \lambda -} \cfrac{q^2}{(2n+5)^2 - \lambda -} \cdots, \tag{11}$$

$$\lambda - (2n+1)^2 - \cfrac{q^2}{\lambda - (2n-1)^2 -} \cdots \cfrac{q^2}{-\lambda - 9 -} \cfrac{q^2}{\lambda - 1 + q}$$

$$= -\cfrac{q^2}{(2n+3)^2 - \lambda -} \cfrac{q^2}{(2n+5)^2 - \lambda -} \cdots. \tag{12}$$

上面的公式(4)～(12)都是在数值计算上重要的公式.

## 12.7 马丢函数 $\mathrm{ce}_m(z)$ $(m=0,1,2,\cdots)$ 和 $\mathrm{se}_m(z)$ $(m=1,2,3,\cdots)$

根据上节的结果,可以把马丢方程

$$\frac{\mathrm{d}^2 y}{\mathrm{d}z^2} + (\lambda - 2q\cos 2z)y = 0$$

的周期解分为四种:全周期解 $\mathrm{ce}_{2n}(z,q)$ 和 $\mathrm{se}_{2n+2}(z,q)$,分别与本征值 $a_{2n}(q)$ 和 $b_{2n+2}(q)$ 相应;半周期解 $\mathrm{ce}_{2n+1}(z,q)$ 和 $\mathrm{se}_{2n+1}(z,q)$,分别与本征值 $a_{2n+1}(q)$ 和 $b_{2n+1}(q)$ 相应;$n=0,1,2,\cdots$. 这些函数符号反映了它们各自的傅里叶展开的形式(证明见下):

$$\mathrm{ce}_{2n}(z,q) = \sum_{r=0}^{\infty} A_{2r}\cos 2rz, \tag{1}$$

$$\mathrm{se}_{2n+2}(z,q) = \sum_{r=0}^{\infty} B_{2r+2}\sin[(2r+2)z], \tag{2}$$

$$\mathrm{ce}_{2n+1}(z,q) = \sum_{r=0}^{\infty} A_{2r+1}\cos[(2r+1)z], \tag{3}$$

$$\mathrm{se}_{2n+1}(z,q) = \sum_{r=0}^{\infty} B_{2r+1}\sin[(2r+1)z], \tag{4}$$

其中 $A_{2r}, A_{2r+1}, B_{2r+1}, B_{2r+2}$ 是 $q$ 的函数.

$\mathrm{ce}_m(z,q)$ 和 $\mathrm{se}_m(z,q)$ 有两种归一化标准. 一种是规定 $\mathrm{ce}_m(z,q)$ 的展开式(1),(3)中 $\cos mz$ 的系数 $A_m=1$,$\mathrm{se}_m(z,q)$ 的展开式(2),(4)中 $\sin mz$ 的系数 $B_m=1$. 另一种是规定

$$\frac{1}{\pi}\int_0^{2\pi} \mathrm{ce}_m^2(z,q)\mathrm{d}z = \frac{1}{\pi}\int_0^{2\pi} \mathrm{se}_m^2(z,q)\mathrm{d}z = 1, \tag{5}$$

即

$$2[A_0]^2 + \sum_{r=1}^{\infty}[A_{2r}]^2 = \sum_{r=0}^{\infty}[A_{2r+1}]^2 = \sum_{r=0}^{\infty}[B_{2r+1}]^2 = \sum_{r=0}^{\infty}[B_{2r+2}]^2 = 1. \quad (6)$$

现在根据上节的结果分别证明(1)~(4)式.

(i) **全周期解** $ce_{2n}(z)$, $se_{2n+2}(z)$.

如果本征值 $\lambda(q)$ 是用上节(4)式确定的 $a_0(q)$, 由该节(1)式, 令 $\nu=0, k=0$, 得

$$\frac{c_0}{c_{-1}} = \frac{q}{\lambda} - \frac{q^2}{\lambda-4-} \cdots, \quad (7)$$

故若 $q\neq 0$, 则 $c_0\neq 0$.

又, 在上节(2)式中令 $\nu=0, k=1$, 得

$$\frac{c_0}{c_1} = \frac{q}{\lambda} - \frac{q^2}{\lambda-4-} \cdots,$$

右方与(7)式的右方相同, 故 $c_{-1}=c_1$. 再根据 12.5 节(4)式的递推关系, 令其中 $\nu=0$, 并分别令 $k=\pm 1$, 得

$$(\lambda-4)c_1 - q(c_0+c_2) = 0,$$
$$(\lambda-4)c_{-1} - q(c_{-2}+c_0) = 0.$$

因此有 $c_{-2}=c_2$. 用归纳法可证明 $c_{-k}=c_k, k=1,2,\cdots$. 以 $ce_0(z)$ 表示相应的解, 由 12.5 节(2)式即证明了上面(1)式 $n=0$ 的情形.

对于本征值 $a_{2n}(q)(n=1,2,\cdots)$, 有类似的结果. 由上节(1)式, 令 $\nu=2n, k=-n$, 得

$$\frac{c_{-n}}{c_{-n-1}} = \frac{q}{\lambda} \cdot \frac{q^2}{\lambda-4-} \cdots,$$

故 $c_{-n}\neq 0$. 又由上节(2)式, 令 $\nu=2n, k=-n+1$, 得

$$\frac{c_{-n}}{c_{-n+1}} = \frac{q}{\lambda} - \frac{q^2}{\lambda-4-} \cdots,$$

故 $c_{-n-1}=c_{-n+1}$. 如前利用递推关系, 可证 $c_{-n-k}=c_{-n+k}, k=1,2,\cdots$. 以 $ce_{2n}(z)$ 表示这样的解(12.5 节(2)式), 即得(1)式的普遍情形.

$ce_{2n}(z)$ 是偶函数; $ce_{2n}(z)=ce_{2n}(-z), n=0,1,2,\cdots$.

如果本征值 $\lambda(q)$ 是由上节(5)式确定的 $b_{2n+2}(q)$, 设 $\nu=2n$, 则由上节(2)式, 令 $k=-n$, 即见 $c_{-n}=0$. 于是, 由系数之间的递推关系得 $c_{-n+k}=-c_{-n-k}(k=1,2,\cdots)$. 以 $se_{2n+2}(z)$ 表示这样的解(12.5 节(2)式), 即得上面的(2)式.

$se_{2n+2}(z)$ 是奇函数; $se_{2n+2}(z)=-se_{2n+2}(-z), n=0,1,2,\cdots$.

(ii) **半周期解** $ce_{2n+1}(z)$, $se_{2n+1}(z)$.

如果本征值 $\lambda(q)$ 是用上节(8)式确定的 $a_{2n+1}(q)$, 则由该节(1)式, 令 $\nu=2n+1, k=-n$, 得 $c_{-n}=c_{-n-1}$. 再利用递推关系, 得 $c_{k-n}=c_{-k-n-1}, k=0,1,2,\cdots$. 以 $ce_{2n+1}(z)$ 表示相应的解(12.5 节(2)式), 有

$$\mathrm{ce}_{2n+1}(z)=\sum_{k=-\infty}^{\infty}c_k\mathrm{e}^{\mathrm{i}(2n+1+2k)z}=\sum_{s=-\infty}^{\infty}c_{s-n}\mathrm{e}^{\mathrm{i}(2s+1)z}=\sum_{s=0}^{\infty}c_{s-n}\mathrm{e}^{\mathrm{i}(2s+1)z}+\sum_{s=-1}^{-\infty}c_{s-n}\mathrm{e}^{\mathrm{i}(2s+1)z}$$

$$=\sum_{s=0}^{\infty}c_{s-n}\mathrm{e}^{\mathrm{i}(2s+1)z}+\sum_{s=0}^{\infty}c_{-s-n-1}\mathrm{e}^{-\mathrm{i}(2s+1)z}=2\sum_{s=0}^{\infty}c_{s-n}\cos[(2s+1)z].$$

这就证明了(3)式.

$\mathrm{ce}_{2n+1}(z)$ 是偶函数;$\mathrm{ce}_{2n+1}(z)=\mathrm{ce}_{2n+1}(-z),n=0,1,2,\cdots$.

如果 $\lambda(q)$ 是用上节(9)式确定的 $b_{2n+1}(q)$,则由上节(2)式,令 $\nu=2n+1,k=-n$,得 $c_{-n-1}=-c_{-n}$. 由此利用递推关系得 $c_{-k-n-1}=-c_{k-n},k=0,1,2,\cdots$. 以 $\mathrm{se}_{2n+1}(z)$ 表示相应的解(12.5节(2)式),有

$$\mathrm{se}_{2n+1}(z)=\sum_{k=-\infty}^{\infty}c_k\mathrm{e}^{\mathrm{i}(2n+1+2k)z}=\sum_{s=-\infty}^{\infty}c_{s-n}\mathrm{e}^{\mathrm{i}(2s+1)z}=2\mathrm{i}\sum_{s=0}^{\infty}c_{s-n}\sin[(2s+1)z].$$

这证明了(4)式.

$\mathrm{se}_{2n+1}(z)$ 是奇函数;$\mathrm{se}_{2n+1}(z)=-\mathrm{se}_{2n+1}(-z),n=0,1,2,\cdots$.

**正交关系**——由马丢函数 $\mathrm{ce}_m(z,q)$ 和 $\mathrm{se}_m(z,q)$ 的周期性可立得下列正交关系:

$$\int_0^{2\pi}\mathrm{ce}_m(z,q)\mathrm{ce}_n(z,q)\mathrm{d}z=0\quad(m\neq n),\tag{8}$$

$$\int_0^{2\pi}\mathrm{se}_m(z,q)\mathrm{se}_n(z,q)\mathrm{d}z=0\quad(m\neq n),\tag{9}$$

$$\int_0^{2\pi}\mathrm{ce}_m(z,q)\mathrm{se}_n(z,q)\mathrm{d}z=0.\tag{10}$$

为证明(8)式,可写出 $y_m(z)=\mathrm{ce}_m(z,q)$ 和 $y_n(z)=\mathrm{ce}_n(z,q)$ 所满足的拉梅方程:

$$\frac{\mathrm{d}^2y_m}{\mathrm{d}z^2}+(a_m-2q\cos2z)y_m=0,$$

$$\frac{\mathrm{d}^2y_n}{\mathrm{d}z^2}+(a_n-2q\cos2z)y_n=0,$$

用 $y_n(z)$ 和 $y_m(z)$ 分别乘上述两方程,相减,再积分,并利用它们的周期性,立得

$$(a_m-a_n)\int_0^{2\pi}y_my_n\mathrm{d}z=\int_0^{2\pi}\left[y_m\frac{\mathrm{d}^2y_n}{\mathrm{d}z^2}-y_n\frac{\mathrm{d}^2y_m}{\mathrm{d}z^2}\right]\mathrm{d}z=\left[y_m\frac{\mathrm{d}y_n}{\mathrm{d}z}-y_n\frac{\mathrm{d}y_m}{\mathrm{d}z}\right]_{z=0}^{z=2\pi}=0.$$

因 $a_m\neq a_n$,即得(8)式.其余两式的证明方法完全相同.此外,(10)式也可由 $\mathrm{ce}_m(z,q)$ 和 $\mathrm{se}_m(z,q)$ 的傅里叶展开式(1)~(4)式以及三角函数的正交性直接得到.

考虑到马丢函数的各自特点,正交关系(8)和(9)还可以进一步写成:

$$\int_0^{\pi}\mathrm{ce}_m(z,q)\mathrm{ce}_n(z,q)\mathrm{d}z=0\quad(m\neq n),\tag{11}$$

$$\int_0^{\pi/2}\mathrm{ce}_{2m}(z,q)\mathrm{ce}_{2n}(z,q)\mathrm{d}z=0\quad(m\neq n),\tag{12}$$

$$\int_0^{\pi/2} \mathrm{ce}_{2m+1}(z,q)\mathrm{ce}_{2n+1}(z,q)\mathrm{d}z = 0 \qquad (m \neq n), \tag{13}$$

$$\int_0^{\pi} \mathrm{se}_m(z,q)\mathrm{se}_n(z,q)\mathrm{d}z = 0 \qquad (m \neq n), \tag{14}$$

$$\int_0^{\pi/2} \mathrm{se}_{2m}(z,q)\mathrm{se}_{2n}(z,q)\mathrm{d}z = 0 \qquad (m \neq n), \tag{15}$$

$$\int_0^{\pi/2} \mathrm{se}_{2m+1}(z,q)\mathrm{se}_{2n+1}(z,q)\mathrm{d}z = 0 \qquad (m \neq n). \tag{16}$$

马丢函数的傅里叶展开式中的系数 $A_s,B_s$ 都可以用类似于 12.5 节(4)式的递推关系来求. 这问题将在 12.9 节中详细讨论.

## 12.8  $\lambda_\nu(q)$依 $q$ 的幂级数展开

当 $q$ 足够小的时候,马丢方程中的参数 $\lambda$ 可以依 $q$ 的幂级数展开. 我们将用 $\lambda_\nu(q)$明显地表示出 $\lambda$ 和 $q$ 以及 $\nu$ 的依赖关系.

在 12.6 节(3)式中令 $k=0$,得

$$\lambda_\nu(q) = \nu^2 + \frac{q^2}{\lambda-(\nu+2)^2} - \frac{q^2}{\lambda-(\nu+4)^2} - \cdots + \frac{q^2}{\lambda-(\nu-2)^2} - \frac{q^2}{\lambda-(\nu-4)^2} - \cdots. \tag{1}$$

当 $q$ 足够小的时候,如果 $\nu \neq$ 整数(0 除外),由(1)式即见

$$\lambda_\nu(q) = \nu^2 + O(q^2).$$

把这结果代入(1)式右方,得二级近似

$$\begin{aligned}\lambda_\nu(q) &= \nu^2 + \frac{q^2}{\nu^2-(\nu+2)^2+O(q^2)} + \frac{q^2}{\nu^2-(\nu-2)^2+O(q^2)} + O(q^4) \\ &= \nu^2 + \frac{q^2}{-4(\nu+1)} + \frac{q^2}{4(\nu-1)} + O(q^4) \\ &= \nu^2 + \frac{q^2}{2(\nu^2-1)} + O(q^4). \tag{2}\end{aligned}$$

用这样逐次代入的方法可以得到任何级近似. 第四级近似是

$$\begin{aligned}\lambda_\nu(q) = \nu^2 &+ \frac{1}{2(\nu^2-1)}q^2 + \frac{5\nu^2+7}{32(\nu^2-1)^3(\nu^2-4)}q^4 \\ &+ \frac{9\nu^4+58\nu^2+29}{64(\nu^2-1)^5(\nu^2-4)(\nu^2-9)}q^6 + O(q^8). \tag{3}\end{aligned}$$

随着近似程度的增高,计算亦渐趋繁.

当 $\nu$ 为整数 $m$ 时(这是最重要的情形),上面的公式一般不适用,而需要从 12.6 节(4)~(12)求出本征值 $\lambda_m(q)$依 $q$ 的幂级数展开式. 用上节的符号 $a_m(q)$ 和 $b_m(q)$ 表示这些本征值,并按其大小次序由小到大(设 $q>0$)排列,有下列结果:

$$a_0 = -\frac{1}{2}q^2 + \frac{7}{128}q^4 - \frac{29}{2304}q^6 + \frac{68\,687}{18\,874\,368}q^8 + O(q^{10}),$$

$$b_1 = 1 - q - \frac{1}{8}q^2 + \frac{1}{64}q^3 - \frac{1}{1\,536}q^4 - \frac{11}{36\,864}q^5$$
$$+ \frac{49}{589\,824}q^6 - \frac{55}{9\,437\,184}q^7 - \frac{83}{35\,389\,440}q^8 + O(q^9),$$

$a_1 = $ 在上式中把 $q$ 换成 $-q$,

$$b_2 = 4 - \frac{1}{12}q^2 + \frac{5}{13\,824}q^4 - \frac{289}{79\,626\,240}q^6 + \frac{21\,391}{458\,647\,142\,400}q^8 + O(q^{10}),$$

$$a_2 = 4 + \frac{5}{12}q^2 - \frac{763}{13\,824}q^4 + \frac{1\,002\,401}{79\,626\,240}q^6 - \frac{1\,669\,068\,401}{458\,647\,142\,400}q^8 + O(q^{10}),$$

$$b_3 = 9 + \frac{1}{16}q^2 - \frac{1}{64}q^3 + \frac{13}{20\,480}q^4 + \frac{5}{16\,384}q^5 - \frac{1\,961}{23\,592\,960}q^6$$
$$+ \frac{609}{104\,857\,600}q^7 + O(q^8),$$

$a_3 = $ 在上式中把 $q$ 换成 $-q$,

$$b_4 = 16 + \frac{1}{30}q^2 - \frac{317}{864\,000}q^4 + \frac{10\,049}{2\,721\,600\,000}q^6 + O(q^8),$$

$$a_4 = 16 + \frac{1}{30}q^2 + \frac{433}{864\,000}q^4 - \frac{5\,701}{2\,721\,600\,000}q^6 + O(q^8),$$

$$b_5 = 25 + \frac{1}{48}q^2 + \frac{11}{774\,144}q^4 - \frac{1}{147\,456}q^5 + \frac{37}{891\,813\,888}q^6 + O(q^7),$$

$a_5 = $ 在上式中把 $q$ 换成 $-q$,

$$b_6 = 36 + \frac{1}{70}q^2 + \frac{187}{43\,904\,000}q^4 - \frac{5\,861\,633}{92\,935\,987\,200\,000}q^6 + O(q^8),$$

$$a_6 = 36 + \frac{1}{70}q^2 + \frac{187}{43\,904\,000}q^4 + \frac{6\,743\,617}{92\,935\,987\,200\,000}q^6 + O(q^8).$$

$$\tag{4}$$

这些结果,除了 $a_0(q)$ 以外,都不能用 (3) 式得到. 但可以证明,当 $m \geqslant 7$ 时,有相当于 (3) 式的结果:

$$a_m, b_m = m^2 + \frac{1}{2(m^2-1)}q^2 + \frac{5m^2+7}{32(m^2-1)^3(m^2-4)}q^4$$
$$+ \frac{9m^4 + 58m^2 + 29}{64(m^2-1)^5(m^2-4)(m^2-9)}q^6 + O(q^7). \tag{5}$$

不同的是余项的数量级是 $O(q^7)$ 而不是 $O(q^8)$;但如果 $m \geqslant 8$,则余项是 $O(q^8)$. 又注意 (5) 并不表示 $a_m = b_m$,不过它们的差别是 $O(q^7)$.

由于上述幂级数展开式的普遍项不易求出,其收敛半径也就难于精确地确定. 但有下列关于收敛范围的结果 (Meixner und Schäfke (1954),§2.22):

$\lambda_m(q)$ 依 $q$ 的幂级数展开的收敛半径总大于 $\rho_m$；

$$\rho_0 = 1, \quad \rho_1 = 2, \quad \rho_m = m - 1 \quad (m \geqslant 2). \tag{6}$$

又，$a_0(q)$ 和 $a_2(q)$ 的收敛半径小于 $5/2$.

## 12.9　当 $q$ 小的时候马丢函数 $\mathrm{ce}_m(z)$，$\mathrm{se}_m(z)$ 的傅里叶展开

处理这问题的方法通常有两种. 一种是微扰法，简单说明于下. 在马丢方程

$$\frac{\mathrm{d}^2 y}{\mathrm{d}z^2} + (\lambda - 2q\cos 2z)y = 0 \tag{1}$$

中，设

$$\lambda = m^2 + \sum_{r=1}^{\infty} \alpha_r q^r, \tag{2}$$

$$y = \beta_0 + \sum_{r=1}^{\infty} \beta_r(z) q^r, \tag{3}$$

其中 $\beta_r(z)(r=1,2,\cdots)$ 是与 $q$ 无关的周期函数，并设 $\beta_r(z)$ 不含常数项；$\beta_0$ 只在求 $\mathrm{ce}_{2n}(z)$ 时不为零（参看 12.7 节（1）~（4））. 把（2）和（3）代入方程（1）中，令 $q$ 的各次幂的系数为零，得到一系列关于 $\beta_r(z)(r=1,2,\cdots)$ 的常系数非齐次微分方程，含待定参数 $\alpha_r(r=1,2,\cdots)$. 逐次求出这些方程的周期解 $\beta_r(z)$，同时确定 $\alpha_r$ 之值.

另一种方法是直接把 $\mathrm{ce}_m(z)$，$\mathrm{se}_m(z)$ 的傅里叶展开式代入方程（1）中，求出诸展开系数；下面详细讨论此法（参看 12.5 节）.

以 $\mathrm{ce}_0(z)$ 为例，把它的傅氏展开式

$$\mathrm{ce}_0(z) = \sum_{s=0}^{\infty} A_{2s} \cos 2sz \tag{4}$$

代入（1）式（$\lambda = a_0(q)$），得

$$\sum_{s=0}^{\infty}[a_0 - (2s)^2]A_{2s}\cos 2sz - q\left\{\sum_{s=1}^{\infty}A_{2s}\cos[(2s-2)z] + \sum_{s=0}^{\infty}A_{2s}\cos[(2s+2)z]\right\} = 0.$$

由此得递推关系

$$a_0 A_0 - q A_2 = 0, \tag{5}$$

$$[a_0 - (2s)^2]A_{2s} - q(A_{2s+2} + A_{2s-2}) = 0 \quad (s \geqslant 1). \tag{6}$$

令

$$v_s = A_{2s+2}/A_{2s}, \tag{7}$$

则由（5）和（6）有

$$v_0 = \frac{a_0}{q}, \quad v_s + \frac{1}{v_{s-1}} = \frac{a_0 - (2s)^2}{q} \quad (s \geqslant 1). \tag{8}$$

利用(8)式即可将系数 $A_{2s}(s=1,2,\cdots)$ 用 $A_0$ 表示出来;$q$ 可以是不等于零的任何数值.

当 $q$ 很小的时候,可以由(8)式和 12.8 节(4)式得到系数 $A_{2s}$ 依 $q$ 的幂次的展式如下:

(8)式的第二式可写为

$$v_{s-1}=\cfrac{q}{a_0-(2s)^2-qv_s}=\cfrac{q}{a_0-(2s)^2-\cfrac{q^2}{a_0-(2s+2)^2-qv_{s+1}}}$$

$$=\cdots=\cfrac{q}{a_0-(2s)^2-\cfrac{q^2}{a_0-(2s+2)^2-}\cdots},\qquad(9)$$

对于任何固定的 $q$ 值,最后的连分式是收敛的.

如果 $q$ 很小,取(9)式中所写出的两项作为近似,并用 12.8 节(4)式中 $a_0$ 的展开式,有

$$v_{s-1}=\cfrac{q}{-(2s)^2-\cfrac{q^2}{2}+\cfrac{q^2}{(2s+2)^2}+O(q^4)}$$

$$=-\frac{q}{(2s)^2}\left[1-\frac{(2s+2)^2-2}{2(2s)^2(2s+2)^2}q^2+O(q^4)\right].\qquad(10)$$

利用这式,得

$$\frac{A_{2s}}{A_0}=\frac{A_{2s}}{A_{2s-2}}\frac{A_{2s-2}}{A_{2s-4}}\cdots\frac{A_4}{A_2}\frac{A_2}{A_0}=v_{s-1}v_{s-2}\cdots v_1v_0$$

$$=\left\{\prod_{k=2}^{s}\left[-\frac{q}{(2k)^2}\right]\right\}\left[1-\sum_{k=2}^{s}\frac{2k^2+4k+1}{k^2(k+1)^2}\left(\frac{q}{4}\right)^2+O(q^4)\right]$$

$$\times\left[-\frac{q}{2}+\frac{7}{128}q^3+O(q^5)\right]$$

$$=(-)^s\frac{2}{(s!)^2}\left(\frac{q}{4}\right)^s\left[1-\frac{7}{64}q^2-\sum_{k=2}^{s}\frac{2k^2+4k+1}{k^2(k+1)^2}\left(\frac{q}{4}\right)^2+O(q^4)\right]$$

$$=(-)^s\frac{2}{(s!)^2}\left(\frac{q}{4}\right)^s\left[1-\sum_{k=1}^{s}\frac{2k^2+4k+1}{k^2(k+1)^2}\left(\frac{q}{4}\right)^2+O(q^4)\right].$$

今

$$\sum_{k=1}^{s}\frac{2k^2+4k+1}{k^2(k+1)^2}=2\sum_{k=1}^{s}\frac{1}{k(k+1)}+\sum_{k=1}^{s}\frac{2k+1}{k^2(k+1)^2}$$

$$=2\sum_{k=1}^{s}\left(\frac{1}{k}-\frac{1}{k+1}\right)+\sum_{k=1}^{s}\left[\frac{1}{k^2}-\frac{1}{(k+1)^2}\right]$$

$$=2\left(1-\frac{1}{s+1}\right)+\left[1-\frac{1}{(s+1)^2}\right]=\frac{s(3s+4)}{(s+1)^2},$$

故

$$\frac{A_{2s}}{A_0} = (-)^s \frac{2}{(s!)^2}\left(\frac{q}{4}\right)^s - (-)^s \frac{2s(3s+4)}{[(s+1)!]^2}\left(\frac{q}{4}\right)^{s+2} + O(q^{s+4}). \tag{11}$$

这就是所要的公式. 更高级的近似也可以类似地求得, 只是计算随之趋繁.

其他 $ce_m(z), se_m(z)$ 的傅里叶展开式可以仿此求出 (参看本章末习题 1 和 2).

## 12.10　无穷行列式

为了下一节讨论希耳方程, 先简单地介绍一点其中所需要的有关无穷行列式的理论. 令

$$D_m = \det | A_{ik} | \tag{1}$$

代表由元素 $A_{ik}(i,k = -m, \cdots, +m, m = \text{整数})$ 构成的行列式. 如果当 $m \to \infty$ 时, $D_m$ 趋于一确定的极限 $D$, 则称无穷行列式收敛于 $D$; 如果 $D$ 不存在, 则说无穷行列式是发散的. $A_{ii}(i = 0, \pm 1, \pm 2, \cdots)$ 称为 $D$ 的主对角元素, $A_{00}$ 称为行列式的原点; $A_{ik}$ $(i \neq k)$ 称为非对角元素.

**定理**　如果主对角元素的乘积绝对收敛, 非对角元素之和绝对收敛, 则无穷行列式收敛.

**证**　把无穷行列式 $D$ 的主对角元素写作 $1 + a_{ii}$, 非对角元素写作 $a_{ik}(i \neq k)$, 则按所设, $\sum\limits_{i,k=-\infty}^{\infty} | a_{ik} |$ 是收敛的, 故无穷乘积

$$\bar{P} = \prod_{i=-\infty}^{\infty}\left(1 + \sum_{k=-\infty}^{\infty} | a_{ik} |\right) \tag{2}$$

收敛 (1.6 节定理 4). 令

$$P_m = \prod_{i=-m}^{m}\left(1 + \sum_{k=-m}^{m} a_{ik}\right), \quad \bar{P}_m = \prod_{i=-m}^{m}\left(1 + \sum_{k=-m}^{m} | a_{ik} |\right),$$

易见行列式 $D_m$ 的展开中的每一项都在乘积 $P_m$ 的展开中出现, 最多相差一正负号, 因此对于 $D_m$ 的展开中的每一项, 都有 $\bar{P}_m$ 的展开中的一项与之相应, 且 $\bar{P}_m$ 中的相应项之模等于或者大于 $D_m$ 中的相应项之模.

现在来看差数 $D_{m+p} - D_m$, $p$ 为任意正整数. 对于这差数中的每一项, 都有 $\bar{P}_{m+p} - \bar{P}_m$ 的展开中的一项与之相应, 且后者的模等于或者大于前者的模. 因此

$$| D_{m+p} - D_m | \leqslant \bar{P}_{m+p} - \bar{P}_m.$$

既然当 $m \to \infty$ 时 $\bar{P}_m$ 的极限存在 ((2) 式), 故 $D_m$ 亦趋于一极限. 定理得证.

如果 $a_{ik}$ 是复变数 $z$ 的函数, 则当 (2) 式的无穷乘积一致收敛时, 无穷行列式也一致收敛.

## 12.11 希耳(Hill)方程

上面我们主要讨论了马丢方程的周期解的问题,即本征值问题.关于马丢方程的另一类问题是在方程中的参数 $\lambda,q$ 都给定时求解.当然,这样的解一般不是周期函数.

我们要讨论的是更普遍的希耳方程:

$$\frac{\mathrm{d}^2 u}{\mathrm{d} z^2} + J(z)u = 0, \tag{1}$$

其中 $J(z)$ 是周期等于 $\pi$ 的偶函数,可以展为傅氏余弦级数:

$$J(z) = \theta_0 + 2\theta_1 \cos 2z + 2\theta_2 \cos 4z + \cdots, \tag{2}$$

其中的系数 $\theta_n$ 都是已知的,且设 $\sum_{n=0}^{\infty}\theta_n$ 绝对收敛.如果 $z$ 是复数,则设 $J(z)$ 是在平行于实轴并含实轴在内的一带形区域中的解析函数,因此也可以展成(2)式的形式,且 $\sum\theta_n$ 绝对收敛(参看 12.5 节关于复变函数的傅里叶展开).

根据 12.3 节的讨论,方程(1)的解可设为

$$u = \mathrm{e}^{\mathrm{i}\nu z}\sum_{n=-\infty}^{\infty} b_n \mathrm{e}^{\mathrm{i}2nz} = \sum_{n=-\infty}^{\infty} b_n \mathrm{e}^{\mathrm{i}(\nu+2n)z}. \tag{3}$$

把它代入方程(1),并规定 $\theta_{-n}=\theta_n$,有

$$-\sum_{n=-\infty}^{\infty} b_n(\nu+2n)^2 \mathrm{e}^{\mathrm{i}(\nu+2n)z} + \sum_{k=-\infty}^{\infty}\theta_k \mathrm{e}^{\mathrm{i}2kz} \cdot \sum_{n=-\infty}^{\infty} b_n \mathrm{e}^{\mathrm{i}(\nu+2n)z} = 0.$$

由此得系数 $b_n$ 之间的联立方程

$$-(\nu+2n)^2 b_n + \sum_{k=-\infty}^{\infty}\theta_k b_{n-k} = 0 \quad (n=0,\pm1,\cdots). \tag{4}$$

以 $\theta_0-(\nu+2n)^2$ 除(4)式,得

$$\sum_{m=-\infty}^{\infty} B_{nm}b_m = 0 \quad (n=0,\pm1,\cdots), \tag{5}$$

其中

$$\left.\begin{array}{l} B_{nn}=1, \\ B_{nm}=\dfrac{\theta_{n-m}}{\theta_0-(\nu+2n)^2} \quad (m\neq n). \end{array}\right\} \tag{6}$$

联立方程(5)有解的条件是 $\det|B_{nm}|=0$;把它写开就是

$$\Delta(\nu) = \begin{vmatrix}
\cdots & \cdots & \cdots & \cdots & \cdots & \cdots & \cdots \\
\cdots & 1 & \dfrac{\theta_1}{\theta_0-(\nu-4)^2} & \dfrac{\theta_2}{\theta_0-(\nu-4)^2} & \dfrac{\theta_3}{\theta_0-(\nu-4)^2} & \dfrac{\theta_4}{\theta_0-(\nu-4)^2} & \cdots \\
\cdots & \dfrac{\theta_1}{\theta_0-(\nu-2)^2} & 1 & \dfrac{\theta_1}{\theta_0-(\nu-2)^2} & \dfrac{\theta_2}{\theta_0-(\nu-2)^2} & \dfrac{\theta_3}{\theta_0-(\nu-2)^2} & \cdots \\
\cdots & \dfrac{\theta_2}{\theta_0-\nu^2} & \dfrac{\theta_1}{\theta_0-\nu^2} & 1 & \dfrac{\theta_1}{\theta_0-\nu^2} & \dfrac{\theta_2}{\theta_0-\nu^2} & \cdots \\
\cdots & \dfrac{\theta_3}{\theta_0-(\nu+2)^2} & \dfrac{\theta_2}{\theta_0-(\nu+2)^2} & \dfrac{\theta_1}{\theta_0-(\nu+2)^2} & 1 & \dfrac{\theta_1}{\theta_0-(\nu+2)^2} & \cdots \\
\cdots & \dfrac{\theta_4}{\theta_0-(\nu+4)^2} & \dfrac{\theta_3}{\theta_0-(\nu+4)^2} & \dfrac{\theta_2}{\theta_0-(\nu+4)^2} & \dfrac{\theta_1}{\theta_0-(\nu+4)^2} & 1 & \cdots \\
\cdots & \cdots & \cdots & \cdots & \cdots & \cdots & \cdots
\end{vmatrix} = 0.$$

$$\tag{7}$$

这是确定夫洛开解(3)的特征指标 $\nu$ 的方程.

现在来证明,由(7)式可导出形式上很简单的确定特征指标 $\nu$ 的公式

$$\sin^2\left(\frac{\nu\pi}{2}\right) = \Delta(0)\sin^2\left(\frac{\sqrt{\theta_0}\pi}{2}\right). \tag{8}$$

由(7)式可以看出 $\Delta(\nu)$ 是周期为 2 的偶函数,而且由于行列式除了 $\nu=\pm\sqrt{\theta_0}-2n(n=0,\pm1,\cdots)$ 这些点之外是绝对而且一致收敛的(用上节定理),$\Delta(\nu)$ 是半纯函数;当 $\mathrm{Im}(\nu)\to\pm\infty$ 时,$\Delta(\nu)\to1$.

偶函数 $\cot\dfrac{\pi}{2}(\nu-\sqrt{\theta_0})-\cot\dfrac{\pi}{2}(\nu+\sqrt{\theta_0})$ 具有与 $\Delta(\nu)$ 相同的极点,周期也是 2,而且当 $\mathrm{Im}(\nu)\to\pm\infty$ 时是有界的,因此存在常数 $K$ 使函数

$$D(\nu) \equiv \Delta(\nu) - K\left[\cot\frac{\pi}{2}(\nu-\sqrt{\theta_0}) - \cot\frac{\pi}{2}(\nu+\sqrt{\theta_0})\right]$$

在全 $\nu$ 平面上无奇点,而且由于周期性,可知当 $|\nu|\to\infty$ 时 $D(\nu)$ 是有界的. 按刘维(Liouville)定理,$D(\nu)$ 只能是常数. 令 $\mathrm{Im}(\nu)\to+\infty$,即见 $D(\nu)=1$,而有

$$\Delta(\nu) = 1 + K\left[\cot\frac{\pi}{2}(\nu-\sqrt{\theta_0}) - \cot\frac{\pi}{2}(\nu+\sqrt{\theta_0})\right].$$

令 $\nu=0$,得

$$K = \frac{1-\Delta(0)}{2\cot\dfrac{\pi}{2}\sqrt{\theta_0}}.$$

把这结果代入前式,稍作演算,即见特征指标方程 $\Delta(\nu)=0$ 化成(8)式.

由(8)式看到,求特征指标的主要问题在于计算无穷行列式

$$\Delta(0) = \begin{vmatrix} \cdots & \cdots & \cdots & \cdots & \cdots & \cdots & \cdots \\ \cdots & 1 & \dfrac{\theta_1}{\theta_0-16} & \dfrac{\theta_2}{\theta_0-16} & \dfrac{\theta_3}{\theta_0-16} & \dfrac{\theta_4}{\theta_0-16} & \cdots \\ \cdots & \dfrac{\theta_1}{\theta_0-4} & 1 & \dfrac{\theta_1}{\theta_0-4} & \dfrac{\theta_2}{\theta_0-4} & \dfrac{\theta_3}{\theta_0-4} & \cdots \\ \cdots & \dfrac{\theta_2}{\theta_0-0} & \dfrac{\theta_1}{\theta_0-0} & 1 & \dfrac{\theta_1}{\theta_0-0} & \dfrac{\theta_2}{\theta_0-0} & \cdots \\ \cdots & \dfrac{\theta_3}{\theta_0-4} & \dfrac{\theta_2}{\theta_0-4} & \dfrac{\theta_1}{\theta_0-4} & 1 & \dfrac{\theta_1}{\theta_0-4} & \cdots \\ \cdots & \dfrac{\theta_4}{\theta_0-16} & \dfrac{\theta_3}{\theta_0-16} & \dfrac{\theta_2}{\theta_0-16} & \dfrac{\theta_1}{\theta_0-16} & 1 & \cdots \\ \cdots & \cdots & \cdots & \cdots & \cdots & \cdots & \cdots \end{vmatrix} \qquad (9)$$

当 $\theta_1,\theta_2,\cdots$ 之值很小的时候,最粗略的近似是取以 $B_{00}$ 为中心的三阶行列式

$$\Delta(0) \simeq 1 + \frac{2\theta_1^2}{\theta_0(4-\theta_0)} + \frac{2\theta_1^2\theta_2}{\theta_0(4-\theta_0)^2} - \frac{\theta_2^2}{(4-\theta_0)^2}. \qquad (10)$$

较佳的近似是保留无穷行列式的展开中含 $\theta_n^2(n=1,2,\cdots)$ 的诸项,而有

$$\Delta(0) \simeq 1 + \frac{\pi\cot(\pi\sqrt{\theta_0}/2)}{4\sqrt{\theta_0}}\left[\frac{\theta_1^2}{1^2-\theta_0} + \frac{\theta_2^2}{2^2-\theta_0} + \frac{\theta_3^2}{3^2-\theta_0} + \cdots\right]. \qquad (11)$$

这式的证明如下. 先看含 $\theta_1^2$ 的项. (9)式中以方框划开的两个 $2\times2$ 的行列式给出这种项的典型;它们对于 $\Delta(0)$ 的贡献是

$$-2\theta_1^2\sum_{r=0}^{\infty}\frac{1}{\theta_0-(2r)^2}\frac{1}{\theta_0-(2r+2)^2}$$

$$= -\frac{\theta_1^2}{2}\sum_{r=0}^{\infty}\frac{1}{2r+1}\left[\frac{1}{\theta_0-(2r+2)^2} - \frac{1}{\theta_0-(2r)^2}\right]$$

$$= -\frac{\theta_1^2}{2}\left\{\sum_{r=1}^{\infty}\left(\frac{1}{2r-1} - \frac{1}{2r+1}\right)\frac{1}{\theta_0-(2r)^2} - \frac{1}{\theta_0}\right\}$$

$$= -\frac{\theta_1^2}{2}\left\{\sum_{r=1}^{\infty}\frac{2}{(2r)^2-1}\frac{1}{\theta_0-(2r)^2} - \frac{1}{\theta_0}\right\}$$

$$= -\frac{\theta_1^2}{2}\left\{2\sum_{r=1}^{\infty}\frac{1}{\theta_0-1}\left[\frac{1}{(2r)^2-1} + \frac{1}{\theta_0-(2r)^2}\right] - \frac{1}{\theta_0}\right\}.$$

今 $\displaystyle\sum_{r=1}^{\infty}\frac{1}{(2r)^2-1} = \frac{1}{2}\sum_{r=1}^{\infty}\left[\frac{1}{2r-1} - \frac{1}{2r+1}\right] = \frac{1}{2}$,故上式等于

$$-\frac{\theta_1^2}{2(\theta_0-1)}\left\{\frac{1}{\theta_0} + \sum_{r=1}^{\infty}\frac{2}{\theta_0-(2r)^2}\right\} = \frac{\theta_1^2}{1-\theta_0}\frac{\pi\cot(\pi\sqrt{\theta_0}/2)}{4\sqrt{\theta_0}};$$

在最后一步中用了 1.5 节(9)式——$\cot z$ 的有理分式展开,$z=\pi\sqrt{\theta_0}/2$.

含 $\theta_2^2$ 的典型项可以从(9)式中用方框划开的两个 $3\times3$ 的行列式看出；它们对于 $\Delta(0)$ 的贡献是

$$-\theta_2^2\left\{\frac{1}{(\theta_0-4)^2}+2\sum_{r=1}^{\infty}\frac{1}{\theta_0-(2r+2)^2}\frac{1}{\theta_0-(2r-2)^2}\right\}.$$

用类似于前面的计算方法，可以证明这式等于

$$\frac{\theta_2^2}{4-\theta_0}\frac{\pi\cot(\pi\sqrt{\theta_0}/2)}{4\sqrt{\theta_0}}.$$

含 $\theta_n^2$ 的各项的贡献亦可类似地求出为

$$\frac{\theta_n^2}{n^2-\theta_0}\frac{\pi\cot(\pi\sqrt{\theta_0}/2)}{4\sqrt{\theta_0}}.$$

这就证明了(11)式.

得到特征指标之后，原则上就可以从(5)式或者(4)式求出夫洛开解(3)的傅氏展开系数 $b_n$. 当然，只有当 $\theta_1,\theta_2,\cdots$ 较小的时候，这样的算法才是实际有效的.

对于马丢方程，$\theta_0=\lambda,\theta_1=-q,\theta_n=0(n\geqslant2)$，方程组(4)约化为三项的递推关系，可以用 12.9 节连分式的方法来求解.

## 12.12　马丢方程的稳定解与非稳定解. 稳定区与非稳定区

在区间 $-\infty<z<+\infty$ 中有界的解称为**稳定解**；如果当 $z\to+\infty$ 或者 $z\to-\infty$ 时，解趋于无穷大，则解为**非稳定的**.

从夫洛开解 $e^{i\nu z}u(z)$ 的形式，其中 $u(z+\pi)=u(z)$，可知只有当特征指标 $\nu$ 是实数时，解才是稳定的. 按 12.4 节(7)式，这要求

$$|\cos\nu\pi|=|f(\pi;\lambda,q)|\leqslant1.\tag{1}$$

若 $\nu$ 不是整数，则上式中小于 1 的不等式成立，而 $e^{i\nu z}u(z)$ 和 $e^{-i\nu z}u(-z)$ 是两个线性无关的稳定解. 在 $\lambda$-$q$ 平面上满足(1)式的区域称为**稳定区**；对于在稳定区中的 $(\lambda,q)$ 值，所有的解在 $-\infty<z<+\infty$ 中都是有界的.

如果

$$|\cos\nu\pi|=|f(\pi;\lambda,q)|>1,\tag{2}$$

则 $\nu$ 必须是虚部不为零的复数. 这时 $e^{\pm i\nu z}u(\pm z)$ 是两个线性无关的非稳定解，$\lambda$-$q$ 平面上的这种区域称为**非稳定区**.

当 $\lambda(q)$ 为本征值时，

$$\cos\nu\pi=f(\pi;\lambda,q)=\pm1\tag{3}$$

(12.4 节(8)式). 这时，有唯一的一个周期解(除非 $q=0,\lambda=1,4,9,\cdots,m^2,\cdots$，见 12.5 节)是稳定的；另一解必是非稳定的，证明如下：

在 12.4 节中证明过，当(3)式满足时，基本解 $f(z)$ 和 $g(z)$ 之中有一个是周期

函数,设为 $f(z)$,则 $f(z+\pi)=f(z)$.对于另一解 $g(z)$ 有

$$g(z+\pi) = g(\pi)f(z) + g(z)$$

(12.4 节(10)式,$f(\pi)=1$),因此

$$\frac{g(z+\pi)}{f(z+\pi)} = g(\pi) + \frac{g(z)}{f(z)}.$$

由这式可知

$$\varphi(z) \equiv \frac{g(z)}{f(z)} - \frac{g(\pi)}{\pi} z$$

是周期为 $\pi$ 的函数,因为

$$\varphi(z+\pi) = \frac{g(z+\pi)}{f(z+\pi)} - \frac{g(\pi)}{\pi}(z+\pi) = \frac{g(z)}{f(z)} - \frac{g(\pi)}{\pi} z = \varphi(z).$$

于是有

$$g(z) = \frac{g(\pi)}{\pi} z f(z) + \varphi(z) f(z).$$

显然这另一解 $g(z)$ 不能是稳定的,因为当 $z \to \pm\infty$ 时,$|g(z)| \to \infty$,除非 $g(\pi)$ 等于零,而这种情形只有在 $q=0, \lambda=1,4,9,\cdots,m^2,\cdots$ 时才出现(见 12.5 节).

如果 $g(z)$ 是周期函数,亦有类似结果.又若周期为 $2\pi$,上述结论也不受影响.

由此可见,曲线 $f(\pi;\lambda,q)=\pm 1$ 是 $\lambda$-$q$ 平面上稳定区和非稳定区的分界线(见图 40).

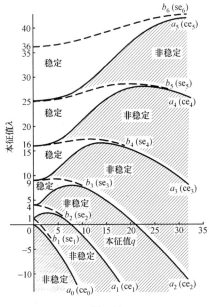

图 40

$a_{2n}, b_{2n}$ 曲线对于 $\lambda$ 轴是对称的;$a_{2n+1}, b_{2n+1}$ 曲线对于 $\lambda$ 轴则是非对称的,但 $a_{2n+1}(-q) = b_{2n+1}(q)$.

## 12.13　$\lambda \gg q > 0$ 时马丢方程的近似解

在这种情形下,可以用下面的方法[①]来求近似解.
在马丢方程

$$\frac{\mathrm{d}^2 y}{\mathrm{d}z^2} + (\lambda - q \cos 2z) y = 0 \tag{1}$$

中,令

$$y = \mathrm{e}^{\beta \int^z w(z)\,\mathrm{d}z}, \quad \beta = \sqrt{\lambda}, \tag{2}$$

得方程

$$\frac{1}{\beta}\frac{\mathrm{d}w}{\mathrm{d}z} + w^2 + \rho^2 = 0, \tag{3}$$

其中

$$\rho^2 = 1 - \frac{2q}{\lambda}\cos 2z. \tag{4}$$

如果 $\beta = \sqrt{\lambda} \gg 1$,略去方程(3)的第一项,即得

$$w = \pm\, \mathrm{i}\rho = \pm\, \mathrm{i}\left(1 - \frac{2q}{\lambda}\cos 2z\right)^{1/2} \simeq \pm\, \mathrm{i}\left(1 - \frac{q}{\lambda}\cos 2z\right),$$

而得近似解

$$y = \mathrm{e}^{\beta \int^z w(z)\,\mathrm{d}z} \simeq \mathrm{e}^{\pm \mathrm{i}\sqrt{\lambda}\left(z - \frac{q}{2\lambda}\sin 2z\right)}.$$

取两个线性无关解 $y_1(z), y_2(z)$:

$$y_1(z) \simeq \frac{1}{2}\left[\mathrm{e}^{\mathrm{i}\sqrt{\lambda}\left(z - \frac{q}{2\lambda}\sin 2z\right)} + \mathrm{e}^{-\mathrm{i}\sqrt{\lambda}\left(z - \frac{q}{2\lambda}\sin 2z\right)}\right] = \cos\left[\sqrt{\lambda}\left(z - \frac{q}{2\lambda}\sin 2z\right)\right], \tag{5}$$

$$y_2(z) \simeq \frac{1}{2\mathrm{i}}\left[\mathrm{e}^{\mathrm{i}\sqrt{\lambda}\left(z - \frac{q}{2\lambda}\sin 2z\right)} - \mathrm{e}^{-\mathrm{i}\sqrt{\lambda}\left(z - \frac{q}{2\lambda}\sin 2z\right)}\right] = \sin\left[\sqrt{\lambda}\left(z - \frac{q}{2\lambda}\sin 2z\right)\right]. \tag{6}$$

令 $q/2\lambda = h$,利用 7.5 节(7)和(8),得

$$y_1(z) \simeq \cos\sqrt{\lambda}z\,\cos(h\,\sin 2z) + \sin\sqrt{\lambda}z\,\sin(h\,\sin 2z)$$

$$= \cos\sqrt{\lambda}z \sum_{n=0}^{\infty}\varepsilon_{2n}\mathrm{J}_{2n}(h)\cos 4nz + \sin\sqrt{\lambda}z \sum_{n=0}^{\infty}\varepsilon_{2n+1}\mathrm{J}_{2n+1}(h)\sin(4n+2)z$$

$$= \frac{1}{2}\sum_{n=0}^{\infty}\varepsilon_{2n}\mathrm{J}_{2n}(h)\left[\cos(\sqrt{\lambda}-4n)z + \cos(\sqrt{\lambda}+4n)z\right]$$

$$+ \frac{1}{2}\sum_{n=0}^{\infty}\varepsilon_{2n+1}\mathrm{J}_{2n+1}(h)\left[\cos(\sqrt{\lambda}-4n-2)z - \cos(\sqrt{\lambda}+4n+2)z\right]$$

---

① 这方法常称为 WKBJ 方法.

$$= \frac{1}{2}\sum_{n=0}^{\infty}\varepsilon_n \mathrm{J}_n(h)\cos(\sqrt{\lambda}-2n)z + \frac{1}{2}\sum_{n=-\infty}^{0}\varepsilon_n \mathrm{J}_n(h)\cos(\sqrt{\lambda}-2n)z$$

$$= \sum_{n=-\infty}^{\infty}\mathrm{J}_n(h)\cos(\sqrt{\lambda}-2n)z. \tag{7}$$

类似地可得

$$y_2(z) \simeq \sum_{n=-\infty}^{\infty}\mathrm{J}_n(h)\sin(\sqrt{\lambda}-2n)z. \tag{8}$$

由于 $\mathrm{J}_n(h)$ 之值随 $n$ 的增大而下降得很快(参看 7.12 节(1)式),(7)式和(8)式中的级数收敛很快;在 $\lambda \gg q > 0$ 的情形下用起来要比 12.9 节的傅里叶展开式有效得多.

要得到更精确的近似,可令

$$w = w_0 + \frac{1}{\beta}w_1 + \frac{1}{\beta^2}w_2 + \cdots. \tag{9}$$

代入方程(3),按 $\beta$ 的负幂并项,得

$$w_0^2 + \rho^2 + \frac{1}{\beta}(w_0' + 2w_0 w_1) + \frac{1}{\beta^2}(w_1' + w_1^2 + 2w_0 w_2) + \cdots = 0.$$

由此得各级近似的方程

$$\left.\begin{array}{l} w_0^2 + \rho^2 = 0, \\ w_0' + 2w_0 w_1 = 0, \\ w_1' + w_1^2 + 2w_0 w_2 = 0, \\ \cdots, \end{array}\right\} \tag{10}$$

其中的第一个方程给出 $w_0 = \pm i\rho$,正是方才得到的零级近似. 由(10)式中的第二个方程得

$$w_1 = -\frac{1}{2}\frac{w_0'}{w_0},$$

因此

$$\int^z w_1 dz = \ln(A\rho^{-1/2}) \mp \frac{\pi i}{4}.$$

再由(10)式的第三个方程得

$$w_2 = \mp \frac{i}{8\rho^3}(2\rho\rho'' - 3\rho'^2),$$

$$\int^z w_2 dz = \mp \frac{i}{8}\int^z \frac{2\rho\rho'' - 3\rho'^2}{\rho^3}dz.$$

把这个结果代入(9)式及(2)式,得二级近似解

$$y(z) = e^{\beta\int^z w dz} \simeq 常数 \times \rho^{-1/2} e^{\pm i\sqrt{\lambda}\int^z \left(\rho - \frac{2\rho\rho'' - 3\rho'^2}{8\lambda\rho^3}\right)dz}, \tag{11}$$

或者

$$\begin{array}{c} y_1(z) \\ y_2(z) \end{array} \simeq 常数 \times \rho^{-1/2} \begin{array}{c} \cos \\ \sin \end{array} \Big[ \sqrt{\lambda} \int_0^z \varphi(z) \mathrm{d}z \Big], \tag{12}$$

其中

$$\varphi(z) = \rho - (2\rho\rho'' - 3\rho'^2)/8\lambda\rho^3, \tag{13}$$

$\rho$ 是 $z$ 的函数((4)式).

如果略去 $w_2$ 的项,则得一级近似

$$\sqrt{\lambda} \int_0^z \varphi(z) \mathrm{d}z \simeq \int_0^z (\lambda - 2q\cos 2z)^{1/2} \mathrm{d}z$$

$$= (\lambda + 2q)^{1/2} \int_0^z (1 - k^2 \cos^2 z)^{1/2} \mathrm{d}z$$

$$= (\lambda + 2q)^{1/2} \mathrm{E}(z, k) \quad \Big( k^2 = \frac{4q}{\lambda + 2q} \Big).$$

$\mathrm{E}(z, k)$ 是第二种椭圆积分(10.9 节(1)式),模数

$$k = 2\Big( \frac{q}{\lambda + 2q} \Big)^{1/2} < 1;$$

$$\begin{array}{c} y_1(z) \\ y_2(z) \end{array} \simeq 常数 \times (\lambda - 2q\cos 2z)^{-1/4} \begin{array}{c} \cos \\ \sin \end{array} \big[ (\lambda + 2q)^{1/2} \mathrm{E}(z, k) \big]. \tag{14}$$

## 12.14   马丢函数的积分方程

设马丢方程

$$\frac{\mathrm{d}^2 y}{\mathrm{d}z^2} + (\lambda - 2q\cos 2z) y = 0 \tag{1}$$

的积分解为

$$y(z) = \int_C K(z, \zeta) v(\zeta) \mathrm{d}\zeta \tag{2}$$

(参看 2.12 节),令 $L \equiv \dfrac{\partial^2}{\partial z^2} + \lambda - 2q \cos 2z$,则

$$L(y) = \int_C \Big[ \frac{\partial^2 K}{\partial z^2} + (\lambda - 2q \cos 2z) K \Big] v(\zeta) \mathrm{d}\zeta.$$

设 $K(z, \zeta)$ 满足偏微分方程

$$\frac{\partial^2 K}{\partial z^2} - 2q \cos 2z \cdot K = \frac{\partial^2 K}{\partial \zeta^2} - 2q \cos 2\zeta \cdot K, \tag{3}$$

得

$$L[y] = \int_C \Big[ \frac{\partial^2 K}{\partial \zeta^2} + (\lambda - 2q \cos 2\zeta) K \Big] v(\zeta) \mathrm{d}\zeta$$

$$= \Big[ v(\zeta) \frac{\partial K}{\partial \zeta} - K \frac{\partial v}{\partial \zeta} \Big]_C + \int_C \Big[ \frac{\mathrm{d}^2 v}{\mathrm{d}\zeta^2} + (\lambda - 2q \cos 2\zeta) v \Big] K \mathrm{d}\zeta.$$

因此,如果选积分路线 $C$ 使

$$\left[v\frac{\partial K}{\partial \zeta} - K\frac{\partial v}{\partial \zeta}\right]_C = 0, \tag{4}$$

并取 $v(\zeta)$ 满足马丢方程

$$\frac{\mathrm{d}^2 v}{\mathrm{d}\zeta^2} + (\lambda - 2q\cos 2\zeta)v = 0, \tag{5}$$

则(2)式的积分是马丢方程的解,至少是形式解.

现在来求积分解的核 $K(z,\zeta)$. 在(3)式中令 $\zeta=\mathrm{i}\xi$,得

$$\frac{\partial^2 K}{\partial \xi^2} + \frac{\partial^2 K}{\partial z^2} + 2q(\mathrm{ch}\,2\xi - \cos 2z)K = 0. \tag{6}$$

令

$$x = a\,\mathrm{ch}\,\xi\cos z, \quad y = a\,\mathrm{sh}\,\xi\sin z$$

(参看 12.1 节),(6)式化为直角坐标的亥姆霍兹方程

$$\frac{\partial^2 K}{\partial x^2} + \frac{\partial^2 K}{\partial y^2} + k^2 K = 0 \quad (k^2 = 4q/a^2). \tag{7}$$

方程(7)的一个特解是

$$K(x,y) = \mathrm{e}^{ik(\alpha x + \beta y)}, \quad \alpha^2 + \beta^2 = 1. \tag{8}$$

取 $\alpha=1, \beta=0$,并回到变数 $z, \zeta$,得

$$K(z,\zeta) = \mathrm{e}^{ika\,\mathrm{ch}\,\xi\cos z} = \mathrm{e}^{ika\cos\zeta\cos z}. \tag{9}$$

又取 $v(\zeta)$ 为马丢方程(5)的周期解,$C$ 为直线段 $-\pi \leqslant \zeta \leqslant \pi$,则(4)式满足,而有

$$y(z) = \int_{-\pi}^{\pi} \mathrm{e}^{ika\cos z\cos\zeta} v(\zeta)\mathrm{d}\zeta; \tag{10}$$

$y(z)$ 是方程(1)的周期解.

但我们知道,对于同一本征值 $\lambda(q), q\neq 0$,马丢方程只能有一个周期解(参看 12.5 节(8)式之后的一段),因此 $v(\zeta)$ 与 $y(\zeta)$ 只能差一常数因子 $\gamma$,而(10)式成为

$$y(z) = \gamma\int_{-\pi}^{\pi} \mathrm{e}^{ika\cos z\cos\zeta} y(\zeta)\mathrm{d}\zeta \quad (ka = \sqrt{4q}). \tag{11}$$

这是马丢函数所满足的积分方程.

由(8)式,选取不同的 $\alpha$ 和 $\beta$,或者选取方程(7)的其他解作为核,可以得到其他积分方程,这些都是对称核($K(z,\zeta) = K(\zeta,z)$)积分方程;只有当 $\gamma$ 是本征值时才有非零解.

利用积分方程,常常可以从马丢函数的一种级数展开式得到另一种级数展开式.下面以 $y(z) = \mathrm{ce}_{2n}(z)$ 为例来说明.

先确定本征值 $\gamma$. 由(11)式有

$$\mathrm{ce}_{2n}(z) = \gamma\int_{-\pi}^{\pi} \mathrm{e}^{ika\cos z\cos\zeta}\mathrm{ce}_{2n}(\zeta)\mathrm{d}\zeta.$$

令 $z=\pi/2$，利用 $\mathrm{ce}_{2n}(\zeta)$ 的傅里叶展开式(12.7 节(5))，得

$$\mathrm{ce}_{2n}\left(\frac{\pi}{2}\right)=\gamma\int_{-\pi}^{\pi}\sum_{r=0}^{\infty}A_{2r}\cos 2r\zeta\cdot\mathrm{d}\zeta=\gamma A_0\cdot 2\pi,$$

故

$$\gamma=\mathrm{ce}_{2n}\left(\frac{\pi}{2}\right)\bigg/2\pi A_0.$$

因此，利用 7.4 节(16)式，得

$$\mathrm{ce}_{2n}(z)=\frac{\mathrm{ce}_{2n}\left(\dfrac{\pi}{2}\right)}{2\pi A_0}\int_{-\pi}^{\pi}e^{ika\cos z\cos\zeta}\cdot\sum_{r=0}^{\infty}A_{2r}\cos 2r\zeta\,\mathrm{d}\zeta$$

$$=\frac{\mathrm{ce}_{2n}\left(\dfrac{\pi}{2}\right)}{A_0}\sum_{r=0}^{\infty}(-)^r A_{2r}J_{2r}(ka\cos z),\tag{12}$$

其中 $A_{2r}(r=0,1,2,\cdots)$ 是 $\mathrm{ce}_{2n}(z)$ 的傅氏系数.

## 习　　题

1. 证明下列关于马丢函数的傅里叶展开系数的公式，其中 $t=q/4$；$A_{2r}^{2n}$，$A_{2r+1}^{2n+1}$，$B_{2r+2}^{2n+2}$，$B_{2r+1}^{2n+1}$ 分别代表 $\mathrm{ce}_{2n}(z)$，$\mathrm{ce}_{2n+1}(z)$，$\mathrm{se}_{2n+2}(z)$，$\mathrm{se}_{2n+1}(z)$ 的傅氏系数($r\geqslant 1$)：

(i) $A_{2r+1}^1=(-)^r\bigg[\dfrac{1}{r!\;(r+1)!}t^r$

$\qquad\qquad +\dfrac{r}{[(r+1)!]^2}t^{r+1}+\dfrac{1}{4(r-1)!\;(r+2)!}t^{r+2}+O(t^{r+3})\bigg]A_1^1$；

(ii) $A_0^2=\bigg[t-\dfrac{5}{3}t^3+\dfrac{1363}{216}t^5+O(t^7)\bigg]A_2^2$，

$\qquad A_{2r+2}^2=(-)^r\bigg[\dfrac{2}{r!\;(r+2)!}t^r+\dfrac{r(47r^2+222r+247)}{18(r+2)!\;(r+3)!}t^{r+2}+O(t^{r+4})\bigg]A_2^2$；

(iii) $B_{2r+1}^1=(-)^r\bigg[\dfrac{1}{r!\;(r+1)!}t^r-\dfrac{r}{[(r+1)!]^2}t^{r+1}$

$\qquad\qquad +\dfrac{1}{4(r-1)!\;(r+2)!}t^{r+2}+O(t^{r+3})\bigg]B_1^1$；

(iv) $B_{2r+2}^2=(-)^r\bigg[\dfrac{2}{r!\;(r+2)!}t^r-\dfrac{r(r+1)(7r+23)}{18(r+2)!\;(r+3)!}t^{r+2}+O(t^{r+4})\bigg]B_2^2$；

(v) $A_{m-2r}^m=\bigg[\dfrac{(m-r-1)!}{r!\;(m-1)!}t^r+O(t^{r+1})\bigg]A_m^m\quad(r>0,m-2r\geqslant 0)$，

$\qquad A_{m+2r}^m=\bigg[(-)^r\dfrac{m!}{r!\;(r+m)!}t^r+O(t^{r+1})\bigg]A_m^m\quad(r>0,m>0)$；

(vi) $B_{m-2r}^m=\bigg[\dfrac{(m-r-1)!}{r!\;(m-1)!}t^r+O(t^{r+1})\bigg]B_m^m\quad(r>0,m-2r\geqslant 0)$，

$$B_{m+2r}^{m} = \left[ (-)^r \frac{m!}{r!(r+m)!} t^r + O(t^{r+1}) \right] B_m^m \quad (r>0, m>0).$$

当 $m \geqslant 3$ 时,(v)的第二式,当 $m-2r \geqslant 3$ 时,(v)和(vi)的第一式,以及所有 $m$ 为偶数的情形,$O(t^{r+1})$ 均可用更准确的 $O(t^{r+2})$ 代替.

2. 证明按照 12.7 节(6)式归一化的马丢函数在 $q$ 小的时候的展开式

$$\sqrt{2}\,\mathrm{ce}_0(z,q) = 1 - q \cdot \frac{1}{2}\cos 2z + q^2\left[ \frac{1}{32}\cos 4z - \frac{1}{16} \right] - q^3\left[ \frac{1}{1152}\cos 6z - \frac{11}{128}\cos 2z \right]$$
$$+ O(q^4),$$

$$\mathrm{ce}_1(z,q) = \cos z - q \cdot \frac{1}{8}\cos 3z$$
$$+ q^2\left[ \frac{1}{192}\cos 5z - \frac{1}{64}\cos 3z - \frac{1}{128}\cos z \right]$$
$$- q^3\left[ \frac{1}{9 \cdot 2^{10}}\cos 7z - \frac{1}{9 \cdot 2^7}\cos 5z - \frac{1}{3 \cdot 2^{10}}\cos 3z + \frac{1}{2^9}\cos z \right] + O(q^4),$$

$$\mathrm{se}_1(z,q) = \sin z - q \cdot \frac{1}{8}\sin 3z + q^2\left[ \frac{1}{192}\sin 5z + \frac{1}{64}\sin 3z - \frac{1}{128}\sin z \right]$$
$$- q^3\left[ \frac{1}{9 \cdot 2^{10}}\sin 7z + \frac{1}{9 \cdot 2^7}\sin 5z - \frac{1}{3 \cdot 2^{10}}\sin 3z - \frac{1}{2^9}\sin z \right] + O(q^4),$$

$$\mathrm{ce}_2(z,q) = \cos 2z - q\left[ \frac{1}{12}\cos 4z - \frac{1}{4} \right] + q^2\left[ \frac{1}{384}\cos 6z - \frac{19}{288}\cos 2z \right] + O(q^3),$$

$$\mathrm{se}_2(z,q) = \sin 2z - q \cdot \frac{1}{12}\sin 4z + q^2\left[ \frac{1}{384}\sin 6z - \frac{1}{288}\sin 2 \right] + O(q^3),$$

$$\mathrm{ce}_3(z,q) = \cos 3z - q\left[ \frac{1}{16}\cos 5z - \frac{1}{8}\cos z \right]$$
$$+ q^2\left[ \frac{1}{640}\cos 7z - \frac{5}{512}\cos 3z + \frac{1}{64}\cos z \right] + O(q^3),$$

$$\mathrm{se}_3(z,q) = \sin 3z - q\left[ \frac{1}{16}\sin 5z - \frac{1}{8}\sin z \right]$$
$$+ q^2\left[ \frac{1}{640}\sin 7z - \frac{5}{512}\sin 3z - \frac{1}{64}\sin z \right] + O(q^3);$$

当 $m \geqslant 4$ 时,

$$\mathrm{ce}_m(z,q) = \cos mz - q\left[ \frac{1}{4(m+1)}\cos(m+2)z - \frac{1}{4(m-1)}\cos(m-2)z \right]$$
$$+ q^2\Bigg\{ \frac{1}{32(m+1)(m+2)}\cos(m+4)z$$
$$+ \frac{1}{32(m-1)(m-2)}\cos(m-4)z$$
$$- \frac{1}{32}\left[ \frac{1}{(m+1)^2} + \frac{1}{(m-1)^2} \right]\cos mz \Bigg\} + O(q^3),$$

$$\mathrm{se}_m(z,q)=\sin mz-q\Big[\frac{1}{4(m+1)}\sin(m+2)z-\frac{1}{4(m-1)}\sin(m-2)z\Big]$$

$$+q^2\Big\{\frac{1}{32(m+1)(m+2)}\sin(m+4)z$$

$$+\frac{1}{32(m-1)(m-2)}\sin(m-4)z$$

$$-\frac{1}{32}\Big[\frac{1}{(m+1)^2}+\frac{1}{(m-1)^2}\Big]\sin mz\Big\}+O(q^3).$$

3. $f(z;\lambda,q)$ 是马丢方程 $y''+(\lambda-2q\cos 2z)y=0$ 的一个基本解；$f(0;\lambda,q)=1,\partial f/\partial z|_{z=0}=0$（见 12.2 节(2)式）. 设 $f(z;\lambda,q)$ 按 $q$ 的升幂展开式为

$$f(z;\lambda,q)=\cos\sqrt{\lambda}z+q\varPhi_1(z;\lambda)+q^2\varPhi_2(z;\lambda)+\cdots,$$

则

$$\frac{\mathrm{d}^2\varPhi_i}{\mathrm{d}z^2}+\lambda\varPhi_i=2\cos 2z\cdot\varPhi_{i-1}\quad(i=1,2,3,\cdots),$$

$$\varPhi_0(z;\lambda)=\cos\sqrt{\lambda}z,$$

$$\varPhi_i(0)=\frac{\partial\varPhi_i}{\partial z}\Big|_{z=0}=0\quad(i=1,2,3,\cdots).$$

由此证明

$$\varPhi_{2k+1}(\pi;\lambda)=0\quad(k=0,1,2,\cdots)$$

及特征指标的方程（12.4 节(7)式）

$$\cos\nu\pi=\cos\sqrt{\lambda}\pi+\sum_{k=1}^{\infty}\varPhi_{2k}(\pi;\lambda)q^{2k}$$

$$=\cos\sqrt{\lambda}\pi+q^2\,\frac{\pi\sin\sqrt{\lambda}\pi}{4\sqrt{\lambda}(\lambda-1)}$$

$$+q^4\Big[\frac{15\lambda^2-35\lambda+8}{64(\lambda-1)^3(\lambda-4)\lambda^{3/2}}\cdot\pi\sin\sqrt{\lambda}\pi-\frac{\pi^2\cos\sqrt{\lambda}\pi}{32\lambda(\lambda-1)^2}\Big]$$

$$+q^6\Big[\frac{105\lambda^5-1155\lambda^4+3815\lambda^3-4705\lambda^2+1652\lambda-288}{256(\lambda-1)^5(\lambda-4)^2(\lambda-9)\lambda^{5/2}}\pi\sin\sqrt{\lambda}\pi$$

$$-\frac{\pi^3\sin\sqrt{\lambda}\pi}{384(\lambda-1)^3\lambda^{3/2}}-\frac{15\lambda^2-35\lambda+8}{256\lambda^2(\lambda-1)^4(\lambda-4)}\pi^2\cos\sqrt{\lambda}\pi\Big]+\cdots.$$

当 $\lambda\approx 0$ 时

$$\cos\nu\pi=\Big(1-\frac{\lambda\pi^2}{2}+\frac{\lambda^2\pi^4}{24}+\cdots\Big)-q^2\,\frac{\pi^2}{4}\Big[1+\lambda\Big(1-\frac{\pi^2}{6}\Big)+\cdots\Big]$$

$$+q^4\Big[-\frac{25\pi^2}{256}+\frac{\pi^4}{96}+\cdots\Big]+\cdots.$$

类似地求出在 $\lambda=1,4,9,\cdots,m^2,\cdots$附近的展开式.

4. $f(z)$ 和 $g(z)$ 是马丢方程的基本解：

$$f(0) = 1, \quad f'(0) = 0;$$
$$g(0) = 0, \quad g'(0) = 1.$$

证明

$$f(\pi) + 1 = 2f\left(\frac{\pi}{2}\right)g'\left(\frac{\pi}{2}\right),$$

$$f(\pi) - 1 = 2g\left(\frac{\pi}{2}\right)f'\left(\frac{\pi}{2}\right),$$

$$f'(\pi) = 2f\left(\frac{\pi}{2}\right)f'\left(\frac{\pi}{2}\right),$$

$$g'(\pi) = 2g\left(\frac{\pi}{2}\right)g'\left(\frac{\pi}{2}\right).$$

并由此推出下列结果：

$$\text{偶全周期解} \longrightarrow f'\left(\frac{\pi}{2};\lambda,q\right) = 0,$$

$$\text{奇全周期解} \longrightarrow f\left(\frac{\pi}{2};\lambda,q\right) = 0,$$

$$\text{偶半周期解} \longrightarrow g\left(\frac{\pi}{2};\lambda,q\right) = 0,$$

$$\text{奇半周期解} \longrightarrow g'\left(\frac{\pi}{2};\lambda,q\right) = 0,$$

其中 $'$ 代表对 $z$ 的微商(参看 12.3 和 12.4 节).

5. 证明 $\mathrm{ce}_m(z)$ 可以展开为级数

$$\sum_{n=0}^{\infty} A_n \cos^{2n} z \quad \text{或者} \quad \sum_{n=0}^{\infty} B_n \cos^{2n+1} z,$$

看 $m$ 是偶数还是奇数而定；级数在 $|\cos z| < 1$ 中收敛.

6. 证明积分方程

$$\mathrm{ce}_m(z) = \gamma_m \int_{-\pi}^{\pi} \mathrm{e}^{\alpha \cos z \cos \theta} \mathrm{ce}_m(\theta) \mathrm{d}\theta$$

的本征值 $\gamma_m$ 由下面的级数给出：

$$A_0 = 2\pi\gamma_m \sum_{n=0}^{\infty} \frac{(2n)!}{2^{2n}(n!)^2} A_n,$$

或者

$$B_0 = 2\pi\gamma_m\alpha \sum_{n=0}^{\infty} \frac{(2n+1)!}{2^{2n+1}n!(n+1)!} B_n,$$

看 $m$ 是偶数还是奇数而定；$A_n, B_n$ 是上题中的展开系数.

7. 证明

$$\mathrm{ce}_{2n}(z,q) = \frac{p_{2n}}{A_0} \sum_{r=0}^{\infty} (-)^r A_{2r} \mathrm{J}_r(\sqrt{q}\mathrm{e}^{\mathrm{i}z}) \mathrm{J}_r(\sqrt{q}\mathrm{e}^{-\mathrm{i}z}),$$

$$\mathrm{ce}_{2n+1}(z,q) = \frac{p_{2n+1}}{A_1} \sum_{r=0}^{\infty} (-)^r A_{2r+1} \left[ \mathrm{J}_r(\sqrt{q}\mathrm{e}^{\mathrm{i}z}) \mathrm{J}_{r+1}(\sqrt{q}\mathrm{e}^{-\mathrm{i}z}) + \mathrm{J}_{r+1}(\sqrt{q}\mathrm{e}^{\mathrm{i}z}) \mathrm{J}_r(\sqrt{q}\mathrm{e}^{-\mathrm{i}z}) \right],$$

$$\mathrm{se}_{2n+1}(z,q) = -\frac{s_{2n+1}}{\mathrm{i}B_1} \sum_{r=0}^{\infty} (-)^r B_{2r+1} \left[ \mathrm{J}_r(\sqrt{q}\mathrm{e}^{\mathrm{i}z}) \mathrm{J}_{r+1}(\sqrt{q}\mathrm{e}^{-\mathrm{i}z}) - \mathrm{J}_{r+1}(\sqrt{q}\mathrm{e}^{\mathrm{i}z}) \mathrm{J}_r(\sqrt{q}\mathrm{e}^{-\mathrm{i}z}) \right],$$

$$\mathrm{se}_{2n+2}(z,q) = \frac{s_{2n+2}}{\mathrm{i}B_2} \sum_{r=0}^{\infty} (-)^r B_{2r+2} \left[ \mathrm{J}_r(\sqrt{q}\mathrm{e}^{\mathrm{i}z}) \mathrm{J}_{r+2}(\sqrt{q}\mathrm{e}^{-\mathrm{i}z}) - \mathrm{J}_{r+2}(\sqrt{q}\mathrm{e}^{\mathrm{i}z}) \mathrm{J}_r(\sqrt{q}\mathrm{e}^{-\mathrm{i}z}) \right],$$

其中 $A_{2r}, A_{2r+1}, B_{2r+1}, B_{2r+2} (r=0,1,\cdots)$ 分别是相应函数的傅氏展开系数(12.7 节 (1)~(4)),而 $p_m, s_m$ 则分别由下列各式给出:

$$A_0 p_{2n} = \mathrm{ce}_{2n}(0) \mathrm{ce}_{2n}\left(\frac{\pi}{2}\right),$$

$$\sqrt{q} A_1 p_{2n+1} = -\mathrm{ce}_{2n+1}(0) \mathrm{ce}'_{2n+1}\left(\frac{\pi}{2}\right),$$

$$\sqrt{q} B_1 s_{2n+1} = \mathrm{se}'_{2n+1}(0) \mathrm{se}_{2n+1}\left(\frac{\pi}{2}\right),$$

$$q B_2 s_{2n+2} = \mathrm{se}'_{2n+2}(0) \mathrm{se}'_{2n+2}\left(\frac{\pi}{2}\right),$$

其中 $'$ 代表对 $z$ 的微商(见 Mclachlan (1947),p. 193).

8. **变型马丢函数** $\mathrm{Ce}_m(z,q), \mathrm{Se}_m(z,q)$ 的定义是

$$\mathrm{Ce}_m(z,q) = \mathrm{ce}_m(\mathrm{i}z,q),$$

$$\mathrm{Se}_m(z,q) = -\mathrm{i}\,\mathrm{se}_m(\mathrm{i}z,q).$$

证明下列渐近公式($\mathrm{Re}(z)\to\infty$)

$$\mathrm{Ce}_{2n}(z,q) \sim p_{2n} \left(\frac{2}{\pi}\right)^{1/2} q^{-1/4} \mathrm{e}^{-z/2} \cos\left(\sqrt{q}\mathrm{e}^z - \frac{\pi}{4}\right),$$

$$\mathrm{Ce}_{2n+1}(z,q) \sim p_{2n+1} \left(\frac{2}{\pi}\right)^{1/2} q^{-1/4} \mathrm{e}^{-z/2} \cos\left(\sqrt{q}\mathrm{e}^z - \frac{3\pi}{4}\right),$$

$$\mathrm{Se}_{2n+1}(z,q) \sim s_{2n+1} \left(\frac{2}{\pi}\right)^{1/2} q^{-1/4} \mathrm{e}^{-z/2} \cos\left(\sqrt{q}\mathrm{e}^z - \frac{3\pi}{4}\right),$$

$$\mathrm{Se}_{2n+2}(z,q) \sim s_{2n+2} \left(\frac{2}{\pi}\right)^{1/2} q^{-1/4} \mathrm{e}^{-z/2} \cos\left(\sqrt{q}\mathrm{e}^z - \frac{\pi}{4}\right)$$

$$\left( \left| \frac{1}{2}\arg q + \mathrm{Im}(z) \right| < \pi \right),$$

其中 $p_m$ 和 $s_m$ 是上题中所给出的常数.[**提示**:利用马丢函数依贝塞耳函数的展开式(例如 12.14 节(12))或上题结果和贝塞耳函数的渐近表示式(7.10 节(5)).]

9. 证明当 $q\to\infty$ 时,马丢方程 $y'' + (\lambda - 2q\cos 2z)y = 0$ 的本征值

$$a_m(q) \sim b_{m+1}(q) \sim -2q + 2(2m+1)\sqrt{q} - \frac{1}{4}(2m^2 + 2m + 1);$$

相应本征函数的渐近表示为

$$\mathrm{ce}_m(z,q) \sim C_m (\cos z)^{-m-1} \times \left\{ \left[ \cos\left( \frac{z}{2} + \frac{\pi}{4} \right) \right]^{2m+1} \exp\left( 2\sqrt{q}\sin z \right) \right.$$
$$\left. + \left[ \sin\left( \frac{z}{2} + \frac{\pi}{4} \right) \right]^{2m+1} \exp\left( -2\sqrt{q}\sin z \right) \right\},$$

$$\mathrm{se}_{m+1}(z,q) \sim S_{m+1} (\cos z)^{-m-1}$$
$$\times \left\{ \left[ \cos\left( \frac{z}{2} + \frac{\pi}{4} \right) \right]^{2m+1} \exp\left( 2\sqrt{q}\sin z \right) \right.$$
$$\left. - \left[ \sin\left( \frac{z}{2} + \frac{\pi}{4} \right) \right]^{2m+1} \exp\left( -2\sqrt{q}\sin z \right) \right\} \quad \left( |z| < \frac{\pi}{2} \right).$$

又

$$\mathrm{Ce}_m(z,q) \sim C_m 2^{\frac{1}{2}-m} (\mathrm{ch}\ z)^{-1/2}$$
$$\times \cos\left[ 2\sqrt{q}\,\mathrm{sh}\ z - (2m+1)\arctan\left( \mathrm{th}\ \frac{z}{2} \right) \right],$$

$$\mathrm{Se}_{m+1}(z,q) \sim S_{m+1} 2^{\frac{1}{2}-m} (\mathrm{ch}\ z)^{-1/2}$$
$$\times \sin\left[ 2\sqrt{q}\,\mathrm{sh}\ z - (2m+1)\arctan\left( \mathrm{th}\ \frac{z}{2} \right) \right] \quad (z > 0).$$

式中的常数

$$C_m = (-)^{[m/2]} 2^{m-1/2} q^{-1/4} \pi^{-1/2} p_m,$$
$$S_m = (-)^{[m/2]} 2^{m-3/2} q^{-1/4} \pi^{-1/2} s_m;$$

$p_m$ 和 $s_m$ 是第 7 题中给出的常数.

# 附　　录

## 附录一　三次方程的根

设三次方程为

$$x^3 + bx^2 + cx + d = 0. \tag{1}$$

作变换 $x = y - \dfrac{b}{3}$，得

$$y^3 + py + q = 0, \tag{2}$$

其中

$$p = c - \frac{b^2}{3}, \quad q = d - \frac{bc}{3} + \frac{2b^3}{27}. \tag{3}$$

再作一次变换 $y = z - \dfrac{p}{3z}$，得

$$z^3 - \frac{p^3}{27z^3} + q = 0. \tag{4}$$

这是 $z^3$ 的二次方程，它的解是

$$z^3 = -\frac{q}{2} \pm \sqrt{R}, \tag{5}$$

其中

$$R = \frac{p^3}{27} + \frac{q^2}{4}. \tag{6}$$

令

$$A = \left(-\frac{q}{2} + \sqrt{R}\right)^{1/3},$$

$$B = -\frac{p}{3A} = \left(-\frac{q}{2} - \sqrt{R}\right)^{1/3}, \tag{7}$$

$$\omega = -\frac{1}{2} + \frac{\mathrm{i}\sqrt{3}}{2} \quad (\omega^3 = 1). \tag{8}$$

得 $z$ 的三个根为 $z_1 = A, z_2 = \omega A, z_3 = \omega^2 A$，相应的 $y$ 的三个根为

$$y_1 = A + B, \quad y_2 = \omega A + \omega^2 B, \quad y_3 = \omega^2 A + \omega B. \tag{9}$$

这是**卡丹**(Cardan)公式.

三次方程的判别式为

$$\Delta = (x_1 - x_2)^2 (x_1 - x_3)^2 (x_2 - x_3)^2$$
$$= (y_1 - y_2)^2 (y_1 - y_3)^2 (y_2 - y_3)^2$$
$$= -108R = -4p^3 - 27q^2. \tag{10}$$

将(3)式中的 $p$ 和 $q$ 代入,得

$$\Delta = 18bcd - 4b^3 d + b^2 c^2 - 4c^3 - 27d^2. \tag{11}$$

当 $R < 0$ 时,判别式 $\Delta > 0$,三个根都是实数,这时候公式(9)不适用. 可以用三角函数公式来求解. 考虑下列三角函数公式:

$$4\cos^3 u - 3\cos u = \cos 3u. \tag{12}$$

令 $y = n\cos u$,代入上式,并乘以 $n^3/4$,得

$$y^3 - \frac{3n^2}{4} y - \frac{n^3}{4}\cos 3u = 0.$$

与方程(2)比较,得

$$p = -\frac{3n^2}{4}, \quad q = -\frac{n^3}{4}\cos 3u.$$

由此得

$$n = \left(-\frac{4p}{3}\right)^{1/2}, \quad \cos 3u = -\frac{q}{2}\left(-\frac{p}{3}\right)^{-3/2}. \tag{13}$$

由于 $R < 0$,由(6)式看出,必有 $p < 0$,因而(13)式所给出的 $n$ 是实数(取正根),并且所给出的 $\cos 3u$ 的绝对值小于1,因而角度 $3u$ 可以求出. 设角度 $u$ 已由(13)式求出,则方程(2)的三个根为

$$y_1 = n\cos u, \quad y_2 = n\cos\left(u + \frac{2\pi}{3}\right), \quad y_3 = n\cos\left(u + \frac{4\pi}{3}\right). \tag{14}$$

## 附录二　四次方程的根

设四次方程为

$$x^4 + bx^3 + cx^2 + dx + e = 0. \tag{1}$$

作变换 $x = z - \dfrac{b}{4}$,得

$$z^4 + qz^2 + rz + s = 0, \tag{2}$$

其中

$$\left. \begin{array}{l} q = c - \dfrac{3b^2}{8}, \quad r = d - \dfrac{bc}{2} + \dfrac{b^3}{8}, \\[2mm] s = e - \dfrac{bd}{4} + \dfrac{b^2 c}{16} - \dfrac{3b^4}{256}. \end{array} \right\} \tag{3}$$

把方程(2)分解为两个因子:

$$z^4 + qz^2 + rz + s \equiv (z^2 + kz + l)(z^2 - kz + m) = 0, \tag{4}$$

其中

$$2l = q + k^2 - \frac{r}{k}, \quad 2m = q + k^2 + \frac{r}{k}, \quad lm = s. \tag{5}$$

消去 $l$ 和 $m$，得

$$k^6 + 2qk^4 + (q^2 - 4s)k^2 - r^2 = 0. \tag{6}$$

这是 $k^2$ 的三次方程，可以用附录一的方法求出根来.

设(6)的三个根为 $k_1^2, k_2^2, k_3^2$，则

$$k_1^2 k_2^2 k_3^2 = r^2.$$

今选 $k_1, k_2, k_3$ 的正负号，使得

$$k_1 k_2 k_3 = -r. \tag{7}$$

每个 $k_i^2$ 的两个根 $\pm k_i$ 只需要取一个 $+k_i$ 就行了，因为由 $+k_i$ 改为 $-k_i$，就由(4)式的第一个因子改为第二个因子.

先求第二个因子 $z^2 - kz + m = 0$ 的根. 设 $k = k_1$，得

$$z = \frac{1}{2}(k_1 \pm \sqrt{k_1^2 - 4m}).$$

由(6)式得

$$k_1^2 + k_2^2 + k_3^2 = -2q.$$

然后用(5)式得

$$k_1^2 - 4m = k_1^2 - 2q - 2k_1^2 - \frac{2r}{k_1} = k_2^2 + k_3^2 + 2k_2 k_3 = (k_2 + k_3)^2.$$

由此得两个根为

$$z_1 = \frac{1}{2}(k_1 + k_2 + k_3), \tag{8}$$

$$z_2 = \frac{1}{2}(k_1 - k_2 - k_3). \tag{9}$$

另外两个根 $k = k_2$ 和 $k = k_3$ 给出

$$z_3 = \frac{1}{2}(-k_1 + k_2 - k_3), \tag{10}$$

$$z_4 = \frac{1}{2}(-k_1 - k_2 + k_3). \tag{11}$$

可以证明，由(4)式的第一个因子 $z^2 + kz + l = 0$ 也得到同样的四个根 $z_1, z_2, z_3, z_4$，所以这四个根就是四次方程的四个根.

四次方程的判别式为

$$\Delta = (x_1 - x_2)^2 (x_1 - x_3)^2 (x_1 - x_4)^2 (x_2 - x_3)^2 (x_2 - x_4)^2 (x_3 - x_4)^2$$
$$= (z_1 - z_2)^2 (z_1 - z_3)^2 (z_1 - z_4)^2 (z_2 - z_3)^2 (z_2 - z_4)^2 (z_3 - z_4)^2$$
$$= (k_1^2 - k_2^2)^2 (k_1^2 - k_3^2)^2 (k_2^2 - k_3^2)^2.$$

由此可见,四次方程(1)的判别式与辅助三次方程(6)的判别式完全相等.应用附录一(10)式,得

$$\Delta = 4\left(\frac{q^2}{3} + 4s\right)^3 - 27\left(\frac{2q^3}{27} - \frac{8qs}{3} + r^2\right)^2$$

$$= 4\left(\frac{c^2}{3} - bd + 4e\right)^3 - 27\left(\frac{2c^3}{27} + d^2 + b^2e - \frac{bcd}{3} - \frac{8ce}{3}\right)^2. \tag{12}$$

# 附录三　正交曲面坐标系

## (一) 普遍公式

设有曲面坐标 $\xi_1, \xi_2, \xi_3$,与直角坐标 $x, y, z$ 的关系为

$$x = x(\xi_1, \xi_2, \xi_3), \quad y = y(\xi_1, \xi_2, \xi_3), \quad z = z(\xi_1, \xi_2, \xi_3). \tag{1}$$

线元的平方是

$$ds^2 = dx^2 + dy^2 + dz^2 = \sum_{i,j=1}^{3} g_{ij} d\xi_i d\xi_j, \tag{2}$$

其中

$$g_{ij} = \frac{\partial x}{\partial \xi_i}\frac{\partial x}{\partial \xi_j} + \frac{\partial y}{\partial \xi_i}\frac{\partial y}{\partial \xi_j} + \frac{\partial z}{\partial \xi_i}\frac{\partial z}{\partial \xi_j}. \tag{3}$$

令矩阵 $(g_{ij})$ 的倒矩阵为 $(g^{ij})$,即

$$\sum_{j=1}^{3} g_{ij} g^{jk} = \delta_i^k = \begin{cases} 1, & i = k, \\ 0, & i \neq k. \end{cases} \tag{4}$$

令 $g$ 为行列式 $\|g_{ij}\|$,令 $G^{ij}$ 为行列式中 $g_{ij}$ 的余因子,则有

$$G^{ij} = g g^{ij}. \tag{5}$$

在张量分析的书上证明了拉普拉斯算符在曲面坐标的表达式为

$$\nabla^2 \Phi = \frac{1}{\sqrt{g}} \sum_{i,j=1}^{3} \frac{\partial}{\partial \xi_i}\left(\sqrt{g}\, g^{ij} \frac{\partial \Phi}{\partial \xi_j}\right). \tag{6}$$

当曲面坐标相互正交时有 $g_{ij} = 0 (i \neq j)$,而(2)式化为

$$ds^2 = H_1^2 d\xi_1^2 + H_2^2 d\xi_2^2 + H_3^2 d\xi_3^2, \tag{7}$$

即

$$g_{ii} = H_i^2 = \frac{1}{g^{ii}}, \quad g = H_1^2 H_2^2 H_3^2 = H^2. \tag{8}$$

公式(6)化为

$$\nabla^2 \Phi = \frac{1}{H} \sum_i \frac{\partial}{\partial \xi_i}\left(\frac{H}{H_i^2} \frac{\partial \Phi}{\partial \xi_i}\right). \tag{9}$$

曲面 $\xi_i$ 取定值的法线的方向余弦为

$$H_i \frac{\partial \xi_i}{\partial x}, \quad H_i \frac{\partial \xi_i}{\partial y}, \quad H_i \frac{\partial \xi_i}{\partial z}. \tag{10}$$

这也等于

$$\frac{1}{H_i} \frac{\partial x}{\partial \xi_i}, \quad \frac{1}{H_i} \frac{\partial y}{\partial \xi_i}, \quad \frac{1}{H_i} \frac{\partial z}{\partial \xi_i}. \tag{11}$$

一个矢量 $v = (v_x, v_y, v_z)$ 在曲面坐标中的投影 $(u_1, u_2, u_3)$ 与 $(v_x, v_y, v_z)$ 的关系为

$$u_i = \frac{v_x}{H_i} \frac{\partial x}{\partial \xi_i} + \frac{v_y}{H_i} \frac{\partial y}{\partial \xi_i} + \frac{v_z}{H_i} \frac{\partial z}{\partial \xi_i} = H_i \left( v_x \frac{\partial \xi_i}{\partial x} + v_y \frac{\partial \xi_i}{\partial y} + v_z \frac{\partial \xi_i}{\partial z} \right). \tag{12}$$

陡度，散度，旋度分别为

$$(\nabla \Phi)_i = \frac{1}{H_i} \frac{\partial \Phi}{\partial \xi_i}, \tag{13}$$

$$\nabla \cdot v = \frac{1}{H} \sum_i \frac{\partial}{\partial \xi_i} \left( \frac{H}{H_i} u_i \right), \tag{14}$$

$$(\nabla \times v)_{ij} = \frac{1}{H_i H_j} \left\{ \frac{\partial (H_j u_j)}{\partial \xi_i} - \frac{\partial (H_i u_i)}{\partial \xi_j} \right\}. \tag{15}$$

**（二）柱坐标 $\rho, \varphi, z$**

$$x = \rho \cos\varphi, \quad y = \rho \sin\varphi, \quad z = z. \tag{16}$$

$$ds^2 = d\rho^2 + \rho^2 d\varphi^2 + dz^2. \tag{17}$$

$$H_\rho = 1, \quad H_\varphi = \rho, \quad H_z = 1; \quad H = \rho. \tag{18}$$

$$\nabla^2 \Phi = \frac{1}{\rho} \frac{\partial}{\partial \rho} \left( \rho \frac{\partial \Phi}{\partial \rho} \right) + \frac{1}{\rho^2} \frac{\partial^2 \Phi}{\partial \varphi^2} + \frac{\partial^2 \Phi}{\partial z^2}. \tag{19}$$

$$u_\rho = v_x \cos\varphi + v_y \sin\varphi, \quad u_\varphi = -v_x \sin\varphi + v_y \cos\varphi, \quad u_z = v_z. \tag{20}$$

**（三）球极坐标 $r, \theta, \varphi$**

$$x = r \sin\theta \cos\varphi, \quad y = r \sin\theta \sin\varphi, \quad z = r \cos\theta. \tag{21}$$

$$ds^2 = dr^2 + r^2 d\theta^2 + r^2 \sin^2\theta \, d\varphi^2. \tag{22}$$

$$H_r = 1, \quad H_\theta = r, \quad H_\varphi = r \sin\theta; \quad H = r^2 \sin\theta. \tag{23}$$

$$\nabla^2 \Phi = \frac{1}{r^2} \frac{\partial}{\partial r} \left( r^2 \frac{\partial \Phi}{\partial r} \right) + \frac{1}{r^2 \sin\theta} \frac{\partial}{\partial \theta} \left( \sin\theta \frac{\partial \Phi}{\partial \theta} \right) + \frac{1}{r^2 \sin^2\theta} \frac{\partial^2 \Phi}{\partial \varphi^2}. \tag{24}$$

$$\left. \begin{aligned} u_r &= v_x \sin\theta \cos\varphi + v_y \sin\theta \sin\varphi + v_z \cos\theta, \\ u_\theta &= v_x \cos\theta \cos\varphi + v_y \cos\theta \sin\varphi - v_z \sin\theta, \\ u_\varphi &= -v_x \sin\varphi + v_y \cos\varphi. \end{aligned} \right\} \tag{25}$$

$OQ$ 为 $OP$ 在 $xy$ 平面上的投影（图 41）.

**（四）椭圆柱坐标 $\xi, \eta, z$**

设椭圆的两个焦点 $A$ 和 $B$ 的坐标各为 $(a, 0)$ 和 $(-a, 0)$. 设任意一点 $P$ 离焦点的距离各为 $r_A$ 和 $r_B$（图 42）. 椭圆柱坐标 $\xi, \eta, z$ 的定义是

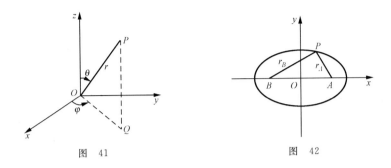

图 41          图 42

$$\xi = \frac{r_B + r_A}{2a}, \quad \eta = \frac{r_B - r_A}{2a}, \quad z = z. \tag{26}$$

但有

$$r_A^2 = (x-a)^2 + y^2, \quad r_B^2 = (x+a)^2 + y^2,$$

故得

$$x = a\xi\eta, \quad y = a\sqrt{(\xi^2 - 1)(1 - \eta^2)}, \quad z = z. \tag{27}$$

$$ds^2 = a^2 \left\{ \frac{\xi^2 - \eta^2}{\xi^2 - 1} d\xi^2 + \frac{\xi^2 - \eta^2}{1 - \eta^2} d\eta^2 \right\} + dz^2. \tag{28}$$

$$H_\xi^2 = \frac{a^2(\xi^2 - \eta^2)}{\xi^2 - 1}, \quad H_\eta^2 = \frac{a^2(\xi^2 - \eta^2)}{1 - \eta^2}, \quad H_z = 1. \tag{29}$$

$$\nabla^2 \Phi = \frac{1}{a^2(\xi^2 - \eta^2)} \left\{ \sqrt{\xi^2 - 1} \frac{\partial}{\partial \xi} \left( \sqrt{\xi^2 - 1} \frac{\partial \Phi}{\partial \xi} \right) \right.$$

$$\left. + \sqrt{1 - \eta^2} \frac{\partial}{\partial \eta} \left( \sqrt{1 - \eta^2} \frac{\partial \Phi}{\partial \eta} \right) \right\} + \frac{\partial^2 \Phi}{\partial z^2}. \tag{30}$$

由(27)可求得

$$\frac{x^2}{\xi^2} + \frac{y^2}{\xi^2 - 1} = a^2, \quad \frac{x^2}{\eta^2} - \frac{y^2}{1 - \eta^2} = a^2. \tag{31}$$

从(26)看出,$\xi$ 变化的范围是 1 到 $\infty$,$\eta$ 变化的范围是 $-1$ 到 $+1$. 从(26)和(31)都可以看出,$\xi$ 取定值为椭圆,$\eta$ 取定值为双曲线,这些椭圆和双曲线都有共同的固定的 $A$ 和 $B$ 两个焦点.

另一种椭圆柱坐标是 $u,v,z$;与 $\xi,\eta$ 的关系是

$$\xi = \mathrm{ch}\,u, \quad \eta = \cos v. \tag{32}$$

$$ds^2 = a^2(\mathrm{ch}^2 u - \cos^2 v)(du^2 + dv^2) + dz^2. \tag{33}$$

$$H_u^2 = H_v^2 = H = a^2(\mathrm{ch}^2 u - \cos^2 v), \quad H_z = 1. \tag{34}$$

$$\nabla^2 \Phi = \frac{1}{a^2(\mathrm{ch}^2 u - \cos^2 v)} \left\{ \frac{\partial^2 \Phi}{\partial u^2} + \frac{\partial^2 \Phi}{\partial v^2} \right\} + \frac{\partial^2 \Phi}{\partial z^2}. \tag{35}$$

**（五）抛物线柱坐标** $\lambda, \mu, z$

$$x = \frac{1}{2}(\lambda - \mu), \quad y = \sqrt{\lambda\mu}, \quad z = z. \tag{36}$$

$$ds^2 = \frac{\lambda + \mu}{4}\left\{\frac{d\lambda^2}{\lambda} + \frac{d\mu^2}{\mu}\right\} + dz^2. \tag{37}$$

$$H_\lambda^2 = \frac{\lambda + \mu}{4\lambda}, \quad H_\mu^2 = \frac{\lambda + \mu}{4\mu}, \quad H_z = 1. \tag{38}$$

$$\nabla^2\Phi = \frac{4}{\lambda + \mu}\left\{\sqrt{\lambda}\frac{\partial}{\partial\lambda}\left(\sqrt{\lambda}\frac{\partial\Phi}{\partial\lambda}\right) + \sqrt{\mu}\frac{\partial}{\partial\mu}\left(\sqrt{\mu}\frac{\partial\Phi}{\partial\mu}\right)\right\} + \frac{\partial^2\Phi}{\partial z^2}. \tag{39}$$

从（36）得

$$y^2 + 2\lambda x - \lambda^2 = 0, \quad y^2 - 2\mu x - \mu^2 = 0. \tag{40}$$

当 $\lambda$ 由 0 到 $\infty$，$\mu$ 由 0 到 $\infty$ 时，公式（40）代表两组互相正交的抛物线，这些抛物线的焦点在原点.

另一种抛物线柱坐标是 $\xi, \eta, z$；与 $\lambda, \mu$ 的关系是

$$\lambda = \xi^2, \quad \mu = \eta^2. \tag{41}$$

$$ds^2 = (\xi^2 + \eta^2)(d\xi^2 + d\eta^2) + dz^2. \tag{42}$$

$$H_\xi^2 = H_\eta^2 = H = \xi^2 + \eta^2, \quad H_z = 1. \tag{43}$$

$$\nabla^2\Phi = \frac{1}{\xi^2 + \eta^2}\left\{\frac{\partial^2\Phi}{\partial\xi^2} + \frac{\partial^2\Phi}{\partial\eta^2}\right\} + \frac{\partial^2\Phi}{\partial z^2}. \tag{44}$$

**（六）锥面坐标** $r, \lambda, \mu$

锥面坐标 $r, \lambda, \mu$ 的定义是

$$r = \sqrt{x^2 + y^2 + z^2}, \tag{45}$$

$$\left.\begin{aligned}
\frac{x^2}{\lambda - \alpha^2} + \frac{y^2}{\lambda + \beta^2} + \frac{z^2}{\lambda} &= 0, \\
\frac{x^2}{\mu + \alpha^2} + \frac{y^2}{\mu - \beta^2} + \frac{z^2}{\mu} &= 0
\end{aligned} \quad (\alpha^2 + \beta^2 = 1).\right\} \tag{46}$$

$$\left.\begin{aligned}
x = \frac{r}{\alpha}\sqrt{(\alpha^2 - \lambda)(\alpha^2 + \mu)}, \quad y &= \frac{r}{\beta}\sqrt{(\beta^2 + \lambda)(\beta^2 - \mu)}, \\
z = \frac{r\sqrt{\lambda\mu}}{\alpha\beta}, \quad\quad\quad\quad\quad \alpha^2 + \beta^2 &= 1.
\end{aligned}\right\} \tag{47}$$

$\lambda$ 和 $\mu$ 的变化范围为 $0 \leqslant \lambda \leqslant \alpha^2, 0 \leqslant \mu \leqslant \beta^2$.

$$ds^2 = dr^2 + \frac{r^2(\lambda + \mu)}{4}\left\{\frac{d\lambda^2}{\lambda(\alpha^2 - \lambda)(\beta^2 + \lambda)} + \frac{d\mu^2}{\mu(\alpha^2 + \mu)(\beta^2 - \mu)}\right\}, \tag{48}$$

$$H_r = 1, \quad H_\lambda^2 = \frac{r^2(\lambda + \mu)}{4\lambda(\alpha^2 - \lambda)(\beta^2 + \lambda)}, \quad H_\mu^2 = \frac{r^2(\lambda + \mu)}{4\mu(\alpha^2 + \mu)(\beta^2 - \mu)}. \tag{49}$$

$$\nabla^2\Phi = \frac{1}{r^2}\frac{\partial}{\partial r}\left(r^2\frac{\partial\Phi}{\partial r}\right) + \frac{4}{r^2(\lambda + \mu)}$$

$$\times \left\{ \sqrt{\lambda(\alpha^2 - \lambda)(\beta^2 + \lambda)} \frac{\partial}{\partial \lambda} \left( \sqrt{\lambda(\alpha^2 - \lambda)(\beta^2 + \lambda)} \frac{\partial \Phi}{\partial \lambda} \right) \right.$$

$$\left. + \sqrt{\mu(\alpha^2 + \mu)(\beta^2 - \mu)} \frac{\partial}{\partial \mu} \left( \sqrt{\mu(\alpha^2 + \mu)(\beta^2 - \mu)} \frac{\partial \Phi}{\partial \mu} \right) \right\}. \tag{50}$$

另一种锥面坐标是 $r, \xi, \eta$; 与 $\lambda, \mu$ 的关系是

$$\lambda = \xi^2, \quad \mu = \eta^2, \tag{51}$$

$$\mathrm{d}s^2 = \mathrm{d}r^2 + r^2(\xi^2 + \eta^2) \left\{ \frac{\mathrm{d}\xi^2}{(\alpha^2 - \xi^2)(\beta^2 + \xi^2)} + \frac{\mathrm{d}\eta^2}{(\alpha^2 + \eta^2)(\beta^2 - \eta^2)} \right\}. \tag{52}$$

$$H_r = 1, \quad H_\xi^2 = \frac{r^2(\xi^2 + \eta^2)}{(\alpha^2 - \xi^2)(\beta^2 + \xi^2)}, \quad H_\eta^2 = \frac{r^2(\xi^2 + \eta^2)}{(\alpha^2 + \eta^2)(\beta^2 - \eta^2)}. \tag{53}$$

$$\nabla^2 \Phi = \frac{1}{r^2} \frac{\partial}{\partial r} \left( r^2 \frac{\partial \Phi}{\partial r} \right) + \frac{1}{r^2(\xi^2 + \eta^2)}$$

$$\times \left\{ \sqrt{(\alpha^2 - \xi^2)(\beta^2 + \xi^2)} \frac{\partial}{\partial \xi} \left( \sqrt{(\alpha^2 - \xi^2)(\beta^2 + \xi^2)} \frac{\partial \Phi}{\partial \xi} \right) \right.$$

$$\left. + \sqrt{(\alpha^2 + \eta^2)(\beta^2 - \eta^2)} \frac{\partial}{\partial \eta} \left( \sqrt{(\alpha^2 + \eta^2)(\beta^2 - \eta^2)} \frac{\partial \Phi}{\partial \eta} \right) \right\}. \tag{54}$$

还有一种锥面坐标是 $r, u, v$; 与 $\xi, \eta$ 的关系是

$$\xi = \alpha \, \mathrm{cn}(u, \alpha), \quad \eta = \beta \, \mathrm{cn}(v, \beta). \tag{55}$$

$$\left. \begin{array}{l} x = r \, \mathrm{dn}(u, \alpha) \mathrm{sn}(v, \beta), \quad y = r \, \mathrm{sn}(u, \alpha) \mathrm{dn}(v, \beta), \\ z = r \, \mathrm{cn}(u, \alpha) \mathrm{cn}(v, \beta). \end{array} \right\} \tag{56}$$

$$\mathrm{d}s^2 = \mathrm{d}r^2 + r^2(\alpha^2 \mathrm{cn}^2 u + \beta^2 \mathrm{cn}^2 v)(\mathrm{d}u^2 + \mathrm{d}v^2). \tag{57}$$

$$H_r = 1, \quad H_u^2 = H_v^2 = H = r^2(\alpha^2 \mathrm{cn}^2 u + \beta^2 \mathrm{cn}^2 v). \tag{58}$$

$$\nabla^2 \Phi = \frac{1}{r^2} \frac{\partial}{\partial r} \left( r^2 \frac{\partial \Phi}{\partial r} \right) + \frac{1}{r^2 [\alpha^2 \mathrm{cn}^2(u, \alpha) + \beta^2 \mathrm{cn}^2(v, \beta)]} \left\{ \frac{\partial^2 \Phi}{\partial u^2} + \frac{\partial^2 \Phi}{\partial v^2} \right\}. \tag{59}$$

**(七) 椭球坐标 $\lambda, \mu, \nu$**

在 11.1 节中详细讨论了椭球坐标.

$$\left. \begin{array}{l} x^2 = \dfrac{(a^2 + \lambda)(a^2 + \mu)(a^2 + \nu)}{(a^2 - b^2)(a^2 - c^2)}, \\[2mm] y^2 = \dfrac{(b^2 + \lambda)(b^2 + \mu)(b^2 + \nu)}{(b^2 - c^2)(b^2 - a^2)}, \\[2mm] z^2 = \dfrac{(c^2 + \lambda)(c^2 + \mu)(c^2 + \nu)}{(c^2 - a^2)(c^2 - b^2)}. \end{array} \right\} \tag{60}$$

$\lambda, \mu, \nu$ 的变化范围为

$$\lambda > -c^2 > \mu > -b^2 > \nu > -a^2.$$

$$\mathrm{d}s^2 = \frac{(\lambda - \mu)(\lambda - \nu)}{4\varphi(\lambda)} \mathrm{d}\lambda^2 + \frac{(\mu - \nu)(\mu - \lambda)}{4\varphi(\mu)} \mathrm{d}\mu^2 + \frac{(\nu - \lambda)(\nu - \mu)}{4\varphi(\nu)} \mathrm{d}\nu^2, \tag{61}$$

其中

$$\varphi(\theta) = (a^2 + \theta)(b^2 + \theta)(c^2 + \theta). \tag{62}$$

$$\left.\begin{aligned}
&H_\lambda^2 = \frac{(\lambda - \mu)(\lambda - \nu)}{4\varphi(\lambda)}, \quad H_\mu^2 = \frac{(\mu - \lambda)(\mu - \nu)}{4\varphi(\mu)}, \\
&H_\nu^2 = \frac{(\nu - \lambda)(\nu - \mu)}{4\varphi(\nu)}, \quad H = \frac{(\lambda - \mu)(\lambda - \nu)(\mu - \nu)}{8\sqrt{-\varphi(\lambda)\varphi(\mu)\varphi(\nu)}}.
\end{aligned}\right\} \tag{63}$$

$$\begin{aligned}
\nabla^2 \Phi =& \frac{4}{(\lambda - \mu)(\lambda - \nu)(\mu - \nu)}\left\{(\mu - \nu)\sqrt{\varphi(\lambda)}\frac{\partial}{\partial \lambda}\left(\sqrt{\varphi(\lambda)}\frac{\partial \Phi}{\partial \lambda}\right)\right. \\
&+ (\lambda - \nu)\sqrt{-\varphi(\mu)}\frac{\partial}{\partial \mu}\left(\sqrt{-\varphi(\mu)}\frac{\partial \Phi}{\partial \mu}\right) \\
&\left. + (\lambda - \mu)\sqrt{\varphi(\nu)}\frac{\partial}{\partial \nu}\left(\sqrt{\varphi(\nu)}\frac{\partial \Phi}{\partial \nu}\right)\right\}.
\end{aligned} \tag{64}$$

另一种椭球坐标是 $u, v, w$; 与 $\lambda, \mu, \nu$ 的关系是(见 11.2 节)

$$\left.\begin{aligned}
\mathfrak{p}(u) &= -\lambda - \frac{1}{3}(a^2 + b^2 + c^2), \\
\mathfrak{p}(v) &= -\mu - \frac{1}{3}(a^2 + b^2 + c^2), \\
\mathfrak{p}(w) &= -\nu - \frac{1}{3}(a^2 + b^2 + c^2).
\end{aligned}\right\} \tag{65}$$

$$\left.\begin{aligned}
x &= \mathrm{i}e^{-\eta_1 \omega_1}\sigma^2(\omega_1)\frac{\sigma_1(u)\sigma_1(v)\sigma_1(w)}{\sigma(u)\sigma(v)\sigma(w)} \\
&= \frac{\mathrm{i}\vartheta_1'}{2\omega_1 \vartheta_2}\frac{\vartheta_2\left(\dfrac{u}{2\omega_1}\right)\vartheta_2\left(\dfrac{v}{2\omega_1}\right)\vartheta_2\left(\dfrac{w}{2\omega_1}\right)}{\vartheta_1\left(\dfrac{u}{2\omega_1}\right)\vartheta_1\left(\dfrac{v}{2\omega_1}\right)\vartheta_1\left(\dfrac{w}{2\omega_1}\right)}, \\
y &= \mathrm{i}e^{-\eta_2 \omega_2}\sigma^2(\omega_2)\frac{\sigma_2(u)\sigma_2(v)\sigma_2(w)}{\sigma(u)\sigma(\dot{v})\sigma(w)} \\
&= \frac{\mathrm{i}\vartheta_1'}{2\omega_1 \vartheta_3}\frac{\vartheta_3\left(\dfrac{u}{2\omega_1}\right)\vartheta_3\left(\dfrac{v}{2\omega_1}\right)\vartheta_3\left(\dfrac{w}{2\omega_1}\right)}{\vartheta_1\left(\dfrac{u}{2\omega_1}\right)\vartheta_1\left(\dfrac{v}{2\omega_1}\right)\vartheta_1\left(\dfrac{w}{2\omega_1}\right)}, \\
z &= \mathrm{i}e^{-\eta_3 \omega_3}\sigma^2(\omega_3)\frac{\sigma_3(u)\sigma_3(v)\sigma_3(w)}{\sigma(u)\sigma(v)\sigma(w)} \\
&= \frac{\mathrm{i}\vartheta_1'}{2\omega_1 \vartheta_4}\frac{\vartheta_4\left(\dfrac{u}{2\omega_1}\right)\vartheta_4\left(\dfrac{v}{2\omega_1}\right)\vartheta_4\left(\dfrac{w}{2\omega_1}\right)}{\vartheta_1\left(\dfrac{u}{2\omega_1}\right)\vartheta_1\left(\dfrac{v}{2\omega_1}\right)\vartheta_1\left(\dfrac{w}{2\omega_1}\right)}.
\end{aligned}\right\} \tag{66}$$

$$\begin{aligned}
\mathrm{d}s^2 =& [\mathfrak{p}(w) - \mathfrak{p}(u)][\mathfrak{p}(u) - \mathfrak{p}(v)]\mathrm{d}u^2 \\
&+ [\mathfrak{p}(u) - \mathfrak{p}(v)][\mathfrak{p}(v) - \mathfrak{p}(w)]\mathrm{d}v^2 \\
&+ [\mathfrak{p}(v) - \mathfrak{p}(w)][\mathfrak{p}(w) - \mathfrak{p}(u)]\mathrm{d}w^2.
\end{aligned} \tag{67}$$

$$H_u^2 = [\mathfrak{p}(w) - \mathfrak{p}(u)][\mathfrak{p}(u) - \mathfrak{p}(v)],$$
$$H_v^2 = [\mathfrak{p}(u) - \mathfrak{p}(v)][\mathfrak{p}(v) - \mathfrak{p}(w)],$$
$$H_w^2 = [\mathfrak{p}(v) - \mathfrak{p}(w)][\mathfrak{p}(w) - \mathfrak{p}(u)],$$
$$H = [\mathfrak{p}(u) - \mathfrak{p}(v)][\mathfrak{p}(v) - \mathfrak{p}(w)][\mathfrak{p}(w) - \mathfrak{p}(u)]. \quad (68)$$

$$\nabla^2 \Phi = \frac{1}{H} \left\{ [\mathfrak{p}(v) - \mathfrak{p}(w)] \frac{\partial^2 \Phi}{\partial u^2} + \right.$$
$$\left. + [\mathfrak{p}(w) - \mathfrak{p}(u)] \frac{\partial^2 \Phi}{\partial v^2} + [\mathfrak{p}(u) - \mathfrak{p}(v)] \frac{\partial^2 \Phi}{\partial w^2} \right\}. \quad (69)$$

还有一种椭球坐标是 $\alpha, \beta, \gamma$；与 $\lambda, \mu, \nu$ 的关系是（见 11.2 节）

$$a^2 + \lambda = (a^2 - b^2) \operatorname{sn}^2 \alpha, \quad a^2 + \mu = (a^2 - b^2) \operatorname{sn}^2 \beta,$$
$$a^2 + \nu = (a^2 - b^2) \operatorname{sn}^2 \gamma. \quad (70)$$

$$x = k^2 \sqrt{a^2 - c^2} \operatorname{sn} \alpha \operatorname{sn} \beta \operatorname{sn} \gamma,$$
$$y = -\frac{k^2}{k'} \sqrt{a^2 - c^2} \operatorname{cn} \alpha \operatorname{cn} \beta \operatorname{cn} \gamma \quad \left( k^2 = \frac{a^2 - b^2}{a^2 - c^2} \right).$$
$$z = \frac{i}{k'} \sqrt{a^2 - c^2} \operatorname{dn} \alpha \operatorname{dn} \beta \operatorname{dn} \gamma, \quad (71)$$

$$ds^2 = (a^2 - c^2) k^4 \{ (\operatorname{sn}^2 \alpha - \operatorname{sn}^2 \beta)(\operatorname{sn}^2 \alpha - \operatorname{sn}^2 \gamma) d\alpha^2$$
$$+ (\operatorname{sn}^2 \beta - \operatorname{sn}^2 \alpha)(\operatorname{sn}^2 \beta - \operatorname{sn}^2 \gamma) d\beta^2$$
$$+ (\operatorname{sn}^2 \gamma - \operatorname{sn}^2 \alpha)(\operatorname{sn}^2 \gamma - \operatorname{sn}^2 \beta) d\gamma^2 \}. \quad (72)$$

$$\nabla^2 \Phi = \{ (a^2 - c^2) k^4 (\operatorname{sn}^2 \alpha - \operatorname{sn}^2 \beta)(\operatorname{sn}^2 \alpha - \operatorname{sn}^2 \gamma)(\operatorname{sn}^2 \beta - \operatorname{sn}^2 \gamma) \}^{-1}$$
$$\times \left\{ (\operatorname{sn}^2 \beta - \operatorname{sn}^2 \gamma) \frac{\partial^2 \Phi}{\partial \alpha^2} + (\operatorname{sn}^2 \gamma - \operatorname{sn}^2 \alpha) \frac{\partial^2 \Phi}{\partial \beta^2} \right.$$
$$\left. + (\operatorname{sn}^2 \alpha - \operatorname{sn}^2 \beta) \frac{\partial^2 \Phi}{\partial \gamma^2} \right\}. \quad (73)$$

### （八）旋转长椭球坐标 $\xi, \eta, \varphi$

参阅（四）椭圆柱坐标，这里 $\xi, \eta$ 与那里的相当，$\varphi$ 是绕 $z$ 轴旋转的角度.

$$x = a \sqrt{(\xi^2 - 1)(1 - \eta^2)} \cos\varphi,$$
$$y = a \sqrt{(\xi^2 - 1)(1 - \eta^2)} \sin\varphi, \quad (74)$$
$$z = a\xi\eta.$$

变化的范围，$\xi$ 为 $(1, \infty)$，$\eta$ 为 $(-1, 1)$，$\varphi$ 为 $(0, 2\pi)$. 由（74）解得

$$\frac{x^2 + y^2}{\xi^2 - 1} + \frac{z^2}{\xi^2} = a^2,$$
$$-\frac{x^2 + y^2}{1 - \eta^2} + \frac{z^2}{\eta^2} = a^2. \quad (75)$$

$\xi$ 取定值为旋转椭球面，以 $z$ 为长轴；$\eta$ 取定值为双叶旋转双曲面.

$$ds^2 = a^2 \left\{ \frac{\xi^2 - \eta^2}{\xi^2 - 1} d\xi^2 + \frac{\xi^2 - \eta^2}{1 - \eta^2} d\eta^2 + (\xi^2 - 1)(1 - \eta^2) d\varphi^2 \right\}. \tag{76}$$

$$\left. \begin{array}{l} H_\xi^2 = \dfrac{a^2(\xi^2 - \eta^2)}{\xi^2 - 1}, \quad H_\eta^2 = \dfrac{a^2(\xi^2 - \eta^2)}{1 - \eta^2}, \\[2mm] H_\varphi = a^2(\xi^2 - 1)(1 - \eta^2), \quad H = a^3(\xi^2 - \eta^2). \end{array} \right\} \tag{77}$$

$$\nabla^2 \Phi = \frac{1}{a^2(\xi^2 - \eta^2)} \left\{ \frac{\partial}{\partial \xi} \left[ (\xi^2 - 1) \frac{\partial \Phi}{\partial \xi} \right] \right.$$
$$\left. + \frac{\partial}{\partial \eta} \left[ (1 - \eta^2) \frac{\partial \Phi}{\partial \eta} \right] + \left[ \frac{1}{\xi^2 - 1} + \frac{1}{1 - \eta^2} \right] \frac{\partial^2 \Phi}{\partial \varphi^2} \right\}. \tag{78}$$

另一种旋转长椭球坐标是 $\lambda, \mu, \varphi$；与 $\xi, \eta$ 的关系是 $\lambda = \xi^2, \mu = \eta^2$.

$$ds^2 = \frac{a^2}{4} \left\{ \frac{\lambda - \mu}{\lambda(\lambda - 1)} d\lambda^2 + \frac{\lambda - \mu}{\mu(1 - \mu)} d\mu^2 + 4(\lambda - 1)(1 - \mu) d\varphi^2 \right\}. \tag{79}$$

$$\nabla^2 \Phi = \frac{4}{a^2(\lambda - \mu)} \left\{ \sqrt{\lambda} \frac{\partial}{\partial \lambda} \left[ (\lambda - 1) \sqrt{\lambda} \frac{\partial \Phi}{\partial \lambda} \right] \right.$$
$$\left. + \sqrt{\mu} \frac{\partial}{\partial \mu} \left[ (1 - \mu) \sqrt{\mu} \frac{\partial \Phi}{\partial \mu} \right] + \frac{1}{4} \left( \frac{1}{\lambda - 1} + \frac{1}{1 - \mu} \right) \frac{\partial^2 \Phi}{\partial \varphi^2} \right\}. \tag{80}$$

还有一种旋转长椭球坐标是 $u, v, \varphi$；与 $\xi, \eta$ 的关系是 $\xi = \mathrm{ch}\, u, \eta = \cos v$.

$$ds^2 = a^2 \{ (\mathrm{ch}^2 u - \cos^2 v)(du^2 + dv^2) + \mathrm{sh}^2 u \sin^2 v \, d\varphi^2 \}. \tag{81}$$

$$\nabla^2 \Phi = \frac{1}{a^2(\mathrm{ch}^2 u - \cos^2 v)} \left\{ \frac{1}{\mathrm{sh}\, u} \frac{\partial}{\partial u} \left( \mathrm{sh}\, u \frac{\partial \Phi}{\partial u} \right) \right.$$
$$\left. + \frac{1}{\sin v} \frac{\partial}{\partial v} \left( \sin v \frac{\partial \Phi}{\partial v} \right) + \left( \frac{1}{\mathrm{sh}^2 u} + \frac{1}{\sin^2 v} \right) \frac{\partial^2 \Phi}{\partial \varphi^2} \right\}. \tag{82}$$

**（九）旋转扁椭球坐标 $\xi, \eta, \varphi$**

参阅（四）椭圆柱坐标，这里 $\xi, \eta$ 与那里的相当，$\varphi$ 是绕 $z$ 轴旋转的角度.

$$x = a\xi\eta\cos\varphi, \quad y = a\xi\eta\sin\varphi, \quad z = a\sqrt{(\xi^2 - 1)(1 - \eta^2)}. \tag{83}$$

变化的范围，$\xi$ 为 $(1, \infty)$，$\eta$ 为 $(-1, 1)$，$\varphi$ 为 $(0, 2\pi)$. 由（83）解得

$$\frac{x^2 + y^2}{\xi^2} + \frac{z^2}{\xi^2 - 1} = a^2, \quad \frac{x^2 + y^2}{\eta^2} - \frac{z^2}{1 - \eta^2} = a^2. \tag{84}$$

$\xi$ 取定值为旋转椭球面，以 $z$ 为短轴；$\eta$ 取定值为单叶旋转双曲面.

$$ds^2 = a^2 \left\{ \frac{\xi^2 - \eta^2}{\xi^2 - 1} d\xi^2 + \frac{\xi^2 - \eta^2}{1 - \eta^2} d\eta^2 + \xi^2 \eta^2 d\varphi^2 \right\}. \tag{85}$$

$$\nabla^2 \Phi = \frac{1}{a^2(\xi^2 - \eta^2)} \left\{ \frac{\sqrt{\xi^2 - 1}}{\xi} \frac{\partial}{\partial \xi} \left( \xi \sqrt{\xi^2 - 1} \frac{\partial \Phi}{\partial \xi} \right) \right.$$
$$\left. + \frac{\sqrt{1 - \eta^2}}{\eta} \frac{\partial}{\partial \eta} \left( \eta \sqrt{1 - \eta^2} \frac{\partial \Phi}{\partial \eta} \right) + \left( \frac{1}{\eta^2} - \frac{1}{\xi^2} \right) \frac{\partial^2 \Phi}{\partial \varphi^2} \right\}. \tag{86}$$

为了使 $\nabla^2 \Phi$ 中不含根式，可作下列变换

$$\xi^2 = \lambda^2 + 1, \quad \eta^2 = 1 - \mu^2. \tag{87}$$

$$ds^2 = a^2\left\{\frac{\lambda^2+\mu^2}{\lambda^2+1}\mathrm{d}\lambda^2 + \frac{\lambda^2+\mu^2}{1-\mu^2}\mathrm{d}\mu^2 + (\lambda^2+1)(1-\mu^2)\mathrm{d}\varphi^2\right\}. \tag{88}$$

$$\nabla^2\Phi = \frac{1}{a^2(\lambda^2+\mu^2)}\left\{\frac{\partial}{\partial\lambda}\left[(\lambda^2+1)\frac{\partial\Phi}{\partial\lambda}\right]\right.$$

$$\left.+\frac{\partial}{\partial\mu}\left[(1-\mu^2)\frac{\partial\Phi}{\partial\mu}\right] + \left(\frac{1}{1-\mu^2}-\frac{1}{\lambda^2+1}\right)\frac{\partial^2\Phi}{\partial\varphi^2}\right\}. \tag{89}$$

另一种旋转扁椭球坐标是 $u,v,\varphi$;与 $\xi,\eta$ 的关系是

$$\xi = \mathrm{ch}\,u, \quad \eta = \cos v;$$

又

$$\lambda = \mathrm{sh}\,u, \quad \mu = \sin v. \tag{90}$$

$$ds^2 = a^2\{(\mathrm{ch}^2 u - \cos^2 v)(\mathrm{d}u^2+\mathrm{d}v^2) + \mathrm{ch}^2 u\cos^2 v\mathrm{d}\varphi^2\}. \tag{91}$$

$$\nabla^2\Phi = \frac{1}{a^2\{(\mathrm{ch}^2 u - \cos^2 v)\}}\left\{\frac{1}{\mathrm{ch}\,u}\frac{\partial}{\partial u}\left(\mathrm{ch}\,u\frac{\partial\Phi}{\partial u}\right)\right.$$

$$\left.+\frac{1}{\cos v}\frac{\partial}{\partial v}\left(\cos v\frac{\partial\Phi}{\partial v}\right) + \left(\frac{1}{\cos^2 v}-\frac{1}{\mathrm{ch}^2 u}\right)\frac{\partial^2\Phi}{\partial\varphi^2}\right\}. \tag{92}$$

**（十）旋转抛物面坐标 $\lambda,\mu,\varphi$**

参阅(五)抛物线柱坐标,这里 $\lambda,\mu$ 与那里的相当,$\varphi$ 是绕 $z$ 轴旋转的角度.

$$x = \sqrt{\lambda\mu}\cos\varphi, \quad y = \sqrt{\lambda\mu}\sin\varphi, \quad z = \frac{1}{2}(\lambda-\mu). \tag{93}$$

$$ds^2 = \frac{\lambda+\mu}{4}\left(\frac{\mathrm{d}\lambda^2}{\lambda}+\frac{\mathrm{d}\mu^2}{\mu}\right) + \lambda\mu\mathrm{d}\varphi^2. \tag{94}$$

$$\nabla^2\Phi = \frac{4}{\lambda+\mu}\left\{\frac{\partial}{\partial\lambda}\left(\lambda\frac{\partial\Phi}{\partial\lambda}\right)+\frac{\partial}{\partial\mu}\left(\mu\frac{\partial\Phi}{\partial\mu}\right) + \frac{1}{4}\left(\frac{1}{\lambda}+\frac{1}{\mu}\right)\frac{\partial^2\Phi}{\partial\varphi^2}\right\}. \tag{95}$$

另一种旋转抛物面坐标是 $\xi,\eta,\varphi$;与 $\lambda,\mu$ 的关系是 $\lambda=\xi^2,\mu=\eta^2$.

$$ds^2 = (\xi^2+\eta^2)(\mathrm{d}\xi^2+\mathrm{d}\eta^2) + \xi^2\eta^2\mathrm{d}\varphi^2. \tag{96}$$

$$\nabla^2\Phi = \frac{1}{\xi^2+\eta^2}\left\{\frac{1}{\xi}\frac{\partial}{\partial\xi}\left(\xi\frac{\partial\Phi}{\partial\xi}\right)+\frac{1}{\eta}\frac{\partial}{\partial\eta}\left(\eta\frac{\partial\Phi}{\partial\eta}\right) + \left(\frac{1}{\xi^2}+\frac{1}{\eta^2}\right)\frac{\partial^2\Phi}{\partial\varphi^2}\right\}. \tag{97}$$

**（十一）抛物面坐标 $\lambda,\mu,\nu$**

取抛物面方程为

$$\frac{x^2}{a^2+\theta}+\frac{y^2}{b^2+\theta} = 2z+\theta. \tag{98}$$

经过空间任一点 $(x,y,z)$ 有三个曲面,相当于三个 $\theta$ 值 $\lambda,\mu,\nu$,满足条件

$$\lambda > -b^2 > \mu > -a^2 > \nu. \tag{99}$$

在 $f(\theta)=(a^2+\theta)(b^2+\theta)(2z+\theta)-(b^2+\theta)x^2-(a^2+\theta)y^2=(\theta-\lambda)(\theta-\mu)(\theta-\nu)$ 中依次令 $\theta=-a^2,-b^2,0$,得

$$
\left.\begin{aligned}
x^2 &= -\frac{(a^2+\lambda)(a^2+\mu)(a^2+\nu)}{a^2-b^2}, \\
y^2 &= \frac{(b^2+\lambda)(b^2+\mu)(b^2+\nu)}{a^2-b^2}, \\
2z &= -\lambda-\mu-\nu-a^2-b^2.
\end{aligned}\right\}
\tag{100}
$$

$\lambda$ 取定值的抛物面, 其 $xy$ 截面为椭圆, 而 $z$ 轴为正向, 满足 $z>-\dfrac{1}{2}\lambda$. $\mu$ 取定值的

抛物面, 其 $xy$ 截面为双曲线, 而 $z=-\dfrac{1}{2}\mu$ 处的截面为两条相交的直线. $\nu$ 取定值

的抛物面, 其 $xy$ 截面为椭圆, 而 $z$ 轴为负向, 满足 $z<-\dfrac{1}{2}\nu$.

$$
ds^2 = \frac{(\lambda-\mu)(\lambda-\nu)}{4(a^2+\lambda)(b^2+\lambda)}d\lambda^2 + \frac{(\mu-\lambda)(\mu-\nu)}{4(a^2+\mu)(b^2+\mu)}d\mu^2 + \frac{(\nu-\lambda)(\nu-\mu)}{4(a^2+\nu)(b^2+\nu)}d\nu^2.
\tag{101}
$$

$$
\begin{aligned}
\nabla^2\Phi = {}& \frac{4}{(\lambda-\mu)(\lambda-\nu)(\mu-\nu)} \\
& \times \Bigg\{ (\mu-\nu)\sqrt{(a^2+\lambda)(b^2+\lambda)}\,\frac{\partial}{\partial\lambda}\left[\sqrt{(a^2+\lambda)(b^2+\lambda)}\,\frac{\partial\Phi}{\partial\lambda}\right] \\
& + (\lambda-\nu)\sqrt{-(a^2+\mu)(b^2+\mu)}\,\frac{\partial}{\partial\mu}\left[\sqrt{-(a^2+\mu)(b^2+\mu)}\,\frac{\partial\Phi}{\partial\mu}\right] \\
& + (\lambda-\mu)\sqrt{(a^2+\nu)(b^2+\nu)}\,\frac{\partial}{\partial\nu}\left[\sqrt{(a^2+\nu)(b^2+\nu)}\,\frac{\partial\Phi}{\partial\nu}\right] \Bigg\}.
\end{aligned}
\tag{102}
$$

另一种抛物面坐标为 $u,v,w$; 与 $\lambda,\mu,\nu$ 的关系为

$$
\left.\begin{aligned}
\lambda &= \frac{a^2-b^2}{2}\mathrm{ch}\,u - \frac{a^2+b^2}{2}, \quad \mu = \frac{a^2-b^2}{2}\cos v - \frac{a^2+b^2}{2}, \\
\nu &= -\frac{a^2-b^2}{2}\mathrm{ch}\,w - \frac{a^2+b^2}{2}.
\end{aligned}\right\}
\tag{103}
$$

$$
\left.\begin{aligned}
x &= (a^2-b^2)\mathrm{ch}\,\frac{u}{2}\cos\frac{v}{2}\mathrm{sh}\,\frac{w}{2}, \quad y = (a^2-b^2)\mathrm{sh}\,\frac{u}{2}\sin\frac{v}{2}\mathrm{ch}\,\frac{w}{2}, \\
2z &= -(a^2-b^2)\left[\left(\mathrm{ch}\,\frac{u}{2}\right)^2 + \left(\cos\frac{v}{2}\right)^2 - \left(\mathrm{ch}\,\frac{w}{2}\right)^2\right] + a^2.
\end{aligned}\right\}
\tag{104}
$$

$$
\begin{aligned}
ds^2 = {}& \left(\frac{a^2-b^2}{4}\right)^2 \Big\{ (\mathrm{ch}\,u - \cos v)(\mathrm{ch}\,u + \mathrm{ch}\,w)du^2 \\
& + (\mathrm{ch}\,u - \cos v)(\cos v + \mathrm{ch}\,w)dv^2 \\
& + (\mathrm{ch}\,u + \mathrm{ch}\,w)(\cos v + \mathrm{ch}\,w)dw^2 \Big\}.
\end{aligned}
\tag{105}
$$

$$
\begin{aligned}
\nabla^2\Phi = {}& \left(\frac{4}{a^2-b^2}\right)^2 \frac{1}{(\mathrm{ch}\,u - \cos v)(\mathrm{ch}\,u + \mathrm{ch}\,w)(\cos v + \mathrm{ch}\,w)} \\
& \times \left\{ (\cos v + \mathrm{ch}\,w)\frac{\partial^2\Phi}{\partial u^2} + (\mathrm{ch}\,u + \mathrm{ch}\,w)\frac{\partial^2\Phi}{\partial v^2} + (\mathrm{ch}\,u - \cos v)\frac{\partial^2\Phi}{\partial w^2} \right\}.
\end{aligned}
\tag{106}
$$

**(十二) 双球面坐标 $\xi, \eta, \varphi$**

$$x^2 + y^2 = \rho^2, \quad x = \rho\cos\varphi, \quad y = \rho\sin\varphi \tag{107}$$

$$\rho^2 + (z-\lambda)^2 = \lambda^2 - a^2, \quad (\rho-\mu)^2 + z^2 = \mu^2 + a^2. \tag{108}$$

以 $\lambda, \mu, \varphi$ 为双球面坐标，变化范围 $\lambda$ 为 $(a, \infty)$ 和 $(-\infty, -a)$，$\mu$ 为 $(-\infty, \infty)$. 对 $\lambda > a$ 值说，由 (108) 解出

$$\left.\begin{aligned}\rho &= \frac{a^2\sqrt{\lambda^2-a^2}}{\lambda\sqrt{\mu^2+a^2} - \mu\sqrt{\lambda^2-a^2}}, \\ z &= \frac{a^2\sqrt{\mu^2+a^2}}{\lambda\sqrt{\mu^2+a^2} - \mu\sqrt{\lambda^2-a^2}}.\end{aligned}\right\} \tag{109}$$

对 $\lambda < -a$ 值说，上式中 $\lambda$ 须改为 $-\lambda$，同时 $z$ 改为 $-z$；或者把 $\sqrt{\lambda^2-a^2}$ 改为 $-\sqrt{\lambda^2-a^2}$ 也是一样。

$$ds^2 = H_\lambda^2 d\lambda^2 + H_\mu^2 d\mu^2 + \rho^2 d\varphi^2, \tag{110}$$

其中

$$H_\lambda^2 = \frac{z^2}{\lambda^2-a^2}, \quad H_\mu^2 = \frac{\rho^2}{\mu^2+a^2}. \tag{111}$$

作变换

$$\lambda = \frac{a\xi}{\sqrt{\xi^2-1}}, \quad \mu = \frac{a\eta}{\sqrt{1-\eta^2}}. \tag{112}$$

变化范围 $\xi$ 为 $(1, \infty)$，$\eta$ 为 $(-1, 1)$. 代入 (109)，得

$$\rho = \frac{a\sqrt{1-\eta^2}}{\xi-\eta}, \quad z = \frac{a\sqrt{\xi^2-1}}{\xi-\eta}. \tag{113}$$

相应于 $\lambda < 0$，$\sqrt{\xi^2-1}$ 取负值。

$$ds^2 = \frac{a^2}{(\xi^2-1)(\xi-\eta)^2}d\xi^2 + \frac{a^2}{(1-\eta^2)(\xi-\eta)^2}d\eta^2 + \frac{a^2(1-\eta^2)}{(\xi-\eta)^2}d\varphi^2. \tag{114}$$

$$\nabla^2\Phi = \frac{(\xi-\eta)^3}{a^2}\left\{\sqrt{\xi^2-1}\frac{\partial}{\partial\xi}\left(\frac{\sqrt{\xi^2-1}}{\xi-\eta}\frac{\partial\Phi}{\partial\xi}\right) + \frac{\partial}{\partial\eta}\left(\frac{1-\eta^2}{\xi-\eta}\frac{\partial\Phi}{\partial\eta}\right)\right.$$
$$\left. + \frac{1}{(1-\eta^2)(\xi-\eta)}\frac{\partial^2\Phi}{\partial\varphi^2}\right\}. \tag{115}$$

另一种双球面坐标为 $u, v, \varphi$；与 $\xi, \eta$ 的关系为

$$\xi = \mathrm{ch}\,u, \quad \eta = \cos v. \tag{116}$$

变化范围 $u$ 为 $(-\infty, \infty)$，$v$ 为 $(0, \pi)$. 与 $\lambda, \mu$ 的关系为

$$\lambda = a\,\mathrm{coth}\,u, \quad \mu = a\cot v. \tag{117}$$

$$\rho = \frac{a\sin v}{\mathrm{ch}\,u - \cos v}, \quad z = \frac{a\,\mathrm{sh}\,u}{\mathrm{ch}\,u - \cos v}. \tag{118}$$

$$ds^2 = \frac{a^2}{(\mathrm{ch}\,u - \cos v)^2}\{du^2 + dv^2 + \sin^2 v\,d\varphi^2\}. \tag{119}$$

$$\nabla^2\Phi = \frac{(\mathrm{ch}\,u - \cos v)^2}{a^2}\left\{(\mathrm{ch}\,u - \cos v)\frac{\partial}{\partial u}\left(\frac{1}{\mathrm{ch}\,u - \cos v}\frac{\partial\Phi}{\partial u}\right)\right.$$

$$\left. + \frac{\mathrm{ch}\,u - \cos v}{\sin v}\frac{\partial}{\partial v}\left(\frac{\sin v}{\mathrm{ch}\,u - \cos v}\frac{\partial\Phi}{\partial v}\right) + \frac{1}{\sin^2 v}\frac{\partial^2\Phi}{\partial\varphi^2}\right\}. \tag{120}$$

还可引进变数 $\alpha,\beta$:

$$\frac{\lambda}{a} = \frac{1+\alpha^2}{2\alpha}, \qquad \frac{\mu}{a} = \frac{1-\beta^2}{2\beta}. \tag{121}$$

变化范围 $\alpha$ 为 $(-1,1)$,$\beta$ 为 $(0,\infty)$.

$$\alpha = \mathrm{th}\,\frac{u}{2}, \quad \beta = \tan\frac{v}{2}; \quad \xi = \frac{1+\alpha^2}{1-\alpha^2}, \quad \eta = \frac{1-\beta^2}{1+\beta^2}. \tag{122}$$

$$\frac{\rho}{a} = \frac{\beta(1-\alpha^2)}{\alpha^2+\beta^2}, \qquad \frac{z}{a} = \frac{\alpha(1+\beta^2)}{\alpha^2+\beta^2}. \tag{123}$$

$$ds^2 = \frac{a^2}{(\alpha^2+\beta^2)^2}\{(1+\beta^2)^2 d\alpha^2 + (1-\alpha^2)^2 d\beta^2 + \beta^2(1-\alpha^2)^2 d\varphi^2\}. \tag{124}$$

$$\nabla^2\Phi = \frac{(\alpha^2+\beta^2)^3}{a^2(1-\alpha^2)^2(1+\beta^2)^2}\frac{\partial}{\partial\alpha}\left[\frac{(1-\alpha^2)^2}{\alpha^2+\beta^2}\frac{\partial\Phi}{\partial\alpha}\right]$$

$$+ \frac{(\alpha^2+\beta^2)^3}{a^2\beta(1-\alpha^2)^2(1+\beta^2)}\frac{\partial}{\partial\beta}\left[\frac{\beta(1+\beta^2)}{\alpha^2+\beta^2}\frac{\partial\Phi}{\partial\beta}\right]$$

$$+ \frac{(\alpha^2+\beta^2)^2}{a^2\beta^2(1-\alpha^2)^2}\frac{\partial^2\Phi}{\partial\varphi^2}. \tag{125}$$

**(十三) 环面坐标 $\xi,\eta,\varphi$**

在(十二)双球面坐标中交换 $\rho$ 与 $z$,得

$$x^2 + y^2 = z^2, \quad x = z\cos\varphi, \quad y = z\sin\varphi. \tag{126}$$

$$(\rho - \lambda)^2 + z^2 = \lambda^2 - a^2, \quad \rho^2 + (z - \mu)^2 = \mu^2 + a^2. \tag{127}$$

以 $\lambda,\mu,\varphi$ 为环面坐标,变化范围 $\lambda$ 为 $(a,\infty)$,$\mu$ 为 $(-\infty,\infty)$. 由(127)解出(适用于 $z>0$)

$$\left.\begin{array}{l} \rho = \dfrac{a^2\sqrt{\mu^2+a^2}}{\lambda\sqrt{\mu^2+a^2} - \mu\sqrt{\lambda^2-a^2}}, \\[4mm] z = \dfrac{a^2\sqrt{\lambda^2-a^2}}{\lambda\sqrt{\mu^2+a^2} - \mu\sqrt{\lambda^2-a^2}}. \end{array}\right\} \tag{128}$$

对于 $z<0$ 说,须把上式中的 $\sqrt{\lambda^2-a^2}$ 改为 $-\sqrt{\lambda^2-a^2}$. 在形式上现在与(109)式一样($\rho$ 和 $z$ 交换),只是在 $\lambda$ 的变化范围上不同,现在 $\lambda$ 总是大于 $a$ 的正数.

$$ds^2 = H_\lambda^2 d\lambda^2 + H_\mu^2 d\mu^2 + \rho^2 d\varphi^2, \tag{129}$$

$$H_\lambda^2 = \frac{\rho^2}{\lambda^2-a^2}, \qquad H_\mu^2 = \frac{z^2}{\mu^2+a^2}. \tag{130}$$

作变换

$$\lambda = \frac{a\xi}{\sqrt{\xi^2 - 1}}, \quad \mu = \frac{a\eta}{\sqrt{1 - \eta^2}}, \tag{131}$$

变化范围 $\xi$ 为 $(1, \infty)$，$\eta$ 为 $(-1, 1)$. 代入(128)，得

$$\rho = \frac{a\sqrt{\xi^2 - 1}}{\xi - \eta}, \quad z = \frac{a\sqrt{1 - \eta^2}}{\xi - \eta}. \tag{132}$$

对于 $z < 0$ 说，式中 $\eta$ 和 $\sqrt{1 - \eta^2}$ 须同时分别改为 $-\eta$ 和 $-\sqrt{1 - \eta^2}$. 但由于 $\eta$ 的变化范围有负值，故对 $z < 0$ 说，只要把 $\sqrt{1 - \eta^2}$ 改为 $-\sqrt{1 - \eta^2}$ 就行了.

$$ds^2 = \frac{a^2}{(\xi^2 - 1)(\xi - \eta)^2}d\xi^2 + \frac{a^2}{(1 - \eta^2)(\xi - \eta)^2}d\eta^2 + \frac{a^2(\xi^2 - 1)}{(\xi - \eta)^2}d\varphi^2. \tag{133}$$

$$\nabla^2\Phi = \frac{(\xi - \eta)^3}{a^2}\left\{\frac{\partial}{\partial\xi}\left(\frac{\xi^2 - 1}{\xi - \eta}\frac{\partial\Phi}{\partial\xi}\right) + \sqrt{1 - \eta^2}\frac{\partial}{\partial\eta}\left(\frac{\sqrt{1 - \eta^2}}{\xi - \eta}\frac{\partial\Phi}{\partial\eta}\right) + \frac{1}{(\xi^2 - 1)(\xi - \eta)}\frac{\partial^2\Phi}{\partial\varphi^2}\right\}. \tag{134}$$

另一种环面坐标为 $u, v, \varphi$；与 $\xi, \eta$ 的关系为

$$\xi = \operatorname{ch}u, \quad \eta = \cos v. \tag{135}$$

变化范围 $u$ 为 $(0, \infty)$，$v$ 为 $(-\pi, \pi)$，或者是 $(0, 2\pi)$. 与 $\lambda, \mu$ 的关系与(117)一样.

$$\rho = \frac{a\operatorname{sh}u}{\operatorname{ch}u - \cos v}, \quad z = \frac{a\sin v}{\operatorname{ch}u - \cos v}. \tag{136}$$

$$ds^2 = \frac{a^2}{(\operatorname{ch}u - \cos v)^2}\{du^2 + dv^2 + \operatorname{sh}^2 u\, d\varphi^2\}. \tag{137}$$

$$\nabla^2\Phi = \frac{(\operatorname{ch}u - \cos v)^2}{a^2}\left\{\frac{\operatorname{ch}u - \cos v}{\operatorname{sh}u}\frac{\partial}{\partial u}\left(\frac{\operatorname{sh}u}{\operatorname{ch}u - \cos v}\frac{\partial\Phi}{\partial u}\right)\right.$$

$$\left. + (\operatorname{ch}u - \cos v)\frac{\partial}{\partial v}\left(\frac{1}{\operatorname{ch}u - \cos v}\frac{\partial\Phi}{\partial v}\right) + \frac{1}{\operatorname{sh}^2 u}\frac{\partial^2\Phi}{\partial\varphi^2}\right\}. \tag{138}$$

还可引进变数 $\alpha$ 和 $\beta$，与(121)，(122)一样，但变化范围改了，$\alpha$ 为 $(0, 1)$，$\beta$ 为 $(-\infty, \infty)$.

$$\frac{\rho}{a} = \frac{\alpha(1 + \beta^2)}{\alpha^2 + \beta^2}, \quad \frac{z}{a} = \frac{\beta(1 - \alpha^2)}{\alpha^2 + \beta^2}. \tag{139}$$

$$ds^2 = \frac{a^2}{(\alpha^2 + \beta^2)^2}\{(1 + \beta^2)^2 d\alpha^2 + (1 - \alpha^2)^2 d\beta^2 + \alpha^2(1 + \beta^2)^2 d\varphi^2\}. \tag{140}$$

$$\nabla^2\Phi = \frac{(\alpha^2 + \beta^2)^3}{a^2\alpha(1 - \alpha^2)(1 + \beta^2)^2}\frac{\partial}{\partial\alpha}\left[\frac{\alpha(1 - \alpha^2)}{\alpha^2 + \beta^2}\frac{\partial\Phi}{\partial\alpha}\right]$$

$$+ \frac{(\alpha^2 + \beta^2)^3}{a^2(1 - \alpha^2)^2(1 + \beta^2)^2}\frac{\partial}{\partial\beta}\left[\frac{(1 + \beta^2)^2}{\alpha^2 + \beta^2}\frac{\partial\Phi}{\partial\beta}\right] + \frac{(\alpha^2 + \beta^2)^2}{a^2\alpha^2(1 + \beta^2)^2}\frac{\partial^2\Phi}{\partial\varphi^2}. \tag{141}$$

# 参 考 书 目

[1] Abramowitz M, Stegun I A. Handbook of Mathematical Functions. NBS, 1964.

[2] Appell P, Kampé J de Fériet. Fonctions Hypergéométriques et Hyperspheriques. Polynomes d'Hermite. Gauthier-Villars, 1926.

[3] Bailey W N. Generalized Hypergeometric Series. Cambridge, 1935.

[4] Bieberbach L. Theorie der Gewöhnlichen Differentialgleichungen. Springer, 1953.

[5] Bromwich T J I. An Introduction to the Theory of Infinite Series, second edition. Macmillan, 1926.

[6] Buchholz H. Die Konfluente Hypergeometrische Funktion. Springer, 1953.

[7] Byrd P F, Friedman M D. Handbook of Elliptic Integrals for Engineers and Physicists. Springer, 1954.

[8] Erdélyi A. Higher Transcendental Functions, Vol. Ⅰ, Ⅱ, Ⅲ. McGraw-Hill, 1953—1955.

[9] Hobson E W. Spherical and Ellipsoidal Harmonics. Cambridge, 1931.

[10] Ince E L. Ordinary Differential Equations. Longmans, Green and Co., 1927.

[11] Mclachlan N W. Theory and Application of Mathieu Functions. Oxford, 1947.

[12] Meixner J, Schäfke F W. Mathieusche Funktionen und Sphäroidalfunktionen. Springer, 1954.

[13] Slater L J. Confluent Hypergeometric Functions. Cambridge, 1960.

[14] Watson G N. Theory of Bessel Functions. Cambridge, 1944.

[15] Whittaker E T, Watson G N. Modern Analysis. Cambridge, 1927.

# 符　　号

# 索　引

# 外国人名对照索引

# 出 版 后 记

　　1999 年春天,我见到赵凯华先生,他称赞《北京大学物理学丛书》是一套高水平、高质量的好书,并建议我将王竹溪、郭敦仁先生 1965 年合著的《特殊函数概论》也收入《丛书》,他说:"这样一来,理论物理方面的教材系列就完备了."

　　赵凯华先生的建议得到《丛书》编委会主任高崇寿先生的赞同,我便去郭敦仁先生家征求他的意见.郭先生谈了两点:一是该书 1989 年曾在新加坡世界科技出版社出过英文版,英文版书已改正了原书中的一些遗误.如北大出版社要再版,最好请人根据英文版校订.二是该书出英文版时王竹溪先生已去世,是王先生的儿子王世瑚签的约,这次也要请他作主.郭先生还建议我请北大物理系的吴崇试、周治宁两位教授来做校订工作.

　　承蒙郭先生和王世瑚先生给我签了授权书.考虑到该书 1965 年是在科学出版社出第一版的,我便函告科学出版社:我社已将该书列入《北京大学物理学丛书》,并附上两位先生授权书的复印件.

　　感谢吴崇试、周治宁两位教授对照英文版仔细认真地校订了全书.再版时,我力图保留原书风格,但考虑到国家标准规定特殊函数和某些符号要用正体表示,故只得照标准行事.书后的笔画索引,也按《新华字典》(1998 年修订本)做了调整,以便读者查阅.

周月梅

2000 年 5 月